U0350946

空间系统基础

（第二版）

Fundamentals of Space Systems

Second Edition

［美］Vincent L. Pisacane 编著

张育林　王兆魁　刘红卫　译

科学出版社

北京

图字:01-2015-4012 号

内 容 简 介

本书全面介绍了空间系统的基础知识,包括空间工程管理、空间环境、轨道与姿态动力学、推进系统、电源系统、热控系统、航天器结构、空间通信、遥测遥控、星载计算机、软件系统、航天器集成测试、空间操作、纳星设计等,体系完整,理论与实践并重,使读者理解空间系统开发、研制与运行的基本原理,提高空间系统分析与设计能力。

本书可以作为高校宇航科学与技术专业的教材,也可供航天研究院所、航天工业部门的技术人员参考。

Copyright . 2005 by Oxford University Press, Inc.

"FUNDAMENTALS OF SPACE SYSTEMS, SECOND EDITION "

was originally published in English in 2005. This translation is publishedby arrangement with Oxford University Press.

图书在版编目(CIP)数据

空间系统基础 / (美)文森特 L. 皮萨卡内(Vincent L. Pisacane)编著;张育林,王兆魁,刘红卫译. —2 版. —北京:科学出版社,2016
书名原文:Fundamentals of Space Systems
ISBN 978-7-03-049054-4

Ⅰ.①空… Ⅱ.①文…②张…③王…④刘… Ⅲ.①航天系统工程-基本知识 Ⅳ.①V57

中国版本图书馆 CIP 数据核字(2016)第 143927 号

责任编辑:孙伯元 / 责任校对:桂伟利 郭瑞芝
责任印制:张 倩 / 封面设计:蓝正图文

科学出版社 出版
北京东黄城根北街 16 号
邮政编码:100717
http://www.sciencep.com
北京通州皇家印刷厂印刷
科学出版社发行 各地新华书店经销

*

2016 年 6 月第 一 版 开本:720×1000 1/16
2016 年 6 月第一次印刷 印张:52
字数:1 015 000
定价:258.00 元
(如有印装质量问题,我社负责调换)

译 者 序

空间系统是涉及众多学科领域的复杂系统,又是科学理论与工程实践结合最为紧密的前沿领域。要从总体上把握空间系统的设计、建造与运行,不仅需要掌握空间系统各领域的基本知识,而且需要对宇航科学的基本原理有深入透彻的理解。

已经有很多著作试图对空间系统的各领域进行系统论述,也不乏涉及宇航科学基本原理的众多著作,但很少有科学著作像本书一样,能把空间系统所涉及的各个学科领域的科学原理和工程实践紧密结合在一起。本书由众多既有宇航科学理论造诣又有空间系统工程实践的学者合力完成,很好地体现了宇航科学基本原理与空间系统工程实践的密切结合。

本书共 16 章,内容涉及空间环境与航天动力学等宇航科学的主要领域,也包括空间系统设计相关的电源、热控、结构、通信、遥测与遥控、计算机与软件等专业知识。本书的空间系统工程与管理、可靠性与质量保证、航天器集成与测试、空间任务运行和纳星概念设计等章节安排,进一步突出了空间系统的系统工程特色。

本书适合作为宇航科学与技术学科的研究生教材,也适合航天领域的工程技术人员和系统工程管理人员作为学习参考。

限于译者水平,不足之处在所难免,望读者批评指正。

译 者
2015 年 10 月

前　　言

与第 1 版相比,《空间系统基础》第 2 版在两方面做了修订。首先,增加了自第 1 版出版以来空间系统科学研究和工程技术的最新进展。其次,努力使本书更适合作为高级项目班的预修教材,用于开展航天器或航天仪器的设计以及可能的研制、发射。最后,根据作者学生及同事的评估意见,对部分内容进行了修改。另外,第 2 版提供了更多的实例,这些实例可能是某些工程问题的解决方案,同时增加了有关简单航天器设计概念的内容。由于大多数作者也讲授这些内容,本书为他们提供了重要的参考文档。作为学术成果,本书可作为相关工程学科的高级或初级研究生课程教材。

本书的主要目的是使读者在一定程度上理解空间系统的基础知识,从而可以进行概念设计。本书所有章节的作者均参与了书中提出的空间系统或子系统的开发,具有丰富的工程经验,并且负责在学术计划中讲授这些系统是如何开发的。因此,他们会忽略可能具有深奥学术价值、但不适用于实际空间系统开发的内容。本书可以帮助航天领域的科学家和系统工程师理清工程问题,获取解决方案,用于开发满足各种需求的空间系统或子系统。随着航天工业技术的成熟,实践人员很有必要广泛地理解相关学科及其问题,从而提高空间系统设计性能,简化设计流程,降低成本和风险。

本书内容来自约翰·霍普金斯大学工程学院应用物理计划和美国海军学院航空航天工程系的课程讲义。建议本书用于两学期或一学期的课程教学,安排如表 0-1 所示。每学期有 42 学时的面授时间,其中包含 3 学时的期末考试。

表 0-1　课时安排

	学时(两学期)	学时(一学期)
空间系统工程与管理	3	2
空间环境	6	2
航天动力学	9	6
航天器推进、发射系统和发射力学	6	3
航天器姿态确定与控制	6	4
航天器电源系统	6	4
航天器热控	6	3

续表

	学时(两学时)	学时(一学时)
航天器结构设计	6	4
空间通信	4.5	4
航天器遥控与遥测	3	1
星载计算机	4.5	1
航天器可靠性、质量保证和辐射效应	6	2
航天器集成与测试	3	1
航天器管理	3	1
考试	12	4
合计	84	42

　　为了达到进行概念设计的教学目的,建议此教材分两学期使用。当然,通过删除一些内容并将其余内容限制在特定概念设计程度,可以使本书作为一学期概论课程的教材。例如,可以删除第3章航天动力学中的星际轨道,第5章航天器电源系统中的核能,在推进系统章节中仅保留液体或气体轨道推进系统。为增强本教材的使用效果,建议将教学班分成一定数量的小组,并提供一系列任务需求,要求每个小组设计不同的或相似的空间系统。

　　由于Moore女士正在从事航空航天项目研究,不能全身心地投入本书编写工作,因而全书由Pisacane独立编写。作者非常感谢妻子Lois E. Wehren在完成全书内容中给予的鼓励和支持。

　　最后,对于有经验的实践者、教师还是学生,作者希望本书能够为他们带来愉快且有收获的体验。

原书编写人员简介

下面介绍原书编写人员的教育和工作经历,他们在航天系统设计、开发、测试与运行中担任重要的领导角色。

Brian J. Anderson 从事空间物理研究,是约翰·霍普金斯大学应用物理实验室(APL)的主要工作人员。在该实验室,他是美国国家航空航天局(NASA)的近地小行星交会探测器尼尔(NEAR)和信使号航天器(MESSENGER)任务的磁强计专家。他获得位于明尼阿波利斯的奥格斯堡大学物理、数学和宗教领域的学士学位,并获得明尼苏达大学的物理学博士学位,他的研究兴趣包括地球磁层中的超低频波、磁层中的波粒交互作用以及磁层的太阳风、磁鞘的磁重联、磁层与等离子体耦合、磁强计研制等。最近,他根据铱星的磁场测量结果,得到磁层及等离子体层之间的电流耦合分布。他是美国地理物理学会会员,在 2001~2003 年期间担任 *Geophysical Research Letters* 期刊的空间物理学和高层大气物理学编辑。

George Dakermanji 获得叙利亚阿勒颇大学的电子工程学士学位,以及北卡罗来纳州达拉谟杜克大学的电子工程硕士和博士学位。他是约翰·霍普金斯大学应用物理实验室的空间系统部门主管,并且是 MESSENGER 及大气观测卫星(TIMED)的电源系统工程师。在 1993 年加入应用物理实验室之前,他领导 Fairchild Space 公司的电源系统小组,并且也是 NASA 戈达德航天飞行中心(NASA/GSFC)的 Explorer/SAMPEX 航天器电源系统和 X 射线定时探险者(XTE)电源系统的主要工程师。他在航天器电源系统及电源控制器领域具有丰富的经验。

Wayne F. Dellinger 获得田纳西理工大学电气工程专业学士、硕士和博士学位,在马丁玛丽埃塔丹佛航空航天及斯韦尔斯航空航天的导航与控制小组工作。1997 年,他加入了约翰·霍普金斯大学应用物理实验室的航空航天部门,成为主要的技术人员,并管理任务设计、导航与控制部门。他在控制系统及其评估领域具有丰富的经验,并且担任 TIMED 和彗核旅行号(CONTOUR)的导航与控制工程师。

Eric J. Hoffman 获得美国麻省理工学院和美国莱斯大学的电气工程学位,并且于 1964 年加入约翰·霍普金斯大学应用物理实验室。他负责应用物理实验室空间通信与导航系统设计,管理航天器系统工程,并领导卫星概念设计。作为航天部门首席工程师,他为航天计划提供技术指导,推动系统工程,并且为工程设计、设计评审、配置管理及测试制定标准。他在美国海军学院、约翰·霍普金斯大学和台湾大学教授航天系统公共课,并且在 NSA 和 NASA 中心现场讲课。他撰写了 60 篇论文,是英国星际协会会员和美国航空航天学会的通信会士。

Mark E. Holdridge 是约翰·霍普金斯大学应用物理实验室 GEOSAT、NEAR 和 CONTOUR 等任务的运营主管和主要专业技术人员,负责监管任务运营部门。他获得乔治华盛顿大学航空航天专业硕士学位和马里兰大学航空航天工程学士学位。Holdridge 发展并改进了面向低成本行星任务的模型。他负责将近地航天器送到小行星 Eros 附近轨道的概念规划,使航天器可以在 Eros 表面软着陆,然后进行地面操作。从 1983 年开始到进入应用物理实验室之前,他为 NASA、美国国家海洋和大气管理局(NOAA)与美国海军的各种航天器任务及商业航天任务提供任务分析、控制中心软件开发和运行管理支持。目前,Holdridge 是 NASA 第一个飞向冥王星/卡戎星任务的副主管,该任务是 Horizons 计划的新任务。

Richard H. Maurer 是约翰·霍普金斯大学应用物理实验室的主要专业技术人员,获得长岛大学和匹兹堡大学的物理学硕士、博士学位。他曾担任 AMPTE、MSX、GEOSAT、TOPEX、NEAR 和 MESSENGER 等多个航天计划的首席工程师或专家,研究空间辐射对航天器电子产品的影响。他利用地球辐射环境的标准模型预测这些航天任务中的总剂量辐照和单粒子翻转比率,并在改进高能太阳粒子事件模型方面作出了贡献。最近,国家航天生物医学研究所(NSBRI)基金(1997～2004)支持 Maurer 及其同事的中子能谱仪研制和集成工作。2003 年 10 月,他指导了高空气球飞行工作,并担任项目经理。在加速器合作研究中,已经实现了在由航天器及其屏幕材料组成的厚靶内生成中子。他的其他研究兴趣包括电子电路组装、砷化镓装置、激光及激光二极管、一次性锂电池等,以及实验的统计设计与分析、系统可靠性、加速环境中的压力测试、故障物理等相关技术,如 NEAR 和 STEREO 任务的性能维持。

Douglas S. Mehoke 分别获得位于圣巴巴拉的加利福尼亚大学和斯坦福大学机械工程学士、硕士学位。他是约翰·霍普金斯大学应用物理实验室的高级专业技术人员,负责管理热设计部门。他在加利福尼亚州森尼韦尔市工作过。在此期间,他负责多个卫星任务的热控子系统。他对很多航天器热控子系统作出了贡献,包括中段空间实验任务和彗星之旅任务。他也从事过先进热控方法研究,特别是自动调节热量开关、复合散热器及高级散热器涂层等。

Donald G. Mitchell 从事空间物理研究,是约翰·霍普金斯大学应用物理实验室的主要工作人员。他是 IMAGE MidEx 空间任务中 HENA 仪器的首席科学家,也是卡西尼号土星任务磁层成像仪的科学家。分别获得密歇根大学和新汉普郡大学的物理学硕士、博士学位。他的研究工作集中在:①分析解释地球磁层、外行星磁层以及行星际太空中的带电和中性高能粒子、等离子体和磁场的观测结果;②飞行能量分析仪中超小、超低高能粒子的时间设计;③高能中性原子群中的磁层成像仪设计。他是美国地球物理学会的会员。

Robert C. Moore 研究面向嵌入式空间飞行应用的微处理器硬件及软件系统设计,获得拉斐特大学电气工程学士学位和约翰·霍普金斯大学电气工程硕士学位。他担任过 MESSENGER 安全与故障保护首席工程师、FUSE 仪器数据系统的首席工程师、NEAR 激光测距仪中的数字信号处理器首席工程师、GPS 遥测发射器中的数字基带信号处理器首席工程师、火星观测器中雷达高度计的数字信号处理器首席工程师,以及 GALILEO 任务中的高能粒子探测器数据系统首席工程师。

Max R. Peterson 从约翰·霍普金斯大学应用物理实验室退休。他于 1961 年获得堪萨斯州立大学电气工程学士学位,于 1968 年获得约翰·霍普金斯大学工程硕士学位。1961 年,他加入应用物理实验室,并在北极星潜射弹道导弹计划中从事研究工作。在 1969~1975 年期间,Peterson 担任空间通信组织(Space Telecommunication Group)的数据系统设计部门主管,参与多个近地航天器的数据处理系统设计与测试。他还担任过 AMPTE/CCE 航天器的助理项目主管。Peterson 是中段空间实验(MSX)的项目主管,同时也是 NASA 支持的、飞向水星的信使号任务项目主管。他曾经在美国海军学院和怀廷工程学院做过关于航天器集成、测试和航天通信的演讲。

Vincent L. Pisacane 获得德雷塞尔大学机械工程学士学位、密歇根州立大学应用力学与数学硕士学位和应用力学与物理学博士学位,并在约翰·霍普金斯大学电气工程专业担任博士后。目前,他担任美国海军学院航天工程系的 Robert A. Heinlein 教授。在约翰·霍普金斯大学应用物理实验室,他是航天部门主管、研发部门助理主管以及高等医学科学与技术部主管。他曾经从事的领域包括系统工程、航天动力学、控制系统、航天器推进系统、航天生理学。他曾经担任过国家航天生物医学研究所的技术小组组长,并在 NASA 的多个评审委员会工作过。他是美国航空航天学会(AIAA)会员,发表论文 60 多篇。

Elliot H. Rodberg 是约翰·霍普金斯大学应用物理实验室的主要专业技术人员,在航天部门的集成、测试和任务运行小组工作。他获得马里兰大学物理学士学位和约翰·霍普金斯大学计算机科学硕士学位。他设计了用于支持航天器测试及任务运行的软硬件系统。他曾经参与 AMPTE、TOPEX、ACE、TIMED 和 MESSENGER 等 NASA 的多个航天器集成、测试与发射任务,以及弹道导弹防御组织的 Delta 180 任务。他是 TOPEX 雷达测高仪、高级成分探测器(ACE)航天器和 TIMED 航天器的地面系统首席工程师。他担任过飞向水星的信使号任务集成与测试项目主管。

Malcolm D. Shuster 曾在麻省理工学院和马里兰大学学习,写了多篇关于航天器姿态确定的重要论文。他提出了 QUEST 姿态确定算法,该算法是当前所有行星飞行任务的组成部分,并且是近地航天任务极为重要的部分。Shuster 的研究成果已经支持了超过 12 个航天任务,涉及任务分析与规划、硬件配置、软件开发及发射和早期任务支持。Shuster 是约翰·霍普金斯大学应用物理实验室的高级航天动力学专家,是佛罗里达大学航空航天工程系教授。2000 年,Shuster 获得美国宇航学会德克·布劳威尔奖(Dirk Brouwer)。除了在航天方面的工作,他有 10 年时间担任理论核物理专家,并有大约 10 年的时间从事防御系统研究。目前,Shuster 是 Acme 航天公司的研发部门主管。

William E. Skullney 获得宾夕法尼亚州立大学工程力学学士学位和硕士学位,具有 25 年以上的专业经验。在对海军潜艇舰队管理进行三年巡逻分析之后,Skullney 开始针对航天任务进行结构分析。在结构分析领域,他担任过美国核防御局(Defense Nuclear Agency, DNA)的 HILAT 航天器计划首席工程师,以及主动战略防御组织(目前称为美国导弹防御局)的 Delta 180、181、183 传感器模块和中段空间实验项目的首席工程师,同时在约翰·霍普金斯大学担任霍普金斯紫外望远镜的结构工程师。1990 年,他被提升为结构分析部门主管,并于 1991 年担任应用物理实验室航天部门机械系统组组长至今。自 1993 年起,他成为 AIAA 会员,自 1990 年、1993 年开始,分别在约翰·霍普金斯大学怀廷工程学院和应用技术研究所担任结构设计与分析方面的教员。

Ralph M. Sullivan 获得波士顿大学物理学学士学位和乔治华盛顿大学应用科学硕士学位。他已经参与过许多 APL 和 NASA 航天器电源系统设计,并且是 NASA 的 SAS - A、SAS - B、SAS - C、AMPTEICCE 航天器和 SDIO 的 Delta 180、181 航天器电源系统首席工程师。从 1982 年到 1991 年,他主管约翰·霍普金斯大学应用物理实验室的航天电源系统部门,成为主要专业人员,并且在 APL 夜大和 NASA 的各种中心教学。他也从事过航天电源系统设计、太阳能电池辐射评估以及太阳电池板温度和动力平衡分析。从 1991～1998 年,他担任斯韦尔斯航天有限公司的电源系统工程师,并成为公司顾问。

Harry K. Utterback 获得盖茨堡大学数学学士学位和约翰·霍普金斯大学计算机科学硕士学位。1999 年,他从约翰·霍普金斯大学应用物理实验室退休,结束了 30 年的职业生涯。他主要从事各种航天器和地面控制系统的实时嵌入软件系统设计与实现。最近,他专注于软件质量保证领域研究。1997～1999 年,Utterback 在怀廷工程学院的工程进修专业计划中讲授各种计算机科学与软件工程课程。

目　　录

第 1 章　空间系统工程与管理

Vincent L. Pisacane

群须谨记,天下没有什么事比创造一个新系统更难于筹划,比其成功更令人怀疑,比其管理更风险重重。因为新系统的创造者必将面对所有旧制维护者的敌意,而即使是从新系统的受益者那里,得到的也只会是冷遇。

—— Niccolo Machiavelli

如果你在行程中遇到岔路口,那就走岔路吧。需要特别当心的是,如果你不知道自己想去哪里,就不可能到达目的地。

—— Yogi Berra

1.1　引　　言

空间系统可以帮助理解空间环境及其物理规律,也可以通过执行特定的服务使社会受益,因而迫切需要发展空间系统。军事、商业和科学研究早已开始了对空间资源的利用,发展成本适宜、功能强大的空间系统。空间系统的计划、开发、集成、测试、发射和运行是一项深奥的系统工程,需要每个参与者的紧密协作。这些参与者需要具备跨学科的科学、工程和管理能力,从而应对快速变化的形势。

通常,航天系统开发需要满足各种要求,如小批量采购、在整个开发周期内技术会发生重大变化、发射成本是总成本的重要部分、不能访问航天环境以进行系统维修或升级等。因此,要求空间系统具有唯一性、鲁棒性和稳定性,并具有最小的质量和功耗。

本章讨论用于并行开发复杂航天系统中不同子系统的流程和技术。并行开发带来重大的工程与管理挑战。系统工程的目标在于整体成功,因而其本质是折中和权衡,即经常所说的"欲速则不达"。

1.2　系统工程基础

系统是一系列功能子系统的集合,这些子系统协同工作,以满足特定的要求。应该认识到,大多数系统不会独立存在,并且是超级系统或系统群的一部分。这通常会给开发过程带来不利的约束。

系统的部件分类如下。

（1）一个系统是一组功能子系统的集合，这些功能子系统进行部署和运行，以满足任务目标。通常，功能子系统包括硬件、软件和运行人员。例如，全球定位系统、国防卫星通信系统、NASA跟踪与数据中继卫星系统等都属于功能子系统。

（2）一个功能子系统是一组要素的集合，这些要素共同构成功能子系统的主要部件或功能成分。例如，卫星星座、用户集合、跟踪与控制网络等都是功能子系统。

（3）一个要素是一组子要素的集合，子要素共同执行一个重要的功能，几个子要素集成在一起形成一个要素。例如，星座中的航天器、用户组以及网络跟踪站等属于要素。

（4）一个子要素是一系列组件的集合，组件在一个要素、功能子系统或系统内执行特定功能。例如，姿态确定与控制子系统、电源子系统以及热控制子系统等属于子要素。注意，这些子要素经常被开发人员称为系统。

（5）一个组件是一系列器件的组合，这些器件共同执行特定功能。多个组件用以形成一个子要素。例如，对于姿态确定子要素，组件包括太阳敏感器、磁强计、惯性测量器件、姿态确定与控制器件等。

（6）一个器件是一个组件的功能细分。对于姿态确定与控制系统，器件包括太阳姿态的敏感器件、太阳姿态确定的电子器件、磁场敏感器以及磁场确定的电子器件。

（7）一个零件是器件中的一个硬件，不能再进行逻辑划分，例如，芯片、二极管、腔体和固定螺栓等。

术语"功能子系统"和"要素"较少使用，通常不用于单个航天器，也不用于数量较少的测控站和用户。在实践中，上述分类并不会严格遵循。例如，大多数航天器子系统非常复杂，以至于通常被称为系统，如姿控系统和热控系统。

系统工程的目标是在可接受的风险下，按照预期流程设计、组装、运行、部署满足指定规范的高性价比系统。因此，系统工程的三个主要衡量指标是性能、风险和成本。虽然有时候设计流程被单独考虑，但是通常会包含在成本中。在其中的两个指标确定的情况下，第三个指标将依赖于前两个指标。根据这一事实，系统工程的困难可以定性地描述，常见的描述方式如下。

（1）在风险不变的条件下降低成本，性能必然降低。

（2）在风险不变的条件下增加性能，成本必然增加。

（3）在性能不变的条件下降低成本，风险必然增加。

（4）在性能不变的条件下降低风险，成本必然增加。

（5）在成本不变的条件下增加性能，风险必然增加。

（6）在成本不变的条件下降低风险，性能必然降低。

通过识别系统开发和运行所依赖的部件与过程之间的内在关系,系统工程强调系统在满足特定要求情况下的并行开发与运行。这种方法包括识别并量化任务要求、确定可选概念、进行设计研究、确定最佳设计、组合设计结果、子系统集成与系统集成、验证系统是否满足要求以及系统性能评估等。系统工程可以提供建议,使管理层查看系统开发的状态,为管理层决策提供有利的或必要的选项。国际系统工程委员会(International Council of Systems Engineering,INCOSE)对系统工程的定义如下。

(1)系统工程是一种系统成功实现的跨学科方法和手段。

(2)在系统开发早期,主要关注客户需求和所要求的功能,并将这些需求记录下来;然后,进行设计综合与系统验证,同时考虑运行、性能、测试、制造、成本和流程、培训与支持、应用等所有问题。

(3)系统工程将不同学科和专业力量集成到一个团队中,形成从概念、生产到运行的模式化开发过程。

(4)系统工程强调所有客户的业务和技术需求,其目标是提供满足用户要求的产品。

系统工程是一种并行开发产品和服务的系统性集成方法。因此,系统工程是一种跨学科和分阶段的方法,用于开发并验证满足一系列需求和规范的系统。系统工程的固有特性如下。

(1)系统级需求明确。

(2)系统开发和运行的周期确定。

(3)最满足设计要求的系统可能是很复杂、具有风险性或不确定的。

(4)系统开发的当前状态是过去的综合总和,也是未来的基础。

根据各种组织发布的不断改进的工程标准可知,系统工程正在发展成为一个严密的学科。撰写本书时,MIL-STD 499B 的几个工程标准已经改进,并得到广泛关注,但没有得到官方的正式发布。当前标准由美国电子工业协会(EIA)、美国电气和电子工程师协会(IEEE)、欧洲航天标准化合作组织(ECSS)和国际标准组织(ISO)编写。另外,其他的几个系统工程标准正在制定中。这些标准重点关注流程及其相关活动,避免一些特殊方法。良好的系统工程实践的优点包括以下几点。

(1)降低开发时间。

(2)提高需求的满意度。

(3)降低总成本。

(4)简化流程。

(5)提高系统质量、鲁棒性和可靠性。

(6)降低风险。

(7)增强系统维护和升级能力。

暂行的 EIA/IS-731 系统工程能力模型是系统工程标准的一个示例(Electronic Industries Alliance,1999)。能力模型是一个设计和评估流程的框架。在能力模型中,类别的分级模型和关注领域被定义,其中每个关注领域包括做法和结果。EIA/IS-731 的分类包括技术(与生产、产出相关的技术)、管理(指导项目所需的计划、控制及信息管理)及环境(基础设施)。这三种能力及其 19 个关注领域如表 1.1所示。

表 1.1　含有类别和关注领域的 EIA/IS-731 系统工程能力模型

系统工程技术分类	·集成学科
·定义利益相关者及系统级需求	·与供应商协调
·定义技术问题	·管理风险
·定义解决方案	·管理数据
·评估与选择	·管理配置
·集成系统	·确保质量
·确认系统	**系统工程环境分类**
·验证系统	·定义和改进系统工程流程
系统工程管理分类	管理能力
·计划与组织	·管理技术
·监测与控制	·管理系统工程的支撑环境

1.3　系统工程中的概念

下面是系统工程的几个重要概念,包括功能分析、验证与确认、技术成熟度、质量裕量及收益分析。

1.3.1　功能分析

功能分析是在任务或系统需求确定后需要执行的第一步,是从上到下的逐层分解过程。在这一过程中,将确定完成任务所需的所有功能及其关系。功能分析可以将系统分解为子系统,确定系统与子系统之间的关系,从而明确系统和子系统的需求。必须注意的是,要避免为完成功能需求而指定实现功能的方法。

1.3.2　验证与确认

在运行之前,对系统进行验证与确认(verification and validation,V&V)是系统工程的重要因素。验证过程主要是确认系统是否满足系统级的要求,尤其是确认系统是否按照要求构建的。这可以通过测试、分析、展示及检查实现。确认过程主要是给出系统实现期望目标的依据。通常确认系统比验证系统更困难。确认过程只发生在系统层面,而验证过程是在系统与子系统层面上完成的。

1.3.3　技术成熟度

在系统开发过程中估计固有风险的一种方法是确定技术成熟度,即每个子系统或其部件的成熟度(technology readiness level, TRL)。表 1.2 提供了 DOD 5000.2-R 的技术成熟度等级(Department of Defense, 2001)。

表 1.2　技术成熟度及其定义(来自 DOD 5000.2-R)

技术成熟度	描述
观测与报告的基本原则	技术成熟度的最低等级。这是科学研究开始转换为技术的基本特征
制定的技术概念和技术应用	标志着发明创造工作的开始。一旦确定了工作原理,就要开展实际应用技术研究,它具有可探测性。该阶段没有结果和结论来支持假设,只限于论文研究
分析和实验的重要功能、概念的特征证明	开始主动研究与开发,包括分析研究和实验研究,目的是在物理上验证每项单独技术的期望值。如还没有被集成或描述的部件
实验室环境下的部件和实验板验证	集成基本的技术部件,使这些部件可以协同工作。与最终系统相比,保真度较低,如在实验室环境中集成的 ad hoc 硬件
相关环境下的部件和实验板验证	实验板技术的保真度显著增加。集成基本技术部件与合理的支持单元,这样可以在模拟环境下测试技术,如在实验室环境下具有高保真度的部件集成
在相关环境下系统与系统模型或样机演示验证	在相关环境下测试典型模型或原型样机,这远超过等级 5 中的实验板测试,这标志着在技术演示成熟度方面的重大进展,如在高保真度实验室环境或模拟运行环境下测试原型样机
在运行环境下的原型样机演示验证	使原型样机接近或置于预定的运行系统。这标志着等级 6 的重大进展,要求在运行环境下验证实际原型样机,如在航空器测试平台中测试原型样机
通过测试和演示验证,成功实现实际系统	技术已经工作在最终状态和期望状态。在几乎所有情况下,该等级代表实际系统开发的结束,如在目标环境中的系统开发测试及评估,决定是否满足设计规范
通过成功的任务运行验证实际系统	最终状态及任务状态下技术的实际应用,如运行测试与评估中使用的技术。示例包括在任务运行环境下使用系统

1.3.4　质量裕量

空间系统的一个重要参数是在项目开始时的航天器质量及其裕量。质量是许多子系统选择过程的关键参数,特别是发射系统、推进系统和结构。因此,质量通常有一个上限约束。违反上限约束会带来严重的后果,如降低有效载荷质量、修改轨道、重新设计和结构重建,甚至可能改变发射系统。在开发过程中,系统质量呈现增加的趋势,这将在第 8 章论述,其原因是设计的不确定性以及紧固件、线束器件等零件会在预计之外使用。在开发早期应制定分级质量表,并由系统工程师进行管理控制。表 1.3 是根据设备成熟度和设计要求给出的质量裕量建议值。

表 1.3　质量裕量建议

成熟度	建议的裕量因子
非现货或测量结果	1.05
监测已有部件的修改	1.07
已有部件的修改	1.10
新设计,质量计算值	1.15
新设计,全面合理的质量估计	1.20
新设计,质量估计中的不确定	1.30

1.3.5　收益分析

收益分析和研究是系统工程的重要内容,它是指在成本和风险可接受的条件下优化系统性能,并将其记录下来,为系统决策提供参考。当系统非常复杂并且具有不止一个选择标准时,需要进行收益分析。在整个项目期间,用于收益研究的程序虽然不要求完全相同,但是前后保持一致很重要。有时候通过比较几个备选项的优点和缺点就可以进行决策。另外的方法是按每个选择标准对所有备选方案进行排序,然后选择总体排序较高的方案。

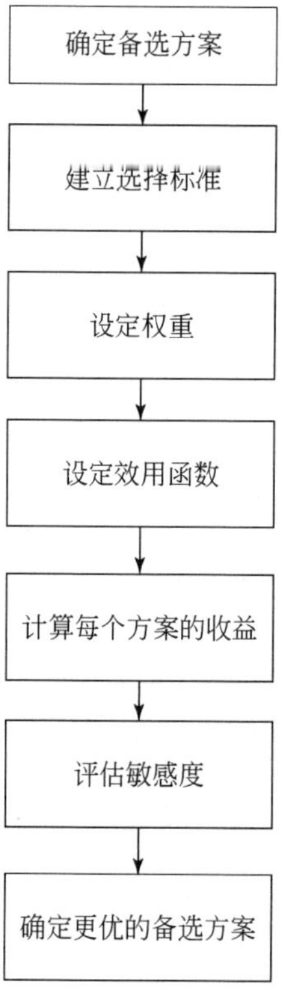

如果选择标准可以量化,则可以使用更正式的分析流程,如图 1.1 所示。首先,确定可靠性、计划、成本、功率、质量、容量、复杂度、安全性、可维护性、准确性、风险、熟悉度等选择标准以及基础设施和设备。然后,对每个标准分配不同的权重,以区分它们的重要性。建立从 0 到 1 的权重效用值,其中最小期望的效用值设定为 0,最大期望的效用值设定为 1,中间期望值设定为中间值。然后,对比分析各种备选方案,然后给出每个方案的权重效用值。通过计算所有方案的权重效用值之和,可得每个方案的相对权重效用值或相对成本。最后,在确定优选方案之前,应当分析所选

图 1.1　收益分析流程

结果对选择标准、权重和效用函数微小变化的敏感度。考虑到规范的微小改变有时会对整体开发过程带来巨大的促进作用,因此有必要通过改变效用函数,以一致的方式评估其对设计规范的影响。

1.4　项目开发流程

系统的生命周期模型是一个分阶段的流程,涉及从需求、开发、运行到结束的整个系统演化过程。将生命周期分为不同的阶段,可以使项目分解成更多的可管理部分。这可以使管理层提高对项目的观测能力,并更好地定量评估进度。生命周期模型的每个阶段应该具有明确定义的进入和退出标准,这样生命周期模型才能被使用或被认为完整。生命周期模型随行业以及任务的复杂度、数量级而变化。在生命周期的每个阶段均存在四个过程,这四个过程反复迭代使用可以实现最终目标。这四个过程分别是构想、评估、批准和实施。

(1)构想过程给出产品生产实施的计划和概念。

(2)评估过程提供独立的能力评估,确认是否满足技术要求和计划目标。

(3)批准过程确认计划实施,意味着项目的一部分准备实施。

(4)实施过程生产出期望的产品。

评估过程确保产品满足标准,且整个生产阶段完成。

生命周期模型包括以下任务。

(1)系统级需求的确定与验证。

(2)将系统级需求转换为子系统需求或规范要求。

(3)将子系统需求和规范要求转换为子系统,这些子系统可以进行组装、集成、测试、维修,并且可以进行性能评估(将这些要求考虑到子系统设计中是非常重要的)。

(4)子系统集成与测试。

(5)子系统集成为系统。

(6)系统测试,包括端到端测试。

(7)将空间部分集成到运载火箭。

(8)系统运行。

(9)任务后评估。

(10)系统任务结束。

用于空间仪器和空间系统开发的生命周期模型通常包括六个阶段。

(1)阶段 A 前期——预先研究阶段,确定新计划和项目。

(2)阶段 A——概念设计阶段,建立满足要求或需求的系统概念。

(3)阶段 B——定义阶段,根据详细要求定义标准系统。

(4)阶段 C——设计阶段,执行详细的设计。

(5)阶段 D——开发阶段,研制并测试系统。

(6)阶段 E——运行阶段,运行和部署系统。

这种方法可以看成螺旋式和瀑布式开发方法的折中。螺旋式开发方法的特征在于开发周期的重复迭代,其中的每个开发周期均以前一周期为基础(Boehm et al,2001),这与瀑布式开发方法刚好形成对比。在瀑布式开发方法中,仅存在一个串行的周期,且对于周期的每个阶段均存在主要目标。瀑布式开发方法可以分为设计阶段、评审阶段、实施阶段和测试阶段。螺旋式开发方法分为重复的设计周期、评审周期、实施周期和测试周期,每个周期均产生 个具有更高复杂度和更高性能的原型样机。

对于总周期为 24～36 个月的中小规模卫星项目,每个阶段的时间分配如表 1.4 所示。这六个阶段经常用于空间系统开发,其细节将在下面部分描述。对于每个阶段,要确定目的、主要活动及其成果、信息标准、控制手段等。这些阶段组成项目的生命周期,并允许细微调整,详见 NASA SP-610s(NASA Headquarters,1995)。

表 1.4　项目阶段计划

阶段	时间/月	人员/(人·年)
阶段 A 前期——预先研究	—	—
阶段 A——概念设计	2～3	1～2
阶段 B——定义	3～4	3～4
阶段 C——设计	6～14	*
阶段 D——开发	13～27	*
阶段 E——运行	—	*
总数(交付到发射现场)	24～48	—

注:* 取决于特定任务要求

阶段 A 前期即预先研究包括任务目标、一个或多个可以满足目标要求的概念。下一阶段研究进度的批准取决于目标、成本和风险。相对于其他竞争性任务,这些因素共同提供了一个有价值的机会。预先研究的主要目的是制订计划,其方针如表 1.5 所示。

表 1.5　阶段 A 前期——预先研究

目的	(2)可能的运行概念
为任务提供思路和备选方案,据此产生新的计划或项目	(3)可能的系统体系结构
	(4)成本、计划及风险估计
主要活动及其成果	· 为已有项目制订主计划
· 确定任务遵循章程	**信息标准**
· 确定并关联用户	· 项目主计划
· 对可能的任务执行初步评估	**控制手段**
· 提出计划或项目建议,包括:	· 任务概念评审
(1)任务需求和目标	· 非正式建议评审

注:改编自 NASA Headquarters SP-610s

　　在阶段 A 即概念设计阶段,实现了对任务的如下描述:阐释任务的目的;展示满足任务目标带来的益处;说明任务可以根据一个或多个可信的概念来执行;确定成本、计划和可接受的风险。这一阶段可以通过如下方法来实现:确定任务目标;进行系统以及每个子系统的概念设计;确定发射日期、发射窗口及轨道;描述任务场景;明确研制还是购买;确定必要的高级技术开发项目;确定计划和预算;确定风险和风险缓解策略。阶段 A 研究通常用于回应潜在赞助商的请求,如 NASA 的技术需求公告或非请求建议的实施。这一阶段的准则如表 1.6 所示。

表 1.6　阶段 A——概念设计

目的	(3)高级技术需求
确定所建议的新系统的可行性和期望值,尤其是确定资金来源	· 确定系统和子系统特征
	· 确定顶层工作分解结构
主要活动及其成果	· 论证任务概念及其可行性
· 描述任务需求	**信息标准**
· 确定项目和系统约束	· 确定计划和方案:
· 确定有效载荷	(1)任务效益
· 进行功能分析	(2)存在执行任务的可行设计方案
· 确定顶层需求	(3)计划和成本
· 确定子系统级需求	**控制手段**
· 确定可选运行方案和逻辑概念,考虑可选设计概念,包括:	· 任务定义评审
	· 概念设计评审
(1)可行性和风险研究	· 非引导性概念评审
(2)成本和流程估计	· 项目概念批准评审

注:改编自 NASA Headquarters SP-610s

在阶段B即定义阶段,详细描述任务内容,从而与阶段A相比,它在项目性能、计划、成本和风险上更有把握。任务描述必须足够详细,从而可以确定以此为基础继续项目开发。这可以通过对关键子系统的详尽分析、设计、研究和有限的原型设计来完成。该阶段的指南如表1.7所示。

表1.7 阶段B——定义

目的	• 定义验证方法的最终策略
对项目进行详细定义,确定满足任务要求的基本能力需求,从而给出项目承诺	• 确定集成的逻辑支持需求
	• 确定的技术资源、生命周期成本和计划的估计值
主要活动及产品	• 启动高级技术研究
• 重新描述任务需求	• 修订并发布包括流程、成本的项目计划
• 制定一个系统工程管理计划	**信息标准**
• 制定一个风险管理计划	• 系统需求和确认需求矩阵
• 制定一个配置管理计划	• 系统体系结构和工作分解结构
• 制定一个工程专业计划方案	• 运行概念
• 从功能要求角度重新描述任务需求	• 所有级别的初始规范
• 重新确认有效载荷	• 项目计划,包括计划、资源、采购策略和风险降低
• 重新确认开增强功能分析	**控制手段**
• 建立系统初步需求,确认需求矩阵	• 非引导性评审
• 执行并存档收益研究	• 项目批准评审
• 选择一个基准设计解决方案和运行概念	• 系统需求评审
• 定义内部和外部接口要求	• 系统定义评审
• (重复逐步细化的流程,以根据需求获取详细的规范、图纸、计划确认和接口文档)	• 系统级设计评审
	• 初级设计评审
• 确定风险和风险缓解计划	• 安全评审
• 定义更详细的工作分解结构	—

注:改编自 NASA Headquarters SP-610s

在阶段C即设计阶段,实现了对任务规范的详细描述,使系统可以根据规范进行制造、集成和测试。在该阶段结束时,应当得到所有子系统和系统均实现预期目的的结论。这可以从研究、模拟、实验板、无线频率设备的模型板、以往航天飞行经验、实验和测试中获取支持结论的证据。该阶段的指南如表1.8所示。

表 1.8　阶段 C——设计

目的	·根据项目计划监测项目进度
完成详细的系统设计,其中包括相关的子系统和运行系统	·制定系统集成计划及系统运行计划
	·执行并记录收益研究
主要活动及其成果	·完成制造计划
·添加其他底层设计规范到系统体系结构中	·制定端到端的信息系统设计
·细化需求文档	·细化集成逻辑支持计划
·细化验证计划	·确定预先计划中产品的改进机会
·制作接口文档	·确认有效科学载荷
(重复逐步细化的流程,获取所有等级的设计规范、图纸、验证计划和接口文档)	**信息标准**
	所有其他的底层需求和设计,包括在所有等级上对较高水平规范的可追溯性
·扩展标准文档,用于反映系统的成熟度增长:	**控制手段**
(1)系统体系结构	子系统、底层的基本设计和关键设计评审
(2)确认需求矩阵	系统级基本设计和关键设计评审
(3)工作分解结构	
(4)项目计划	—

注:改编自 NASA Headquarters SP-610s

在阶段 D 即开发阶段(又称制造、集成、测试及认证阶段),得到已经制造、集成和测试的系统,确认该系统及其子系统是否满足设计规范,是否实现了总体目标。该阶段的指南如表 1.9 所示。

表 1.9　阶段 D——开发

目的	·根据项目计划监测项目进度
构建子系统,并集成得到系统,同时通过测试确认所建立的系统是否满足设计要求	·记录执行的验证结果
	·审核竣工配置
主要活动及其成果	·记录学习到的经验
·制造或编目零件,如系统体系结构中的最底层单元	·制定操作人员手册
	·制定维护手册
·根据计划集成这些单元,并且进行确认,得到验证过的部件和子系统	·培训初级系统的操作人员和维护人员
	·最终确定并实施集成的逻辑支持计划
(重复逐步集成的过程,得到验证后的系统)	·执行运行验证
·制定所有层次的验证程序	**信息标准**
·定性验证系统	·"按需构建"及"按需部署"的配置数据
·认可系统验证	·集成的逻辑支持计划

续表

• 端到端的命令序列、遥测验证和地面数据处理	• 系统验收评审
	• 飞行准备性评审
• 操作人员手册	• 系统功能和物理配置审核
• 维护手册	• 操作准备性评审
控制手段	• 安全评审
• 所有层次的测试、准备流程评审	—

注:改编自 NASA Headquarters SP-610s

在阶段 E 即部署与运行阶段,实现系统部署和运行,以及系统最终的退役。该阶段的指南如表 1.10 所示。

表 1.10　阶段 E——运行

目的	(2)返回的科学数据,如在轨拍摄的高分辨率图像
急速运行系统,然后安全地终止系统	(3)首次发现的现象,如发现范艾伦辐射带、发现火山
主要活动及其成果	
• 与发射系统集成,然后进行发射、入轨,实现系统部署	• 运行与维护日志
• 培训替代的操作人员和维护人员	• 问题和故障报告
• 执行任务	• 报废程序
• 维护和升级系统	**控制手段**
• 系统处理流程与支持流程	• 常规系统运行准备程度评审
• 记录学习的经验	• 系统升级评审
信息标准	• 安全评审
• 任务结果,例如:	• 报废评审
(1)系统、子系统以及材料性能的工程数据	—

注:改编自 NASA Headquarters SP-610s

1.5　航天系统开发管理

本节描述用于有效管理复杂航天系统开发的程序和工具,包括系统工程管理计划、项目评审、接口控制文档、配置管理、工作定义和工作分解结构、任务调度、成本估计、挣值管理与风险控制。

1.5.1　系统工程管理计划

系统工程管理计划(system engineering management plan,SEMP)是描述项目技术管理的文档,有时被称为技术管理计划。当组织中可能存在通用计划时,根据具体项目对制定特订的 SEMP 是很重要的。通常,计划包括表 1.11 所示的几个部分。该表来自文献 NASA Headquarters(1995),相关内容也可以参考文献 Defense Systems Management College(1990)。范围部分确定了文档的适用性及其目的、系统工程管理总体责任与权限、文档修改流程。技术计划与控制部分确定了组织责任与权限、工程数据与文档的控制流程、计划保证流程。系统工程流程部分描述了实现前面所述流程的程序,包括收益研究、建模技术、规范结构、风险控制、成本管理。工程专业集成部分描述了在流程中对专业工程的集成,用于确保实现高性价比的产品。

表 1.11　系统工程管理计划

标题(取决于项目)	(2)标准控制流程
(1)文档编号	(3)变动控制流程
(2)日期	(4)接口控制流程
(3)修订号	(5)承包或分包工程流程
目录	(6)数据控制流程
1.0 范围	(7)文档控制流程
本节应该描述:	(8)制造或购买控制流程
(1)文档适用性	(9)零件、材料及流程控制
(2)文档目的	(10)质量控制
(3)与其他计划的关系	(11)安全控制
(4)总体责任和权限	(12)污染控制
(5)文档修改流程	(13)电磁干扰及电磁兼容性流程
2.0 参考	(14)技术性能测量流程
本节应该提供所应用的参考文档和标准	(15)控制手段
3.0 技术计划及控制	(16)内部技术评审
本节应该描述:	(17)集成控制
(1)详细的责任和权限	(18)验证控制
	(19)确认控制

续表

4.0 系统工程流程	5.0 工程专业集成
本节应该描述：	根据需要,本节应该包括以下项目方法：
(1)系统报废流程	(1)并行工程
(2)系统报废形式	(2)专业学科的活动阶段划分
(3)系统定义流程	(3)专业学科的参与
(4)系统分析与设计流程	(4)专业学科的涉及
(5)需求分配流程	(5)专业学科的角色与责任
(6)收益研究流程	(6)系统报废、定义中专业学科的参与
(7)系统集成流程	(7)在验证和确认中专业学科的角色
(8)系统验证流程	(8)可靠性
(9)系统资质流程	(9)可维护性
(10)系统验收流程	(10)质量保证
(11)系统确认流程	(11)集成逻辑
(12)风险管理流程	(12)人机工程
(13)生命周期成本管理流程	(13)安全
(14)规范和图纸结构	(14)可生产性
(15)配置管理流程	(15)生存性/脆弱性
(16)数据管理流程	(16)环境评估
(17)数学模型使用	(17)发射批准
(18)仿真使用	
(19)使用的工具	6.0 附录

注:1999 年 6 月 20 日编写,改编自 NASA Headquarters SP-610

1.5.2 项目评审

上述开发过程涉及大量的并行工作人员,他们将系统级的需求转换为实际系统。系统以及子系统层次上的评审可以确保需求被满足,是一种有效的沟通方式,标志着一个里程碑的实现。评审带来的益处包括：

(1)提供独立、关键的评估。

(2)确定问题。

(3)确保接口理解充分。

(4)促进各参与方之间的沟通。

(5)程式化地记录进度。

(6)标志着里程碑的实现。

(7)给参与方提供激励措施。

一个成功的评审并不一定非要没有发现问题。评审的成功仅取决于专家组的能力和独立性,以及评审专家的主观理解。为确保评审成功,以下因素很重要：

(1)理解评审的目的。

(2)应提前足够长的时间通知主办方和评审人员,使他们能够准备好。

(3)议程的时间充分长。

(4)文档清晰、简练、一致,且提前很长时间发布。

(5)主办方准备就绪。

(6)评审委员知识渊博并且公正独立。

(7)评审组长控制进程。

(8)操作性项目确定,但尚未尝试实施。

(9)对于操作性项目,在文档中提供正式的表格。

(10)书面记录进程和操作性项目。

(11)在指定负责人对操作性项目进行评审,并且闭会日期确定的条件下,会议才可以结束。

(12)进行演练。

评审可以是正式的,也可以是非正式的。子系统评审一般是非正式的,系统评审一般是正式的。对于主办者,评审提供了一个证明产品成熟可靠、得到应有认可、获得同行批准的机会。对于管理者,成功评审是对开发的认可,并标志着一个里程碑的实现。对于航天系统,可能需要进行各种评审。

终审通常用于评审竞争性项目,因此它涉及非常宽泛的主题,包括潜在赞助商需求、任务的目标及对象、潜在竞争对手、成功策略、任务需求、性能、风险、计划和预算。

当需求发生变化或需要将需求发布给不同对象时,如果需求具有不确定性,通常进行需求评审。需求应当被充分理解,这样可使需求评审区别于要求评审。

要求评审可以解决、确定并形式化系统或子系统的要求。项目要求不存在不确定性,因为要求是开发的起点。在要求审查中,明确需求很重要。如果允许,运行需求也应当明确。要求及其敏感性以及目标必须清晰地定义,这样在满足要求的方式上具有最大的余地。有时,所设定的目标会超过需求,这样在可实现并且不会增加成本、流程、风险的条件下,会提高系统性能。关键是要建立要求跟踪矩阵,将系统级要求逐层分解部分、要素、子系统、组件。

在子系统和系统层次上进行设计评审,用于确保设计满足工程要求。系统级设计评审的典型流程如表 1.12 所示,所有人理解评审的目的、排序规则,并且清楚以前评审的操作性项目状态。通常为便于分析,将航天器分为主要有效载荷和支持子系统。主要有效载荷用于直接执行任务;支持系统或航天器平台由所有子系统集成而来,用于支持表 1.12 中所示的主要有效载荷。评审的最后任务是确定每个操作性项目的完成日期和负责人。在设计评审中明确不包括成本。

表 1.12　空间系统设计评审的典型流程

简介	
(1)评审目的	(2)机械和结构
(2)评审方式	(3)通信
(3)以前评审中操作性项目的解决方案	(4)遥控和数据处理
	(5)飞行控制器及软件
任务	(6)姿态确定和控制
	(7)热控子系统
(1)任务目的	(8)电源子系统
(2)系统级需求	
(3)总体任务描述	
(4)发射描述	**地面支持设备**
(5)可靠性和质量保证计划	**集成和测试**
	电磁兼容性
有效载荷	**安全性**
(1)有效载荷 1	**发射现场操作**
(2)有效载荷 2	**任务操作**
⋮	**风险和风险缓解计划**
(N)有效载荷 N	**文档**
航天器评审	**确定操作性项目**
(1)跟踪、导航和轨道确定	

概念设计评审是阶段 A 即概念设计的一部分,首先是子系统层面上的评审,然后是系统层面上的评审。目标是确定合理的要求,并确保总体设计概念能够满足要求。

通常,初级设计评审作为阶段 C 的一部分,首先在子系统级进行设计,然后在系统级进行设计,其目的是确认每个子系统和系统的方法可以进入详细设计阶段。当每个子系统均存在初步设计方案时,可以进行初级设计评审。初级设计评审可以确认:

(1)每个子系统或系统的设计方法满足要求。

(2)设计通过了初步工程结果的验证。

(3)已经确定了风险,并且降低风险到可接受的级别。

(4)完成基本集成与测试计划。

关键设计评审位于系统级初步设计评审之后,是阶段 C 的一部分。首先在子系统级进行评审,然后在系统级进行评审,其目的是确认设计完成,并且项目准备继续发展到阶段 D。在子系统或系统级的关键设计评审可以确认:

(1)每个子系统有详细的设计。

(2)子系统或系统设计满足要求。

（3）设计通过工程结果的验证。

（4）设计结果可以进行制造、集成和测试。

（5）具备用于系统制造的正确文档。

（6）完成最终集成与测试计划。

（7）风险是可接受的。

对于不太复杂的系统，有时候采用工程设计评审，而不是上面讨论的多个设计评审。表 1.11 所示的系统级设计评审流程也适用于工程设计评审。

制造可靠性评审用于确保设计具有制造、组装可行性，主要是针对子系统的。制造可靠性评审的基础是在关键设计中制定的详细规范和图纸。参与方应该是负责设计的工程师和设计人员，以及负责制造、组装的工程师和技术工人。在这次评审之前，后者应该看到过设计结果。在概念设计之后，应该向这些人员咨询，并使其参与项目，从而帮助避免可能的制造困难。如果在设计阶段已经进行了良好的沟通，那么这些评审应该没有困难，只需要将设计转换为生产制造，并解决次要的细节问题。制造可靠性评审在关键设计评审之前进行。

设计发布评审用于确保子系统的制造图纸、设计规范已经完成、审核和批准，以及确保可以进行制造。完整、准确的制造规范的重要性无论怎么强调都不为过。在制造中的变化会造成成本增加或交付延误。

在子系统合成和将子系统集成到系统之前，进行集成准备程度评审很重要。这些评审提供了所需的正确集成顺序和定性测试，可以确保子系统或系统顺利集成。

测试评审可以确保子系统或系统完成测试准备、测试计划和测试程序正确详细、测试设施和测试人员合格。该评审用于主要子系统和系统测试，其中不充分或不正确的测试可能成本很高，或破坏系统重要部件。在系统层面上，该评审应该涉及所有原则。

验收级评审在完成所有验收测试后进行，目的是确保子系统或系统等交付物准备就绪。该评审确认如下事项：交付物已经达到测试标准；对测试异常进行了解释；接口控制文档中的标准已经满足；调整和校准已验证；交付文档和软件已完成；现场运行计划是可接受的。

飞行运行准备程度评审用于批准发射和发射后的飞行运行。这些评审涉及任务控制器以及地面和空间不同的参与设施。最重要的是确保任务能够实现预期目的、所涉及的设施和人员准备完毕、发射可以安全进行。为实现任务目的，空间飞行任务会涉及诸多地面和空间设施，这些设施协调一致共同完成重要的任务。

1.5.3　接口控制文档

接口控制文档是一个正式文档，用于确定并控制设备与子系统之间或子系统与系统之间的物理、功能、环境、运行和程序接口。接口控制文档规范来自系统或子系统规范,这些规范通常形成一个接口需求文档或接口需求规范。

接口控制文档通常是合同的一部分,可以作为交付物的一部分,需要开发和采购组织签字。接口控制文档应当包括细节信息。例如,对于一台电子设备,接口控制文档内容应当包括产生热量的多少、运行温度、无线电发射的幅值和频率、指定引脚之间的连接器类型、紧固件类型与位置等。典型的接口控制文档格式如表1.13所示。

表 1.13　典型接口控制文档

1.0 总结	**3.5 机械接口**
1.1 目的 　　目的和目标 1.2 范围 　　描述接口控制文档的范围 　　确定接口的关键内容 1.3 定义、缩略语和缩写 1.4 概述 　　物理接口的简要模块图 　　接口的简要描述	定位误差、特殊支撑、可调整性、连接细节等 **3.6 电气需求** 　　电压、电流、功率、峰值功率、EMI、带引脚分配的连接器等 **3.7 环境接口** 　　热通量、功率、运行与生存温度等 　　磁通量密度、变化率等 　　辐射总剂量、类型、流量密度等
2.0 应用文档	**3.8 液压/气动接口**
确定后面部分所要引用的文档,如图纸、草图、规范等	真空或非传统流体的要求,如低温、高纯度或毒性气体等。调节池中的油就是一个实例 **3.9 其他接口**
3.0 接口定义	
本节包括用于完整地定义接口需求的文字、图纸、表格等 　3.1 物理接口 　　外壳、体积、质量、转动惯量、质心、主轴等 　3.2 无线频率接口 　　频率、电源、调制、信噪比、电磁兼容性、连接器等 　3.3 遥控和数据接口 　　格式、数据速率、实时、延迟遥控等 　3.4 结构接口 　　静态、动态、振动、声音、振动负载、弯曲和扭转力矩、允许偏差、张力等	**4.0 验证** 4.1 质量保证 　　质量保证要求、接口控制文档的需求验证矩阵 4.2 测试 　　测试约束、设施要求、检查要求 4.3 运输准备 **附录** 交付计划 命令列表 数据格式

1.5.4　配置管理

配置管理提供规范的方法,用于确定、控制、审核并确认需求文档、规范文档和实施文档,从而正式记录产品配置。配置管理的目的包括:表明合同任务已经完成;便于进行系统复制;能够有效处理在轨异常。配置管理通常在关键设计评审完成时实施。配置管理包括配置确认、通过配置控制板完成配置控制、配置审核和配置确认。

配置确认通过描述项目需求和项目规范(如图纸、流程和用于制造系统的材料列表等)的文档来实现。其中,依照等级使用零件和图纸编号是十分重要的,这样可以确保在随后的变动中可以准确无误地追踪文档。

配置控制是建立标准配置、控制变动的正式流程。控制变动通过配置控制板的正式动作实现,可以评审和批准硬件、软件以及系统运行方式的变动。配置控制流程如图 1.2 所示。工程变动请求(engineering change request,ECR)通常指定为Ⅰ级或Ⅱ级。合同协议要求的Ⅰ级变动需要得到赞助组织的批准。Ⅰ级变动影响性能、计划、风险和成本,并且通常产生额外的文档。与Ⅰ级变动不同,Ⅱ级变动通常是对已有产品文档的修订。

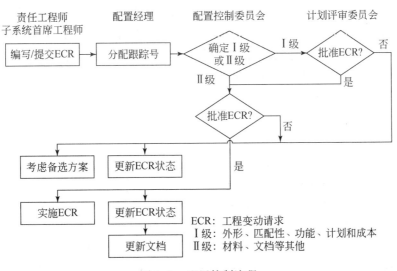

图 1.2　配置控制流程

配置控制委员会(Configuration Control Board,CCB)通常包括子系统首席工程师,并且由系统工程师主持。CCB 对每个子系统的陈述用于表达所建议的更改,同时明确考虑对其他子系统的潜在影响。CCB 解决的问题包括:

(1)建议的变动和解释。

（2）不进行变动的影响。

（3）对设计、性能、风险、计划和成本的影响。

（4）对其他子系统的影响。

（5）确定要更改的文档。

配置审核由配置经理负责，负责提供系统的官方文档，这些文档包括报告、零件列表、图纸和规范。在设计冻结之后，通常也就是在关键设计评审结束时，这些文档会成为标准。只有得到配置控制委员会和项目管理层批准之后，才可以用可标识的方式进行文档更新。这意味着在原则上对实施文档的修改，必须在正式变动请求、文档修订、修订文档确认和最终批准完成之后进行。配置经理可以通过手写或计算机的方式，对标准文档进行"红线"修正，用于降低成本和计划影响，从而可以消除 CCB、项目管理层批准和更改正式实施、确认之间可能发生的过长延迟。

配置确认可以确保文档符合系统，确保所要求的变动被写入合同，并且确保系统进行了相应的制造和测试。配置确认通过评审和审计来实现。

1.5.5　工作定义和工作分解结构

工作定义是为满足系统需求而确定特定任务的过程。这需要在系统层面上确定交付成果、产生交付成果所需的任务以及成果和任务的关系。正确进行工作定义对项目成功至关重要。在投入大量的资源之后，如果不能有效控制工作中的疏忽或错误，会对项目开发造成损害。工作定义应该自上而下以分层的方式完成，从而确保诸多管理功能可以有效发挥，包括：

（1）建立清晰的项目目标。

（2）制订计划并跟踪进度。

（3）评估技术性能。

（4）估计成本，制定并跟踪预算。

（5）确定并平衡资源。

（6）针对合同要求定义工作描述。

定义工作的关键工具是工作分解结构（work breakdown structure，WBS）。WBS 将工作自上而下连续地进行分层和分解，越靠近底层，工作分解越详细。WBS 的每项活动（也称为工作包、工作单元、单元或任务）应该表示一项可标识的工作产品，该产品可以追溯到一个或多个系统级需求。可识别的工作产品包括硬件、软件、服务、数据和设施。在每项活动内的任务可能包括需求、分析、设计工程、材料、返工与重新测试、软件工程与开发、移动、计算机支持、系统工程、项目管理、培训、备份以及质量管理等成本节约工作。对于每项活动，确定以下特性：

（1）活动标识。

（2）活动之间的依赖性，如前例和后续活动。

（3）产品和里程碑。

（4）时长。

（5）要求的资源。

（6）所需的特殊设施。

（7）重要子合同和采购。

对于大型项目，相关活动被归纳、分类到不同的工作包。不同产品间 WBS 的一致性允许对成本和计划进行历史对比，用于对随后的项目进行估计。WBS 中的层次数取决于任务大小和复杂度，并且与可控风险相适应，从而以最低代价实现管理活动，具体包括：

（1）可以量化期望产品。

（2）可以判断完成。

（3）可以确定里程碑。

（4）可以度量成功。

（5）可以合理估计资源需求。

（6）可以合理估计时长。

层次数越多，管理层对计划、成本的可见性越高，但是随之带来的分层、报告等额外成本会增加，通常层次数是这两者的折中。对于添加到 WBS 中的每一层，成本和准备时间呈指数级增长。一级活动包括系统或一个巨大系统的子系统，如航天器任务、航天器系统、航天器平台、航天器有效载荷等。二级活动是构成系统的主要子系统，包括硬件与软件开发、系统级服务集成和数据，其中系统级服务集成包括测试与评估、系统工程与项目管理等。通常，二级活动按子系统组织。三级活动从属于二级活动，并且通常包括更小的子系统或组件，可以是一种服务（如子系统测试与评估），也可以是一种数据（如测试报告）。低层次遵循相同的模式。通常，典型的航天器开发使用三层 WBS，其中所选择的活动具有一层或多层结构。WBS 的第三层是用于外部信息沟通的正常报告层。构建一个包括各个活动特性描述的 WBS 库很有用。每个活动应该进行编号，这样他们可以进行跨层跟踪。例如，如果第一层的活动编号分别为 10、20、30，则可以跟踪到活动 10 的第二层编号可能为 10.1、10.2、10.3。与此类似，可以跟踪到活动 10.1 的第三层活动可能为 10.1.1、10.1.2、10.1.3。每项子承包商通常分配到单个 WBS 活动。通用的 WBS 如图 1.3 所示。

为建立 WBS，需要确定活动的先验活动以及不同活动之间的依赖关系。后续活动是指一个活动之后的活动。先验活动是全部或部分前于一个活动的活动。先验活动和后续活动之间有三类依赖关系。

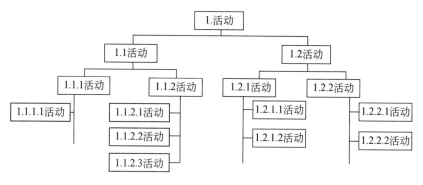

图 1.3 WBS

(1)强依赖关系是所完成工作的固有依赖关系,属于硬依赖关系。例如,只有当子组件存在时才可能集成组件,或只有当测试件存在时才可以进行测试。

(2)自由依赖关系由管理层定义,并且认为是软依赖关系。需要小心地引入自由依赖关系,因为它们可能妨碍达到或减少成本和工作流程。

(3)外部依赖关系指来自非项目活动的依赖性,例如,外部设施的可用性或外部供应商的零件交付。

关于构建 WBS 的详细信息,参见 MIL-HDBK-881(Department of Defense, 1998)和 SP-610s(NASA Headquarters, 1995)。航天器开发的典型 WBS 如表 1.14 所示。

表 1.14 航天器开发的典型 WBS

1.	项目管理	1.07	与制造部门的协调
1.01	项目经理	1.08	安全性
1.01	系统工程师	2.	质量可靠性保证
1.01.1	规范	2.01	可靠性预测
1.01.2	接口控制文档	2.01	故障模式效应和关键性
1.01.3	设计评审	2.02	子承包商和销售资质
1.01.4	软件工程监督	2.03	安全性
1.02	项目科学家	2.04	评审和文档
1.03	财务审计支持	3.	结构
1.04	项目文档	3.01	运载器质量属性列表
1.05	计划与状态	3.01	应力分析
1.06	管理支持	3.02	发射系统接口

续表

3.03	部署/分离机制	7.05	数据存储
3.04	工程模型	7.06	电力切换
3.05	测试固件	7.07	测试设备
3.06	评审和文档	7.08	评审和文档
4.	电力子系统	8.	电磁兼容性
4.01	负载需求	8.01	EMC 环境需求
4.01	太阳能电池阵列	8.01	评审及文档
4.02	电池存储	9.	轨道/高度控制
4.03	热电池	9.01	轨道/高度分析
4.04	电压转换	9.01	姿态确定
4.05	电压调整和监测	9.01.1	太阳敏感器
4.06	测试设备	9.01.2	磁强计
4.07	评审和文档	9.01.3	星敏感器
5.	热量	9.01.4	地平仪
5.01	热流分析	9.01.5	陀螺仪
5.01	主动热量管理	9.02	姿态调整
5.02	被动热量管理	9.02.1	反作用飞轮
5.03	隔热层	9.02.2	磁力矩器
5.04	热量真空测试固件	9.03	轨道确定
5.05	评审和文档	9.04	轨道调整
6.	RF 通信	9.05	测试设备
6.01	链路需求	9.06	评审和文档
6.01	频率分配	10.	推进
6.02	天线	10.01	控制
6.03	接收器	10.02	推进器
6.04	发射器	10.03	测试设备
6.05	测试设备	10.04	评审和文档
7.	遥控与数据处理	11.	实验
7.01	遥控要求	11.01	理论建模
7.01	遥测要求	11.02	传感器开发
7.02	遥控处理器	11.03	实验计划
7.03	软件	11.04	实验接口
7.04	批量测试	12.	主要子合同

续表

13.	集成和测试	14.08	测试设备
13.01	导线	14.09	评审和文档
13.02	测试设备	14.10	用户文档
13.03	环境测试	15.	发射场操作
14.	地面支持设备(GSE)	15.01	航天器/运载系统集成
14.01	卫星跟踪站	15.02	航天器检验
14.02	GSE 计算机及其外围设备	15.03	区域协调
14.03	专用硬件	16.	任务运行
14.04	软件	16.01	任务规划
14.05	加密/解密	16.02	航天器运行
14.06	实验接口	16.03	发射后数据分析
14.07	任务控制中心		

1.5.6　任务调度

任务调度的目的在于确定一系列实际的活动次序,为协调资源和项目进度监测提供基础。WBS中确定的活动代表将要执行的工作。为了按时完成项目,需要根据时间节点计划活动,并确定所需的资源。对于每个活动,通常计划涉及确定如下内容:

(1)根据主要目的或产品确定标题。

(2)层次性编号标识。

(3)先验活动。

(4)交付成果。

(5)里程碑。

(6)所需资源。

(7)所需设备和设施。

(8)采购。

(9)时间。

任务调度的作用如下:

(1)促进制定详细、完整的计划。

(2)确保项目所有阶段的问题均已处理。

(3)增强主要事件和里程碑的可视性。

(4)为项目执行建立时间及其节点。

(5)为阶段性能测试打下基础。

（6）帮助确定、控制风险。

（7）确定所需的资源、材料、设施等。

（8）确定、分配责任。

（9）增强沟通。

（10）为主动决策提供关键信息。

任务调度开始于在最高层次上启动活动，并制定一个主计划。主计划是最高层次的计划，显示了整个项目的计划。根据主计划可以制定 WBS 每一层活动的详细计划。通常，需要在所有层次上迭代、调整计划，确保人力资源、设备和设施可用，并且预计交付日期满足要求。调整任务调度，从而确保所需人力与可用资源相匹配，这个过程称为资源平衡。资源平衡的前提是通过消除人力资源波动可以降低人力成本。

当活动完成时，不管是否提前或延迟，任务调度都需要在满足人力、成本、设备和设施约束的条件下重新修订，并将修订内容显示在新的任务调度中。在新的任务调度正式执行前，维护原始日期和修订日期是很重要的。已修订日期可提供重要信息，如完成日期一天比一天推迟的极端情况。

在任务调度中，自由浮动、路径浮动和临界路径是三个非常重要的参数。

（1）自由浮动指活动被延迟但不会引起其他活动延迟的时间长度。

（2）路径浮动指相互关联的活动被延迟但不会影响最终成果交付日期的时间长度。

（3）临界路径指相互依赖的活动的路径浮动为零或接近零。这时，在没有修改或变通方案的情况下，任何活动的延迟都将影响交付日期。

下面将讨论使任务调度系统化的方法，包括甘特图、里程碑图、网络图、甘特图和里程碑图的组合。

1. 甘特图

甘特图，又称条状图，是一个水平的柱状图。Gantt 于 1917 年提出了甘特图，用于生产控制。图中的水平轴表示活动的日程时间，垂直轴表示不同的活动。时间单位是小时、天、周或月。在评估状态下，垂直线用于表示报告日期，进度可以通过暗色或彩色水平柱表示，勾号标记表示重要事件。活动之间的箭头可以显示先前活动，但不能清晰显示一个活动的延迟如何影响后续活动。在使用中甘特图有不同的版本，主要区别在于使用的颜色以及自由浮动、路径浮动、临界路径的标识。可以根据主计划分层构建甘特图，直到满足项目需求。下面以航天器遥控处理器为例，给出甘特图示例，如图 1.4 所示，该图标识了自由浮动、路径浮动和临界路径。

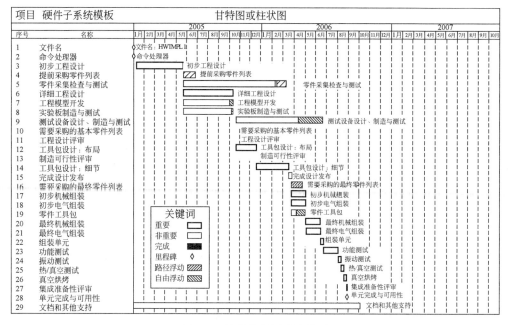

图 1.4　简单甘特图或柱状图

2. 里程碑图

里程碑图用于表示里程碑事件,其水平轴表示日程时间,垂直轴表示不同活动。里程碑是指项目期间为实现项目目标而发生的重要事件。这些事件发生在特定的时间节点,如测试完成、评审开始、组装交付等。根据项目所需的层次程度,里程碑图也可以根据主计划进行层次化部署。里程碑图的示例如图 1.5 所示。里程碑图不能清晰显示自由浮动、路径浮动以及活动之间的相互关系。

3. 网络图

网络图是显示从最初活动到最终活动的序列流程图,又称工作流程图。该图明确地显示了活动之间的先后关系或依赖关系,以及每项活动的开始时间。与甘特图和里程碑图相比,网络图可以进行层次化划分。网络图的要素通常为 WBS 的要素,从而为项目管理提供一致的方法。原则上,依赖关系或先后关系可以分为四类。

(1)完成到开始:后续活动的开始取决于前一活动的完成。

(2)开始到开始:后续活动的开始取决于前一活动的开始。

(3)完成到完成:后续活动的完成取决于前一活动的完成。

(4)开始到完成:后续活动的完成取决于前一活动的开始。

这四种可能性如图 1.6 所示,其中最常见的逻辑关系类型是完成到开始。

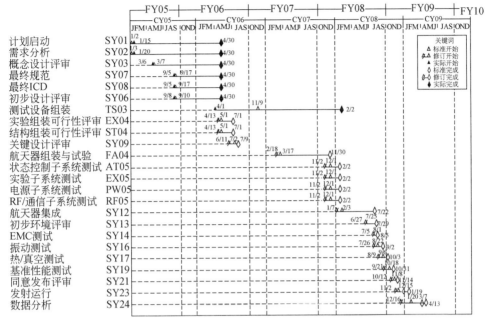

图 1.5 样本里程碑图

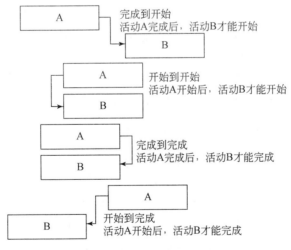

图 1.6 WBS 中的四种依赖关系

4. 箭头图法和前趋图法

网络图可利用箭头图法或前趋图法来实现,分别如图 1.7 和图 1.8 所示。这一实现有时候称为 PERT 图表,但是这种说法不是很准确。

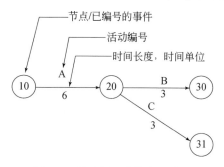

图1.7 箭头图法或箭头活动法

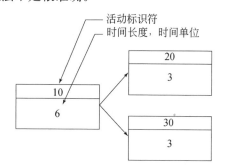

图1.8 前趋图法或节点活动法

箭头图方法(arrow-diagramming method,ADM)也称为箭头活动(activities-on-arrow,AOA)方法,使用箭头表示活动,使用圆圈表示节点。箭头尾部表示活动的开始,箭头头部表示活动的完成。箭头长度没有意义。活动利用资源和时间产生产品,但是节点不需要资源和时间,它连接了所有的依赖关系,表示一项活动的最早开始时间或最晚完成时间。有时,ADM 要求引入零时长虚拟活动,用于在节点间施加约束。在箭头图中一般不应出现环路,但是当活动返回到一个更早的活动时,则会出现环路。所使用的 ADM 格式通常与项目评估、技术评审有关,后续章节将会讨论这一问题。

前趋图法(precedence-diagramming method,PDM)也称为节点活动(activity-on-node,AON)法。它使用矩形作为节点,用于表示活动;使用箭头来连接矩形,用于显示依赖性。前趋图在最近几年变得更常见,这是因为它具有更简单的形式,不需要虚拟作业,能够清晰地显示制约因素,并简单地描述逻辑关系。制约因素的一个例子是活动 B 在活动 A 完成之后才能开始。

5. 网络分析、项目评估与评审技术、关键路径管理

通常,用于网络分析的方法包括项目评估与评审技术(program evaluation and review technique,PERT)法、关键路径法(critical path method,CPM)等两个方法,其中后者更流行。项目评估与评审技术法是一种统计方法。虽然经常提及这种方法,但是当前并不经常使用。因此,这里只给出其原则。对于每个活动的时间长度,项目评估与评审技术法给出三种估计:最乐观时间 t_o、最悲观时间 t_p、最可能时间 t_1。基于这些原则可以决定每个活动的平均时长和时长方差,其中一个活动的平均时长 t_m 为

$$t_m = \frac{1}{6}(t_o + 4t_1 + t_p) \tag{1.1}$$

一项活动的时长方差 σ^2 为

$$\sigma^2 = \left[\frac{1}{6}(t_p - t_o)\right]^2 \tag{1.2}$$

在整个网络上,分别前向和后向计算平均时长,得到每项活动完成时间的两种估计值,即最早期望时间和最后允许时间,同时得到该项活动的松弛时间。

(1)前向计算是指网络中从左到右,即从开始到完成的计算,从第一个活动依次遍历到最后一个活动,从而得到任务完成的最早期望时间。

(2)每项活动的最早完成时间(TE)为所有先验活动平均时长之和的最大值。

(3)后向计算是指网络中从右到左,即从完成到开始的计算,在满足要求的条件下得到任务最后允许完成时间。

(4)每项活动的最后允许完成时间(TL)一般被设定为最早完成时间或稍晚的时间。据此可知,先前活动的最后运行完成时间为 TL 减去一系列活动时长总数的最大值。

(5)松弛时间(TS)由 TL 减去 TE 得到,即

$$TS = TL - TE \tag{1.3}$$

松弛时间是在不影响后续活动的前提下活动可以延误的时间。

当已知交付日期的 TE 和 TL(与最后活动的 TE 和 TL 相同)以及沿关键路径的方差时,可以利用 Beta 分布计算完成日期的统计值及其方差。

关键路径法是一种对各项活动时长的确定性估计方法,和项目评估与评审技术法具有很多类似之处。对于每项活动,通过两步计算的四个关键日期,分别是最早开始、最晚开始、最早完成和最晚完成日期。首先从第一项活动开始,通过网络上的前向计算,依次确定每项活动的最早开始时间和最早完成时间。

(1)前向计算是网络上自左向右的计算,根据先前活动和每项活动的时间长度,确定活动的最早开始和最早结束时间。

(2)每项活动的最早开始时间(ES)是该活动之前所有活动的最早完成时间。

(3)每项活动的最早完成时间(EF)是在最早开始时间基础上增加该项活动的时长。

然后,从最后一项活动开始,通过网络上的后向计算确定每项活动的最晚开始和最晚完成时间。其中,最后一项活动的最晚完成日期是事先指定的,这一日期可以选择为最早完成日期或更晚的日期。

(1)后向计算是网络上从右到左的计算,用于确定每项活动的最晚开始日期和最晚完成日期。

(2)每项活动的最晚开始时间(LS)等于该活动的最晚完成时间减去该活动的时长。

(3)每项活动的最晚完成时间(LF)是其后续活动的最晚开始时间。

根据每项活动的最早、最晚完成时间,可以判断每项活动的自由浮动和路径浮动,甚至有可能判断关键路径。

(1)每项活动的自由浮动(FF)等于其后续活动的最早开始日期减去该项活动的最早完成日期。

自由浮动表示在不影响后续活动最早开始日期的前提下,某一项活动最早完成时间的浮动范围。

(2)每项活动的路径浮动(PF)指最晚完成日期与最早完成日期或最晚开始日期与最早开始日期之差,即

$$PF=LF-EF=LS-ES \qquad (1.4)$$

在路径浮动范围内,沿某一条路径的活动或活动组合可能被延误,但在原则上最终产品的交付日期不会被延误。然而,在项目开发早期利用路径浮动,会使下游活动的灵活性最小化。另外,由于设施和人员的不可用,活动的完成延误可能会引发额外的延误。网络中具有最小浮动的路径是项目完成的最短时间。

(3)关键路径是网络中某一活动的路径浮动为零或接近零的路径。

因此,如果存在关键路径,那么沿该关键路径的活动将会按时完成,否则在原定计划不变的情况下交付日期将会被错过。在一个动态项目中,关键路径经常发生变化,这样可以监测具有小路径浮动的路径上的活动。事实上,对于每项活动的路径浮动,应当建立管理优先级。

图1.9给出了基于前趋图法和关键路径管理示例。

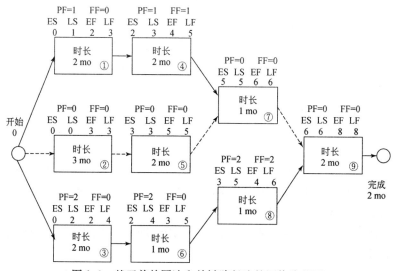

图1.9　基于前趋图法和关键路径法的网络流程图

关键路径法包括前向计算和后向计算。ES指最早开始,表示所有先前活动最

早完成日期中的最晚值。EF 指最早完成,在最早开始日期基础上增加该项活动的
时长。LF 为最晚完成,所有后续活动最晚开始日期中的最早值。LS 为最晚开始,
在最晚完成日期的基础上减去该项活动的时长。PF 为路径浮动,表示最晚完成日
期减去最早完成日期或最晚开始日期减去最早开始日期。FF 为自由浮动,某项活
动之后所有活动最早开始日期的最早值减去该项活动的最早完成日期。n 为活动
编号,连线表示关键路径。

1.5.7　成本估计

成本估计的方法有很多,选择一种可靠、经济地估计项目成本的方法很重要。
这取决于良好的技术标准定义和计划。在进行成本估计时,应考虑以下标准。

(1)完整性。估计必须完整,所有阶段的成本估计要详细。

(2)一致性。估计具有一致性,并且具有清晰的格式。

(3)可信性。使用的技术必须可信,其前提假设和历史数据均经过验证。

(4)文档。估计技术描述必须详细、清晰,从而可以独立进行成本验证。

详细的成本估计包括以下项目。

(1)方法描述。

(2)成本估计,其中包括成本要素的定义。

(3)定量风险评估或置信度。

(4)成本驱动因素。

(5)敏感度分析。

常用的成本估计方法包括类比估计法、基层估算法(自下而上估算法)、参数估
算法(自上而下估算法)三种方法。

1. 类比估计法

类比估计法的依据是一项或多项过去类似项目或参考项目的成本数据,其中
所选取的类似项目或参考项目在技术上可以准确反映被估计项目。项目差异由相
应的成本差异确定,其中成本差异可正可负。必须仔细确认,保证差异估计正确。
根据差异调整参考项目成本估算,同时调整浮动成本、劳动力成本和间接成本,从
而得到项目的成本估计。该方法的准确度取决于参考项目与被估计项目的相
似性。

该方法的优点是估计基于相关历史数据,可以很容易进行证明。如果被估项
目与参考项目偏差较小,则该方法非常准确。该方法的缺点是估计基于一个或少
数几个参考项目,甚至可能不存在适当的参考项目。同时,在该方法中可能存在一
些在当前项目中难以找到的成本要素。如果存在多个最新的、可类比的参考项目,

并且参考项目具有详细的成本和流程,那么这种方法是一种较好的方法。

2. 基层估算法

基层估算法(又称工程累积法、自下而上估算法),是一种基于工程分解结构中各项主要活动的估计。通过在工作分解结构的每一级增加差额,得到整体成本估计的发展趋势,这是该方法关注的要点。该方法的优点在于主要参与方的加入,因为他们负责子系统的估计和交付。如果管理者具有丰富的经验,并且存在先验的成本极值,同时进行估计的人员期望执行此活动,那么该方法就特别合适。该方法的关键是通过技术经验管理机制与每个主要工程师进行成本协商,因为通常在组织内部没有竞争。

该方法的优点是可以容易地验证估计结果,可以观察每项活动的技术情况,可以清晰地识别主要的成本因素,并且估计结果可以方便地修正。该方法的缺点是涉及大量的时间和人员,不提供统计置信度信息,并且需要有经验的人员。在这三种方法中,该方法最费时间且成本最高。

3. 参数估算法

与传统估计法相比,参数估算法的成本更低,周期更短。参数估算法使用了成本估计关系(cost estimating relationship,CER),该关系根据类似项目中所采用的历史资源数据,建立系统技术特征与成本之间的联系。在项目早期仅具备少量的特征信息时,该方法特别有用。CER 可以独立开发得到,也可以通过商业途径获取。例如,NASA 空军成本模型(NAFCOM)就是基于 NASA 航天器项目的全部历史成本和技术数据(NAFCOM,2001)建立的。这些数据已经分解到子系统级,并且根据任务类型进行了分类和标准化,分类包括发射系统、载人航天器、无人航天器以及科学仪器。

参数估计法的优点是一旦建立了模型,则可以快速回答统计置信度的变化;避免了主观因素的影响;使用流程很容易记录;可以通过改变输入参数得到成本的变化范围;如果采用的基本模型被接受或使用标准模型,则估计结果可以很容易地解释。其缺点是所采用的模型必须适用于项目,并且在参数范围边缘以及外部使用可能带来估计错误。在合适的条件下,应当将与项目相关但是超出所采用模型的成本数据添加到估计过程中。

总之,估计方法的选择取决于项目细节的熟悉程度、人员经验、历史数据可用性、成本模型等。例如,在阶段 A(即概念设计阶段),参数估算法和类比估计法的使用效率高。然而,在阶段 B(即概念定义阶段)和阶段 C/D(即设计与开发阶段),基层估算法更合适。

1.5.8 挣值管理

在项目预算中,通过估计成本和跟踪费用,得到项目的状态评估。

挣值管理(earned value management,EVM)是一种评估项目成本和计划实施效果的有效方法,该方法通过比较每项活动预算中的计划工作、已完成工作和实际费用来实现。对于工作分解结构中的每项活动,该方法确定并建立了技术完成、计划和预算的里程碑节点。有效使用 EVM 的最重要条件是工作分解结构的各项活动具有明确的里程碑,用于确定工作的阶段性完成,并且可以根据项目成本审计系统将成本分解到每项活动。

在评估时,EVM 包含三个定量指标,分别是工作计划的预算成本(计划值)、工作执行的预算成本(挣得值)、工作执行的实际成本(实际值)。

(1)工作计划的预算成本(budgeted cost of work scheduled,BCWS)是所有项目活动的经费预算。

(2)工作执行的预算成本(budgeted cost of work performed,BCWP)是已完成项目活动的经费预算。

(3)工作执行的实际成本(actual cost of work performed,ACWP)是根据项目成本审计系统得到的已完成项目活动的实际支出。

如果在评估时有一项活动尚未完成,按照上述定义无法得到 BCWP。可以采用多种方法处理这种问题,其中有两种方法比较常用。第一种方法是项目已完成的里程碑节点来估计 BCWP,另一种方法是为该项目活动分配 50% 的 BCWP,然后在工作完成后分配剩余的 50%。后一种方法称为 50/50 原则,可以避免 BCWP估计中的不一致。

根据 BCWS、BCWP 及 ACWP,可以得到成本差异、进度差异、完成百分比、成本绩效指数和计划绩效指数,具体如下。

成本差异(cost variance,CV)指在评估时已完成工作的预算与实际成本之间的差异,即

$$CV = BCWP - ACWP \tag{1.5}$$

成本差异代表已完成或部分完成活动的超预算支出费用,它与时间要素无关。

进度差异(schedule variance,SV)是在评估时已完成工作的预算与计划工作的预算之差,即

$$SV = BCWP - BCWS \tag{1.6}$$

进度差异表示计划活动数量与已完成活动数量之间的差异,并根据各自预算得到该差异。因此,进度差异可以以费用的形式衡量计划提前(正值)或延误(负值)。理解 SV 的一种方法是将该值除以每单位时间的平均花费,这样可以得到每个时

间单位内的进度差异。

完成百分比(percent complete,PC)表示工作完成的百分比,即 BCWP 与完工预算(budget at completion,BAC)的比值,即

$$PC=BCWP/BAC \tag{1.7}$$

式中,BAC 是项目完成到某一阶段时的总预算。在工作预计完成日期,BAC 等于 BCWS。

成本绩效指数(cost performance index,CPI)反映资源的使用效率,它是 BCWP 与 ACWP 的比值,即

$$CPI=BCWP/ACWP \tag{1.8}$$

CPI<1 表示实际成本效率小于预计效率;反之,CPI>1 表示实际成本效率大于预计效率。

进度绩效指数(schedule performance index,SPI)指 BCWP 与 BCWS 之比。SPI<1 表示项目滞后于计划,SPI=1 表示项目遵循计划,SPI>1 表示项目比计划提前。

$$SPI=BCWP/BCWS \tag{1.9}$$

可以分别使用 CPI 和 SPI 来估计完成成本和完成进度。基于相同的成本效率假设,可以确定完工估算(estimate at completion,EAC),从而根据 CPI 得

$$EAC=BAC/CPI \tag{1.10}$$

如果在后期项目活动中没有明显的成本节省,那么只将 CV 增加到 BAC 中,将使 EAC 估计值偏低。

基于相同的进度效率假设,可以得到完工进度估计(estimated schedule at completion,ESC),从而根据 SPI 得

$$ESC=SAC/SPI \tag{1.11}$$

式中,完工时间预测(schedule at completion,SAC)是项目预算的时间跨度。通常,只将计划左侧的时长增加到已过去时间中,将会低估完工时间。

上述定义的挣值状态参数如图 1.10 所示。存在各种用于支持项目计划和预算、跟踪性能和成本的软件,其功能适用范围覆盖从单个小项目到多个大型项目。

1.5.9　风险管理

风险是实现期望结果中的不确定性,是负面事件可能性和其结果严重度的度量。风险管理是将风险降低到可接受水平的系统化流程,从而提高项目目标实现的可能性。潜在风险的早期检测与缓解可以增加项目成功的可能性,并且可以更高效地使用资源。潜在的负面事件可能涉及计划、成本和性能。风险管理的步骤包括确定、分析、计划、跟踪、控制与记录,如图 1.11 所示。下面将详细介绍每个

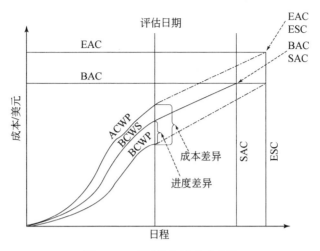

图 1.10   项目挣值管理示意图

步骤。

1. 确定

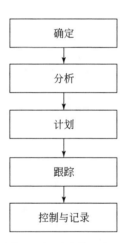

为管理风险,首先需要确定可能影响项目目标的风险及其后果。可以根据专家意见、类似项目的经验、危害分析、测试结果、工程分析、模拟等方法确定风险。危险分析可以判断系统如何出现故障或危险。最常用的危害分析包括故障树分析(fault tree analysis,FTA)、失效模式与效应分析(failure modes and effects analysis,FMEA),其中后者也称为失效模式效应危害性分析(failure modes effects criticality analysis,FMECA)。对于特定的失效模式,FTA是一种自上至下的、演绎的系统设计和性能分析方法。该方法选定一个顶层事件进行分析(如火灾、意外的推进燃烧等),然后确定系统中所有可能造成顶层事件发生的相关要

图 1.11   风险管理流程

素。FMEA 或 FMECA 是一种自下而上的产品分析与流程设计方法,可以决定潜在的实效模式及其在更高层次上的表现。该方法分析基于零件、组件或部件等最底层故障。其他风险可能包括设施可靠性以及引入新计算机语言引起的低生产率。无论根据哪种方法,风险确定过程应该产生一个风险列表,包括每个风险的原因和后果。

2. 分析

风险分析应该通过确定负面事件后果的预期严重程度、可能性和时段,来定义风险属性。可以使用多种方法进行风险分析。最简单的方法是三水平划分,它将风险可能性分为十分可能、可能和不可能,相应的后果分别是灾难性的、关键性的、轻微的,相应的时间范围分别是近期、中期和远期。另一种方法是将系统顺序地分解为各个组件。对于每个组件,风险可能性定义为时间的函数,并且风险后果以美元的形式表示。进而,可能性分析将风险可能性表示为时间和可能成本的函数。对于任何事件,风险分析应该产生一个风险优先级列表、风险的可能性、后果、成本以及风险发生的时间范围。

3. 计 划

计划是为降低风险而采取相应措施的过程。计划包括:对类似的风险进行分类,风险排序,根据技术、进度或成本确定风险,确定单个个体的风险,决定是否接受或降低风险,确定降低风险的方法,指定风险应该降低的级别。应该为最高优先级风险制订计划。通过增加冗余测试与分析、重新设计、改变流程、改变系统运行方式等措施降低风险。为了降低在阶段 A 中确定的风险,可以增加预算和项目计划,并进行适当的技术开发和显著的风险降低活动。

4. 跟 踪

对每个风险以及风险降低计划的状态、进度进行跟踪,可以确定如下事项:是否发生了降低或增加风险的变动,风险缓解计划是否有效,计划是否被执行,实际项目是否遵循计划。

5. 控制与记录

控制与记录可以确保项目风险被持续、高效地管理,并记录所采取的行动。它涉及有关风险决策的执行,执行过程通过分析跟踪数据并采取适当行动来实现。这里所说的适当行动包括重新计划、在风险有所降低的情况下忽略该风险、在必要的情况下调用应急预案等。所有的计划、结果和状态都应该进行记录。

1.6　组　　织

为成功地协调项目资源,需要周密组织项目,包括良好的权利和义务界定以及明确的报告机制。应根据项目需求,合理地确定项目组织。图 1.12 给出了典型的航天器项目组织结构,下面将对其详细描述。

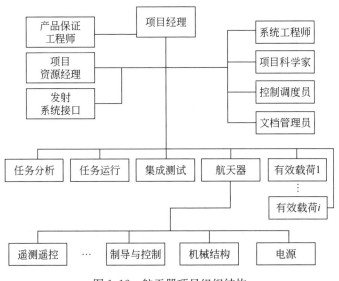

图 1.12 航天器项目组织结构

项目经理负责总体和项目决策,并通过组织管理进行项目审查。项目经理是资助机构或客户的唯一联系人。

项目科学家对项目经理负责,确保能够实现总体科学任务目标。在非科学任务中,项目科学家可以保证有效载荷的效能最大化。科学家必须理解任务的科学目标或运行目标,并且在工程开发过程中确保目标实现。在多有效载荷任务中,项目科学家将与科学团队或用户团队协商,确保满足每个团队的需求。

系统工程师对项目经理负责,理解并维护系统级需求,确保系统需求有序地分解到子系统,并负责系统总体设计与测试。系统工程师通常担任配置控制委员会主席,制定管理措施以解决可能出现的问题。

项目控制人员或计划人员对项目经理负责,其任务是制定项目计划,并跟踪项目进度。

资源经理对项目经理负责,其职责是跟踪预算和成本审计。

通常,项目保证工程师需要同时对项目经理和高级管理人员负责,其职责是确保项目质量,保证计划顺利开展,遵循项目指南。主任工程师负责按照子系统的要求提供子系统。对于小型航天器开发,主任工程师可能直接对项目经理负责。在大型项目中,可能存在有效载荷经理和航天器平台经理,主任工程师将对他们负责。

1.7　习　　题

下面介绍的一些任务可能来自美国工程管理协会出版的 *IEEE Transactions on Engineering Management*、*Engineering Management Journal* 和美国土木工程师协会出版的 *The Journal of Management in Engineering*。

1. 查找、阅读一篇有关系统工程的文献,并提交一页的综述。

2. 查找、阅读一篇有关工程交易研究的文献,并提交一页的综述。

3. 查找、阅读一篇有关工程风险管理的文献,并提交一页的综述。

4. 查找、阅读一篇有关工程配置管理的文献,并提交一页的综述。

5. 查找、阅读一篇有关工程调度的文献,并提交一页的综述。

6. 查找、阅读一篇有关项目评估和评审技术的文献,并提交一页的综述。

7. 查找、阅读一篇有关关键路径方法的文献,并提交一页的综述。

8. 查找、阅读一篇有关挣值管理的文献,并提交一页的综述。

9. 查找、阅读一篇有关验证与确认的文献,并提交一页的综述。

10. 查找、阅读一篇有关空间系统或子系统开发的文献,并提交一页的综述。

11. 电源系统包括:①商业现货太阳能电池阵列,质量估计为 10kg;②基于已有设计修正得到的电池,质量估计为 15kg;③冗余的电池充电调节器,质量降低到 1kg;④电气连接线,质量为 2kg;⑤基于已有设备修改得到的冗余电源切换设备,质量为 3kg。

(1)计算电源系统的总质量。

(2)估计应该保持的额外质量裕量。

(3)计算平均质量裕量因子。

答案:

(1)31kg。

(2)2.9kg。

(3)1.09。

12. 构建项目 A 的甘特图,显示每项活动的:

(1)最早开始时间、最早完成时间、路径浮动和自由浮动。

(2)关键路径上的活动。

其中,项目 A 设计见习题表 1.1 部分。

习题表 1.1　项目 A

活动编号	1	2	3	4	5	6	7	8	9	10	11	12	13
前导	—	1	1	1	2,3	5	4	5	6	7	8,9	10	11,12
时长(时间单位)	10	10	15	10	20	5	5	5	15	10	10	5	10
预算(美元单位)	100	200	500	200	400	100	400	200	500	200	300	100	200
实际成本(美元单位)	110	190	150	210	0	0	420	0	0	220	0	0	0
完成百分比	100	100	100	100	0	0	100	0	0	100	0	0	0

答案:

(1)活动 3:10,10,25,25,0,0。活动 9:50,50,65,65,0,0。活动 12:35,70,40,75,35,35。

(2)活动 1,3,5,6,9,11,13。

13. 构建项目 B 的甘特图,显示每项活动的:

(1)最早开始时间、最早完成时间、路径浮动及自由浮动。

(2)关键路径上的活动。

其中,项目 B 设计见习题表 1.2 部分。

习题表 1.2　项目 B

活动编号	1	2	3	4	5	6	7
前导	—	1	1	2,3	4	4	5,6
时长(时间单位)	10	20	30	40	10	20	30
预算(美元单位)	100	200	300	400	100	200	200
实际成本(美元单位)	110	200	290	300	0	0	0
完成百分比	100	100	100	50	0	0	0

答案:

(1)活动 4:40,40,80,80,0,0,活动 5:80,90,90,100,10,10。

(2)活动 1,3,4,6,7。

14. 设有如习题表 1.3 所示的额外里程碑,为项目 B 构建一个里程碑图表。

习题表 1.3　里程碑表

活动编号	1	2	3	4	5	6	7
里程碑(FS 的时间单位)	5	10	15	5	2	10	5
里程碑(ES 的时间单位)		15	20	35			10
里程碑(ES 的时间单位)							25

ES,最早开始

15. 利用前趋图方法构建项目 A 的网络图,显示每个活动的:

(1)最早开始时间、最晚开始时间、最早完成时间、最晚完成时间、路径浮动和自由浮动。

(2)关键路径上的活动。

答案:

(1)活动 3:10,10,25,25,0,0。活动 9:50,50,65,65,0,0。活动 12:35,70,40,75,35,35。

(2)活动 1,3,5,6,9,11,13。

16. 利用前趋图方法构建项目 B 的网络图,显示每个活动的:

(1)最早开始时间、最晚开始时间、最早完成时间、最晚完成时间、路径浮动和自由浮动。

(2)关键路径上的活动。

答案:

(1)活动 4:40,40,80,80,0,0,活动 5:80,90,90,100,10,10。

(2)活动 1,3,4,6,7。

17. 在项目评估时,项目具体情况为 BCWS=＄10000,BCWP=＄7000,AC-WP=＄5000,确定:

(1)成本方差。

(2)计划方差。

(3)成本性能指标。

(4)计划性能指标。

答案:

(1)CV=＄2000。

(2)SV=－＄3000。

(3)CPI=1.4。

(4)SPI=0.7。

18. 在项目评估时,项目具体情况为 BCWS=＄20000,BCWP=＄15000,AC-WP=＄25000,BAC=＄50000,项目计划在一年内完成。确定:

(1)成本方差。

(2)计划方差。

(3)成本性能指标。

(4)计划性能指标。

(5)完成百分比。

(6)完成时估计成本。

(7)完成时估计计划。

答案:

(1)CV=-$10000。

(2)SV=-$5000。

(3)CPI=0.6。

(4)SPI=0.75。

(5)PC=30%。

(6)EAC=$83333。

(7)ESC=1.33 年。

19. 在第 40 个时间单位上,对项目 A 进行收入分析,显示:

(1)成本方差。

(2)计划方差。

(3)完成百分比。

(4)完成时估计预算。

(5)完成时估计计划。

答案:

(1)CV=-60 美元。

(2)SV=-400 美元。

(3)PC=47%。

(4)EAC=3527。

(5)ESC=106。

20. 在第 70 个时间单位上,对项目 B 进行收入分析,显示:

(1)成本方差。

(2)计划方差。

(3)完成百分比。

(4)完成时估计预算。

(5)完成时估计计划。

答案:

(1)CV=-100 美元。

(2)SV=-100 美元。

(3)PC=53%。

(4)EAC=1685。

(5)ESC=146。

参 考 文 献

Boehm B, Hansen W J. 2001. Understanding the spiral model as a tool for evolutionary acquisition. Crosstalk,14(5):4—10.

Defense Systems Management College. 1990. Systems Engineering Management Guide. Washington DC: U. S. Government Printing Office.

Department of Defense. 1998. MIL- HDBK- 881. DoD Handbook- Work Breakdown Structure, Washington DC.

Department of Defense. 2001. 5000. 2- R, Mandatory Procedures for Major Defense Acquisition Programs(MDAPS)and Major Automated Information System(MAIS) Acquisition Programs, Washington,DC.

Electronic Industries Alliance. 1999. EIAIIS-731,Systems Engineering Capability Model(SECM). http:Nwww. incose. org/lib/731- news. html.

NAFCOM. 2001. http://nafcom. saic. com/.

NASA Headquarters. 1995. Systems Engineering Handbook,SP-610s,Washington DC.

第2章 空间环境

Brian J. Anderson，Donald G. Mitchell

2.1 地球空间环境

本章描述对航天器和运载火箭产生影响的空间现象。一般的印象是：空间是空洞无物的，真空环境是工程面临的唯一挑战。空间的气体密度比可实现的最好的真空系统还要低几个数量级。此外，低地球轨道上的航天器还会受到其他威胁，例如，强烈的粒子撞击和电磁辐射、稠密的等离子体流、高反应性气体成分、密度变化的中性气体等。此外，航天器的通信和无线电导航必须考虑电磁波在大气层上层的电离层等离子体中的传播情况。本章介绍用来描述空间环境特征的基本概念、微分方程和相关参考资料，这些环境特征在地球轨道任务中必须予以考虑。此外，本章还涉及与上面提到的现象有关的行星际环境特征。

地球空间环境自大气层上端延伸数十个地球半径的高度，由于月球引力摄动，轨道将不再稳定。地球大气层没有明确的上边界，越往上大气越稀薄，一般认为大气层可向上延伸至一个 R_E 的高度。大气层会对航天器产生明显的阻力作用，尤其是发射和再入阶段以及高度低于 600km 的轨道。当高度大于 150km 时，大气密度及其组分将变得不稳定，会随太阳和地磁活动变化。太阳极紫外线辐射能电离大气层上层（高于 100km）的部分中性气体，形成电离层。由于电离度很高，必须把电离层当做一种等离子体。电离层对无线电波传播的影响是航天器设计的主要考虑因素，此外还必须考虑电离层中的化学反应和带电效应。电离层没有明显的截止高度，但可认为终止于 1000km 高度。从该高度到 10 个地球半径的高度，地球磁场形成的腔体称为磁层。磁层主要由密度低、能量高的带电粒子占据。范·艾伦辐射带位于磁层内部。磁层之外是太阳风，这是一种磁化的等离子体，从太阳以 300～800km/s 的速度源源不断地吹来。

太阳磁场活动与太阳黑子密切相关，通过各种机制影响地球的空间环境。靠近黑子的活动区是丰富的极紫外线和 X 射线的发射源，太阳的极紫外线/X 射线辐射强度与太阳黑子的活动周期（约 11 年）密切相关，并使得地球大气层上端也随太阳活动周期变化。发生太阳耀斑时，太阳的活动区会突然辐射出很强的极紫外线和 X 射线,很快便影响到电离层与大气。活动区还会爆发出大量的磁化等离子体云,高速通过太阳风。这被称为日冕物质抛射(CME),这些爆发的等离子体会在太阳风中产生冲击波,成为强大的粒子加速器,产生太阳高能粒子(SEP),在太阳风中沿着磁力线流动,可在日冕物质抛射开始的数小时内到达地球。最多数天后,当日冕物质抛射到达地球时,前面的冲击波和日冕物质抛射的磁云会产生一个巨大的地磁风暴。地磁风暴会对空间环境产生诸多影响,例如,对 100km 以上大气层的剧烈加热、在电离层中产生强烈湍流、改变电离层密度、对磁层结构的动态改变等。磁层结构的改变会加速带电粒子,进而可能增加范·艾伦辐射带中的粒子数。

在太阳活动的所有影响中,最严重的是粒子辐射,这包括 10keV 到数百兆电子伏的高能电子、质子和其他离子。有些粒子留在了地球磁层中(辐射带),其他粒子(也称为太阳高能粒子)会在太阳耀斑中加速。辐射对空间中的人和航天器电子元器件(第 11 章和第 13 章)以及太阳能电池(第 6 章)都是危险的,粒子穿透将令其性能退化,甚至迅速毁坏。辐射剂量是限制大部分空间电子系统寿命的主要因素。粒子辐射发生在空间环境中的所有区域。由于强磁场的存在,木星的粒子辐射环境特别恶劣(Dessler,1983),这是木星卫星探测器设计最大的挑战之一。

目前已有大量关于地球空间环境物理学的优秀教材。Tascione(1988)给出了一个很好的描述性简介,Parks(2004)、Kivelson 等(1995)以及 Gombosi(1998)对这些物理原理进行了更深入的推导。Chen(1984)和 Baumjohann 等(1997)撰写的等离子体物理学教材,可供高年级本科生和研究生参考。对本章内容更详细的讨论可在这些教材中找到。下面首先讨论轨道动力学和大气阻力效应。

2.2 引　　力

引力是两个物体之间的吸引力,与它们的质量乘积成正比,与它们之间的距离成反比。相对论引力在某些领域是重要的,但是对于质量和加速度相关的地球轨道航天器,引力可通过简单的牛顿力学描述。

牛顿万有引力定律为

$$f_2 = -Gm_1m_2\frac{r_{12}}{r_{12}^3} \qquad (2.1)$$

该定律假设物体 2 的力由物体 1 引起,其中 m_1 和 m_2 是两个物体的质量。万有引力常数 $G = 6.673 \times 10^{-11} m^3/(kg \cdot s^2)$,$r_{12}$ 是物体 1 到物体 2 的矢量,负号是因为该力是吸引力。

该力可以写成标量势函数的梯度,$f_2 = -\nabla_2 U$,其中

$$U = -Gm_1m_2 \frac{1}{r_{12}} \tag{2.2}$$

梯度计算是相对于物体 2 的坐标系。物理上,这意味着引力是一个保守力,所以如果动能表示为 $K = mv^2/2$,其中 $v = |\mathrm{d}r/\mathrm{d}t|$,则总能量 $W = U + K$ 保持不变。由于势能零点为无穷远,U 总是负值。

事实上,地球不是理想的球形,其形状略扁、密度不均匀,这将对轨道动力学产生重要的影响。为了处理这种情况,必须用公式(2.2),用微分体积元的质量代替其中的一个质量,并考虑地球实际形状和密度分布的积分,这些将在第 3 章考虑。

假设球形地球的质量 $M_E = 5.97 \times 10^{24} \mathrm{kg}$,质点卫星的质量为 m 。如果不考虑地球质量密度随质心距离的变化,则使式(2.2)沿球形地球积分可得到与公式(2.1)一样的表达。重力加速度定义为每单位质量的力,朝向地球质心,为

$$a(r) = \left| \frac{f}{m} \right| = \frac{GM_E}{r^2} \tag{2.3}$$

在地球表面,$r = R_E \approx 6.4 \times 10^6 \mathrm{m}$,$a(r)$ 约为 $9.8\mathrm{m/s^2}$,记为 g 。如果高度 z 远小于 R_E ,即 $z/R_E \ll 1$,则公式(2.3)可写为

$$a(z) \cong g(1 - 2z/R_E) \tag{2.4}$$

在 100km 和 300km 高度,$a(r)$ 分别比 g 少 3.1% 和 9.4%。为了估计 100km 以下大气层的基本结构,假设 $a = g$ 是较为合理的。然而,当 $z > 300\mathrm{km}$ 时,该假设对计算轨道周期造成的误差是不可接受的。

大气阻力是一个耗散力,会降低一个物体的总能量,导致轨道衰减。对于以存在大气层的太阳系天体为中心的轨道,阻力是其高度最低极限的一个决定因素。为了估计该极限高度,考虑一个质量 m 、横截面积 A 的卫星,沿圆轨道运行,速度为 v ,半径为 r ,大气层密度为 $\rho(r)$ 。在时间 $\mathrm{d}t$ 内,卫星移动的距离为 $v\mathrm{d}t$,扫过的体积为 $Av\mathrm{d}t$,相应的气体质量为 $\rho(r)Av\mathrm{d}t$ 。卫星传递给气体的动量与卫星的阻力 F_d 大小相等,方向相反。如果假设气体分子沿其运动方向获得卫星的速度,沿航天器运动的法向对称偏转,就像喷出的水从墙面偏转一样,则 F_d 为卫星速度乘以单位时间气体质量,即

$$F_d = \mathrm{d}P/\mathrm{d}t = -\rho(r)Av\mathbf{v} \tag{2.5}$$

事实表明,该估计对于球形航天器是精确的,对于其他形状的航天器,则偏高 10%(见第 3 章)。

利用公式(2.5)确定轨道衰减率时,使用圆周运动的物理规律,离心加速度为 v^2/r 。大椭圆轨道在阻力作用下的衰减将在第 3 章介绍。对于一个圆轨道,离心加速度必须由公式(2.3)的中心引力加速度平衡,所以圆周轨道半径和卫星速度有如下关系,即

$$v^2 = \frac{GM_E}{r} \tag{2.6}$$

总能量为

$$W = -\frac{GM_E m}{2r} \tag{2.7}$$

由公式(2.6)可计算出轨道周期

$$\tau_0 = \frac{2\pi r}{v} = \frac{2\pi r^{3/2}}{\sqrt{GM_E}} \tag{2.8}$$

这对应于开普勒轨道周期和半径的关系。F_d 对卫星的功率为 $v \cdot F_d$,等于 dW/dt,因此可得

$$W / \left(\frac{dW}{dt}\right) = -\frac{m}{2\rho(r)A} \sqrt{\frac{r}{GM_E}} \equiv -\tau_d \tag{2.9}$$

如果 $\tau_d \gg \tau_0$,则 r 约为常数,公式(2.9)的积分为 $W = W_0 \exp\{-t/\tau_d\}$,因此 τ_d 是轨道能量的瞬时衰减率,由公式(2.7)可知,它也是轨道半径的瞬时衰减率。τ_d 与 m 成正比,与 $\rho(r)$ 和 A 成反比。正如下面讨论的那样,$\rho(r)$ 随高度降低按指数增加,这意味着因大气阻力而发生的轨道衰减是一个加速过程,因为 τ_d 随轨道半径减少呈指数下降。100km 以上,$\rho(r)$ 可变,轨道衰减与时间相关。因此了解大气层上层的质量密度分布及其变化是非常重要的。

2.3 大 气 层

大气层由中性气体组成,中性气体的温度、密度和压力分布是高度的函数,其物理概念很简单。本节给出大气层的基本结构;更多讨论可参见 Haymes(1971)、Ratcliffe(1972)、Wallace 等(1977)以及 Adolf(1985)所示的参考文献。国际空间研究委员会的参考大气层模型(COSPAR International Reference Atmosphere,1986)仍能很好地描述大气层基本的密度和温度特性。

2.3.1　高度特性

大气层结构由地球引力和太阳辐射主宰。近地面大气层 78% 的体积是氮气、21% 的体积是氧气,还有微量的其他气体,例如,主要为水蒸气、二氧化碳、氩气和臭氧。高度达 120km 时大气有对流和湍流两种形式,该空域被称为湍流层。湍流层充分混合,使大气组分几乎保持不变。由于分子质量不同,湍流层之上的大气成分呈现出随高度变化的不同密度分布情况。

大气层的温度随高度变化,这是划分大气层不同空域的基础。图 2.1(a) 和 (b) 给出了不同太阳条件下大气温度随高度的变化。最低的一层是对流层,受到地表加热作用,而地表又是被太阳加热的。在 10km 以下高度,温度随高度上升而下降,在 10km 处达到局部最小值。这个区域称为对流层顶。对流层影响着地面气

候的演化,可能伴随有强雷暴云的平坦层顶是对流层顶的标志,因为只有温度随高度下降时,推动雷暴形成的不稳定性才会出现。

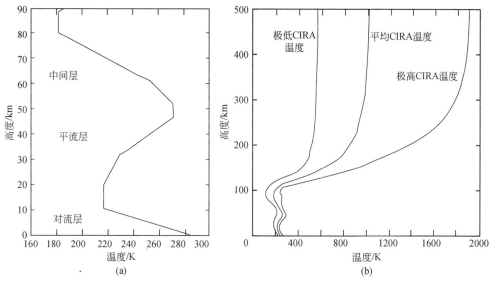

图 2.1 (a)标准大气模型的高度和温度关系(来自 1962 年的 COESA 报告);(b)平均 CIRA 温度、极低 CIRA 温度、极高 CIRA 温度[来自 Adolf(1985)]

对流层之上的平流层,由于臭氧吸收太阳极紫外线辐射而加热,气温随高度上升。平流层温度在 50km 的地方出现最大值。该点称为平流层顶。平流层顶上方的空域是中间层。在这里臭氧密度太低,不能抵消来自其他物体的红外辐射冷却,主要是二氧化碳和水等三原子分子,它们是很好的红外辐射器。温度随高度下降,在 80km 高度的中间层达到最低值 180K(−90℃)。

热成层位于中间层顶之上。由于吸收太阳极紫外线和随之而来的化学放热吸收反应,在热成层中大气再次加热。在热成层高度,很少有三原子分子辐射出热量。由于这种局部冷却机制不发挥作用,热成层的大气会加热。外大气层位于热层顶(高度 300~400km)之上,这是最后的延伸到空间的剩余大气层。外大气层的大气密度很低,平均自由程大于等于大气标高(见后面所述)。其结果是,粒子运动基本上沿弹道轨迹,不同种类的气体互相分离。热成层和外大气层是本章主要关心的空域。

可通过理想气体在地球引力作用下的情况,来充分描述大气密度随高度的变化。对于理想气体,有方程

$$P = nkT \tag{2.10}$$

式中,P 为压强(单位为 N/m^2 或 Pa);n 为数量密度(单位为数量$/m^3$);T 是热力学温度(单位为 K);k 是玻尔兹曼常量($1.38 \times 10^{-23} J/K$)。在受到向下引力的平

衡状态下,考虑高度为 dz、质量密度为 ρ 的静止气体元。假设 μ 是平均分子质量,有 $\rho = \mu n$ 。对于静止大气,其质量必须与引力平衡,这意味着体积元底部的压强要比顶部大。上下表面的压力差 dP 必须平衡气体重量,即

$$\mu n a(r)dz + dP = 0 \tag{2.11}$$

在热成层中 120km 以上空域,温度几乎不随高度变化,所以令公式(2.10)对 z 求导,并联合公式(2.11),可得

$$\frac{dn}{n} = -\frac{\mu a}{kT}dz \tag{2.12}$$

如果忽略 $a(r)$ 的微弱变化,对公式(2.12)积分得

$$n = n_0 \exp\left(-\frac{z}{H}\right) \tag{2.13}$$

式中,n_0 是所选参考高度下的密度,对应于 r_0 ,$H \equiv kT/\mu a(r_0)$ 是大气标高,至于 $P = P_0 \exp(-z/H)$ 的推导过程留作练习。

另一个决定最上层大气层行为的因素是原子或分子碰撞的平均移动距离。平均自由程 l 的求解方程为

$$l = \frac{1}{\sqrt{2}}\frac{1}{\sigma n} \tag{2.14}$$

式中,σ 是碰撞截面积。由于 $n(z)$ 随 z 呈指数下降,最终的平均自由程将相当于标高。假设 $H = l$,那么可粗略估算气体从流体运动转移到单个原子或分子弹道轨迹的位置。在 $n = n_0$ 的参考高度下,其结果是 $z_t = H\ln(\sqrt{2}\sigma n_0 H)$ 。利用 10^{-18} cm^2 的典型断面和表面数量密度 3×10^{19} / cm^3 ,得到 $z_t = 270$km 。此种变化不是突然的,气体在约 90km 的位置处开始扩散,而不是流体输送。由于该区域的气体输送和流量变化很剧烈,中间层和低热成层动力学也因而变得复杂起来。

事实上,H 取决于 μ ,这对于电离层和外大气层是很重要的。在湍流层顶下方,大气混合保证 $\mu = 29M_H$(M_H 是质子质量),对应于平均大气层组分。使用 270K 温度,给出的标高~8km,温度随高度的变化可修正,见 Ratcliffe(1972)的文献。在 120km 以上,大气混合是无效的,不同种类气体标高按质量分开,因此,由较低的热成层密度和温度决定的基本密度和温度可知,最轻的元素 H、He 比较重的元素 N、O 标高更高。外大气层顶部称为地冕,主要由氢原子组成,并延伸到太空中,$z > 3R_E$ (Rairden et al,1986)。虽然对卫星阻力是微小的,但是人们发现地冕在地球和其他行星的带电粒子环境非直接成像方面有重要应用(Roelof et al,2000;Mauk et al,2003)。

图 2.2(a)显示大气质量密度是高度的函数。注意由于热成层和外大气层较高的温度,120km 以上的斜率增加反映了更大的标高。由于标高直接与温度成正比,湍流层以上高度的大气密度的昼变化很大[图 2.2(b)],那里的温度在白天和黑夜

之间变化强烈[图 2.2(c)]。

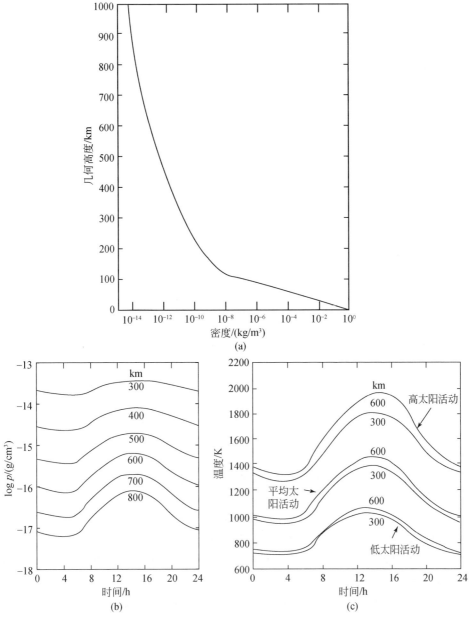

图 2.2 (a)大气质量密度与高度的关系[来自 Adolf(1985)];(b)太阳活动强度适中时, 不同高度处上层大气密度的昼夜变化;(c)三种太阳活动程度下,不同高度处的温度昼夜变化 [来自 COSPAR International Reference Atmosphere(1986)]

图 2.3 给出了最常见的外大气层气体成分的密度/高度分布。斜率反映了标高,是按照气体成分的质量进行分类。由于太阳活动区排放极紫外线,标高取决于太阳活动。当太阳活动程度高时,更多的极紫外线辐射冲击上层大气层,热成层和外大气层的标高就增加。在地磁风暴期间,来自磁层的高能离子沉淀和封闭在电离层中的磁层电流的焦耳加热可以主宰中/高高度外大气层的热输入。

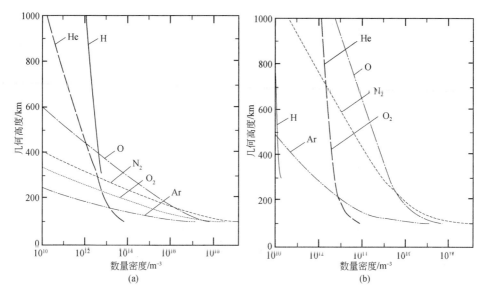

图 2.3　(a)太阳活动最弱期间大气成分的相对浓度;(b)太阳活动最强期间大气成分
的相对浓度[来自 U. S. Standard Atmosphere(1976)]

图 2.4 显示了太阳和地磁活动之间,以及上层大气密度和温度之间的显著关系。

通过图 2.2(a)的质量密度随高度分布图和公式(2.9),很容易估计轨道对大气阻力保持稳定的低轨高度范围。对于一个较大的航天器,取典型值为侧边长 3m、质量 10^3 kg,那么在 $z = 100$km 时人们可以得到 $\tau_d \sim 6300$s (2h),在 200km 时,可以得到 6×10^5s(1 周);在 500km 时可以得到 6×10^7s(2 年)。在 600km 和 800km 时,τ_d 分别约为 20 年和 200 年。因此,长期轨道最低有效高度约 800km,低于 200km 高度的物体被阻力迅速移开。如图 2.3 所示,在整个高度范围的质量密度变化很大,适当地估计大气阻力需要最上层大气层变化的信息。

2.3.2　热成层和外大气层的变化

在响应太阳和地磁活动时,外大气层密度发生变化,导致在低地球轨道的阻力发生较大的变化。对太阳活动和地磁的作用进行度量时需要考虑外大气层的变

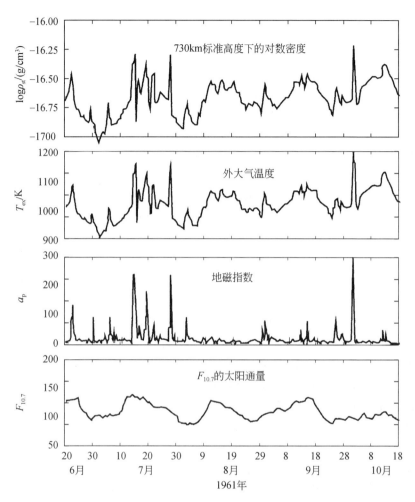

图 2.4 由探险家Ⅸ卫星(1961~1981)受到的阻力推算的大气密度($\log\rho_{st}$)和温度
(T_{ex}),与地磁指数(a_p)和 10.7cm 波长太阳磁通量($F_{10.7}$)的对比。阻力是通过
Baker-Nunn 相机的精确位置测量确定的,对数密度为 730km 标准高度下的数据

化。基于可方便获得的间接测量结果,人们研究了大量度量这些作用的指标,并广
泛地用于建立大气变化的经验模型中。因为太阳 X 射线、极紫外辐射不能穿透大
气层到达地表,直到最近才使用这些排放的相关数据。10.7cm 波长的太阳射电辐
射与太阳黑子数和耀斑活动高度相关,由此制定了基于 10.7cm 波长辐射强度的
指数 $F_{10.7}$ 。对太阳 X 射线、极紫外线密度和分布的直接天基测量直到最近才得以
实现,由 Yohkoh 和 Soho 航天器上的天基 X 射线和极紫外线传感器,以及 2001 年
9 月开始工作的新一代 NOAA 地球静止轨道气象监测卫星(GOES12)上的太阳 X

射线成像仪(SXI)进行测量。因为 $F_{10.7}$ 指数提供了可包括多个太阳周期的长周期覆盖,所以它仍然非常有价值,并在外大气层密度模型中成功地得到应用。

吉尔伯特时代以来,地磁变化的规律已很明了。吉尔伯特首次指出与强烈的极光风暴相关的地磁场变化。目前已制定各种各样的基于地面磁场测量的指数,指示电离层和磁层行为的不同特征。两个地磁风暴动力学更可靠的监测指标是 K_p 和 a_p 指数,对于外大气层具有重要性。K_p 指数是在中纬度地区地磁场变化的一个对数量度,而 a_p 表示相同的信息,但使用线性量度(Mayaud,1980)。$F_{10.7}$、K_p 和 a_p 指数可通过 NOAA 上的"空间环境中心"设备获得。

图 2.4 说明了以五个月为期的外大气层密度与温度以及太阳和地磁活动指数之间的关系。密度和温度是由探险家Ⅸ卫星轨道的阻力效应推断而来的。密度和温度是高度相关的,因为外大气层温度引起标高的增加和相应的密度增加。请注意当推断的温度变化约 300K 或 30% 时,密度变化因子为 3～6。在 1 天的短暂持续时间,密度峰值与 a_p 指数峰值一一对应;在 30 天的长时间,密度变化的周期和极大值位置与 $F_{10.7}$ 指数高度对应。$F_{10.7}$ 的周期性表明活动区域几乎严格地按照 27 天的太阳自转周期旋转。这些剧烈的密度变化,在强烈的太阳和/或地磁活动期间,低轨处的大气密度会增加,导致航天器的大气阻力增加一个数量级。

尽管外大气层密度的变化具有明显的复杂性,但是有可能精确地建立轨道平均的外大气层密度和温度模型。一个常用的上层大气状态模型是 Jacchia 模型(Jacchia,1970),也可参见 Jacchia(1972)的文献。修订的版本包括了更多的数据,更新的模型参数(Jacchia,1977)与 500～1300km 高度范围的观测数据偏差不超过 20%(Marcos,1978;Bass,1980a,1980b;Eisner,1982;Liu,1982;Gaposchkin et al,1988;Marcos,1988)。

该模型是基于数量密度的一维垂直扩散方程,解决了氮气、氧气、臭氧和氦气这四个主要成分的情况。对氢气处理方式不同,因为在热成层水和甲烷分解生成氢气,其质量低导致氢气具有非常大的标高。为了适应这些问题,氢气密度在 500km 以下取为零。数量密度计算后,通过累加所有气体成分的质量密度,获得总的质量密度。基本的密度方程为(Jacchia,1970)

$$\frac{1}{n_i}\frac{\mathrm{d}n_i}{\mathrm{d}z}=-\left[\frac{\mu_i g}{kT}+(1+\alpha_i)\frac{1}{T}\frac{\mathrm{d}T}{\mathrm{d}z}\right] \tag{2.15}$$

式中,对于第 i 个气体成分,α_i 为热扩散系数,n_i 为数量密度,μ_i 是分子质量。如果放宽恒温假设,对于 $\alpha_i = 0$,公式(2.15)可从公式(2.10)和公式(2.11)得到,因此 α_i 代表与非反应性理想气体热力学的偏离程度。各气体成分的温度是相同的,公式为

$$T = T_{\mathrm{EXO}} - (T_{\mathrm{EXO}} - T_0)\exp[-\xi(z - z_0)] \tag{2.16}$$

式中,T_0 为参考高度 z_0 的温度。温度渐近于外大气层温度 T_{EXO},标高为 $1/\xi$。随

温度变化的标高倒数根据经验公式确定(Jacchia et al,1964;Jacchia,1965)

$$\xi = 0.0291\exp\left\{-\frac{1}{2}\left[\frac{T_{\mathrm{EXO}}-800}{750+1.22\times10^{-4}\,(T_{\mathrm{EXO}}-800)^2}\right]\right\} \quad (2.17)$$

Jacchia 设置了公式(2.18)在 $z_0 = 90\mathrm{km}$(或其他形式下为 120km),$T_0 = 183\mathrm{K}$ 下的边界条件。

外大气层温度是模型参数,以引进太阳和地磁作用。它考虑了太阳照度在太阳周期和短时间尺度的昼变化和半年变化、通过 $F_{10.7}$ 指数表示的太阳周期和更短时间尺度内的太阳极紫外线变化、通过 K_{p} 指数表示的地磁活动变化。其公式为

$$T_{\mathrm{EXO}} = D_{\mathrm{V}}(T_{\mathrm{SS}}+\Delta T_{\mathrm{SS}}+\Delta T_{\mathrm{SA}})+\Delta T_{\mathrm{M}} \quad (2.18)$$

式中,D_{V} 是所有太阳辐射效应的昼夜变化;T_{SS} 是太阳周期效应;ΔT_{SS} 为短时间尺度的太阳活动效应;ΔT_{SA} 是由于地球轨道偏心率导致的半年变化;ΔT_{M} 是地磁活动的贡献。昼变化比最大太阳照度滞后两个小时。太阳活动的周期变化是前三个太阳周期内 $F_{10.7}$ 平均值的线性函数。短时间尺度的变化 ΔT_{SS} 使用滞后一天的 $F_{10.7}$ 指数。地磁响应相对 K_{p} 滞后 6～7 小时。Jacchia 的论文提出了公式(2.18)右侧的表达式(Jacchia 1965),参见 Jacchia 等(1964,1966)的文章。低于 800K 的 T_{EXO} 值与"安静"的太阳条件有关,而高于 1200K 的值与"扰动"的太阳条件有关。外大气层温度 T_{EXO} 大致上在 600～2080K 变化,通过公式(2.17)计算的 $1/\xi$ 分别为 35～75km。

尽管外大气层密度变化较大,这种建模方法仍得到大气密度与观测值20%的一致性的事实表明,外大气层温度是决定中性气体质量密度的主要因素的正确性。其他因素包括水平和垂直风力(Hedin et al,1988)、磁层能量输入的空间分布、化学和辐射反应的热力学,在理解热成层大气动力学方面是重要的,代表在大气阻力认识方面的提高,但这些因素不包括在该模型中。这些效应的适当考量要求一个全球的流体动力学模型,例如,美国国家大气研究中心(National Center for Atmosphere Research)开发的热成层——电离层通用大气环流模型(thermosphere-ionosphere general circulation model,TIGCM)(Fesen et al,1993)。该模型虽然可用于深入理解热成层大气动力学和循环,但它是计算密集型的,不适合操作或工程设计使用。此外,其结果对磁层的大气加热是敏感的,目前还无法提供有便于使用的热层大气动力学计算输入。因此,外大气层经验模型是估算轨道动力学的最佳指南。

虽然本节没有讨论大气层中的化学成分,但在轨道航天器的冲压下,单原子大气气体成分、正离子和自由基会与航天器表面发生明显的化学反应。

2.4　电　离　层

紫外线和 X 射线辐射都能加热高层大气,也电离 80km 以上的高层大气中的

原子和分子,嵌在热成层中形成一个电离球壳,称为电离层。电离层从约80km向数千千米延伸,电子(离子)密度逐渐增加,然后降低,平滑地加入上层的磁层等离子体。其如此命名也是因为它含有离子,即单电离大气成分和自由电子。在低高度空域没有产生电离(低于80km),因为80km以上的柱密度足以吸收所有太阳光谱电离波长。电离层的离子和电子的温度类似于其源自的中性原子的温度,在电离层的大部分区域其温度约0.1eV。电离层在空间飞行设计背景中是重要的,主要是在无线电波传播领域。下面将描述电离层和其组成、结构和对无线电波的影响方面的基本物理特性。在 Ratcliffe(1972)、Haymes(1971)、Adolf(1985)、Tascione(1988)、Kivelson 等(1995)的文献中可以找到本节的参考资料。

2.4.1　电离

氧气等空气分子受到紫外线或 X 射线光子以足够的能量 $h\nu$ 击中时发生电离(其中 h 是普朗克常量,ν 是光子频率,$\nu = c/\lambda$,其中 λ 是波长,c 是光速)。电离速度由局部中性气体密度、电离辐射强度和中性粒子吸收辐射的横截面决定。

可以这样理解电离层的基本结构:把电离辐射吸收考虑为一种高度和随电离密度变化的高度特征的函数。首先考虑高度为 z 的大气,厚度 $\mathrm{d}z$。电离太阳辐射从上面按照一定角度 θ 进入大气,如果 I 是电离的太阳辐射强度,σ 是对辐射的吸收截面[注意该截面不是公式(2.14)中的截面],大气吸收的辐射量 $\mathrm{d}I$ 的计算公式为

$$\mathrm{d}I = n(z)\mathrm{d}z\sigma I \sec\theta \tag{2.19}$$

式(2.19)除以 I,结合公式(2.13)可得

$$\mathrm{d}I/I = n_0 \exp(-z/H)\sigma \mathrm{d}z \sec\theta \tag{2.20}$$

在 $z \sim \infty$ 区间积分可得

$$I = I_\infty \exp[-\sigma H n_0 \sec\theta \exp(-z/H)] \tag{2.21}$$

物理上,该公式表达的一个重要的事实是:电离辐射的强度随着在源点和 z 之间的气体体积密度呈指数衰减。公式(2.21)的一个重要特征是 z 的嵌套指数函数,因为强度随重叠的柱密度(外指数函数)呈指数下降,密度随 z(内指数函数)的下降呈指数增加。这意味着最终强度会迅速降低。

电子产生率 q 与数量密度和离子强度成正比,即

$$q = \beta n I \tag{2.22}$$

式中,β 是通过吸收辐射的光电离截面。一般来说,$\beta \neq \alpha$,因为辐射可以被吸收而不产生电离。结合公式(2.16),得出电离率是高度的如下函数:

$$q = \beta I_\infty \exp\{-[z/H + \sigma H n_0 \sec\theta \exp(-z/H)]\} \tag{2.23}$$

对于 $z/H \gg 1$,指数变量的第二项是微乎其微的,由于可电离粒子的密度增加,电离率随 z 减少而增加。随着高度逐渐降低,I 迅速消失,电离率骤然下滑。

对公式(2.23)求极值,可很好理解这种现象。为求得最大电离率及其对应的高度,考虑公式(2.22)沿一间接路径 $s = z\sec\theta$ 的导数,有

$$\frac{dq}{ds} = \beta\Big(I\frac{dn}{ds} + n\frac{dI}{ds} \Big) \tag{2.24}$$

在沿 s、q 取到最大值时,dq/ds 为零,所以公式(2.24)可变为

$$\frac{1}{n}\frac{dn}{ds}\Big|_M = -\frac{1}{I}\frac{dI}{ds}\Big|_M \tag{2.25}$$

式中,M 表示 q 取最大值时等式成立。以 z 取代变量 s,参考标高定义,$(1/n)(dn/dz) = 1/H$,在公式(2.25)中使用公式(2.19)可得

$$\sigma H n_M \sec\theta = 1 \tag{2.26}$$

使用公式(2.16),在 z_M 处取值 n_M 可得

$$\sigma H n_0 \sec\theta = \exp(z_M/H) \tag{2.27}$$

代入公式(2.23),获得最大电离率为

$$q_M = \beta n_0 I_\infty \exp[-(z_M/H + 1)] \tag{2.28}$$

定义新变量 $y = (z - z_M)/H$,最终得

$$q = q_M \exp[1 - y - \exp(-y)] \tag{2.29}$$

公式(2.29)使 q 随高度的变化更清晰。对于 $z > z_M$,可得 $y > 0$,电离率随高度降低呈指数增加。在这里,中性密度足够低,入射太阳辐射通过的吸收衰减不显著,电子生产量与中性密度成正比。然而对于 $z < z_M$,$y < 0$,内指数项变大,反映了入射辐射的衰减,所以电离率急剧下降。

电离率通过电子-离子重组或运出电离区域加以平衡,产生净离子和电子密度。在均衡状态下,电子损失将平衡电子生产量。在这里只考虑重组损失,它与电子和离子碰撞的概率成正比。重组可以通过各种机制继续,这些机制大体上分为两类:双体和三体重组。总损失率可以用公式表示为

$$L = \alpha_2(z)n_e n_i + \alpha_3 n_e n_i n(z) = \alpha(z)n_e n_i \tag{2.30}$$

式中,n_e 是电子密度;n_i 是离子密度。双体和三体重组系数分别表示为 $\alpha_2(z)$ 和 α_3。三体机制适用于中性气体分子。除了强烈依赖轨道高度的 n_e 和 n_i,其他参数为 z 的函数。

二体重组与一个电子和一个离子的碰撞成正比,为 n_e 和 n_i 之积。仅有二体机制要满足能量和动量的守恒是不容易的,但是如果在重组过程中离子是解离为两个原子的一种分子,会非常迅速地守恒。辐射重组通过光子辐射进行,是二体机制下原子离子和电子重组的位移途径。辐射重组比游离性重组大约慢四个数量级。因为分子离子密度随高度下降的速度比原子离子密度更快,所以 $\alpha_2(z)$ 随高度增加而下降。通过三体重组机制,更容易满足守恒定律,同时重组发生可能存在多种机制。但是反应都需要三体碰撞,由另一因子 $n(z)$ 表示。出于目前讨论的目的,

把重组过程结合在一起,成为一个依赖高度的净重组系数 $\alpha(z)$。对于低于 200km 的高度,$\alpha(z) \simeq 10^{-14} \mathrm{m^3/s}$;对于 300km 以上高度,$\alpha(z) \simeq 10^{-16} \mathrm{m^3/s}$。

一般情况下,电子和离子密度几乎相等,$n_e = n_i$,因为任何不平衡会产生电场,进而恢复整体的电中性。在均衡状态下 $L = q$,从公式(2.29)和公式(2.30)中可得

$$n_e = \sqrt{\frac{q_M}{\alpha}} \exp \frac{1}{2}\big[1 - y - \exp(-y)\big] \tag{2.31}$$

这意味着所电子密度也在 z_M 处出现最大值,它随高度的分布情况与 q 的分布密切相关。这种行为导致一个符合定义的峰值电子(离子)密度层;换句话说,在该层中,从上层大气层入射的电离紫外辐射并没有被吸收,因为该层之上的中性粒子体积密度非常小,而该层里的中性粒子密度升高到峰值,辐射有可能遇到并电离许多中性粒子。在该层之下,中性粒子密度上升,但是从该层之上吸收的紫外线太弱,不能电离许多中性粒子。在该层之上,虽然紫外线太强,但是很少有可电离的中性粒子。西德尼·查普曼是空间物理学的开拓者之一,首先解释了电离层电子密度分布,这种电离层被称为查普曼层(Chapman layer)。

事实上,由于吸收截面 α 取决于占主导地位的原子或分子气体成分以及紫外线波长,可以形成数个电离层。在图 2.5 中,大气层上方的太阳光谱与其下方的光谱相对比。在某些频率下,光谱是缺口的,在这些频率下大气层各层的原子或分子

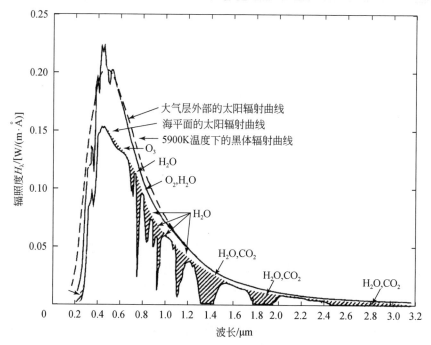

图 2.5　大气层上方和下方的太阳光谱

吸收是强大的。虽然臭氧吸收的紫外线在 0.3μm 以下,但是大多数在红外线区域。表 2.1 给出了主要电离层的名字、高度、主要贡献离子和控制该层的紫外线波长。

表 2.1　白天中高度电离层的各层特性

各层	高度/km	主要气体成分	产生原因
D	70～90	NO^+,O_2^+	α 射线、X 射线
E	95～140	O_2^+,NO^+	β 射线、软 X 射线、紫外连续谱
F1	140～200	O^+,NO^+	氦 11、紫外连续谱(100～800Å)
F2	200～400	O^+,N^+	氦 11、紫外连续谱(100～800Å)
上部 F	＞400	O^+	自下传播
等离子体层	＞1200	H^+	自下传播

注:来自文献 Adolf(1985)

晚上由太阳极紫外线和 X 射线产生的电子将为零,将不再达到平衡状态。忽略与极光有关的电离,由公式(2.31)确定的数量密度给出了衰减的初始条件。从公式(2.31)可得

$$\frac{dn_e}{dt} = -\alpha(z)n_e^2 \tag{2.32}$$

积分得

$$n_e(t) = 1/[\alpha(z)(t-t_0)+1/n_e(0)] \tag{2.33}$$

由此可见,$n_e(0)$ 减少一半的时间为

$$\tau_e = 1/\alpha(z)n_e(0) \tag{2.34}$$

注意到电离衰减率随电子密度下降而下降。使用典型的电离层密度 $n_e(0) = 10^{11}/m^3$,以及上面引用的 $\alpha(z)$ 值可得:在 200km 以下 $\tau_e \cong 10^3 s$;在 300km 以下 $\tau_e \cong 10^5 s$。在 120km 以下,三体反应很重要,衰减时间更短。因此可预见 n_e 在 200km 以下具有剧烈的昼变化。由于某些高度下的重组率很低,重组前电子可以移动相当大的距离。由于平均自由程在这种高度下很大,在迅速产生电子的高度上,电子密度最大。

图 2.6 给出了不同太阳条件下电离层电子密度随高度的分布情况。D 层在夜间通过重组消失。电子和离子在 120km 以上的长平均自由程区域的重组和化学性导致夜晚 F1 和 F2 层的扩散性聚结。这些层因此呈现出平稳状态而不是达到峰值。在 F 层的峰值,平均自由程较大,而电离产生率较低,所以电子密度是由下面扩散决定的,并非是局部电离。

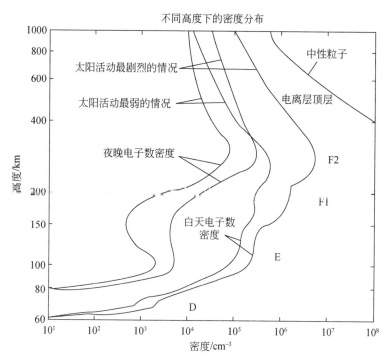

图 2.6　电离层各层(D,E,F1,F2)中的电离情况
[来自 Adolf(1985)]

　　由于等离子体动态作用,离子的标高呈现出一个有趣的特性。有人可能会天真地以为离子应当与产生它的中性原子具有同样的标高,而对于数量比它们少 2000～30000 倍的电子,其标高则要大得多。但整体的电吸引作用增强了准中性,迫使离子和电子密度在所有高度下均相等。这会以下述方式影响这两个气体成分的标高。由于离子和电子必须具有相同的高度分布,电离的气体成分的标高可以写为

$$H_i = \frac{kT_e + kT_i}{g(m_e + m_i)} \tag{2.35}$$

式中,T_e 和 m_e(T_i 和 m_i)是电子(离子)的温度和质量。如果 $T_e = T_i = T$,相对于 m_i,可取 $m_e \cong 0$,式(2.35)变为

$$H_i = \frac{2kT_i}{gm_i} \tag{2.36}$$

该标高为产生电离的中性粒子的 2 倍。标高加倍,伴随着产生电场,使得那些尝试到达它们自然的更大标高的电子被离子通过静电力束缚。结果导致离子之上的电子发生了小的电荷分离,并受到向上的拉力。由于标高加倍,向上的电力强度必须

为引力的一半,所以电场 E 可简单地写为

$$E = \frac{g m_{\mathrm{i}}}{2e} \tag{2.37}$$

式中,e 是电子电荷。在 F 层峰值之上这种扩散区的电场是以具有最高密度的离子为主,即 O^+ ~400km 以上区域单原子氧为主要的中性粒子,因此对应的离子也是主要的离子成分,见图 2.3。然而,氢和氦是两种轻原子,其密度很低。电离层的电场强度由占主导地位的氧离子质量确定,其强度足以完全决定较轻的氢和氦离子受到的引力。各种高度下的轻离子基本上都漂浮在氧离子之上,形成等离子体层和磁层的基础粒子群。

2.4.2　等离子体频率

电离层对空间仪器的一个最重要作用是它对无线电波传播的影响。日落时无线电波的传输特性,使得远处的调幅电台信号能够更好地被接收,这就是一种熟知的电离层影响。电离层也影响航天器的信息传输和全球定位系统的导航信号。为了解这些现象,需要考虑等离子体中的电磁波。

从麦克斯韦方程开始计算。安培定律为

$$\nabla \times \boldsymbol{H} = \boldsymbol{j} + \frac{\partial \boldsymbol{D}}{\partial t} \tag{2.38}$$

法拉第定律为

$$\nabla \times \boldsymbol{E} = -\frac{\partial \boldsymbol{B}}{\partial t} \tag{2.39}$$

式中,$\boldsymbol{j}$ 是电流密度;$\boldsymbol{D}$ 是电位移矢量(等于 $\varepsilon\boldsymbol{E}$);$\boldsymbol{B}$ 是磁感应强度(等于 $\mu\boldsymbol{B}$);$\boldsymbol{E}$ 是电场强度;ε 是介电常数;μ 是磁导率(Jackson,1962)。

做这样的近似处理:在无线电波电场中,离子因为质量相对较大,其相对于电子的移动可忽略不计,则等离子体中的电流密度可以写为

$$\boldsymbol{j} = -n_{\mathrm{e}} e \boldsymbol{V} \tag{2.40}$$

式中,$\boldsymbol{V}$ 是电子速度。正弦无线电波的电子加速度 $\boldsymbol{a}$ 为

$$\boldsymbol{a} = -(e/m_{\mathrm{e}})\boldsymbol{E}_0 \sin(\omega t) \tag{2.41}$$

式中,$\boldsymbol{E}_0$ 是波的振幅;$\omega = 2\pi f$ 是波的角频率,t 是时间。对公式(2.41)积分可得到 $\boldsymbol{V}$,进而有

$$\boldsymbol{j} = -\frac{n_{\mathrm{e}} e^2}{m_{\mathrm{e}} \omega} \boldsymbol{E}_0 \cos(\omega t) \tag{2.42}$$

在自由空间,$\varepsilon = \varepsilon_0$,所以

$$\boldsymbol{D} = \varepsilon_0 \boldsymbol{E}_0 \sin(\omega t) \tag{2.43}$$

因此公式(2.38)可写为

$$\nabla \times \boldsymbol{H} = \left(\varepsilon_0 \omega - \frac{n_e e^2}{m_e \omega}\right) \boldsymbol{E}_0 \cos(\omega t) \qquad (2.44)$$

如果没有一个旋转磁场,根据法拉第定律就不再有一个感应电场,所以如果括号内的系数为零,$\nabla \times \boldsymbol{H} = 0$,那么波不能传播(数学上,如果取公式(2.39)的旋度,时间导数项减少,因此所得的公式无解)。发生这种情况的频率定义为电子等离子体频率,即

$$\omega_{pe} = \sqrt{\frac{n_e e^2}{\varepsilon_0 m_e}} \qquad (2.45)$$

等离子体频率的显著特点是:它只取决于基本常数和电子数密度。把角频率转换成频率(每秒周期数)后,得

$$f_{pe} = 8.97 \text{Hz} - m^{3/2} \sqrt{n_e} \qquad (2.46)$$

因此,对于一个典型的 F 区,电子密度为 $3 \times 10^{12} \text{m}^{-3}$, $f_{pe} = 16\text{MHz}$。

等离子体频率是等离子体的自然频率,该频率下等离子体中的电子来回振荡而离子基本上保持不动。另一个推导清楚表明,电子运动在该频率下是一种简谐振动。由于电流密度和电位移消失,该模式不涉及磁场,同公式(2.44)一致。根据方程 $\partial \boldsymbol{E}/\partial t = \omega \boldsymbol{E}_0 \cos(\omega t)$,可见公式(2.45)的因子为介电常数乘以 ω(与式(2.38)比较)

$$\varepsilon = \left(1 - \frac{\omega_{pe}^2}{\omega^2}\right)\varepsilon_0 = N_R^2 \varepsilon_0 \qquad (2.47)$$

式中,N_R 是折射率。

现在讨论电离层如何影响无线传输。在高频率下,$\omega \gg \omega_{pe}$,$N_R \cong 1$,对波传播的影响很小。然而对于 GPS 信号,精确计时是至关重要的,即使是小的影响也是重要的。最准确的 GPS 导航必须考虑通过电离层的光传播时间的微小变化(Klobuchar,1989;Feess et al,1987)。不规则的电子密度导致微小的不稳定时滞、不可预测的和不可纠正的导航误差。如果不规则电子密度更强烈,由于微小的不规则的折射率,就像热气体与混合凉爽空气湍流混合,接收到的信号可能会出现相跳跃或闪烁,就像光闪烁的烟羽或蜡烛。严重的电离层闪烁会导致 GPS 卫星信号载波的失锁。

更显著的影响发生在接近 ω_{pe} 的频域上。对于 $\omega > \sim \omega_{pe}$,$\varepsilon$ 明显小于 ε_0,并且高度地依赖于 n_e。n_e 的不规则性造成 N_R 显著变化。初始的平面相干波将会产生随机时滞和随机相移。正是在 ω_{pe} 时,N_R 消失,这意味着该波不能传播,但是将反射(折射)到波源之处的低密度等离子体。对于 $\omega < \omega_{pe}$,N_R 是虚数,这意味着波会衰减。等离子体内频率低于 ω_{pe} 的波被吸收,仅加热电子。由于这些原因,航天器通信必须使用远高于最大值 f_{pe} 的频率。

电离层对地面无线电传播具有深远的影响。假设 $\omega_{pe,max}$ 是电离层密度峰值的

等离子体频率,考虑到 $\omega < \omega_{pe}$ 的波从下面传输到电离层。作为向上传播的波,它逐渐遇到更高的 n_e,最终达到某一轨道高度,在此高度下,它的频率与局部等离子体频率适配。波不再向高处传播,但是近似地镜面向后下方反射。这就解释了为什么 AM 波段广播在夜晚可到达更广阔的区域。对任意现实条件,AM 波段是在 $\omega_{pe,max}$ 以下,所以 AM 信号从电离层反射回来。D 区在夜间消失,因此反射高度增加,反射距离也增加。此外,因为波不是相干反射,如果电离层不规则,反射降低。这就是为什么 HF 通信因地磁活动而中断。

电离层波的反射可用来确定 n_e 最大值和该值之下的密度分布。这是通过向电离层发射调频信号、测量返回信号的时间来完成的。传输和返回之间的时间延迟可唯一确定无线电波和等离子体频率相适配的高度。相应的 n_e 采用式(2.46)进行计算。最大反射频率对应于 $\omega_{pe,max}$。

在等离子体频率之下,一类被称为静电波的等离子体波($\boldsymbol{H} = 0$)可以在等离子体中传播,并由不稳定的等离子体产生。静电波不会存在于自由空间中,只存在于等离子体中。由于这类波与航天器设计不相关,所以这里不予考虑。其他关于等离子体波的研究,可参考 Ratcliffe(1972)、Chen(1984)和 Swanson(1989)的文献。

2.4.3 德拜长度

接下来考虑与静电荷有关的等离子体动力学。由于等离子体由离子和电子组成,空间系统可获得静电荷,这种带电取决于材料、太阳照度和周围等离子体的特性。由于电子和离子质量差异非常大,且温度相似,因而电子的平均热速度通常至少比离子高 50%。因此,空间系统的电位一般不同于周围介质,将获得负电位。然而,在太阳光照下,如果从航天器表面发射的光电子多,它就可能出现正电位。在航天器附近的等离子体对由此产生的静电电荷分布产生影响。对航天器设计的重要因素包括航天器充电限制以及等离子体屏蔽这些电荷的作用距离。

首先考虑等离子体中静电屏蔽的标高。在等离子体平衡状态下,不施加外力的等离子体将保持电中性,在一个给定的体积内,正负电荷数几乎完全相等。该状态得以保持,是因为该体积内任何不平衡将在等离子体中产生一个电场,电子(主要是电子)在等离子体频率给定的时间尺度上移动,进而消除该电场。但是由于电子和离子的温度有限,其热速度将阻止等离子体完全消除静电场。相反,电场以一种称为德拜长度的程度渗透到等离子体中。

通过分析以下实验,可以看到有限温度对应于有限的电场渗透。首先可以想象由电子和离子组成的温度极低的等离子体。将正电荷放到等离子体中。电荷将吸引电子,离子排斥电荷,电荷被涌入的电子中和,结果是电荷电场没有渗透到等离子体。现在考虑第二类等离子体,但是让电子和离子加热,使它们快速移动。像之前一样,把一个测试电荷放到等离子体中。虽然像之前一样,电荷吸引电子,但是事实上它们已经迅速移动,这意味着它们不会中和该正电荷,而是在其周围形成一个负电荷云团。在足够远(下面会对"足够远"进行定义)的地方,测试电荷的电场被屏蔽,但是在电子云团内,测试电荷的电场将穿透等离子体,越靠近电荷,电场将越接近真空值。如果电子很热,测试电荷不影响运动,屏蔽云将不会紧紧围绕在测试电荷外。由此可见一个有限的温度会导致静电场有限地穿透到等离子体中;随着温度升高,穿透长度在增加。下面进行定量推导。

在离子和电子为温度 T_e 和 T_i 的等离子体中,希望求解电荷 Q 的电场。对于静电场,有 $\partial \boldsymbol{B}/\partial t = 0$,所以根据公式(2.39),有 $\nabla \times \boldsymbol{E} = 0$,这表示 $\boldsymbol{E} = -\nabla \varphi$,其中 φ 是每单位电荷的电势。就引力而言,这说明静电场是守恒的。可以给 φ 加上任意常数,对于当前问题,无穷处采取 $\varphi = 0$ 是方便的。这样决定该静电场的方程就是泊松方程,即

$$\nabla \cdot \boldsymbol{E} = \frac{\rho_q}{\varepsilon_0} \tag{2.48}$$

式中,ρ_q 是电荷密度。使用 $\boldsymbol{E} = -\nabla \varphi$,就变成了一个电动势方程,即

$$\nabla^2 \varphi = -\frac{\rho_q}{\varepsilon_0} \tag{2.49}$$

由电子和离子密度以及测试电荷给出的电荷密度为

$$\rho_q = e(n_i(\boldsymbol{r}) - n_e(\boldsymbol{r})) + Q\delta(\boldsymbol{r} - \boldsymbol{r}_Q) \tag{2.50}$$

式中,$\delta(\boldsymbol{r} - \boldsymbol{r}_Q)$ 是狄拉克函数,$\boldsymbol{r}_Q$ 是测试电荷的位置。为简单起见,假设离子是单电荷,但是公式(2.50)是具有普适性的。狄拉克函数 δ 定义如下:除 $\boldsymbol{p} = \boldsymbol{0}$,其他各处的 $\delta(\boldsymbol{p}) = 0$;如果体积积分包括 $\boldsymbol{p} = \boldsymbol{0}$,则 $\int \delta(\boldsymbol{p}) \mathrm{d}\boldsymbol{p}^3 = 1$。$\delta$ 函数可以精确描述一个点电荷。

为获得仅有变量 φ 的方程,需要用势能表示 ρ_q,即 n_e 和 n_i。根据统计力学(Reif,1965),可定义一个守恒力场 $\boldsymbol{F} = -\nabla U$,其中 U 是势能。在势能为 $U(\boldsymbol{r})$ 的 $\boldsymbol{r}$ 点发现粒子的概率与 $\exp(-U(\boldsymbol{r})/kT)$ 成正比,该概率因子称为玻尔兹曼因子。对于当前问题,$U_e(\boldsymbol{r}) = -e\varphi(\boldsymbol{r})$,$U_i(\boldsymbol{r}) = +e\varphi(\boldsymbol{r})$。无穷远处 $n_e = n_i = n_0$,$\varphi = 0$,因此,由无穷远处的玻尔兹曼因子除以 $\boldsymbol{r}$ 处的数值,可以确定电子和离子密度。然后有

$$\begin{cases} n_e(\boldsymbol{r}) = n_0 \exp(e\varphi(\boldsymbol{r})/kT_e) \\ n_i(\boldsymbol{r}) = n_0 \exp(-e\varphi(\boldsymbol{r})/kT_i) \end{cases} \tag{2.51}$$

将上述值代入公式(2.50),可得到 $\varphi(\boldsymbol{r})$ 的等式。为方便考虑,令 $\boldsymbol{r}_Q = 0$,然后有

$$\nabla^2 \varphi(\boldsymbol{r}) = \frac{en_0}{\varepsilon_0}[\exp(e\varphi(\boldsymbol{r})/kT_e) - \exp(-e\varphi(\boldsymbol{r})/kT_i)] + \frac{Q}{\varepsilon_0}\delta(\boldsymbol{r}) \tag{2.52}$$

由于这是一个超越方程,为取得进一步进展,需要作一个聪明的近似。之前的思想实验中只是冷等离子体才中和测试电荷,而热等离子体导致屏蔽。现在以 $e\varphi(\pmb{r})/kT$ 来量化所说的冷和热。如果 $e\varphi(\pmb{r})/kT \ll 1$,那么等离子体相对于测试电荷的势能是热的,如果 $e\varphi(\pmb{r})/kT \simeq 1$ 或 >1,那么与测试电荷的势能将等同于或大于热能。因为对热等离子体感兴趣,将在方程(2.52)中应用假设条件 $e\varphi(\pmb{r})/kT \ll 1$。请注意,这种近似将只适用于下面说明的 r 范围内。$\exp(\pmb{x})$ 泰勒展开式是 $1 + x + x^2/2 + x^3/3! + \cdots$,因此,方程(2.52)变为

$$\nabla^2 \varphi(\pmb{r}) = \frac{e^2 n_0}{\varepsilon_0}\left(\frac{1}{kT_{\rm e}} + \frac{1}{kT_{\rm i}}\right)\varphi(\pmb{r}) + \frac{Q}{\varepsilon_0}\delta(\pmb{r}) \tag{2.53}$$

该方程的解是一个被屏蔽的点电荷的电位

$$\varphi(r) = \frac{Q}{4\pi\varepsilon_0 r}\exp\left(-\frac{r}{L_{\rm D}}\right) \tag{2.54}$$

式中,屏蔽长度 $L_{\rm D}$ 称为德拜长度

$$L_{\rm D} = \sqrt{\frac{\varepsilon_0 K}{e^2}} \Big/ \sqrt{\left(\frac{n_0}{T_{\rm e}} + \frac{n_0}{T_{\rm i}}\right)} \tag{2.55a}$$

或

$$L_{\rm D} = \sqrt{\frac{\varepsilon_0 K}{2e^2}}\sqrt{\left(\frac{T}{n_0}\right)} = 49{\rm K}^{-1/2}{\rm m}^{-3/2}\sqrt{\left(\frac{T}{n_0}\right)} \tag{2.55b}$$

公式(2.55b)适用的条件是 $T_{\rm e} = T_{\rm i}$,T 按单位 K 取值,n_0 的单位是粒子数/$\rm m^3$,$L_{\rm D}$ 的单位是 m。可以验证公式(2.54)是否满足方程(2.53),利用公式(2.54)和高斯定律,无限远处的球体内封闭的总电荷为 Q。

正如预期的那样,测试电荷的影响被等离子体来屏蔽,且屏蔽距离随着温度升高而上升,随着密度增加而下降。为了检查 $e\varphi(\pmb{r})/kT \ll 1$ 的有效性,公式(2.54)可以改写为(使用 $T_{\rm e} = T_{\rm i}$)

$$\frac{e\varphi(r)}{kT} = \frac{1}{3N_{\rm D}}\frac{Q}{e}\frac{L_{\rm D}}{r}\exp\left(-\frac{r}{L_{\rm D}}\right) \tag{2.56}$$

式中,$N_{\rm D}$ 是球半径为 $L_{\rm D}$ 的粒子数,即

$$N_{\rm D} = \frac{4}{3}\pi n_0 L_{\rm D}^3 \tag{2.57}$$

由公式(2.56)可见,只要 $N_{\rm D} \gg Q/e$,近似是有效的,其至对 $r \simeq L_{\rm D}$ 的情形。在电离层(低于 600km),$L_{\rm D}$ 通常为 0.1~10cm,$N_{\rm D} \simeq 10^8$;而在磁层 $L_{\rm D}$ 为 0.1~1km,$N_{\rm D} \simeq 10^{15}$。

德拜屏蔽现象对于航天器设计具有若干启示。如果 $L_{\rm D}$ 比一个典型的航天器尺寸小,那么等离子体往往相当均匀地保持电位。等离子体还为航天器不同部分提供了不同的导电途径。大的电位差仍可存在于卫星的等离子尾流区,且等离子

体密度通过卫星运动得以降低,因而 L_D 在局部范围内是较大的。在相反的极限值上,当 L_D 比航天器尺寸大时,可以在航天器上不同位点形成较大的相对电位。在航天器介质表面可能积累电荷,导致破坏性的放电事件。此问题与太阳能电池阵列关系密切。

航天器和空间环境之间较大的电位差也可以对粒子探测器和电场探测器测量产生不利影响。因为航天器本身的存在改变了局部等离子体环境,测量将会受到仪器与等离子体之间电位差的影响,因而测量必须在绝缘的电位控制机构上进行,该机构要伸出航天器德拜外壳。解决这些问题的技术包括采用具有偏压的长电场探测器(大于 100m),以及采用电子枪消除过剩负电荷的航天器主动式电位控制。

2.4.4　航天器带电

2.4.3 小节讨论了等离子体对带电体的影响。把开始不带电的航天器放在热等离子体(如电离层)中的后果之一是平衡电荷不为零,并在航天器周围形成以德拜长度为特征的鞘层。这可解释如下。由于电子的热速度较高,如果将没有净电荷的表面放置到一个等离子体中,最初比离子多的电子会冲击表面(高能量电子可以穿透航天器材料几毫米,从而使内部介质带电;而较低能量的离子和电子的电荷直接把电荷堆积在航天器表面上)。最后,表面电位变成负值,直到电子排斥和离子吸引调整入射离子和电子的流量,使其相互抵消。因此,鞘层得以形成,在航天器附近的正离子比电子数目多的区域内,由于表面积累负电荷而呈现的电势消失,鞘层外的等离子体不再有净电势。带电航天器附近的等离子体行为在前面章节中已经描述过。

除了上述机制,由太阳光线引起的光电子发射也具有重要的影响。如果航天器暴露于阳光下,紫外线光子轰击该航天器表面,导致航天器接受太阳光线的部分发射电子。远离航天器表面的光电子通量通常大于其表面的等离子体热电子通量,使航天器具有正电位。如果航天器外部不由导电材料制成,航天器的光照区与阴影区之间将形成电位差。在电离层中,这些电位差不会超过数伏特。然而在磁层中,德拜长度可能会非常大,周围的电子可能具有高达 10keV 的特征能量。由于环境中电子对表面的撞击(Koons et al,1988),一个非导电航天器不受光照的部分(或者在地影区的整个航天器,不论其是否导电)可能增加到 10kV 的电位。航天器组件之间较大的电位差会造成严重后果,例如,航天器表面电位不同时,放电产生的高能电弧。避免此类现象是所有航天器的设计目标。对于需要使用暴露于太阳光线中的半导体的太阳能电池发电系统,这是一个特殊问题。

P78-2 高轨带电卫星(P78-2 spacecraft charging at high altitudes,SCATHA)是为专门研究航天器带电及其影响而设计的。该卫星于 1979 年 1 月发射,并于

1982 年 9 月 22 日测得一个 10kV 的电压,检测到 29 个电流脉冲放电。航天器有 2min 的数据丢失,这可归因于放电(Koons et al,1988)。Gussenhoven 等(1985)曾报告在 DMSP 卫星上有短暂的带电现象(周期为数十秒),电位约—450V,该卫星运行在 800km 高的极轨道(低地球轨道)上,受极光活动影响而带电。Garrett (1981)已撰写了大量关于航天器带电的综述。Purvis 等(1984)已出版了实际工程指南,用以评估和控制航天器带电效应。

2.4.5　撞击-尾流效应

另一个值得考虑的是在等离子体中运动的物体引起的周围等离子体变化,这将引起撞击和尾流效应。通过电离层的航天器是改变局部等离子体分布的一个重要因素。航天器速度一般为 2~7km/s。电离层的离子和中性粒子热速度通常小于该速度,所以航天器运动前方的粒子密度会增加,尾部区域的密度则较低。该密度偏差可能比周围的粒子密度高几个数量级,因而航天器后方的德拜长度较长,引起较大的电位差。由于等离子体中电子速度比离子大得多,尾部往往带负电。由于某些中性粒子(特别是原子氧)会与航天器表面材料发生反应,附着在航天器表面的大量中性粒子会腐蚀表面材料和涂层。第 7 章将详细介绍航天器表面的化学反应。

2.5　磁　　层

电离层与行星际空间之间的区域称为磁层,因为地球的磁场在该区域起主导作用。磁层的上层边界是行星际空间,该边界称为磁层顶。在这个边界内,磁层由高能低密度($10^5 \sim 10^6 / m^3$ 的离子和电子)等离子体组成,这些等离子体在地磁场的作用范围内。在磁层顶外,太阳风从太阳沿径向吹来。太阳风是一种完全电离的等离子体,平均密度约为 $10^7 / m^3$ 的离子和电子,流动速度为 300~800km/s。在地球轨道处,太阳风的磁场强度通常为 10nT。对磁层特性有用的参考资料有 Haymes(1971)、Ratcliffe(1972)、Adolf(1985)、Lyons 等(1984)等的文章。最近的文献提供了关于磁层过程的空间物理学方法,如 Park(2004)、Kivelson 等(1995)和 Gombosi(1998)所给出的文献。

2.5.1　地球内部磁场

在一阶近似下,地球磁场为地磁北极在地理南极附近的一个磁偶极子,在地球南部磁力线垂直向上,在北部磁力线垂直向下。磁极和地理极并不完全重合,偶极子磁场不完全围绕地球中心(图 2.7),而是向太平洋偏移约 440km。此外,它相对于地球的旋转轴倾斜约 11°。

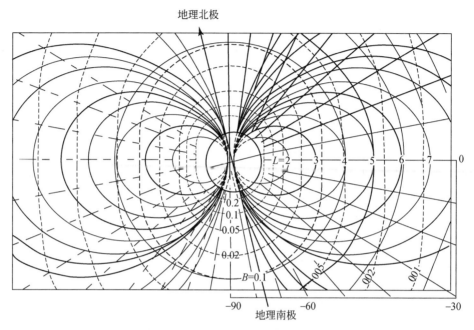

图 2.7　地球磁场的偏心磁极子模型(B-L 坐标系)。这里显示的曲线是磁子午面与 B 的等值
面交线。相等的偶极子距地球中心 436km,最靠近含太平洋的半球面。因此,在给定的高度,
太平洋上空的磁场比大西洋的强。地磁轴相对于地球自转轴(南北连线)倾斜 11.5°

　　使用磁场坐标系,而不是地理坐标最容易描述由磁场主导的地球物理现象。
因为地球的磁场不是一个理想的偶极子,磁极的位置不是唯一地被定义,已经建立
各种磁坐标系,每种坐标系的定义略有不同,是针对特定的数据类型而优化的。例
如,称为磁倾极的磁极所在的位置处,表面磁场是垂直的。指南针指向这些磁极。
1965 年,这些磁极位于 75.6°N、101°W 和 66.3°S、141°E。然而,1965 年,在由位于
地球质心的偶极得到的最佳近似坐标系中,地磁的两极分别在 78.6°N、69.8°W 和
78.6°S、110.2°E。基于一个更复杂的场模型得到的不变纬度磁极子,在 1969 年时
位于 80.33°N、279.09°E 和 74.01°S、126.3°E,表明磁极方向的变化取决于所使用
的模型类型,大约为几度以上。

　　使用适于应用的模型是很重要的。在导航和姿态控制、估计低轨的辐射照射
和沉淀到电离层的高能粒子等应用中,需要更精确的模型。这些高精度模型在低
轨区域或电离层的空间环境观察中也是必需的。对于高度超过 ~$1R_E$ 的高度,偶极
子逼近足以表示内部磁场,因为相对于磁层电流,主要磁场的高阶项变得微不足
道,下面首先介绍偶极子磁场。

在球面坐标系 (r, λ, Λ) 下，偶极子磁场方程为

$$B_r = (2B_0 \sin\lambda)/r^3 \tag{2.58}$$

$$B_\lambda = (B_0 \cos\lambda)/r^3 \tag{2.59}$$

$$B_\Lambda = 0 \tag{2.60}$$

式中，B_0 是赤道表面的磁场强度，r 是以 R_E 为度量的地心径向距离，λ 是纬度，Λ 是方位角。偶极子的磁场线描述为

$$r = R_0 \cos^2\lambda \tag{2.61}$$

式中，R_0 是场线和赤道之间的距离，从对 $\mathrm{d}r/B_r = r\mathrm{d}\lambda/B_\lambda$ 的微分关系积分得到该参数。通过使用公式(2.58)和公式(2.59)，考虑由沿偶极子磁场线上的位移差 $\mathrm{d}r$ 产生的相似三角形的几何关系，可以得到这种微分关系。

偶极子的磁场强度可以写为

$$B = (B_0/r^3)(3\sin^2\lambda + 1)^{1/2} \tag{2.62}$$

下面用这些公式描述磁层。

对地球主磁场更准确的表达式可通过如下势场形式来构建。对于磁场的源电流外部区域，我们有 $\boldsymbol{j} = 0$。如果考虑一个独立于时间的系统，那么 $\partial/\partial t = 0$，而安培定律公式(2.38)可简写为

$$\nabla \times \boldsymbol{B} = 0 \tag{2.63}$$

这意味着 $\boldsymbol{B}$ 可以表示为 $-\nabla\varphi_B$，其中，φ_B 是一个标量势。使用高斯定律，$\nabla \cdot \boldsymbol{B} = 0$，得到 φ_B 的拉普拉斯方程为

$$\nabla^2\varphi_B = 0 \tag{2.64}$$

这个方程解的一般形式是球谐展开式(Arfken, 1970)，即

$$\varphi_B = R_E \sum_{n=1}^{\infty} (r^n T_n^e + \frac{1}{r^{n+1}} T_n^i) \tag{2.65}$$

其中，r 以 R_E 为度量，上标 i 和 e 分别指内部和外部的磁场。

T_n 表示为

$$T_n = \sum_{m=0}^{n} (g_n^m \cos(m\varphi) + h_n^m \sin(m\varphi)) P_n^m(\cos\theta) \tag{2.66}$$

以及

$$P_n^m \cos\theta = \sin^m\theta \frac{\mathrm{d}^m}{\mathrm{d}\cos\theta^m} P_n \cos\theta, \quad m < n \tag{2.67}$$

$P_n(\equiv P_n^0)$ 是相关的勒让德多项式。在地球表面，99%的磁场可由内部源的标量势描述，模型通常只使用内部源项。正如下面将看到的，在较大的地心距离(大于 $2R_E$)上，外部源变得更加重要。球谐展开式系数是综合地磁场观测数据和空间测量数据而确定的。一种广泛使用的标准是国际地磁参考场(IGRF)。在 1945 年，国际地磁学和高空大气学协会(IAGA)定义该标准，以后每五年进行一次修订

(Barton,1997),该标准可从美国宇航局哥达德太空飞行中心的国家太空科学数据中心获得。在国际地磁参考场模型中,采用由 IGRF 给出的最近几组系数估计的系数时间变化率,进行了在最新获取系数基础上的向前外推。时间变化率是不可忽略的,相当于每年改变 0.1%。偶极子发生明显的位置移动,在过去的 100 年里移动了 150km。古地磁证据表明经过 10^5 年的时间,内部磁场的偶极子部分完全逆转了方向(高阶矩项通常改变得更快)。

2.5.2 太阳风的影响

太阳风是一种热等离子体($10^5 \sim 10^6$ K),密度为 $5\times 10^6 \sim 20\times 10^6$ 个/m³ 离子和电子。它从太阳沿径向流动,速度为 $V = 300 \sim 800$km/s,包含弱磁场($5 \sim 30$nT,或 $5\times 10^{-5} \sim 3\times 10^{-4}$ Gs),没有固定的方向,但是具有一般优选方向。在地球上游距离,地球磁场($B^2/2\mu_0$)内部压力平衡太阳风动压($nmV^2/2$,其中 m 是平均太阳风离子的质量,He^{2+} 的存在约为 $1.05M_H$,n 是电子数密度)。

在 $3R_E \sim 5R_E$ 之内,磁层的形状受太阳风的影响较小;然而,外磁层受太阳风冲击地磁场的作用而发生严重变形。图 2.8 是一个磁层的示意图,其中太阳风从

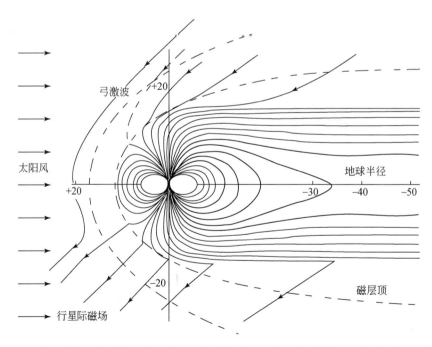

图 2.8 受太阳风作用而发生扭曲的地磁场磁力线。虚线表示磁层顶,约束着里面的磁场。图中给出了沿太阳地球连线的地心距,以地球半径为单位(Ratcliffe,1972)

阳面吹向阴面。地球磁场和太阳风冲压之间的压力平衡决定了太阳风和磁层之间的边界。从地球中心延伸至太阳风之下的磁层顶的距离称为磁层顶日下点距离。由于太阳风的磁场很弱,形成了磁层顶电流,该电流层将地球磁场和太阳风等离子体分开。磁层顶电流层使地球磁场与太阳风不发生相互作用,因而在磁层顶内部,地球-太阳连线上的磁场是该距离下偶极子强度的 2 倍。由此给出的压力平衡为

$$2[B_{\mathrm{d}}(r)]^2/\mu_0 = nmV^2/2 \tag{2.68}$$

式中,$B_{\mathrm{d}}(r)$ 是地心距 r 处的偶极子磁场。在赤道 $\lambda = 0$,从公式(2.62)可以得到 $B_{\mathrm{d}}(r) = B_0/r^3$。

使用公式(2.68),求解 r 得到磁层顶日下点距离的估计值为

$$r_{\mathrm{mp}} = (4B_0^2/\mu_0 n\, m V^2)^{1/6}(单位为 R_{\mathrm{E}}) \tag{2.69}$$

对于标称的太阳风密度 $n \simeq 5\mathrm{cm}^{-3}$ 和速度 $400\mathrm{km/s}$,可得 $r_{\mathrm{mp}} \simeq 10R_{\mathrm{E}}$。最强烈的日冕物质抛射或与日冕洞相关的高速粒子流会产生高达 $900\mathrm{km/s}$ 的速度和 $40\mathrm{cm}^{-3}$ 的密度。这将使 r_{mp} 减至 $3R_{\mathrm{E}}$。尽管这些极端的情况很少发生,也许每个太阳周期只有一次,但地球同步轨道内的磁层顶会随时间变化。太阳风性质多变,意味着磁层顶几乎总是在运动,且磁层是一个高度动态的系统,其大小和磁场拓扑结构可在太阳风性质变化 $10 \sim 20\mathrm{min}$ 内发生剧烈变化。

阳面磁层顶的形状是由简单的气动物理学决定的。与地球-太阳连线成 $90°$ 方向的磁层顶标称距离为 $15R_{\mathrm{E}}$,而在阴面,相互作用将最外层的磁层拖到一个很长的磁尾中。

2.5.3 带电粒子在偶极子磁场的运动

一个偶极子磁场中的带电粒子运动具有一定的特殊性。这些特性决定了等离子体在磁层的组成和分布。在三个时间尺度上,离子和电子表现出四种基本类型的运动,将在下面讨论它们。这些运动如下。

(1)垂直于磁场方向的快速回转。

(2)$E \times B$ 漂移:垂直于磁场和电场的带电粒子的平均运动。

(3)镜像:平行于磁场的运动在强磁场(低纬度地区)中是相反(反射)的。

(4)∇B 和 B 曲率的方位角漂移:使粒子(同时旋转和镜像)沿地球经度方向缓慢运动。

为了解这些运动,首先考虑带电粒子在特定的磁场和电场中的运动方程。

1. 快速回转运动

带电荷 q 的粒子以速度 V 在磁场 B 中运动,受到的力为

$$F = qV \times B \tag{2.70}$$

这个力总是垂直于 V 和 B，可得到垂直于 B 平面的圆周运动[图 2.9(a)]。注意 $F \cdot V = 0$，磁场对该粒子没有做功。使 B 与 z 向平行，从而公式(2.70)成为

$$\begin{cases} m\dfrac{\mathrm{d}V_x}{\mathrm{d}t} = qBV_y \\[2mm] m\dfrac{\mathrm{d}V_y}{\mathrm{d}t} = -qBV_x \\[2mm] m\dfrac{\mathrm{d}V_z}{\mathrm{d}t} = 0 \end{cases} \tag{2.71}$$

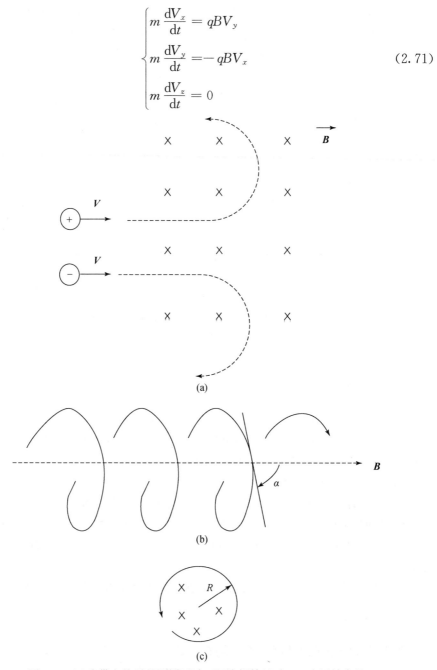

图 2.9　(a)为带电粒子的圆周运动；(b)为螺旋运动；(c)为回转半径

如果磁场是恒定、均匀的,假设初始条件 $V_x = V_{x0}$, $V_y = 0$, $V_z = V_{z0}$,这就有以下解:

$$\begin{cases} V_x = V_{x0}\cos\Omega t \\ V_y = -V_{x0}\sin\Omega t \\ V_z = V_{z0} \end{cases} \tag{2.72}$$

式中

$$\Omega = qB/m \tag{2.73}$$

这被称为回旋频率。请注意,该频率独立于粒子速度。该运动是螺旋形的[图 2.9 (b)],当 $V_{z0} = 0$ 时,是圆形的。

为了计算出运动半径[称为回旋半径,见图 2.9(c)],使电磁力与离心力相等(这是圆周运动所需的),垂直于 **B** 的速度分量 $V_\perp$ 为

$$qV_\perp B = mV_\perp^2 /R_g \tag{2.74}$$

因而

$$R_g = mV_\perp /qB = (2mW_\perp)^{1/2}/qB \tag{2.75}$$

式中,垂直动能 $W_\perp \equiv mV_\perp^2 /2$。$R_g$ 的典型取值从低纬度 0.1eV 电子的 3cm 到高海拔 100keV 质子的千米,高能量(1GeV)宇宙射线离子的回转半径要大于整个磁层。

2. 在电场和磁场中的运动

对于带电粒子在一个电场和一个沿 z 轴的磁场 **B** 的运动,在运动方程(2.71)中添加一个电场 **E** 可得

$$\begin{cases} m\dfrac{\mathrm{d}V_x}{\mathrm{d}t} = qE_x + qBV_y \\[2mm] m\dfrac{\mathrm{d}V_y}{\mathrm{d}t} = qE_y - qBV_x \\[2mm] m\dfrac{\mathrm{d}V_z}{\mathrm{d}t} = qE_z \end{cases} \tag{2.76}$$

如果沿 z 方向旋转坐标系,使 $E_y = 0$,那么一个可行解是 $V_x = 0$, $V_y = -E_x/B$, $V_z = qE_z t/m$。然而,如果初始条件不符合该解,则对于 V_{x0}, V_{y0}, $V_{z0} \neq 0$ 的通解为

$$\begin{cases} V_x = V_{x0}\cos\Omega t + (V_{y0} + E_x/B)\sin\Omega t \\ V_y = (V_{y0} + E_x/B)\cos\Omega t - V_{x0}\sin\Omega t - E_x/B \\ V_z = V_{z0} + (qE_z/m)t \end{cases} \tag{2.77}$$

除了原有的在 **E** = **0** 情况下获得的回转运动,这些方程表明,施加的电场产生一个垂直于 **E** 和 **B** 的恒速运动,与电荷 q 的符号和大小无关。一般电场漂移结果是

$$V_{DE} = E \times B / B^2 \tag{2.78}$$

因为 E 为每单位电荷的力,则在求解过程中使用任一恒定作用力 F 得到的结果为

$$V_{DF} = F \times B / (qB^2) \tag{2.79}$$

总的运动可看成绕某一点的回转运动和该点的运动之和,该点可称为回转中心或导向中心,回转运动的半径为 R_g,回转中心的运动被称为 $E \times B$ 漂移,垂直于 E 和 B 。如果 E 有平行于 B 的分量,则会产生平行于 B 的加速度。该平行加速度的方向取决于 q 的符号。

如果与其他粒子碰撞的粒子的平均自由程接近或小于回旋半径,那么将会出现垂直于 B 、平行(q 为正)或反平行(q 为负)于 $E_\perp$ 的漂移。这种碰撞漂移对相反方向移动的离子和电子在性质上是不同的,然而对于第一漂移(称为 $E \times B$ 漂移),离子和电子在相同方向上以相同的速度漂移。第二(碰撞)漂移将产生平行于电场的电流,以及与中性气体碰撞导致的能量耗散。这种漂移会在电离层中产生佩德森电导率。在高轨区域,碰撞可以忽略,这种碰撞漂移是不重要的。佩德森电导率在 $110\sim130$km 的高度范围内得到最大化。因而,当磁层电流通过电离层中的佩德森电流时,将加热热成层附近的中性气体。由于焦耳耗散会改变外逸层底部的温度,将严重影响高轨处的中性粒子密度。

3. 偶极子磁场镜像

对于一条给定的偶极子磁场磁力线,磁场强度在朝向两极的方向上逐渐增加,在赤道附近最小。这种特性像一个磁瓶,在地球磁场中捕捉带电粒子。这种必然发生的现象可以通过由粒子的回转运动引起的磁矩得到确认。很容易证明该磁矩在粒子运动的一阶近似是一常数。首先考察一个在圆周上运动的粒子,其垂直速度为 $V_\perp$,半径由公式(2.75)给出。该运动可被认为是面积大约为 πR_g^2 的圆电流,大小为 $qV_\perp / 2\pi R_g$ 。电流回路的磁矩 μ 是电流乘以面积或

$$\mu = IA = \frac{qV_\perp}{2\pi R_g} \pi R_g^2 = \frac{1}{2} qV_\perp R_g \tag{2.80}$$

$$\mu = W_\perp / B \tag{2.81}$$

利用公式(2.74)和 $W_\perp \equiv mV_\perp^2 / 2$ 可得上述表达式。如果粒子具有平行于 B 的非零速度,它将在磁场中移动,因为在偶极子磁场线上 $|B|$ 并非常数,所以磁场大小将发生变化。由法拉第定律可知,这将在粒子参考系中产生一个等于 $\pi R_g^2 (\partial B / \partial t)$ 的感应电动势,从而在回转运动中有

$$\nabla W_\perp = q\pi R_g^2 \frac{\partial B}{\partial t} \tag{2.82}$$

如果在一个回转周期中,B 的变化相对较小,可以将 $\partial B / \partial t$ 近似为

$$\frac{\partial B}{\partial t} = \frac{\Delta B}{\Delta t} = \frac{V_\perp \Delta B}{2\pi R_g} \tag{2.83}$$

式中,一个回转周期为 $2\pi R_g / V_\perp$。利用公式(2.75)和公式(2.82),公式(2.83)成为

$$\Delta W_\perp = mV_\perp^2 \Delta B/2B = W_\perp \Delta B/B \tag{2.84}$$

在一个回转中 μ 的变化为

$$\Delta \mu = \Delta(W_\perp/B) = \Delta W_\perp/B - W_\perp \Delta B/B^2 \tag{2.85}$$

$$= 1/B(\Delta W_\perp - W_\perp \Delta B/B) \tag{2.86}$$

所以由公式(2.84)可得

$$\Delta \mu = 0 \tag{2.87}$$

这表示即使 B 发生了变化,μ 也不变化。这意味着 $W_\perp$ 必须变化,以使 $W_\perp/B$ 保持常数。然而,由于粒子的唯一作用力 $qV \times B$ 并不做功,所以在没有平行于该运动的力时,粒子的总动能是守恒的,即

$$W = mV^2/2 = 常数 \tag{2.88}$$

记 $V_\perp = V \sin\alpha$,$V_\parallel = V \cos\alpha$,其中 α 是 B、V 的夹角,称为俯仰角,则

$$W_\perp = (mV^2 \sin^2\alpha)/2 \tag{2.89}$$

由于 V^2 和 $W_\perp/B$ 是常数,公式(2.89)意味着

$$\sin^2\alpha/B = 常数 \tag{2.90}$$

在磁场上的某些位置,磁场强度足够大,使得

$$B_m = B_1/\sin^2\alpha_1 \tag{2.91}$$

这意味着 $\alpha_m = 90°$,所有运动都垂直于 B,即平行速度为零。因此 B 沿 B 方向的梯度 $\partial B/\partial z$ 作用于磁矩 μ,使得粒子朝较弱的 B 运动,粒子发生反射(镜像),沿相反方向传播。这种运动如图 2.10(a) 所示。图中粒子发生反向平行运动的点称为镜像点,无论粒子的质量、电荷、能量如何,该点对所有具有相同俯仰角的粒子都是相同的。因此,偶极子磁场就像一个自然的磁瓶,颗粒一旦进入磁场线,由于粒子碰撞而停留在大气层上,并发生镜像,那么它们将会被磁场俘获,除非它们的赤道俯仰角发生改变。对于离子,它们将与地冕的氢原子交换电荷。

4. 方位角漂移

第四种运动是粒子引导中心(回转运动中心)的方位漂移。方位漂移是由磁场的曲率和梯度产生的。这两种效应导致引导中心的速度为

$$v_{\text{grad}} = \frac{mV_\perp^2}{2qB^2}\hat{B} \times \nabla B \tag{2.92}$$

$$v_{\text{curv}} = \frac{mV_\parallel^2}{2qB^2}\hat{R} \times B \tag{2.93}$$

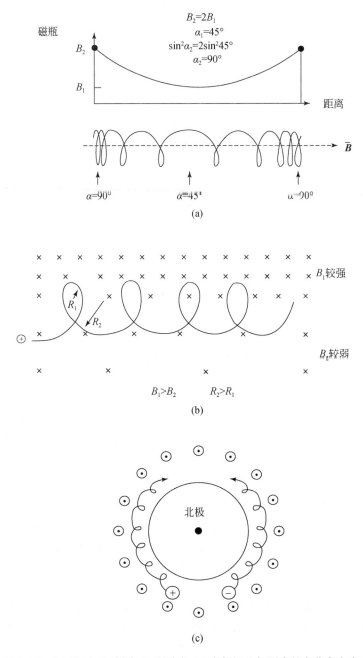

图 2.10　(a)磁瓶；(b)梯度 B 的漂移；(c)在偶极几何图中的方位角方向。
B 的方向向上，随 $1/r^3$ 递减

式中，$\hat{R}$ 是从磁场线的曲率中心到磁场线的半径矢量，$V_\parallel$ 速度分量是平行于 $\boldsymbol{B}$ 的速度，$V_\perp$ 是垂直于 $\boldsymbol{B}$ 的速度。这些方程的求导过程，请参考相关文献（Lyons et al,1984）。

从方程的叉乘可以看出，这些漂移总是垂直于 $\boldsymbol{B}$。梯度 B 的漂移如图 2.10(b) 所示。在偶极几何图形中，其方向是严格按照方位角（图 2.10(c)）的。在实际的地磁场漂移中，漂移不是严格地按照方位角进行的，绕地球漂移一个轨道后，径向分量抵消，粒子返回它的起始点。关于这些漂移的其他关键特征是：漂移与粒子能量成正比；漂移随径向距离线性增加（在方程(2.62)成立的一个偶极子磁场中）；漂移对于正电荷和负电荷是反向的。

5. 带电粒子运动小结

各种运动（回转、$\boldsymbol{E} \times \boldsymbol{B}$ 漂移、镜像、方位角的梯度和曲率漂移）都有一个时间尺度。在地球的偶极子磁场中，这些不同运动的相对重要性取决于粒子能量。对于低能粒子（$W \leqslant 10\text{keV}$），$\boldsymbol{E} \times \boldsymbol{B}$ 漂移在跟踪粒子轨迹方面比方位角的梯度和曲率漂移更重要。对于高能粒子，$\boldsymbol{E} \times \boldsymbol{B}$ 漂移相对于方位角的梯度和曲率漂移变得微不足道。下面的讨论将集中在高能粒子，因为它们对空间系统的环境效应更重要。对于这些粒子，旋转、镜像和方位角漂移的时间周期是感兴趣的。对于回转运动，周期（公式(2.73)）为

$$T_g = 2\pi/\Omega = 2\pi m/qB \tag{2.94}$$

对于镜像运动，周期可以通过从一个镜像点到对面半球镜像点沿磁场的距离积分（乘以 2）除以平行于 $\boldsymbol{B}$ 的速度 $V_\parallel$ 来计算

$$T_m = 2\int_{m_1}^{m_2} \frac{\mathrm{d}s}{V_\parallel} = \frac{4}{V}\int_0^{B_2} \frac{\mathrm{d}s}{\sqrt{1 - B(s)/B_m}} \tag{2.95}$$

$$T_m = (4L/V)[1.3 - 0.56\sin\alpha_0] \tag{2.96}$$

式中，L 是赤道上的径向距离，以 R_E 为单位，α_0 是在赤道上的粒子俯仰角。

对于沿方位角的漂移，周期仍然较长，约为（根据 Lyons 等(1984)的文献）

$$T_d \approx 1.03 \times 10^4[\gamma/(1+\gamma)]F(\text{s}) \tag{2.97}$$

式中，$\gamma = (1 - V^2/c^2)^{1/2}$，$F$ 是一个取值为 $1\sim1.5$ 的函数。Schultz 及 Lanzerotti (1974)的文献详细地讨论了这些公式。

对于所有这些运动，周期和运动本身仅在无碰撞和小磁场变化的情况下，在各自的特征时间尺度内才有效。图 2.11 显示了这三种运动在地球偶极子磁场中是如何结合的。在这种结合方式下，高能离子和电子被俘获很长一段时间，在绕地球偶极轴旋转的"壳"内发生回转、镜像和漂移。表 2.2 给出了在 2000km 和 $4R_E$ 赤道高度下的代表性回转半径、回转周期、镜像周期和方位角漂移周期。

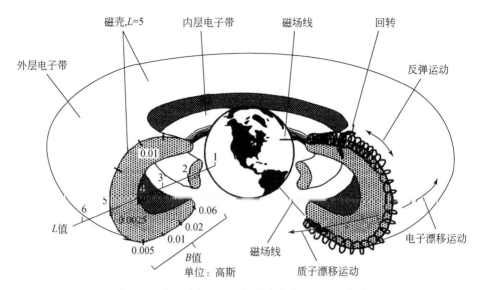

图 2.11　在地球偶极子磁场的高能离子和电子俘获

表 2.2　特征周期和回转半径

能量		粒子种类	回转半径/km	回转周期/s	镜像周期/s	漂移周期/min
2000km 高度	50keV	电子	0.005	2.5×10^{-6}	0.25	690
	1MeV	电子	0.032	7×10^{-6}	0.1	53
	1MeV	质子	10	0.004	2.2	32
	10MeV	质子	30	0.0042	0.65	3.2
	500MeV	质子	250	0.006	0.11	0.084
$4R_E$ 高度	1keV	电子	0.2	7.4×10^{-5}	4.0	11000
	10keV	电子	0.63	7.5×10^{-5}	1.3	1100
	100keV	电子	2	8.8×10^{-5}	0.46	90
	1MeV	电子	6.3	2.2×10^{-4}	0.27	3.7
	1keV	质子	88	0.14	172	11000
	10keV	质子	28	0.14	54.5	1100
	100keV	质子	88	0.14	17.2	110
	1MeV	质子	280	0.14	5.45	11

如图 2.11 所示,进行这些运动的粒子往往停留在磁壳或磁层磁场表面,这些区域的轮廓为镜像的漂移粒子被俘获的磁场线。在偶极子磁场中,这些表面可以

由一个参数 L 唯一确定。该参数定义为磁场在赤道上交叉点的半径（单位 R_E）。一旦磁壳由参数 L 描述，沿磁场的任何一点可以通过它的纬度和经度确定。然而，因为（在一个偶极子磁场中）$B_\varphi = 0$ 和 $\partial B/\partial \phi = 0$，所以用经度坐标描述该磁壳并无意义。从公式(2.61)和公式(2.62)中可得

$$r = L \cos^2 \lambda \tag{2.98}$$

以及

$$B = (B_0/r^3)(4 - 3r/L)^{1/2} \tag{2.99}$$

所以对于任何 r 和 $|\lambda|$，B 和 L 都有一对一的函数关系(图 2.12)。对于某些目的，即描述俘获的粒子通量，B-L 坐标系是一种优先的选择。因此，对于一个给定 L 的磁壳，指定的 B 可确定两个点，它们在磁场线上离赤道的距离相等，对称地应有相同的高能粒子通量。

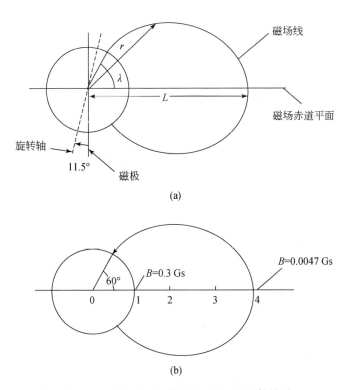

图 2.12　偶极 B、L 与地磁 r 和 γ 的函数关系

由于地球磁场被磁层电流扭曲，偶极子近似将无法以这种方式准确地定义 B-L 坐标系。获得 B-L 坐标系的方法之一是使用一个很好的 B 模型（包括由偶极子磁场内部偏差和外界影响导致的不对称性，即太阳风中的扭曲）。利用该 B 模型，可

以建立 L 的复杂表达式。一个合理准确的表达式在 $L \leqslant 3$ 内成立,即

$$B_m L^3{}_m / B_0 \simeq 1 + 1.350474 r^{1/3} + 0.465380 r^{2/3} + 0.047546 r \qquad (2.100)$$

此参数 L_m 最初是由 McIlwain(1966)的文献定义的。关于 $B\text{-}L$ 空间,以及其定义和近似方法的讨论,请参考 Schultz 等(1974)的文献。

2.5.4 磁层的分区

根据拓扑结构和粒子群的特征,把磁层分为数个区域,如图 2.13 所示。下面将按高度递增的顺序来讨论这些区域。

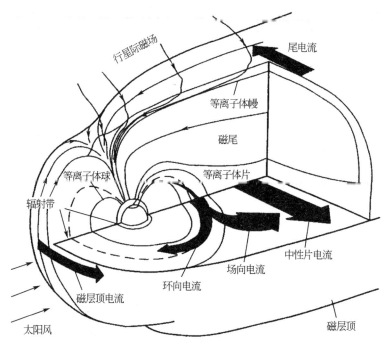

图 2.13　发生变形的地球偶极子磁场结构,其形状类似于彗星,被称为磁层。在这个复杂的等离子体系统中标记了各种电流系统。行星际磁场是太阳磁场,它对磁层内部的演化有调节作用

1. 等离子体层

等离子体层本质上是电离层向高处的延伸,主要成分为 H^+、He^+、电子,其典型的电离层能量为 0.1eV。在这样低的能量下,运动由电场漂移主导,离子和电子回转半径都很小,与 $E \times B$ 漂移相比,它们的镜像运动和方位角漂移速度较慢。电子浓度随赤道距离的变化情况如图 2.14 所示。当地心距超过 $4R_E$ 时,电子密度陡降,这是占主导地位的电场发生变化的结果。在内部区域,离子和电子从电离层沿

着磁场扩散,并保持在各自的磁场线上,与磁场绕地球共同旋转。

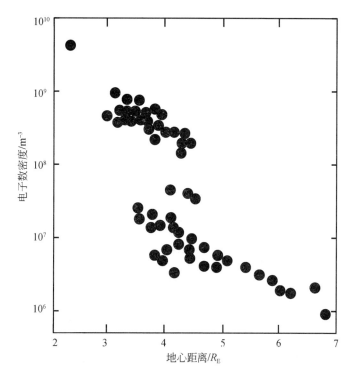

图 2.14　在赤道上方,电子浓度为地心距离的函数。距地心约 $4R_E$ 处,梯度较大,
这正是等离子层顶的位置(Ratcliffe,1972)

为了理解共同旋转,考虑在电离层之外、半径 r 处的磁赤道上的一个点。由于地球自转,磁场扫过该点的速度为 $\boldsymbol{V}_\Omega = \boldsymbol{\Omega}_E \times \boldsymbol{r}$,其中 $\boldsymbol{\Omega}_E$ 是地球的角速度矢量,其方向按照右手定则给出。磁场的运动对应于一个带电粒子的感应电场

$$\boldsymbol{E}_{\text{ind}} = -\boldsymbol{V}_\Omega \times \boldsymbol{B} \tag{2.101}$$

这将产生由 V_{DE} 给出的感应漂移。通过在公式(2.70)中计算速度为 $-V_\Omega$ 的单位电荷受到的力,可以获得公式(2.101)。将 $\boldsymbol{E}_{\text{ind}}$ 代入向量公式(2.78),利用等式 $\boldsymbol{a} \times \boldsymbol{b} = -\boldsymbol{b} \times \boldsymbol{a}$ 以及 $\boldsymbol{a} \times (\boldsymbol{b} \times \boldsymbol{c}) = \boldsymbol{b}(\boldsymbol{a} \cdot \boldsymbol{c}) - \boldsymbol{c}(\boldsymbol{a} \cdot \boldsymbol{b})$ 可得

$$\boldsymbol{V}_{\text{ind}} = \boldsymbol{V}_\Omega - \boldsymbol{B}(\boldsymbol{B} \cdot \boldsymbol{V}_\Omega)/B^2 \tag{2.102}$$

式中,第二项是 $\boldsymbol{V}_\Omega$ 沿 $\boldsymbol{B}$ 的分量,所以减法运算意味着 $\boldsymbol{V}_{\text{ind}}$ 是 $\boldsymbol{V}_\Omega$ 垂直于 $\boldsymbol{B}$ 的分量。对于地球,$\boldsymbol{\Omega}_E$ 与偶极矩夹角小于 $11°$,因而 $\boldsymbol{B}$ 和 $\boldsymbol{V}_\Omega$ 近似正交。因此 $\boldsymbol{V}_{\text{ind}} \simeq \boldsymbol{V}_\Omega$,所以该区域中 $\boldsymbol{V}_\Omega$ 大于其他漂移速度的等离子体将与磁场共同旋转。

冷等离子体共同旋转的区域仅为 $\boldsymbol{E}_{\text{ind}}$ 起主导作用的 r 范围内。$\boldsymbol{E}_{\text{ind}}$ 以 $1/r^2$ 的形式随径向距离的增加而减小。由于与太阳风磁场的相互作用,磁层内部存在一个

沿黎明-黄昏方向的对流电场 E_{conv} 。由于 B 在赤道面是指向北的,由此产生的对流漂移 V_{conv} 是面向太阳的。E_{ind} 在 $L=3\sim6R_E$ 范围内低于 E_{conv} ,这是由太阳风条件决定的。在这个过渡 L 磁壳之外,低能量等离子体不再随地球旋转,沿太阳方向发生对流,融入太阳风中(图 2.15)。这就产生了一个称为等离子体层顶的边界,对应于随共同旋转到向阳对流的过渡过程导致的粒子密度突然下降。

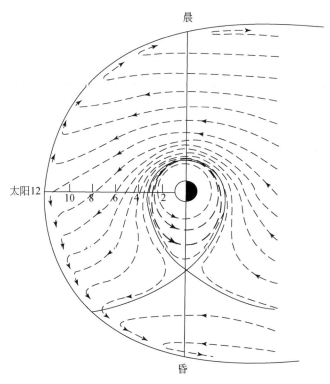

图 2.15　在地球赤道面电场的等电位轮廓线(虚线)。这些也是能量非常低的粒子漂移路径。该电场是由地球自转和地磁场引起的共同旋转 E 电场、一致的晨-昏电场的叠加(Adolf,1985)

2. 俘获辐射

高能粒子也在 $r\sim4R_E$ 范围内被发现。公式(2.92)和公式(2.93)的方位角梯度和曲率漂移与动能成正比,所以对于能量大于 1MeV 的粒子,粒子运动是由梯度和曲率漂移控制的。这些高能粒子绕地球沿漂移路径进行方位角漂移,由于漂移路径完全环绕地球,粒子在偶极子磁场被俘获。这些稳定的高能粒子群被称为范艾伦辐射带。范艾伦在 1957 年首先使用热气球上的盖革计数器发现了它们。虽然高能粒子群的密度小($10^{-4}\mathrm{m}^{-3}$),但是每颗粒子的能量足够大,高能粒子群通常在磁层等离子体的能量密度中占主导地位。Schultz(1974)广泛地讨论了该辐射带,Vampola(1989)对该辐射带的讨论虽然不太全面,但是最近的、更易查阅到的。

图 2.16 显示了高能离子和电子在磁层的分布。能量很高的离子最大通量集中在内部电子带之外。可以在 Sawyer 和 Vette 于 1972~1976 年编写的国家太空科学数据中心(National Space Science Data Center)出版物(NSSDC,1985;Bilitza,1990),找到从几十千电子伏到几百兆电子伏能量的高能离子和电子的完整分布模型,该模型是太阳周期年代的函数。事实上,粒子的分布是相当连续的,尽管在某些区域,具有特定能量的粒子通量很高(即术语"带")。由于高能粒子和低能等离子体、中性粒子的碰撞截面随粒子能量的增加显著减小,能量更高的粒子从系统消失之前,具有很长的寿命(高达数年)。

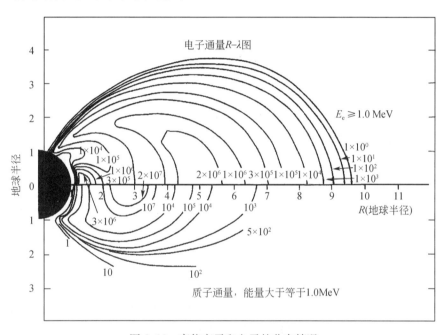

图 2.16　高能离子和电子的分布情况

在辐射带的高能粒子有两个主要来源。一是太阳和银河系的宇宙射线流。宇宙射线撞击大气层,在碰撞过程中产生高能粒子,并自发衰变(例如,一个中子变成一个质子和一个电子),或者直接进入大气层并失去能量,通过散射被地磁场俘获。另一个是与太阳风的相互作用引起的磁暴和亚暴(将在下面讨论)所产生的电场,将磁层中的低能粒子加速。磁层加速过程可以是即时的,由行星际激波驱动,也可以出现在磁暴之后的数天内。

　　辐射带损失机制包括粒子散射到大气层或与外逸层的中性氢原子发生电荷交换。由于电子质量小,它们主要通过散射损失,散射或者是由于与低能离子和中性粒子碰撞产生,或者是在磁场波的扰动中发生。磁场波或者是与太阳风作用产生的低频磁流波,或者是等离子体哨声波。散射改变粒子的俯仰角,从而改变它们的反射点,那些反射点转移到大气层里或大气层下的粒子与大气层中的原子和分子发生碰撞而损失。质子不容易散射,尽管大气层中的质子通量对低轨道卫星的影响很显著。辐射带质子的损失主要因为其在地冕中与中性氢原子发生电荷交换。因为它们的能量高,高能质子和电子穿入大气层中,造成 D 区电离。因此,地磁风暴后期往往与中高纬度持续的 D 区相关。

　　沉积在大气层中的辐射带粒子沿经度或纬度不是均匀分布的。由于地球磁场不是一个真正的偶极子,而是向太平洋偏移,南大西洋有一个区域的磁场比同纬度的其他地方异常得低。对于给定的粒子俯仰角和 L 值,反射高度是 B 为常值的一个曲面。该曲面在南大西洋异常得低,这导致两个后果。首先,该地区的粒子反射点在大气层中足够低,粒子由于与中性大气层碰撞而损失。南大西洋异常可以清除与地球最近的粒子。其次,在其他经度的相同高度处,辐射带通量较低,这是因为 B 为常值的曲面在其他地方处于更高的位置,该曲面对应于南大西洋的大气层。因此,低轨道的辐射照射在其他地方并不剧烈,南大西洋的异常区域是辐射照射最严重的区域。图 2.17 给出了 500km 高度处能量大于 1MeV 的粒子沉积分布情况。

3. 极盖

　　由于与太阳风的相互作用,连接极盖的磁场向背对太阳的方向弯曲。否则,磁场将连接另一半球的磁场,横切磁层顶,并融入行星际磁场。因此,高能粒子不能在极地地区俘获。然而,受日冕物质抛射加速的高能粒子在太阳风中沿着磁场流动,直接进入极盖。在太阳高能粒子产生的期间,耀斑发生的几分钟到数小时内,质子在被加速到具有相对论性能量的情况下到达地球,因此极盖是一种潜在的严重辐射区域。因此,极地低轨道卫星受到的太阳高能粒子辐射可能比沿赤道运行的低轨道卫星多,甚至比地球静止卫星还要多。磁暴期间,极盖向赤道延伸,因为磁暴往往与太阳高能粒子事件相关,倾角高于地理纬度 45° 的轨道可能在磁暴期间受到辐射照射风险。在磁尾,即磁层背向太阳的膨胀部分,极盖连接的磁场区域被称为尾瓣,并形成一对巨大的半圆柱体磁场,类似于一对螺线管。磁尾在背向太阳一侧可延伸数百个 R_E,远远超出了月球轨道(60R_E)。

电子通量等值线(E>1MeV)

高度为500km

图 2.17 在500km高度大于1MeV的电子沉积情况

4. 等离子体片

在磁尾的闭合磁通道上有一个不太热的等离子体区域,被称为等离子体片。虽然这些磁通道是闭合的,但低能和高能离子、电子的漂移路径并非如此。回想一下,在地球磁场的俘获区,高能粒子进行方位角漂移,使得它们保持在一个 L 磁壳内。在一阶近似下,绕地球的方位角梯度漂移磁壳可由恒定赤道磁场强度来描述。在磁赤道上,对于相同的径向距离,磁场强度在阴面较低,在阳面较高。这意味着在 $6 \sim 10R_E$ 范围内的漂移粒子在午夜向外移动,同时它们从阴面漂移到向阳面,到达磁层顶,并脱离磁层。此外在磁尾区,漂移路径直接穿过磁尾,高能粒子漂移出磁尾,进入相邻的太阳风中。等离子体片是准俘获区,因为只要该区域的高能粒子穿越一次磁尾或从阴面到阳面运动一次,它们就不再受磁层磁力线约束,消失在磁层顶的太阳风中。

2.5.5 磁暴和亚磁暴

磁层和电离层是不断变化的,太阳对它们的影响最大。前面已经讨论了太阳活动以及增强的紫外线和 X 射线辐射如何影响电离层和大气层上端。电离层的电子和离子浓度可能显著增加,与热成层温度相关性很强的中性外逸层和热成层大气密度、标高也会大大增加。

太阳活动以两种方式影响近地空间环境。耀斑活动可以产生高密度、高速的太阳风。如果这种太阳风撞击磁层,磁层顶日下点距离可以从 $10R_E$ 压缩至小于等于 $6R_E$。此种压缩可以产生磁流体动力波,散射被俘获的高能粒子,使它们撞击上层大气,并沉积能量、加热和电离中性大气层。

行星际磁场方向会改变太阳风和磁层之间的相互作用。当行星际磁场平行于磁层顶的地磁场,这种相互作用就很少发生。当行星际磁场反平行于(向南)磁层顶的地磁场,将会发生一种称为合并或重联的过程。在重联时,行星际磁场和地球磁场相互连接,能量从太阳风转移到磁层和电离层,太阳风就像一部电动发电机,磁层和电离层就像是负荷。这种转移也依赖于太阳风的速度,因而高速太阳风和向南的行星际磁场传递的能量最多。

这种现象主要通过两种途径产生。在第一种途径中,通过重联中太阳风发电机产生的电流,能量以焦耳加热的方式沉积在热成层。这是一个直接的途径,来自太阳风的电磁能转换成电流,该电流通过电离层中的佩德森电流区,在热成层底部进行焦耳加热。该路径消耗的功率通常是 $50GW$,但在磁暴期间可以超过 $500GW$。第二种途径通过一个复杂的称为亚暴的事件链进行。重联和对流首先增加极盖的磁通,之后增加磁尾尾瓣的磁通,并增加这些位置处的磁压($B^2/2\mu_0$)。

这样实际上是对由磁尾组成的螺线管充电。这要求等离子体片电流增加,特别是分离南北磁尾尾瓣的电流片。这种能量存储过程被称为亚磁暴增长阶段。这种跨磁尾的电流最终达到等离子体片中的等离子体可以支撑的极限,电流变得不稳定。由于这种磁场结构不能维持,存储在尾瓣的磁能爆炸性释放,并转移为离子和电子的热能量。这种爆炸性的能量释放起始阶段称为亚暴起始,与午夜附近的极光突然增亮有关。磁尾的突然弛豫驱动这些粒子面向地球移动,有些粒子进入俘获的漂移路径中。该能量释放过程与激烈的、多变的极光有关,这些极光随着电离层电流向两极和早晚时刻快速扩散。这个出现在亚暴起始之后的阶段称为极光破展(auroral breakup),与壮观的极光现象相关。

如果太阳风的能量输入特别强烈、持续,就会导致磁暴。地磁暴期间,可能发生多次特别强烈的亚磁暴,此外地磁暴自身也很活跃。在磁暴期间,粒子能量很高,深入到 $3R_E$ 的磁层内部,在那里粒子在稳定俘获区保持漂移数天。这些漂移的离子和电子携带电流,称为环电流,因为电流在赤道附近绕地球形成了一个环形。甚至在地球表面,这种电流也可以显著地改变磁场的大小和方向。亚磁暴电流也对磁场产生影响,但是这些影响局限于极光区域。

太阳活动影响地球环境的第三种方式是通过耀斑加速的高能粒子。在耀斑中,离子和电子可以被加速到高能量(100MeV~1GeV)。如果这些高能粒子到达地球,它们可以进入磁层,电离中性大气层。这在极盖是很有效的,可以沿磁力线直接进入。

2.6　辐　　射

穿透性辐射是环境的一个重要影响因素,所设计的空间系统必须能够承受辐射损伤(参见第 13 章)。虽然光子辐射对电离层的影响是非常重要的,但它对空间材料的破坏比粒子辐射要小。紫外线和 X 射线流对空间物体表面的光电离作用(如前面所讨论的)必须要考虑,此外所有波长的光辐射也必须加以考虑,因为它们会对敏感仪器产生影响。例如,一台检测微弱物体的望远镜,可能受阳光直射而损伤,也可能被航天器结构的反射或散射光线致盲。

另一个需要重点考虑的是热影响。大多数为空间应用而设计的系统必须在特定温度范围内工作。这个工作范围必须权衡太阳能输入和空间辐射。如果不能通过使用反射或吸收性的表面材料等其他方式达到被动控制,主动加热和冷却可能是必不可少的(参见第 7 章)。来自太阳的总能流在 1AU 处为 $1350\ \mathrm{W/m^2}$,并在一段时间内几乎不变。紫外线和 X 射线能量范围内的能流为 $10^{-2}\ \mathrm{W/m^2}$,或小于总量的 10^{-5}。从热影响的角度看,这种能流并不重要,但它是多变的,并且对电离层很重要。

能量大于 10keV 的粒子辐射可能破坏材料。离子和电子的影响是不同的，电子更容易穿透，但是离子在某些方面更具破坏性。破坏性的粒子辐射的主要来源是：①俘获区，或范艾伦辐射带；②太阳，在太阳耀斑和随后的激波加速太阳高能粒子期间内；③由未知过程加速，并进入太阳系，通量几乎恒定的宇宙射线、极高能离子和电子以及 γ 射线；④在强烈极光中加速的由电子和质子组成的低空光束。

在设计空间环境中的系统时，使用的辐射模型是时间（太阳活动周期）和轨道位置的函数。对于辐射带，现有的最好模型是 AE-8 和 AP-8，以及 AE-4 和 AP-4 模型（Vette et al,1979）。图 2.18 是 NSSDC 新闻页的一份复印件，这篇文章列举了一些大气、电离层、地磁、辐射环境模型，这些模型可从 NSSDC 磁盘中获得。在辐射带，这些模型给出了不同能量的离子和电子通量，是位置的函数（在 B-L 坐标系中）。通过使用这些模型和已知的轨道信息，可以预测总辐射剂量，并制定抗辐射性和屏蔽组件的规范。

电离层
IRI-86(COSPAR/URSI)
Ching-Chiu(1975),Rush-Miller(1973)

大气层
CIRA/MSIS-86(COSPAR)
Jacchia 参考大气层 70,71,77
美国标准大气层 62,66,76

磁场（主要）
IGRF45,50,55,…,85,85-90(IAGA)
GSFC(9/65,12/66,9/80)
POGO(3/68,10/68,8/69,8/71)
MAGSAT(3/80,4/81)

磁场（包括外部来源）
Tsyganenko 等(1982,1987)
Beard(1979),Mead-Fairfield(1975)
Olson-Pfitzer(1974)

俘获粒子
AE-8,AP-8
AE-2～AEI-7,AP-1～AP-7

太阳粒子
SOLPRO，太阳质子影响，Stassinopoulos-King (1974)
联系人：Dieter K Bilitza 博士
地址：NSSDC，邮编 633，NASA/Goddard Space Flight Center Greenbelt,MD20771,USA
电话：(301)286-0536
纽约地址：(SPAN)NCF；BILITZA(internet)bilitza@nssdc. gsfc. nasa. gov

---

图 2.18　NSSDC 新闻页面

太阳耀斑的辐射剂量是非常多变的,所以在计算量的约束下,普遍使用非常保守的估计,即根据所考虑的太阳周期内最坏的情况进行耀斑活动建模。银河系的宇宙射线流是相当稳定的,所以它的影响可以精确建模。

2.7　行星际介质

行星际介质超出地球磁层之外,并包含了其他行星磁层之外的日光层的所有空间。太阳风是行星际介质中的主要等离子体。在靠近地球时,太阳风的密度、磁场强度、温度和速度随时在改变。回忆一下,在 1AU 处的行星际等离子体属性通常如下:密度为 $5 \sim 20$ 质子$/cm^3$,速度为 $300 \sim 800 km/s$,磁场强度为 $5 \sim 30 nT$,温度为 $10^5 \sim 10^6 K$ 或 $10 \sim 100 eV$。太阳风密度是与太阳距离的函数,以 $1/r^2$ 的方式下降;其磁场的径向分量在 1AU 范围内占主导地位,以 $1/r^2$ 的方式下降。在约 1AU 之上,磁场的横向分量占主导地位,以 $1/r$ 的方式下降。太阳风的速度随 r 逐渐增加,但在 1AU 之上的变化比 1AU 范围内的要少,温度随 r 缓慢下降。

行星际介质通常比近地环境更温和。太阳光子、由耀斑和日冕物质抛射而加速的粒子中也存在辐射,但是当传播到外行星后,这些影响变得不那么重要。甚至在靠近地球的地方,大部分时间都处于行星际介质中的航天器,一般比轨道位于辐射带的航天器拥有更长的寿命。辐射导致的太阳能电池性能退化是航天器损坏的根本原因。先驱者 10 号和 11 号是两个寿命最长的航天器,由放射性热电机供电,可飞行到外日光层之外。其他的磁化行星的磁层和辐射带与地球类似,如木星、土星、天王星等。木星的内部磁场远大于地球磁场,因而,木星的俘获辐射能量和密度远高于地球(Dessler,1983),使得其中一个伽利略卫星轨道上一年的辐射剂量超过 1Mrad,比低轨卫星多年剂量的 30 倍还多。因此,对于绕其他行星飞行的任务,必须仔细评估局部磁层环境的俘获辐射,它们的环境可能与地球完全不同。

作者感谢已故的 Potemrat 博士的鼓励和建议,他的课程笔记为书中的一些想法奠定了基础。同时也感谢 Williams、Lui、Black 和 Maurer 博士,特别感谢 Vampola 博士对初稿给出的修改意见。

2.8　习　　题

1.(1)在给定的表面压强 $P_0 = 1bar = 1.0 \times 10^5 Pa$ 下,推导高度(h)-大气压(P)的关系式,并以数值方法计算地球表面的标高($k = 1.38 \times 10^{-23} J/K$)。

(2)对金星进行同样的练习。$P_0 = 91bar$,$T_{表面} = 730K$,大气主要成分为二氧化碳,金星质量$=0.82 \times$地球质量,$R_V \approx R_E$。

(3) 如果大气层变成液体,地球大气层将有多深?(提示:当它是液体时,将不服从理想气体定律)

2.(1) 在太阳平静的时候,外大气层底部(400km) 的中性氢原子(H) 有多少会达到逃逸速度?(麦克斯韦分布 $f(v) = f_0 \exp[-m/2kT(v_x^2 + v_y^2 + v_z^2)]$)

(2) 在太阳高度活动的时候,外大气层底部的氧原子(O) 有多少会达到逃逸速度?

3. 假定电离层以单电离氧为主,含有微量的电离氢,那么质子标高是多少?(记得要考虑氢离子的受力情况)

4. 一束通量为 I_0 的电离紫外线垂直入射在仅有一种组分的等温大气层上,该组分的质量为 m、表面密度为 n_0、重力为 g、吸收截面为 σ、电离截面为 β、重组系数为 α。在紫外线通量为 $I_0 e^{-1}$ 的高度上,净离子产生率和平衡离子数密度是多少?

5.(1) 假设在电离层的 F 层中,密度变化为 50%,且随机分布,那么不能实现卫星通信的频率范围是多少?

(2) 如果 F 层是光滑的,但 E 层存在 50% 波动,这个频率范围又是多少?

6.(1) 在阴面电离层中,航天器的电位相对于周围介质是多少?

(2) 在太阳照射下,航天器表面材料的光致电离可驱动航天器达到正电位。典型的光电子能量为 3eV。在阳面电离层中,表面可导电的航天器应有什么样的平衡电位?

7.(1) 在偶极子磁场的赤道面上 $L = 7$ 的地方,一个俯仰角为 $90°$ 的 1MeV 质子向地球对流至 $L = 4$(使粒子获得能量)的位置,过程中第一绝热不变量(μ) 守恒,那么该质子最终能量是多少?

(2) 假设在赤道面上 $L = 7$ 的位置,初始俯仰角为 $45°$ 的质子向内扩散,μ 守恒,则该质子最终的能量和赤道俯仰角是多少?(假设 $W_{\parallel}$ 不会改变)

8. 假定所有在大气层中 200km 高度以下反射的粒子都沉积下来,在 200km 以上反射的粒子都返回到更高的高度。那么在中心偶极子磁场中,存在一个以赤道磁场方向为中轴的圆锥,该圆锥内所有粒子的场线均不相交于地球表面的 $50°$ 纬度圈,该锥角(称为损失锥)有多大?(提示:沿任一磁场线,反射高度更高的粒子俯仰角比反射高度为 200km 的更大)

9. 太阳风的日下点距离(标称值为 $10R_E$) 会降至地球同步轨道的高度($6.6R_E$)。推导并绘制 $R_{日下点距离} \leqslant 6.6$ 的太阳风密度和速度边界曲线。

10. 对于 $L = 4R_E$ 的磁场线,对于如下两种情况,共同旋转电场的强度是多少?

(1) 在赤道上;

(2) 在 $L = 4R_E$ 的磁场线与地面相交的地面上。

参 考 文 献

Adolf S. Handbook of Geophysics and the Space Environment. 1985. Air Force GEOPHYSICAL Laboratory, Document Accession Number ADA 16700, 1985.

Arfken G. 1970. Mathematical Methods for Physicists. Academic Press, New York.

Barton C E. 1997. International geomagnetic reference field: The seventh generation, J. Geomag. GEOELECTR, 49, 123—148.

Bass J N. 1980a. Analytical representation of the Jacchia1977 model atmosphere, AFGL- TR- 80- 0037, AD-A85781.

Bass J N. 1980b. Condensed storage of diffusion equation solutions for atmospheric density model computations, AFGL- TR- 80- 0038, AD- A086868.

Baumjohann W, Treumann R A. 1997. Basic Space Plasma Physics. Imperial College Press, London.

Bilitza D. 1990. Solar-terrestrial models and application software. National Sofeware, National Space Science Data Center/World Data Center A, NSSDC/WDC-A-R&S90-19.

Chen F F. 1984. Introduction to Plasma Physics and Controlled Fusion, Vol. 1: Plasma Physics, Plenum Press, New York.

COSPAR International Reference Atmosphere(CIRA). 1986. National Sational Space Science Data Center.

Dessler A. 1983. Physics of the Jovian Magnetosphere. Cambridge University Press, Cambridge.

Eisner A. 1982. Evaluation of accuracy of the orbital lifetime program"LIFE". Proceedings. Workshop on Satellite Drag, Boulder, CO, March 18- 19. Space Environment Services Center. Space Envionment Lab, NOAA.

Feess W A, Stephens S G. 1987. Evaluation of GPS ionospheric time-delay model, IEEE Trans. Aerosp. Electron Sys, AES- 23, 332—338.

Fesen C G, Roble R G, Ridley E C. 1993. Thermospheric tides simulated by the National Center for Atmospheric Research Thermosphere-Ionosphere General Circulation Model at equinox, J. Geophys. Res. 98, 7805—7820.

Gaposchkin E M, Coster A J. 1988. Analysis of drag. Lincoln Lab. J, 1, 203—224.

Garrett H B. 1981. The charging of spacecraft surfaces, Rev. Geophys. Space Phys, 19 (4), 577—616.

Gombosi T I. 1998. Physics of the Space Environment, Cambridge University Press, Cambridge.

Gussenhoven M S, Hardy D A, Rich F, et al. 1985. High- level spaceraft charging in the law- altitude poplar auroral environment. J. Geophys. Res. ,90, 11, 11009—11023.

Haymes R C. 1971. Introduction to Space Siences. John Wiley&Sons, New York.

Hedin A E, Spencer N W, Killeen T L. 1988. Empirical global of upper thermo-sphere winds based on Atmosphere and Dynamics Explorer satellite data, J. Geophys. Res. ,93, 9959—9978.

Jacchia L G, Slowey J, 1964. Temperature variance in the upper atmosphere during geomagnetically quiet intervals. J. Geophys. Res. ,69,4145—4148.

Jacchia L G, Slowey J. 1966. The shape and location of the diurnal bulge in the upper Atmosphere,SAO Special Report. 207.

Jacchia L G. 1965. Static models of the upper atmosphere with empirical temperature profiles, Smithson. Contrib. Astrophys. ,8,215—257.

Jacchia L G. 1970. New ststic models of the thermosphere and exosphere with empirical temperature profiles. Smithsonian Astrophys Obs,Spec. Rep. 313.

Jacchia L G. 1972. Atmospheric models in the region frim 110to 2000Km,IN CIRA 1972,AKademie-verlag,Berlin.

Jacchia L G. 1977. Thermospheric temperature,density and composition New models,SAO Special Report Nn. 375,Smithsonian Astrophysical Observatory,Cambridge.

Jackson J D. 1962. Classical Electrodynamics. John Wiley Sons,New York.

Kivelson M J, Russell C T. 1995. Introduction to Space Physics, Cambridge University Press, Cambridge.

Klobuchar J A. 1989. Ionospheric time- delay algorithm for single- frequency GPS users, IEEE Trans. Aerosp. Electron. Sys. ,AES- 23,325—331.

Koons H C. 1988. Severe spacecraft charging event on SCATHA in September,1982,J. Spacecr. Rockets,25(3)239—243.

Liu J F F. 1982. An analysis of the use of empirical atmospheric density models in orbital mechanics. Proc. Workshop on satellite Drag, Boulder, CO, Mar18- 19, Space Environment Services Center,Space Environment Lab. ,NOAA.

Lyons L R,Williams D J. 1984. Quantitative Aspects of Magnetosppheric Physics. D. Reidel,Boston.

Marcos F A. 1978. Variability of the lower thermosphere determined from satellite accelerometer data. AFGL Report tr-78-0134.

Marcos F A. 1988. Accuaracy of satellite drag models. Proc. Atmospheric Neutral Density Specialist Conf. ,Colorado Springs,CO,22-23 Mar. ,AD-A225249.

Mauk B H,Mitchell D G,Krimigis S M,et al. 2003. Energetic neutral atoms from a trans-Eurpoa gas torus at Jupiter,Nature,421(6926):920—922.

Mayaud P N. 1980. Derivation,Meaning and Use of Geomagnetic Indices. AGU Geophysical Mongraph22,American Geophysics Union,Washington DC.

Mcllwain C E. 1966. Magnetic Coordinates,Space Sci. Rev. ,5,585.

NSSDC Date Listing. 1885. Supplementary Data Listing, National Space Science Data Center/ World Data Center A,NSSDC-A-R&S,VOl. 85—05.

Parks G K. 2004. Physics of Space Plasmas; An Introduction, Westview Press, Advanced Book Program,Bouldes.

Purvis C K. 1984. Design guidelines for assessing and controlling spacecraft charging Effects, NASA Technical Paper 2361,Lewis Research Center,Cleveland.

Rairden J A, Frank L A, Craven J D. 1986, Geocoronal imaging with Dynamics Explorer, J. Geophys. Res. ,91,13613—13630.

Ratcliffe J A. 1972. An Introduction to the Ionosphere and Magnetosphere. Cambridge University Press, London.

Reif F. 1965. Fundamentals of Statistical and Thermal Physics. McGraw-Hill, New York,

Roelof E C. Skinner J A. 2000. Extraction of ion distributions form magnetospheric ENA and EUV images, Space Sci, Rev. ,91(1/2)437—459.

Schultz M, Lanzerotti L J. 1974. Particle diffusion in the radiation belts, Vol. 7 of Physics and Chemistry in Space. Springer-Verlag, New York.

Swanson D G. 1989. Plasma Waves. Academic Press, San Diego.

Tascione T F. 1988. Introduction to the Space Environment, Orbit Malabar.

U. S. Standard Atmosphere. 1976. National Oceanic and Atmospheric Administration. National Aeronautics and Space Administration, and U. S. Air force, Washington DC.

Vampola A L. 1989. The space particle environment, Report SD-TR-89-30, Space Systems Division, Air Force Systems Command.

Vette J I, Teague M J, Sawger D M, et al. 1979. Modeling the Earth's radiation belts. A Review of quantitative data based electron and proton models, in Marshall Space Flight Center, Terest. Predictions Proc. ,2,21-35(SEE N80-24678).

Wallace J M, Hobbs P V. 1977. Atmospheric Science: An Introductory Survey, Academic Press, New York, 1977.

第 3 章　航天动力学

Vincent L. Pisacane

3.1　引　　言

　　航天动力学包括轨道力学、天体力学和动态天文学,研究空间天体和人造物体的运动,其基本目标是确定和预测受引力支配的天体位置。在实验上,航天动力学以对行星和卫星的观测和开普勒定律为基础;在理论上,以经典力学规律和牛顿以及爱因斯坦运动定律为基础规律。航天动力学的研究对于航天器飞行任务是重要的,因为航天器的轨道是一个基本的设计参数,对航天器的所有子系统都有重大的意义。本章只涉及航天动力学的基本原理,这些原理对于航天任务是非常重要的。关于更详细的课题论述,请适当地参阅一些参考文献。

　　动力学的历史始于亚里士多德(公元前 384～公元前 322)。他表示重物体下落的速度比轻物体下落的速度快,地球是宇宙的中心。托勒密(公元前 87～150)表示所有的天体绕圆圈或地球周转圆运动。哥白尼(1473～1543)提出所有的行星绕太阳运动而不是绕地球运动。该观点被许多人拒绝,他们认为这是由于星体绕地球运动而引起了恒星视差。第谷·布拉赫(1546～1601)采集并基于自己的发现分类了天文观测数据。而第谷的同事开普勒(1571～1634)采用第谷的数据得出三大定律的结论。

　　定律 1:各行星轨道是绕以太阳为一个焦点的椭圆形(1609)。

　　定律 2:太阳与行星的半径向量在相等时间内扫过相等面积(1609)。

　　定律 3:行星周期的平方值与半长轴的立方值成正比例(1619)。

　　伽利略(1564～1642)的研究表明,物体的下落速度与质量无关。他还提出了现在被称为伽利略相对性原理:即一个水手从船上的桅杆上扔下一个物体,他将看见物体会垂直落下,而由于船的运动,在陆地上的人会看到物体以不同的轨迹落下。艾萨克·牛顿(1642～1727)提出了三大运动定律和万有引力定律,把航天动力学建立在定量基础上。

　　牛顿三大运动定律如下。

　　定律 1:除非受到外力作用,否则质点保持静止或匀速直线运动(大小和方向)。该定义同时定义了一个惯性参考系。

定律 2:相对于一个惯性参考系,质点运动的描述为

$$F = \frac{\mathrm{d}p}{\mathrm{d}t} \tag{3.1}$$

式中,F 是作用力;$p = mv$ 是动量,其中 m 是质量,而 v 是速度。

定律 3:对于每个作用力,都有一个大小相等、方向相反的反作用力。

牛顿万有引力定律给出了质量为 M 的物体附近的质量为 m 的物体上受到的作用力为

$$F_g = -\frac{GMm}{r^2}\hat{r} = -\frac{GMm}{r^3}r \tag{3.2}$$

式中,G 是万有引力常数($6.67259 \times 10^{-11} \mathrm{m}^3/(\mathrm{s}^2 \cdot \mathrm{kg})$);r 是 M 到 m 的位置向量;$\hat{r}$ 是 r 的单位向量。负号表示力之间互相吸引。

艾伯特·爱因斯坦(1879~1955)针对接近光速运动的物体提出了狭义相对论,针对引力作用下的物体提出了广义相对论。只有在航天动力学最精确的研究中,才需要考虑相对论,地球卫星普遍忽略相对论。

3.2　动力学原理

牛顿三大运动定律和万有引力定律是航天动力学的核心公理。在惯性参考系的一个质点,取位置向量 r 和公式(3.1)的叉乘,得

$$N = \frac{\mathrm{d}H}{\mathrm{d}t} \tag{3.3}$$

式中,N 是力矩,H 是动量矩或角动量,其中

$$N = r \times F, H = r \times p \tag{3.4}$$

由于 $\dot{r} \times \dot{r} = 0$,另一个有用的方程,又称做功方程,可以通过牛顿第二定律在位置 1 和 2 之间的标量积得到,即

$$T_2 - T_1 = W_{1-2} \tag{3.5}$$

式中,定义动能 T_i 为

$$T_i \equiv \frac{1}{2}m\dot{r}(t) \cdot \dot{r}(t), \quad i = 1, 2 \tag{3.6}$$

其中,(·)表示相对于时间的导数,做功 W_{1-2} 由以下公式定义:

$$W_{1-2} = \int_1^2 F \cdot \mathrm{d}r \tag{3.7}$$

如果力所做的功只取决于终点,与路径无关,那么力就定义为保守力。此特征通过下列数学公式定义:

$$\int_{\text{闭合路径}} \boldsymbol{F} \cdot \mathrm{d}\boldsymbol{r} = 0 \tag{3.8}$$

如果力能独立地表达为位置向量和时间的函数 $\boldsymbol{F}(\boldsymbol{r},t)$，则力满足上述方程。斯托克斯定理指出，对于一个任意的向量场 $\boldsymbol{F}$，单位面积内的线积分和曲面积分之间的关系为

$$\int_{\text{闭合路径}} \boldsymbol{F} \cdot \mathrm{d}\boldsymbol{r} = \int_{\text{表面区域}} (\nabla \times \boldsymbol{F}) \cdot \mathrm{d}\boldsymbol{A} \tag{3.9}$$

对于一个保守力，左边的表达式为零，所以对于任意路径，右边被积函数必须是零。因此有

$$\nabla \times (-\boldsymbol{F}(\boldsymbol{r},t)) = 0 \tag{3.10}$$

式中按照惯例，引入负号。标量函数一个旋度梯度同样为零，所以

$$\nabla \times \nabla V = 0 \tag{3.11}$$

因此，一个保守力可以通过标量 V 表示，公式为

$$\boldsymbol{F} = -\nabla V(\boldsymbol{r},t) \tag{3.12}$$

保持时间固定，对上述公式积分可得

$$V = -\int_{t\text{为常数}} \boldsymbol{F}(\boldsymbol{r},t) \cdot \mathrm{d}\boldsymbol{r} \tag{3.13}$$

把保守力当做一种引力势的好处是，函数值是独立变量 $\boldsymbol{r}$ 和 t 的一维标量，而不是一个三维向量。

在特征高度 r_0 处，公式(3.2)给定的引力也可以写成简便的重力加速度 g_0 格式，其中

$$\boldsymbol{F}_\mathrm{g} = -m\left(\frac{GM}{r_0^2}\right)\left(\frac{r_0}{r}\right)^2 \hat{\boldsymbol{r}} = -mg_0\left(\frac{r_0}{r}\right)^2 \hat{\boldsymbol{r}} \tag{3.14}$$

式中

$$g_0 \equiv \left(\frac{GM}{r_0^2}\right) = \text{半径 } r_0 \text{ 处的重力加速度} \tag{3.15}$$

式中，r_0 通常是物体表面处的半径。对于某质点质量，引力势可以由公式(3.2)及公式(3.3)得

$$V = -\int -\frac{GmM}{r^3}\boldsymbol{r} \cdot \mathrm{d}\boldsymbol{r} = -\frac{GmM}{r} \tag{3.16}$$

其中，不失一般性，考虑到 V 的导数确定物体的运动，通常假定上述积分常数为零。通常，如果采用归一化质量，比势 U 就比较实用，其中

$$U \equiv \frac{V}{m} = -\frac{GM}{r} \tag{3.17}$$

对于一个有限质量 m 的物体，比势定义为

$$U = -G \int_M \frac{dM}{r} \tag{3.18}$$

例 3.1　如图 3.1 所示,确定一个具有恒定质量密度 γ,厚度为 t,半径为 ρ 的球壳的比势。

解　引力势由以下公式求出:

$$U = -G \int_m \frac{dM}{|\boldsymbol{r} - \boldsymbol{p}|} = -G \int_m \frac{2\pi p^2 \gamma t \sin\lambda d\lambda}{(r^2 + p^2 - 2rp\cos\lambda)^{1/2}} \tag{a}$$

式中,$M = 4\pi p^2 t$ 是球壳的质量。积分后得

$$U = -\frac{GM}{2pr}[(r+p) \pm (r-p)] \tag{b}$$

所以,球壳内部的比势为

$$U = -\frac{GM}{p}, r < p \tag{c}$$

球壳外部的比势为

$$U = -\frac{GM}{r}, r > p \tag{d}$$

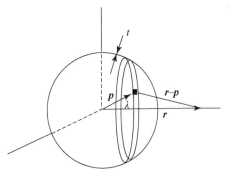

球壳内的比势是恒定的,所以引力是零,好像球壳并不存在。球壳外部的比势与质量集中在中心时的比势是相同的,好像球壳的质量都集中在它的中心。

图 3.1　一个球壳的引力势,t 为球壳厚度,$\boldsymbol{p}$ 为球壳单位质量元对应的位置向量,$\boldsymbol{r}$ 为对待测定力的某点的位置向量,λ 为 $\boldsymbol{p}$ 和 $\boldsymbol{r}$ 之间的夹角

由于大多数天体为近球形,即使距离接近物体,球体密度随半径而变化,把这些天体近似地当做质点质量也是合适的。例如,地球引力势偏离理想中心引力势约为 1‰。

对于精确的定轨计算,有必要考虑到地球引力势的高阶变化和附近任何天体的引力势。一个简便的引力势表示方法为(Kaula,1966)

$$U = -\frac{GM}{r} \sum_{n=2}^{\infty} \sum_{m=0}^{n} \left(\frac{a}{r}\right)^n (\overline{C}_{n,m}\cos m\lambda + \overline{S}_{n,m}\sin m\lambda) \overline{P}_{n,m}(\sin\varphi) \tag{3.19}$$

式中,U 为单位质量引力势;GM 为天体的引力常数;r 为离天体质量中心的距离;a 为表面的平均半长轴;n 和 m 分别为度数和阶;φ 为地心纬度;λ 为地心经度;$\overline{C}_{n,m}$ 和 $\overline{S}_{n,m}$ 为归一化的引力位系数;$P_{n,m}(\sin\varphi)$ 为第一类缔合勒让德函数;$\overline{P}_{n,m}(\sin\varphi)$ 为归一化的第一类缔合勒让德函数。

$$\overline{P}_{n,m}(\sin\varphi) = \left[\frac{(n-m)!(2n+1)k}{(n+m)!}\right]^{1/2} P_{n,m}(\sin\varphi) \tag{3.20}$$

式中,$m = 0$,$k = 1$;$m \neq 0$,$k = 2$。第一类缔合勒让德函数 $P_{n,m}(\sin\varphi)$ 为

$$P_{n,m}(\sin\varphi) = (\cos\varphi)^m \frac{d^m}{d(\sin\varphi)^m} P_n(\sin\varphi) \tag{3.21}$$

$$= \frac{(\cos\varphi)^m}{2^n n!} \frac{\mathrm{d}^{n+m} (\sin^2\varphi - 1)^n}{\mathrm{d}(\sin\varphi)^{n+m}} \tag{3.22}$$

$P_n(\sin\varphi)$ 为勒让德多项式

$$P_n(\sin\varphi) = \frac{1}{2^n n!} \frac{\mathrm{d}^n (\sin^2\varphi - 1)^n}{\mathrm{d}(\sin\varphi)^n} \tag{3.23}$$

前几项勒让德函数为

$$\begin{cases} P_{0,0} = 1 \\ P_{1,0} = \sin\varphi, \; P_{1,1} = \cos\varphi \\ P_{2,0} = \frac{1}{2}(3\sin^2\varphi - 1), \; P_{2,1} = 3\sin\varphi\cos\varphi, \; P_{2,2} = 3\cos^2\varphi \\ P_{3,0} = \frac{1}{2}(5\sin^3\varphi - 3\sin\varphi), \; P_{3,1} = \frac{3}{2}(5\sin^2\varphi - 1)\cos\varphi \\ P_{3,2} = 15\sin\varphi\cos^2\varphi, \; P_{3,3} = 15\cos^3\varphi \\ \quad\vdots \end{cases} \tag{3.24}$$

参考系的原点一般选择质量中心,使得

$$\bar{C}_{0,0} = 1, \bar{C}_{1,0} = \bar{C}_{1,1} = \bar{S}_{1,1} = 0 \tag{3.25}$$

如果坐标轴沿惯性主轴,那么

$$\bar{C}_{2,1} = \bar{S}_{2,1} = 0 \tag{3.26}$$

如果给出的是非归一化的引力位系数 $C_{n,m}$、$S_{n,m}$,那么

$$\begin{bmatrix} \bar{C}_{n,m} \\ \bar{S}_{n,m} \end{bmatrix} = \left[\frac{(n+m)}{(n-m)!(2n+1)k} \right]^{1/2} \begin{bmatrix} C_{n,m} \\ S_{n,m} \end{bmatrix} \tag{3.27}$$

式中,$m=0$,$k=1$;$m \neq 0$,$k=2$。1984 年世界大地测量系统给出了最大到 $n = m = 41$ 的引力位系数

$$\begin{cases} \bar{C}_{2,0} = -0.484165371736 \times 10^{-3}, \quad \bar{S}_{2,0} = 0 \\ \bar{C}_{2,1} = -0.186987635955 \times 10^{-9}, \quad \bar{S}_{2,1} = +0.119528012031 \times 10^{-8} \\ \bar{C}_{2,2} = +0.243914352398 \times 10^{-5}, \quad \bar{S}_{2,2} = -0.140016683654 \times 10^{-5} \\ \bar{C}_{3,0} = 0.95725413792 \times 10^{-6}, \quad \bar{S}_{3,0} = 0 \\ \quad\vdots \\ \bar{C}_{4,0} = 0.539873863789 \times 10^{-6}, \quad \bar{S}_{4,0} = 0 \\ \quad\vdots \\ \bar{C}_{5,0} = 0.68532475630 \times 10^{-7}, \quad \bar{S}_{5,0} = 0 \end{cases}$$

$$\tag{3.28}$$

另一种常用的非归一化的引力势表达式为

$$U = -\frac{GM}{r}\left[1 + \sum_{n=2}^{\infty}\left(\frac{a}{r}\right)^n J_n P_n(\sin\varphi) + \sum_{n=2}^{\infty}\sum_{m=1}^{n}\left(\frac{a}{r}\right)^n J_{n,m} P_{n,m}(\sin\varphi)\cos m(\lambda-\lambda_{nn})\right]$$

(3.29)

式中

$$J_n \equiv J_{n,0} = (2n+1)^{1/2}\bar{C}_{n,0}$$

(3.30)

$$J_{n,m} = \left[\frac{2(n-m)!(2n+1)}{(n+m)!}\right]^{1/2}(\bar{C}_{n,m}^2 + \bar{S}_{n,m}^2)^{1/2}$$

(3.31)

$$\tan\lambda_{n,m} = \bar{S}_{n,m}/\bar{C}_{n,m}$$

(3.32)

通过公式(3.28)给出的等效系数为

$$J_2 = -1.0826683 \times 10^{-3}$$
$$J_3 = +2.5322665648 \times 10^{-6}$$
$$J_4 = +1.619621591 \times 10^{-6}$$
$$J_5 = +2.272960829 \times 10^{-6}$$

(3.33)

引力势函数 U 的符号在 $-\pi/2 \leqslant \varphi \leqslant \pi/2$ 内变化($n-m$)次,在 $0 \leqslant \lambda \leqslant 2\pi$ 范围出现 $2m$ 次零。一个表面球谐函数是重力展力式的一部分,对于给定的度数 n 和阶数 m,其是 φ 和 λ 的函数。三类表面球谐函数如下。

(1)当 $m = 0$ 时,为带谐函数。

(2)当 $m = n$ 时,为扇谐函数。

(3)当 $m \neq n \neq 0$ 时,为田谐函数。

对于带谐函数,$P_{n,0}(\sin\varphi)$ 在 n 个纬度线上趋于 0,从而将球面划分成一系列水平带。带谐函数与经度无关。对于扇谐函数,$\sin m\lambda P_{n,m}(\sin\varphi)$ 和 $\cos m\lambda P_{n,0}(\sin\varphi)$ 在若干个经度上的值为零,把球面分成一系列扇形。对于田谐函数,$\sin m\lambda P_{n,m}(\sin\varphi)$ 和 $\cos m\lambda P_{n,m}(\sin\varphi)$ 在 $n-m$ 个纬线上和 $2m$ 个经度线上的值均为零,把球面分成角度为直角的四边形,如图 3.2 所示。

(a) 带谐函数　　　　　(b) 扇谐函数　　　　　(c) 田谐函数

图 3.2　带谐函数、扇谐函数和田谐函数

地球和行星的引力场模型的系数总计成千上万。在 WGS84 模型中,未分类

的大地水准面高如图 3.3 所示,图中大地水准面高是大地水准面到地球参考椭球面的距离。

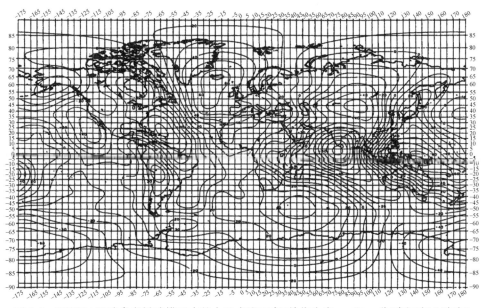

图 3.3　WGS84 地球参考椭球模型中的大地水准面高(单位为米, n 和 m 分别取到 18 阶次)

3.3　中心引力作用下的二体运动

3.3.1　运动方程

本书建立的近地航天器的运动方程包括太阳和月球的引力效应。考虑太阳等三体引力的作用,目的是说明中心引力作用下的二体运动公式是一种针对近地航天器有效的近似公式,还可以进一步对太阳和月球的摄动效应进行分析(Bate et al,1971;Brower et al,1961;Danby,1962;Geyling et al,1971;Smart,1953;Tisserand,1889;Vallado,2001;Weisel,1989)。考虑一个简化的太阳系,它由中心天体或太阳、地球、月球和航天器组成,如图 3.4 所示。$O(X,Y,Z)$ 是惯性参考系, $O(x,y,z)$ 为原点位于地球质心的参考系,坐标轴平行于惯性参考系。尽管 $O(x,y,z)$ 轴与惯性坐标系坐标轴保持平行,由于该坐标系原点随地球绕太阳运动,所以它不是惯性参考系。本书不详细讨论地球的运动,则航天器的运动方程遵照牛顿第二定律,根据公式(3.1),得

$$m_0(\ddot{\boldsymbol{r}}_e + \ddot{\boldsymbol{r}}_0) = -\nabla\left(-\frac{Gm_e m_o}{r_0} - \frac{Gm_s m_0}{|\boldsymbol{\Delta}_s|} - \frac{Gm_m m_0}{|\boldsymbol{\Delta}_m|}\right) \tag{3.34}$$

图 3.4 中，r_e 为惯性参考系与地球之间的半径向量，r_s 为地球到太阳之间的半径向量，r_m 为地球到月球之间的半径向量，r_0 为地球到航天器之间的半径向量，m_e 为地球质量，m_s 为太阳质量，m_m 为月球质量，m_0 为航天器质量。

$$\Delta_s = r_0 - r_s \text{ 为太阳到航天器的位置矢量} \tag{3.35}$$

$$\Delta_m = r_0 - r_m \text{ 为月球到航天器的位置矢量} \tag{3.36}$$

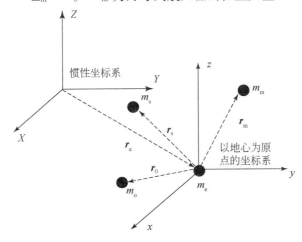

图 3.4 简化的太阳系

m_m 为月球质量，m_s 为太阳质量，m_0 为航天器质量，$O(X,Y,Z)$ 为惯性坐标系，$O(x,y,z)$ 为地心坐标系，r_0 为航天器位置矢量，r_s 为太阳位置矢量，r_m 为月球位置矢量，r_e 为地球位置矢量

将式(3.34)微分运算展开，并除以 m_0，得

$$\ddot{r}_e + \ddot{r}_0 = -\frac{Gm_e}{r_0^2}\hat{r}_0 - \frac{Gm_s}{|\Delta_s|^2}\hat{\Delta}_s - \frac{Gm_m}{|\Delta_m|^2}\hat{\Delta}_m \tag{3.37}$$

式中，上标带有补字的矢量表示单位矢量。类似地，地球运动方程为

$$\ddot{r}_e = -\frac{Gm_0}{r_0^2}\hat{r}_0 + \frac{Gm_s}{r_s^2}\hat{r}_s - \frac{Gm_m}{r_m^2}\hat{r}_m \tag{3.38}$$

结合式(3.37)和式(3.38)，得到航天器相对于地球的运动方程为

$$\ddot{r}_0 = -\frac{Gm_e}{r_0^2}\left[\frac{(m_e+m_0)}{m_e}\hat{r}_0 + \frac{m_s r_0^2}{m_e r_s^2}\left(\hat{r}_s + \frac{r_s^2}{\Delta_s^2}\hat{\Delta}_s\right) + \frac{m_m r_0^2}{m_e r_m^2}\left(\hat{r}_m + \frac{r_m^2}{\Delta_m^2}\hat{\Delta}_m\right)\right] \tag{3.39}$$

中括号内三项的量级可以按如下方式确定，对于近地卫星，可假设 $m_0 \ll m_e$，以及 $r_0 \approx R_e$，R_e 为地球半径，则

$$\frac{m_e+m_0}{m_e} \approx 1 \tag{3.40}$$

$$\frac{m_s r_0^2}{m_e r_s^2} \approx \frac{m_s R_e^2}{m_e r_s^2} \approx 6\times10^{-4} \tag{3.41}$$

考虑到 $m_{\rm s}/m_{\rm e} = 3.3 \times 10^5$ ，$R_{\rm e}/r_{\rm s} = 4.3 \times 10^{-5}$ ，有

$$\frac{m_{\rm s} r_0^2}{m_{\rm e} r_{\rm m}^2} \approx \frac{m_{\rm s} R_{\rm e}^2}{m_{\rm e} r_{\rm m}^2} \approx 3.4 \times 10^{-6} \tag{3.42}$$

式中，$m_{\rm m}/m_{\rm e} = 1/81.3$ ，$R_{\rm e}/r_{\rm m} = 1/60.1$ 。

公式(3.39)～公式(3.42)说明太阳和月球的引力作用比地球对近地卫星运动的效应小 3～4 个数量级。因此，一阶近似条件下，可以忽略太阳和月球的影响，把它们作为摄动因素来考虑。故地球卫星的运动可以按照二体问题模型进行处理。上述建立的方程可以推广到在任何天体附近的质点质量体，并将其他物体的引力作为摄动力进行处理，如木星。

3.3.2 二体中心引力问题的解

公式(3.39)给出绕一个中心物体的卫星运动方程，如一个地球卫星，公式忽略了太阳和月球的效应

$$\ddot{\boldsymbol{r}} = -\frac{G(m_{\rm e} + m_0)}{r^2}\hat{\boldsymbol{r}} \tag{3.43}$$

式中，$\boldsymbol{r}$ 的下标 0 略去。该方程可以写为几种不同的格式

$$\ddot{\boldsymbol{r}} = -\frac{Gm_{\rm e}m_0}{r^2}\left(\frac{m_{\rm e}+m_0}{m_{\rm e}m_0}\right)\hat{\boldsymbol{r}} = \frac{\mu}{r^2}\hat{\boldsymbol{r}} = \frac{k/m}{r^2}\hat{\boldsymbol{r}} \tag{3.44}$$

式中

$$\mu \equiv G(m_{\rm e} + m_0) \approx Gm_{\rm e} \tag{3.45}$$

$$k \equiv Gm_{\rm e}m_0 \tag{3.46}$$

$$m \equiv \frac{m_{\rm e}m_0}{m_{\rm e}+m_0} \approx m_0 \tag{3.47}$$

$$\mu = \frac{k}{m} \tag{3.48}$$

式中，m 是所谓的简化或等效质量。等效质量 m 乘以公式(3.44)，并在公式两边叉乘 $\boldsymbol{r}$ 得

$$\boldsymbol{r} \times m\ddot{\boldsymbol{r}} = \boldsymbol{r} \times \left(-\frac{k}{r^2}\right)\hat{\boldsymbol{r}} = 0 \tag{3.49}$$

积分得

$$\boldsymbol{r} \times m\dot{\boldsymbol{r}} = \boldsymbol{H} \text{ 为常数} \tag{3.50}$$

式中，$\boldsymbol{H}$ 是卫星的角动量，是积分常量。该公式可以改写为

$$\boldsymbol{r} \times \dot{\boldsymbol{r}} = \frac{\boldsymbol{H}}{m} \equiv \boldsymbol{h} = \text{常数} \tag{3.51}$$

式中，$\boldsymbol{h}$ 是比角动量，也是一个常量。

位置向量在时间 $\mathrm{d}t$ 内扫过的微元面积称为掠面速度，如图 3.5 所示，可用公

式(3.52)描述,即

$$dA = \frac{1}{2} r dr \sin\alpha \tag{3.52}$$

进一步改写为

$$dA = \frac{1}{2} | \boldsymbol{r} \times d\boldsymbol{r} | = \frac{1}{2m} \left| \boldsymbol{r} \times m \frac{d\boldsymbol{r}}{dt} \right| dt \tag{3.53}$$

所以

$$\frac{dA}{dt} = \frac{H}{2m} = \frac{h}{2} \ \text{为常数} \tag{3.54}$$

式中, $H = | \boldsymbol{H} |$, $h = | \boldsymbol{h} |$ 。由此证明了开普勒第二定律,如图 3.6 所示。

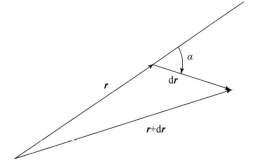

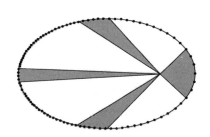

图 3.5　掠面速度示意图。$\boldsymbol{r}$ 为位置向量,
　　$d\boldsymbol{r}$ 为位置向量的变化,α 为夹角

图 3.6　掠面速度为常值的示意图

　　能量方程直接从公式(3.44)推导出,取 $d\boldsymbol{r}$ 标量积,得

$$m \ddot{\boldsymbol{r}} \cdot d\boldsymbol{r} - \frac{k}{r^2} \hat{\boldsymbol{r}} \cdot d\boldsymbol{r} = 0 \tag{3.55}$$

积分得

$$\frac{1}{2} m \dot{\boldsymbol{r}} \cdot \dot{\boldsymbol{r}} - \frac{k}{r} = E, \ \text{为常数} \tag{3.56}$$

式中,积分常数 E 是能量。利用公式(3.48)和公式(3.56)可以写成速度 v 的方程,即

$$\frac{1}{2} v^2 - \frac{\mu}{r} = \varepsilon = \text{常量} \equiv -\frac{\mu}{2a} \tag{3.57}$$

式中,比能定义为

$$\varepsilon \equiv \frac{E}{m} \tag{3.58}$$

常数 ε 以距离参数 a 表示。结果是,可用参数 a 和距离 r 表示速度的大小,即

$$v = \sqrt{2 \left(\varepsilon + \frac{\mu}{r} \right)} = \sqrt{\mu \left(\frac{2}{r} - \frac{1}{a} \right)} \tag{3.59}$$

该方程即众所周知的活力方程。$C_3(\mathrm{km^2/s^2})$ 等于比能的 2 倍,即 $C_3 = 2\varepsilon$,常用于星际轨道设计中。

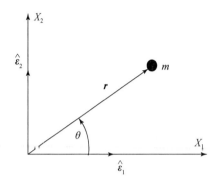

图 3.7　极坐标的位置向量[r 为半径,
(r,θ) 为极坐标, $\hat{\varepsilon}_i$ 为
单位向量($i=1,2$)]

因为角动量是恒定的,航天器的运动必然在一个平面上,可以使用二维极坐标(r , θ) 表示位置向量,如图 3.7 所示,即

$$\boldsymbol{r} = r\cos\theta\hat{\boldsymbol{\varepsilon}}_1 + r\sin\theta\hat{\boldsymbol{\varepsilon}}_2 \qquad (3.60)$$

将 $\boldsymbol{r}$ 代入公式(3.44)中,得到两个方程

$$m\ddot{r} - mr\dot{\theta}^2 = -\frac{k}{r^2} \text{ 或 } \ddot{r} - r\dot{\theta}^2 = -\frac{\mu}{r^2} \qquad (3.61)$$

$$mr^2\dot{\theta} = H \text{ 或 } r^2\dot{\theta} = h \qquad (3.62)$$

式中, H 是角动量, h 是单位质量角动量,两者都是常数(公式(3.50)和公式(3.51))。

代入公式(3.62)可以消除公式(3.61)中的 θ ,得到以 r 为变量时变的非线性方程,即椭圆函数。

可以利用公式(3.62),消除公式(3.61)中的时间相关项,得到如下算子:

$$\frac{\mathrm{d}}{\mathrm{d}t} = \frac{h}{r^2}\frac{\mathrm{d}}{\mathrm{d}\theta} \qquad (3.63)$$

因此,公式(3.61)可以写为

$$\frac{\mathrm{d}^2 u}{\mathrm{d}\theta^2} + u = \frac{\mu}{h^2} \qquad (3.64)$$

式中

$$u \equiv \frac{1}{r} \qquad (3.65)$$

方程(3.64)是作用力函数为常值的无阻尼线性谐振子,其解是常数,或者如下述形式的谐波函数

$$u = \frac{\mu}{h^2}[1 + A\cos(\theta - \theta_0)] = \frac{\mu}{h^2}(1 + A\cos f) \qquad (3.66)$$

所以

$$r = \frac{h^2/\mu}{1 + (1 + 2\varepsilon h^2/\mu^2)^{1/2}\cos f} \qquad (3.67)$$

式中, f 为真近点角,定义为

$$f \equiv \theta - \theta_0 \qquad (3.68)$$

积分常量 A 是能量相关常量,其确定过程留作本章结束后的练习。

公式(3.67)是圆锥曲线方程,极坐标中原点与曲线的一个焦点重合。圆锥曲

线在应用于航天动力学之前,希腊人对其进行了长期的研究。平面上的点轨迹构成圆锥截面曲线,该轨迹上点满足到一个固定点的距离和到一条固定直线距离的比值是常数的约束。其中固定点称为焦点,固定线为准线,如图 3.8 所示。圆锥截面曲线是一个锥形与平面相交所产生的曲线,如图 3.9 所示。

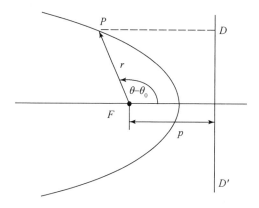

图 3.8　圆锥曲线($D-D'$ 为准线,
F 为焦点, $f=\theta-\theta_0$)

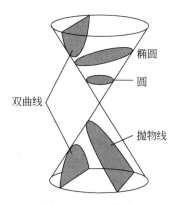

图 3.9　圆锥曲线

圆锥曲线的一般方程为

$$r=\frac{p}{1+e\cos f} \tag{3.69}$$

式中,偏心率 e 定义为图 3.8 中的 PD 和距离 r 的比值, p 是从焦点到准线的距离,如图 3.8 所示。比较方程(3.67)和方程(3.69)中的相关项,得到 p 和 e 的方程为

$$p=\frac{h^2}{\mu} \tag{3.70}$$

$$e=\left(1+\frac{2\varepsilon h^2}{\mu^2}\right)^{1/2} \tag{3.71}$$

公式(3.57)和公式(3.70)代入公式(3.71),得

$$p=a(1-e^2) \tag{3.72}$$

公式(3.69)可以改写为 a、e 和 f 的方程,即

$$r=\frac{a(1-e^2)}{1+e\cos f} \tag{3.73}$$

图 3.10 表示不同类型圆锥曲线的不同

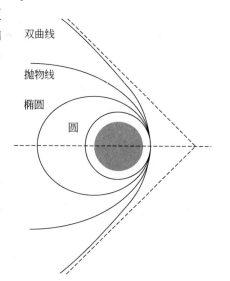

图 3.10　圆锥截面间的关系

轨迹。不同圆锥截面的比能、长半轴和偏心率之间的关系如表 3.1 所示。

表 3.1　圆锥曲线的关系

圆锥	比能	长半轴	偏心率
圆	$\varepsilon = -\mu^2/2h^2$	$a > 0$	$e = 0$
椭圆	$-\mu^2/2h^2 < \varepsilon < 0$	$a > 0$	$0 < e < 1$
抛物线	$\varepsilon = 0$	$a = \infty$	$e = 1$
双曲线	$\varepsilon > 0$	$a < 0$	$e > 1$

3.3.3　圆轨道

如果比能为

$$\varepsilon = -\frac{\mu^2}{2h^2} \tag{3.74}$$

根据公式(3.71)和公式(3.73),得到偏心率和半径为

$$e = 0, r = a \tag{3.75}$$

因此,准线在无穷远处,运动轨迹是一个圆,如图 3.11 所示。

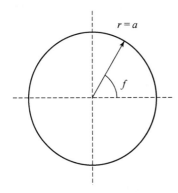

图 3.11　圆轨道(a 为长半轴, f 为真近点角)

速度的大小可以从活力方程(3.59)得到,即

$$v = \sqrt{\frac{\mu}{a}} \tag{3.76}$$

圆周长除以速度得到周期 τ

$$\tau = \frac{2\pi a}{v} = 2\pi\sqrt{\frac{a^3}{\mu}} \tag{3.77}$$

可以看出,速度随着长半轴增加而减少,如果长半轴增加 4 倍,速度将减少 2 倍。周期随着半长轴增加而增加,如果半长轴增加 4 倍,周期将增加 8 倍。

例 3.2　确定舒勒周期,该周期定义为卫星轨道高度为零时绕地球运动的周期。

解　利用公式(3.77)和地球的赤道半径为 6378137m,得

$$\tau = 2\pi\sqrt{\frac{a^3}{\mu}} = 2\pi\sqrt{\frac{6378137^3}{3.986005 \times 10^{14}}} = 5073.18\text{s} = 84.55\text{min}$$

舒勒周期可以用来确定在任何高度的周期

$$\tau = 84.55(a/R_E)^{3/2}\text{min} \tag{3.78}$$

平均运动 n 是位置向量的平均角速度,其计算公式与周期公式相似,即

$$n = \frac{2\pi}{\tau} = \sqrt{\frac{\mu}{a^3}} \tag{3.79}$$

由此可以得到真近点角随时间变化的关系式为

$$f = (\theta - \theta_0) = n(t - t_0) \tag{3.80}$$

例 3.3　确定一个赤道轨道的卫星半径。该轨道位置相对于地球是固定的，所以该周期为一个恒星日，相当于 1 个太阳日的 1/1.00273790935。

解　一个恒星日的持续时间为

$$t = 86400/1.00273790935 = 86164.09054 \text{s}$$

长半轴可以按公式(3.77)确定为

$$a = \left[\left(\frac{\tau}{2\pi} \right)^2 \mu \right]^{1/3} = \left[\left(\frac{86140.09054}{2\pi} \text{s} \right)^2 3.986005 \times 10^{14} \text{m}^3/\text{s}^2 \right]^{1/3}$$

$$a = 42156.34 \text{km}$$

3.3.4　椭圆轨道

如果比能满足

$$-\frac{\mu^2}{2h^2} < \varepsilon < 0 \tag{3.81}$$

公式(3.71)可确定偏心率的范围是

$$0 < e < 1 \tag{3.82}$$

轨迹是一个椭圆，如图 3.12 所示，其中长半轴 a 和短半轴 b 满足

$$b = a\sqrt{1-e^2} \tag{3.83}$$

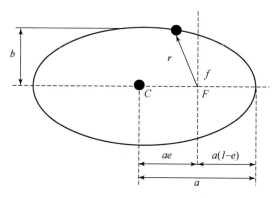

图 3.12　椭圆轨道(C 是椭圆中心，F 是椭圆焦点，r 是半径，a 是长半轴，b 是短半轴，e 是偏心率，f 是真近点角)

椭圆轨道的求解过程验证了开普勒第一定律。对于地球，近地点半径 r_p 是 r 的最小值。利用公式(3.73)得

$$r\big|_{f=0} \equiv r_p = a(1-e) \tag{3.84}$$

远地点处地心矢径,对于地球,远地点半径 r_a 是 r 的最大值。利用公式(3.73)得

$$r\big|_{f=\pi} \equiv r_a = a(1+e) \tag{3.85}$$

利用恒定的掠面速度和公式(3.54)、公式(3.60)、公式(3.72)和公式(3.83)得椭圆轨道周期为

$$\tau = \frac{A}{\dot{A}} = \frac{\pi ab}{h/2} = 2\pi\sqrt{\frac{a^3}{\mu}} \tag{3.86}$$

其中面积导数留作练习。平均运动或平均角速度为

$$n = \frac{2\pi}{\tau} = \sqrt{\frac{\mu}{a^3}} \tag{3.87}$$

可以看出,该表达式同圆形轨道表达式是一样的。对于两个行星,质量分别为 m_1 和 m_2,半长轴分别为 a_1 和 a_2,均绕太阳运动,太阳质量为 m_s,公式(3.86)给出行星周期比为

$$\left(\frac{\tau_1}{\tau_2}\right)^2 = \left(\frac{a_1}{a_2}\right)^3 \frac{m_2 + m_s}{m_1 + m_s} \tag{3.88}$$

当 $m_s \gg m_i$($i=1,2$)时,该表达式简化为

$$\left(\frac{\tau_1}{\tau_2}\right)^2 \approx \left(\frac{a_1}{a_2}\right)^3 \tag{3.89}$$

这就是开普勒第三定律。

公式(3.73)给出航天器轨道半径,该半径为真近点角的函数。利用图 3.13 中所示的几何关系,可以进一步确定运动状态的时间函数。如图所示,将物体的位置投影到辅助圆上,形成的角度称为偏近点角 E。该角度可以表示为

$$\cos E = \frac{ae + r\cos f}{a} \tag{3.90}$$

利用公式(3.73)将 $\cos f$ 替换掉,得到位置矢径的表达式

$$r = a(1 - e\cos E) \tag{3.91}$$

偏近点角和真近点角之间的关系为

$$\tan\frac{f}{2} = \left(\frac{1+e}{1-e}\right)^{1/2}\tan\frac{E}{2} \tag{3.92}$$

可以直接从图 3.13 中获得上述表达式,这里留作练习。

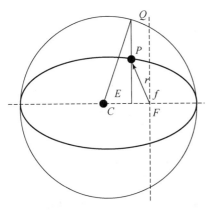

图 3.13 椭圆轨道的偏近点角(C 为中心,F 为焦点,r 为位置向量,E 为偏近点角,f 为真近点角,P 为卫星位置,Q 为 P 在辅助圆上的投影)

利用 $v = (\dot{r}^2 + r^2\dot{\theta}^2)^{1/2}$ 和公式(3.62)、公式(3.70)和公式(3.72),可以将公

式(3.57)给出的比能改写为

$$\dot{r}^2 r^2 - \mu r^2\left(\frac{2}{r}-\frac{1}{a}\right)+\mu a(1-e^2)=0 \tag{3.93}$$

通过公式(3.91)将式(3.93)中的 r 和 $\dot{r}$ 替换掉,并利用公式(3.87)定义的平均运动,可以得

$$\dot{E}(1-e\cos E)=\sqrt{\frac{\mu}{a^3}}=n \tag{3.94}$$

积分后得

$$E-e\sin E = n(t-t_0)\equiv M \tag{3.95}$$

式中, t_0 是过近拱点时间, M 是平近点角。公式(3.95)称为开普勒方程,是偏近点角 E 和时间 t 的超越函数。对于一个给定的时间,一旦偏近点角 E 确定,半径 r 和真近点角 f 可以分别从公式(3.91)和公式(3.92)求出。

开普勒方程没有已知的精确解,但有上百种不同的近似解。当偏心率较小,偏近点角可以很容易地通过逐次逼近求解

$$E_i + 1 = M + e\sin E_i, \quad i=1,2,3,\cdots \tag{3.96}$$

式中, $M=n(t-t_0)$, E 的初始估计可以为零,即 $E_1=0$ 。该计算过程可以通过下面例子来明。

例3.4　根据对卫星跟踪观测结果,确定航天器的半长轴为三个地球半径,偏心率为1/3。求经过近拱点 3h 后的地心矢径和真近点角。

解　平近点角根据半长轴和给定的时间求出,即

$$M=n(t-t_0)=\left(\frac{\mu}{a^3}\right)^{1/2}(t-t_0)=\left[\frac{3.986005\times10^{14}}{(3\times6378137)^3}\right]^{1/2}\times3\times3600$$
$$=2.57630315\text{rad}$$

利用公式(3.96),经过 19 次迭代,保留 10 位有效数字,得到表 3.2 所示结果。

表 3.2　例 3.4 结果

i	E	i	E
1	0	13	2.714407258
2	2576303315	14	2.714406907
3	2.754856704	15	2.714407014
4	2.702025797	16	2.714406981
5	2.718152495	17	2.714406991
6	2.713269717	18	2.714406988
7	2.714751923	19	2.714406989
8	2.714302335	20	2.714406989
9	2.714438738	21	2.714406989
10	2.714397357	22	2.714406989
11	2.714409911	23	2.714406989
12	2.714406102	24	2.714406989

根据给定的 a 和 E，半径 r 直接从方程(3.91)求出，得

$$r = a(1 - e\cos E) = 3\left(1 - \frac{1}{3}\cos 2.714406989\right) = 3.910135363 \text{ 倍地球半径}$$

利用公式(3.92)计算真近点角为

$$\tan\frac{f}{2} = \left(\frac{1+e}{1-e}\right)^{1/2}\tan\frac{E}{2}\left[\frac{1+\dfrac{1}{3}}{1-\dfrac{1}{3}}\right]^{1/2}\tan\left(\frac{2.714406989}{2}\right)$$

求解得到 f 的两个值为

$$f = 2.837219573\text{rad}(162.5607071°)$$

或

$$f = 5.978812227\text{rad}(342.5607071°)$$

一般可以通过判断 f 与 E 是否在相同的半平面内确定该解的奇异性，当在一个半平面内时是奇异的，那么第一个解答才是正确的。因此，解为：

在时间 $t = 3\text{h}$ 时，物体的地心矢径 $r = 3.910135363$ 地球半径，真近点角 f 为 2.837219573rad 或 $162.5607071°$。

3.3.5　抛物线轨道

如果比能为

$$\varepsilon = 0 \tag{3.97}$$

公式(3.71)给出了偏心率为

$$e = 1 \tag{3.98}$$

通过公式(3.57)求出的半长轴为无穷大，即

$$a = \infty \tag{3.99}$$

对于抛物线轨道，由于分子是零乘以无穷大，轨迹方程(3.73)不再适用。可以通过公式(3.67)和公式(3.69)确定航天器轨迹

$$r = \frac{h^2/\mu}{1 + \cos f} = \frac{p}{1 + \cos f} \tag{3.100}$$

该运动轨迹如图 3.14 所示。令 $a \to \infty$，抛物线轨道上的物体速度大小由活力方程(3.59)给出

$$v = \sqrt{\mu\left(\frac{2}{r} - \frac{1}{a}\right)} = \sqrt{\frac{2\mu}{r}} \tag{3.101}$$

这表明当半径接近无穷大时，速度大小趋于零。这个公式也确定了半径为 r 的圆形轨道上的逃逸速度 v_{esc}。比较公式(3.76)和公式(3.101)，可以求出圆形轨道的逃逸速度为

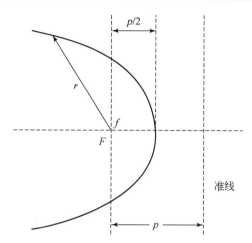

图 3.14　抛物线轨迹(F 为焦点, r 为半径, f 为真近点角, $p/2$ 为到近拱点的距离)

$$v_{esc} = \sqrt{2}\, v_{circular} \qquad (3.102)$$

真近点角与时间之间的关系由著名的巴克方程给出,即

$$\tan \frac{f}{2} + \frac{1}{3} \tan^3 \frac{f}{2} = 2\sqrt{\frac{\mu}{p^3}}(t - t_o) \qquad (3.103)$$

式中, p 是最小地心距离的 2 倍, t_0 是最小地心距离对应的时刻。对于给定的 p 和 t,一旦确定了 f,可以利用公式(3.100)计算地心矢径。

3.3.6　双曲线轨道

如果比能大于零,即 $\varepsilon > 0$,从公式(3.71)得出偏心率大于 1,即 $e > 1$。从公式(3.57)求出长半轴是负值,即 $a < 0$。从公式(3.73)可以求出轨迹方程为

$$r = \frac{a(1-e^2)}{1 + e\cos f}$$

如图 3.15 所示。当 $f = 0$,从公式(3.73)得到近拱点距离为

$$r_p = a(1-e) \qquad (3.104)$$

令 $r \to \infty$,得到渐近线角度为

$$f_\infty = \pm \cos^{-1}(-e^{-1}) \qquad (3.105)$$

对于 $r \to \infty$,由活力方程(3.59)确定的速度为

$$v_\infty = \sqrt{\frac{-\mu}{a}} \qquad (3.106)$$

式(3.106)称为双曲线超速。建立双曲线轨道开普勒方程不在本书的范围,这里给出通过偏近点角 F 地心矢径表达为

$$r = a(1 - e\cosh F) \qquad (3.107)$$

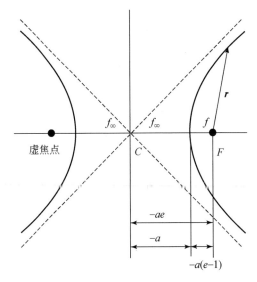

图 3.15　双曲线轨迹(F 为焦点,C 为中心,r 为位置向量,f 为真近点角,
a 为半长轴,e 为偏心率,f_∞ 为渐近线角度)

则偏近点角和真近点角之间的关系为

$$\tan \frac{f}{2} = \sqrt{\frac{e+1}{e-1}} \tanh \frac{F}{2} \tag{3.108}$$

其中

$$M = n(t - t_0) = e \sinh F - F \tag{3.109}$$

以及平均运动角速度为

$$n = \sqrt{\frac{\mu}{(-a)^3}} \tag{3.110}$$

在给定的偏心率、长半轴和时间下,利用公式(3.109)可以计算 F,然后分别从公式(3.107)和公式(3.108)求出 r 和 f。

3.4　参考坐标系

3.4.1　基本原理

本节讨论三维空间中用来表示人造物体或自然天体轨迹的参考系和轨道根数。一般根据是否是一个惯性系统、原点位置和两个轴的方向,来分别定义用于航天动力学和天文学的参考系。惯性、准惯性或近惯性参考系对于求运动方程的积分很方便,非惯性参考系一般作为轨道观测的基础坐标系。

地球绕太阳的运动如图 3.16 所示。地球运动平面是黄道平面或黄道,垂直于黄道平面的轴是黄极。地球的自转轴称为天球赤道极或天极,垂直于该轴的平面称为天球赤道平面或赤道平面,该平面与天球相交的平面称为赤道。赤道平面倾斜到黄道平面大约 23.44°,称为黄道倾角。赤道平面与黄道平面的交线是春分点和秋分点连线(昼夜相等线)。

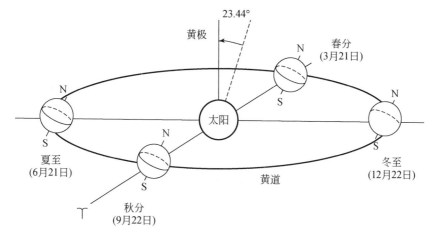

图 3.16 地球轨道运动(N 为北,S 为南,图中日期是典型日期)

地球绕着太阳旋转的同时,两分点(春分点和秋分点)也在黄道平面上移动,太阳在一年中会有两次同时出现在黄道和赤道平面上。在每年 3 月 19 日和 21 日之间,太阳将从南半球移动到北半球,此称为春分。在这个时候,从地球到太阳的连线指向所谓的白羊座的第一点,在插图中常以羊头表示,这是由于首次规定来自大约 3000 年前,那时该点指向白羊座星座。现在,春分指向双鱼座星座,慢慢地移向水瓶座,约 2600 年后到达水瓶座。

黄道平面、赤道平面、黄道极点和天极都在相对于恒星进行运动,所以春分或秋分在空间是不固定的。平面的瞬时或实际方向和位置由"真"或"视"来修饰,均是参考一个称为历元或日期的即时时刻来定义的。这些运动是不规则运动,可采用岁差和章动两个分量形式来方便地描述。岁差是章动效应已移除后保留的稳定的长期运动。章动定义为低于 300 年的周期或近周期性影响。因此通过单独由岁差计算,可以方便地定义平均位置,并确定为参考历元或日期的平均值。在任意给定的历元,春分或秋分和天极可以指定为真(或视)日期或平均日期。

行星摄动和日月摄动是两个主要摄动因素。行星摄动是由木星和月球等其他行星和天体的引力造成的,因为所有的天体都不在黄道平面内,行星摄动干扰地球在黄道平面内的运动。日月摄动是由于太阳和月球引力对旋转的扁形地球形成扭矩而产生的。这两种摄动引起岁差和章动,其效应统称总摄动。行星和日月岁差的联合作用称为总岁差。行星岁差的主要效应是引起春分点每世纪进动 12 弧秒,黄赤交角每世纪减少约 47 弧秒。日月岁差的主要效应是使地极绕黄极进动,引起春分点进动周期为 25765 年,或春分点每年西退 50 弧秒。目前的章动理论由行星摄动引起的 106 谐波项组成,以及日月摄动引起的 85 谐波项组成。章动的四个主要周期为 18.6 年(月球轨道进动周期)、183 天(半年)、14 天(半月)和 9.3 年(月球近地点的自转周期)。章动最大振幅为 20 弧秒。黄道极点的岁差很小,通常每年约 0.5 弧秒。图 3.17 说明了国际地球自转服务局(IERS)参考极的岁差和主要章动。

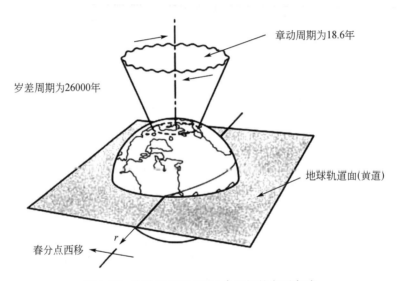

图 3.17　春分岁差和 IERS 参照极的主要章动

3.4.2　国际天球参考系

国际天球参考系(ICRC)于 1998 年开始使用,是测量天体运动和位置的准惯性质心参考系。它的定位方向是相对于 608 个外银河系射电源位置而确定的。对于相对于地球运动的物体,中心轴转移到地球的质心上。选择国际天球参考系,使其能够很好地逼近 J2000.0 历元(2000 年 1 月 1 日 12 时 TT 或 JD2451545.0)时刻的动态赤道面和昼夜平分点。

因此在历元 J2000 时刻,Z 轴几乎与天(历)极是一致的,X 轴很好地指向春分点。物体的位置由其赤经以及赤纬确定。赤经从春分点沿赤道平面东向测定;赤纬从赤道向北测定为正,从赤道向南测定为负。相对于地球,ICRS 通常称为地心惯性参考系统(ECI)。

3.4.3　国际地球参考系统

国际地球参考系统(ITRS)在 20 世纪 80 年代后期制定,是物体相对于地球定位的坐标系统。极轴是国际地球参考系统的参照极(IRP),它本质上就是地球的自转极。本初子午线是国际地球参考系统的参照子午线(IRM),实质上是格林尼治子午线。由此可以看出,XY 平面本质上是赤道面,Z 轴沿着国际地球参考系统的参照极。X 轴指向国际地球参考系统的参照子午线。物体位置是由经度和纬度确定的,经度从国际地球参考系统的参照子午线正东向测量;纬度从赤道向北测定为正,从赤道向南测定为负。因为大陆漂移,在国际地球参考系统的位置与时间相关,由甚长基线干涉测量(VLBI)、月球激光测距(LLR)、全球定位系统(GPS)以及由多普勒雷达和无线电综合卫星定位系统(DORIS)确定了全球一系列观测站的位置和相对速度。这些参数在 1997 年确定,并更新于 J2000 坐标系,与国际天球参考系统保持一致。

3.4.4　IERS 地球指向参数

IERS 地球指向参数(EOP)由国际地球自转服务局发布,用来描述国际地球参考系统指向相对于国际天球参考系统随时间的变化(反之亦然)。原理上,3 个参数就能确定此指向,但是为方便起见使用 5 个参数。地球指向参数如下。

极移(PM):两个坐标(x,y)给出 CEP 相对国际地球参考系统的参照极的定向。x 轴是 IRM 的方向,y 轴是在西经 90°方向,如图 3.18 所示。

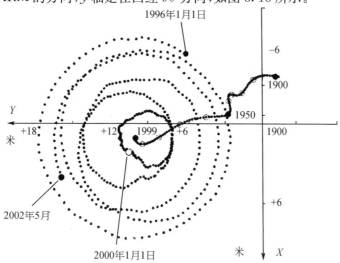

图 3.18　五天内的极移和平均路径,1990～2002 年(国际地球
自转服务局地球指向中心 Daniel Gambis 提供)

　　日长（LOD）：将日长与 86400s 之差乘以地球的平均旋转速度（360°/86164.09054s），就给出了 IRM 相对于春分点的定向。这可以规定为 UT1-UTC 或 UT1-TAI，其中 UT1 是世界时间，UTC 是世界协调时，TAI 是国际原子时间。UT1 通过算法关系与格林尼治平均恒星时（GMST）相联系。TAI 是由国际计量局（BIPM）计算的原子时间尺度，其使 UT1-TAI 在 1958 年 1 月 1 日大约是 0，如图 3.19 所示。

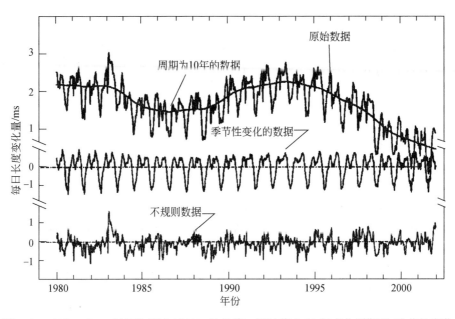

图 3.19　1980～2000 年日长超过 86400s 的差值。原始值由 10 年变化周期项、季节性变化周期项和不规则变化项组成。自 1900 年以来，每世纪偏差约 2ms（国际地球自转服务局地球指向中心 Daniel Gambis 提供）

　　天极偏移（dψ, dε）：由国际天文联盟的岁差和章动模型计算，用来描述天极实际位置的差异。这些差异是由于难以建立模型的大气、海洋以及地球内部运动引起的，如图 3.20 所示。

　　IERS 发布地球指向参数的日公告、周公告和月公告，这些公告又分为 A 公告和 B 公告，它们的补充内容详细解释了地球指向参数（International Earth Rotation Service，2002）。

　　ITRS 到 ICRS 的位置向量变换由一连串的变换矩阵得到

$$r_{\mathrm{ICRS}} = P(t)N(t)\Theta(t)\pi(t)r_{\mathrm{TTRS}} \tag{3.111}$$

式中，$P(t)$ 为岁差变换矩阵；$N(t)$ 为章动变换矩阵；$\Theta(t)$ 为地球旋转矩阵；$\pi(t)$ 为极移变换矩阵。

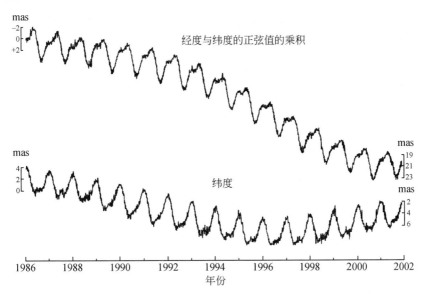

经度与纬度的正弦值的乘积

mas

mas

纬度

mas

图 3.20　天极偏移:相对于 IAU1980 章动理论和 IAU1976 岁差的天极移。单位:0.001 弧秒
（国际地球自转服务地球指向中心 Daniel Gambis 提供）

变换矩阵可以采用 IERS 地球自转参数、基本岁差和章动理论表示,这些内容
不在本书讨论范围内,但可以从 IERS 地球指向参数公告中以及巴黎天文台的
ICRS 产品中心获得。

3.4.5　轨道根数

轨道根数包括六个独立参数,定义物体在一
个给定的时间或随时间变化的位置和速度。可
以采用许多不同的参数,包括笛卡儿位置和速度
元素、哈密顿摄动理论、Delaunay 或庞加莱元素。
然而,有一套正在使用的标准参数,即被称为开
普勒经典轨道根数(COE),如图 3.21 所示。

1)轨道大小和形状

半长轴(a):描述了轨道大小,长度量纲,通
常单位为 m。

偏心率(e):描述轨道形状——圆、椭圆、抛
物线、双曲线,无量纲。

2)平面在空间的指向

倾角(i):轨道平面与赤道平面之间的夹角

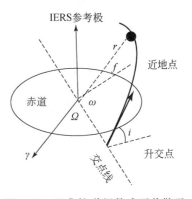

图 3.21　经典轨道根数或开普勒元
素(f 为真近点角,i 为倾角,r 为卫星
到地心的半径,γ 为第一白羊座连
线,IERS 参照极为天极,ω 为近拱点
角,Ω 为升交点赤经)

或轨道角动量向量和天极之间的角度。倾角小于 90° 的轨道是顺行轨道;大于 90° 的轨道是逆行轨道。单位是(°)或 rad。

升交点赤经(或经度)(Ω):从春分点到升交点之间的夹角。自坐标原点到升交点的连线为交点线,单位是(°)或 rad。

3)轨道在平面内的指向

近拱点角(ω):交点线到近拱点或到最近地面点之间的夹角,单位是(°)或 rad。

4)轨道之上的物体位置

真近点角(f):近拱点或最近地面点到物体位置之间的夹角,单位是(°)或 rad。有时用平近点角(M)代替真近点角来求解开普勒方程,单位是(°)或 rad。

5)轨道历元

时间(t_0):给定轨道参数对应的时刻,维度是时间,单位一般是年、年中天数和 s。

在 t_0 时刻,经典轨道根数为 a、e、i、Ω、ω、f。经典轨道根数的一个优点是可以被直观地解释,并且除了真近点角,所有其他二体问题的运动元素都是常数。

有时,其他替代元素是有用的,如近圆轨道,偏心率接近零,近拱点角没有明确规定,ω 和 f 的解受到影响。近圆轨道的一个有用的替代元素集合包括在 t_0 时刻的 a、$e\cos\omega$、$e\sin\omega$、i、Ω、f。对于近赤道轨道,倾角接近零,交点线规定不明确,Ω 和 ω 的解受到影响。近赤道轨道的一个有用的替代元素集合包括在 t_0 时刻的 a、e、$\sin i\sin\Omega$、$\sin i\cos\Omega$、ω、f。

有时用平均运动角速度 n 代替半长轴,用平近点角 m 代替真近点角,用近拱点经度 $\bar{\omega}$,即

$$\bar{\omega} \equiv \Omega + \omega \tag{3.112}$$

替换近拱点 ω,利用真经度 L

$$L \equiv \bar{\omega} + f = \Omega + \omega + f \tag{3.113}$$

可以替换真近点角。经典轨道根数如图 3.21 所示。

3.5　时间系统

时间是两个事件之间间隔的量度。精确时间对于测定天体星历、向前或向后外推天体星历是十分重要的。绕地球的航天器速度量级为 8km/s,所以确定其 10cm 或更小的位置就需要精确到 $10\mu s$ 量级的时间。航天器使用的电磁波测量,例如,测量距离和距离变化率,光传播速度为 3×10^8 m/s,要达到 10cm 的距离测量精度,时间的精度就要达到 0.3ns。本节将描述航天动力学中采用的不同日历和时

间系统。

3.5.1　儒略历

儒略历是由尤利乌斯·恺撒在公元前 45 年建立的,一年有 365 天,被 4 整除的年份为闰年共 366 天。结果是,平均每年 365.2500 天,近似于 365.2422 天的回归年。

从地球上看,一个回归年定义为太阳从黄道上某点出发沿黄道又回归到了同一点所经历的时间。它通常近似于地球从平分点返回平分点运行的时间。由于平分点在移动,回归年不同于恒星轨道周期。恒星轨道周期是地球基本上相对于恒星完成一个周期运动的时间,为 365.2564 天。日历和平分点关联的重要性在于保证了每年季节的重复。天体观测按照儒略日数来测定。该日数为公元前 4713 年 1 月 1 日格林尼治经过正午时刻开始计数的天数(这代表儒略预期历—4712 年,此处预期指儒略历年采用之前的时间)。4713 年被选为历元,因为这一年,融合三个历法周期,领先于任何历史上已知的天文数据。值得注意的是,儒略日从正午到正午,有时在不同时间系统之间造成混乱。2004 年 1 月 1 日的儒略日数是 2453006,每年出版的天文年鉴提供任何给定日的儒略日数。表 3.3 给出了儒略日数。

表 3.3　儒略日数是日历日的函数

年份	1 月	2 月	3 月	4 月	5 月	6 月	7 月	8 月	9 月	10 月	11 月	12 月
1999	2451179	1210	1238	1299	1330	1360	1391	1422	1452	1452	1483	1513
2000	2451544	1574	1604	1635	1665	1696	1726	1757	1788	1818	1849	1879
2001	2451910	1941	1969	2000	2030	2061	2091	2122	2153	2183	2214	2240
2002	2452275	2306	2334	2365	2395	2426	2456	2478	2518	2.548	2579	2609
2003	2452640	2671	2699	2730	2760	2791	2821	2852	2883	2913	2944	2974
2004	2453005	3036	3065	3096	3126	3157	3187	3218	3249	3279	3310	3340
2005	2453371	3402	3430	3461	3491	3522	3552	3583	3614	3644	3675	3705
2006	2453736	3767	3795	3826	3856	3487	3917	3948	3979	4009	4040	4070
2007	2454101	4132	4160	4191	4221	4252	4282	4313	4344	4374	4405	4435
2008	2454466	4497	4526	4557	4.587	4618	4648	4679	4710	4740	4771	4801
2009	2454832	4863	4891	4922	4952	4983	5013	5044	5075	5105	5136	5166

尽管儒略日是整数天数,但是儒略日期(JD)包含整数和小数,小数部分为该日正午后的时间。然而,修正儒略的日期(MJD)往往使用起来更方便。它是从 1858 年 11 月 17 日午夜开始计数的日数,该时刻对应的儒略日期为 24000.5 天。结果是,MJD 对应于午夜,而儒略日对应于正午。当把儒略日转换成儒略世纪数时,一

个儒略世纪有 36525 天。当天文观测采用儒略日期时,时间用前缀 J 表示,例如,
J2000 表示 2000 年 1 月 1 日世界时(UT)12 小时。

3.5.2　格利高里日历

儒略历中的平均年长度是 365.2500 天,回归年长度是 365.242 天,两者每年大
约有 11 分钟差异。到 16 世纪,因为基于天文观测,这导致了复活节处于夏季。在
1582 年,格利高里教皇八世发布了现在所称为格利高里公历的教皇宣言。日历删除
十天,1582 年 10 月 4 日星期四之后为 1582 年 10 月 15 日。闰年规则也发生了变化:
某年如果能被 4 整除是一个闰年,但对于世纪年必须被 400 整除才是一个闰年。因
此,2000 年是一个闰年,但 2100 年、2200 年、2300 年不是闰年。结果是,平均一年为
365.2425 天,这与实际 365.2422 值在 3300 年内相差 1 天。格利高里公历在 1582 年
引入天主教国家,以后在其他国家采纳,有些国家在 20 世纪才采用。例如,俄罗斯在
1918 年和希腊在 1924 年采用该公历。这是现在全世界使用的民用日历。

3.5.3　国际原子时

国际原子时(TAI)是来自位于 30 多个国家的 200 多台原子振荡器,由法国国
际计量局(BIPM)分析和发布数据。原子标准主要是铯原子钟和氢微波激射器。
法国国际计量局决定官方国际原子时纪元,再相互比较通过公告分配各时钟偏差。
国际原子时的基础是国际单位制(SI)中秒的定义。国际单位制秒定义为铯 133 在
两个超精细基态之间跃迁辐射振荡 9192631770 周的持续时间。该周期数等于
1900 年回归年长度的 1/31556925.9747 持续时间,其分母是回归年的秒数。国际
原子时纪元被定义为 1997 年 1 月 1 日,与地球(力学)时间存在 32.184s 偏差。

$$TT = TAI + 32.184s \tag{3.114}$$

3.5.4　力学时

力学时指的是两个时间系统,分别是月球星历计算和太阳系中行星星历计算
的独立参数。力学时系统独立于地球自转速率、极移、章动和岁差的变化,因而比
天文时间更统一,其时间基础是国际单位制秒。地球时间(TT),又名地球力学时
间(TDT),在地心视星历中是独立的参数,其与国际原子时的关系由公式(3.114)
求出。这是统一的时间,通过对大地水准面上的理想时钟进行测量,每天测量为
86400 国际单位制秒。

质心力学时(TDB)系统是太阳系质心的行星星历计算的独立参数,比地球时
间更统一。地球时间不同于质心力学,它具有广义相对论周期项,其振幅小于
2ms,其周期为一年和半年。行星星历和质心力学时间作为独立的参数发布。

3.5.5　坐标时

质心坐标时(TCB)是一个四维质心坐标的相对论时间和空间,空间原点在太阳的质心,质心坐标时(TCB)和质心力学时(TDB)之间的关系为

$$\text{TCB} = \text{TDB} + 1.550505 \times 10^{-8} \times (\text{JD} - 2443144.5) \times 86400 \quad (3.115)$$

式中,JD 是儒略日。相对于 TCB,地心坐标时间(TCG)的空间原点在地球质心。TCG 和 TT 的关系为

$$\text{TCG} = \text{TT} + 6.969291 \times 10^{-10} \times (\text{JD} - 2443144.5) \times 86400 \quad (3.116)$$

式中,JD 是儒略日。

3.5.6　恒星时

恒星时是地球绕天极旋转运动相对于春分点的一种量度。按春分点的小时、分钟、秒等时角进行测量。其中弧长 15° 相当于恒星时的 1h,一个恒星日为 24 个恒星时。但由于岁差和章动的影响,春分点不是固定不变的,相对于恒星,春分点每年大约进动 0.014°(25765 年一个周期),或每恒星日 9.2ms。格林尼治视(真)恒星时为视或真春分点的时角,它是从 IERS 参考子午线或格林尼治子午线向春分点西向测量得到的。格林尼治平恒星时为相对于格林尼治子午线的平春分日期的时角(图 3.22)。差异可通过赤经章动求到,章动参数计算可参考天文年历,其最大差异是大约 1s。地方时或平恒星时是由格林尼治视或平恒星时加上格林尼治经度偏差来确定的。

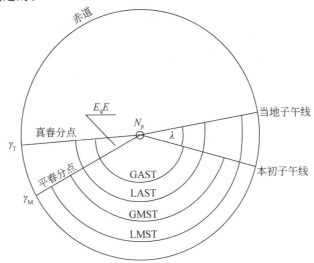

图 3.22　平恒星时和真恒星时(E_qE 为赤经章动,G 为格林尼治子午线,A 为视线,S 为恒星,T 为时间,N_p 为天极,γ_T 为真春分点,γ_M 为平春分)

图 3.23 说明了恒星时和宇宙(太阳)时之间的全年差异。恒星时和太阳时只在秋分相同,在春分时相差 12h。

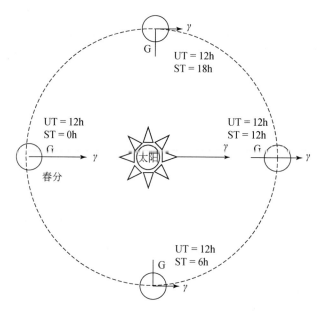

图 3.23 恒星和世界(太阳)时之间全年的差异(UT 为世界(太阳)时,ST 为恒星时,
G 为格林尼治子午线,γ 为春分点)

3.5.7 世界时

太阳时基于太阳的位置,是一种人们在日常生活中更愿意使用的时间。世界时是不严格的太阳时,却与太阳的平均位置近似相关,所以平太阳时一词往往用于表示世界时。世界时通过格林尼治平恒星时的天文观测来确定,UT1 零时格林尼治平恒星时的计算公式为

$$\text{GMST 在 } 0^h\text{UTI} = (24110^s.54841 + 8640184^s.812866T_U$$
$$+ 0^s.093104T_U^2 - 6^s.2 \times 10^{-6}T_U^3)_{\text{modulo 86400}} \quad (3.117)$$

式中

$$T_U = (\text{JD} - 2451545.0)/36525 \quad (3.118)$$

T_U 是从 2000 年 1 月 1 日 12h UT1(JD2451545.0),即 J2000 纪元到对应日期 UT1 零时之间的儒略世纪数;其结果形式为 ± 0.5、± 1.5、± 2.5、± 3.5 等。恒星时和 UT1 的比值 r 为

$$r = 1.002737909350795 + 5.9006 \times 10^{-11}\text{UT1} - 5.9 \times 10^{-15}\text{UT1}^2$$

$$(3.119)$$

式中,高阶项一般可以忽略(Seidelmann,1992)。

格林尼治恒星时和世界时只在秋分点一致,与春分有 12h 的差异。在其他时间,它们都不同。为了计算除 UT1 零时的格林尼治平恒星时,需要加入时间间隔。UT1 零时以外的格林尼治时间通过式(3.120)得到,即

$$\theta_m = (\text{GMST}(0^h\text{UT1}) + \text{UT1}) \times \omega_e \qquad (3.120)$$

式中,对于 UT1 或恒星时,有

$$\omega_e = 360°/86400\text{s} \qquad (3.121)$$

通过在公式(3.117)中第一项中加入半天以校正一日的起始时间,第二项中每年加入 1 天,以矫正恒星和太阳日数之间的差异,相对于观测历元的格林尼治平恒星时 θ_m 可通过式(3.122)求出,即

$$\theta_m = [67310^s.54841 + (876600^h + 8640184^s.812866)T_U$$
$$+ 0^s.093104 T_U^2 - 6^s.2 \times 10^{-6} T_U^3]_{\text{modulo}\,86400} \qquad (3.122)$$

式中,T_U 采用公式(3.118)定义(Seidelmann,1992)。

例3.5　确定 2010 年 1 月 1 日在 UT 零时的 GMST 和格林尼治赤经。

解　在 2010 年 1 月 1 日 UT 零时,公式(3.118)给出

$$T_U = (2455197.5 - 2451545.0)/36525 = 0.100(精确)$$

公式(3.117)给出,在 UT1 零时的 GMST 为

$$\text{GMST} = 24110^s.54841 + 8640184^s.812866 \times 0.1$$
$$+ 0^s.093104 \times 0.1^2 - 6^s.2 \times 10^{-6} \times 0.1^3$$
$$= 8^s.881290306276 \times 10^5$$

在 UT 零时的 GMST 格林尼治时角为

$$\text{GMST};0^h\text{UT} = \left(8^s.881290306276 \times 10^5 \frac{15°}{3600\text{s}}\right)_{\text{modulo}\,360} = 100.537627615°$$

例3.6　确定 1994 年 6 月 1 日 UT1 为 18 时的 GMST。

解　儒略日数可以根据天文年鉴确定,可从互联网、应用程序获得或从距 JD2451545 的时间间隔中计算出来。对于给定的时间,JD = 2449520.25 ,可以从公式(3.118)中求出 $T_U = -0.055434633612$ 。GMST 可以从公式(3.122)求出,结果为 41945.0 675229^s,或 $11^h 39^m 0.5^s.06752$,或 174.771114679°。

对于在相对于格林尼治的东经 λ 的地方,地方平恒星时(LMST)由式(3.123)给出

$$\text{LMST} = \text{GMST} + \lambda \qquad (3.123)$$

有如下几种世界时。UT0 是以本初子午线和瞬时极为参考的精密观测的结果,会受极移的影响。为了正确比较不同站点的观测结果,U1 考虑引入了极移的影响。UT2 以 UT1 为基础,消除了地球旋转的年度和半年度变化。时间公式给出 UT1 和视太阳时之间的差异,其差异达到 16min(United States Naval Observatory,2002)。

恒星时和世界时使用一天 24 时制。然而,在一个恒星日中,子午线从春分旋转至春分;在太阳日中,子午线从太阳指向旋转至回到太阳,所以地球旋转约 361°/太阳日,如图 3.24 所示。结果是,一个恒星日为 0.997269566 个太阳日(或世界时日),或比一个太阳日小 $3^m55.9^s$。

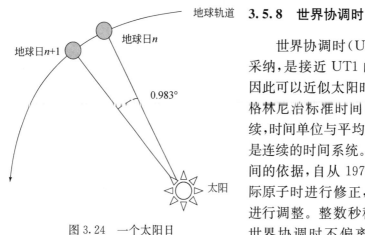

图 3.24 一个太阳日

3.5.8 世界协调时

世界协调时(UTC)于 1964 年被采纳,是接近 UT1 的一个时间度量,因此可以近似太阳时。世界协调时是格林尼治标准时间(GMT)的现代延续,时间单位与平均太阳时一致,但不是连续的时间系统。它是全球法定时间的依据,自从 1972 年以来,依照国际原子时进行修正,并对整数秒偏差进行调整。整数秒称为闰秒,以保持世界协调时不偏离 UT1 超过 0.9,所以

$$|UT1 - UTC| < 0.9s \qquad (3.124)$$

国际单位制中,秒是根据公元 1900 年的地球自转速率规定的。然而,由地球潮汐摄动,地球自转速率在减小,当前时期内每天大约少 2ms,如图 3.19 所示。因此,由于地球旋转速率的短期变化会引起时间系统的差异,如平均 500 天 UTI 和 UTC 之间的差异将大约为 1s。考虑到这一点,IERS 建议采用闰秒概念,在 6 月或 12 月的最后一日午夜加入 1 闰秒,使这一天或多 1 秒或少 1 秒。到目前,已增加了数秒。国际原子时与 UTC 之间的差异由式(3.125)提供

$$TAI - UTC = 整数闰秒数 \qquad (3.125)$$

IERS 和 USNO 在 6 个月之前提供是否闰秒的公告。目前有一个委员正在研究一种替代这种不规则闰秒新的方法。

3.5.9 全球定位系统时间

全球定位系统(GPS)是一个包括至少 18 个卫星的卫星星座,其主要目的是提供全球导航信息,也是不同地点进行时间校准、时钟比较的重要手段。GPS 可以提供三种类型的时间:GPS 时间、美国海军天文台给出的 UTC 估计时间、每个航天器中的两个铯和两个铷时钟提供的标准时间。GPS 时间本质上是原子时,与 1980 年 1 月 6 日的 UTC 时间同步,且由于在轨运行的限制,自那时以后没有采用闰秒调整。因此,GPS 不同于国际原子时,固定偏差为 19s,因此

$$GPS = TAI - 19s \tag{3.126}$$

1980 年 1 月之后,与 UTC 相差整数闰秒。

时间系统之间的关系总结如图 3.25 所示。

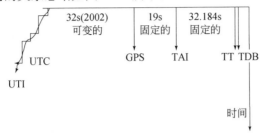

图 3.25　时间系统

3.6　轨道摄动理论基础

二体中心引力问题在早期得到了求解,给出了在牛顿引力场中运动的圆锥解。然而,实践中,摄动力等其他力对航天器或天体产生摄动干扰作用。由中心引力确定的轨迹被称为无扰轨迹,所有力作用下的轨迹称为受摄轨迹。本节根据摄动理论讨论这些干扰或摄动力的影响,其中假定摄动力相对于引力是小量。增加摄动力的作用后,运动方程(3.44)成为

$$\ddot{\boldsymbol{r}} = -\frac{Gm_{\mathrm{e}} + m_0}{r^2}\hat{\boldsymbol{r}} + \boldsymbol{f} = -\frac{\mu}{r^2}\hat{\boldsymbol{r}} + \boldsymbol{f} \tag{3.127}$$

式中,$\boldsymbol{f}$ 代表摄动力除以该物体的质量,即摄动加速度。在处理摄动时一般采用两种方法:一般摄动理论和特殊摄动理论。

一般摄动理论涉及摄动解析求解,如常数变异法。在传统的摄动理论中,经常使用庞加莱或 Delaunay 变量,完成汉密尔顿-雅可比方程的正则变换,则不在本书范围之内。也可以采用经典轨道根数求解摄动问题,这是本书所采用的方法。在这种情况下,t_0 时刻的无扰轨迹可以用经典轨道根数表示为 a_0、e_0、i_0、ω_0、Ω_0、M_0。而摄动变化量可以通过 δa_0、δe_0、δi_0、$\delta \omega_0$、$\delta \Omega_0$、δM_0 来表示,它们都是随时间变化的。则受摄轨迹可以表示为 $a = a_0 + \delta a_0$、$e = e_0 + \delta e_0$、$i = i_0 + \delta i_0$、$\omega = \omega_0 + \delta \omega_0$、$\Omega = \Omega_0 + \delta \Omega_0$、$M = M_0 + \delta M_0$,即所谓的密切根数,它们都是时变量。通过对解析函数进行分析,可以得到摄动力影响的振幅、摄动周期和受摄轨迹。然而,考虑不同摄动力作用下,并不总是直接得出一般的摄动理论。

特殊摄动理论涉及运动方程数值积分。为了尽量减少截断误差和舍入误差的影响,特殊摄动技术通常对不能采用解析法求解的摄动分量进行数值积分,对可以解析求解的摄动分量使用解析法的结果。许多成熟的数值积分方法可利用预测校

正技术来调节步长,从而减小计算误差。与一般摄动理论不同的是,特殊摄动理论的主要限制是,摄动方程需要长时间积分,导致数值误差会随时间积累。

3.6.1 拉格朗日行星方程

一般摄动理论的一种解是拉格朗日行星方程。该方程以两种形式表示,物体每单位质量的摄动力首先可以用摄动函数 R 表示,R 等于摄动力位函数的负数,其中

$$\frac{\mathrm{d}a}{\mathrm{d}t} = \frac{2}{na} \frac{\partial R}{\partial M} \tag{3.128a}$$

$$\frac{\mathrm{d}e}{\mathrm{d}t} = \frac{1-e^2}{na^2 e} \frac{\partial R}{\partial M} - \frac{\sqrt{1-e^2}}{na^2 e} \frac{\partial R}{\partial \omega} \tag{3.128b}$$

$$\frac{\mathrm{d}i}{\mathrm{d}t} = \frac{\cot i}{na^2 \sqrt{1-e^2}} \frac{\partial R}{\partial \omega} - \frac{\csc i}{na^2 \sqrt{1-e^2}} \frac{\partial R}{\partial \Omega} \tag{3.128c}$$

$$\frac{\mathrm{d}\Omega}{\mathrm{d}t} = \frac{\csc i}{na^2 \sqrt{1-e^2}} \frac{\partial R}{\partial i} \tag{3.128d}$$

$$\frac{\mathrm{d}\omega}{\mathrm{d}t} = \frac{\cot i}{na^2 \sqrt{1-e^2}} \frac{\partial R}{\partial i} + \frac{\sqrt{1-e^2}}{na^2 e} \frac{\partial R}{\partial e} \tag{3.128e}$$

$$\frac{\mathrm{d}M}{\mathrm{d}t} = n - \frac{1-e^2}{na^2 e} \frac{\partial R}{\partial e} - \frac{2}{na} \frac{\partial R}{\partial a} \tag{3.128f}$$

上述方程也可以采用等效的单位质量摄动力分量,用高斯-拉格朗日行星方程表示为

$$\frac{\mathrm{d}a}{\mathrm{d}t} = \frac{2}{n\sqrt{1-e^2}} \left[Re\sin f + T(1+e\cos f) \right] \tag{3.129a}$$

$$\frac{\mathrm{d}e}{\mathrm{d}t} = \frac{\sqrt{1-e^2}}{na} \left[R\sin f + T\left(\frac{e+\cos f}{1+e\cos f} + \cos f \right) \right] \tag{3.129b}$$

$$\frac{\mathrm{d}i}{\mathrm{d}t} = \frac{Wr\cos(f+\omega)}{na^2 \sqrt{1-e^2}} = \frac{W\sqrt{1-e^2}\cos(f+\omega)}{na(1+e\cos f)} \tag{3.129c}$$

$$\frac{\mathrm{d}\Omega}{\mathrm{d}t} = \frac{Wr\sin(f+\omega)\csc i}{na^2 \sqrt{1-e^2}} = \frac{W\sqrt{1-e^2}\sin(f+\omega)\csc i}{na(1+e\cos f)} \tag{3.129d}$$

$$\frac{\mathrm{d}\omega}{\mathrm{d}t} = \frac{\sqrt{1-e^2}}{nae} \left[-R\cos f + T\frac{2+e\cos f}{1+e\cos f}\sin f - \frac{e\sin(f+\omega)\cot i}{1+e\cos f}W \right] \tag{3.129e}$$

$$\frac{\mathrm{d}M}{\mathrm{d}t} = n - \frac{(1-e^2)^2}{na} \left[R\left(\frac{2}{1+e\cos f} - \frac{\cos f}{e} \right) + T\left(\frac{2+e\cos f}{1+e\cos f} \right)\frac{\sin f}{e} \right]$$

$$= n - \frac{2Rr}{na^2} - \sqrt{1-e^2}(\dot{\omega}+\dot{\Omega}\cos i) \tag{3.129f}$$

式中,T、W、R 分量是沿轨道、垂直轨道面和径向方向等效的加速度或单位质量摄

动力分量,如图 3.26 所示。该方程包括长期和周期项,是真近点角 f 以及真近点角和近拱点角之和 $(f+\omega)$ 的函数。对这些方程求平均值,可以得到长期、周期以及短期的影响。

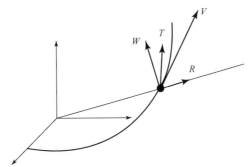

图 3.26　拉格朗日行星方程的加速度分量(T、W、R 分别表示在沿轨道、
垂直轨道面和径向方向上等效的单位质量摄动力分量)

对于较小的偏心率或倾角的轨道,拉格朗日行星方程不适用。对于较小偏心率,公式(3.128b)、(3.128e)和(3.129b)、(3.129e)可以利用 $e\sin\omega$ 以及 $e\cos\omega$ 进行重新改写。对于较小的倾角,公式(3.128c)和(3.129c)可以用 $\sin i\sin\Omega$ 和 $\sin i\cos\Omega$ 重新改写。

3.6.2　Euler-Hill 方程

Euler-Hill 方程或 Hill 方程,也称为 Clohessy 和 Wilstshire 方程,以位置、速度分量和单位质量的摄动力来表示。线性化偏心率为零的 Hill 方程为

$$\begin{cases} \ddot{H} - 2n\dot{L} - 3n^2 H = f_H \\ \ddot{L} + 2n\dot{H} = f_L \\ \ddot{C} + n^2 C = f_c \end{cases} \tag{3.130}$$

式中,f_H、f_L、f_c 是等效单位质量在径向(H)、轨道方向(L)和垂直轨道面方向(C)上的摄动力分量,如图 3.27 所示。可以得到类似的非零偏心率的轨道方程,但它们具有很强的非线性。令 $f_H = f_L = f_c = 0$,可以得到 L、C 和 H 方向的互补解。C 方向的方程从其他方程解耦而来,两个耦合方程具有重根,解为

$$\begin{cases} C = C_0 \cos(nt) + \dfrac{\dot{C}_0}{n} \sin(nt) \\[2mm] H = (4 - 3\cos(nt))H_0 + \sin(nt)\dfrac{\dot{H}_0}{n} + 2(1 - \cos(nt))\dfrac{\dot{L}_0}{n} \\[2mm] L = 6(\sin(nt) - nt)H_0 + L_0 - 2(1 - \cos(nt))\dfrac{\dot{H}_0}{n} + (4\sin(nt) - 3nt)\dfrac{\dot{L}_0}{n} \end{cases}$$

$$\tag{3.131}$$

式中,L_0、C_0、H_0 以及 $\dot{L}_0$、$\dot{C}_0$ 和 $\dot{H}_0$ 分别是初始时刻的位置和速度分量。特定解依赖于摄动力的特殊函数形式,这些方程也可以被用来研究交会问题。其中,L、C 和 H 代表两个物体的相对位置。

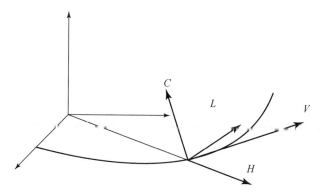

图 3.27　Euler-Hill 坐标系(H 为径向,L 为沿轨道方向,C 为垂直轨道面方向)

3.7　轨 道 摄 动

影响卫星运动的潜在主要摄动力如下:

(1)中心天体质量分布的不均匀性。

(2)其他天体引力,主要是太阳和月球。

(3)固体潮汐力。

(4)大气阻力。

(5)辐射压力(直接太阳辐射、反射太阳辐射、行星红外线辐射)。

3.7.1　质量非均匀分布

中心天体的质量分布不均匀,也就是一系列同心球壳上径向对称的质量密度的不同,是一个重要的摄动。引力势的一般形式由公式(3.19)和公式(3.29)给出。其中通过实验确定的参数 $C_{n,m}$、$S_{n,m}$ 或 $J_{n,m}$ 需要乘以系数 $(a/r)^n < 1$。其中,a 是行星椭球的长半轴,r 是中心天体指向卫星的半径。因此,当卫星半径增加时,摄动力将减少。对于地球,J_2 或 $C_{2,0}$ 项代表地球从一个球体到一个扁球体的偏离程度,比牛顿中心引力项小三个量级,比其他引力势项大三个量级。其中,$J_2 = -0.001082626683$。大地水准面高度与参考椭球面偏差如图 3.3 所示,最大偏差为 60m。对于较小的轨道偏心率,通过以公式(3.29)代入摄动函数 R,可以用从拉格朗日行星方程得到 J_2 的一阶长期影响。利用球面三角函数 $\sin\varphi = \sin(f + \omega)\sin i$,可将摄动力函数 R 改写为

$$R = \frac{GM}{r} \frac{J_2}{2} \left(\frac{a_e}{r}\right)^2 (3\sin^2\varphi - 1)$$

$$= \frac{GM}{r} \frac{J_2}{2} \left(\frac{a_e}{r}\right)^2 (3\sin^2(f+\omega)\sin^2 i - 1) \tag{3.132}$$

对近拱点的一个完整周期求平均值,得

$$\left\langle \frac{\mathrm{d}\Omega}{\mathrm{d}t} \right\rangle_{\text{secular}} = \frac{3J_2 n a_e^2}{2a^2 (1-e^2)^2} \cos i \tag{3.133a}$$

$$\left\langle \frac{\mathrm{d}\omega}{\mathrm{d}t} \right\rangle_{\text{secular}} = \frac{3J_2 n a_e^2}{4a^2 (1-e^2)^2} (4 - 5\sin^2 i) \tag{3.133b}$$

$$\left\langle \frac{\mathrm{d}M}{\mathrm{d}t} \right\rangle_{\text{secular}} = n - \frac{3J_2 n a_e^2}{4a^2 (1-e^2)^{3/2}} (2 - 3\sin^2 i) \tag{3.133c}$$

式中,a、e、i、Ω、ω、M 是航天器的经典轨道根数,a_e 是中心天体的半径,J_2 是球谐函数的系数,它表示中心物体的扁率。

所有偶带谐项(J_4,J_6,$\cdots$)产生相同的作用,但与 J_2 项相比作用效果降低。这种长期作用是时间的线性函数,且仅对升交点赤经 Ω、近拱点角距 ω 和平近点角产生影响。对于 $0 \leqslant i < \pi/2$ 定义的顺行轨道 $\langle \mathrm{d}\Omega/\mathrm{d}t \rangle_{\text{secular}}$ 是负值,对于 $i = \pi/2$ 的极轨道 $\langle \mathrm{d}\Omega/\mathrm{d}t \rangle_{\text{secular}}$ 等于 0,对于按照 $\pi/2 < i \leqslant \pi$ 定义的逆行轨道 $\langle \mathrm{d}\Omega/\mathrm{d}t \rangle_{\text{secular}}$ 是正值,如图 3.28 所示。随着半长轴的增加,升交点进动率降低,当升交点的进动率等于视太阳的平均运动角速度,即 $+0.983^\circ/\text{d}$,轨道平面与太阳的相对关系将保持固定,这就是所谓的太阳同步轨道。典型的太阳同步轨道高度约 800km,倾角约 98.6°。由于一侧在 100% 时间内面向太阳,这些条件可以确保在相同的光照条件下对卫星星下点进行观测。对简化航天器设计也非常有益,因为太阳同步轨道能够确保太阳能电池阵列的最大输出,并保持一个稳定的热环境。升交点赤经的进动规律也可以用来改变卫星在星座中的相对升交点赤经,从而减少燃料消耗。

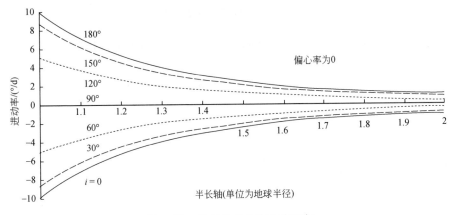

图 3.28　升交点赤经的进动速率

实现过程如下:首先通过改变少量倾角,等待星座卫星利用升交点赤经进动获得正确的相对定向后,然后倾角改变回原值。升交点赤经变化率相对于轨道倾角的偏分可从下列公式确定

$$\left\langle \frac{\partial \dot{\Omega}}{\partial i} \right\rangle_{\text{secular}} = -\frac{3J_2 n a_e^2}{2a^2(1-e^2)^2}\sin i \tag{3.134}$$

公式推导过程留作练习。

轨道倾角 $i = \arcsin[\pm(4/5)^{1/2}]$ 等于 63.4° 和 116.6° 时,轨道近拱点角长期进动速率(图 3.29)为零,该倾角称为临界倾角。基于该轨道特性,俄罗斯 Molniya 卫星将轨道倾角设置为 63.4°,从而使得轨道远地点保持在北半球,使卫星在北半球地区具有与地球同步通信卫星一样的服务能力。

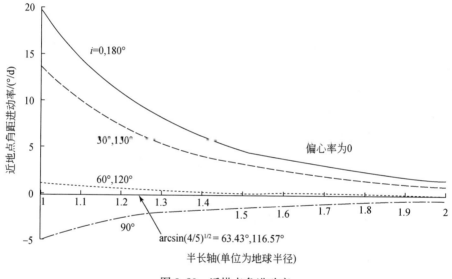

图 3.29 近拱点角进动率

例 3.7 确定高度为 1000km 和倾角为 45° 的圆轨道卫星的长期进动率。

解 将

$$a = 6378137 + 1000000 = 7378137\text{m}$$
$$e = 0,$$
$$i = 45°$$
$$J_2 = -0.001082626683$$

代入公式(3.133)求出

$$\begin{cases} \left\langle \dfrac{\mathrm{d}\Omega}{\mathrm{d}t} \right\rangle_{\text{secular}} = -4.23°/\mathrm{d} \\[2mm] \left\langle \dfrac{\mathrm{d}\omega}{\mathrm{d}t} \right\rangle_{\text{secular}} = 4.49°/\mathrm{d} \\[2mm] \left\langle \dfrac{\mathrm{d}M}{\mathrm{d}t} \right\rangle_{\text{secular}} - n = 1.50°/\mathrm{d} \end{cases}$$

引力势带谐项分量除长期摄动的影响,还包括长周期摄动和短周期摄动。长周期摄动是整数倍近拱点角的周期函数,短周期摄动则是真近点角的周期函数。由于一些田谐项产生的摄动周期与恒星日时长接近于整数倍的关系,所以对于轨道周期接近于整数倍恒星日的轨道,田谐项摄动将被放大。该理论已被利用于更精确地确定引力场模型的系数(Yionoulis,1965,1967)。

3.7.2　太阳和月球

太阳和月球作用于航天器的单位质量等效力由公式(3.39)求出,它们产生周期性和长期性的影响,后者起主要作用。Giacaglia(1973)、Taff(1985)、Cook(1962)和 Seeber(1993)给出了这些摄动力的影响,Deutsch(1963)给出了这些力的长期摄动影响,其公式为

$$\begin{cases} \left\langle \dfrac{\mathrm{d}\Omega}{\mathrm{d}t} \right\rangle_{\text{secular}} = -\dfrac{3n_{\mathrm{d}}^2 \cos i}{4n\sqrt{1-e^2}}\mu_{\mathrm{d}}\left(1+\dfrac{3}{2}e^2\right)\left(1-\dfrac{3}{2}\sin^2 i_{\mathrm{d}}\right) \\[4mm] \left\langle \dfrac{\mathrm{d}\omega}{\mathrm{d}t} \right\rangle_{\text{secular}} = \dfrac{3n_{\mathrm{d}}^2}{4n\sqrt{1-e^2}}\mu_{\mathrm{d}}\left(2-\dfrac{5}{2}\sin^2 I+\dfrac{1}{2}e^2\right)\left(1-\dfrac{3}{2}\sin^2 I\right) \end{cases}$$

$$(3.135)$$

式中

$$\sin^2 I \equiv \dfrac{1}{2}\sin^2 i_{\mathrm{d}}(1+\cos^2\chi) + \sin^2\chi\cos^2 i_{\mathrm{d}}$$
$$+ \dfrac{1}{2}\sin 2\chi\sin 2i_{\mathrm{d}}\cos\Omega_{\mathrm{d}} - \dfrac{1}{2}\sin^2 i_{\mathrm{d}}\sin^2\chi\cos 2\Omega_{\mathrm{d}}$$

式中,下标 d 表示摄动天体,表示太阳或月球;e 为航天器的轨道偏心率;i 为航天器轨道倾角;i_{d} 为摄动天体轨道倾角;n 为航天器的平均运动角速度;n_{d} 为摄动天体的平均运动;t 为时间;Ω 为航天器轨道升交点赤经;Ω_{d} 为摄动天体的升交点赤经;χ 为航天器和摄动天体之间的夹角;μ_{d} 为摄动天体质量除以摄动天体质量和地球质量之和;ω 为航天器近拱点角。

太阳和月球对其他经典轨道根数的长期摄动效应几乎为零。对于太阳摄动,$I \approx 0$,$\mu_{\mathrm{d}} \approx 1$。

3.7.3　地球固体潮

因为地球不是一个刚性物体,太阳和月球的引力作用使地球的形状扭曲,这种

现象称为固体地球潮,是海洋潮汐之外的潮汐。这种扭曲作用可以表示为一个球谐展开,给出单位力为(Seeber,1993)

$$f_e = \frac{k_2 Gm_d a_e^5}{2r_d^3 r^4}(3 - 15\cos^2\theta)\hat{r} + 6\cos\theta\hat{r}_d \qquad (3.136)$$

式中,下标 d 为摄动物体,太阳或月球;f_e 为单位质量摄动力,单位为 N/kg;$\hat{r}$ 为卫星的单位位置矢量;$\hat{r}_d$ 为摄动体的单位位置矢量;$k_2 = 0.3$ 为摄动体对地球作用的 Love 数;m_d 为摄动体质量。

由于太阳引起的固体潮的振幅约为 26cm,周期约为 12h,这种效应直接影响航天器运动,并影响地面站的位置半径进而影响跟踪观测数据。

3.7.4 大气阻力

一个天体的大气层可以使航天器受到气动力作用,该力的主要分量是相对于大气层运动反方向的阻力,而升力和侧向力通常很小,可以忽略不计。具体的阻力可以表示为

$$f_d = -\frac{1}{2}C_d\rho(\boldsymbol{r},t)\frac{A}{m}\boldsymbol{v}_r \cdot \boldsymbol{v}_r = -\frac{1}{2}\frac{\rho(\boldsymbol{r},t)}{B}\boldsymbol{v}_r \cdot \boldsymbol{v}_r \qquad (3.137)$$

式中,A 为航天器在速度方向的横截面积;$B = m/(C_d A)$ 为弹道系数;C_d 为阻力系数,f_d 为由于阻力引起的单位摄动,m 为航天器的质量;v_r 为卫星相对于大气层的相对速度;$\rho(\boldsymbol{r},t)$ 为大气密度。

阻力系数 C_d 是一个依赖于物体形状、流体气动性质和调节系数的参数。调节系数是物体表面和碰撞气体分子之间转移的平均能量与碰撞分子离开物体前已完全达到热平衡时理论上的转移平均能量的比值,是与温度相关的比值。已经表明在自由分子和高温体系中,卫星速度超过平均分子速度很多,对于一般的形状和表面组成,阻力系数假设为 2.0~2.5(King-Hele,1978;King-Hele et al,1987)。球体对自由分子流阻力系数的理论值为 2。航天器的典型 C_d 值为 2.2。C_d 通常通过实验确定,是轨道确定过程的一部分。

因为横截面面积和阻力系数的不确定性和可变性,更重要的是大气密度的变化(关于更详细的讨论见第 2 章),所以气动力建模特别困难。典型的大气密度大体上呈指数变化,是高度的函数。有几个模型可供选择,其中 Jacchia(1972)的文章中的模型是首选之一。为了保证气体密度模型的准确性,需要考虑由下列原因引起的密度变化:

(1)太阳活动。

(2)磁活动。

(3)纬度变化。

(4)昼夜变化。

(5)季节变化。

(6)大气层旋转。

(7)大气潮汐。

对于一种相对于行星固定的大气层,Fitzpatrick(1970)和 Sterne(1960)给出轨道根数受大气阻力作用引起的变化

$$
\begin{cases}
\dfrac{\mathrm{d}a}{\mathrm{d}E} = -2\beta\rho a^2\,\dfrac{(1+e\cos E)^{3/2}}{(1-e\cos E)^{1/2}}(1-\tau)^2 \\[2mm]
\dfrac{\mathrm{d}e}{\mathrm{d}E} = -2\beta\rho a(1-e^2)\left(\dfrac{1+e\cos E}{1-e\cos E}\right)^{\frac{1}{2}}(1-\tau)^2\cos E \\[2mm]
\qquad\quad -\beta\rho aed\,\dfrac{(1-e\cos E)^{3/2}}{(1+e\cos E)^{1/2}}(1-\tau)\sin^2 E \\[2mm]
\dfrac{\mathrm{d}i}{\mathrm{d}E} = -\dfrac{\beta\rho a\omega_{\mathrm{p}}}{2n\,(1-e^2)^{1/2}}\sin i(1+\cos 2u)(1-e\cos E)^{5/2}(1+e\cos E)^{1/2}(1-\tau) \\[2mm]
\dfrac{\mathrm{d}\Omega}{\mathrm{d}E} = -\dfrac{\beta\rho a\omega_{\mathrm{p}}}{2n\,(1-e^2)^{1/2}}\sin 2u(1-e\cos E)^{5/2}(1+e\cos E)^{1/2}(1-\tau) \\[2mm]
\dfrac{\mathrm{d}\omega}{\mathrm{d}E} = -\Omega\cos i - \dfrac{2\beta\rho a}{e}(1-e^2)^{1/2}\sin E\left(\dfrac{1+e\cos E}{1-e\cos E}\right)(1-\tau) \\[2mm]
\qquad\quad \times\left[1-\dfrac{d}{2(1-e^2)}(1-e\cos E)(2-e^2-e\cos E)\right] \\[2mm]
\dfrac{\mathrm{d}M}{\mathrm{d}E} = n + \dfrac{2\beta\rho a}{e}(1-e^3\cos E)^{1/2}\sin E\left(\dfrac{1+e\cos E}{1-e\cos E}\right)^{1/2}(1-\tau) \\[2mm]
\qquad\quad \times\left[1-\dfrac{d(1-e\cos E)}{2(1-e^3\cos E)}(2-e^2-e\cos E)\right]
\end{cases}
$$

$$(3.138)$$

式中,a 为半长轴;A 为航天器横截面积;C_{d} 为航天器的阻力系数;$d=(\omega_{\mathrm{p}}/n)(1-e^2)^{1/2}\cos i$;$e$ 为偏心率;E 为偏近点角;f 为真近点角;i 为倾角;m 为航天器质量;M 为平近点角;n 为平均运动角速度;$u=\omega+f$ 为纬度幅角;$\beta=C_{\mathrm{d}}A/2m$;ρ 大气密度;$\tau=d(1-e\cos E)/(1+e\cos E)$;$\omega$ 为近拱点角;ω_{p} 为行星旋转角速率;Ω 为升交点赤经。

当忽略大气层旋转时,阻力在惯性空间沿着负速度矢量,可以直接从高斯-拉格朗日行星方程中获得一个更简化的大气阻力摄动。对于飞行路径角度 γ,轨道法向 W 的气动力分量为 0,其他阻力的分量为

$$
\begin{cases}
T = f_{\mathrm{d}}\cos\gamma = -\dfrac{C_{\mathrm{d}}A}{2m_{\mathrm{s}}}\rho v_{\mathrm{r}}^{\,2}\,\dfrac{1+e\cos f}{(1+2e\cos f+e^2)^{1/2}} \\[2mm]
R = f_{\mathrm{d}}\sin\gamma = -\dfrac{C_{\mathrm{d}}A}{2m_{\mathrm{s}}}\rho v_{\mathrm{r}}^{\,2}\,\dfrac{e\sin f}{(1+2e\cos f+e^2)^{1/2}}
\end{cases}
$$

$$(3.139)$$

其中飞行路径角的正弦和余弦表达式留作练习。在高斯-拉格朗日行星方程

中代入 T 和 R 的表达式,并假设阻力系数、大气密度和横截面面积是恒定的,且偏心率为零,则对轨道根数在一个轨道周期内求平均值,结果表明除了半长轴其他的轨道根数的平均值均为零

$$\left\langle \left[\frac{\mathrm{d}A}{\mathrm{d}t}\right]_{e=0} \right\rangle = -C_{\mathrm{d}} \rho a^2 n\left(\frac{A}{m_{\mathrm{s}}}\right) \tag{3.140a}$$

$$\left\langle \left[\frac{\mathrm{d}M}{\mathrm{d}t}\right]_{e=0} \right\rangle = n \tag{3.140b}$$

该公式推导也留作练习。这说明如果公式(3.140a)右边参数是常数,一个圆形轨道应保持圆形,但是半长轴随时间线性减少。圆形轨道周期 τ 变化差异可以对公式(3.77)微分获得

$$\frac{\mathrm{d}\tau}{\mathrm{d}t} = \frac{3}{2}\frac{\tau}{a}\frac{\mathrm{d}a}{\mathrm{d}t} \tag{3.141a}$$

$$\frac{\mathrm{d}\tau}{\mathrm{d}a} = \frac{\mathrm{d}\tau}{2a} \tag{3.141b}$$

把公式(3.140a)代入公式(3.141a),产生圆形轨道的周期变化率为

$$\left\langle \left[\frac{\mathrm{d}\tau}{\mathrm{d}t}\right]_{e=0} \right\rangle = -\frac{3}{2}\tau C_{\mathrm{d}}\rho an\left(\frac{A}{m}\right) \tag{3.142}$$

对于较大偏心率的轨道,可以假设阻力只有在近拱点附近产生影响。在这种情况下,$\cos f = 1$,如果大气的速度非常小,可以忽略,那么利用活力方程(3.59)给出的在近拱点的速度为

$$v_{\mathrm{r}}^2 = a^2 n^2 \left(\frac{1+e}{1-e}\right) \tag{3.143}$$

把公式(3.143)代入表达式,得到阻力的分量,即公式(3.139);并代入拉格朗日行星方程(3.129),取平均周期值,得

$$\begin{cases} \left\langle \left[\dfrac{\mathrm{d}A}{\mathrm{d}t}\right]_{e=\mathrm{large}} \right\rangle = -C_{\mathrm{d}}\rho a^2 n\left(\dfrac{A}{m_{\mathrm{s}}}\right)\left(\dfrac{1+e}{1-e}\right)^{3/2} \\[3mm] \left\langle \left[\dfrac{\mathrm{d}e}{\mathrm{d}t}\right]_{e=\mathrm{large}} \right\rangle = -C_{\mathrm{d}}\rho an\left(\dfrac{A}{m_{\mathrm{s}}}\right)\dfrac{(1+e)^{3/2}}{(1-e)^{1/2}} \end{cases} \tag{3.144}$$

其中,i、Ω、ω、M 不受影响。该求导也留作练习。可以看出,轨道的半长轴和偏心率都将减小。

对近拱点和远拱点半径的影响,可根据微分方程(3.84)和公式(3.85)给出,即

$$\begin{cases} \dfrac{\mathrm{d}r_{\mathrm{p}}}{\mathrm{d}t} = \dfrac{\mathrm{d}a}{\mathrm{d}t}(1-e) - a\,\dfrac{\mathrm{d}e}{\mathrm{d}t} \\[3mm] \dfrac{\mathrm{d}r_{\mathrm{a}}}{\mathrm{d}t} = \dfrac{\mathrm{d}a}{\mathrm{d}t}(1+e) + a\,\dfrac{\mathrm{d}e}{\mathrm{d}t} \end{cases} \tag{3.145}$$

$\langle[\mathrm{d}e/\mathrm{d}t]_{e=\text{large}}\rangle$ 项可根据公式(3.144)中 $\langle[\mathrm{d}a/\mathrm{d}t]_{e=\text{large}}\rangle$ 项确定,其中

$$\left\langle\left[\frac{\mathrm{d}e}{\mathrm{d}t}\right]_{e=\text{large}}\right\rangle = \left(\frac{1-e}{a}\right)\left\langle\left[\frac{\mathrm{d}a}{\mathrm{d}t}\right]_{e=\text{large}}\right\rangle \tag{3.146}$$

代入公式(3.145)得

$$\begin{cases} \left\langle\left[\dfrac{\mathrm{d}r_{\mathrm{p}}}{\mathrm{d}t}\right]_{e=\text{large}}\right\rangle = 0 \\[2mm] \left\langle\left[\dfrac{\mathrm{d}r_{\mathrm{a}}}{\mathrm{d}t}\right]_{e=\text{large}}\right\rangle = 2\left\langle\left[\dfrac{\mathrm{d}a}{\mathrm{d}t}\right]_{e=\text{large}}\right\rangle \end{cases} \tag{3.147}$$

一阶分析表明,对于大椭圆的轨道,近拱点半径基本保持不变,而远拱点半径减小速度是半长轴减小速度的 2 倍。

每单位截面面积的阻力或阻力压力,是轨道高度和外大气层温度的函数,如图 3.30 Jacchia 密度模型所示。外大气层温度 700K 对应于"静止"的太阳条件,温度 1800K 对应于"扰动"的太阳条件。而且还显示出太阳辐射压力大约是 $4.7\times10^5\,\mathrm{dyn/cm^2}$。即使当阻力比其他摄动力小很多,因为它作用在同一方向,所以其综合效应占据主导地位。

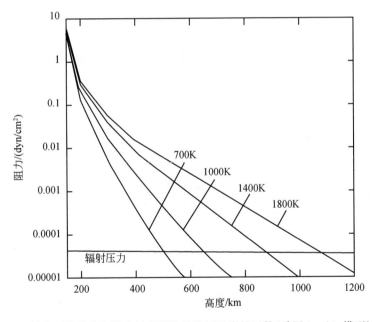

图 3.30　单位面积的大气阻力是高度和外逸层温度的函数(采用 Jacchia 模型计算)

较好的大气密度模型通常含 10%~20% 的误差,在极端太阳活动内甚至可以达到 100% 的误差。一种消除阻力和辐射压力影响的技术是摄动补偿系统,Staff

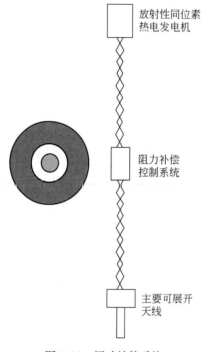

放射性同位素
热电发电机

阻力补偿
控制系统

主要可展开
天线

图 3.31　摄动补偿系统

of the Space Department 等(1974)和 Black (1990)等对此有所描述。该装置如图 3.31 所示,由装在一个腔内的验证质量块组成,用于屏蔽阻力和辐射压力。推进系统用来保证航天器跟进检测质量的轨迹,不受大气和辐射压力的影响。

　　大气阻力衰减低纬度卫星的寿命。半长轴的减小将降低卫星高度,到一定的高度后卫星将经历较强的气动力和气动加热,卫星可能解体,进而再入大气销毁。由于在卫星姿态未知的情况下、大气阻力变化、阻力系数和横截面面积的不确定性,很难对卫星寿命进行准确估计。下面给出几种估计方法,总体上是准确的。

　　Perkins(1958)指出,如果大气密度建模为

$$\rho = \rho_0 \left(\frac{h}{h_0}\right)^{-k_1}$$

式中,ρ 是密度;h 是高度;ρ_0 是海拔 h_0 处的密度;k_1 是比例常数,那么在一个圆形轨道上的卫星寿命 t_L 为

$$t_L = -\frac{h_0}{k_1 + 1}\left\langle \frac{\mathrm{d}a}{\mathrm{d}t} \right\rangle \tag{3.148}$$

式中,$\mathrm{d}a/\mathrm{d}t$ 是半长轴对初始时间的导数,通过测量或由公式(3.140)估计得到。相反,如果认为指数模型能更好地模拟大气密度

$$\rho = \rho_0 e^{-k_2 (h_0 - h)} \tag{3.149}$$

式中,ρ_0 是在高度 h_0 处的大气密度;k_2 是比例系数的倒数,那么寿命 t_L 估计为

$$t_L = -\frac{h_0}{k_2}\left\langle \frac{\mathrm{d}a}{\mathrm{d}t} \right\rangle \tag{3.150}$$

式中,$\mathrm{d}a/\mathrm{d}t$ 可以测量或由公式(3.140)估计。

　　对于偏心轨道,文献(King-Hele,1964,1978)表明,初始偏心率为 0.02～0.2,那么寿命 t_L 估计为

$$t_L = \frac{-0.9e}{\frac{3}{2a}\left\langle \frac{\mathrm{d}a}{\mathrm{d}t} \right\rangle} \tag{3.151}$$

如果初始偏心率大于 0.2,那么

$$t_{\mathrm{L}} = \frac{-e(0.62 + 1.4e)}{\frac{3}{2a}\left\langle \dfrac{\mathrm{d}a}{\mathrm{d}t} \right\rangle} \tag{3.152}$$

式中，e、a 和 $\mathrm{d}a/\mathrm{d}t$ 是偏心率、半长轴和半长轴对时间的导数，这些参数由式(3.140)估计或实验确定。

3.7.5　辐射压力

作用于航天器的外部辐射通量包括直接太阳照射、太阳反照和行星热辐射。除了对空间飞行器表面加热，还会形成影响航天器运动的摄动力。在地球离太阳的平均距离处，直接的太阳辐射压力约为 $0.47\mathrm{dyn/m}^2$，由于地球轨道的偏心率存在，年均变化率为 3.5%。由于复杂的航天器的几何形状、多个表面反射，辐射、污染、磨损导致的航天器表面性能退化；航天器相对于太阳的方向的不确定性；展开和可控的附属物的几何形状调向；主要行星的局部阴影(半暗带)和总阴影(暗影)和自身复杂曲面的阴影，这些因素都会使作用在航天器受照面上的辐射压力存在不确定性。在大多数处理中，只考虑直接辐射压力。每单位面积的具体辐射压力可表示为三项，即镜面反射、漫反射和辐射吸收

$$\mathrm{d}\boldsymbol{f} = -\frac{I_{\mathrm{s}}\mathrm{d}A(\hat{\boldsymbol{s}} \cdot \hat{\boldsymbol{n}})}{mc}\left[2r_{\mathrm{s}}(\hat{\boldsymbol{n}} \cdot \hat{\boldsymbol{n}})\hat{\boldsymbol{n}} + r_{\mathrm{a}}\hat{\boldsymbol{s}} + r_{\mathrm{d}}(\hat{\boldsymbol{s}} \cdot \hat{\boldsymbol{n}})\left(\hat{\boldsymbol{s}} + \frac{2}{3}\hat{\boldsymbol{n}} \right) \right] \tag{3.153}$$

式中，c 为光在真空中的速度；$\mathrm{d}A$ 为表面面积元；$\boldsymbol{f}$ 为每单位质量的力；I_{s} 为辐射源的能量通量(I_{s}(太阳)$= 1360\mathrm{W/m}^2$)；m 为航天器质量；$\hat{\boldsymbol{n}}$ 为与 $\mathrm{d}A$ 垂直的单位法向量；r_{a} 为吸收率，$0 \leqslant r_{\mathrm{a}} \leqslant 1$；$r_{\mathrm{d}}$ 为漫反射率，$0 \leqslant r_{\mathrm{d}} \leqslant 1$；$r_{\mathrm{s}}$ 为镜面反射率，$0 \leqslant r_{\mathrm{s}} \leqslant 1$；$r_{\mathrm{s}} + r_{\mathrm{d}} + r_{\mathrm{a}} = 1$；$\hat{\boldsymbol{s}}$ 为指向辐射源的单位矢量。

辐射压力作用与航天器面质比成正比。较小的航天器辐射压力作用大，因为面值比通常与 r^{-1} 成正比，其中 r 是航天器的特征尺寸。在一个恒定径向辐射压力的情况下，如由于地球热辐射，高斯-拉格朗日行星方程表明当对航天器运动状态取一个周期的平均值，唯一受到影响的根数是平近点角。此外，一个正交于轨道的恒定力的分量不会导致在升交点赤经或倾角的长期变化。当考虑通过进出阴影时，问题变得更复杂，太阳辐射压力的影响会随轨道偏心率的增加而增加。

3.8　定　　轨

定轨是确定航天器星历的过程，采用理论模型把在一个时间区间得到的观测数据联系起来。星历是描述航天器位置和速度随时间的变化。定轨的结果通常是一组与特定轨道模型相关的轨道根数。轨道根数可以和相应的模型一起使用，用来外推观测间隔时间之外前向或后向时刻的轨道。需要确定的参数包括六个轨道

根数和表示模型中不确定性的辅助参数。典型的辅助参数包括阻力系数、辐射压力面积、仪器偏差、重力摄动、极移以及跟踪观测站的位置修正参数。即使经过精心数值处理,由于建模误差、截断和舍入误差的影响,运动方程也只能是一种近似,观测结果还包含测量误差。通常,确定较短时间跨度内确定星历是有利的。定轨的最佳时间跨度和外推跨度随卫星高度、模型精确度、观测数据的数量、分布和精度的不同而不同。

一般需要数个跟踪观测站,去获得一个良好的轨道观测数据分布,最小化跟踪观测站相关的误差,如位置或校准误差。在一段时间内,在重力场模型足够精确的条件下,全球分布的跟踪网观测会有显著优势。为了获取高精度星历,需要全球性分布的观测网络。不同类型的观测可用于定轨,包括:

(1)双向测量的距离和距离变化率。

(2)微波雷达的角度测量。

(3)激光站光学距离测量。

(4)单向连续波微波传输多普勒频率测量。

(5)光学图像中星空背景的位置。

(6)从航天器获得的地标图像。

通过观测一般可以获得亚秒间隔的观测数据,并发送到中央计算设备进行数据处理。在传输过程中可能出现的传输错误、格式错误、噪声和仪表故障误差,从而造成一定数量的坏数据,需要对这些坏数据进行预处理和编辑。如有可能,方便的数据编辑方法为利用观测数据对观测站定位,对于站坐标已知的观测站,其定位偏差和观测数据残差特性分析对观测数据的编辑和加权非常有用。但在数据编辑过程中必须注意避免观测数据的偏差。采集高数据率的观测数据时,进行局部平滑有时是有效的,它可以减少后期数据处理的数据点,而且也有利于校正仪器偏差、时钟漂移、定时偏差、电离层和对流层的影响等(Black,1978;Hopfield,1980)。

估计算法包括加权最小二乘法和卡尔曼滤波算法,后者一般在需要实时星历确定时使用。标量形式的加权最小二乘法公式为

$$F[\boldsymbol{x}(\boldsymbol{r}_0,\dot{\boldsymbol{r}}_0;\boldsymbol{p})] = \frac{1}{n}\sum_{i=1}^{n}W_i\left[O_i^e - O_i(\boldsymbol{x})\right]^2 \tag{3.154}$$

式中,W_i 是第 i 次观测的权重;O_i^e 是第 i 次观测值;O_i 是计算的第 i 次观测值;$\boldsymbol{x}(\boldsymbol{r}_0,\dot{\boldsymbol{r}}_0;\boldsymbol{p})$ 代表一个待确定的参数向量,其中 $\boldsymbol{r}_0$ 是初始位置,$\dot{\boldsymbol{r}}_0$ 是初始速度,$\boldsymbol{p}$ 是一个辅助参数向量;n 是观测次数,F 是一个被最小化的标量。权重根据数据的不同类型和数量来确定。根据定义,由参数系列 $\boldsymbol{x}$ 来最小化函数 F,是观测数据的"最佳拟合"。但该过程是非线性的,所以不能得到直接的解。

为了方便,公式(3.154)可以改写为矩阵的形式

$$F\big[\boldsymbol{x}(\boldsymbol{r}_0,\dot{\boldsymbol{r}}_0;\boldsymbol{p})\big]=\frac{1}{n}\big[\boldsymbol{O}_e-\boldsymbol{O}(\boldsymbol{x})\big]^{\mathrm{T}}\boldsymbol{W}\big[\boldsymbol{O}^e-\boldsymbol{O}(\boldsymbol{x})\big] \tag{3.155}$$

式中,$\boldsymbol{W}$ 是一个 $m\times n$ 权重矩阵;$\boldsymbol{O}^e-\boldsymbol{O}$ 是 $n\times1$ 列观测向量 $\boldsymbol{O}^e$ 减去其计算值 $\boldsymbol{O}$;$\boldsymbol{x}(\boldsymbol{r}_0,\dot{\boldsymbol{r}}_0;\boldsymbol{p})$ 是一个待估计的含 s 个参数的矢量;n 是观测值数量;F 是被最小化的标量。在 $\boldsymbol{x}=\boldsymbol{x}_0+\Delta\boldsymbol{x}$ 处,对 $\boldsymbol{F}$ 求偏分,并设置 $\mathrm{d}F/\mathrm{d}x$ 为零,得

$$\Delta\boldsymbol{x}=\left[\left(\frac{\partial\boldsymbol{O}}{\partial\boldsymbol{x}}\right)_{x_0}^{\mathrm{T}}\boldsymbol{W}\left(\frac{\partial\boldsymbol{O}}{\partial\boldsymbol{x}}\right)_{x_0}\right]^{-1}\left(\frac{\partial\boldsymbol{O}}{\partial\boldsymbol{x}}\right)_{x_0}^{\mathrm{T}}\boldsymbol{W}(\boldsymbol{O}^e-\boldsymbol{O}_{x_0}) \tag{3.156}$$

式中,$(\partial\boldsymbol{O}/\partial\boldsymbol{x})_{x_0}$ 是由观测数据计算的 $n\times s$ 阶偏导数矩阵,需要通过迭代计算来微分修正待估参数。为实现微分修正,需要计算每个观测数据的计算值以及它们对待估参数的偏导数。偏导数可以由解析法计算,也可以选取轨道参考值,重新进行星历积分,由数值法计算。公式(3.156)涉及方形矩阵的求逆,其维数等于待定参数的数量。多次迭代求解 Δx,要直到前后连续求解的结果变化不大。一些辅助参数可能有独特的用处,如海军导航卫星系统确定了天极每日的位置(Anderle,1972;Pisacane et al,1981)。

有关在定轨过程中大气折射的纠正方法,请参考 Black(1978)和 Hopfield(1980)的文献。有关定轨的基本原理,请参考 Escobal(1965)的文献;有关摄动对定轨的影响,请参考 Pisacane 等(1973)的文献。

3.8.1　两行轨道根数

美国战略司令部(USSTRATCOM)维护着所有在轨空间目标的一般摄动轨道根数,这些根数被称为两行轨道根数,它们会周期性地更新,以确保对空间目标状态有一个合理的预报精度。可由对这些根数进行推算,获得物体在过去或将来任何时刻的位置和速度,非常重要的是,就像前面提到的,轨道确定理论同样可用于空间目标的星历外推。该算法的软件程序有多种计算机编程语言形式,如 FORTRAN、C、C++、Pascal,可以从战略司令部通过互联网获得。所使用的参考系是ECI。每个对象的两行根数如表 3.4 所示。两行根数计算空间目标的位置精度大约为几千米,如果有需求,可以获取更高精度的数据。

表 3.4　两行轨道根数

	字段	列	描述
行 1	1.1	01～01	行数
	1.2	03～07	卫星编号
	1.3	08～08	卫星密级(U=公开)
	1.4	10～11	国际编号(发射年份的最后两位)

	字段	列	描述
行1	1.5	12~14	国际编号(该年度的发射序号)
	1.6	15~17	国际编号(部件编号)
	1.7	19~20	历元年份(年份的后两位)
	1.8	21~32	历元(天数及其小数部分)
	1.9	34~43	平均运动角速度的一阶时间导数的1/2(圈/日²)
	1.10	45~52	平均运动角速度的二阶时间导数的1/6(圈/日²)
	1.11	54~61	归一化的弹道系数 BSTAR(小数点位置已确定,等于 $C_D A_\rho R/2m^*$)
	1.12	63~63	星历类型
	1.13	65~68	星历编号
	1.14	69~69	校验和(以10为模) (字母,空格,段,加号=0;减号=1)
行2	2.1	01~01	根数的行号
	2.2	03~07	卫星编号
	2.3	09~16	轨道倾角(度)
	2.4	18~25	升交点赤经(度)
	2.5	27~33	偏心率(小数点位置已确定)
	2.6	35~42	近地点角(度)
	2.7	44~51	平近点角(度)
	2.8	53~63	平均运动角速度(圈/日)
	2.9	64~68	历元时刻的运动圈数(圈)
	2.10	69~69	校验和(模10)

注:C_D 为阻力系数,m 为卫星质量,ρ 为大气密度,R 为地球半径,A 为面积

两行轨道根数的一个表示法为

```
123456789012345678901234567890123456789012345678901234567890123456789
GOES 10
1 24786U 97019A   98060.33155985  -.00000097  00000-0  00000+0 0  1678
2 24786   0.0463 285.0622 0001527  70.5278 175.3261  1.00270131  3138
```

3.8.2 全球定位系统

全球定位系统(GPS)是继第一个在轨卫星系统即海军导航卫星系统之后构建的,而海军导航卫星系统是卫星导航和卫星对卫星导航的先驱。GPS 至少由18个在轨卫星组成,利用其中4个卫星共同对在地面、空中或空间的目标进行静态或动态导航。标准 GPS 至少在95%时间内能够提供导航定位服务,位置精度优于

20m,时间精度优于 50ns。

当航天器的地心矢径小于 GPS 轨道半长轴,即 26400km 时,航天器可依赖 GPS 实时定位,它降低了轨道确定对密集的地面跟踪网和海量数据计算的要求。

3.9　航天器覆盖率

航天器的覆盖率是各种各样航天器任务的轨道选择的重要标准,这些航天任务包括通信、导航、天气预报、监测、搜索及救援、地球资源监测和空间环境监测。覆盖率具有不同的定义,例如,地球均匀采样度、瞬时覆盖面积大小、重返特定位置之间的时间间隔、卫星可见时间、特定位置处一天内的覆盖时间,但覆盖率对特定任务是唯一的。因此,这里只考虑基本的概念。

3.9.1　覆盖公式

可视条件下的卫星瞬时覆盖面积如图 3.32 所示,其中最大的覆盖范围达到地平线处。然而在最小仰角等实际限制因素约束下,一般要求覆盖面积下仰角大于 $5°\sim10°$。航天器的半锥角 β 可以根据公式(3.157)确定,即

$$\beta = \arcsin\left(\frac{R_E}{r}\cos e_m\right) \qquad (3.157)$$

地球扁率为 1/300,计算时地球按近似几何球体处理。

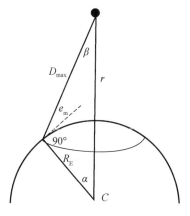

图 3.32　卫星瞬时覆盖几何图（R_E 为地球半径, e_m 为最小仰角, r 为对卫星地心矢量, C 为地球中心, α 为地心半锥角, β 为卫星半锥角, D_{max} 为卫星至星下点的最大距离）

其中,β 是航天器覆盖圆锥的半角,r 是到航天器的地心半径,e_m 是最小仰角,R_E 是地球半径。球冠对应的地心半锥角为

$$\alpha = \frac{\pi}{2} - \beta - e_m = \arccos\left(\frac{R_E}{r}\cos e_m\right) - e_m$$

$$(3.158)$$

瞬时球冠面积为

$$A_t = 2\pi R_E^2(1-\cos\alpha) = 2\pi R_E^2(1-\sin(\beta+e_m)) \qquad (3.159)$$

覆盖地球比例为

$$F_t = \frac{1}{2}(1-\cos\alpha) = \frac{1}{2}(1-\sin\alpha(\beta+e_m)) \qquad (3.160)$$

如图 3.33 所示,覆盖比例随航天器地心半径的增加而增大,随最小仰角增大而减小。卫星至覆盖区域最大的距离 D_{max} 为

$$D_{max} = R_E \frac{\sin\alpha}{\sin\beta} = R_E \frac{\cos(\beta + e_m)}{\sin\beta} = R_E \left[\left(\frac{r^2}{R_E^2} - \cos^2 e_m \right)^{1/2} - \sin e_m \right]$$

$$(3.161)$$

平均覆盖速率是扫过面积的时间变化率,可以近似表达为

$$\frac{dA}{dt} = \frac{4\pi R_E^2}{\tau} \sin\alpha = \frac{4\pi R_E^2}{\tau} \cos(\beta + e_m) \qquad (3.162)$$

式中,τ 是周期,一般假设比地球自转周期大。

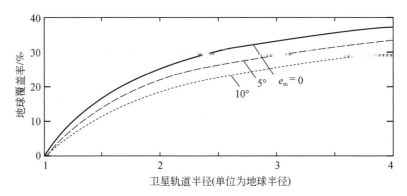

图 3.33　最小仰角约束下的地球覆盖率(R_E 为地球半径,e_m 为最小仰角)

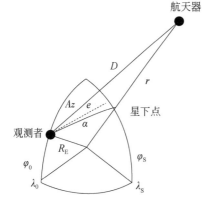

图 3.34　几何方位角(Az)、仰角(El)
和距离(D)

3.9.2　仰角和方位角指向

仰角和方位角如图 3.34 所示,当天线或望远镜指向卫星时,有如下定义。

(1)仰角(El):在含有航天器、观测者和地球中心的平面中,观测者和航天器连线与观测者所处水平面的夹角。

(2)方位角(Az):在观测者水平面内,由航天器、观测者和地球中心组成的平面与水平面的交线和正北方向的夹角。

给定航天器开普勒轨道根数,卫星星下点的地理纬度和经度为

$$\varphi_s = \arcsin(\sin i \sin(\omega + f)) \qquad (3.163)$$

$$\lambda_s = \Omega - \lambda_g + \arctan\left(\frac{\cos i \sin(f + \omega)}{\cos(f + \omega)} \right) + C \qquad (3.164)$$

式中,$C=0$,若 $\cos(f+\omega) \geqslant 0$;$C = \pi$,若 $\cos(f+\omega) < 0$ 且 $\cos i \sin(f+\omega) > 0$;$C = -\pi$,若 $\cos(f+\omega) < 0$ 且 $\cos i \sin(f+\omega) < 0$;$f$ 为真近点角;i 为航天器轨道

倾角;φ_s 为航天器星下点纬度;λ_s 为航天器星下点经度;λ_g 为格林尼治时角;ω 为近拱点角;Ω 为升交点赤经。

观测者和卫星星下点之间的地心角或大圆弧角由下式给出:

$$\begin{cases} \cos\alpha = \cos\left(\dfrac{\pi}{2} - \varphi_0\right)\cos\left(\dfrac{\pi}{2} - \varphi_s\right) \\ \qquad + \sin\left(\dfrac{\pi}{2} - \varphi_0\right)\sin\left(\dfrac{\pi}{2} - \varphi_s\right)\cos(\lambda_s - \lambda_0) \\ \alpha = \arccos(\sin\varphi_0\sin\varphi_s + \cos\varphi_0\cos(\lambda_s - \lambda_0)) \end{cases} \tag{3.165}$$

式中,α 是观测者和卫星星下点之间的地心角或大圆弧角;φ_0 是观测者纬度;λ_0 是观测者经度。

仰角、方位角和距离为

$$El = \arctan\left(\frac{\cos\alpha - R_E/r}{\sin\alpha}\right) \tag{3.166}$$

$$Az = \pm\arccos\left(\frac{\sin\varphi_s - \sin\varphi_0\cos\alpha}{\cos\varphi_0\sin\alpha}\right) \tag{3.167}$$

式中,如果 $0 \leqslant \lambda_s - \lambda_0 \leqslant \pi$,则 Az 为负值;如果 $-\pi \leqslant \lambda_s - \lambda_0 \leqslant 0$,则 Az 为正值。

$$D = r\frac{\sin\alpha}{\cos(El)} = R_E\frac{\sin\alpha}{\cos(El + \alpha)} \tag{3.168}$$

式中,El 是仰角;Az 是方位角;D 是航天器和观测站之间的距离;r 是卫星地心矢径;R_E 是地球半径。

3.9.3　多普勒频移

航天器的位置矢量为 $\boldsymbol{r}$,相对运动速度为 $\boldsymbol{v}$,航天器发送信号的频率为 f_t,则接收到信号频率 f_r 为

$$f_r = f_t\frac{1 - \dfrac{\boldsymbol{v}\cdot\hat{\boldsymbol{r}}}{c}}{\left(1 - \dfrac{v^2}{c^2}\right)^{\frac{1}{2}}} \tag{3.169}$$

式中,c 是真空中的光速。频率变化可近似为

$$\Delta f = f_r - f_t \approx -\frac{f_t}{c}\boldsymbol{v}\cdot\hat{\boldsymbol{r}} \tag{3.170}$$

在航天器通信系统设计中必须考虑多普勒频移,多普勒频移也可用于数据跟踪和定轨。

3.9.4　典型轨道特性

下面依次讨论几种典型的轨道特性。近圆的极地轨道可以完成多种任务。公

式(3.133a)表明,作为一阶解,极地轨道升交点进动角速度为零,由这种相同的极地轨道组成的卫星星座将在惯性空间保持固定。由于卫星均经过极地,所以在高纬度地区的覆盖率大于低纬度。另一种构型可变的是近圆近极地轨道,倾角等于 $90° - \alpha$,其中 α 由公式(3.158)求出,从而规定极地观测的最小仰角。这将相对提高极地轨道在低纬度地区的覆盖率。例如,卫星轨道高度 1000km,极地观测最小仰角 10°,则轨道倾角范围可以为 68.4°~111.6°。

地球同步或地球静止轨道有一个与地球恒星周期相同的周期,该周期对应的轨道半长轴为 42156km。该轨道的优点是覆盖面积大,约占全球的 42%,轨道上的卫星相对于地球上的观测者静止不动,因此固定的高增益天线可取代跟踪天线,可服务到纬度 80° 的地区。如果轨道偏心率不为零,卫星星下点经度出现振荡。如果轨道倾角不为零,卫星从赤道一侧运动到另一侧,其星下点轨迹成 8 字形。

如 3.7 节中描述的 Molnyia 轨迹是一个大偏心率($e \approx 0.75$)的轨道,周期约为半个恒星日,即 11^h58^m,倾角等于临界倾角,即 63.4°。轨道近地点在南半球,远地点在北半球,卫星在远地点附近对北半球约有 8h 的观察,可视地球最多约 43% 的面积。在静止轨道卫星不能提供通信服务的高纬度地区,该轨道特别有用。

如 3.7 节中描述的太阳同步轨道的升交点进动速率与太阳视运动速率相同,每天约 0.983°。结果是,航天器和太阳之间的相对几何构型将保持不变。该轨道可用来完成要求太阳光照条件相同的地球表面科学实验,轨道相位可任意设置,通过相位调整可设计出黎明-黄昏轨道或中午-午夜轨道。该轨道还有工程上的优点,太阳能电池阵列可以在 100% 的时间内指出太阳,其面积可以最小化,卫星受热条件将基本不变,温度变化最小使其设计更容易。

星下点轨迹回归轨道是一种卫星运行几个周期后会回到最初星下点轨迹的轨道。因此,周期必须是一个恒星日的约数。需要对同一地区进行重复观测时,或有必要事先指定星下点轨迹时,该轨道是有用的。

Walker 星座中航天器空间分布基本均匀(Walker,1973;Walker,1984),其特征参数为 (t, p, f)。其中,t 是卫星的数量;p 是轨道平面数;f 是相邻平面的航天器之间的间距的相位参数。

每个平面的卫星数量由式(3.171)给出

$$s = t/p \tag{3.171}$$

航天器轨道平面内间距 ΔM 为

$$\Delta M = 360/s = 360p/t \tag{3.172}$$

轨道面之间升交点赤经差 $\Delta \Omega$ 为

$$\Delta \Omega = 360/p \tag{3.173}$$

相邻轨道平面的航天器之间的位相差 $\Delta \varphi$ 是

$$\Delta\varphi = 360 f/t \tag{3.174}$$

例如,GPS 卫星星座包括 18 个运行卫星和 6 个备用卫星,可以由 Walker 卫星星座近似表示为(18,6,—),其中

$$s = t/p = 18/6 = 3$$
$$\Delta M = 360/s = 360/3 = 120°$$
$$\Delta\Omega = 360/p = 360/6 = 60°$$
$$\Delta\varphi = 360 f/t = 20 f°$$
$$\Delta\varphi|_{f=1} = 20°$$
$$\Delta\varphi|_{f=2} = 40°$$
$$\Delta\varphi|_{f=3} = 60°$$

计划中的欧洲航天局伽利略导航卫星星座,初步设计为一个(27,3,2)Walker 星座。

关于轨道选择和覆盖率的更多信息,请参考 Luders(1961)、Boehm(1964)、Emara et al(1977)、Black(1984)和 Draim(1987)的文献。

3.10　行星际轨道

行星际探测任务的航天器不同于绕天体运行的航天器,星际探测任务中,航天器受多个主导力的影响。例如,航天器离开地球,在月球附近掠过,在星际轨道上运行,太阳引力起主要作用,当与行星和小行星近距离接触,然后到达目标行星后,其轨迹将受目标行星引力的约束。在初始星体附近的停泊轨道和最终星体附近的停泊轨道增加中间过渡轨道,并精确地调整航天器在这些轨道上的相位,这提高了任务规划与调度的灵活性。例如,精确的再入和着陆轨道可以通过设计停泊轨道获取,因为与星际轨道相比,再入着陆轨道的着陆点可以勘测,航天器状态可以确定,精密轨道可以测定,因而轨道可以修正。

3.10.1　引力助推

通常显著改变航天器轨道需要大量的推进剂。而利用行径途中的行星引力助推,可以改变飞行速度的方向和大小(增加或减少)。这种方法已被多个飞行任务所验证,例如,伽利略号飞行器,通过地球两次引力助推,通过金星一次引力助推,通过一小行星一次引力助推,快速地达到木星;尤利西斯任务飞行器,利用木星引导轨迹离开黄道面,实现对太阳两极进行观测采样;卡西尼任务飞行器通过金星、地球和木星引力助推,加速飞向土星。利用引力助推可提高或降低航天器速度,如图 3.35 所示,相对于地球的一阶近似速度是恒定的,则相对于太阳的速度要么提

高,要么降低。图3.36说明了随着离太阳的距离变化,旅行者2号的日心速度以及日心逃逸速度的变化曲线,可以看出在引力助推条件下提高日心速度是明显的。

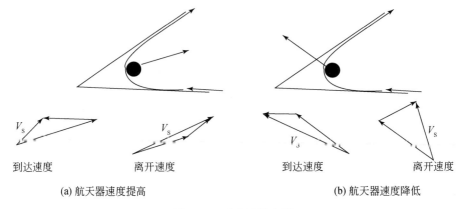

(a) 航天器速度提高　　　　　　　　　　　　(b) 航天器速度降低

图3.35　引力助推实例

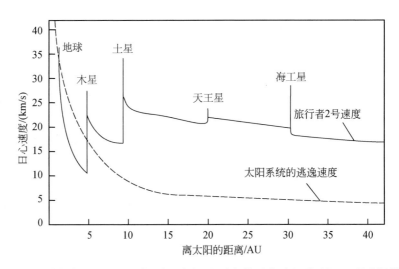

图3.36　旅行者2号日心速度(美国宇航局/喷气推进实验室/加州理工学院提供)

3.10.2　圆锥曲线拼接

一种逼近星际轨道的方法是圆锥曲线拼接,该方法基于拉格朗日提出的影响球或活动范围球概念。

考虑一个受两个天体引力作用的航天器,一个天体质量为 m_a ,另一个天体质量为 m_b , $m_a < m_b$,二者相隔距离为 d 。小质量天体的影响球是该天体周围的球形区域,区域内小质量天体引力对航天器运动影响占主导地位。在小质量天体的

影响球之外,大质量天体将主导航天器的运动。影响球是由航天器运动方程确定的,在小质量天体的影响球之外,将小质量 m_a 的引力当做摄动;在小质量天体的影响球之内,将大质量 m_b 的引力当做摄动。影响球的半径 ρ 定义为,当小质量天体的主要引力和大质量天体的摄动力影响效应相同时对应的半径为

$$\rho = d \left(\frac{m_a}{m_b} \right)^{2/5} \tag{3.175}$$

需要注意的是,公式(3.175)不是简单的两天体引力相等地方的距离。行星影响范围的半径如表 3.5 所示。

表 3.5　天体的影响球范围

天体	$R_{影响}/10^9 m$	天体	$R_{影响}/10^9 m$
水星	0.1	土星	55
金星	0.6	天王星	52
地球	1	海王星	86
火星	0.6	月球	0.065
木星	50	—	—

通过定义影响球范围,就可以应用圆锥曲线拼接方法,即在航天器轨道和影响球面的交点上把两条圆锥曲线拼接起来。该技术假设航天器只受主要天体即太阳的影响,直到它进入第二个天体的影响球,而第二个天体只受第一天体的影响。在影响球边界,一般是从一个绕太阳的椭圆轨道过渡到绕第二个天体的双曲线轨道。而离开第二天体影响球后,过渡到绕太阳的轨道。这是一个有效的和高效的初步分析技术。然而,详细的分析需要考虑所有的影响,包括辐射压力、多重引力、推进器点火等。关于更多圆锥曲线拼接方法和行星际轨道的方法,可参考 Breakwell 等(1961)和 Battin(1987)的文献。

3.10.3　气动制动

气动制动是航天器在被行星捕获过程中,航天器通过大气层减速,以降低所需的推进剂消耗量的技术。当航天器在其近拱点时,推进系统使航天器减速进入一个大椭圆轨道,从而被行星捕获。3.7 节讨论了大气阻力对椭圆轨道的影响,如果近拱点半径足够低,由一阶解可知,近拱点高度不变,而远拱点半径按长半轴变化率的 2 倍速度衰减。当远拱点到达目标轨道的高度时,在远拱点推进系统对航天器加速从而将近拱点抬高到大气层之外,从而保持目标轨道。在麦哲伦任务期间,首次在金星成功地应用空气动力制动,这要求事先获取行星大气密度数据。

例如,火星全球勘测器的空气动力制动如图 3.37 所示。1997 年 9 月 12 日勘测器进入火星时不是立即进入探测轨道,而是进入一个周期为 48 小时的大椭圆轨

道,根据捕获计划,进入火星40天后,勘测器由大气制动,轨道周期降低到大约34地球小时,60天后为24地球小时,80天后为12地球小时,100天后为6地球小时。

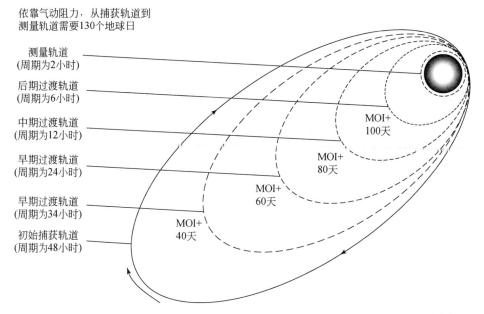

依靠气动阻力,从捕获轨道到
测量轨道需要130个地球日

测量轨道
(周期为2小时)

后期过渡轨道
(周期为6小时)

中期过渡轨道
(周期为12小时)

早期过渡轨道
(周期为24小时)

早期过渡轨道
(周期为34小时)

初始捕获轨道
(周期为48小时)

MOI+
100天

MOI+
80天

MOI+
60天

MOI+
40天

图3.37　火星全球勘测者号计划的气动制动场景(MOI指火星轨道注入,美国宇航局/
喷气推进实验室/加州理工学院提供)

130天后,勘测器最终置于周期为2地球小时的探测轨道。这样估计节省了大量的推进剂。然而请注意,节省的推进剂质量以花费140地球日的时间代价来进入最终的探测轨道。不幸的是,在展开太阳能电池阵列时,据显示其中一个面板没有被正确地锁定到位。在第15次空气动力制动时,航天器遇到了显著增加的阻力,未锁定的面板明显地经历了轻微的结构损伤。近拱点增高,空气动力制动暂停。空气动力制动随后继续进行,但花耗了17个月时间,达到最终的轨道,而不是计划中的130天。

美国宇航局的火星奥德赛号航天器在2002年1月11日运转了332圈后成功完成了其空气动力制动阶段,节省了220多千克的推进剂。奥德赛号由德尔塔II7925运载火箭发射,而不是由推力强大但昂贵的运载火箭发射。

3.10.4　拉格朗日平动点

欧拉和拉格朗日研究了限制性三体问题,三体包括两个大质量体和一个小质量体。其中大质量体分布在一个平面上,并在该平面上转动,如太阳和地球或地球和月球。欧拉发现两个旋转质量体的连线上存在三点,即 L_1、L_2 和 L_3,小质量体置于这三个点将处于平衡状态。拉格朗日发现了另外两个点，即 L_4 和 L_5，此两点在运动平面形成等边三角形。上述太阳-地球和地球-月球的 5 个拉格朗日平动点如图 3.38 所示。L_1、L_2 和 L_3 是不稳定的，L_4 和 L_5 是稳定的。然而，在太阳-地球系由于月球的存在，在地球-月球系由于太阳的存在，引起 L_4 和 L_5 也不稳定。

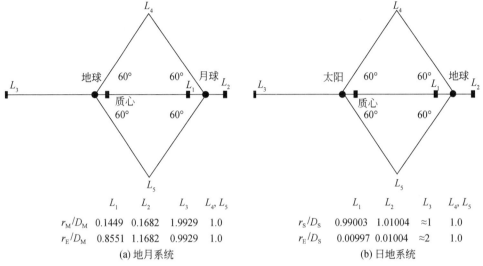

	L_1	L_2	L_3	L_4, L_5
r_M/D_M	0.1449	0.1682	1.9929	1.0
r_E/D_M	0.8551	1.1682	0.9929	1.0

(a) 地月系统

	L_1	L_2	L_3	L_4, L_5
r_S/D_S	0.99003	1.01004	≈ 1	1.0
r_E/D_S	0.00997	0.01004	≈ 2	1.0

(b) 日地系统

图 3.38　拉格朗日平动点（r_M 为离月球的距离，r_E 为离地球的距离，D_M 为地球和月球之间的距离，等于 384000km；r_S 为离太阳的距离；D_S 为地球和太阳之间的距离，等于 149600000km；不稳定点为 L_1，L_2 和 L_3；稳定点为 L_4 和 L_5）

太阳和木星组成系统的 L_4 和 L_5 是稳定的，有 12 颗小行星（Trojans）在该稳定点附近振荡。在太阳和地球系中，L_1 点是一个对太阳进行连续监测的理想位置，因为在此点的卫星将保持与太阳和地球之间的固定距离，而位置保持所消耗的最少。L_2 是红外探测卫星的一个方便位置，如下一代太空望远镜，因为该点在月球的轨道之外，因此受热辐射和重力影响将减小。

3.11　习　　题

1. 对于微分方程 $\dfrac{\mathrm{d}^2 u}{\mathrm{d}\theta^2} + u = \dfrac{\mu}{h^2}$ 的解 $u = \dfrac{\mu}{h^2}(1 + e\cos f)$，说明积分常量 e 可以用 ε 表达为 $e = \left(1 + \dfrac{2\varepsilon h^2}{\mu^2}\right)^{1/2}$。

2. 由掠面速度为常数出发，推导椭圆轨道周期的表达式。

答案：$\tau = 2\pi \sqrt{\dfrac{a^3}{\mu}}$。

3. 采用偏近点角 E,从能量方程中推导开普勒方程 $E - e\sin E = n(t - t_0) = M$,其中 $r = a(1 - e\cos E)$。

4. 推导偏近点角 E 和真近点角 f 之间的关系式。

答案:$\tan\dfrac{f}{2} = \left(\dfrac{1+e}{1-e}\right)^{1/2} \tan\dfrac{E}{2}$。

5. 已知国际天球参考系中航天器的位置矢量 $\boldsymbol{r}$ 和速度矢量 $\boldsymbol{v}$,确定经典轨道根数。

答案:假设单位向量为 $\varepsilon_i\,(i=1,2,3)$,ε_1 指向春分点为,ε_3 沿着 IRM 方向。根据 $\hat{\boldsymbol{h}} = (\boldsymbol{r} \times \boldsymbol{v})\,|\boldsymbol{r} \times \boldsymbol{v}|^{-1}$,得

$$\varepsilon = \frac{v^2}{2} - \frac{\mu}{r}, \quad a = \left(\frac{2}{r} - \frac{v \cdot v}{\mu}\right)^{-1/2}$$

$$e = \left(\frac{1 + 2\varepsilon h^2}{\mu^2}\right)^{1/2}, \quad \cos i = h \cdot \varepsilon_3$$

$$\tan\Omega = (\boldsymbol{h} \cdot \varepsilon_1)(-\boldsymbol{h} \cdot \varepsilon_2)^{-1}, \quad \cos f = \frac{1}{e}\left[\frac{a(1-e^2)}{r} - 1\right]$$

$$\cos(f + \omega) = \frac{\boldsymbol{r}}{r} \cdot (\varepsilon_1\cos\Omega + \varepsilon_2\sin\Omega)$$

6. 确定沿椭圆轨道飞行航天器的飞行路径角的正弦和余弦值。

答案:$\cos y = \dfrac{1 + e\cos f}{(1 + 2e\cos f + e^2)^{1/2}}$,$\sin\gamma = \dfrac{e\sin f}{(1 + 2e\cos f + e^2)^{1/2}}$。

7. 1986 年 2 月 9 日,哈雷彗星在距离为 0.5872AU 的近日点,其轨道偏心率为 0.9673。

(1)计算哈雷彗星的轨道周期。

(2)确定 1992 年 1 月 1 日真近点角和半径。

答案:(1) $\tau = 76.1$ 年 ;(2) $f = 163.38°$,$r = 15.80$AU。

8. 卫星进入地球轨道,处于一个高度为地球半径的 1/4,速度沿半径法向的位置。

(1)如果轨道是圆形的,求卫星速度。

(2)如果轨道在近地点掠过地球,求其速度。

(3)如果卫星与地球相交,找到速度为圆形轨道运行所需速度的 0.2、0.6、0.9 时对应的真近点角。

答案:(1)7071m/s;(2)6667m/s;(3)$f=171.7°,149.2°,86.2°$。

9. 科学任务航天器的轨道参数为近地点半径 7000km,远地点半径 10000km。

(1)求真近点角是 90°时对应位置的高度。

(2)求真近点角是 90°时对应位置的速度。

(3)确定航天器周期。

答案：(1)1857.3km；(2)7.065km/s；(3)130min。

10. 确定在一个恒定大气阻力作用下，圆形轨道经典轨道根数的长期变化率。忽略相对于航天器的大气运动。

答案：参考公式(3.140)。

11. 确定在大椭圆轨道的卫星经典轨道根数的长期变化率，该轨道受到一个近拱点阻力作用。忽略相对于航天器的大气运动。以公式(3.137)给出的力分量开始。

答案：参考公式(3.144)。

12.(1)给定航天器周期和轨道半长轴条件下，推导出一个天体的质量表达式；

(2)如果一个航天器轨道绕小行星周期为 10 天，长半轴 1000km，确定小行星的质量。

答案：(1) $m_a = (4\pi^2 d^3/G\tau^2) - ms$ ；(2) 7.9×10^{17} kg 。

13. 在一个双曲线轨道上的小行星经过天王星，最小距离为 100000km，偏心率为 2。确定从近拱点到距离为 200000km 所需的时间。

答案：14008s。

14. 航天器轨道半径为 15000km，速度为 8.8km/s，飞行路径角 45°。求：

(1)偏心率。

(2)C_3。

(3)半长轴。

(4)近拱点半径。

答案：(1)1.5271；(2)24.29km²/s²；(3)-1.6408×10^7 m；(4) 8.6488×10^6 m 。

15. 两行轨道根数提供平均运动 n 圈/日，平均运动变化率 $\frac{n}{2}$ 圈/日。确定在一天中的半径变化表达式。

答案：$da/dt = -2an/3n$ 。

16. 分别确定最小仰角 0、5°、10°条件下，静止轨道卫星的地球覆盖百分率，其半径为 6.61 个地球半径。

答案：(1)42.4%；(2)38.19%；(3)34.08%。

17. 对于下列两行轨道根数，忽略阻力影响，计算纪元时刻和一个小时后的位置矢量。

Molnyia 3-48 航天器：

```
1234567890123456789012345678901234567890123456789012345678901234567890123456789
1  24640U  96060A   01231.14299455  -.00000013  00000-0  10000-3  0  9194
2  24640  64.9085  268.1908 7053286 273.7677  15.2835  2.00648381  35299
```

答案：(−383，−12778，43)km，(7041，−17861，16233)km。

18. 下列两种情况卫星高度和真近点角已知,在第一种情况下,真近点角是 30°和高度为 600km,在第二种情况下,真近点角是 120°和高度为 1800km。确定:

(1)偏心率。

(2)长半轴。

(3)远拱点高度。

答案:(1)0.118;(2)7800km;(3)2342km。

19. 已知半长轴和无穷远处速度与近地点速度的比数,确定双曲线轨道半径的表达式。

答案:$r = -a/2(k^2 - 1)$。

20. 假设国际空间站的双行元素,求:

(1)美国东部时间的时间年、日、时。

(2)周期。

(3)长半轴、近地点和远地点高度。

(4)在一天中预期的高度变化。

```
1234567890123456789012345678901234567890123456789012345678901234567890123456789
1  25544U 98067A  02281.42009497  .00055235  00000-0  0  63516-0  0  2311
2  25544  51.6353 204.3265 0017279 348.2917 120.3454 15.61284021221696
```

答案:(1)1996 年 10 月 8 日 5 时 4 分 56.20541 秒。

(2)92.232min。

(3)6762.085km,372.263km,395.632km。

(4)−319.6m/d。

21. 确定轨道周期为 90min 的航天器的地理纬度和经度。轨道偏心率为 0.0008,倾角为 28.5°,近地点角为 30°,升交点赤经为 30°,格林尼治时角为 10000 秒恒星时。

答案:纬度为 195.0299°,经度为 24.4080°。

22. 在科技期刊中搜索有关人造地球卫星的轨道受摄动影响的文献,写一页的摘要,附该文献的复印件。

23. 一个地球卫星轨道的近地点高度 $h_p = 400$km ,偏心率 $e = 0.5$。求:

(1)半长轴。

(2)远地点半径。

(3)近地点速度。

(4)远地点速度。

(5)周期。

(6)卫星的半径等于半长轴时的真近点角。

(7)至卫星的半径等于半长轴时的航迹角。

答案:(1)13556km;(2)20334km;(3)3.13km/s;(4)9.39km/s;(5)15708s;(6)±120°;(7)30°。

24. 流星体相对地球的距离、速度和真近点角分别为 500000km、2000m/s 和 130°。确定流星体轨道参数:

(1)偏心率。

(2)高度。

(3)最接近点的速度。

答案:(1)1.2569;(2)3.61826×10⁴km;(3)4.597km/s。

25. 航天器绕地球的飞行的抛物型轨道近地点高度为 8000km。确定地球中心距离分别为 10000km 和 18000km 的两点之间的距离。

答案:12720km。

26. 确定 1987 年 4 月 10 日 19 时 21 分对应的格林尼治平均恒星时。

答案:8 时 34 分 57.0896 秒。

参 考 文 献

Anderle R J. 1972. Pole position for 1971 based on Doppler satellite observations. Tech. Rep. TR-2432,Washington DC:Nav. WEAPONS Lab.

Bate R,Mueller D,White J. 1971. Fundamentals of Astrodynamics. New York:Dover.

Battin R H. 1987. An Introduction to the Mathematics and Methods of Astronautics. Washington DC:American Institute of Aeronautics and Astronautics.

Black H D. 1978. An easily implemented algorithm for the tropospheric range correction. J. Geophys. Res. ,83(B4):1825—1828.

Black H D. 1990. Early development of Transit,the Navy navigation satellite system. J. Guidance Control and Dynamics,13(4):577—585.

Black H D,Eisner A,Platt J. 1984. Choosing a satellite constellation for the search and Rescue satellite system. NMEA News,17,82—90.

Boehm B. 1964. Probabilistic evaluation of satellite missions involving ground coverage. Celestial Mechanics and Astrodynamics,vol. 14 of Progress in Astronautics and Aeronautics. New York:Academic Press.

Breakwell J V,Gillespie R W,Ross S. 1961. Researches in interplanetary transfer. ARSJ,31:201—208.

Brower D. Clemence G M. 1961. Celestial Mechanics. New York:Academic Press.

Cook G E. 1962. Luni-solar perturbations of the orbit of an Earth satellite. Geophys. J. Roy. Astrono. Soc. ,6(3):271—291.

Danby J M A. 1962. Foundations of Celestial Mechanics. New York:MacMillan.

Deutsch R. 1963. Orbital Dynamics of Space Vehicles. Englewood Cliffs. New Jersey:Prentice-

Hall.

Draim J. 1987. A common-period four- satellite continuous global coverage constellation. J. Guidance,Conteol and Dvnamics,10(5):492—499.

Emara E T,Leondes C. 1977. Minimum number of satellites for three- dimensional world- wide coverage. IEEE Trans. Aerosp. Electron. Syst. ,AES-13:108—111.

Escobal P R. 1965. Methods of Orbit Determination. New York:John Wiley.

Fitzpatrick P M. 1970. Peinciples of Celestial Meshanics. New York:Academic Press.

Geyling F T,Westerman H R. 1971. Introduction to Orbital Mechanics. Reading:Addison- Wesley.

Giacaglia G E O. 1973. Lunar perturbations on artificial satellites of the Earth. SAO SPEC. Rep. 352,Cambridge.

Hopfield H S. 1980. Improvements in the tropospheric refraction correction for range measurements. Phil. Trans. Roy. Soc. Lon. Ser. A,294:341—352.

International Earth Rotation Service. 2002. Explanatory Supplement to IERS Bulletins A and B. Paris Service de Ia Rotation Terrestre Observatoire de Paris.

Jacchia L G. 1972. Atmospheric models in the region from 110 to 2000 km. COSPAR International Reference Atmosphere,1972. Berlin:Akademie- Verlag.

Kaula W. 1966. Theory of Satellite Geodesy; Applications of Satellites to Geodesy. Waltham: Blaisdell Publishing.

King- Hele D. 1987. Satellite Orbits in an Atmosphere. Theory and Applications. London:Blackie.

King- Hele D G. 1964. Theory of Satellite Orbits in an Atmosphere. London:Butterworths.

King- Hele D G. 1978. Methods for predicting satellite lifetimes. J. Beit. Interplanet. Soc. , 31:181-196.

King- Hele D G,Walker D M C. 1987. The contraction of satellite orbits under the influence of air drag. Proc. Roy. Soc. Lond. A414:271—295.

Luders R D. 1961. Satellite networks for continuous Zonal coverage. ARS J. :179—184.

Perkins F M. 1958. An analytical solution for flight time of satellite in eccentric and circular orbits. Astonout Acta IV:113.

Pisacane V L,Dillon S C. 1981. Determining coordinates of the rotational pople using satellite data from sites. J. Geophys. Res,86(2):899—902.

Pisacane V L,Hplland B B,Black H D. 1973. Recent(1973)improvements in the Navy navigation satellite system Navigation. J. Ins. Navig. ,20(3):224—229.

Seeber G. 1993. Satellite Geodesy. Foundations,Methods,and Applications. Berlin:Walter.

Seideimann P K. 1992. Explanatory Supplement to the Astronnomical Almanac. Sansalite:University Science Books.

Smart W M. 1953. Celestial Mechanics. London:Longmans.

Staff of the Space Department,Johns Hopkins University. APL and Staff of the Gudance and Control Laboratory,Stanford University. 1974. A satellite freed of all but gravitational forces:Triad

I. J. Spacecraft Rockets,11:637—644.

Sterne T E. 1960. An Introduction to Celestial Mechanics. New York:Intersience.

Taff L G. 1985. Celestial Mechanics:A Computational Guide for the Practitioner. New York:John Wiley.

Tisserand F. 1889. Traite de mechanique celeste,Vol. 1.

United States Naval Observatory. 2002. The Astronomical(published yearly). Washington DC.

Vallado D A. 2001. Fundamentals of Astrodynamics and Applications, 2nd edition. El Segundo: Microcosm/Kluwer.

Walker J G. 1973. Continuous whole Earth coverage by circular orbit satellites. Proc. Satellite Systems for Mobile Communication and Surveillance,IEEE Conference Public,95:35—38.

Walker J G. 1984. Satellite constellation. J. Brit. Interplanet. Soc. ,37:559—572.

Weisel W E. 1989. Spaceflight Dynamics. New York:McGraw-Hill.

Yionoulis S M. 1965. Studies of the resonace effects due to the Earth's potential function. J. Geophys. Res. ,70(4):5991—5976.

Yionoulis S M. 1967. The use of satellite Doppler data for geodentic purposes. Les methods dynamiques de geodeside par satellites,CNES Colloque International,Paris:127—160.

第 4 章　航天器推进、发射系统和发射力学

Vincent L. Pisacane

4.1　简　　介

推进系统用于将航天器送入指定轨道,保持或改变运行轨道,并对其姿态进行控制。火箭是一个独立系统,它将自身存储的能量转化成动能,从而产生推力。火箭系统有很多种分类方式,可按其用途种类(如发射、姿态控制、轨道调整、远地点发动机、空间站保持)、能源类型(化学能、电能、核能)以及推进剂状态(液体推进剂、固体推进剂、混合推进剂)等进行划分。

本章首先将介绍火箭运动的基本方程和产生推力的热力学过程。基于这些基本概念,解决火箭运动的问题,包括在无外力作用下的单级和多级火箭运动,之后考虑重力对火箭运动的影响。在 4.8 节,将借助拉格朗日行星方程、霍曼转移和双椭圆轨道转移,解决与发射和转移轨道相关的一系列重要问题。紧接着,将讨论固体、液体、电以及其他火箭推进系统。本章最后将讨论航天器推进系统估算问题。

4.2　火箭推进的基本方程

惯性系下动力学系统的牛顿第二定律可写为

$$\boldsymbol{F} = \frac{\mathrm{d}\boldsymbol{p}_\mathrm{i}}{\mathrm{d}t} \tag{4.1}$$

式中,$\boldsymbol{F}$ 表示合力;$\boldsymbol{p}_\mathrm{i}$ 表示线性动量;t 表示时间。图 4.1 给出的是作用于火箭推力器控制体的力分布(若处于大气层中,还应包括作用于火箭外部的力),其中

$$\boldsymbol{F} = -\int_{A_\mathrm{e}} p_\mathrm{e}\mathrm{d}\boldsymbol{A} - \int_A p\,\mathrm{d}\boldsymbol{A} + \boldsymbol{F}_\mathrm{b} \tag{4.2}$$

也可写为

$$\boldsymbol{F} = -(p_\mathrm{e} - p_0)A_\mathrm{e}\frac{\boldsymbol{v}_\mathrm{e}}{v_\mathrm{e}} - \int_A (p - p_0)\mathrm{d}\boldsymbol{A} + \boldsymbol{F}_\mathrm{b} \tag{4.3}$$

式中,p_e 为平均喷管出口处压力;p_0 为环境压力;A_e 为喷管出口面积;$\boldsymbol{v}_\mathrm{e}$ 是以 v_e 为大小的排气速度矢量;$\mathrm{d}\boldsymbol{A}$ 为法向表面积矢量的微元,A 为火箭除喷管出口的外

表区域面积，$\boldsymbol{F}_b$ 为火箭的体积力（典型情况下，仅考虑重力），结合恒等式 $\displaystyle\int_{A+A_e} p_0 \mathrm{d}\boldsymbol{A}$

$= 0$。

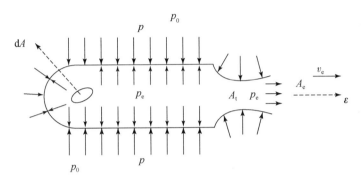

图 4.1　作用于火箭上的力分布（ε 为出口横截面法线单位向量，A_e 为喷管出口截面面积，A_t 为喷管喉部截面面积，p_e 为排气压力，p_0 为环境压力，p 为外表面压力，$\mathrm{d}A$ 为面积微元，A 为除喷管出口的外表区域面积，v_e 为排气速度）

气动力可定义为

$$\boldsymbol{F}_a \equiv -\int_A (p - p_0)\mathrm{d}\boldsymbol{A} \tag{4.4}$$

公式（4.3）可写为

$$\boldsymbol{F} = -(p_e - p_0)A_e \frac{\boldsymbol{v}_e}{v_e} + \boldsymbol{F}_a + \boldsymbol{F}_b \tag{4.5}$$

　　该式描述了火箭的受力情况。图 4.2 给出了火箭推力器动量在单位时间内的变化，即

$$\frac{\mathrm{d}\boldsymbol{p}_i}{\mathrm{d}t} = \lim_{t \to 0} \frac{[(m + \Delta m)(\boldsymbol{v} + \Delta \boldsymbol{v}) + (-\Delta m)(\boldsymbol{v} + \boldsymbol{v}_e)] - m\boldsymbol{v}}{\Delta t}$$

$$= m\dot{\boldsymbol{v}} - \dot{m}\boldsymbol{v}_e \tag{4.6}$$

式中，m 为火箭质量；$\dot{m}$ 为火箭质量变化率，为负数；$\boldsymbol{v}$ 为火箭速度矢量，$\boldsymbol{v}_e$ 为喷气相对火箭的速度矢量。将公式（4.5）和公式（4.6）代入公式（4.1）中，得

$$\boldsymbol{F}_a + \boldsymbol{F}_b - (p_e - p_0)A_e \frac{\boldsymbol{v}_e}{v_e} + \dot{m}\boldsymbol{v}_e = m\dot{\boldsymbol{v}} \tag{4.7}$$

推力 $\boldsymbol{F}_p$ 可定义为

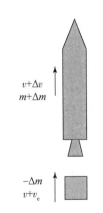

图 4.2　火箭的动量守恒（m 为质量，$\boldsymbol{v}$ 为火箭速度，$\boldsymbol{v}_e$ 为相对于火箭的排气速度，Δm 为质量的变化，$\Delta \boldsymbol{v}$ 为速度的变化）

$$F_p \equiv -(p_e - p_0)A_e \frac{\boldsymbol{v}_e}{v_e} + \dot{m}\boldsymbol{v}_e \tag{4.8}$$

在此,需要知道两个术语,第一个术语是压力推力(pressure thrust),第二个是动量推力(momentum thrust)。当 $p_e > p_0$ 且 $\boldsymbol{v}_e$ 指向后方或负方向时,则压力推力和动量推力均朝向前方或正方向。在真实的火箭系统中,推力主要源于动量推力。对于指向尾部方向的 v_e,向前的推力大小可简单确定为

$$F_p = (p_e - p_0)A_e - \dot{m}v_e = (p_e - p_0)A_e + \dot{m}_e v_e \tag{4.9}$$

式中,火箭质量变化率 $\dot{m}$ 等于负的排出或喷出气体的质量变化率 $\dot{m}_e$,即

$$\dot{m} = -\dot{m}_e \tag{4.10}$$

推进剂推力可方便地表述为

$$\boldsymbol{F}_p = -(p_e - p_0)A_e \frac{\boldsymbol{v}_e}{v_e} - \dot{m}_e \boldsymbol{v}_e \equiv \dot{m}\boldsymbol{C} = -\dot{m}_e \boldsymbol{C} \tag{4.11}$$

式中,$\boldsymbol{C}$ 为有效排气速度,即

$$\boldsymbol{C} = \boldsymbol{v}_e + (p_e - p_0)\frac{\boldsymbol{v}_e}{v_e}\frac{A_e}{\dot{m}_e} \tag{4.12}$$

代入向后的喷气速度,推力大小和有效排气速度写为

$$F_p = (p_e - p_0)A_e + \dot{m}_e v_e = \dot{m}_e C \tag{4.13}$$

$$C = v_e + (p_e - p_0)\frac{A_e}{\dot{m}_e} \tag{4.14}$$

整合公式(4.7)和公式(4.11)得到运动方程

$$\boldsymbol{F}_a + \boldsymbol{F}_b + \dot{m}\boldsymbol{C} = m\dot{\boldsymbol{v}} \tag{4.15}$$

式中,$\dot{m}$ 为负数。图4.3展示的是与排出气体的压力大小相关的三种情形。当 $p_e > p_0$ 时,喷出气体处于欠膨胀状态,喷管出口形成了膨胀波来平衡气流压力,结果是压力推力增大,从而只能部分补偿减少的动量推力;当 $p_e = p_0$ 时,喷管达到所谓的最佳膨胀状态,即喷管出口处的压力等于外界压力。此种情形下,气流压力最大限度地转化为推力;当 $p_e < p_0$ 时,排出的气体处于过膨胀状态,导致推力压力为负,喷管出口形成了压缩性的激波来平衡压力。此种情形下,动量推力将增加,但只能部分补偿由此导致的压力推力的减少。由于在欠膨胀和过膨胀情形中进行自动补偿的趋势,净作用力对压力的些许变化相对不敏感。在实际中,火箭通常被设计成喷管出口处压力等于或略大于外界压力。对于飞行器发射,火箭会穿过不同的气压环境,由于其自身的喷射气体压力是固定的,推力随着高度的增加和环境压力的减少而增加。一个可调节的喷管,可实现气流的最佳膨胀并形成最大的推力,但因其装置过于复杂而并未在实际中得以应用。在太空中,外界压力为0,因此可以达到最大的推力。通常将火箭在海平面和真空环境中的运转情况作为火箭性能

的评估方式。

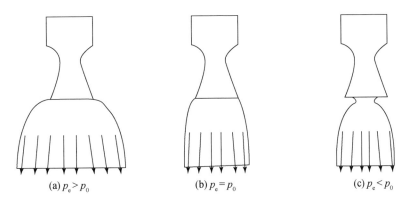

$$(a) p_e > p_0 \qquad (b) p_e = p_0 \qquad (c) p_e < p_0$$

图 4.3 因喷管出口处排气速度不同而产生的几种不同效果

推力还可以表述为比冲 I_{sp}，通常以 s 为单位，即单位重量推进剂的总冲量

$$I_{sp} = \frac{\int F_p \mathrm{d}t}{g_0 \int \dot{m}_e \mathrm{d}t} \qquad (4.16)$$

式中，g_0 为标准重力加速度，等于 $9.80665\mathrm{m/s^2}$。将公式(4.13)中 F_p 代入并假定推进剂质量流率 $\dot{m}_e$ 为常数，则可得到 C 和 I_{sp} 之间的关系式为

$$I_{sp} = \frac{C\dot{m}_e \Delta t}{g_0 \dot{m}_e \Delta t} = \frac{C}{g_0} \qquad (4.17)$$

表 4.1 给出了典型航天器和运载火箭的有效排气速度和比冲。

表 4.1 典型航天器和运载火箭的有效排气速度与比冲

燃料	有效排气速度/(km/s)	比冲/s
冷气推进	0.5~0.7	50~70
单组元推进	2.0~2.2	200~225
固体推进	2.5~2.9	250~300
双组元推进	2.9~4.4	300~450
电热推进	2.9~4.9	300~500
静电推进	11.8~49.0	1200~5000
电磁推进	6.9~29.4	700~3000

4.3　热力学关系

本节将给出在化学推进热动力学方面更重要的概念。如图 4.1 所示,推进剂在压力或高温作用下膨胀并通过喷管将其内能转化为动能。在上面的处理方法中,假设喷管横截面的变化很缓慢,因此气流从本质上是稳定的、沿轴向的,在横截面上有相同的属性。此外,还假定没有足够的时间进行热交换,因此该过程是可逆绝热的或等熵的,适用热力学第一定律,即能量守恒定律

$$h+\frac{1}{2}v^2 = 常数 \tag{4.18}$$

式中,h 代表比焓(能量/单位质量)

$$h \equiv u + pV = u + \frac{p}{\rho} \tag{4.19}$$

v 为速度矢量的大小,u 为比内能(能量/单位质量),V 为比体积(体积/单位质量),p 为压强(力/单位面积),ρ 为密度(质量/单位体积)。对于理想气体,从初始状态 i 转变为另一种状态的焓变可表述为

$$h_i - h = \frac{\gamma R(T_i - T)}{(\gamma-1)M} \tag{4.20}$$

式中,γ 为比热比,等于定压比热 c_p 与定容比热 c_v 之比;T 为绝对温度;R 为通用气体常数(8314.472J/kmol·K);M 为推进剂的摩尔质量(kg/kmol),指 1 千摩尔的气体质量的千克数,等于原子质量单位下的分子质量数。1 千摩尔的粒子数量等于阿伏伽德罗常数 $N_A = 6.02214199 \times 10^{26}$。对于流动中的空间两点,由式(4.18)和式(4.20)可推导出

$$\frac{1}{2}v^2 - \frac{1}{2}v_i^2 = h_i - h = \frac{\gamma R(T_i - T)}{(\gamma-1)M}$$

进而可推算出速度的表达式

$$v = \left[\frac{2\gamma R T_i}{(\gamma-1)M}\left(1-\frac{T}{T_i}\right) + v_i^2\right]^{1/2} \tag{4.21}$$

对于等熵过程

$$\frac{T}{T_i} = \left(\frac{\rho}{\rho_i}\right)^{\gamma-1} = \left(\frac{p}{p_i}\right)^{\frac{\gamma-1}{\gamma}}, p = \frac{\rho RT}{M} \tag{4.22}$$

因此,公式(4.21)的另一种表述为

$$v = \left\{\frac{2\gamma p_i}{(\gamma-1)\rho_i}\left[1-\left(\frac{p}{p_i}\right)\right]^{\frac{\gamma-1}{\gamma}} + v_i^2\right\}^{1/2} \tag{4.23a}$$

或

$$v = \left\{ \frac{2\gamma}{(\gamma-1)} \frac{RT_i}{M} \left[1 - \left(\frac{p}{p_i} \right)^{\frac{\gamma-1}{\gamma}} \right] + v_i^2 \right\}^{1/2} \tag{4.23b}$$

气体在包括排气口的喷管任何部位的速度均与燃烧室状态有关,下标 $i = c$,并忽略极小的 v_c,所以

$$v = \left[\frac{2\gamma}{\gamma-1} \frac{p_c}{\rho_c} \eta_c \right]^{1/2} = \left[\frac{2\gamma}{\gamma-1} \frac{RT_c}{M} \eta_c \right]^{1/2} \tag{4.24}$$

式中, η_c 为理想循环效率,定义为

$$\eta_c \equiv 1 - \frac{T}{T_c} = 1 - \left(\frac{p}{p_c} \right)^{\frac{\gamma-1}{\gamma}} \tag{4.25}$$

注意,当 $p/p_c \rightarrow 0$ 或 $T/T_c \rightarrow 0$ 时, $\eta_c \rightarrow 1$,说明可用的势能全部转化为了动能。通过公式(4.24)和公式(4.25),喷气速度可表述为

$$v_e = \left\{ \frac{2\gamma}{(\gamma-1)} \frac{p_e}{\rho_c} \left[1 - \left(\frac{p_e}{p_c} \right)^{\frac{\gamma-1}{\gamma}} \right] \right\}^{1/2} \tag{4.26}$$

或

$$v_e = \left\{ \frac{2\gamma}{(\gamma-1)} \frac{RT_c}{M} \left[1 - \left(\frac{p_e}{p_c} \right)^{\frac{\gamma-1}{\gamma}} \right] \right\}^{1/2} \tag{4.27}$$

公式(4.26)和公式(4.27)说明,喷气速度是压力比 p_e/p_c 、比热比 γ 、室内压力与推进剂质量密度比或燃烧室温度与推进剂摩尔质量比的函数。由这些公式可得出喷气速度具有以下特性。

(1)当排气压力与环境压力几乎等于 0 时,排气速度在喷管气体完全膨胀的情况下达到最大,因此理想循环效率接近 1。

(2)可通过增加燃烧室温度或者减少推进剂等效摩尔质量,来增加排气速度。

(3)可通过增加燃烧室压力或减小推进剂的等效密度,来增加排气速度。

通过公式(4.14)、公式(4.17)和公式(4.27)可以看出,比冲可用燃烧室温度和推进剂的摩尔质量来表述,即

$$I_{sp} = \frac{1}{g_0} \left[v_e + (p_e - p_0) \frac{A_e}{\dot{m}_e} \right] = \frac{1}{g_0} \left(\left\{ \frac{2\gamma}{\gamma-1} \frac{RT_c}{M} \left[1 - \left(\frac{p_e}{p_c} \right)^{\frac{\gamma-1}{\gamma}} \right] \right\}^{1/2} + (p_e - p_0) \frac{A_e}{\dot{m}_e} \right) \tag{4.28}$$

马赫数是通常使用的无量纲参数,其定义为流体速度 v 与当地声速 a 的比值,即

$$Ma \equiv \frac{v}{a} \tag{4.29}$$

式中,空气中的声速 a 为

$$a \equiv \left[\left(\frac{\mathrm{d}p}{\mathrm{d}\rho} \right)_s \right]^{1/2} = \left(\frac{\gamma RT}{M} \right)^{1/2} \tag{4.30}$$

式中,下标 s 表示的是在熵值不变下的绝热过程。因此,马赫数通过公式(4.24)可得

$$Ma = \left(\frac{2}{\gamma-1} \frac{T_c}{T} \eta_c\right)^{1/2} \tag{4.31}$$

使用公式(4.22)可变为

$$\frac{p}{p_c} = \left(\frac{\gamma-1}{2} Ma^2 + 1\right)^{-\frac{\gamma}{\gamma-1}} \tag{4.32}$$

喷管的几何特征可使用马赫数确定如下。对于稳定的流动速率 v,通过喷管横截面区域的质量流率 $\dot{m}_e$ 必定为一常数且有

$$\dot{m}_e - \rho A v \text{ 为常数} \tag{4.33}$$

式中,ρ 为密度。分别对 $\rho A v$ 求导可得

$$\frac{d\rho}{\rho} + \frac{dA}{A} + \frac{dv}{v} = 0 \tag{4.34}$$

在没有外力作用的情况下,非稳态压缩流的动力学平衡方程为

$$\rho \frac{D\boldsymbol{v}}{Dt} + \nabla p = 0 \tag{4.35a}$$

式中

$$\frac{D}{Dt} = \nabla \cdot \boldsymbol{v} + \frac{\partial}{\partial t} \tag{4.35b}$$

对沿长度为 ds 的管道中稳态的一维绝热气流

$$\begin{cases} \boldsymbol{v} = v\boldsymbol{\varepsilon}, ds = ds\boldsymbol{\varepsilon}, d\boldsymbol{v} = (ds/dt) \cdot \boldsymbol{\varepsilon}, \nabla = \frac{\partial}{\partial s}\boldsymbol{\varepsilon}, \frac{\partial v}{\partial t} = 0 \\ \frac{D\boldsymbol{v}}{Dt} \cdot ds = \left(\frac{\partial v}{\partial t}\boldsymbol{\varepsilon}\right) \cdot ds\boldsymbol{\varepsilon} = vd\boldsymbol{v} \\ \nabla p \cdot ds = \frac{\partial p}{\partial s}\boldsymbol{\varepsilon} \cdot ds\boldsymbol{\varepsilon} = dp \end{cases} \tag{4.36}$$

与公式(4.30)相结合,公式(4.35a)可变形为

$$vdv + a^2 \frac{d\rho}{\rho} = 0 \tag{4.37}$$

将公式(4.30)和公式(4.37)代入公式(4.34),得

$$\frac{dv}{ds} = \frac{v}{A((Ma)^2 - 1)} \frac{dA}{ds} \tag{4.38}$$

该公式给出有趣的结果。伴随马赫数 Ma 的不同大小,其结果显示如下。

(1)当 $Ma < 1$ 时,气流为亚声速,当管道膨胀($dA/ds > 0$)时减速($dV/ds < 0$),当管道收缩($dA/ds < 0$)时加速($dV/ds > 0$)。

(2)当 $Ma = 1$ 时,气流达到声速,面积变化($dA/ds = 0$)必须为0,因此声速气流在膨胀或收缩的喷管是不可能的。

(3)当 $Ma > 1$ 时,气流为超声速,当管道膨胀($dA/ds > 0$)时加速($dV/ds > 0$),当管道收缩($dA/ds < 0$)时减速($dV/ds < 0$)。

因此,要想通过燃烧室产生超声速气流,必须使喷管喉部横截面积减到最小,以产生声速气流,然后再增加面积。此类喷管被称为拉瓦尔喷管(da Laval nozzle),以瑞典工程师拉瓦尔的名字命名,此人通过实验产生了超声速气流。

从公式(4.32)可得,当 $Ma = 1$ 时,可得到声速气流需要的压差为

$$p_t = p_c \left(\frac{2}{\gamma + 1} \right)^{\frac{\gamma}{\gamma - 1}} \tag{4.39}$$

式中, p_t 为临界压力, p_t/p_c 为临界压力比。当 $1.0 < \gamma < 1.4$ 时,临界压力比为 $0.5 < p_t/p_c < 0.6$ 。将公式(4.39)代入公式(4.24)和公式(4.25)中,可得喷管喉部气流速度 v_t 为

$$v_t = \left(\frac{2\gamma}{\gamma + 1} \frac{p_c}{\rho_c} \right)^{1/2} = \left(\frac{2\gamma}{\gamma + 1} \frac{RT_c}{M} \right)^{1/2} \tag{4.40}$$

将公式(4.22)和公式(4.24)代入公式(4.33),可得喷管任何部位的推进剂质量流率 $\dot{m}_e$ 为

$$\dot{m}_e = \rho A v = pcA \left(\frac{\rho}{p_c} \right) v = p_c A \left\{ \frac{2\gamma}{\gamma - 1} \frac{M}{RT_c} \left(\frac{p}{p_c} \right)^{\frac{2}{\gamma}} \left[1 - \left(\frac{p}{p_c} \right)^{\frac{\gamma - 1}{\gamma}} \right] \right\}^{1/2} \tag{4.41}$$

或

$$\dot{m}_e = \rho A v = pcA v \left(\frac{\rho}{p_c} \right) = A \left\{ \frac{2\gamma_c p_c}{\gamma - 1} \left(\frac{p}{p_c} \right)^{\frac{2}{\gamma}} \left[1 - \left(\frac{p}{p_c} \right)^{\frac{\gamma - 1}{\gamma}} \right] \right\}^{1/2} \tag{4.42}$$

这就是著名的圣维南(Saint Venout)方程。该公式说明,面积 A 和压力 p 必须按照保持 $\dot{m}_e$ 为常数的方式进行变动。在喷管喉部面积为 $A_t, Ma = 1, P = P_t$,在 $P = P_t$ 的条件下,结合公式(4.42)和公式(4.39)可得

$$\dot{m}_e = A_t \left[\gamma \rho_c p_c \left(\frac{2}{\gamma + 1} \right)^{\frac{\gamma + 1}{\gamma - 1}} \right]^{1/2} \tag{4.43a}$$

或

$$\dot{m}_e = A_t p_c \left[\frac{\gamma M}{RT_c} \left(\frac{2}{\gamma + 1} \right)^{\frac{\gamma + 1}{\gamma - 1}} \right]^{1/2} \tag{4.43b}$$

需要注意的是,在声速下喉部的推进剂流率并不取决于喉部之外的因素,这是因为逆流的速度扰动不可能快于声速。喷管的相对形状可由喷管中任意位置的截面积与喉部面积的比来确定,根据公式(4.43a)和公式(4.42)可得

$$\left(\frac{A}{A_t} \right) = \left(\frac{2}{\gamma + 1} \right)^{\frac{\gamma + 1}{2(\gamma - 1)}} \left(\frac{p}{p_c} \right)^{\frac{1}{\gamma}} \left\{ \frac{2}{\gamma - 1} \left[1 - \left(\frac{p}{p_c} \right)^{\frac{\gamma - 1}{\gamma}} \right] \right\}^{\frac{1}{2}} \tag{4.44}$$

通过代入公式(4.32)中的压力比 p/p_c ,面积比可单独由马赫数和比热比确定

$$\left(\frac{A}{A_t}\right) = \frac{1}{Ma}\left[\frac{(\gamma-1)Ma^2+2}{\gamma+1}\right]^{\frac{\gamma+1}{2(\gamma-1)}} \tag{4.45}$$

以比热比为参数,面积比作为马赫数的函数,如图 4.4 所示。

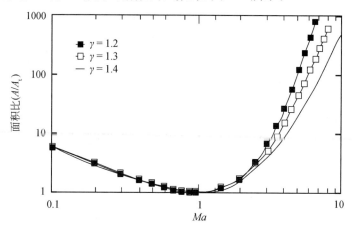

图 4.4　面积比作为马赫数的函数(Ma 为马赫数,A_t 为喷管喉部面积,A 为面积,γ 为比热比)

喷管的膨胀比 ε ,即喷管的出口面积与喉部面积之比,可由公式(4.44)推导出

$$\varepsilon \equiv \left(\frac{A_e}{A_t}\right) = \left(\frac{2}{\gamma+1}\right)^{\frac{\gamma+1}{2(\gamma-1)}}\left(\frac{p_c}{p_c}\right)^{\frac{1}{\gamma}}\left\{\frac{2}{\gamma-1}\left[1-\left(\frac{p_e}{p_c}\right)^{\frac{\gamma-1}{\gamma}}\right]\right\}^{-1/2} \tag{4.46}$$

式中,对于最佳膨胀的喷管,喷管出口处压力 p_e 等于外界压力 p_0 。以出口压力与燃烧室压力比为参数的膨胀比变化如图 4.5 所示。需要注意的是,在太空环境中 $p_e \to 0$,因此由公式(4.46)可得出 $A_e/A_t \to \infty$ 。

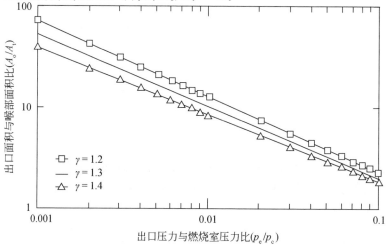

图 4.5　以喷射压力与燃烧压力比为参数的膨胀比变化(A_e 为喷管出口面积,A_t 为喉部面积,p_e 为喷管出口压力,p_c 为燃烧室压力,γ 为比热比)

由公式(4.9)可得知,火箭产生的推力为

$$F_{\mathrm{p}} = (p_{\mathrm{e}} - p_0)A_{\mathrm{e}} + \dot{m}_{\mathrm{e}} v_{\mathrm{e}}$$

代入公式(4.43)和公式(4.26),可得

$$F_{\mathrm{p}} = p_{\mathrm{c}} A_{\mathrm{t}} \left\{ \frac{2\gamma^2}{(\gamma-1)} \left(\frac{2}{\gamma+1} \right)^{\frac{\gamma+1}{\gamma-1}} \left[1 - \left(\frac{P_{\mathrm{e}}}{p_{\mathrm{c}}} \right)^{\frac{\gamma-1}{\gamma}} \right] \right\}^{1/2} + (p_{\mathrm{e}} - p_0)A_{\mathrm{e}} \quad (4.47)$$

有时为方便表述,使用推力系数(thrust coeficient) C_{F} 的术语表示推力,其定义为

$$C_{\mathrm{F}} \equiv \frac{F_{\mathrm{p}}}{p_{\mathrm{c}} A_{\mathrm{t}}} \quad (4.48)$$

由公式(4.47)可得

$$C_{\mathrm{F}} = \left\{ \frac{2\gamma^2}{(\gamma-1)} \left(\frac{2}{\gamma+1} \right)^{\frac{\gamma+1}{\gamma-1}} \left[1 - \left(\frac{p_{\mathrm{e}}}{p_{\mathrm{c}}} \right)^{\frac{\gamma-1}{\gamma}} \right] \right\}^{1/2} + \left(\frac{p_{\mathrm{e}} - p_0}{p_{\mathrm{c}}} \right) \frac{A_{\mathrm{e}}}{A_{\mathrm{t}}} \quad (4.49)$$

该公式给出函数 $C_{\mathrm{F}}(\gamma, p_{\mathrm{e}}/p_{\mathrm{c}}, p_0/p_{\mathrm{c}}, A_{\mathrm{e}}/A_{\mathrm{t}})$;而公式(4.46)给出了 $A_{\mathrm{e}}/A_{\mathrm{t}}$、$p_{\mathrm{e}}/p_{\mathrm{c}}$ 和 γ 之间的关系式,因此上述参数是相关的。公式(4.49)可以以独立变量 $C_{\mathrm{F}}(\gamma, p_{\mathrm{e}}/p_{\mathrm{c}}, p_0/p_{\mathrm{c}})$ 或 $C_{\mathrm{F}}(\gamma, p_0/p_{\mathrm{c}}, A_{\mathrm{e}}/A_{\mathrm{t}})$ 的形式进行表述。在给定 p_0/p_{c} 和 γ 值的情况下,推力系数为膨胀比的函数,如图 4.6 所示。

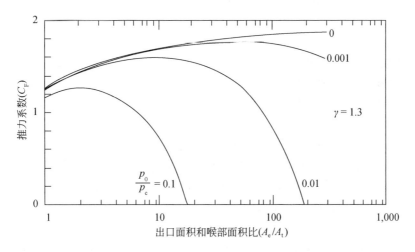

图4.6　推力系数与膨胀比的关系(A_{e} 为喷管出口面积, A_{t} 为喷管喉部面积, γ 为比热比, p_0 为外界压力, p_{c} 为燃烧室压力)

对于指定的压力比 p_0/p_{c},推力系数存在最大值,即所谓的最优推力系数(optimum thrust coeficient),图 4.6 展示的就是不同 p_0/p_{c} 下 C_{F} 的最大值。公式(4.49)对 p_0/p_{c} 求微分,并设定 $\mathrm{d}C_{\mathrm{F}}/\mathrm{d}(p_0/p_{\mathrm{c}}) = 0$,可算出当 $p_{\mathrm{e}} = p_0$ 时 C_{F} 取最大值。对于最佳膨胀的喷管, $p_{\mathrm{e}} = p_0$, $p_{\mathrm{e}}/p_{\mathrm{c}}$ 可忽略不计,公式(4.49)可给出 C_{F} 的

近似最大值

$$C_F\mid_{max} \approx \left[\frac{2\gamma^2}{(\gamma-1)}\left(\frac{2}{\gamma+1}\right)^{\frac{\gamma+1}{\gamma-1}}\right]^{1/2} \tag{4.50}$$

该推力系数是有用的,因为可以通过测量推力 F_p、燃烧室压力 p_c 和喉部面积 A_t 的实验来确定,而 p_e/p_c 可忽略不计。

另一个有用的参数是特征排气速度(characteristic exhaust velocity)C^*,其定义为有效排气速度 C 和推力系数 C_F 的比值,即

$$C^* \equiv \frac{C}{C_F} = \frac{F_p/\dot{m}_e}{F_p/p_cA_t} = \frac{p_cA_t}{\dot{m}_e} \tag{4.51}$$

利用公式(4.13)和公式(4.47),同 C_F 一样,C^* 可以实验方式通过测算燃烧室压力、喷管喉部面积以及推进剂质量流率得出。通过测量 C^* 和 C_F 的值,有效排气速度 C 可通过公式(4.51)得出,得到 C 值后,比冲可通过公式(4.17)得出。将公式(4.43)代入公式(4.51),得到 C^* 可由压力或温度表示的公式

$$C^* = p_c^{1/2}\left[\gamma\rho_c\left(\frac{2}{\gamma+1}\right)^{\frac{\gamma+1}{\gamma-1}}\right]^{-1/2} = \left(\frac{\gamma RT_c}{M}\right)^{1/2}\left[\gamma^2\left(\frac{2}{\gamma+1}\right)^{\frac{\gamma+1}{\gamma-1}}\right]^{-1/2} \tag{4.52}$$

现在有必要回顾一下本节用到的假设条件,它们有:

(1)质量流是均匀的、稳定的、轴向的。

(2)气流在横截面的属性是不变的。

(3)适用理想气体定律,过程是绝热可逆的,即等熵的。

(4)比热比保持不变。

(5)燃烧室内的速度足够小,以至于可以被忽略。

有了这些假设条件,预测结果的准确率一般好于10%。

下面给出两道例题,以展示如何运用上述的演算过程。

例 4.1　用于控制航天器飞行姿态的推力器,工作占空比为 0.1%,可产生 1N 的力。使用分子氢作为工质,并在燃烧室将其加热到 2000K。若要求一年的推进剂供给,则每个推力器需要多少质量的氢?分子氢的比热比是 1.4。

解　每个推力器需要的工质质量 m_e(kg)为

$$m_e = \dot{m}_e tf \tag{a}$$

式中,$\dot{m}_e$(kg/s)为平均质量流速,t(s)为持续时间,f(%)为占空比。鉴于 $p_e \ll p_c$,推进剂质量流率由公式(4.13)、公式(4.50)～公式(4.52)决定,即

$$\dot{m}_e = \frac{F_p}{C} = \frac{F_p}{C_F C^*} = F_p\left(\frac{M}{\gamma RT_c}\frac{\gamma-1}{2}\right)^{1/2} \tag{b}$$

而氢分子的摩尔质量 $M = 2.016$kg/kmol,因此有

$$\dot{m}_e = 1\text{N}\left(\frac{2.016\text{kg/kmol}}{1.4\times8314.472\text{J/(K}\cdot\text{kmol)}\times2000\text{K}}\times\frac{1.4-1}{2}\right)^{1/2} = 1.3276\times10^{-4}\text{kg/s}$$

$$\tag{c}$$

对于任务持续期 $t=1$ 年和占空比 $f=0.1\%$,公式(a)给出每个推力器需要的推进剂质量为

$$m_e = \dot{m}_e t f = (1.3276 \times 10^{-4} kg/s)(365.25 \times 86400s)(0.001) = 4.19 kg \quad (d)$$

例 4.2 确定运行在 30km 高度、外界压力为 0.02×10^6 N/m² 理想火箭的:

(1)喉部气流速度。

(2)排气速度。

(3)推进剂质量流率。

(4)喉部面积。

(5)喷管出口面积。

(6)喷管出口温度。

该火箭可产生 5000N 推力,推进剂的比热比为 1.3,平均摩尔质量为 24kg/kmol ,燃烧室压强和温度分别为 2×10^6 N/m² 和 3000K。

解 (1)喉部气流速度:由公式(4.50)可得

$$v_t = \left(\frac{2\gamma}{\gamma+1}\frac{RT_c}{M}\right)^{1/2}$$

$$= \left(\frac{2 \times 1.3}{1.3+1}\frac{8314.472 J/kmol \times 3000K}{24kg/kmol}\right)^{1/2} = 1083.9 m/s \quad (a)$$

(2)排气速度可由公式(4.27)得出,得

$$v_e = \left\{\frac{2\gamma}{(\gamma-1)}\frac{RT_c}{M}\left[1-\left(\frac{p_e}{p_c}\right)^{\frac{\gamma-1}{\gamma}}\right]\right\}^{1/2}$$

$$= \left\{\frac{2 \times 1.3}{1.3-1}\frac{8314.472 J/(K \cdot kmol) \times 3000K}{24kg/kmol}\left[1-\left(\frac{0.02}{2}\right)^{\frac{1.3-1}{1.3}}\right]\right\}$$

$$= 2428 m/s \quad (b)$$

(3)推进剂质量流率可由公式(4.13)得出,最佳膨胀的喷管($p_e - p_0$)为

$$\dot{m}_e = \frac{F_p}{(p_e-p_0)A_e+v_e} = \frac{F_p}{v_e} = \frac{5000N}{2428m/s} = 2.059 kg/s \quad (c)$$

(4)根据 $p_e = p_0$,由公式(4.47)可得出喉部面积为

$$A_t = \frac{F_p}{p_c}\left\{\frac{2\gamma^2}{\gamma-1}\left(\frac{2}{\gamma+1}\right)^{\frac{\gamma+1}{\gamma-1}}\left[1-\left(\frac{p_e}{p_c}\right)^{\frac{\gamma-1}{\gamma}}\right]\right\}^{-1/2}$$

$$= \frac{5000N}{2 \times 10^6 N/m^2}\left\{\frac{2 \times 1.3^2}{1.3-1}\left(\frac{2}{1.3+1}\right)^{\frac{2.3}{0.3}}\left[1-\left(\frac{0.02}{2}\right)^{\frac{0.3}{1.3}}\right]\right\}^{-1/2}$$

$$= 0.1573 \times 10^{-2} m^2 (15.73 cm^2) \quad (d)$$

(5)喷管出口面积:膨胀比可由公式(4.46)得出,即

$$\varepsilon = \left(\frac{A_e}{A_t}\right) = \left(\frac{2}{\gamma+1}\right)^{\frac{\gamma+1}{2(\gamma-1)}}\left(\frac{p_e}{p_c}\right)^{\frac{1}{\gamma}}\left\{\frac{2}{\gamma-1}\left[1-\left(\frac{p_e}{p_c}\right)^{\frac{\gamma-1}{\gamma}}\right]\right\}^{\frac{1}{2}}$$

$$= \left(\frac{2}{1.3+1}\right)^{\frac{1+1.3}{2(1.3-1)}} \left(\frac{0.02}{2}\right)^{\frac{1}{1.3}} \left\{\frac{2}{1.3-1}\left[1-\left(\frac{0.02}{2}\right)^{\frac{1.3-1}{1.3}}\right]\right\}^{\frac{1}{2}}$$

$$= 9.68$$

将 $A_t = 0.1573 \times 10^{-2} \, \text{m}^2 \, (15.73 \, \text{cm}^2)$ 和 $\varepsilon = 9.68$ 代入公式(4.46)可得

$$A_e = 9.68 A_t = 9.68 \times 0.1573 \times 10^{-2} \, \text{m}^2 = 1.5227 \times 10^{-2} \, \text{m}^2 \, (152.27 \, \text{cm}^2)$$

(e)

(6)喷管出口温度:由公式(4.22)可得

$$T_e = T_c \left(\frac{p_e}{p_c}\right)^{\frac{\gamma-1}{\gamma}} = 3000\text{K} \left(\frac{0.02}{2}\right)^{\frac{1.3-1}{1.3}} = 1036.5\text{K} \tag{f}$$

4.4　喷　　管

典型的喷管,其横截面为圆形或矩形,且具有不同的纵向特性。在现实中,喷管的长度由多种因素决定,诸如尺寸和质量的限制、喷管效率的要求等。喷管喉部之后更小的发散角会增加喷管效能,因为更少的推进剂会喷射到侧面方向。

圆锥或锥形喷管,其喉部以后的长度呈线性增加。典型的发散角度为 $10°\sim 20°$,其中以 $15°$ 为典型值。圆锥形喷管的长度可大致由其几何结构计算出来,如图 4.7(a)所示,其长度 L 可表述为

$$L = \frac{D_e - D_t}{2\tan\theta_{\text{cone}}} \tag{4.53}$$

式中, D_e 为喷管出口直径; D_t 为喉部直径; θ_{cone} 为发散角。1 个小于 1 的推力修正因子被用于估计正交于喷管轴线的气流。修正因子 λ ,为实际推力和理想推力之比,即

$$\lambda \equiv \frac{\text{实际推力}}{\text{理想推力}} = \frac{1}{2}(1 + \cos\theta_{\text{cone}}) \tag{4.54}$$

式中, θ_{cone} 为圆锥形喷管的半角,即发散角。本章最后将对此问题进行推导。随着 θ_{cone} 增加,喷管的效率减小。对发散角为 $30°$ 的喷管,有 $\theta_{\text{cone}} = 15°$,动量推力的修正因子为 0.983。尽管并未在实际中采用,圆锥形喷管可被用作两级喷管,即两个圆锥形喷管在同一直线上相连,外层喷管先收起,然后恰到好处地扩张,以增加喷管出口面积并降低喷气压力。此种方法面临的问题有:两个喷管之间的密封、装置质量的增加以及延伸装置的复杂性。

同圆锥形喷管相比,流行的钟形喷管其横截面直径的增加先快后慢,因此在喷管的尾部该直径几乎保持不变,半角角度仅为几度,如图 4.7(b)所示。此种设计使得气流更多地喷向后方,而这样做的代价是喷管更长、更重、造价也更高。原则上,钟形喷管可像圆锥形喷管一样延伸为两级喷管,但现实中并不这样做。大部分

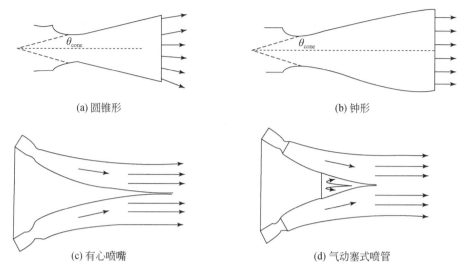

(a) 圆锥形　　　　　　　　　　　　　　　　(b) 钟形

(c) 有心喷嘴　　　　　　　　　　　　　　(d) 气动塞式喷管

图 4.7　喷管示意图

航天器和发射推进系统使用的都是钟形喷管。

有心喷嘴通常被设计成环形或矩形,其内表面为真实边界,外表面为气动力边界,如图 4.7(c) 所示。此种喷管是可变的几何体:当压力减小时其气动力边界扩张,相反,当压力增加时其气动力边界减小。有心喷嘴的劣势是,长长的尾锥需要更大的空间,增加了装置的质量。塞式喷管是一种后锥部分截断的有心喷嘴。图 4.7(d) 所示的气动塞式喷管是塞式喷管,更低温度的气体从后锥缺失的部分被排出,进而以空气动力学的方式延伸了喷管的内表面。

4.5　无外力作用下的火箭运动

本节将在无外力作用的情况下,对单级和多级或多节火箭系统的运动进行研究。尽管存在一定的局限性,但这种处理方法对于一些基础概念的理解有所帮助。由运动方程(4.15)、有效排气速度方程(4.17)可得

$$m\dot{v} = -C\dot{m} \tag{4.55}$$

式中,$C = I_{sp}g_0$。

此外,还可写为

$$m\frac{\mathrm{d}v}{\mathrm{d}t} = -C\frac{\mathrm{d}m}{\mathrm{d}t} \text{ 或 } \mathrm{d}v = -C\frac{\mathrm{d}m}{m} \tag{4.56}$$

若假定有效排气速度为常数,积分可得

$$\Delta v = v(t) - v_i = -C\ln\frac{m(t)}{m_i} = C\ln\frac{m_i}{m(t)} \tag{4.57}$$

式中，Δv 为速度增量；$v(t)$ 为 t 时的速度；v_i 为初始速度；$m(t)$ 为 t 时的质量；m_i 为初始质量。这里值得注意的是，小于 1 的对数为负数。当推进剂耗尽时，火箭的最终质量 m_f 和最终速度 v_f，通过公式(4.57)可得

$$\Delta v_f = v_f - v_i = -C\ln\frac{m_f}{m_i} = -C\ln r_m = C\ln r_m^{-1} \tag{4.58}$$

式中，r_m 为质量分数，其定义为

$$r_m \equiv \frac{m_f}{m_i} \tag{4.59}$$

公式(4.58)就是无外力火箭方程。它表明，速度的变化取决于初始质量与最终质量之比，而与它们的绝对大小无关。初始质量 m_i 和最终质量 m_f 可进一步划分为推进剂质量 m_p、结构质量 m_s 以及有效载荷质量 m_l，其中

$$m_i = m_p + m_s + m_l, \quad m_f = m_s + m_l \tag{4.60}$$

因此，质量分数 r_m 可表述为

$$r_m = r_s(1 - r_l) + r_l = r_l(1 - r_s) + r_s \tag{4.61}$$

而

$$r_s \equiv \frac{m_s}{m_s + m_p}, \quad r_l \equiv \frac{m_l}{m_i} \tag{4.62}$$

式中，r_s 为结构质量分数，r_l 为有效载荷质量分数。其推导过程将作为本章结束部分的练习。根据公式(4.58)，速度的变化可表述为

$$\Delta v_f = v_f - v_i = -C\ln r_m = -C\ln[r_s(1 - r_l) + r_l] = -C\ln[r_l(1 - r_s) + r_s] \tag{4.63}$$

当 $r_l \to 0$ 且 $r_s \to 0$ 时，Δv_f 取最大值，而这是不现实的。在没有有效载荷、结构质量分数为 10% 的情况下，ΔV_f 的最大取值为

$$\Delta v_f\big|_{r_l=0,\,r_s=0.1} = -C\ln 0.1 = 2.3C \tag{4.64}$$

由公式(4.63)可推导出有效载荷质量分数为

$$r_l = \frac{\exp\left(-\dfrac{\Delta v}{C}\right) - r_s}{1 - r_s} \tag{4.65}$$

其变化如图 4.8 所示。

多级或多节火箭系统可减少结构质量对装置本身造成的不利影响。将推进系统分成不同的级，可将推进剂用尽的装置分离，并减少剩余级次火箭需要加速的质量。为分析多级火箭的性能，用递增的数字 $k(k=1,2,3,\cdots)$ 按照火箭级次的使用顺序进行标注。需要注意的是，按照定义，某一级次包括其后面所有的级次。与单级火箭类似，用 $m_{i,k}$ 和 $m_{f,k}$ 分别代表第 k 级火箭的初始质量和最终质量，因此，按照定义

$$m_{i,k} = m_{p,k} + m_{f,k},\, m_{f,k} = m_{s,k} + m_{i,k+1}, \quad k = 1,2,\cdots,n \tag{4.66}$$

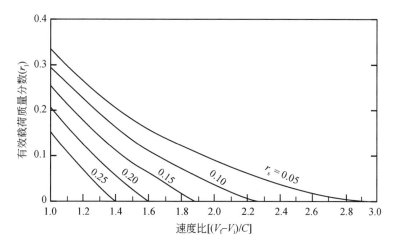

图 4.8　以 $\Delta v/C$ 为自变量的有效载荷质量分数变化（Δv 为速度的变化，C 为有效排气速度，r_s 为结构质量分数）

式中，$m_{\text{p},k}$ 和 $m_{\text{s},k}$ 分别代表第 k 级火箭的推进剂质量和结构质量。多级火箭的质量分数遵循

$$\begin{cases} r_{\text{m},k} \equiv \dfrac{m_{\text{f},k}}{m_{\text{i},k}} = \dfrac{m_{\text{l},k} + m_{\text{s},k}}{m_{\text{i},k}} \\[2mm] r_{\text{s},k} \equiv \dfrac{m_{\text{s},k}}{m_{\text{s},k} + m_{\text{p},k}} \\[2mm] r_{\text{l},k} \equiv \dfrac{m_{\text{l},k}}{m_{\text{i},k}} = \dfrac{m_{\text{i},k+1}}{m_{\text{i},k}} \end{cases} \tag{4.67}$$

式中，$r_{\text{m},k}$、$r_{\text{s},k}$ 和 $r_{\text{l},k}$ 分别代表第 k 级火箭的质量分数、结构质量分数以及有效载荷质量分数，因此

$$r_{\text{m},k} = r_{\text{s},k}(1 - r_{\text{l},k}) + r_{\text{l},k} = r_{\text{l},k}(1 - r_{\text{s},k}) + r_{\text{s},k} \tag{4.68}$$

第 k 级火箭的速度增量为

$$\Delta v_k = v_{\text{f},k} - v_{\text{i},k} = -C_k \ln r_{\text{m},k} \tag{4.69}$$

$$\Delta v_k = -C_k \ln[r_{\text{s},k}(1 - r_{\text{l},k}) + r_{\text{l},k}] = -C_k \ln[r_{l,k}(1 - r_{\text{s},k}) + r_{\text{s},k}] \tag{4.70}$$

式中，C_k 为第 k 级火箭的有效排气速度。待所有推进剂消耗殆尽后，火箭达到的最终速度为 $V_{f,k}$，意识到第 k 级火箭的最终速度等于第 $k+1$ 级火箭的初始速度，故有

$$v_{\text{f},k} = v_{\text{i},k+1} \tag{4.71}$$

最后一级火箭被耗尽后的最终速度 $\Delta v_{\text{f},n}$ 可写为

$$\Delta v_{\text{f},n} = v_{\text{f},n} - v_{\text{i},1} = (v_{\text{f},n} - v_{\text{i},n}) + (v_{\text{f},n-1} - v_{\text{i},n-1}) + \cdots + (v_{\text{f},1} - v_{\text{i},1})$$

$$= \sum_{k=1}^{n} (v_{f,k} - v_{i,k}) \tag{4.72}$$

因此,代入公式(4.69)和公式(4.70)可得

$$
\begin{aligned}
\Delta v_{f,n} &= - \sum_{k=1}^{n} C_k \ln r_{m,k} \\
&= - \sum_{k=1}^{n} C_k \ln [r_{s,k}(1-r_{1,k}) + r_{1,k}] \\
&= - \sum_{k=1}^{n} C_k \ln [r_{1,k}(1-r_{s,k}) + r_{s,k}]
\end{aligned} \tag{4.73}
$$

在各级火箭的质量分数和有效排气速度均相同的特殊情形下

$$r_s = r_{s,k}, \quad r_1 = r_{1,k}, \quad C = C_k \tag{4.74}$$

速度的总变化为

$$
\begin{aligned}
\Delta v_{f,n} &= v_{f,n} - v_{i,1} = -nC \ln r_m \\
&= -nC \ln [r_s(1-r_1) + r_1] = -nC \ln [r_1(1-r_s) + r_s]
\end{aligned} \tag{4.75}
$$

而每级次的有效载荷质量分数 r_1 遵循

$$r_1 = \frac{\exp\left(-\dfrac{\Delta v_{f,n}}{nC}\right) - r_s}{1 - r_s} \tag{4.76}$$

整体有效载荷质量分数(overall payload mass fraction)由 r_1^* 表示,定义为第 n 级火箭的有效载荷质量 $m_{1,n}$ 与火箭初始质量 m_i 之比,即

$$
\begin{aligned}
r_1^* &= \frac{m_{1,n}}{m_{i,1}} = \frac{m_{i,n+1}}{m_{i,n}} \frac{m_{i,n}}{m_{i,n-1}} \frac{m_{i,n-1}}{m_{i,n-2}} \cdots \frac{m_{i,3}}{m_{i,2}} \frac{m_{i,2}}{m_{i,1}} \\
&= r_{1,n} r_{1,n-1} r_{1,n-2} r_{1,n-3} \cdots r_{1,1} = \prod_{k=1}^{n} r_{1,k}
\end{aligned} \tag{4.77}
$$

通过公式(4.76)和公式(4.77),整体有效载荷质量分数可表示为

$$r_1^* = r_1^n = \left[\frac{\exp\left(-\dfrac{\Delta v_{f,n}}{nC}\right) - r_s}{1 - r_s} \right]^n \tag{4.78}$$

括号内的数,即各个有效载荷质量分数为负值是不可能出现的情形。通过公式(4.78),无穷大级次火箭的 r_1^* 的值可确定为

$$r_1^* \big|_{n \to \infty} = \exp\left[-\frac{\Delta v_{f,n}}{C(1-r_s)} \right] \tag{4.79}$$

因此

$$\Delta v_{f,n} \big|_{n \to \infty} = -C(1-r_s) \ln r_1^* \tag{4.80}$$

该推导过程将留作本章结束部分的练习。当每个级次的有效载荷质量分数相等时,公式(4.79)和公式(4.80)给出了火箭分级能够取得的最佳加速效果。火箭分级的益处是增加了有效载荷质量分数,如图4.9所示。随后给出的例4.3表明

了火箭分级的优势。

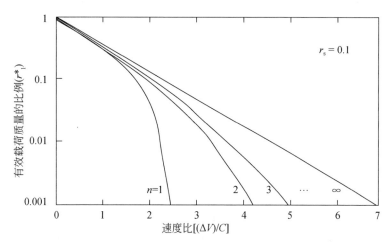

图 4.9 n 级火箭的有效载荷质量分数(假设每级次火箭是相同的且结构质量分数 r_s 为 0.1,
Δv 为速度的变化,C 为有效排气速度,n 为火箭的级数)

例 4.3 (1)一个多级火箭系统,其每级火箭的特性均相同且结构质量分数为
0.1。从静止状态开始,其需要达到的速度增量为 $\Delta v_n/C = 2$。确定此多级火箭整
体有效载荷质量分数比。

(2)当 $\Delta v_n/C = 4$ 时,重复前述过程。

解 通过公式(4.78)和公式(4.79)可得表 4.2 和表 4.3 所示结果。

表 4.2 例 4.3 结果(1)

级次	r_i^*	比率
1	0.0393	1.00
2	0.0886	2.25
3	0.0969	2.47
4	0.1003	2.55
5	0.1022	2.60
⋮	⋮	⋮
∞	0.1084	2.76

表 4.3　例 4.3 结果(2)

级次	r_i^*	比率
1	—	—
2	0.0015	1.00
3	0.0060	4.00
4	0.0078	5.20
5	0.0088	5.87
⋮	⋮	⋮
∞	0.0117	7.80

该比率与最低级次的有效载荷质量分数有关。这个例子表明在表 4.2 所示的情况下,利用两级或三级火箭没有优势,反而多级火箭由于满足了表 4.3 中的一些条件更适合一些,但是随着火箭级数的增加该比率的增加幅度也越来越小。

鉴于分级的复杂性,大部分发射系统都采用三到四级火箭推力器。已退役的侦察兵号运载火箭使用四级固体火箭推力器,并可选择增加至五级。

4.6　重力作用下的火箭运动

运载火箭必须克服重力作用。这可通过每级火箭运转结束后小范围上升的高度的平均值来估计。对于垂直运动,一维火箭方程(4.55)可变化为

$$m\dot{v} = -C\dot{m} - mg \tag{4.81}$$

式中,m 为火箭的质量;v 为其速度;$\dot{m}$ 为火箭质量流率,为负数;C 为有效排气速度;g 为重力加速度。公式(4.81)乘以 dt 再除以 m 得

$$dv = -C\frac{dm}{m} - g dt \tag{4.82}$$

假定 C 和 g 保持不变,积分可得

$$\Delta v = v_{(t)} - v_i = -C\ln\frac{m}{m_i} - gt \tag{4.83}$$

式中,t 为飞行持续时间,v_i 为火箭的初始速度,m_i 为火箭的初始质量。当推进剂完全燃烧时有

$$\Delta v_f = v_f - v_i = -C\ln\frac{m_f}{m_i} - gt_f \tag{4.84}$$

式中,v_f 为火箭的最终速度,m_f 为最终质量,t_f 为飞行持续时间。按照公式(4.59)和公式(4.61)定义的质量分数,公式(4.84)可写为

$$\Delta v_f = v_f - v_i = -C\ln r_m - gt_f \tag{4.85}$$

$$\Delta v_\mathrm{f} = -C\ln[r_1(1-r_\mathrm{s})+r_\mathrm{s}] - gt_\mathrm{f} = -C\ln[r_\mathrm{s}(1-r_1)+r_1] - gt_\mathrm{f} \quad (4.86)$$

为计算飞行最后达到的高度,有必要指定推进剂的消耗速度以确定飞行持续时间 t_f。若推进剂质量流率 $\dot{m}_\mathrm{e}$ 保持不变,则通过公式(4.13)和公式(4.59)可得到一个解析解

$$t_\mathrm{f} = \frac{m_\mathrm{p}}{\dot{m}_\mathrm{e}} = \frac{C}{g_0 r_\mathrm{t}}(1-r_\mathrm{m}) \quad (4.87)$$

式中,推力与初始质量之比 r_t 可定义为

$$r_\mathrm{t} \equiv \frac{F_\mathrm{p}}{m_\mathrm{i} g_0} \quad (4.88)$$

借助于此,公式(4.85)可写为

$$\Delta v_\mathrm{f} = v_\mathrm{f} - v_\mathrm{i} = -C\ln r_\mathrm{m} - \frac{gC}{g_0 r_\mathrm{t}}(1-r_\mathrm{m}) \quad (4.89)$$

$$\Delta v_\mathrm{f} = -C\ln[r_1(1-r_\mathrm{s})+r_\mathrm{s}] - \frac{gC}{g_0 r_\mathrm{t}}(1-r_\mathrm{s})(1-r_1) \quad (4.90)$$

例 4.4　当 $r_1 = 0$,$r_\mathrm{s} = 0.1$,$g = g_0$ 时,计算不同 r_t 取值下从地球垂直升空火箭的速度增量。

解　根据题意和公式(4.90)可得

$$r_\mathrm{t} = 0.5 \quad 1.0 \quad 2.0 \quad 3.0 \quad 4.0 \quad \cdots \quad \infty$$
$$\delta v/C = 0.5 \quad 1.40 \quad 1.85 \quad 2.00 \quad 2.08 \quad \cdots \quad 2.30$$

当 r_t 增加时,燃烧时间减少并且速度变化值增加。若 $r_\mathrm{t} < 1$,火箭消耗了推进剂但并不运动,直至 $r_\mathrm{t} = 1$,这就表明火箭产生的推力与其自身重力相等。

通过积分公式(4.83),可得火箭从时间 0 到 t_f 飞行的高度 h_f 为

$$h_\mathrm{f} = -C\int_0^{t_\mathrm{f}} \ln\frac{m}{m_\mathrm{i}}\mathrm{d}t - \frac{1}{2}gt^2 + v_\mathrm{i}t \quad (4.91)$$

假定 C 和 g 为常数。当质量变化率 $\dot{m}$ 保持不变时,公式(4.91)可重写为

$$\int_0^{t_\mathrm{f}} \ln\frac{m}{m_\mathrm{i}}\mathrm{d}t = \frac{m_\mathrm{i}}{\dot{m}}\int_{m_\mathrm{i}}^{m_\mathrm{f}} \ln\frac{m}{m_\mathrm{i}}\mathrm{d}\left(\frac{m}{m_\mathrm{i}}\right) = \frac{m_\mathrm{i}}{\dot{m}}\left(\frac{m_\mathrm{f}}{m_\mathrm{i}}\ln\frac{m_\mathrm{f}}{m_\mathrm{i}} - \frac{m_\mathrm{f}}{m_\mathrm{i}} + 1\right) \quad (4.92)$$

结合

$$\dot{m} = \frac{(m_\mathrm{f} - m_\mathrm{i})}{t_\mathrm{f}} \quad (4.93)$$

火箭推进的最大高度为

$$h_\mathrm{f} = -Ct_\mathrm{f}\left(\frac{r_\mathrm{m}\ln r_\mathrm{m}}{r_\mathrm{m}-1} - 1\right) - \frac{1}{2}gt_\mathrm{f}^2 + v_\mathrm{i}t_\mathrm{f} \quad (4.94)$$

火箭将在此高度之上滑行直至重力使其速度降至 0。由能量守恒定律可知,火箭自由飞行高度为

$$\frac{1}{2}m_\mathrm{f}v_\mathrm{f}^2 - \frac{m_\mathrm{f}gR^2}{R+h_\mathrm{f}} = -\frac{m_\mathrm{f}gR^2}{R+h_\mathrm{f}+h_\mathrm{c}} \quad (4.95)$$

式中, R 为行星半径, g 为距地心 $R+h_f$ 的重力加速度, h_c 为公式(4.95)表述的滑行高度

$$h_c = \frac{\frac{1}{2}\frac{v_f^2}{gR^2}(R+h_f)^2}{1-\frac{1}{2}\frac{v_f^2}{gR^2}(R+h_f)} \tag{4.96}$$

若假设飞行高度 h_f 相对于地球半径 R 极小, 即 $h_f \ll R$, 则公式(4.96)约等于

$$h_c \approx \frac{\frac{1}{2}\frac{v_f^2}{g}}{1-\frac{1}{2}\frac{v_f^2}{gR}} \tag{4.97}$$

若进一步假设飞行结束时的比动能 $\frac{1}{2}v_f^2$ 相对于比势能 gR 极小, 即 $\frac{1}{2}v_f^2 \ll gR$, 则公式(4.96)可进一步有

$$h_c \approx \frac{1}{2}\frac{v_f^2}{g} \tag{4.98}$$

当飞行高度和滑行高度相对于地球半径极小时, 上述公式适用。因此, 重力可视为常量且与高度无关。总之, 飞行高度可能对公式(4.97)成立, 但滑行高度对公式(4.98)给出的估计又太大以致不能准确估计。

重力对单级火箭的影响可按照如下方式推及多级火箭。对于第 k 级火箭推力器, 公式(4.85)为

$$\Delta v_{f,k} = v_{f,k} - v_{i,k} = -C_k \ln r_{m,k} - g_k t_{f,k} \tag{4.99}$$

式中, 对于第 k 级火箭推力器; $v_{f,k}$ 和 $v_{i,k}$ 分别为其最终和初始速度; C_k 为有效排气速度; $r_{m,k}$ 为质量分数; g_k 为重力加速度; $t_{f,k}$ 为燃烧时间。对于 n 级火箭, 其总的速度变化为

$$\begin{aligned}
\Delta v_{f,n} &= \sum_{k=1}^{n}\Delta v_{f,k} = -\sum_{k=1}^{n}C_k \ln r_{m,k} - \sum_{k=1}^{n}g_k t_{f,k}\\
&= -\sum_{k=1}^{n}C_k \ln[r_{l,k}(1-r_{s,k})+r_{s,k}] - \sum_{k=1}^{n}g_k t_{f,k}\\
&= -\sum_{k=1}^{n}C_k \ln[r_{s,k}(1-r_{l,k})+r_{l,k}] - \sum_{k=1}^{n}g_k t_{f,k}
\end{aligned} \tag{4.100}$$

当忽略重力影响时, 公式(4.100)退化为公式(4.73)。

本节对多级火箭在重力影响下垂直运动的特性进行了探究。重力阻碍了火箭运动, 因此减少了其最大速度, 并进而决定了其可以到达的高度。如公式(4.85)和公式(4.100)所示, 燃烧时间越长, 飞行结束时的最终速度越小。推进剂燃烧进而到达更高的高度仅部分补偿了速度的损失。更长的燃烧时间会造成火箭实质性的能力损失。需要注意的是, 因提升推进剂的高度而消耗的能量是无法恢复的, 对火

箭来说是一种损失。消耗推进剂增加的势能等于火箭损失的能量。其结果是,在无大气的环境中的短暂燃烧,火箭的最大速度可在较低的高度达到,使得滑行阶段可达到更高的高度。例 4.5 可说明这一点。

例 4.5　比较在燃烧-滑行-燃烧-滑行方案和燃烧-燃烧-滑行方案中,两级火箭在均衡重力环境中做垂直运动可达到的高度,其中两级火箭燃尽后的速度分别为 v_1 和 v_2。假定燃烧过程是瞬间完成的。

解　在瞬时燃烧时间内火箭的飞行高度 h_f 为 0,在均衡重力环境中式(4.98)成立,对燃烧-滑行-燃烧-滑行方案,两次滑行高度之和为

$$h_c\big|_{燃烧\text{-}滑行\text{-}燃烧\text{-}滑行} = \frac{1}{2}\frac{v_1^2}{g} + \frac{1}{2}\frac{v_2^2}{g} = \frac{v_1^2 + v_2^2}{2g}$$

对燃烧-燃烧-滑行方案,其滑行高度为

$$h_c\big|_{燃烧\text{-}燃烧\text{-}滑行} = \frac{(v_1 + v_2)^2}{2g}$$

相比燃烧-滑行-燃烧-滑行方案,燃烧-燃烧-滑行方案可达到更高的高度

$$h_c\big|_{燃烧\text{-}燃烧\text{-}滑行} = h_c\big|_{燃烧\text{-}滑行\text{-}燃烧\text{-}滑行} + \frac{v_1 v_2}{g}$$

4.7　发射飞行力学

4.7.1　简介

运载火箭通常采取垂直位置加速,并且必须克服气动力和重力的影响,将有效载荷送入预定轨道。三维空间内的发射轨迹,取决于发射场、轨迹安全约束条件以及运载火箭试图达到的航天器轨道的初始条件。发射轨迹受公式(4.15)的约束

$$\mathbf{F}_a + \mathbf{F}_b + \dot{m}\mathbf{C} = m\dot{v}$$

该公式中的加速度 $\dot{v}$ 可进行数值积分,要求气动力 $\mathbf{F}_a$ 指定为位置、速度、几何结构以及姿态的函数;机体阻力 $\mathbf{F}_b$,在此情形中为重力,指定为质量、与地球的相对位置的函数;推力 $\dot{m}\mathbf{C}$ 的大小和方向;还需要火箭的质量 m 和边界条件,换言之,发射时的初始位置和速度以及推进剂耗尽时的位置和速度,即进入最终轨道的初始条件。

考虑初始和最终的边界条件以及一系列约束,火箭上升轨迹的确定是一个关于确定以时间为自变的推进剂推力函数的优化问题。上述约束条件可能包括:推进剂质量流率的限制、允许的火箭次级数量、每级火箭的质量、最终的有效载荷质量、轨迹安全约束条件、最大限度地减少气动力的攻角等。最优方案的决定需要精密复杂的计算机仿真技术,也超出了本书的处理范围。例如,固体火箭发动机使用

的技术包括能量-消耗机动飞行,从而获取入轨参数。

4.7.2　重力转向轨迹

　　从拥有大气层的天体上发射火箭时,为最大限度地减少其结构质量,运载火箭通常在大气层中沿重力转向(gravity-turn)、零攻角(zero-angle-ofattack)或零升力(zero-lift)轨迹飞行。在此情形中,推力矢量被设定为与速度矢量方向相反,火箭离地升空后缓慢飞行并进行小角度调整,以产生一个较小的水平方向速度。

　　对于平面运动,如图4.10所示,运动方程(4.15)可重写为

$$\boldsymbol{v} = v\sin\beta\boldsymbol{\varepsilon}_d + v\cos\beta\boldsymbol{\varepsilon}_h$$
$$\boldsymbol{F}_a = -F_a\sin(\beta+\gamma)\boldsymbol{\varepsilon}_d - F_a\cos(\beta+\gamma)\boldsymbol{\varepsilon}_h$$
$$\boldsymbol{C} = -C\sin(\beta+\alpha)\boldsymbol{\varepsilon}_d - C\cos(\beta+\alpha)\boldsymbol{\varepsilon}_h$$
$$\boldsymbol{F}_g = -mg\boldsymbol{\varepsilon}_h \tag{4.101}$$

式中,C 为有效排气速度;$\boldsymbol{\varepsilon}_d$、$\boldsymbol{\varepsilon}_h$ 为沿飞行方向单位向量和高度单位向量;$\boldsymbol{F}_a$ 为气动力;g 为重力加速度;m 为火箭质量;v 为火箭速度;α 为有效排气速度与反向速度向量的夹角;β 为速度向量偏离垂直方向的角度;γ 为空气动力与反向速度向量的夹角。

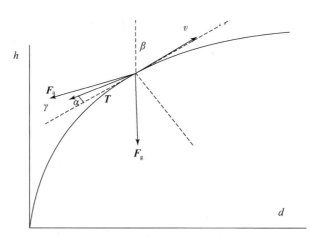

图 4.10　重力转向轨迹($\boldsymbol{F}_a$ 为气动力,γ 为气动力尾部偏角,$\boldsymbol{F}_g$ 为重力,v 为速度,β 为速度矢量垂直偏角,$\boldsymbol{T}$ 为推力矢量,α 为推力矢量尾部偏角,d 为航向,h 为高度)

因此

$$\begin{cases} \dot{v} = -\dfrac{\dot{m}}{m}C\cos\alpha - \dfrac{F_{\mathrm{a}}}{m}\cos\gamma - g\cos\beta \\[3mm] \dot{\beta} = \dfrac{\dot{m}}{m}\dfrac{C}{v}\sin\alpha - \dfrac{F_{\mathrm{a}}}{mv}\sin\gamma + \dfrac{g}{v}\sin\beta \end{cases} \tag{4.102}$$

对于重力转向轨迹，$\alpha = \gamma \approx 0$，因此可以推导出

$$\dot{v} = -\frac{\dot{m}C + F_{\mathrm{a}}}{m} - g\cos\beta, \dot{\beta} = \frac{g}{v}\sin\beta \tag{4.103}$$

沿飞行方向的距离和高度为

$$d = \int_0^t v\sin\beta\,\mathrm{d}t, h = \int_0^t v\cos\beta\,\mathrm{d}t \tag{4.104}$$

公式(4.103)中的第二个等式表明，若火箭初始处于垂直状态，则 β 的初始值为 0，$\mathrm{d}\beta/\mathrm{d}t$ 也为 0，并且 β 始终保持为 0。为取得沿航向的距离，则火箭离地升空后或不久必须存在偏离垂直方向的角度，这样 $\dot{\beta}$ 为非零值。$\dot{\beta}(t \approx 0)$，即所谓的初始角(initial kick angle)很小，在运载火箭飞离发射平台不久且低速飞行时即可俯仰机动获得。由于 $\dot{\beta}$ 与速度成反比，与 $\sin\beta$ 成正比，当速度增加时，$\dot{\beta}$ 增加缓慢；而当 β 增加时，则快速增加。

即便忽略阻力的作用，公式(4.103)也是非线性的，不存在一般解。在下列两种情形中，可进行分析性的解答：①重力加速度 g 与俯仰角之比是不变的；②重力加速度、空气动力和推力的合力与质量之比是不变的。下面依次考虑每一种情形。

在第一种情形中，重力加速度与俯仰角之比保持不变，$\dot{\beta}/\beta$ 保持不变。对公式(4.103)中的第二式求微分可得

$$\dot{v} = g\cos\beta \tag{4.105}$$

再将其代入公式(4.103)中的第一个等式消去 β 可得

$$\dot{v} = -\frac{\dot{m}C + F_{\mathrm{a}}}{2m} \tag{4.106}$$

当 $t = 0$ 时，$v = v_{\mathrm{i}}$，求积分可得

$$v - v_{\mathrm{i}} = -\int_0^t \frac{\dot{m}C + F_{\mathrm{a}}}{2m}\,\mathrm{d}t \tag{4.107}$$

此为无重力环境下火箭可达到速度的一半，见公式(4.103)。

在第二种情形中，空气动力和推力与质量之比 ($\dot{m}C + F_{\mathrm{a}}/2m$) 以及重力加速度是常数。可以很便捷地将公式(4.103)中的比率表述为

$$-\frac{\dot{m}C + F_{\mathrm{a}}}{2m} = 常数 \equiv fg \tag{4.108}$$

将公式(4.103)中的第一个等式除以第二个等式可得

$$\frac{\mathrm{d}v}{v} = (f\csc\beta - \cot\beta)\mathrm{d}\beta$$

经积分可得以角度 β 为自变量的速度函数

$$v = k\csc\beta\left(\tan\frac{\beta}{2}\right)^f \tag{4.109}$$

式中，k 为积分常数。需要注意的是，当 $\beta = \pi/2$ 时，v 值等于 k 值。常数 k 可由 $t = 0$ 初始状态下的情况确定，这里用 $(\ )_i$ 表示初始状态

$$k = v_i\sin\beta_i\left(\cot\frac{\beta_i}{2}\right)^f \tag{4.110}$$

将公式(4.109)代入公式(4.103)中的第二个等式并进行整合，可得以角度 β 为自变量的时间函数为

$$t = \frac{k}{2g}\left[\frac{\left(\tan\frac{\beta}{2}\right)^{f+1}}{f+1} + \frac{\left(\tan\frac{\beta}{2}\right)^{f-1}}{f-1}\right]_{\beta_i}^{\beta} \tag{4.111}$$

有了以 β 为时间函数的公式(4.111)，公式(4.109)可表述为以速度 v 为自变量的时间函数。结合公式(4.110)和公式(4.111)并消去 k 可得

$$\frac{2gt}{v_i} = \sin\beta_i\left(\cot\frac{\beta_i}{2}\right)^f\left[\frac{\left(\tan\frac{\beta}{2}\right)^{f+1}}{f+1} + \frac{\left(\tan\frac{\beta}{2}\right)^{f-1}}{f-1}\right]_{\beta_i}^{\beta} \tag{4.112}$$

对该公式的阐述如图 4.11 所示，由图可知，为达到给定的 β 值，对于更大的净推力参数 f，需要更长的时间。

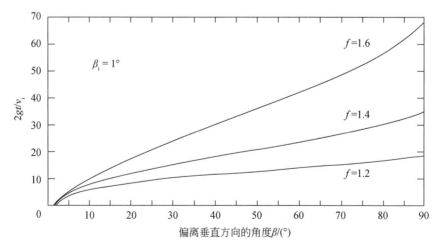

图 4.11　净推力保持不变的重力转向轨迹（g 为重力加速度，t 为时间，v_i 为初始速度，f 为净推力无量纲参数）

4.7.3　上升进入轨道

对于运载火箭,其飞行轨迹存在几个顺序过程。火箭初始起飞的角度为固定值,通常为 0。典型的情况是,起飞大约 15s 之后,开始进行制导或俯仰机动初始化,其比率取决于预期的入轨参数。继而,火箭进入重力转向轨迹,直至其飞离大气层。最后的制导遥控由火箭上面级做出。液态推进剂发动机使用变化的燃烧时间,固体火箭发动机使用能量-消耗机动飞行以达到指定轨道的进入参数。

运载火箭上升过程中的最大 Q 点,是指其承受的动态压力达到最大值的时点,进而产生最大的负荷。在发射过程中,整流罩可用于保护有效载荷免受气动力和气动热的影响。当气动力达到可接受量级时,通常在 100km 高度之上,整流罩开始分离。以大力神四号(Titan IV)运载火箭为例,其整流罩由合成材料制成,直径为 5.08m,长度范围为 17.1～26.2m,质量从 3600～6300kg 不等。整流罩通常用于尽可能低的安全高度,以最大限度地提高有效载荷的质量。然而,当整流罩高度过低时,航天器会因遭受过度的气动热而出现故障。

4.7.4　发射场

发射场要选择那些在视场内运载火箭可以安全中止且不造成生命或财产损害的场地。以东部航天和导弹中心(ESMC)为例,它位于北纬 28.5°美国佛罗里达州的卡纳维拉尔角空军基地,拥有超过 40 座综合发射设施。它拥有向东 37°～114°方位角的视场,可直接(无需平面变换)以 28.5°～57°倾角进行发射(图 4.12)。以更大或更小的方位角发射航天器将经过人员居住密集的陆地地区,这对中止发射或航天器分离的安全选择是不利的,也会出现航天器损耗部件落入他国领地或海域等不希望看到的可能。以其他倾角发射将需要额外的机动和更多的推进剂,这将减少航天器的有效载荷或降低轨道性能。利用地球自转速度,正东向发射火箭,可获得最大的有效载荷质量,轨道倾角为 28.5°。以纬度 φ 为自变量的东向地球自转速度函数为

$$v_{向东} = 0.46\cos\varphi \text{ km/s} \tag{4.113}$$

在美国,西部航天和导弹中心(WSMC)提供更大化页角的航天器发射,该中心位于北纬 34.6°的美国加利福尼亚州的范登堡空军基地;该中心拥有大约 52 座综合发射装置。向南安全发射的方位角范围为 158°～201°,可直接以 70°～104°倾角进行发射。受地球自转影响,向南发射的倾角约为 94°。

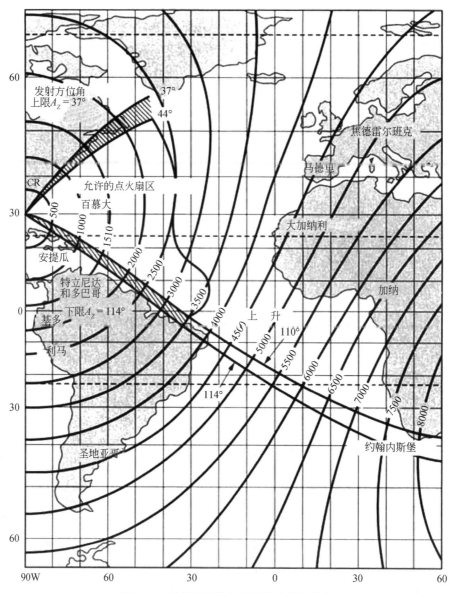

图 4.12 东部试验靶场允许的发射方位角

4.7.5 发射窗口

发射窗口是指可将运载火箭发射到预定轨道的时间范围。通常情况下,发射窗口的范围从几秒到几分钟不等。在较窄窗口进行发射时,可建立倒计时,即为发射倒计时提供缓冲。对于地球人造卫星,发射时间决定了合适的升交点赤经,即春分点与地心连线和航天器向北飞行时轨道平面与赤道平面的交线之间的夹角。若节点线的方向与太阳保持不变,则发射出现延迟时,发射时间为每天的同一世界时(民用时)。若节点线的方向与春分点保持不变,诸如向星群中发射或更换航天器,则发射出现延迟时,发射时间为每天的同一恒星时,即每天的太阳时减少 3 分 56 秒。若航天器计划与其他航天器对接,则另一个航天器的轨道进动也必须予以考虑。对于星际间发射,首先受地球与目标星体相对位置的约束,发射窗口在数周之内,而后利用地球的自转运动,发射窗口在一小时左右之内。

4.8 轨 道 转 移

4.8.1 简介

为改变轨道根数,本书第 3 章中讨论的拉格朗日行星方程可用于计算平面内外轨道比冲的大小,即等同于速度的变化值 Δv。脉冲假设为推进剂燃烧时间相对轨道周期很短。对于与当地垂直参考系相关的轨道变换,其对航天器交会对接尤其重要,本书第 3 章中提及的 Euler-Hill 方程可用于计算该种轨道变换需要的比冲。对于变换多个轨道根数的情况,除非经过反复试错,否则很难确定最佳的解决方案。推进剂数量一经确定,最小和最大推力也就确定了,据此就可确定推力器喷管的质量流率大小,进而确定推力器尺寸。推力器需要的最大推力决定了其喷管喉部的面积大小。最小的速度增量 Δv 决定了控制的推力精度。当上述要求无法由单个喷管满足时,则需要使用多个喷管:喉部面积较大的喷管用于提供最大推力,喉部面积较小的喷管用于提供精准的控制。Δv 富裕量为特定任务特征值的函数,其大小对于轨道修正为 $10\%\sim20\%$,对于姿态控制系统为 100%。对于在同一平面内从一个圆形轨道变换到另一个,霍曼变换和双椭圆轨道变换可用于计算需要的最小 Δv 值。对于平面外或平面内外结合的轨道变换,拉格朗日行星方程可用于计算需要的 Δv 值。

由本书第 3 章中的公式(3.57)可得出航天器的比能为

$$\varepsilon = \frac{1}{2}v^2 - \frac{\mu}{r} = -\frac{\mu}{2a} \approx \frac{1}{2}v^2 - \frac{Gm_e}{r} \tag{4.114}$$

通过公式(3.59)可得

$$v=\sqrt{\mu\left(\frac{2}{r}-\frac{1}{a}\right)} \qquad (4.115)$$

式中,a 为半长轴;G 为万有引力常量;m_e 为地球质量;r 为地心距,v 为速度,ε 为比能,$\mu=G(m_e+m_0)\approx Gm_e$。

由公式(4.114)可得,在轨道任意位置 r 处,给定 Δv 变化量的航天器,比能变化值 $\delta\varepsilon$ 为

$$\delta\varepsilon=v\delta v \qquad (4.116)$$

上述公式表明,当航天器速度最大时改变速度,其比能的变化也最大。举个例子,当速度变化发生在近地点时,椭圆轨道的比机械能变化将达到最大值。这可以通过能量守恒定律进行解释,即航天器在近地点释放的推进剂有更低的比势能,因此其必须拥有更高的比动能。因此,大部分星际间航天器在相对地靠近地球而不是远离地球(速度将减小)的位置进行一次主要的推动调整。

4.8.2 拉格朗日行星方程

如第 3 章中公式(3.129)所示,拉格朗日行星方程给出了比冲大小和方向的选择方法以及轨道最佳位置。这些公式可重新表述为

$$\begin{cases}
\Delta a=\dfrac{2}{n\sqrt{1-e^2}}\left[R\wedge te\sin f+T\wedge t(1+e\cos f)\right] \\[2ex]
\Delta e=\dfrac{\sqrt{1-e^2}}{na}\left[R\Delta t\sin f+T\Delta t\left(\dfrac{e+\cos f}{1+e\cos f}+\cos f\right)\right] \\[2ex]
\Delta i=\dfrac{W\Delta tr\cos(f+\omega)}{na^2\sqrt{1-e^2}}=\dfrac{W\Delta t\sqrt{1-e^2}\cos(f+\omega)}{na(1+e\cos f)} \\[2ex]
\Delta\Omega=\dfrac{W\Delta tr\sin(f+\omega)\csc i}{na^2\sqrt{1-e^2}}=\dfrac{W\Delta t\sqrt{1-e^2}\sin(f+\omega)\csc i}{na(1+e\cos f)} \\[2ex]
\Delta\omega=\dfrac{\sqrt{1-e^2}}{nae}\left[-R\Delta t\cos f+T\Delta t\dfrac{2+e\cos f}{1+e\cos f}\sin f-W\Delta t\dfrac{e\sin(f+\omega)\cot i}{(1+e\cos f)}\right] \\[2ex]
\Delta M=n-\dfrac{(1-e^2)}{na}\left[R\Delta t\left(\dfrac{2}{1+e\cos f}-\dfrac{\cos f}{e}\right)+T\Delta t\left(\dfrac{2+e\cos f}{1+e\cos f}\right)\dfrac{\sin f}{e}\right]
\end{cases}$$

$$(4.117)$$

式中,a 为半长轴;e 为偏心率;i 为轨道倾角;Ω 为升交点赤经;ω 为近地点幅角;M 为平近点角;f 为真近点角;n 为轨道平均角速度;R、T 和 W 分别径向、迹向和法向的比力(力除以航天器质量)。从上述公式可以看出,为改变特定的轨道根数。举个例子,轨道倾角的改变只能加以法向比冲实现,当 $f+\omega=0$ 且处于赤道位置时达到最佳并且 Ω 和 ω 的取值不变。当航天器达到其最大纬度,即 $f+\omega=\pm\pi/2$ 时,它无法实现轨道倾角的改变。

对于比冲发生时间间隔相对轨道周期无法忽略不计时,就像电推力器,需要对上述方程进行积分。举个例子,对于径向脉冲,当对整个轨道进行积分时不会改变轨道半长轴的大小,因为沿轨道一周真近点角正弦值积分为零。

4.8.3　霍曼转移

同一平面上两个圆形轨道间的变换,可通过所谓两步冲量调整的霍曼转移(Hohmann transfer)完成。霍曼转移轨道是与初始轨道和最终轨道相切的椭圆形轨道。如图 4.13 所示的向外轨道变换,轨道调整点是图中的 1、2 两点。转移轨道的近地点半径 r_p 和远地点半径 r_a 遵循第 3 章中的公式(3.84)和公式(3.85),即

$$r_a=a(1+e)=a_f \tag{4.118}$$
$$r_p=a(1-e)=a_i \tag{4.119}$$

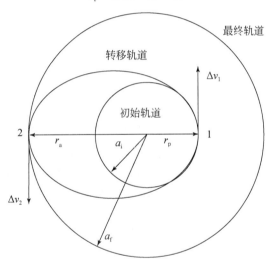

图 4.13　霍曼转移轨道(a_f 为最终轨道的半长轴,r_p 为转移轨道的近地点地心距,r_a 为转移轨道的远地点地心距,a_i 为初始轨道的半长轴,Δv_i 为速度的变化)

式中,a_i、a 和 a_f 分别为初始轨道、转移轨道和最终轨道的半长轴。转移轨道的偏心率 e 可由公式(4.118)和公式(4.119)确定

$$e=\frac{r_a-r_p}{r_a+r_p}=\frac{a_f-a_i}{a_f+a_i} \tag{4.120}$$

转移轨道近地点的速度 v_p 可由公式(4.115)、公式(4.119)和公式(4.120)确定

$$v_p^2=2\mu\left(\frac{1}{a_i}-\frac{1}{2a}\right)=\frac{\mu}{a_i}(1+e)=\frac{2\mu}{a_i}\left(\frac{a_f/a_i}{1+a_f/a_i}\right) \tag{4.121}$$

初始圆轨道的速度 v_i 可由公式(4.115)确定

$$v_i^2=2\mu\left(\frac{1}{a_i}-\frac{1}{2a_i}\right)=\frac{\mu}{a_i} \tag{4.122}$$

为完成从初始圆形轨道的变换,航天器需要的速度变化值 Δv_1 可由公式(4.121)和公式(4.122)确定

$$\Delta v_1 = v_p - v_i = \left(\frac{\mu}{a_i}\right)^{1/2} \left[\left(\frac{2a_f/a_i}{1+a_f/a_i}\right)^{1/2} - 1\right] \tag{4.123}$$

为完成向最终轨道的变换,航天器在位置点 2 需要的速度 v_2 可由公式(4.15)确定,即

$$v_f = \left[2\mu\left(\frac{1}{a_f} - \frac{1}{2a_f}\right)\right]^{1/2} = \left(\frac{\mu}{a_f}\right)^{1/2} \tag{4.124}$$

根据角动量 h 守恒的规律,航天器在转移轨道远地点的速度遵循

$$h = a_i v_p = a_f v_a \tag{4.125}$$

结合公式(4.121)可得

$$v_a = v_p \frac{a_i}{a_f} = \left[\frac{2\mu}{a_f}\left(\frac{1}{1+a_f/a_i}\right)\right]^{1/2} \tag{4.126}$$

通过公式(4.124)和公式(4.126)的差异,为实现向最终圆形轨道的变换,需要的速度变换值 Δv_2 为

$$\Delta v_2 = v_f - v_a = \left(\frac{\mu}{a_f}\right)^{1/2} \left[1 - \left(\frac{2}{1+a_f/a_i}\right)^{1/2}\right] \tag{4.127}$$

霍曼转移要求的总速度冲量 Δv 为公式(4.123)和公式(4.127)之和。上述推导适用于从较小半长轴圆形轨道向较大半长轴圆形轨道转移的情形。向内变换轨道的速度变换公式,即从较大半长轴圆形轨道变换为较小半长轴圆形轨道的情形,数值保持不变而速度方向相反而已。霍曼轨道转移要求的典型的速度变化由图4.14给出。

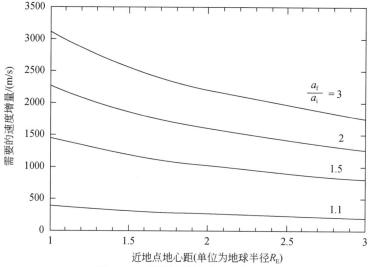

图 4.14 霍曼轨道转移的速度要求

4.8.4　双椭圆轨道转移

如图 4.15 所示,双椭圆轨道转移由三次脉冲以及初始与最终圆形轨道之间的两个椭圆转移轨道构成的。第一次脉冲产生第一个椭圆转移轨道,其远地点距离大于目标轨道。在第一个椭圆轨道远地点进行的第二次脉冲,增加速度以产生第二个椭圆转移轨道,其近地点地心距与最终轨道的半长轴相等。第三次脉冲在第二个椭圆转移轨道的近地点进行以产生最终圆形轨道。

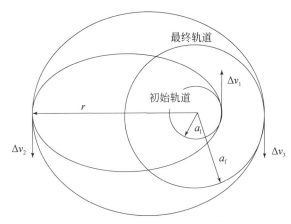

图 4.15　双椭圆轨道转移(Δv 为速度的变化,a_f 为最终轨道的半长轴,
a_i 为初始轨道的半长轴,r 为第一个椭圆转移轨道的远地点地心距)

设 a_i 为初始轨道的半长轴,a_f 为最终轨道的半长轴,r 为第一个椭圆变换轨道的远地点地心距,其为任意值。选择霍曼和双椭圆转移轨道的最佳条件如下。

(1)当 $1 < a_f/a_i < 11.94$ 时,霍曼轨道转移为最优选择。

(2)当 $a_f/a_i = 11.94$ 时,双椭圆轨道转移,若在 $r = \infty$ 处实施机动,则相比霍曼轨道转移需要更小的 Δv,但需要的时间无限大。

(3)当 $11.94 < a_f/a_i < 15.58$ 时,仅当第一个转移轨道的远心点半径 r 大于一个无限接近无穷的数时,双椭圆轨道才是最优选择。

(4)当 $a_f/a_i > 15.58$ 且 $a_f < r < \infty$ 时,双椭圆轨道变换为最优选择。

当双椭圆轨道变换比霍曼轨道变换更有效时,轨道变换需要花费更长的时间。双椭圆轨道转移更有效率的原因是,其 Δv 应用在较低的高度和较高的速度上。在远地点施加 Δv 相较于近地点施加,对近地点在更显著的影响。

4.8.5　选择性轨道变换

在赤道位置施加脉冲产生的轨道倾角变化如图 4.16 所示。图 4.16(a)给出了速度大小和轨道倾角同时发生变化的情形,图 4.16(b)给出了只有轨道倾角发生变化的情形。由图 4.16(a)和余弦定律可得,Δv 和轨道倾角 θ 以及速度由 v_i 变为 v_f 之间的关系为

$$\Delta v = (v_i^2 + v_f^2 - 2v_i v_f \cos\theta)^{1/2} \tag{4.128}$$

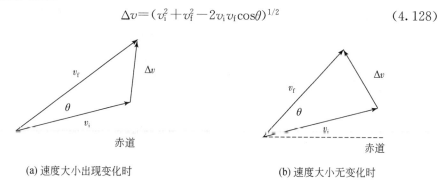

(a) 速度大小出现变化时　　　　　　　　(b) 速度大小无变化时

图 4.16　轨道倾角的变化(v_i 为初始速度,v_f 为最终速度,
Δv 为速度增量,θ 为倾角的变化)

对只有轨道倾角发生变化的情形,即 $v_f = v_i$ 时,由图 4.16(b)或公式(4.128)可得需要的 Δv 为

$$\Delta v = 2v \sin(\theta/2) \tag{4.129}$$

可以看出,由公式(4.129)给出的 Δv 是最优选择。然而,我们还可以看出,双椭圆轨道变换采用的三次冲量可能更为有效。当然,提高有效性的代价是轨道转移需要花费更长的时间。轨道倾角和轨道内参数的变化可通过霍曼或双椭圆轨道转移实现,无论是否改变运行轨迹平面。需要说明的是,在轨道内速度最小时改变运行轨迹平面是更有效的。这一点可由公式(4.129)进行解释,即冲量 Δv 正比于航天器速度大小。

4.9　固体推进系统

4.9.1　简介

第一枚使用固体推进剂的火箭是由中国人发明的,这也是人们知道的火箭的最早原型。“火箭闪着红光”是弗朗西斯·斯科特·基(Francis Scott Key)谱写的美国国歌《星条旗》中的一句歌词,它见证了 1812 年美英之战中火箭的使用。固体推进剂在第二次世界大战中取得了长足进步,时至今日还在不断发展之中。今天,固体推进剂火箭常被用作运载器,辅助其他类型的运载装置,被用作助推器,从而用以改变弹道轨道。

固体火箭常使用发动机一词来描述。简单地讲,固体火箭发动机是一个盛满固体推进剂的容器,一经点燃,便通过喷管喷射出炙热的气体。推进剂必须按照适当的速度燃烧以维持需要的燃烧室压力,并使结构拥有足够的刚度以承受燃烧的严酷环境和随后的动态载荷。在同一个固体块中包含推进剂和氧化剂的固体推进剂,称为药柱。因此,与其他形式的推进剂相比,发动机壳体所需的质量更小。

固体推进剂火箭的主要优势如下。

(1)可靠性高,无可移动部件或很少。

(2)点火前需要的准备工作少。

(3)同液体火箭相比有更好的结构质量比。

(4)易于存储且存储期限长。

(5)同液体火箭相比有更低的成本。

其主要劣势如下。

(1)同液体火箭相比,其比冲低。

(2)无法节流。

(3)无法重新启动。

(4)药柱存在燃烧不稳定性。

(5)推进剂可能有毒且无法安全处置。

固体火箭发动机的构造如下。

(1)发动机壳体。

(2)绝热层。

(3)推进剂。

(4)点火器。

(5)喷管。

(6)推力矢量控制。

下面按照顺序进行讨论。

4.9.2　发动机壳体

固体推进系统的发动机壳体可由钢铁、钛合金或纤维制成。纤维发动机壳体由各种无机或有机线缕在基体材料上缠绕而成。在强度质量比方面,纤维有着其他材料不可比拟的优势。圆柱形发动机的长度直径比一般为 2~6,结构质量分数是 0.05~0.2。更长的发动机由发动机壳体分段组合而成。

4.9.3　绝热层

在发动机壳体与推进剂药柱之间是一层类似橡胶的有机绝热层,以确保药柱与发动机壳体相互隔绝,并起到隔热的作用。通常情况下,药柱为规整的几何形状,以便于推进剂随着燃烧过程中绝热层的暴露而消耗光,从而可以最大限度地减少质量。

4.9.4 推进剂

固体推进剂可分为单基、双基、混合、混合改性双基等类型。

单基推进剂(single-base propellant)由诸如硝化棉(火棉)、硝酸甘油等单一活性物组成。单基推进剂燃烧不稳定,不能用于现代火箭。

双基推进剂(double-base propellant)是两种同类型活性物的混合物,典型的是硝化棉(火棉)和诸如硝酸甘油的硝化塑化剂,它能使其溶解并硬化成为均匀固体。

混合推进剂(composite propellant)是不同性质的推进剂和氧化剂以合适的比例混合而成的,这些推进剂和氧化剂可在碳氢黏合剂的作用下组成混合物。推进剂通常是金属粉。黏合剂因其弹性特性将各种成分制成类似橡胶的混合物,减少了因压力的变化所带来的燃烧不稳定。化学氧化剂和无机推进剂使用液体黏合剂混合成粉末的形式,这样可以使他们保持悬浮状态直到混合物被制成固体。黏合剂是长链分子材料构成的基体,对推进剂和氧化剂混合物的同质性进行限制,同时起到推进剂的作用。推进剂中加入炭黑和灯黑等增深剂,可抑制热辐射进而阻止由于表面下方燃烧而引发的不可控的燃烧。改进的混合双基推进剂(composite-modified double-base)是双基和混合推进剂的混合物。

混合推进剂成为大部分现代火箭的推进剂。关键成分包括 $20\%\sim40\%$ 推进剂、$50\%\sim70\%$ 氧化剂、作为推进剂的 $10\%\sim20\%$ 黏合剂,并可能加入 $0\sim5\%$ 塑化剂以改善柔韧性并为加工过程提供辅助,也同时作为推进剂。

以下为摘自萨顿和比布拉兹和其他书籍的固体推进剂成分实例。

1)推进剂

(1)铝粉。

(2)铍粉。

(3)镁粉。

(4)钠粉。

(5)碳氢化合物。

(6)高分子聚合物。

(7)塑料。

(8)橡胶。

2)氧化剂

(1)高氯酸铵(NH_4ClO_4)。

(2)高氯酸锂($LiClO_4$)。

(3)高氯酸钾($KClO_4$)。

(4)高氯酸钠($NaClO_4$)。

(5)硝酸铵(NH_4NO_3)。

(6)硝酸钾(KNO_3)。

(7)硝酸钠($NaNO_3$)。

(8)环四次甲基四硝胺。

(9)环三次甲基三硝铵。

3)黏合剂

(1)端羧基聚丁二烯(CTPB)。

(2)环氧化合物。

(3)端羟基聚丁二烯(HTPB)。

(4)硝化纤维。

(5)聚丁二烯丙烯酸(PBAA)。

(6)聚丁二烯丙烯酸丙烯腈(PBAN)。

(7)聚亚安酯。

(8)聚氯乙烯塑胶。

4)固化剂

(1)氮杂环丙烷。

(2)环氧树脂。

(3)二环己基甲烷二异氰酸酯(HMDI)。

5)塑化剂

(1)硝酸甘油。

(2)硝化三乙二醇。

(3)三羟甲基乙烷三硝酸酯。

以航天飞机的固体火箭发动机为例,其构成为:69.93%的高氯酸铵作为氧化剂,16%的铝粉作为推进剂,0.07%的氧化铁粉作为催化剂,12.04%的聚丁二烯丙烯酸丙烯腈作为黏合剂,1.96%的环氧树脂作为固化剂,其中黏合剂和环氧树脂同时作为推进剂。该固体火箭可提供的比冲在海平面为 242s,在真空环境中为 268.6s。

固体推进剂的比冲通常为 220~270s。作为时间的函数,推力水平由推进剂燃烧时的表面积变化决定。根据药柱形状的不同,可产生递增(随着时间增加而增加)、中性(不随时间的改变而改变接近常量)、递减(随着时间的增加而减少)或者是这些变化相结合的推力。接近常量的推力通常是首选,因为其最大限度地减少了最大动态载荷。

一个实心固体或端面燃烧构型从后向前燃烧,最大化了发动机壳体推进剂数量的同时产生了接近常量的推力。然而,这种构型有如下几个弊端:推进剂暴露面积不变的情况下燃烧室容量不断增加;持续地燃烧使得绝热层质量较大;质心会出现巨大变化;姿态控制愈发复杂。纵向中空药柱的暴露面积更大,因而推力相比端面燃烧也更大,当燃烧达到绝热层时会熄灭,因而可以最大限度地减少中心部位质量的变化。然而,当药柱向外燃烧时,其表面积会增加,因此推力也将增大,从而产生增面药柱。为产生接近常量的推力,即中性燃烧,通常会选择星形或鳍形的纵向中心空腔设计。当推进剂燃烧时,面积几乎保持不变,进而产生接近常量的燃烧。几种不同的药柱构造如图 4.17 所示。

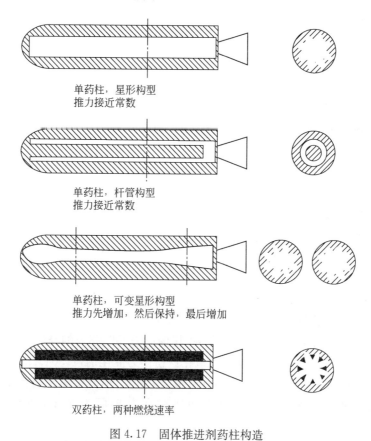

单药柱,星形构型
推力接近常数

单药柱,杆管构型
推力接近常数

单药柱,可变星形构型
推力先增加,然后保持,最后增加

双药柱,两种燃烧速率

图 4.17　固体推进剂药柱构造

理想的或最佳的固体推进剂有如下诸多特性。

1)性能

（1）高化学能量密度,可产生较高的燃烧温度和压力。

（2）燃烧产物的摩尔质量低。

（3）稳定的性能表现。

（4）可平稳地按照预计速率燃烧。

2）操作条件

（1）点火前准备工作有限。

（2）特性稳定,存储时间长。

（3）不受湿度、温度和冲压等环境条件影响。

（4）推进剂无侵蚀性、无毒性。

（5）对由于热、冲压和散杂电场所导致的意外点火具有抵制防护功能。

（6）便于处理和运输。

3）工艺性

（1）令人满意的加工性能。

（2）具有对微小变化不敏感的耐受性能。

（3）材料和制造工艺成本低廉。

4.9.5　点火器

点火器完成点火的功能通常包括一种高燃速的推进剂产生高温和高压气体点燃火箭的固体推进剂。通常情况下,烟火点火器(pyrotechnic igniter)是由电脉冲点火的敏感引信制成的。它被设计成在很短的时间间隔内燃烧,并可做成各种不同的形状,诸如小容器、带孔管、绳索或薄片等。热源点火器(pyrogen igniter)实质上是一个被设计成产生高压高温气体但不产生推力的微型火箭发动机。点火器的电子引爆器是大家熟悉的电爆管、电热塞或引信。

如下因素可引起点火器的意外点火:①静电;②电子设备的电磁场产生的电流;③测试设备的电流;④不当操作产生的热、振动或震动。有两种方法可防止点火器的意外点火:一是经典的保险装置,二是使用置于点火器内部的安全设备。保险装置法使用电子开关,通过点火电路接地的方式为点火器提供安全保护,有时还会抑制点火器的正常点火。在点火之前,点火器处于安全状态。

4.9.6　喷管

通常情况下,固体推进剂火箭采用的是前面提到的钟形喷管。在喉部面积处存在严格而苛刻的条件,其中以传热为最大的问题,因此侵蚀问题是一个关键问题。为提供控制,喷管通常装有可调节的万向节头。其结果是,少数发生的固体火箭发动机失败是由喷管引起的。喷管喉部的严重侵蚀可导致推力的下降,若侵蚀是不对称的,则会引起推力矢量的偏向,很有可能严重影响姿态控制系统。喷管喉部烧蚀面积超过 5% 为严重问题。

可以采取一些措施以最大限度地减少喷管的侵蚀问题。在设计上通常使用喷管喉部镶嵌件,上述镶嵌件主要由热解石墨制成。燃烧室靠近喷管部分可放置一些可低温燃烧的推进剂,形成一道冷气层,以达到对喷管表面保护的目的。在喷管中加入特殊材料,以绝热或增强传热。可使用石墨、钨、钼加强热传导,可使用热解石墨和耐火材料提供绝热保护。可选择性使用诸如石英玻璃纤维、酚醛石棉、石墨等烧蚀材料以带走喷管产生的热量。

4.9.7 推力矢量控制

装有万向节头喷管的固体火箭发动机的推力矢量控制是有问题的,原因是其喷管喉部是暴露的。结果是,衍生出替换或增大万向喷管的替代性选择。燃气舵为装置在喷管内部靠近出口处的旋转叶片,旋转方向指向推力方向并产生一股侧向力。典型的做法是采用四扇 90° 对称叶片,以提供俯仰和偏航控制,全部四扇叶片可提供滚动控制。这样做的弊端是,叶片会干扰气流,进而减少推力,并可能过早地受到侵蚀。射流偏转舵是置于喷管出口处与气流正交的圆环。射流偏转舵是随气流旋转并改变其方向,进而提供侧向推力。射流偏转舵可提供倾斜和偏航控制,但无法提供滚动控制。反作用控制系统是由与火箭轴线正交的一组推力器组成的单独的推进系统,可用于提供控制方向的力矩,常使用肼或诸如氮等冷气。若火箭处于大气层中,气动舵可用于控制方向。挡流片或扰流板是置于喷管出口处并与喷管轴线正交的一组钝头体,可旋转进入或脱离气流以提供一组侧向控制推力。将挡流板置于喷管出口处,可引起激波并增加挡流板上游的压力,进而产生侧向推力。挡流板可提供俯仰和偏航控制,但无法提供滚动控制。对于大型固体火箭发动机,二次喷射推力矢量控制系统是有用的,它可以将气体或液体等流体通过喷管膨胀部位的阀口射入排气口。喷射流体反作用引起的压力失衡可产生侧向推力。该方法要求储箱、管道、喷注器、控制阀和控制逻辑等组成一套复杂的装置,但可以产生强大的控制推力。

以大力神三号固体火箭发动机(Titan III SRM)的推力矢量控制为例,它使用置于喷管出口处的 24 个等距喷注器进行流体喷射。民兵二型固体火箭发动机(Minuteman stage II)使用的万向节头喷管增加了流体喷射系统。飞马座火箭(Pegasus)一级使用了三个气动舵,同时第二和三级使用了冷氮反作用控制系统。德尔塔一型火箭(Delta I)采用了由两个微调发动机组成的反作用控制系统。宇宙神五号和一号火箭(Atlas E and I)采用了液压万向喷管并辅以两个反作用控制微调发动机。宇宙神二号及其 A、AS 型火箭(Atlas II、IIA、IIAS)采用了液压万向喷管,并增加了肼反作用控制系统。美国海军的北极星系列导弹(Polaris)使用了喷流偏转舵。金牛座第一、第三、第四级火箭使用了 3°偏转的万向喷管以及冷氮反作用控制系统,同时第二级火箭使用了液压喷气舵。大力神固体火箭发动机升级版(SRMU)使用了最大 6°偏转的万向喷管。喷管通常固定在航天器上,姿态控制系统可保持航天器朝着既定方向飞行。

如本书之前所述,对推力大小的控制可通过药柱的几何结构实现。一经点火,固体火箭只能燃烧殆尽,而无法中止或重新开始。测试表明,水流可使火焰熄灭,可能由火箭出现开口引起的燃烧压力的瞬间减少可引起发动机熄火,但这些做法并未在实际火箭中采用。典型的固体火箭发动机及其性能表现由图 4.18 所示。

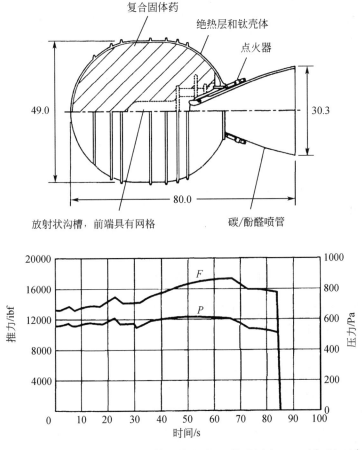

图 4.18 ATK-Elkton Star™-48B 固体火箭发动机(推进剂为 AP71%、Al18%、HTBP黏合剂 11%;喉部镶嵌物为 3D 碳-碳;喉部直径为 10.11cm;平均膨胀比为 47.2;初始膨胀比为 54.8;结构质量分数为 0.061;有效比冲为 292.4s;总冲为 5799169N·s;总质量为 2141.4kg)

4.10 液体推进系统

4.10.1 简介

液体推进剂火箭是由罗伯特·H·戈达德(Robert H. Goddard)于1926年首次发明的,并在第二次世界大战中的 V2 火箭上得到改进。从那时开始,液体推进剂火箭技术取得了长足进步,并成为当今实际推进系统中的最大推力提供者。最终的结果是,液体推进剂火箭成为发射系统的最佳选择。与固体火箭发动机相对应,液体推进剂系统被称为发动机。一个典型的液体发动机,其推进剂和氧化剂存储在不同的容器中,借助一套由管道、阀门和燃烧室组成的系统,推进剂和氧化剂在燃烧室混合、燃烧并通过喷管产生推力。对于运载器,可加入涡轮泵以获得很高的质量流速。如图4.19所示的是运载火箭的双组元推进剂液体发动机的构造。

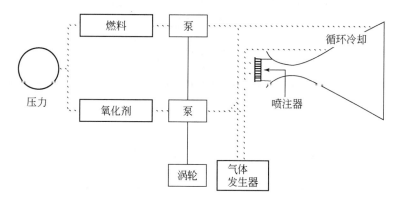

图 4.19　双组元推进剂液体发动机

液体推进发动机相比固体推进发动机更为复杂,但它们有如下优势:

(1)更高的比冲。

(2)更大的推力。

(3)推力容易节流。

(4)引擎可重启多次。

(5)更简单的喷管设计,整个推力室可置于常平架上。

(6)推进剂流速可精确监控,进而可对推力的大小进行控制。

其主要劣势有:

(1)由于组件多,稳定性较差。

(2)潜在的因过冷结冰导致推进剂储箱裂缝。

(3)潜在的因过热导致推进剂储箱爆炸。

(4)发射前期准备工作量大。

(5)结构质量比不佳,尤其是小型火箭。

(6)潜在的处置推进剂的危险。

液体火箭发动机的构造:

(1)推进剂。

(2)推进剂流量控制。

(3)喷注器。

(4)点火器。

(5)推力室。

(6)推力控制。

下面按照顺序进行讨论。

4.10.2　推进剂

液体推进剂可分为单组元推进剂和双组元推进剂。单组元推进剂(monopropellant)应该包括一种氧化成分和一种易燃物质,可以是单一化学物质或几种物质的混合物。经过加热或与化学催化剂接触,它会进行分解或出现热反应。常见的单组元推进剂是过氧化氢(H_2O_2)、肼(N_2H_4)及其有机化合物:甲基肼(MMH,CH_3NHNH_2)和偏二甲肼(UDMH,$(CH_3)_2NNH_2$)。偏二甲肼比肼更稳定,甲基肼和偏二甲肼有更宽的液体温度范围,因此可耐受更大的航天器温度变化。早期的液体推进剂系统多用过氧化氢,现在则广泛使用肼、甲基肼和偏二甲肼。

双组元推进剂(bipropellant)包括推进剂和氧化剂,燃烧前分开储存,燃烧时分别注入燃烧室中。它们可提供现有推进系统中的最大推力。液体双组元推进剂按存储温度可分为室内温度下可存储液体和必须维持在远低于室内温度下的低温液体。比如液氢(LH,H_2),其液化温度低于 20.4K;液氧(LOX,O_2),其液化温度低于 90.0K。液氧是通过液化空气再蒸馏出其中的氮气和其他气体得到的。如此低的汽化温度,导致极高的挥发率。基于此,液氧在非冷冻下存储会造成不可忽视的损失。

发射装置的双组元推进剂系统举例如下。

1)液氢和氧

航天飞机主发动机(SSME)。

RL-10 发动机(大力神三号、宇宙神半人马座二级火箭、德尔塔三型和四型二级火箭)。

伏尔甘(Vulcain)发动机(阿丽亚娜号五型一、二级火箭)。

2)液氧和煤油

RS-27 发动机(德尔塔二、三、四型一级火箭)。

MA-5 发动机(宇宙神一级火箭)。

RD-170 发动机(能源号液体推力器)。

3)四氧化二氮和甲基肼

双子座主发动机。

航天飞机轨道机动系统(OMS)。

RS-72 发动机(阿丽亚娜号五型第二级火箭)。

4)四氧化二氮和混肼-50

AJ23 发动机(大力神三和四型一级和二级火箭)。

AJ10(德尔塔二型二级火箭)。

登月舱。

5)液氧和 RP-1(精炼石油)

AJ-26 发动机(俄罗斯 N1 一级和二级火箭)。

RD-180 发动机(宇宙神三型推力器)。

F1 发动机(土星五号火箭)。

6)四氧化二氮和偏二甲肼

维京 5 号发动机(阿丽亚娜号四型一级和二级火箭)。

维京 2 号发动机(阿丽亚娜号二型一级火箭)。

质子一级火箭。

RL-10 液体二元推进剂发动机如图 4.20 所示,航天飞机主发动机(SSME)构造图如图 4.21 所示。

肼是独一无二的既可作为单组元推进剂又可作为双组元推进剂的推进剂。当今大部分航天器的推进系统使用的都是肼三种形态中的一种,并可选择或不选择四氧化二氮作为氧化剂。

液体推进剂需要具备如下特性。

1)性能

(1)高化学能量密度,可产生较高的燃烧温度和压力,即高比冲。

(2)燃烧产物的摩尔质量低。

(3)稳定地按照可预计速率燃烧。

(4)低凝固点。

2)操作条件

(1)低毒性和侵蚀性。

(2)成分稳定。

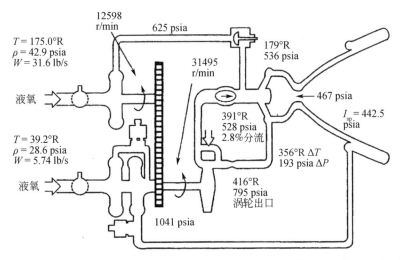

$T = 175.0°R$
$\rho = 42.9$ psia
$W = 31.6$ lb/s

液氧

12598 r/min

625 psia

179°R
536 psia

31495 r/min

467 psia

391°R
528 psia
2.8%分流

$I_{sp} = 442.5$ psia

$T = 39.2°R$
$\rho = 28.6$ psia
$W = 5.74$ lb/s

液氧

356°R ΔT
193 psia ΔP

416°R
795 psia
涡轮出口

1041 psia

图 4.20　半人马座液氧/液氢发动机。RL-10A-3-3A 简化推进剂流动工艺；16.5kN 推力，
5.5∶1 混合比(经 General Dynamics 公司,现在的 Lockheed Martin 公司许可)

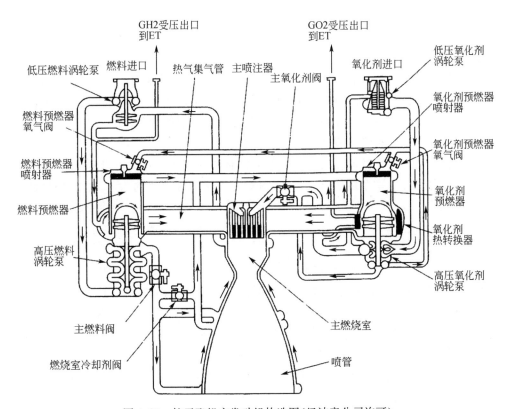

GH2受压出口
到ET

GO2受压出口
到ET

低压燃料涡轮泵　燃料进口　　热气集气管　主喷注器　主氧化剂阀　　氧化剂进口

低压氧化剂
涡轮泵

燃料预燃器
氧气阀

氧化剂预燃器
喷射器

燃料预燃器
喷射器

氧化剂预燃器
氧气阀

燃料预燃器

氧化剂
预燃器

高压燃料
涡轮泵

氧化剂
热转换器

高压氧化剂
涡轮泵

主燃料阀

主燃烧室

燃烧室冷却剂阀

喷管

图 4.21　航天飞机主发动机构造图(经波音公司许可)

(3)特性稳定,存储周期长。

(4)不受湿度、温度和冲击等环境条件影响。

(5)推进剂无侵蚀性、无毒性。

(6)便于处置和运输。

3)工艺性

(1)原料可得。

(2)易于制作。

(3)材料和制造工艺成本低廉。

4.10.3 推进剂流量控制

为使得燃烧充分,推进剂必须按照可控的速率在压力的作用下注入燃烧室。有两种基本方式可获得合适的流量,一是挤压式供给系统(pressure-fed system),二是泵压式供给系统(pump-fed system)。简单的挤压式供给系统,由充满惰性气体的高压供给储箱、推进剂储箱、管路、控制阀、单向检查阀、压力调节器、孔口、过滤器以及注入/排空服务端口组成。推进剂储箱内的橡胶质囊体可将惰性气体和推进剂隔离开来。惰性气体的压力迫使推进剂进入燃烧室。泵压式供给系统主要用于提高发射装置的液体发动机的质量流量,同时具备上述所有特征,包括泵注满惰性气体。泵,通常是离心泵,由涡轮机驱动,而涡轮反过来由燃气发生器提供动力,燃气发生器可在比原来推进剂更低的温度下将推进剂转化成高压气体。有时,主要推进剂会分出一部分用以驱动泵,以简化整个系统的构造。图 4.19 和图 4.20 展示的液体双组元推进剂发动机就是泵供给系统。

氧化剂与推进剂的质量流量之比称为混合比(mixture ratio),且必须仔细控制以实现充分燃烧。举个例子,四氧化二氮对各种肼的混合比约为 1.7,液氧对液氢的混合比约为 6。

4.10.4 喷注器

喷注器可度量进入燃烧室的推进剂流量,将其雾化并以合适的混合比对推进剂进行均匀分配,以实现点火后有效的燃烧。喷注器的构造多种多样,其两种基本类型为碰撞式和非碰撞式。碰撞式喷注器用于双组元推进剂,其燃料和氧化剂分开储备,直到它们通过大量分开的孔进入燃烧室并碰撞,从而提供合适的混合和雾化。碰撞方式为自击式(燃料对燃料,氧化剂对氧化剂)或互击式(燃料对氧化剂)。非碰撞式喷注器或淋浴头式喷注器提供非碰撞式的燃料和氧化剂流,并依靠涡流和扩散装置进行混合。使用非碰撞式喷注器的燃烧室的尺寸通常较大,以实现更好的混合,因此如今很少使用这种喷注器。发动机的节流范围主要受到喷注器在低压状态下气化混合能力的限制。为实现推力更大的改变范围,这也是一些发射发动机高精度地达到最终速度的要求,需要面积可变的喷注器。使用可改变面积的套筒,从而在各个推力水平上达到接近最佳的喷射压降和推进剂流量。在航天器系统中,通常使用的是固定喷注器的推力器,使用不同尺寸的推力器以同时达到大推力水平和高精度的最终速度效果。

4.10.5　点火器

单组元推进的点火可通过热或催化剂材料实现。对于肼及其衍生物,最好采用铱作为催化剂载体,因为铱在室温下即可有效发挥催化作用,而铁、镍和钴需要在较高的温度 400K 才能产生催化作用。其结果是,肼是大多数航天器单组元推进剂系统的选择。为加强化学反应,有时催化剂载体需要预热。肼的常用催化剂是铱置于有孔的氧化铝载体上。肼可分解为气态的氨(NH_3)和氮(N_2),同时释放热量,而氨可进一步分解为氮气和氢气,该过程会吸收一些热量。单组元推进喷管的催化剂载体示意图如图 4.22 所示。

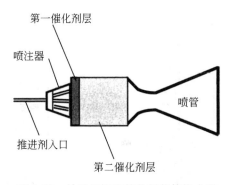

图 4.22　单组元推进催化剂载体推力器

自燃(hypergolic)推进剂可自行燃烧而不需要点火器。这些推进剂包括肼、甲基肼、偏二甲肼和四氧化二氮、硝酸或过氧化氢、煤油和过氧化氢、液氢和过氧化氢。火花塞点火器(spark plug igniter)可用于液氢,煤油和 RP-1 推进剂。

4.10.6　推力室

推力室是由燃烧室、排气喷管和推力室冷却系统组成的一套装置。燃烧室必须是正确的尺寸,以确保推进剂的完全燃烧。通常情况下,燃烧室的尺寸比与其相连的喷管小。喷管通常是本书前面提及的钟形构型。推力室的温度控制,尤其是喷管喉部区域,可通过辐射和再生冷却系统完成。在航天器系统中,辐射冷却可用于燃烧时间短暂的双组元推进系统,或燃烧温度低的单组元推进系统。

发射系统通常使用再生冷却系统(regenerative cooling),即液体推进剂围绕燃烧室和喷管循环流动,在其进入燃烧室之前吸收热量。

4.10.7　推力控制

推力矢量控制可保持推力的正确方向。运载器发动机通常以悬空方式将整个推力室与推进剂的软管相连,以提供俯仰和偏航控制。滚动控制可采用在固体推进剂中讨论过的技术。在航天器系统中,航天器通常与喷管在同一直线上,因此基本不选择悬空的方式。然而,静止悬空喷管的优点在于,可以使推力矢量通过质心从而最大限度减少姿态扰动。当推进剂不断消耗时,航天器的质心是不断变化的。正如先前所指出的,液体推进剂能够容易地实现节流、关闭和重启操作,这是一个重要的优势。

4.10.8　举例

单组元推进和双组元推进系统的示意图如图 4.23 和图 4.24 所示。

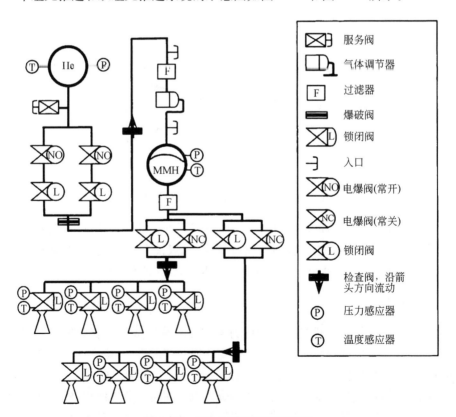

图 4.23　单组元推进系统结构图

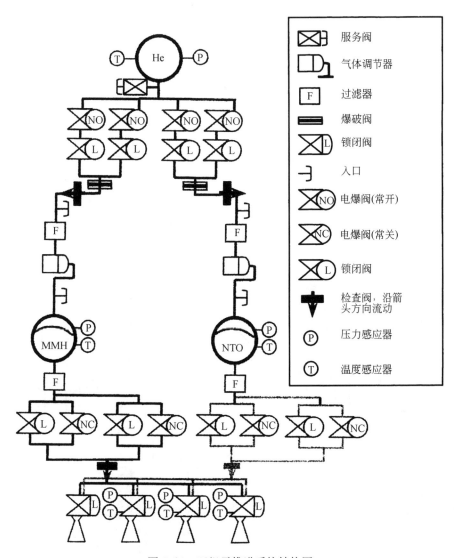

服务阀
气体调节器
F	过滤器
爆破阀
L	锁闭阀
入口
NO	电爆阀(常开)
NC	电爆阀(常关)
L	锁闭阀
检查阀，沿箭头方向流动
P	压力感应器
T	温度感应器

图 4.24　双组元推进系统结构图

　　长寿命航天器推进系统的一个实例,是美国国家航空航天局的卡西尼号航天器。卡西尼号航天器的任务是对土星及其卫星,尤其是其最大的卫星"泰坦"展开研究。该航天器于 1997 年 10 月 15 日发射升空,于 2004 年 7 月到达目的地。它拥有独立的单组元推进系统和双组元推进系统。单组元推进系统用于消除姿态稳定系统的反作用轮的动量和进行较小的轨迹修正。双组元推进系统用于深空机动,进行轨迹的大幅度调整,促使航天器进入泰坦的运行轨道。图 4.25 展示的是顶层的示意图,图 4.26 展示的是更详细的示意图。

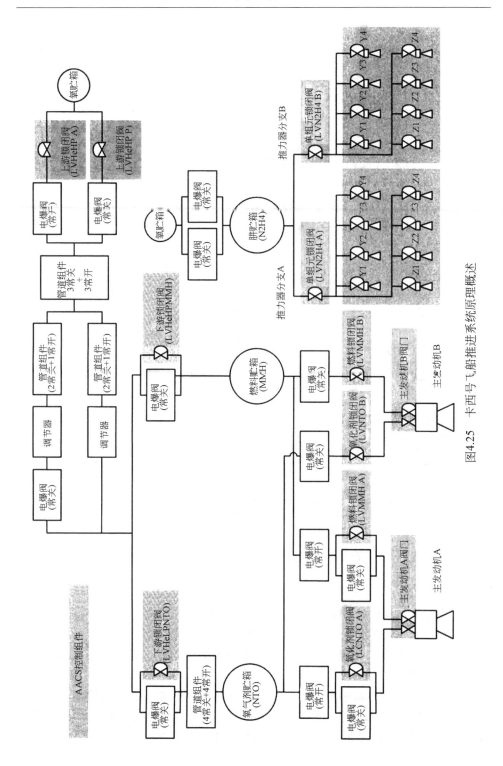

图4.25 卡西号飞船推进系统原理概述

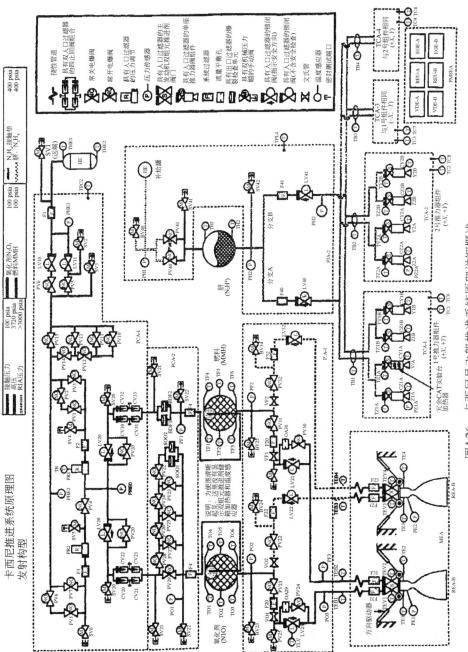

图 4.26　卡西尼号飞船推进系统原理详细概述

4.11 冷 气 系 统

冷气系统通常被归为液体系统,常常被用于航天器和发射系统的姿态控制、位置保持和轨道参数微调。如图 4.27 所示,这些系统可按其简易程度进行区分。典型的冷气推进剂包括氢、氦、氮、氩、空气、氖和氟利昂。其优势是简单、可靠、相对的低成本、无毒、处置安全,其中一些还不会对敏感的航天器外表面造成污染,如光学仪器。其劣势有高压环境下有泄露的趋势、相对低的质量分数以及同固体推进剂、单组元液体推进剂或双组元液体推进剂相比较低的比冲。

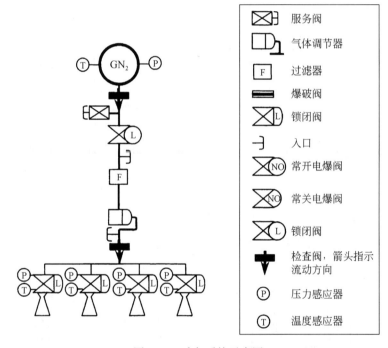

图 4.27　冷气系统示意图

4.12　固液混合火箭

混合火箭是同时使用固体和液体推进剂的火箭。其通常配置是,固体推进剂搭配液体氧化剂。

混合火箭的主要优势有:
(1)可节流和重启。

(2)相比固体推进剂有更大比冲。

(3)相比液体发动机有更高的可靠性,更少的可移动部件。

(4)相比液体发动机,预先点火准备工作更少。

(5)容易存储,存储时间长。

(6)相比液体发动机成本更低。

其主要劣势为:

(1)低于液体火箭的比冲。

(2)有些推进剂是有毒的。

混合火箭同时使用固体火箭发动机和液体火箭发动机的推进剂。典型的混合推进剂包括聚乙烯(PE)、聚甲基丙烯酸甲酯(PMMA,有机玻璃)、聚氯乙烯(PVC)和对羟基聚丁二烯(HTPB)。补充的燃料可增加比冲,包括诸如铍、锂和铝等轻金属。典型的混合氧化剂包括一氧化二氮(NOX, N_2O)、气态氧(GO_2)、过氧化氢(H_2O_2)、液氧(LOX, O_2)、四氧化二氮(N_2O_4)、硝酸(HNO_3)和氟液氧混合剂(FLOX)。大型混合火箭的推进剂选择液氧氧化剂和对羟基聚丁二烯推进剂。

点火可通过热源引起固体推进剂蒸发,自燃物质注入,或伴有氧化剂注入的电点火完成。为确保完全混合,以最大限度地提高推力,通常使用多室药柱结构,如图 4.28 所示。为进一步确保完全混合和最大推力,混合室常置于喷管前面。

(a)圆柱形　　　　(b)双孔　　　　(c)五孔　　　　(d)九孔

图 4.28　混合火箭的孔结构

4.13　电推进系统

4.13.1　简述

电推进包括通过电热或电磁场使得推进剂加速以产生推力,并涉及从电能向推进剂动能的转化。基于地面和飞行试验,电推进系统技术现在已经很成熟。可进步的领域包括推力器设计、材料、推进剂以及对基础物理的更好理解。

电推力器在特定环境中胜过其他类型的推力器,因为其通常有更高的比冲。电推力器的总效率 η_t 为火箭射流功率与输入电功率之比,即

$$\eta_t = \frac{\text{动能功率}}{\text{电功率}} = \frac{\dfrac{d}{dt}\left(\dfrac{1}{2}m_e C^2\right)}{P_e}$$

$$= \frac{\dot{m}_e C^2}{2P_e} = \frac{F_p C}{2P_e} = \frac{F_p g_0 I_{sp}}{2P_e} \qquad (4.130)$$

其中用到公式(4.13)和公式(4.17),$\dot{m}_e$ 为质量流率,C 为有效排气速度,$F_p \equiv \dot{m}_e C$ 为推力,P_e 为输入推力器的电功率,$g_0 = 9.80665\text{m/s}^2$ 为地球表面标准重力加速度,I_{sp} 为比冲。

电推力器可分为电热式、静电式和电磁式三种基本类型,尽管一些推力器可归为多种类别。

4.13.2　电热推进

在电热推力器中,推进剂经过电加热可以声速进行热膨胀,就像化学火箭那样。电热推力器可分为电阻加热推力器和电弧加热推力器两种基本类型。

电阻加热推力器是最简单的电推力器,其作用原理是流经加热表面的推进剂的焓值会增加。在化学推力器中,热能通过喷管转化为动能进而产生推力。加热元件通常是线圈,与其他电加热器内的线圈并无多大不同。气态推进剂被注入加热线圈区域,加热后膨胀通过喷管。电阻加热推力器可以在直流和稳态交流电以及脉冲形式下工作,输入功率范围可以从几瓦到千瓦量级。其产生的推力从几毫牛到几牛,伴随着 $200\sim400\text{s}$ 的比冲。其可用的推进剂有很多,包括氢气(H_2)、二氧化碳(CO_2)、甲烷(CH_4)、肼(N_2H_4)、氨气(NH_3)、氮气(N_2)、氦气(He)以及氩气(Ar)等。

首个电阻加热推力器是 1965 年为维拉Ⅲ型卫星研制的,使用 90W 电源,可产生 0.187N 推力,比冲为 123s,以氮气为推进剂。通过增加推进剂的温度,电阻加热推力器还可用于增加肼推进系统的推力。电阻加热推力器还经常用于航天器的位置保持,增加了肼的电阻加热推力器曾用在多个地球同步通信卫星系统中。国际电信通信五号卫星(INTELSATV)为进行位置保持,使用了四组电阻加热推力器,可产生 $0.22\sim0.49\text{N}$ 推力和 300s 的比冲,需要 $250\sim550\text{W}$ 的电功率。电阻加热推力器的示意图如图 4.29 所示。

电弧加热推力器是在中心阴极和同轴线上作为喷管的阳极之间进行电弧放电的装置。气态推进剂可在注入推力器并流经放电部位时被加热,瞬时可达到 $5000\sim10000\text{K}$ 温度。其使用的推进剂与上述的电阻加热推力器相同。以洛克希德马丁 7000 系列通信卫星为例,它使用了电弧加热推力器以进行南北保持,该电弧加热推力器需要 $1.5\sim2.0\text{kW}$ 电功率,比冲达 520s,可产生 0.4N 推力。电弧加热推力器示意图如图 4.30 所示。

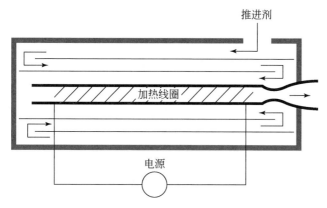

图 4.29　电阻加热推力器示意图

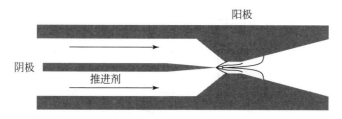

图 4.30　电弧加热推力器示意图

4.13.3　静电推进(离子推进)

静电推力器使用高压静电场加速离子以产生推力,可以按照电离方式对其进行二次分类。在静电推力器中,被加速的是离子而不是电子,因为离子的质量更大。因此,静电推力器使用的是诸如氙气、氪气、铯、汞和氩气等摩尔质量大的气体。

典型的静电推力器要经过五个阶段以产生推力。第一阶段,低压气态推进剂引入电离室。第二阶段,气态推进剂被电离,这一步可通过多种技术实现,其中包括射频激发、电子轰击、电子回旋加速共振以及脉冲感应等。第三阶段,等离子体被维持,通常是通过磁场。第四阶段,正离子通过静电场加速,一般是 1～10kV 的势差。第五阶段,航天器释放电流以防止电荷不断积聚。否则,由于喷射出的离子束是带正电的,因此航天器相对应地将带负电,并在航天器与射流之间产生减速作用。射频激发可通过高频电磁场泵浦中性气体而产生等离子体。电子轰击可通过高能热电子撞击中性气体产生等离子体。电子回旋加速共振(ECR)可通过微波频率电磁辐射产生等离子体。脉冲感应可通过高容量电容生产的时变电磁场进而产生等离子体。霍尔效应推力器利用正交的电场和磁场产生霍尔电流并与磁场相互作用,进而产生离子在轴向加速的力。霍尔推力器通常使用氢气和氙气作为推进剂。

离子推力器的示意图如图 4.31 所示。离子推力器的实例,是装配在星际探测深空一号上的美国国家航空航天局太阳电能技术实验氙离子发动机(NSTAR)。该推力器直径为 30cm,输入功率范围为 0.5~2.3kW,可产生 19~92mN 的推力。其比冲范围从 0.5kW 时的 1900s 到 2.3kW 时的 3100s,推进剂质量流量为每秒几毫克。该发动机要求的服务寿命是 8000 小时,合格寿命为 12000 小时。

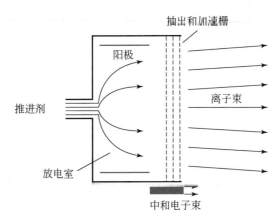

图 4.31　静电推力器原理图

4.13.4　电磁推力器

电磁推力器利用时变的电场和磁场对高度电离的等离子进行加速。与离子推力器不同,电磁推力器可对等离子体中的离子和电子同时加速,因此其射流是电中性的。电磁推力器可分为磁等离子体动力推力器、脉冲等离子体推力器、螺旋波等离子体推力器以及脉冲感应推力器等多种类型。

磁等离子体动力推力器(MPD)或者脉冲或者稳态,利用强电流对推进剂气体进行电离化,并通过洛伦兹力在电场和磁场的相互作用下对等离子体(离子和电子)进行轴向的加速。脉冲等离子体推力器利用电能进行烧蚀、电离,并使用电磁学的洛伦兹力加速离子,典型工质是固态推进剂特氟龙。先进的脉冲等离子体推力器的比冲可达 800~1500s,推力可达 220~1100mN,效率可达 5%~15%。螺旋波等离子体推力器利用电磁波,通常由螺旋线圈与电流之间的相互作用提供,进而产生电磁场并在轴向对等离子体进行加速。脉冲感应推力器使用电容器产生磁脉冲,进而感生电场将气体电离成等离子体,并通过磁场的洛伦兹力对其进行加速。上述系统可使用各种推进剂,包括肼、氨气、氩气、二氧化碳等,可产生范围从 1000~5000s 的比冲。当离子主要是轴向运动而电子主要是旋转运动时,前述的霍尔推力器也可归类为电磁推力器。

4.14 其他推进系统

4.14.1 核能

核能推进系统可以突破化学发动机在推力方面的限制,因为其能源和推进剂是相互独立的。其能量来源于核反应堆,在其中,中子分裂可裂变的同位素,诸如铀(92-U-235)和钚(94-Pu-239)。反应堆释放出的裂变产物,γ 射线和足够的额外中子可维持核反应。核推进剂的能量密度是巨大的,1kg 可裂变材料可释放相当于 1×10^7 kg 化学推进剂的能量。有两种方法可对热核火箭的热加以利用。一是利用反应堆的热能促使诸如氢等分子量低的推进剂膨胀并通过传统的喷管产生动力;二是将热能转化为电能并以此为电推力器提供动力。

通常情况下,可通过直接送入反应堆的方式完成对推进剂的直接加热。固芯热核火箭使用外面由管道缠绕的固体反应堆,推进剂可沿管道流动吸收热量,温度可达 3000K,氢加热后其比冲可达 500~1100s。液心热核火箭的温度可达 6000K,氢加热后其比冲可达 1500~2000s。气心热核火箭的温度可达 25000K,氢加热后其比冲可达 3000~7000s。

为将核热能转化成电能为电推力器提供动力,需要使用静态或动态能量转换器。静态转化可通过热电或热离子效应完成,不含移动装置。动态转化可通过诸如兰金循环、布雷顿循环或斯特林循环等热力学过程完成,包含诸如涡轮机或往复式发动机等移动装置。

静态转化的优势是简单可行,因其无需移动装置,因此可靠性高。静态转化的劣势是效率相对不高。在热离子转换器中,处于 1500~2000K 的热发射体或者阴极通过一个很小的小于 1mm 的电极间隙发射电子从而形成电流,存储于含导电气化物的电容中可加强电流强度,使冷却器表面或阳极温度为 800~1200K。一般情况下,热电系统的理论效率为 10%~15%,即产生的电功率与可供使用的热功率之比,而其实际效率为 3%~8%。热电转换器的原理是,当两种不同的金属首尾相连且两个接头处保持不同温度时,闭合回路中会产生电压进而形成电流。这就是所谓的塞贝克效应,以 1826 年发现此原理的人的名字命名。热电转换的典型源温度是 1500K。热电转换的理论效率是 10%~15%,而其实际效率为 5%左右。全美国所有的空间同位素热电发电机都配置有热电转化器。

在核动力系统中,放射性同位素放射性衰变产生的热,可用于加热气体或液体转动涡轮机或活塞式发动机，进而驱动发电机产生电力。兰金循环转换的效率约为 20%，而斯特林循环或布雷顿循环转换的效率约为 40%。兰金循环利用的是流动液体在转换过程中的相变。斯特林循环是使用高压单相气态工作介质的闭合式往复发动机。布雷顿循环利用的是通过加温在定压下吸收能量的单相气态工作介质。

4.14.2 太阳帆

太阳帆利用巨大的轻质表面反射光，无论是来自太阳的电磁能还是外空间射线，进而提供推力的一种装置。太阳帆的优势是，不需要消耗推进剂且可移动部件少。其劣势是，太阳帆在发生日食时无法工作，来自太阳的力与距离的平方成反比，其巨大的帆面积会受到微流星体的损坏，且产生的推力很小。通过调整帆体与能量来源之间的合适角度，航天器可向其目标机动飞行。以货运航天器为例，它可以在不消耗推进剂的情况下从地球飞至火星并返回地球。重力场就相当于帆船的船体龙骨。

光子的相对动量 p 与能量 E 的关系式为 $p=E/c$，其中 c 为光速。光子撞击表面产生的力是由于其动量发生改变引起的，该力的大小等于其动量(当完全不反射时)或其动量的 2 倍(当完全反射时)。按照地球和太阳之间的距离，太阳光的能量约为 $1368W/m^2$，因此正交完全不反射平面产生的反射力大小为 $4.7 \times 10^{-6} N/m^2$。面积为 $1m^2$ 的太阳帆可产生 $4.7 \sim 9.4\cos\beta N/m^2$ 的力，取决于帆的反射性能，其中 β 为帆体表面法线与能量来源方向之间的角度。$10000kg$ 的航天器配上 $1km^2$ 的太阳帆，花费约 400 天的时间可从地球飞至火星。太阳帆的设计包括圆形、正方形和刀片形，通常使用牢固的聚合物材料且表面镀了一层铝，以提高反射性能。太阳帆的应用包括太阳系及其以外范围的探索、特殊人造轨道的保持以及大型货物的运送和返回。

4.15 推进系统估算

在轨推进系统可用于航天器的轨道保持、轨道转移、与目标的对接，或为姿态控制系统提供推力等。一般情况下，推进系统的设计可分为几个步骤。对于变轨运行，要求的航天器线性冲量或飞行速度的变化是一定的；对于姿态控制系统，要求的角度冲量是一定的。接下来，对诸如冷气、单组元推进、双组元推进或电推进系统的选择，由真空环境下的有效排气速度或比冲决定。基于此，之后可确定需要的推进剂量以及推进系统的机械和电子特性，如推力器的尺寸、数量和类型；储箱的数量和尺寸；控制阀和逻辑；总质量；体积以及成本。通常情况下，航天器的推进系统需要配备一套姿态确定系统和主动控制系统,当推力矢量方向与航天器质心存在偏差时能及时使推力器矢量指向正确的方向并加以保持。

为改变航天器的飞行轨迹,拉格朗日行星方程可用于确定需要的平面内外总冲量,其值等于总的速度增量 Δv。关于施加瞬时冲量的假设是足够精确的,因为相对轨道周期,大多数机动的作用时间很短。此外,本书第 3 章及本章早些时候提及的 Euler-Hill 方程式,可用于计算航天器需要的总冲量和总的速度变化。该方法通常被航天器对接所采用。对于多个轨道根数发生变化,通常无法确定最好的解决方案,除非经过反复尝试。与此同时,最小和最大的推力水平必须指定,进而确定推进剂的质量流量。Δv 的裕量大小与指定任务的特性有关,其范围为用于轨道修正的 $10\%\sim20\%$ 到用于姿态控制的 100%。

Δv 的值一经确定,可供选择的推进系统的比冲也就确定了。由公式(4.58)和公式(4.17)可计算出推进剂的质量为

$$m_{\mathrm{p}}=m_{\mathrm{i}}(1-e^{-\Delta v/g_0 I_{\mathrm{sp}}}) \tag{4.131}$$

式中,m_{p} 为推进剂质量;m_{i} 为航天器初始质量;Δv 为速度增量;$g_0=9.80665\ \mathrm{m/s^2}$ 为标准重力加速度;I_{sp} 为比冲。

给定推进系统的结构质量分数为 r_{s},则推进系统的总质量为

$$m_{\mathrm{总}}=\frac{m_{\mathrm{p}}}{1-r_{\mathrm{s}}} \tag{4.132}$$

注意,比冲的大小取决于推进剂的性质、喷管的设计、外界压力以及燃烧效率等。大部分推进系统的结构质量分数为 $5\%\sim10\%$(固体推进剂)和 25%(液体双组元推进剂)。关于如何计算满足特定速度变化 Δv 下的推进剂的质量,请见下面的例 4.6。

例 4.6　对于初始质量为 1000kg 的航天器,计算速度增量为 500m/s 需要的推进剂质量。

解　根据公式(4.131)得

$$m_{\mathrm{p}}=1000\mathrm{kg}[1-e^{-500/9.80665 I_{\mathrm{sp}}}]$$

不同的备选推进系统的推进剂质量,如表 4.4 所示。

表 4.4　不同系统的推进剂质量

系统类型	比冲/s	推进剂质量/kg
冷气	50	639.3
单组元	230	198.8
双组元	300	156.3
离子推力器	3000	16.9

若离子推力器无法提供要求的大推力,则有必要选择双组元推力系统。若结构质量分数预计为 0.2,则由公式(4.132),得到系统的总质量为

$$m_\text{总}=\frac{m_\text{p}}{1-r_\text{s}}=\frac{156.3}{1-0.2}=195.4\text{kg}$$

4.16　习　　题

1. 在推进测试中,火箭在 100s 内产生的总冲量为 3×10^6N,期间的平均质量流速为 10kg/s。计算该火箭的比冲和有效排气速度。

答案:306.1s 和 3000m/s。

2. 在海平面运行的火箭,使用推进剂的燃烧产物的比热比为 1.3。计算:

(1)需要的室压。

(2)喷气速度马赫数为 3.0 时的喷管膨胀比。

假定喷管入口速度忽略不计。

答案:(1)40.55atm;(2)5.16。

3. 理想火箭的推力系数为 1.5,有效排气速度为 2000m/s,质量流速为 75kg/s,喉部面积为 0.025m²。计算:

(1)推力大小;(2)推力室压强;(3)比冲。

答案:(1)1.5×10^5N;(2)4×10^6 N/m²;(3)204.1s。

4. 火箭发动机的推力室室压为 20atm(1atm≈1.01×10^5Pa),完全膨胀喷管的出口压力为 1 个大气压,室温为 2800K,燃烧产物的摩尔质量为 22kg/kmol,比热比为 1.3,产生的推力为 1500N。计算:

(1)喉部面积;(2)喷管出口面积;(3)排气速度;(4)比冲。

答案:(1)5.32cm²;(2)17.12cm²;(3)2139.5m/s;(4)218.3s。

5. 火箭发射系统的参数如下:初始质量为 10000kg,推进剂流速 150kg/s,喷管出口速度为 2000m/s,燃烧时间为 50s,喷管出口面积为 0.25cm²,喷管出口压力为 0.0345×10^6 N/m²。在 1 个大气压环境中运行,请计算:

(1)推力大小;(2)有效排气速度;(3)初始推重比;(4)初始垂直加速度;(5)质量分数。

答案:(1)283300N;(2)1888.7m/s;(3)2.89;(4)18.5m/s²;(5)0.25。

6. 推进系统的质量流速为 100kg/s,燃烧产物的摩尔质量为 24kg/kmol,比热比为 1.3,在周围环境压力为 50kPa 时燃烧室温度和压力分别为 6000K 和 5MPa。计算喷管出口压力:

(1)等于外界压力的推力大小;(2)两倍于外界压力的推力大小;(3)为外界压力一半时的推力大小。

答案:(1)$0.3434×10^6$N;(2)$0.3401×10^6$N;(3)$0.3393×10^6$N。

7. 计算火箭在海平面和高度分别为 5km 和 50km 处的推力变化比例,其室压是 20 个大气压,喷管膨胀比是 6,推进剂比热比是 1.3。距地面高度为 5km 和 50km 的大气压分别是 0.53313 和 0.000787 个大气压,其中 1 个大气压为 $0.101325×10^6$ N/m^2。注意需要进行迭代计算。

答案:10.5%和 22.5%。

8. 推导质量分数公式 $r_m = r_s(1-r_1)+r_1 = r_1(1-r_s)+r_s$,其中 r_s 和 r_1 分别为结构质量分数和有效载荷质量分数。

9. 推导半角为 θ_{cone} 的圆锥喷管的推力的理论修正系数。

答案:$(1+\cos\theta_{cone})/2$。

10. 无外力作用下的单级火箭的速度变化为 1800m/s,比冲为 300s。计算其质量分数。

答案:0.542。

11. 质量为 20000kg 的航天器在距离地面 1000km 高度的圆形轨道围绕地球飞行。若有效排气速度为 3000m/s,推进剂质量流速为 30kg/s,计算其脱离地球所需的燃烧时间长度。

答案:425.2s。

12. 在地球垂直发射台发射的火箭的总质量为 10000kg,其推进剂的质量流速为 10kg/s,确定火箭开始离地起飞的有效排气速度的临界值。

答案:9.8km/s。

13. 一枚火箭在海平面测算的结果是:燃烧时间 50s,初始质量 1500kg,最终质量 300kg,平均推力 60000N,室压 6MPa,喷管出口压力 0.08MPa,喷管喉部直径 0.1m,喷管出口直径 0.3m。计算:

(1)质量流速;(2)喷气速度;(3)特征速度;(4)比冲;(5)有效排气速度;(6)推力系数。

答案:(1)24kg/s;(2)2562.7m/s;(3)1963.5m/s;(4)254.9s;(5)2500m/s;(6)1.273。

14. 要求使用多级火箭在无外力作用环境中达到逃逸速度 12.5km/s,每级火箭的结构质量分数为 0.10,有效排气速度为 2.5km/s。请计算三级火箭和四级火箭有效载荷的比例。二级火箭能达到上述速度要求吗?

答案:0.001844/0.000963=1.91;不能。

15. 从地球表面垂直发射火箭,排出推进剂的速度为 0.005 乘以火箭每秒的初始质量。在有效排气速度为 5000m/s 且忽略重力因高度不同的差异,计算:

(1)速度;(2)火箭升空 10s 的高度。

答案:(1)158m/s;(2)781m。

16. 证明公式(4.78)给出的多级火箭的总有效载荷质量分数

$$r_1^* = r_1^n = \left[\left(\exp\left(-\frac{\Delta v_n}{nC}\right) - r_s\right)/(1-r_s)\right]^n$$

当火箭级次无限增大时,式中的近似值为 $r_1^*\big|_{n\to\infty} = \exp[-\Delta v_{t,n}/(C(1-r_s))]$。提示:对公式两边求对数,用级数展开求对数和指数的近似值。

17. 忽略气动力影响,计算:

(1)燃尽速度;(2)从地球垂直发射的火箭燃尽时的高度。其中推进剂的质量为火箭的 60%,燃烧时间为 5s,有效排气速度是 3000m/s。

答案:(1)2700m/s;(2)5715m。

18. 火箭垂直向上发射,其初始质量为 40000kg,推进剂质量为 30000kg,推进剂质量流速为 200kg/s,有效排气速度为 2500m/s。求火箭燃尽时的速度和高度。

答案:1995m/s 和 91362m。

19. 二级火箭从地球垂直发射,第一级点火的结构质量为 200kg,推进剂质量为 1200kg,第二级点火的结构质量为 50kg,推进剂质量为 500kg,有效载荷的质量为 200kg,每个火箭的比冲为 250s。计算:

(1)两级火箭依次点火时的最大高度,忽略燃烧时间的影响(即燃烧-燃烧-滑行策略)。

(2)第一级火箭达到最大高度后第二级火箭再点火的最大高度(即燃烧-滑行-燃烧-滑行策略)。

答案:(1)1364m;(2)631m。

20. 五个类似的火箭,每个的推进剂质量为 10000kg,结构质量为 500kg,比冲为 350s,用于发射 500kg 的有效载荷。忽略燃烧时间的影响。求火箭在如下情形下的最终速度:

(1)所有火箭同时点火。

(2)先点火 4 个火箭,待烧尽并分离后,第 5 个火箭再点火。

(3)先点火 3 个火箭,待前面的火箭烧尽并分离后,第 4、5 个火箭再依次点火。

(4)先点火 2 个火箭,待前面的火箭烧尽并分离后,剩下 3 个火箭再依次点火。

(5)先点火 1 个火箭,待前面的火箭烧尽并分离后,剩下的火箭再依次点火。

答案:(1)9856m/s;(2)13054m/s;(3)13243m/s;(4)13290m/s;(5)13303m/s。

21. 第一级火箭在海平面运行,其燃烧室压力为 66atm,燃烧室温度为 4000K,使用煤油作为推进剂、氧气作为氧化剂,氧化剂对推进剂比例为 2.8235;燃烧产物的比热比为 1.3,喷管完全膨胀。计算:

(1)理论上的喷气速度,若火箭在海平面产生的推力为 30×10^6N,推进剂质量流速为 13000kg/s。

(2)理论上的比冲。

(3)实际比冲。

(4)火箭的效率,即实际比冲与理论比冲之比。

燃烧的化学反应为 $C_{12}H_{26}+nO_2 \rightarrow nCO+nH_2O+H_2$,其中 n 为氧气的摩尔数。

答案:(1) 2645m/s,当 $M=25.52$kg/kmol, $n=15$;(2) 270.6s;(3) 235.3s;(4)87.0%。

22. 航天器在距离地面 1000km 的圆形轨道运行,它需要变换到 400km 高度的圆形轨道上以接受航天飞机的服务。求:

(1)霍曼轨道转移的比能量。

(2)转移轨道要求的速度变化。

(3)进入最终圆形轨道要求的速度变化。

(4)飞行的最短时间。

答案:(1) -28.158km^2/s^2;(2)157.4m/s;(3)160.9m/s;(4)49.4min。

23. 通过霍曼轨道转移,从地球发射卫星到木星。给定太阳的引力常量为 $GM_{太阳}=1.3271244\times10^{20}$ m^3/s^2,地球轨道半径 $R_e=1.4959789\times10^{11}$m,木星轨道半径为 $5.2028R_e$,求:

(1)需要的速度增量;(2)逃逸太阳系需要的速度比例。

答案:(1)14436km/s;(2)34.3%。

24. 垂直发射火箭进入重力偏转轨道,其中阻力和推力的合力与质量之比 $-(\dot{m}C+F_d)/m$ 等于常量 fg。其中,$f=1.2$, $g=9.80665$ m/s^2。要求它发射升空 500s 后达到与地球表面平行的轨道。求:

(1)倾角为 0.1°必须达到的速度;(2)火箭轨道与地球表面平行时的速度。

答案:(1)219.6m/s;(2)1797m/s。

第 5 章　航天器姿态确定与控制

Malcolm D. Shuster,Wayne F. Dellinger

5.1　简　介

　　我们说航天器姿态,是指一个航天器在太空中是如何定向的。通常航天器上都会搭载一些设备,被称为有效载荷,而为了使载荷完成特定功能,需要其具有特定指向,并且有效载荷的工作性能原则上取决于姿态。所以,航天器的姿态确定与姿态控制,是航天器运行不可缺少的。

　　不同航天器的姿态需求不尽相同。研究地球的科研型航天器,如 EOS 航天器或气象航天器,其有效载荷必须始终指向地球。通信类航天器必须将其天线指向地球。航天器可以绕固定方向旋转,对于地球指向航天器,其旋转极为缓慢。

　　姿态敏感的需求也不尽相同。如果精度要求不高,可以通过敏感地平线或磁场确定姿态。如果精度要求非常高,航天器可通过测量恒星的方向来确定姿态。同一类敏感器的灵敏度也有所不同。例如,存在大量能测出太阳方位的敏感器,其精度也不尽相同。有的只是略高于一度,有的会精确到几角秒。

　　姿态控制也有多种方式。可能是被动式,是指依靠航天器对环境的自然响应来维持姿态;也可能是主动式,是指通过计算好的控制力矩来控制和保持期望的姿态,而有的航天器兼具上述两种控制方式。根据任务需求,姿态控制的要求也不尽相同,有的航天器的姿态控制精度为几度,而有的航天器控制精度是角秒量级,如哈勃天文望远镜。

　　本章分为以下三个部分:姿态描述(指描述姿态的参数)、姿态确定以及姿态动力学与控制。姿态确定与控制的内容非常广泛,因此,本章只筛选出基本内容。更加详细的内容可以在其他资源里找到,在每个章节的结尾均已列出详细的参考文献。

　　姿态确定的基本内容是根据任务需求、成本以及时间限制,选取一系列精度合适的姿态敏感器和可以有效整合敏感器数据的姿态确定方法。姿态控制必须考虑航天器环境干扰力矩的影响,也要根据任务要求、成本和时间限制,选取相应的控制装置和姿态控制方法。控制装置应包括姿态敏感器,控制方法则使用由姿态确定装置决定的姿态。尽管一般称作"姿态确定与控制系统",但两者时常是相对独立的。姿态确定和姿态控制的精度需求是完全没有关联的。通常,在任务结束很长一段时间后才能得到航天器姿态的精确信息,而频繁执行的航天器姿态控制往往是在很多姿态信息无法连续精确获得的情况下进行的。本章将不考虑两者的耦合作用,主要详述姿态确定和姿态控制的主要功能。

　　某种程度上,姿态确实是难以描述的。位置描述是相对简单的,且通常在大学学习前就已熟练掌握。姿态描述方式就很不同了。在一些情况下,采用 3×3 矩阵可以描述,然而,其他情况下,采用三个欧拉角、四维矢量,或其他方法,姿态描述会更简单。与航天器位置运动公式相比,姿态运动公式也更复杂。即使一般性自由刚体(即不受力矩作用的物体),运动公式是耦合、非线性的,利用初等函数难以求解。本章将解决有关自由旋转对称体的"简易"问题,即使这样,其研究也是相当复杂的。专题论文(Griffin et al,1991)指出,航天器设计中姿态确定和控制是最复杂的,也是最不直观的。虽然难度较大,但是我们仍要继续研究。

　　本章包含的内容很丰富,不是几次讲座就能很好理解的。其中一些晦涩难懂的资料对于只想简单了解航天器姿态确定与控制的人来说,可以跳过。特别指出的是,如果对姿态不进行研究方面继续深造,可以跳过某些部分(特别是 5.2.5 小节、5.3.4 小节、5.5.3 小节、5.5.4 小节、5.6.3 小节和 5.6.9 小节),至少可以泛读。

　　航天器姿态方面,最被广泛采纳的是 Wertz(1978)的参考文献,总共 800 多页。近期出现的参考文献是 Wie(1998)的。Kaplan(1976)写了一本关于姿态确定与控制的本科教材,其内容侧重于动力学和控制。更多内容可参考 Carrou(1984)、Agrawal(1986)、Fortescue 等(1991)、Griffin 等(1991)、Larson 等(1992)的参考文献。本章部分内容在 Shuster(1989)的基础上进行了修改。Wylie 等(1982)的参考文献可以提供良好的数学背景知识。

5.2　姿　态　描　述

　　首先要讨论如何描述或用专用术语表示姿态。姿态可以由两个坐标系之间的关系体现。因此,需要正确理解矢量和坐标系的一般属性,特别是作为抽象客体的矢量(即无需参考坐标系就可以理解的矢量)与矢量的数字描述(即特定坐标系下的向量描述)之间的关系,这将有利于理解姿态问题。

　　物体的姿态与物体的位置大致类似,位置可通过从固连在物体上的参考坐标系到指定坐标系的位移(或平移)来描述,例如,地球固连坐标系或天体参考坐标系。同样,物体姿态或方向可以描述为一个旋转。设想一个坐标系与体坐标系原点重合,但该坐标系各轴与参考坐标系的各轴平行。这样,物体姿态就能通过旋转表示,也就是,参考坐标系的坐标轴通过转换和旋转变为体坐标系各轴。所以,研究姿态,也就是研究旋转。

尽管研究坐标系变换十分简单,但是,研究姿态却很复杂。姿态问题中,研究的不是单点问题,并且运动公式是非线性和耦合的。因此,姿态研究的内容非常广泛,并且不容易掌握。目前,大部分重要内容仍处于研究阶段。

姿态描述的多种方法中,本章仅介绍较为常用的几种方法:①旋转轴和旋转角;②旋转矩阵;③欧拉角;④四元数。与位置描述相比,姿态描述更加困难,所以,需借助一种或多种描述方法,从而充分简化问题。采用多种不同方法描述一个姿态问题也是很常见的。

在上述相关的姿态描述方法中,旋转轴和旋转角的方法可以充分利用旋转的几何直观效果,但是缺乏通用性。一般来说,旋转矩阵就是把一个矢量从一种形式变为另一种时所构建的矩阵。利用欧拉角,可以很方便地处理旋转航天器以及万向陀螺仪,因为仅需记录 3 种变量。欧拉角的优势就是能够可视化,但是,它并非很实用。由于四元数能兼顾动力学公式的简单性以及系统维度,所以,姿态动力学仿真方面,使用四元数最方便。事实上,还有 12 种(甚至 36 种,视计数方法而定)姿态描述方法,每种均有各自的优缺点。这里所叙述的 4 种描述方法最为重要。

5.2.1 右手正交坐标系

正交基$(i、j、k)$属于相互正交的一组三元矢量。因此,正交基矢量满足标量积关系

$$i \cdot j = i \cdot k = j \cdot k = 0 \tag{5.1}$$
$$i \cdot i = j \cdot j = k \cdot k = 1 \tag{5.2}$$

通常情况下,不仅要使基满足正交,而且需符合右手法则;即矢量满足下列公式:

$$i \times j = -j \times i = k \tag{5.3}$$
$$j \times k = -k \times j = i \tag{5.4}$$
$$k \times i = -i \times k = j \tag{5.5}$$

本章中,基通常至少是正交的。

如果在三维空间中的物理矢量 r 通过正交基$(i、j、k)$表示,就能找出系数 x、y 和 z,也称为元素或坐标,例如

$$r = xi + yj + zk \tag{5.6}$$

通过下列公式能求得坐标

$$x = i \cdot r, \quad y = j \cdot r, \quad z = k \cdot r \tag{5.7}$$

可从公式(5.1)和公式(5.2)直接得出该结果。

将矢量 r 的坐标分量通过列向量表示,定义为

$$r = \begin{bmatrix} x \\ y \\ z \end{bmatrix} \tag{5.8}$$

实际上,列向量 r 为 3×1 矩阵。如果已知基,则该列向量可以准确地表示该矢量。列向量表达式不同于抽象(物理)矢量。可以抽象地讨论各种矢量,无需参考坐标系。但是,列向量不能提供物理矢量的信息,除非给出坐标系(即基)。重要的是要记住:一个物理矢量(r),有无数相对应的列向量(r),具体取决于基的选择。

矢量的抽象运算(因为它们难以根据矢量数学描述加以表达),如公式(5.1)和公式(5.2),也能够通过列向量表达式同等描述。值得注意的是,如果根据正交基写出物理矢量 u 和 v

$$u = u_1 i + u_2 j + u_3 k \tag{5.9}$$
$$v = v_1 i + v_2 j + v_3 k \tag{5.10}$$

它们的坐标分量简化为

$$u = \begin{bmatrix} u_1 \\ u_2 \\ u_3 \end{bmatrix}, \quad v = \begin{bmatrix} v_1 \\ v_2 \\ v_3 \end{bmatrix} \tag{5.11}$$

根据正交基、公式(5.1)和公式(5.2)的相关定义,可以得知两个物理矢量的标量积能通过基坐标系下的分量描述

$$u \cdot v = \sum_{k=1}^{3} u_k v_k \tag{5.12}$$

根据列向量描述方式,还可以更简便地写出为

$$u \cdot v = u^\mathrm{T} v \equiv u \cdot v \tag{5.13}$$

u^T 表示 u 的转置矩阵

$$u^\mathrm{T} = [u_1 \quad u_2 \quad u_3] \tag{5.14}$$

这是一个 1×3 的行向量。公式(5.13)等式中间部分表示矩阵相乘(1×3 的矩阵与 3×1 矩阵的积是一个 1×1 的矩阵,也就是一个常数)。

同样,根据公式(5.3)~公式(5.5),可以写出矢量积为

$$u \times v = (u_2 v_3 - u_3 v_2) i + (u_3 v_1 - u_1 v_3) j + (u_1 v_2 - u_2 v_1) k \tag{5.15}$$

以及根据公式(5.15),$u \times v$ 的列向量形式为

$$u \times v \equiv \begin{bmatrix} u_2 v_3 - u_3 v_2 \\ u_3 v_1 - u_1 v_3 \\ u_1 v_2 - u_2 v_1 \end{bmatrix} \tag{5.16}$$

两个列向量相乘可以写成如下矩阵运算

$$u \times v = [u \times] v \tag{5.17}$$

式中,定义$[\boldsymbol{u}\times]$为 3×3 矩阵

$$[\boldsymbol{u}\times]=\begin{bmatrix} 0 & -u_3 & u_2 \\ u_3 & 0 & -u_1 \\ -u_2 & u_1 & 0 \end{bmatrix} \tag{5.18}$$

因此,如果采用列向量去描述,矩阵运算可替代矢量运算。姿态问题中,矩阵$[\boldsymbol{u}\times]$使用十分频繁。

物理矢量和列向量(或矢量描述)之间的差异似乎是人为的。但是,姿态研究中,特别是姿态估计时,通常必须用两组或以上的基表达同一矢量,如果不做区分很容易混淆不清。

还需注意,物理矢量的相关关系对于在同一基坐标下的描述列向量仍然是成立的。但是反过来不一定成立,如果同一个基下描述的两个列矢量的某种关系对每个基都成立,那么物理矢量也会满足这种关系。

5.2.2　正交变换

现在将解决如何采用数学方式描述姿态。前面已经讲过,姿态可以理解为基坐标系的旋转。所以,将详细讲解可以描述姿态的转换矩阵。可以看出,这种矩阵是正交的,该转换也因此称为正交变换。

假设两组正交基,即$\{\boldsymbol{I},\boldsymbol{J},\boldsymbol{K}\}$和$\{\boldsymbol{i},\boldsymbol{j},\boldsymbol{k}\}$。大多数情况下,第一个基的 3 个正交轴与惯性坐标系是固连的,第二个基的 3 个正交轴与航天器固连。下面将讨论如何对两组基进行转换。

因为$\{\boldsymbol{I},\boldsymbol{J},\boldsymbol{K}\}$和$\{\boldsymbol{i},\boldsymbol{j},\boldsymbol{k}\}$都是正交基,其中任意一组基中的各个矢量可以根据另一组基的矢量表示为

$$\begin{cases} \boldsymbol{i}=C_{11}\boldsymbol{I}+C_{12}\boldsymbol{J}+C_{13}\boldsymbol{K} \\ \boldsymbol{j}=C_{21}\boldsymbol{I}+C_{22}\boldsymbol{J}+C_{23}\boldsymbol{K} \\ \boldsymbol{k}=C_{31}\boldsymbol{I}+C_{32}\boldsymbol{J}+C_{33}\boldsymbol{K} \end{cases} \tag{5.19}$$

和

$$\begin{cases} \boldsymbol{I}=C'_{11}\boldsymbol{i}+C'_{12}\boldsymbol{j}+C'_{13}\boldsymbol{k} \\ \boldsymbol{J}=C'_{21}\boldsymbol{i}+C'_{22}\boldsymbol{j}+C'_{23}\boldsymbol{k} \\ \boldsymbol{K}=C'_{31}\boldsymbol{i}+C'_{32}\boldsymbol{j}+C'_{33}\boldsymbol{k} \end{cases} \tag{5.20}$$

对于系数 C_{ij} 和 C'_{ij},因为正交基相互正交,可根据公式(5.19)和公式(5.20)得到

$$\begin{cases} C_{11}=\boldsymbol{I}\cdot\boldsymbol{i}=C'_{11} \\ C_{12}=\boldsymbol{J}\cdot\boldsymbol{i}=C'_{21} \\ C_{13}=\boldsymbol{K}\cdot\boldsymbol{i}=C_{31} \end{cases} \tag{5.21}$$

矩阵中的其余元素也是类似的。所以,系数 C_{ij} 和 C'_{ij} 不是相互独立的,并且满足公式

$$C'_{ij}=C_{ji} \tag{5.22}$$

如果将系数 C_{ij} 和 C'_{ij} 分别理解为 3×3 矩阵 C 或 C' 中的元素,相应地,两个矩阵满足公式

$$\boldsymbol{C}'=\boldsymbol{C}^{\mathrm{T}} \tag{5.23}$$

也就是说,一个矩阵是另一矩阵的转置。系数 C_{ij} 和 C'_{ij} 通常称为方向余弦,由于 $\boldsymbol{I}\cdot\boldsymbol{i}$ 为矢量 $\boldsymbol{I}$ 和 $\boldsymbol{i}$ 的余弦值,所以 C 和 C' 称为方向余弦矩阵。

接下来,深入研究方向余弦的各种性质。如果把式(5.20)代入式(5.19),可得

$$\begin{aligned} \boldsymbol{i}=&(C_{11}C'_{11}+C_{12}C'_{21}+C_{13}C'_{31})\boldsymbol{i} \\ &+(C_{11}C'_{12}+C_{12}C'_{22}+C_{13}C'_{32})\boldsymbol{j} \\ &+(C_{11}C'_{13}+C_{12}C'_{23}+C_{13}C'_{33})\boldsymbol{k} \end{aligned} \tag{5.24}$$

$\boldsymbol{j}$ 和 $\boldsymbol{k}$ 也是类似的。可以看出,公式(5.24)的系数为矩阵积的元素,所以,可以将公式(5.24)改写为

$$\boldsymbol{i}=(\boldsymbol{C}\boldsymbol{C}')_{11}\boldsymbol{i}+(\boldsymbol{C}\boldsymbol{C}')_{12}\boldsymbol{j}+(\boldsymbol{C}\boldsymbol{C}')_{13}\boldsymbol{k} \tag{5.25}$$

由于正交基中的各矢量是线性无关的,公式(5.24)或公式(5.25)的第一系数必须为1,而其他两个为零。$\boldsymbol{j}$ 和 $\boldsymbol{k}$ 也相类似,所以

$$\sum_{k=1}^{3}C_{ik}C'_{kj}=\sum_{k=1}^{3}C_{ik}C_{jk}=\delta_{ij} \tag{5.26}$$

式中,δ_{ij} 代表克罗内克符号,定义为

$$\delta_{ij}=\begin{cases} 1, & i=j \\ 0, & i\neq j \end{cases} \tag{5.27}$$

相反,将公式(5.19)代入公式(5.20),结果变为

$$\sum_{k=1}^{3}C'_{ik}C_{ki}=\sum_{k=1}^{3}C_{ki}C_{kj}=\delta_{ij} \tag{5.28}$$

可以将公式(5.26)和公式(5.28)写成矩阵形式

$$\boldsymbol{C}\boldsymbol{C}^{\mathrm{T}}=\boldsymbol{C}^{\mathrm{T}}\boldsymbol{C}=\boldsymbol{I} \tag{5.29}$$

式中,$\boldsymbol{I}$ 为 3×3 单位阵

$$\boldsymbol{I}=\begin{bmatrix} 1 & 0 & 0 \\ 0 & 1 & 0 \\ 0 & 0 & 1 \end{bmatrix} \tag{5.30}$$

克罗内克符号 δ_{ij} 就是 3×3 单位阵中的 (i,j) 元素。因此矩阵 $\boldsymbol{C}^{\mathrm{T}}$ 是 C 的逆矩

阵。满足如下关系的方阵是正交的：

$$\boldsymbol{C}^{-1}=\boldsymbol{C}^{\mathrm{T}} \tag{5.31}$$

只有满足式(5.29)或式(5.31)的矩阵才可以对两组正交基进行变换。

在知道如何描述两组正交基的关系后，现在重点解决利用这两组正交基构成的列向量表达式的关系问题。一个矢量在两组基下的表达式分别为

$$\boldsymbol{r}=X\boldsymbol{I}+Y\boldsymbol{J}+Z\boldsymbol{K} \tag{5.32}$$

或为

$$\boldsymbol{r}=x\boldsymbol{i}+y\boldsymbol{j}+z\boldsymbol{k} \tag{5.33}$$

上述 $\boldsymbol{r}$ 的两种描述方法采用不同的基，我们希望找到二者之间的关系。将坐标基显示出来，可写为

$$\boldsymbol{r}_{\{I,J,K\}}\equiv\begin{bmatrix}X\\Y\\Z\end{bmatrix},\quad \boldsymbol{r}_{\{i,j,k\}}\equiv\begin{bmatrix}x\\y\\z\end{bmatrix} \tag{5.34}$$

现在讨论公式(5.34)中的两种描述方法。如果采用公式(5.7)算出基向量 $\boldsymbol{i}$、$\boldsymbol{j}$ 和 $\boldsymbol{k}$ 算出矢量 $\boldsymbol{r}$ 的标量积(公式(5.19)给出)，可以发现

$$\begin{aligned}x=\boldsymbol{i}\cdot\boldsymbol{r}&=C_{11}\boldsymbol{I}\cdot\boldsymbol{r}+C_{12}\boldsymbol{J}\cdot\boldsymbol{r}+C_{13}\boldsymbol{K}\cdot\boldsymbol{r}\\&=C_{11}X+C_{12}Y+C_{13}Z\end{aligned} \tag{5.35}$$

其他两个元素也是类似的，可得到如下关系式

$$\begin{bmatrix}x\\y\\z\end{bmatrix}=\begin{bmatrix}C_{11}&C_{12}&C_{13}\\C_{21}&C_{22}&C_{23}\\C_{31}&C_{32}&C_{33}\end{bmatrix}\begin{bmatrix}X\\Y\\Z\end{bmatrix} \tag{5.36}$$

因此，转换基的系数也是转换矩阵表达式的系数。

尽管两者均有方向余弦，但是公式(5.19)和公式(5.36)的性质大不相同。公式(5.19)中的乘法就是抽象矢量与标量的乘积，而公式(5.36)中为矩阵乘法。

公式(5.19)和公式(5.31)均有 $\boldsymbol{C}$ 行列式的重要结果。根据行列式的一般特性，可以得出

$$\det(\boldsymbol{C}\,\boldsymbol{C}^{\mathrm{T}})=(\det\boldsymbol{C})(\det\boldsymbol{C}^{\mathrm{T}})=(\det\boldsymbol{C})^2=1 \tag{5.37}$$

就此，可以得出

$$\det\boldsymbol{C}=\pm 1 \tag{5.38}$$

当 $\det\boldsymbol{C}=\pm 1$ 时，可以看出正交矩阵是特殊($Proper$)的；否则，就是非特殊的。就正交矩阵而言，有

$$(\boldsymbol{C}\boldsymbol{x})\cdot(\boldsymbol{C}\boldsymbol{y})=\boldsymbol{x}\cdot\boldsymbol{y} \tag{5.39}$$

和

$$(\boldsymbol{C}\boldsymbol{x})\times(\boldsymbol{C}\boldsymbol{y})=(\det\boldsymbol{C})\boldsymbol{C}(\boldsymbol{x}\times\boldsymbol{y}) \tag{5.40}$$

将公式(5.39)的证明留给读者进行练习,公式(5.40)的证明更加复杂。可以看出,每个正交变换都可以保持标量积不变,但只有特殊正交变换可以保持矢量积不变(可以看出,特殊正交变换与旋转是同义的)。由公式(5.39)可知,如果 x 和 y 正交,那么 Cx 和 Cy 也是正交的。所以,正交变换具有保正交性,希腊语中,正交的原意就是成"直角"。

旋转仅限于特殊正交变换。一个非特殊正交变换的例子为

$$\begin{bmatrix} -1 & 0 & 0 \\ 0 & -1 & 0 \\ 0 & 0 & -1 \end{bmatrix} \tag{5.41}$$

因为每次旋转时至少有一个轴保持不动(旋转轴),所以,通过一次旋转改变每个矢量的方向是无法做到的。

5.2.3　旋转矩阵

到目前,大多数情况下,考虑正交基之间的转换时没考虑其几何特征。现在来改变这种情况。可以看出,并非所有正交变换都可表示旋转,而仅仅是特殊正交变换才能代表旋转。

考虑绕 K 轴的旋转(图 5.1)。采用数学方法,下列公式可以描述旋转

$$\begin{cases} i = \cos\varphi I + \sin\varphi J \\ j = -\sin\varphi I + \cos\varphi J \\ k = K \end{cases} \tag{5.42}$$

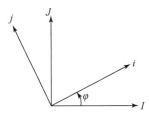

图 5.1　绕 K 轴旋转情况(这里 I 和 J 为初始坐标轴,i 和 j 为最终坐标轴)

根据公式(5.19),将转换写成为

$$\begin{cases} i = R_{11}(K,\varphi)I + R_{12}(K,\varphi)J + R_{13}(K,\varphi)K \\ j = R_{12}(K,\varphi)I + R_{22}(K,\varphi)J + R_{23}(K,\varphi)K \\ k = R_{13}(K,\varphi)I + R_{23}(K,\varphi)J + R_{33}(K,\varphi)K \end{cases} \tag{5.43}$$

这里,写成 $R(K,\varphi)$ 表示绕 K 轴旋转角度 φ 后形成的方向余弦矩阵。

比较公式(5.42)和公式(5.43),可得

$$\boldsymbol{R}(\boldsymbol{K},\varphi)=\begin{bmatrix} \cos\varphi & \sin\varphi & 0 \\ -\sin\varphi & \cos\varphi & 0 \\ 0 & 0 & 1 \end{bmatrix} \tag{5.44}$$

和

$$\begin{bmatrix} x \\ y \\ z \end{bmatrix}=\boldsymbol{R}(\boldsymbol{K},\varphi)\begin{bmatrix} X \\ Y \\ Z \end{bmatrix} \tag{5.45}$$

公式(5.45)中为矩阵乘法。分别绕其他两轴的旋转矩阵为

$$\boldsymbol{R}(\boldsymbol{I},\varphi)=\begin{bmatrix} 1 & 0 & 0 \\ 0 & \cos\varphi & \sin\varphi \\ 0 & -\sin\varphi & \cos\varphi \end{bmatrix} \tag{5.46}$$

$$\boldsymbol{R}(\boldsymbol{J},\varphi)=\begin{bmatrix} \cos\varphi & 0 & -\sin\varphi \\ 0 & 1 & 0 \\ \sin\varphi & 0 & \cos\varphi \end{bmatrix} \tag{5.47}$$

注意,这里并未将公式(5.43)~公式(5.45)中旋转矩阵写为物理矢量的函数,而是矢量坐标分量的函数,因为旋转矩阵作为数值量,为数值矢量的方程,也就是矢量描述。这要引起注意,因为不清楚是在初始基下进行描述还是在最终基下进行描述。但是,这无关紧要,从公式(5.42)中,可以在每个基中发现 $\boldsymbol{K}$ 和 $\boldsymbol{k}$ 相同的表达式。

对于绕轴 $\boldsymbol{a}$ 旋转任意角 $\varphi(\boldsymbol{a}\cdot\boldsymbol{a}=1)$ 的情形,常用公式为

$$\boldsymbol{R}(\boldsymbol{a},\varphi)\boldsymbol{v}=\cos\varphi\boldsymbol{v}+(1-\cos\varphi)(\boldsymbol{a}\cdot\boldsymbol{v})\boldsymbol{a}-\sin\varphi\boldsymbol{a}\times\boldsymbol{v} \tag{5.48}$$

等于

$$\boldsymbol{R}(\boldsymbol{a},\varphi)=\cos\varphi\boldsymbol{I}+(1-\cos\varphi)\boldsymbol{a}\boldsymbol{a}^{\mathrm{T}}-\sin\varphi[\boldsymbol{a}\times] \tag{5.49}$$

式中,矩阵 $[\boldsymbol{a}\times]$ 由公式(5.18)可知。公式(5.48)或公式(5.49)为欧拉公式。如果写为

$$\boldsymbol{a}=\begin{bmatrix} a_1 \\ a_2 \\ a_3 \end{bmatrix} \tag{5.50}$$

然后,可将 $\boldsymbol{R}(\boldsymbol{a},\varphi)$ 展开为

$$\boldsymbol{R}(\boldsymbol{a},\varphi)=\begin{bmatrix} c+a_1^2(1-c) & a_1 a_2(1-c)+a_3 s & a_1 a_3(1-c)-a_2 s \\ a_2 a_1(1-c)-a_3 s & c+a_2^2(1-c) & a_2 a_3(1-c)+a_1 s \\ a_3 a_1(1-c)+a_2 s & a_3 a_2(1-c)-a_1 s & c+a_3^2(1-c) \end{bmatrix} \tag{5.51}$$

式中,$c=\cos\varphi$ 和 $s=\sin\varphi$。可以验证公式(5.51)的矩阵行列式为 +1,旋转矩阵是特殊正交的。

　　利用公式(5.49)或公式(5.51)可以写出绕任意旋转轴旋转任意角的旋转矩阵。欧拉指出,反过来也是正确的,即每次旋转均可表达为绕一个轴旋转一定角度的结果。上述结果即欧拉定理。注意,旋转轴有两个自由参数,旋转角是第三项参数。所以,旋转能用三个参数描述,因此矩阵 $\boldsymbol{C}$ 的 9 个元素满足 6 个约束条件,由公式(5.29)或公式(5.31)给出。

5.2.4　欧拉角

　　考虑绕各主轴连续 3 次旋转

$$\boldsymbol{C} = \boldsymbol{R}(\vec{a}_3, \varphi_3)\boldsymbol{R}(\vec{a}_2, \varphi_2)\boldsymbol{R}(\vec{a}_1, \varphi_1) \tag{5.52}$$

式中,3 个旋转轴的列向量 $\vec{a}_1, \vec{a}_2, \vec{a}_3$ 必须从以下 3 种单位列向量中选定

$$\vec{u}_1 \equiv \begin{bmatrix} 1 \\ 0 \\ 0 \end{bmatrix}, \quad \vec{u}_2 \equiv \begin{bmatrix} 0 \\ 1 \\ 0 \end{bmatrix}, \quad \vec{u}_3 \equiv \begin{bmatrix} 0 \\ 0 \\ 1 \end{bmatrix} \tag{5.53}$$

在本部分考虑其中 1 种选择,即 $\vec{a}_1 = \vec{u}_3$、$\vec{a}_2 = \vec{u}_1$、$\vec{a}_3 = \vec{u}_3$,称为 3-1-3 顺序。

　　根据最后部分的讨论,对旋转顺序的解释如下。第一次旋转 $\boldsymbol{R}(\vec{a}_1, \varphi_1)$,将初始(如惯性坐标系)基 $\{\boldsymbol{I}, \boldsymbol{J}, \boldsymbol{K}\}$ 转换为中间基 $\{\boldsymbol{I}', \boldsymbol{J}', \boldsymbol{K}'\}$。由于是 3-1-3 顺序,旋转轴列向量选定 $\vec{u}_3$,旋转物理轴 $\vec{a}_1$ 是基向量 $\boldsymbol{K}$(或 $\boldsymbol{K}'$,两者相同)。也可以说,第一次是绕 z 轴旋转。

　　第二次旋转 $\boldsymbol{R}(\vec{a}_2, \varphi_2)$ 将中间基 $\{\boldsymbol{I}', \boldsymbol{J}', \boldsymbol{K}'\}$ 转换为二次中间基 $\{\boldsymbol{I}'', \boldsymbol{J}'', \boldsymbol{K}''\}$。由于是 3-1-3 顺序,二次旋转轴描述选为 $\vec{u}_1$,并且,这次的表达式涉及 $\{\boldsymbol{I}', \boldsymbol{J}', \boldsymbol{K}'\}$ 或 $\{\boldsymbol{I}'', \boldsymbol{J}'', \boldsymbol{K}'\}$。所以,二次旋转物理轴 $\vec{a}_2$ 为 $\boldsymbol{I}'$(等效于 $\boldsymbol{I}''$,两者相同)。任意情况下,$\boldsymbol{I}'$ 或 $\boldsymbol{I}''$ 为本体的 x 轴。

　　相同地,3-1-3 顺序的第三次,即最后一次旋转是绕 z 轴旋转。空间中,第三个旋转轴一般与第一个不同,但它是本体经过之前的旋转后,体坐标系 z 轴的指向。如果从公式(5.53)中选定公式(5.52)中的旋转轴列向量,则旋转通常是绕当前体坐标系轴的。之所以说是"当前的",因为我们的视角一般是外部观察者的。若在航天器里,可以想象旋转轴正好是体坐标轴,第一旋转轴与最后相同。3-1-3 欧拉顺序的形象化描述参见图 5.2。

　　每一个旋转矩阵均可写为 3-1-3 欧拉顺序(也可以将旋转矩阵解释为四次或更多次旋转的结果,但是,由于旋转完全能用 3 个参数描述,所以选择 3 次适当的旋转就足够了)。轴 $\vec{a}_1, \vec{a}_2, \vec{a}_3$ 称为欧拉轴,角度 $\varphi_1, \varphi_2, \varphi_3$ 称为欧拉角。欧拉角通常写成 φ, θ, ψ,而不是 $\varphi_1, \varphi_2, \varphi_3$。注意,这里 φ 与先前描述的完整旋转的旋转角的含义是不同的。考虑 3-1-2 欧拉顺序(第 3 次旋转是绕本体的 y 轴),或者任意序数不同的旋转方式,其欧拉角通常被称为滚动、俯仰和偏航。对于对地定向的航天

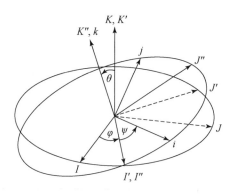

图 5.2　采用 3-1-3 欧拉角进行 3 维旋转

器,滚动轴也就是最接近速度方向的体坐标轴,偏航轴也就是最接近天顶方向的轴,俯仰轴就是与轨道正交的轴(轨道角速度方向)。对于非对地定向式航天器,其定义就很随意。欧拉角非常小时,滚动、俯仰和偏航的数值是很明确的,但一般而言,姿态对应的欧拉角数值一般取决于 3 次旋转的顺序。所以,提醒读者注意,当每次定义的欧拉角顺序各不相同时,滚动、偏航和俯仰角的含义也不相同。

一系列的欧拉旋转并非都能表示任意姿态。旋转有 3 个自由度。为了确保欧拉角的描述有 3 个自由度,需要满足

$$a_1 \neq a_2, \quad a_2 \neq a_3 \tag{5.54}$$

如果不满足,可以将前 2 次或最后 2 次旋转角度加起来,则会有不超过 2 个的自由度(如果选定的 3 次轴相同,其自由度仅 1)。所以,一旦选定第一个旋转轴,选择第二个旋转轴时就只有两种可能性了;选择第二次旋转轴后,选择第三个旋转轴时就只有两种可能性了。因而,有 12 种符合相关条件的轴序列所以,欧拉角也有 12 种选择。3-1-3 的欧拉角顺序,特别常用于航天器姿态运动描述。

方向余弦矩阵不取决于欧拉角。考虑 3-1-3 欧拉角,如果采用矩阵相乘,姿态矩阵将描述为

$$
\begin{aligned}
\boldsymbol{C}(\varphi,\theta,\psi) &=
\begin{bmatrix}
\cos\psi & \sin\psi & 0 \\
-\sin\psi & \cos\psi & 0 \\
0 & 0 & 1
\end{bmatrix}
\begin{bmatrix}
1 & 0 & 0 \\
0 & \cos\theta & \sin\theta \\
0 & -\sin\theta & \cos\theta
\end{bmatrix}
\begin{bmatrix}
\cos\varphi & \sin\varphi & 0 \\
-\sin\varphi & \cos\varphi & 0 \\
0 & 0 & 1
\end{bmatrix} \\
&=
\begin{bmatrix}
c\psi c\varphi - s\psi c\theta s\varphi & c\psi s\varphi + s\psi c\theta c\varphi & s\psi s\theta \\
-s\psi c\varphi - c\psi c\theta s\varphi & -s\psi s\varphi + c\psi c\theta c\varphi & c\psi s\theta \\
s\theta s\varphi & -s\theta c\varphi & c\theta
\end{bmatrix}
\end{aligned}
\tag{5.55}
$$

这里,将 $\sin\psi$ 写成 $s\psi$。机器运算中,一般采用计算机算出 2 个矩阵乘积,而不是从最后的公式中计算每个元素,这种方法更可能出现编程错误。每个旋转矩

都能通过 3-1-3 欧拉角描述(或 12 项中任何 1 项)。

欧拉角并不唯一。事实上,不难看出通过 3-1-3 欧拉角顺序,(φ,θ,ψ) 和 $(\varphi+\pi,-\theta,\psi-\pi)$ 将产生相同的姿态矩阵(轴角式也是双值的,因为 $(\boldsymbol{a},\varphi)$ 和 $(-\boldsymbol{a},-\varphi)$ 产生相同的旋转矩阵)。为了使欧拉角唯一,通常限制 3-1-3 欧拉角数值范围

$$0\leqslant\varphi<2\pi,\quad 0\leqslant\theta<\pi,\quad 0\leqslant\psi<2\pi \tag{5.56}$$

欧拉角较大的优势就是,它们仅有 3 个参数,而旋转轴和旋转角有 4 个参数,方向余弦矩阵有 9 个参数。

通常情况是已经采用某些方法计算出姿态矩阵,然后希望算出欧拉角,以便更有效地保存姿态资料。为了从已给的旋转矩阵计算出欧拉角,应先注意公式(5.55)中

$$C_{33}=\cos\theta \tag{5.57}$$

所以

$$\theta=\arccos(C_{33}) \tag{5.58}$$

反余弦值与公式(5.56)的条件一致。我们也注意到

$$C_{31}=\sin\theta\sin\varphi,\quad C_{32}=-\sin\theta\cos\varphi \tag{5.59}$$

对于 $\sin\theta>0$,我们可以写为

$$\varphi=\text{ATAN2}(C_{31},-C_{32}) \tag{5.60}$$

式中,$\text{ATAN2}(y,x)$ 为二元函数,它能得到其正切值为 y/x 所对应的角,并处于正确的象限内。公式(5.60)中,采用了 Fortran 和 MATLAB 语言进行函数命名。同样地

$$C_{13}=\sin\theta\sin\psi,\quad C_{23}=\sin\theta\cos\psi \tag{5.61}$$

对于 $\sin\theta>0$,可以得出

$$\psi=\text{ATAN2}(C_{13},C_{23}) \tag{5.62}$$

当 $\sin\theta=0$ 时,情况变得更复杂。此时,对于 3-1-3 欧拉角的旋转矩阵,根据式(5.55)得

$$\boldsymbol{C}=\begin{bmatrix}\cos(\varphi\pm\psi) & \sin(\varphi\pm\psi) & 0 \\ -\sin(\varphi\pm\psi) & \pm\cos(\varphi\pm\psi) & 0 \\ 0 & 0 & \pm1\end{bmatrix} \tag{5.63}$$

式中,根据 $\cos\theta$ 符号选定正负号。所以,无需单独确定 φ 和 ψ。通常情况下,可以任选一种作为解决方案

$$\psi=0,\quad \varphi=\text{ATAN2}(C_{12},C_{11}) \tag{5.64}$$

需要指出的是,这仅为了描述方便添加了公式(5.56)和公式(5.64)的约束。某些情况下解除这些约束,也不会有任何损失,并且在一些情况下(例如,想要保持欧拉角连续变化)违背这些约束也在所难免。

不幸的是,欧拉角并非较好的姿态表达方法。特别是,因为当 $\theta=0$ 或 π 时,3-

1-3 欧拉角是奇异的。与此相反,当 $\theta=0$ 或 π 时,我们采用了 3-1-2 欧拉角,但是,当 $\theta=\pm\pi/2$ 时结果是奇异的。所以,为了避免奇异性,必须借助于 2 个系列的欧拉角,偶尔还需从一种转换成另一种。显而易见,考虑姿态运动学时奇异性在实际中意味着什么。尽管过去使用频繁,因为奇异性问题和大量的三角函数计算,目前欧拉角使用相对较少。但是,对于自旋航天器,欧拉角优势明显。这种情况下,可以选定 2 种欧拉角成为旋转轴的球面角。事实上,通过公式(5.55)不难发现,如果选定了 z 轴为旋转轴,欧拉角 θ,ψ 将变为球面角。对于自旋航天器,旋转轴一般很稳定,并且限定在指定方向的小区域内。前两个欧拉角变化幅度有限,第 3 个欧拉角速率基本恒定。所以,对于自旋航天器,奇异性是可以避免的,角度也易于处理。

5.2.5　四元数

考虑到欧拉角的奇异性以及方向余弦矩阵元素的个数较多,一般将采用其他描述方法,也就是,数值计算中的四元数法。四元数法部分基于 Chasle 定理,它指出,"刚体的运动可以通过绕一个轴旋转和沿着该轴的平移来完全表述"。四元数免去了欧拉角中复杂的分析过程,而仅增加一个元素。

定义四元数 $\bar{q}$ 为 4×1 矩阵

$$\bar{q}\equiv\begin{bmatrix}q_1\\q_2\\q_3\\q_4\end{bmatrix}=\begin{bmatrix}q\\q_4\end{bmatrix} \tag{5.65}$$

式中

$$q\equiv\begin{bmatrix}q_1\\q_2\\q_3\end{bmatrix}\equiv\sin(\varphi/2)a,\quad q_4\equiv\cos(\varphi/2) \tag{5.66}$$

单位列向量 a 代表旋转轴,φ 是旋转角。将 q 称为四元数的矢量分量,q_4 称为标量分量。所以,四元数有 4 个分量。并且,由于多了一个必需的分量,必须满足如下要求:

$$\bar{q}^{\mathrm{T}}\bar{q}=q_1^2+q_2^2+q_3^2+q_4^2=1 \tag{5.67}$$

式(5.67)可通过公式(5.66)证明。对于四元数,公式(5.49)给定的旋转矩阵可以描述为

$$R=(q_4^2-|q|^2)I_{4\times4}+2qq^{\mathrm{T}}-2q_4[q\times] \tag{5.68}$$

式中,矩阵 $[q\times]$ 由公式(5.18)定义。式(5.68)展开为

$$\boldsymbol{R}=\begin{bmatrix} q_1^2-q_2^2-q_3^2+q_4^2 & 2(q_1q_2+q_4q_3) & 2(q_1q_3-q_4q_2) \\ 2(q_2q_1-q_4q_3) & -q_1^2+q_2^2-q_3^2+q_4^2 & 2(q_2q_3+q_4q_1) \\ 2(q_3q_1+q_4q_2) & 2(q_3q_2-q_4q_1) & -q_1^2-q_2^2+q_3^2+q_4^2 \end{bmatrix} \tag{5.69}$$

根据公式(5.49)可得出公式(5.68)和公式(5.69),推导过程将留给读者练习。公式(5.68)和公式(5.69)通过四元数描述旋转矩阵,公式(5.52)或公式(5.55)用欧拉角描述旋转矩阵,利用四元数描述旋转矩阵的优势在于,通过简单的数字相乘或相加,代替了三角函数运算,付出的代价是通过四个元素而不是三个元素加以描述。实际应用中,代价是很低的。

上述公式显示出通过四元数计算旋转矩阵的方法。同样,也可以通过旋转矩阵计算出四元数。计算结果为

$$q_4=\frac{1}{2}\sqrt{1+R_{11}+R_{22}+R_{33}} \tag{5.70}$$

并且,如果 $q_4\neq0$ 其余元素通过非对角元计算可得

$$q_1=\frac{1}{4q_4}(R_{23}-R_{32}),\quad q_2=\frac{1}{4q_4}(R_{31}-R_{13}),\quad q_3=\frac{1}{4q_4}(R_{12}-R_{21}) \tag{5.71}$$

上述结果可直接从公式(5.67)和公式(5.69)得出。注意,公式(5.52)和公式(5.55)不能决定 $\bar{\boldsymbol{q}}$ 的符号。然而,由于 $\boldsymbol{R}$ 是 $\bar{\boldsymbol{q}}$ 的二次函数,所以, $\bar{\boldsymbol{q}}$ 与 $-\bar{\boldsymbol{q}}$ 可产生相同的旋转矩阵。

如果 q_4 接近零,公式(5.70)和公式(5.71)就不会非常精确。但是,因为四元数各元素平方和等于1,因此至少一个元素的幅值大于或等于1/2。所以,可以回避 $q_4=0$ 的问题,而仅需先简单算出一个非 q_4 元素,然后通过这一元素算出其他元素。简单、高效的四元数计算方法,见 Shepperd(1978)的文献。

在进行姿态描述时,与欧拉角需要选取两组角度来避免奇异性不同,仅需一个四元数(除了整体变号,一个四元数将描述一种姿态)。这并非四元数的唯一优点。涉及连续旋转时,很难采用欧拉角,而四元数的方法就非常简单。采用两个四元数简单并列,就可描述四元数乘法。所以,如果四元数 $\bar{\boldsymbol{q}}$ 代表初次旋转,四元数 $\bar{\boldsymbol{q}}'$ 代表二次旋转,复合旋转就采用 $\bar{\boldsymbol{q}}''$ 描述

$$\bar{\boldsymbol{q}}''=\bar{\boldsymbol{q}}'\bar{\boldsymbol{q}} \tag{5.72}$$

若表达式符合,还必须满足

$$\boldsymbol{R}(\bar{\boldsymbol{q}}'')=\boldsymbol{R}(\bar{\boldsymbol{q}}')\boldsymbol{R}(\bar{\boldsymbol{q}}) \tag{5.73}$$

$\boldsymbol{R}(\bar{\boldsymbol{q}}'')$ 是 $\boldsymbol{R}(\bar{\boldsymbol{q}})$ 和 $\boldsymbol{R}(\bar{\boldsymbol{q}}')$ 矩阵相乘的结果。对于四元数法,乘法法则与公式(5.72)和公式(5.73)一致,也就是

$$\bar{\boldsymbol{q}}''=\bar{\boldsymbol{q}}'\bar{\boldsymbol{q}}\equiv\begin{bmatrix} q_4'\boldsymbol{q}+q_4\boldsymbol{q}'-\boldsymbol{q}'\times\boldsymbol{q} \\ q_4'q_4-\boldsymbol{q}'\cdot\boldsymbol{q} \end{bmatrix} \tag{5.74}$$

公式(5.74)右边表达式上半部分给出元素 $\boldsymbol{q}''$，而下半部分为 $\boldsymbol{q}''_4$。可以改变公式(5.74)最右边数字的符号，所以四元数合成法则并不唯一。公式(5.74)符号惯例是通常使用的，也方便接受。

作为姿态表达方式，与旋转矩阵相比，四元数法有多项优势。首先，元素极少（4 个，而不是 9 个），所以仅需较少的存储量。第二，约束极少（1 个，而不是 6 个）。第三，合成法则比较简单（16 个乘法，而不是 27 个）。最后，约束条件简单易行。考虑到累积的数字舍入误差，当算出的旋转矩阵不是正交的，要使其正交很难。但是，对于四元数，可简单替换 $\bar{\boldsymbol{q}}$ 为

$$\frac{1}{\sqrt{\boldsymbol{q}^\mathsf{T}\boldsymbol{q}}} = \bar{\boldsymbol{q}} \tag{5.75}$$

5.2.6 更多参考资料

各种各样的姿态表达方法远远超过这里呈现的内容。Markly(1978)和 Duchon(1984)的技术文献概述出各种重要描述。Hughes(1986)、Junkins 等(1986)的文献中包括姿态描述的大幅章节。Kane 等(1983)的文献的第 1 章也处理过姿态描述。但是，读者需注意，这些作者对于旋转采用了不同的表示，它可能与本书公式符号不同。Wertz(1978)和 Hughes(1986)的文献中列出了 12 种欧拉角方式。Shuster(1993)已起草了姿态描述的详尽调查研究。

5.3 姿态运动学

方便起见，将姿态运动研究分为两部分：姿态运动学和姿态动力学。本章后半部分讨论姿态动力学，姿态动力学就是研究刚体对所施加力矩的响应。另外，姿态运动学重点研究如何描述姿态随时间变化的特性，或等效描述为角速度。为了理解运动学与动力学之间的差异性，可以考虑物体平移运动

$$\frac{\mathrm{d}}{\mathrm{d}t}\boldsymbol{r} = \boldsymbol{v} \tag{5.76}$$

这仅包括几何部分。利用牛顿第二运动定律描述的动力学公式是

$$\frac{\mathrm{d}}{\mathrm{d}t}\boldsymbol{v} = \frac{1}{m}\boldsymbol{F}(\boldsymbol{r}) \tag{5.77}$$

不难看出，对应的姿态公式更加复杂。

5.3.1 运动坐标系的变化率

考虑刚体绕轴 $\boldsymbol{n}$ 旋转，向量 $\boldsymbol{b}$ 固连在旋转的刚体上，如图 5.3 所示。矢量 $\boldsymbol{b}$ 在时段 Δt 的变化为

$$\Delta \boldsymbol{b} = \boldsymbol{b}(t + \Delta t) - \boldsymbol{b}(t) = \Delta \varphi(\boldsymbol{n} \times \boldsymbol{b}) \tag{5.78}$$

式中，$\Delta \varphi$ 为刚体绕轴 $\boldsymbol{n}$ 旋转产生的角度。矢量 $\boldsymbol{b}$ 的微分为

$$\frac{\mathrm{d}}{\mathrm{d}t}\boldsymbol{b} = \lim_{\Delta t \to 0}\frac{\Delta \boldsymbol{b}}{\Delta t} = \lim_{\Delta t \to 0}\frac{\Delta \varphi}{\Delta t}(\boldsymbol{\dot{n}} \times \boldsymbol{b}) = \frac{\mathrm{d}\varphi}{\mathrm{d}t}(\boldsymbol{\dot{n}} \times \boldsymbol{b}) \tag{5.79}$$

由下列公式定义物理矢量

$$\bar{\omega} \equiv \frac{\mathrm{d}\varphi}{\mathrm{d}t}\boldsymbol{n} \tag{5.80}$$

$\bar{\boldsymbol{\omega}}$ 称为刚体角速度，可以简写为

$$\frac{\mathrm{d}}{\mathrm{d}t}\boldsymbol{b} = \bar{\boldsymbol{\omega}} \times \boldsymbol{b} \tag{5.81}$$

假设 $\{\boldsymbol{I}, \boldsymbol{J}, \boldsymbol{K}\}$ 是固定在惯性系的右手正交基。而且

$$\frac{\mathrm{d}}{\mathrm{d}t}\boldsymbol{I} = \frac{\mathrm{d}}{\mathrm{d}t}\boldsymbol{J} = \frac{\mathrm{d}}{\mathrm{d}t}\boldsymbol{K} = \boldsymbol{0} \tag{5.82}$$

由于惯性轴不会随时间变化。所以

$$\frac{\mathrm{d}}{\mathrm{d}t}(\boldsymbol{I} \cdot \boldsymbol{b}) = \boldsymbol{I} \cdot \frac{\mathrm{d}}{\mathrm{d}t}\boldsymbol{b} \tag{5.83}$$

$\boldsymbol{J}$ 和 $\boldsymbol{K}$ 也类似，矢量 $\boldsymbol{b}$ 的惯性分量部分的微分仅为 $\boldsymbol{b}$ 的微分的惯性分量。所以，根据公式 (5.40) 和公式 (5.81)，可得

$$\frac{\mathrm{d}}{\mathrm{d}t}\boldsymbol{b}_I = \boldsymbol{\omega}_I \times \boldsymbol{b}_I \tag{5.84}$$

式中，下标 I 表示惯性坐标系下的列向量描述。

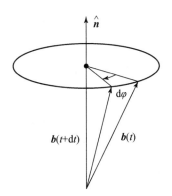

图 5.3　旋转矢量的暂态变化

由于矢量随刚体旋转，其在体坐标系下描述的坐标分量恒定。所以

$$\frac{\mathrm{d}}{\mathrm{d}t}\boldsymbol{b}_B = \boldsymbol{0} \tag{5.85}$$

式中，下标 B 表示体坐标系下的列向量描述。

5.3.2 方向余弦矩阵的运动学公式

如果物体旋转,方向余弦矩阵必将随之变化。这些关系能表现出姿态变化的什么呢?设想物理矢量 b(一直固定在物体上)与时间无关,重新考虑公式(5.81)。根据最新部分讨论,可以得知,关于物理矢量 r,有

$$r_B(t) = C(t)r_I(t) \tag{5.86}$$

令 $r = b$,对两边求导,可得

$$0 = \frac{d}{dt}b_B = \left(\frac{d}{dt}C\right)b_I + C\frac{d}{dt}b_I$$

$$= \left(\frac{d}{dt}C\right)b_I + C(\boldsymbol{\omega}_I \times b_I) \tag{5.87}$$

因为 C 为正交矩阵,根据公式(5.40)可将公式(5.87)写为

$$\left(\frac{d}{dt}C\right)b_I + (C\boldsymbol{\omega}_I) \times (Cb_I) = 0 \tag{5.88}$$

式中,表达式 $C\boldsymbol{\omega}_I$ 正是 $\boldsymbol{\omega}_B$,角速度矢量 $\boldsymbol{\omega}$ 是在体坐标系下的表达式。回顾叉乘矩阵定义,可以将公式(5.88)改为

$$\left(\frac{d}{dt}C\right)b_I + [\boldsymbol{\omega}_B \times](Cb_I) = 0 \tag{5.89}$$

以及矩阵相乘的结合律,式(5.89)改为

$$\left(\frac{d}{dt}C\right)b_I + ([\boldsymbol{\omega}_B \times]C)b_I = 0 \tag{5.90}$$

由于公式(5.90)中的 3×1 矩阵 b_I 是任意选取的。所以,可以从公式中消除,从而得

$$\frac{d}{dt}C = -[\boldsymbol{\omega}_B] \times C \tag{5.91}$$

这就是方向余弦矩阵的运动学公式。

根据公式(5.91),可以写出矢量在两个坐标下描述的微分关系一般表达式。考虑公式(5.86),让 r 与时间相关。对公式(5.86)求导,直接得出

$$\frac{d}{dt}r_B = \frac{dC}{dt}r_I + C\frac{d}{dt}r_I$$

$$= -[\boldsymbol{\omega}_B \times]Cr_I + C\frac{d}{dt}r_I$$

$$= -\boldsymbol{\omega}_B \times r_B + C\frac{d}{dt}r_I \tag{5.92}$$

无论 r 的时间关系属性如何,公式(5.92)都是正确的。需注意公式(5.92)和公式(5.84)之间的差异。

5.3.3　欧拉角描述的运动学公式

欧拉角的运动学关系是比较复杂的。用欧拉角速率表示角速度,需将每个自由度中的角速度累加。所以,关于抽象物理矢量

$$\bar{\boldsymbol{\omega}} = \dot{\varphi}\boldsymbol{a}_1 + \dot{\theta}\boldsymbol{a}_2 + \dot{\psi}\boldsymbol{a}_3 \tag{5.93}$$

参见 3-1-3 顺序的图 5.4。

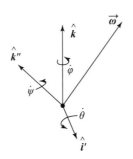

图 5.4　角速度矢量(欧拉法则)

角速度矢量在体坐标系的描述为

$$\boldsymbol{\omega}_B = \dot{\varphi}\,(\boldsymbol{a}_1)_{\text{final body}} + \dot{\theta}\,(\boldsymbol{a}_2)_{\text{final body}} + \dot{\psi}\,(\boldsymbol{a}_3)_{\text{final body}} \tag{5.94}$$

公式(5.94)中的欧拉轴矢量是相对于最终体坐标轴$\{\boldsymbol{i},\boldsymbol{j},\boldsymbol{k}\}$描述的,因为想获得$\bar{\boldsymbol{\omega}}$在体坐标系的描述。但是,用于计算旋转矩阵的欧拉轴列矢量值,不是在最终的体坐标系下得到的,而是在当时的体坐标系下得到的,它不同于最终体坐标基($\boldsymbol{a}_3$ 除外)的表达式。所以,必须将欧拉轴在当时坐标系下的简单描述变成在最终体坐标系下的表达式。为此,需注意物理矢量$\boldsymbol{a}_2$ 为$\{\boldsymbol{I}',\boldsymbol{J}',\boldsymbol{K}'\}$或$\{\boldsymbol{I}'',\boldsymbol{J}'',\boldsymbol{K}''\}$的任意一个坐标轴,而且两个基的表达式是相同的。因此,若采用后者我们仅需将$\boldsymbol{a}_2$ 的表达式乘以最后的旋转 $\boldsymbol{R}(\boldsymbol{a}_3,\varphi_3)$,从而获得最终体坐标系下的表达式。对于$\boldsymbol{a}_1$,必须乘以最后两个旋转值。所以,经过必要转换,公式(5.94)变为

$$\boldsymbol{\omega}_B = \dot{\psi}\boldsymbol{a}_3 + \dot{\theta}\boldsymbol{R}(\boldsymbol{a}_3,\psi)\boldsymbol{a}_2 + \dot{\varphi}\boldsymbol{R}(\boldsymbol{a}_3,\psi)\boldsymbol{R}(\boldsymbol{a}_2,\theta)\boldsymbol{a}_1 \tag{5.95}$$

式中,单元列向量 $\boldsymbol{a}_1,\boldsymbol{a}_2,\boldsymbol{a}_3$ 为基于 3 种欧拉轴的表达式,而且可取公式(5.53)中 3 个数值的任一个。

对于欧拉角的 3-1-3 顺序,如果替换旋转矩阵以及与指定矩阵相乘,公式(5.95)变为

$$\begin{bmatrix} \omega_1 \\ \omega_2 \\ \omega_3 \end{bmatrix}_B = \dot{\psi}\boldsymbol{u}_3 + \dot{\theta}\boldsymbol{R}(\boldsymbol{u}_3,\psi)\boldsymbol{u}_1 + \dot{\varphi}\boldsymbol{R}(\boldsymbol{u}_3,\psi)\boldsymbol{R}(\boldsymbol{u}_1,\theta)\boldsymbol{u}_3$$

$$=\dot{\psi}\begin{bmatrix}0\\0\\1\end{bmatrix}+\dot{\theta}\begin{bmatrix}\cos\psi\\-\sin\psi\\0\end{bmatrix}+\dot{\varphi}\begin{bmatrix}\sin\theta\sin\psi\\\sin\theta\cos\psi\\\cos\theta\end{bmatrix}$$

$$=\begin{bmatrix}\dot{\varphi}\sin\theta\sin\psi+\dot{\theta}\cos\psi\\\dot{\varphi}\sin\theta\cos\psi-\dot{\theta}\sin\psi\\\dot{\varphi}\cos\theta+\dot{\psi}\end{bmatrix}\tag{5.96}$$

将欧拉角速度作为角速度矢量函数,可得

$$\begin{bmatrix}\dot{\varphi}\\\dot{\theta}\\\dot{\psi}\end{bmatrix}-\frac{1}{\sin\theta}\begin{bmatrix}\sin\psi&\cos\psi&0\\\sin\theta\cos\psi&-\sin\theta\sin\psi&0\\-\cos\theta\sin\psi&-\cos\theta\sin\psi&\sin\theta\end{bmatrix}\boldsymbol{\omega}_B\tag{5.97}$$

这样会得出不想看到的结果:即使角速度矢量有限,但当 $\sin\theta=0$ 时,欧拉角数值是无穷的。这也表明欧拉角是奇异的。这种奇异性不仅仅是一种数学现象。在实际陀螺仪中,欧拉角对应实际的万向角,这种情况会迫使两个万向节有无穷角速度,但这是不可能的,因为万向节是有质量的。当然并不是以无限速度运动,而是会引起万向节锁定的现象。

计算时,只要条件许可,可以采用不同顺序(1-3-2)的欧拉角解决问题。对于物理陀螺仪,需增加一个允许系统发生机械变化的万向节,如 3-1-3 变为 1-3-2(或 2-3-1),根据 3-1-3 内外部是否添加第四个万向节而定。1-3-2 和 2-3-1 欧拉角顺序不存在问题,但是将显示出万向节锁定效应($\cos\theta=0$ 时)。所以,必须改变 2 个欧拉角顺序,以表达姿态变化的情况。奇异性问题是欧拉角本身存在的,但是在旋转矩阵和四元数中不存在这个问题。

5.3.4 运动学公式(四元数)

和旋转矩阵的运动学公式类似,四元数的表述也非常简单,公式为

$$\begin{cases}\dfrac{\mathrm{d}}{\mathrm{d}t}\boldsymbol{q}=\dfrac{1}{2}(q_4\boldsymbol{\omega}_B-\boldsymbol{\omega}_B\times\boldsymbol{q})\\\dfrac{\mathrm{d}}{\mathrm{d}t}q_4=-\dfrac{1}{2}\boldsymbol{\omega}_B\cdot\boldsymbol{q}\end{cases}\tag{5.98}$$

最重要的是,四元数运动学公式中 $\boldsymbol{\omega}_B$ 和 $\bar{q}$ 元素是线性的,可减少运动学公式的计算量。基于上述原因,四元数是仿真研究的最佳描述。

5.3.5 更多参考资料

Wertz(1978)和 Duchon(1984)的文献中概述了姿态运动学。Hughes(1986)、Junkins 等(1986)的文献中更详细地阐述了上述内容,Kane 等(1983)的文献也是

如此。读者还需注意,这些作者采用了与本章和其他参考文献所不同的旋转参量设定。在姿态描述的研究中,Shuster(1993)给出了各种姿态描述的运动学公式。

5.4　姿态测量

姿态测量就是指测量对姿态敏感的量,例如,磁场矢量;地心、太阳、恒星或其他物体的方向;角度测量(如太阳方位角或天底角);陀螺仪的角度或角速度的测量。陀螺仪测量与其他测量大不相同,因为它所提供的姿态信息并不是绝对的。

首先考虑绝对姿态的测量。敏感器分为两组:姿态粗测敏感器和姿态精密敏感器。第一组主要是粗测磁强计、太阳敏感器、地球敏感器;第二组为精密太阳敏感器和星敏感器。每种敏感器可以有效测出矢量的 3 个分量。磁强计单独实测 3 个独立的分量,其他敏感器测出矢量方向,即一个单位矢量。

5.4.1　磁强计

一般而言,磁强计可测出某个方向的磁场强度。3 轴磁强计包含 3 个正交磁强计,可测出磁场的 3 个分量。如果 $\boldsymbol{B}_B$ 为航天器体坐标系内的磁场强度,由磁强计确定,$\boldsymbol{B}_I$ 为惯性坐标系内的磁场强度,可得

$$\boldsymbol{B}_B = \boldsymbol{C}\boldsymbol{B}_I \qquad (5.99)$$

式中,$\boldsymbol{C}$ 是描述姿态的方向余弦矩阵[旋转矩阵,(特殊)正交矩阵,姿态矩阵]。所以,磁场测量可提供姿态测量(这涉及惯性坐标系)。一般地,只需要知道航天器的位置,国际地磁参考场(IGRF)模型就可以给出矢量 $\boldsymbol{B}_I$。

磁强计测量的不是体坐标系下的磁场强度,而是磁强计固连坐标系下的磁场强度。在体坐标系下测得的磁场强度根据以下公式得到:

$$\boldsymbol{B}_B = \boldsymbol{S}_{\mathrm{mag}}\boldsymbol{B}_{\mathrm{mag}} \qquad (5.100)$$

式中,$\boldsymbol{S}_{\mathrm{mag}}$ 为磁强计安装矩阵,是一个特殊正交矩阵,并且能将磁场在磁强计坐标系下的表达式转换为在体坐标系下的表达式。这个矩阵是在发射前确定的,但是,在太空中通常需重新估计。

由于受到噪声影响,测量值并不精确。所以,可以更准确地写为

$$\boldsymbol{B}_B = \boldsymbol{C}\boldsymbol{B}_I + \Delta\boldsymbol{B}_B \qquad (5.101)$$

式中,$\Delta\boldsymbol{B}_B$ 为随机噪声,且沿着体坐标系的方向。随机噪声包括安装误差和偏差、比例因子误差、航天器电气影响等。最严重的噪声分量并非来自敏感器本身,而是来自磁场模型,也就是 $\boldsymbol{B}_I$ 的数值。对于近地轨道,磁场模型方向的误差能从赤道附近的 0.5° 变为磁极附近的 3°,因为在磁极附近会受不规律的极光干扰。远离地球,磁场强度太小以至于不能提供姿态参考,事实上,此时磁场不受地球磁场强度

主导,而是受星际磁场影响,其随时间的变化很复杂,也很难预测。

　　磁场测量难以构成确定姿态的充分条件,由于公式(5.99)中磁场强度没有提供姿态的信息(如果两个矢量乘以相同系数,公式同样成立)。所以,尽管磁场测量是一个矢量,但它仅有 2 个自由度(即方向)对姿态敏感。姿态描述需 3 项参数,所以 1 个矢量测量值并不够。上述的其他矢量测量是包含所有方向的单位矢量,因而仅有 2 个自由度。因此,姿态确定时至少需要测出两个矢量(在一段时间内,采用合适的动力学模型和随时间变化明显的测量值,单独采用磁强计也可进行姿态估计)。

5.4.2　太阳敏感器

　　矢量太阳敏感器的工作原理各不相同。事实上,矢量太阳敏感器包含两个敏感器,每个都包括顶部带狭缝的矩形容器(图 5.5)。光线经过狭缝进入容器时,在容器底部投射出一条细线影像,其排列在一个光感单元的网格上,由此便可有效测出影像到中心线之间的距离 d。如果 h 表示容器高度,那么,下列公式给出折射角 α

$$\tan\alpha = \frac{d}{h} \tag{5.102}$$

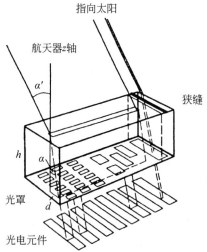

图 5.5　单缝式太阳敏感器

　　根据 Snell 定律,敏感器入射角 α' 与折射角相关,$\sin\alpha' = n\sin\alpha$,这里,$n$ 表示敏感器材料的折射系数,而空间的折射系数是 1。安装两个相互垂直的敏感器(图 5.6),就可测出太阳相对于每个敏感器轴的完整方向。图 5.7 给出了这两个测量的几何关系解释。

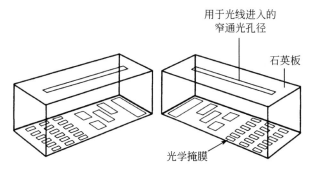

图 5.6　双狭缝太阳敏感器

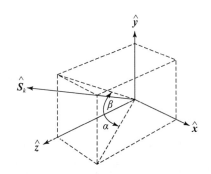

图 5.7　方向敏感器的投射角

为了利用两个角度测量（α）和（β）确定敏感器坐标系中的太阳方位,可通过下列公式得出与太阳的关系

$$\tan\alpha = \frac{\hat{x}\cdot\hat{S}}{\hat{z}\cdot\hat{S}}, \quad \tan\beta = \frac{\hat{y}\cdot\hat{S}}{\hat{z}\cdot\hat{S}} \tag{5.103}$$

式中,$\hat{x}$、$\hat{y}$、$\hat{z}$ 为敏感器坐标系的轴。敏感器 z 轴通常定义为外法线。根据这些测量,在敏感器坐标系中将单位矢量 $\hat{S}_{\text{Sun}}$ 变为

$$\hat{S}_{\text{Sun}} = \frac{1}{\sqrt{1+\tan^2\alpha+\tan^2\beta}}\begin{bmatrix}\tan\alpha\\\tan\beta\\1\end{bmatrix} \tag{5.104}$$

这可测得太阳敏感器坐标系下的太阳方向,进而体坐标系内的测量值为

$$\hat{S}_B = \hat{S}_{\text{Sun}}\hat{S}_{\text{Sun}} \tag{5.105}$$

考虑仪器噪声,有

$$\hat{S}_B = \hat{C}\hat{S}_I + \Delta\hat{S}_B \tag{5.106}$$

其中变量定义与矢量磁强计类似。

纯数字太阳敏感器(有时也称为数字太阳方向探测器或 DSAD)通过判断敏感器里哪块光敏电池的光最强来确定太阳角。所以,敏感器精度受限于太阳角直径,从地球上看它大约为 0.5°。除数字信号,精密太阳敏感器还采用模拟信号。通过知道相邻像素的太阳光照射强度,可算出的太阳中心方向,精度为几弧秒。低精度的测量可以通过将无遮挡的太阳能电池直接暴露于太阳光下获取。太阳能电池的输出,是相对于电池法线的太阳角的函数(第 6 章将进行讨论),可用来粗略确定太阳角。建立电池输出模型之后,就可大致测出太阳角。一般地,在锥形结构中使用多块电池片,可测出太阳矢量。

矢量太阳敏感器通常有 ±60°的视场角,所以,如果任务期内航天器不是关于某个姿态惯性稳定的,就需多个敏感器探头,保证有一个探头能随时看到太阳。一般来说,对于配有纯数字太阳敏感器的敏捷航天器(也就是精度不高),敏感器装有 5 个独立探头,通常共用同一电子部件,但是,5 个高精太阳敏感器探头也许并不便宜。类似于磁强计,单独一个太阳敏感器(甚至 5 个太阳敏感器)也难以确定航天器姿态。

除了上述的固定式太阳敏感器,还有旋转式太阳敏感器。通常旋转的并非是实际太阳敏感器,而是搭载太阳敏感器的航天器。敏感器通常与先前讨论的单缝太阳敏感器类似,但是,它附带光敏敏感器,以便仅当太阳光跨越光敏敏感器时缓冲器能读出太阳角。此类敏感器典型的分辨率为 1°。如果已知航天器体坐标系下敏感器方向,实际上就知道太阳经过时的全部方向(也就是两个球面角),而非仅是旋转轴角。

旋转太阳敏感器采用的另一种方法就是 V 形狭缝式敏感器。此敏感器包括两个视角为 160°的狭缝。两个狭缝并非平行,而是有一个较小的角度。如果已知航天器角速度,两次太阳跨越的时间间隔就是太阳与旋转轴之间的角度。这种敏感器的精度超过 0.1°。

5.4.3　地球地平线敏感器(地平仪)

地球地平线敏感器分为两种类型:扫描型和静态型。静态地平线敏感器视野略大于地球,并含有许多能感应地球表面红外线(图 5.8)的敏感器。各种敏感元件的信号与地球占据的视野大小成正比。从这些信号中,能够确定地球的球心方向,精度为从近地轨道的 0.1°到地球同步轨道的 0.01°,它们一般在圆形轨道航天器上使用。

地球地平线扫描仪采用旋转镜面,或者棱镜聚焦传感元件的光线锥,常称为辐射热测量仪(图 5.9)。镜面旋转可能是航天器旋转的结果,或者是电机带动镜面旋转的结果,此时,航天器旋转仅能保持对地指向不变。后者附带专用电机,或镜

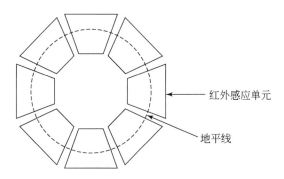

图 5.8　静态地球地平线敏感器

面附加到动力轮上。当镜面或棱镜转动时(标准专用电机转速为 120r/min 或 240r/min),视野为圆锥形,它的半圆锥角一般在 45°左右。在每个扫描锥中,敏感器的电子单元可监测最先收到地球红外线(IR)信号和最后失去此信号(图 5.10)的时刻。信号到达(AOS)和丢失(LOS)的时间间隔将确定地球宽度。从这一点上,可以推断出滚动角(分别与扫描圆锥轴方向和天顶方向垂直的轴角)。某种程度上,命名是比较随意的,地平线扫描仪滚动角无需与 5.2 节定义的航天器姿态滚动角相同,但是,这种惯例通行已久。

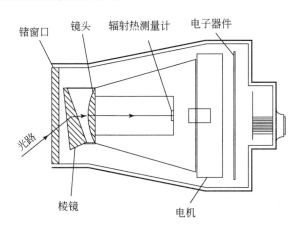

图 5.9　扫描地球地平线敏感器

地平线扫描仪测出的地球宽度,用 Ω 表示

$$\Omega = \omega_{scanner}(t_{LOS} - t_{AOS}) \tag{5.107}$$

式中,$\omega_{scanner}$ 为扫描仪旋转速度。如果从航天器上观察的地球的角半径为 ρ,扫描半圆锥角为 γ,扫描仪滚动角(有时也称为天底角)为 η,可得

$$\cos\rho = \cos\gamma\cos\eta + \sin\gamma\sin\eta\cos(\Omega/2) \tag{5.108}$$

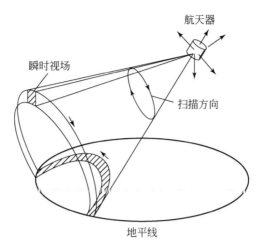

航天器

瞬时视场

扫描方向

地平线

图 5.10　扫描仪几何圆锥体

对于 $\rho \geqslant \gamma$ 的高度,公式(5.108)仅有一个解 η,$0 \leqslant \eta \leqslant \pi$。但是,对于 $\rho < \gamma$,公式(5.108)有两种解,但仅有一组解是正确的。其他信息用于消除错误的解。另一种方案就是使用两种地平线扫描仪消除错误解,因为错误的天底角一般对于两个扫描仪是不同的。地球角半径 ρ 随高度变化而减少,高度为零时为 $\pi/2$,离地球无穷远时为零。对于标准扫描仪,半圆锥角度为 45°;当 $\rho = \gamma$ 时,高度约为 1700km。所以,对于近地航天器,η 一般仅有一个解。

如果敏感器中有"传感"元件,能监测出扫过俯仰参考点的时刻,同时也可确定扫描仪的俯仰角(锥轴的扫描角度,经常而非一直相对于航天器俯仰)。如果 $t_{pickoff}$ 表示扫描视野经过俯仰参考点的时间,那么扫描仪俯仰角为

$$p = \omega_{sccaner}\left[\frac{1}{2}(t_{LOS} - t_{AOS}) - t_{pickoff}\right] \tag{5.109}$$

公式(5.109)中包含小括号的一项,即 AOS 和 LOS 之间的中间点,时常称为"分裂"点,所以,经常使用的用于描述 p 的另一种术语为"分裂指数角"。

如果体坐标系的旋转轴为 $\mathbf{k}$ 轴,可从 $\mathbf{i}$ 轴测出俯仰角,因而,敏感器坐标系的天底矢量 $\dot{\mathbf{E}}$ 为

$$\dot{\mathbf{E}}_{HS} = \begin{bmatrix} \sin\eta\cos p \\ \sin\eta\sin p \\ \cos\eta \end{bmatrix} \tag{5.110}$$

天底矢量在体坐标系为

$$\dot{\mathbf{E}}_B = \mathbf{S}_{HS}\dot{\mathbf{E}}_{HS} \tag{5.111}$$

类似于矢量磁力计和太阳敏感器,有

$$\dot{\boldsymbol{E}}_B = \boldsymbol{C}\dot{\boldsymbol{E}}_I + \Delta\dot{\boldsymbol{E}}_B \tag{5.112}$$

典型的地平线敏感器精度为 $0.1° \sim 1.0°$。某种程度上，地平线扫描仪或静态地平线扫描仪的精度取决于数据量。除了随机电子噪声，还必须考虑地球地平线也不是标准的圆形（因为地球是椭圆形）以及地平线敏感器最先探测到的不是土地或海洋，而是大气中 $16\mu m$ 红外线达到一定强度的位置。最终结果随季节和纬度改变而变化。近地轨道内，如果忽略地球椭圆性和地平线辐射修正值，精度将下降到 $0.3° \sim 1.0°$。

5.4.4　星敏感器

从数据处理方法的观点来看，双轴星敏感器与精密太阳敏感器非常相似。尽管使用的技术非常不同，但实际上，所有双轴星敏感器的工作方式是相同的：星光照射到光感表面，就可确定表面冲击点，根据这点确定出平面角 α 和 β。然后，根据平面角 α 和 β，确定敏感器坐标系下的星体的单位矢量。

在星光传感方法和数据处理能力方面，星敏感器取得了巨大技术突破。过去，星敏感器采用阴极射线管（CRT）和光电倍增管测量冲击点。这需较大的电源并产生巨大磁场，有时可能干扰其他姿态敏感器或航天器有效载荷。现在星敏感器采用电荷耦合装置（CCD），它与相机的光学元件相类似（有时相同），从而测出冲击点。这种固态元件功耗需求小，所以电流很小，它们形成比 CRT 和光电倍增管更小的磁场干扰。如果能锁定和跟踪一颗恒星，双轴星敏感器称为星跟踪器。同时确定多个恒星方位的星敏感器，有时也称为恒星照相机。这种命名法是重叠的，因为它的用途并不单一。目前大多数（并非全部）星敏感器能锁定并跟踪多颗恒星，因此该命名变得更为混淆不清。一般地，目前几乎仅采用术语星敏感器。

大约五年以前，用于确定姿态的星体数据都是给航天器星载计算机或地面处理。目前，不断提升的处理能力允许星敏感器跟踪多个星球（有些可跟踪 30 个星球），以及采用自身存储的星历和算法（如 QUEST）处理星球数据，算出姿态。所以，许多星敏感器输出值为惯性系到敏感器体系的四元数，使得它们不仅是双轴星敏感器，而是真实的三轴姿态敏感器。

通常星敏感器仅被三轴稳定航天器采用，因为没有其他运动补偿时，当角速度为几度每秒时，敏感器精度较低。在与瞄准线正交的轴上，星敏感器的性能（姿态确定）更佳。原因是敏感器视野相对更小，限制了所测星球矢量之间的角距。下一部分将详述这一要点。目前星敏感器的精度一般为 $1 \sim 3$ 弧秒（瞄准线外），以及 $10 \sim 30$ 弧秒（瞄准线上）。上述精度一般指 1σ 数值。星敏感器很复杂，对于非常准确的姿态确定，必须考虑到各种误差影响。这包括噪声等效角（NEA，它包括像素不均、光子噪声、暗电流)、质心、光学误差、星历不定性以及速度偏差等。

对于不同的角速度,采样延时积分(TDI)补偿技术可适应更高的航天器角速度情况。一般地,这适用于航天器按恒定速度单轴旋转的情形,因为 TDI 算法要求了解角速度,而且性能随角速度变化而降低(除非 TDI 算法能获得相关信息)。而且,还有用于旋转航天器的 V 形狭缝式星敏感器,它的功能与 V 形狭缝式太阳敏感器类似。

5.4.5　陀螺仪

陀螺仪有很多种,而且难以详尽地描述目前陀螺仪中采用的各种技术。从功能上讲,陀螺仪可以分为两大类:平台式陀螺仪和捷联式陀螺仪。图 5.11 为四框架平台。这种陀螺仪包括惯性稳定平台和 4 个框架,能得到每个框架的角读数。最外面框架固连在航天器上。航天器姿态改变时,框架随变化的姿态调整。通常情况下,任何时间仅有 3 个框架是活动的。不难看出,这时框架角就是欧拉角;选定外部 3 个框架或内部 3 个框架,就可避免锁定框架。如果设置陀螺仪框架,从而使初始姿态时框架角为零,那么可直接测出相对初始陀螺仪框的姿态。某些陀螺仪不需使用 3 或 4 个框架。某些系统采用至少两个双轴陀螺仪(也就是配置两个框架)或至少三个单轴陀螺仪(也就是每个仅有一个自由框架)。陀螺仪也可直接测量角速度。

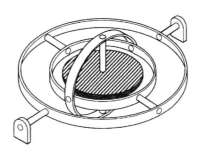

图 5.11　框架平台

捷联式姿态系统的工作原理不同(它们当然也能采用万向支架陀螺仪工作)。通常捷联式系统可以从以前的数据中测出平台姿态的细微变化,并且用小力矩将平台恢复到原先姿态。万向支架陀螺仪的输出包含这些小姿态的调整。一般地,这些调整以很高的频率产生,通常调整频率高于 1kHz,这样,先根据时段细分上述微小调整,就可获取角速度测量值。通过积分运动学公式,就可获取任意两次间的相对姿态。陀螺仪也可算出陀螺仪坐标系下的输出值,所以,必须适当变换这些输出值。根据陀螺仪类型,角速度精度为从 $1.0°$/时至 10 弧秒/时不等。

陀螺仪的普遍问题就是漂移。不过不论从物理或数学上讲,陀螺仪测量只相对于某些坐标系才准确。对于万向支架陀螺仪,该坐标系为物理陀螺仪坐标系,由于万向支架轴承摩擦力,使其方向不断变化。对于捷联式陀螺仪,坐标系为已经算出的惯性坐标系;测量噪声、计算机中陀螺仪测量的离散化以及累积性舍入误差等使方向与实际惯性坐标系不同。

陀螺仪的最大价值就是,它们能提供连续输出,而且不受限于外部参考信息的供给,例如,星敏感器,仅当星敏感器锁定可识别星球时它才能提供姿态信息。但是,考虑到陀螺仪的漂移问题,陀螺仪一般与惯性参考敏感器结合使用,如星敏感器,测量值可以进行周期性的修正。

陀螺仪按结构一般分为三种:机械、激光和电气。机械陀螺仪通常包括一个在某些腔体内的旋转质量,通常采用万向支架,当然旋转质量也可采用静电悬浮。被视为机械陀螺仪的另外一种陀螺仪就是半球谐振陀螺(HRG)。HRG 的运行原理是,物体旋转时从物体发出的声波引起差频。这类似于手指擦动酒瓶边缘而引起其鸣叫。HRG 属于一种使用寿命极长的超低噪声装置。激光陀螺仪通过两束激光的干涉,确定出陀螺仪轴的角速度(激光陀螺仪的作用原理基于广义相对论)。镜面控制光束的激光陀螺仪称为"环形激光陀螺仪(RLG)"。采用光纤控制光束的称为"光纤陀螺仪(FOG)"。FOG 耗电量比 RLG 少,但是,就姿态精度,FOG 技术相对落后。但是这种差距正缓慢缩小。最后,电气陀螺仪是指基于由微机电系统(MEMS)中发现的技术的陀螺仪。例如这些装置可采用微观,尺度的振动梁,其耗电量极小且占用空间较小,但精度不高,一般用于低成本微卫星项目。

5.4.6 航天器敏感器配置

对于航天器,选择合适的敏感器属于任务需求分析的一部分(谨记,至少测量两个不同的物体才能决定姿态,所以需提供两个不同敏感器)。在空间执行精密实验的科学卫星一般选用尽可能高精度的敏感器。目前这种传感器就是星敏感器。星敏感器的最大误差在于瞄准孔轴。所有轴都要获得超高精度,就需使用和安装两套敏感器,以便瞄准孔分成 90°。这样,一个敏感器的瞄准孔误差可以由另一瞄准孔补偿。在 2004 年这种装置测得的姿态精度优于 3 角秒。航天器也可配置陀螺仪。陀螺仪不仅可以直接测出角速度,这对任务本身来说就很重要,并且陀螺仪还允许结合不同阶段收集的姿态数据,从而简化姿态估计,并在其他敏感器数据间断时提供姿态数据(动力学模型通常难以完成全部这些任务)。科学载荷也经常发挥姿态敏感器作用。例如,哈勃天文望远镜可以使用望远镜本身拍摄的星球景象,用于辅助姿态确定。

值得注意的是,尽管某些星敏感器精度达到 0.0001 角秒,但所知的恒星参考方向通常不会好于 0.1 角秒,这就会成为姿态确定精度的限制。姿态控制可以更加精确,但是航天器姿态控制是相对于参考坐标系的,参考坐标系不能达到常规控制律的精度等级。例如,哈勃天文望远镜指向控制在 0.01 角秒,但其可知的绝对姿态不会超过几角秒。

如果航天器要求普通精度,主要依据粗数字太阳敏感器、地平线敏感器与磁强计。对于惯性稳定或对地定向航天器,一般选择为双轴数字太阳敏感器、三轴(矢量)磁强计,以及 1~2 个红外线地平线扫描仪。数字太阳敏感器和磁强计的精度一般为每轴 1°。地平线扫描仪精度取决于采用的数据处理复杂度,但是也不能低于 1°。10 角秒和 1°之间的精度差异较大,它们分别是精确敏感器和粗略姿态敏感器的精度指标。特别要求姿态精度的航天器,一般需同时设置精密敏感器和粗敏感器,在一开始航天器运动幅度较大时精密敏感器不工作。"安全"模式下,通常使用精度不高的普通敏感器,例如,一旦发生异常,将直接将太阳阵列指向太阳。

对于旋转航天器,一般依赖于单轴太阳敏感器、磁强计以及地平线敏感器。在高轨,地平线敏感器通常为狭缝式敏感器,功能更类似 V 形狭缝式敏感器。所以,任何单组测量中,旋转航天器的姿态精度典型值为 1°。因为旋转轴方向一般变化缓慢,所以,结合多次测量,可以获取更佳精度。(ONTOUR 航天器)采用 V 形狭缝式太阳敏感器与双光束地平线敏感器,通过采用大量数据,可使获取的旋转轴姿态精度达到约 0.1°。

对于地球同步卫星,情况更为简单。磁场太弱不能用作姿态参考,所以,仅留地球、太阳和星球作参考。对于通信卫星,精度为 0.1°通常就足够了,不需高精度敏感器。所以,配置普通敏感器时,可以采用静态地平线敏感器和数字太阳敏感器。在部分轨道中,地球将遮蔽太阳。为保证持续获取姿态相关信息,一般需装配陀螺仪。另一种解决方案是采用敏感器测量北极星方向(Maute et al,1990)。下一代(2004 年之后)同步操作环境卫星(GOES)将采用星敏感器,以满足不断获取姿态相关数据的要求。

5.4.7 更多参考资料

对于大多数敏感器的更详细说明,可参考 Wertz(1978)的相关文献。对于敏感器部分和姿态确定方法,可参考 Agrawal(1986)、Foliard(1984)、Griffin 等(1991)、Mobley(1988)、Larson 等(1992)和 Shuster(1989)的文献。陀螺仪的更详细内容参见 Radix(1978)的文献。除了第 2 章的相关材料,地球和航天器环境的相关更详细资料,可参考 Stacey(1977)、Jacobs(1987)和 Bertotti 等(1990)的相关文献。

5.5　姿态估计

姿态估计,是指给出姿态测量时如何确定姿态。可以寻求估计全方向余弦矩阵或其等效参数,将这种情况称为三轴姿态确定,或者仅希望估计单轴方向(通常情况下是旋转航天器的旋转轴),将这种情况称为单轴姿态确定(或旋转轴姿态)。估计方法可以是确定性的,并且只使用最少数据来唯一确定姿态(但不是最精确的);或方法可以是最优化的,采用比最少数据更多的数据,从而找出可以使某些指标最优的姿态。

5.5.1　确定性三轴姿态确定

作为确定性三轴姿态确定的例子,考虑通过两个方向的同步测量,如航天器体坐标系内的磁场矢量和太阳矢量的方向,来完成航天器的姿态确定。

采用 $\hat{W}_1 = \hat{S}_B$ 和 $\hat{W}_2 = \hat{B}_B$ 表示航天器体坐标系内的两个单位矢量。$\hat{V}_1 = \hat{S}_I$ 和 $\hat{V}_2 = \hat{B}_I$ 代表单位矢量在惯性参考系下的描述。惯性参考系下的描述通过数学模型给出,这些模型通过之前的测量值给出,通常是地面测量的。理想地

$$\hat{W}_1 = C\hat{V}_1, \quad \hat{W}_2 = C\hat{V}_2 \tag{5.113}$$

式中,C 表示方向余弦矩阵(也就是姿态)。但是,这两个公式难以满足,因为它们要求

$$\hat{W}_1 \cdot \hat{W}_2 = \hat{V}_1 \cdot \hat{V}_2 \tag{5.114}$$

由于测量噪声(或由某一点测量到的参考矢量误差)导致出现对该公式的偏离,一般由于数据不一致,导致姿态的解不存在。如需忽略这些不一致性,仍可提供非常简单有效的解决方案。这种算法称为 Triad 算法,也可称为是确定性的,因为它使用了姿态确定相关数据最小子集。

为了构建确定性姿态,需根据下列公式定义出两个正交矢量

$$\hat{r}_1 = \hat{V}_1, \quad \hat{r}_2 = \frac{\hat{V}_1 \times \hat{V}_2}{|\hat{V}_1 \times \hat{V}_2|}, \quad \hat{r}_3 = \hat{r}_1 \times \hat{r}_2 \tag{5.115}$$

$$\hat{s}_1 = \hat{W}_1, \quad \hat{s}_2 = \frac{\hat{W}_1 \times \hat{W}_2}{|\hat{W}_1 \times \hat{W}_2|}, \quad \hat{s}_3 = \hat{s}_1 \times \hat{s}_2 \tag{5.116}$$

可以假设(实际上是不可能的)航天器测量不存在误差,以满足公式(5.113),然后,根据公式(5.40)和公式(5.113),可得

$$\hat{s}_i = C\hat{r}_i, \quad i = 1, 2, 3 \tag{5.117}$$

在此,会发现:即使不能找出满足公式(5.113)的正交矩阵 C,也仍能发现满足公式(5.117)的相关矩阵,因为 $\hat{s}_i \cdot \hat{s}_j = \hat{r}_i \cdot \hat{r}_j = \hat{\delta}_{ij}$。

如果根据其列情况将两个矩阵定义为

$$A \equiv \begin{bmatrix} \hat{s}_1 & \hat{s}_2 & \hat{s}_3 \end{bmatrix}, B \equiv \begin{bmatrix} \hat{r}_1 & \hat{r}_2 & \hat{r}_3 \end{bmatrix} \tag{5.118}$$

两个均特殊正交,得

$$A = CB \tag{5.119}$$

将公式(5.117)变为矩阵形式,利用乘积就可证明。因为 B 是特殊正交的,其转置就是其逆矩阵。所以,如果在公式(5.119)两边右乘 B^{T},可以写成

$$C = AB^{\mathrm{T}} \tag{5.120}$$

此为期望的姿态矩阵,将经常使用该算法。

如上所述,实际上,各种误差会造成难以满足公式(5.113),所以,公式(5.120)不能提供正确姿态。真实数据算出的姿态通常存在某些误差。但是,即使数据(以及参考矢量)含有误差,该构造中通常能产生特殊正交矩阵 C,因为这种姿态矩阵构造能去除 $\dot{W}_2$ 和 $\dot{V}_2$ 中违背公式(5.114)的分量。

还需注意,尽管本过程可能带来唯一的解,但这不是仅有的唯一解。如果第一矢量为磁场矢量和第二矢量为太阳矢量,算法必定产生不同的 C(但是我们希望非常接近)。所以,只有写明哪种矢量为第一矢量后才具有唯一性。由于是从第二矢量中删除数据,通常通过选取更精确的矢量作为第一矢量而得到更精确的姿态估计。

一般地,测量较难完全同步。如果航天器惯性稳定,缺乏同步所引起的误差将非常小,可以忽略不计。否则,需先估计航天器角速度,修正误差,因为航天器在相邻测量间会旋转。

5.5.2 最优三轴姿态确定

除了某些简单(而优秀)的确定性方法,也可以利用两种测量提供的所有信息,也可以利用来自地球地平线敏感器的相关信息,找到合适的姿态来优化代价函数

$$J(C) = \frac{1}{2}a_S |\dot{S}_B - C\dot{S}_I|^2 + \frac{1}{2}a_B |\dot{B}_B - C\dot{B}_I|^2 + \frac{1}{2}a_E |\dot{E}_B - C\dot{E}_I|^2 \tag{5.121}$$

式中,a_S、a_B、a_E 为 3 种非负权重值。对于任意数目的测量,公式(5.121)可以写成一般化形式的代价函数

$$J(C) = \frac{1}{2}\sum_{k=1}^{N} a_k |\dot{W}_k - C\dot{V}_k|^2 \tag{5.122}$$

式中,$\dot{W}_k$ 为矢量测量值(相对于航天器体坐标系);$\dot{V}_k$ 为惯性坐标系下的坐标分量。公式(5.122)假设所有测量同步进行。

如果数据是完美的(换句话说,就是不含误差),就可能找出特殊正交矩阵 C 使得公式(5.122)的所有项均为 0。可以看出,这一般是不可能的,所以,需找出使代价函数最小的的最优数值 C。选择代价函数时,希望把重点放在精确性高的测量

值之上，而不是精确性差的测量值上。可以选定适当的权重数值，从而控制计算结果。

现在开始处理姿态估计经常遇到的难题。不想通过 C 的 9 个元素使 $J(C)$ 最小化，因为仅有 3 个元素是独立的。计算时明显也不希望考虑 6 项约束，这些约束项会极大增加复杂性。所以，推荐通过某些最小参数集（如欧拉角）使 $J(C)$ 最小化。所以，将定义

$$J(\varphi,\theta,\psi)\equiv J(C(\varphi,\theta,\psi)) \tag{5.123}$$

$J(\varphi,\theta,\psi)$ 仅取决于独立变量。然后，来处理姿态确定的第二项重大难题。即使 J 是关于 C 的简单函数（除非有约束），用欧拉角表示时，也会非常复杂。如果将公式 (5.55) 代入公式 (5.123)，这将更为明显。解析分析方法一般难以使 $J(\varphi,\theta,\psi)$ 最小化，所以必须采用迭代方法。最常用的就是 Newton-Raphson 方法。

5.5.3　Newton-Raphson 方法

Newton-Raphson 方法属于一种求函数极值的方法。为了简化公式 (5.123) 的符号，定义 3×1 列向量 x

$$x=\begin{bmatrix}\varphi\\\theta\\\psi\end{bmatrix} \tag{5.124}$$

列向量 x 与物理矢量无关。但是，与 3 个欧拉角相比，更容易将 J 写成列向量 x 的函数式。现在的问题是使任意非负多变量函数 $J(x)$ 最小化。如果最小值不处于 x 的定义区间的边界上，而 J 对其变量的微分有定义，那么使 J 取最小值的变量值 x^*，就是下式的解

$$\frac{\partial J}{\partial x}(x^*)\equiv\begin{bmatrix}\dfrac{\partial J}{\partial x_1}&\dfrac{\partial J}{\partial x_2}&\dfrac{\partial J}{\partial x_3}\end{bmatrix}^{\mathrm{T}}=\mathbf{0} \tag{5.125}$$

假设有一个预估值 $x(i)$，使式 (5.125) 近似成立。迭代量 i 表明已经采用了迭代算法 i 次，现在进行 $i+1$ 次迭代。这样，就需将 $\partial J/\partial x$ 在 $x(i)$ 处按 Taylor 级数展开

$$\frac{\partial J}{\partial x_m}(x)=\frac{\partial J}{\partial x_m}(x(i))+\sum_{n=1}^{3}\left(\frac{\partial^2 J}{\partial x_m\partial x_n}(x(i))\right)(x_n-x_n(i))+\cdots \tag{5.126}$$

或者采用矩阵表达式

$$\frac{\partial J}{\partial x}(x)=\frac{\partial J}{\partial x}(x(i))+\left(\frac{\partial^2 J}{\partial x\partial x^{\mathrm{T}}}(x(i))\right)(x-x(i))+\cdots \tag{5.127}$$

式中，$\partial J/\partial x$ 表示 N 维列向量（也就是 $N\times1$ 矩阵），其第 m 个元素为 $\partial J/\partial x_m$，$\partial^2 J/\partial x\partial x^{\mathrm{T}}$ 表示 (m,n) 元素等于 $\partial^2 J/\partial x_m\partial x_n$ 的矩阵。如仅保持公式 (5.127) 的线性并设置截断部分为零，可以得出关于 x 的线性公式，它能得出随后的估计值 $x(i+1)$。

所以

$$\boldsymbol{x}(i+1)=\boldsymbol{x}(i)-\Big(\frac{\partial^2 J}{\partial \boldsymbol{x}\partial \boldsymbol{x}^{\mathrm{T}}}(\boldsymbol{x}(i))\Big)^{-1}\frac{\partial J}{\partial \boldsymbol{x}}(\boldsymbol{x}(i)) \tag{5.128}$$

以上就是所提出的算法。如需继续这个过程,就能得到

$$\lim_{i\to\infty}\boldsymbol{x}(i)=\boldsymbol{x}^* \tag{5.129}$$

幸运的是,很少需要这样做。通常情况下,经过 6 次迭代处理就可以得到很好的解。如果能获得较好的初始值,例如,通过确定性算法,如本部分先前提到的 Triad 方法,有时一次迭代就已足够(也就是通常谈到的微分校正)。

采用欧拉角时,Newton-Raphson 方法也比较烦琐,因为有大量三角函数需要微分,计算量大人。而且,该方法假定已知初始值 $\boldsymbol{x}(0)$,这是很难做到的。较差的初始值会导致算法收敛于局部最小值,而不是获得真正最小值 J 对应的 $\boldsymbol{x}$ 数值。所以,如果数据不支持简单的确定性方法,那么,难以提供初始值 $\boldsymbol{x}(0)$ 就成为严重问题。

5.5.4　旋转轴的姿态确定

有时,并不希望知道航天器的姿态,而只需知道航天器旋转轴的方向,通常称为单轴姿态(相比之下,姿态通常称为三轴姿态或双轴姿态)。针对旋转式航天器,经常关注的是旋转轴的方向。因此,旋转轴姿态或单轴姿态通常可以交换使用。

用于最优三轴姿态确定的相同方法,也可用以确定旋转轴姿态。考虑航天器搭载太阳敏感器和矢量磁强计。假设航天器装配磁强计,测出的磁场分量是沿着旋转轴的。为了简化讨论,可以假定太阳敏感器输出值只是太阳方向沿旋转轴的分量。也就是,我们有太阳余弦监测值,而不是太阳方位监测值(计算机可将太阳余弦监测值转变为太阳方位监测值)。

我们这样就有两组测量数据,将其写成旋转轴 $\boldsymbol{n}$ 的函数

$$z_{S,k}\equiv\cos\beta_k=\boldsymbol{n}\cdot\hat{\boldsymbol{S}}_{I,k}+\Delta z_{S,k} \tag{5.130}$$

$$z_{B,k}\equiv\cos\gamma_k=\boldsymbol{n}\cdot\hat{\boldsymbol{B}}_{I,k}+\Delta z_{B,k} \tag{5.131}$$

式中,$\hat{\boldsymbol{S}}_{I,k}$ 和 $\hat{\boldsymbol{B}}_{I,k}$ 分别为在时间 t_k 时太阳方向或地磁场矢量方向在惯性系下的表达式。一般地,估计旋转轴时,将采用大量测量值。

所以,找出旋转轴姿态最佳估计值的代价函数为

$$J(\boldsymbol{n})=\frac{1}{2}\sum_{k=1}^{N}\{a_{S,k}\,|\,z_{S,k}-\boldsymbol{n}\cdot\hat{\boldsymbol{S}}_{I,k}\,|^2+a_{B,k}\,|\,z_{B,k}-\boldsymbol{n}\cdot\hat{\boldsymbol{B}}_{I,k}\,|^2\} \tag{5.132}$$

式中,$a_{S,k}$ 和 $a_{B,k}$ 为非负权重值。$\boldsymbol{n}$ 仅有 2 个自由度。因此,作为两个球面角函数,将 $\boldsymbol{n}$ 写为

$$\boldsymbol{n} = \begin{bmatrix} \sin\theta\cos\varphi \\ \sin\theta\sin\varphi \\ \cos\theta \end{bmatrix} \tag{5.133}$$

简写为

$$J(\theta,\varphi) \equiv J(\boldsymbol{n}(\theta,\varphi)) \tag{5.134}$$

对于 θ 和 φ，和最优的三轴确定方法一样，采用 Newton-Raphson 方法。

5.5.5　卡尔曼滤波

如果在关于姿态估计的讨论中，没有涉及被广泛应用于在轨姿态估计方法的卡尔曼滤波法，则讨论是不完整的。5.5.2 小节中的算法是加权最小二乘算法。也就是使整个数据点误差的权重平方和最小化，以此确定姿态矩阵 $\boldsymbol{C}$。由于需要得到即时姿态，该方法通常不适合于在轨计算。每次测量时，递推最小二乘算法可以更新估计值，就不需保存大量的先前测量数据。采用模型和姿态测量的相关统计知识，卡尔曼滤波器（由卡尔曼发明）比递推最小二乘算法更进一步。事实上，可将线性最小二次算法看成卡尔曼滤波的特例。

简而言之，卡尔曼滤波执行连续序列的传播和更新。建立系统的模型，对于航天器，这个模型一般是姿态运动学方程。传播步骤涉及利用运动学公式计算出未来 t_i 时刻的航天器姿态。陀螺仪测量通常提供计算所需的测量数据。由于陀螺仪噪声和模型误差，连同所谓的传播过程噪声或预测噪声，传播或预测得出的姿态会不同于实际达到的姿态。在时间 t_i，所传播的姿态需根据姿态测量值加以修正或更新。姿态测量值本身也有噪声；也就是所谓的测量噪声。卡尔曼滤波将具有各种噪声特性的姿态测量与模型和过程噪声相结合，从而获得了线性系统统计的最佳估计效果。

作为这一过程的说明，考虑图 5.12 和图 5.13。传播一开始，估计姿态为某种精度（图 5.12 描述为小椭圆）。传播后，受过程噪声的影响，姿态估计精度不高，描画为大椭圆。图 5.13 展示了更新过程。在此，传播后的姿态估计以及姿态敏感器

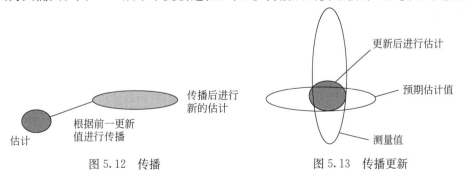

图 5.12　传播　　　　　　　　　　　　图 5.13　传播更新

完成的姿态测量进行统计结合,形成比单一估计更精确的估计值。

5.5.6　更多参考资料

估计理论方面的书非常多,Junkin(1978)的文献介绍了本章读者最易懂的估计理论。Wertz(1978)的文献也包含姿态确定的更多有用资料,但是,对于旋转轴姿态确定和地平线扫描仪的使用,某些资料仍有异议。在 Kaplan(1976)、Foliard(1984)、Griffin 等(1991)的文献中,也可找出非常多的简单介绍。关于卡尔曼滤波的设计与实施内容,仍有大量内容难以理解;有兴趣的读者可以参考 Gelb(1989)、Anderson 及 Moore(1979)的文献,获取更多相关资料。

Black(1964)首先提出了 Triad 方法,Shuster 及 Oh(1981)提出了协方差分析。后者也给出了 QUEST 方法,也就是本章讨论的最佳估计的最常用方法之一。对于旋转轴姿态确定的简单矢量方法,Shuster(1983)已经推算出来。Wertz(1978)已对姿态测量、弧长、二面角等几何学进行了详尽讨论。

与任务相关的重要、关键性问题,本章作了大幅删除,并且引起了原作者的特别关注。这些部分的标题包括发射后的偏差确定(Lerner and Shuster,1981;Lerner,1990)、校准(Shuster et al,1991)以及连续姿态估计技术,特别是卡尔曼滤波(Lefferts et al,1982)。另外,本章未涉及采用全球定位系统(GPS)的姿态估计。Parkinson 等(1986)提供了关于 GPS 更详尽的资料,与此同时 Cohen(1992)、Melvin 及 Hope(1993)和 Crassidis 等(1998)均将 GPS 姿态估计作为重点。

5.6　姿态动力学

理解姿态动力学,就是理解力矩是如何影响物体运动的。姿态运动学基础已写进 5.3 节,描述姿态运动包括动力学和运动学两方面。

可以看出,姿态运动比平移运动更复杂。平移运动中,无作用力时将保持恒定线速度。对于非对称刚体,零力矩的姿态运动可能需要完整的椭圆积分来描述。即使对于轴对称的物体,姿态运动也是很复杂的,尽管采用简单三角函数仍是可以处理的。

5.6.1　角动量和欧拉方程

考虑刚体相对于质心的角动量,可由下列公式得出角动量矢量 $\boldsymbol{L}$:

$$\boldsymbol{L} = \sum_{i=1}^{N} m_i \boldsymbol{r}_i \times \boldsymbol{v}_i \tag{5.135}$$

式中,$m_i(i=1,2,\cdots,N)$ 为构成刚体的各点质量,此时可以假设质量个数为无穷。考虑物体相对于质心的运动,只考虑旋转自由度,有

$$v_i = \bar{\boldsymbol{\omega}} \times \boldsymbol{r}_i \tag{5.136}$$

那么,刚体角动量变为

$$\boldsymbol{L} = \sum_{i=1}^{N} m_i \boldsymbol{r}_i \times (\bar{\boldsymbol{\omega}} \times \boldsymbol{r}_i) \tag{5.137}$$

表达式变为

$$\boldsymbol{L} = \sum_{i=1}^{N} m_i [(\boldsymbol{r}_i \cdot \boldsymbol{r}_i)\bar{\boldsymbol{\omega}} - (\boldsymbol{r}_i \cdot \bar{\boldsymbol{\omega}})\boldsymbol{r}_i] \tag{5.138}$$

使用并矢表示,惯性系下角动量写为

$$\boldsymbol{L} = \boldsymbol{I}_I \cdot \bar{\boldsymbol{\omega}} \tag{5.139}$$

式中,惯量并矢 $\boldsymbol{I}_I$ 为(对称矩阵,称为惯性张量)

$$\boldsymbol{I}_I = \int [(\boldsymbol{r}_I \cdot \boldsymbol{r}_I)\boldsymbol{I} - \boldsymbol{r}_I \boldsymbol{r}_I^{\mathrm{T}}] \mathrm{d}m \tag{5.140}$$

注意,质量分布仅通过惯性并矢对刚体相对于质心的角动量产生影响。所以,仅需知道刚体的惯量并矢,从而研究姿态动力学。

由于 r 为时变量,所以惯量并矢一般不恒定。但是,对于刚体,在体坐标系下质量密度恒定不变。所以,惯量并矢在体坐标系的描述,即体坐标系下的惯性张量将恒定不变。所以,对于研究航天器旋转动力学,最好选择在体坐标系下处理,下列公式将给出惯性张量 $\boldsymbol{I}_B$ 的 3×3 矩阵表达式

$$\begin{aligned}
\boldsymbol{I}_B &= \int [(\boldsymbol{r}_B \cdot \boldsymbol{r}_B)\boldsymbol{I} - \boldsymbol{r}_B \boldsymbol{r}_B^{\mathrm{T}}] \mathrm{d}m \\
&= \int \begin{bmatrix} y^2+z^2 & -xy & -xz \\ -yx & x^2+z^2 & -yz \\ -zx & -zy & x^2+y^2 \end{bmatrix}_B \mathrm{d}m
\end{aligned} \tag{5.141}$$

而且,对于刚体一直恒定不变(公式(5.141)第 2 行,将 B 写为整个矩阵下标,而不是每个元素 r,以免表达烦琐)。$\boldsymbol{I}_B$ 对角线元素称为惯性矩;非对角线元素称为惯量积。惯量积的定义,有时不含负号,所以处理不同工程问题时,采用公认定义非常重要,否则将出现分析上的潜在符号错误。

一般地,如果已知右手正交基下惯性张量 $\boldsymbol{I}$,以下公式给出原点相同的其他正交基的数值 $\boldsymbol{I}'$

$$\boldsymbol{I}' = \boldsymbol{R} \boldsymbol{I} \boldsymbol{R}^{\mathrm{T}} \tag{5.142}$$

式中,$\boldsymbol{R}$ 为将两个基连接的特殊正交矩阵。类似地,如果某一原点在刚体质心的参考坐标系中刚体惯性张量为 $\boldsymbol{I}$,将参考系移动 $\boldsymbol{a}$,同时保持轴平行,下列公式将给出新坐标系下的惯性张量

$$\boldsymbol{I}' = \boldsymbol{I} + M[(\boldsymbol{a} \cdot \boldsymbol{a})\boldsymbol{I} - \boldsymbol{a}\boldsymbol{a}^{\mathrm{T}}] \tag{5.143}$$

式中,M 为刚体质量,上述就是平移轴定理。

惯性张量为对称矩阵。所以,在特定坐标系下可写成对角阵形式

$$\boldsymbol{I}=\begin{bmatrix} I_1 & 0 & 0 \\ 0 & I_2 & 0 \\ 0 & 0 & I_3 \end{bmatrix} \tag{5.144}$$

该坐标系的各轴,称为主轴,数值 I_1, I_2, I_3 称为主惯量。从公式(5.141)易于看出,惯性张量恒定。所以,主惯量为正值。

角动量矢量 $\boldsymbol{L}$ 满足

$$\frac{\mathrm{d}}{\mathrm{d}t}\boldsymbol{L}=\boldsymbol{N} \tag{5.145}$$

式中

$$\boldsymbol{N}=\sum_{i=1}^{N}\boldsymbol{r}_i\times\boldsymbol{F}_i \tag{5.146}$$

为刚体所受力矩。与以前相同,是对刚体各部分求和。依据公式(5.83),惯性参考坐标系中公式(5.145)的描述将简化为

$$\frac{\mathrm{d}}{\mathrm{d}t}\boldsymbol{L}_I=\boldsymbol{N}_I \tag{5.147}$$

在原点位于质心的体坐标系下,参考公式(5.92),变为

$$\frac{\mathrm{d}}{\mathrm{d}t}\boldsymbol{L}_B=-\boldsymbol{\omega}_B\times\boldsymbol{L}_B+\boldsymbol{CN}_I \tag{5.148}$$

替换姿态矩阵 $\boldsymbol{C}$,变为

$$\frac{\mathrm{d}}{\mathrm{d}t}\boldsymbol{L}_B+\boldsymbol{\omega}_B\times\boldsymbol{L}_B=\boldsymbol{N}_B \tag{5.149}$$

这就是欧拉方程。欧拉方程是所有动力学研究的基础。这里仅针对刚体,所以

$$\boldsymbol{L}_B=\boldsymbol{I}_B\boldsymbol{\omega} \tag{5.150}$$

如果将这些代入公式(5.149),将获得

$$\boldsymbol{I}_B\frac{\mathrm{d}}{\mathrm{d}t}\boldsymbol{\omega}+\boldsymbol{\omega}\times(\boldsymbol{I}_B\boldsymbol{\omega})=\boldsymbol{N}_B \tag{5.151}$$

但是,公式(5.151)仅为一部分,必须补加一个运动学关系式,如对于 3- 1- 3 欧拉角,有

$$\begin{bmatrix} \omega_1 \\ \omega_2 \\ \omega_3 \end{bmatrix}=\begin{bmatrix} \dot{\varphi}\sin\theta\sin\psi+\dot{\theta}\cos\theta \\ \dot{\varphi}\sin\theta\cos\psi-\dot{\theta}\sin\psi \\ \dot{\varphi}\cos\theta+\dot{\psi} \end{bmatrix} \tag{5.152}$$

运动学关系也可写成姿态矩阵,四元数或其他姿态描述方式的公式(设有其他脚注或描述标志就假定所有描述是刚体坐标系下的)。对于零力矩运动,方程(5.151)的右边为零。即使这种情况下,方程也是非线性且没有简单解的,所以,欧拉方程只能求数值解。

5.6.2　刚体的无力矩运动

航天器受到的环境力矩通常很小,但是作用时间非常长,所以不能忽略不计。尽管如此,研究无力矩的运动可以更加了解航天器运动。

假设航天器刚体轴与惯性张量主轴平行,以及设置 $N_B = \mathbf{0}$,然后,按分量形式将方程(5.151)写为

$$\begin{cases} I_1\dot{\omega}_1 + (I_3 - I_2)\omega_2\omega_3 = 0 \\ I_2\dot{\omega}_2 + (I_1 - I_3)\omega_3\omega_1 = 0 \\ I_3\dot{\omega}_3 + (I_2 - I_1)\omega_1\omega_2 = 0 \end{cases} \tag{5.153}$$

用 Jacobian 椭圆积分(Thomson,1986)就可以解出上述方程。对于对称性航天器的特例($I_1 = I_2$),则有

$$\begin{cases} I_1\dot{\omega}_1 + (I_3 - I_1)\omega_2\omega_3 = 0 \\ I_1\dot{\omega}_2 + (I_1 - I_3)\omega_3\omega_1 = 0 \\ I_3\dot{\omega}_3 = 0 \end{cases} \tag{5.154}$$

根据简单三角函数就可解出方程。一般地,所有航天器并不是严格对称的,即使是由二阶惯量构成的惯性张量。但是,通常两个主惯量之差小于其与第三个主惯量的差,所以,这种假设有利于理解航天器的近似运动情况。但是,在实际仿真中,这些方程必须进行数值积分,特别是在考虑非零力矩作用的航天器运动时。

首先注意,方程(5.154)中 ω_3 为常数,前两个方程可以写为

$$\begin{cases} \dot{\omega}_1 - \lambda_b\omega_2 = 0 \\ \dot{\omega}_2 + \lambda_b\omega_1 = 0 \end{cases} \tag{5.155}$$

式中

$$\lambda_b = \left(\frac{I_1 - I_3}{I_1} \right)\omega_3 \tag{5.156}$$

所以,欧拉方程变成两个耦合的一阶线性微分方程。将方程(5.155)中的每个方程代入其他一个中,得到两个非耦合二阶线性微分方程

$$\begin{cases} \ddot{\omega}_1 + \lambda_b^2\omega_1 = 0 \\ \ddot{\omega}_2 + \lambda_b^2\omega_2 = 0 \end{cases} \tag{5.157}$$

所以,ω_1 的通解为

$$\omega_1(t) = \omega_T\cos[\lambda_b(t - t_0)] \tag{5.158}$$

从方程(5.155)得

$$\omega_2(t) = -\omega_T\sin[\lambda_b(t - t_0)] \tag{5.159}$$

在体坐标系中,角速度矢量绕航天器对称轴做圆锥运动,角速度为 λ_b,半圆锥角 γ

满足

$$\tan\gamma=\frac{\omega_T}{\omega_3} \tag{5.160}$$

图 5.14 描绘了该运动。本部分的重要结论,就是零力矩作用时,刚体的姿态运动为圆周运动。所以,在体坐标系下,角速度和角动量矢量(实际上,它们的描述)绕航天器对称轴做圆锥运动。另外,在惯性参考坐标系内,角动量方向保持固定不变,旋转轴和角速度矢量也绕它做圆锥运动。

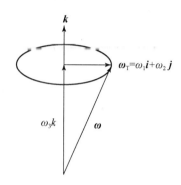

图 5.14　角速度矢量的零力矩运动

5.6.3　对称航天器的详细姿态运动

确定角速度的解后,需继续确定姿态运动。为了简化符号,且不失一般性,利用沿惯性 z 轴的 L_1 来定义惯性坐标系。然后,如果采用欧拉角 3-1-3,其旋转矩阵由方程(5.55)给出,则刚体角动量在体坐标系下为

$$\begin{bmatrix} L_1 \\ L_2 \\ L_3 \end{bmatrix} = \begin{bmatrix} I_1\omega_1 \\ I_2\omega_2 \\ I_3\omega_3 \end{bmatrix} = L \begin{bmatrix} \sin\theta\sin\psi \\ \sin\theta\cos\psi \\ \cos\theta \end{bmatrix} \tag{5.161}$$

我们利用了 $L_1=L$ 的事实。所以,在体坐标系中,两个欧拉角变为角动量矢量的球面角(考虑到 $I_1=I_2$)。因为 ω_3 为常数,所以 θ 也为常数。然后,注意到 $\dot{\theta}=0$,将欧拉角的运动学方程写为(参见方程(5.96))

$$\begin{cases} \omega_1=\dot{\varphi}\sin\theta\sin\psi \\ \omega_2=\dot{\varphi}\sin\theta\cos\psi \\ \omega_3=\dot{\varphi}\cos\theta+\dot{\psi} \end{cases} \tag{5.162}$$

如果解方程(5.161)的第一行,得到 $\sin\theta\sin\psi$,将其代入方程(5.162)的第一行,可以得出

$$\dot{\varphi}=L/I_1=\lambda_i \tag{5.163}$$

最后,将结果代入方程(5.162)的最后一行(参考方程(5.161)),得

$$\dot{\psi}=\lambda_b \tag{5.164}$$

所以,对于对称刚体的零力矩运动,定义恰当的欧拉角速率均为常数(对于 $\dot{\theta}$ 这个常数为 0)。姿态运动以欧拉角表示的解为

$$\begin{cases} \varphi=\lambda_i t+\varphi_0 \\ \theta=\theta_0 \\ \psi=\lambda_b t+\psi_0 \end{cases} \tag{5.165}$$

尽管欧拉角是有一些不满意的分析特性,但从方程(5.165)可以看出,它们仍特别适合解决某些问题。

为了理解这些结果的几何重要性,回到方程(5.161),注意,在体坐坐标中

$$\begin{cases} L_1=L\sin\theta\sin(\lambda_b t+\psi_0) \\ L_2=L\sin\theta\cos(\lambda_b t+\psi_0) \\ L_3=L\cos\theta \end{cases} \tag{5.166}$$

所以,角动量矢量绕体轴 K_B 以角速度 λ_b 和半圆锥角 θ 旋转,并且

$$\tan\theta=\frac{L_T}{L_3}\equiv\frac{I_1\omega_T}{I_3\omega_3} \tag{5.167}$$

体坐标系下角速度绕轴 k_B 旋转,角速度相同,但半圆锥角为 γ。事实上,L_B、ω_B 和 k_B 是共面的,并且满足如下关系式:

$$L_B=I_I(\omega_B+\lambda_b k_B) \tag{5.168}$$

另一方面,在惯性系内,下列公式将给出刚体 k_I 轴的描述

$$k_I=C_{313}^{\mathrm{T}}(\varphi,\theta,\psi)\begin{bmatrix}0\\0\\1\end{bmatrix}=\begin{bmatrix}\sin\theta\sin(\lambda_i t+\varphi_0)\\-\sin\theta\cos(\lambda_i t+\varphi_0)\\\cos\theta\end{bmatrix} \tag{5.169}$$

所以,在惯性坐标系中,k_I 绕 L_I 以角速率 λ_i 旋转。角速度 λ_b 和 λ_i 为体坐标系下和惯性坐标系下的章动速率(这里术语章动的使用,有别于上面的理论,它为绕水平轴的摆动)。

还需注意,角速度矢量为旋转轴。所以,在体坐标系和空间坐标系(也就是惯性坐标系)中,旋转轴必须保持瞬时静止。如果将体锥和空间圆锥分别视为角速度或角矢量相对于体轴 K 和角动量矢量所扫出的圆锥,一个圆锥必定沿另一个表面滚动,角速度矢量正好是接触线。接触线瞬时静止不动,所以是纯滚动,而不是滑动。对于扁平对称刚体($I_1<I_3$),图 5.15 为圆锥运动示例。

本次讨论最核心的内容是,对于零力矩作用下的对称性航天器,惯性空间中旋转轴运动为绕角动量矢量的圆锥运动。所以,旋转轴上的一个点可在惯性空间中

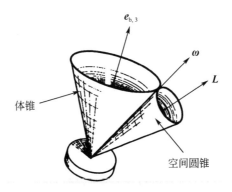

图 5.15　对称刚体的零力矩姿态运动

画出一个圆。在研究航天器控制系统时,将会以图示的形式看出。

5.6.4　航天器力矩

　　已经详细讨论过零力矩运动,下面讨论作用于航天器的力矩。主要分为五种:磁、反作用、重力梯度、空气动力以及太阳辐射力矩。上述力矩与航天器尺寸、质量、质量分布以及轨道高度等因素有关。可以将它们分为两类,分别是环境力矩,也就是,无论航天器采取什么运动,航天器都会受到的力矩;控制力矩,也就是航天器专门形成的力矩,用以控制姿态运动。环境力矩包括磁、重力梯度、空气动力以及太阳辐射力矩。控制力矩也包含上述内容,但是,重力梯度、磁性和反作用力矩至关重要,并广泛应用。航天器力矩讨论中难以回避某些姿态控制力矩,本节将专题讨论环境力矩。

5.6.5　磁力矩

　　航天器磁力矩要么来自可控性磁性偶极矩,这也是姿态控制设计的一步,要么来自航天器自身的不可控磁化。磁化可能来自仪器中采用的永磁铁;航天器磁性设计不合理;航天器穿过大气层时由空间充电效应产生的残留磁场;其他磁性稳定装置,如涡流章动阻尼器或者主动磁力控制装置等。对于轨道高度 1000km 以上的近地航天器,磁性干扰力矩为影响其姿态的主要干扰源。某些情况下,由于轨道高度和航天器构型,太阳辐射压力也会成为主要干扰源。

　　如果 m 为航天器磁矩(单位:Am^2),B 为磁通密度(单位:Wb/m^2),则磁力矩为

$$N_{\mathrm{mag}} = m \times B \tag{5.170}$$

　　剩余磁矩并不是已知的,但是,通过研究航天器的详细动力学,就能估计其有效值。为了获知环境磁矩大小,需注意赤道低海拔区的地磁场标准值为 3×10^{-5}

Wb/m²(1Wb/m² 也写成 1T(特斯拉),1 特斯拉=1×10⁴ 高斯)。航天器上,剩余磁矩的数量级为1Am²。所以,低高度的磁力矩的典型数量为 3×10^{-5} Nm。因为磁场大小随着距地心半径增大(约 R^{-3} 速率)而变小,所以在地球同步轨道高度处磁矩将减少几个数量级(读者需注意,磁耦极子经常按静电单位[esu]给出为 pole-cm,1000pole-cm 对应于1Am²)。

5.6.6　重力梯度力矩

地球重力并非常数,而是粗略按 R^{-2} 变化,这里,R 为到地心的距离。所以,航天器的各部分所受重力各有差别,并且这些差别产生了净力矩。

为了得出重力梯度力矩表达式,考虑矩形心位置 $\boldsymbol{R}$ 处质量元素 $\mathrm{d}m$ 上的力 $\mathrm{d}\boldsymbol{F}$,参见图 5.16,可得

$$\mathrm{d}\boldsymbol{F}=-\frac{\mu\boldsymbol{R}\,\mathrm{d}m}{R^3} \tag{5.171}$$

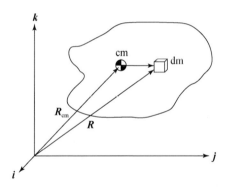

图 5.16　重力梯度力矩计算

式中,$\mu=GM_e$ 为地球万有引力常数。如果写为

$$\boldsymbol{R}=\boldsymbol{R}_{cm}+\boldsymbol{r} \tag{5.172}$$

式中,$\boldsymbol{R}_{cm}$ 为航天器质心相对于地球的位置,质心力矩为

$$\boldsymbol{N}_{GG}=\int \boldsymbol{r}\times\mathrm{d}\boldsymbol{F}=-\mu\int\frac{\boldsymbol{r}\times\boldsymbol{R}_{cm}}{|\boldsymbol{R}_{cm}+\boldsymbol{r}|^3}\mathrm{d}m \tag{5.173}$$

经过多次数学变换,得到

$$\boldsymbol{N}_{GG}=\frac{3\mu}{R_{cm}^3}\hat{\boldsymbol{R}}_{cm}\times(\boldsymbol{I}\cdot\hat{\boldsymbol{R}}_{cm}) \tag{5.174}$$

式中,$\boldsymbol{I}$ 为惯性张量。引入任意椭圆轨道的平均运动,可以消去方程中的万有引力常数

$$\omega_0^2=\frac{\mu}{R_{cm}^3} \tag{5.175}$$

对于圆形轨道 ω_0，需注意轨道角速度（半径为 R_{cm}）为常数。所以，方程 (5.174)改写为

$$N_{GG} = 3\omega_0^2 \dot{R}_{cm} \times (I R_{cm}) \tag{5.176}$$

必须记住，ω_0 为 R_{cm}^3 的函数。重力梯度力矩形式与欧拉方程（方程(5.151)）中的运动项 $\omega \times (I\omega)$ 非常相似。对于重力梯度稳定，参见 5.8 节，这一项（非重力梯度）将使偏航稳定。注意，如果惯性张量是一个单位矩阵的乘积，也就是，如果三个主惯量都相等，重力梯度力矩就为零。但是一般地，很少出现这种情况，主惯量的差异通常与惯量本身属于同一数量级。注意，可以将运动学部分写成矩阵和列向量函数，而不是并矢和物理矢量，因为这是相对于特定坐标系，即体坐标系来说的。

近地轨道中，轨道周期一般为 100min，相对应的轨道角速度大约为 $10^{-3}\,s^{-1}$。如果主惯量差异为 1000 kgm^2 数量级，重力梯度力矩将为 $3 \times 10^{-3}\,Nm$。

5.6.7　气动力矩

高度低于 800km 时，气动力矩通常是非常重要的环境力矩。飞行任务末期，气动力矩很大，会使航天器重新进入地球大气层，从而导致姿态控制系统难以持续有效作用，航天器最终翻转。

在低密度大气中，将航天器表面碰撞模拟为非弹性碰撞模型，航天器表面将吸收空气微粒的部分动量。这里，dA 为面积元，n 表示面积元的法向量（图 5.17）。如果 v 表示航天器飞行速度，时间周期 dt 内航天器表面元扫过体积 dV 为

$$dV = (n \cdot v)dA dt \tag{5.177}$$

如果 ρ 为大气密度，体积元的质量为 ρdV，其相对于航天器的动量 dp 为 $\rho v dV$。所以，在时间 dt 施加给面积元 dA 的脉冲为

$$dp = -\frac{1}{2}C_D \rho v dV \tag{5.178}$$

式中，C_D 为阻力系数，航天器的阻力系数通常为 $2.0 \sim 2.2$。该数值与航天器表面的大气分子弹性偏离情况相对应，该值对低密度大气地区更合适。结合方程(5.177)和方程(5.178)并除以 dt，航天器表面 dA 的空气动力为

$$dF_{aero} = \frac{dp}{dt} = -\frac{1}{2}C_D \rho (n \cdot v)v dA \tag{5.179}$$

如果表面元相对于航天器质心的力臂为 r，气动力矩为

$$N_{aero} = -\int \frac{1}{2}C_D \rho (n \cdot v)(r \times v)dA \tag{5.180}$$

并且，该积分在 $n \cdot v > 0$ 部分的表面上进行，也就是航天器的迎风表面部分。

实际航天器的气动力矩计算精度一般并不是非常高，因为大气密度有很大的不确定性（高达 100%）、阻力系数的不确定性以及阴影效应等。除此之外，在高轨

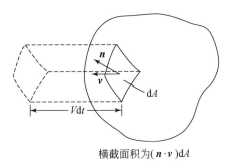

横截面积为$(\boldsymbol{n} \cdot \boldsymbol{v})\mathrm{d}A$

图 5.17 气动力矩(横截面积为$(\boldsymbol{n} \cdot \boldsymbol{v})\mathrm{d}A$)

道上(如 1000km),大气密度对太阳活动敏感,它可能引起低大气沸腾,有时会引起严重后果。对于 Solar Maximum Mission 航天器,难以预测的太阳频繁活动期大大增加了大气阻力,缩短了航天器的寿命,使得来不及在其再入之前以恢复当前轨道或重新进入更高轨道。大气密度如图 5.18 所示,两种曲线对应于两种级别的太阳活动。

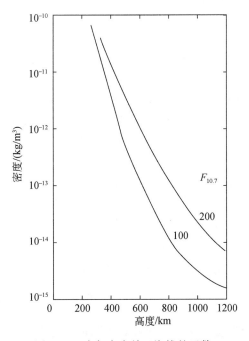

图 5.18 大气密度关于海拔的函数

气动力矩计算中的有用概念是质心-压心的偏置。如果将航天器的表面描述为一个有限的表面集合,可将方程(5.180)写为

$$N_{\text{aero}} = -\frac{1}{2} C_{\text{D}} \rho \sum_{i=1}^{0} A_i (\dot{\boldsymbol{n}}_i \cdot \boldsymbol{v})(\boldsymbol{r}_i \times \boldsymbol{v}) \qquad (5.181)$$

式中，r_i 为第 i 个表面压心相对于质心的位置。对于平面，如果无阴影效应，压心位于其形心。如果出现阴影，压心位于表面无阴影部分的中心。至少对于处于低大气密度区域。模型可提供气动力矩的简单估计方法。

举一个数字实例，考虑高度 300km 处圆形轨道的航天器。如果假设太阳活动频繁，大气密度为 $5 \times 10^{-11} \, \text{kg/m}^3$。航天器速度大致 7.7km/s。可以假设，最有效表面的面积为 $1 \, \text{m}^2$，并且压心位置在垂直速度方向上距离质心 1m，气动力矩的值为（假设 $C_{\text{D}} = 2$，也就是与大气分子完全弹性碰撞）

$$\frac{1}{2} C_{\text{D}} A \rho v^2 r_{\text{cp-cm}} = 3 \times 10^{-3} \, \text{Nm}$$

在高度 1000km 处，气动力矩变小，比原来小几个数量级。

5.6.8　太阳辐射力矩

从几何角度看，除入射粒子为光子而不是空气分子，太阳辐射力矩与气动力矩非常相似。下列公式给出太阳的平均动量通量 $\boldsymbol{P}$ 为

$$\boldsymbol{P} = -\frac{F_{\text{e}}}{c} \hat{\boldsymbol{S}} \equiv -P \hat{\boldsymbol{S}} \qquad (5.182)$$

式中，F_{e} 为太阳常数（也就是来自太阳的能量通量）；c 为光速；$\hat{\boldsymbol{S}}$ 为从航天器至太阳的单位矢量。

太阳的辐射，可能被全部吸收、反射或散射，参见图 5.19。上述每种现象发生的概率分别称为吸收系数、镜面反射系数以及漫反射系数，其满足

$$C_{\text{a}} + C_{\text{s}} + C_{\text{d}} = 1 \qquad (5.183)$$

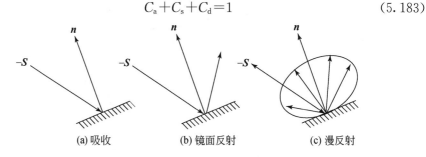

(a) 吸收　　　　(b) 镜面反射　　　　(c) 漫反射

图 5.19　太阳光的吸收与反射

对于完全吸收太阳辐射热的表面 $\text{d}A$，太阳辐射力为

$$\text{d}\boldsymbol{F}_{\text{a}} = -P (\hat{\boldsymbol{n}} \cdot \hat{\boldsymbol{S}}) \hat{\boldsymbol{S}} \text{d}A \qquad (5.184)$$

式中，$\hat{\boldsymbol{n}}$ 与表面元正交。公式(5.184)为入射动量通量与面积元之积。

对于纯镜面反射，射入的动量通量为 $-P(\hat{\boldsymbol{n}} \cdot \hat{\boldsymbol{S}}) \hat{\boldsymbol{S}}$，反射出的动量通量为 $-P(\hat{\boldsymbol{n}}$

$\cdot \hat{\boldsymbol{S}})\hat{\boldsymbol{S}}'$,这里,$\hat{\boldsymbol{S}}'$为反射方向。按照反射定律,得出动量传递为

$$\mathrm{d}\boldsymbol{F}_s = -2P(\hat{\boldsymbol{n}} \cdot \hat{\boldsymbol{S}})^2\hat{\boldsymbol{n}}\mathrm{d}A \tag{5.185}$$

对于纯漫反射,必须根据反射角平均分配动量。常用模型是,假定反射强度与 $\cos\varphi$ 成正比,这里,φ 为反射光和 $\hat{\boldsymbol{n}}$ 的夹角。纯漫反射光表达式为

$$\mathrm{d}\boldsymbol{F}_d = -P(\hat{\boldsymbol{n}} \cdot \hat{\boldsymbol{S}})\left(\frac{2}{3}\hat{\boldsymbol{n}}+\hat{\boldsymbol{S}}\right)\mathrm{d}A \tag{5.186}$$

将 3 个表达式相加,并选取合适的权重,利用公式(5.183),得

$$\mathrm{d}\boldsymbol{F}_{\mathrm{solar}} = -P\left\{(1-C_s)\hat{\boldsymbol{S}}+2\left[C_s(\hat{\boldsymbol{n}} \cdot \hat{\boldsymbol{S}})+\frac{1}{3}C_d\right]\hat{\boldsymbol{n}}\right\}(\hat{\boldsymbol{n}} \cdot \hat{\boldsymbol{S}})\mathrm{d}A \tag{5.187}$$

则太阳辐射总力矩为

$$\boldsymbol{N}_{\mathrm{solar}} = \int \boldsymbol{r} \times \mathrm{d}\boldsymbol{F}_{\mathrm{soloar}} \tag{5.188}$$

式中,$\boldsymbol{r}$ 为到质心的力臂。再次,积分只在 $\hat{\boldsymbol{n}} \cdot \hat{\boldsymbol{S}} > 0$ 的表面上进行。

到达地球的太阳能通量数值为 $F_e = 1400\ \mathrm{W/m^2}$,光速为 $c = 3 \times 10^8\ \mathrm{m/s}$。对于与太阳方向正交的 $1\mathrm{m^2}$ 表面,如果假定纯镜面反射的反射率 $C_s = 1$,则表面的作用力为 $9.33 \times 10^{-6}\mathrm{N}$。因此,如果太阳辐射压心偏离质心为 $0.5\mathrm{m}$ 且与太阳能通量方向垂直,太阳辐射力矩为 $4.67 \times 10^{-6}\mathrm{Nm}$。

5.6.9　姿态仿真

出现力矩时,姿态动力学方程的解析解一般难以得到,在此情况下,必须进行计算机仿真来进行航天器姿态动力学的研究。随即,就会出现使用何种姿态描述的问题。姿态矩阵的运动学公式简单,但其中的元素比描述姿态所需的最少元素还多 6 个,因此还须满足 6 项限制。仿真时,数字舍入误差会使这些限制失效,使几乎正交的矩阵正交化也并非易事。欧拉角有最小维度,但是在某些姿态的分析特性并不满意,三角函数的计算很烦琐。所以,最佳选择是四元数,方程(5.98)给出的运动学方程属于线性方程,仅有一个约束,易于实施。

对于受力矩作用的刚体,方程(5.98)和方程(5.151)给出动力学方程。所以,运动方程为七维方程,且有

$$\begin{cases} \dfrac{\mathrm{d}}{\mathrm{d}t}\boldsymbol{q} = \dfrac{1}{2}(q_4\boldsymbol{\omega}-\boldsymbol{\omega}\times\boldsymbol{q}) \\[2mm] \dfrac{\mathrm{d}}{\mathrm{d}t}q_4 = \dfrac{1}{2}\boldsymbol{\omega} \cdot \boldsymbol{q} \\[2mm] \dfrac{\mathrm{d}}{\mathrm{d}t}\boldsymbol{\omega} = \boldsymbol{I}_B^{-1}\left[-\boldsymbol{\omega}\times(\boldsymbol{I}_B\boldsymbol{\omega})+\boldsymbol{N}_B(\bar{q})\right] \end{cases} \tag{5.189}$$

可以注意到,力矩值也依赖于姿态。对于双自旋航天器或具有多个反作用飞轮或动量轮的航天器,方程维度变为更大。显而易见,计算机仿真是姿态动力学和控制

研究的重要内容。

5.6.10　更多参考资料

对于刚体动力学和航天器动力学,相关文献资料非常多。经典力学的普通高等教科书中,可以挑选出 Goldstein 等(2002)和 Meirovitch(1970)的专业书籍,它们很好,但是难以读懂。Goldstein 等(2002)的文献大量使用了关矢。有关并矢的最全面文献首选 Gibbs(1901)的。航天动力学和控制书籍包括 Kaplan(1976)、Thomson(1986)和 Wiesel(1989)的,它们为相关内容的导论。Wertz(1978)的书籍很实用。某种程度上,Singer(1964)的文献比较过时,但仍非常有用。除了两本经典力学书籍,Kane 等(1983)、Hughes(1986)、Junkin 等(1986)和 Rimrott(1989)是讨论非常详细的书籍。简单讨论环境力矩的书籍是 Duchon(1984)的。

除本书第 2 章中的内容,还可从 Stacey(1977)、Wertz(1978)、Jacobs(1987)和 Bertotti 等(1990)的文献中找到更详细的航天器环境资料。

5.7　姿态执行器

姿态执行器是影响航天器动力学的装置,从而改变其姿态和(或)角速度。有多种类型及威力的执行器(也就是能力大小)。这些装置或者产生内部作用力或力矩,这样,执行器可以直接作用于航天器;也可以是外部作用力或力矩,此情况下,航天器的动力学变化是其外部反作用的结果。以下内容将更清晰地介绍这些区别。

当姿态敏感器被用来进行姿态确定时,姿态执行器被用来进行姿态控制。在某些情况下,执行机构被动工作,无需地面介入或者星载计算机支持;或者主动工作,此时指令被主动并定期地发送给执行机构。

5.7.1　动量轮和反作用飞轮

简而言之,动量轮和反作用飞轮都是轴上装有飞轮的电机,而概念的差异主要来自于运行速度不同。动量轮一般以高速恒定速度运行,提供动量存储并反过来提供稳定性。反作用飞轮一般低速变速运行。对于两种轮子,均根据牛顿第三定律形成反作用力矩,从而对航天器进行主动控制。当电/磁力矩作用于电机轴使轮子加速转动时,航天器也形成一个对等的反向力矩,使姿态发生变化。

动量轮通常单独或成对使用,提供稳定旋转和最多两轴的主动控制。5.8 节部分将详述其控制作用。反作用飞轮采用三轮形式,轮子旋转轴正交安装,或四轮角锥体构型,旋转轴垂直于锥面。任何一种配置均可用以控制航天器的三轴姿态。

分配轮子角动量时,角锥体构型将提供冗余和很大的灵活性。一般第四个飞轮的轴与其他不重合,加入三个飞轮群中提供冗余(反作用飞轮常常有很小的动量偏置,小到无法提供实用的陀螺稳定,这其实主要是用来最小化静摩擦问题)。

　　动量轮安装在单轴或双轴万向框架上,通常称为控制力矩陀螺(CMG)。电机以标准恒定速度旋转轮子,沿旋转轴方向形成动量矢量,与此同时,一个或多个电机用以扭动角动量矢量力矩,以改变其方向。动量方向改变时,对航天器形成反作用力矩。与动量轮系统相比,控制力矩陀螺反应更快(也就是它们对航天器提供更大力矩),所以可使用在敏捷航天器上,但是,造价昂贵,质量很大。

　　动量轮和反作用飞轮均能提供快速、准确的姿态控制。而且,任何轨道高度均可使用。缺点是,造价高、庞大,而且耗电量大。另外,如前所述,航天器上干扰力矩有累计作用,所以以按照飞轮控制规则,累积作用容易转移给飞轮,飞轮可能饱和。所以,必须提供其他方法,卸载轮子累积的能量或降低其饱和度。

5.7.2　磁力矩器

　　在 5.6.5 小节中已经讨论了航天器的磁力矩效应,这里关注的是主动产生的磁力矩。装置的控制将在 5.8 节中讨论。

　　磁矩 m 是电流流经线圈产生的,可以由下式给出:

$$m = NIAn \tag{5.190}$$

式中,N 为线圈数(或匝数);I 为电流;A 为线圈平面面积;n 为线圈平面法向的单位矢量。右手定则给出磁矩方向,如果右手手指沿着电流方向,拇指将指向磁矩正向。

　　一般地,线圈会缠绕在特殊设计的杆上,对于给定的能量和质量,将提供几乎最佳的磁矩。这些装置称为力矩杆或力矩棒。然而,也有这样的例子,将线圈简单地缠绕在航天器外部形成线圈,实际上是使航天器成了极大的力矩杆。明显地,这很有可能把其他航天器子系统和仪器也卷入其中了。

5.7.3　推力器

　　通过排出物质,推力器给航天器施加作用力或力矩。在姿态控制时,我们关注所产生的力矩,因为力矩将改变姿态。一般来说,通过施加方向不通过质心的外力来产生力矩并不理想,因为这会改变线速度。所以,通常成对使用推力器进行姿态控制,在每个喷嘴推力的可变范围内只形成力矩,而没有净作用力(图 5.20)。这样,航天器轨道运动就不随姿态操纵而改变。

　　在航天器质心为中心的体坐标系内,如果推力器力臂为 r 且按照流量 $\dot{m}$ 和有效排气速度 v 排出质量,推力器的力矩为

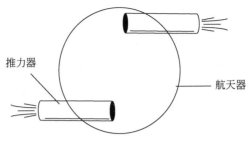

图 5.20　推力器力矩

$$N_{\text{thruster}} = r \times (\dot{m}v) \tag{5.101}$$

排出的质量可能是大量惰性气体,例如,氟利昂或氮气,或者是化学活性气体,例如肼。惰性气体能产生多达 5N 的力,而肼能产生 1~10000N 的力。肼推力器产生巨大推力的同时也产生对互动的人极其危险的物质。肼的地面加注是不受欢迎的工作。

延长推力器使用寿命的可选方法是使用电推进装置,其中,所排出的物质包括电场里加速的电离子。通过加速使动量增加后,将减小物质的排放速度。实例就是脉冲等离子推力器(PPT)以及氙离子推进系统(XIPS)。上述装置产生的推力为 mN,与惰性或活性气体系统相比,它非常微小。对于地球同步航天器和深空航天器,重力梯度或地磁场微弱,不能用于控制,此时电推力器为合理选项。第 4 章提供了电推进的进一步信息。

5.7.4　章动阻尼器

当航天器平衡稳定受到干扰,可能在平衡点附近出现不希望的振荡。对于旋转航天器称为章动;对于重力梯度稳定性航天器称为天平动。有多种方法进行章动(或天平动)控制,这将在 5.8 节中讨论。这里,将展示减少章动的硬件。通过能被动耗散能量(提供摩擦力)的各种装置,从而进行控制或加以阻尼处理。

举例说明,有一根管道,内部有一个球或黏性液体或两者均有(图 5.21)。航天器振动时,球、液体或两者将振动,因管道边缘有摩擦力则会分散部分能量。另外一个更为有效的阻尼装置使用一个导电性钟摆,该钟摆能在永磁体磁场内自由振动。当导体在磁场内加速时,将产生涡流,它能快速耗散能量。在能量耗散方面,涡流章动阻尼器比机械章动阻尼器更为高效。调制摆钟自然频率与航天器运动的章动频率相同,将强化能量转移。

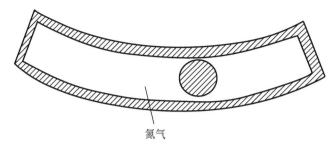

图 5.21　球管章动阻尼器

5.7.5　溜溜球消旋

溜溜消旋质量块通常在航天器姿态捕获的开始阶段释放,以降低旋转速度(该名称源自某种儿童玩具,某些人将其称为溜溜消旋装置,因为它们不能回到原始位置)。将两个溜溜球缠绕在航天器周围,如果是圆的,或缠绕在圆法兰盘周围。松开时,将沿航天器(图 5.22)的圆切线飞出,并带走角动量,这与花样滑冰运动员自身伸臂减缓旋转速度的方法几乎相同。如果 m 为两个溜溜球的总质量,l 为线长,R 为航天器(或圆形法兰盘)半径,并且 I_z 为旋转轴的惯量(假定为主惯量),然后,一旦溜溜球达到最大线长且从航天器分开时,旋转轴角速度为

$$\omega_{\text{final}} = \omega_{\text{initial}} \left(\frac{cR^2 - l^2}{cR^2 + l^2} \right) \tag{5.192}$$

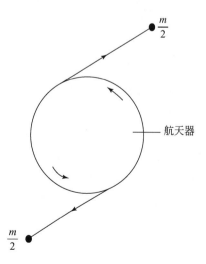

图 5.22　溜溜球消旋质量演示

式中

$$c = 1 + \frac{I_z}{mR^2} \tag{5.193}$$

公式(5.193)假设线没有质量,通常与航天器相切,不可拉伸,并且两个物体严格地在相反方向飞出。所以,如果

$$l = R\sqrt{c} \tag{5.194}$$

航天器最终角动量为零。但这一般不可取,因为为了稳定的原因,姿态捕获期间航天器需一定的旋转。因为 m 一般远远低于航天器的质量,同时,R 一般是航天器质量相对于旋转轴的半径均方根的两倍。可以得知,与航天器尺寸相比,l 一般很大。

溜溜消旋质量的优势为非常便宜,质量轻。不利之处是其将遗留致命的空间"冰球",它们将对未来航天器带来威胁。空间碎片追踪成为 NASA、NORAD 以及其他组织的主要任务,同时,日益增加的空间碎片越发令人关注。

5.7.6　更多参考资料

虽然有点过时,但对于数学模型(本部分已经讨论),Wertz(1978)的文献可能仍不失为最佳的相关参考资料。O'Connor 等(1967)的文献中详细叙述了控制力矩陀螺仪。本书第 4 章提供了推力器系统及其部件的各项说明。目前,随着质量和功耗改进,电推进器(PPT,XIPS)很受大家关注。仅需采用自己喜欢的搜索引擎,在互联网搜索,就能获取电推进系统的各项说明。

5.8　姿 态 控 制

所谓姿态控制,就是使航天器具有特定的姿态。姿态控制一般分两种:姿态稳定,其目的是使航天器保持给定姿态;姿态机动,其目的是改变航天器姿态至新指向。姿态机动可以是任务开始时初步捕获姿态,或者是将有效载荷指向新目标,这在任务周期内可能会执行多次。另外,姿态控制可能是被动的,即控制力矩直接作用而无需根据姿态敏感器算出控制响应;也可能是主动的,即根据(不需同步)姿态敏感器的输出值发出指令。除此之外,控制可能是开环的,即在驱动前就算出控制规则,同时控制期间接收到的任何信息都不能改变开环控制;或控制采用闭环,也就是根据系统状态实时决定控制规则的相应状态。反馈控制与闭环控制是相同的。

5.8.1　反作用控制

反作用控制是指通过移动其他质量从而控制航天器模块。可采用两种具体方法:①从航天器排出物质;②在航天器内改变位置或方向。第一种包括推力器和溜

溜球;第二种包括动量轮、反作用飞轮和控制力矩陀螺。第一种装置的优势是适合航天器角速度的大幅度、快速变化,但是会受制于物质排出后不可再生的限制。第二种因为不排出物质,所以可以重复使用,但是其轮子受限于可存储的最大角动量,并且易于饱和,除非能够提供消除饱和的其他方法。

使用术语"控制"通常表明将以正面方式影响一个系统;我们经常以负面的方式说什么事情失控。硬用以产生力矩指令的硬件或软件(无论针对轮子或推力器)称为控制器。控制器、执行器和敏感器的集合称为控制系统。利用各种姿态控制硬件,有多种方法可控制航天器,我们的重点将放在采用反作用飞轮和推力器的简单控制器。

以经典控制方式最容易描述的是通过反作用飞轮的姿态控制。控制理论的原则很多,大大超过本书范围,但是,重要的是需熟悉简单控制器工作的一些基础知识。就此,将研究一个简单弹簧阻尼系统(图 5.23)。相对于航天器,这是一个容易直观了解的系统。

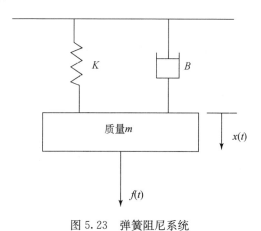

图 5.23　弹簧阻尼系统

物体 m 的位置 $x(t)$ 受到函数 $f(t)$ 控制(我们对其给出指令),采用数学方法描述为

$$m\ddot{x}=f(t)-B\dot{x}-Kx \tag{5.195}$$

式中,K 为弹簧刚度,B 为阻尼系数。假设希望以离散步进的方式移动质量,使 $x(t)$ 的步长为 1cm,并且假定这时无阻尼器($B=0$)。如果弹簧刚度小可以预见这项工作的难度;如果不仔细选定 $f(t)$,物体将开始来回振动,出现不受控情况,也就是不存在 $f(t)$ 使得期望运动产生。另外,如果增加阻尼器($B \neq 0$),视 B 数值而定,就将充分减慢运动,从而将质量保持在指定位置。当目标是控制质量的位置,阻尼器提供了控制质量的运动速度的方法。在姿态控制中,控制的是角度而不是位置,但是概念是相同的。

　　图 5.24 给出了这类系统的阻尼作用效果的图解。图中绘出系统对阶跃响应的多种相应情况。阶跃响应也就是从一个位置跳跃到另一个位置。在图中,阶跃已经正则化为 1,且列出的阻尼值为阻尼比而不等于 B 的值(可以看出,图 5.24 中的阻尼比为 $B/2\sqrt{Km}$)。还需注意多项特性。阻尼越大,到最终目的地的响应越慢。另外,阻尼越小,超调量越大,也就是超过了指定位置而必须返回。根据对控制器的需要,只要能快速回到最终位置,该超调量仍可接受。类似地,如需达到最终位置而不出现超调(不考虑所需的时间),就要求更大的阻尼。阻尼系数大于 1,称为过阻尼;阻尼系数小于 1,称为欠阻尼;系统阻尼系数为 1 的,称为临界阻尼,这会最快达到指定位置,而不出现超调。

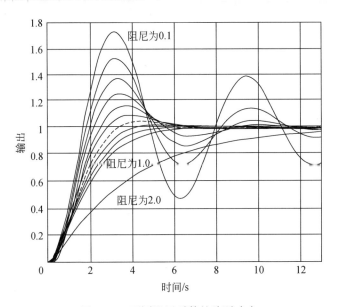

图 5.24　不同阻尼系数的阶跃响应

　　航天器姿态控制中,感兴趣的是如何决定控制力矩,以便获得航天器指定运动的效果,在这种情况下,控制的是角度而不是位置。上述的机械系统实例中,控制的是位置,阻尼器将有效控制速度。并非总是如此,通常也必须主动控制响应速度。一般地,应选择下列控制规则:

$$N_{\text{wheel}} = -k_1(\theta - \theta_0) - k_2(\omega - \omega_0) \qquad (5.196)$$

　　选定常数 k_1 和 k_2 使控制系统稍微处于欠阻尼状态。这里 θ 和 ω 为航天器传感器测量的角度和角速度(对于给定航天器轴),θ_0 或 ω_0 为轴所期望的角度或角速度。第一项(k_1)提供恢复力矩,第二项(k_2)提供阻尼,以便控制律不会轻易引起无阻尼振荡。三轴控制系统实施中,要求在飞行期间算出全部姿态和角速度。方程(5.196)给出的控制器称为比例微分(PD)控制器,因为控制力矩与姿态误差和其导数(角速度差)成正比。姿态控制中一般采用另外一种控制器,这包括一个包含角速度误差的积分的术语,称为比例-积分-微分(PID)控制器。PD 控制器会存在残留误差,所以指向精度不高。积分项将使控制器的误差在一段时间内减为零。

现在,考察旋转轴与俯仰轴重合的单轴动量轮。航天器俯仰运动和动量轮运动的相关运动公式为

$$\begin{cases} I_p \dot{p} = N_{\text{wheel}} + N_{\text{ext}} \\ I_{\text{wheel}}(\dot{\omega}_{\text{wheel}} + \dot{p}) = -N_{\text{wheel}} \end{cases} \tag{5.197}$$

式中,p 为航天器俯仰角,I_p 为俯仰轴惯量。第一个方程描述航天器本体的相关动力学,第二个描述航天器轮子的动力学。现在,角度和角速度误差仅为俯仰角和俯仰角变化率,所以,下列公式给出俯仰的反馈控制(对于对地定向航天器)

$$N_{\text{wheel}} = -K_p p - K_{\dot{p}}(\dot{p} - \omega_0) \tag{5.198}$$

式中,已经写成 $\theta = p$ 和 $\theta_0 = 0$。对于圆形轨道,$\omega_0 = \sqrt{\mu/R^3}$。根据控制律,得出运动方程

$$\ddot{p} + 2\zeta\omega_p(\dot{p} - \omega_0) + \omega_p^2 p = I_p^{-1} N_{\text{ext}} \tag{5.199}$$

以及

$$\omega_p \equiv \sqrt{K_p/I_p}, \quad \zeta = \frac{K_{\dot{p}}}{2\sqrt{K_p I_p}} \tag{5.200}$$

注意方程(5.199)和方程(5.195)的相似性。一般地,阻尼常数 ζ 选定为 0.707,以便系统稍微欠阻尼。欠阻尼会引起比临界阻尼更大的振荡,但同时会得到一个以实用的观点来看速度更快的控制律。选择 ω_0 数值时,通常由硬件和系统约束而定。这类系统的标准响应参见图 5.25。

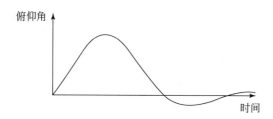

图 5.25　动量轮系统的标准瞬态相应

该系统提供滚动和偏航通道的陀螺稳定性,并且通过动量交换直接控制俯仰。偏航和俯仰会随时间漂移,所以,必须采用推力器或磁控制加以调整。三轴系统的 3 个反作用飞轮可以类似设计。

采用推力器的反作用控制,方式有所不同。相对于轮子提供的持续控制,推力器由于其开关属性所带来的非线性,使其很难提供典型的 PD 或 PID 控制。推力器控制的应用通常采用相平面方法。相平面的使用来自于非线性控制理论,涉及

画出角速率相对于角度随时间变化的关系。推力器控制期间,可以绘制角速率误差与角度误差的关系图。推力器工作取决于给定时间的角度和角速度误差。图 5.26 给出相平面推力器控制逻辑。

假设姿态角误差为大幅度负值,而角速率误差为大幅度正值,在图左上角。这种情况下,适当的推力器将点火,从而控制减少角速度误差,但不必非得减少姿态误差。点火将持续,直到跨过“＋速率极限”开关线,系统进入“过渡区”。在此位置,推力器停止点火。正值速率误差将在没有推力器点火的情况下,降低角度误差。这对应于向图右侧的漂移。最终,角度误差变为正值,并会继续增加,因为有正值的速率误差。在某些点,角误差将跨越“＋角度极限”开关线,这会使合适的推力器点火,以便速率误差下降,然后进入负值。点火持续,直至进入右下角“过渡区”。重复上述动作,引起从一个过渡区到另一个过渡区的漂移和点火。可以看出,航天器姿态和速率误差由开关线确定,并维持在其中。

开关线的定义决定控制器的精度,需按系统要求选择。必须记住,推力器采用的推进剂不可补充,一个使得姿态和角速率误差严格为零的相平面设计,将导致推力器频繁点火,从而快速消耗掉可用的推进剂。

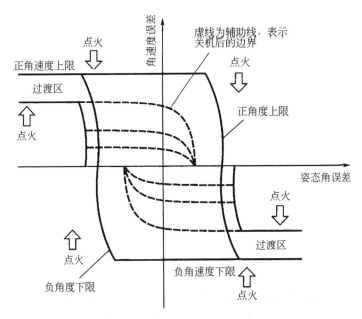

图 5.26 相平面推进器控制逻辑图

5.8.2 磁力控制

一般地,无论是主动姿态控制或自旋稳定,动量/反作用飞轮均与电磁铁控制相结合。对于旋转稳定的航天器,一般都有一个电磁体的轴与动量轮的轴平行,而其他两个轴与其垂直。电磁体有两项功能,一个是旋转轴机动,也就是,重新定向航天器旋转轴,由于旋转轴可能随着干扰力矩的累积作用而运动。另一个是使动量轮或反作用飞轮加速或减速,称为动量控制。动量轮和反作用飞轮仅可在一定限制内工作。控制器补偿干扰力矩时,通常会使轮子累积角动量,导致动量最终饱和或失去角动量,在某种程度上不再能提供稳定性。所以,需要能和环境交换轮子动量。由于轮子动量与航天器角动量通过控制律相互联系,可以通过航天器本体和环境之间交换动量从而达到交换轮子动量的目的。这能通过推力器或磁力矩器完成。

考虑到公式(5.170),可以设想航天器旋转轴为俯仰轴,其中一个磁力矩器与俯仰轴平行。也就是,沿俯仰轴方向将产生磁力矩。如果磁场有一个垂直于俯仰轴的分量,激励俯仰轴线圈就会使航天器旋转轴沿磁场方向运动。这样一来,俯仰轴的姿态就可以在垂直于磁场的方向上改变。如果航天器位于赤道轨道上(更精确地,如果轨道位于磁场赤道平面),磁场一直指向北方,将难以完全控制姿态。但是,如果轨道有一定的磁场倾角,即与零有明显区别,那么,沿轨道的磁场方向将持续变化,根据航天器在轨道中的位置,可以改变俯仰轴姿态。

剩下的两个磁力矩相互垂直,也垂直于俯仰轴。所以,通过控制两个线圈的相对强度,可以在垂直于俯仰轴的任意方向上形成磁力矩。特别地,可以在同时垂直于俯仰轴和外部磁场的方向上形成磁力矩。这种情况下,所施加的磁力矩($m \times B$)与俯仰轴平行或反向平行,会造成航天器姿态发生绕俯仰轴的相对变化,或等效地,使航天器统旋转轴的相对旋转速率增加或减小。俯仰轴控制与俯仰速率控制的不同配置参见图 5.27。

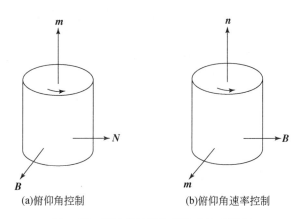

(a)俯仰角控制　　　　　　　(b)俯仰角速率控制

图 5.27　俯仰角控制与俯仰角速率控制

对于非旋转式航天器,俯仰轴和其他两种轴无差异。仅仅通过磁控,就很可能控制航天器三轴(只要轨道并不在磁场赤道平面上)。有关这种方法的介绍,可参考 Musser 等(1989)的文献。

5.8.3　自旋稳定

自旋稳定提供了开环被动控制的实例。假设航天器有一个很大角动量 h 的动量轮。航天器的角动量(本部分叙述都是在体坐标下描述,除非另有说明)为

$$L = I\boldsymbol{\omega} + h \tag{5.201}$$

以及欧拉公式变为(惯性坐标系内)

$$\frac{\mathrm{d}}{\mathrm{d}t}(\boldsymbol{I}_I\boldsymbol{\omega}_I) + \frac{\mathrm{d}}{\mathrm{d}t}\boldsymbol{h}_I = \boldsymbol{N}_I \tag{5.202}$$

一般地,对于自旋稳定,$|\boldsymbol{h}| \gg |\boldsymbol{I}\boldsymbol{\omega}|$ 成立,如果力矩不沿着动量 h 的方向,可忽略公式(5.202)的第一项。然后,可以将公式(5.202)改为

$$\frac{\mathrm{d}}{\mathrm{d}t}\boldsymbol{h}_I = \boldsymbol{N}_I \tag{5.203}$$

如果将动量轮轴承的摩擦忽略不计,$\boldsymbol{h}_I$ 大小保持不变。所以,轮子角动量仅发生方向的变化,干扰力矩将使动量轮旋转轴(也就是航天器的旋转轴)方向产生角度为 φ 的进动。根据公式(5.203),进动规律为

$$\varphi \approx \frac{1}{h} \left| \int \boldsymbol{N}_I \mathrm{d}t \right| \tag{5.204}$$

当动量轮角动量 h 远远超过环境力矩时,φ 将一直很小。也可根据公式(5.204)确定以保持陀螺稳定性的动量值,以便在给定时段内误差一致低于 φ。例如,假定姿态误差保持 24h 内低于 $0.5°$,航天器干扰力矩一直是常数 1×10^{-5} N。24h 内积分此力矩,动量将增加 0.86Nms。为了保持误差低于 $0.5°$,需设置动量轮,其存储的角动量值为 99Nms。

对于快速旋转航天器,尽管旋转速度不恒定,也同样产生陀螺稳定性。但是,如果航天器快速旋转,每转平均力矩将非常小,这时对动量轮的分析也同样适用。

只有当航天器绕主惯量轴旋转,旋转航天器的自旋稳定才有效,也就是,惯量最大的主轴。为方便理解,应考察刚体能量

$$E = \frac{1}{2}\boldsymbol{\omega}^{\mathrm{T}}\boldsymbol{I}\boldsymbol{\omega} = \frac{1}{2}\boldsymbol{L}^{\mathrm{T}}\boldsymbol{I}^{-1}\boldsymbol{L} \tag{5.205}$$

如果选择与刚体固连的坐标轴,与惯性张量的主轴平行,则体坐标系下惯性张量为对角阵,公式(5.205)变为

$$E = \frac{1}{2I_1}L_1^2 + \frac{1}{2I_2}L_2^2 + \frac{1}{2I_3}L_3^2 \tag{5.206}$$

如果力矩很小,L 数值几乎为常量;仅当 L 与最大主轴平行,能量才为真正的

最小值。但是,当旋转轴向最大主轴移动时,能量必然发生变化。假定旋转航天器扁长,所以对称轴(也设想为旋转轴)为最小主轴。无法扩散能量时,航天器保持平衡(实际上,是不稳定的平衡)。但是,如果航天器搭载有能量耗散装置(如章动阻尼器、推进剂或甚至热管),在尽可能耗能量后,航天器最终绕最大主轴旋转。所以,最后进入"扁平旋转",除非在航天器上的主动控制装置防止该状态出现。过去,这造成了灾难性后果。

纯自旋稳定为开环,因为环境力矩会引起漂移,航天器难以一直保持姿态。尽管航天器角动量可能很大,力矩很小,但时间足够长时,仍可能出现巨大姿态偏差。所以,自旋稳定应配设一些非连续操作的反馈机制,从而修正漂移影响。地面指令将重新为自旋稳定系统定向,或航天器搭载的计算机将自动驱动重新定位操控。

5.8.4　重力梯度稳定

采用长杆,会使航天器的惯性张量显著变大。此时,作用于航天器的重力梯度力矩的大小会增加,并可用于控制航天器的姿态。一般地,用重力梯度稳定技术保持航天器指向地球。为了分析这种可能性,重新考虑欧拉方程。可以假设航天器处于圆形轨道。如果航天器角速度为常数,实际上当航天器真正朝地球定向时,其角速度肯定为常数,在没有其他力矩时,体坐标系下的欧拉方程为

$$\frac{\mathrm{d}}{\mathrm{d}t}L = -\boldsymbol{\omega}\times(\boldsymbol{I\omega})+\boldsymbol{N}_{\mathrm{GG}}$$

$$= -\boldsymbol{\omega}\times(\boldsymbol{I\omega})+\frac{3\mu}{R^3}\boldsymbol{R}\times(\boldsymbol{I\dot{R}}) \tag{5.207}$$

方程(5.207)右边第一项为离心力梯度导致的有效力矩,其与重力梯度力矩具有相当一致的形式。假定 $\boldsymbol{R}$ 严格沿着当地垂线,称为 Z 轴,以及 $\boldsymbol{\omega}$ 与轨道角速度完全相同,且与 x 轴(负半轴)平行,则方程(5.207)变为

$$\frac{\mathrm{d}}{\mathrm{d}t}L = \omega_0^2(I_{31}\dot{\boldsymbol{y}}-I_{21}\dot{\boldsymbol{z}})-3\omega_0^2(I_{23}\dot{\boldsymbol{x}}-I_{13}\dot{\boldsymbol{y}}) \tag{5.208}$$

式中,考虑了圆形轨道角速度为 $\omega_0^2=\mu/R^3$。所以当惯性积为零时,角动量将保持为常数。所以,重力梯度稳定的必要条件为惯性主轴与当地垂线和轨道法向平行。所以,重力梯度稳定航天器通常指向地球。

现在,可以考虑新增力矩时所发生的情况。考虑圆形轨道内航天器,铅垂方向(偏航轴)和与负轨道法向(俯仰轴)与主轴平行。可以假设,力矩与轨道大致正交,从而力矩能使航天器绕轨道法向旋转。这种情况下,俯仰轴无变化(也就是航天器体坐标系下,轨道法向的方向无变化),方程(5.207)右侧第一项一直为零。体坐标系下,$\boldsymbol{R}$ 变为

$$\dot{R} = \begin{bmatrix} 0 \\ \sin\theta \\ \cos\theta \end{bmatrix} \tag{5.209}$$

对于某一角度 θ，如果算出方程（5.207）右边，得

$$\frac{\mathrm{d}}{\mathrm{d}t}L = 3\omega_0^2(I_3 - I_2)\sin\theta\cos\theta\dot{x} + N_x\dot{x}$$

$$= -\frac{3}{2}\omega_0^2(I_2 - I_3)\sin2\theta\dot{x} + N_x\dot{x} \tag{5.210}$$

航天器在 θ_e 处达到平衡方向，此时 L 导数为零，得

$$\theta_e = \frac{1}{2}\arcsin\left[\frac{2N_\perp}{3\omega_0^2(I_2 - I_3)}\right] \tag{5.211}$$

此外，它还须是一个稳定的平衡点。所以，力矩必须与角位移的反方向相反。通过方程（5.210），得知必须是 $I_2 > I_3$。

但是，这仅能保证一个轴的稳定性，现在还需检查另外两个轴。如果考虑绕垂直方向的微小力矩，在航天器坐标系下顶点方向不变，公式（5.207）的第二个方程不能改变角动量。所以，重力梯度力矩难以提供绕垂线方向的姿态控制。但是，这种情况下，角速度为

$$\omega = \omega_0 \begin{bmatrix} -\cos\theta \\ \sin\theta \\ 0 \end{bmatrix} \tag{5.212}$$

将此代入方程（5.207），得

$$\frac{\mathrm{d}}{\mathrm{d}t}L = -\frac{1}{2}\omega_0^2(I_1 - I_2)\sin2\theta\dot{z} + N_z \tag{5.213}$$

这种情况下，力矩并不来自重力梯度，而是离心力梯度。所以，z 轴稳定性要求 $I_1 > I_2$。

最后考虑若 y 轴力矩作用小，那么从航天器观察，天顶方向和与轨道法线方向将发生变化。这样，会对绕 y 轴的微小旋转做出响应

$$\dot{R} = \begin{bmatrix} -\sin\theta \\ 0 \\ \cos\theta \end{bmatrix}, \quad \omega = \omega_0 \begin{bmatrix} -\cos\theta \\ 0 \\ -\sin\theta \end{bmatrix} \tag{5.214}$$

得

$$\frac{\mathrm{d}}{\mathrm{d}t}L = -2\omega_0^2(I_1 - I_3)\sin2\theta\dot{y} + N_y\dot{y} \tag{5.215}$$

现在，稳定性要求 $I_1 > I_3$。所以，要使航天器保持三轴稳定，需要

$$I_1 > I_2 > I_3 \tag{5.216}$$

所以，对于纯重力梯度稳定下的三轴稳定性，一般要求最大主轴与轨道法向

(或轨道负法向,一般为俯仰轴)平行,并且最小主轴与天底方向(或天顶,一般为偏
航轴)平行。尽管稳定性条件有效,但实际情况更为复杂,特别针对于非圆形轨道。
在上述推导中并未考虑 1/4 轨道耦合(quarter-orbit coupling)的现象,这会使刚体
在 $I_2 > I_3 > I_1$ 时,也能达到另一种稳定状态。读者可参考 Kaplan(1976)和
Hughes(1986)的文献,找出详细资料。对于重力梯度稳定,尽管是被动的,但仍为
闭环,根据误差大小,必将产生反作用力矩。

　　重力梯度稳定,尽管有灵活性,仍有局限,因为重力梯度力矩比较小。所以,在
海拔极大的地方,力矩非常小,则该方法难以使用;在海拔极小的地方,也不能使
用,因为气动力矩占主导作用。而且,因为重力梯度力矩很小,这种姿态控制难以
非常精确。一般地,单独采用重力梯度进行姿态控制时,难以取得优于几度(角度)
的控制精度。而且,航天器的任务需求难以与重力梯度稳定所需的质量分布相一
致。长杆末端,一般附加约为 1kg 的验证质量,可以克服该问题,此时,长杆可使其
他方向的惯量远大于铅垂方向的惯量,对于重力梯度稳定,它必须最小。图 5.28
给出了一类典型的重力梯度稳定的航天器。但是,长杆弯曲明显,低频率下更是如
此,它与卫星本体的姿态运动相耦合。对于上述弯曲模式,采用动量阻尼器(5.8.6
小节)可减弱弯曲现象,但是,其余振动仍将使控制性能下降。而且,对于椭圆形轨
道,轨道半径的变化引起航天器重力场振动时,将产生不稳定力矩。对于严格的控
制要求,这些影响将制约航天器重力梯度稳定的使用。

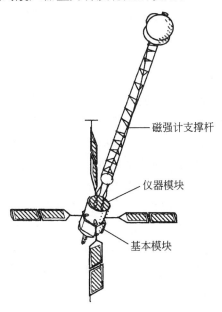

图 5.28　典型重力梯度稳定的航天器

5.8.5　重力梯度稳定和自旋稳定的组合

对于三轴姿态稳定,许多航天器同时采用重力梯度稳定和单一动量轮。大多数航天器是几乎对称的,所以,对于对称轴,很难获取重力梯度稳定。所以,需要一些其他方法。

对于对地定向航天器,有一种方法:装有一个被动动量轮,轴与俯仰轴平行。所以,当重力梯度力矩提供滚动和俯仰稳定时,动量轮将提供滚动和偏航稳定性。一般地,可采用某些方法,如磁力矩器或推力器,修正动量轮漂移。

对于重力梯度稳定和自旋稳定的组合,最大的危险在于,长杆受热弯曲变化将产生不稳定力矩,甚至使航天器姿态反转,这样,必须重新捕获三轴姿态。

5.8.6　章动阻尼

重力梯度稳定讨论中可以看出:对于较小的干扰力矩,可以找出航天器的平衡方向。但是,航天器不会停留在这个方向,除非采用某些手段来耗散平衡点的振动能量。事实上,没有手段使能量阻尼,航天器最终形成振动,且被驱动变为不稳定姿态。

被动章动阻尼可采用以摩擦力耗散能量的装置完成。对于这些装置,已在5.7.4 小节讨论过。采用推力器、反作用飞轮或电磁体沿章动相反的方向扭转航天器,将产生主动章动阻尼。该方法要求星载计算机确定出章动运动的方向,并计算出反作用力矩。

5.8.7　标准姿态控制系统

航天器姿态控制系统的选择,通常由航天器姿态模式和精度要求决定。近地点很低的航天器,会受到较大的气动力矩,通常情况下,将通过航天器自旋或动量轮维持陀螺稳定性。采用推力器或磁力矩器可完成旋转轴漂移的修正。对于精度要求不高的航天器,无需新增任何控制硬件。但是,如果姿态精度要求高,为了保持三轴姿态精度,三轴动量轮将成为最佳解决方案。轨道高度超过 600km 时,气动力矩的影响大大降低。在此高度之上,单独的重力梯度稳定或动量轮辅助的重力梯度稳定方式虽然难以达到优于几度的姿态精度,但还是很实用的。稍高一些的姿态精度可通过偏置动量轮和磁力矩器获得。三轴推力器(小推力,共 6 个)或三轴动量轮则能达到更高的精度。对于地球同步轨道高度,磁力或重力梯度控制不再适用。所以,在此高度上,只能通过推力器或动量轮进行姿态控制,并用推力器进行角动量管理。

偏置动量和零动量的术语,通常用于描述含有动量或反作用飞轮的姿态控制系统。偏置动量系统包括一个或多个动量轮,整个系统的动量不是零。除了旋转航天器,动量轮用以提供陀螺稳定性,从而保持姿态稳定性。上述系统常用于对地指向航天器。零动量系统采用反作用飞轮,使轮子转速发生变化,将整个系统动量控制到零(需考虑对地指向航天器的轨道速率会产生动量)。零动量系统对航天器控制更精确,并且有更良好的灵活性。改变偏置动量系统的姿态时,要求改变角动量矢量方向,这个过程一般很慢。对于零动量系统,因为通常不存在动量矢量,能快速机动为不同姿态。无论偏置动量或零动量,外部干扰力矩将增加轮子速度,所以,需要某种方法减少多余的动量。

5.8.8 振动

对于姿态控制,特别考虑的是振动,也就是超高频的随机运动,这在操控中难以避免的(以及容易与操控运动区分),也会干扰科学图像(图 5.29)。

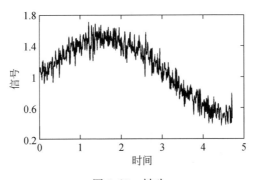

图 5.29 抖动

振动有多种来源。通过推力器、磁力矩或动量轮一般可以实现姿态机动。所以,推进剂的排出、磁力矩电流的不规则性、随机摩擦作用或动量轮的不平衡等,均可能引起振动。除此之外,在反馈姿态控制系统中,姿态敏感器具有姿态测量误差,姿态敏感器的随机误差可能产生姿态估计随机误差,这也会引起振动。

振动影响明显。对于大型结构,振动可能激励柔性模态,并导致明显的姿态控制误差。柔性模态的激励可能来自于航天器运动(旋转)或航天器内部某一来源(如仪器或控制系统本身)。通过哈勃天文望远镜已经可获取微秒精度(Taff,1991),因此在精密姿态指向时,必须非常严格控制振动。不幸的是,对于振动,暂无简单方法加以控制,除非要求加工精度高,并限制航天器机动速度。

5.8.9 更多参考资料

对于姿态控制的详细描述,可参考 Kaplan(1976)、Wertz(1978)、Hughes(1986)、

Junkins 等(1986)的文献。其中,对于多个姿态控制系统的设计,Kaplan 特别提供了很好的实例。Hughes 重点关注姿态稳定性,但是,Junkins 等仅重点关注姿态机动。Singer(1964)的文献提供了更有用的资料。对于更多实用资料,Mobley(1988)的文献提供了基本、有用的介绍。对于柔性结构的控制的详细资料,读者可参考 Joshi(1989)和 Junkins(1990)的文献。

关于重力梯度稳定的早期工作,读者可参考 Fischell 等(1964)、Pisacane 等(1967)的文献。关于热变形对重力梯度稳定的影响,见 Goldman(1975)的文献。关于双自旋重力梯度航天器稳定性问题,已经在 Hunt 等(1987)、Williams 等(1989)的文献中讨论过。

对于双自旋航天器的早期研究,可在 Landon 及 Stewart(1964)、Likins(1964)、Perkel(1966)、Slafer 及 Marbach(1975)、Thomson(1962)的文献中找到。Kaplan 提供了两项有趣的控制设计实例:偏置动量系统(采用框架的反作用飞轮设计(1974,1976))和电推力器系统设计(1973,1976)。

5.9　实际航天器任务

5.9.1　磁场卫星(Magsat)

Magsat 航天器于 1979 年发射,是一个能解释本章内容的很好实例,因为它搭载已经论及到的大量敏感器,在任务期间有几个不同的控制阶段。同时它也是偏置动量控制系统的一个实例。

Magsat 任务目的是测量地球磁场,其精度为 $6\gamma(1\gamma = 10^{-9}\,\mathrm{Wb/m^2} = 1\mathrm{nT})$。由于全球覆盖很重要,所以将 Magsat 航天器放入近极地轨道。为了确保星敏感器视野内看不见太阳,并保证太阳能一直充足,选择了太阳同步轨道。该轨道同时也确保太阳一直能提供姿态参考。

多极矩产生的磁场,将随距离变大而降低,按照 $r^{-(l+2)}$ 变化,这里,r 为离多极磁场源的距离(参见第 2 章)。大多数多极磁场来自地球地幔的局部磁化。所以,为了观察地球磁场详细结构,Magsat 航天器近地点不得不十分低。因而,航天器就会受到很大的空气阻力,这严重限制了其使用寿命并且导致了很大的气动力矩,进而使航天器稳定成为一个难题。如果 Magsat 的目的只是调查地球地幔磁性异常,使用寿命缩短是可以接受的;但是,仍希望获取源自地核的主磁场的详细资料。为此,选择较高的远地点,通过高度变化区分主磁场和异常磁场,同时延长航天器使用寿命。实际发射的轨道参数为远地点 478km,近地点 352km,轨道倾角为 96.8°。轨道倾角约为 97°处,地球非球形干扰可能引起每天大约 1°的航天器轨道平面进动,以保持轨道面法向与太阳方向平行(考虑到与地球固连的惯性坐标系,太阳指向每年旋转一次,或每天约 1°)。第 3 章提供了更详细的资料。

Magsat 航天器的视图参见图 5.30。该航天器采用 6m 的长杆将有效载荷与基模块分开,这是因为有效载荷包含了高精度的矢量磁强计和更高精度的标量磁强计(仅测量磁场大小),而基模块上的星敏感器会产生很大的磁场干扰。由于该长杆容易弯曲,会带来许多难以解决的问题。因此,长杆末端有效载荷的姿态不同于搭载有姿态敏感器的主航天器姿态。

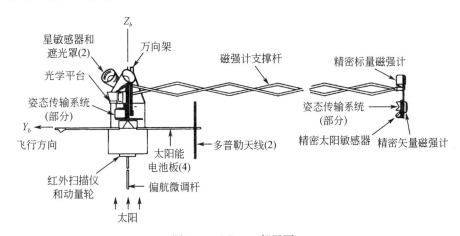

图 5.30　Magsat 部局图

星上有多种姿态确定硬件。采用两套端头固定的星敏感器和精密太阳敏感器进行姿态确定。每套精度为 10 角秒。当时,这是最精密的姿态敏感器,决定了整个任务精度。当角速度低于 200 角秒/秒时,星敏感器的数据才有效。航天器上还安装了单轴"旋转"数字太阳敏感器、粗略太阳敏感器(双轴)、粗略矢量磁强计和红外地平线扫描仪,以提供任务初期的大致姿态,并作为系统备份。上述敏感器精度为 1°左右。长杆有柔性,日照下易于变形,所以需要单独测量实验模块相对基模块的姿态。这将通过一套姿态传输系统(attitude transfer system)完成,该系统在基模块上有一套 LED 光源,在基模块和实验模块上均固定有镜面装置。通过观察光信号的反射情况,就可推断出基模块相对实验模块的姿态。冗余的俯仰轴陀螺仪可提供部分姿态角速率测量值。这些陀螺仪不会用于姿态确定,但需向俯仰反馈控制回路提供姿态角度率信息。考虑到磁场测量时的航天器仪器误差,姿态确定系统的总误差为 20 角秒/轴(rms)。

姿态控制由三轴磁力矩器、偏置动量轮(为地平线扫描仪和动量轮组合的一部分)、章动阻尼器、溜溜球消旋装置和气动力调节面来完成。姿态信号处理器向姿态控制提供指令,信号处理器采用 RCA1802 微处理器(有 4094 字节的可编程只读内存和 1024 字节的随机存取内存)。该处理器采用 MICRO-FORTH 编程。以如今标准来看,这款微处理器性能一般,但在当时是星上姿控系统的一个重要进步。长杆会导致卫星质心偏离压心。考虑到太阳电池板面积较大、近地点很低,近地点的气动力矩会很大。为此,需将航天器姿态控制在使近地点气动力矩最小的方向附近几度范围内。鉴于控制气动力矩的必要性,Magsat 采用了对地定向的布局方式。无论航天器处于何种姿态,都能进行地磁场测量。姿态敏感器和控制硬件的相关配置见图 5.30 和图 5.31。

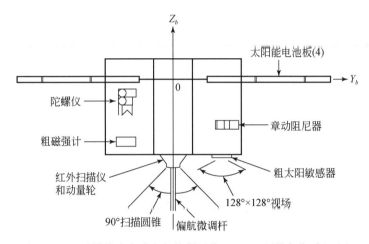

图 5.31　基础模块姿态确定与控制系统(ADCS)硬件定位(侧面图)

通过了解 Magsat 的发射过程可更好地理解姿态确定与控制系统(ADCS)的相关设计和工作机理。1979 年 10 月 30 日在加利福尼亚范登堡空军基地西部试验场采用 4 级固体火箭 Scout 发射了 Magsat。航天器质量 183kg。通过选择发射时间,使得轨道面赤经与太阳赤经相距 90°,所以 Magsat 处于"晨昏"轨道。发射期间,航天器上的动量轮以 1500r/min 的恒定速度绕俯仰轴(大致为航天器的对称轴)旋转,以提供发射后的被动陀螺稳定性。在第 4 级火箭上,航天器也自旋,速度约 150r/min。

入轨后,开始进行姿态捕获。释放溜溜消旋质量块,使航天器旋转速度下降至 0~4r/min。然后展开太阳电池板,增加旋转轴的惯量,转速进一步下降至 0~0.5r/min。此时,旋转速率陀螺稳定性主要由动量轮来维持。之后,首次遥测信息传回地面。

为了控制航天器的章动,解锁章动阻尼器。该阻尼器有一个磁阻尼扭摆,它的自然频率与航天器期望的章动频率匹配。接下来,气动力调节杆伸长至大约 4.63m。在近地点处,调节杆会抵消大部分的气动力矩。

只有当航天器对称轴(也就是俯仰轴)与太阳方向(也就是轨道面法向)夹角保持在 60°范围内,才能满足 Magsat 的供电需求。入轨时,轨道面法线与俯仰轴的夹角大约为 80°(预期为 90°左右)。Magsat 的旋转轴姿态由旋转轴上的磁场测量值和太阳与旋转轴夹角来确定,详见 5.5 节。此时,粗矢量太阳敏感器也开始工作,测量航天器旋转速度方向,这可通过观察光线所在象限的变化来实现。然而不幸的是,该太阳敏感器没有按计划工作(并非每个敏感器在发射后都有效),因而很快就弃用了。但这无碍于任务目标,因为精密太阳敏感器功能完好。为了完成必要的姿态机动,会产生一个与航天器俯仰轴平行的磁偶极子,其大小和正负号由星载计算机决定,详见 5.8.2 小节。

Magsat 在对地定向模式时开始工作,该模式下旋转速度为 0.001rev/s。所以,采用磁力起旋/消旋模式,使航天器旋转速度低于 0.05rev/s。之后,红外地平线扫描仪开始工作,俯仰通道控制律开始作用。后者采用俯仰角和角速率的反馈控制律,角速率来自两个冗余的俯仰轴陀螺仪,详见 5.8.1 小节。俯仰通道的控制律会使航天器很快达到对地定向。如果之前没有进行磁力消旋,角速度的巨大变化会导致俯仰轴动量轮快速饱和。

任务第三天末,伸长装载磁强计的长杆。这是发射中最艰难的部分,因为姿态传输系统的视野仅 ±6 角分。幸运的是,发射前的大量仿真模拟积累了丰富的经验,因而长杆展开无误。之后,按计划将气动力调节杆延伸至 5.30m。根据之后的飞行经验,认为气动力调节杆最理想为 4.48m,所以进行了后续调整。之后,星敏感器和精密太阳敏感器开始工作。1979 年 11 月 3 日,航天器正式工作,开始采集科学数据。Magsat 处于最终的任务模式。

Magsat 航天器装有三个可操控的、相互正交的电磁体(力矩杆),其中一个平行于俯仰轴,另外两个位于滚转和偏航平面内。航天器主要由两种磁控模式:起旋/消旋和俯仰控制。

为了控制俯仰轴,应产生沿俯仰轴的磁力矩,即

$$N_{\text{mag}} = m \times B \tag{5.217}$$

在地磁赤道附近的纬度上,地磁矢量位于与地磁轴大致平行的轨道面内。在这些纬度区域,如果选择合适的磁力矩,会产生指向地心的力矩,可减小航天器俯仰轴的经度角(关于俯仰轴经度角和纬度角的定义详见下一段)。在地磁纬度较高的地方,磁场方向大致与赤道面平行,驱动俯仰轴线圈可改变俯仰轴的纬度角。所以,在地磁赤道附近或地磁纬度 ±45°的地方,采用磁控方式可控制滚转和偏航。该滚转/偏航控制律仅在轨道的四个很短时段(约 150s)内执行。每个时段选为章动周期的整数倍(实际上为两个周期),以免产生净章动。滚转和偏航误差由星上自主确定。在赤道上红外扫描仪的滚动角实际上是俯仰轴经度角的一种度量。由

于一种称为四分之一轨道耦合(quarter-orbit coupling)的现象,在两极附近它又是俯仰轴纬度角的一种度量。因此,对于稳定的俯仰轴,一个红外扫描仪就能利用轨道上不同位置的测量值来确定俯仰轴姿态。利用一个简单的地磁场模型和地平线扫描仪的滚动角,星载计算机可计算出所需的俯仰轴线圈电流值。

发射前仿真得到的滚转/偏航控制过程参见图5.32。这里航天器旋转轴(俯仰轴)的经度角和纬度角不是相对于惯性系定义的,而是相对轨道系。因此,纬度角为俯仰轴与当地水平面的夹角,经度角为俯仰轴在当地水平面内的投影与轨道面法线的夹角。对于圆轨道,或者一般轨道的近地点和远地点处,经度角和纬度角均为零意味着航天器的磁强计杆沿速度方向,这是使气动力矩最小化的期望姿态。

如图5.32所示,仿真开始时,滚动/偏航误差小于2°,这是控制阈值。在高轨处,气动力矩远小于轮子的动量,俯仰轴的经度角和纬度角轨迹为圆形,和预期一致。这只在原点附近才正确,远离原点的地方,轨迹会因"三角畸变"而改变。在近地点,受气动力矩的作用,姿态变化迅速,圆形轨迹被压缩。在第四轨末期,会超出2°的阈值,需启动磁控模式。在此之前(仿真的第400分钟),航天器都是被动控制的。大约一轨内,可达到期望的俯仰轴姿态,俯仰轴又会进行圆锥运动。这些轨迹更接近圆形,也更紧凑,因为近地点的气动力矩比以前小得多。还需注意,这些运动的中心并非在滚转角和偏航角均为0的方向,而是有一个偏置量,这反映了使平均气动力矩最小化的俯仰轴姿态。该姿态偏置还降低了总的气动阻力,延长了任务寿命。

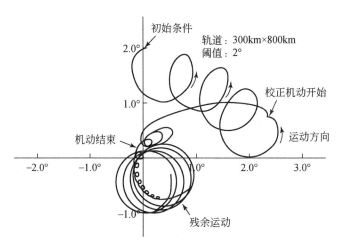

图5.32 模拟的滚动/偏航机动。模拟中第4个轨道上超过了滚动/偏航极值。由于航天器的章动阻尼器作用,快速机动引起的航天器章动运动,在一个轨道内完成了阻尼(参见相应变小的更多环圈)

　　俯仰控制律通过交换航天器和俯仰轴动量轮之间的角动量,来维持期望的俯仰角,可能增加或减少轮子的动量。所以,动量轮最终要么饱和,此时俯仰控制律不再有效,要么降低到不能保持陀螺稳定性的速度。所以,任务期间需要增加或减少轮子动量,使其保持在适当范围内。

　　如 5.8.2 小节所示,为了达到这一目的,可产生一个位于滚转和偏航平面内,且垂直于地磁场的磁矩,那么生成的力矩会平行于航天器俯仰轴。根据磁矩的符号不同,会使航天器俯仰速率增加或降低。俯仰控制律会将航天器俯仰速率传递到动量轮上。因此,通过选择适当的控制磁矩,会使轮子加速或减速。为了避免起旋/消旋和滚转/偏航控制的冲突,仅在滚转/偏航控制律停止时,进行起旋/消旋控制。

　　姿态确定同样也具有多样性,已开发出 3 种姿态确定系统。之前已详述了任务初期的自旋轴姿态确定,这通过一套近实时操作的姿态地面支持系统 MAGNRT 来完成。此外,还有两种姿态确定系统。一种称为 MAGFINE,可采用精密姿态敏感器(星敏感器和精密太阳敏感器)的数据,进行姿态确定,可达到每秒 4 次的处理速度。另一套软件是 MAGINT,仅采用粗敏感器得到精度稍低的姿态,粗敏感器包括精密太阳敏感器(取代粗太阳敏感器)、红外地平线扫描仪和粗矢量磁强计。这套系统的频率低得多,每 30s 进行一次姿态确定,结果提供给项目科学家,所需的处理时间要比精密姿态数据的少得多。

　　MAGNRT 最好根据太阳敏感器和红外地平线扫描仪数据,采用 Triad 算法确定姿态,如果缺失任一种数据,就采用磁强计数据。MAGINT 系统除了采用 Triad 算法外,还能基于三种粗敏感器的数据,采用 5.5 节给出的批处理最优算法来计算姿态。由于该算法的迭代性质,以及需要对很多三角函数进行微分,处理速度很慢。受限于敏感器的精度,姿态确定精度在 $1.0°$ 的量级上。基于精密姿态敏感器的数据,MAGFINE 系统也采用类似的批处理最优算法,但处理时间很长。所以,需要一个中间姿态确定系统,即 MAGINT。

　　幸运的是,研发出了一种快速算法 QUEST(Shuster et al,1981),可使公式(5.121)的代价函数最小化,比 MAGINT 的中间方法速度快得多。所以,任务开始数周后,MAGINT 软件永久退休,由 MAGFINE 软件所替代。因此,在预期时间的 6 个月前,最终数据就能送到项目科学家手中。

　　除了姿态确定,任务期间内需要经常进行敏感器校准结果的评估。这通过 Newton-Rasphson 算法(一种很费时的批处理最优方法)来完成。幸运的是,该算法的计算频率要低于姿态确定的频率。对于红外地平线扫描仪和磁强计,偶尔还能采用类似的方法来计算偏置补偿量。实验者还可利用这些数据确定校准情况,并作为数据缩减程序的一部分(Langel et al,1981)。

5.9.2 TIMED 航天器

热层、电离层、中间层能量学与动力学(thermosphere ionosphere mesosphere energetics and dynamics, TIMED)航天器是三轴零动量控制航天器的一个很好的实例。和 Magsat 一样, TIEMD 包括了本章涉及的许多姿态确定和姿态控制硬件。

作为 NASA 太阳连接(solar connections)项目的一部分, TIMED 任务的主要目标是研究中间层和低热层/电离层(mesosphere and lower thermosphere/iono-sphere, MLTI)的能量学和动力学。人类已经对 60～180km 高度的区域进行了探测, 并且对该区域的地球大气也有了理解认识。TIMED 的任务包括确定 MLTI 的温度、密度和风的结构, 确定辐射、化学、电动力学和动力学方面的影响因素的相对重要性, 以及 MLTI 地区的热沉。TIMED 发射于 2001 年 12 月 7 日。

TIMED 航天器的 G&C 子系统搭载了两套星敏感器、冗余的三轴惯性参考单元(IRU)、冗余的三轴磁强计、冗余的太阳敏感器(分别位于 $+y$ 和 $-y$ 面上)、含有冗余线圈的 3 个力矩杆、4 个反作用飞轮组合、两个冗余的处理器。TIMED 还搭载了一套冗余的制导导航系统(GNS)。这套 GNS 系统采用 GPS 数据, 以 1 次/秒的速度计算出位置、速度和时间等状态矢量。这些数据传送给 G&C 子系统, 解算出要控制的姿态。该航天器参见图 5.33。

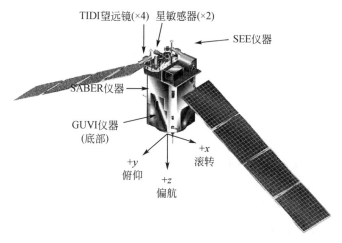

图 5.33　TIMED 航天器视图

正常工作期间, TIMED 需保持对地指向的姿态, 其 $+z$ 轴指向地心, $+y$ 轴指向轨道面法向, $+x$ 轴一般沿速度方向或其反方向。下面用太阳角 β 来描述 $+x$ 轴方向, 它定义为太阳和轨道面法向的夹角。星上的 SABER 仪器有一套用于温度调节的冷却器,要求 $+y$ 轴的指向远离太阳。因此,受轨道进动的影响,需要进行"偏航机动",使航天器大约每 60 天绕 z 轴旋转 $180°$,以避免 SABER 受太阳直射。

姿态确定采用星敏感器和陀螺仪(也就是 IRU)的测量数据,以及卡尔曼滤波器(参见 5.5 节)在星上完成。该滤波器可估计出姿态估计误差(用于修正控制器中采用的姿态)和陀螺仪偏差(用于修正陀螺仪的速率测量值)。星敏感器以每秒一次的频率为滤波器提供"更新的"姿态测量值,在两次更新的间隙,滤波器利用陀螺测量值进行姿态传播。为了减小由视场相关的误差引起的姿态估计误差,两套敏感器安装时使视场相差 $90°$。

控制器的作用是通过控制反作用飞轮来保持对地指向的姿态。在 TIMED 中,轮子配置呈角锥型,四个轮子同时工作。这种配置可保证即使一个轮子发生故障,也能通过其余 3 个轮子实现航天器控制。PID 控制器根据姿态角和角速度误差控制航天器。姿态误差是指期望的姿态和滤波器估计出的姿态之间的偏差。角速度误差是期望的角速度和大致修正了偏差的陀螺测量值之间的差异。期望的姿态和角速度是采用 GNS 提供的位置和速度矢量,通过下面公式计算出的相对惯性系的期望体坐标系。

$$z_B = -\frac{p_I}{|p_I|}, \quad y_B = \frac{p_I \times v_I}{|p_I \times v_I|}, \quad x_B = y_B \times z_B \tag{5.218}$$

$$C_I = \begin{bmatrix} x_B^{\mathrm{T}} \\ y_B^{\mathrm{T}} \\ z_B^{\mathrm{T}} \end{bmatrix} \tag{5.219}$$

式中,p_I 和 v_I 为航天器在惯性系下的位置和速度矢量;C_I 为方向余弦矩阵,描述从惯性坐标系到航天器体坐标系的转换。式(5.220)给出了惯性系中的期望角速率

$$\omega_I = \frac{p_I \times v_I}{|p_I|^2} \tag{5.220}$$

然后通过公式(5.219)将数值转换到体坐标系下描述(实际上,采用 5.9.3 小节的四元数描述)。根据 Bauer 等(1992)选择的 PID 控制器增益为

$$\begin{cases} K_p = \omega_c^2 \\ K_d = 2\zeta\omega_c \\ K_i = \dfrac{\zeta\omega_c^3}{10} \end{cases} \tag{5.221}$$

式中,ζ 为期望的阻尼系数;ω_c 为控制器的期望带宽。ω_c 的选择受多个变量的约束,如响应速度和超调量。此外还有实际应用的约束。尽管该数值可人为设置得任意大,但受执行器约束,系统本身(航天器)的响应速度有限。ζ 和 ω_c 的选择直接影响了系统稳定性,参见 5.8.1 小节。对于这些参数的合理选择有大量分析研究。

各种环境力矩,尤其是气动力矩,会对航天器产生一个长期的、恒定的作用。

这种力矩在航天器体坐标系下相对固定,因而会导致控制器向轮子发出很小的偏差力矩指令。经过一段时间,这个偏差力矩会使一个或多个轮子的转速饱和,从而使这些轮子不能用于控制。星上的角动量控制器可预防这种情况。TIMED 有 3 个相互正交安装的力矩杆,与航天器的体轴平行。如果系统的角动量偏差,也就是为保持对地指向所需的 y 轴角动量之外的多余的角动量,超过了某一阈值,角动量控制器就驱动一个或多个力矩杆来降低轮子速度。换言之,力矩杆所产生的磁力矩使得轮子的控制器产生了一个用于抵消磁力矩的轮子力矩,这样便可降低轮子速度。所需的磁偶极子垂直于角动量偏差和测量的磁场方向,在体坐标系下可表示为

$$m_{cmd} = h_{err} \times B_{mag} \tag{5.222}$$

可以正向或反向驱动力矩杆,以提供三个力矩杆两两之间的 27 种组合。力矩杆的组合和极性的选取使得产生的磁偶极子大致沿式(5.222)给出的方向。为了降低力矩杆指令的颤振,即过于频繁地开关力矩杆,在决策逻辑上加入了滞后环节。角动量偏差超出某一特定阈值后才进行角动量卸载。一旦开始卸载,除非角动量偏差降至第二个阈值,否则不会停止,这个阈值明显低于第一个。一旦达到第二个阈值,角动量卸载就结束,除非角动量偏差升至第一个阈值,否则不会重启。整个过程重复进行。

5.9.3 彗核之旅航天器

虽然图 5.34 所示的彗核之旅航天器(comet nucleus tour,CONTOUR)寿命很

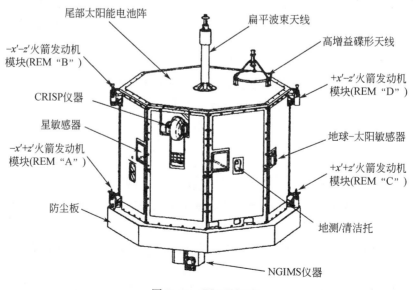

图 5.34 CONTOUR

短,但它是仅采用液体推进系统的自旋稳定航天器的一个很好实例。该航天器的任务是在飞越两颗彗星时,收集各类彗星科学数据,如图像和尘埃分析。为了抵达彗星,航天器需要沿日心轨道飞行,以及在与不同彗星相遇期间进行数次的绕地球变轨。在两次彗星相遇期间,航天器绕 z 轴自旋稳定,z 轴是图 5.34 中包含扁平波束天线的轴。在与彗星相遇的时候,航天器开启三轴稳定控制模式,以收集科学数据。不幸的是,在发射后六周的时候,当内部固体火箭发动机点火,准备逃逸地球轨道时,航天器解体了,因而没能收集到科学数据。但是在前六周,航天器以自旋稳定的模式运行良好。

特别感兴趣的是对旋转轴姿态估计和旋转轴进动机动的讨论。简单来说,姿态估计是利用一种地球－太阳敏感器的数据,在地面完成。这种敏感器是专门为自旋航天器研制的。它包括一个 V 形狭缝式太阳敏感器(其中一个狭缝平行于航天器旋转轴,称为经线狭缝),和两个地球敏感器(二者指向有 5° 的偏差)。该角度偏差是针对这项特定的任务,根据轨道几何特征选取的。该敏感器在每次太阳跨过太阳敏感器的时候,输出一个脉冲;在每次地球敏感器检测到太空－地球或地球－太空的突变时,也输出一个脉冲。在星上实现各脉冲的发生时刻测量,并通过遥测发送回地面。采用不同的算法对这些数据进行处理,可确定航天器旋转轴的方向,详见 Van der Ha 等(2003)的文献。

CONTOUR 航天器采用安装在 4 个火箭发动机模块(REM)上的推力器进行控制。每个 REM 含有 4 个推力器。这种推力器布局方式能实现提高转速、降低转速、进动(改变旋转轴方向)和轨道机动的能力。图 5.35 给出了推力器布局,以及进行不同机动的推力器选择。注意,箭头显示的是航天器上的作用力方向,而不是喷嘴的方向。

为了实施轨道机动,一般要求航天器旋转轴偏离当前方向,因为当前方向显然不是任务设计团队所期望的。为了稳定起见,绕 z 轴的旋转速度保持在大约 20r/min。进动机动就是绕垂直于自旋轴的某一轴的机动。图 5.35 给出了绕 x 轴和 y 轴完成机动的推力器组合情况。但是必须记住,因为航天器正在绕 z 轴旋转,所以沿 x 轴的力矩会导致自旋轴绕 y 轴运动,详见欧拉方程(5.149)。

由于推力器布局仅能产生沿 x 轴或 y 轴的力矩,如何产生一个力矩使自旋轴机动到任意方向? 答案就是选择合适的时序。通过在一个自旋周期内选择合适的发动机点火时序,就能使旋转轴进动到任意期望方向。该航天器采用地球－太阳敏感器的太阳脉冲来确定时序。

执行进动机动的推力器指令确定过程如下。导航组提供了航天器轨道数据。在知道机动时间和当前的航天器位置后,可得到太阳与航天器的相对位置,因而可计算出太阳敏感器产生太阳脉冲的时间。利用旋转轴的当前方向和期望方向信

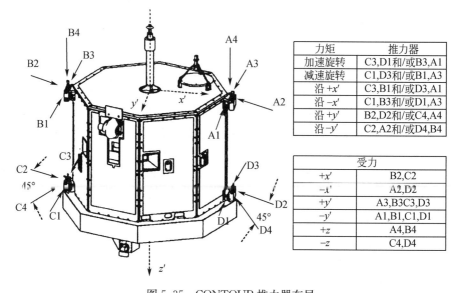

力矩	推力器
加速旋转	C3,D1和/或B3,A1
减速旋转	C1,D3和/或B1,A3
沿 +x'	C3,B1和/或D3,A1
沿 −x'	C1,B3和/或D1,A3
沿 +y'	B2,D2和/或C4,A4
沿 −y'	C2,A2和/或D4,B4

受力	
+x'	B2,C2
−x'	A2,D2
+y'	A3,B3C3,D3
−y'	A1,B1,C1,D1
+z	A4,B4
−z	C4,D4

图 5.35　CONTOUR 推力器布局

息,可得到旋转轴应该采取的运动方向。根据这些信息,选择特定的推力器组合,就能计算出太阳脉冲发生时刻到推力器点火之间的延迟时间。推力器开启时长选定为 1/4 的旋转周期。

　　所有的进动机动都是开环执行的,通过地面计算将推力器组合情况、开关时间、延迟时间发送给航天器。总共有 12 种进动机动方式,都成功完成了。

5.9.4　更多参考文献

　　JohnsHoplins APL Technical Digest 的 Magsat 特刊几乎介绍了 Magsat 任务的各方面内容(Potemra et al,1980)。其中,姿态确定和控制系统方面的文章尤为引人注目。关于 Magsat 姿态控制系统的性能,参见 Tossman 等(1980)的文章。De Amicis(1987)的著作中提供了 Magsat 航天器的补充数据。Magsat 的有关姿态地面操作(重点为精密姿态系统)的内容,参见 Abshire 等(1981)的文献。精密姿态确定算法(QUEST)的详细发展历程,参见 Shuster 等(1981)的文章。Magsat 任务的第一组科学数据参见上述的 Magsat 特刊。这方面更详细的论述见 Langel(1982,1985)的文章。Dellinger(1999)和 Dellinger 等(2003)从制导和控制的角度出发,对 TIMED 任务进行了更详细的介绍。对于 CONTOUR 任务的描述,详见 Rogers 等(2001)、Runn 等(2002)、Van de Ha 等(2003)的文献。

5.10　习　　题

1. 证明矩阵 aa^T 和 $[a\times]$,满足关系式

$$(aa^T)^2 = aa^T$$

$$[a\times]aa^T = 0$$

$$aa^T[a\times] = 0$$

$$[a\times]^2 = aa^T - I$$

使用上述结果、欧拉公式和公式(5.49),证明

$$R^T(a,\varphi)R(a,\varphi) = I$$

和

$$R(a,\varphi_1)R(a,\varphi_2) = R(a,\varphi_1+\varphi_2)$$

2. 证明公式(5.12)、公式(5.13)、公式(5.15)和公式(5.17)。

3. 使 x 和 y 为任意两个 3×1 列向量,使 C 为正交矩阵,证明

$$(Cx)\cdot(Cy) = x\cdot y$$

4. (1)证明方向余弦矩阵可写为

$$C = \begin{bmatrix} i\cdot I & i\cdot J & i\cdot K \\ j\cdot I & j\cdot J & j\cdot K \\ k\cdot I & k\cdot J & k\cdot K \end{bmatrix}$$

(2)解释矩阵 C 的列和行的物理意义。

5. 根据惯性坐标系中航天器位置和速度确定轨道坐标系。如果轨道 x 轴已经定义为航天器位置矢量 r 的方向,轨道 z 轴为轨道面法向(航天器轨道角动量 L 的方向),证明将列向量从惯性坐标系转换到轨道坐标系的正交变换矩阵为

$$C = \begin{bmatrix} r & (L\times r) & L \end{bmatrix}^T$$

式中,$\begin{bmatrix} a & b & c \end{bmatrix}$ 代表矩阵由列向量 a,b 和 c 构成。

6. 利用欧拉公式,证明 $R(a,\varphi)a = a$。

7. 对于 2-1-3 欧拉角,进行必要的矩阵乘积,以获得旋转矩阵表达式。

8. 对于 3-1-3 欧拉角,证明(φ,θ,ψ)和$(\varphi+\pi,-\theta,\psi-\pi)$可形成相同的旋转矩阵。

9. 证明欧拉公式能写成如下表达式

$$R(a,\varphi)v = v - \sin\varphi\, a\times v + (1-\cos\varphi)a\times(a\times v)$$

以及矩阵表达式

$$R(a,\varphi) = I - \sin\varphi[a\times] + (1-\cos\varphi)[a\times]^2$$

10. (1)如果 R 为旋转矩阵,证明旋转角 φ 可写为

$$\cos\varphi = \frac{1}{2}(\text{tr}\boldsymbol{C} - 1)$$

式中，$\text{tr}\boldsymbol{C} \equiv C_{11} + C_{22} + C_{33}$ 为迹表达式。

(2)若 $\sin\varphi \neq 0$，证明旋转轴的三个分量的表达式为

$$a_1 = \frac{1}{2\sin\varphi}(C_{23} - C_{32})$$

$$a_2 = \frac{1}{2\sin\varphi}(C_{31} - C_{13})$$

$$a_3 = \frac{1}{2\sin\varphi}(C_{12} - C_{21})$$

(3)当 $\sin\varphi = 0$ 时，求出 $\boldsymbol{a}$ 的表达式。

11.(1)对于 3-1-3 欧拉角，值为 $\varphi = \pi/4, \theta = \pi/3, \psi = -\pi/4$，计算出姿态矩阵(这些数值是否满足一般惯例，它真的有关系吗?)。

(2)找出姿态矩阵对应的旋转轴和旋转角。

12. 从公式(5.49)推导出公式(5.68)和公式(5.69)。

13. 公式(5.97)给出的欧拉角运动学方程针对的是刚体参考角速度。对于惯性参考角速度表示的欧拉角速度，推导出等效表达式(提示：$\boldsymbol{\omega}_{\text{body}} = \boldsymbol{C}\,\boldsymbol{\omega}_{\text{inertial}}$)。

14.(1)假设旋转矩阵的表达式为

$$\boldsymbol{C}(t) = \boldsymbol{R}(\hat{\boldsymbol{a}}, \omega_0 t)$$

式中，ω_0 为常矢量。证明欧拉公式(公式(5.49))的微分为

$$\frac{\mathrm{d}}{\mathrm{d}t}\boldsymbol{C}(t) = -[\boldsymbol{\omega}_0 \times]\boldsymbol{C}(t)$$

(2)满足上述等式的最普遍的旋转矩阵是什么?

15. 公式(5.108)

$$\cos\rho = \cos\gamma\cos\eta + \sin\gamma\sin\eta\cos(\Omega/2)$$

对于天底角，证明结果有两种解，可写为

$$\cos\eta = \frac{1}{A}[\cos\rho\cos\gamma \pm \sin\gamma\cos(\Omega/2)(A - \cos^2\rho)^{1/2}]$$

式中，$A = \cos^2\gamma + \sin^2\gamma\cos^2(\Omega/2)$。

16. 假设航天器装有两个相同地球地平线扫描仪，扫描方向相反。让航天器滚动轴为第一个扫描仪滚动轴。证明航天器滚动角为

$$\cot\eta = \frac{1}{2}\tan\gamma(\cos(\Omega_2/2) - \cos(\Omega_1/2))$$

17. 证明从高度为 h 的航天器上观察到的地球的角半径为

$$\rho = \arcsin\left(\frac{R_e}{R_e + h}\right)$$

式中,R_e 为地球半径。对于 $R_e = 6378\text{km}$,算出下列条件下的地球角半径:

(1)地球表面。

(2)$h = 100\text{km}$。

(3)$h = 1000\text{km}$。

(4)$h = 3600\text{km}$(大约为地球同步轨道)。

18. 航天器上通过敏感器观察到的太阳和磁场的方向为

$$\hat{\boldsymbol{S}}_{S/C} = \frac{1}{\sqrt{2}} \begin{bmatrix} 1 \\ -1 \\ 0 \end{bmatrix}, \quad \hat{\boldsymbol{B}}_{S/C} = \frac{1}{\sqrt{2}} \begin{bmatrix} 0 \\ -1 \\ 1 \end{bmatrix}$$

上述矢量在地心惯性坐标系为

$$\hat{\boldsymbol{S}}_{GCI} = \frac{1}{\sqrt{2}} \begin{bmatrix} 1 \\ 0 \\ -1 \end{bmatrix}, \quad \hat{\boldsymbol{B}}_{GCI} = \frac{1}{\sqrt{2}} \begin{bmatrix} 1 \\ -1 \\ 0 \end{bmatrix}$$

(1)是否存在正交矩阵满足下列等式:

$$\hat{\boldsymbol{S}}_{S/C} = \boldsymbol{C}\hat{\boldsymbol{S}}_{GCI}, \hat{\boldsymbol{B}}_{S/C} = \boldsymbol{C}\hat{\boldsymbol{B}}_{GCI}$$

(2)使用 Triad 算法,算出姿态矩阵 $\boldsymbol{C}$,它能完全满足第一个方程的要求。

(3)第二个问题也能精确满足吗?

19. 假设惯性坐标系中太阳和天底方向为

$$\hat{\boldsymbol{S}}_I = \begin{bmatrix} 0 \\ 0 \\ 1 \end{bmatrix}, \quad \hat{\boldsymbol{E}}_I = \begin{bmatrix} 1 \\ 0 \\ 0 \end{bmatrix}$$

上述矢量在航天器中测量得到的值为

$$\hat{\boldsymbol{S}}_B = \begin{bmatrix} 0 \\ 1 \\ 0 \end{bmatrix}, \quad \hat{\boldsymbol{E}}_B = \begin{bmatrix} 0 \\ 0 \\ 1 \end{bmatrix}$$

(1)使用 Triad 方法,确定航天器在惯性坐标系中的姿态。

(2)证明算出的姿态矩阵为特殊正交的。

(3)求出表达这个姿态的旋转轴和旋转角。

20. 重复第 19 题,采用

$$\hat{\boldsymbol{E}}_B = \frac{1}{\sqrt{2}} \begin{bmatrix} 1 \\ 0 \\ 1 \end{bmatrix}$$

先使太阳矢量为第一矢量,随后根据天底点矢量为第一矢量重复进行计算。矩阵都是特殊正交吗? 对于上述两个估计,你有什么看法?

21. 通过 C_1 和 C_2 描述问题 19 和问题 20 的两个方向余弦矩阵,定义上述两项估计的相关姿态

$$\delta C = C_2 C_1^{\mathrm{T}}$$

描述 δC 的旋转角是多大? 合理么?

22. 确定椭球体,质量为 M,半轴为 a、b 和 c 的惯性张量。假定椭球的轴经过质心并且与体轴平行,且密度均匀。

23. 假设问题 22 的椭球绕 c 轴旋转 45°,得到的惯性张量是什么?

24. 确定长方体,质量为 M,各个边为 a、b 和 c 的惯性张量。假定各个面与体轴相互垂直,质心与体坐标系原点重合,以及密度均匀。

25. 确定矩形板,质量为 M,各个边为 a、b 的惯性张量(厚度为零)。假定体轴与板各边平行,质心与体坐标系原点重合,以及密度均匀。

26. 确定圆形板,质量为 M,半径为 a,厚度为零的惯性张量。假定 z 轴与板垂直,通过质心,以及密度均匀。如果参考系的中心为 $(a,0,0)$,那么物体惯性张量是多少?

27. 期望保持三轴稳定的航天器姿态,以便对称轴与铅垂方向的夹角为 10°。假设航天器模型是质量为 M 的哑铃,两个等质量的物体的间隔为 l。对于 $M=200\mathrm{kg}$ 和 $l=3\mathrm{m}$,算出航天器在地球表面和地球同步轨道处的重力梯度力矩。

28. 高度 500km 的圆形轨道上运行的微小航天器,有一个扁长杆,具有方形横截面,质量可以忽略不计。假设杆长为 10m,宽度为 5cm,杆指向天底点,并且它的一条边与航天器速度方向正交。那么作用于航天器的气动力矩有多大? 在此高度,大气密度采用标准数值。

29. 期望通过重力梯度力矩克服随机干扰力矩来稳定近地航天器。将质量忽略不计的长杆附在航天器平台,末端装有验证质量块。如果航天器为球形,质量 200kg,半径 1m,航天器惯性张量是多少? 如果验证质量块为 5kg,以及随机干扰力矩在典型数量级 $10^{-4}\mathrm{Nm}$,杆必须设计为多长才能保持稳定姿态为 10°、1° 或 0.1°? 结果取决于航天器的半径吗? 航天器平台和验证质量块对重力梯度力矩的相关贡献是什么?

30. 筒状航天器长度 3m,半径 0.25m,质量 500kg,沿对称轴旋转,旋转速度 1000r/min。如果航天器力矩为 $10^{-5}\mathrm{Nm}$,与对称轴相互垂直,对称轴将按多大速度进动?

31. 在海平面上的赤道处,磁场为 $3 \times 10^{-5}\mathrm{Wb/m^2}$,磁场方向指向北方。给出以下惯性矩阵:

$$I = \begin{bmatrix} 100 & 0 & 0 \\ 0 & 800 & 0 \\ 0 & 0 & 2000 \end{bmatrix} \mathrm{kg/m^2}$$

如果航天有 3 个电磁体,任何方向能产生磁矩$10Am^2$,如何快速改变低地球轨道内和地球同步轨道上天底方向的姿态? 如何快速改变向北方向? 假定 z 轴指向天底点和 x 轴指向北方。

32. 航天器受恒定俯仰力矩 $5 \times 10^{-5} Nm$。期望通过动量轮束保持俯仰姿态,假定它是筒状,半径 25cm。允许轮旋转速度为 200~1000r/min。名义转速 600r/min。如果轮子每天卸载不超过一次。动量轮的质量是多少?

33. 筒状航天器,质量 200kg,半径 1m,初始旋转速度 100r/min。期望通过释放两个总质量 200g 的消旋质量块使航天器消旋。将消旋质量块附在航天器上的线绳长度是多少? 如果最终旋转速度为 5r/min,预期长度是多少?

34. 假定航天器体坐标系下的惯性张量为

$$\boldsymbol{I} = I_0 \begin{bmatrix} 1.0 & 0 & 0 \\ 0 & 0.8 & 0 \\ 0 & 0 & 0.2 \end{bmatrix}$$

这里,$I_0 = 1000 \ kgm^2$,同时假设,航天器绕 z 轴旋转,且无外力矩作用,初始旋转速度 $0.1s^{-1}$。

(1)体坐标系内航天器的初始角速度矢量和角动量矢量是多少?

(2)体坐标系内角动量矢量的初始变化速度是多少?

(3)假设,以几乎各向同性的热辐射方式使航天器失去能量(也就是各个方向辐射的能量通量几乎相同,导致无限小的净力矩),航天器将最终的旋转轴在哪?

(4)体坐标系中航天器的最终角速度矢量和角动量矢量是多少?

(5)航天器初始和最后的旋转运动能量是多少?

35. 要求旋转航天器保持旋转轴指向为 $0.3°$ 以内。如果恒定外部干扰力矩作用于航天器俯仰轴的垂直方向上,大小为 $1 \times 10^{-4} Nm$。需要多少动量才能保持 4 天时间指向控制? 如果旋转轴惯量为 $100 \ kgm^2$,航天器必须多快的旋转速度?

参 考 文 献

Abshire G R, McCutcheon G S, Van Landing ham F G. 1981. High precision attitude determination for Magsat. Proceedings of ESA International Symposium on Spacecraft Flight Dynamics, Darmstadt.

Agrawal B N. 1986. Design of Geosynchronous Spacecraft. Englewood Cliffs: Prentice-Hall.

Anderson B D O, Moore J B. 1979. Optimal Filtering. Englewood Cliffs: Prentice-Hall.

Bauer F H, Femiano M D, Moser G E. 1992. Attitude control system conceptual design for the Xray timing explorer. Proceedings of the Guidance, Navigation, and Control Conference, Reston, 1992.

Bertotti B, Farinella P. 1990. Physics of the earth and the solar system. Dordrecht: Kluwer.

Black H D. 1964. A passive system for determining the attitude of a satellite. AIAA J. 2:1350.

Bunn J C,Rogers G D. 2002. Influence of hardware selection on the design of the CONTOUR estimation and control software. The 5th International Conference on Dynamics and Control of Systems and Structures in Space 2002,Cambridge.

Carrou J P. 1984. Mathématiques spatiales/Space mathematics. Toulouse:CEPADUES Editions.

Cohen C E. 1992. Attitude determination using GPS[Ph D Dissertation]. Palo Alto:Stanford University.

Crassidis J L, Lightsey E G, Markley F L. 1998. Efficient and optimal attitude determination using recursive global positioning system signal operations. Proceedings of the Guidance, Navigation, and Control Conference, Reston.

De Amicis S J. 1987. Artificial earth satellites designed and fabricated by the Johns Hopkins University Applied Physics Laboratory. Laurel, MD. JHU/APL SD0 1600.

Dellinger W F. 1999. Attitude estimation and control for the TIMED spacecraft. Proceedings, 14th World Congress of International Federation of Automatic Control (IFAC), Beijing.

Dellinger W F,Shapiro H S,Ray J C,et al. 2003. Recent G&C experiences of the TIMED spacecraft. Proceedings, 26th Annual American Astronautical Society (AAS) Guidance and Control Conference, Breckenridge.

Duchon P. 1984. Modelisations nécessaries á la conception et la définition des systémes de commande, d'attitude et d'orbite des véhicules spatiaux,Carrou, 1984.

Fischell R E,Mobley F F. 1964. A system for passive gravitygradient stabilization of Earth satellites. Progress in Astronautics and Aeronautics 17.

Foliard J. 1984. Mesures et restitution d'attitude,Carrou, 1984.

Fortescue P, Stark J. 1984, 1991. Spacecraft System Engineering. New York: John Wiley & Sons.

Gelb A. 1989. Applied Optimal Estimation. Cambridge:MIT Press.

Gibbs J W. 1901. Vector Analysis. New York: Dover Publications.

Goldman R. 1975. Influence of thermal distortion on gravitygradient stabilization. J. Spacecraft and Rockets,12:406.

Goldstein H,Poole C P. 2002. Classical Mechanics. Englewood Cliffs: Prentice-Hall.

Griffin M D, French J R. 1991. Space Vehicle Design. Washington. DC: American Institute of Aeronautics and Astronautics.

Hughes P C. 1986. Spacecraft Attitude Dynamics. New York: John Wiley & Sons.

Hunt J W Jr. , Williams C E. 1987. Anomalous attitude motion of the Polar BEAR satellite. Johns Hopkins APL, 8:324.

Jacobs J A. 1987. GeomabOnetism7 vols. 1 and 2. Orlando: Academic Press.

Joshi S M. 1989. Control of Large Flexible Space Structures. New York: Springer-Verlag.

Junkins J L. 1990. The Mechanics and Control of Large Flexible Structures. Washington DC: American Institute of Aeronautics and Astronautics.

Junkins J. 1978. An Introduction to Optimal Estimation of Dynamical Systems. Alphen aan den Rijn: Sijthoff & Nordhoff.

Junkins J L, Turner J D. 1986. Optimal Spacecraft Rotational Maneuvers. Amsterdam: Elsevier.

Kane T R, Likins P W, Levinson D A. 1983. Spacecraft Dynamics. New York: McGraw-Hill.

Kaplan M H. 1976. Modern Spacecraft Dynamics and Control. New York: John Wiley & Sons.

Landon R V, Stewart B. 1964. Nutational stability of an axisymmetric body containing a rotor. J Spacecrajt and Rockets: 682.

Langel R A. 1982. Magsat preliminary results. Geophys. Res. Lett, 9.

Langel R A. 1985. Magsat. J. Geophys. Res, 90.

Langel R A, Herbert J, Jennings T. 1981. Magsat data processing, a report for investigators. NASA Technical Memorandum 81260. Greenbelt, MD: NASA Goddard Space Flight Center.

Larson W J, Wertz J R. 1992. Space Mission Analysis and Design. Dordrecht: Kluwer.

Lefferts E J, Markley F L, Shuster M D. 1982. Kalman filtering for spacecraft attitude estimation. J. Guidance Control and Dynamics 5:417.

Lerner G M. 1990. Attitude sensor calibration using scalar observations. J. Astronaut. Sci 38:201.

Lerner G M. Shuster M D. 1981. In-flight magnetometer calibration and attitude determination for near-Earth spacecraft. J. Guidance and Control 4:518.

Likins P W. 1964. Attitude stability for dual-spin spacecraft. J. Spacecraft and Rockets 4:1638.

Markley F L. 1978. Parameterization of the attitude. J. R. Wertz, 1978.

Maute P, Defonte O. 1990. A system for autonomous navigation and attitude determination in geostationary orbit. J. P. Carrou, 1990.

Meirovitch L. 1970. Methods of Analytical Dynamics. New York: McGraw-Hill.

Melvin P J, Hope A S. 1993. Satellite attitude determination with GPS. Advances in the Astronautical Sciences, 85: 59—78.

Mobley F F. 1988. Space Systems Course. Laurel, MD: The Johns Hopkins University Applied Physics Laboratory.

Musser K L, Ebert W L. 1989. Autonomous spacecraft attitude control using magnetic torquing only. Proceedings, Flight Mechanics/Estimation Theory Symposium. Greenbelt, MD: NASA Goddard Space Flight Center.

O'Connor B J, Morine L A, 1967. A description of a CMG and its application to space vehicle control. J. Spacecraft and Rockets, 6: 225.

Parkinson B. 1996. Globol Positio. Zing Systenz: Theory and Applications, Vols. I, II. Washington DC. : American Institute of Aeronautics and Astronautics.

Perkel H. 1966. Stabilite-a three-axis attitude control system utilizing a single reaction wheel. Progress if z Asttoizautics and Aeronautics, 19: 375.

Pisacane V L. Pardoe P P, Hook B J. 1967. Stabilization system analysis and perfor-mance of the GEOS-A gravitygradient satellite (Explorer XXIX). J. Spacecraft and Rockets, 4: 1623.

Potemra T A, Mobley F F, Echard L D. 1980. Johns Hopkins APL Tech. Dig. 1(3): 162—248.

Radix J C. 1978. Gyroscopes et Gyromtres. Toulouse: CEPADUES Editions.

Rimrott F P J. 1989. Introductory Attitude Dynamics. New York: Springer-Verlag.

Rogers G D, Bunn J C, Dellinger W F. 2001. CONTOUR guidance and control system algorithm design and development. Proceedings 16th International Symposium on Space Flight Dynamics, Pasadena.

Shepperd S W. 1978. Quaternion from rotation matrix. J Guidance and Control 1: 223.

Shuster M D. 1983. Efficient algorithms for spin-axis attitude estimation. J Astronautical Sciences 31: 237.

Shuster M D. 1989. Restitution d'attitude des vhicules spatiaux, lecture notes.

Shuster M D. 1993. A survey of attitude representations. J Astronautical Sciences 31: 439.

Shuster M D, Oh S D. 1981. Three-axis attitude determination from vector observations. J. Guidance and Control 4: 70.

Shuster M D, Pitone D S, Bierman G J. 1991. Batch estimation of spacecraft sensor alignments. J Astronaut. Sci. 39: 519 (Part I) and 547 (Part II).

Singer S F. 1964. Torques and Attitude Sensing in Earth Satellites. New York: Academic Press.

Slafer L, Marbach H, 1975. Active control of the dynamics of a dual-spin spacecraft. J Spacecraft and Rockets 12: 287.

Stacey F D. 1977. Physics of the Earth. New York: John Wiley and Sons

Taff L G. 1991. An analysis of the Hubble Space Telescope fine guidance sensor fine lock mode. Proceedings, Flight Mechanics/Estimation Theory Symposium. NASA Goddard Space Flight Center, Greenbelt.

Thomson W T. 1962. Spin stabilization of attitude against gravity torque. J Astronaut. Sci. 9: 31.

Thomson W T. 1986. Introduction to Space Dynamics. New York: Dover.

Tossman B E. Mobley F F, Fountain G H, et al. 1980. MAGSAT attitude control system design and performance. AIAA Guidance and Control Conference, Danvers.

Van der Ha J, Dellinger W F, Rogers G D. 2003. CONTOUR's phasing orbits: Attitude determination & control concepts and fiight results. Proceedings, 13th AAS/AIAA Space Flight Mechanics Conference, Ponce.

Wertz J R. 1978. Spacecraft Attitude Determination and Control. Dordrecht: Kluwer.

Wie B. 1998. Space Vehicle Dynamics and Control. Reston: American Institute of Aeronautics and Astronautics.

Wiesel W E. 1989. Spaceflight Dynamics. New York: McGraw-Hill.

Williams C E. Hunt J W. 1989. Spacecraft inversion using a momentum wheel. Proceedings, First Pan-American Conference of Applied Mechanics, Rio de Janeiro.

Wylie C R, Barrett L C, 1982. Advanced Engineering Mathematics. New York: McGraw-Hill.

第6章　航天器电源系统

George Dakermanji,Ralph M. Sullivan

6.1　简　　介

电源系统能够持续可靠的工作对航天器任务的成功完成至关重要。电源系统故障,即便是一次短暂的供电中断,也会给航天器的姿态控制、热控和电子系统带来灾难性后果。因而,可靠性是设计制作电源系统及其部件的首要要求。在设计时,电源系统设计人员将面临各种挑战,例如,日益增加的成本、性能提高的需求、与航天器其他系统的常规资源竞争。

要达到上述目标,需充分了解电源系统及其基本部件、工作环境。在初版发行后的十年里,航天电源系统的新技术、对系统工作环境的深入认识等方面有了很多进展。这种趋势有望继续保持。下面将介绍现有最新的电源系统,以及对航天电源系统的一些基本认识,以使读者能够紧跟未来发展趋势。

6.2　空间环境

6.2.1　太阳能

第2章的图2.5给出了太阳和地球的平均距离(即1AU)处,太阳各频谱的辐照度情况。该图给出了地球大气层外(大气质量为0)和地球表面上(大气质量为1)的太阳频谱。太阳常数是大气质量为零的曲线下的能量积分,定义为大气层外入射在与太阳光线垂直的单位面积上的总的太阳能,该定义取太阳和地球的平均距离。20世纪90年代采用的数值为$135.3\mathrm{mW/cm^2}$,但是最近的航天测量显示该值为$136.6\mathrm{mW/cm^2}$。

由于绕日旋转的地球轨道偏心率($e=0.016$)影响,太阳常数每年都在变化。近日点和远日点的地球-太阳间距相差约$5560000\mathrm{km}$,与平均距离$1.4961\times10^8\mathrm{km}$相比,是一个很小的年变化量。对于远距离,太阳光的强度与距离的平方成反比,因而太阳常数在$136.6\mathrm{mW/cm^2}$的基础上变化量为$\pm3.5\%$。

6.2.2 地球的辐射环境

如第 2 章(2.5 节)所述,近地辐射环境包括被地磁场俘获的电子和质子、与大型太阳耀斑活动相关的微粒辐射、少量银河宇宙射线辐射。但是,使太阳能电池受损最严重的环境是地球磁层内的电子和质子,以及太阳耀斑质子,后者在太阳活动最剧烈的周期内可能达到峰值。在地磁层内,俘获粒子的危害最大,特别是在相对较低的高度上有严重影响的低能质子。在地磁层外,太阳耀斑质子的作用最显著。

图 2.16 给出了地磁层的横截面上俘获的电子和质子通量。质子带的核心位于约地球半径 2~3 倍或高度 6000~12000km 的地方,对太阳能电池阵的损害很严重,不适于航天器执行大量任务。所以,大多数需要太阳能供电的航天器通常位于低于 1100km 的较低地球轨道,或高度超过 20000km 的较高轨道。对于必须经过质子带中心附近环境的航天器,一般采用大椭圆轨道,以使在该区域停留的时间最短。

高度 1100km 以下区域的危害性辐射要少得多,但有两个区域例外,即粒子聚集的南大西洋异常区和巴西沿海的低海拔地区,后者由于磁场降低导致了辐射密度。低于该高度的大多数太阳能电池辐射损害是由该区域的低能质子造成的。但是,对于位于低轨(低于 650km)的太阳能电池阵列,还有另一种作用在航天器表面的损害:盖玻片表面磨损和氧原子引起的外部电接触。

俘获辐射严重影响着太阳能电池阵列的寿命,其影响范围甚至可覆盖地球同步轨道(GEO)。但是,对于更高的轨道和大倾角轨道,太阳耀斑质子的危害更为显著,这是行星际空间的主要寿命限制因素。Feynman 及其同事建立了 JPL91 模型来估计太阳耀斑影响(Feynman et al,1990)。该模型采用覆盖 3 个太阳周期的一组数据,用于预测耀斑的总效应,结果是置信度和时间的函数。Spitale 等(1992)的文献给出的计算机程序太阳质子估计器(solar proton estimator,SPE)可估计 1AU 或行星际空间内的总效应。该程序计算 75%、90%、95% 和 99% 等典型的置信度下的辐射影响。

6.3 轨 道 因 素

6.3.1 地心赤道坐标系

有多个坐标系可用于确定物体在空间的位置。银道坐标系便于确定恒星和星团在银河系中的位置,日心坐标系用于绕日轨道,地心坐标系一般用于描述地球轨道。

图 6.1 是一个半径无穷大的天球,球心与地心重合。天极是地球南、北极的延伸,定义为 z 轴。天赤道是与天极距离相等的大圆,与地球赤道共面。从地球上观察的以一年为周期的太阳运行轨迹投影在天球上,称为黄道,它所在的平面称为黄道面。赤道面和黄道面的交线为 x 轴(也称为昼夜平分线或节线)。x 正半轴指向春分点,y 轴过原点,与面正交。

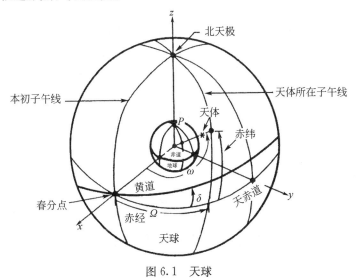

图 6.1 天球

在该坐标系中,天体位置由升交点赤经和赤纬决定。升交点赤经从春分向东沿天赤道测量。赤纬从天赤道沿天体所在子午线测出,每个方向为 $\pm 90°$,向北取正。

6.3.2 航天器位置

开普勒要素,也就是经典轨道要素(第 3 章),经常用于确定航天器及其轨道的三维空间位置。在一阶近似下,六个要素中有五个为常数。开普勒轨道要素如下:

(1)轨道倾角(°),i。

(2)轨道半长轴,a。

(3)轨道偏心率,e。

(4)升交点赤经,Ω。

(5)纪元时间,t_0(轨道要素对应的时刻,通常为近地点时刻)。

(6)近地点辐角,ω。

近地点进动角速率($\dot{\omega}$)和升交点赤经的进动($\dot{\Omega}$)由下列表达式给出,即

$$\dot{\omega} = \frac{1.036 \times 10^{14}(5\cos^2 i - 1)}{a^{7/2}(1-e^2)^2} \text{(°)天} \tag{6.1}$$

$$\dot{\Omega} = -\frac{2.072 \times 10^{14} \cos i}{a^{7/2}(1-e^2)^2} (°) \text{天} \qquad (6.2)$$

式中,对于圆轨道,a 等于地球半径 R_E 和轨道高度之和,其中地球半径 R_E 通常取值约 6378.137km。

6.3.3　太阳位置

对于地球上的观察者,太阳每年绕地球惯性坐标系旋转一周。太阳赤经每天向东移动约 $1°$。天赤道与黄道的交角为黄道倾角,在电源系统设计时采用常值 $23.5°$。太阳赤纬(δ)在昼夜平分点上为零,一年内从夏至的 $+23.5°$(7 月 21 日)不断变化为冬至的 $23.5°$(12 月 21 日)。与太阳的最大和最小距离(即远日点和近日点)分别出现在距至日约两周的时候,即 7 月 4 日和 1 月 3 日。

6.3.4　轨道、地影区和光照周期

对于热控系统和电源系统设计,轨道周期和航天器被太阳光照射(和地影区)的时段是非常重要的。它们是电池放电次数和寿命的主要决定因素。第 3 章(公式(3.86))已根据开普勒第三定律的牛顿形式给出了轨道周期 T。这里重写为公式(6.3)。该公式与轨道偏心率无关,因而可用于圆轨道和椭圆轨道。

轨道周期为

$$T \cong 2\pi \sqrt{\frac{a^3}{\mu}} \cong 1.6585 \times 10^{-4} a^{3/2} \text{min} \qquad (6.3)$$

式中,$\mu = G m_E = 3.986005 \times 10^{14} \text{ m}^3/\text{s}^2 = 14.3496 \times 10^8 \text{ km}^3/\text{min}^2$,轨道半长轴 a 等于地球半径 R_E 和轨道高度之和,地球半径 R_E 约为 6378.137km。

对于除太阳同步轨道的地球轨道,太阳一般每年有两次处于轨道平面内,使航天器停留在地影区的时间最长、受光照时间最短。最长地影时间决定了电池应维持负载的最长时间,是设计电池大小的主要因素。最短光照时间决定了可用于电池充电的最短时间,将影响电池阵的几何结构。所以,所谓的"最小太阳"状况通常决定电池和太阳能阵列的尺寸,这一般是电源系统的设计者首先要分析的情形。

对于圆轨道,图 6.2 给出了用于计算"最小太阳"时的日照时间和地影时间的几何图形。由于太阳光线平行,当太阳处于轨道平面内时,光线末端与地球正切。这样构成一个直角三角形,以地球半径 R_E 为一条直角边,斜边等于 R_E 和轨道高度 A 之和。通过上述观察,得出日照和地影时间的表达式如图 6.2 所示。

对于包括低轨(LEO)的轨道范围,太阳不在轨道平面内的分析结果如图 6.3 所示。注意到所有轨道(除了太阳同步轨道)均有一个最长地影时间,对于 LEO 该值非常接近 36min。赤道和其他低倾角轨道都类似于这种情况,而且随着倾角增加,最短地影时间变小,到了高倾角时航天器一直受太阳照射。

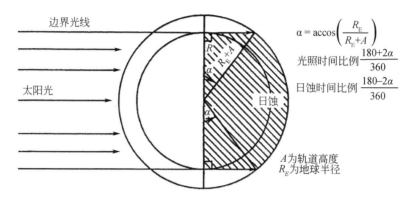

图 6.2　用于计算圆轨道最短日照时间

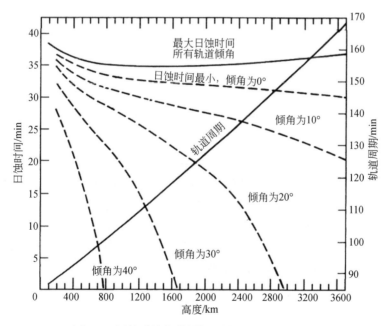

图 6.3　圆轨道的轨道周期、最长和最短地影时间

对于电源系统的设计,地影和光照时间的年变化量是非常重要的。在太阳能电源系统设计时,如果采用寿命结束(EOL)时的最长地影和最短光照时间,那么这将对所有其他情况显得设计过度,特别是寿命开始(BOL)时的最短地影和最长光照时间。所以,还需考察其他情形,以确保电源电子系统可应对太阳电池阵的输出

功率,能维持任务执行期间的能量平衡。

一年中不同时刻的地影和光照时间的变化,最好表达为如图 6.4 所示的太阳和轨道法向矢量夹角的函数。轨道法向矢量的方向余弦采用轨道赤经和倾角表述。太阳矢量的方向余弦可表达为太阳赤经和赤纬的函数,而这两个角度是天数的函数。

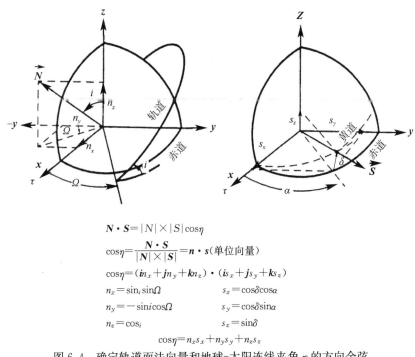

$$\boldsymbol{N} \cdot \boldsymbol{S} = |N| \times |S| \cos\eta$$

$$\cos\eta = \frac{\boldsymbol{N} \cdot \boldsymbol{S}}{|N| \times |S|} = \boldsymbol{n} \cdot \boldsymbol{s}\,(单位向量)$$

$$\cos\eta = (\boldsymbol{i}n_x + \boldsymbol{j}n_y + \boldsymbol{k}n_z) \cdot (\boldsymbol{i}s_x + \boldsymbol{j}s_y + \boldsymbol{k}s_z)$$

$n_x = \sin i \sin\Omega$	$s_x = \cos\delta\cos\alpha$
$n_y = -\sin i \cos\Omega$	$s_y = \cos\delta\sin\alpha$
$n_z = \cos i$	$s_z = \sin\delta$

$$\cos\eta = n_x s_x + n_y s_y + n_z s_z$$

图 6.4 确定轨道面法向量和地球-太阳连线夹角 η 的方向余弦

图 6.5 给出了一个典型航天器在圆轨道、极轨道和低地球轨道上的全年光照时间百分比。该曲线主要是高度和倾角的函数,同时也与发射日期和初始赤经(为方便图示任意选定的)相关。选择不同的发射日期和初始赤经角,将获得形状类似的曲线,仅有相位偏差。不难看出,轨道较低时,航天器不仅在地影区的时间很长,每年停留在最大地影区附近的时间也很长。

6.3.5 太阳能电池阵分析

太阳能电池阵分析的基础是得出太阳帆板法向矢量和太阳矢量的夹角。如图 6.6所示,考察太阳帆板法向矢量和航天器-太阳连线这两个矢量,采用之前表示两个矢量余弦的相同表达式,各坐标表达在航天器体坐标系下,两个矢量的余弦值就是它们方向余弦的点积。由于夹角为 0°~90°时太阳帆板才能受到光照,所以对于仅单面配有太阳帆板的航天器,不考虑角度余弦为负的情况。

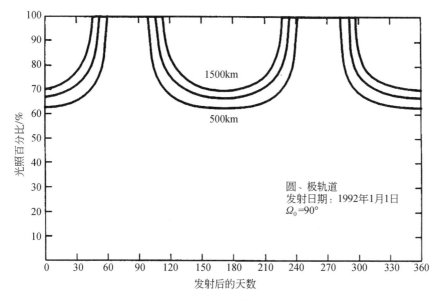

图 6.5　在 500km、100km 和 1500km 高度的光照时间随任务时间的情况

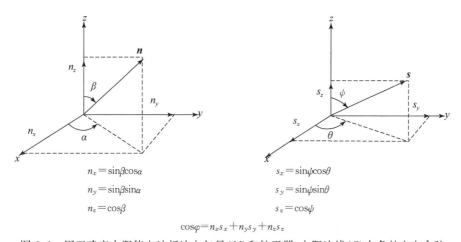

$$n_x = \sin\beta\cos\alpha$$
$$n_y = \sin\beta\sin\alpha$$
$$n_z = \cos\beta$$

$$s_x = \sin\psi\cos\theta$$
$$s_y = \sin\psi\sin\theta$$
$$s_z = \cos\psi$$

$$\cos\varphi = n_x s_x + n_y s_y + n_z s_z$$

图 6.6　用于确定太阳能电池板法向矢量(N)和航天器-太阳连线(S)夹角的方向余弦

　　采用给定的公式,可以算出任意几块太阳帆板的输出或有效面积,进而可得航天器与太阳的相对位置一定时的电池阵总的有效面积。之后可在整个光照时间内的多个航天器位置处进行相同的计算。由于在整个任务周期内,轨道和太阳的相对位置会发生变化,因而需要计算整个任务周期的电池阵有效面积。这种粗略的分析在初步设计时会经常使用,直至航天器的布局结构最终确定下来。

　　一旦基本的结构布局确定下来,就需要更精确地分析太阳能电池阵。如果航天器自身或其附属装置有时会遮挡太阳能电池阵,就需要进行阴影研究。分析一般采用计算机生成的航天器及其太阳帆板的三维模型,以及模拟的远距离光源。根据航天器和太阳能电池阵的相关方向信息,可分析太阳能电池阵的阴影区。也可采用航天器和太阳能电池阵的物理三维模型进行分析,其中模型用远距离光源照射。无论采用哪种方式,研究目标就是在典型的航天器与太阳相对位置下,给出太阳能电池阵阴影区域的大小和形状,以便确定阴影区域对太阳能电池阵发电能力的影响。这种分析必须反复进行,包括阴影的研究结果、预计的温度以及太阳帆板的实际角位置。

如果入射角较大,太阳帆板的电输出略低于由余弦关系得出的预期值。这是因为这些角度下的反射增强,其中部分原因是较大入射角下光介质之间的反射变强(关于太阳能电池的光学系统和较大入射角下的照射情况,详见 Rauschenbach (1980)文献的第 245 页。通常,太阳能电池在不同角度的响应仅凭经验决定。有一种关系式表明,在小于或等于 50° 的角度下,太阳能电池的响应遵从余弦定律;对于较大的角度,大致符合下述关系:

$$\rho = -0.369\cos^3\varphi + 0.637\cos^2\varphi + 0.750\cos\varphi - 0.015 \tag{6.4}$$

式中,$\varphi > 50°$,φ 为太阳矢量和帆板法向矢量的夹角。

6.4　能　　源

每套电力系统由一次能源、能量转换器、能源储存单元、管理和分配单元等组成。转换器将可获得的能源转变成更有用的能量形式——电。在航天领域,用以发电的三种基本能量转换类型是太阳能、核能和电化学能。根据应用的尺寸、周期和特性,很多能源转换和储存系统已经发展到可使用三种一次能源。

6.4.1　能源类型

某些情况下,一次能源和转换器属于同一个装置。太阳能电池和一些电化学电源(如蓄电池和燃料电池)都属于无需电转换器就能直接发电的能源,而核能是以热能和辐射的形式产生能源。核能产生的热能必须采用单独的转换器转成电能,其辐射被当成废品。

核能来自放射性同位素或反应器。放射性同位素是一种可产生热能和辐射的原料,辐射是同位素衰变的天然副产品。换言之,热能的产生速度几乎恒定,在 5～20 年的寿命期内逐渐降低。由于它产生的热不易控制,必须使用或废弃。相比之下,反应器速度可以主动控制,从而可控制转换器的电能输出。这种控制虽然会使核反应器更为复杂,但这也是它比放射性同位素更适于大型系统的原因之一。

作为参考,表 6.1 给出了航天电源系统的相关术语。

表 6.1　航天电源系统的相关术语表

电池类型	属性特征
原电池	单个或一组电化学电池,由电解质驱动(充电),在需要时作为一次能源,直至消耗殆尽。原电池没有充电功能
蓄电池	单个或一组电化学电池,使用后可充电,充电电流与放电电流方向相反,蓄电池是可重复使用的储能装置,可作为一次能源的次级
燃料电池	与原电池类似,不同之处是燃料在外部存储并输入电池。燃料电池可一直使用到燃料耗尽
再生燃料电池	与蓄电池类似的燃料电池,它通过能源使用,将燃料存储于电池副产品中。它是另一种一次能源的次级储能装置
化学动力电源	包括一个将点燃的燃料作为基本热源的发电机和一个进行电能转换的热机
动力电源	用以描述采用热机将能量转化成电能的电源
核电源系统	一种将核反应堆作为热源(放射性裂变材料)的电源系统。它采用主动控制系统来调控裂变速度,使发电能力满足负载要求。热能到电能的转换通过温差发电器(核热电)、热离子转换器(核热离子)或机动发电机(核动力)完成
放射性同位素	从放射性同位素衰变产生的热能中获取的能源。同位素衰变时,将按自然的、可预计的速度衰变,无需主动控制。当用作温差发电器的热源时,该系统称为同位素温差发电器(RTG)
热离子转换器	一种含有两个电极的装置,其中一个是耐高温发射器,另一个是耐低温收集器,二者通过真空或等离子隔离。发射器的热能足够大时,可使电子克服表面的逸出功,进入收集器,向负载提供电力。各种热源均可使用,但航天中一般考虑核反应堆
热电转换器	一种由两个连接端组成的装置,这两个连接端采用的半导体材料不同,一端连接到热源,另一端连接到热沉或散热器。热量流经两端,根据塞贝克效应产生电能。各种热源均可使用。在航天领域,放射性同位素已用于中型系统(小于 $1\,kW_e$)
光伏发电(太阳能)	在光照或电磁辐射下,通过两种不同材料(N 和 P 掺杂半导体)产生的电能
光伏发电(热能)	与太阳光伏类似,不过采用带隙能合适的半导体材料,可直接将热红外辐射转换为电能。热源可以是核能
太阳能动力机	一种发电机,以太阳光为基本热源,利用热机转换成电能

6.4.2　放射性同位素温差发电器

一般而言,RTG 结构紧凑、质量较轻、性能可靠,在某些应用中比光伏系统有明显的优势。尽管在已开展的任务中使用的 RTG 数量屈居第二,且远远少于太阳能电池阵-蓄电池系统,但对于去往外太阳系、非常接近太阳、环境辐射超高等类别的美国航天任务,它是唯一的可行方案。就行星勘探任务,RTG 具有持续不断供电的优势,对星上能源储存需求最小,可克服太阳电池阵的对日定向问题。而且RTG 的性能不会因粒子辐射、灰尘、碎片而降低。太阳能电池阵-蓄电池系统和RTG 系统涵盖了美国所有的长周期航天任务。

由于热能的大小和核电源的电输出均以瓦特为单位,为避免混淆,热能单位通常记为热功率 W_t,电输出单位为电功率 W_e。自从 1961 年 6 月利用 JHU/APL 首次发射了安装在海军导航卫星 TRANSIT 4A 上的 SNAP-3 设备后,航天用到的RTG 尺寸和比功率明显增加。

1977 年,通用电气公司分别向旅行者探测器和伽利略飞船提供了 RTG 系统。旅行者 2 号采用 3 个 $150W_e$、$4W_e/kg$ 的发电机供电。与其相似的大型 RTG 系统已用于伽利略飞船,该航天器于 1989 年 10 月发射,配备了两套这样的系统。在这类系统可批量生产之后,每个可提供 $300W_e$ 的电能,功率为 $5.3W/kg$。很多像GPHS-RTGs 的系统,有望在不久的将来应用到航天任务中。除了伽利略飞船采用的两套系统,还有一套用于尤里西斯(Ulysses)任务、三套用于卡西尼-惠更斯(Cassin-Huygens)任务,此外,一套类 RTG 系统会为 2006 年 1 月发射的新地平线号探测器供电。这些 RTG 系统有着卓越的性能记录。在太阳系各行星间飞行的旅行者 1 号和 2 号、飞往木星的伽利略号、探索太阳极地的尤里西斯号、去往木星和其卫星木卫六的卡西尼-惠更斯号,仍和预期一样运行良好。

但是,RTG 也确有其特殊问题。由发电机工作的高温环境引起的材料问题会限制其使用寿命。而更严峻的问题是,燃料是昂贵的放射性材料,一旦出现事故,危害极大。这就需要复杂的安全要求、昂贵的地面处理程序。而且,发射后的一次小事故也会引起国际社会的高度关注,因而计划经常延期。为使事故引起的危害最小化,在发射或在轨工作期间,燃料容器的设计要保证其在以标称轨道速度再入时保持完好无缺,以排除放射性粒子不受控扩散的可能。与太阳能电池阵-蓄电池系统相比,上述因素使 RTG 的成本高出许多倍,只有当太阳电池阵不适用时,才会得到应用。

1. RTG 技术说明

所有的温差发电器均采用 N 掺杂和 P 掺杂半导体元件(所谓的 N 型和 P 型),

在电路上串联形成一个电偶。这些 N 型和 P 型半导体一般为圆柱形,分别置于冷的和热的绝热导体内。RTG 有同位素燃料,它们向半导体元件提供热量,利用塞贝克效应将热能转化成电能。

图 6.7 给出了温差发电器的结构图,半导体的排布可使热流平行地均匀通过,但电路上采用串联的方式。热量从 N 型和 P 型半导体单元流出,流入散热器,在那里热量会被排出。由于塞贝克效应,热耦元件的温差会产生一个正比例的电压差。压差极性与 N 型和 P 型半导体相反,因而电压增加,部分热量转为电能。这些 P-N 单元串联起来,形成适当的电压。然后再进行并联,获得必要的电流或功率。

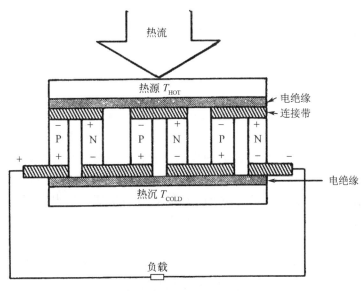

图 6.7　温差发电器

2. 放射性同位素

对于放射性同位素能源,有两点很重要,一是其使用寿命要与任务要求相兼容;二是在高温下有良好的工程属性。这些属性包括高的功率密度、低的热导率、低发气性、轻质量。材料属性应包括尺寸稳定、结构兼容、熔点高、耐腐蚀。尽管存在大约 1300 种放射性同位素,但仅有很少一部分可用作 RTG 的热源。相对于以年为计算单位的典型航天任务寿命,有的同位素半衰期太短。另外,有的同位素不适用是因为在发射 α 粒子和 β 粒子时会产生 γ 射线形式的电磁能。这种电磁能是多余的副产品,需要严格防护以使辐射危害最小化。几乎所有航天器均选择 Pu-238,这是因为它的主要放射物 α 粒子易于防护,且半衰期为 86.8 年,从系统和安全的角度考虑,都是可接受的。

3. RTG 的尺寸设计

RTG 的尺寸必须合适,能在使用寿命结束前为负载供电。所以,设计时应保证使用寿命开始前有功率裕量,以补偿发电机输出功率的损失。这些损失的原因包括预计的电偶性能下降、热辐射器的特性变化、由任务期间钚燃料衰变引起的热源温度下降等。RTG 的功率下降主要是钚燃料的衰变,这个衰变速率很容易估计。因为热源是一个不会中断、可持续提供功率的发生器,所以多余的电能必须转移到航天器上的分流耗散器上,以有效匹配航天器负载和发电机能源阻抗,从而在任务期间内维持近乎最大的功率转移。负载和能源阻抗之间的严重不匹配对于长期任务是无法容忍的,因为这可能引起能源过热,降低热电发电器的性能,并缩短其使用寿命。

4. GPHS-RTG

图 6.8 给出了 GPHS-RTG(the general purpose heat source RTG)的剖视图,它是 20 世纪 90 年代中期受喷气推进实验室(JPL)赞助,由宾夕法尼亚州福吉谷的通用电气分部(现属洛克马丁公司)研发的。它设计成模块化热源,为满足还未构想的未来航天任务的供电需求(所以采用术语 general purpose)。这是设计要考虑的重要因素,因为满足发射安全要求的 GPHS 资格认证代价很高,模块化设计使得仅在单个 GPHS 单元(单个热源的一部分)上进行一次认证即可。

原始设计可提供290～300W_e(BOL),对于寿命为 10 年的典型任务,预期将下降至250～260W_e。为安全起见,设计的燃料模块能够经受住再入地球大气的条件,并且一旦发生事故,在撞击地球后仍能保持完好。

热源包括 18 个 GPHS 模块,其中 11 个为矩形块,平行于筒状装置的中心轴。硅锗(SiGe)热电偶,即所谓的单偶,在热流通路上连接到散热器的冷的和热的绝热导体,并夹在两者之间。一个单偶包括一个电子传导(n 型)半导体和一个空穴传导(p 型)半导体,在热流上并联,在电流上串联。热端的结温约为1000℃(1832°F),冷端的结温约为300℃(572°F),均高于先前设计值。RTG 模块由 GPHS 模块组成,每个 GPHS 模块有 8 个 SiGe 放射性同位素单耦。

由于 RTG 生产的热能高出电能约 9 倍,会产生过多的废热。在不考虑使用废热进行热控的情况下,GPHS-RTG 的比功率为 7.7W_e/kg。采用 RTG 代替太阳电池阵的优势之一就是不需要蓄电池来维持地影期间的负载工作。但是因为没有蓄电池作为 RTG 的补充,必须非常谨慎地检查和管理瞬态负载。如果瞬态负载需求等于或大于 RTG 的短路电流,将使得总线过载,并会驱动系统到零电压。这样

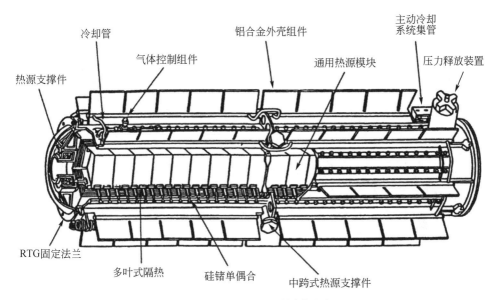

图 6.8 GPHS-RTG 的剖视图

的低压条件会使航天器逻辑电路和计算机突然复位。

RTG 不含活动部件,有着能在长期任务中可靠工作的优良记录,如旅行者号探测器的 RTG 已正常运行超过 25 年。但是,RTG 效率低,目前更高效的热电转换器的研发和寿命测试仍在继续进行。斯特灵(Stirling)发电机是一款线性交流发电机,正在考虑替换硅锗热电发电机,从而使转化率超过 20%,可为相同核热源的航天器提供更多电能。正在研究的其他热电发电概念包括热光伏、勃朗登循环(Brayton cycle)发动机、碱金属热电转换器(AMTEC)等。

6.4.3 太阳能电池

1. 太阳能电池理论

太阳能电池的工作原理是光伏效应。由于硅电池(特别是 N/P 硅电池)在 1964 年就开始使用,因而其工作原理已非常成熟。GaAs 和多结电池的各个结的理论与基本的 P-N 结理论相同。为制作硅 N-P 结(图 6.9),需要在晶片中掺杂少量 P 类掺杂剂,如铝、硼、镓等。随后,在浅扩散过程中,晶片表面(小于 $1/4\mu m$)注入高浓度 N 型掺杂剂,如锑、砷、磷等。结果就在前表面形成一片超薄的 N 型层,与含有 P 掺杂的基区形成一个结。多余的 N 型原子发生电离并为前端面的导电性提供电子,基区中多余的 P 型原子从晶格中带走电子,留下空穴。通过从一个原子的位置移到另一个,并使相邻电子进入,空穴可导通电流。采取类似方法,利用不同材料,互换 P 掺杂和 N 掺杂的角色,便可研发出 P-N 结。

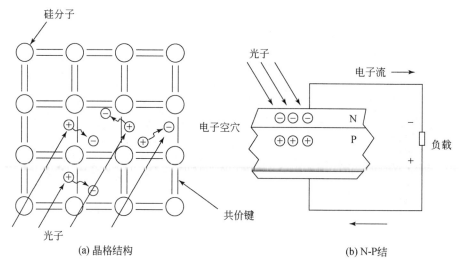

图 6.9　光伏效应图示

晶体中出现 P-N 结时,N 区的电子将扩散到 P 区,在 P 区电子是少数载流子。类似地,P 区的空穴成为 N 区的少数载流子。通过与多数载流子复合,少数载流子将很快消失。每个区域最初是电中和的,由于 N 区的电子损失和 P 区的空穴损失,便可形成结区两侧的电势差。这种内置电场可用于光伏发电。

当一个光子被晶体吸收后,它将会电离一个原子并释放一个电子,进而出现一个电子空穴对。在经过短期照射后,产生的电子和空穴均开始扩散,直至它们找到对方进行复合。少数载流子完成复合的时间(即其存活寿命)与扩散长度和复合中心的密度有关。复合中心在晶体缺陷位置,在那里少数载流子将被俘获,并与多数载流子复合。

当太阳能电池的 P-N 结附近区域吸收光子时,部分电子和空穴将扩散到结区。在该点处,结区的内置电场将分离各种电荷,因而可提供流经外部负载的电流。这种直接将光能变成电能的方法就是光伏效应。

当太阳能电池受到光照时,电子空穴对将出现在结区以下一定深度的整个基区内,该深度取决于光波长。在单结电池中,来自结区附近的电子空穴对主要由短波长光波所致。长波长光波的穿透性更强,将在距结区更远的地方产生载流子。与蓝光相比,红光或红外辐射产生的电子空穴对在表面下更深的位置,其电流输出取决于少数载流子的扩散长度。粒子辐射将在整个基区内产生复合中心,对远离结区的载流子影响更大(它将减小扩散长度)。因此,辐射危害对太阳能电池的长波(红光)响应影响更大。

　　另外,太阳能电池中通常会设计一个背场(BSF)层,位于结区之后,可反射远离结区扩散的少数载流子。而且,硅电池金属化的背部可作为一面镜子,反射未吸收的光子,使其返回有源区,以寻找再次吸收的机会。这样的电池被称为背面反射镜(BSR)电池。这些技术通常都在一种称为 BSFR 电池的硅电池中使用。在多结电池中,端面结区选用带隙能量最高的材料,可吸收短波长光子。长波长光子就通过第二个结区,它由带隙能量稍低的材料制成。其他未吸收的波长更长的光子将进入三结电池的底部结区。不能吸收的波长更长的光能将穿过电池,被基质当作废热吸收,辐射到空间中。

　　2. 太阳能电池类型

　　在 20 世纪 80 年代中期之前,单晶硅电池一直是航天器采用的主要技术。硅电池效率提升缓慢。在 20 世纪 60 年代早期开始,效率略高于 10%,到 70 年代中期上升至约 13%,目前大约 16%。硅作为太阳能电池材料的主要优势在于它易于获取、采购和加工相对便宜、坚固耐用、电池可由一块晶体加工而成。由于砷化镓(GaAs)比硅的带隙能量更高,因而其效率更高,使得通常情况下单结砷化镓电池更具科技吸引力。而且,它比硅更不易受到辐射危害。但是,砷化镓材料更昂贵,且易于分解。成品电池易碎,因而难以应用。早期尝试中,很薄的一片活性砷化镓在惰性砷化镓基质上生长,容易破碎。之后随着技术的发展,在晶格匹配的锗晶片上可生长砷化镓。单结 GaAs/Ge 电池可达到约 19% 的效率。

　　20 世纪 90 年代后期,随着多结电池的发展,电池效率得到了持续提升。在惰性锗晶片上的 GaAs 的结区之上添加 GaInP 结,就可得到双结(DJ)电池。大量地球同步卫星和科学卫星都采用了 DJ 电池,如深空 1 号的聚光板。三结电池紧随其后,通过激活锗晶片界面形成第三个结区。三结电池效率超过 28%,通常用于航天器。拥有四个以及更多结区的电池正在研究中,以寻求更高的电池效率。

　　多结电池由多个带隙能量不同的结区组成,这些结区串联在一起,每个可转换太阳光谱不同部分的能量,可拓宽电池的光谱响应范围,如图 6.10 所示。这样可以转换更多的太阳光谱能量,更高效地利用电池面积。通过结区的串联可增加产生的电压,其电流密度低于硅或单结砷化镓,但电压和功率更高。

　　如上所述,硅电池是通过在硅晶片中加入 P 型和 N 型掺杂物制成的,其中硅晶片是从晶体铸件($5.6 \sim 5.7 \text{mil}$,即 $137 \sim 175 \mu m$ 厚)切下的薄片,并进行了抛光处理,这是一个相对廉价的加工过程。而砷化镓和多结(MJ)电池是基于半导体反应器中的砷基或镓基化合物生长出的晶体,采用不同的结材料,加入 P 型和 N 型掺杂物制成的。这个过程是金属-有机物气相外延(MOVPE)晶体生长过程中每个结的晶体生长的一部分。由于操作中采用的步骤多,该制备过程更加昂贵。所以,

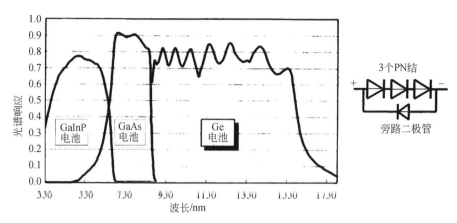

图 6.10　三结太阳能电池光谱响应与等效电路,并给出旁路二极管

实际上硅电池通常比砷化镓电池和多结电池的成本少得多。各种航天专用硅和多结电池都采用 N-P 结,与 P-N 结相比,N-P 结不易受到带电粒子的辐射危害。N-on-P 电池防辐射性能提高的部分原因是电子的扩散常数比空穴的 3 倍还多,而电子是 P 型材料的少数载流子,空穴是 N 型材料的少数载流子。由于辐射主要通过减小少数载流子的扩散长度而对基区造成危害,采用 P 型材料作为基区材料是有益的,因为它固有的扩散长度更长。另一个原因是相较于 N 型材料,P 型材料中的辐射产生的复合中心类型在缩短少数载流子的扩散长度上效果要弱些。

　　硅太阳能电池的厚度和质量主要由基区材料决定。对于各种砷化镓电池(单结、双结、三结),锗基层材料几乎可用于所有厚度和质量的电池。砷化镓电池上的活性 P-N 结实际厚度仅数微米。所以在多结太阳能电池中新增结区时,新增的质量可忽略不计。因而尽管比硅电池的生产造价更高,但砷化镓电池每单位面积的效率更高,所以在以美元/瓦特来衡量时,它更具成本优势。

　　在激活锗结区后,锗晶片顶端可生长出 MJ 太阳能电池中的化合物。图 6.11 给出了三结太阳能电池各层的图示。由于三个结区串联,电压增加,但是电流会受电流密度最低的结区所限。如图所示,在开始使用时,顶部结区有电流限制。经过辐射后,中间结区(GaAs)比顶部结区(GaInP)的性能降低更多,同时也会对电流造成限制。多结电池的活性结区与隧道结存在电连接。目前,美国生产航天专用太阳能电池的是 Spectrolab Inc 和 EMCOME Corp 两家公司。

3. 太阳能电池设计

　　一般的太阳能电池是由具有 P-N 结的高纯度半导体矩形晶片构成的。对于硅电池,这种晶片生长于 5.5～8.0mil 厚的硅基顶部;对于砷化镓电池和多结电

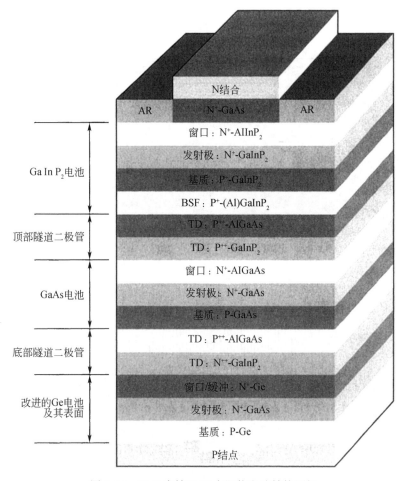

图 6.11 N-P 多结(MJ)太阳能电池结构图解

池,它生长在 5.5~7.0mil 厚的锗基上。电池的顶层和底层都有电连接。电池的前表面会添加像手指一样的触点(即金属导线),以降低电池内部电阻。布置在薄的前表面上的这些导线可降低横向电流电阻,它是电池内阻的重要影响因素。

锗晶体基质是非常昂贵的,太阳能电池生产厂家必须采购超薄超纯的圆柱体晶片来生产优质的 GaAs 电池或 MJ 电池。因而需要优化锗晶片的使用,以降低成本。从圆形晶片中获取的尺寸最大的长方形电池,可进一步加工为切角电池,如图 6.12 所示。

4. 太阳能电池的电气特性

表 6.2 概述了标准测量条件下(28℃和 AM0 光照条件)的太阳能电池技术特

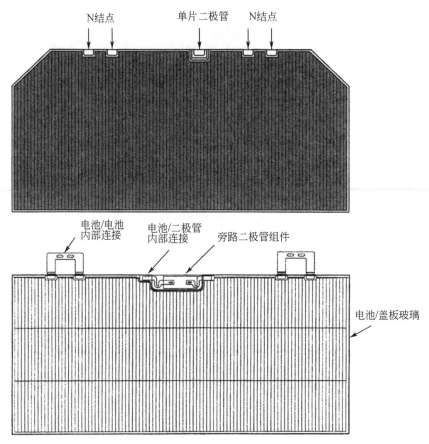

图 6.12　多结(MJ)太阳能电池,并显示有旁路二极管与表面导线结构
（正视图,参考自 Emcore 光伏电池）

性。表中五类电池效率最小的为硅电池的 14.6%,最大的为三结电池的 27.2%。这些电池都是现在可获得的,并且已在航天器上使用过。但是,1990 年前大多数航天器采用硅电池,而今后大多数航天器可能采用新的多结电池。所以,其他三种电池,即高效硅电池、砷化镓电池、双结砷化镓电池,仅作为过渡技术,得到了一定程度的使用。除了电气特性,表中还给出了相关的电池热属性、典型辐射照射下的影响,以及有标准盖板玻璃和涂层保护的电池前表面热属性。应当注意,电池效率一般以 $135.3\mathrm{mW/cm^2}$ 为参考,这是有历史原因的。由于生产厂家都使用 AM0 下测试过的参考电池来进行所有电池和电池阵的校准测试,所以以此为参考得到的电池效率并不影响功率分析和测量。

表 6.2　太阳能电池特性(28℃ 和 AM0 光照条件)

太阳能电池参数[①]	Si(10Ω·cm)	Hi-Eff-Si (10Ω·cm)	GaAs/Ge 单结电池	双结电池	三结电池 (多结电池)
J_{sc}(mA/cm²)	42.5	46.87	30	15.05	17.0
J_{mp}(mA/cm²)	39.6	43.42	28.5	14.15	16.2
V_{oc}/V	0.605	0.625	1.02	2.36	2.66
V_{mp}/V	0.5	0.52	0.9	2.085	2.345
P_{mp}/(mW/cm²)	19.8	22.58	25.5	29	37.9
C_{ff}(填充因子)	0.77	0.77	0.82	0.83	0.83
E_{ff}/%	14.6	16.7	19	21.8	28.0
温度系数@1×10¹⁵1-MeV[②]电子/cm²					
J_{sc}/(μA/cm²·℃)	22*	45	20	12	12.0
J_{mp}(μA/cm²·℃)	22*	45	20	13	9.0
V_{mp}/(mV/℃)	−2.15*	−1.97	−1.9	−5	−6.8
V_{oc}/(mV/℃)	−1.96*	−1.9	−1.8	−4.8	−6.3
辐射对性能的影响@1×10¹⁵ 1-MeV[②]电子 /cm²					
J_{mp}	0.86	0.905	0.83	0.91	0.95
V_{mp}	0.83	0.79	0.9	0.91	0.90
P_{mp}	0.71	0.75	0.75	0.83	0.86
盖玻片安装后的热属性[③]					
微型盖玻片的 辐射率**	0.85	0.85	0.85	0.85	0.85
吸收率(涂层)**	0.79(AR)	0.78(IRR)	0.89(AR)	0.92(AR)	0.92(AR)

　　注:①太阳能电池参数的定义见图 6.13;②MeV＝兆电子伏(参见第 6.4.2 小节);③盖玻片术语的定义见图 6.24

　　* 不受辐射的情况;＊＊二氧化铈掺杂的微型盖玻片

　　典型的太阳能电池电流-电压(I-V)特性和功率曲线如图 6.13(a)所示。值得注意的几个特殊点有短路电流(I_{sc})、开路电压(V_{oc}),以及功率最大值对应的电流、电压和功率(I_{mp}、V_{mp} 和 P_{mp})。最大功率出现在电池效率最高的点,在该位置处 I-V 曲线下的面积最大,如图 6.13(b)的阴影部分,该面积称为填充因子。

　　图 6.14 给出了忽略分流电阻的太阳能电池简化方程,以及对应的电流-电压曲线和等效电路。它是在 N-P 结电池的二极管方程的基础上建立起来的。短路情况下 V＝0,二极管方程的第二项为零。因而消除了二极管电流的影响,使负载电流(I_L)等于短路电流。方程中第二项为流经二极管损失的电流,它随电压增加

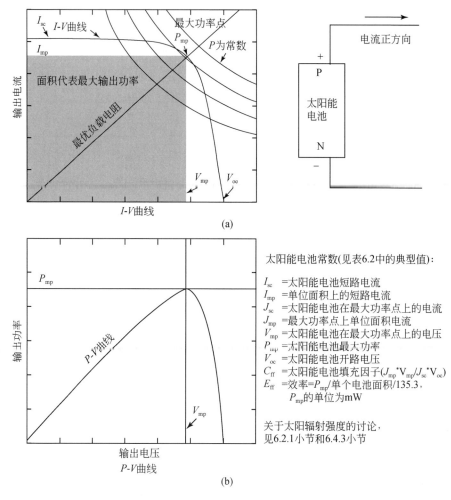

图 6.13　太阳能电池电气输出特性

而增加,直至在开路电压下,所有电流均通过二极管,负载电流降至零。

所以太阳能电池的每个 P-N 结本质上是一个二极管,一个典型太阳能电池的光照特性和暗电流特性如图 6.15 所示。可用于产生电能的部分,也是最有价值的,为图中第四象限的标准 I-V 曲线。太阳能电池的反向特性和具有高反向电流的二极管相似,由于其不直接涉及发电功能,因而在制造过程中并不有意控制。但是,当电池电压反向时,这些特性就变得十分重要。输出功率很大的太阳能电池阵引起的反向电压击穿是产生反向的重要原因。最常见的电压反向情况是太阳能电池被遮挡,这将极大降低电池的电流承载能力,并引起电压反向。在光照条件下,与被遮挡电池串联的电池会使电流通过遮挡电池自身,也就使它变成负载的一部分。所

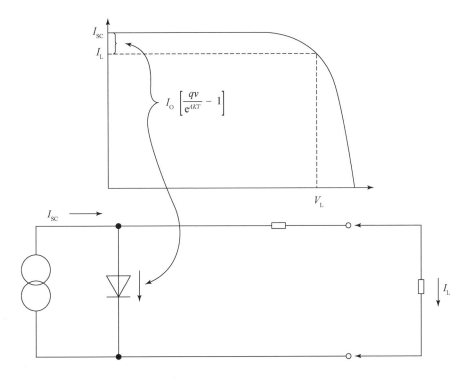

太阳能电池的二极管方程:
(忽略内部电阻)

$$I_L = I_{SC} - I_O \left[e^{\frac{qv}{AKT}} - 1 \right]$$

其中: I_L = 负载电流; I_O = P-N 结的饱和电流; I_{SC} = 光照产生的电流; V = 负载电压;
q = 电子电荷; K = 玻尔兹曼常量; A = 1~3 的常数; T = 温度(K)

图 6.14　太阳能电池方程和等效电路

有 P-N 结都有一个击穿电压,使得在高反向电压下,能导通显著增加的电流。

对于硅电池,击穿电压很大,以至于当电流足够大时,会出现局部过热(或热点),甚至会损坏电池(或与其并联的电池)。对于电压适当的串联电池,局部功率耗散应控制在一定水平以下,以确保不出现严重问题。当硅电池处于高电压时,可通过使用旁路二极管来避免这种潜在问题。这些二极管自身并联,与一个或一组电池是串联的。

但是,砷化镓电池和多结电池更脆弱,当它们受到的反向电压超过击穿电压(远远低于硅电池)时,就会永久损坏。所有砷化镓电池和多结电池要求每个电池设置旁路二极管,限制反向电压。旁路二极管对反向电压击穿的影响如图 6.15 所示。有的生产厂家在电池下面专门蚀刻一个空腔,来放置旁路二极管。别的生产厂家将它放在电池的一个缺角上。另外,具有独立旁路二极管的多结电池正在生产中。在电池制作过程中,旁路二极管会连接到多结电池的背面触点上,其正面连接在电池相互连接的安装过程中完成。这项设计将减少单个旁路二极管在电池中安装和焊接所需的工作量,从而提高可靠性,而且使太阳能电池有效面积最大化,从而一定程度上降低了太阳帆板的制造成本。

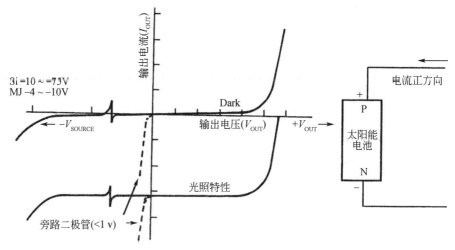

图 6.15　太阳能电池 P-N 结的光照特性与暗特性
（虚线给出了旁路二极管对反向电压的作用）

根据估计或测量得到的太阳能电池参数(V_{oc}、I_{sc}、V_{mp} 和 I_{mp},如图 6.13 所示),下述方程可生成电池的 I-V 曲线,它是 TRW 公司给出的半经验公式,已经成为 TRW 太阳能电池 I-V 曲线模型。该公式在太阳能电池阵设计和模拟中的用处已得到证实。TRW 太阳能电池 I-V 曲线模型表述为

$$I = I_{sc}\left[1 - C_1\left(e^{[V/(C_2 V_{oc})]} - 1\right)\right] \tag{6.5}$$

式中

$$C_1 = \left(1 - \frac{I_{mp}}{I_{sc}}\right) e^{\frac{-V_{mp}}{C_2 V_{oc}}} \tag{6.6}$$

$$C_2 = \frac{\dfrac{V_{mp}}{V_{oc}} - 1}{\ln\left(1 - \dfrac{I_{mp}}{I_{sc}}\right)} \tag{6.7}$$

在太阳能电池阵设计中,温度是非常重要的参数。由于转化效率会随温度升高而降低,所以需采取各项预防措施保持较低的工作温度。太阳能电池的电流及功率密度与入射光强的法向分量成正比,与太阳距离的平方成反比。太阳能电池的电压随光强变化而变化,光强越大,电压越高。图 6.16 和图 6.17 分别给出了三

结太阳能电池的 V-I 特性随温度和入射光强法向分量的变化情况。

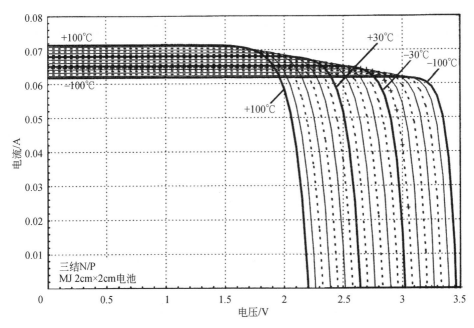

图 6.16　多结(MJ)太阳能电池的温度效应

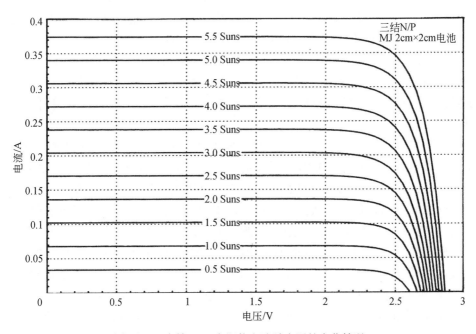

图 6.17　多结(MJ)太阳能电池随光照的变化情况

多结电池的这类性能测量通常采用太阳模拟器。它由一个氙光灯构成,滤波后其频谱与电池可响应波长范围内的太阳光谱分布匹配。采用标准太阳能电池对硅电池和砷化镓电池校准。该标准太阳能电池参考的是一块利用气球或高空飞机在地球大气顶部(AM0)校准过的电池。该标准电池用于调节氙光灯光强,以获取等于1的太阳常数。但是,多结电池要求所有不同性质的结都经过校准,以便校准光源,获取多结电池每个结的正确光谱。

5. 辐射对太阳能电池的影响

粒子辐射(质子和光子)会在基质区域产生俘获中心,缩短少数载流体寿命和扩散长度。这将影响太阳能电池光谱响应,损害 I-V 性能。为确定寿命终止时太阳能电池的性能,必须测出寿命初期的 I-V 曲线,并计算出轨道辐射环境的影响(一般来说,还需算出温度影响,以获取高温条件下的寿命终止时 I-V 曲线,进行最差情况分析)。

确定太阳能电池的辐射效应时,需要两套昂贵的专用设备,一套用于测量太阳能电池输出,另一套用于产生有危害性的高能粒子。首先采用一组粒子流照射太阳能电池,该粒子流的能量范围要模拟宇宙环境下的情形,接着在辐射后进行电气特性测量。标准辐射时间在小时的量级上。此外,还需大量时间统计典型航天任务可能受到的粒子辐射剂量。然而,对于电子和质子的各种能级,这样并不可行。目前已有1MeV电子加速器,所以通常用它们来测试太阳能电池的辐射损坏情况。一般情况下,这些地面测试使用单向1MeV电子,垂直入射在裸露的太阳能电池正面。所以,通常根据经验来确定不同太阳能电池类型和不同盖玻片厚度下,不同能级的全向粒子辐射(质子或电子)对应的损坏系数,即对太阳能电池损坏程度一样的单向1MeV电子的粒子数量。上述系数被称为损伤等效系数或相对损伤系数(RDC)。

贝尔实验室首先针对 Telstar 卫星完成了这类测试(Brown et al,1963),喷气推进实验室也进行了类似测试(Anspaugh et al,1982;Anspaugh,1996)。最近,美国的 Aerospace Corporation 进行了多结太阳能电池的特性测试(Marvin,2000a;Marvin,2000b,2000b)。在最初的 Telstar 测试中,通过旋转高能粒子束中的太阳能电池来获取全向粒子辐射的效应,并遮住电池背面来分析无限大背挡板的作用。针对硅电池,图 6.18给出了前表面不同遮挡厚度下,能量高达 7MeV 电子的损伤系数,该损伤系数是与一个全向电子等效的单向 1MeV 电子数量。正如直观推断的那样,对于不同厚度的挡板,损伤程度均随电子能量增加而增加。

厚度不同的前挡板下,硅电池的质子损伤系数如图 6.19 所示。图中曲线给出了 400MeV 全向质子能量范围内,达到与其能量大小相等所对应的单向 1MeV 电子

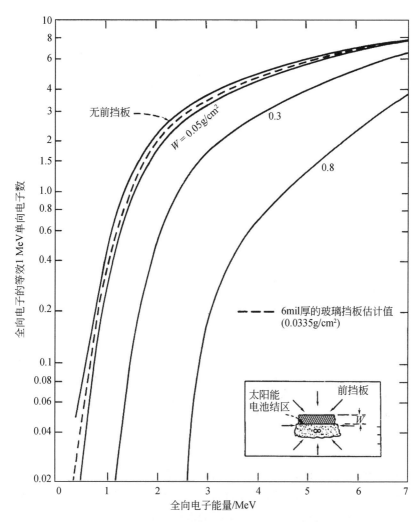

图 6.18　单能量电子对有遮挡防护的 N-P 硅太阳能电池的等效损伤度
(许可再版,AT&T,1963)

数目的关系。大约 3000 个电子对电池的损伤程度才相当于一个质子,即质子对电池
的危害更大。质子曲线的斜率与电子相反,即低能质子比高能质子对电池的危害更
大。电池表面盖板密度为 $0.3g/cm^2$ 的曲线陡降部分,表明在相应能量之下的质子不
能穿透盖玻片。例如,低于 4.2MeV 的质子不能穿过 6mil(1mil=0.001inch)厚的盖
玻片。除非另有规定,太阳能电池辐射损伤分析中采用的盖玻片材料为熔融硅石,
密度为 $2.20g/cm^3$ 。

　　以下步骤将说明太阳能电池组件或太阳能电池阵的辐射效应计算方法。为简

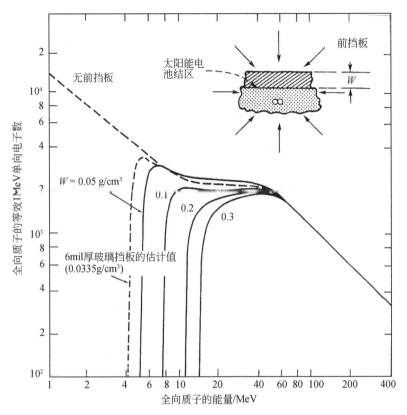

图 6.19 单能量质子对有遮挡防护的 N-P 硅太阳能电池的等效损伤度

(许可再版,AT&T,1963)

化起见,电池背面的辐射影响忽略不计(基片可视为一块绝佳挡板)。另外,只计算与俘获质子等效的 1MeV 电子数量,因为它们的处理方式与俘获电子和太阳质子相似。需要注意的是,还有其他太阳能电池阵的影响因素未在此处涉及,例如,由紫外线和粒子辐射引起的盖玻片黏合材料光暗化产生的二阶影响,这在喷气推进实验室的辐射手册中进行了说明(Anspaugh et al,1992),还有与任务相关的原子氧和热循环效应。

(1)对于 1100km 高圆形极轨道上具有 6mil 厚盖玻片的硅太阳能电池,表 6.3 给出了质子的等效单向 1MeV 电子流。第一步是根据环境的标准计算机模型(如美国宇航局的 AP-8 和 AE-8),估计该轨道上质子能量范围内,每天每平方厘米上的质子数量。第 1 列列出质子的能量范围,第 2 列给出用于估计全向质子数的质子环境(AP)模型,第 3 列是每个能量范围的全向质子估计量。

(2)第二步是将每种能量范围的质子数转换为等效的 1MeV 电子数量,然后进行累加。例如,这里采用的是厚度为 $150\mu m$(6mil)的盖玻片。通过观察图 6.19 可得到相应的质子损伤系数,列在第 4 列。实际上,该数据可以一个文件的形式作为计算机的输入。然后,对于每种能量范围,全向粒子(电子或质子)数量乘以损伤系数,就得到每天每平方厘米的单向 1MeV 电子等效数。由于这些等效电子数的单位对所有能量范围都相同,可累加得到所有全向质子总的单向 1MeV 电子数。对于电子环境,采用如图 6.18 所示的损伤系数,重复相同的过程,可获得所有全向电子总的单向 1MeV 电子数。

(3)由于在该轨道上低能质子引起的损伤占绝大部分,所以等效单向 1MeV 电子的终值 5.82×10^{11} 代表了大多数辐射环境。但是,一个完整的解需要:

①对俘获电子的等效 1MeV 电子进行相似的计算。

②对太阳耀斑质子的等效 1MeV 电子进行相似的计算。

③对穿过基片进入电池阵背面的俘获电子和质子的等效 1MeV 电子进行相似的计算。

表 6.3 等效单向 1MeV 电子

能量范围/MeV		NSSDC 质子模型	全向质子 $E_{k+1}-E_k/(\text{cm}^2\text{d})$	损伤系数 (图 6.19)	等效单向 1MeV 电子/$(\text{e}/\text{cm}^2\text{d})$
E_k	E_{k+1}				
1	2		4.82×10^7	0.0^*	0.0^*
2	3		4.13×10^7	0.0^*	0.0^*
3	4		3.54×10^7	0.0^*	0.0^*
4	5		3.04×10^7	2.0×10^3	6.08×10^{10}
5	6		2.61×10^7	3.5×10^3	9.14×10^{10}
6	7		2.24×10^7	3.2×10^3	7.17×10^{10}
7	8		1.93×10^7	3.2×10^3	6.18×10^{10}
8	9		1.66×10^7	2.9×10^3	4.81×10^{10}
9	10	AP-4	1.43×10^7	2.8×10^3	4.00×10^{10}
10	11		1.23×10^7	2.7×10^3	3.32×10^{10}
11	12		1.07×10^7	2.6×10^3	2.78×10^{10}
12	13		9.25×10^6	2.5×10^3	2.31×10^{10}
13	14		8.00×10^6	2.5×10^3	2.00×10^{10}

续表

能量范围/MeV		NSSDC 质子模型	全向质子 $E_{k+1}-E_k/(\mathrm{cm^2\,d})$	损伤系数 (图 6.19)	等效单向 1MeV 电子/$(\mathrm{e/cm^2\,d})$
E_k	E_{k+1}				
14	15		6.93×10^6	2.5×10^3	1.73×10^{10}
15	20		8.10×10^6	2.4×10^3	1.94×10^{10}
20	25	AP-2	6.49×10^6	2.4×10^3	1.56×10^{10}
25	30		5.22×10^6	2.4×10^3	1.25×10^{10}
30	35		4.43×10^6	2.4×10^3	1.06×10^{10}
35	40	AP-1	3.50×10^6	2.35×10^3	8.2×10^9
40	45		2.82×10^6	2.2×10^3	6.2×10^9
45	50		2.29×10^6	2.1×10^3	4.8×10^9
50	60		1.35×10^6	1.9×10^3	2.6×10^9
60		AP-3	1.15×10^7	6.0×10^2	6.9×10^9
					合计 5.82×10^{11}

注:轨道高度为 1100km(600n·mil),圆形;轨道倾角为 90°;硅太阳能电池密度 0.0335g/cm²、厚 150μm (6mil)盖玻片下的损伤系数;* 小于 4.2MeV 的质子被 6mil 盖玻片遮挡

上述所有因素累加可获得总的等效单向 1MeV 电子数/cm²d,再乘以任务时长便可得到总的粒子流。由此导致的危害可从 1MeV 地面测试数据中获知,电池生产厂家、喷气推进实验室、Aerospace Corporation 的出版物中均可查得这些数据。针对多结太阳能电池,后面将给出这类数据的详细说明。

上述关于硅电池质子环境的分析意在提供该过程的一个简单说明。现有软件工具可自动给出这类问题的解。NSSDS 的 SOFIP(short orbital flux integration program)可给出指定轨道的全向粒子环境的累积量(Stassinopoulis,1979)。输出数据将输入给 JPL 的 EQFLUX(equivalent flux program),以获取指定盖玻片的 1MeV 电子等效量(Anspaugh et al,1982)。另外,欧空局(ESA)已装配了 SPEN-VIS(SPace ENVironment information system),这是一款免费的网上软件(www.spenvis.oma.be),它整合了 SOFIP 和 EQFLUX,可对不同太阳能电池技术进行分析。然而,正如后面对多结电池性能下降的讨论,用于分析 Telstar 的原始程序需要改进。

图 6.20 和图 6.21 给出了多结电池的相对损伤系数(Marvin,2000a)。尽管与上述 Telast 的分析数据相似,也存在一些差异。

（1）只有无挡板保护的、垂直入射的单向粒子辐射损伤系数曲线以数据为基础，对于全向粒子辐射环境，有挡板保护（甚至包括 0 挡板）的损伤系数曲线是从这些数据中推算的。

（2）无挡板保护的、垂直入射的单向粒子辐射损伤系数经过归一化处理，使得 1MeV 电子和 10MeV 质子的损伤系数为 1。为使用这些数据，必须知道一个电池相关参数，即等效粒子流，它是与单个 10MeV 质子的辐射损伤作用相同的 1MeV 电子数。它不仅取决于电池种类，还与数据的应用场合有关，如用于电池电流、电压或功率等。Aerospace Report 的表 6 给出了几种等效粒子流参数，在图 6.20 和图 6.21 所对应的电池中，该参数为 870。也就是，870 个 1MeV 电子对多结电池的辐射损伤作用与 1 个 10MeV 质子相同。

（3）低能质子对多结太阳能电池的损伤系数有两个极大值，其部分原因是各个结的损伤不同。

（4）利用这些信息，采用与上述硅电池相同的处理方法，可算出多结电池的 1MeV 等效损失。与硅或砷化镓单结电池相比，多结电池对辐射危害的抵抗力更强；与硅电池相比，低能质子对砷化镓电池的危害更小。

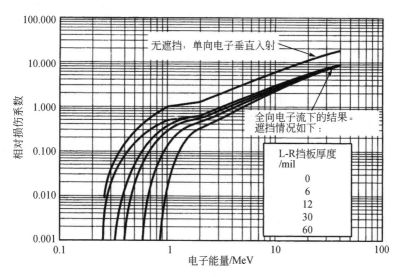

图 6.20　功率相对损坏系数（RDC）：全向电子对有挡板保护的 Spectrolab 多结
（3J）太阳能电池的损伤（Marvin，2000a）

图 6.22 给出了 1MeV 电子辐射对裸露的多结太阳能电池作用（Emcore Report EWR P047）。在 1×10^{12} MeV 电子以下，辐射对各参数的影响可忽略不计。在这之上，电压参数降低程度稍微严重于电流参数。按照上述讨论得出硅电池的

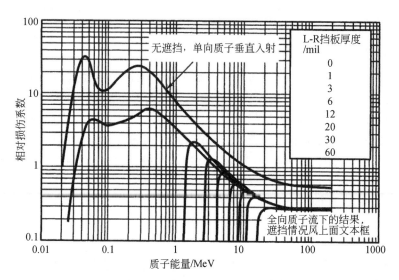

图 6.21　功率相对损坏系数（RDC）：全向质子对有挡板保护的 Spectrolab 多结（3J）
太阳能电池的损伤（Marvin，2000a）

1MeV 电子等效数量，算出 1MeV 电子等效数量后（以上已讨论硅电池），可以根据
此图得到多结电池的参数下降情况。

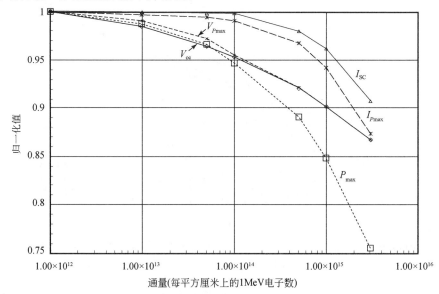

图 6.22　归一化处理的多结（MJ）太阳能电池参数和粒子数的关系
（Emcore Report EWRP047，2003）

　　太阳电池阵的输出功率在任务周期内会发生变化。图 6.23 给出了辐射和温度对多结电池 I-V 曲线的影响,这种影响与砷化镓电池和硅电池相似。其中一组曲线(实线)表示寿命开始时没有受辐射影响的情形,另一组曲线(虚线)表示电池受到 3.0×10^{15} 1-MeV 电子/cm² 辐射的情形。应当注意,讨论地面测试数据时,一般默认测试设备产生的 1MeV 电子是单向的,不必重新赘述。随着温度升高,短路电流变大,电压和功率下降。但是,辐射会降低整个电流和电压区域内的 I-V 曲线性能。电源系统工程师的设计必须满足寿命结束时功率的较低曲线,因而系统在寿命开始时的曲线更高,功率更大。所以,精确估计寿命期间内特定轨道上有危害的粒子累积数量是很重要的。

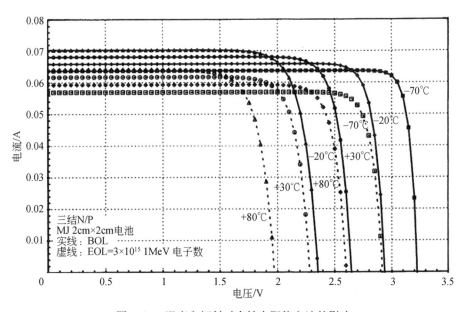

图 6.23　温度和辐射对多结太阳能电池的影响

6.5　太阳电池阵

6.5.1　阵列结构

　　图 6.24 给出了太阳电池阵标准部件的截面图。除了光伏、光学和机械属性,还需特别注意电池的热属性。为使电池效率最大化,设计的系统必须能吸收尽量多的太阳能,工作温度尽量低。所以,盖玻片前表面需要有较高的发射率和较低的反射率。为使反射率最小化,盖玻片和太阳能电池的前表面均需涂有防反射(AR)

涂层。硅电池帆板通常使用紫外线(或多层蓝色)反射滤光片,将其置于盖玻片朝向电池的一端,如图所示。它可反射不能转为电池电能的紫外光,减小电池的光吸收率,从而可降低电池板温度。多结电池能转化波长较短的光线,因而一旦反射滤光片的作用有损可利用的光谱范围,就不能使用紫外线反射涂层。为便于热量排放,从太阳能帆板顶部到底部的热导率应尽量高,而且背面的热控涂层应具有较高的发射率和较好的耐用性。对于某些航天任务,还要求热控涂层有较低的出气特性和足够的电导率,以抑制电池表面的静电荷积聚。某些情况下,盖玻片前表面也有相同要求,可使用氧化锡(图中末标注),这一点将在下面关于高电压情形的讨论中描述。

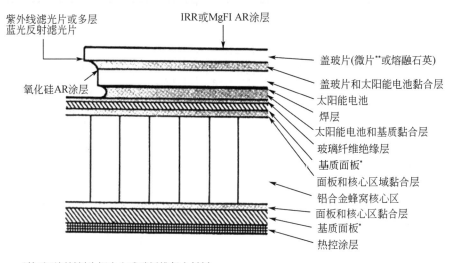

*基质面板材料为铝合金或碳纤维复合材料
**掺杂氧化铈微片盖玻片:
　　含有5%二氧化铈的硼硅玻璃具有高的红外发射率和低的太阳吸收率,使太阳能电池在其峰值响应波长上传递的太阳能最大化,其中太阳能电池片的类型包括硅电池、砷化镓电池、DJ电池、MJ电池等。氧化铈使玻璃的光学性能更加稳定,在电子和质子辐射的条件下可以防止颜色中心的形成
AR:增透膜,用于增加吸收率
IRR:可以阻挡红外线的多层盖玻片涂层,用于降低电池温度

图 6.24　标准太阳能电池阵的横截面(Rauschenbach,1976)

　　由于铝具有合适的强度-质量比,成本较低,在航天工业发展的前 30 年里,它一般用作太阳能帆板的面板材料和铝蜂窝夹芯材料。碳纤维复合物作为另一种选择,是近年来面板更常用的材料。碳纤维复合面板虽然有些昂贵,但它具有热膨胀系数超低的优点,可使地影和光照区的巨大温差产生较小的阵列尺寸变化。这将减小互相连接的太阳能电池的相对移动,明显降低电池及其电气接线中的应力。

具有铝质面板的太阳能电池阵的长期热循环是电池阵故障的主要原因。因而,对于低地球轨道上的航天器和可靠性要求高的航天任务,碳纤维复合面板是首要选择。对于大多数航天任务,这两种选择的质量差异并不明显。

6.5.2 串并联效应

太阳能电池阵的功率等于单个太阳能电池的输出功率乘以阵列中太阳能电池的个数。总电流是单个电池的电流乘以并联电池的个数,总电压是单个电池的电压乘以串联电池的个数。图6.25(a)给出了串联-并联阵列的概念,是早期航天计划中小型硅电池最常用的一种布局。图中四个电池并联为一个子模块,是太阳能电池阵(或模块)的一部分。然后,一定数量的子模块串联,得到太阳能电池阵的期望电压。这种方法有利于采用硅电池的低电压系统,因为当多个电池被遮挡时,这样可使功率损失最小。由于没有受到光照的太阳能电池工作原理类似于开路故障的太阳能电池,这里用被遮挡电池(shaded cell)这一名词统一代指这两种情况下的太阳能电池。每个受光照的太阳能电池相当于一个恒流源并联一个正向偏置二极管。而每个受遮挡而变暗的太阳能电池相当于一个反向偏置二极管,电流方向相反。因为一个子模块有4个并联电池,每个受遮挡的电池引起约1/4的电流损失。不在同一个子模块的另一块电池几乎不受影响。上述分析对更多受遮挡的电池同样适用,只要其中任意两块电池都不是并联的,即不在同一个子模块中。

对于串联-并联方式和由此引发的"热点"问题,Rauschenbach(1980)的文献给予了更广泛的讨论。对高功率硅太阳能电池阵的需求使得设计师必须使用高电压,这会引起一个值得注意的问题:受影响的太阳能电池邻近位置的过热现象,这种受影响的电池可能是无法形成开路的或是被遮挡的。考虑如图6.25(a)所示的串联-并联太阳能电池阵。一个子模块由4个电池并联而成,与其串联的还有 s 个子模块。在部分遮挡的子模块中,第 n 个电池被遮挡。该子模块现在实际上是有效负载的一部分,因为受光照的太阳能电池阵会使电流通过该子模块,造成电压反向。

图6.25(b)为部分遮挡子模块中电池功率耗散的图示。由于硅太阳能帆板的数量 s 通常超过100,引起的电压偏移量很小,因而 s 个串联子模块的电压和 $s-1$ 个串联的压差可以忽略。当无太阳能电池被遮挡时,并忽略阻塞二极管的压降、线路损耗等,每个太阳能电池阵的工作点位于 $I\text{-}V$ 曲线与母线电压的交点,即图中的点OP。每遮挡一个电池将增加子模块的电流阻抗。但是,遮挡一个电池将增加子模块中的电流阻抗。由于增加的阻抗是串联在电池阵和母线之间的,也会增加电池阵的工作点电压。这个新的工作点将出现在太阳能电池 $I\text{-}V$ 曲线的 $Q_1 \sim Q_2$ 范围内,具体位置取决于包含遮挡电池的子模块反向特性。因而,到达母线的电流将

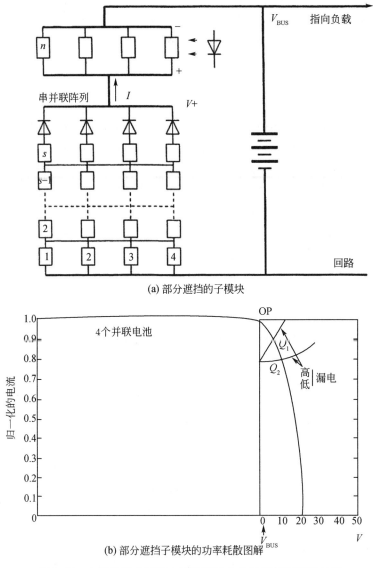

(a) 部分遮挡的子模块

(b) 部分遮挡子模块的功率耗散图解

图 6.25　由串并联太阳能电池阵部分电池被遮挡引起的过热

从 OP 点的电流值减至 Q_1 到 Q_2 范围内的新工作点电流值。

　　因为电池阵电压 $V_{\rm OC}$ 高于母线电压,包含被遮挡硅电池的子模块将被驱向反向模式,耗散的能量高于设计值,进而导致局部温度升高或成为热点。图中给出了具有高反向电流(Q_1 点)和低反向电流(Q_2 点)电池的子模块反向特性。反向子模块的功耗 Q 等于它的电流和电压乘积,电压就是位于 Q_1 和 Q_2 之间的工作点电压

和 V_{BUS} 的电压差。对于图中给出的例子,电压差在 $10\sim15V$ 的范围内,比一般电池电压(低于 1V)的 10 倍还多。这就是所谓的热点问题。由于太阳能电池的反向特性不明确,很难对此进行精确分析。生产厂家也不会控制电池的反向特性,因为它并不直接影响功率输出。然而,如果能确定这种异常情形下的电池阵 I-V 曲线和子模块反向特性,那么就能根据上述图解方法给出功耗的合理范围。应当注意,虽然流经包含被遮挡电池的子模块的电流仅下降约 20%,但压降却会增大几个量级。此外,非常重要的一点是,这种增加的功率将耗散在与被遮挡电池并联的受光照电池上。因此,对于电压较高的硅太阳能电池阵,子模块中电池的并联方式会使它们更易过热,甚至损坏,降低整个太阳能电池阵的可靠性。子模块中增加的功耗(特别是与被遮挡电池并联的受光照电池)会变得很高,以至于引起灾难性的过热情况。

由于硅电池的反向特性变化很大,增加的功耗并非均匀分配给部分遮挡子模块中的每个电池。功耗最大的电池更容易出现过热和失效的情况。如果与第一个受影响的电池并联的另一个电池也无法形成开路,那么电流将转移到子模块的其余电池。这时可正常工作的电池数量更少,因而这些电池每个分得的功耗更多。显然这个问题可能像滚雪球一样越滚越大,最终使整个子模块的所有电池都出现过热和失效现象,进而导致整个串联-并联电池阵的功率灾难性损失。

为消除这种顾虑,在设计太阳能电池阵时,做出了两种改变,如图 6.26 所示。在该电池阵中,电池一级没有出现并联,而是将每个串联电池串进行并联,一端接在航天器地线上,一端接到航天器母线。在这种布局下,受光照的电池将使与其串联的单个被遮挡电池进入反向模式,由此产生的高反向电压不会影响其他电池串中的电池,因而无损坏威胁。对于可忍受一定反向电压的硅电池系统,这一改变就能消除热点问题。

利用旁路二极管可消除上述难题。旁路二极管位于串联硅电池组一侧,一般是 $5\sim9$ 个电池为一组。无论旁路二极管何时导通电流,都将耗散一定的功率,但不会损坏被遮挡的电池。由于砷化镓电池和多结电池很容易受反向电压的危害,因而要求每个电池配置一个旁路二极管。尽管在概念上,旁路二极管是电池外部的器件,但电池生产厂家必须将它装入电池内部,成为电池的一部分,以在太阳能帆板的制作测试过程中有效保护电池。对于砷化镓或多结太阳能电池阵,每个电池都有各自的分流二极管,在上述电池阵布局情况下,其 I-V 曲线的电流很接近原先数值,电压有所降低,具体降低量与被遮挡电池的数目有关。对于每个被遮挡的电池,电压损失由自身电压损失与旁路二极管的其他压降组成。所以,正如前面讨论的,每个电池配置的单独旁路二极管将消除潜在的电池反向问题,并在以下方面使电池阵得到改善:给电池提供保护,防止反向电压升高到具有危害性的大小;通

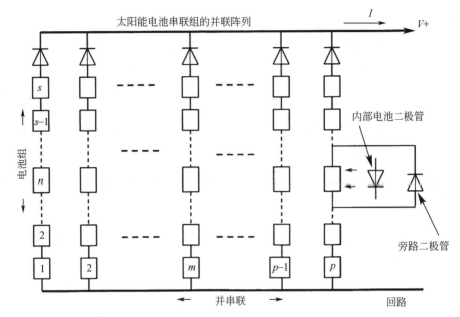

图 6.26　典型太阳能电池阵,并阐明了旁路二极管的概念

过为串联电池组提供电流通路,使包含部分遮挡电池的电池组功率最大化;使由电池的部分机械裂缝造成的电流损失最小化。

近年来,随着大型地球同步轨道航天器的功率增加到 10kW 以上,必须提升母线电压,以减小电流和线路损耗。目前,大部分大型航天器的工作电压都在 100V 的量级上。辐射环境会使太阳能电池盖玻片的绝缘表面累积静电荷,这已成为一个严重问题。正常情况下,积聚的少量电荷将以击穿电弧的形式耗散到地线上,不会产生严重危害。但是,一旦电弧开始,太阳电池阵的高电压将从电池阵给电弧持续提供能量。当电池数量较多、并联的电池组之间没有隔离二极管时,情况将进一步恶化,因为多个电池组的能量都将提供给电弧,对帆板造成严重损害。

解决该问题的方法包括:每个串联电池组都包含一个二极管,起到隔离任意两个电池组的作用,如图 6.26 所示;使用导电性更强的盖玻片材料;设计电池布局时采用一些措施来保证相邻电池组的电池间电压差异小于 70V。某些地球同步轨道航天器的制造单位将导电材料覆盖在电池盖玻片上(一般是氧化锡),并使这些导电涂层相互电连通,这样便可实现接地效果。

6.5.3　磁场的相关注意事项

太阳能电池阵的电流会产生一定的磁场,有时会对敏感性磁强计造成干扰。即使太阳能电池阵产生的磁场非常小,也会引起磁强计测量的显著误差。

一种常用的技术就是在太阳能帆板背面的电池组下方直接布线,以使电流回路尺寸最小,进而使其产生的磁场最小。此外,相邻电池组可以采用顺时针和逆时针交叉布线的方式,以便产生可相互抵消的反向磁场。在相互连线和终端中采用非磁性材料,如银或镀银钼等。

6.6　储能装置

过去十年来,电池性能得到了极大的改善。各种新的应用需求推动着研究向高的能量密度、广的电池形状与尺寸范围、长的使用寿命等方面发展。

本部分将重点介绍应用于航天领域的蓄电池和燃料电池。这两种都是通过电化学氧化-还原反应,将储存在活性材料中的化学能直接转变为电能的装置。在这个过程中,带电离子在电极内部转移,电子在外部通过电路或者负载从一种材料转移到另一种。但是不同的是,在蓄电池中反应物包含在电池内,在燃料电池中反应物在外部储存,有需要时移动到电池中。

6.6.1　电化学电池

本节中,采用电池(cell)、电池组电池(battery cell)和燃料电池(fuel cell)这三个术语来描述基本的电化学装置,采用电池组(battery)来描述电源系统中用于储存电能的多个电连接的电池。一个电池包括四大部件,即阳极、阴极、电解质和隔板(隔膜/绝缘板),其中第四个部件虽然很重要,但通常都不详细讨论。

(1)在电化学反应过程中,电解质将释放电子给阳极,该过程定义为氧化。放电期间,阳极为与负极相连的电极,向外部电路提供电子。在充电期间,其作用相反。

(2)在电化学反应过程中,电解质接受阴极产生的电子,该过程定义为还原。电池中完整的氧化-还原反应可简写为 redox 反应,电池有时也称为 redox 电池。放电期间,阴极为与正极相连的电极,接受外部电路流入的电子。在充电期间,其作用相反。

(3)电解质,即离子导体,是电池内部阳极和阴极之间以离子形式传递电子的介质。电介质一般为液体,是溶解的盐、酸、碱与水或其他溶剂混合而成的溶液。这些溶质分子分离成阳离子和阴离子,便于在电极之间运送电荷。典型的如硫酸和氢氧化钾等。也有些电池组采用固体电解质,它在电池工作温度下为离子导体。

(4)标准电池中,电极就是极板,阳极和阴极相互交错、面对面布置。隔板用于保持极板表面间距相同,并使相邻的两组极板间距一致。对于贫液式电池,如镍-镉电池和镍-氢电池,电解质的数量仅限为填充满隔板。隔板是一种可保持电极间电介质浓度均匀性的介质。常用的隔板材料为尼龙和锆。考虑到环境和安全因素，石棉将不再作为隔板材料。

对于只能放电,不能通过反转放电电流方向进行再充电的电池,称为一次电池。它由生产厂家通过一种特殊的活化过程加以充电,仅使用一次便废弃。由于使用者从不利用另一种能源对其充电,它一般用作系统的初级能源。

蓄电池是一种可放电、再充电的电池。仅通过向其提供能量或使用其他能源,使放电电流反向,便可对其再充电。在应用中,用于对蓄电池再充电的能源变为初级能源,它则是初级能源的次级。如上所述,术语"阳极"和"阴极"在充电和放电过程中指的是不同的极板,这在蓄电池中容易引起混淆。所以,采用术语正极板(或正电极)和负极板(或负电极),可以避免这种混淆,因为它们的定义不会随充放电过程的转变而变化。

当电池连接外部负载时,电子从负电极流经外部负载进入正电极。在电解质中,通过正负电极间的负离子和正离子流动,就形成了一个完整回路。在可充电电池或蓄电池的再充电期间,外部负载将被一种能源取代,使电流反向。

极板最好选用质量轻、坚固耐用、能提供高电压和大容量的材料。但是由于极板与电池其他部件的反应活性、电池极化、操作困难、高价格等其他因素的阻碍,通常情况下要使几者兼顾并不现实。其中电池极化是指由欧姆极化和电化学极化等因素引起的电池电压在电流流通时减小的现象。

实际中,一般选择具有下列属性的极板:氧化还原效率高、导电性好、耐腐蚀、方便制作、成本低廉。锌和镉等金属具有上述有利属性,通常选为负极板材料。锂作为最轻的、能量密度最高的金属,是非常有吸引力的负极板材料。只要通过选用合适的电解质和良好的电池设计,控制住锂的活性,它会是一种更可行的选择。正极板材料的属性类似,大多数是金属氧化物,如氧化银或氧化镍。如果电解质为气体,如镍-氢电池采用的氢气,将利用特氟纶铂黑作为催化气体电极。

电解质必须有良好的离子传导性,而不仅是导电性,因为这样电池内部可能形成短路。电解质的其他重要特性有:不易与电极和隔板材料发生化学反应,工作温度范围内属性几乎不变,操作安全,寿命长,成本低。大多数电解质为水溶液,如浓度30%的氢氧化钾溶液。但是也有例外,例如,在锂电池中,一般采用非水溶液电解质,因为锂容易与水发生反应,这样可避免锂金属与电解质发生化学反应。

隔板不会参与电化学反应过程,但它的特性对电池的正常工作非常重要。隔板必须是多孔的,以吸收电解质,维持其分布均匀性;厚度稳定不变,以保持相邻电极的均匀间距;具有一定的电绝缘性,以隔离各极板、极板与电池盒。此外,隔板还必须能持续渗透进电解质,实现离子运动的均匀分布。由于隔板材料会浸润大量腐蚀性电解质,并受到极板相对运动引起的摩擦,因而它将会不断磨损直至损坏。

这在高温环境下尤为突出,隔板材料更易受极板运动的磨损,容易被极板生长出的金属纤维刺穿。但是,即使将电池控制到最佳工作温度,隔板磨损最终也会降低电池性能。最好的结果就是通过对隔板进行筛选、保护、加工,使其性能最优、寿命最长。尽管隔板不会参与电化学反应,但其属性和质量控制对电池性能的持续保持非常重要。

强调隔板重要性的原因,可追溯到 20 世纪航天器镍镉电池产业出现的一次事故。20 世纪 70 年代后期,为符合当地环境标准,科德宝集团在美国的 Pellon 分公司不再采用为通用电气公司供应的尼龙材料(通用电气公司位于美国佛罗里达州的盖恩斯维尔),而这种尼龙材料是用于制造航天器镍镉电池隔板的。这一看似简单的材料变化和必要的电池再设计导致了航天器电池的不稳定性但这种不稳定性直到 20 世纪 80 年代后期进行整个航天器电池组的飞行资格测试时才突显出来。这一事故促使大家开始寻求新的电池选择。当时最可行的另一种选择是改进已有的镍氢电池,一个改进要点就是体积的小型化。此外,发展由休斯顿航空航天公司提供的超级镍镉电池(SNiCd)也是一种选择,这种电池在形状和尺寸上和传统的镍镉电池很类似。

电池组电池有多种尺寸和形状,在航天应用中最为常见的是圆柱形和棱柱形的。由于镍氢电池内部压力高,它将采用不同的形状,这一点下面会进行讨论。在圆柱形电池中,极板是螺旋弯曲状的(即瑞士蛋卷的形式),这种形状更适于高的电池内压条件,但极板的螺旋状层叠会使隔板受压不均,最终导致磨损程度不均。棱柱形电池的矩形形状使隔板的磨损更加均匀,但电池外壁相对较大的平面通常需要采用外部的端板(end-plates)进行约束,以防止由内部压力增大而产生的变形。电池内部部件的设计需要适应电池形状。通过多种方式对电池封装,防止电解质泄漏和挥发。有些电池还需要采用通风装置或其他手段来排出聚集的气体,有些则需要添加保险丝以限制电流过大。再加上合适的外壳和端子连接方式便可构成一个完整的电池。电池壳可采用塑料,但通常采用金属材料,如不锈钢、铬镍铁合金等,因为金属的强度高,便于大多数航空航天电池的封装实施。

自放电。电池组电池的自放电是指由电池内有害的电化学过程引起的电能损失。自放电类似于使电池连接一个小的外部负载,无论电池是否在使用,都会产生持续的电量流失。对于轨道上可充电的电池组,自放电并不是一个重要因素,因为周期性放电和充电速度远远超过自放电几个数量级。但是如果不定期充电,长期存放下的电池容量会降低。不可再充电的电池在设计时必须将自放电现象视为一个附加负载,特别是对于较长存储和任务周期的情况。通过低温储存、使用前升温的方法可缓解自放电的影响,因为低温下电化学反应的活性会降低。

镍镉电池和镍氢电池的自放电速率相对较高,发射前需要在现场进行充电,因此后勤保障是一个主要问题。一般情况下,锂电池自放电速率低,但是随着温度升高,所有电池的自放电速率都会增大。存储一段时间后,锂电池的容量下降速率开始降低,因为在开路条件下其阳极表面形成了一层钝化膜。正因如此,锂原电池的存储性能较好。

寿命。可定义三种电池组电池寿命:干寿命(dry life)、湿寿命(wet life)、循环寿命(cycle life)。在大多数电池组电池的制作过程中,首先要做的是安装除了填充管道的所有部件并密封电池壳,填充管道用可移除的盖子临时遮住。此时电解质还没有添加,电池处于"干"的状态。对于电池的长期储存,最好保持这种状态,并注入干燥氮气。这种环境下,电池的干寿命要远远超过暴露于电解质外的情形。

添加电解质、密封填充管道的过程称为活化。这是电池湿寿命的开始时刻。对于航空航天电池,剩余的湿寿命是估计电池潜在使用情况的一个重要参数。所以,通常需要贴上每个电池的活化日期和序列号。

蓄电池一旦开始使用,在失效前其充放电次数是有限的。这种循环寿命一般是通过对采用相同设计的同一批次电池的地面测试基础上估计的。大多数测试表明,深度放电将缩短电池的循环寿命,而循环寿命通常就是蓄电池的极限寿命。

6.6.2 航天器电池组

为方便讨论,可将电池分为两类,即原电池和蓄电池。原电池在航空航天领域一般用于引爆火工品和其他一次性应用场合。它也可用作短期任务的主能源,特别是没必要使用太阳能电池阵的亚轨道任务,或是太阳能电池阵不适用的低功率实验任务。对于原电池,通常需要其具有较长的保存期、较高的能量密度、无危害、较广的工作温度范围等特点。此外,还期望在航天器寿命期间,气体排放尽可能小,因为它们有时会污染光学敏感表面,如敏感器镜头和太阳能电池阵。蓄电池可以再充电,通常作为主电源系统的一部分,以在地影区或其他负载需求高于太阳能电池阵能力的情况下为负载供电。尽管也希望蓄电池具有原电池的上述优良属性,但通常最重要的属性是长的循环寿命。

1. 原电池

为满足各种应用对原电池的要求,有多种选择可提供。但是,只有对各项要求进行细致的审核和说明,才能选出某一应用最理想的原电池。部分上述要求如下。

(1)随时间变化的负载总的能量需求,包括地面测试和预计的设计裕度。原电池的设计裕度一般要高于蓄电池,因为原电池容量难以直接测量,只能根据采用相同设计的其他电池测量值估计。

(2)在预期的地面和轨道温度范围内的工作温度范围。

（3）合适的电压范围。

（4）容许的风险和气体释放量。

（5）满足最大放电速率的要求。

（6）合适的保存期，即允许的自放电速率和工作寿命要求。

（7）满足任务对有害设备的相关规定和发射场运输、存放的各项规定。

表 6.4 列出了可用于航天器的原电池基本特性。

表 6.4　用于航天器的原电池特性

	液体阴极					固体阴极
	银-锌	锂-二氧化硫	锂亚硫酸氯	锂-二氧化硫		锂-氟化碳
				锂-溴复合物	锂-磺酰硫	
应用	大功率（脉冲）	大功率（脉冲）高初始压力	大功率低速电池备份	低温持续使用	间歇式脉冲 & 高速	植入式应用（& 国防）
化学名称	AgZn	Li/SO$_2$	Li/SOCl$_2$	Li/SOCl$_2$,BrCl	Li/SO$_2$Cl$_2$	Li/CF$_x$ Li(CF)$_n$
结构布局	棱柱形	圆柱形	圆柱形	圆柱形	圆柱形	圆柱形
容量范围/Ah	0.3~675	0.45~34	0.06~24	3/4~40	3/4~30	(18~1200)
质量能量密度/(Wh/kg)	90~230	170~280	290~456（550）	276~472	284~479	360(462~820)
体积能量密度/(Wh/dm³)	150~700	350~510	670(1100)	770	720	680(760~1184)
工作温度范围/℃	0~40	−60/−40~55/70	−60/−40~85/	−55/40~70/85	−32~93	−40~85
储存温度范围/℃	0~30	0~50	−40~30	−40~+25	−32~+30	−40~85
干储存寿命	5 年	>10 年	>10 年	>10 年	>10 年	−40~+50
湿储存寿命	30~90 天	>10 年	~10 年	长寿命	长寿命	>10 年
开路电压/(V/cell)	1.6~1.86	3.0	3.65~3.67	3.9	3.9	3.0
放电电压/(V/个)	1.5	2.3~2.9	30~3.6	3.0~3.7	3.2~3.7	2.5~2.8
室温自行放电（第1年的百分比/第1年后的年百分比）	N.A./0.1	N.A/<3.0	5.5/3.0	5.7/2.0	4.5/2.5	N.A./<1.0

续表

	液体阴极					固体阴极
	银-锌	锂-二氧化硫	锂亚硫酸氯	锂-二氧化硫		锂-氟化碳
				锂-溴复合物	锂-磺酰硫	
电源阻抗	很低	高	高	高	高	适中
放电曲线	平坦	平坦	平坦	初始斜率较大	平坦	平坦
生产厂家 (参见如下 符号表)	EPT,SAFT, YTP	WGT,SAFT, EPT	WGT,SAFT, EPT	WGT	WGT	WGT,EPT

银锌电池。自 20 世纪 60 年代初航天工业开启以来,各种形状和尺寸的银锌电池已在航空航天领域中得到了广泛应用,特别是亚轨道飞行任务。银锌电池的能量密度仅次于锂电池,但是其放电速率远远超过锂电池系统。银锌电池的主要优势如下。

(1)较高的质量比能量(单位质量对应的能量)和体积比能量(单位体积对应的能量),仅次于锂电池。

(2)高的放电速率。在任何系统下阻抗均最小,可达到最高的放电速率,该速率主要受电池的散热能力限制。

(3)电池在 1.5V 电压下放电,放电电压特性稳定。

(4)响应快。

银锌电池的主要不足是寿命短,成本较高。尽管在不添加电解质的条件下可存放五年以上,但添加电解质后其寿命仅有几个月。航天器发射前的银锌电池存放时间最好为 30～90 天,具体天数取决于电池类型和预期任务周期。为此,一般在不添加电解质的情况下存放,尽可能延后使用前的活化时间。然而由于发射时间表的不确定性,必须在航天器上留有备用电池,或使用远程电池活化技术,这样便增加了这个原本相对昂贵的航天器部件的复杂性和成本。

尽管银锌电池既可以设计为原电池,也可设计为蓄电池,但由于其最大循环寿命仍然很低(充放电次数低于 200),它主要还是用作原电池。在放电时银锌电池需要将产生的气体排放到环境中,这对某些航天器有不利影响,因为这些气体会污染邻近的仪器设备。对于某些应用,电池的工作温度需限制在 0～40℃ 的范围。像所有原电池那样,那些从未使用的银锌电池必须小心对待。

银锌电池的放电速率都比其他化学成分的电池高。但是某些银锌电池设计的放电速率比其他的低,部分原因是质量限制使设计的热传导路径变少,或是长寿命要求使得必须采用更厚的隔板,以致电源阻抗升高。

图 6.27 给出了 Yardney Technical Products 的低速电池的充电、放电特性。应当注意,尽管符号 C 用于表示由电池生产厂家确定的额定容量,但横坐标参考的是电池的实际容量,因而可达到 100% 的完全放电。银锌电池的充放电特性很独特。如图 6.27 所示,当电池放电速率为较低的 $C/10$ 时,有两个很明显的平稳过程,但是在放电速率提高到 $1C$ 时,较高的平稳过程几乎消失。如果需要避免较高的初始电压稳态过程,可通过预先放电来抑制。另外,充电电压有两次陡增情况,第一次是充电开始阶段,第二次是充电结束时刻。第二次的电压升高较为连续,因此可用于充满状态的标志。应该注意到 $C/10$ 和 $1C$ 放电速率下的平稳电压差别很小,这是因为电池阻抗较小。银锌电池是极高脉冲负载的理想能源。

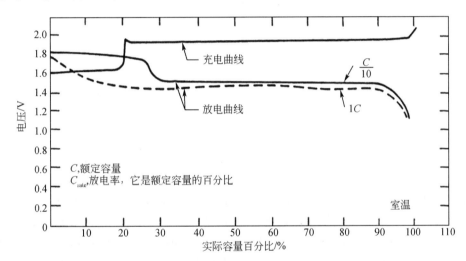

图 6.27　Yandney 低速率银锌电池的典型充放电情况(由 Yardney Technical Products 提供)

图 6.28 给出了放电速率高的银锌电池的放电特性。随着放电速率提高,容量会大幅降低,但电压仅略微降低。相比之下,放电速率低的电池具有明显高的容量。银锌电池可接受超过 $50C$ 的脉冲负载,主要限制因素是电池组及其环境散热能力。

注意到该图横坐标表示的是额定容量,所以 100% 就等于 $1C$。该图表明了实际容量和额定容量概念上的差异。因为生产商希望在所有可预见的情况下都能保证额定容量,所以大多数情况下(并非所有)实际容量要高于额定容量,而且在低放电速率下要更高。这种“裕度设计”是电池工业中的惯例,若采用时间更久的化学材料,设计裕度一般更大。

由于锂离子蓄电池具有保存期长、成本低、自放电率低、使用前可完全充满等优势,在某些应用中它正在取代银锌电池,如运载火箭和导弹等。

锂电池。锂化学电池的种类很多。由于锂是最轻的金属,它具有最佳的电化学潜质,内能最大。正因如此,自 20 世纪 70 年代初期以来,锂原电池在工业、医

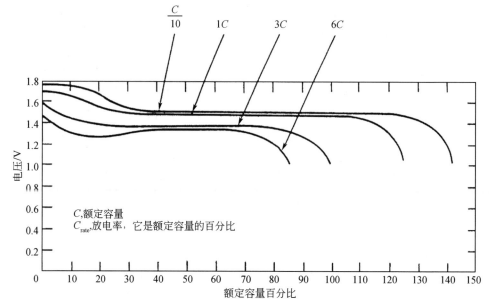

图 6.28　银锌电池的典型放电情况(由 Yardney Technical Products 提供)

学、军事和航空航天产品等领域得到了广泛的应用。但是,安全问题限制了锂电池的应用,特别是大尺寸电池。尽管原因有很多,但其中一个普遍的原因是,这些电池都将锂金属用作负电极,在充放电时利用锂金属的运动在电极之间传输离子;由于锂金属会与水,甚至空气中的氮气发生剧烈的化学反应,需要使用非水溶液电解质和密闭电池壳。现在已研发出多种正电极材料,每种都尽力降低特定应用下的风险。但是,考虑到锂潜在的高能量密度,有种类繁多的锂电池就不足为怪。这些电池每种都有其独特性,适用于不同的特定应用。表 6.4 给出了几种锂电池的特性。一般来说,锂电池的开发是一项相对较新的技术,具有以下优势。

(1)能量密度最高。

(2)保存期最长,即自放电速率最低。

(3)工作温度范围最大。

(4)放电电压最高,从 2.8～3.6V,主要取决于电池化学成分。

劣势如下。

(1)电池自身是有害的,特别是滥用的情况下。按照高出设计极限的高速率放电时,会产生多余气体。为尽量减小风险,有些应用要求电池设计特殊的安全装置,如保险丝、通风孔等,以及复位电路断路器、旁路电路等其他安全装置,这些装置通常由用户安装在电池或其系统中。

(2)某些应用需要外部电路来控制放电情况。电池组放电的一个问题是电池电压反向。当锂电池完全放电时,电压快速下降,由于难以生产出性能完全一样的电池,所以电池组中会有一个电池的电量先耗尽,与其串联的其他电池继续放电,会导致该电池电压反向。这对锂电池是很危险的,特别是锂亚硫酸氯电池。

(3)电池的高电源阻抗将限制其放电速率,大多数锂化学电池的放电速率都较低。

(4)接通时,会有电压响应延时。

由于锂电池为封闭单元,一般不会与周围环境作用,也不会向外排放气体,正常应用时,还是很安全的,是一个完整独立的单元。但是由于电池电极活性很强,密封的电池内气体产生迅速,电池大量排气,将具有腐蚀性和活性的电解质释放到周围环境。所以,保险丝和排气管是设计的重要部分,特别是对于高能锂电池。利用价格便宜、可靠的排气管将极大地增强电池的安全性,使其更易得到推广应用。考虑到这种化学元素的危害性,有理由制定正确的操作规程,加深用户对相关操作和技术的认识,以避免随意使用。

表 6.4 列出的四种锂电池,只有锂氟化碳电池是固体阴极,其他的都是液体阴极。即便是使用不规范,带固体阴极的锂电池本身危害也很小,但其放电速率略低。固体阴极放电时需将锂离子扩散到阴极内部,扩散速度较低。相反,液体阴极的放电发生在碳表面,它是液体的电荷收集器。这个过程要快得多,因而液体阴极电池比固体阴极的电流传输更快。在商业应用中,低速电池有时也采用固体电解质,特别是规模较小的情形。但大多数航天应用都要求大尺寸、高速率的电池,只有采用电阻低的液体电解质才行。

当电池活化但没有使用时,锂负电极会与电解质反应,使其表面钝化。这是一种积聚在表面的盐晶体,厚度仅几微米,不溶于水,电绝缘,可传导锂离子。它的好处是可降低自放电速率,5 年内仅有 10% 的容量损失,有助于锂电池的长期保存,一般寿命超过 10 年。但该钝化层也有不利影响,导致开始时刻的电压延时,如图 6.29 所示。薄膜将增加电池内阻,直至通过放电反应被分解移除。这种延时虽然在各种电池中都有,但在锂电池中更明显。在液体阴极电池中,延时一般更长,特别是锂亚硫酸氯,因为锂直接接触阴极材料。电池在低温下存放期更长,但延时更多。室温时,延时可小于 1s,$-20℃$ 时,延时可长达 1min。

锂-二氧化硫(Li/SO_2)电池特别适合低温和高电流的应用场合,其结构一般为圆柱形,放电电压约 2.8V,放电曲线较平坦。高温下的存放期也很长,不超过室温的条件下寿命预计约 10 年。但是,设计的电池必须能承受高达 60psi(0.4MPa)的高内压,并具有很好的排气能力,以适应过高的气压。

大多数锂亚硫酸氯电池是螺旋缠绕的筒状装置,碳电极作为亚硫酸氯($SOCl_2$)正电极的收集器,亚硫酸氯是一种腐蚀性液体,与锂反应可产生氯化锂、硫酸、二氧化硫等。尽管可认为该电池的内压较低,但在放电深度较大时,二氧化硫不能完全

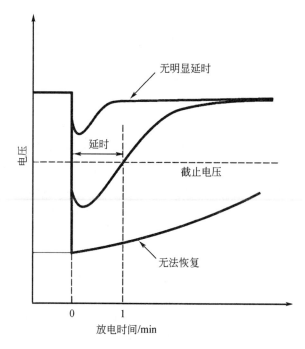

图 6.29　锂电池开始工作时的电压延时

吸收于电解质中,因而会引起内压升高。另外,如果电压反向,内压也会增大。如果压力变大以致电池裂开,那么电池周边将暴露在强腐蚀性的电解质中。所以,这类电池主要在低速放电下工作,除非采用如 BrCl 或 Cl_2 等添加物加以改善,以降低化学反应的活性。

图 6.30 对比了两种锂电池与两种商用 D 型电池的放电特性。在电压和容量方面,锂电池明显优于商用的碱性电池和碳锌电池。其中,锂亚硫酸氯电池由 Wilson Greatbach Technologies 公司的 Eelectrochem Division 分部生产,已用于向宇航员头盔的内置灯供电。DELTA 181 航天器的主电源系统 JHUAPL 采用了尺寸很大的锂亚硫酸氯电池组,任务周期较短,为 55 天,耗能约 64kW • h。

锂卤氧化物电池是一种比锂亚硫酸氯电池危害更小的电池。它在容量、能量密度、工作温度范围上与后者相似,但更安全。目前有两种锂卤氧化物电池。

(1)锂亚硫酸氯加氯化溴电池($Li/SOCl_2$,BrCl),也可称为锂-溴复合物(Li/BCX)。在电解质中加入氯化溴,可降低电池使用不当时的危害性。电池的开路电压和初始放电电压都很高,但在放电达到 $10\%\sim20\%$ 后就急剧下降,形成初始的倾斜放电曲线。

(2)锂-磺酰硫($Li/SOCl_2$)电池的放电曲线较为平坦,可用于高电流场合,但与之相比,锂-溴复合物电池更适于高电流场合,而且它的电解质会与水发生剧烈

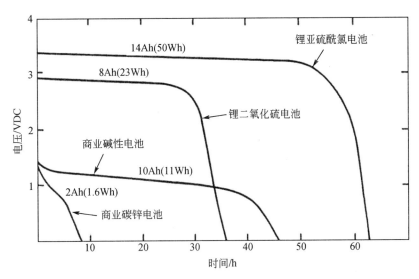

图 6.30　锂电池与其他化学成分电池的放电情况对比

反应。

锂氟化碳（Li/CF$_x$）电池的阴极为固体,在 $-30℃$ 以上性能良好,放电速率较低。无论对于原电池还是蓄电池,锂离子电池都是锂电池技术的一个重要进展。但是,大多数航天应用、资助重点、研究、测试大多都针对蓄电池。所以,这项技术将在蓄电池的讨论中详细展开。

2. 蓄电池

蓄电池可通过充电恢复原有容量。当电量需求超过主能源能力时,由多个蓄电池组成的电池组可用于主电源系统供电。对于太阳电池阵的电源系统,这意味着在地影期间或负载要求超过太阳电池阵的能力时,蓄电池组会向负载供电。

典型航天器蓄电池的基本特性如表 6.5 所示。对于这些电池,长的循环寿命通常比能量密度更重要。事实上,循环寿命的延长将以牺牲蓄电池能量密度为代价。例如,为延长寿命,银-锌蓄电池的隔板要比银-锌原电池的厚得多。但是较厚的隔板增加了蓄电池质量,却不能提供能量,导致能量密度较低。所以,蓄电池比原电池的能量密度低,设计和使用时一般将循环寿命作为主要考虑因素。使用中加大放电深度,将增加可获得的能量密度,但是会缩短电池循环寿命。因此用户一般会选择削减放电深度,以增加获得期望使用寿命的可能性。

表 6.5　用于航天器的蓄电池特性

	银-锌	镍-镉①	超级镍-镉①	镍-氢①			锂离子(液态电解质)⑥
				IPV	CPV	SPV	
化学名称	AgZn	NiCd	SNiCd	NiH$_2$			锂离子
结构	棱柱形	棱柱形	棱柱形	圆柱形压力容器②			圆柱形/棱柱形
容量范围/Ah		10～40	4.8～50	10～400	4～100	30～120	0.5～100③⑥
典型放电深度/%	50	10～25	30	LEO,35%		GEO,70%	LEO,20% GEO,70%
质量能量密度/(Wh/kg)	90～130	30～35	20～25	40～65	27～63	54	75～145
体积能量密度/(Wh/dm³)	150～300	75～90	65～75	30～101	30～102	47～68	160～380
能量效率	75	75～85	75～85	70～80	70～80	70～80	93～96
工作温度范围/℃	0～20	0～20	0～20	−10～30	−10～30	−10～30	−10～40
储存温度范围/℃	0～30	0～30	10④	0～30	0～30	0～30	−40～+50
自放电/(%/天)	0.1	1	1	10	10	10	0.3
干储存寿命	约5年	约5年	约5年	约5年	约5年	约5年	N.A.
湿储存寿命	30～90天⑤	约2年	大于2年	大于2年	大于2年	大于2年	大于5年⑥
循环寿命	200,最大值20～50typ.	2000020% DOD⑥	3000025% DOD⑥	40000 LEO(35% DOD)⑥ 15年 GEO(70% DOD)			大于10000 LEO(20% DOD)⑥ 大于7年 GEO(70% DOD)⑥
峰值充电电压/(V/cell)	2.0	1.45	1.48	1.56	3.12	34.32	4.2
充电电池电压/(V/cell)	1.86～2.0	1.45	1.45	1.50	3.0	33.0	4.1

续表

| | 银-锌 | 镍-镉① | 超级镍-镉① | 镍-氢① | | | 锂离子
(液态电解质)⑥ |
				IPV	CPV	SPV	
放电电 压/(V/cell)	1.8~1.45	1.25,名义值 1.0,最小值	1.22,名义值 1.0,最小值	1.25,名义值 1.0,最小值	2.5,名义值 2.0,最小值	27.5,名义值 22.0,最小值	3.75,名义值 3.0,最小值
生产厂家 (参见如下符号表)	EPT,YTP	SAFT	HSC,EPT	EPT,SAFT		EPT	AEA,EPT,JSB, MECO,SAFT, SONY,WGC,YTP

注:①可充电的镍电池电解质采用浓度较高的氢氧化钾水溶液,—40℃时仍为液体;

②EPT 的镍氢电池为圆柱形压力容器,端部为扁平状、toro 球状(toro-spherical)或半球状。压力范围为 400~1225 psig;

③目前在研的航天器锂离子电池可达 200Ah;

④存放温度为 10℃时,超级镍镉电池一般需要涓流充电;

⑤出于安全考虑,要求限制银-锌电池的"最大湿储存"寿命,一般为活化后 1~12 个月;

⑥所有数据为 2003 年中期的数据。镍氢电池,特别是锂离子电池的技术仍在持续改进,循环周期和放电深度都很增加,可咨询生产厂家最新的资料;

符号表:AEA Technology(AEA),Eagle Picher Technologies(EPT);

Hughes Space and Communications Co(HSC),Japan Storage Batteries(JSB);

Mitisubishi Electric Corporation(MECO);

SAFT;

SONY;

WilsonGreatbatch Technologies(WGT);

YardneyTechnical Products(YTP)

　　因为循环使用寿命非常低,航天器上很少将银-锌电池用作蓄电池。只有几个轨道时长的短期飞行可能是它的一个应用场合。最近可充电锂离子电池的进展,使这种电池成为大多数应用中更具吸引力的选择。

　　蓄电池组性能。根据自身能力的不同,蓄电池一般用于不同的长期任务中,因此必须密封良好。所以,蓄电池的充放电电压和速率必须加以控制,以将气体排放速率限制在可接受的范围内,从而避免内部压力过大。另外,充放电速率也必须加以控制,以保证电池的散热速率,从而避免过热。为此,可充电电池都需要一套充电控制系统,同时也会控制负载、安装保护装置,以限制放电过程。

　　电池充电控制系统的主要作用是将电流、电压、温度、压强等电池相关参数控制在一定范围内,以增强电池性能、延长寿命。因此,充电控制系统的设计要求源自对电池性能参数的掌握,而这些参数因电池化学成分不同而不同。对于下列几种电池,将主要简述其发展历程和不同于其他电池的主要特征。此外,还将论述这些特征参数及其允许范围,该范围是通过充电控制系统来约束的。

　　传统镍-镉(NiCd)电池。采用美国航天局戈达德太空飞行中心(NASA/GS-

FC)的术语,将隔板为尼龙的镍镉电池称为传统(conventional)电池,以别于休斯航空航天公司(HAC)研发的超级镍镉(SNiCd)电池。它是一种新发明,采用了 Zircar 公司的隔板,并在电解质中加入了 HAC 公司专有的特殊添加剂。航天时代的前 30 年内,多数航天器都采用传统镍镉电池来储存能量。这些电池具有较高的能量密度,充电控制系统相对简单。最初具有螺旋弯曲极板的圆柱形电池,已于 20 世纪 60 年代中期淘汰,被包装简易的棱柱形构型取代。

直到 20 世纪 80 年代,由于电池循环寿命长、设计相对简单、性能一致性较好等优点,棱柱形结构的镍镉电池才被广泛接受,成为有航天资质的蓄电池。尽管存在由隔板导致的不稳定问题(先前已讨论过),但镍镉电池至今仍在使用。采用传统镍镉技术生产航天器电池的主要生产厂家是法国的 SAFT 公司。SAFT 采用了不同于美国的尼龙隔板。所以,给美国的镍镉电池带来麻烦的问题对 SAFT 的电池并无影响,因而 SAFT 公司可继续提供高可靠性的航天器镍镉电池。

在棱柱形镍镉电池的不锈钢外壳中,矩形正负极板是交替布置的。隔板将电池间隔维持一致,并容纳电解质。每安时额定容量需要约 3.0mL 氢氧化钾,电池槽密封。电池内没有保险丝和排风口,内部气体生成速率和电池充电控制方法都很明确,能够很好控制,因此不需要这些保护装置。

在一般的棱柱形电池构成的电池组中,电池面对面放置,以绝缘体隔开,以使电流产生的磁场最小化来布置线路。为降低整个电池组的温度、减小各电池的温差,将薄铝板夹在相邻电池的表面中间,可导热到底板,形成一条有效的排热路径。电池表面涂抹有航天资质的硅酮,以增强这种热传导。

图 6.31 给出了镍镉电池的典型充放电特性。它的实际容量通常比生产厂家标定的额定容量高 20%。为确保电池充满,需要在低速率下充电,且充电量要高于实际容量,允许过剩电荷以热的形式耗散。所以,图中曲线显示在高于额定容量时的充放电情况。

图 6.31(c)表明,放电电压和容量是放电速率的函数。脉冲放电速度可高达10C,具体数值取决于脉冲长度与温度。由图 6.31(a)和图 6.31(b)可见,充电-电压曲线缓慢升高,直至接近充满状态时,斜率明显增加。这种效应在高充电速率下更明显。低温时电压的变化量、充电速率增加对电压的影响都会变得更明显。正因为镍镉电池的这种特性,电源系统设计者可通过限制充电电压上限来控制电池充电情况,而这一电压上限是电池温度的函数。这是一种控制充电过程中氧气排放速率的常用方法,可避免电池内压过大。这种基于温度补偿的电压控制方法,可防止产生氢气和多余的氧气。如果选择恰当,这种方法还可限制过充电速率,以满足电池热设计的要求。

不同温度下的电压极限可通过一系列参数实验,根据经验获得。这些实验是

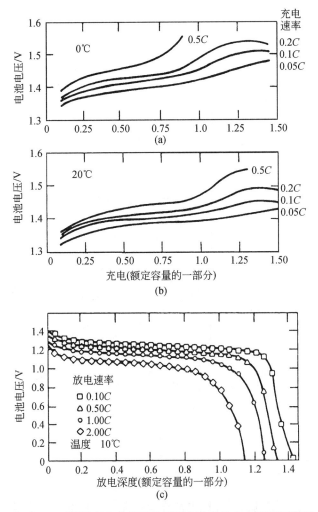

图 6.31 不同温度和速率下的镍镉电池充放电电压(NSSDC)

在预期的充电、放电、过放电速率下,在所实验的温度范围内,使电池经历整个充放电周期。根据参数测试结果,可确定随温度变化的电压极限。

最常用的镍镉电池电压-温度曲线是由 NASA/GSFC 提供的,如图 6.32 所示。由于电压随温度升高而降低,曲线斜率为负。图中有八条平行的电压-温度曲线,相邻曲线相差 0.020±0.20V/单个电池,负斜率为−2.33±0.20mV/℃,等级8 的电压在 0℃时为 1.520±0.015V(Ford et al,1994)。实际应用中,电压-温度等级为 5 或 6 的曲线适合于大多数镍镉电池在寿命开始时的情况。在轨运行几年后,电压限制值将升至更高、更合适的等级。在某些罕见情形下会出现短路电池,这时电压-温度曲线需要选择等级 1 或 2,以在大幅下降的充电电压下,限制充电速度。注意到当远超预期的电池工作温度范围 0～10℃时,电压-温度曲线仍保持很好,因而在航天器温度异常时,电池充电控制也不会失效。

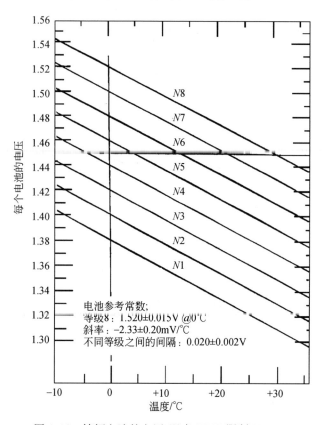

图 6.32　镍镉电池的电压-温度(V-T)限制(GSFC)

这种多等级电压限制器是镍镉电池充电控制的一种简单可靠的方法,至今仍在使用。但是,现在它常与一个电子库仑计并行使用。电子库仑计可读出放电量,单位是 A/min,并控制充电量等于放电量,但考虑到电池效率问题,充电量可略高于放电量。这两种不同充电控制方法的联合使用已十分普遍,因为库仑计虽能精确地提供电池荷电状态和控制情况的相关信息,但当航天器数据系统复位时,会出现偏差。而电压限制器不受其他系统影响,能够可靠地限制电池过充电。另一种改进措施是对电压-温度曲线的等级和斜率进行数字控制,实现在轨的曲线更改。

镍镉电池衰减的主要模式是在重复多次充电-放电后,电池产生了第二个较低的电压稳态,通常称为“记忆效应”。如果不加处理,这种电压下降会导致电池容量的持续损失。这种典型的老化问题如图 6.33 所示。图中给出的是一组 22 个 20Ah 电池在经历大约 2 年或 12000 个周期的结果,其中每 90min 为一个轨道周期,放电深度 25%(Baker,1983)。寿命开始时,每个电池的放电曲线在大约 1.25V 上稳定,在 3000 个周期后,稳态电压降至 1.2V,并形成第二个稳态阶段。这个阶段在放电深度 25%~50% 时不会出现。但在 12000 个周期后,单个电池的第二个稳态电压仅为 1.05V 左右,电压的骤降会在放电深度 35% 时出现。注意到在 12000 个周期后,容量(单位 Ah)要高于 3000 个周期的时刻。事实上,此时的容量可能比寿命开始时的还大,但是电压更低。

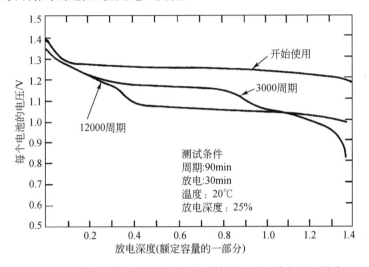

图 6.33　在轨运行多个周期对 20Ah 镍镉电池的放电电压影响

这种记忆效应至少是部分可逆的,最有效的方法就是将单个电池完全放电至 0。但是,在轨运行的航天器电池通常不允许完全放电,一般会限制最低放电电压。甚至当电池与航天器母线隔离时,最低放电电压通常也不能低于 1.0V,这是考虑到更低的电压可能导致一个或多个电池反向。但是完全放电是没有必要的,因为深度放电对消除电池的记忆效应也是有效的。

有两种方法可解决这种问题。第一个是通过系统设计,使电池组的每个电池完全放电,然后在可控的充电速率下充电。这种重新调整过程可解决一定时间内的记忆效应问题,一旦开始,就必须定期重复。第二个解决方案是使航天器在低压下工作,每个电池约 1.0V。第二种方法最常用,并且因为它的风险较低,航天器的任务管理者更易接受。

自 20 世纪 60 年代初以来,位于美国印第安纳州克兰(Crane)的美国海军水面作战中心(NSWC)就开展了电池的寿命测试,形成了最大的电池寿命信息的数据库。但是,由于在 20 世纪 80 年代采用了不同的隔板材料,生产厂商也改变了电池其他方面的设计,所以 NSWC 关于镍镉电池的部分历史数据对预测新类型电池的寿命将不再有效。尽管如此,戈达德太空飞行中心等单位仍在使用这套系统进行电池寿命测试,用以确定各种被测试的电池是否具有航天资质。

休斯航空航天公司(HAC,现已并入波音公司)借鉴镍氢电池技术的部分理念,研发出了超级镍镉(SNiCd)电池。尽管它与传统的镍镉电池在结构和性能上类似,但还是有明显差异的。电池内部采用锆代替尼龙作为隔板材料,电解质中加入了休斯公司专有的添加剂。它比传统电池更重,也更昂贵。采用的充电控制系统也与传统镍镉电池一致,但是其性能稳定性和寿命都比美国制造的传统镍镉电池更优。

镍-氢电池。由于镍-氢(NiH_2)电池的放电深度超过镍镉电池,因而质量上得到了明显改善。因此,镍氢电池首先应用于地球同步轨道(GEO)上的航天器,这个轨道上质量是运载火箭成本的主要因素。美国通信卫星公司(Comsat Corporation,现已并入洛克马丁公司)和休斯公司负责这种电池的大部分研发工作,这些工作也是它们负责的通信卫星所需要的。通信卫星是一类需要大容量电池组的大型航天器。对于这些系统,镍氢电池的质量优势可压倒电池成本的增加、热控与机械设计的复杂化等劣势。这些电池主要生产商为 Eagle Picher Technologies 公司、SAFT 公司和波音公司。

SAFT 生产的镍氢电池如图 6.34(a)所示。图中显示了位于电池中心的极板组的布局情况,半球形端部充满了氢气。两个端子位于电池一端,这样可使布线不受安装固定的影响。这种特殊设计是针对地球同步轨道任务的。电池内部设计的详细说明超出了本书的研究范畴,这些设计可从生产厂家获取,但大多数技术都是受专利保护的。每个生产厂家都研发了独特的内部设计方式,以期改进电池性能。

Eagle Picher Technologies(EPT)有限责任公司生产的特殊镍氢压力容器(individual pressure vessel,IPV)如图 6.34(b)所示。这是 EPT ManTech 的一项设计,由国防部的生产技术项目组(manufacturing technology program,ManTech)开发。图中显示的是"轴向"布局,端子从两个相反的半球形端部伸出。EPT 也有如图 6.34(a)所示的"兔耳朵"布局方式,即两个端子从一个端面伸出。内部设计充分利用了燃料电池的相关技术。它本质上是一个压力容器,一般由铬镍铁合金或不锈钢材料加工而成。镍氢电池一般会密封,以承受过充电时的内部高压,压强标称范围为 $500 \sim 900$ psig($3.4 \sim 6.2$MPa),预期能达到的最大压力(MEOP)不超过 1100psig(7.5MPa)。盘状电极组由浆料烧结的镍正极板、容纳氢气(负电极)的空间、特氟纶铂黑催化剂烧结的负极板、锆隔板组成。电解质为氢氧化钾水溶液,质量浓度一般为 31%。由于负电极为氢气,采用惰性的特氟纶铂作为负电极的收集器。

电池热量主要来自位于容器中心的极板组,半球形端部的空间用以存放气体。紧贴容器外表面的是一个包裹该容器的隔热套管,覆盖了至少 40%~50% 的电池外表面。隔热套管通常会固联一个凸缘,从电池中部或底部向外延伸,以实现与外

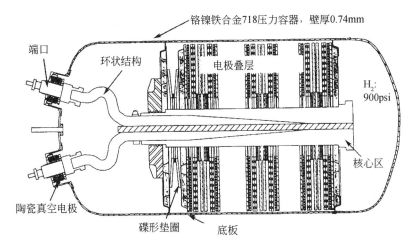

(a) 用于GEO轨道的SAFT设计(Borthomieu et al,2000)

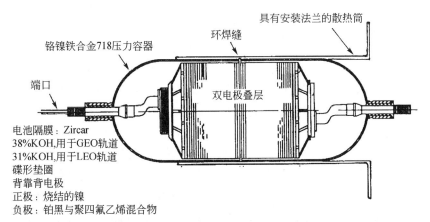

(b) EPT IPV Mantech设计(Dunlop et al,1993)

图 6.34　镍-氢蓄电池组电池:剖视图

部结构的机械连接和热传导。隔热套管可提高沿壁面的热传导率,凸缘可用于与航天器固定,并形成与结构的有效热传导路径。隔热套管材料一般采用铝或镁,但是目前纤维复合材料的使用也越来越广。

20 世纪 80 年代,在多种因素的推动下,镍氢电池技术得到了长足的发展,应用范围也得到了拓展。随着这项技术的持续使用,它的低质量和长寿命的优势更加明显。而且受制于环境保护要求,电池生产过程中很难再使用镉材料。

EPT 研发了自己的通用压力容器(common pressure vessel,CPV),这是一种含有两个串联的镍氢电化学电池的压力容器,可与小型镍镉电池形成更直接的竞争。每个电化学电池的尺寸是占据相同体积的单个电池的一半。与相同尺寸的

IPV 相比,CPV 的容量是其一半,电压是其 2 倍,总能量相同。CPV 更适于小型系统,因为在给定电压下,只需要使用一半的电池,简化了包装,与 IPV 布局相比,电池容量可以更小。例如,系统电压为 28V 时,需要 22 块 IPV 电池构成的电池组,但仅需要 11 块 CPV 电池。

1994 年 1 月,海军研究实验室(NRL)发射了名为"克莱门汀"(Clementine)的科学探测航天器,第一次在轨使用了单一压力容器(single pressure vessel,SPV)。该 SPV 是由美国江森自控有限公司(JCI)和通信卫星公司联合研发的(Halpert et al,1997),含有一个由 22 块串联电化学电池组成的电池组,这个数量常被用来支持未经调节的 28V 母线电压之后,Eagle Picher 收购了 JCI 的相关部门,继续开展 SPV 技术的研究。摩托罗拉公司(相关部门已并入波音公司)最先开展了这类电池的广泛应用,用到了该公司负责的铱星通信卫星中(Sterz et al,1997)。前 20 个铱星航天器每个均使用一个 50Ah 的 SPV,其余 75 个使用的是 60Ah 的 SPV(Toft,2003)。各种镍氢电池技术的研究都在继续推进,有大尺寸的、小尺寸的等多种类型。

在进行多次充放电后,镍氢电池在放电时也具有两个平稳阶段,但是没有镍镉电池明显。Zimmerman 等(1997)指出,第二个稳态的低电压是由镍电极中的活性材料固有的半导体特性所致。也可通过星上的重新调整,延迟第二稳态的出现,或彻底消除,因而,哈勃太空望远镜(HST)上的镍氢电池会进行周期性的调整。一些地球同步轨道卫星也具有镍氢电池的重新调整能力,根据需要在进入地影前使用这一技术。

镍氢电池比镍镉电池的寿命长得多这一事实已得到证实。地面测试结果表明,在放电深度(DOD)为 40% 的条件下,电池寿命超过 40000 个循环,而且在加速测试下,寿命预计可达 50000 个循环,这是因为导致镍镉电池失效的主要问题在镍氢电池中已得到解决。镍镉电池的主要问题是镉金属逐渐通过隔板,导致极板短路。镍氢电池以氢气为负电极,不需要镉金属。而且,氢气不会像镉电极一样老化或被金属氧化物覆盖。此外,镍氢电池在过充电时产生的氧气,会与氢气结合形成水,这是一种可逆反应。这使得镍氢电池能承受更高的充电速率。充电速率主要受系统散热能力限制,而不是过快的氧气排放速度。

图 6.35 给出了国际通信卫星计划(Intelsat)所使用的一组 120Ah IPV 电池在不同温度下的充放电电压曲线和压力情况。这些电池以 12A($C/10$ 速度)的电流充电 16 小时,然后按 60A($C/2$ 速度)的电流放电到 0.1V(Dunlop et al,1993)。在接近充满时,电池内部压力随荷电状态线性增加。之后压力逐渐趋于充满时的稳态压力。放电期间,压力随放电状态线性下降。所以电池压力传感器可在校准后,用于指示镍氢电池的荷电状态。在包含 IPV 或 CPV 电池的电池组中,可在某些能够代表整个电池组的电池上安装应变仪,来监测电池内压。SPV 电池组采用了特

殊的压力传感器来显示包含 22 个电池的电池组压力。

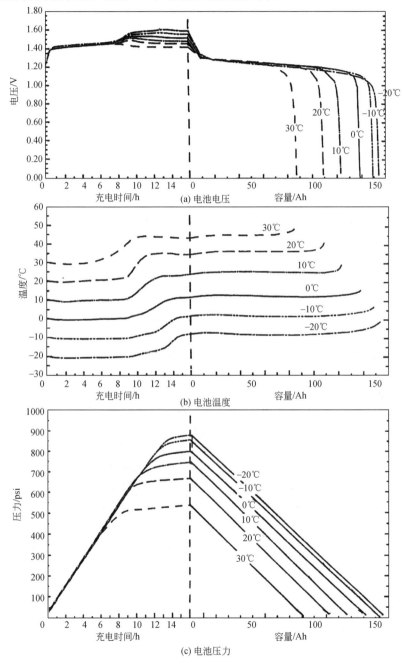

图 6.35　Intelsat Ⅶ A Lot L01-004 采用的 120Ah 镍氢电池的充电-放电特性与温度的关系，
充电速度为 C/10(NASA,1993)

对类似的 Intelsat 电池进行了参数测试,结果表明电池的充电效率和镍镉电池类似,也会在接近充满时迅速下降,如图 6.36 所示。充电效率下降后进入电池的大多数能量将以热的形式散发。在低地球轨道中,这个特殊问题需要引起注意,因为光照时间很有限,通常需要高速充电。接近充满时,必须降低充电速率,以防止电池过热和损坏。

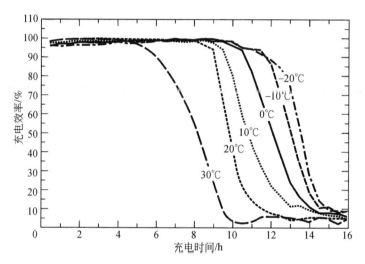

图 6.36　Intelsat VII A Lot L01-004 采用的 120Ah 镍氢电池的充电效率与温度的关系,
充电速度为 $C/10$(NASA,1993)

图 6.37 表明可用容量是温度的函数。温度越高,可用容量越小,在电解质接近凝固的较低温度下,容量也有所减小。因而应避免低于 $-10℃$,理想的工作温度范围为 $-5\sim10℃$。

下面给出了镍氢电池的几种充电控制方法。前两种方法可确定电池的荷电状态,因而可用于被动监测或主动控制。联合使用库仓计和电压的 V/T 限制器,可达到 $-4.5\mathrm{mV}/℃$ 的合适斜率,类似于镍镉电池控制器的性能,后者斜率为 $-2.33\mathrm{mV}/℃$。

库仓计用于测量进出电池的电荷数,考虑到电池的效率问题,充入电池的电荷会多一些。此外,它还可在接近充满状态时,发送信号使电池缓慢充电。在有些航天器上,当库仓计测得已达到 90% 满荷电状态时,降低充电速率(一般降至 $C/10$),以补偿接近满充时电池的低效率,并减小电池的散热和内部压力。

利用电池压强来指示是否充满。当荷电状态较低时,电池内部损失较小,压强和温度的关系可参考理想气体定律 $PV=NRT$。该公式是由查理定律、波义耳定律、阿伏伽德罗定律推导出来的,N 是气体分子的摩尔数,$R=8.314\mathrm{J}/(\mathrm{mol}\cdot\mathrm{K})$ 为通用气体常数。但是当电池接近充满时,损失变大,理想气体定律逐渐不适用。充

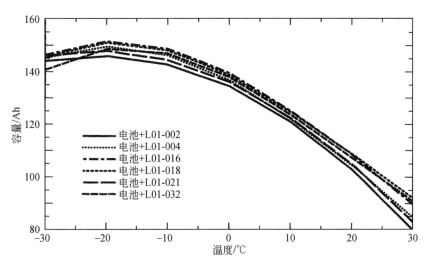

图 6.37 Intelsat VII A 的 120Ah 镍氢电池的容量(1.0V)与温度关系(NASA,1993)

满时,压强实际上还随温度升高而降低。荷电状态 100% 时,温度变化对压强的影响必须考虑。对于那些仅采用一个压强阈值来指示"充满"的系统,一般选用满充时电池的预期最高温度对应的压强值。随温度变化的满充压强阈值可通过电池测试数据获得,并应用于充电限制的控制中。

电池压强和容量之间的关系也与充电速度和寿命有关。很低的充电速率会导致更浓密的结晶生长,使压强和容量降低。因此,采用压强作为荷电状态的标志时,需要定期重新校准它们之间的关系。

电压限制控制 V/T 作为一种满充电压限制器,有时会与另一种控制方法一起进行镍氢电池的充电控制。

由于当电池快充满时,其压强随时间的变化量 dP/dt 也会改变,所以可用它作为电压充满的标志。然而该技术还未得到应用,这是因为它需要一台计算机来跟踪变化缓慢的压强值,并进行差分运算。考虑到航天器故障情况下,处理器可能会运行异常,此时这种技术就失效。

当电池快充满时,电池温度随时间的改变量 dT/dt 会迅速变化,这一现象在镍镉电池和镍氢电池中都存在。在荷电状态达到 80% 之前,电池的充电效率都超过 95%,因而电池与周围环境的热交换非常少,电池温度变化也很小。电池接近充满时,充电效率下降,充电能量越来越多地以热的形式散失。充满时,充电效率为零,所有充电能量转化为热能,因而温度上升非常快。通过监测电池温度,计算出 dT/dt,就可确定电池是否充满。

尽管这项技术理论上没问题,但一直没在航天任务中得到应用,这主要是因为当航天器指向异常时,电池温度会因航天器姿态异常而升高,进而产生错误的充满信号,在需要充电时却终止电池充电。这种技术的另一个潜在问题是,它需要计算机来执行变化缓慢的信号差分,这个过程在异常期间会因内存重置而产生错误结果。

锂离子蓄电池:正如前面锂原电池中提到的,安全问题限制了锂电池的使用,特别是大型电池。锂电池的第一个突破发生在 1991 年,索尼公司生产了一种用层状碳代替锂金属作负电极的电池,大量锂离子可通过这种材料进出。

随后英国原子能管理局(现为 AEA Technology 公司)赞助的一个项目实现了正电极的突破。牛津大学的 Goodenoght 发明了一种新的活性固溶体正电极材料,里面包含了锂金属。充电时,锂离子离开正电极材料,进入负电极材料,放电过程正好相反。大多数生产厂家采用钴酸锂($LiCoO_2$)作正极材料,但考虑到钴价格昂贵,商业上有时也用锂锰氧化物($LiMn_2O_4$)和锂镍氧化物($LiNiO_2$)等较便宜的材料。上述所有氧化物的危险性较小,在空气中很稳定,而锂金属会与空气中的水汽、氮气发生反应。

20 世纪 80 年代初,一种可导通锂离子的聚合物代替了液体有机电解质。这种新的聚合物电池使得发展全固态电池组成为可能。该聚合物是一种很薄的固体材料,插在锂金属薄膜和另一种金属薄膜之间。但是这种聚合物电解质会增加电池阻抗,使得与相同几何构型的液体电解质电池相比,充电速率有所降低,低温下降低得更多。由于航天器电源系统通常要求充电速率较高的电池,所以目前研究开发液体电解质电池的更多。但是,聚合物电解质电池的研究也在继续,因为它有望获得更长的循环寿命,这是一个很重要的优势。

地球同步轨道和低地球轨道上的航天器对可充电锂离子电池很感兴趣。电池生产厂家、航天器研制者、政府和其他航空航天机构都在进行大量的地面测试,以更好地理解不同应用下的锂离子电池特性。一些已发射的航天器采用了锂离子电池,还有一些正在研制阶段。除了单位质量和单位体积的能量有所增加(超过 125Wh/kg 或 350Wh/dm³),航天器锂离子蓄电池还有其他优势。

(1)放电电压平均 3.5V,高于镍化学电池,其中镍氢电池和镍镉电池约为1.28V,因而可减少每个电池组所需的电池数。

(2)储存寿命较长,即荷电保持能力较好。这使得锂电池成为某些深空探测器和行星着陆器电源系统的一个不错选择,这些任务周期较长,充电次数有限。这个特性也使得发射台管理的要求降低。锂离子电池是多个火星任务的基本选择,如着陆器和漫游车等。火星快车号漫游车(Mars Express Rovers)就采用了 Yardney 生产的锂电池。

(3)热控更简单:镍电池一般是航天器上的主要热源,其工作温度范围极小。

锂电池的效率较高,一般可超过 90％,而镍电池一般低于 80％,因此热量损耗要少得多。效率是指放电时可用的能量与充电所需能量之比。废热较少、工作温度上限较高等特点,使得锂离子电池的热控设计变得无关紧要,这样也可降低热控所需的加热器功耗。此外,由于热导体、电池散热板、热管、百叶窗等电池热控部件的减少,可进一步减少质量。

(4)无记忆效应,同镍电池。

(5)电池电压是一个很好的荷电状态标志,几乎不随电池温度变化。电池电压达到满充电压(大约 4.2V)时,就可结束充电。电压达到所允许的最小值(约 3～3.5V)时,结束放电。通过保持某一固定电压,就可将电池的荷电状态保持在指定值。

(6)对于长期地面存放或长时间飞行任务,当电池处于待机模式时,所需功率较低。为长期保存,电池可在低温下维持很低的待机荷电状态,对应的电压也很低,约 3.5～3.8V,具体数值会因电池生产厂家不同而不同,电池亦可根据需要提前充满电。

(7)与镍氢电池的圆柱形压力容器相比,其机械和热设计都更简单。

(8)大多数锂离子电池不含铁磁性材料,与镍化学电池相比,它们属于无磁电池。HEOS(大椭圆轨道卫星)、GEOS(对地静止轨道卫星)、Giotto("乔托号"哈雷彗星探测器)、Cluster 航天器都采用银镉电池,其存放周期和循环寿命都很差。锂离子电池的寿命更长,可使这些任务的科学收益更大。

(9)锂离子电池比镍氢电池和镍镉电池价格便宜。

但是,锂离子技术也有以下缺点。

(1)无法忍受过度充电。尽管过充电会浪费能源,但大多数系统都会有一定程度的过充,因为这样可保证所有串联电池都能充满。电池组中有些电池会有容量较低、工作温度稍高、自放电速率较快、漏电电流较大等问题,多个循环周期后这些电池的容量会衰减,最终将面临难以满足地影期间负载需求的风险,过充还可降低这类风险。然而,锂离子蓄电池不具备"安全"过充的应对机制。稍微的过充会使锂氧化物转变成金属锂,给电池后续性能造成不可逆转的损害,过充过度,还会增加电池内压,导致电池排气。在电池组装配前,需仔细选择各电池,使其相互匹配。在充放电过程中,各电池间会存在微小的制造偏差、不理想的热梯度、状态的不同等问题,因而无法保证一个电池组中的串联电池处于相同的荷电状态,除非有附加电路调节各电池的荷电状态。

(2)随着使用寿命的增加,电池容量会有一定程度的下降。除了影响充放电周期,电解质氧化还可能降低电池寿命。氧化速度随电池电压增加而变快。目前还不清楚这种容量下降的机理。

（3）可能还需要更复杂的充电控制电子设备来监控不同的电池。

（4）由于单个电池的电压高，一个电池组中的电池数目较少。缺少短路电池，会使整个电池组的平均电压降低约 4V。电源系统设计时，必须解决这种电压下降问题。

（5）低温时性能不佳：低温时锂离子电池容量会有所降低，特别是高速放电时。这正好与镍氢电池的情况相反。各研究单位正在努力提高低温时的电池容量。这对火星漫游车等应用非常重要，因为漫游车在夜晚超低温下的工作能力十分重要。

（6）放电时不能组装电池。电池是在部分充电（大约 50％）的状态下存放和运输的，完全放电会损坏电池。因而电池组装配时必须特别注意。

（7）电池充电（电压约 4.2V）和放电（低于 3V）时，如果超出其较窄的电压允许范围，将会使电池性能衰减甚至被损坏。

（8）必须限制最大充电和放电电流。

（9）特殊的保存要求：锂离子电池应充电后保存，最好处于全容量的 50％～75％。

（10）由于充电期间锂离子电池的电压升高较为缓慢，所以在某些电源系统几何结构下，太阳电池阵的能量使用效率不高。而镍电池在相对较短的充电时间后，就能达到最大充电电压。锂离子电池的充电电压是慢慢增加到最大值的，如图 6.38 所示。

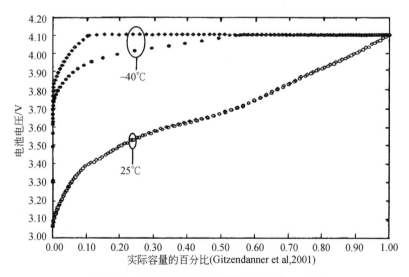

图 6.38　锂离子电池在不同温度下的充电电压

图 6.38 还表明，锂离子电池的充电特性一般会随温度而变化。在高于室温的温度上，锂离子电池性能良好，但低温下的性能较差。实验研究表明，低温下的性能下降与电解质和两个极板的阻抗升高有关。但影响最大的是正极板阻抗的增加

(Baker et al,1999)。

所有生产厂家都在通过各自内部的测试和分析来继续评估这项技术。图 6.39 给出了锂离子电池在不同放电速度下的放电电压。大多数生产厂家推荐的最低放电电压是 3.0V。最好的充电方式是先利用恒定电流充电到约 4.1V 的满充状态，之后利用大小差不多的恒定电压继续充电，这一电压也称为浮充电压。

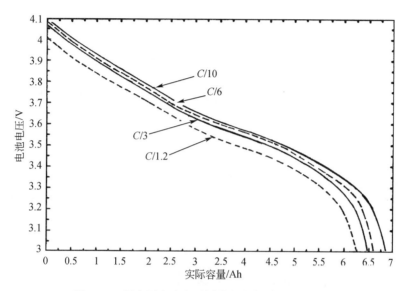

图 6.39　锂离子电池在不同放电速度下的放电电压

英国的 AEA 公司可提供基于索尼 18650 商用硬碳(HC)电池的模块化航天器电池组。自 1992 年,该公司开始大规模生产小型 1.5Ah 电池。按照 1995 年起生效的标准,AEA 对每个电池进行筛选,以积累大量的统计数据和性能数据。每个索尼电池都配有保险丝,以限制电流过大,若干个电池并联成一个小组,通过冗余使个别电池故障的影响尽量减小。之后这些小规模的并联电池组串联成电池串,电池串再并联形成一个电路系统。这些电路系统安装在盘形结构中,这些盘形结构再堆积成模块,各模块最后并联形成一个电池组(Lizius et al,2000)。如果一个电池故障,其内部保险丝会断开,将该电池串与整个电池组隔离。在大型电池组中使用这种方法,可形成多个由小型电池组构成的包(packs),含有大量的串并联电池。

其他生产厂家正在开发测试大型锂离子电池,其容量范围从数安时至 100Ah 以上,其中著名的有 SAFT、Eagle Picher Technologies、LLC、Yardney、Lithlon、Japan Storage Battery、Mining Safety Appliance、MECO 等公司企业。它们的研发成果将经过参数和寿命周期测试,其中寿命周期测试是电池研发的重要环节。这些测试不仅能够提供伴随电池老化的性能下降信息,还能提供潜在的提前失效模式的相关信息。寿命周期测试的另一重要意义在于,可通过实验结果确定合适的环境约束和电气约束,并优化充电控制参数。上述测试连同极限测试,可提供相关信息来评估安全装置的有效性。

作为航天电池设计的一部分,故障模式、影响和危害性分析(FMECA)必须考虑所有可能的电池组、电池及其部件故障情况,并评估每种故障模式对电池组支持后续航天任务能力的影响。为满足可靠性要求,电池组设计时必须采用适当的方法尽可能减小故障电池的影响,无论是由电路断路还是短路引起的。如果是短路故障,系统必须能够在电压变低、能量变少的情况下,仍满足任务需求。对于镍氢IPV 和 CPV 电池,通常需要设计绕过开路故障电池的方法。通常利用一个可监测压力容器是否开路的电子系统来激活开关,绕过故障容器。很明显这种方法不适用于镍氢 SPV 电池组。镍镉电池开路故障的可能性很小,因而设计时一般不予考虑。锂离子电池可能发生开路故障,因而一些电池生产厂家将旁路电路与电池并联,以隔离并绕过严重受损的电池或开路电池。

电池组规模。用电池组平均母线电压除以电池平均放电电压,可得到电池组的电池数量

$$N = \frac{V_{ave}}{V_{cellave}} \tag{6.8}$$

式中,V_{ave} 表示电池组平均母线电压,由系统需求确定;N 表示串联电池数;$V_{cellave}$ 表示放电期间电池的平均电压,由电池测试结果获得。

电池组的最大母线电压等于串联电池数乘以单个电池的最大电压,对于原电池,为开路电压;对于蓄电池,电池最大电压为最大预期充电速度和最低温度所对应的电压值。类似地,最低母线电压可根据最低温度下的最小放电电压计算,最小放电电压是在放电量最大、放电速率最快时测得的。

电池组容量的最小需求量可通过累计放电期间所需的安时量获得。对于蓄电池,需要考虑所选化学电池允许的放电深度,来计算满足任务需求的电池容量大小

$$C = \sum \frac{P_n T_n}{N V_{cellave} D_{dod}} \tag{6.9}$$

式中,P_n 表示 T_n 期间内,电池组的平均负载功率,单位 W;T_n 表示 P_n 的周期,单位 h;D_{dod} 表示电池组的放电深度,原电池为 100%;N 表示串联电池个数;$V_{cellave}$ 表示 P_n 放电期间的电池平均电压,单位 V;C 表示电池组容量,单位 Ah。

6.6.3 燃料电池

燃料电池是一种将传统燃料化学能和氧化剂存储在电池组外部的电化学装置,在需要时将其送入燃料电池。由于会消耗燃料和氧化剂,通常认为燃料电池不

适于长期任务。用于航天器的燃料电池一般可产生 1~5kW 的功率,工作时间一般只要求数分钟到 1 个月左右。

　　燃料电池可利用多种燃料和氧化剂,但是只有氢氧燃料电池在航天领域得到了一定程度的应用,它已成功用于双子座和阿波罗载人航天计划。航天飞机的轨道器使用了三个燃料电池。图 6.40 给出了氢氧燃料电池的简化概念,以阐明其功能。气态氢和氧以受控的速率送入电池中。在阳极和电解质交界处,氢气通过孔状阳极电离出氢离子和电子。氢离子经过电解质到达阴极交界处,在这里它与通过负载的电子结合,并与氧结合生成副产物——水。这类电池产生的电压理论值约 1.23V,实际值通常只能达到约 0.8V。根据发生的电化学反应,每个电池均有固定的电压输出。为获取更高的电压,必须将多个电池堆积或串联在一起,类似于电池组中的电池。

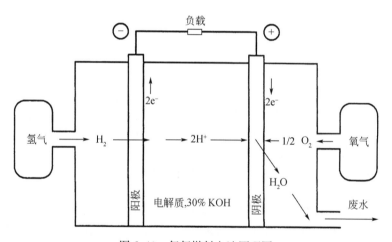

图 6.40　氢氧燃料电池原理图

　　用于航天器的氢氧燃料电池设计面临着巨大挑战,必须克服许多材料问题,还须提出一种方法,去除失重环境下电池中形成的水。一般采用丝网吸液芯,通过毛细作用收集水滴,并导入发电机外的储液器。对于载人航天任务,这些水滴也可用作饮用水。

　　由通用电气集团发明的离子交换膜(IEM)是早期氢氧燃料电池的一个重大突破。离子交换膜为准固体电解质,不必使用孔状电极,因此,电极的选材和加工得到了简化。双子座航天器采用的离子交换膜燃料电池采用镀铂钛金属丝网作为电极,要求结构很紧凑,每英寸可堆积至少六节电池,系统可获得的功率密度约为 3.2×10^{-2} kW/kg(68lb/kW)。每消耗大约 1 磅反应物,就会产生一品脱水,发电 1kW·h。

6.7 太阳电池阵的功率控制技术

在航天工业过去的 40 多年里,已有多种太阳电池阵功率控制技术被采纳。它们可分为两大类:一是串联型,位于太阳电池阵和母线之间,通过调节太阳电池阵的工作点电压来控制功率;二是分流型,并联在太阳电池阵和母线之间,通过分流母线电流达到相同的结果。这些控制技术如图 6.41 所示。

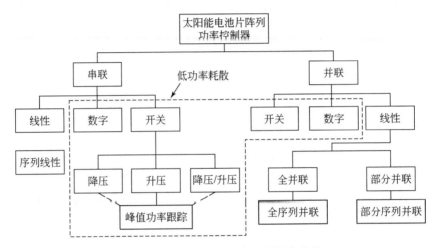

图 6.41　太阳电池阵功率控制技术分类

无论经过调制的母线还是未调制的母线,都可采用这些技术。一般地,线性控制技术的控制策略最简单,引入母线的噪声较小,但能量损耗较大。数字型和开关型控制技术都能使航天器内部能量损耗最小,但引入母线的噪声较大。由脉宽调制器(PWM)驱动的开关型调节器一般比数字型更复杂、更重。但是,它们在峰值功率跟踪器中很有用,特别是降压型(buck)和升压型(boost)。

本节给出了多种太阳电池阵功率控制技术。这些调节器的控制信号一般为母线电压、电池电压、电池电流、电池温度、压强等。误差放大器比较母线电压、电池电压、压强、电流和预设参考值。误差放大器输出的控制信号用于驱动太阳电池阵控制电路。串联脉宽调制"降压型"峰值功率跟踪控制器将在 6.8 节中讨论。

6.7.1 分流调节器

1. 线性分流调节器

一个完整的线性分流调节器的电路图和工作特性如图 6.42 所示。这是一种常用的系统,特别是对于小型的低功率(100W)卫星。系统中,没有被负载和电池组使用的太阳电池阵能量,都会消耗在分流晶体管和电阻器中。分流晶体管的输入信号用于控制不流入母线的电池阵电流量。实际应用中,采用多个分流晶体管并联的方式以减少每个单元的功率损耗。

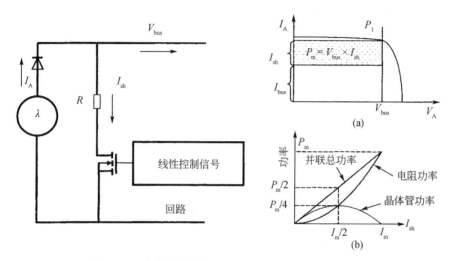

图 6.42　含有全线性分流调节器的太阳电池阵控制器

电池组充电期间,太阳能电池的 I-V 曲线和母线电压相交于 P_1 点,如图 6.42 (a)所示,它表示从太阳电池阵流入母线的电流。如果航天器负载和电池组的总电流需求量定义为 I_{bus},则剩下的电流 I_{sh} 就必须流入分流器件。总的分流器功耗就为 $V_{bus}I_{sh}$,如图 6.42 所示的矩形阴影部分。图 6.42(b)给出了分流晶体管和分流电阻间的功率分配情况,可表示成分流电流的函数。电流较小时,晶体管功率也较小;电流较高时,功率仍然很小,这是因为饱和晶体管的压降不明显。晶体管功耗的最大值位于 $I_m/2$ 处,其中 I_m 表示最大的 I_{sh}。在该点处,分流器总的功耗是最大功耗的一半,且均分在晶体管和电阻中。因此,晶体管的峰值功率为 $P_m/4$。

分流功率大小通常是热设计的一个重要问题,特别是任务期间太阳电池阵电流变化较大的情形。解决该问题的最佳方法就是将分流器放在航天器外部。被动工作的电阻器结构坚固,因而它易于在航天器外部安装。电阻器还可加工成分布式部件,粘贴在太阳电池阵的辐射面,这样就易于将热量辐射到太空中。但晶体管更易受航天器外部空间辐射和温度波动大的影响。所以,通常的做法是将分流晶体管放在航天器内部,电阻器放在外部。

2. 部分线性分流器

在其他降低航天器内部功耗的方法中,太阳电池阵的多余能量都不会进入航天器,仅停留在太阳电池阵上,再辐射到太空中。图 6.43 给出了一种被称为部分线性分流器的调节器示意图。在该结构中,太阳电池阵被分成上、下两部分。这样,部分分流调节器就类似于一个线性电压调节器,降低电池阵电压,并保证 I-V 曲线上对应的电流满足任务需求。换言之,当忽略二极管电压时,上半部分电池阵的最高电压为 V_B-V_L。通过采用晶体管分流器 Q 来控制 V_L,可调节太阳电池阵的 I-V 曲线,使得仅提供系统所需能量。除分流晶体管 Q 的能量耗散,多余的太阳电池阵能量不会进入航天器。

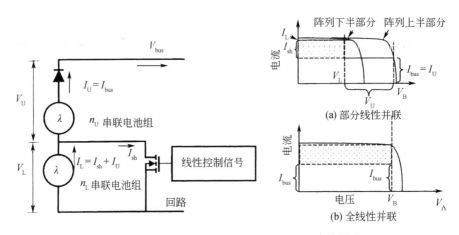

图 6.43　含有部分线性分流器的太阳电池阵控制器

图 6.43(a)中阴影面积代表的是分流晶体管 Q 的功耗 P_{sh}。图 6.43(b)给出的是全线性分流调节器的分流器功耗示意图,与图 6.43(a)尺度一致,其阴影面积更大。注意到部分线性分流器的电流与全线性分流器基本一致,只不过前者的电压更低。

在预计的太阳电池阵最低温下,所选的上半部分电池阵的电池数 n_U 可使分流晶体管完全饱和时,电压较低,无法导通电流,也就是说这部分电池阵不需任何能量。还需注意的是部分分流调节器没有与控制晶体管串联的耗散电阻器,这和全分流调节器不同。在没有这种限流器件时,通常会将图 6.43 所示的晶体管 Q 冗余度设计为 4,以防晶体管短路。这可增加可靠性,降低每个晶体管的功耗,因为相同的功耗分配在更多的器件上。还需注意的是对于全分流系统,太阳电池阵在 I-V 曲线上的工作点位于短路电流 I_{sc} 一侧,对于部分分流系统,位于断路电压 V_{oc} 一侧。

3. 序列线性分流器

当晶体管开路或饱和时,其功耗较低,因而只要保证任何时刻只有一个晶体管

工作在线性区域,就能使一组并联分流器的功耗最小化。组内其他晶体管为断路
状态或达到饱和。图 6.44 为全序列线性分流器的示意图(此外,还有部分序列线
性分流器)。其中,控制信号驱动一个序列发生器,它可保证所有分流器都是序列
工作的,分流器 m 工作在线性区域。所有在此之前的分流器达到饱和状态,所有
之后的分流器都处于开路状态。这种方法可使所有晶体管的功耗最小化,有效保
证大多数热量都耗散在电阻器上。卫星的热控设计工程师可酌情将这些电阻器置
于卫星外部的散热器上。

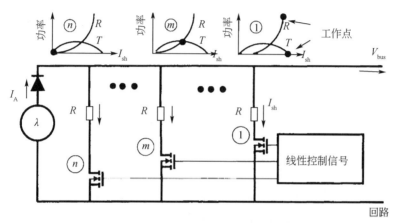

图 6.44　含有全序列线性分流器的太阳电池阵控制器

4. 数字分流器

　　限制由太阳电池阵多余能量引起航天器内部功耗的另一种方法是采用数字分
流器。这些分流器已在很多航天器上得到应用,以防止过多的太阳电池阵能量到
达母线并进入航天器,将其遗留在电池阵上,便于辐射到太空中。太阳电池阵被分
成许多并联电路,每个由各自的晶体管开关控制。每个开关与相应的电池阵电路
并联,其开关状态由误差传感信号确定。当开关连通时,晶体管饱和,太阳电池阵
电路短路,能量耗散很少。当开关断开时,晶体管不耗散能量。

　　实际上,数字分流调节器通常与小型的耗能线性分流调节器一起使用,如
图 6.45 所示。系统中,数字分流器用于实现粗略控制,线性分流器用于实现精确
控制。通常在很多高功率系统中,并不采用小型线性调节器,而是采用相对较小的
开关脉宽调制器来进行精确控制,如法国的 SPOT 卫星和 NASA/GSFC 的地球观
测卫星-1(EO-1)。

　　这种设计最简单的形式是在几何结构上,将电池组直接连到太阳电池阵上。
数字分流调节器不采用线性分流器和脉宽调制器,而是采用数字分流器。电池组

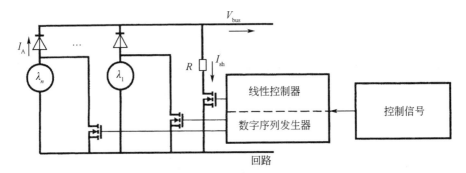

图 6.45　综合数字和线性分流器的太阳电池阵控制器

充电完毕后,按较低重复率(约 1 次/秒)持续进行少量的充放电。这种控制器已在 APL 设计的 AMPET/CCE 航天器(active magnetosphere particle tracer experiment/charge composition explorer)上成功工作近五年,该航天器运行在大椭圆轨道上,采用镍-镉电池组。

5. 序列开关分流调节器(S3R)

图 6.46 给出了序列开关分流调节器(即 S3R)的简化结构。太阳电池阵可分成几部分,每部分都有自己的旁路开关晶体管。和序列线性调节器的分流系统一样,控制系统必须具有产生序列信号的功能。根据误差信号,每部分的开关晶体管为频率很高的脉宽调制器,占空比为 0~100%。仅有一部分的晶体管在 PWM 范围内工作,其余处于饱和或开路状态。与线性调节器相比,该方法可进一步降低任意一个晶体管的功耗。与线性控制器相比,这种方法产生的电磁干扰更多。这种设计已用在了功率极高的系统中,特别是欧洲的地球同步卫星。

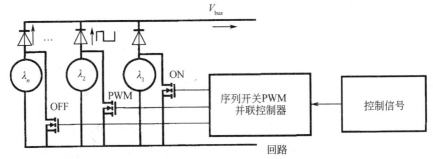

图 6.46　含有序列开关分流调节器(S3R)的太阳电池阵控制器

6.7.2　串联式调节器

太阳电池阵功率可通过放置于太阳电池阵和母线之间的晶体管来控制。当晶体管饱和时,电池阵的所有电流都将用于为负载供电,为电池组充电。当负载和电池组不需要那么多功率时,控制器会关闭晶体管,限制太阳电池阵产生的电流。通过迫使太阳电池阵工作点向开路电压端移动,可限制功率。此概念也可拓展为序列线性调节器,将太阳电池阵分为 n 个并联电路,每个都在各自的电路和母线之间串联一个通路晶体管。和分流系统一样,它的序列功能也需要一套控制系统来实施。

此概念还可拓展到串联数字控制器上,将太阳电池阵划分为多个电路,每个都由位于自身和母线之间的串联晶体管开关来控制。根据误差传感信号,确定开关的开闭状态。当开关接通时,晶体管饱和,耗能较少。当开关打开时,耗能为零。这种设计在 HST 航天器上得到了应用。

类似于上述分流控制器中的 PWM 控制器作用,也可使用串联的 PWM 控制器进行线性控制和精确控制。

6.8　航天电源系统

如果太阳电池阵和负载之间没有主动部件,则其连接可称为直接连接,该系统就属于直接能量转移(DET)系统。其余系统称为非直接能量转移系统。大多数相对简单的系统都是直接能量转移系统,一般采用 6.7 节提到的一种分流调节器。而那些采用串联调节器的系统属于非直接能量转移系统。由于峰值功率跟踪器均采用不同形式的串联调节器,这些系统都属于非直接能量转移系统。

6.8.1　直接能量转移系统

直接能量转移系统可分为可调节式和不可调节式两种。可调节式和不可调节式系统的选择是一个复杂问题,必须提前确定。参与过相关设计的工程师的前期经验和现有硬件是影响这个决定的两项主要因素。不可调节的母线设计相对简单,但对负载功率的调节要求较高。那些搭载多个小型负载的航天器和具有大量相同转发器的 GEO 通信卫星通常使用可调节母线。此外,可调节母线和太阳电池阵的电池组是解耦的,这个电池组是由多个电池串联而成的,与母线电压无关。

1. 太阳电池阵与电池组并联的不可调节直接能量转移系统

图 6.47 是这类系统的简图,这种结构可用在要求电池组持续充电、充电时间短的低地球轨道卫星上,或小型廉价的卫星。如图所示,太阳电池阵夹在电池组之间,因而电池阵的功率直接输出到负载和电池组,不经过电子系统处理。这种设计很适于暂态负载很高的系统,因为其电源阻抗较低、串联器件的功耗较小。这种简

单设计可在一定程度上弥补太阳电池阵功率利用效率不高的缺憾。

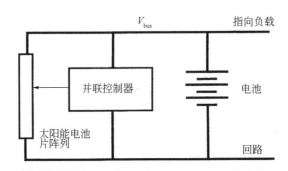

图 6.47　不可调节的 DET 电源系统,其中太阳电池阵与电池组并联

　　电池组电压决定了太阳电池阵的可用功率。与其他直接能量转移系统相似,串联太阳能电池个数的选择必须保证在太阳电池阵电压最低时,也能充满,这一般发生在寿命结束时和太阳电池阵温度很高的情况下。正如在分流系统中那样,太阳电池阵工作在 $I\text{-}V$ 曲线的 I_{sc} 一侧,如图 6.13 所示。当放电结束、电池组开始充电时,其电压和太阳电池阵电压都很低。随着充电的进行,电压升高,太阳电池阵功率也上升。由于大多数航天器都采用高效的 PWM 整流器来调节负载功率,因而输入母线上的功率是恒定的。由 $I=P/V$ 可知,所需负载电流会减小,进而电池组充电速度会变大。但在接近充满时,电池组充电效率会下降。所以必须降低充电速度,以避免电池组过充或过热,进而降低了太阳电池阵的能量使用。对于镍氢电池或镍镉电池,这种充电速率的降低一般通过 V/T 定义的极限和库仑计控制器(对于镍氢电池,可采用压强控制器)来实现,控制器发送遥控到充电电子系统中,使其降低充电速率。锂离子电池组的充电电压上升要比任何一种镍电池都慢得多,导致太阳电池阵的利用效率有一定程度的降低,这在确定太阳电池阵大小时必须予以考虑。另外,电池组中一个电池的短路故障会进一步降低工作电压,进而减小太阳电池阵的输出功率。这种故障对锂离子电池组的影响尤为严重,因为单个电池的满充电压都超过 4V。

　　通过计算地影期间的平均放电能量和充电所需能量,就能得到电池组充电所需的太阳电池阵功率和航天器负载所需功率之间的简单关系式。考虑电池组的能量损失和安时效率,可得

$$P_{sa}=\frac{P_e}{\eta_u}\left(1+\frac{T_{dis}V_{ch}}{T_{ch}V_{dis}}\mathrm{RF}\right)\tag{6.10}$$

式中,P_{sa} 为满充电压下的太阳电池阵功率,单位为 W;(约束:寿命末期太阳电池阵温度最高时,最大功率点对应的电压必须大于等于温度最低时电池组所需的最大充电电压);P_e 为负载功率,整个轨道周期内视为恒定,单位为 W;T_{ch} 为电池组充

电时间,单位为 min;T_{dis} 为电池组放电时间,单位为 min;V_{ch} 为电池组平均充电电压,单位为 V;V_{dis} 为电池组平均放电电压,单位为 V;η_u 为太阳电池阵功率利用因子,约为标称电池组电压与最大电池组电压的比值,无量纲;RF 为电池组的安时充电系数,它表示电池的安时效率,无量纲。

为准确计算太阳电池阵的尺寸,需进行能量平衡计算,它包括太阳电池阵和电池组的模型,还包括太阳帆板的温度和轨道信息,这些数据会随轨道上卫星位置的变化、帆板太阳方向角的变化而变化。

这种结构也可用在功率很低的小卫星上。通常采用 6.7.1 小节所述的线性全分流调节器来控制太阳电池阵功率。根据所采用的电池技术,可利用 V/T、电压、电流、压强来进行电池组的充电控制。SAS-A 和 SAS-B 卫星属于小型天文卫星(SAS)系列,由约翰霍普金斯大学的应用物理实验室(JHU/APL)研制。每个有四个太阳帆板,两面都安装太阳能电池。在发射和地影阶段,卫星由一个小型电池组供电,电池组容量 6Ah,由八块镍镉电池构成。地影期间所需功率约 25W。

当太阳电池阵功率达到最大值时,可采用如图 6.42 所示的单个线性分流器进行能量耗散。在任意太阳帆板照射角下,这个最大功率是电池组电压达到最大时产生的,而电压在卫星寿命初期的冬至日上达到最大值,因为冬至日的太阳辐照强度最大。控制单元由一个 V/T 限制器和一个电子库仑计(安时计数器)组成,其中 V/T 限制器用于防止镍镉电池组电压过高。库仑计可用于被动监测电池组的荷电状态,也可用于控制分流器,以维持合适的电池组电流,在电池组充满时降低电流,在未充满时提高充电速率。

图 6.48(a)给出了该系统在一个充放电周期内随时间的变化情况,仅采用一个电压限制器(V/T),没有库仑计。放电后,电池组的充电电流增至太阳电池阵可提供的水平。之后在剩余光照期内,电压限制器将母线电压维持在一个恒定值上,室温下电池组电流会衰减至 $C/10$。根据已了解的镍镉电池特性,设计 V/T 限制器电压,将过充速率降低至电池组温度下可接受的程度。如果设置的电压极限过低,电池组将难以充满。如果设置的太高,又会使电池组经历高内压和过热的现象,使 V/T 曲线上的工作点向高温一侧偏移,如图 6.32 所示。如果充电速度一直较高,温度还会上升,甚至会出现热击穿的现象。

谨慎起见,需在设计上降低系统对电池组和电压限制器特性之间精确匹配的依赖。对于镍电池,一种方法是设计多条 V/T 曲线,根据地面遥控来选择一条适合的曲线,如图 6.32 所示。NASA/GSFC 采用了 8 条这样的曲线。另一种方法是采用库仑计控制,或者取代 V/T 限制器,或者与其并行使用。

图 6.48(b)给出了电子库仑计与电压限制器一起使用的效果。库仑计可记录放电过程中的安时量。但是充电期间,计数器给出的安时量与放电时有一定偏差,

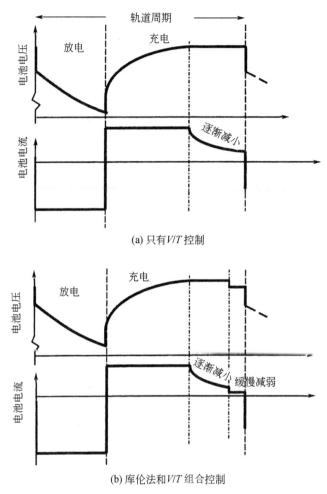

图 6.48　SAS-A 电源系统的放电-充电周期,(a)表示仅有 V/T 控制器的情形,
(b)表示含有库仑计和 V/T 控制器的情形(JHU/APL)

以补偿因电池组效率问题损失的能量。在库仑计显示充满之前,该系统和电压限制器的作用相同。在充满后,电池组电流降至 $C/100$ 的很低的涓流充电速率,充电电压仅有少量下降,是电池内气体生成速率降低的一个标志。

　　对于小卫星采用的锂离子电池组,需要修正 V/T 和库仑计控制器,以适应锂离子电池特性。电压是锂离子电池荷电状态一个很好的标志,满充电压不随温度变化。电池组可根据太阳电池阵能达到的电流充至最大值。对于短期飞行任务,放电浅的电池数有限,因而无需对单个电池进行充电控制。只要监测电池电压,当达到最大电压极限时便可终止充电。之后电池组会保持在这个电压上的满充状态。

2. 光照期间可调节、地影期间不可调节的 DET 电源系统

该 DET 系统中,电池组充电器使太阳电池阵与电池组解耦。如图 6.49 所示,该系统采用二极管构成电池组到航天器功率母线之间的放电路径。在光照区,当太阳电池阵功率超过负载和电池组充电功率时,需调节母线电压至一个恒定值。设计的充电器需能支持所需的最大充电速度。当负载需求超过太阳电池阵功率时,母线电压将降至电池组电压大小,以弥补这个功率差值。电池组充电器具有限流作用,放电后,当太阳电池阵功率超过充电器的电流极限水平时,母线电压将恢复至调节值。只要负载需求超过太阳电池阵可达到的功率,母线电压就降至电池组电压。母线功率的瞬态幅值最大可达到已调节的母线电压与电池组最小充电电压的差值。

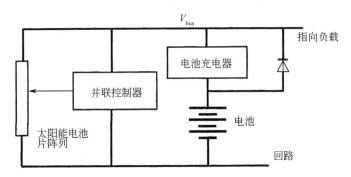

图 6.49　光照期间可调节、地影期间不可调节的 DET 电源系统

这种结构通常用在负载功率较低(低于 1500W)、母线电压较低(通常 22～35V)的航天器,以及地球同步轨道、大椭圆轨道、绕日轨道等轨道上电池组充电时间较长的任务。当瞬态负载超过太阳电池阵所能提供的功率时,光照期的太阳电池阵电压会降至电池组电压的大小,进而会锁定电源系统母线。尽管在较高的调节电压下,太阳电池阵可获得的功率很大,但其输出功率在较低的电池组电压下很低。负载的供电会一直持续不被中断,由电池组来补充负载需求与低电池电压下太阳电池阵输出功率的差额。随着电池组持续放电,电压持续降低,太阳电池阵可提供的功率也相应降低。对于功率恒定的负载($P=VI$),负载电流会随着母线/电池组电压的降低而升高。这将进一步加大电池组的放电速度。负载暂态结束时,如果太阳电池阵可提供的功率还要高于负载功率,那么母线电压会恢复到调节水平上。

如果暂态后的负载功率高于电池组电压下的太阳帆板功率,那么母线电压将维持在电池组电压的水平上,电池组将继续为负载提供缺少的功率。这种情况会

进一步降低电池组电压,进而导致太阳电池阵在更低电压下可输出的功率更少,系统此时处于锁死状态。这种情况将一直持续下去,直至触发航天器电源系统的保护设施,将大多数负载从母线上移除,使得剩余负载所需功率低于太阳帆板可提供的大小,进而可恢复母线电压,给电池组充电。航天器必须有一套自主管理机制,可监测到任何可能发生的锁死状态,并移除足够多的负载,以保证在电池组电压最低、太阳电池阵功率最少的情况下,仍能恢复母线电压。

针对低地球轨道上的航天器,考虑电池组损耗、充电调节器和放电二极管的效率,通过计算地影期间的平均放电能量和电池组所需的充电能量,可得到电池组充电所需的太阳电池阵功率和星上负载所需功率之间的简单关系式

$$P_{sa} = P_1 \left(1 + \frac{T_{dis} V_{ch}}{T_{ch} V_{dis}} \times \frac{RF}{\eta_{dd} \eta_{cr}} \right) \tag{6.11}$$

式中,P_{sa}为在调节电压下充电时太阳电池阵的平均功率,单位为 W;P_1 为负载功率,整个轨道期内视为常数,单位为 W;T_{ch} 为电池组充电时间,单位为 h;T_{dis} 为电池组放电时间,单位为 h;V_{ch} 为电池组平均充电电压,单位为 V;V_{dis} 为电池组平均放电电压,单位为 V;η_{dd} 为放电二极管的电路效率,无量纲;η_{cr} 为充电器的电路效率,无量纲;RF 为电池组的安时充电系数,无量纲。

太阳电池阵的分流限制器必须能处理寿命初期电池阵功率大于负载需求的部分。对于 GEO、MEO 以及电池组充电周期很长的任务,通常需采用恒定的充电速度,一般在 $C/10$ 和 $C/20$ 之间,具体取决于所用的电池技术。这种情况下,上述公式可简化为

$$P_{sa} = P_1 + V_{bat} \times \frac{C}{K \eta_{cr}} \tag{6.12}$$

式中,C 为电池组容量;K 为选定的充电速度;V_{bat} 为充电期间电池组的平均电压;η_{cr} 的定义如上所述。APL 设计的"慧核旅行"号探测器(CONTOUR)和"会合-舒梅克"号探测器(NEAR)都采用了这种结构,通过数字分流器进行太阳电池阵的功率粗调节,通过全序列线性分流器进行精密控制。

3. DET 母线可调节的电源系统

在这种 DET 系统中,电源母线随时可根据充放电调节器进行调整,如图 6.50 所示。尽管该系统的电子器件要多于上述两个 DET 系统,但它最为灵活。正常运行下母线电压不会改变,所以太阳电池阵的功率也不会改变。这种设计避免了锁死问题,母线不会有很大的瞬态功率,航天器负载的整流器也比较简单,电池组的设计也与电源母线电压无关。这种设计可用在功率极高的航天器上,这些航天器要求母线电压很高,通常超过 100V,以减小布线尺寸、与功率分配相关的功率损耗、线路质量。电池组的电池个数与所选的母线电压无关。所有的高功率地球同

步轨道通信卫星、空间站和某些低地球轨道航天器都采用这种结构。这些高功率系统的充放电调节器采用的是高效的 PWM 开关调节器。

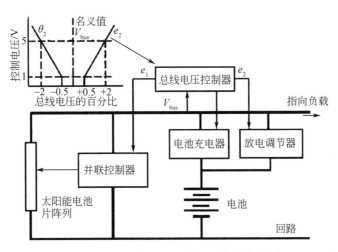

图 6.50 可调节的 DET 电源系统结构简图

考虑放电调节器效率,采用类似方法可得到电池组充电所需的太阳电池阵功率和星上负载所需功率之间的关系式

$$P_{sa} = P_l \left(1 + \frac{T_{dis} V_{ch}}{T_{ch} V_{dis}} \times \frac{RF}{\eta_{dr} \eta_{cr}} \right) \tag{6.13}$$

式中,P_{sa} 为调节电压下的太阳电池阵输出功率,单位为 W;P_l 为负载功率,整个轨道期内视为常数,单位为 W;T_{ch} 为电池组充电时间,单位为 min;T_{dis} 为电池组放电时间,单位为 min;V_{ch} 为电池组平均充电电压,单位为 V;V_{dis} 为电池组平均放电电压,单位为 V;η_{dr} 为放电调节器的电路效率,无量纲;η_{cr} 为充电器的电路效率,无量纲;RF 为电池组的安时充电系数,无量纲。

系统的分流限制器必须能处理寿命初期太阳电池阵功率大于负载需求的部分。电池组的放电调节器需能满足总的负载功率需求。该电源系统可使用 6.7.1 小节中的任一种分流式调节器。

与 6.8.1 节类似,对于 GEO、MEO 以及电池组充电周期很长的任务,也可使用式(6.12)来计算太阳电池阵功率。

在图 6.50 的简图中,母线控制器可测量母线电压 V_{bus}。当传递函数显示母线电压在标称值的 $\pm 0.5\%$ 之间时,母线电压控制器的输出信号 e_1 和 e_2 低于预先设定的一个阈值,不进行任何控制,该阈值可用于触发分流限制器和放电调节器,后者本质上是一个升压调节器。

如果母线电压比标称的 V_{bus} 高出 0.5%,那么母线电压控制器会在 e_1 上产生一个线性信号,驱动分流限制器,将母线电压维持在标称值 V_{bus} 的 $\pm 2\%$ 特定区间内。如果母线电压下降幅度超过 V_{bus} 的 0.5%,那么母线电压控制器会产生一个信号 e_2,来驱动放电(升压)调节器,放电时通常会发生这种情况。之后,在放电调节器的作用下,电池组会将足够多的电流输出到母线上,以维持母线电压在 V_{bus} 的 2% 之内。

6.8.2　非直接能量转移系统

峰值功率跟踪系统的结构如图 6.51 所示。通过将太阳电池阵工作电压移到最大功率点电压,峰值功率跟踪器(PPT)可保证太阳电池阵的输出功率持续达到最大值。只要负载和电池组充电的功率需求超过太阳电池阵可输出的最人功率,那么峰值功率跟踪将一直持续下去。当不再需要最大功率时,PPT 控制器会自动转移太阳电池阵的工作点,使其偏离最大功率点,直至达到能量平衡,即产生的能量正好满足需求。这种情况可能会在电池组充电电流减小的条件下发生。在典型的降压(降压型)PWM 整流器控制下,太阳电池阵的工作点将朝 V_{oc} 方向移动,偏离最大功率点。

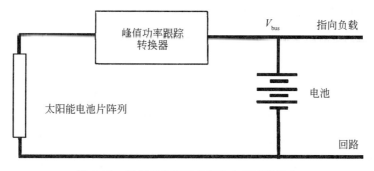

图 6.51　峰值功率跟踪(PPT)电源系统概念

通过计算地影期间的平均放电能量、电池组充电所需能量、负载功耗,可得到电池组充电所需的太阳电池阵功率 P_{sa} 和星上负载所需功率 P_1 之间的简单关系式。其中,为补偿电池组效率问题,需考虑峰值功率点的跟踪精度 η_{tr}、峰值功率跟踪器的整流器效率 η_{ppt}、电池组的安时充电系数 RF。具体表达式为

$$P_{sa} = \frac{P_1}{\eta_{ppt}\eta_{tr}}\left(1 + \frac{T_{dis}V_{ch}}{T_{ch}V_{dis}}RF\right) \tag{6.14}$$

式中,P_{sa} 为所需的太阳电池阵功率,单位为 W;P_1 为负载功率,整个轨道期内视为常数,单位为 W;T_{ch} 为电池组充电时间,单位为 min;T_{dis} 为电池组放电时间,单位为 min;V_{ch} 为电池组平均充电电压,单位为 V;V_{dis} 为电池组平均放电电压,单位为 V;RF 为电池组的安时充电系数,无量纲;η_{ppt} 为峰值功率跟踪器的整流器效率,无

量纲;η_{tr}为峰值功率点的跟踪精度,无量纲。

对于飞行期间太阳电池阵的 I-V 曲线变化明显的航天任务,峰值功率跟踪系统优势最为明显。所以,该系统通常用在低地球轨道任务和太阳电池阵工作温度变化明显的行星际任务。PPT 系统实现了电池组电压变化与太阳电池阵的解耦,因而它可忍受电池组性能衰减(甚至会导致一个电池短路)引起的电压波动,和未预期的太阳电池阵电压大幅下降。但是这种电源系统的电子设备非常复杂,并且由于散热量较大,系统的质量也很大。这是系统为进行电池组充电和负载供电,处理太阳电池阵的所有能量所引起的副产品。

由 JHU/APL 研制的信使号(Messenger)探测器的电源系统是一种峰值功率跟踪系统。该探测器在为期 6 年的巡航后绕水星飞行,任务期间太阳电池阵的温度变化范围为 $-150 \sim 270$℃。信使号采用 8 块降压(降压型)调节的 PPT 整流器模块并行工作,PPT 整流器的输出端口连接到电池组上,可处理约 750W 的太阳电池阵功率。星载计算机计算峰值功率,并设置整流器的参考电压。降压整流器的控制回路会改变占空比,以将太阳电池阵的输入电压维持在设置的参考电压上。

信使号探测器的太阳电池阵电流由数据采集系统监测,星载计算机可设置太阳电池阵的参考电压,并得出电池阵的瞬时功率。当前得到的瞬时功率值与之前存储的瞬时功率值相比,如果当前值与先前值之差比预设大小还要大,则计算机控制信号向先前变化的方向移动,否则,按相反方向移动,移动量为步长更小的一个电压值。

系统采用两种步长来加快变化过程。初期采用大步长,如果方向改变,就采用较小步长。采用小步长时,如果在预定的步长数内,移动方向不变化,则可恢复到较大的步长上。太阳电池阵的工作电压范围由最大电压值和最小电压值界定,上限为预期的太阳电池阵最大开路电压 V_{oc},下限为放电结束时电池组的最小电压。如果达到这些极限值,需反转太阳电池阵的电压变化方向。

由 APL 研制的 TIMED 航天器,于 2001 年 12 月发射,它也采用了峰值功率跟踪系统,其 PPT 整流器可处理 2000W 以上的太阳能阵列功率。

6.8.3　电源系统设计案例

飞行任务和航天器的需求是任一子系统设计的出发点,这些需求定义了整个计划的目标和每个航天器的目标。所以,电源系统设计的第一步就是从任务和航天器的需求中分解出电源系统的需求指标,之后便可确定电源系统的配置、尺寸、质量和成本。各需求一旦确定,就要按一定的逻辑顺序进行设计。下面实例给出的是运行在低地球圆轨道上的科学卫星星座中的一个卫星的电源系统初步设计。

1. 任务需求

极地轨道(大倾角)上的卫星星座可用于进行搜索和救援。为尽量减少设计、制造和测试成本,应使所有卫星的设计和制造尽可能相同。每个卫星都运行在太阳同步近地轨道上,指向地球。各卫星的轨道面或交点赤经有一定的角度间隔,这样可形成全球覆盖。各卫星的主有效载荷是高功率的对地信号发射器和接收器,其视场角较宽。发射器的功率和接收器的灵敏度要满足一定要求,以方便与廉价、低功率、便携式的用户设备通信。这些星上设备的性能,即信号接收和发射性能,需对卫星绕天底矢量的旋转不敏感。因此,只要星上的主设备指向天底矢量,那么卫星就能绕该矢量旋转,使太阳电池阵指向太阳。这些卫星的工作寿命不得少于4年。(太阳同步轨道上,升交点赤经的长期漂移速率与平太阳赤经相同,因而太阳矢量与轨道平面的夹角几乎恒定。)

2. 卫星总体要求

该实例中卫星交点时刻的理论值为12点。为谨慎起见,可能会采用冗余部件来增强可靠性。但是为尽量降低成本,主要的子系统不会设计冗余,如电池组和电源系统电子设备。另外,要尽可能采用已验证过的设计和硬件。该系统选择一个高度较低的圆轨道,以尽量降低发射成本和设备功率大小。轨道高度应低于1000km,以减少粒子辐射,并且应高于650km,以降低原子氧的危害。初步研究还有一些附加需求,概述如下。

(1)发射日期:2006年1月。

(2)使用寿命:4年(最低要求)。

(3)负载功率:825W(稳态工作的常值功率)。

(4)轨道:700km高的太阳同步圆轨道,倾角98.2°,晨昏轨道(12am～12pm),太阳一直位于轨道平面内。

(5)姿态控制:三轴姿态稳定,天线和接收机都对地指向。

(6)仅有一块太阳帆板,只进行单轴旋转。

(7)通过控制卫星沿天底矢量的旋转,可保持太阳电池阵的旋转轴垂直于太阳方向。

(8)卫星的导航与控制子系统需保证太阳帆板法向矢量指向太阳。

3. 电源系统结构

该低地球轨道卫星的电源系统结构是一个非DET峰值功率跟踪器,仅有一个电池组连接在电源母线上。

　　4. 太阳电池阵配置

　　尽管太阳电池阵设计的影响因素有很多,但是决定其基本配置的因素主要有以下三个:

　　(1)功率要求。

　　(2)轨道上的跟踪/指向时序。

　　(3)发射体积的约束。

　　经过在卫星各子系统之间权衡这些因素,最后决定采用由两块铰接的可展开帆板组成的单翼帆板,仅有一个旋转轴。这两块帆板折叠起来,固定在卫星一侧,置于整流罩内,因而发射时不会对运载工具造成直接干扰。在整流罩分离、卫星与运载工具分离后,帆板展开。之后在卫星姿态稳定控制后,旋转太阳帆板以便在光照期跟踪太阳。制导与控制系统(G&C)可周期性地调整卫星绕天底矢量的姿态角,进而控制太阳帆板的旋转,使帆板法向指向太阳。太阳能电池采用三结电池,以尽量减少太阳帆板尺寸。

　　5. 辐射效应

　　根据盖玻片厚度,可计算出相应的 1-MeV 电子/cm^2 的等效辐射。该卫星选用 4mil 厚的铈离子掺杂微型盖玻片,以屏蔽辐射。较厚的盖玻片可降低对整个帆板的要求,但会增加质量。因此,通常需在较厚的盖玻片引起的质量增加和较薄的盖玻片引起的帆板面积增加这两者之间进行权衡。一般不采用厚度低于 3mil 的盖玻片,因为它不仅易碎,操作难度大,制造成本也会提高。在计算太阳帆板受到的总辐射剂量时,需考虑太阳能电池背面的辐射撞击影响,因而要考虑帆板的基板屏蔽作用。

　　考虑太阳耀斑质子辐射,该卫星的太阳电池阵在 4 年的任务期内,受到的总辐射剂量取为 1.0×10^{15} 1-MeV 电子/cm^2。为方便起见,该数值取自表 6.2。

　　6. 轨道参数的影响

　　由 700km 高的圆极轨道确立的电源系统设计参数如表 6.6 所示。它们是根据公式(6.3)和图 6.2 的三个公式计算得到的。

表 6.6　由轨道参数给出的电源系统设计参数

	参数	数值
1	轨道周期	98.76min
2	最大地影时间(35.72%)	35.3min(几乎不变 *)

续表

	参数	数值
3	最小光照时间(64.28%)	63.5min(几乎不变*)
4	每天的轨道数	14.581
5	每年的轨道数	5322
6	四年的轨道数	21288

注:*由太阳同步轨道的性质决定

7. 母线电压的标称值确定

母线电压的选择,通常需满足已有负载的要求。例如,某航天器电源系统的标称母线电压选为28V,可能是因为已有子系统和仪器设备都是按照该电压值设计的。但是,母线电压的选择基本上是已有硬件的继承性、电路部件的可用性和可靠性,与整个系统功率损失的折中。电压较高时,可选择的高可靠性继电器、电容器以及功率晶体管就很少。但是,电压较低时,电源系统产生的电流就必须提高,以满足负载供电需求,这样就会增大开关继电器的尺寸,增加二极管、晶体管和导线的功率损失。考虑到上述因素,许多高功率的地球同步卫星在100V的母线电压下工作,而空间站的母线电压高达120V。大多数功率低于1500W的航天器使用28V标称电压。由于该实例中的卫星功率较低,因而选用28V的标称母线电压。

8. 电池组类型、母线电压和电流

该任务的寿命指标约为20000次的充放电循环,因而目前可选用的有继承性的电池只有镍镉电池和镍氢电池。本案例中选用镍氢IPV电池,是因为它们可满足充放电循环次数较多的指标需求。根据电池生产厂家的测试数据,可得到以下电池参数。

(1)电池的最大电压,出现在最低的工作温度－5℃和高充电速度情况下,约为1.6V。

(2)电池的最低电压,出现在放电结束时,一般选取放电曲线的弯曲处数值,约为1V。

(3)电池的平均充电电压,为1.5V。

(4)电池的标称放电电压,为1.25～1.28V。

电池电压不得超过其上限值,因为高电压会缩短电池寿命。类似地,也有一个电压下限值。超过放电曲线的弯曲处后,继续放电时,电压会迅速降至零。由于一组电池的容量和工作温度并不完全相同,它们不会同时到达这一点。因此,放电后电压低于1V的电池可能会在其他容量更大的电池驱动下,形成反向电压。由于

这将损坏电池、触发电池旁路开关,所以一般会定义一个最低可允许电压,地面测试的电池在该电压下会中止放电,轨道环境中电池在该电压下会因用电限制而使电流大幅降低。

对于未调节的标称 28V 系统,需要 22 块电池串联,每块电压约 1.28V。因而,这 22 块电池组成的电池组电压波动范围预计为 22～35V。考虑到短路电池故障引起的电压损失,卫星关键负载的最小电压定为 21V。

9. 电池容量

根据镍氢电池的寿命测试数据,以及与电池组生产厂家的讨论,最佳放电深度定为 35%

$$电池组容量 = \frac{地影期间的负载功率 \times 以小时为单位的最长地影时间}{电池组平均放电电压 \times 电池组的最佳放电深度}$$

$$= \frac{825 \times (35.28/60)}{28 \times 0.35} = 49.5(Ah)$$

根据厂家现有的电池种类,最终选择容量 50Ah 的 IPV 电池。

10. 太阳电池阵设计

由 6.8.2 节的峰值功率跟踪器能量平衡方程(6.14)可得光照期内的太阳电池阵功率为

$$P_{sa} = \frac{P_1}{\eta_{ppt} \eta_{tr}} \left(1 + \frac{T_{dis} V_{ch}}{T_{ch} V_{dis}} RF \right) \tag{6.15}$$

式中,负载功率 $P_1 = 825W$;电池组充电时间 $T_{ch} = 63.5min$;电池组放电时间 $T_{dis} = 35.3min$;电池组平均充电电压 $V_{ch} = 33V$;寿命末期电池组平均放电电压 $V_{dis} = 28V$;电池组的充电系数 $RF = 1.1$,考虑到镍氢电池在寿命期内的安时效率,充电系数一般为 1.03～1.1;PPT 整流器效率 $\eta_{ppt} = 0.95$;PPT 精度 $\eta_{tr} = 0.99$。

因而,PPT 整流器输入端所需的太阳电池阵功率为

$825 \times [1 + (35.3/63.5) \times (33/28) \times 1.1]/0.95 \times 0.99 = 825 \times 1.8296 = 1510$ (W)

预期的寿命末期电池阵最高工作温度对太阳电池阵的尺寸影响很大,因为这种情况下电池阵的电压最低。此时太阳电池阵的电压不得小于电池组最大充电电压与电池阵和电池组之间的部件压降之和,因而这将决定所需的串联太阳能电池个数。在太阳强度最大的时刻,即太阳和地球距离最小的时刻(近日点),太阳电池阵温度最高。太阳强度在每年的 1 月 3 日左右达到最大值,也就是冬至后几周内。这一时刻太阳电池阵的最高温度计算值为 90℃。

电池组最大充电电压小于等于 35.0V,PPT 整流器的压降等于 3.0V,阻塞二

极管(用于解耦太阳电池阵的各电池串)等于0.7V,电池组和太阳电池阵之间的导线等于0.3V。寿命末期温度最高时,最大功率点电压V_{mp}下的太阳电池阵最小输出电压为

$$35.0+3.0+0.7+0.3=39.0(V)$$

美国生产多结太阳能电池两个厂家分别是 Spectrolab Inc 和 EMCORE Croporation(Spectrolab 是波音的分公司,网址 www.spectrolab.com;EMCORE 网址 www.emcore.com)。电池生产厂家的数据表给出了主要的太阳能电池参数 I_{sc},V_{oc},V_{mp},I_{mp},以及这些参数随温度的变化量和 1MeV 电子等效辐射量等。根据这些参数及其对应的温度和损伤系数,可得到电池的最大功率和效率值。采用这些电池参数,一般在电子数据表中计算太阳电池阵功率。计算时,需考虑电池不匹配、部件的焊接、紫外线辐射、盖玻片/黏结剂/电池之间的光谱不匹配、光谱校准、微小陨石撞击、带电粒子辐射、电池阵温度、太阳距离变化、帆板法向的太阳角变化等因素引起的损失。本案例中仅考虑了主要因素,即温度、太阳距离变化和辐射。其他因素影响较小,为方便起见忽略不计。卫星的导航与控制系统将保持电池阵法向正对太阳。

通过计算寿命末期的电压 V_{mp} 或电流 I_{mp},可获得最大功率点的功率,同时也可直接利用最大功率 P_{mp} 的相关参数计算。由生产厂家的数据表(可从厂家官网上获取)或表 6.2 给出的典型电池数据,可得到如下太阳能电池参数。

(1)辐射损伤前的 $V_{mp}=2.345V$。

(2)1×10^{15} 的 1MeV 电子/cm^2 辐射损伤后,最大功率点电压变为

$$2.345V\times0.90=2.111V$$

(3)V_{mp} 的温度系数为 $-6.8mV/℃$。

(4)因而受辐射后,在寿命末期最高温度下的多结电池电压为

$$2.111-[6.8\times(90-28)/1000]=1.689(V)$$

(5)一串电池的串联电池数为 39.0/1.689=23.09,即采用 23 个电池串联。

太阳电池阵可输出的最小功率决定了电池阵的尺寸,最小功率出现在寿命末期太阳强度最弱的时候。太阳强度在每年的 7 月 4 日左右,即夏至过后的几周内达到最小值,此时太阳和地球之间的距离最短(远日点)。在这些轨道位置处,当温度最高时,电池阵的功率最小。太阳电池阵的热分析表明在寿命末期远日点处,电池阵达到的最高温为 80℃。

寿命末期一个电池串的 V_{mp} 和 I_{mp} 最小值将在后面计算。上述条件下太阳能电池串的电压为

$$23\times[2.111-6.8(80-28)/1000]=40.5(V)$$

初步设计时,为方便起见,将二极管和太阳电池阵的线路电压表述为太阳电

阵电压的百分比,因而损失的功率约为$[(0.7+0.3)/40.5]×100\%=2.47\%$。

从生产厂家的数据表中可获得寿命初期功率最大点 J_{mp} 的三结太阳能电池电流密度。另外,从表 6.2 中还可得到三结太阳能电池的更多参数,如下所示。

(1)$J_{mp}=16.2$ mA/cm²。

(2)J_{mp} 的温度系数为 $9.0\mu A/(℃·cm^2)$。

(3)辐射损伤后的 $J_{mp}=16.2×0.95=15.39(mA/cm^2)$。

(4) 远日点上 80℃ 下的 $J_{mp}=15.39+9.0×(80-28)/1000=15.86$ (mA/cm^2)。

考虑到远日点时,卫星与太阳距离达到最大,因而电流密度会降低,衰减系数约 0.965,即远日点温度最高时 $J_{mp}=15.86×0.965=15.30(mA/cm^2)$。

因而,寿命末期在远日点温度最高时,一块面积为 24cm² 的电池最大功率点电流为

$$24×J_{mp}=24×15.30=367.2(mA)$$

进而可得到一个由 23 块电池组成的电池串的最小功率值为

$$电池电流×电池串电压=367.2×40.5/1000=14.87(W)$$

考虑太阳电池阵的线路和二极管损耗,PPT 整流器输入端的电池串功率为

$$14.87×(1-0.0247)=14.50(W)$$

所需的电池串数目为整个太阳电池阵在 PPT 整流器输入端的功率除以每个电池串的功率,即 1510/14.50=104.14,因而最终选用 104 个电池串。

所以,总的太阳能电池面积为

$$电池面积×一个电池串中的电池数×电池串数目=24×104×23=57480$$
$(cm^2)=5.74(m^2)$。

考虑到电池之间的空隙,以及被铰链、各机构等占用的空间,在初步设计时,取组装系数 0.85,可得总的太阳电池阵面积为 $5.74/0.85=6.75(m^2)$。假设每块帆板基本一致,则每块帆板的面积为 $6.75/2=3.375(m^2)$。

寿命初期温度最低时,太阳电池阵的功率将达到最大值,温度在卫星刚离开最长地影区、与太阳距离最小时达到最低。太阳电池阵的热分析表明在这些条件下,可达到的最低温为 $-70℃$。

接下来需计算这种情况下,太阳电池阵的最高电压和最大功率。太阳能电池参数计算如下。与前面类似,标称参数是寿命初期 28℃ 下的参数,温度系数取自表 6.2。

BOL,低温:$V_{oc}=23×[2.66-6.3×(-70-28)/1000]=75.38(V)$

BOL,低温:$V_{mp}=23×[2.345-6.8×(-70-28)/1000]=69.26(V)$

BOL,低温,近日点:$I_{mp}=24×[17.0+9.0×(-70-28)/1000]/1000$

$$=0.3878(\text{A}) \tag{6.16}$$

寿命初期,太阳电池阵的最大功率计算公式为:电池串个数×V_{mp}下的电池串电压×V_{mp}下的电池串电流,其数值为$105\times69.26\times0.387=2814(\text{W})$。

尽管这种最大功率是暂时的,PPT 电子设备也必须能处理太阳电池阵的最大功率和最高电压。

上述简化的设计过程假设电池组会一直利用太阳电池阵功率进行充电,直至达到预期的充电率。不论是镍镉电池、镍氢电池,还是锂离子电池,在快充满时,太阳电池阵的充电电流一般会降低,以适应电池组充电效率的降低。电池组充电电流的降低会降低太阳电池阵的功率利用率,增加电池组充电时间,因而还要在前面计算的最小尺寸上继续增大太阳电池阵尺寸。

为完整起见,需采用能量平衡程序,对上述简化分析进行修正,这将包括合适的太阳电池阵模型和电池组模型,也包括轨道各阶段中帆板的太阳角不断变化的温度和轨道信息。

太阳电池阵的设计是一个不断迭代的过程,其中太阳电池阵面积的初步确定就是上述类型的分析。在确定太阳电池阵的大致面积后,机械设计师会确定制造所需尺寸的电池阵的最佳方法。例如,本案例中,单翼是由两个太阳帆板组成的。

6.9　结　　论

电源系统是航天器的主要子系统之一,与其他所有子系统都有关系。其中,它与导航控制、热控、结构子系统的关系尤为重要、密切。设计初期,系统工程师需通力协作,公开、高效地分享他们的设计想法。电源系统设计师还需注意该系统对其他系统的影响,如电磁干扰(EMI)、静电放电(ESD)、感应磁场和静磁场、污染等,以及对星上敏感器、实验装置的影响。否则在项目实施后,进行设计改动的代价将很大。航天器系统设计师面临的挑战是确定已充分定义和理解了这些系统的任务需求。

6.10　习　　题

1. 太阳同步轨道是升交点赤经漂移率与平太阳赤经漂移率相等的轨道。计算太阳同步轨道的下列轨道参数。

(1)太阳同步轨道每天的进动量是多少?

(2)600km 高的太阳同步圆轨道的倾角是多少?

(3)轨道周期是多少?

(4)晨昏轨道的最大地影时间是多少? 晨昏轨道是太阳一直处于轨道面内的太阳同步轨道。

(5)对于采用 22 节容量 50Ah 的镍氢电池电池组的航天器,在这种轨道上的放电深度应为多少? 其中,负载直接连在电池组上,假设平均地影功率为 1500W,平均电池组放电电压 1.25V。

2. 计算下列轨道的进动速度。太阳旋转角速度 360/365.24 = +0.98565 (°/天),地球半径为 6378km,近似为 0.9856°/天。

(1)对于 1000km 高的圆轨道,下列轨道倾角下的升交点赤经进动速率是多少?

(2)对于地球上的观察者,每个倾角下相对太阳的升交点赤经进动速率是多少? 其中倾角为 110°、100°、90°、80°、60°、30°、0。

(3)在哪个倾角下,轨道面与太阳同步?

(4)对于倾角 100°的圆轨道,下列轨道高度下的升交点赤经进动速率是多少,其中,轨道高度为 500km、1000km、1500km?

(5)每种高度下,相对于太阳的升交点赤经进动速率是多少?

(6)在哪种轨道高度下,轨道面与太阳同步?

3. 粒化 0213 和 0214 玻璃是铈掺杂硅酸硼,可加工成能拉伸的板子,通常称为微片(microsheet),用作太阳能电池的盖玻片。除了防护粒子辐射,它还能吸收紫外线辐射。微片是一种价格合理的高纯度玻璃。对于不同种类的太阳能电池,微片的传输率也不同,频谱响应也不同。蓝宝石和熔融石英纯度更高,但是价格也更高。生产厂家的产品数据表所列出的密度是 2.6g/cm³。

(1)1mil 厚微型盖玻片的密度是多少(单位为 g/cm³,1mil=0.001in)?

(2)采用图 6.19 所示的硅电池,厚度多少的盖玻片(单位 mil)可防护 4.2MeV 的质子?

(3)厚度多少的盖玻片可防护 10MeV 的质子?

4. (1)考虑电子和太阳质子环境的总辐射量,如果某一航天器的辐射剂量为 8.20×10^{13} MeV 电子/年,10 年寿命期内的 1MeV 电子等效数量(单向的)是多少?

(2)采用图 6.22 给出的地面测试数据和表 6.2 给出的寿命初期参数,10 年后太阳能电池的参数是多少?

5. 计算下列高度下圆轨道的轨道周期,并计算这些轨道在远日点附近的光照期百分比、地影期百分比和最大地影时长。其中,轨道高度分别取 500km、1500km、15000km、36000km。

对于功率 1000W、标称母线电压 28V、与电池组直连的航天器,上述每个轨道下所需的电池组容量是多少? 其中电池组的平均 DOD 限制在 50%以下?

6. 对于一个采用锂亚硫酸氯原电池的任务周期 24h 的热气球实验,需要多少电池串联才能达到标称的母线电压 32V? 电池组/母线电压的最大值是多少? 200W 的负载所需的电池容量是多少? 其中假设锂亚硫酸氯电池的标称放电电压为 3.2V,电池断路电压为 3.5V,电池组可输出 100% 的容量。

7. 对于一个电压 50V 的可调节地球同步轨道卫星电源系统,如果采用如图 6.50 所示的电压降压式充电调节器和升压式放电调节器,电池采用镍氢电池和锂离子电池,计算所需的串联电池数。假设充放电调节器所需电压最低为 4V。针对每种电池得到的串联数目,计算 5000W 负载所需的电池组容量,假设 72min 的最长地影期内电池组的 DOD 为 70%,放电调节器效率为 94%。镍氢电池和锂离子电池的标称放电电压和峰值充电电压如表 6.5 所示。

8. 参考 6.8.3 小节的电源系统设计案例,计算下列问题。

(1)如果采用锂离子电池,28V 的标称母线电压需要多少个电池? 所允许的最大电池组/母线电压是多少? 采用表 6.5 给出的电池特性。

(2)假设太阳帆板的温度和 1MeV 电子/cm^2 的等效带电粒子辐射剂量与设计案例相同,采用表 6.2 给出的太阳能电池特性:

①计算采用硅电池所需的串联电池数。

②计算从最长地影区离开时的太阳帆板最大串压。

参考 6.8.3 节辐射效应和太阳电池阵设计。

9. 参考图 6.42 所示的太阳电池阵控制器,它采用了全线性分流器。假设太阳电池阵可提供最大 10A 的电流和最大 35V 的母线电压。最小负载 5A,最低电池组电流 0.2A。

(1)线性分流器需耗散的功率是多少?

(2)电阻器耗散的峰值功率是多少?

(3)晶体管耗散的峰值功率是多少?

假设在航天器集成测试(I&T)期间,有人因疏忽将太阳电池阵模拟器与负载的连接断开,这样可能会导致电池组充电速率很高。这种情况下,分流器需耗散多少功率?

10. 采用太阳能电池 I-V 曲线的 TRW 模型,即公式(6.5)～公式(6.7)。

(1)编制一套电子制表程序,分别绘出一块 $4cm^2$ 大小的多结太阳能电池在寿命初期标称温度+28℃、最高温度+80℃和最低温度−80℃下的 I−V 曲线。采用表 6.2 给出的多结太阳能电池寿命初期参数。

(2)分别绘出寿命末期标称温度+28℃、最高温度+80℃和最低温度−80℃下的 I−V 曲线。假设寿命末期的 1MeV 电子/cm^2 等效辐射量为 $1.0×10^{15}$。采用表 6.2 给出的多结太阳能电池寿命初期参数,衰减因子从图 6.22 的曲线中查阅。

11. 假设某一电源系统的电池组直接连在母线上,如图 6.47 所示。使用锂离子电池,电池组/母线的标称电压为 28V。为简化起见,忽略航天器寿命期内的辐射效应,假设太阳电池阵和母线之间没有压降,太阳能电池的温度系数在寿命初期和末期(辐射量为 1.0×10^{15} 1-MeV 电子/cm^2)相同,具体参见表 6.5。

(1)电池组的串联电池数是多少?

(2)充满后的电池组最大电压是多少?

(3)最高温度+85℃时,所需的串联硅太阳能电池数是多少?

12. 对于问题 11,假设电源系统是一种非 DET 系统,采用串联的数字控制调节器,将晶体管或继电器开关置于太阳电池阵和电池组之间,来控制电池阵功率。假设太阳能电池的温度系数在寿命初期和末期(辐射量为 1.0×10^{15} 1-MeV 电子/cm^2)相同。

(1)最高温度+85℃时,所需的串联硅太阳能电池数是多少?

(2)假设太阳电池阵在地影区末段达到最低温−120℃,那么当它进入光照区时,它的最大电压是多少?(注意:如果开关打开,太阳电池阵电压为断路电压 V_{oc})

(3)对于一个帆板对日定向的低地球轨道航天器,在帆板温度达到最高温+85℃时,需要多少个串联多结太阳能电池?

参 考 文 献

Anspaugh B E. Downing R G, Tada H Y, et al. 1982. Solar Cell Radiation Handbook, third edition. JPL Publication 82—69.

Anspaugh B E. 1996. GaAS Solar Cell Radiation Handbook. JPL Publication 96—99.

Baker J, Shah P, Baer D. 1983. Internal GSFC Memorandum. Impedance studies on lithium ion cells. Electrochemical Society Conference.

Borthomieu Y, Fabre M. 2000. High specific energy NiH₂ batteries for GEO satellites. SAFT Defense and Space Division, Alcatel Space Industries, NASA Aerospace Battery Workshop,14—16.

Brown W L. Gabbe J D, Rosenzweig W. 1963. Results of the Telstar radiation experiments. The Bell System Technical Journal,1505.

Dunlop J D, Rao G M, Yi T Y. 1993. NASA Handbook for Nickel Hydrogen Batteries. NASA Ref. Pub. 1314.

Feynman J, Armstrong T P, Gibner L D, et al. 1990. A new interplanetary proton fluence model. Journal of Spacecraft and Rockets, 27, 403.

Ford F E, Rao G M, Yi T Y. 1994. Handbook for Handling and Storage of Nickel-Cadmium Batteries: Lessons Learned. NASA Ref. Pub. 1326.

Gitzendanner R, Puglia F, Marsh C. Low temperature and high rate performance of lithium- ion systems for space applications. NASA Aerospace Battery Workshop,27—29.

Halpert G, Surampudi S. 1997. An historical summary and prospects for the future of spacecraft batteries. NASA Battery Workshop, Huntsville, 18—20.

Lizius D, Cowels P, Spurrett R, et al. 2000. Lithium- ion satellite batteries using Small cells. NASA Aerospace Battery Workshop, 14—16.

Marvin D C. 2000a. Assessment of multifunction solar cell performance in radiation environment. Aerospace Corporation Report TOR-2000912100-1.

Marvin D C. 2000b. Degradation prediction for multifunction solar cells on Earth- orbiting spacecraft. Aerospace Corporation Report TOR-2000912100-1.

Rauschenbach H S. 1976. Solar Cell Array Design Handbook. JPL SP 43-38, vols. 1&2.

Rauschenbach H S. 1980. Solar Cell Array Design Handbook. Van Nostrand Reinhold C.

Spitale G, Feynman J. 1992. Program SPE. Jet Propulsion Laboratory, California Institute of Technology.

Stassionopoulis E C. 1979. SOFIP—A Short Orbital Flux Integration Program, GSC- 12554. Available from cosMIC, NASA's Computer Software Management Information Center.

Sterz S, Parmele B, Caldwell D, et al. 1997. Nickel- hydrogen (NiH$_2$) single pressure vessel(SPV) battery development update. NASA Battery Workshop, Huntsville, 18—20.

Toft M. 2003. Private communication.

Zimmerman A, Weber N. 1997. Cause for second plateau discharge in nickel Electrodes. NASA Battery Workshop, Huntsville, 18—20.

第7章 航天器热控

Douglas S. Mehoke

7.1 简 介

在航天飞行中，热控子系统的功能是在整个任务过程（包括地面、发射和飞行操作）中控制所有独立部件的温度。温度控制是大多数航天器系统操作中的一个重要部分。航天器热设计能够通过对要求的资源进行设备操作来保持设备始终在一个具体的温度范围内。这种对设备和资源的协调控制是根据新一代具体任务概念与详细的热控要求来完成的。热控设计需要考虑电子部件、科学传感器、精密准值控制结构、高功率应用以及极端环境的典型要求。这些要求形成了温度界限。表 7.1 显示了典型航天器部件的温度界限。影响航天器设计的其他热控要求的因素包括航天器暴露到的外部环境、由系统产生的功率和集中限值以及作用于热硬件操作的界限。对于执行主要任务的硬件，还需要借鉴工程经验。

表 7.1 典型的航天器组分温度界限

组件或子系统	操作温度/℃	极限温度/℃
普通电子产	$-10\sim45$	$-30\sim60$
电池	$0\sim10$	$-5\sim20$
红外探测器	$-269\sim-173$	$-269\sim35$
固态颗粒探测器	$-35\sim0$	$-35\sim35$
电动机	$0\sim50$	$-20\sim70$
太阳面板	$100\sim125$	$-100\sim125$

大部分电子装置的设计是允许超过指定温度范围操作的。通常情况下，电子部件的使用寿命与其操作温度是有关系的。一般来说，温度上限设定能够确保设备在任何单独电子部件过热时也不会失效。温度下限通常是根据部件的最小操作设计温度来确定的。热和冷的界限必须应用于整个工作周期。在航空领域，这个范围仅需要适合特定的任务，是提议设计方法的基础。为了弥补在设计方面的不确定性并且保证在飞行中的性能，所有的温度要求都包含一定的裕量。

温度对不同的系统也会产生其他的各种影响。许多科学传感器需要在特定的温度范围下才能有效地进行操作。红外辐射波长的光学传感器需要在低温下才能获得必要的信号强度。粒子探测器在更低的温度条件下才能进行更好的操作，并且随着温度的升高灵敏度降低。许多设备，如电池和太阳能帆板，在特定温度下才有最好的性能。因此，设备的期望性能应包含其工作的期望温度。许多部件还需要与其他部件之间进行精密连接。在受影响结构范围内，严格的连接也与温度和温度梯度直接相关。

7.2　设计程序概要

对航天计划的设计程序包含了需求的定义、支持这些要求的设计理念的开发、各种子系统的制造，将子系统整合成为飞行器、核实设计满足任务目标的必要资格测试，以及发射和在轨运行。具体的工序代表了尝试对综合设施的开发以及小规模生产运作独特系统的控制。工序强调了赞助商的参与、外部评论、清晰定义的要求，正如 7.1 节中描述的，可能要在地面进行彻底的核实。

通常情况下，任何的航行任务都有两类要求。其中一些要求定义在系统水平，它们直接为主要任务目标提供支持。这些要求相互交叉设计规程，在没有程序管理的协议下不可能进行改变。典型的系统级要求包括任务寿命、轨道轨迹、姿态以及任何针对于个别任务的特殊要求。其他的要求都是来自这些更高级别的要求，并且针对特殊子系统。在不与任何系统级要求发生冲突的前提下，它们将对特定子系统的操作或硬件产生影响并且可能随着设计进展而发生变化。通常情况下，温度界限属于此类派生出来的要求。

航天任务通常将特定的任务目标与硬件设计结合起来。所有的任务中都包含一个系统设计，代表了期望任务所需产品和可用资源之间的协调。系统概念的开发包括各子系统的具体设计以及它们与其他子系统的相互关系。热控子系统与大多数子系统有着直接的相互联系。热控系统的机械设计在确定安装位置（热源和水槽）、热流向以及将热量辐射到空间的外部表面都是非常重要的。因为加热器功率是系统总功率的有效部分，热控系统总是与功率系统存在着联系。推进系统的温度要求使其需要一个单独的热控方法。姿态和控制系统决定了航天器的位置点和其所处的外部环境。遥控和数据处理系统控制温度传感器和自动化加热器。热控子系统覆盖了航天器的大部分外部表面，是污染物和电磁兼容设计的有效组成部分。任务执行系统定义了飞行器如何操作、轨道如何推进、轨道维持等。

一体化进程将单独的子系统集合为一个统一整体。在整合前，每一个子系统都应满足它的单独需求及其与飞行器的接口协议。热控子系统的典型整合活动包

括对多层绝缘覆盖层的制作、加热器系统的安装、任何热硬件的合并,以及对开发
任务操作计划的协调。此外,整合过程中的一项主要活动就是为接下来的飞行器
热真空测试制订计划。环境测试程序的目的在于验证系统在可能的极端环境下能
够按照预期进行工作。对于热控子系统,最终的验证试验便是飞行器的热真空测
试。在这个测试中,飞行器被安装到一个大的热真空室中,热真空室的测试固件能
够尽可能地重现空间环境。测试时系统的循环温度将超过预期飞行的温度范围。
在成功完成系统级热真空测试后,热控子系统才被认为是可行的。

7.3　分　　析

　　热设计任务的一个主要部分就是建立分析模型用于预测子系统的工作性能。
建立分析模型能够在整合前预测硬件性能,减少实验和重复循环工作。其目标是
优化配置,在设计方案被硬件确定前权衡各系统指标。分析模型的成功建立取决
于对系统进行分析的速度和准确性。

　　航天器热分析包含对物理结构和部件进行解析描述,通过求解该模型得到真
实硬件的预期性能。建模过程要求物理体系能够通过被量化的数学表达式进行估
计。有许多种方法对物理体系进行模拟。建模的一个重要目的就是确定适用于特定
情形的最佳技术方案,其中数值方法和解析方法都可以用来求解该模型。

　　当系统的几何结构能够用简单图形近似时,如果存在解析方法,便可以利用解
析的方法预测系统行为。该方法的好处就是方案的可信度是最大的。解析方法的
缺点是适用的几何结构有限,以及求解的时间较长。尽管解析方法方案不能够描
述复杂形状,它们有助于核实用其他方法求解复杂形状时的准确性。

　　当系统变得复杂时,就需要数值方法。数值方法将感兴趣的结构划分为由许
多相互影响的小部分组成的离散网格。求解每个独立小部分的同时也能够得到描
述整个结构的全域解。这个方法具有适用于任何几何结构的优势,并且可用多种
软件工具作为支持。其主要障碍就是精确度取决于采用的网格近似方法和求解的
计算方法。这依赖于分析者对方案方法的限制要素的理解,以及是否做出适当的
检查来确保其准确性。

　　建立分析模型的目标就是提出一个方法能够可靠、快速、准确地求解任意形状
的体系。在需要制定设计决策时,为了利用分析模型对系统进行迭代设计,这些分
析方法必须能够预测设计方案被改变后系统的工作性能。随着航天器变得越来越
复杂,建立模型对系统进行分析的需求变大。通过模型分析对系统进行优化设计
后,系统的工作性能范围变窄,并且通过更少的消耗便可实现更好的效果。在这个
过程中,分析结果揭示了哪些技术路径可行,哪些仅仅有可能实现。

　　审核过程是分析过程的一个关键部分。通常在各个节点进行设计评审来确保更新的设计能够满足其要求。更重要的是,审核过程不仅审核得到的预测工作结果,而且也审核获得这些预测结果所用到的模型和方法。

7.4　热　分　析

　　所有的热分析都是从热力学第一定律开始的,它描述了在定义系统中的能量是守恒的。这个定律在公式(7.1)得以体现。系统吸收的热量为 Q ,减去被系统所做的功 W ,等于系统内部能量的变化 U 。

$$Q - W = \mathrm{d}U/\mathrm{d}t \tag{7.1}$$

　　为了更加实用,航天器热设计需要一个分析方法能对任意形状和材料的热性进行预测。接下来的目标就是建立对应的方程定量地预测给定系统的温度。因此,式(7.1)必须变换成系统温度与系统几何结构、物理特征和边界条件之间的关系。

　　在进行随后的讨论之前,有必要考虑能量和功率单位。在公式(7.1)中, U 是指系统能量,单位是焦耳或者BTU。功和热量具有能量单位。热量和功随时间的变化率为热流,并且具备功率的单位。功率单位是能量时间(W,J/s 或 BTU/s)。在下面的讨论中, Q 将用来表示热量并具有功率单位,而 U 将用来表示能量。

　　对于飞行中的航天器,由系统做的功为零,所以系统吸收的净热量等于其本身内部能量的变化。材料内部能量 U 的变化能够通过形状、物理特性和温度来进行描述。对于某一固体,横截面积 A ,长度 $\mathrm{d}x$,假设属性保持恒定,内部能量的变化如公式(7.2)所示,即

$$\mathrm{d}U/\mathrm{d}t = A\mathrm{d}x\rho c_p \mathrm{d}T/\mathrm{d}t \tag{7.2}$$

式中, ρ 表示材料的密度; c_p 表示在恒定压力条件下的比热; T 表示材料的温度; t 表示时间。密度的单位是质量/体积($\mathrm{kg/m^3}$),比热的单位是能量/质量/温度变化(J/(kg·℃))。对于正常应用,材料的属性并不是强烈依赖于温度的,可以假定为恒定。当温度偏离环境温度波动较大时这个近似值将变得无效。结合公式(7.1)和公式(7.2),对于一个不做功的孤立的系统,基于几何结构、材料属性和系统温度的基本的热量公式为

$$Q = A\mathrm{d}x\rho c_p \mathrm{d}T/\mathrm{d}t \tag{7.3}$$

　　流入系统的净热量是所有进入系统热量的和减去所有流出系统的热量。这个所有流入和流出系统热流量的求和被作为系统的热平衡,简单展示为

$$Q_{\mathrm{net}} = Q_{\mathrm{in}} - Q_{\mathrm{out}} \tag{7.4}$$

　　热量能够通过各种方式流入和流出系统。热平衡必须包括所有的流入流出

形式。

7.5　传　　导

通过相邻物质中的高能粒子与低能粒子相互作用而传递热量的过程被定义为传导。在 1882 年由傅里叶发布的一维速率方程为

$$Q_x = -kA\,\mathrm{d}T/\mathrm{d}x \tag{7.5}$$

式中，Q_x 表示沿着 x 轴方向的热流量。在固体中的热流量与温度梯度、材料导热系数 k 和热量流过的横截面积 A 成正比。利用公式(7.5)，可以计算出在固体内的热量移动和储存。一维固体上流入的净热流通量便等于一端的流入热流量减去在另一端的流出热流量。

$$Q_{\mathrm{in}} = -kA\,\frac{\mathrm{d}T}{\mathrm{d}x}, \quad Q_{\mathrm{out}} = -kA\left[\frac{\mathrm{d}T}{\mathrm{d}x} + \frac{\mathrm{d}(\mathrm{d}T/\mathrm{d}x)}{\mathrm{d}x}\mathrm{d}x\right] \tag{7.6}$$

所以

$$Q_{\mathrm{net}} = kA\,\frac{\mathrm{d}^2 T}{\mathrm{d}x^2}\mathrm{d}x \tag{7.7}$$

结合公式(7.3)和公式(7.7)便能够通过系统的几何特征和材料属性完全描述固体的热性能

$$\frac{\mathrm{d}^2 T}{\mathrm{d}x^2} = \frac{\alpha_p}{k}\,\frac{\mathrm{d}T}{\mathrm{d}t} \tag{7.8}$$

式中，k/α_p 称为材料的热扩散系数，是衡量固体热传导速度的指标。扩散系数高的材料，温度传播速度快。正如之前提到的材料属性，导热系数不会受温度的强烈影响。尽管在很高或很低的温度下导热系数会发生变化，导热系数仍可看成一个常数。

7.6　对　　流

对流是一个用来量化微观传导的术语，这种传导发生在移动流体与固体的接触界面。常规的对流问题如图 7.1 所示，固体和流体之间的热传递定义为

$$Q_{\mathrm{conv}} = h(T_{\mathrm{w}} - T_{\mathrm{fs}}) \tag{7.9}$$

式中，T_{w} 表示表面温度；T_{fs} 表示流体的温度；h 表示换热系数。换热系数 h 是流体属性、速度和混合条件的函数。h 的值在大多数热传递文献中可查询。对流并不能被典型地包含在空间应用中。但是，它在行星着陆器应用方面是很重要的。

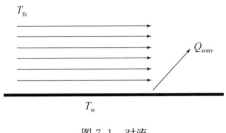

图 7.1　对流

7.7　节点近似值

数值分析需要将一个完整的结构体分解为更小的部分,这些小部分将作为一个整体进行分析。建模方法定义了这些小的部分如何被定义以及它们彼此间是如何相互作用的。节点近似是数值求解常用的手段,能通过可以单独建模的离散表面表示任意一个形状结构。广泛应用的两种节点分析方法是有限差和有限元。飞行器热分析的主要工作是利用有限差技术来完成的。

有限差分法将表面划分为被称为节点的更多小部分。每一个节点被假设为该节点所在部分的材料属性的中心点。这些节点由导体连接起来,在它们出现温差时彼此间会发生热量流动。

一维的网格结构如图 7.2 所示,在每个矩形的中心点。在两个节点之间的热传导能够通过公式(7.5)和近似法来定义,即

$$\mathrm{d}T/\mathrm{d}X \simeq \Delta T/\Delta X \tag{7.10}$$

为

$$Q_{i,i-1} = -k\Delta y\delta(T_i - T_{i-1})/\Delta x \tag{7.11}$$

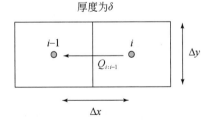

图 7.2　一维节点热流图

节点间隔为 Δx ,宽度为 Δy ,厚度为 δ ,二维网格结构如图 7.3 所示。假设每单位体积和时间生成热量 $g_{i,j}$,中心节点的热平衡计算式为

$$\frac{\delta\Delta y}{\Delta x}(T_{i-1,j}-T_{i,j})+\frac{\delta\Delta y}{\Delta x}(T_{i+1,j}-T_{i,j})+\frac{\delta\Delta x}{\Delta y}(T_{i,j-1}-T_{i,j})+\frac{\delta\Delta x}{\Delta y}(T_{i,j+1}-T_{i,j})$$

$$+g_{i,j}\frac{\delta\Delta x\Delta y}{l}=\frac{\alpha_p}{l}\delta\Delta x\Delta y\frac{T_{i,j}^*-T_{i,j}}{l} \tag{7.12}$$

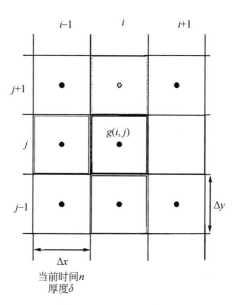

图 7.3　二维节点热平衡

除 T^* 的测量时间为 n，所有变量的值的测量时间为 $n-1$。

公式(7.12)能够通过代入热阻 R、节点的热电容 C、热量输入 Q 进行简化，其中 R 定义为两个节点间的热量路径，变化可得

$$\begin{cases} R_{i-1,j;i,j}=R_{i+1,j;i,j}=\Delta x/k\delta\Delta yR_{i,j-1;i,j}=R_{i,j+1;i,j}=\Delta y/k\delta\Delta x \\ C_{i,j}=\alpha_p\Delta x\Delta y\delta Q_{i,j}=g_{i,j}\Delta x\Delta y\delta \end{cases} \tag{7.13}$$

公式(7.12)变为

$$\frac{T_{i-1,j}-T_{i,j}}{R_{i-1,j;i,j}}+\frac{T_{i+1,j}-T_{i,j}}{R_{i+1,j;i,j}}+\frac{T_{i,j-1}-T_{i,j}}{R_{i,j-1;i,j}}+\frac{T_{i,j+1}-T_{i,j}}{R_{i,j+1;i,j}}+Q_{i,j}=C_{i,j}\frac{T_{i,j}^*-T_{i,j}}{\Delta t}$$

$$\tag{7.14}$$

公式(7.14)是传导能量平衡方程，表达了材料和几何特征与节点 (i,j) 温度之间的关系。对于系统中的每一个节点都可以得到一个类似的方程。公式(7.14)用节点特性（$T_{i,j}$、$C_{i,j}$ 和 $Q_{i,j}$）和节点间电阻 $R_{i,j;k,l}$ 描述了网格中的能量传递。公式能够广泛应用到非常规的几何机构并且可以包括热量传递的其他类型。在普通情况下，通过对节点 (i,j) 单独脚注来代表一个任意节点。考虑到对流和内部热能，公式(7.14)变为

$$\sum_{i\neq s=1}^{n} \frac{T_i - T_s}{R_{i;s}} + \sum_{i\neq s=1}^{n} hA_s(T_i - T_s) + Q_s = C_s \frac{T_s^* - T_s}{\Delta t}, \quad k = 1, 2, \cdots, n$$

(7.15)

列出所有节点的方程后,公式(7.15)形成了一个线性方程组。通过求解该线性方程组能够生成一系列节点温度,根据假设的系统细节、初始条件和边界条件,可以预测感兴趣时间段的热量变化。初始条件是系统在开始的状态。边界条件是模型的边界部位对热流通量的限制。典型的边界条件为给定的温度或绝热(没有热流通量)。

热节点近似法类似于用于电路的方法,其相似处如下:①温度相当于电压;②热流通量相当于电流;③热阻相当于电阻。

7.8　方向依赖性材料属性

分析过程的一个重要部分就是材料属性,通过它定义热量如何在固体中的传播。这个属性,很早就被引进作为导热系数 k ,通常作为一个常数,但实际上,它主要取决于温度以及热流的方向。使用任何材料时,要求知道其属性在特定温度范围内的变化,以及材料属性是否具备独立的方向。

不具有独立方向的属性的材料定义为各向同性。公式(7.5)给出的导热系数 k 表示了在给定方向上热流通量与温度变化的关系。假设一个统一的固体,流通量与温度梯度之间的关系在任何方向上都是相同的。因此,导热系数在各个方向上保持独立。

有许多材料的导热系数具有定向依赖性。这些材料被定义为各向异性。由于其结构,有时候这种依赖在材料中是固有的,如石墨环氧树脂压层。其他情况,如为了简化分析,将不同组分构成的结构体看成一个单一材料时,也应考虑各向异性。各向异性材料的一个例子就是铝表面的蜂巢面板。当作为单一材料处理时,面板平面内的导热系数与垂直于面板方向的导热系数不同。对于各向异性材料,每条轴上都定义了导热系数。

将各向异性材料作为各向同性材料的热变电组时也可采用相同的方法。但是,在各向异性情况下,传热系数具有方向性。在石墨纤维环氧树脂复合材料中,有沿纤维方向和垂直纤维方向的两个导热系数。利用纤维和环氧树脂的体积分数分别计算纤维和环氧树脂的热阻,从而得到有效的导热系数为

$$k_{\text{eff}} = (k_{\text{fiber}} A_{\text{fiber}} + k_{\text{base}} A_{\text{base}})/(A_{\text{fiber}} + A_{\text{base}})$$

(7.16)

当材料层被压到一个层压里面时,能够消除面内导热系数的各向异性,然而平面内和截面的传热系数之间仍存在差异。

7.9　辐　　射

电磁热辐射作为三种热传递方式之一的热辐射在航天器热分析中是非常重要的。所有航天器与外界环境之间的热传递以及大多数航天器内部的热传递都是通过辐射实现的。辐射遵循朗克定律,具体描述为

$$\lambda e_b(T) = \frac{C_1 \lambda^{-5}}{e^{C_2/\lambda T} - 1} \tag{7.17}$$

式中,$C_1 = 3.74 \times 10^8 \, \mathrm{W} \cdot \mu\mathrm{m}^4 / \mathrm{m}^2$;$C_2 = 1.44 \times 10^4 \, \mu\mathrm{m} \cdot \mathrm{K}$;$e_b\lambda(T)$是黑体热辐射,被定义为在给定的波长和温度下,发射器单位面积、时间、波长发射的能量。

公式(7.17)对所有的波长进行积分后,释放的总热流通量与绝对温度的四次方成正比,即

$$Q_b = \sigma T^4 \tag{7.18}$$

式中,b 代表一个黑体或者理想的辐射体;$\sigma = 5.67051 \times 10^{-8} \, \mathrm{W/m}^2 \cdot \mathrm{K}^4$,是斯特潘-玻耳兹曼常数。

7.9.1　辐射特性

辐射热传递需要一些特殊的常数来定义辐射是如何从表面传递到另一个表面的。一般材料如图 7.4 所示。作用在表面上的辐射要么被吸收进材料里面,要么被表面反射出去,要么穿过材料。通过三个术语来定义入射辐射照射到表面后的行为方式。其中,α 为吸收率,ρ 为反射率,τ 为透过率,并且

$$\alpha + \rho + \tau = 1 \tag{7.19}$$

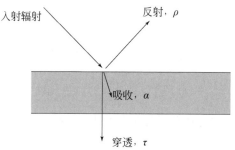

图 7.4　辐射属性

此外,如图 7.5 所示,反射辐射有镜面反射和漫发射两种方式。镜面反射部分有 $\varphi_1 = \varphi_2$,而漫发射的方向与入射角无关。故反射率 ρ 由镜面发射 ρ_s 和漫发射 ρ_d 构成。实际表面的热量辐射数量被定义为在相同的温度下黑体的辐射量与发射率 ε

的乘积,即

$$Q_{\text{actual}} = \varepsilon Q_{\text{b}} \tag{7.20}$$

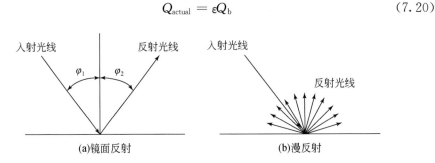

图 7.5　镜面反射和漫反射

在相同温度条件下热量平衡的条件为被吸收的能量必须等于被扩散的能量,那么

$$\varepsilon = \alpha \tag{7.21}$$

反射率、吸收率、透过率和辐射率是目前讨论的全部内容。它们是对所有的波长积分后的结果。因此,总体性能会随着入射角发生变化,也会随着材料温度发生变化。

为了简化辐射热传递的计算方法,将温度与辐射系数的关系排除掉是非常重要的。这种简化是通过观察具有单色属性的表面的辐射情况来完成的。对于一个真实的表面,将每个波长 λ 的辐射功率在整个所有的波长上积分得到辐射功率为

$$Q = \int_0^\infty \varepsilon_\lambda Q_{b\lambda} \, \mathrm{d}\lambda \tag{7.22}$$

类似地,对于其他的辐射属性,有

$$Q_{\text{absorbed}} = \int_0^\infty \alpha_\lambda Q_{\lambda \text{ incident}} \, \mathrm{d}\lambda \tag{7.23}$$

$$Q_{\text{reflected}} = \int_0^\infty \rho_\lambda Q_{\lambda \text{ incident}} \, \mathrm{d}\lambda \tag{7.24}$$

$$Q_{\text{transmitted}} = \int_0^\infty \tau_\lambda Q_{\lambda \text{ incident}} \, \mathrm{d}\lambda \tag{7.25}$$

下一步,需要指出的是在航天器分析中具有两种一般的波长区域。在宇宙空间,辐射源被限制到了两大类:行星表面和太阳。大部分行星表面在大多数时间都处在常温状态,少数会超过 100℃ 或者 200℃。相比之下,太阳的辐射温度要超过 5000℃。对于不同热源温度下由公式(7.22)得出的辐射功率见图 7.6。结果表明,来自太阳辐射的大部分能量都在可见光波长范围内,然而事实上对于 200℃ 的物体发出的全部热量都在红外辐射范围内。考虑到辐射热传递是辐射功率在所有波长以及所有波长的辐射源上的积分,从公式(7.23)~公式(7.25)可以看出,定义

总辐射属性有利于理论分析。

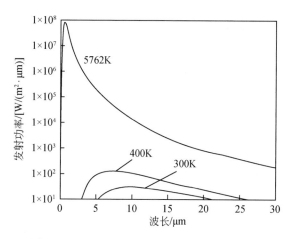

图 7.6　不同温度条件下不同材料波长的变化

　　太阳吸收率和红外辐射率为广泛应用的两个定义。太阳吸收率 α_s 定义为被吸收的辐射量占太阳辐射总量的比例。通过单位波长太阳辐射通量与表面吸收率的乘积在所有波长上的积分值除以太阳辐射总量得到太阳吸收率。红外辐射透过率 ε_{IR} 为在正常温度条件下表面的辐射交换后被吸收的热量。类似于 α_s，排除掉室温热源或者红外热源的情形，有

$$\alpha_s = \frac{\int_0^\infty \alpha_\lambda Q_{\lambda\,(T_{solar})}\,\mathrm{d}\lambda}{\int_0^\infty Q_{\lambda\,(T_{solar})}\,\mathrm{d}\lambda} \tag{7.26}$$

$$\alpha_{IR} = \frac{\int_0^\infty \alpha_\lambda Q_{\lambda\,(T_{IR})}\,\mathrm{d}\lambda}{\int_0^\infty Q_{\lambda\,(T_{IR})}\,\mathrm{d}\lambda} \tag{7.27}$$

　　从公式(7.21)看出，在相同的温度条件下，热平衡时表面吸收的热量和辐射的热量相等。因此，红外辐射率也满足公式(7.20)，定义了表面实际排放的热量。公式(7.26)和公式(7.27)用到的吸收率数据，都是通过测量得到的。数值积分公式为

$$\alpha_s = \frac{\sum Q_{\lambda(T_{solar})}\alpha_{mat}\Delta\lambda}{\sum Q_{\lambda(T_{solar})}\Delta\lambda} \tag{7.28}$$

　　不同波长的反射率如图 7.7 所示。因为在航天器设计应用中用到的大部分表

面都是不透明的,透过率为零。因此,根据公式(7.19),在波长为 λ 时有

$$\alpha_\lambda = 1 - \rho_\lambda \tag{7.29}$$

表面吸收率的数据通过测量得到。

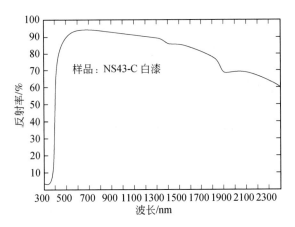

图 7.7　对于 NS43-C 白色颜料测量到的反射率数据

7.9.2　真实表面之间的辐射交换

在对辐射热传递的描述中下一步就是讨论辐射是如何在不同的真实表面之间进行交换的。关于热量如何通过特定的表面被吸收或排放的细节在前面已经讨论过。接下来就是研究有多少热量从一个表面传递到另一个表面。

在两种表面之间的热量平衡如图 7.8 所示。表面 1 的温度为 T_1(K),面积为 A_1(m²),发射率为 ε_1。表面 2 的属性为 T_2、A_2 和 ε_2,在两个表面的净热量交换为第一个表面释放的又被第二个表面吸收的热量减去第二个表面释放的又被第一个表面吸收的热量。

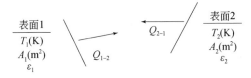

图 7.8　在真实的表面之间的辐射率交换

在式(7.30)中,对于每个公式的第一个等号后面的乘积项,第一部分是离开理想表面的可用热流量,第二部分是实际离开表面的部分,第三部分是达到其他表面的部分,第四部分是被其他表面吸收的热流量。

$$\begin{cases} Q_{1\text{-}2} = Q_{b1}A_1 \quad \varepsilon_1 \quad F_{1\text{-}2} \quad \varepsilon_2 = A_1 F_{1\text{-}2} \varepsilon_1 \varepsilon_2 \sigma T_1^4 \\ Q_{2\text{-}1} = Q_{b2}A_2 \quad \varepsilon_2 \quad F_{2\text{-}1} \quad \varepsilon_1 = A_2 F_{2\text{-}1} \varepsilon_2 \varepsilon_1 \sigma T_2^4 \end{cases} \tag{7.30}$$

那么净热流量交换表示为

$$Q_{1\text{-}2} = Q_{1到2} - Q_{2到1} \tag{7.31}$$

为了简化公式(7.30),需要进一步讨论,引入新变量 F_{nm} ,它是表面 n 和 m 之间的角系数,并且被定义为表面 m 吸收的热量占离开表面 n 的总热量的比值。故角系数描述了实际离开一个表面的热量到达第二个表面的情形。

表面的热辐射现象已讨论过。这个新的术语只与一个表面与另外一个表面的几何关系有关。对于一些基本形状,可以理论计算出角系数。在大部分传热学文章中已经给出了关于一些基本形状的定义、描述和表达。角系数的两个基本属性如下:

$$A_1 F_{1\text{-}2} = A_2 F_{2\text{-}1} \tag{7.32}$$

$$F_{1\text{-}2,3} = F_{1\text{-}2} + F_{1\text{-}3} \tag{7.33}$$

结合公式(7.30)、公式(7.31)和公式(7.32)给出了对于在两个表面间进行辐射热传递的普通表达

$$Q_{1\text{-}2} = A_1 F_{1\text{-}2} \varepsilon_1 \varepsilon_2 \sigma (T_1^4 - T_2^4) \tag{7.34}$$

一个一般系统的完整辐射热流通量交换需要知道系统表面的几何形状、表面属性和温度。作为理论分析一般方法的一部分,任意形状之间的角系数也须是已知的。这些都能够通过设计特定的计算机代码进行相应的数字计算得到。这些代码需要考虑到从一个表面到另一个表面的辐射可以通过其他表面的发射完成。而其他表面的发射会受到发射表面的属性的影响。一个新的系数 $F_{1\text{-}2}$ 代表了在考虑系统内其他表面的作用下,理想表面 1 释放并被表面 2 吸收的热量。将 $F_{1\text{-}2}$ 代入公式(7.34)得

$$Q_{1\text{-}2} = A_1 F_{1\text{-}2} \sigma (T_1^4 - T_2^4) \tag{7.35}$$

结合热平衡公式,忽略对流,将辐射加入公式(7.15)中得

$$\sum_{i \neq s}^{n} \frac{(T_i - T_s)}{R_{i:s}} + \sum_{i \neq s}^{n} \sigma F_{s:i} A_s (T_i^4 - T_s^4) + Q_s = C_s \frac{(T_s^* - T_s)}{\Delta t} \quad (7.36)$$

由公式(7.36)组成的方程组能够求解出任意机械结构的所有节点温度。其中常数都是根据结构的材料和几何特征来确定的。

7.10　稳态和瞬态

公式(7.36)能被用于解决时间变化或者恒定边界条件问题。前者被称为瞬时问题,而后者被称为稳态。在稳态问题中,如果温度不随时间发生变化,那么公式(7.36)的右边部分等于零,公式变为

$$\sum_{i \neq s}^{n} \frac{(T_i - T_s)}{R_{i:s}} + \sum_{i \neq s}^{n} \sigma F_{s:i} A_s (T_i^4 - T_s^4) + Q_s = 0 \quad (7.37)$$

注意到,随着温度随时间的梯度为零,故密度和比热的影响也消失。这意味着稳态问题能够像简单的热平衡问题一样解决。最终的温度就是可以补偿热量损失的任意节点的需要温度。

瞬时问题的求解过程是相对复杂的。公式(7.36)的左边就是节点 s 上的热量平衡

$$\sum 节点 s 上的热流输入输出比 = C_s(T_s^* - T_s)/\Delta t \quad (7.38)$$

式中, T^* 表示在下一个时间间隔的末端的温度。计算出当前时刻模型的所有结果是迭代求解下一时刻的解的最简单的方法。利用公式(7.38)来得到下一时刻的温度,即

$$T_s^* = \Delta t \left[\left(\sum 节点 s 的热流 \right) / C_s \right] + T_s \quad (7.39)$$

在公式(7.39)中采用的瞬态求解方法被称为前置差分法,该方法利用当前时刻的瞬时值迭代计算下一时刻的值。前置差分法是一种很容易实施的方法。它的主要缺点就是方法不够稳定。如果时间间隔太长,节点温度在该时间间隔内会超过预期变化。为了避免这种情况,有必要根据模型的特性调整时间间隔。

正如之前讨论的电流相似性,瞬间热模型具备固有的时间常数。时间常数的计算公式为

$$时间常数 = R_s C_s, \quad 其中 1/R_s = \sum (1/R_{s:i}) \quad (7.40)$$

为了保持准确度和稳定性,前置差分法的时间间隔应该是系统内的最小时间常数。热电容 C 与节点的质量有关,热电阻与节点之间的热联接有关。对于小质量的节点,热耦合效果好,能获得相当小的系统时间常数,这样使得系统运行时间长。为了进一步攻克运行时间/准确性问题,需要采用其他的方案技术。

后置差分法是指通过之前时刻计算新数值的方法。不考虑辐射,公式(7.36)

能够以矩阵的形式写成线性方程组。利用下一时间间隔的热流通量,通过常数矩阵的转置获得新的温度。

这个方法具有无条件稳定的优势,但是其缺点是需要大量的数据存储和转置计算。另外,如果考虑热辐射,问题将会变成非线性的,需要进行近似处理。

在商业化的热传递程序中包括了各种瞬间解方法。预测算法、中间循环和缓和标准都能获得精度可接受的解,同时确保了合理的运行时间。另外,一些准则可以通过评估在瞬间计算过程中的总体热量平衡来对系统进行检查。分析过程需要了解所用方案技术的局限性并提供必要的检查来确保解的正确性。

7.11　环境热量输入

在大多数太空应用中,在辐射热平衡方面,除了航天器上的表面需要考虑,其他的表面也需要考虑。环境热流是用于表示从太阳或者行星体到航空器表面的辐射热量传递。公式(7.36)被用于预测任何表面体系的热性能。利用上述的节点方法,利用节点来代表天体并将天体表面看成一般节点进行分析是可行的。另外,能量平衡必须考虑向太空辐射的热耗散。这个方法的主要问题是将外部环境当做模型的普通部分,并且求解过程经常停滞不前从而得不到稳态温度。在不会将方案的计算变得复杂化的前提下,可以将环境输入包含进模型里面。通过对指定表面进行辐射关联的详细检查是将外部输入包含进模型里的一种方式。对于表面 s,与节点 s 的完整辐射关联有

$$\sum \sigma A_s F_{s\text{-}i}(T_i^4 - T_s^4) + \sigma A_s F_{s\text{-earth}}(T_{\text{earth}}^4 - T_s^4) + \sigma A_s F_{s\text{-sun}}(T_{\text{sun}}^4 - T_s^4)$$
$$+ \sigma A_s F_{s\text{-space}}(T_{\text{space}}^4 - T_s^4) = Q_{\text{rad}} \tag{7.41}$$

分解式(7.41),得

$$\sigma A_s \sum F_{s\text{-}i} T_i^4 + \sigma A_s F_{s\text{-earth}} T_{\text{earth}}^4 + \sigma A_s F_{s\text{-sun}} T_{\text{sun}}^4 + \sigma A_s F_{s\text{-space}} T_{\text{space}}^4$$
$$- \sigma A_s \sum F_{s\text{-}i} T_s^4 - \sigma A_s F_{s\text{-earth}} T_s^4 - \sigma A_s F_{s\text{-sun}} T_s^4 - \sigma A_s F_{s\text{-space}} T_s^4 = Q_{\text{rad}} \tag{7.42}$$

从角系数的代数关系来看

$$\left(\sum F_{s\text{-}i} + F_{s\text{-earth}} + F_{s\text{-sun}} + F_{s\text{-space}}\right) = 1 \tag{7.43}$$

地球和太阳的辐射热流通量为

$$\begin{cases} Q_{\text{earth}} = \sigma A_s F_{s\text{-earth}} T_{\text{earth}}^4 \\ Q_{\text{sun}} = \sigma A_s F_{s\text{-sun}} T_{\text{sun}}^4 \end{cases} \tag{7.44}$$

注意到太空温度为零,公式(7.42)变为

$$\sum \sigma A_s F_{s\text{-}i}(T_i^4 - T_s^4) + Q_{s\text{-earth}} + Q_{s\text{-sun}} - \sigma A_s \left(1 - \sum F_{s\text{-}i}\right) T_s^4 = Q_{\text{rad}} \tag{7.45}$$

如果 $F_{s\text{-space}}$ 定义为

$$F_{s\text{-space}} = \left(1 - \sum F_{s\text{-}i}\right) \tag{7.46}$$

并且认为 T_{space} 为固定温度 0K。那么在公式(7.45)中的 $\sigma A_s F_{s\text{-space}} T_s^4$ 就能被带到所有的节点方程里面,公式(7.45)变为

$$\sum \sigma A_s F_{s\text{-}i}(T_i^4 - T_s^4) + Q_{s\text{-earth}} + Q_{s\text{-sun}} = Q_{\text{rad}} \tag{7.47}$$

在这里太空环境当做系统的一个节点处理。将公式(7.47)代入公式(7.36),来自地球和太阳的热通量按照内部热源的方式来处理,通式变为

$$\sum_{i \neq s}^{n} \frac{(T_i - T_s)}{R_{i\text{:}s}} + \sum_{i \neq s}^{n} \sigma F_{s\text{:}i} A_s(T_i^4 - T_s^4) + Q_s + Q_{\text{env}} = C_s \frac{(T_s^* - T_s)}{\Delta t} \tag{7.48}$$

普通航天器热控制问题转变成通讨热控系统机械设计和轨道参数选择生成合适的热阻、角系数和环境热流通量。在这些输入的基础上预测系统温度。除了表面是简单的几何形状,对于任何事物的环境热流计算可通过计算机更好地完成。

环境热流有三种形式:直接的太阳光、反射光(太阳的反射)以及星反照。直接的太阳光和反射光是起源于太阳并在可见光波长范围内的辐射。直接的太阳光被看成平行光源,所有的入射角相同。反射光通过地球反射到太空中,是一种漫反射光源,从各个角度入射到航天器。行星辐射是来自行星热表面的红外辐射。它也被作为一种漫热源。平行辐射和漫辐射的差异影响到如何计算表面热流通量。

直接的太阳光, Q_{sun} 被看成强度恒定的平行光束,到达地面时强度为 1353 W/m² 。如图 7.9 所示,对于地球轨道的航天器,存在 ±3.5% 的波动,这是因为一年内地球与太阳的距离会发生变化。根据投影面积计算热流通量。投影面积是太阳指向航天器的矢量与表面法线方向所成的角度的余弦值。简单来讲,从太阳角度进行观察得到的表面有效面积。某一表面的热流通量为

$$Q_{\text{sun-}s} = Q_{\text{sun}} A_{\text{proj-}s} \alpha_{S_s} \tag{7.49}$$

式中, $A_{\text{proj-}s}$ 是表面 s 的投影表面积, α_{S_s} 是表面 s 的太阳光吸收率。

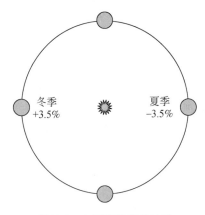

图 7.9　太阳常数变化波动

反射率 ρ_{alb} 是被发射到太空中的热量占入射到行星表面的总热量的比例。因为存在漫发射,反射的热流通量更难计算。由于一年内当地的辐射输入和表面属性的变化,地球反射的热量随着地球位置的不同而发生变化。表面发射率或反射系数的通常趋势如图 7.10 所示。反射率在赤道地区存在最小值,但是受冰盖的影响,在两极地区可以达到 1。但是反射光并不通过这种方式来建模,而是通过反射率乘以角度余弦值对反射光热流通量简单建模。该角度为航天器与太阳在地球上的星下点之间的夹角,如图 7.11 所示。平均反射率为特定轨道的当地反射率在时间上的平均。通常 ρ_{alb} 介于 0.28 到 0.4 之间,这个范围考虑了环境输入的不确定性。因为来自行星的辐射是扩散的,距离行星表面越远,入射流量就越低。为了解释辐射流量与几何形状的关系,需要引进之前讨论的角系数。

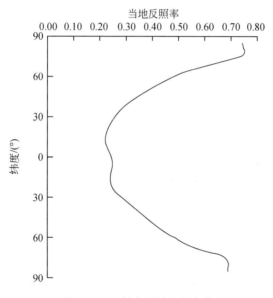

图 7.10　反射率随纬度的变化

对于气球实验的情况,有效负载大部分时间位于同一个位置,因此使用当地反射率是很重要的。

航天器表面对于上下对称分布的行星具有相同的角系数。当航天器表面的法向量对准行星中心时,$F_{s\text{-planet}}$ 近似为 $(R_{\text{planet}}/R_{\text{SC}})^2$,其他几何关系可参考其角系数曲线图(图 7.12),但是更有用的资源是计算角系数的进行商业化软件。到达 s 表面的辐射为

$$Q_{\text{alb}} = Q_{\text{sun}}\rho_{\text{alb}}\cos\varphi_1\cos\varphi_2 A_s F_{s\text{-planet}}\alpha_{S_s} \tag{7.50}$$

式中,φ_1 和 φ_2 的定义见图 7.11;A_s 是 s 表面的面积;$F_{s\text{-earth}}$ 是 s 表面相对地球的角系数;α_s 是 s 表面的吸收率。公式(7.49)适用于 φ_1 和 φ_2 介于 0°到 90°之间,所有其

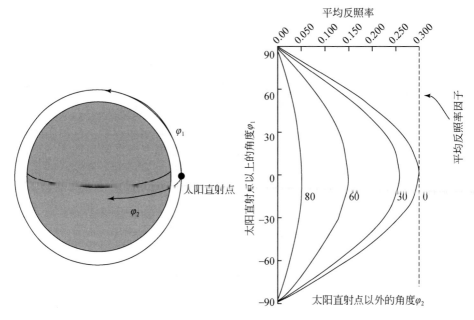

图 7.11　反射率随纬度的变化

他的角度都有 $Q_{alb} = 0$。

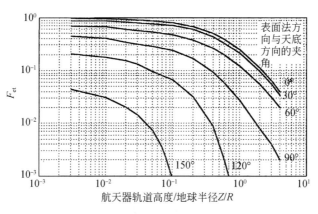

图 7.12　地球反射率的视角系数

最后讨论的环境热就是星反照。星反照是由于自身温度从行星表面发射出的正常辐射。类似于反射率的讨论,航天器表面相对行星的角系数也需要包括进来。如果行星上某部分区域的温度差异较大,那么计算热流通量时需要用到航天器表面相对行星的不同区域的角系数。不像反射率,这种辐射是在红外辐射波长范围内的,所以需要用红外发射率计算表面吸收的热量。地球被假设为一个恒定的温度热源。通常,地球反照的热流通量 $Q_{\text{earth IR}}$ 随季节的变化范围介于 220 W/m² 和 270 W/m² 之间。正如反射率一样,具体的星反照数值应该针对特定的轨道进行计算。

表面 s 吸收的星反照热量的通用公式为

$$Q_{\text{planet}} = Q_{\text{planet}} \, IRA s F^{\varepsilon}_{s\text{-planet}} \, IRs \tag{7.51}$$

这里的所有术语在前面已经进行了陈述。注意到,角系数与计算反射率时用到的是一样的,因为它只和几何关系有关,并不是辐射波长的函数。

7.12　轨道定义

环境热流通量的计算需要用到航天器相对于行星和太阳的位置。对于深空探测的任务中可通过轨道根数给出,而对于太阳系内的飞行任务可通过与太阳的距离给出。在任何一种情况下,需要分析并辨别执行任务时环境热量的不同类型并生成对应的极端情况。

对于在轨运行的航天器,引入 β 角定义轨道面相对太阳的夹角,如图 7.13 所示。这个角度是航天器指向太阳的矢量相对于轨道平面的夹角。β 角能够简单地定义并展示轨道平面相对于太阳的几何特征。通常情况下,地球轨道通过半长轴、离心率、倾角、升交点的赤经以及近地点角距来定义。通过任务规划预测出航天器在其寿命期限内轨道角度的变化范围,而不仅仅是真实轨道预报。在轨运行过程中,β 角将在最大值和最小值之间变化。通过计算环境热流通量确定航天器的冷热环境。极端情况描述了航天器可能遇到的最低的或最高的温度。

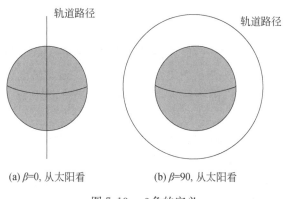

(a) $\beta=0$, 从太阳看　　　　　　　　(b) $\beta=90$, 从太阳看

图 7.13　β 角的定义

7.13 分析软件

注意到在初期的讨论中航天器热分析被分为两大类:热阻的计算和便于模型设计的热流通量计算,以及求解系统模型生成的方程组。在分析过程中手工计算对于分析验证是很重要的,但是它们仅限于超级简单的问题。在早期计算和对计算机仿真结果进行验证时,利用在前面章节讨论的近似处理可以对环境热流通量进行估计。但是,包含超过最简单问题的任何事物都需要一个专业的计算机程序。

由于专业的计算机程序对于现代航天器热分析是必需的,熟练运用这些程序非常重要。过去大量使用 TRASYS 和 SINDA 两个程序用于建模工作。TRASYS 用来计算辐射交换系数 F_{i-j} 和环境热流通量。SINDA 通过输入条件求解方程并计算温度。这两个程序选用相同的模型形式,便于交叉运行。现在具备大量的热分析程序,复杂模型的建立和求解比以前更加快速,简化了分析过程。但从另一方面,不同的程序所用的形式不同,模型的相互转换变得困难,复杂化了分析过程。商业化的新程序包括:

(1)来自空间设计公司的热合成系统。
(2)来自 C&R 技术的热台式机。
(3)来自结构力学研究公司的 IDEAS TMG。
(4)来自 K&K 联合公司的热学分析。
(5)来自哈佛热学公司的热学分析系统。

7.14 设计过程

热设计紧密地与其他大多数航天器设计领域联系在一起。热设计任务的一个重要部分就是与其他设计协调从而更好地完成任务。通常热设计方法都是基于控制流入和流出系统的热量,围绕航天器的有效载荷、轨道环境、机械配置、姿态控制、发电设备。

从将一个特定的有效载荷放置到空间中的指定位置的需求出发进行热设计。一般地,航天器被分成有效载荷(科学仪器或主要任务中的其他部件)和总线(支持有效载荷的航天器子系统)。通常特别任务需要独特的有效载荷,不同的任务其总线却可能相似。通常有效载荷有一些基本的热学要求:温度限值、配置和功率损耗。温度限值决定有效载荷是否能够和总线共用热控系统或者需要独立的热环境。典型地,航天器总线设计的温度范围为 $-10\sim40℃$。将有效载荷耦合到总线上能够使总体设计更简单,但是单独的设计变得更加复杂。总线和有效载荷孤立,仅需简单的接口两种设计便能平行进展。不论有效载荷和总线是否具备不同的温度范围,简单化接口都是有益处的。有效载荷配置包括任何影响与外空间环境热交换的外部表面,以及潜在的提供排热的表面。有效载荷配置也决定是否存在需要特殊的温度梯度要求的连接问题。功率损耗及其变化决定着如何对特定区域进行控制。

在设计过程的下一步就是对预期环境热流通量进行分析。任务设计包括确定设计轨道,包括发射和任何轨道转移。通过轨道预报,分析在轨运行时航天器相对于太阳的角度范围。通过生成一系列热环境以预测航天器的极端热学环境,而不是查看制定的任务表。设计的目的便是减小航天器吸收的环境热流,并利用散热表面来弥补航天器或子系统的内部功率耗散。

根据任务对有效载荷和总线进行设计。总线包括航天器主要的电子设备。通常情况下,这些部件的热环境受航天器结构的影响。需要一套电源系统来满足执行任务的功率需求。结构设计需要保证足够的散热器面积抵消内部功率耗散及环境热流。在早期的总线结构配置阶段便可估计热路径,随后根据设计进度而不断优化。如果外部组织需要为航天器的部分组织提供热服务,那么就需要协商接口要求使得设计可以分别进行而不相互受影响。

一旦确定基本配置,航天器被分成热学上的类似区域,针对每个区域设计热控方案。通过部件温度限值来决定这些部件是否能被归类到同一个区域。航天器总线通常是最大的区域。其他典型区域包括太阳电池板、推进装置和星敏感器。每个区域通过各自的热控方法控制热量流动,将温度控制在允许范围内。温度最高和温度最低时的边界条件(传导性和辐射性)和环境热流通量都需要针对每个区域进行建模。

最基本的热控制方法就是在高温环境下利用散热器来控制温度,在热设计条件的温度,用低温条件下用加热器保持温度。最大功率损耗对应着最高温度的边界条件,而最大的环境热流通量对应着系统吸收的最大功率。通过配置散热器来控制流入高温部件的热量。散热器的大小、温度最低时的边界条件以及最低的内部功率消耗一起决定了需要的加热器功率。加热器的使用是为了在存在散热器散热的条件下保证部件的工作温度高于其要求的最低温度。使用加热器和散热器是最简单的热控方法,但需要最大的加热功率。当内部功率损耗存在大约 25% 的波动时,加热器/散热器设计仍可以保证热条件要求。

其他热控方法通过调整航天器热量损耗来维持温度。这些设计需要能够更改航天器的热量流出的特别的热控硬件,如百叶窗或热导管。虽然增加了硬件的复杂度,但节省了加热器功率。

7.15　热控硬件

热控硬件分为被动和主动形式。被动热控硬件不具备可以改变的元素。被动热控硬件的例子有散热器、热控制涂层、固定导热管以及多层绝热涂层(MLI)。被动式设计平衡掉了在环境热量流通与变化的航天器温度之间的波动。主动热控可以控制航天器任务期间的热平衡。主动热控的例子有温控加热器、百叶窗和可变导热管。在主动热控和被动热控之间的权衡需要考虑热控子系统费用、控制范围和可靠性。下面的章节描述了许多更加普通的热控制部件。

7.15.1　散热器

只要能够直接辐射能量到太空,散热器可以安装在航天器中的任何位置。一般将散热器暴露在太空中,航天器内部的热量传递给散热器。功率耗散部件相对散热器的位置,需要共同关注热学特性及结构特性。为了最大化散热器表面的散热,散热器表面通常覆盖一层发射率高的涂层。如果涂层表面与环境存在热交换,那么这些热交换也需要考虑在散热器设计中。

具备辐射特性的涂层设计称为热控涂层。理想条件下,辐射表面具备很低的吸收率、很高的辐射率,绝热表面吸收率和辐射率都低,吸热表面具备高的吸收率和低辐射率。然而,实际表面的热辐射属性存在有限范围。用吸收率与发射率的比值 $\alpha_s/\varepsilon_{IR}$ 对表面进行分类。$\alpha_s/\varepsilon_{IR}<0.4$ 时,是理想的散热表面,能够承受更多的太阳能量输入。当比例高于 1.0 时,暴露在太阳能量下时表面将会变热。图 7.14 给出了真实表面的太阳吸收率和红外辐射率的范围。通常情况下,表面的红外辐射率随环境的变化不大,但是太阳的吸收率波动较大。

白色喷漆是最常见的热控制涂层之一。这些涂层 $\alpha_s/\varepsilon_{IR}$ 比例较低,但是在环境的影响下容易降解。紫外辐射和污染物会增大吸收率。紫外线能引起材料变暗。污染物在涂层的表面上形成一层膜,其辐射率高于基体。

对于 $\alpha_s/\varepsilon_{IR}$ 比值低的表面的另一个应用就是用于第二表面的反射。第一表面和第二表面的热控制如图 7.15 所示。第二表面反射器结合两个热学属性不同的独立材料层,从而得到稳定的且 $\alpha_s/\varepsilon_{IR}$ 比值低的表面。反射器顶层具备高发射率,但是在太阳波长范围内是透明的。太阳辐射通过这一层后被第二层的闪亮表面反射,使得总反射率更高(吸收率更低)。

表面的稳定性是外层保持其透射率的函数。第二层反射体通常有以下两种形式:金属化的氟化乙烯丙烯薄膜(FEP)以及光学太阳反光片(OSRs)。镀铝(Al/FEP)或者镀银(Ag/FEP)的金属薄膜,其外层为透明的 FEP。薄膜的厚度通常为

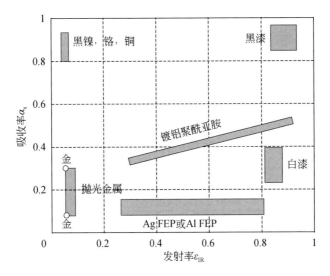

图 7.14　典型的辐射属性

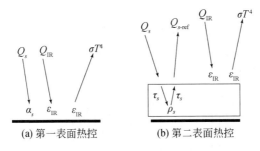

(a) 第一表面热控　　　　　(b) 第二表面热控

图 7.15　第二层表面镜

0.002~0.010in(50~250pm)，具有薄、灵活的特点。它们主要通过丙烯酸剂黏合到部件表面。镀银层膜的 $\alpha_s/\varepsilon_{IR}$ 相比镀铝层更好，但是容易被水腐蚀。OSR 瓷砖采用具备银色衬垫的石英外层。石英对辐射和紫外线不敏感，使得辐射特性非常稳定。相同结构的瓷砖也被用来作为太阳能电池。配置 OSR 需要额外成本，故应权衡成本和其稳定性带来的低温效应。

　　合理使用涂层的一个关键便是要知道热控涂层的稳定性。热控涂层的热学属性应该包含使用寿命的开始任务时涂层的性能值(BOL)和寿命终止时涂层的性能值(EOL)。BOL 数据可以通过测量得到，获得相对容易。EOL 数据的确定要根据紫外光照射测试和在轨运行经验。应该计算出来确定航天器寿命结束时表面的降解情况需要计算出任务期间散热器表面的太阳照射总剂量。表 7.2 给出了几种典型的热控表面的热学属性。

表 7.2　典型表面材料数据

表面	α_sBOL	α_sEOL	$\alpha_s/\varepsilon_{IR}$
OSR	0.08	0.20	0.80
Ag/FEP	0.09	0.30	0.78
Al/FEP	0.13	0.40	0.78
Z93 白色涂料	0.13	0.30	0.85
A276 白色涂料	0.26	0.50	0.85
0.001 聚酰亚胺材料	0.38	0.45	0.67
Z306 黑色涂料	0.95	0.95	0.85
纯铝	0.20	0.20	0.10

7.15.2　加热器

用加热器在温度过低时对航天器进行温度控制。最普通的加热器为两层卡普顿薄膜之间的电阻元件,如图 7.16 所示。利用丙烯酸黏结膜将加热器附属在基板上。加热器具有标准尺寸,但也可为特定应用专门设计制造。卡普顿加热器的主要特点在于基板温度、表面形状、功率密度、电阻密度和系统电压,加热器与基板之间的黏合剂存在温度极限,在 150 摄氏度左右。当温度达到上述极限时,加热器可能会脱胶从而导致任务失败。当然很多种黏合剂能够在高温环境下使用。

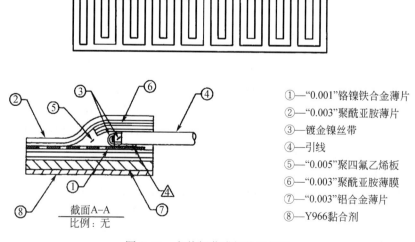

①—"0.001"铬镍铁合金薄片
②—"0.003"聚酰亚胺薄片
③—镀金镍丝带
④—引线
⑤—"0.005"聚四氟乙烯板
⑥—"0.003"聚酰亚胺薄膜
⑦—"0.003"铝合金薄片
⑧—Y966黏合剂

截面A—A
比例:无

图 7.16　卡普顿薄膜加热器构造

加热器有一个分布式电阻元件遍布在基板下面。表面不规则将导致加热器不能接触到下面的基板,存在局部过热和任务失败的风险。加热器输出的热流通量除以加热器的表面积便是功率密度。效果好的散热器,具备的最大功率密度在 9 W/in² 左右。在一般设计里面,使用的最大功率密度应该在 2 W/in²。因为加热元件是风化的铬镍铁合金箔,能放入指定区域的箔片长度存在限制。对于箔片,电阻密度的极限是 100Ω/in²,而电线的电阻密度极限值是 400Ω/in²。

给加热器定型需要已知输入电压的范围。加热器的平均功率和最大功率是很重要的。航天器总线的电压范围可以是很窄的(28V±少量百分比),也可以是很宽的(22~36V)。对于受控总线,电压的波动应该包括线路损耗(~0.5V)的修正值,对于不受控总线,假设总线在最低的可能电压下工作一定时间,以此设定加热器的功率需求。可能的最低电压应比最小的瞬时电压要更高一些。

加热器的功率损耗为

$$Q_{htr} = V_{bus}^2 / R_{htr} \qquad (7.52)$$

通常,加热器的功率设定 25% 的裕量。对于标称型号的加热器,如果额定要求 10W,加热器在最小电压下功率应达到 12.5W。如果加热器的最小电压为 22V,最大电压为 36V,那么由加热器产生的最高功率将是 33.5W。显然,对于具备很多加热器的系统,瞬间电流会超过平均值的 3 倍,是热设计要关注的问题。

通过遥控或自动调节来控制加热器。对于简单系统,加热遥控指令可以从地面发送,从而缓慢地改变航天器的温度。更一般的是,加热器是由星载计算机控制的。利用航天器的遥测技术,基于特定的系统温度条件,计算机可以控制对应的加热器的加热功率。加热器也能够通过恒温控制器来进行自动控制。恒温控制器包括一个双金属开关,能够根据设备的温度对两个接触点之间的电路实行连接和断开。恒温控制器的最大工作能力是连接 100000 个接触点,并支持 5A 电流传输。实际的设计应该限制其在 50000 个接触点左右,且电流在 1A 左右。

7.15.3　多层绝热

多层绝热(MLI)应用在所有的航天器任务中,来控制航天器辐射的热量损耗。多层绝缘是由多层并行分布的低发射率表面构成的。多层绝缘的关键设计要素是内外层的材料、预测的温度范围、内层的数量、包含部件的形状、表面传导性以及对污染的要求。

多层绝热理论来自于平行辐射屏蔽的分析。对于发射率为 ε_1 和 ε_2 的两个平行平面,两个表面之间的热流通量表现为热辐射在两个平面之间来回反射。任意两个平面的热量平衡由公式(7.34)给出。对于紧密相邻的两个平行表面,相互的角系数为 1。两平面之间的辐射来回反射的热学问题简化成了一个简单的有效发射问题。

$$Q_{1-2} = A_1 \varepsilon_{\mathrm{eff}} \sigma (T_1{}^4 - T_2{}^4) \tag{7.53}$$

式中

$$\varepsilon_{\mathrm{eff}} = 1 \Big/ \left(\frac{1}{\varepsilon_1} + \frac{1}{\varepsilon_2} - 1 \right) \tag{7.54}$$

这个方法能够适用于具备相同发射率的 N 个辐射屏蔽,通过公式

$$Q_{1-N} = A_1 \varepsilon_{\mathrm{eff}} \sigma (T_1{}^4 - T_N{}^4) \tag{7.55}$$

式中

$$\varepsilon_{\mathrm{eff}} = (N+1) \left(\frac{2}{\varepsilon_1} - 1 \right) \tag{7.56}$$

显然,当 N 的值很大时,绝热数值变得非常大。但是,在现实生活中,绝热效果受到表面之间局部接触程度的限制。图 7.17 比较了不同绝热层数量的多层绝热层性能的实际值和理论值。

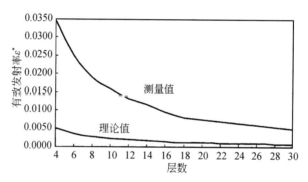

图 7.17　多层绝热材料性能的实际值和理论值比较

为了达到设计目的,在内外层一维热量传递的假设下,对多层绝热进行分析。假设有效发射率为 ε^*,大平面的绝热层 ε^* 的典型数值为 $0.01 \sim 0.03$。对于面积较小的绝热层,ε^* 值一般取为 0.05 或 0.1。ε^* 的变化预期了多层绝热覆盖层的性能。实际性能需要通过材料的系统级热真空测试获得。

多层绝热材料由三类材质构成,包括与外部环境接触的外层,提供了绝热性能的多重内层,以及内保护层。根据温度、表面侵蚀情况或者导热性能需求选择外层材料。卡普顿、Al/FEP 以及贝塔布是典型的外层材料。轨道高度低于 500km 时,需要考虑原子侵蚀。卡普顿极容易受到原子氧的破坏。如果需要导热性能,可以将卡普顿或 Al/FEP 附上二氧化钛涂层,这层薄而透明的涂层将增加表面的传热性。

内层的作用就是通过最小的质量实现最好的绝热效果。内层使用的材料可以是 $0.0025 \mathrm{in} (62.5 \, \mu\mathrm{m})$ 厚度的聚酯薄膜,也可以是 $0.003 \mathrm{in} (75 \, \mu\mathrm{m})$ 厚度的卡普顿。为了获得预期的低发射率,表面需要用真空沉积铝(VDA)进行涂层。如上所

述,此时的绝热性受涂层之间的导热性的限制。利用多种方法来减少这些局部接触的效果。一种方法就是利用结网(涤纶或丝绸)来分离涂层。使用褶皱材料的另一个方法是将接触面积最小化。另外一个方法使用真空沉积铝实现不接触。

多层绝缘设计的一个重要部分就是材料的排气。在内层多层绝缘表面积和实际由覆盖层覆盖的面积之间存在着较大的表面积比例(大约 40∶1)。任何表面污染和滞留气泡都需要从环境压力到真空进而穿过覆盖层。同样,可使用不同的方法,一种方法是利用穿孔材料让气体通过外部或内部表面排出来。另一种方法是采用无孔覆盖层,让气体通过边界排出来。内部层通常作为支撑层或保护层。其作用是保持内部层在安装或处理过程中不受破坏。可选用的材料有卡普顿或者涤纶布。

一般采用的多层绝缘覆盖层是根据设计绝热结构的经验设计的。

7.15.4　百叶窗

百叶窗由可转动的低辐射率叶片构成,能通过改变叶片方位覆盖或暴露下层的高辐射率表面调整辐射率,因此能有效地改变表面发射率来调整表面排出的热流量。百叶窗设计的关键特性包括驱动方式、驱动时间和光照可能性。

典型的百叶窗结构如图 7.18 所示。百叶窗由数个覆盖在散热器表面的薄叶片组成,这些叶片是由覆盖有 VDA 涂层的卡普顿压制到内轴上制成的,轴的一端固定在动力装置上并能进行最大 90°的旋转。叶片关闭时,暴露在外界环境的是叶片上的 VDA 涂层,辐射散热量较小;叶片展开时,会暴露出高辐射率散热器表面,增加辐射散热量。为了便于分析,将百叶窗散热器看成平面,这样就能得到辐射热流量随叶片位置变化的函数,如图 7.19 所示是百叶窗散热的典型辐射率性能曲线。实际上,叶片完全开启时并不会达到曲线中所示的理想情况,因为叶片仍然会阻碍一小部分面积的散热平面的辐射散热。

通常情况下,百叶窗采用温度控制,其双金属材质可在温度变化时控制百叶窗的旋转。双金属部分固定在散热器表面的百叶窗骨架上。百叶窗也可通过驱动器外罩附近安装的加热器进行远程控制。加热器控制的温度静区更小,但是会消耗电量。百叶窗驱动时间通常为几分钟。

大部分百叶窗无法在光照条件下工作。叶片上的低辐射率涂层具有较高的 $\alpha_s/\varepsilon_{IR}$ 比,使得叶片表面保持一个较高的温度,而温度过高会导致压层黏合剂无法黏合叶片。另外,百叶窗只有在温度升高时才可操作。因此如果暴露在光照环境中,开启百叶窗将使更多的太阳能热量被吸入散热器,导致温度进一步升高。

7.15.5　热管道

热管道技术利用蒸汽潜热——气相变化来有效地带走热量。热管道由内部装

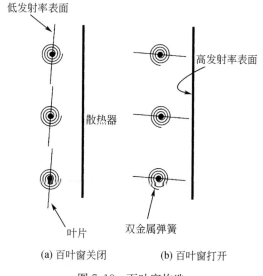

(a) 百叶窗关闭　　　　　(b) 百叶窗打开

图 7.18　百叶窗构造

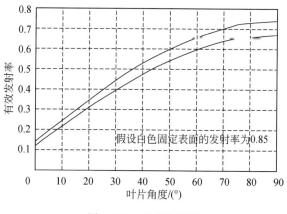

图 7.19　百叶窗性能

有工作流体的密封管道构成,其设计的关键特性是内部结构、工作温度范围和管道热接口。

　　热管道中的工作流体在工作温度范围内保持气液两相状态,如图 7.20 所示,热量在管道的一侧——蒸发器端输入,并从管道另一侧——冷凝器端输出。从蒸发器引入的热量使液体气化,气化的流体在冷凝器会再次液化,热量就在两个区域间传输,而传输过程中不会发生温度变化。液体通过蒸发核周围带有毛细结构的芯状物从冷凝器流回蒸发器。流体液-气相变携带的热量非常大,所以热管道能够非常有效地传输热量。

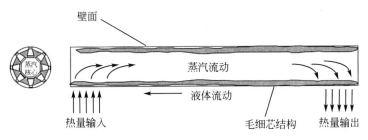

图 7.20 热管道运行图

管道的工作温度范围决定了工作流体的选取。图 7.21 给出了几种典型工作流体的气液相变曲线图。另外,流体的蒸发潜热表征了该流体能够携带的热量,且工作流体必须能与管道材料兼容。最常用的热管道是铝挤压件,它具有轴槽构造,以氨水作为其工作流体。只要是液体通过芯状物回流的速率足以维持蒸发设备满载,热管道就能保持连续运转。当热流超过工作温度允许的范围时,流体蒸发速度要比补充得更快,就会导致烧损。毛细芯状结构运送流体的能力依赖于其设计和

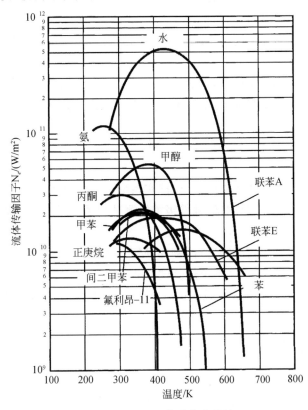

图 7.21 加热器管道蒸汽曲线

长度,其抽送能力要比摩擦阻力带来的压降更大。

热管道接口的设计是总体系统的重要组成部分。管道材料要求能将热量从管道接口处高效地输送到蒸汽核然后再输送回冷凝器。由于航天器表面通常是平面,可能需要在航天器表面和热管道之间安装鞍垫作为过渡。此外,热量是从管道的一侧引入的,蒸发器周围的温度变化会导致温度较高的流体凹槽比温度低的流体凹槽更容易烧损,尽管这时管道仍然能工作。

7.15.6 倍增器

倍增器是在现有结构上增加的用来增强局部导热性的层状材料。在航天器设计中,标准结构材料是铝蜂窝板。这些蜂窝板的面材的典型厚度为 $0.005 \sim 0.025 \mathrm{in}(125 \sim 625\ \mu m)$,它们在面板内部起导热作用。这种加倍装置的关键设计问题是让实际的几何体与分析模型相匹配。

当功率耗散部件连接到铝蜂窝板上时,热量在辐射或传导出系统前就会被迅速地从接口处传导到面板中。接口附近的局部热流会导致面板和接触点之间的温度升高。如果温度上升过多,可以使用额外的材料来提升接触点周围材料的厚度。倍增器通常固定于底层并且使用与底层相同的材料以消除 CTE 不匹配的顾虑。倍增器的设计与几何和解析模型紧密相关。由于倍增器是外置装置,所以其尺寸和形状通常都是根据特定的应用目的而定的。需要特别注意的是,接触点周围的节点配置应能保证局部热流。此外,节点尺寸在温度梯度较大的区域应有所减小。

7.16 测　　试

热测试用来为分析任务提供信息,核实系统设计合理性,以及验证设计分析有效性。测试分为三类:工程测试、部件级资格测试和系统级资格测试。这三类测试都是设计的重要步骤。

热测试要根据具体的准则进行,例如,Mil-Std1540,"发射、上面级和航天器产品认证要求";JPL D-22011,"系统热测试标准";GSFC,"STS 和 ELV 的有效载荷、子系统和部件的通用环境认证说明书(GEVS),修订版 A";APL SDO-11225,"太空飞行系统性能认证要求"。

7.16.1 工程测试

工程测试用于提供飞行器硬件关键部件的热力学行为的经验信息。前面提到,热力学分析需要计算指定结点之间的热阻。当热阻部分具有复杂的几何外形或者表面接触点不明确时,除非依赖测试获取更好的热力学性质信息,否则解析计算结果会有极大的不确定性。例如,多层绝缘性能(MPL)几乎全部靠工程测试得到。

　　工程测试增加了硬件在恶劣环境下的生存能力。腐蚀环境或接近材料破裂点等条件下工作的设计需要材料在特定配置下热力学行为的详细信息,要对材料暴露于紫外辐射和氧原子环境中的辐射特性剥蚀进行工程测试。

　　对这些测试结果经过筛选和相互对照,可以得到适用于某些特定测试的通用设计指导方针。本章前面几部分介绍的材料和辐射属性都是工程测试得到的。弄清设计指导方针在具体应用中的适用性非常重要,例如,大部分材料的热导率和比热通常被视为常数,但事实上它们在低温度时会明显改变;而多层绝缘性也会受尺寸、配置和建模方式的影响。

7.16.2　部件级测试

　　部件级测试的目的是找出设计和工艺故障。热真空测试需要将部件暴露在真空和一定温度环境中,包括热平衡测试或热循环测试。热平衡测试是通过仿真热量流入或流出部件时的比热路径来校验热分析的结果,定义测试条件以分析部件和比热路径在所有热平衡测试都非常重要。热循环测试则用来验证部件工艺和工作温度范围内的合理操作规程,该测试包括 3 个重要部分:温度限值、温度停留时间和循环次数。其中,部件温度范围是热控制子系统的基本参数,温度停留时间和循环次数则需要根据具体任务和设计组织的规定性能确定。

7.16.3　系统级测试

　　系统级测试在飞行器硬件装配之前具有最高决定作用。测试测试了航天器仪器的在超出飞行中的预期时的极端热条件下的工作性能,以及热控制设计是否能够按照要求工作。因为所有的部件在以前都被按照部件的标准测试合格,因此系统级测试的目的并不是复制这些测试而是验证作为一个整体时系统的性能情况,包括部件之间的接触面。因为热控系统是总体系统的一部分,其需要核实的还包括支持设计的分析模型。热控系统测试被分为两部分,即热平衡和热循环。

　　热平衡测试需要收集足够的数据来修正系统热分析模型,发现热设计中存在的瑕疵。恰当的热分析模型是很重要的,因为模型可以预测系统在不能进行测试的条件下的热性能。设计中的热裕量在测试期间应能得到体现。测试也应保证那些除了在模拟任务环境之外不能完全运行的任何功能都得以运作。

　　热真空测试是热循环测试的一部分,是唯一需要整个系统在飞行中或处于在轨状态时进行测试的部分。通常情况下,进行在轨环境测试的部件应尽可能多。例外情况包括太阳能电池、天线以及不适合或不足以系统测试的部件。重复测试子系统性能以确保在极端温度条件或真空条件下不出现异常。引进来时是没有例外的。对于涉及高电压或低温感应器的许多仪器,系统级 TV 测试将进行全面测试。以在轨飞行环境为测试条件进行数周测试。

7.17　设 计 案 例

作为前面讨论内容的一个例证,下面针对一个边长 1m 的立方体航天器,对热控制系统进行开发和分析。假设立方体运行在一个高度为 1000km 的地球圆轨道上,立方体内部耗散功率的变化范围为 150~200W,立方体在轨道上的姿态变化符合对地定向规律,且立方体的质量为 500kg。立方体在沿轨道飞行时,一个表面始终指向地球(−Z),同时另一个表面始终背对地球(+Z),而它的 +X 表面始终指向速度方向。设计案例的几何构型如图 7.22 所示。通过轨道预报,可知整个任务周期中轨道的 β 角。同时,这也决定了热轨道设计案例中 β = 90°(全日照),冷轨道设计案例中 β = 0°。轨道设计案例如图 7.23 所示。

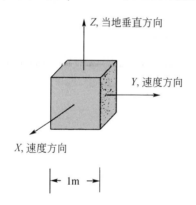

底部和顶部覆盖有绝热层,侧面是等温的

	内部功率/W	太阳通量/W/m²	反照率	地球反照通量/W/m²
最大值	200	1400	0.40	270
最小值	150	1300	0.24	220

图 7.22　设计案例——问题定义

7.17.1　直射太阳能加热——热轨道案例

直接太阳能加热是在太阳(公式(7.49),$Q_{sun} = 1400\,W/m^2$, $\alpha_s = 1$)面对立方体的项目区域对于热的案例,立方体总是在太阳的相同的位置,所以在所有面上太阳能量是常数(表 7.3)。

直射太阳能加热的部分仅有立方体表面在相对于太阳方向的投影面积(公式(7.49),$Q_{sun} = 1400\,W/m^2$, $\alpha_s = 1$)。在热轨道案例中,相对于太阳,立方体始终处于相同的位置,所以在所有表面的太阳能供热为常数(表 7.3)。

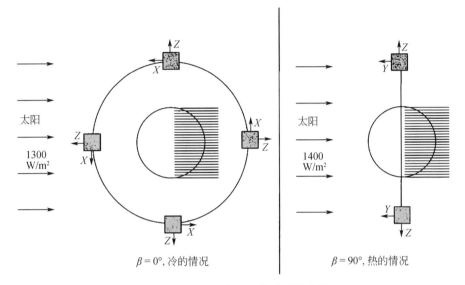

图 7.23　设计举例——轨道设计案例

表 7.3　立方体每个表面上直接入射的太阳能（ W/m² ）——热轨道案例

+X	−X	+Y	−Y	+Z	−Z
0	0	1400	0	0	0

7.17.2　直射太阳能加热——冷轨道案例

　　在冷轨道案例中,立方体围绕地球的运动使其将四个侧面暴露在太阳光下的面积不断变化。航天器在日食中进入和退出的轨道角度分别是 150° 和 210°。轨道角度从太阳直射点（在轨道中最接近太阳的点）开始测量。这两个角度可以根据地球半径 6378km 和轨道高度 1000km 两个数据计算得到。这段时间约 100min。取航天器每个表面法线与太阳光线之间夹角的余弦值,按照公式(7.49),取 $Q_{sun} = 1300$ W/m² 和 $\alpha_s = 1$,计算得到的入射通量如表 7.4 所示。

　　需要注意的是,在日食前后需要增加采样点,以得到正确的平均值。

表 7.4　立方体每个表面上直接入射的太阳能——冷轨道案例　　　　（单位：W/m²）

角度/(°)	+X	−X	+Y	−Y	+Z	−Z
0	0	0	0	0	1300	0
30	0	650	0	0	1126	0
60	0	1126	0	0	650	0

续表

角度/(°)	+X	−X	+Y	−Y	+Z	−Z
90	0	1300	0	0	0	0
120	0	1126	0	0	0	650
149.9	0	652	0	0	0	1125
150	0	0	0	0	0	0
180	0	0	0	0	0	0
210	0	0	0	0	0	0
210.1	652	0	0	0	0	1125
240	1126	0	0	0	0	650
270	1300	0	0	0	0	0
300	1126	0	0	0	650	0
330	650	0	0	0	1126	0
360	0	0	0	0	1300	0

7.17.3 反射加热——热轨道案例

通过公式(7.50)可以计算出反射加热的比率。对于 $\beta=90°$ 的轨道，φ_2 为 $90°$，所以反射加热现象消失(表 7.5)。

表 7.5　立方体每个表面上反射的热量　　　　（单位：W/m²）

+X	−X	+Y	−Y	+Z	−Z
0	0	0	0	0	0

7.17.4 反射加热——冷轨道案例

反射加热(公式(7.50))包括了一个术语 $F_{s\text{-planet}}$，它描述了立方体表面相对于地球的视角。对于平板在不同角度的视角系数如图 7.12 所示。对于立方体的朝向地球的表面($-Z$)，有

$$F_{s\text{-planet}} \simeq 0.7$$

利用书中给出的近似值，得到

$$[R_e/(Z+R_e)]^2 = [6378/(1000+6378)]^2 = 0.75$$

根据图 7.12 可知，立方体每个侧面的角系数为

$$F_{s\text{-planet}} \simeq 0.2$$

使用最小的反射率系数，$\rho_{\text{alb}} = 0.24$，同时令 $\alpha_s = 1$，便可由公式(7.50)计算

出航天器环绕轨道过程中的入射通量,如表 7.6 所示。其中,角度等于 150°、180°、210° 时,处于日食状态。

表 7.6　立方体每个表面的反射入射加热量　　　（单位：W/m²）

角度/(°)	+X	−X	+Y	−Y	+Z	−Z
0	62	62	62	62	0	218
30	54	54	54	54	0	189
60	31	31	31	31	0	109
90	0	0	0	0	0	0
120	0	0	0	0	0	0
149.9	0	0	0	0	0	0
150	0	0	0	0	0	0
180	0	0	0	0	0	0
210	0	0	0	0	0	0
210.1	0	0	0	0	0	0
240	0	0	0	0	0	0
270	0	0	0	0	0	0
300	31	31	31	31	0	109
330	54	54	54	54	0	189
360	62	62	62	62	0	218

7.17.5　地球红外辐射加热——冷轨道案例

利用公式(7.51)可以计算出地球红外辐射热量,其中 $\varepsilon_{IR}=1$。假定地球保持在一个恒定的温度,则来自地球的红外辐射热量不受轨道位置的影响。在这里,使用与反射案例相同的视角系数。地球反照的最小值和最大值分别为 220 W/m² 和 270 W/m²,如表 7.7 所示。其中,角度位于 150° 和 210° 之间时,处于日食状态。

表 7.7　在立方体每个表面上入射的地球红外辐射热量　　　（单位：W/m²）

角度/(°)	+X	−X	+Y	−Y	+Z	−Z
0	44	44	44	44	0	154
30	44	44	44	44	0	154
60	44	44	44	44	0	154
90	44	44	44	44	0	154
120	44	44	44	44	0	154

角度/(°)	+X	−X	+Y	−Y	+Z	−Z
149.9	44	44	44	44	0	154
150	44	44	44	44	0	154
180	44	44	44	44	0	154
210	44	44	44	44	0	154
210.1	44	44	44	44	0	154
240	44	44	44	44	0	154
270	44	44	44	44	0	154
300	44	44	44	44	0	154
330	44	44	44	44	0	154
360	44	44	44	44	0	154

7.17.6 地球红外辐射加热——热轨道案例

类似地,使用最大的地球红外辐射通量,可以得到表 7.8 中列出的数值。其中,角度位于 150° 和 210° 之间时,处于日食状态。

表 7.8 立方体每个表面上入射的地球红外辐射加热量 （单位：W/m²）

角度/(°)	+X	−X	+Y	−Y	+Z	−Z
0	54	54	54	54	0	189
30	54	54	54	54	0	189
60	54	54	54	54	0	189
90	54	54	54	54	0	189
120	54	54	54	54	0	189
149.9	54	54	54	54	0	189
150	54	54	54	54	0	189
180	54	54	54	54	0	189
210	54	54	54	54	0	189
210.1	54	54	54	54	0	189
240	54	54	54	54	0	189
270	54	54	54	54	0	189
300	54	54	54	54	0	189
330	54	54	54	54	0	189
360	54	54	54	54	0	189

为了将所有的加热速率综合到一起,需要对表面的辐射特性进行定义。假设 $+Z$ 和 $-Z$ 面覆盖着带有 $0.001\text{in}(25\ \mu\text{m})$ 卡普顿外层的多层隔热结构。从这两个表面上损失的热量被有效地消除。进一步假设四个剩余的侧面被一层 Ag/FEP 散热面所覆盖。从表 7.2 可以得到这两种表面的辐射特性。BOL 特性用于冷轨道案例,而 EOL 特性用于热轨道案例。

$$对于\ \text{BOL}：\quad \begin{array}{ll} 聚酰亚胺材料 & \alpha_s/\varepsilon_{\text{IR}} = 0.38/0.67 \\ \text{Ag/FEP} & \alpha_s/\varepsilon_{\text{IR}} = 0.09/0.78 \end{array}$$

$$对于\ \text{EOL}：\quad \begin{array}{ll} 聚酰亚胺材料 & \alpha_s/\varepsilon_{\text{IR}} = 0.45/0.67 \\ \text{Ag/FEP} & \alpha_s/\varepsilon_{\text{IR}} = 0.30/0.78 \end{array}$$

请记住,直射太阳能加热和反射太阳能加热计算时都需要使用太阳能吸收率,而地球反照加热计算时需要使用红外发射率,这使得可以计算三类感兴趣的表面的总的吸热速率。这三类表面分别是:立方体顶部的绝热面,立方体底部的绝热面,四个侧面构成的侧壁面。所有面的面积均为 1m^2。这三个面上综合的吸热量如图 7.24 所示。

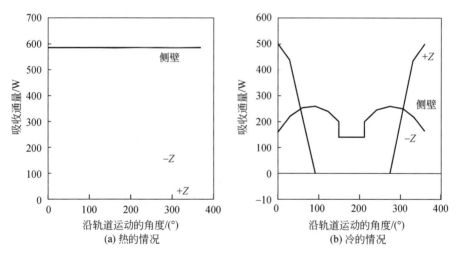

图 7.24　设计案例——吸收的能量

如果计算出吸热通量,瞬间或稳定态的温度就能得出来。由于 $\beta = 0°$ 的案例中热量输入有波动,而 $\beta = 90°$ 的案例中热量输入不变,所以直接对两个案例进行比较有点困难。为了实现这样的对比,引进了轨道平均值的概念。如果针对这两个设计的轨道,计算吸热通量的时间加权平均值,那么得到的轨道平均吸热量如表 7.9 所示。侧壁的热通量为四个侧面单独加热速率的累加值。

表 7.9　轨道吸收的能量平均值　　　　　（单位：W）

热的案例			冷的案例		
侧壁	$+Z$	$-Z$	侧壁	$+Z$	$-Z$
588.5	0.0	126.6	212.2	153.6	205.7

热轨道案例中，航天器最大的吸热量的确来自侧壁，而非来自 $+Z$ 和 $-Z$ 的覆盖层表面。航天器结构的不同部位可能位于不同的热轨道或冷轨道。确保设计案例充分结合设计结构是过程的一个重要部分。

7.17.7　总结

为了得到立方体在稳态条件下的温度，需要利用能量平衡方程。将公式 (7.48) 针对一个单节点稳态系统进行简化，此时航天器的所有表面均朝向外太空。得到的方程为

$$A_{sc}\varepsilon\sigma T_{sc}^4 = Q_{env} + Q_{int}$$

在热轨道案例中，将最大的环境轨道平均吸热量与最大内部损耗结合起来，得到热轨道案例中的温度

$$T_{sc} = [(588.5\text{W} + 200\text{W})/(4\text{m}^2 \times 0.78 \times 5.669 \times 10^{-8}\text{W}/(\text{m}^2 \cdot \text{K}^4))]^{0.25}$$
$$= 258.4\text{K} = -14.6℃$$

冷轨道案例中采用最小值

$$T_{sc} = [(212.2\text{W} + 150\text{W})/(4\text{m}^2 \times 0.78 \times 5.669 \times 10^{-8}\text{W}/\text{m}^2 \cdot \text{K}^4)]^{0.25}$$
$$= 211.4\text{K} = -61.6℃$$

涉及的温度代表了航天器辐射面的温度。内部温度的分布则将基于这些辐射面得到。在这个案例中，当高温被接受时，低温很可能会太低。系统的温度可以通过减少侧壁的辐射面积来提高。例如，如果 $+Y$ 和 $-Y$ 面被覆盖，热轨道案例中的吸热量将充分地降低。

7.18　习　　题

1. 太空中，一个平板暴露在太阳下。平板的下列特性中，哪个特性是它能够达到的平衡温度的主要决定因素？材料属性包括密度 ρ、太阳吸收率 ρ、比热 c_p、红外辐射率 ε_{IR}、传导性 k、透过率 τ。

答案：α_s、ε_{IR} 和 τ。

2. 一个红外探测器被冷却到 80K。周围仪器温度为 200K。四个薄壁 G-10 管道机械式支撑着探测器。忽略了任何辐射热量的传递，管道的哪种特性主要决

定着进入探测器的热量? 材料属性包括密度 ρ、太阳能吸收率 ρ、比热 c_p、红外辐射率 ε_{IR}、传导性 k、透过率 τ。

答案:传导性 k。

3. 计算输入到下列几何形状结构体的太阳能热量。假设 $Q_{sun} = 1353\,\text{W/m}^2$, $\alpha_s = 1$。

(1)直径为 1m 的球体。

(2)一个直径 0.5m,长 2m 的圆柱体(长度方向垂直于太阳光矢量)。

(3)在太阳光入射方向随意的情况下,计算一个边长 1m 的立方体的太阳能吸收量的最小值和最大值。

答案:(1)1062.6W;(2)1353.0W;(3)最小 1353.0W,最大 2343.5W。

4. 在温度稳定后,航天器释放两个球体并对其成像。假设球体的直径为 5cm。一个球体被涂抹成黑色,而另一个球体则在其表面气相沉积一层铝。球体在 20℃ 被释放,并且每一个都持续暴露在阳光下。计算每一个球体将达到的平衡温度。假设进行铝气相沉积的球体的 $Q_{sun} = 1353\,\text{W/m}^2$, $\alpha_s = 0.15$, $\varepsilon_{IR} = 0.05$,而涂抹成黑色的球体,$\alpha_s = 0.95$, $\varepsilon_{IR} = 0.85$。

答案:244℃为气相沉积的球体的温度,131℃是黑色球体的温度。

5. 一块面积为 1ft² 的黑色平板,被悬浮在真空室中,室壁的温度由液氮冷却到 90K。平板使用一个加热器使其温度保持在 300K。计算维持平板温度所需要的加热功率。假设 $\sigma = 5.67 \times 10^{-8}\,\text{W/(m}^2 \cdot \text{K}^4)$,平板两个侧面 $\varepsilon_{IR} = 1.00$。

答案:84.6W。

6. 一个机械冷却器使问题 2 中的探测器保持温度在 80K。传感器被安装在由四个薄壁中空管道构成的框架上,框架的温度为 200K。管道长度为 2in,外部直径为 0.5in。通过四个管道渗透进探测器的总热量保持在不少于 200mW。假设管子是由热传导系数为 0.3W/m K 的 G-10 材料构成的,那么管道需要的厚度为多少?

答案:0.084in。

7. 在轨道中使用太阳望远镜来不断地观察太阳。光学元件的规格如表 7.10 所示。利用给出的太阳光谱,计算:

(1)在 1AU 时的太阳常数。

(2)主镜面吸收的热通量。

(3)第二镜面吸收的热通量。

(4)在光线中剩余的热通量。

假设入射到主镜面的所有光线都被反射到第二镜面。主镜面和第二镜面的直径分别为 80cm 和 10cm,使用习题表 7.1 中列出的两个镜面和太阳光谱的相关信息。

习题表 7.1

波长/μm	镜子反射率 ρ/%	太阳流通光谱（W/$m^2\mu$）	波长/μm	镜子反射率 ρ/%	太阳流通光谱（W/$m^2\mu$）
0.20	0.0	12.0	1.20	97.5	500.0
0.30	16.7	590.0	1.40	97.6	330.0
0.32	20.0	792.0	1.60	98.0	223.0
0.40	87.0	1600.0	1.80	98.2	148.0
0.50	93.0	2040.0	2.00	98.4	102.0
0.55	95.9	1980.0	2.50	98.4	49.7
0.60	98.9	1870.0	3.00	98.4	26.3
0.65	98.8	1670.0	4.00	98.4	9.3
0.70	98.8	1490.0	5.00	98.4	4.1
0.75	98.7	1290.0	6.00	98.4	2.1
0.80	98.6	1140.0	8.00	98.4	0.6
0.90	98.3	900.0	10.00	98.4	0.2
1.00	98.0	740.0	12.00	98.4	0.1
1.10	97.8	610.0			

答案：(1)1412W/m^2；(2)41.3W；(3)24.9W；(4)643.5W。

8. 两个板子被悬浮在太空中，那么第一块板子面对太阳并且第二块板子完全被第一块遮盖。第一块的太阳辐射率为 30%，太阳透过率为 40%，其红外辐射率和透过率为 0，第二块板子的太阳和红外辐射率为 0，太阳光和红外辐射透过率为 0，假设在第二块板子的背面或者两块板子之间的区域不存在热量来源。计算这两块板子的温度。

答案：板 1 为 359.5K，板 2 为 402.5K。

9. 电池设计要求温度范围是 5~15℃。电池的内部热量损耗变化范围是 0~20W。电池从外部环境吸收的热量为 0~30W。计算：

(1)当电池的内部损耗功率达到最大时，为维持其温度低于最高限制温度，所需要的辐射尺寸 $\varepsilon_{IR} = 0.85$。

(2)当电池的内部损耗功率最小时，为维持其温度高于最低限制温度，需要的加热器功率。

答案：(1) $A_{batt} = 0.151m^2$；(2) $Q_{htr} = 43.4W$。

10. 一个边长为 1m 的立方体放置到高度为 800km 的近地轨道上。轨道的 β 角为 0°。立方体的 $+X$ 面沿速度矢量的方向，并且 $-Z$ 轴总是指向地球。计算立方体六个表面上的轨道平均热通量。

答案：$+X$ 面和 $-X$ 面均为 314W，$+Y$ 面和 $-Y$ 面均为 0W，$+Z$ 面为 430W，$-Z$ 面为 48W。

第8章 航天器结构设计

William E. Skullney

8.1 简　　介

在分析航天飞行任务时,研究人员或项目经理很少对航天器的机械与结构子系统感兴趣。然而,机械与结构子系统是一个非常重要的因素,它的主要功能是提供航天器与运载火箭的机械接口,以及所有航天器子系统的机械支撑。航天器结构必须足够坚固,能够承受严酷的发射环境。同时,结构子系统的质量应当尽可能小,并且能够为敏感载荷提供有效保护,确保任务成功。由于很多航天器子系统的要求并不完全一致,甚至是相互矛盾的,所以结构设计人员的主要工作是协调各个方面的需求并认真权衡,在满足总任务要求的前提下,实现最优的卫星构型设计。此外,结构设计人员还需要装配每个子系统硬件,使其能够安装到运载火箭上。这一过程中要考虑尽可能多的连接并保证最优质量分布。

在第1章中讲到,系统开发的过程包含五个阶段,它们分别为:
(1)概念设计阶段(阶段 A)。
(2)初步设计与分析阶段(阶段 B)。
(3)详细设计与分析阶段(阶段 C)。
(4)研发阶段(包括制造、组装、集成、试验)(阶段 D)。
(5)运行阶段(阶段 E)。

在每个阶段中,结构设计与分析的任务是不同的。下面针对阶段 B、C、D,简要介绍它们的任务。

在初步设计与分析阶段,根据静力学、动力学、材料强度等机械力学的基本原理,建立一般的航天器构型。这一阶段,将会进行初步的质量、体积、功耗预算,并初步估计航天器的最大负载,从而确定航天器主要结构件的尺寸。根据所设计的航天器构型及其质量,可以估计航天器基频,这一参数反映了航天器的刚度。航天器结构需具有足够的刚度,从而确保航天器和运载火箭之间不会产生动力学耦合。这两个系统之间的耦合,产生的负载将远大于预估值。在初步设计阶段,结构分系统设计的基本目标是提出能够装配所有航天器子系统硬件的航天器构型,并且该构型满足与运载火箭的接口要求,同时还需要提出性能良好的航天器结构,使得力学负载能够很好地向外传递。这一过程需要进行多次迭代设计,直到最后得到满意的设计结果。在这一阶段,需要确定最适宜于任务要求的结构材料,以及确定航天器的展开机构。

在一些项目中,需要研制航天器结构的工程样机或原理样机,用于验证所采用的设计概念。如第 1 章所描述的,这些样机不是上天的飞行部件,而是在用于发射的航天器正式生产之前制造的。样机以远高于发射、在轨飞行所要求的条件进行测试的主要目的是确认航天器具有充足的设计裕量并能够达到预期性能;或者提供试验数据,弥补分析模型的不足。此外,样机能够检验航天器组装过程中可能出现的任何重大困难。样机系统一般在项目研究的初期开发和试验,因此试验结果也可以反过来改进航天器设计。

在详细设计与分析阶段,根据航天器结构载荷的改进信息,分析并确定航天器的细节部分。根据这些详细的结构定义,可以利用有限元方法进行静力学分析,精确地获取航天器负载、应力和位移变形,同时也可以进行模态分析,获取航天器的基频和振型。运载火箭技术人员会利用有限元模型,进行火箭与航天器的耦合动力学分析。这一分析可以提供发射过程中更精确的航天器结构负载,如弯矩、剪切力、位移、加速度等。这些分析结果可以验证前期设计,并有可能进一步优化系统设计。在详细设计与分析阶段,项目总工程师、子系统设计师和制造部门需要进行充分沟通,确保所设计的航天器能够制造出来,并满足所有任务要求。

完成航天器的详细结构设计后,进入制造阶段,包括制造地面机械支撑设备。在这一阶段,需要解决任何可能出现的困难,制定最终计划并完成制造,为下一阶段即集成与试验阶段做准备。如第 14 章所述,在集成与试验阶段,飞行航天器及其部件需要经受严格的验收试验,筛选航天器制造缺陷,确保最终确定的航天器硬件能够经受最恶劣情形下的环境条件。在一些部门中,结构设计人员也是试验人员。在航天器系统或子系统级试验之前,通常先进行部件级试验,从而确保硬件能够通过下一级别的试验。当航天器完成组装后,早期发现并克服困难,可以极大地节约时间和精力。航天器系统级试验的目的是确保所有硬件系统组装后,整个航天器系统能够满足飞行过程中的环境要求。有关机械与结构子系统试验的技术,将在本章后面部分进行详细定义。

8.2　航天器系统需求

在航天器构型设计中,首先需要确定任务需求。这些需求有几种来源,如运载火箭设计手册、有效载荷和仪器设备需求、子系统或部件需求等。构型设计需要考虑所有这些需求,并进行综合权衡,得到最终的设计结果。构型设计需要大量的迭代过程,并与所有航天器部件设计人员进行沟通。在很多情况下,需要对这些需求进行优先级排序,从而实现最优的设计构型。航天器结构设计需要满足的需求如下。

(1)提供与运载火箭的连接接口。

(2)满足运载火箭质量和重心要求。

(3)满足运载火箭的强度要求,即要求结构强度足够支撑整个航天器。

(4)满足运载火箭的刚度要求,即要求航天器刚度足够高,从而避免航天器与运载火箭之间的动力学耦合。

(5)提供有效载荷和电子设备的安装结构,包括仪器和关键部件的稳定指向平台。

(6)运载火箭发射过程中保护硬件系统。

(7)为仪器、电子设备和子系统提供安装接口。

(8)在运载火箭整流罩中封装系统硬件。

(9)为航天器附属机构的装载和展开提供平台,如天线、太阳能电池板、伸缩杆等。

(10)在必要的情况下,满足质量静平衡和动平衡。

(11)满足部件共线和对准要求。

(12)为仪器和子系统部件提供清晰的视场。

(13)为展开机构、分离机构提供必要的机械平台。

(14)通过合理的构型设计,便于进行航天器姿态控制。

(15)满足系统振动要求。

(16)满足如下热环境要求:

①提供必要的热流路径,使系统部件温度保持在合理范围内。

②提供足够的面对宇宙空间的散热面。

(17)满足系统清洁要求。

(18)满足电磁兼容性要求,涉及必要的安装表面处理、结构黏合阻抗以及外露表面电阻率设计等。

(19)提供便捷的组装和拆卸。

(20)在集成运行阶段,便于访问系统硬件。

(21)满足集成与测试要求。

(22)满足任务期间的必要需求。

在地面试验、火箭发射和在轨运行过程中,都需要满足上述需求。在本章其余部分,将对这些需求进行更详细的介绍。

无论选择哪一种运载火箭,航天器结构设计人员都需要考虑与之相关的很多方面。所有部件和仪器的接口应当充分确认,以文字形式描述出来,并用图纸清晰地画出来。这些接口不仅包括质量、体积、螺栓孔类型、安装面平整度和公差,还包括视场、温度限制、访问要求等。随着这些详细信息的确认,每个部件的安装位置可以确定下来。结构设计人员和结构工程人员应当沟通合作,确保航天器主结构设计是良好的,主负载路径是合理的,从而形成航天器结构的概念设计。该概念设计将会呈送给其他子系统设计人员,如热控、电源、姿态确定与控制、导航、遥测遥控、通信等分系统设计师,他们针对所设计的结构给出反馈意见。根据这些反馈意见,改进航天器结构设计,直到满足所有任务要求。

按照上述方法建立满足所有要求的航天器构型,往往并没有想象的那么容易。在很多情况下,从不同航天器子系统的角度,对结构设计的认识是不同的,甚至是冲突的,或者对不同航天器子系统的要求超过了约束条件,例如:

(1)仪器视场要求会与太阳能电池板的安装相冲突。

(2)结构设计和热设计会冲突,可能很难选择一种航天器结构,既具有足够的结构强度,又充分满足热控要求。

(3)部件安装位置确定可能存在困难,如姿态控制人员可能不会接受产生强磁场的电路设计,或者不会接受高强度的导磁紧固件。

(4)太阳能电池板安装设计和通信设计可能会冲突,因为天线会遮挡太阳能电池板。

当发生这些冲突时,设计人员需要考虑各种各样的妥协方案,直到找到能够满足所有工程要求的解决方案。最理想的航天器结构是这样的,它能够提供最良好的内部环境,不占用任何空间,提供所有的子系统访问接口,提供任意大小的热流传递,并且质量为零。在实际设计中,并不会达到这样的理想情况,而是找到一个可行的折中方案。经过多次迭代和妥协后,由概念设计形成初步设计,最终得到可用于制造的详细设计。

8.3　航天器构型设计

在针对特定任务的航天器构型设计中,运载火箭的选择也是一个很重要的因素。运载火箭会对航天器施加很多约束条件,包括航天器质量、尺寸、电气接口、机械接口、火箭发射过程的热环境和动力学环境等。

通常,对于每次任务,可选的运载火箭有很多种。运载火箭的选择需要考虑众多的影响因素,而不是仅根据成本最小这一因素。在项目研制的初始阶段,并不一定能够确定所要搭载的运载火箭。在这种情况下,设计人员应当分析每一种可选运载火箭的要求,并对航天器设计提出合理的要求。通常,这些要求是基于最差情况得到的。

　　航天器构型设计人员首先需要考虑的是所选用的运载火箭整流罩内的空间大小。图 8.1 针对一系列运载火箭,以简单的形式说明了可用的整流罩内部空间,包括美国的德尔塔、阿特拉斯、大力神等运载火箭,以及俄罗斯质子号火箭、欧洲的阿里安火箭。可以看出,存在一系列的整流罩包络尺寸,可以满足不同的任务要求。对于每个运载火箭,用户手册会提供更多的详细约束,在航天器构型设计中需要考虑这些约束。例如,阿特拉斯系列运载火箭的详细整流罩信息如图 8.2 所示。

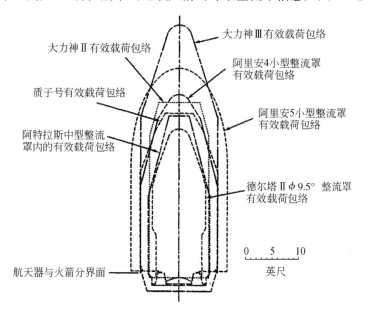

图 8.1　运载火箭整流罩对比

　　当考虑到运载火箭整流罩内的有效载荷空间时,设计人员需要确认这一空间是针对静态设计的,还是动态设计的。对于静态设计,所显示的整流罩内部空间都是可用的。设计人员根据航天器子系统信息,确定整个航天器的构型,只要该构型轮廓能够被整流罩内部空间容纳即可。对于动态设计,需要额外考虑一个影响因子。在火箭发射过程中,由于扰动整流罩内部的航天器可能会产生位移,这样就需要为航天器预留足够的空间。在最坏的情形下,这一位移能够达到 $1\sim2$in($2.54\sim5.08$cm)。图 8.3(a)给出了 STEREO 航天器结构布局的例子,它是在动态设计要求下得到的,采用德尔塔 II 运载火箭,整流罩为 10ft(3.048m)。STEREO 任务中两个航天器非常类似,图 8.3(b)显示了其中一个航天器在轨运行的示意图。

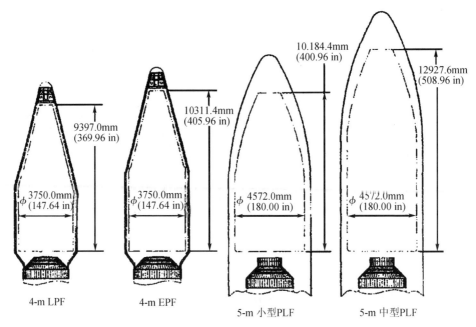

图 8.2　阿特拉斯火箭的静态有效载荷包络(洛克希德·马丁公司和
国际发射服务公司提供)

LPE:大型有效载荷整流罩;EPF:扩展的有效载荷整流罩;PLF:有效载荷整流罩

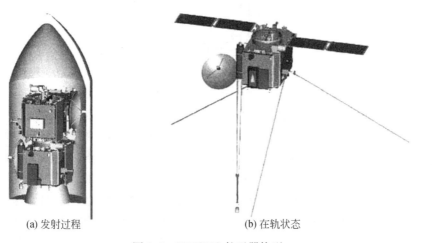

(a) 发射过程　　　　　　　　(b) 在轨状态

图 8.3　STEREO 航天器构型

在一些情况中,结构设计人员会发现,航天器系统轮廓在一个或多个地方超出了整流罩内部空间。在这种情况下存在一种可能和希望,就是运载火箭部门经过仔细核实后发现,还有一部分可用空间,从而可以完全容纳航天器。这是很有可能的,因为运载火箭部门通常会留有一定的裕量。但是,如果航天器轮廓超出整流罩内部空间非常多,或者在一些特殊位置布置了运载火箭设备,那么就无法完全容纳航天器。NASA 的高级组分探测器(advanced composition explorer,ACE)是一个航天器轮廓超出整流罩内部空间,但是仍然可接受的例子,如图 8.4 所示。这里,太阳能电池板和磁强计吊杆超出了可用空间,见图中交叉阴影部分。由于超出的部分出现在运载火箭和航天器分界面附近,因而会特别受到重视。除了这种静态设计,还需要考虑航天器分离过程中的动态设计要求。由图中可以看出,太阳能电池板延伸到了分界面下方。在分离过程中,航天器在分离弹簧作用下,从其与运载火箭之间的连接器上分离出去,其中的分离弹簧通常有 3～4 个。由于这些分离弹簧不可能完全一致,在不同位置上的弹簧力存在细微区别,在分离过程中可能会使航天器倾翻。如果倾翻程度较大,那么太阳能电池板可能会与星箭适配器接触,引起太阳能电池板损坏,或者使航天器从火箭上分离出去后不停翻滚,无法控制。

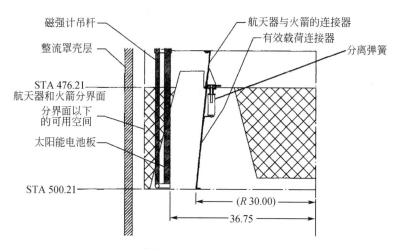

图 8.4　分离器平面附近的壳层注意事项

如上所述,设计工程师负责封装任务要求的所有硬件系统,不仅包括航天器平台部分,还包括有效载荷部分。ACE 航天器顶端的设备布局如图 8.5 所示。在对硬件系统进行布局时,需要考虑很多因素,如下所示,其中部分因素已经标注在图中。

(1)为布线和连接器安装留下空间。

(2)为仪器设备覆盖层留有间隙。

(3)整流罩分割线位置,它将用于定义航天器指向。

（4）运载火箭相对航天器的坐标。

（5）相对于航天器指向和通道的断开位置（这里的航天器指向是指航天器相对于整流罩分割线的指向）。

（6）通道位置，用于在最后时刻进行保险解除和非飞行部件撤离。

（7）航天器与火箭整流罩允许的接近程度。

（8）推力器位置以及推进剂污染、羽流力效应等。

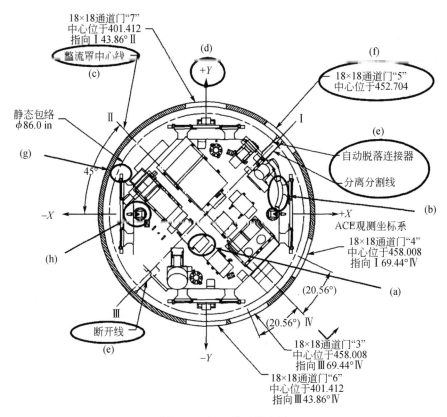

图 8.5　ACE 航天器布局

运载火箭与航天器之间分界面的典型构造如图 8.6 所示。在这里，航天器和运载火箭由一个夹紧带或 V 形带连接。由于通常采用具有圆形接口的适配器，所以经常使用这种连接结构，其中适配器是一个圆柱体或截锥体。这种连接很理想，它在连接部位提供了一个非常均匀的负载分布，这是运载火箭和航天器都是期望的状态。对于这种类型的接口，运载火箭部门会确定相关指标的上限值。夹紧带通常有两部分，每部分均有一定数量的独立分段。通过仪表化的螺栓对夹紧带进行预加载，使其能够承受发射过程的负载环境。螺栓切割器将切断螺栓，释放夹紧带。V 形带预加载所存储的能量以及弹簧装置中的能量,会将夹紧带收回到固定器内。然后,图 8.4 所示的分离弹簧将会推动航天器,使其以预先设定的速度与运载火箭分离。

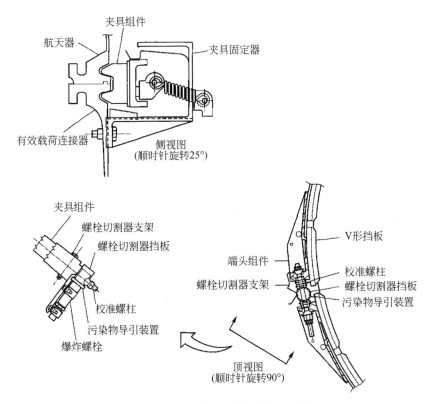

图 8.6　标准运载火箭/航天器分离机制

　　航天器结构与构型设计中的另一个重要因素是有效载荷的指向。在这里要满足所需要的视场要求。图 8.7 针对单个 STEREO 航天器构型,说明了对视场的要求。可以利用软件确认航天器视场,如 Pro/Engineer、SDRC IDEAS 或其他计算机辅助制图工具包。在图 8.7(a)中,确认了太阳能电池板和仪器视场之间的相互干扰,图 8.7(b)说明了可展开的高增益天线在不同位置时的清晰视场。为了说明 STEREO 航天器系统的复杂程度,表 8.1 给出了所有系统的视场约束条件。这一特殊的航天器构型受到严重制约,不仅体现在制约因素的数量众多,也体现在一些制约因素的量级较大,还体现在要同时满足所有制约因素的要求。如上述图和表所示,并不是所有要求都能够满足。该表给出了经过综合权衡后接近最终设计结果的视场配置。

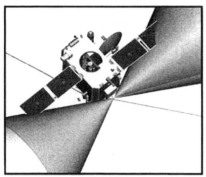
(a) 仪器

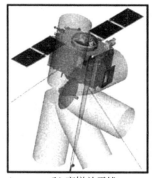
(b) 高增益天线

图 8.7　STEREO 航天器载荷的视场需求

表 8.1　STERO 航天器视场需求

仪器设备	视场需求	目标	备注
SECCHI-SCIP 组件			
Cor1	170 UFOV 圆锥视场	+X 太阳	视场清晰
Cor2	150 UFOV 圆锥视场	+X 太阳	视场清晰
EUVI	8 UFOV 圆锥视场	+X 太阳	视场清晰
GT	20 UFOV 圆锥视场	+X 太阳	视场清晰
SECCHI-HI	183×183 正方形视场	−Z 地球	视场清晰
IMPACT 组件			
塑性 WAP	14×360 圆锥视场	Y 轴	部分遮挡
塑性 SWS	55 楔角×40 视场角	+X 太阳	视场清晰
SEP 组件			
SEPT-E	52 前向/后向圆锥视场	P-螺旋体	视场清晰
SEPT-NS	52 前向/后向圆锥视场	Y 轴	受太阳能电池板遮挡
HET	60 前向视场	P-螺旋体	视场清晰
LET	30×130 前向/后向复合视场	P-螺旋体	视场清晰
SIT	17×44 前向矩形视场	P-螺旋体	视场清晰
吊杆套件			
STE-D	80×80 前后棱锥视场	P-螺旋体	视场清晰
STE-U	80×80 前后棱锥视场	P-螺旋体	视场清晰
SWEA	120×360 圆锥视场扫描	X 轴	受太阳能电池板和 SWAV-ES 遮挡
SWAVES	3 个正交布置天线,互成 120°	X 轴	

续表

仪器设备	视场需求	目标	备注
航天器			
高增益天线	1.2m 杆×180°视场扫描	+X 至−X	视场清晰
低增益天线	2×2π 平方弧度	+Z 至−Z	+Z 视场清晰,在−Z 方向上受 HI 遮挡
DSAD	5×128×128 棱锥视场	所有轴	受太阳能电池板遮挡
星像仪	25 圆锥视场	+Z 轴	视场清晰
太阳能电池板	4×180 对日指向	+X 轴	视场清晰
推力器	12×100 圆锥视场	+X,−X,+Z	10×FOV,2×SWAVES

注:UFOV 代表无遮挡视场;SECCHI 代表日地关联日冕和太阳风层探测器;SCIP 代表一台极紫外成像仪和两台白光日冕仪组成的太阳中心设备;HI 代表太阳风层成像仪;IMPACT 代表粒子和日冕物质抛射暂现原位测量装置;SWAVES 代表射电暴追踪系统

8.4　质量特性约束与估算

8.4.1　质量特性约束

运载火箭对起飞质量和航天器结构特性存在约束。如果运载火箭上面级是旋转的,那么需要增加附属质量,用于配平航天器系统。其中,附属质量的重心位置和质量是需要考虑的重要因素。这一过程非常类似于汽车轮胎的配平,在轮胎边缘增加质量块,以防止轮胎摇摆。在上面级旋转的情形下,航天器质量明显的不平衡会严重影响运载火箭性能。

对于选定的运载火箭适配器,航天器质量以及分界面上方质量的质心位置,必须满足一定的条件。图 8.8 针对德尔塔火箭不同的星箭适配器,说明了对质量以及质心位置的要求,这些要求是非常重要的参数,因为它们反映了对星箭适配器结构性能的约束。其中,横坐标的 lb 代表磅,1lb≈0.45kg。由于 3724 型星箭适配器仅用于小型载荷,因此图中出现了间断点。

8.4.2　质量预算

质量预算贯穿从项目早期到最终系统集成的全过程。在早期阶段许多情况是未知的,因此这时的质量预算主要参考历史数据。表 8.2 给出了典型的航天器子系统质量百分比,这可以用于航天任务初期阶段的质量估计。该子系统质量分配没有考虑推进系统,如果航天器带有推进系统,那么质量变化范围就很大,这主要取决于任务需求。例如,如果推进系统用于轨道保持,那么其质量只占航天器总质

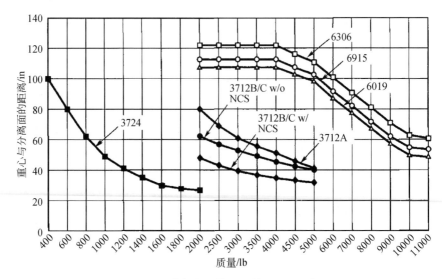

图 8.8　德尔塔火箭的星箭适配器性能

量的 15%～20%；但是,对于星际航行的航天器,其推进系统质量占总质量的比例高达 60%～65%。需要说明的是,在某些情况下,对于不同的任务需求,子系统的质量变化范围可能会很大。

表 8.2　典型的航天器子系统质量百分比

类型	比例/%
航天器结构子系统(总计)	15～22
基本结构	12～15
辅助结构	2～5
紧固件	1～2
电源子系统	12～30
热控子系统	4～8
线束	4～10
电子设备	3～7
导航与控制子系统	5～10
通信子系统	2～6
有效载荷	7～55

航天器子系统的分配比例取决于硬件条件。在质量预算过程中,除了可以考

虑历史数据,还可以参考多年来的航天器部件密度近似数据。一些航天器部件密度如下。

(1)黑箱:$0.025 \sim 0.05 \ lb/in^3$ 。

(2)DC/DC 转换器:$0.06 lb/in^3$ 。

(3)PC 电路板:$0.015 \sim 0.03 \ lb/in^2$ 。

(4)隔热件:$0.2 \ lb/ft^2$ 。

根据上述分析和计算方法,可以得到航天器的总质量。在早期任务设计阶段,对航天器子系统细节信息掌握有限,因而在整个项目研制过程中,航天器的总质量通常会逐渐增加。图 8.9 说明了项目周期内典型的航天器质量增长过程。

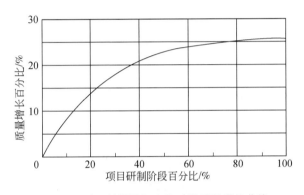

图 8.9 项目研制周期内航天器质量增长曲线

任务设计中的质量裕量取决于设计和硬件的成熟度。在项目启动时,由于项目中存在大量的不确定性因素,需要选择一个较高的质量裕量比例。随着项目的不断进展和设计的成熟,所需的质量裕量在逐渐减少。表 8.3 给出了不同项目研究阶段典型的质量裕量。

表 8.3 系统质量裕量

项目开始阶段	20%,最小值
概念设计评审阶段	20%
初步设计评审阶段	15%
关键设计评审阶段	10%

注:在项目开始时需考虑其他三个概念设计评审

在计算质量裕量时,可采用如下两种方法:

$$\begin{cases} \text{裕量百分比} = \dfrac{\text{Maxlift} - \text{CBE}}{\text{Maxlift}} = 1 - \dfrac{\text{CBE}}{\text{Maxlift}} \\ \text{裕量百分比} = \dfrac{\text{Maxlift} - \text{CBE}}{\text{CBE}} = \dfrac{\text{Maxlift}}{\text{CBE}} - 1 \end{cases} \qquad (8.1)$$

式中,Maxlift 是满足任务要求的火箭最大运载能力,CBE 是当前运载能力的最佳值。在实际中,具体采用哪一种方法将取决于硬件制造方或使用方。

在表 8.2 中,航天器结构质量分为基本结构和辅助结构两部分。理解这些结构分类的区别对于后续章节的学习是非常重要的。基本结构定义为承担受力载荷的结构单元,将负载从一个结构单元传递到另一个结构单元。负载的传递过程称为基本载荷路径。处于基本载荷路径上的结构单元,将承受超过其自身质量的负载。基本结构的例子包括主支撑圆柱筒、有效载荷适配器等。辅助结构是为航天器部件提供支撑的结构单元,或是传递不超过其自身质量的负载的结构单元,或是用于安装硬件的结构单元。辅助结构的例子包括部分仪器的支撑架、天线或推力器等。图 8.10 说明了 STEREO 系统中一个航天器的基本结构,该系统见图 8.3。

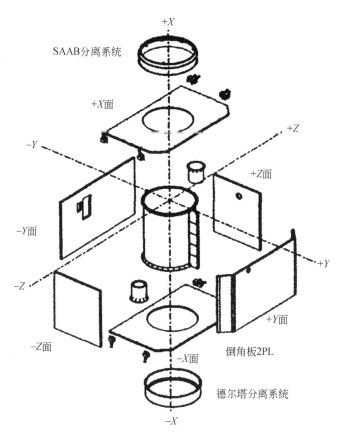

图 8.10　STEREO 航天器基本结构配置

8.5　航天器结构设计准则——发射环境

为了开展航天器结构分析,分析人员需要了解航天器面临的主要生存环境,不仅要注意这些环境的强度,也要分析这些环境的类型。图 8.11 说明了与发射相关的一些环境特征。虽然不同的运载火箭之间可能存在细微的差别,但大部分均与图 8.11 中的环境特征类似。根据运载火箭的有关经验,或者与运载火箭部门结构动力学专家的讨论,可以获知发射的主要过程及其动力学特征。这些信息将用于航天器早期设计。另外需要说明的是,在航天器设计中,结构强度越高并一定意味着子系统性能越好。强度越高,意味着刚度越大。航天器环境即动力学响应以频率的形式来描述,动力学响应的变化比率远大于相应的结构组件强度的变化比率。事实上,很多航天器结构设计的基频使得航天器结构和其有效载荷隔离,从而降低输入引起的响应。在详细讨论这些航天器环境之前,下面将简要介绍图 8.11 中的过程。

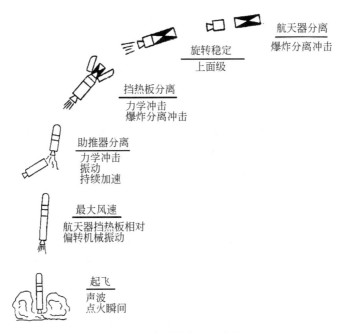

图 8.11　火箭发射的典型动力学过程

8.5.1　起飞

起飞过程中航天器面临的最大环境是声波环境,主要由地面混响效应以及第一级大推力火箭引起。由于噪声压力会作用在航天器表面,因而发射过程的声波环境将会引起随机振动。在通常情况下,挡热板内部的声强可以达到 145dB(对应的参考压力为 $2 \times 10^{-5} \mathrm{N/m^2}$),频率可以达到数千赫兹。其中,$1 \mathrm{dB} = 10 \log_{10}$(功率比),这里的功率指加速度频谱密度,单位为 $\mathrm{g^2/Hz}$;或者 $1 \mathrm{dB} = 20 \log_{10}$(加速度比),加速度的单位为 g。在飞行初期阶段,利用挡热板内部的麦克风装置可以获取声波环境参数。声波环境可以由声强(单位为 dB)和频率(单位为 Hz)两种参数来表示,其中参考声强为 0dB,它相当于均方根压力为 $2 \times 10^{-5} \mathrm{N/m^2}$ ($2.9 \times 10^{-9} \mathrm{psi}$,其中 $1 \mathrm{psi} = 6.895 \mathrm{kPa}$)。通常,频率定义为倍频或 1/3 倍频的中心频率。在航天器基本结构设计中,一般不需要考虑发射过程声波环境的影响,但是对于面积较大且密度较小的结构单元,则需要考虑声波的影响,这里所说的低密度指低于 $158 \mathrm{N/m^2}$ 或 $3.3 \mathrm{lb/ft^2}$ 。这一类结构的典型代表是太阳能电池板。

另外,在起飞过程中航天器基本结构会受到发动机瞬态冲击的影响。这些瞬态冲击会激发出低于 100Hz 的模态响应,这在结构部件设计中是一个重要的关注点,因为大部分航天器基频低于 100Hz。在起飞过程中,振动扰动以及持续加速是结构负载的主要因素。

8.5.2　最大风力与跨音速抖振

在发射过程的中间阶段,存在两种现象,分别是最大风力和跨音速抖振。在通常情况下,相比于对航天器设计的影响,这两种现象对挡热板设计的影响更大。最大风力现象描述了高空风($100 \mathrm{mil/h}$,$1 \mathrm{mil/h} \approx 1.61 \mathrm{km/h}$)引起的结构负载,而跨音速抖振是指由亚音速到音速飞行过程中作用在挡热板上的冲击波。最大风力与跨音速抖振引起的负载使得航天器与挡热板之间的缝隙减小。因而,在设计中需要考虑航天器表面安装部件与挡热板之间的缝隙大小。

8.5.3　助推器分离

在运载火箭两级助推器分离前,或在运载火箭最后一级与航天器分离前,特定阶段的持续加速度达到最大值。持续加速度等于常值推力与不断减少的运载火箭质量的比值。因而,在每一助推阶段的最后时刻,加速度达到最大值。在运载火箭发的最后时刻,加速度主要取决于航天器质量,因为火箭上面级的质量远小于在其上固连的航天器。图 8.12 给出了三级运载火箭发射过程中,加速度随时间变化的典型特征。

火箭发射过程中的航天器加速度满足如下关系,即

$$a = \frac{T}{m} = \frac{T}{W/g} \tag{8.2}$$

式中,a 是航天器最大加速度;T 是推力;m 是航天器质量;W 是航天器重量;g 是

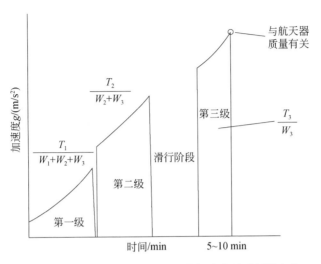

图 8.12　三级运载火箭发射过程中加速度随时间的变化

重力加速度。助推器分离类似于起飞阶段的发动机点火。需要说明的是,结构的基本模态响应是设计中需要考虑的。

　　而且,在助推器分离前或分离过程中,在高加速度的持续作用下,航天器还会受到不同程度的振动或瞬态冲击。通常,这些瞬态冲击小于持续加速度。对于合理设计的航天器结构,可以利用静态分析方法计算这些加速度。持续加速度和瞬态冲击之和通常称为准静态加速度。图 8.13 给出了典型的运载火箭关机后加速度的变化。可知,稳态持续加速度为 $7.7g$,瞬态冲击加速度大约为 $0.5g$,由此得到的准静态加速度为 $8.2g$。

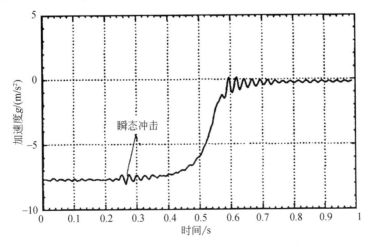

图 8.13　运载火箭关机后加速度随时间的变化

8.5.4 挡热板分离

通常利用爆炸驱动装置使挡热板分离。爆炸会带来极高频的冲击,虽然不会对航天器结构产生影响,但是很可能破坏电子设备。爆炸之后挡热板的物理分离会引起低频力学冲击,对结构产生冲击作用。

8.5.5 旋转稳定

运载火箭最后一级通常是旋转的,具有指向性,并受到推力作用。通常利用小型固体火箭和冷气推力器使航天器和上面级旋转,旋转速度为 50~200r/min。这会带来与自旋或消自旋相关的切向加速度,以及稳态旋转引起的向心加速度,其定义为

$$\begin{cases} a_{\text{t}} = r\alpha \\ a_{\text{n}} = r\omega^2 \end{cases} \tag{8.3}$$

式中,a_{t} 是切向加速度,a_{n} 是向心加速度,α 是角加速度,ω 是旋转角速度,r 是半径。

8.5.6 航天器分离

通常,利用爆炸装置切断螺栓,并释放夹带,使航天器从运载火箭上分离出去。在这一过程中会产生冲击,即极短时间内的脉冲作用。靠近这一环境的设备会受到显著的影响,但是相隔一定距离的硬件或由多个节点连接的硬件不会受到太大的影响。与之前的挡热板分离带来的冲击类似,对这一冲击作用需要倍加注意的是其中的高频部分对电子设备影响。

8.6 运行环境

人们往往认为,在经过 5~15min 的发射阶段后,结构子系统满足了所有要求。实际上并不是这样的。在任务运行阶段,对航天器结构和子系统同样存在一定的要求,下面将简要介绍这些要求。

8.6.1 推进系统

在轨运行时,小型固体或液体推进系统会比运载火箭产生更严重的航天器振动,以及更高的持续加速度。因为在轨时的推力更靠近航天器,并且航天器质量更小。

8.6.2 展开动力学

对于航天器结构和局部区域设计,结构展开是一个非常重要的因素。通常,需

要特别强调的因素包括激发引起的机械冲击或爆炸冲击,以及实际结构展开引起的切向加速度。

8.6.3　超稳结构

许多天文测量要求观测仪器支撑结构具有角秒级的精度和稳定度。像光学平台这样的设计,是结构设计和热设计的综合。这要求结构设计人员具备必要的材料学知识,才能够完成这些设计任务,并预测瞬态热环境引起的结构变形。

8.6.4　挠性结构控制系统

航天器的控制律设计必须考虑挠性结构,其特征频率无法精确地与控制系统频率相分离。由航天器部件引起的动力学扰动(如磁带记录仪滚轴运动、镜头扫描、挠性结构热冲击等)以及这些扰动对整体结构的影响都必须识别出来。

8.6.5　再入轨道与再使用

随着航天运输系统(航天飞机)的出现,由于航天飞机上的设备会重复使用,所以有必要进行裂纹扩展分析和疲劳评估。航天飞机发射系统设计必须满足轨道再入和着陆要求,不能对航天飞机及其设备产生危害。在某些情况下,如果因任务中止航天器系统返回地球,那么航天飞机着陆也会使航天器受到显著的负载作用。对于非重复使用的运载火箭,综合地面试验阶段和在轨任务期间一般不考虑这一因素。

8.7　结构设计与试验准则

航天器结构设计涉及材料强度和结构刚度之间的权衡。结构强度定义为其承载能力。考虑到结构强度需要承受火箭发射负载,其主要准则是材料性能。该性能指材料的屈服强度或极限强度。屈服点是这样定义的,当外部载荷大于屈服点后,材料将产生不可恢复的永久变形。极限强度是指材料在失效前能够承受的最大负载。

刚度是材料抵抗变形的固有特性。当分析系统刚度时,需要考虑其固有频率。当外部干扰作用于结构并移除后,结构单元自然振荡的频率为其固有频率。这一周期性振荡来自于结构单元内部的能量转移,反映了系统实质性地承受外部负载的持续时间。

如上所述,在火箭发射阶段,航天器将经受主要的力学负载。航天器结构系统需要具备足够强度,从而能够承受这些负载,同时也要保护航天器有效载荷及其他系统免受发射环境的影响。航天器结构刚度和子系统需要合理设计，以确保发射过程中有效保护航天器子系统。一旦航天器入轨后，在多数情况下，它所受到的负载要小于发射过程中受到的负载。在这一阶段，航天器结构刚度同样会发挥重要作用。结构刚度必须合理设计，以避免航天器附属物振动和姿态控制系统之间的相互作用。足够高的结构刚度可以有效降低热变形，从而保证航天器仪器设备的精确指向。

目前，大多数任务均采用"先试验后在轨飞行"的方法，但是在一些项目中有必要采取稍微不同的方法。下面将讨论用到的硬件类别。根据所采用的设计思路以及正在生产的设备数目，可以确定最终设计中的裕量水平。

工程模型、样机、硬件并不用于在轨飞行，但是它们可以进行充分试验以验证飞行任务，有效评估飞行性能。所开发的硬件主要用于新系统的研发试验，其试验水平可以远高于任务飞行的负载水平。基于工程模型进行开发试验，目的在于获取评估数据，这里的试验没有特定的成功或失败标准。这类硬件的典型例子是信使项目（messenger program）中开发的用于试验推进系统储罐的支撑结构。该结构嵌入在复合材料板上，在发射过程中会受到很大的负载。因此制造了含有储罐支撑结构的替代板式结构，用于评估飞行任务概念。板上的负载一直增加到板失效，其上的负载和变形数据被采集下来。工程模型的硬件及试验在样机系统或任务飞行系统的硬件及试验之前。

原理样机或通过资质评审的硬件也不用于任务飞行。制造原理样机的目的是试验系统在仿真环境下能够实现预期的功能，达到指标要求，其中的仿真环境比地面操作、发射和在轨运行环境更严酷。原理样机制造和试验的目的在于发现设计方法和制造方法中的不足之处。原理样机不会超过任务设计的安全裕量，也不会引入不合理的失效模式。即使在没有任何缺陷的条件下，原理样机也不会用于在轨飞行任务，因为它经受了严酷的试验。

原型飞行系统也采用先试验后在轨飞行的方法，它同时作为原理样机和飞行系统模型，因此会经历飞行可行性试验和原理样机试验。原型飞行系统用于评估某一项目的设计和制造方法，确保其可用于飞行任务。在设计评估过程中，施加比地面环境、在轨飞行环境更加严峻的试验条件。通过缩短暴露时间来避免硬件疲劳，以避免对硬件使用寿命带来显著的影响。这些试验可以探测到材料或工艺中的潜在缺陷，为在类似任务环境中的性能试验提供相关经验。

飞行系统与原型飞行系统类似，用于在轨飞行。针对飞行系统的试验称为"飞行可行性试验"，是最大程度地在期望的任务飞行水平下开展的。飞行可行性试验在模拟地面操作、火箭发射、在轨运行等条件下，验证相关项目的可靠性，其目的是发现材料和工艺上的潜在缺陷。飞行可行性试验的另一个目的是为与任务环境类似条件下的性能试验提供经验。通常情况下,在进行飞行可行性试验之前,会进行工程模型或原理样机制造与试验,并且在多数情况下,这些工程模型或原理样机仅限于主要结构部件。利用惰性质量模拟原理样机中的电子设备,得到合理的系统整体质量,从而在试验中产生近似的负载大小。

无论采取什么方法,结构分析与设计人员的目标是相同的,即建立明确的负载路径、避免或降低会引起不期望的弯曲力矩的偏差、尽量使设计简单化等。这样不仅使设计和分析更简单直接,也会使硬件制造更加简单,从而以最小的质量制造出高性价比部件。

8.7.1　航天器设计准则

运载火箭用户手册提供的发射负载,可用于评估指定设计的能力水平。发射负载通常以重力加速度 g 的形式表示,对每一个结构单元产生力的作用。表 8.4 给出了几种不同运载火箭发射负载的代表值。将这些值同时作用于航天器重心,可以确定作用在航天器基本结构上的力。对于运载火箭未知的任务,在设计中可以根据这些代表值给出设计载荷的合理估计值。

表 8.4　不同运载火箭的发射负载(g)("+"表示压力,"—"表示拉力)

运载火箭	侧向	轴向
德尔塔-2		
起飞	±4.0	+2.8/−0.2
主发动机关闭	±0.2	7.5±0.6
三级燃烧	±0.1	8.4~10.3
德尔塔-3		
起飞	±2.5	2.7/−0.2
主发动机关闭	±0.5	3.7+1.5
德尔塔-4		
最大侧向	±2.0	+2.5/−0.2
最大轴向	±0.5	+6.5/−1.0
阿特拉斯-2 AS		
起飞	±1.3	+1.2±1.1
风阻	+0.4±1.6	+2.7±0.8
助推发动机关闭(最大轴向)	±0.5	+5.0±0.5

续表

运载火箭	侧向	轴向
阿特拉斯-2 AS		
助推发动机关闭（最大侧向）	±2.0	+2.5±1.0
二级发动机关闭	±0.3	+2.0±0.4
主发动机关闭（最大轴向）	±0.3	+4.5±1.0
主发动机关闭（最大侧向）	±0.6	±2.0
阿特拉斯-3		
起飞	±1.3	+1.2±1.1
风阻	+0.4±1.6	+2.7±0.8
助推发动机关闭（最大轴向）	±0.5	+5.5±0.5
助推发动机关闭（最大侧向）	±1.5	+2.5±1.0
主发动机关闭（最大轴向）	±0.3	+4.5±1.0
主发动机关闭（最大侧向）	±0.6	±2.0
阿特拉斯-5		
起飞	±2.0	+1.8±2.0
风阻	±0.4±1.6	+2.8±0.5
捆绑式助推器分离	±0.5	+3.3±0.5
助推发动机关闭（最大轴向）	±0.5	+5.5±0.5
助推发动机关闭（最大侧向）	±1.5	+3.0±1.0
主发动机关闭（轴向）	±0.3	+4.5±0.5
主发动机关闭（侧向）	±0.6	±2.0
质子		
起飞	+2.6	±2.1
最大动态压力	±1.2	+2.2
第一级/第二级分离前	±0.9	+4.65
第一级/第二级分离后（最大压力）	±1.7	+3.0
第一级/第二级分离后（最大拉力）	±1.7/±1.2	−2.8/−3.2
第二级/第三级分离	±0.3	+3.0
第三级/第四级分离	±0.3	+2.8

续表

运载火箭	侧向	轴向
飞马座		
捕获飞行	±0.7(Y)	
	+3.6/−1.0(Z)	±1.0
瞬间下降(有效载荷界面)	±0.5(Y)	
	±3.85(Z)	±0.5
气动升力	±0.2±1.0(Y)	+3.7±1.0
	±2.33±1.0(Z)	
分级燃烧	±0.2±1.0(Y&Z)	+9.5±1.0
分级燃烧之后	±0.2±2.0(Y&Z)	+0.2±1.0
金牛座(3 级)		
起飞	±2.0	+6.0/−1.0
跨音速	±2.5	+8.0/−1.0
超音速风力	±2.5	+4.5/+3.5
S1 共振燃烧	±1.5	+6.0/+2.0
分级燃烧	±0.5	+7.2
大力神-2		
起飞	±2.0	+3.0/−1.0
最大气动力	±2.5	+3.0/+1.0
一级燃烧	±4.0	+7.0/+4.0
二级关机	±2.0	+9.0/+2.5
阿里安-4		
最大动态压力	±1.5	+3.0
预推力终止	±1.0	+5.5
关闭发动机	±1.0	−2.5
阿里安-5		
起飞	±1.5	+3.2
最大动态压力	±2.0	+3.2
P230 燃烧	±0.5	+4.5
H155 燃烧	±0.1	+3.6
H155 关闭发动机	—	+2.1/−0.7

续表

运载火箭	侧向	轴向
雅典娜-1		
发射/一级点火	±1.5	+3.0/−1.0
一级加速度	±2.0	+2.0
二级共振	±2.5	+4.0±3.0
二级最大值	±2.0	+8.0
三级最大值	±1.0	+7.0
雅典娜-2		
发射/一级点火	±2.4	−8.7~9.2
一级共振	±2.9	+3.6±2.7
一级最大加速度	±2.0	+8.1
二级点火	±2.0	−2.0~5.0
二级最大加速度	±1.0	+7.0

　　只有在航天器满足一定刚度或固有频率要求的条件下，才可以使用表8.4中的发射负载指标。刚度要求是根据运载火箭的动力学特征得到的，通过合理设计航天器刚度，可以避免共振引起的载荷放大。表8.5给出了航天器的刚度要求，其中假设航天器固连在分界面上。对于不满足或超过这些固有频率要求的航天器系统，需要根据航天器和火箭集成分析模型进行耦合分析，从而确认发射负载设计指标。

表 8.5　航天器系统的刚度要求

运载火箭	推力方向/Hz	侧向/Hz
德尔塔-2	35	20
德尔塔-3(两级)	27	10
德尔塔-4(中型或中上型)	27	10
德尔塔-4(重型)	30	8
阿特拉斯-2 AS	15	8
阿特拉斯-3	15	8
阿特拉斯-5	15	8
质子	25	10
飞马座	—	20

续表

运载火箭	推力方向/Hz	侧向/Hz
金牛座	35～45,＞75①	25
大力神-2	24	10
阿里安-4	31	10
阿里安-5	18②	8③
雅典娜-1	30,≠45～70④	15
雅典娜-2	30,≠45～70④	12

注:①运载火箭和有效载荷耦合系统的要求;②给定频率下的有效质量之和;③最坏情形——与有效载荷质量有关;④≠对范围内的所有值均适用

8.7.2　部件设计准则

在航天器辅助结构设计或部件设计中,如电子设备装配设计,即使已知所选用的运载火箭,在任务初期也无法确定设计载荷。这时,需要开发不同的方法,用于确定设计载荷。

部件的设计方法可以分为两类,即负载估计和负载预测。负载估计假设运载火箭和航天器之间的连接处于最差情况,由此得到飞行负载的上限。在对运载火箭信息了解很少甚至完全不了解的情况下,这种方法允许对负载进行早期确定,并且对负载变化不敏感。根据以往经验,这些载荷估计值具有一定的保守性。因此,当在设计中使用这些值时,可以得到合理的配置,很好地权衡重量裕量和设计裕量。负载预测用于精确地预测不同单元负载随时间的响应,以及预测大质量物体的加速度。

这里将给出负载估计的基本方法。该方法基于质量加速度方法,主要用于初步分析。该方法提供了一种确定初步结构尺寸的基本准则,可用于辅助结构设计。

图 8.14 说明了一般的负载估计曲线,可用于航天器部件或辅助结构分析。图中曲线分别针对三种不同的阻尼值(c/c_c),反映了辅助结构或部件负载的典型范围。阻尼比 c/c_c 代表了真实阻尼 c 与临界阻尼 c_c 的比值。临界阻尼将在 8.14.1 节中定义,是指一个结构在受到外部扰动作用后,在临界阻尼作用下结构回到原来的平衡位置而不产生振荡。已知辅助结构或部件的质量,根据图中曲线可以得到与指定阻尼对应的设计极限载荷。该设计极限载荷作为准静态加速度施加在三个正交方向上,用于确认结构是否能够承受最坏情况下的负载。需要注意的是,对于质量超过 200kg 的部件,所有的响应曲线都汇聚到接近航天器极限负载的位置,如

表 8.4 所示。

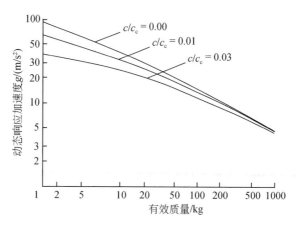

图 8.14　部件设计的极限负载

　　航天器部件的刚度要求并不是很容易定义的,这是因为部件刚度或动力学特性受到安装位置以及支撑结构的严重影响。在这种情形下,基本目标是降低或最小化耦合因素之间的相互影响,如部件固有频率和安装结构固有频率之间的影响等。为了实现不同系统之间的动力学解耦,需要利用熟知的"倍频准则",即部件固有频率大于等于安装结构或支撑结构固有频率的 2 倍。

　　在耦合因素之间应用这一规则,可以实现有效的保护。也就是说,可以在动力学上使一个部件与其他部件相隔离,任何负载输入都不会被放大。在本章后续部分,将讨论有关这一规则的基础知识。

　　例 8.1　已知图 8.15 所示的航天器系统将搭载阿特拉斯-2AS 发射,该航天器基本结构在轴向或推力方向满足最小刚度要求。假设支撑板固有频率为 50Hz,那

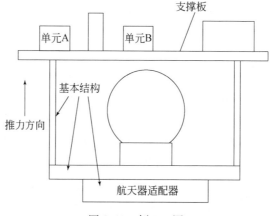

图 8.15　例 8.1 图

么对单元 A 和单元 B 的轴向刚度要求是多少?

解　根据表 8.5 可知,Atlas-2AS 火箭在推力方向的最低刚度要求为 15Hz。单元 A 安装后,其动力学特性将受到航天器基本结构的影响。为了防止负载放大或部件 A 和基本结构之间出现耦合现象,根据倍频准则可知,单元 A 固有频率应大于等于基本结构固有频率的 2 倍,即 30Hz。对于单元 B,由于其安装在支撑板中间,所以它的刚度需求主要取决于支撑板。同样根据倍频准则,单元 B 的固有频率应大于等于 100Hz。需要说明的是,航天器基本结构和支撑板的固有频率已经满足倍频准则。

8.7.3　安全系数与安全裕量

设计人员在初步设计中确定发射负载参数时,参考所选运载火箭用户手册相关资料、以往经验、有助于形成合理设计标准的其他文件等。发射负载的选择需要考虑环境不确定性因素,同样结构工程师也需要考虑设计上的不确定性因素以及分析方法的局限。通过选择恰当的安全系数,可以实现上述目的。安全系数是导致部件或结构失效的负载与其正常工作负载的比值。根据本章开始处给出的系统分类(如飞行系统、原型飞行系统等),结构设计准则可确定如下。

(1)发射负载－最大预期飞行负载。

(2)试验等级＝FS_1×发射负载。

(3)材料屈服条件＝FS_2×发射负载。

(4)材料失效条件＝FS_3×发射负载。

其中,FS_i 是安全系数。

对于不同的硬件系统,表 8.6 给出了安全系数 FS_1 的试验方法。这些方法应用于 NASA 和美国空军的空间系统设计,并引入了运载火箭确定估计设计负载的高性价比方法。这一高性价比方法的主旨在于最大限度地使有效载荷分析和运载火箭相分离,从而降低有效载荷负载分析的成本和时间,并简化分析流程。

表 8.6　安全系数 FS_1 试验和时间

		NASA		USAF	
	强度	随机	正弦	随机	正弦
飞行系统	1.0	+0 每个方向 60s	1.0 扫频速率 4oct/min	+0 60s min	+0 扫频速率 4oct/min

续表

	NASA			USAF	
	强度	随机	正弦	随机	正弦
原型飞行系统	1.25	+3 每个方向 60s	1.25 扫频速率 4oct/min	+3 60s min	+3 扫频速率 4oct/min
通过资质评估的系统,原理样机,或工程模型	1.25	+3 每个方向 120s	1.25 扫频速率 2oct/min	+6 3×最长飞行时间或 120s min	
参考资料	针对 3T3&ELV 载荷、了系统和部件的通用环境验证指标			MIL-STD-1540D(或更新的)空间飞行器试验要求	

飞行的屈服条件 f_y 定义为飞行过程中最差情形下的负载,f_y 不应超过材料的屈服强度。同样,飞行极限条件 f_u 不应超过材料的极限强度。材料的屈服强度指不会使材料产生指定程度永久变形的最大负载强度,通常可以设定为 $0.1\%\sim 0.2\%$。材料的极限强度是指材料在发生破坏前能够承受的最大应力。表 8.7 给出了金属结构和部件设计中典型的安全系数。

表 8.7　典型的材料安全系数(FS_2 和 FS_3)

	极限值			
	屈服值	无人	载人	静态试验
飞行前的专用试验	1.00	1.25	1.40	f_y,无有害变形 f_u,不失效
原型飞行系统的一次性飞行试验	1.25	1.40	1.40	f_y,无有害变形
每次飞行的验证试验	1.10	1.25	1.40	f_y,无有害变形
非静态资质评估	1.60	2.00	2.25	—
地面机械支持设备	3.00	5.00	5.00	>2.5

在推进系统等的一些特殊方面设计中,需要采用与表 8.7 稍微不同的方法,因为这些系统或部件具有一定的特殊性。例如,表 8.8 根据 MSFC-HDBK-505(修订版 A)给出了推进系统部件设计中典型的安全系数。

表 8.8　推进系统部件的安全系数

推进剂储罐		
载人	防爆压力①	1.05×运行过程中的最大压力
	屈服压力	1.10×运行过程中的最大压力
	极限压力	1.40×运行过程中的最大压力
无人	防爆压力①	1.05×运行过程中的最大压力
	屈服压力	1.10×运行过程中的最大压力
	极限压力	1.25×运行过程中的最大压力
液压和气动系统(包含储液器)		
直径小于 1.5in(38mm)的管线与配件	防爆压力	2.0×运行过程中的最大压力
	极限压力	4.0×运行过程中的最大压力
储液器、作动筒、阀门、过滤器、开关	防爆压力	1.5×运行过程中的最大压力
	极限压力	2.0×运行过程中的最大压力

注:①防爆压力是根据断裂力学寿命分析得到的

　　一般而言,项目的不同或组织机构的不同,安全系数可能存在细微的变化。无论采用什么安全系数,结构设计准则的目的是相同的,即项目提供充足的设计裕量,同时这一设计不是过于保守的。例如,十分保守的安全系数设计会使结构部件过于笨重,导致航天器质量过大。

　　在考虑发射负载和安全系数的情况下,利用安全裕量来反映设计能力是一个标准惯例。安全裕量是指考虑安全系数后工作负载与材料允许负载之间的裕量。对于航天飞行,工作负载是指飞行过程中最坏情形下的负载,它通常是发射负载。安全裕量的计算公式为

$$MS(安全裕量) = \frac{允许负载(应力)}{实际负载(应力) \times 安全系数} - 1$$

　　通常,安全裕量计算是为材料屈服强度和极限强度的选取提供依据。当安全系数为 1,或者用于试验的安全系数等于屈服条件下的安全系数,那么安全裕量为正,即 $MS > 0$。对于其他情况,$MS \geqslant 0$。

　　例 8.2　已知一个 NASA 的原型飞行系统部件在经历任务极限负载作用时,会受到 30000psi 的应力。假设材料的屈服强度是 42000psi,请计算安全裕量。

　　解　对于原型飞行系统,由表 8.7 可知,安全系数 FS 为 1.25,所以

$$MS = \frac{允许值}{实际值 \times FS} - 1 = \frac{42000}{30000 \times 1.25} - 1 = 0.12$$

8.8　应力分析

在发射过程中,航天器结构会受到不同种类的负载作用。考虑到航天器结构具有不同的横截面,并具有不同的材料属性,因此当航天器结构单元受到这些外部载荷作用时,会产生一定的形变,并且外部作用力会通过结构单元进行传递。所传递的作用力以应力的形式来表示,即单位面积上的作用力;所产生的形变以应变的形式来表示,即单位长度产生的位移。下面几节将重点讲述发射过程中在外力作用下产生的应力和应变。下面以杆单元为例,说明应力和应变满足的基本关系。与下面介绍的情况相比,在实际设计中需要考虑更多的因素,但是这些基本关系仍然是适用的。这里介绍的方法可用于项目初步分析。

在一些特殊情况下,结构工程师需要确认航天器结构单元是否具有足够的强度,以确保能够经受发射环境考验。根据负载设计准则,设计人员需要评估结构性能,目的在于使结构性能最优化,并使结构子系统质量最小化。在不同的发射环境下,航天器结构可能会受到轴向作用力、弯矩或扭矩的作用。在设计中,需要将这些外部载荷产生的应力与实际使用的材料的强度相比较。图 8.16 针对任意给定的材料,给出了应力和应变的一般关系。

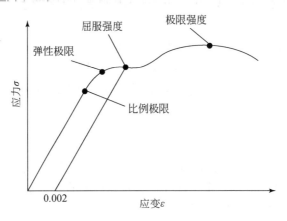

图 8.16　标准应力-应变关系

在图 8.16 中,从线性部分到屈服强度之间的区域对各种结构设计都非常重要。对于线性部分,存在胡克定律,其表达式为

$$\sigma = E\varepsilon \tag{8.4}$$

式中,σ 是应力;ε 是应变;E 是材料的弹性模量或杨氏模量。

弹性模量是材料的力学属性,它是结构设计中的一个重要参数,后面章节将会详细介绍。胡克定律成立区域的上端点称为比例极限。在实际应用中,比例极限很难界定。因此,通常使用屈服点这一参数,它与比例极限点很接近。材料在屈服点的强度称为屈服强度,指使材料产生的永久应变不超过 0.2% 的最大应力。屈服强度和最大允许强度(即极限强度)已在 8.7 节的结构设计准则中使用。在结构设计中为确保使用参数的一致性,将常用航天材料的屈服强度和极限强度整理,形成文件 MIL-HDBK-5。该文件由美国国防部编写,并成为了航天工业的一项标准。

8.8.1 正应力

运载火箭推力会引入轴向负载,使结构单元受到正应力作用。对于长度为 L、横截面积为 A 的杆结构,轴向推力产生的应力和应变为

$$\begin{cases} \sigma = \dfrac{P}{A} \\ \varepsilon = \dfrac{\Delta}{L} \end{cases} \tag{8.5}$$

式中,σ 是轴向应力;ε 是轴向应变;P 是作用在结构单元上的轴向作用力;Δ 是杆在外力作用下产生的伸缩量。结构单元在压力作用下均匀地缩短,产生均匀的应力分布,如图 8.17 所示。将式(8.5)代入胡克定律得

$$\begin{cases} \sigma = E\varepsilon \Rightarrow \dfrac{P}{A} = E\dfrac{\Delta}{L} \\ P = \dfrac{AE}{L}\Delta \end{cases} \tag{8.6}$$

将最后一个等式与作用于弹簧的作用力($F = kx$)相比较,得

$$K_{\text{ep}} = \frac{AE}{L} \tag{8.7}$$

该关系定义了负载单元的等效刚度值。为了确定等效刚度,仅需要知道结构单元的几何形状和材料的弹性模量。等效刚度对后面计算硬件结构振动的固有频率非常重要。

此外,对于图 8.17 所示的受轴向作用的杆单元,会产生横向变形或横向应变。对于确定的材料,横向应变和轴向应变的比值是一个常数,即

$$\upsilon = \frac{\varepsilon_{\text{lateral}}}{\varepsilon_{\text{axial}}} \tag{8.8}$$

式中,υ 为泊松比。材料手册中定义了泊松比这一材料属性,其典型值为 0.10~0.35。对于拉伸载荷,会产生侧向收缩;对于压缩载荷,会产生侧向膨胀。

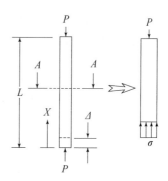

图 8.17 均匀的应力分布

通常,结构单元不仅会受到轴向载荷作用,还会受到横向载荷作用,从而使结

构受到弯矩作用。在图 8.18 所示的简单梁结构中,对于任意截面位置 $x = x_1$,为达到受力平衡,要求该截面上存在剪切力 V 和弯矩 M 。在该图中, F_i 表示外部施加载荷, R_i 表示支撑端的反作用力。

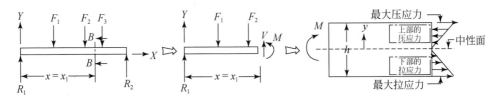

图 8.18 简单横梁
F_i 表示外部施加载荷, R_i 表示支撑端的反作用力

弯矩 M 的存在使得截面上产生正应力分布,应力大小在截面 $x = x_1$ 上是变化的,其关系为

$$\sigma = \frac{My}{I} \tag{8.9}$$

式中, $I = \int y^2 \mathrm{d}A$ 是横截面的惯性矩; y 是到中性面的距离。图 8.18 说明了单元横截面上的弯曲正应力分布。中性面定义为不存在应力或应变的平面,它经过横截面中心。

根据图 8.18 和式(8.9)可知,最大应力出现在单元横截面边缘,其大小为

$$\sigma = \frac{M(h/2)}{I} \tag{8.10}$$

式中, h 是梁的厚度。对于结构性能,结构工程师需要考虑到最坏情况下的结构受力。假设同时存在轴向和横向载荷作用,那么最坏情形下的正应力是两种载荷产生的正应力之和,即

$$\sigma = \pm \frac{P}{A} \pm \frac{M(h/2)}{I} \tag{8.11}$$

式中,每一项的符号由所施加载荷的方向决定。对于上述情况,最坏情形下的应力为

$$\begin{cases} \sigma = \dfrac{P}{A} + \dfrac{M(h/2)}{I} \text{(拉应力)} \\[2mm] \sigma = -\dfrac{P}{A} - \dfrac{M(h/2)}{I} \text{(压应力)} \end{cases} \tag{8.12}$$

表 8.9a 针对几种常见情况,给出了力矩表达式,可以直接代入式(8.12)进行计算。对于具有不同边界条件的简单平板结构,可以进行类似的分析,得到力矩的解。但是,这一分析过程可能会复杂一些。表 8.9b 针对一些常用的平板结构,给出了应力分布。

表 8.9a　横梁所受力矩与挠度的计算表达式

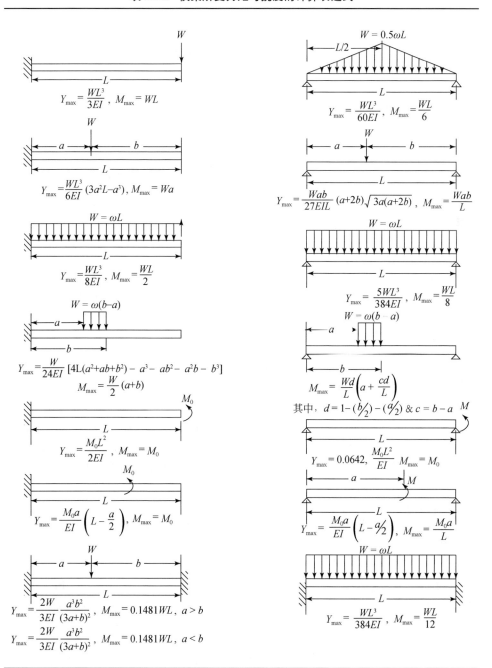

注：Y_{max} ＝ 最大挠度；M_{max} ＝ 最大弯矩

表 8.9b 平板所受力矩与挠度的计算表达式

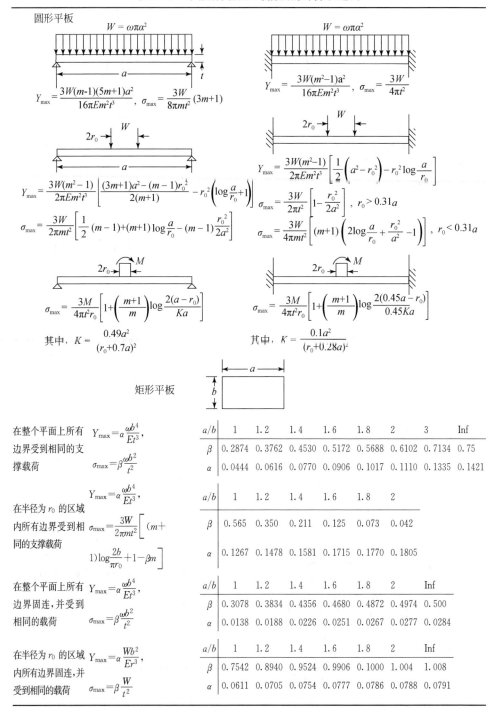

圆形平板

$$Y_{max} = \frac{3W(m-1)(5m+1)a^2}{16\pi Em^2 t^3}, \quad \sigma_{max} = \frac{3W}{8\pi mt^2}(3m+1)$$

$$Y_{max} = \frac{3W(m^2-1)a^2}{16\pi Em^2 t^3}, \quad \sigma_{max} = \frac{3W}{4\pi t^2}$$

$$Y_{max} = \frac{3W(m^2-1)}{2\pi Em^2 t^3}\left[\frac{(3m+1)a^2 - (m-1)r_0^2}{2(m+1)} - r_0^2\left(\log\frac{a}{r_0}+1\right)\right]$$

$$\sigma_{max} = \frac{3W}{2\pi mt^2}\left[\frac{1}{2}(m-1)+(m+1)\log\frac{a}{r_0}-(m-1)\frac{r_0^2}{2a^2}\right]$$

$$Y_{max} = \frac{3W(m^2-1)}{2\pi Em^2 t^3}\left[\frac{1}{2}\left(a^2 - r_0^2\right) - r_0^2\log\frac{a}{r_0}\right]$$

$$\sigma_{max} = \frac{3W}{2\pi t^2}\left[1-\frac{r_0^2}{2a^2}\right], \quad r_0 > 0.31a$$

$$\sigma_{max} = \frac{3W}{4\pi mt^2}(m+1)\left(2\log\frac{a}{r_0}+\frac{r_0^2}{a^2}-1\right), \quad r_0 < 0.31a$$

$$\sigma_{max} = \frac{3M}{4\pi t^2 r_0}\left[1+\left(\frac{m+1}{m}\right)\log\frac{2(a-r_0)}{Ka}\right]$$

其中, $K = \dfrac{0.49a^2}{(r_0+0.7a)^2}$

$$\sigma_{max} = \frac{3M}{4\pi t^2 r_0}\left[1+\left(\frac{m+1}{m}\right)\log\frac{2(0.45a-r_0)}{0.45Ka}\right]$$

其中, $K = \dfrac{0.1a^2}{(r_0+0.28a)^2}$

矩形平板

在整个平面上所有边界受到相同的支撑载荷 $Y_{max}=\alpha\dfrac{\omega b^4}{Et^3}$, $\sigma_{max}=\beta\dfrac{\omega b^2}{t^2}$	a/b	1	1.2	1.4	1.6	1.8	2	3	Inf
	β	0.2874	0.3762	0.4530	0.5172	0.5688	0.6102	0.7134	0.75
	α	0.0444	0.0616	0.0770	0.0906	0.1017	0.1110	0.1335	0.1421

在半径为 r_0 的区域内所有边界受到相同的支撑载荷 $Y_{max}=\alpha\dfrac{\omega b^4}{Et^3}$, $\sigma_{max}=\dfrac{3W}{2\pi mt^2}\left[(m+1)\log\dfrac{2b}{\pi r_0}+1-\beta m\right]$	a/b	1	1.2	1.4	1.6	1.8	2
	β	0.565	0.350	0.211	0.125	0.073	0.042
	α	0.1267	0.1478	0.1581	0.1715	0.1770	0.1805

在整个平面上所有边界固连,并受到相同的载荷 $Y_{max}=\alpha\dfrac{\omega b^4}{Et^3}$, $\sigma_{max}=\beta\dfrac{\omega b^2}{t^2}$	a/b	1	1.2	1.4	1.6	1.8	2	Inf
	β	0.3078	0.3834	0.4356	0.4680	0.4872	0.4974	0.500
	α	0.0138	0.0188	0.0226	0.0251	0.0267	0.0277	0.0284

在半径为 r_0 的区域内所有边界固连,并受到相同的载荷 $Y_{max}=\alpha\dfrac{Wb^2}{Er^3}$, $\sigma_{max}=\beta\dfrac{W}{t^2}$	a/b	1	1.2	1.4	1.6	1.8	2	Inf
	β	0.7542	0.8940	0.9524	0.9906	1.0000	1.004	1.008
	α	0.0611	0.0705	0.0754	0.0777	0.0786	0.0788	0.0791

例 8.3　针对图 8.19 所示的一般航天器配置，假设质量为 500 lb，发射系统选用阿特拉斯-2AS 火箭，安全系数设为 1.25，那么适配器上的最大应力是多少？

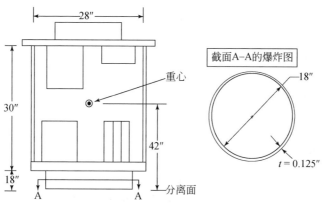

图 8.19　例 8.3 图

解　根据表 8.4，阿特拉斯-2AS 火箭的发射负载如表 8.10 所示。

表 8.10　例 8.3 表

事项	侧向负载/g	轴向负载/g
起飞	±1.3	±1.2±1.1
风阻	+0.4±1.6	±2.7±0.8
助推发动机关闭（最大轴向）	±0.5	±5.0±0.5
助推发动机关闭（最大侧向）	±2.0	±2.5±1.0
二级发动机关闭	±0.3	±2.0±0.4
主发动机关闭（最大轴向）	±0.3	+4.5±1.0
主发动机关闭（最大侧向）	±0.6	±2.0

分析可知，轴向负载的最差情形出现在助推发动机关闭后，横向负载的最差情形出现在风阻作用后或助推发动机关闭后。最差情形下的应力为

$$\sigma = \frac{P}{A} + \frac{Mc}{I}$$

根据图 8.19，得到横截面的面积和惯性矩为

$$A = 2\pi r t = 2\pi \times 9 \times 0.125 \approx 7.1 \mathrm{in}^2$$
$$I = \pi r^3 t = \pi \times 9^3 \times 0.125 \approx 286 \mathrm{in}^4$$

轴向最大应力为

$$\sigma = \left(\frac{500 \times 5.5}{7.1} + \frac{500 \times 0.5 \times 42 \times 9}{286}\right) \times 1.25 = (387.3 + 330.4) \times 1.25$$

$$\approx 897.1\text{psi}$$

侧向最大应力为

$$\sigma = \left(\frac{500 \times 3.5}{7.1} + \frac{500 \times 2 \times 42 \times 9}{286}\right) \times 1.25 = (246.5 + 1321.7) \times 1.25$$

$$\approx 1960\text{psi}$$

可知,适配器的最大应力为 1960psi。

8.8.2 切应力

在图 8.18 中,由于结构受到横向载荷的作用,任意截面上均存在反作用力 V。该反作用力是一种剪切力,使得横截面上受到切应力作用。

与弯曲应力类似,切应力在横截面上的分布也是变化的,如图 8.20 所示。最大切应力出现在中性面上,截面边缘切应力为 0。切应力 τ_s 定义为

$$\tau_s = \frac{VQ(y)}{It} \tag{8.13}$$

式中,y 是距离中性面的距离;$Q(y)$ 是位置 y 外面积的一阶矩;τ_s 是 y 处的切应力;t 是厚度;I 是相对中性面的惯性矩。

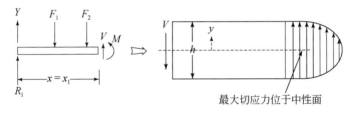

图 8.20　切应力分布

结构设计人员对最差情形下的应力或最大应力感兴趣,最大切应力可以用横截面上的平均切应力来表示,即

$$\tau_{\max} = \alpha \frac{V}{A} = \alpha \tau_{\text{avg}} \tag{8.14}$$

式中,V/A 是平均切应力,α 是与横截面有关的因子。对于任意横截面,最大切应力出现在中性面上,因此中性轴与其他位置上的梁的等效宽度是相同的。在这种情况下,公式 (8.13) 中有 $y=0$,在计算 $Q(y)$ 时需要用到中性面上的所有面积。如果横截面上其他位置更窄,那么最大切应力可能不会出现在中性面上。表 8.11 针对一些简单梁的横截面,给出了相应的 α 值。

表 8.11　各种横截面的最大切应力

截面	α	τ_{max}	位置
矩形	3/2	$\frac{3}{2}\tau_{avg}$	中性轴
实心圆形	4/3	$\frac{4}{3}\tau_{avg}$	中性轴
空心圆形	2	$2\tau_{avg}$	中性轴
三角形	3/2	$\frac{3}{2}\tau_{avg}$	顶部和底部之间的中间位置
菱形	9/8	$\frac{9}{8}\tau_{avg}$	位于中性轴上下 $1/8d$ 的点
工字梁或 C 形梁①	—	$\frac{Vbh}{2l}\left(1+\frac{h}{4b}\right)$	中性轴

注:①b 是翼板宽度,h 为横截面高度

　　作用在结构单元上的扭矩也会产生切应力,如图 8.21 所示。扭矩会使结构单元产生扭转变形,其切应变为 γ。在弹性范围内,切应力和切应变的关系为

$$\tau_s = G\gamma \tag{8.15}$$

式中,剪切模量 G 为

$$G = \frac{E}{2(1+\mu)} \tag{8.16}$$

在扭矩作用下产生的扭转角为

$$\varphi = \frac{TL}{JG} \tag{8.17}$$

式中,L 为长度,T 为施加的扭矩,$J(=\int x^2\,dA)$ 为极惯性矩。

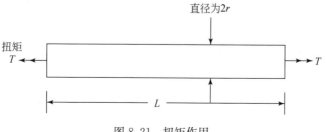

图 8.21　扭矩作用

在设计中,如果使用实心圆轴或具有圆形中空截面的管状结构,则横截面上的切应力 τ_s 与到轴心的距离之间存在比例关系

$$\tau_s = \frac{Tr}{J} \tag{8.18}$$

对于半径为 R 的圆形部件,$J = \pi R^4 / 2$,式(8.18)简化为 $\tau_s = 2T/\pi R^3$

虽然人们倾向于选择具有实心圆形横截面的结构或管状结构,但是在很多情况下所使用的结构具有非圆横截面。通常,这种结构很难满足切应力条件。但是,它们必须能充分承载受到的切应力。为了评估这类结构受到的切应力,首先针对矩形横截面进行分析。设矩形截面宽度为 b,厚度为 t,如图 8.22 所示,产生的切应力必须与横截面边缘平行。如果相比于厚度 t,宽度 b 足够大,那么切应力和扭转角分别为

$$\tau_s = \frac{3T}{bt^2}, \quad \varphi = \frac{3TL}{bt^3 G} \tag{8.19}$$

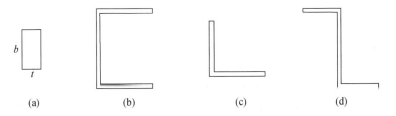

图 8.22　典型的非圆形横截面

对于一般的矩形截面,式(8.19)表示为

$$\tau_s = \frac{3T}{\alpha bt^2}, \quad \varphi = \frac{TL}{\beta bt^3 G} \tag{8.20}$$

式中,α 和 β 是与横截面尺寸有关的常数。将扭曲角的一般表达式即公式(8.17)与式(7.20)比较,得

$$J = \beta bt^3 \tag{8.21}$$

对于矩形截面,不同宽度和厚度比下的 α 和 β 数值如表 8.12 所示。

表 8.12　不同宽度和厚度比下的 α 和 β 数值

b/t	1.00	1.50	1.75	2.00	2.50	3.00	4	6	8	10	∞
α	0.208	0.231	0.239	0.246	0.258	0.267	0.282	0.299	0.307	0.313	0.333
β	0.141	0.196	0.214	0.229	0.249	0.263	0.281	0.299	0.307	0.313	0.333

在图 8.22 中,对于其他截面形状的结构,可以分解成多个矩形截面的组合,每个矩形截面的宽度和厚度分别是 b_i 和 t_i。于是,这些截面的极惯性矩 J 可以表示为

$$J = \sum \beta_i b_i t_i^3 \tag{8.22}$$

对于非圆截面结构,式(8.22)给出了估计切应力和扭转角的方法。如前所述,厚度 t 通常很小,这样极惯性矩 J 也很小,这是因为 J 与 t^3 相关。根据公式(8.18)所示的切应力公式,如果极惯性矩 J 很小,那么切应力 τ_s 很大。由此可知,这类结构只能够承受较小的扭矩作用。

8.8.3　屈曲条件

1. 梁

在前面的应力应变分析中,假设结构单元在外力作用下保持稳定。在一些情况下,外部压力载荷会使部分单元变得不再稳定。在运载火箭发射过程中主要载荷是压力,所以结构单元的不稳定性如果得不到很好的处理,产生的后果可能是灾难性的。这一弹性不稳定性可能出现在弹性极限以下,通常称为屈曲。

屈曲现象主要发生在梁结构上,这类结构的特点是相比于其他方向的尺寸,在某一个方向上尺度较大。临界屈曲应力与梁的边界条件类型有关,可以表示为

$$\sigma_{cr} = \frac{C\pi^2 E}{(L/\rho)^2} = \frac{\pi^2 E}{(L'/\rho)^2} \tag{8.23}$$

式中,$\sigma_{cr} = P_{cr}/A$ 是临界屈曲应力,P_{cr} 是临界屈曲载荷。在式(8.23)中,A 是横截面面积;E 是弹性模量;L 是梁的长度;$\rho = \sqrt{I/A}$ 是横截面的等效回转半径;I 是横截面相对于屈曲轴的二阶惯性矩;C 是与边界类型有关的常数;$L' = L/\sqrt{C}$ 是梁的等效长度;L'/ρ 是长细比。

式(8.23)通常称为欧拉方程,它适用于满足如下条件的横梁:

(1)梁的长细比大于等于 110。

(2)梁受到的应力不超过其材料的弹性极限。

(3)梁具有稳定的横截面,即横截面是封闭的,并具有较大的厚度。

表 8.13 针对不同的负载和边界类型,给出了梁屈曲的临界载荷。

表 8.13　横梁屈曲公式

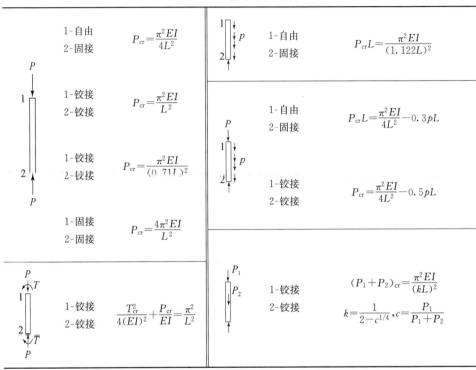

1-自由 2-固接	$P_{cr}=\dfrac{\pi^2 EI}{4L^2}$	1-自由 2-固接　$P_{cr}L=\dfrac{\pi^2 EI}{(1.122L)^2}$
1-铰接 2-铰接	$P_{cr}=\dfrac{\pi^2 EI}{L^2}$	1-自由 2-固接　$P_{cr}L=\dfrac{\pi^2 EI}{4L^2}-0.3pL$
1-铰接 2-铰接	$P_{cr}=\dfrac{\pi^2 EI}{(0.71L)^2}$	1-铰接 2-铰接　$P_{cr}=\dfrac{\pi^2 EI}{4L^2}-0.5pL$
1-固接 2-固接	$P_{cr}=\dfrac{4\pi^2 EI}{L^2}$	
1-铰接 2-铰接	$\dfrac{T_{cr}^2}{4(EI)^2}+\dfrac{P_{cr}}{EI}=\dfrac{\pi^2}{L^2}$	1-铰接 2-铰接　$(P_1+P_2)_{cr}=\dfrac{\pi^2 EI}{(kL)^2}$ $k=\dfrac{1}{2-c^{1/4}},c=\dfrac{P_1}{P_1+P_2}$

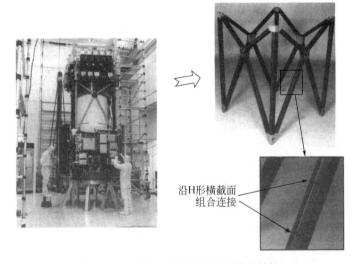

沿H形横截面
组合连接

图 8.23　中段空间试验项目的桁架结构

图 8.23 是中段空间试验(midcourse space experiment)项目中一个梁结构,它处于临界屈曲状态。多个梁结构组成了桁架结构,其材质为复合材料,桁架高 6ft,底面为 5ft² 的正方形。梁结构具有 H 形横截面,尺寸约为 2in×2in。

如前所述,在航天器结构设计中,经常会使用厚度很小、横截面不封闭的梁结构。由于厚度很小,如果附近结构出现坍塌,这些梁结构可能会在远低于欧拉方程给出的应力作用下失效。这一局部区域的失效称为临界失效,它可能会与由欧拉方程定义的主要失效同时发生。为了计算临界应力,不稳定横截面将被视为一个简单的弯角,或者具有不同边界条件的弯角的组合。图 8.24 给出了一些常见的横截面实例。

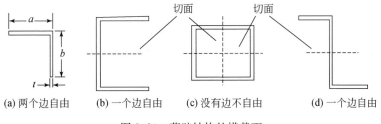

(a) 两个边自由　(b) 一个边自由　(c) 没有边不自由　(d) 一个边自由

图 8.24　薄壁结构的横截面

图 8.24(a)给出了一个简单的弯角结构,其临界应力由式(8.24)决定,即

$$\sigma_c = k_e \frac{(E_c \sigma_{cy})^{0.5}}{(b'/t)^{0.75}} \tag{8.24}$$

式中,σ_c 是临界应力,E_c 是弹性压缩模量,σ_{cy} 是材料受压条件下的屈服强度,$b'/t = (a+b)/2t$。k_e 是与弯角条件有关的系数,有两个边处于自由状态,则值为 0.316;只有一个边处于自由状态,其值为 0.342;所有边都不处于自由状态,其值为 0.366。

作用在弯角结构上的临界载荷 $P_c = \sigma_c A$。对于图 8.22(b)~(d)所示的横截面,可以将其分解为一系列简单的弯角结构,通过计算每个简单结构的临界应力,确定整个横截面的临界应力。横截面的平均临界应力由式(8.25)确定,即

$$\sigma_{cs} = \frac{\sum \sigma_{ci} A_i}{\sum A_i} \tag{8.25}$$

式中,σ_{cs} 是平均临界应力;σ_{ci} 是第 i 个弯角结构的临界应力;A_i 是第 i 个弯角结构的横截面积。

对于图 8.23 中中段空间试验项目的桁架结构,其 H 形横截面由薄层凸缘制成,呈网状,并且从结构顶部到底部均处于自由状态。为避免临界失效,在桁架结构中每个独立单元的端点安装小的加强角板,如图 8.23 中箭头所示的部分。

2. 平板与圆柱体

平板结构在受到压缩、剪切或弯曲等作用时,可能会产生屈曲现象。对于受压条件下的平板,屈曲应力定义为

$$\sigma_{cr} = K \frac{E}{12(1-\nu^2)} \left(\frac{t}{b}\right)^2 \tag{8.26}$$

式中,$\sigma_{cr} = P_{cr}/A$;K 是与边界条件、尺寸比 a/b 有关的屈曲系数;E 是弹性模量;ν 是泊松比;b 是板或受力边缘的短边尺寸;t 是平板厚度。

屈曲应力可以表示为更一般的形式,即

$$\sigma_{cr} = K_c E \left(\frac{t}{b}\right)^? \tag{8.27}$$

式中,K_c 是 a/b 的函数。对于受剪切作用或弯曲作用的平板,其屈曲应力计算可以采用上述公式,但是需要分别用 K_s 和 K_b 代替 K_c。K_s 是剪切屈曲系数,K_b 是弯曲屈曲系数。不同边界条件下允许的平板屈曲应力详见表 8.14a。如果平板受到多种边界条件作用,那么计算公式要比式(8.27)复杂很多如表 8.14b 所示。

表 8.14a　平板的屈曲方程

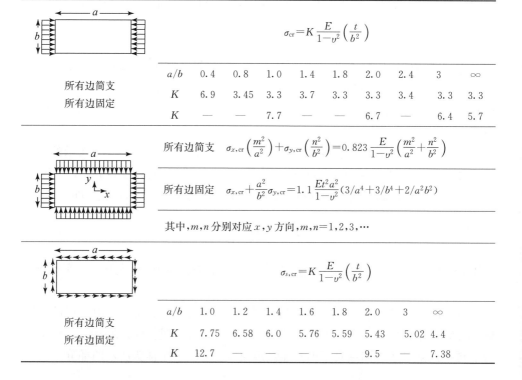

所有边简支 所有边固定	$\sigma_{cr} = K \dfrac{E}{1-\nu^2}\left(\dfrac{t}{b^2}\right)$								
a/b	0.4	0.8	1.0	1.4	1.8	2.0	2.4	3	∞
K	6.9	3.45	3.3	3.7	3.3	3.3	3.4	3.3	3.3
K	—	—	7.7	—	—	6.7	—	6.4	5.7

所有边简支	$\sigma_{x,cr}\left(\dfrac{m^2}{a^2}\right) + \sigma_{y,cr}\left(\dfrac{n^2}{b^2}\right) = 0.823\dfrac{E}{1-\nu^2}\left(\dfrac{m^2}{a^2}+\dfrac{n^2}{b^2}\right)$
所有边固定	$\sigma_{x,cr} + \dfrac{a^2}{b^2}\sigma_{y,cr} = 1.1\dfrac{Et^2a^2}{1-\nu^2}(3/a^4 + 3/b^4 + 2/a^2b^2)$

其中,m,n 分别对应 x,y 方向,$m,n = 1,2,3,\cdots$

所有边简支 所有边固定	$\sigma_{s,cr} = K\dfrac{E}{1-\nu^2}\left(\dfrac{t}{b^2}\right)$							
a/b	1.0	1.2	1.4	1.6	1.8	2.0	3	∞
K	7.75	6.58	6.0	5.76	5.59	5.43	5.02	4.4
K	12.7	—	—	—	9.5	—	7.38	

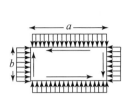

所有边简支

$$\sigma_{cr}\sqrt{C^2\left(2\sqrt{1-\frac{\sigma_y}{C}}+2-\frac{\sigma_x}{C}\right)\left(2\sqrt{1-\frac{\sigma_y}{C}}+6-\frac{\sigma_x}{C}\right)}$$

其中 $C=\dfrac{0.823}{1-v^2}\left(\dfrac{t}{b^2}\right)$

所有边固定

$$\sigma_{cr}\sqrt{C^2\left(2.31\sqrt{4-\frac{\sigma_y}{C}}+\frac{4}{3}-\frac{\sigma_x}{C}\right)\left(2.31\sqrt{4-\frac{\sigma_y}{C}}+8-\frac{\sigma_x}{C}\right)}$$

其中 $C=\dfrac{0.823}{1-v^2}\left(\dfrac{t}{b^2}\right)$

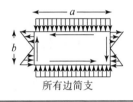

所有边简支

$$\sigma_{cr}=K\frac{E}{1-v^2}\left(\frac{t}{b^2}\right)$$

$\sigma_s/\sigma_{s,cr}$	0	0.2	0.4	0.6	0.8	1.0
K	21.1	20.4	18.5	3.6	16.0	0

表 8.14b　圆柱体的屈曲方程

$\phi=\dfrac{1}{16}\sqrt{\dfrac{r}{t}}$

$\dfrac{r}{t}<1500$

端点不受约束	$\sigma_{cr}=\dfrac{\gamma E}{\sqrt{3(1-v^2)}}\dfrac{t}{r}$
轴向	$\gamma=1-0.90(1-e^\phi)$
弯矩	$\gamma=1-0.73(1-e^\phi)$

不受约束

$M_{cr}=K\dfrac{E}{1-v^2}rt^2$

其中，$K=0.99$，针对长圆柱体的弯曲载荷，$K_{avg}=1.14$，$K_{min}=0.72$

端点铰接
（简支）

$\sigma_{s,cr}=E\left(\dfrac{t}{L}\right)^2\left[1.8+\sqrt{1.2+0.201\left(\dfrac{L}{\sqrt{tr}}\right)^2}\right]$，$v=0.3$

端点固定

$\sigma_{s,cr}=KE\left(\dfrac{t}{r}\right)^{1.35}$

L/r	0.2	0.3	0.4	0.5	0.75	1.0	2	4
K	3.3	2.45	2.02	1.78	1.45	1.27	0.94	0.68

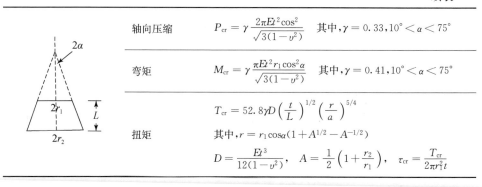

	轴向压缩	$P_{cr} = \gamma \dfrac{2\pi E t^2 \cos^2}{\sqrt{3(1-v^2)}}$　其中，$\gamma = 0.33, 10° < \alpha < 75°$
	弯矩	$M_{cr} = \gamma \dfrac{\pi E t^2 r_1 \cos^2 \alpha}{\sqrt{3(1-v^2)}}$　其中，$\gamma = 0.41, 10° < \alpha < 75°$
	扭矩	$T_{cr} = 52.8 \gamma D \left(\dfrac{t}{L}\right)^{1/2} \left(\dfrac{r}{a}\right)^{5/4}$ 其中，$r = r_1 \cos\alpha (1 + A^{1/2} - A^{-1/2})$ $D = \dfrac{E t^3}{12(1-v^2)}, \quad A = \dfrac{1}{2}\left(1 + \dfrac{r_2}{r_1}\right), \quad \tau_{cr} = \dfrac{T_{cr}}{2\pi r_1^2 t}$

通常，平板难以承受压缩载荷。因此，需要增加加强筋，从而提高平板抗压能力。加强筋具有多种形状，可以是向上弯曲的金属板、成品件、挤压件或机加工件等，如图 8.22 所示。为了确定这些结构的承压能力，可以利用平板屈曲分析中的结果。例如，图 8.22 中所示的弯角结构可以看成两个凸缘，它们的连接处作为简支边界条件处理。如果两个凸缘具有相同的尺寸，那么它们的屈曲应力是相同的。在这种条件下，屈曲应力为

$$\sigma_{cr} = 0.385 E \left(\frac{t}{b}\right)^2 \tag{8.28}$$

根据相同的分析方法，可以确定其他形状下加强筋横截面的屈曲性能。

圆柱形和圆锥形结构具有相同的屈曲条件，表 8.14b 给出了这类结构的一些基本的临界载荷条件。

8.9　结 构 类 型

最常用的横梁形式包括薄壁或厚壁的圆形、方形管状结构，工字梁、H 形梁或弯角梁。这些梁通常用于支撑框架、加强结构或悬臂结构。薄或厚的平板结构可作为硬件的安装平台，但是通常情况下其质量会很大。对于仅承受剪切应力且不需要安装硬件的面板部件，通常使用平板结构是非常有效的。在热设计中，薄板经常作为散热器表面。

夹板结构是航天器设计中常用的一类特殊结构，有时称为蜂窝板或胶合板组件。夹板结构的核心是轻质材料，两侧为薄板，如图 8.25 所示。在很多情况下，夹板结构的核心材料具有六边形或蜂窝状的横截面，因此称为蜂窝板。一种与夹板类似的结构由工字梁组成。当工字梁在受到横向载荷作用时，其凸缘会产生抵抗弯曲的反作用力力矩，而梁腹则会抵抗横向剪切力。对于夹板结构，其两侧的平板与工字梁的凸缘类似，用于抵抗弯曲；其核心材料与梁腹类似，用于承受横向剪切

力。黏合剂使两个部件紧紧黏在一起,从而使外部载荷可以在核心材料和两侧板之间传递。夹板结构充分利用不同单元部件的优势,当把这些部件组合在一起时,就同时具有质量轻、强度高、刚度大的优点。

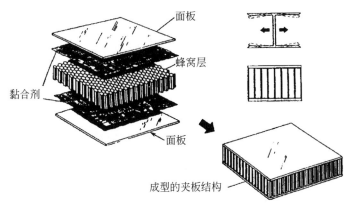

图 8.25　夹板结构

可以使用传统材料或石墨环氧树脂等复合材料来制造夹板。两侧面板的厚度通常为 0.005～0.030in。夹板结构厚度通常为 0.25～4.00in,但是也可以制作更厚或更薄的夹板。核心的厚度变化很大,与所选用的材料有关。但是,在航天器设计中核心材料的厚度通常很小,一般为 0.0007in 或 0.0010in。所采用的夹板结构与质量、强度和刚度的需求有关。在大多数情况下核心所使用的材料与侧板均相同。但是有时候也会使用不同种类的材料,如以铝合金作为核心材料,以石墨环氧树脂作为侧板材料等。夹板结构与普通平板结构的对比如图 8.26 所示。

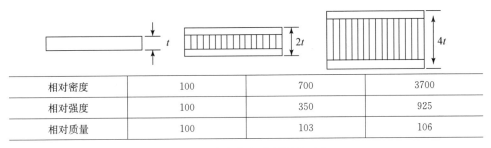

相对密度	100	700	3700
相对强度	100	350	925
相对质量	100	103	106

图 8.26　夹板与标准平板的对比

夹板结构具有不同的失效机制,在结构分析中需要认真考虑。夹板可能发生的失效模式以及相应的分析方程见表 8.15。MIL-HDBK-23 是分析夹板结构的很好的参考资料。

表 8.15　夹层结构横梁方程

横梁类型	最大剪切力 V	最大变矩 M	弯曲挠度常数 K_b	剪切挠度常数 K_s
$W=\omega L$	$0.5W$	$0.125WL$	0.0132	0.125
$W=\omega L$	$0.5W$	$0.0833WL$	0.0026	0.125
点载 $L/2$	$0.5W$	$0.25WL$	0.0208	0.25
点载 a	$0.5W$	$0.125WL$	0.0052	0.25
$W=\omega L$	W	$0.5WL$	0.125	0.5
W	W	WL	0.333	1
$W=\omega L/2$	W	$0.3333WL$	0.0667	0.3333
$W=\omega L$	$0.625W$	$0.125WL$	0.0054	0.0704

条件与控制方程

条件	控制方程
面板上的弯曲应力	$\sigma_i=\dfrac{M}{t_i hb}$　其中,$i=1,2$
中心部位剪切应力	$\tau_{cs}=\dfrac{V}{hb}$
挠度	$\Delta=\dfrac{2K_b PL^3\lambda}{E t_f h^2 b}+\dfrac{K_s PL}{h G_c b}$　（对于相同的表面动料）
面板出现压痕	$\sigma_{cr}=\dfrac{2E_f}{\lambda}\left(\dfrac{t_f}{s}\right)^2$
面板起皱	$\sigma_{cr}=0.82E_f\left(\dfrac{E_f t_f}{E_t t_c}\right)^{1/2}$
	$D=\dfrac{E_1 t_1 E_2 t_2 h^2 b}{E_1 t_1\lambda_2+E_2 t_2\lambda_1}$

术语

$P=$总负载
$b=$宽度
$L=$跨度
$\sigma_{cr}=$表面临界应力
$\sigma_f=$表面应力
$D=$表面刚度
$t_f=$表面厚度
$\lambda=1-\upsilon^2$
$h=$到中心的距离
$\upsilon=$面板泊松比
$\tau_{cs}=$中心部位剪切应力
$S=$蜂窝尺寸
$\Delta=$挠度
$E_c=$中心部位压缩弹性模量
$E_f=$表面弹性模量
$t_c=$中心厚度
$G_c=$中心部位剪切模量
$I=$惯性矩

夹板结构失效模式

一般屈曲　剪切卷曲　黏合剂失效　中心材料压缩失效　蜂窝孔内屈曲

表面失效　横向剪切　弯曲破碎　局部破碎

8.10　结构负载路径

在航天器结构设计中,一项重要的工作就是建立良好的结构单元布局以及这些结构单元的相互支撑关系。通过仔细分析负载在航天器结构上的传递过程,即结构负载路径,结构设计人员可以优化结构设计。下面举例说明这一过程。

例 8.4　设有一个横梁,它的两侧是平行单元,中间是核心材料,如图 8.27 所示。横梁的端部受到外部力 W 的作用。请计算两个平行单元 1 和 2 受到的负载。其中,已知两个平行单元的材料相同,弹性模量为 E,单元 1 比单元 2 厚很多,即 $I_1 \gg I_2$。在分析中,可以将该组合体看成一个简单单元。

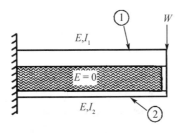

图 8.27　例 8.4 图

解　合理结构设计的一个重要方面是确定负载在结构上是如何分布和传递的。横梁核心材料的弹性模量为 0,即 $E = 0$,因而它没有任何抵抗外部载荷的能力,但是它具有将上下两个平行单元连接在一起的作用,这与蜂窝板结构类似。

假设上面的平行单元受到的负载为 W_1,下面单元受到的负载为 W_2,那么整个负载可以表示为
$$W = W_1 + W_2$$

由于假设整个横梁作为一个简单单元,所以各个部件的形变是相同的,即 $y = y_1 = y_2$。根据表 8.9a,有
$$y_1 = \frac{W_1 L^3}{3EI_1}, \quad y_2 = \frac{W_2 L^3}{3EI_2}$$

从而有
$$W_2 = \frac{W_1 I_2}{I_1}$$

将式 $W_2 = \dfrac{W_1 I_2}{I_1}$ 代入 $W = W_1 + W_2$,得
$$W = W_1 + W_2 = W_1 + \frac{W_1 I_2}{I_1}$$

由于 $I_1 \gg I_2$,所以 $I_2/I_1 \approx 0$,从而 $W = W_1$ 。

将 $y = WL^3/(3EI)$ 整理成 $F = k_{eq}X$ 的形式,得到 $k_{eq} = 3EI/L^3$ 。对比可知,单元 1 比单元 2 的刚度大。由此可知,**刚度大的结构单元会承受更多的载荷作用**。

上述概念的更具体的例子如图 8.28 所示。在这个特例中,在发射过程中火箭产生推力负载。上面部分包括仪器和电子设备,它们由外部的蜂窝板结构和内部的矩形结构所支撑。利用厚度为 0.03in 的平板,将蜂窝板边缘连接到外结构上。在推力负载的作用下,该平板承受法向载荷的能力很弱,这就类似于弯曲一个很薄的平板。根据前面例子可知,为了传递一定的载荷作用,要求结构具有适当的刚度。因此,支撑上面部分的负载路径将会通过蜂窝板结构和中心支承结构。

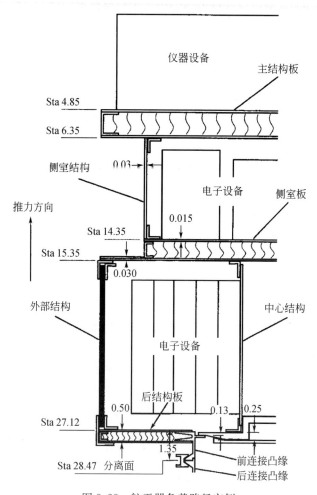

图 8.28　航天器负载路径实例

　　这一原理非常重要,它是很多设计的基础。相对刚度发挥重要作用的另一个
类似的例子就是挠性部件的使用。这些挠性部件是叶片型结构,通常用于安装光
学器件。通过设置不同方向上的刚度,可以控制负载从一个结构单元到另一个结
构单元的传递路径。通过控制负载及其传递过程,结构变形可以得到有效控制。

8.11　热　应　力

　　前面部分重点分析发射等事件引起的负载。一旦完成发射卫星入轨后,温度
变化以及温度梯度也会引起应力,这些应力有时候被称为热应力。当航天器结构
使用不同种类的材料,或者要求稳定的安装平台时,热应力是非常重要的因素。热
应力是结构在受约束的条件下产生的。例如,当一个结构单元的一端连接到相邻
的结构单元时,就会产生这样的约束条件。为了分析热应力效应,考虑如下所示的
横梁(图 8.29)。

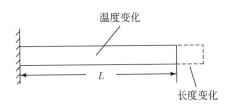

图 8.29　横梁 1

　　如果横梁温度改变了 ΔT,横梁长度将会变化,其变化量为

$$\delta_T = \alpha L(\Delta T) \tag{8.29}$$

式中,δ_T 是变形量;α 是线性热膨胀系数;L 是横梁的初始长度;ΔT 是温度的变化
量。在这种情况下,横梁不受约束,也不会产生热应力,横梁长度变为 $L+\delta_T$。但
是,如果横梁受到如图 8.30 所示的边界约束,那么即使横梁温度发生变化,其长度
也不会发生改变。

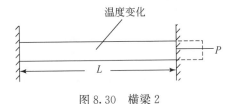

图 8.30　横梁 2

　　由于边界约束的存在,横梁会产生抵抗变形的内力,导致横梁内部应力的产
生。根据应变定义以及胡克定律,可以确定热应力大小。根据应变定义得

$$\varepsilon = \frac{\delta_T}{L} = \frac{\alpha L(\Delta T)}{L}, \quad \varepsilon = \alpha \Delta T \tag{8.30}$$

将式(8.30)代入胡克定律表达式,得到横梁的应力表达式为

$$\sigma = E\varepsilon = E\alpha \Delta T \tag{8.31}$$

当结构单元温度升高时,结构会膨胀,从而产生压应力。类似地,如果结构单元温度降低,则会产生拉应力。

由式(8.31)可知,为了分析温度改变引起的内部应力,需要知道结构上的温度分布和材料的力学属性。在这个例子中,弹性模量和热膨胀系数为常数。对于大多数情况,这一假设都是适用的,但是当温度变化范围很大时,需要考虑材料力学属性在这一温度范围内的变化。例如,根据资料 MIL HDDK SH 可知,6061 T6 型号的铝合金的热膨胀系数是随温度变化的,如图 8.31 所示。对于低温仪器等设备,需要考虑温度变化引起的材料属性改变,因为它们的温度会从 20℃的室温变化到 10~20K(约-250℃)。

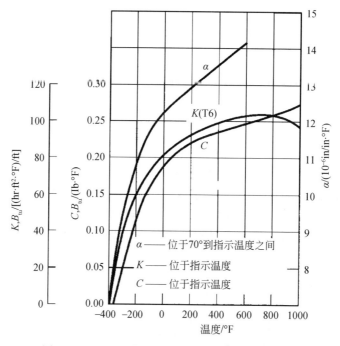

图 8.31　6061-T6 铝合金的材料属性随温度的变化

上面所讲的是对热应力问题的一个简单分析方法。即便如此,在大量实际应用中,这样的简单计算结果可以为结构工程师提供热应力的量级估计。这类方法可以确定问题的界限,在早期设计阶段非常有用。

在本节第一部分的讨论中,假设结构单元所有部位的温度变化是相同的。在很多实际应用中,沿结构长度或厚度方向的温度变化是不同的。在这种情况下,不仅会带来上述结构热应力,还会引起不希望的结构扭曲。考虑 8.10 节例 8.4 中的结构,其顶部和底部具有相同的几何形状,并且两端都是自由的。如果顶端的温度变化比底端温度变化小 5℃,那么顶端单元的收缩将会更大,从而导致整个结构弯曲。这会使结构产生曲率,对安装在其上的具有严格指向要求的设备产生不利影响。这类设备包括光学仪器以及星敏感器、陀螺等导航与控制系统设备。表 8.16 给出了一些基本方程,可用于分析温度改变对常见结构单元的影响。

表 8.16　温度变化对常见结构影响的基本方程

结构单元/边界条件	计算常数	
均匀平板,边固定	最大弯曲应力	$\sigma = \dfrac{\alpha E \Delta T}{(1-v)}$
杆,矩形横截面	边缘自由,曲率半径	$R = \dfrac{h}{\alpha \Delta T}$
	端点固定,力矩	$M_0 = \dfrac{u E I \Delta T}{h}$
	端点固定,最大弯曲应力	$\sigma = \dfrac{\alpha E \Delta T}{2}$
板厚度为 h,与上面具有相同的曲率半径	最大弯曲应力	$\sigma = \dfrac{\alpha E \Delta T}{2(1-v)}$
方板,边缘固定	最大弯曲应力	$\sigma = \dfrac{\alpha E \Delta T}{2}$

8.12　复合应力与应力比

前面所述的结构理论可以确定结构单元在单一载荷作用下的极限强度。但是,在大多数情况下结构单元会同时受到多种载荷的作用,如轴向作用力、弯矩和扭矩等。为了计算多种载荷作用下的结构极限强度,引入了应力比的概念。对于单一载荷,应力比定义为

$$R = \frac{f}{F} \tag{8.32}$$

式中,f 是所施加的负载、力矩或应力;F 是材料所允许的负载、力矩或应力。在多

种载荷作用下,材料失效的一般条件为

$$R_c^a + R_t^b + R_b^c + R_{st}^d + R_s^e + R_p^f + \cdots = 1.0 \tag{8.33}$$

式中,R_c、R_t、R_b、R_{st}、R_s、R_p 分别是压缩、拉伸、弯曲、扭转、剪切、压强作用下的应力比。指数 a、b、c、d、e、f 分别给出多种载荷之间的关系,它们可以根据屈曲或失效理论得到,或者根据多种载荷作用下的失效试验得到。式(8.33)的含义是,如果一个结构单元受到多种载荷的作用,那么只有当这些载荷的应力比之和大于等于1时,结构才会失效。不同负载作用下的安全系数和应力比如表8.17所示。

表 8.17a 复合应力对杆的作用方程

负载	作用方程	安全系数
轴向拉伸或压缩	$R_x = \dfrac{f_x}{F}, R_y = \dfrac{f_y}{F}$	$\dfrac{1}{R_{max}}$
轴向应力和弯曲应力	$R_a + R_b = 1$	$\dfrac{1}{R_a + R_b}$
正应力和切应力	$R_f^2 + R_s^2 = 1$ $R_f = R_a + R_b$	$\dfrac{1}{\sqrt{R_f^2 + R_s^2}}$
弯矩、扭矩和压应力	$R_b^2 + R_{st}^2 = (1 - R_c)^2$	$\dfrac{1}{R_c + \sqrt{R_b^2 + R_{st}^2}}$
弯矩、扭矩拉应力和切应力	$R_b + R_{st} = 1$ $R_t^2 + R_s^3 = 1$	$\dfrac{1}{R_b + R_{st}}$

表 8.17b 复合应力对板的作用方程

负载	作用方程	安全系数
沿轴的双向压缩	$R_x + R_y = 1$	$\dfrac{1}{R_x + R_y}$
纵向压缩和剪切	$R_c + R_s^2 = 1$	$\dfrac{2}{R_c + \sqrt{R_c^2 + 4R_{st}^2}}$
纵向压缩和弯曲	《航天结构手册》(*Astronautic Structures Manual*),NASA,技术备忘录X-73305,1975 年 8 月	

负载	作用方程	安全系数
弯曲和剪切	$R_{\mathrm{b}}^2 + R_{\mathrm{s}}^2$	$\dfrac{1}{\sqrt{R_{\mathrm{b}}^2 + R_{\mathrm{st}}^2}}$
弯曲、剪切和横向压缩	《航天结构手册》(*Astronautic Structures Manual*)，NASA，技术备忘录 X-73305，1975 年 8 月	
纵向压缩、弯曲和横向压缩	《航天结构手册》(*Astronautic Structures Manual*)，NASA，技术备忘录 X-73305，1975 年 8 月	

表 8.17c　复合应力对圆柱体的作用方程

负载	作用方程	安全系数
径向压缩和纯弯曲	$R_{\mathrm{c}} + R_{\mathrm{b}} = 1$	$\dfrac{1}{R_{\mathrm{c}} + R_{\mathrm{b}}}$
径向压缩和扭转	$R_{\mathrm{c}} + R_{\mathrm{s}}^2 = 1$	$\dfrac{1}{R_{\mathrm{c}} + \sqrt{R_{\mathrm{c}}^2 + 4R_{\mathrm{st}}^2}}$
扭转和径向拉伸	$R_{\mathrm{st}}^3 - \lvert R_{\mathrm{t}} \rvert = 1$，$R_{\mathrm{t}}$ 是拉应力与压缩屈服应力之比，$R_{\mathrm{t}} < 0.8$	—
纯弯曲和扭转	$R_{\mathrm{b}}^{1.5} + R_{\mathrm{t}} = 1$	—
纯弯曲和横向剪切	$R_{\mathrm{b}}^3 + R_{\mathrm{s}}^3 = 1$	—
径向压缩、纯弯曲和横向剪切	$R_{\mathrm{c}} + \sqrt[3]{R_{\mathrm{s}}^3 + R_{\mathrm{b}}^3} = 1$	—
径向压缩、纯弯曲、横向剪切和扭转	$R_{\mathrm{c}} + R_{\mathrm{st}}^2 + \sqrt[3]{R_{\mathrm{s}}^3 + R_{\mathrm{b}}^3} = 1$	—
径向压缩、纯弯曲和扭转	$R_{\mathrm{c}} + R_{\mathrm{b}} + R_{\mathrm{st}}^2 = 1$	$R_{\mathrm{c}} + R_{\mathrm{b}} + \sqrt{(R_{\mathrm{c}} + R_{\mathrm{b}})^2 + 4R_{\mathrm{st}}^2}$

例 8.5　利用三个均匀分布的支撑杆,将一个望远镜安装在刚性平台上。假设望远镜质量为 145lb(约 65.77kg),重心位置已知。望远镜系统同时受到 x 和 z 方向的载荷作用,x 方向载荷为 $\pm 7g$,z 方向的载荷为 $\pm 10.8g$。请分析如图 8.32 所示横截面的支撑杆是否满足要求。其中,要求系统的安全系数为 1.4,材料在拉伸和压缩作用下的极限强度为 42000psi。

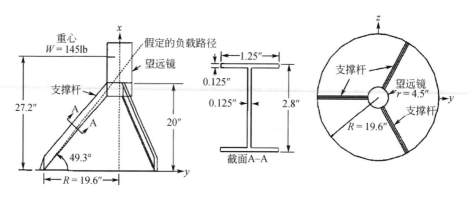

图 8.32　例 8.5(1)

解　考虑安全系数后的应力如果位于材料允许范围内,那么这样的设计结果就可以接受。为解决题目中的问题,必须确定作用在 A-A 截面上的最大应力。可以通过计算作用在基座上的反作用力得到该最大应力,从而得到支撑载荷的最大值。将作用在横截面上的负载分解为轴向力、剪切力和弯矩,求解得到支撑载荷。

根据已知条件,得到所施加的力和力矩如下。

x 方向作用力:$F_x = 145 \times (1.4 \times 7) = 1420 \text{lb}$。

z 方向作用力:$F_z = 145 \times (1.4 \times 10.8) = 2190 \text{lb}$。

顶端力矩为:$M_{\text{opex}} = 145 \times (1.4 \times 10.8) \times (27.2 - 22.8) = 9865 \text{in-lb}$。

其中,顶端定义为三条假定负载路径的交点。

为了得到支撑杆上的负载,必须确定在外部载荷作用下基座上的反作用力,该反作用力可以分为如图 8.33 所示的两类。

结合上述结果,得到最坏情况下的支撑杆负载如图 8.34 所示。

将负载分解成作用在截面 A-A 上的轴向力、剪切力和弯曲力矩,如图 8.35 所示。

F_x 产生的反作用力

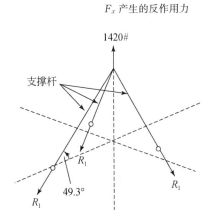

$$3R_1\sin49.3° = 1420$$
$$R_1 = 624\text{lb}$$

F_z 和 M_{opex} 产生的反作用力

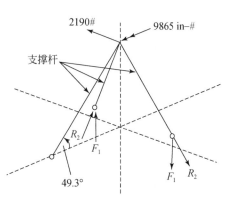

$$9.865 = F_1 \times 33.9$$
$$F_1 = 290\text{lb}$$
$$2190 \times 22.5 = R_2\sin49.3° \times 33.9$$
$$R_2 = 1934\text{lb}$$

图 8.33 例 8.5(2)

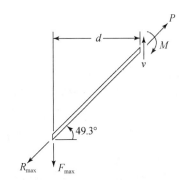

$$d = R - r = 19.6 - 4.5$$
$$R_{max} = 624 + 1943 = 2567\text{lb}$$
$$F_{max} = 280\text{lb}$$

$$P = R_{max} = 2567\text{lb}$$
$$V = F_{max} = 290\text{lb}$$
$$M = F_{max}d = 290 \times 15.1 = 4379\text{in-lb}$$

图 8.34 例 8.5(3)

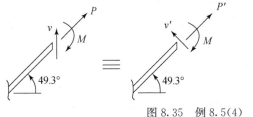

$$P' = P + V\cos49.3°$$
$$= 2567 + 290\cos49.3°$$
$$P' = 2756\text{lb}$$
$$V' = V\sin49.3° = 220\text{lb}$$

图 8.35 例 8.5(4)

对于截面 A-A,可以计算得到其面积 A 和惯性矩 I,分别为 $A = 0.95\ \text{in}^2$ 和 $A = 0.904\ \text{in}^4$。该计算过程可以留作学生的练习题。根据公式(8.11),可以得到轴向力和弯曲力矩产生的最大应力为

$$\sigma_{\max} = \frac{2756}{0.95} + \frac{4379 \times 1.4}{0.904} = 2901 + 6782 = 9683\text{psi}$$

在给定的载荷条件下,计算结构安全裕量,以此评估支撑杆设计是否可以接受。结构允许的应力为42000psi,因此安全裕量为

$$\text{MS} = \frac{42000}{9683} - 1 = 3.34$$

所以,支撑杆设计是可以接受的。

8.13 材 料

航天器结构的材料选择取决于许多因素,这与每个项目的具体要求有关。结构材料选择时考虑的主要因素包括质量、刚度、强度和稳定性。在实际应用中,需要综合考虑材料的技术要求和成本、时间等。在项目设计早期,需要确定航天器结构是使用铝合金等传统材料,还是使用复合材料等新材料。为了合理地确定材料选择,机构工程师需要对不同材料属性具有基本的了解。对于一些常用的材料,可以通过参考文献或手册得到这些信息。

8.13.1 金属

对于许多航天应用,铝合金、镁合金和钛合金等传统材料完全可以满足任务要求。使用的这些材料的优势是其为均匀各向同性的,并且为我们所熟知。因此可以预期这些材料的力学响应和行为,这样在任务中使用这些材料的风险会很小。可以通过大量的文献或技术手册,获取常用航天材料的力学属性和物理属性。但是很多年以来,MIL-HDBK-5文件(美国军用标准手册,应用于航天飞行器的金属材料和结构单元)是航天应用中得到最广泛认可的技术文献。目前的版本是 MIL-HDBK-5H,它提供了常见金属材料的属性信息,如铝合金、镁合金和钛合金等。针对不同的合金类型和不同的条件(如厚度),该文件给出了材料的力学属性和物理属性。由于一些材料属性会随温度变化,文件中的数据给出了材料属性随温度的变化。材料属性的变化对航天应用具有重要影响,一个例子是低温仪器设备和太阳能电池板,其中后者具有很大的面积并暴露于太阳照射下,而且热容量很小。对于环绕水星飞行的任务,太阳能电池板温度可以超过250℃。这样的高温不但会显著改变金属材料的属性,也会对黏合剂等材料产生严重影响。图8.36根据MIL-HDBK-5H文件,给出了6061铝合金的材料属性,说明材料属性的符号定义见表8.18。

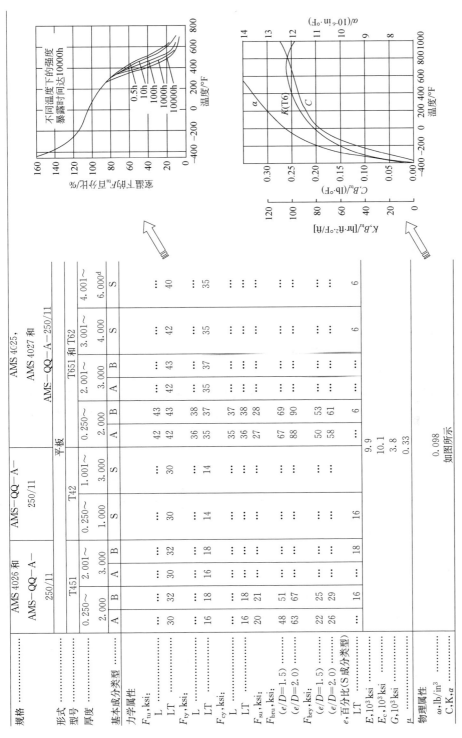

图 8.36　6061 铝合金板的力学属性和物理属性

规格	AMS 4026 和 AMS–QQ–A– 250/11					AMS–QQ–A– 250/11			AMS 4C25, AMS 4027 和 AMS–QQ–A–250/11					
形式	平板					平板								
型号	T451					T42			T651 和 T62					
厚度	0.250~ 2.000		2.001~ 3.000		0.250~ 1.000		1.001~ 3.000	0.250~ 2.000		2.001~ 3.000		3.001~ 4.000	4.001~ 6.000d	
基本成分类型	A	B	A	B	S	S	A	B	A	B	A	B	S	S
力学属性														
F_{tu}, ksi:														
L	…	…	…	…	30	30	42	43	…	…	…	…	…	…
LT	30	32	30	32			42	43	42	43	42	43	42	40
F_{ty}, ksi:														
L	…	…	…	…	14	14	36	38	…	…	…	…	…	…
LT	16	18	16	18			35	37	35	37	35	37	35	35
F_{cy}, ksi:														
L	…	…	…	…	…	…	35	37	…	…	…	…	…	…
LT	16	18	16	18	…	…	36	38	…	…	…	…	…	…
F_{su}, ksi:	20	21	…	…	…	…	27	28	…	…	…	…	…	…
F_{bru}, ksi:														
$(e/D=1.5)$	48	51	…	…	…	…	67	69	…	…	…	…	…	…
$(e/D=2.0)$	63	67	…	…	…	…	88	90	…	…	…	…	…	…
F_{bry}, ksi:														
$(e/D=1.5)$	22	25	…	…	…	…	50	53	…	…	…	…	…	…
$(e/D=2.0)$	26	29	…	…	…	…	58	61	…	…	…	…	…	…
e, 百分比(S 成分类型)														
LT	…	16	…	18	16	16	6	6	…	…	…	…	6	6
E, 10^3ksi	9.9													
E_c, 10^3ksi	10.1													
G, 10^3ksi	3.8													
μ	0.33													
物理属性														
ω, lb/in^3	0.098													
C, K, α	如图所示													

表 8.18　材料属性中的符号定义

淬火:决定材料硬度或韧性的条件

基本成分类型 A:至少 99%成分的材料属性值等于或大于给定值,置信度为 95%

基本成分类型 B:至少 90%成分的材料属性值等于或大于给定值,置信度为 95%

基本成分类型 S:合理范围内允许的最低材料属性

L:纵向纹理方向	LT:横向纹理方向
F:应力	e/D:边缘长度与孔直径的比值
t:拉力	e:延伸
c:压力	E:弹性模量
u:极限	G:剪切模量
y:屈曲	μ:泊松比
s:剪切	ω:密度
br:支承	α:热膨胀系数
ksi:千磅每平方英寸	

　　大多数常用金属的机械属性见表 8.19。其中包括了铝合金和镁合金材料,说明材料属性受组成成分或加工处理过程的影响。在给定的航天任务中,材料的选择过程就是基于所期望的要求,在这些材料属性之间进行权衡。注意到,与其他合金材料相比,钛合金具有非常低的热膨胀系数(α),因此钛合金经常用于复合材料结构中的连接件,详见 8.13.2 节内容。表格中的不锈钢通常不用于航天器结构,而是用于附属配件。

表 8.19　金属的材料属性对比

材料	Al	Al	Mg	Mg	Ti	SS
合金	6061	7075	AZ31B	ZK60	6Al/4V	AISI 301
E/psi	10×10^6	10×10^6	6.5×10^6	6.5×10^6	16×10^6	30×10^6
F_{tu}/ksi	30~40	70~80	30~40	40~46	130~150	75~185
F_s/ksi	20~28	40~48	17	22	80~90	50~100
$\omega/(\text{lb/in}^3)$	0.100	0.100	0.064	0.064	0.160	0.283
$\alpha(\text{in/in}\cdot F)$	12.5×10^{-6}	12.5×10^{-6}	14×10^{-6}	14×10^{-6}	5.5×10^{-6}	8.5×10^{-6}
耐腐蚀性能	高	低到高	中	中	高	高

　　注:①E 为弹性模量,F_s 为拉伸极限应力,F_s 为剪切应力,ω 为密度,α 为热膨胀系数;

　　②材料属性一般与温度有关;

　　③应力腐蚀是持续拉应力和腐蚀共同作用的结果,会导致材料的永久失效

8.13.2　复合材料

在当前航天任务中,由于在轨温度的差别,许多航天器系统对质量上限和质量变化非常敏感,使得传统材料可能无法满足这些要求。在这种情况下,使用复合材料有助于实现任务目标。复合材料是在各向同性的基体材料中植入纤维、晶须等定向增强元件。在许多航天应用中,通常使用石墨纤维、环氧树脂或氰酸酯树脂分别作为纤维和基体。

复合材料结构通常是通过将多个夹层叠加在一起形成的。在每一层中均有基体材料,里面植入指向特定方向的纤维。具有代表性的夹层叠加顺序命名法为

$$[0_3/90_2/45/-45_3/Z_c]_S$$

在这个例子中,0、90、45、−45 代表纤维方向,下标 3、2、1(不写默认为 1)分别表示夹层的数目,Z_c 表明夹层具有蜂窝状核心,S 表明夹层是对称的,如图 8.37 所示。夹层叠加顺序是从夹层板底部开始起算的。每个夹层的厚度为 2.5~5mil。根据任务要求的不同,夹层数目、夹层指向和叠加顺序是不同的。

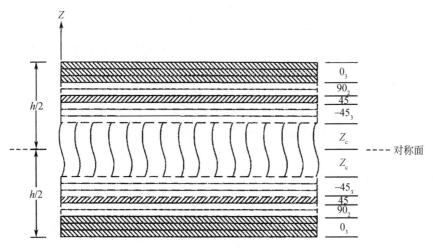

图 8.37　对称夹层的实例

到这里对复合材料已经有了很好的理解,接下来有必要理解使用复合材料的优势和劣势。使用复合材料的主要优势是夹层的材料属性可以根据需要选择。通过控制纤维指向、夹层数目、叠加顺序,可以根据需要提高夹层的刚度、强度、稳定性等属性。使用复合材料的另一个优势在于可以降低质量,因为复合材料的密度通常只有铝合金的 60%~70%。在设计光学平台结构时,稳定性尤其重要。在这些应用中,当安装平台温度整体变化或存在温度梯度时,要求其伸展或收缩非常小,有时甚至在角秒量级。如果结构的热膨胀系数设计值接近 0,那么在温度变化

的情况下安装平台将保持稳定。这对航天任务中具有指向性要求的仪器设备非常重要。

虽然复合材料结构有许多优势,但是它不可避免地存在一些缺点。通常,复合材料的电导率和热导率非常低。虽然最近研究得到的纤维具有较大的热导率,但是从基体到纤维的传热仍然是一个问题。从电子设备的角度看,一些特殊测量要求不存在静电释放。复合材料中的树脂基体会吸收和释放水分。水分的存在会引起结构胀大,很可能对稳定结构产生不利影响。进一步,如果在轨运行过程中复合材料释放水分,就会沉积在光学设备或器件上,严重影响这些设备的性能。由于复合材料比大多数金属材料的热膨胀胀系数小很多,所以如果在金属结构上安装复合材料结构,就会导致结构的相邻部件之间不兼容。如果这一结构的两部分,即金属结构和复合材料结构,同时经受相同的温度改变,那么金属结构伸展或收缩的幅度远大于复合材料,从而导致结构内部应力的产生。在一些情况下,这样的内部应力是很大的。最后,复合材料的出气效应更明显,必须明确各种不同的失效机制,并且针对一种应用其成本高于金属结构。但是,在过去的十多年里,复合材料的成本大幅度降低,使得在许多应用中复合材料成为高性价比的备选材料。相对于复合材料的优势,虽然看起来其劣势更多,但是通过合理的预防措施和良好的设计,可以将复合材料劣势的影响降低到最低程度,使其正面优势超过负面影响。

金属等传统材料是各向同性的,即它们在不同的方向上具有相同的材料属性。对于复合材料,夹层的材料属性具有高度的方向性。对于单向夹层,纤维决定了沿其方向的材料属性,基体决定了沿横向和沿厚度方向的材料属性。表 8.20 给出了一个单向夹层的复合材料属性,其中的纤维是 P75 碳纤维,基体是 ERL1962 环氧树脂。在该表中,以空间任务中使用的典型铝合金材料作为对比。

表 8.20　复合材料和铝合金的材料属性对比

	6061-T6 铝合金	P75/ERL 1962
拉伸强度(0°)	42 ksi	132.4 ksi
拉伸强度(90°)	42 ksi	4.27 ksi
拉伸弹性模量(0°)	10.1 msi	43.3 msi
拉伸弹性模量(90°)	10.1 msi	1.06 msi
压缩强度(0°)	35 ksi	64 ksi
压缩强度(90°)	36 ksi	8.3 ksi
压缩弹性模量(0°)	10.1 msi	41.1 msi
压缩弹性模量(90°)	10.1 msi	0.9 msi

	6061-T6 铝合金	P75/ERL 1962
剪切强度	27 ksi	9.8 ksi
剪切模量	3.8 msi	0.6 msi
泊松比	0.33	0.28
热膨胀系数(0°)	11.5 ppm/°F	−0.6 ppm/°F
热膨胀系数(90°)	11.5 ppm/°F	15.5 ppm/°F

注:ksi 代表千磅每平方英寸;msi 代表百万磅每平方英寸;ppm 代表百万分之一

　　当负载仅沿一个方向时,单向复合材料夹层是首选的材料。但是如前面所述,在火箭发射过程和发射完成后,负载可能出现在各种不同的方向上。由于在设计中需要考虑最坏情况,所以所设计的复合材料结构必须能够承受不同条件下的负载。为了实现这一目的,通常将复合材料设计成准各向同性的结构。在这种结构中,每个夹层沿一定的方向进行布置,使得在夹层平面内各个方向上的材料属性是相似的。沿夹层厚度方向的材料属性与夹层平面内的材料属性差别很大,它主要由基体材料决定。表 8.21 针对 P75/ERL 1962 复合材料,给出了单向和准各向同性结构的材料属性对比。

表 8.21　单向和准各向同性结构复合材料属性对比

	准各向同性(P75/ERL 1962)	单向(P75/ERL 1962)
拉伸强度(0°)	42.8 ksi	132.4 ksi
拉伸强度(90°)	①	4.27 ksi
拉伸弹性模量(0°)	15.2 msi	43.3 msi
拉伸弹性模量(90°)	15.0 msi	1.06 msi
压缩强度(0°)	24.3 ksi	64 ksi
压缩强度(90°)	25.8 ksi	8.3 ksi
压缩弹性模量(0°)	13.8 msi	41.1 msi
压缩弹性模量(90°)	15.1 msi	0.9 msi
剪切强度	26.2 ksi	9.8 ksi
剪切模量	①	0.6 msi
泊松比	0.32	0.28
热膨胀系数(0°)	−0.12 ppm/°F	−0.6 ppm/°F
热膨胀系数(90°)	−0.12 ppm/°F	15.5 ppm/°F

注:①材料属性未知

P75 纤维可以看成高刚度纤维,因为与 6061 铝合金相比,它具有材料刚度的优势。此外,有些高强度纤维比传统材料具有更高的强度。表 8.22 给出了传统材料和准各向同性复合材料的属性对比。为便于比较,表中的数据分别是比强度和比刚度,即分别将强度和刚度除以质量。

表 8.22 传统材料和准各向同性复合材料的属性对比

材料	比弹性模量 GPa(msi)	比强度 GPa(msi)
钢(AISI4340)	25(3.7)	230(33)
铝合金(7075-T6)	25(3.7)	180(26)
钛合金(Ti 6Al 4V)	26(3.7)	250(36)
铍	42(6.2)	260(38)
E 型玻璃纤维/环氧树脂	11.2(1.6)	260(37)
S 型玻璃纤维/环氧树脂	15(0.2)	430(62)
芳纶 49/环氧树脂/环氧树脂	21(3.0)	340(49)
高强度石墨/环氧树脂	35(4.1)	300(44)
高弹性模量石墨/环氧树脂	49(7.1)	170(24)
超高弹性模量石墨/环氧树脂	61(8.8)	130(19)
环氧硼	39(5.7)	240(34)

8.14 结构动力学

8.14.1 单自由度

在 8.8 节中分析了静载荷对结构的作用。在 8.5 节中讲到运载火箭发射会使航天器受到动态载荷的作用。这些动态载荷对航天器的影响程度不仅取决于航天器的动态特征,也与火箭的动态特征有关。因此,确定航天器和火箭的动态特征是一项主要的分析工作,以便更好地估计发射负载。在分析振动环境对航天器等负载系统影响之前,需要理解振动对简单系统的影响规律。

这里将简要介绍单自由度系统的振动。考虑如图 8.38 所示的系统,它由质量块(m)、弹簧(k)和阻尼器(c)组成,连接在不可移动的基础上。质量块在任意时刻的位移可以用 x 来表示,位移的起点是系统的平衡位置。根据牛顿第二定律,得到质量 m 的运动方程为

$$m\ddot{x} + c\dot{x} + kx = F(t) \tag{8.34}$$

式中

$$\begin{cases} F_{\mathrm{m}} = m\ddot{x}, & \text{惯性力} \\ F_{\mathrm{k}} = kx, & \text{弹簧力} \\ F_{\mathrm{c}} = c\dot{x}, & \text{阻尼力} \\ F(t), & \text{施加的外力} \end{cases} \tag{8.35}$$

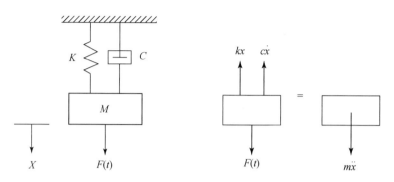

图 8.38　单自由度系统

在大多数情况下,结构受到短时瞬态作用力的激励。当激励移除后,结构按照一定的频率自由振动。在自由振动中,假设不存在阻尼,即 $c=0$,运动方程可简化为

$$m\ddot{x} + kx = 0 \tag{8.36}$$

该方程解的一般形式为

$$x = A\cos\omega t + B\sin\omega t$$

式中,A 和 B 为积分常数,与初始条件有关。当无外力作用在系统上,即 $F(t) = 0$ 时,系统处于自由振动状态,振动频率为系统固有频率,即

$$\omega_n(\mathrm{rad/s}) = \sqrt{\frac{k}{m}}, \quad f_n(\mathrm{Hz}) = \frac{1}{2\pi}\sqrt{\frac{k}{m}} \tag{8.37}$$

在一些结构中,系统阻尼不可忽略。这时,系统运动方程变为

$$m\ddot{x} + c\dot{x} + kx = 0 \tag{8.38}$$

该方程解的一般形式为

$$x = C\mathrm{e}^{pt} \tag{8.39}$$

将式(8.39)代替运动方程,得到 p 的两个值为

$$p_{1,2} = -\left(\frac{c}{2m}\right) \pm \sqrt{\left(\frac{c}{2m}\right)^2 - \left(\frac{k}{m}\right)} \tag{8.40}$$

解的最终表达式为

$$x = A\mathrm{e}^{p_1 t} + B\mathrm{e}^{p_2 t}$$

根据式(8.40)中根号下数值符号的不同(负数、零或正数),上述解存在三种可

能的形式。使根号下数值为 0 的 c 值称为临界阻尼,记为

$$c_c = 2 \sqrt{mk} = 2m\omega_n \tag{8.41}$$

在实际应用中,通常用阻尼与临界阻尼的比值来反映系统阻尼特征,阻尼比 ξ 定义为

$$\xi = \frac{c}{c_c} = \frac{c}{2 \sqrt{mk}} = \frac{c}{2m\omega_n} \tag{8.42}$$

结构设计中感兴趣的主要解为

$$\left(\frac{c}{2m}\right)^2 \ll \frac{k}{m} \ 或 \frac{c}{c_c} \ll 1 \tag{8.43}$$

在上述条件下,p 是一个复数。利用等效变换 $e^{ja} = \cos a + j\sin a$(其中 $j = \sqrt{-1}$)和阻尼固有频率的表达式

$$\omega_d = \sqrt{\frac{k}{m} - \left(\frac{c}{2m}\right)^2} = \omega_n \sqrt{1 - \xi^2} \tag{8.44}$$

得到运动方程的解为

$$x = \frac{x_0}{1 - \left(\frac{c}{c_c}\right)} e^{-\left(\frac{c}{c_c}\right)\omega_n t} \sin(\omega_d t + \theta) \tag{8.45}$$

上述解是振幅指数衰减的正弦振荡。分析阻尼比的典型值

$$\begin{cases} \xi = \dfrac{c}{c_c} = 0.05 \Rightarrow \omega_d = 0.9987\omega_n \\[2mm] \xi = \dfrac{c}{c_c} = 0.02 \Rightarrow \omega_d = 0.9998\omega_n \end{cases} \tag{8.46}$$

所以,对于大多数结构,阻尼固有频率和固有频率基本相同。如果系统受到的外力为正弦振荡,那么系统运动方程为

$$m\ddot{x} + c\dot{x} + kx = F_0 \sin\omega t \tag{8.47}$$

由于基本方程是线性的,所以当 $\xi < 1$ 时,方程的解是自由振动与频率为外力频率的受迫振动之和。自由振动将在阻尼作用下逐渐衰减,最终得到稳态解

$$x_s = x_0 \sin(\omega t - \theta)$$

代入运动方程中,得

$$x_0 = \frac{F_0/k}{\sqrt{\left(1 - \frac{\omega^2}{\omega_n^2}\right)^2 + \left[2\xi\left(\frac{\omega}{\omega_n}\right)\right]^2}} = \frac{x_{st}}{\sqrt{\left(1 - \frac{\omega^2}{\omega_n^2}\right)^2 + \left[2\xi\left(\frac{\omega}{\omega_n}\right)\right]^2}} \tag{8.48}$$

式中,$x_{st} = F_0/k$ 是外力作用引起的静态位移。

最后一个方程可以写为振幅比的形式,称为传递率,其定义为

$$T = \frac{x_0}{x_{st}} = \frac{1}{\sqrt{\left(1 - \frac{\omega^2}{\omega_n^2}\right)^2 + \left[2\xi\left(\frac{\omega}{\omega_n}\right)\right]^2}} \tag{8.49}$$

传递率定义了输入的放大倍数,对于不同的阻尼,它是频率比的函数,如图8.39 所示。当外力频率接近固有频率时,系统响应是最大的,这种状态称为共振。当阻尼比较小时,会出现共振峰,位于 $\omega_d/\omega_n = 1$ 的位置。阻尼具有削弱共振峰的作用,并使 $T < 1$ 的部分变得更加平缓。注意到,所有曲线与 $T = 1$ 横线相交于同一点,该点的频率比为 $\sqrt{2}$ 。由于传递率反映了输出相对于输入的比值,所以当频率比大于 $\sqrt{2}$ 时,输出响应将小于输入,从而对于任意输入具有一定的隔振效果。这在系统动态性能设计中很重要。

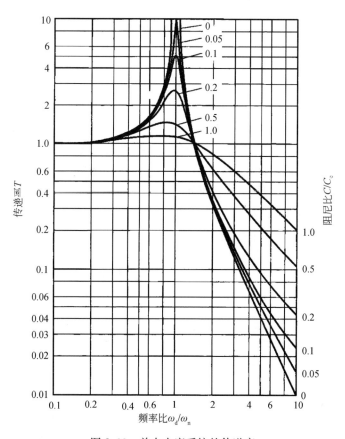

图 8.39　单自由度系统的传递率

由传递率方程可以看出,假设外力频率等于共振频率,即 $\omega = \omega_n$,结构阻尼比为 $\xi = 0.05$,则

$$T = \sqrt{\frac{1}{(2\xi)^2}} = \frac{1}{2\xi} = 10 \tag{8.50}$$

对于许多航天器结构,该传递率数值具有代表性。考虑 8.7.2 小节中的倍频

准则，$\omega = 2\omega_n$，$\xi = 0.05$，有

$$T = \frac{1}{\sqrt{(1-4)^2 + (2 \times 0.05 \times 2)^2}} = \frac{1}{\sqrt{9 + 0.04}} = 0.33 \qquad (8.51)$$

所以，倍频准则可以将系统响应降低 30 倍！这就是在结构设计中使用倍频准则的基本依据。

8.14.2　连续系统

上述单自由度系统分析方法可以提供大致的量级估计，但是很少有航天器可以作为单自由度系统来分析。为了得到多自由度结构的准确结果，可以采用有限元方法，进行更深入的分析。利用这一方法，实际具有无限自由度的航天器系统可以划分为有限个不同的结构单元，每个单元至多有 6 个自由度。这些有限数量的单元组合起来，可以代表整个航天器结构。

在讨论应用有限元方法解决动力学问题之前，简要介绍连续系统的动力学特征。在许多情况下，利用单个连续系统运动的解，可以估计复杂结构的基本特征。本节讨论局限于横梁，针对其他结构的分析结果将以表格的形式给出。

考虑如图 8.40 所示的横梁，其中 $m(x)$ 为横梁单位长度的质量，$EI(x)$ 是弯曲刚度，E 是弹性模量，$I(x)$ 是惯性矩，p_z 是垂直方向上单位长度的受力，p_x 是水平方向上单位长度的受力。

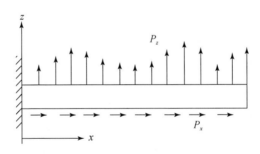

图 8.40　连续系统横梁

为解决这一问题，需要考虑结构单元在变形前和变形后的状态。在小变形假设下，根据应变和位移之间的关系以及变形后结构单元的平衡条件，经过适当的处理后，得到控制横梁变形的四阶微分方程为

$$\frac{\partial}{\partial x}\left(F \frac{\partial w}{\partial x}\right) - \frac{\partial^2}{\partial x^2}\left(EI \frac{\partial^2 w}{\partial x^2}\right) + p_z = 0 \qquad (8.52)$$

式中，w 是横梁在 z 方向上的位移；F 是作用在结构上的总的轴向力，$\partial F/\partial x = p_x$。为了求解上述方程，需要已知横梁两端的边界条件。表 8.23 给出了一些常见的边界条件。

表 8.23　结构单元的边界条件

边界条件	控制方程
简支	$M = EI \dfrac{\partial^2 w}{\partial x^2} = 0, \quad w = 0$
固支	$w = \dfrac{\partial w}{\partial x} = 0$
自由	$M = EI \dfrac{\partial^2 w}{\partial x^2} = 0, \quad Q = \dfrac{\partial}{\partial x}\left(EI \dfrac{\partial^2 w}{\partial x^2} \right) = 0$
自由端施加作用力 P_0	$M = EI \dfrac{\partial^2 w}{\partial x^2} = 0, \quad Q = -P_0\left(\dfrac{\partial w}{\partial x} \right)$
右端为弹簧(k)，向上为 w 正方向	$M = EI \dfrac{\partial^2 w}{\partial x^2} = 0, \quad Q = kw$
左端为弹簧(k)，向上为 w 正方向	$M = EI \dfrac{\partial^2 w}{\partial x^2} = 0, \quad Q = -kw$

注：w 为位移；M 为弯矩；Q 为剪切力。

为建立动力学方程，垂直方向上的合力 p_z 可以分为施加的作用力 f_z 和惯性力 $m\ddot{\omega}$，即

$$p_z = f_z - m\ddot{\omega} \tag{8.53}$$

代入上述方程，得

$$(E''Iw'')'' - (F'w)' + m\ddot{w} = f_z \tag{8.54}$$

式中

$$w'' = \frac{\partial^2 w}{\partial x^2}, \quad w' = \frac{\partial w}{\partial x}, \quad \ddot{w} = \frac{\partial^2 w}{\partial t^2}, \quad E'' = \frac{\partial^2 E}{\partial x^2}, \quad F' = \frac{\partial F}{\partial x}$$

该方程是横梁运动的微分方程的一般形式。当无外力作用和无轴向作用力时，即 $f_z = 0$，$F_z = 0$，上述方程退化为自由振动问题

$$(EIw'')'' + m\ddot{w} = 0$$

根据分离变量法以及常数 EI，得到上述方程的解为

$$w(x,t) = W(x)T(t) \tag{8.55}$$

式中，$W(x) = C\sinh\lambda x + D\cosh\lambda x + E\sin\lambda x + F\cos\lambda x$，$\lambda = \sqrt[4]{m\omega^2/EI}$，$\omega$ 是固有频率。

对于弯曲刚度 EI 为常数的横梁，左端固定，右端自由，根据表 8.23 得到 $x = 0$ 处的边界条件为

$$\begin{cases} w = 0 \Rightarrow W = 0 \\ w' = 0 \Rightarrow W' = 0 \end{cases} \tag{8.56}$$

在 $x = L$ 处的边界条件

$$\begin{cases} M = EIw'' = 0 \Rightarrow W'' = 0 \\ Q = EIw''' = 0 \Rightarrow W'' = 0 \end{cases} \tag{8.57}$$

代入边界条件,整理得

$$
\begin{bmatrix}
0 & 1 & 0 & 1 \\
1 & 0 & 1 & 0 \\
\sinh\lambda L & \cosh\lambda L & -\sin\lambda L & -\cos\lambda L \\
\cosh\lambda L & \sinh\lambda L & -\cos\lambda L & \sin\lambda L
\end{bmatrix}
\begin{bmatrix}
C \\ D \\ E \\ F
\end{bmatrix} = 0
\tag{8.58}
$$

对于非平凡解,有 $\det[] = 0$,从而得到特征值或特征方程为

$$
\cos\lambda L = -\frac{1}{\cosh\lambda L}
\tag{8.59}
$$

该方程定义了公式(8.55)中的 $\lambda_r L$,所以

$$
\omega_r = (\lambda_r L)^2 \sqrt{\frac{EI}{mL^4}}, \quad r = 1,2,3,\cdots
\tag{8.60}
$$

为满足公式(8.58),要求 $\det[] = 0$。上面求解这一问题时用到的四个方程并不独立。在前三个方程中,令 $F = 1$ 可以得到三个独立方程,并得

$$
W(x) = \left(\frac{\cosh\lambda L + \cos\lambda L}{\sinh\lambda L + \sin\lambda L}\right)(\sinh\lambda x - \sin\lambda x) - (\cosh\lambda x - \cos\lambda x)
\tag{8.61}
$$

后两个方程定义了横梁的固有频率 ω_r 以及这些频率对应的模态 $W(x)$。

上述方法可用于求解具有不同边界条件的横梁运动。如前所述,通过对这些简单系统的分析,可以得到复杂结构的近似解。上述方法也可以用于确定其他类似结构的动力学特征。表 8.24 针对横梁、平板和圆柱壳,给出了计算其基频的方法。

表 8.24a 横梁的基频

$$
f = \frac{\lambda^2}{2\pi L^2}\sqrt{\frac{EI}{m}}
$$

其中 m 是单位长度的质量

端点		λ
1	2	
自由	自由	4.730
自由	滑移	2.365
固支	自由	1.875
自由	简支	3.927
简支	简支	3.142
固支	简支	3.927
固支	固支	4.730
固支	滑移	2.365
滑移	简支	1.571
滑移	滑移	3.142

描述	基频
	$\dfrac{1}{2\pi}\sqrt{\dfrac{k}{M+0.33M_s}}$
	$\dfrac{1}{2\pi}\sqrt{\dfrac{3EI}{L^3(M+0.24M_b)}}$
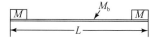	$\dfrac{1}{2\pi}\sqrt{\dfrac{3EI}{L^3M_b}\left[1+\dfrac{5.45}{1-77.4(M/M_b)^2}\right]}$
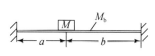	$\dfrac{4}{\pi}\sqrt{\dfrac{3EI}{L^3(M+(\alpha+\beta)M_b)}}$ $\alpha=\dfrac{a}{a+b}\left[\dfrac{(3a+b)^2}{28b^2}+\dfrac{9(a+b)^2}{20b^2}-\dfrac{(a+b)(3a+b)}{4b^2}\right]$ $\beta=\dfrac{b}{a+b}\left[\dfrac{(3b+a)^2}{28a^2}+\dfrac{9(a+b)^2}{20a^2}-\dfrac{(a+b)(3a+b)}{4a^2}\right]$
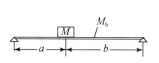	$\dfrac{1}{2\pi}\sqrt{\dfrac{3EI(a+b)}{a^2b^2(M+(\alpha+\beta)M_b)}}$ $\alpha=\dfrac{a}{a+b}\left[\dfrac{(2b+a)^2}{12b^2}+\dfrac{a^2}{28b^2}-\dfrac{a(2b+a)}{10b^2}\right]$ $\beta=\dfrac{b}{a+b}\left[\dfrac{(2a+b)^2}{12a^2}+\dfrac{b^2}{28a^2}-\dfrac{b(2a+b)}{10a^2}\right]$

表 8.24b　平板的基频

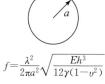

$$f=\dfrac{\lambda^2}{2\pi a^2}\sqrt{\dfrac{Eh^3}{12\gamma(1-v^2)}}$$

h 是平板厚度，γ 是单位面积质量，v 是泊松比

边界条件描述	计算基频的 λ^2
自由边界	5.253
简支边界	4.977
固支边界	10.22
中心固支,边界自由	3.752
中心固支,边界简支	14.8
中心固支,边界固支	22.7
自由边界,质量位于中心	9.0
简支边界,质量位于中心	$\dfrac{4}{\sqrt{3+4\upsilon+\upsilon^2}}\sqrt{\dfrac{\gamma\pi a^2}{M}}\quad M>\gamma\pi a^2$
固支边界,质量位于中心	10.2

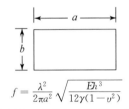

$$f=\frac{\lambda^2}{2\pi a^2}\sqrt{\frac{Eh^3}{12\gamma(1-\upsilon^2)}}$$

h 是平板厚度,γ 是单位面积质量,υ 是泊松比

边界条件	a/b				
	0.4	0.667	1.0	1.5	2.5
所有边自由	3.43	8.946	13.49	20.13	21.64
长边自由,短边简支	9.76	9.698	9.631	9.558	9.484
长边自由,短边固支	22.35	22.31	22.27	22.21	22.13
所有边简支	11.45	14.26	19.74	32.08	71.56
长边固支,短边简支	12.13	17.37	28.95	56.35	145.5
所有边固支	23.65	27.01	35.99	60.77	147.80

表 8.24c　圆柱壳的基频

简支圆柱壳

$$f = \frac{\lambda}{2\pi R} \sqrt{\frac{E}{\gamma(1-v^2)}}$$

R 为圆柱壳半径，γ 为圆柱壳材料密度，v 为泊松比，L 为圆柱壳长度

模式	λ	模式	λ
扭转	$\dfrac{\pi R}{L}\sqrt{\dfrac{1-v}{2}}$	径向载荷	对于 $(L/R>8)$ 的长圆柱壳，该值为 1
轴向载荷	$\dfrac{\pi R}{L}\sqrt{1-v^2}$	弯曲	$\left(\dfrac{\pi R}{L}\right)^2\sqrt{\dfrac{1-v^2}{2}}$

在复杂航天器系统结构分析中，具有不同动力学参数的部件会相互作用。分析设计的目的在于使这种相互作用降低到最低程度，从而使输入载荷不会显著放大，不会导致灾难性的后果。这要求开展仔细的设计，使不同部件的临界频率相互分离。如果传统方法无法实现这一目的，那么需要寻求替代的方法，如采用隔振器等。

通过阐述单自由度系统的响应来说明隔振的基本概念。如前面的图 8.39 所示单自由度系统的输出响应，是外力频率与系统固有频率之比的函数。传递率即动力学输出与输入的比值计算，在前面归结为受迫振动问题。对于底座受到时变力驱动的结构，其传递率定义为

$$T = \sqrt{\frac{1 + \left[2\left(\dfrac{f_d}{f_n}\right)\left(\dfrac{c}{c_c}\right)\right]^2}{\left(1-\dfrac{f_d^2}{f_n^2}\right)^2 + \left[2\left(\dfrac{f_d}{f_n}\right)\left(\dfrac{c}{c_c}\right)\right]^2}} \tag{8.62}$$

式中，f_d 是有阻尼固有频率；f_n 是无阻尼固有频率。对于小阻尼情况（$c/c_c \ll 1$），在共振点（$f_d/f_n = 1$）有

$$T = \frac{1}{2\left(\dfrac{c}{c_c}\right)} = \frac{1}{2\xi} \tag{8.63}$$

由图 8.39 可知，通过控制合适的频率关系，可以达到隔振效果。当激励频率大于固有频率的 $\sqrt{2}$ 倍时，输入信号被显著降低。当这一频率比继续变大时，隔振效果进一步增强。如上所述，隔振效果也与阻尼有关，图 8.39 说明了这一关系。

因此，隔振器的作用是降低从支撑结构到在其上安装的设备之间的受力传递。为实现这一目的，隔振器将吸收并耗散传递的能量，从而降低设备的受力和运动，

起到一定的保护作用。合理设计的隔振器将为设备和系统提供良好的工作环境，在任务过程中实现既定的功能。

所有隔振器都具有两个基本特征：①支撑硬件的弹性装置，如弹簧；②能量耗散方法，如使用阻尼器等。有些隔振器，这两种功能由同一个单元实现；而另一些隔振器，这两种功能分别由两个独立的单元实现。为便于分析，假设弹簧和阻尼器是两个独立的单元。隔振器类型可按其制造材料分类。常用的几种隔振器如下。

(1)弹性体隔振器。使用合成的或天然的橡胶，具有不同的形状和刚度，比金属弹簧具有更大的内部阻尼，通常对空间和质量要求较小。

(2)塑性体隔振器。属性介于橡胶和金属隔振器，成本低，均匀度高，但是工作温度范围有限。

(3)金属弹簧隔振器。通常用于静态变形较大的位置，也用于因温度或其他因素使得弹性体隔振器无法工作的环境。

(4)其他隔振器，包括毛垫、软木、海绵橡胶和一些复合材料。这些材料一般是平板形状的，从大的板材中切割得到。它们缺乏像弹性体那样的适应性，通常被粘贴在某个位置上。

在隔振器选择中需要考虑很多因素，其中的基本因素是刚度和阻尼。可以在隔振器生产厂家提供的技术资料中查到这些参数以及其他信息。其他需要考虑的重要因素如下。

(1)动态干扰的来源——从源头还是终端进行隔离？

(2)动态干扰的类型——振动，冲击或两者兼而有之？

(3)动态干扰的方向——隔离一个还是多个方向的振动？

(4)系统对动态干扰的允许响应——最大可允许的传递率等级？

(5)给隔离器提供的空间大小与位置。

(6)被支撑设备的质量和重心——隔离器的负载要求？

(7)设备运动的允许空间。

(8)周围环境。

(9)期望的使用寿命。

(10)故障安全装置——如果隔离器故障会发生什么？

(11)成本与使用率。

例 8.6　在火箭发射过程中，天线设备将会经受 x 方向上的正弦振动，最大幅值为 $8.4g$；同时还会受到 x 和 z 方向上的随机振动。其中，坐标系原点定义在天线设备的底部。假设天线结构是 6061-T4 铝合金拉制管，3/32in 的铆钉允许剪切负载为 217lb。请分析：

(1) x 轴和 z 轴方向的负载因子。

(2)铝合金拉制管和铆钉的设计裕量。天线重心位置的负载放大因子可选为12,材料屈曲和失效的期望安全系数分别为 1.15 和 1.25。

如图 8.41 所示。

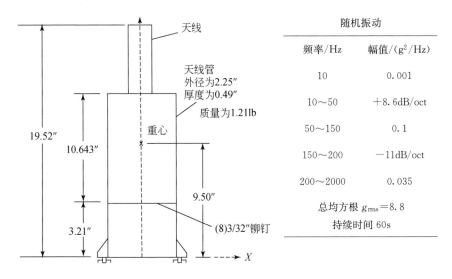

图 8.41　例 8.6 图 1

频率确定　为了确定振动引起的效应,必须确定两个方向上的固有频率,如图 8.42 所示。

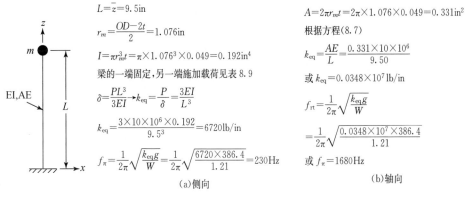

图 8.42　例 8.6 图 2

频率响应 根据所选择的放大系数12,确定底部受到正弦和随机振动时的天线重心位置的响应。这些负载因子将用于系统参数设计。

(1)正弦振动(侧向)为

$$\ddot{x} = \ddot{y} = 8.4g \times 12 \approx 100g$$

(2)随机振动(轴向和侧向)如下。

轴向和侧向的基频分别为 1680Hz 和 230Hz,频谱输入为 $0.035g^2/\mathrm{Hz}$。根据 8.17.8 节的公式(8.89),可以确定输出响应,因此有

$$\ddot{x} = 3\sqrt{\frac{\pi Q_0 f}{2}} = 3\sqrt{\frac{\pi \times 12 \times 0.035 \times 230}{2}}, \quad \ddot{x} \approx 37g$$

$$\ddot{z} = 3\sqrt{\frac{\pi \times 12 \times 0.035 \times 1680}{2}}, \quad \ddot{z} \approx 100g$$

任务设计必须考虑到最坏情况,避免任何可能的故障。根据上述计算结果,在轴向和侧向需要 100g 的设计负载因子。由于该问题强调在不同时段的最大正弦振动和随机振动,所以轴向和侧向的负载要单独设计。

应力计算

(1)管结构。

考虑安全系数后,天线设备底部的弯矩计算结果为

$$M = 1.15 \times 1.21 \times 100 \times 9.50 \approx 1322\mathrm{in.\,lb(屈曲)}$$
$$M = 1.25 \times 1.21 \times 100 \times 9.50 \approx 1435\mathrm{in.\,lb(极限)}$$

根据式(8.10)弯矩一般方程,可以得到应力计算值,其中 c=h/2,有

$$\sigma_b = \frac{Mc}{I} = \frac{1435 \times 1.125}{0.192}$$
$$\approx 8410\mathrm{psi(极限)}$$
$$\approx 7735\mathrm{psi(屈曲)}$$

根据 MIL-HDBK-5H 技术资料,可知 6061-T4 铝合金拉制管的允许强度为

$$F_{cy} = 14000\mathrm{psi}$$
$$F_{ty} = 16000\mathrm{psi}$$

采用最小值,得到安全裕量为

$$\mathrm{MS} = \frac{14000}{7735} - 1 \approx 0.81$$

(2)铆钉。

铆钉接口的弯矩为

$$M = 1.25 \times 1.21 \times 100 \times (9.50 - 3.21) \approx 950\mathrm{in.\,lb(极限)}$$

铆钉接口的剪切力为

$$V = 1.25 \times 1.21 \times 100 \approx 1500\mathrm{lb(极限)}$$

为了确定铆钉性能是否满足要求,需要确定最坏情况下作用在铆钉上的剪切力。为此,引入剪切流的概念。简单地讲,剪切流可以看成在一个结构单元横截面上的分布式载荷,或者是当两个结构单元经受相同的受力或弯矩时,产生于两者之间的分布式载荷。剪切流是确保无穷小单元平衡的载荷增量,它表示为单位长度上的力。将每一部分的剪切流载荷乘以其作用长度,可以得到剪切流对横截面的总作用力。在这个例子中,圆形横截面同时受到弯矩和剪切力作用,每个载荷产生的剪切流为

$$q_zM = \frac{M}{\pi R^2}, \quad q_zV = \frac{V}{\pi R}$$

式中,q_zM 是弯矩 M 产生的剪切流;q_zV 是剪切力 V 产生的剪切流;R 是圆形横截面的平均半径。因此

$$q_zM = \frac{950}{\pi \times 1.706^2} \approx 260 \text{lb/in}$$

$$q_zM = \frac{150}{\pi \times 1.706} \approx 44.4 \text{lb/in}$$

为了确定每项负载产生的剪切力,必须确定剪切流作用的距离。对于八个平均分布的铆钉,该距离为

$$s = \frac{\pi}{4}R = \frac{\pi}{4} \times 1.706 \approx 0.845 \text{in}$$

两个剪切力分别为

$$(F_s)_M = 260 \times 0.845 \approx 220 \text{lb(极限)}$$
$$(F_s)_V = 44.4 \times 0.845 \approx 38 \text{lb(极限)}$$

两项相加得到总的剪切力,铆钉会产生与之对应的反作用力

$$F_{sR} = \sqrt{(F_s)_M^2 + (F_s)_V^2} = \sqrt{220^2 + 38^2} = 223 \text{lb(极限)}$$

根据已知条件 $(F_s)_{\text{allowble}} = 217 \text{lb}$,所以

$$\text{MS} = \frac{217}{223} - 1 \approx -0.03$$

铆钉间距的设计是不可接受的。如果将铆钉的数量变成原来的 2 倍,那么距离 s 和剪切力合力将变成原来的一半,这时安全裕量变为

$$\text{MS} = \frac{217}{\frac{1}{2} \times 223} - 1 \approx 0.95$$

8.15　有限元分析

实际航天器系统是非常复杂的,具有无穷多个自由度,上述单自由度分析方法只能得到系统性能的大致结果。为了得到航天器系统的精确分析结果,需要采用

有限元分析方法。有限元方法将具有无限维自由度的实际航天器分解成有限多个单元,这些单元组合起来可以反映航天器特征。图 8.43 以 NASA 的 TIMED 航天器为例,给出了其有限元模型。

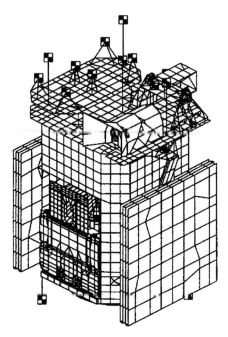

图 8.43　TIMED 航天器的有限元模型

　　在有限元模型中,一个结构定义为网格点的位置阵列,这些网格点由具有弹性、质量和阻尼等特征的单元所连接。每个网格点具有 6 个自由度,包括 3 个平动自由度和 3 个转动自由度。通过在网格点上施加力和力矩,以及在连接单元上施加热变形或受力变形,可以完成在结构上施加负载的过程。在有限元模型构造过程中,通常会利用外部载荷的先验知识。网格点之间的连接是有限元单元,它可以是简单的一维杆单元,也可以是复杂的三维实体单元。

8.15.1　静力学分析

　　在有限元分析中,将杆、板等结构划分成大量的微元。在准静态分析中,要求所有微元上受力平衡。根据应力和应变之间的矢量关系($\sigma = E\varepsilon$)以及边界条件,可以建立矢量形式的平衡方程。在很多应用中,这通常就是最终要求解的方程。不过,有限元方程需要用标量形式来表示。在有限元分析中,这种标量形式非常重要,因为每个单元的表示不随坐标变换而改变。在有限元分析中,通常会使用各种局部坐标系,单元表示不变性是很理想的。

　　为建立标量形式的平衡方程,需要在矢量方程中引入虚位移的概念。虚位移是一个纯虚拟量,与单元的实际位移无关,并且与单元的边界条件相容。将虚位移应用到矢量形式的平衡方程,然后沿长度、面积或体积将所有微元进行累加,得

$$\delta\pi = \delta U + \delta W = 0 \tag{8.64}$$

　　上述方程中的各项涉及实际位移和虚拟位移,以及它们的一阶导数。δU 称为内虚功,δW 称为外虚功。该方程有时称为弱形式的方程,因为与微分方程相比,它的导数阶数更低。

　　利用上述方法来分析一个长度为 L 的简单杆单元,它具有两个节点,分别位于杆的两端。分析得到如下形式的标量方程

$$\delta\pi = \int_0^L EA \frac{\partial u}{\partial x}\frac{\partial\delta u}{\partial x}\mathrm{d}x + \int_0^L f\delta u\,\mathrm{d}x \tag{8.65}$$

式中

$$\delta U = \int_0^L EA \frac{\partial u}{\partial x}\frac{\partial\delta u}{\partial x}\mathrm{d}x, \delta W = \int_0^L f\delta u\,\mathrm{d}x$$

　　在式(8.65)中,x 沿杆的长度方向,u 是轴向位移,$f(x)$ 是单位长度上的受力。有限元分析要求解上述方程,得到每个微元的位移 u。为了求解该方程,需要分析每个微元的几何形状。如图 8.44 所示,利用局部坐标系描述微元的几何形状,从而得到节点的物理坐标。

图 8.44　利用局部坐标系描述的微元的几何形状

　　在局部坐标系内,利用形函数建立物理坐标之间的关系。对于只有两个节点的杆单元,物理坐标和局部坐标之间的关系为

$$x = \frac{1}{2}(1-\xi)x_1 + \frac{1}{2}(1+\xi)x_2, \quad x = N_1 x_1 + N_2 x_2 \tag{8.66}$$

式中,x 是物理坐标;x_1 和 x_2 是两个节点的坐标;ξ 是局部坐标;N_1 和 N_2 是杆单元的形函数。根据形函数定义,在节点 1 有 $N_1=1$,从而 $x=x_1$。在大部分有限元分析中,这些相同类型的形函数用于描述局部坐标系中的位移。可以对结构单元应用相同的映射函数。位移公式称为等参公式。对于两单元的杆单元,其位移为

$$u = N_1 u_1 + N_2 u_2 \tag{8.67}$$

对公式(8.65)第一部分(内虚功)中的单元坐标,应用上述定义得到每个单元的刚度矩阵。对于杆单元,刚度矩阵为

$$\tilde{K} = \frac{EA}{L}\begin{bmatrix} 1 & -1 \\ -1 & 1 \end{bmatrix} \tag{8.68}$$

类似地,根据公式(8.65)的第二部分(外虚功),可以确定单元节点上的负载矢量。对于组成系统的每个有限元,均应用上述过程。当所有单元的刚度矩阵和负载矢量确定后,将它们综合起来可以反映整个结构的刚度和负载。系统层面的参数称为全局刚度和负载。在有限元分析中,这一综合过程称为单元刚度矩阵和单元负载矢量的组合。

在公式(8.65)中有 $u = q$,同时利用公式(8.67)和公式(8.68),得到如下一般形式的标量方程

$$\delta\pi = \delta\tilde{q}^{\mathrm{T}}(\tilde{K}\,\tilde{q} - \tilde{F}) = 0 \tag{8.69}$$

在上述方程中,$\tilde{K}$ 是 $n \times n$ 矩阵,n 是网格点数量,$\tilde{q}$ 和 $\tilde{F}$ 均是 $n \times 1$ 的向量。为满足上述方程,要求

$$\tilde{k}\,\tilde{q} - \tilde{F} = 0 \tag{8.70}$$

这就是有限元方法中要求解的方程。为实现方程求解,首先将边界条件应用于方程,降低矩阵的大小。简化后的表达式称为离散形式的平衡方程,求解可得到位移 q。得到位移后,可以根据应变位移关系和应变应力关系,得到单元的应力和应变。

一般地,标量方程具有如下形式:

$$\begin{aligned}
\delta\pi &= \{\delta U\} + \{\delta W\} \\
&= \left(\int_V \delta\tilde{\varepsilon}^{\mathrm{T}}\tilde{C}\tilde{\varepsilon}\,\mathrm{d}V - \int_V \delta\tilde{\varepsilon}^{\mathrm{T}}\tilde{C}\tilde{\varepsilon}^0\,\mathrm{d}V\right) + \left(-\int_V \delta\tilde{u}^{\mathrm{T}}\overline{F}_B\,\mathrm{d}V - \int_S \delta\tilde{u}^{\mathrm{T}}\overline{T}\,\mathrm{d}s\right) \\
&= 0
\end{aligned} \tag{8.71}$$

式中,$\tilde{\varepsilon}^0$ 是初始应变(如热应变);$\overline{F}_B$ 是体积力(如引力);$\overline{T}$ 是牵引力(如边界作用力);体积 V 可以分成一系列单元的组合 $\sum_i V_i$。该一般形式可以应用于一维、二维或三维中的任意问题。根据方程中的第一项积分可以得到刚度矩阵,其余三个积分中的位移均是已知的,它们代表了作用力,由此得到节点负载矢量。可以看出,前面给出的标量方程是上述方程在一维条件下的简化。对于上述方程,根据前两项可以得到内虚功即内力产生的功,根据后两项可以确定外虚功即外力产生的功。

作为更一般的例子,考虑二维平板问题。采用与上述例子类似的局部坐标系,定义几何形状和位移,如图8.45所示。

对于这种情况,每个节点有两个自由度和两个局部坐标,即 ξ 和 η。利用这一映射变换,元素坐标 (x, y) 和位移函数 (u, v) 可以表达为

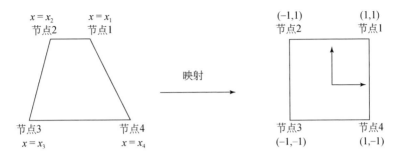

图 8.45　二维平板问题

$$X = \sum_{i=1}^{4} N_i x_i \ \& \ y = \sum_{i=1}^{4} N_i y_i \rightarrow$$

$$\begin{Bmatrix} x \\ y \end{Bmatrix} = \begin{bmatrix} N_1 & N_2 & N_3 & N_4 & 0 & 0 & 0 & 0 \\ 0 & 0 & 0 & 0 & N_1 & N_2 & N_3 & N_4 \end{bmatrix} \begin{bmatrix} x_1 \\ x_2 \\ x_3 \\ x_4 \\ y_1 \\ y_2 \\ y_3 \\ y_4 \end{bmatrix} = \tilde{N}\tilde{x} \tag{8.72}$$

$$u = \sum_{i=1}^{4} N_i u_i \ \& \ u = \sum_{i=1}^{4} N_i v_i \rightarrow$$

$$\begin{Bmatrix} u \\ v \end{Bmatrix} = \begin{bmatrix} N_1 & N_2 & N_3 & N_4 & 0 & 0 & 0 & 0 \\ 0 & 0 & 0 & 0 & N_1 & N_2 & N_3 & N_4 \end{bmatrix} \begin{bmatrix} u_1 \\ u_2 \\ u_3 \\ u_4 \\ v_1 \\ v_2 \\ v_3 \\ v_4 \end{bmatrix} = \tilde{N}\tilde{q} \tag{8.73}$$

式中,形函数为

$$\begin{cases} N_1 = \dfrac{1}{4}(1+\xi)(1+\eta), N_2 = \dfrac{1}{4}(1-\xi)(1+\eta) \\ N_3 = \dfrac{1}{4}(1-\xi)(1-\eta), N_4 = \dfrac{1}{4}(1+\xi)(1-\eta) \end{cases} \tag{8.74}$$

在式 (8.71) 中,根据内虚功的第一项、二维应变位移关系以及式 $(8.72)\sim$ 式 (8.74),可以得到二维平面上 4 个单元节点的刚度矩阵为

$$\widetilde{K}^i = \int_{-1}^1 \widetilde{B}^T \widetilde{C} \widetilde{B} |\widetilde{J}| t \mathrm{d}\xi \mathrm{d}\eta \qquad (8.75)$$

式中,$\widetilde{B}$ 是在二维平面局部坐标系内与应变位移关系 $\widetilde{\varepsilon} = \widetilde{B} \widetilde{q}_i$ 有关的矩阵,$|\widetilde{J}|$ 是雅可比矩阵

$$\widetilde{J} = \begin{bmatrix} \dfrac{\partial x}{\partial \xi} & \dfrac{\partial y}{\partial \xi} \\ \dfrac{\partial x}{\partial \eta} & \dfrac{\partial y}{\partial \eta} \end{bmatrix}$$

雅可比矩阵仅与几何条件有关,$\widetilde{B}$ 矩阵的定义超过了这里讨论的范畴,可参考关于有限元方法的一些文献。

根据公式 (8.71) 内虚功的第一项,如果没有初始应变和外部作用力,单元节点上的负载矢量 $\{Q^i\}$ 为

$$Q^i = \int_{-1}^1 \widetilde{N}^T \widetilde{F}_B |\widetilde{J}| t \mathrm{d}\xi \mathrm{d}\eta \qquad (8.76)$$

如上所述,将所有单元的刚度和负载矢量组合,可以分别得到全局刚度和全局负载矢量。当得到全局矩阵并应用边界条件后,可以通过求解 $[K]\{q\} = \{F\}$ 得到位移。同样,根据应变位移关系和应力应变关系,可以得到位移、应力和应变。

总而言之,利用有限元方法求解问题的一般步骤如下:

(1)将整个结构表示为有限数目的节点和单元。

(2)在局部坐标系内计算单元的刚度矩阵 $[K^i]$ 和节点负载 $\{Q^i\}$。

(3)将所有单元的刚度矩阵和节点负载组合,得到整个系统的全局刚度矩阵 $[K]$ 和全局负载 $\{F\}$。

(4)利用边界条件,降低 $[K]$ 和 $\{F\}$ 的大小。

(5)求解 $\{K\}\{q\} = \{F\}$,得到 $\{q\}$。

(6)根据应变位移关系,计算应变。

(7)根据应力应变关系,计算应力。

有限元分析得到的应力是外部载荷作用的结果,如火箭发射过程中的负载等。考虑安全系数后,将这些应力计算值与材料允许的性能相比,从而确定是否满足任务要求。

8.15.2 动力学分析

有限元方法中动力学的建立,要求引入质量和加速度。这涉及确定每个单元的质量矩阵。所有单元的质量矩阵组合,得到整个系统的全局质量矩阵。为确定

质量矩阵,分析公式(8.71)中的第三项。加速度 a 是位移对时间的二阶导数,根据 $F = ma$ 关系得

$$-\int_V \delta\tilde{u}^T \overline{F}_B \mathrm{d}V = -\int_V (X_B \delta u + Y_B \delta v + Z_B \delta w)\mathrm{d}V$$

$$= \int_V \rho(\ddot{u}\delta u + \ddot{v}\delta v + \ddot{w}\delta w)\mathrm{d}V \tag{8.77}$$

式中

$$X_B = -\rho\ddot{u}, \quad Y_B = -\rho\ddot{v}, \quad Z_B = -\rho\ddot{w} \tag{8.78}$$

ρ 是密度; X_B、Y_B、Z_B 反映了惯性效应; F_B 和 u 分别是体积力和位移,即

$$F_B = \begin{bmatrix} X_B \\ Y_B \\ Z_B \end{bmatrix}, \quad u = \begin{bmatrix} u \\ v \\ w \end{bmatrix} \tag{8.79}$$

对于有限元方法,采用与前面类似的分析方法,得

$$\ddot{u} = [N]\{\ddot{q}_u\}, \quad \ddot{v} = [N]\{\ddot{q}_v\}, \quad \ddot{w} = [N]\{\ddot{q}_w\} \tag{8.80}$$

对于 $\delta u, \delta v, \delta w$,可以定义类似的表达式。将它们代入公式(8.77),同时考虑到

$$\tilde{m} = \int_V \rho\tilde{N}^T \tilde{N}\mathrm{d}V \tag{8.81}$$

得

$$\int_V \rho(\ddot{u}\delta u + \ddot{v}\delta v + \ddot{w}\delta w)\mathrm{d}V = \{\delta\tilde{q}_u^T, \delta\tilde{q}_v^T, \delta\tilde{q}_w^T\} \begin{bmatrix} \tilde{m} & 0 & 0 \\ 0 & \tilde{m} & 0 \\ 0 & 0 & \tilde{m} \end{bmatrix} \begin{bmatrix} \tilde{q}_u \\ \tilde{q}_v \\ \tilde{q}_w \end{bmatrix} \tag{8.82}$$

$$= \delta\tilde{q}_i^T \tilde{M}^i \tilde{q}_i$$

式中, $[M^i]$ 称为第 i 个单元的一致质量矩阵。

对于前面提到的二节点杆单元,有 $v = w = 0$,从而有

$$\tilde{m} = \tilde{M}^i = \int_V \rho\tilde{N}^T \tilde{N}\mathrm{d}x\mathrm{d}y\mathrm{d}z$$

$$= \int_{x_1}^{x_2} m\tilde{N}^T \tilde{N}\mathrm{d}x \tag{8.83}$$

式中, $m = \int \rho\mathrm{d}z\mathrm{d}y$ 是单位长度的质量。求解方程,得到质量矩阵为

$$\widetilde{M}^i = \int_{-1}^{1} m \widetilde{N}^{\mathrm{T}} \widetilde{N} \left(\frac{L}{2}\right) \mathrm{d}\xi = \frac{L}{2} \int_{-1}^{1} m \begin{bmatrix} \frac{1}{2}(1-\xi) \\[2mm] \frac{1}{2}(1+\xi) \end{bmatrix} \begin{bmatrix} \frac{1}{2}(1-\xi) & \frac{1}{2}(1+\xi) \end{bmatrix} \mathrm{d}\xi$$

$$= \frac{L}{2} \int_{-1}^{1} m \begin{bmatrix} \frac{1}{4}(1-\xi)^2 & \frac{1}{4}(1-\xi^2) \\[2mm] \frac{1}{4}(1-\xi^2) & \frac{1}{4}(1+\xi)^2 \end{bmatrix} \mathrm{d}\xi$$

$$\text{(8.84)}$$

如果 m 为常数,那么杆单元的质量矩阵简化为

$$\widetilde{M}^i = mL \begin{vmatrix} \dfrac{1}{3} & \dfrac{1}{6} \\[3mm] \dfrac{1}{6} & \dfrac{1}{3} \end{vmatrix} \tag{8.85}$$

类似地,对于四节点的平板单元,有

$$m = \int_V \rho \widetilde{N}^{\mathrm{T}} \widetilde{N} \mathrm{d}V = \int_A m \begin{bmatrix} N_1 \\ N_2 \\ N_3 \\ N_4 \end{bmatrix} \begin{bmatrix} N_1 & N_2 & N_3 & N_4 \end{bmatrix} |\widetilde{J}| \mathrm{d}\xi \mathrm{d}\eta$$

$$\text{(8.86)}$$

$$= \int_A \begin{bmatrix} N_1 N_1 & N_1 N_2 & N_1 N_3 & N_1 N_4 \\ N_1 N_2 & N_2 N_2 & N_2 N_3 & N_2 N_4 \\ N_1 N_3 & N_2 N_3 & N_3 N_3 & N_4 N_3 \\ N_1 N_4 & N_2 N_4 & N_3 N_4 & N_4 N_4 \end{bmatrix} |\widetilde{J}| \mathrm{d}\xi$$

式中, $M = \int \rho \mathrm{d}z$ 是单位面积的质量,形函数在前面已经定义。根据已经得到的刚度矩阵、负载矢量和质量矩阵,通过求解下述方程可得动力学问题的有限元解

$$[M]\{\ddot{q}\} + [K]\{q\} = F(t) \tag{8.87}$$

初始条件为

$$q(0) = q_0, \dot{q}(0) = \dot{q}_0 \tag{8.88}$$

通过求解动力学问题,可以得到系统的固有频率以及相应的模态。

8.16　发射负载——动力学耦合分析

耦合分析的主要目的在于确定航天器对模拟发射环境的动力学响应。为实现这一目的,通常以特征值(频率)和特征向量(模态)的形式来表示航天器结构。

这一模型和火箭发射模型组合后,共同受到鉴定力函数的作用。这些力函数模拟发射过程中的负载。通过分析航天器的负载、变形和加速度等动力学响应,来指导结构参数的改进设计。结构设计参数的例子如 8.7.1 节表 8.4 中的负载因子等。通常会进行多轮闭环设计,确保改进后的参数最大限度地考虑了当前信息。有时,在完成航天器环境试验并将其结果更新到模型后,还会进行一次最后的验证。

8.17　结构试验与验证

虽然在航天器硬件完成制造后,分析工作已经基本结束,但是结构工程师仍有顾虑。当硬件完成部件级、子系统级或装配级等级别的组装后,它将会经受一系列不同种类的试验,其中测试环境将模拟火箭发射或航天器在轨运行时的环境。这些环境与结构工程师在设计中使用的模拟环境是相同的。如果结构工程师工作周密,这些测试可以正常通过。在一些情况下,即使分析工作做得很好,也可能出现一些出乎意料的结果。当出现这种情况后,结构工程师需要分析问题,找到解决方案。

在项目后期开展环境试验的目的在于,验证硬件系统能够承受预期环境下的结构负载,探测硬件系统中的工艺问题和其他问题,并验证子系统或系统级部件之间的相互作用。通常从部件级到航天器系统级的所有水平上都进行试验,早期进行试验以期避免后期再出问题。

部件级试验的一个基本目标是对设备进行筛选,从而最大限度地避免航天器集成装配后问题的发生。如果在这一阶段发现问题就可以避免在系统级时才发现此问题而导致的任务延迟。航天器系统级试验用于验证整个系统,确保其可以承受所预期的任务环境。在这一阶段,部件和航天器结构之间的相互作用将被真正测试。

对于空间系统,通常的试验种类包括:①强度试验;②正弦振动试验,包括低输入和高振幅两种状态;③正弦驻波试验;④随机振动试验,包括所有等级和工艺等级;⑤噪声试验;⑥冲击试验;⑦模态测量试验;⑧旋转平衡试验。每种类型的试验将在 8.17.1 小节~8.17.14 小节中详细介绍。不同类型项目的试验有所不同,需要根据项目的要求和目标来取舍并确定试验细节。通常,主结构的强度试验是单独进行的,部件需要进行正弦、随机振动试验以及必要时的冲击试验,航天器系统需要进行正弦振动试验和噪声试验。在一些情况下,可以利用随机振动试验代替噪声试验,因为两种试验可以实现相同的目的。下面将详细介绍所有这些试验。

8.17.1　强度试验

强度试验主要在部件或子系统级进行,其目的是验证试件能够承受发射过程中的最大负载。对于基本结构的试验,通常可以利用静态负载试验来完成。在试验过程中,该结构将被固定在某种刚性夹具上,在液压驱动装置的作用下受到拉力或压力的作用。通常会在多个测量位置布置位移测量装置和应变仪,确保被试验部件处于合理的负载范围,不超过最大允许值。

此外,还可以利用电动激振器实现结构件的强度试验。在这种情况下,将质量模拟件安装到结构上,用于模拟航天器部件。激振器可以产生较高的加速度,使结构受到所要求的负载。在不同的位置测量加速度响应,用于验证是否达到了要求的负载条件。

8.17.2　振动试验

利用电动振动台和数字控制系统可以实现振动试验。电动振动台的驱动信号通常称为控制加速度,由加速度计测量得到。大多数振动系统利用闭环控制系统来控制试验过程。在这种方式中,由数字控制系统产生信号,并传送给控制加速度计。加速度计的响应将反馈给控制系统,用于确定试验是否满足既定要求。如果输入信号不满足要求,控制系统将调整发送给控制加速度计的信号,从而使输入信号满足要求。在所有试验中,在控制加速度计附近还会安装另外一个加速度计,对输入信号进行独立监控。如果控制加速度计信号超出了指标要求,那么该系统将会自动终止试验。在大部分的试验中,在试验件附近还会布置其他设备,用于测量硬件对输入信号的响应。这样,可以测量得到固有频率和振幅。大部分振动试验是在试验件的三个正交方向上进行的。

在硬件振动试验中,系统在其基本结构固有频率这一频点上,可能会出现输出响应超出飞行负载的最差情形。为避免在固有频率上的不合理试验引起的结构失效,输入信号需要限制在一定的水平上,使得重要结构单元上的负载不超过最大期望的飞行负载。当超过最大负载并对输入信号进行限制时,试验系统的控制将暂时从控制加速度计转化到限制加速度计,其中控制加速度计通常安装在试验件基部。当负载降低到最大允许负载水平之下后,试验系统的控制将交回到原来的控制加速度计。最大飞行负载是根据运载火箭和航天器的耦合分析得到的。图8.46给出了NEAR航天器振动试验场景。

图 8.46　NEAR 航天器振动试验

8.17.3　正弦振动试验

正弦简谐振动是一定振幅、频率和初始相位下的周期性运动,其中振幅可以是位移、速度或加速度。正弦振动试验是在指定的频带下进行的,其中在每个指定频率上具有一定的输入信号水平。正弦振动试验的类型包括正弦扫频试验、正弦脉冲试验和正弦驻波试验。

8.17.4　低振幅正弦扫频试验

低振幅正弦扫频试验是以一定的扫频速率,在指定的频率范围内进行的。该试验的目的是确定测试件基本结构的共振,以及发生共振时的放大因子。该试验以指定的扫频速率,从起始的低频向最终的高频扫描。在一些情形下,会从高频扫描到低频。这是因为从高频向低频扫描的过程中,接近共振条件时其动力学特征会有所不同。低振幅正弦扫频试验一般在主要试验的开始和结束时刻进行,用于检验系统动力学特征的变化。前后正弦扫频试验的差别意味着由于更高级别测试导致系统的某些方面发生了改变,因而在进行其他试验之前需要对此仔细分析。这些改变可能很小,如某些粘贴部件的松动;也可能很大,如某个结构单元的失效。试验水平的量级通常为 $0.25\sim0.5g$,扫频速率为 2oct/min 或 4oct/min,试验的频率范围是变化的,大多数位于 $10\sim2000Hz$。低振幅正弦扫频试验的典型指标如表 8.25 所示。

表 8.25　低振幅正弦扫频试验的典型指标

频率/Hz	量级/g
10~2000	0.5

所有方向
速率为 4oct/min

8.17.5　高振幅正弦扫频试验

高振幅和低振幅正弦扫频试验的区别在于不同频率区间上以及振幅的不同。与低振幅扫频试验相比,高振幅扫频试验的频率区间通常更小,其目的在于验证硬件系统可以承受最差情况下的负载。在这一测试中,测试件将在基频范围或者关心的振动频率范围内,受到更大的加速度,也就是受到更大的作用力。这一更大的作用力用于模拟运载火箭作用、基本结构共振或局部引入的摄动作用。将时刻监测是否产生了结构共振,当认为产生共振时,将会对系统参数进行控制,使其不超过最差情况下的飞行负载,如 8.17.2 小节所述。与低振幅正弦扫频试验类似,高振幅正弦扫频试验也可分为从高频到低频和从低频到高频的两种扫频方式,其典型的输入参数如表 8.26 所示。

表 8.26　高振幅正弦扫频试验的典型参数

频率/Hz	等级
5~23	0.4in. 峰峰
23~100	11.3g
100~200	6.4g

所有方向
扫频速率为 4oct/min

8.17.6　正弦脉冲试验

正弦脉冲试验为在实验室环境中模拟结构受到的静态载荷提供了一种简便可行的途径。该试验时间较短,并在指定的频率范围和周期次数时间内进行。试验所选的频率低于系统固有频率,避免在试验过程中出现共振现象。通常,选择试验频率小于等于测试件固有频率的 1/3。该试验和高振幅正弦扫频试验的目的相同,都是验证结构是否能够承受最差情况下的负载。但是,在正弦脉冲试验中不会进行大量的重复试验,从而将疲劳影响降到最低。与其他正弦试验不同,脉冲试验不需要闭环控制系统,这是因为电动振动台的驱动信号是一个持续时间很短的脉冲,不会受到反馈作用的影响。正弦脉冲试验的指标包括试验水平、频率和持续时间。表 8.27 针对一个固有频率大于 45 Hz 的系统,给出了正弦脉冲试验的典型指标参数。

表 8.27　正弦脉冲试验的典型指标参数

频率/Hz	等级/g
15	14.0

试验时间为 6.5 个周期(最大量级)

8.17.7　正弦驻波试验

正弦驻波试验中的信号是一个高振幅、常值频率的正弦信号,其频率等于测试件的固有频率。该试验的目的是为试件设计提供一个详细、严格的测试。这类试验通常会引入一些不必要的风险,因为试验是在测试件共振频率下进行的,其试验条件并不一定是对实际环境的模拟。正弦驻波试验的更现实的实现方法是将试验频率选为安装结构的共振频率,而不是测试件的共振频率。与正弦脉冲试验类似,正弦驻波试验中使用的是开环控制系统。除了持续时间不同,正弦驻波试验和正弦脉冲试验的指标参数是类似的。驻波试验的持续时间通常根据实际响应时间确定,而脉冲试验的持续时间是一定的周期次数。

8.17.8　随机振动试验

随机振动的瞬时振幅不能准确定义,并且从理论上讲,在整个试验过程中它具有所有的频率。随机振动包括非周期或准周期成分,因此未来时刻的振动不能精确预测。随机振动的瞬时振幅通常用概率密度函数来表示,其特征参数是指定频率区间内的均方根值。随机振动试验会在指定的时间内进行,可以认为是对系统的能量输入,并在高频区间内提供更高的功率输入。因此,与基本结构相比,由于电子系统和辅助结构具有更高的共振频率,它们将在更高的程度上受到随机振动的检验。随机振动的响应可以由 Miles 方程估计得到,即

$$g = 3\sqrt{\frac{\pi f Q s_0}{2}} \tag{8.89}$$

式中,g 是估计的响应值,单位为 g;f 是频率,单位为 Hz;Q 是放大系数;s_0 是指定频率 f 上的功率谱密度,单位为 g^2/Hz。这一方程的假设条件是对于所关心的

频率系统可以看成单自由度的。方程中的 3 个自变量以统计的 3σ 值的形式给出。

8.17.9 全水平随机振动试验

全水平随机振动试验是一种高能量的输入测试,用于模拟噪声产生的随机振动环境或火箭发射产生的随机振动环境。这些测试通常是在 10～2000Hz 频率范围内进行的,持续时间约 60s。与其他试验类似,这些试验的响应也需要监测。如果响应超过设计极限值,那么就需要对输入信号进行约束,以避免出现测试件过载。其中,对输入信号的约束主要是将其频率降低到一个有限的范围内,从而有效降低系统响应,使其不超过设计极限。通常,全水平随机振动试验在测试件的三个正交轴上进行。表 8.28 给出了随机振动试验的典型输入信号,其均方根值是通过在一定频率范围内对功率谱密度进行积分并开方得到的。

表 8.28 随机振动试验

频率/Hz	等级
20	$0.027g^2/Hz$
20～60	+3dB/oct
60～170	$0.08g^2/Hz$
170～400	+4dB/oct
400～800	$0.25g^2/Hz$
800～2000	−5dB/oct
2000	$0.055g^2/Hz$

总均方根为 16.9g rms

时间长度为 1 分钟/轴

三个方向相互正交

8.17.10 工艺随机振动试验

对于通过全量级验收试验并且由于一些个别原因需要重新加工的硬件,需要进行工艺随机振动试验。其中,这里所说的个别原因不包括与振动相关的因素。工艺试验的程度和数量取决于硬件再加工的程度。例如,如果需要用一个电子器件替代一个指定部件,而这个部件不需要太多的拆卸或再加工,那么可能就不需要全水平的随机振动试验。在这种情况下,很可能需要对安装该指定部件的结构进行试验。在大多数情况下,工艺试验是全水平试验的一部分,在比全水平试验更低的量级上进行。工艺振动试验和全水平振动试验的指标参数非常类似,但是在下述两点上它们是不同的,即工艺振动试验的试验水平更低,并且试验轴的数量通常少于三个。

8.17.11　冲击试验

在冲击试验中,测试件受到非周期信号的激励作用,该信号的典型特征是时间不确定和信号强度大。冲击试验是一个高频率、高量级的脉冲测试,可用于模拟航天器和运载火箭分离面上的爆炸螺栓等装置产生的冲击信号。冲击过程的加速度可以用冲击响应谱来表示。冲击响应谱定义为单自由度系统的最大响应,其中单自由度系统的固有频率是变化的。冲击谱与假定的阻尼有关,通常用放大系数 Q 的形式来表示,其典型值为 10。虽然冲击强度可能会很大,但是随着与冲击源距离的增加以及连接装置的作用,试验中产生的能量会很快被耗散。因此,不安装在冲击源附近的硬件将不会受到明显的环境负载作用。

冲击试验的实现方式有振动台模拟或激励装置生成冲击。对于振动台模拟试验,输入信号表示为冲击响应谱,在三个正交轴上进行。当通过激励装置进行冲击试验时,装置生成的环境至少是实际环境的 2 倍。冲击响应谱($Q=10$)的典型参数如表 8.29 所示。

表 8.29　分离冲击响应谱($Q=10$)

频率/Hz	等级/g
50	40
600	2000
3000	2000
三个正交轴	

8.17.12　噪声试验

噪声试验是一个系统级的试验,它将硬件系统放入噪声环境中。该试验通过模拟真实环境,使航天器经受预期的噪声环境,如运载火箭发射和跨音速飞行时产生的噪声。由于噪声声压对航天器的作用,噪声环境表现为对航天器的随机振动环境。该环境试验为太阳能电池板、天线等具有轻密度的航天器外部结构,提供了很好的测试手段。由于噪声环境中的负载是声压,这类结构在随机振动试验中可能不会得到充分的测试。对于大多数航天器,在经过随机振动试验后需要进行噪声试验,这是因为噪声试验中的噪声水平更高,并且具有更低的机械振动传输。根

据公式(8.89)和等效噪声压力的功率谱密度,可以得到给定噪声输入下的测试件响应。等效的噪声压力功率谱密度为

$$s = \frac{\sqrt{2}P_0^2 \, 10^{(K/10)}}{f} \tag{8.90}$$

式中,s 是声压的功率谱密度;P_0 是参考压力($2\times10^{-5}\mathrm{N/m^2}$);K 是相对于 P_0 的声压等级,单位为 dB;f 是频率,单位为 Hz。

噪声试验在回响室内进行,里面配备有高频噪声发生器阵列。麦克风布置在航天器附近,用于测量声场强度。通常,对于每个倍频程的中心频率,至少需要 4 个麦克风才能得到输入信号的功率谱。与振动试验相同,在关键位置也需要加速度计获取测试件的响应。表 8.30 给出了航天器噪声测试的典型参数指标。

表 8.30 噪声试验的指标参数

倍频中心频率/Hz	声压等级/dB(参考值:$2\times10^{-5}\mathrm{N/m^2}$)
31.5	125
63	128
125	134
250	137
500	141
1000	134
2000	131
4000	127
8000	124
总声压等级为 144dB,持续时间为 60s	

注:SPL=声压等级

8.17.13 模态试验

模态试验是一种对分析模型进行评估的无损试验。通常,试验中的振动水平非常低,用于确定测试件的动力学响应。在试件上布置大量的加速度计,获取结构固有频率和模态的详细信息。

8.17.14 旋转平衡试验

旋转平衡试验用于检验系统的动力学平衡,保证火箭发射过程中的最佳性能。通过试验将确定在合理位置安装质量块的结论,从而精确地保证航天器的平衡。

在试验中,航天器边缘上的部件会受到较高的加速度激励作用。

8.18 习 题

1. 航天器和上面级的组合体以 100r/min 的速度旋转,同时受到 7500lb 的推力作用。其中,航天器质量为 $W_{sc} = 1000lb$,上面级的质量为 $W_u = 200lb$ 。在燃料消耗完后,上面级的质量仍为 200lb。在距离旋转轴 40in 的位置悬挂安装一个专用测量仪器,如习题图8.1 的 A 点位置所示。与专用仪器相比,悬挂杆的质量可以忽略。在最近的上面级飞行中,出现了推力器异常。不幸的是,这一异常持续于整个飞行过程,沿推力方向在 A 点即悬挂仪器的基部产生了一个正弦信号,大小为 0.8g。更不幸的是,正弦输入信号的频率与悬挂质量的固有频率相同。最近关于悬挂质量的试验表明阻尼比为 $c/c_c = 0.05$ 。在旋转、推力和振动的条件下,请计算图中所示 A 点位置的轴向载荷 P_z 和弯矩 M_a 。

答案:$F = 142lb, M = 2270in. lb$ 。

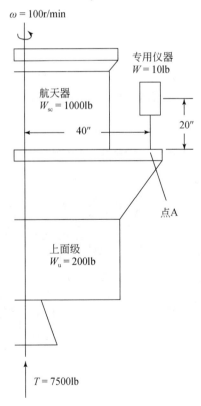

习题图 8.1

2. 设一天线的质量为 2lb,处于展开状态,如习题图 8.2 所示。在天线展开后,通过弹簧装置将一个垂直销插入轴中,防止在随后的航天器运动过程中,天线臂绕 z 轴自由转动。在任务中(天线展开后),推进系统用于航天器轨道机动。在机动过程中,预计天线在 y 方向上受到 20g 的稳态加速度。为承受负载条件,需要垂直销的半径是多少?假设轴半径 $R = 1\text{in}$,$L = 36\text{in}$,$a = 0.25$,安全系数为 1.6,$\sigma_{tu} = \sigma_{cu} = 40000\text{psi}$,$\tau_{su} = 50000\text{psi}$,忽略展开臂的质量。

答案:$r_{min} = 0.1\text{in}$。

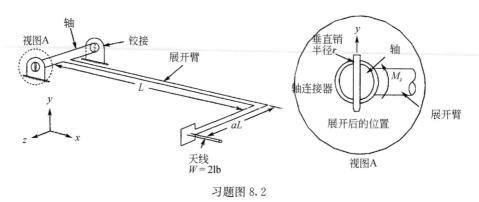

习题图 8.2

3. 如习题图 8.3 所示航天器质量为 2125lb,通过连接适配器与运载火箭相连。假设连接适配器是一个薄的圆筒形支撑结构,直径为 37in,壁厚 0.1in,那么适

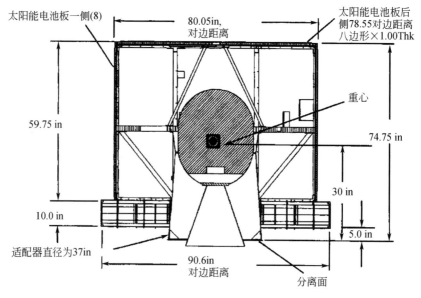

习题图 8.3

配器中的最大压应力和拉应力分别是多少？假设航天器发射选择德尔塔-2 火箭，航天器质心在图中所示的横截面中心线上，位于分离面上方 30in 的位置。

答案：最大拉应力为 2197psi，最大压应力 1830psi。

4. 已知一弯角结构，其横截面如习题图 8.4 中所示，尺寸为 3in×2in×0.25in，长度为 435in。该结构作为销端立柱，或受到某种约束使其有效长度 L' 仅为 $0.9L$。假设安全系数为 2.5，回转半径为 0.435in，实际负载为 5000lb，试计算安全裕量。

答案：(1)MS=−0.06；(2)MS=0.16。

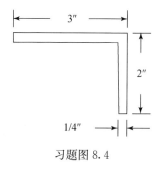

习题图 8.4

5. 图 8.23 给出的 MSX 桁架具有三种不同的结构单元设计，如习题表 8.1 所示。假设每个结构单元端点受到表中所示负载的作用，那么结构屈曲的最小安全裕量是多少？桁架结构的材料为 P75/ERL1962 准各向同性复合材料，材料属性见表 8.21。假设安全系数为 2.0。注意，桁架两端均与其他航天器结构相连。

答案：$MS_{min}=0.67$。

习题表 8.1

	垂直部分	上层部分	下层部分
b/in	2.25	2.00	2.25
h/in	2.00	2.00	2.00
t/in	0.120	0.080	0.120
L/in	78	33	57
最大压应力	4220	1900	8220

6. 结构材料选择的常用标准是重量。对于两端固定的结构立柱,受到非轴向压缩负载(临界屈曲)的作用,确定在压缩负载作用下,习题表 8.2 所述材料中的哪一种能够提供最佳的重量设计?其中,厚度 t 作为一个设计变量。

答案:镁合金比铝合金重约 33%。

习题表 8.2

材料	铝合金	镁合金
合金	7075	AZ31B-H24
极限强度/psi	77000	40000
密度/(lb/in³)	0.100	0.065
弹性模量/psi	10×10^6	6.5×10^6

7. 在轨机动过程中,一个质量 $w=5$lb 的敏感器悬挂在航天器基本结构上,悬臂长度为 $L=60$in。在 z 方向上,敏感器会受到 11.6g 的准静态负载作用。同时,展开臂的根部在 z 方向上会受到随机振动的影响,如习题图 8.5 和习题表 8.3 所示。假设展开臂的质量可以忽略,其材料为铝合金,弹性模量为 $E = 10 \times 10^6 \text{psi}$。

(1)假设展开臂的横截面为管状,直径 $d=2$lb,固有频率为 50Hz,结构阻尼为 2.5%,可允许的应力水平为 42000psi,请确定展开臂的管壁厚度 t。

(2)如果存在温度梯度,使得展开臂一端伸长 0.005in,重新计算展开臂的管壁厚度。

答案:$t=0.046$in。

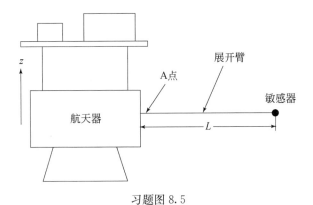

习题图 8.5

习题表 8.3

频率/Hz	量级
10~80	0.005g²/Hz
80~200	+3.6dB/oct
200~1000	0.015g²/Hz
1000~2000	−9dB/oct
总均方根 $g_{rms}=4.4$	
持续时间为 15s	

8. 图 8.23 中的 MSX 桁架采用了习题图 8.6 所示的杆结构,这主要是考虑了它的稳定性和轻质量优势。考虑到桁架中的所有结构单元是相同的,并且是在室温(70℉或 21℃)下组装的。在轨运行时,ABCD 面的温度是−4℉(−20℃),另一面的温度是 86℉(30℃),那么平面 BbcC 在温度梯度作用下的倾斜角是多少? 桁架材料选用准各向同性的复合材料,材料属性见表 8.21。所有接头选用钛合金,材料属性见表 8.19。

答案:$\theta = 0.004°$。

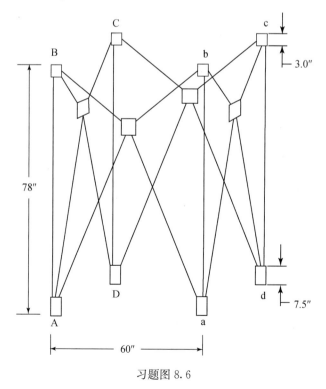

习题图 8.6

9. 通过试验可知,下述支撑结构的基频为 5Hz。其中,支撑结构的端部无质量。当一个质量为 2000lb 的辅助航天器连接到支撑结构上后,其基频变为 4Hz。如果用一个质量为 1000lb 的物体替代辅助航天器,那么支撑结构的基频变为多少? 假设支撑结构可以看成一个单自由度系统,如习题图 8.7 所示。

答案:$f = 4.42\text{Hz}$。

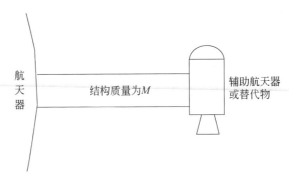

习题图 8.7

10. 假设在电动激振器的作用下,刚性台的位移为 $y_b(t)$,如习题图 8.8 所示,试写出质量块 M 的运动方程。

答案:$M\ddot{y} + k(y - y_b) = 0$。

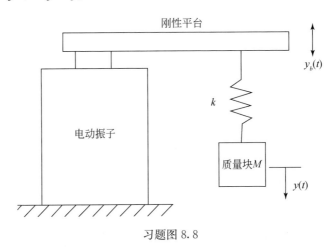

习题图 8.8

11. NEAR 航天器结构的顶板是 58in^2 的铝合金蜂窝结构,它支撑着质量为 275lb 的硬件,如习题图 8.9 所示。蜂窝结构上下面板的厚度为 0.015in,蜂窝结构的四个边可看成简支边界。为避免与航天器主推力器的动力学耦合,需要将顶板在 z 方向的基频设计为 30Hz。

(1)假设泊松比为 0.33,为满足上述要求,顶板的总厚度 h 应为多少?

(2)假设在推力作用过程中,沿 z 方向在顶板安装面上产生习题表 8.4 所示的正弦振动信号,那么结构上受到的最大响应力为多少? 假设顶板固有频率为 30Hz,结构阻尼为 5%。

答案:(1) $h = 1.61\text{in}$;(2) $F_{\max} = 4125\text{lb}$ 。

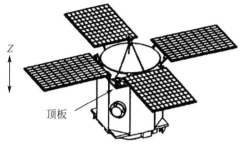

习题图 8.9

习题表 8.4	
频率/Hz	量级/g
10~45	1.5
50~60	12.5
75~100	0.5

12. 一个质量为 24lb 的仪器受到铝合金结构的支撑,在展开之前按习题图 8.10 (a)所示进行存放。在这种情况下,臂将在 z 方向上受到一个短暂的作用,产生习题图 8.10(b)所示的响应。在这一过程中,支撑结构和仪器的整体温度比航天器结构低 40°F,其中支撑结构和仪器安装在航天器上。假设上述条件同时存在,并忽略支撑结构的质量,那么支撑结构沿 z 方向即轴向的最大应力是多少?

答案:$\sigma = 6880\text{psi}$ 。

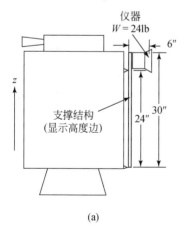

(a)

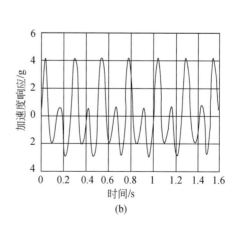

(b)

习题图 8.10

支撑结构:$b=0.2\text{in}, h=3\text{in}$

$E=10\times10^6\text{psi}, A=0.6\text{in}^2, \alpha=12\times10^{-6}\text{in}/(\text{in}\cdot°F), \Delta T=-40°F$

13. 一个腔体内有若干个印刷电路板,每个电路板都是由玻璃纤维制成,四个边均可以看成简支边界条件。关于电路板的一些信息如下。

电路板尺寸为 5in×7in;均匀地分布质量为 1lb;

$E=2.4×10^6$ psi;$t=0.125$in;泊松比为 0.125;阻尼系数为 0.033。

如果电路板受到习题表 8.5 所示的随机振动的作用,那么电路板中的最大应力是多少? 设可允许的最大应力为 30000psi,那么安全裕量是多少?

答案:MS=16.4(通常,印刷电路板设计为刚性设计,因而显示出较大的强度裕量)。

习题表 8.5

频率/Hz	等级
20～100	$0.001g^2$/Hz
100～200	21.0dB/oct
200～600	$0.13g^2$/Hz
600～2000	−5.4dB/oct

总均方根 g_{rms} 为 10.8,持续时间为 60s

14. 通常,航天器通过机械装置与运载火箭相连,如习题图 8.11 所示。当完成火箭助推后,在航天器内部指令或地面指令的控制下,利用机械装置使航天器和火箭分离。这一机械装置通常为爆炸螺栓、爆炸螺母、V 形夹带等,它们一般不会给航天器或火箭上面级带来初速度。航天器和上面级之间的分离速度期望值为 2～3ft/s。这样的相对速度使得航天器的展开机构如展开杆、太阳能电池板等,不会与废弃的火箭助推器相碰。如果航天器保持在初始入轨轨道,那么其与火箭上面级的分离速度,会使两者轨道之间存在一定的差别。分离速度通常由线性压缩弹簧产生,它在航天器和上面级之间产生一个作用力,导致两者相分离,从而产生最终的分离速度。假设航天器的质量为 400lb,废弃的火箭助推器为 600lb。期望分离速度为 3ft/s,弹簧完全伸展后的长度为 3in。推导实现这一任务所需要的弹簧刚度系数 k 以及传递给火箭上面级和航天器的速度。

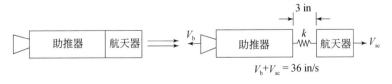

习题图 8.11

答案：$k = 89.5\text{lb/in}$；$V_{\text{booster}} = 14.4\text{in/s}$；$V_{\text{spacecraft}} = 21.6\text{in/s}$，两者速度方向相反。

15. 设三节点单元的节点位移分别为 u_1、u_2 和 u_3，如习题图 8.12 所示。位移可以表示为 $u = a_1 + a_2 s + a_3 s^2$ 或 $u = N_1 u_1 + N_2 u_2 + N_3 u_3$。

(1)将 N_1、N_2、N_3 表示为 s 的函数。

(2)确定单元的刚度矩阵。

(3)对于每单位长度上的单轴作用力 $f = c$，建立单元节点的负载矢量 Q_j^i。

(4)利用仅有三个节点的单元，求解垂直立柱的位移。

答案：(1) $\begin{cases} N_1 = 1 - 3s + 2s^2 \\ N_2 = 4s(1-s) \\ N_3 = s(2s-1) \end{cases}$；(2) $[k] = \dfrac{EA}{3L}\begin{bmatrix} 7 & -8 & 1 \\ -8 & 16 & -8 \\ 1 & -8 & 7 \end{bmatrix}$；(3) $\{Q\} =$

$\dfrac{cl}{6}\begin{bmatrix} 1 \\ 4 \\ 1 \end{bmatrix}$；(4) $\begin{bmatrix} u_1 \\ u_2 \\ u_3 \end{bmatrix} = \dfrac{mgL^2}{8E}\begin{bmatrix} 0 \\ -3 \\ -4 \end{bmatrix}$。

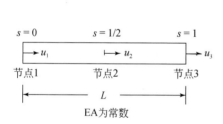
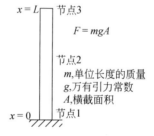

习题图 8.12

第9章 空间通信

Eric J. Hoffman

9.1 概 述

航天器毫无例外地必须接收从地面发射的操作指令及数据并且返回遥测数据给地球。实际上,通信通常非常关键,因此它是首要具有冗余性的航天子系统。图9.1显示了典型航天器通信子系统的模块图。其基带元件负责采集、组装以及存储数据,并且解释遥控指令。射频元件将航天器与地球连接在一起。基带部分将在第10章中详细描述,本章主要描述射频及通信系统。

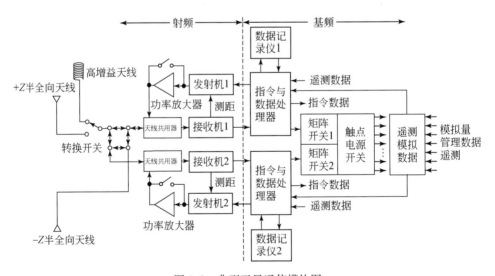

图9.1 典型卫星通信模块图

练习:你能想象出不需要或不希望有遥控或遥测系统的航天器吗?

航天通信链路与地面通信链路具有许多相同的特性,但仍然有一些重要不同点。航天器及地面之间的"倾斜距离"通常较大,低轨(LEO)卫星的距离范围为几百或几千千米,行星探测器的距离范围为13000000000km。图9.2说明了如何利用卫星高程 h 及最坏情况下仰角角度 ε 计算典型低轨卫星通信的几何关系。因为接收到的信号通常非常微弱,并且由于光速的有限性会引起通信时延,有时候必须考虑这些因素。

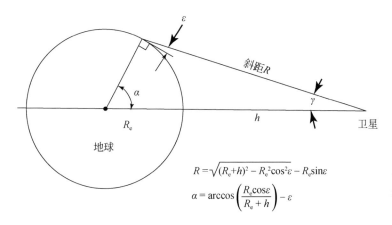

$$R = \sqrt{(R_e + h)^2 - R_e^2 \cos^2 \varepsilon} - R_e \sin \varepsilon$$

$$\alpha = \arccos\left(\frac{R_e \cos \varepsilon}{R_e + h}\right) - \varepsilon$$

图 9.2 典型卫星通信几何关系

航天器通常相对于地面站高速(超过 8km/s)运动,这会造成接收频率不同于发射频率 f,它们之间有一个明显的并随时间变化的差值,即多普勒频移 Δf,Δf 与斜距变化率成正比,即

$$\Delta f = \frac{-f}{c}\left(\frac{\mathrm{d}R}{\mathrm{d}t}\right) \tag{9.1}$$

式中,$c = 3 \times 10^8 \mathrm{m/s}$。

图 9.3 给出了圆形轨道的典型多普勒频移的边界,对于低轨卫星,多普勒频移上界可能超过 $\pm 25\mathrm{ppm}$。以 S 频段(2GHz)信号为例,这意味着接收过程中的捕获与跟踪必须搜索的频率不确定范围将达到 $\pm 50000\mathrm{Hz}$。多普勒频移使得带宽扩大,信噪比降低,从而接收器的设计也变得很复杂。另外,多普勒频移是几种不同的基于空间导航及跟踪方案的基础(参见 9.6.6 小节)。

典型卫星的轨道运动意味着任何地面站只能在短暂的过境时段可以看到卫星。对于低轨卫星,过境时段可能仅仅持续几分钟。低轨卫星的电波传输范围有限,意味着如果要求持续的实时覆盖,则需要一百个或更多数量的地面站(图 9.4)。这是不切实际的,这里给出了三种备用方法,详细描述如下。

星上数据存储:数据记录器——最开始为机械式磁带记录器,但现在几乎都是固态记录器——可以在轨道期间缓慢积累数据,当通过地面站时可以快速下传数据。在深空任务中,记录器经常以相反的方式使用,即捕获高速度数据并且通过数据速率受限的链路缓慢回放。

特殊轨道:某些特殊设计的轨道会使卫星固定在一个地面站的上空。轨道周

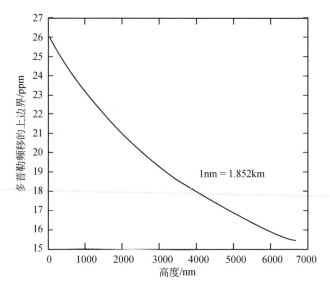

图 9.3　圆轨道卫星多普勒频移的上限

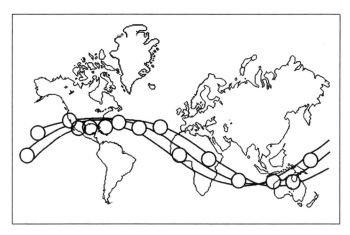

图 9.4　低轨航天器的覆盖(可见性)圆,这些站支持了早期的美国载人飞行

期为 24 恒星时的赤道轨道卫星看起来就像静止地悬挂在赤道某个点的上方。地球静止轨道的轨道高度大约为 35800km,这个高度足以用三个卫星覆盖几乎整个地球(不包括南北极地区,参见图 9.5 和图 9.6)。

闪电轨道提供地球同步轨道的近似轨道,并且对高纬度区域有用。此轨道为大椭圆轨道,周期为 12 个恒星时,并且倾角为 63.4°(图 9.5)。第 3 章指出此倾角 $(5\cos^2 i = 1)$ 使近地点的进动为零。对地同步周期确保可以进行重复的地面跟踪。闪电卫星的远地点位于最高纬度处,因此将在北半球某个固定点上空停留较

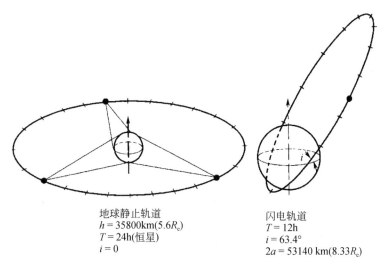

地球静止轨道
$h = 35800\text{km}(5.6R_e)$
$T = 24\text{h}(恒星)$
$i = 0$

闪电轨道
$T = 12\text{h}$
$i = 63.4°$
$2a = 53140 \text{ km}(8.33R_e)$

图 9.5 地球静止轨道和闪电轨道

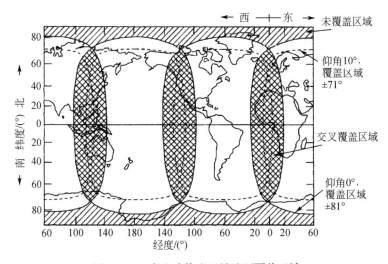

图 9.6 三个地球静止卫星地面覆盖区域

长时间。这正是闪电轨道对俄罗斯通信卫星的吸引所在。

数据中继卫星:地球静止轨道中的 NASA 的跟踪及数据中继卫星(TDRS)为低轨卫星中继遥控及其遥测数据。这些卫星也提供近乎连续的卫星跟踪。在 TDRS 之前,利用分布在全球的 14 个 NASA 的地面站,航天员仅可以在大约 15% 的轨道上与地球进行通信。借助于 TDRS,新墨西哥白沙的单个地面站就可以实现对低轨卫星的全球覆盖。

利用高度优势,一个卫星可以俯视到比地面站可见范围更广的地球表面。这增加了其遭受射频干扰的可能性,这种射频干扰可能来自于故意的阻塞式干扰。事实上,一种攻击军事航天系统的有效策略是切断其通信链路。军事航天器通常必须设计为具有"健壮"通信及高级别的星载自治以应对此威胁。

卫星通信信号也必须穿过电离层及对流层。在这两层中,信号会受到各种干扰,这对射频链路的设计是很重要的(在 9.2.6 节中讨论)。

最后,航天通信设备必须设计为小型、低功耗、轻质量、高可靠、能够经受发射冲击和空间辐射。同时,成本效率也逐渐成为一个主要因素。

9.2 无线电波传播

假设自由空间中有一个无限小的发射机正在发射功率为 P_t 的电磁波。来自一个点源的波阵面一定是球对称的。当波阵面到达距源 R 的位置时,功率流密度等于总功率 P_t 除以半径为 R 的球的面积,即

$$流密度 = \frac{P_t}{4\pi R^2} \tag{9.2}$$

物理面积为 A 的接收孔,其有效面积 $A_e = \eta A$(其中,η 表示孔效率,通常大约为 55%),接收了总辐射功率的一部分 P_r。

$$P_r = \frac{P_t A_e}{4\pi R^2} \tag{9.3}$$

这是射频链路设计中使用的单向雷达范围方程的简单形式。对于一个典型的地球静止轨道链路,R 可达 40000km。对于一个典型的船载天线,A_e 可能为 0.01m^2,从而得出接收功率仅为发射功率的 0.0000000000000005。

9.2.1 天线及方向性增益

很清楚,低接收功率的部分理由是假设卫星在每个空间方向辐射均匀的射频功率(各向同性辐射),而不是集中在接收机方向。天线可以耦合自由空间及发射器或接收器之间的电磁辐射,同时可以增加偏好方向的辐射强度。假设将发射天线放在航天器上以将辐射汇聚在接收器方向上,汇聚因子称为发射增益 G_t(G_t 和 P_t 的乘积为有效同向辐射功率,EIRP)。当然,其他方向的辐射功率必须下降以保留能量。然后单向雷达范围方程为

$$P_r = \frac{P_t G_t A_e}{4\pi R^2} \tag{9.4}$$

正如所期望的那样,天线增益与其面积相关。高增益天线的长度总是波长的很多倍,面积是波长平方的很多倍。准确的关系为

$$G = \frac{4\pi A_e}{\lambda^2} = \eta \left(\frac{\pi D}{\lambda}\right)^2 \tag{9.5}$$

式中,η 是效率;D 是直径(圆孔直径);λ 是波长,公式为

$$\lambda = \frac{c}{f} \tag{9.6}$$

9.2.2 增益与天线面积

公式(9.5)将增益与天线面积关联起来,是一个重要的基本公式,利用天线的两个重要性质的理想实验(思维实验)可以得出此公式。第一个实验是在给定频率下,不管天线处于发射还是接收状态,所有天线具有相同的特性(增益、波束宽度、效率、模式及极化等)。这个实用的性质称为互易性。第二个实验是天线"比例",即天线在尺寸变化时保持性质不变(当然,波长或频率必须相应地变化)。任何好的雷达教科书都会给出公式(9.5)的衍生方程。

9.2.3 单向雷达范围方程

利用公式(9.5)中增益 G 和有效面积 A_e 的关系,可以将单向雷达方程衍生为三种不同的形式,取决于发射器及接收器处的天线的增益是否固定、面积是否固定或一端增益固定,另外一端面积固定

$$增益-增益:P_r = \frac{P_t G_t \lambda^2 G_r}{4\pi R^2 4\pi} = \frac{P_t G_t G_r}{(4\pi)^2 R^2} \times \frac{c^2}{f^2} \tag{9.7}$$

$$面积-面积:P_r = \frac{P_t 4\pi A_{e_t} A_{e_r}}{\lambda^2 4\pi R^2} = \frac{P_t A_{e_t} A_{e_r}}{R^2} \times \frac{f^2}{c^2} \tag{9.8}$$

$$增益-面积:P_r = \frac{P_t G_t A_{e_r}}{4\pi R^2} \tag{9.9}$$

注意基本链路设计公式的频率相关性完全取决于链路每端天线的约束性质。如果天线两端增益受限,接收功率随频率下降。如果天线两端面积受限,接收的功率随频率上升。如果一个天线增益受限,另一个天线面积受限,接收的功率独立于频率。在进行任何射频链路设计时识别出属于哪种情况很重要,这也是选择工作频率的指南。

9.2.4 分贝

链路设计涉及大量因子的相乘及相除,范围跨越多个数量级。在计算器出现之前,使用分贝可以以对数形式方便地表达每一项,这一传统也持续至今。以分贝表达的功率比例可以简单表达为

$$分贝 = 10 \log_{10}(功率比例) \tag{9.10}$$

功率比例 100 对应 20dB，功率比例 2 则对应 3.01dB，其他类似。使用"相对于 x 的 dB"或 dB(x) 可以表达 dB 记数中的绝对数量。这样功率可以表达为毫瓦或 dBm(相对于 1mW 的 dB 数)。天线增益经常表达为 dBi(相对于理想各向同性辐射体的 dB 数)。

在链路设计中，使用术语传播损耗或路径损耗定义频率 f 和距离 R 时两个理想各向同性(单位增益)天线间的损耗。通过组合公式(9.7)中的 $c^2/(4\pi)^2R^2f^2$ 项，可以将路径损耗(单位为 dB)表达为

$$路径损耗(dB) = 32.5 + 20\log R + 20\log f \tag{9.11}$$

式中，R 是倾斜距离，单位为 km；f 是频率，单位为兆赫兹(MHz)。

练习：如果用海里为单位，路径损耗公式中的常数 32.5 将是多少？天文单位呢？

9.2.5　天线的一些性质

天线增益随角度发生变化，通常沿物理视轴方向得到最大值(图 9.7)。使用标准球坐标 (θ,φ)，3dB 波束宽度定义为增益降至最大值一半的点的角度。高增益天线必然具有窄波束宽度，并且在高效天线中，增益与垂直及水平波束宽度 (θ_v, θ_h) 的乘积等于球体中角度平方的总和，即

$$4\pi\text{steradians} \times \left(\frac{180}{\pi}\right)^2 = 41.253\ (°)^2 \tag{9.12}$$

或

$$增益 = \frac{41.253}{\theta_v\theta_h} \tag{9.13}$$

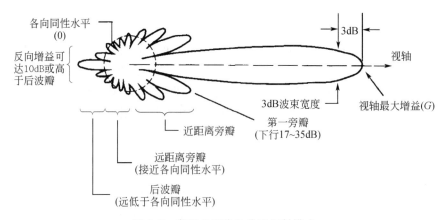

图 9.7　高增益天线的典型辐射模式

当 $\theta_v = \theta_h = \theta$，称为笔形波束天线，此时天线的 $G\theta^2$ 为常量。考虑到效率，实

际天线常量的典型值为 23000～27000。高增益天线可能覆盖不到每个感兴趣的区域,必须要仔细定向,因为超过 3dB 波束宽度点后增益会迅速降低。

对于每个要求的覆盖锥体,存在一个最优的波束宽度以最大化最坏情况下天线增益(即最坏观察角度下的增益,参见图 9.8)。对于最常用的天线馈源,最优天线的 −3.9dB(＝2/π)点置于覆盖锥体的边缘。此种情况下,最优 3dB 波束宽度大约占要求全覆盖锥体的 88%。卫星任何指向误差(振动)必须包括在要求的覆盖锥体中。

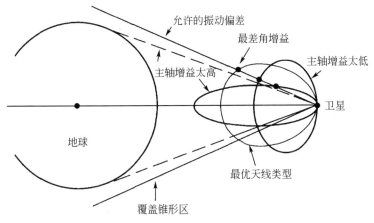

图 9.8　优化光束宽度以包括给定锥体

天线的一个重要性质是极化方向,即从天线发射(或接收)的电波中的电场矢量方向。极化可以分为线极化(水平或垂直)或圆极化。在圆极化中,当电波跨越一个波长时,电场方向旋转 360°(右圆极化或左圆极化)。圆极化天线增益表达为 dBic。圆极化有时候可通过在相积分中组合两个线性分量得到。这就允许圆极化天线接收一个线性极化波(反之亦然),而极化损耗不会超过 3dB,这是处理法拉第旋转的有用技术(参见 9.2.6 小节)。当反向接收圆形极化波(或水平接收的垂直极化波)时,可能会降低 25dB 或更多。这些极性交叉效应是频率复用策略中单一天线和频率共享方案的基础,尤其是商业通信卫星。圆极化经常在低轨卫星中使用以防止由于观察角度变动时交叉极化引起的下降。

链路设计中链路两端的天线选择很重要,并且系统的许多结果将取决于此选择。各种航天器天线已经发展了许多年,可以为自转航天器提供全向覆盖、球形覆盖及环形波束,为稳定的航天器提供高增益笔形波束等(图 9.9 和表 9.1)。电子及机械反旋转天线设计使自转稳定航天器也可利用笔形波束性能的优势。航天器天线通常较大,结构精巧,所以必须在发射时收拢,然后在轨道上展开使用。由于天线裸露在航天器的外面,所以要经受极端冷热条件以及原子氧气和紫外线辐射的破坏作用。

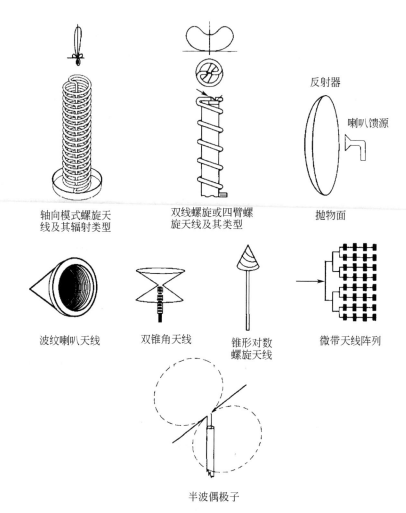

图 9.9　典型的空间通信天线

表 9.1　几种天线的增益和有效面积

天线类型	典型增益	有效面积
各向同性(参考值)	1	$\dfrac{\lambda^2}{4\pi}$
半波偶极	1.64	$\dfrac{1.64\lambda^2}{4\pi}$
霍尔姆	$\dfrac{10A}{\lambda^2}$	$0.81A$
轴向模式螺旋结构($\pi D \approx \lambda$)	$\dfrac{6L}{\lambda^2}$	$\dfrac{L\lambda}{2}$

天线类型	典型增益	有效面积
抛物面反射器	$\dfrac{6.9A}{\lambda^2}$	$0.55A$
宽面阵列（理想）	$\dfrac{4\pi A}{\lambda^2}$	A

地面站天线通常为大型抛物面反射器，但是，在较低增益（更宽的波束宽度）应用中也曾经采用了各种螺旋式和线性阵列天线，为了实现大反射器的高增益，其抛物面表面偏差不能超过波长的 1/20 以上。这是大型可转向天线在高频时的主要设计挑战。

9.2.6 空间信道中的传播效果

在典型空间通信几何学中，视线穿过电离层及大气层，其性质已在第 2 章中讨论。它们的影响在选择通信频率、天线及极化时很重要。图 9.10 显示了通过大气

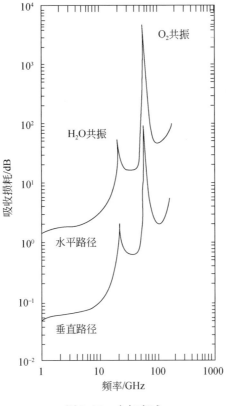

图 9.10 大气衰减

层时经历的衰减。降雨也会造成额外的衰减,特别是当频率超过几吉赫兹时。

1. 电离层影响

电离层中的自由电子(图 9.11)会造成折射(传播路径弯曲并且增加延迟)、散射(频率相关的延迟)及闪烁(幅度及相位的快速波动)。幸运的是,所有电离层影响将随频率的平方递减,因此可以使用较高的频率最小化其影响或同时发射两个频率来测量其影响。额外的折射是由于对流层引起的。不巧的是,对流层反射与频率不相关,并且需要模型来进行修正。电场矢量方向在穿越电离层以及地磁场的作用下会发生旋转(法拉第旋转,图 9.12)。法拉第旋转通常要求低频链路中至少一端是圆极化,另一个更严重的离子影响是再入航天器周围等离子壳的影响。热等离子体造成的衰减可达到 80dB 或更高,并且在航天器周围形成了一个完全导电的保护罩,这会造成再入时彻底的通信黑障。

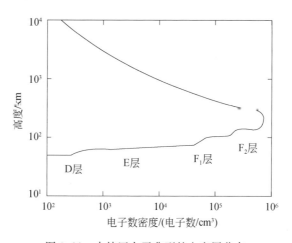

图 9.11　中纬区白天典型的电离层分布

2. 多径

到达天线的电波可以从直接(最短)路径到达也可从间接(反射)路径到达(图 9.13)。两个信号可能会抵消性叠加,从而导致多径衰减。多径也可能造成信号零交点次数偏移,这成为那些要求纳秒级定时的导航和高速通信系统设计的驱动因素。

3. 设备延迟

接收设备本身的传播延迟,特别是这些延迟的变化将影响导航及跟踪系统、高度计和交会雷达等设备的性能。对于这样的系统,设备延迟必须保持小而稳定,甚

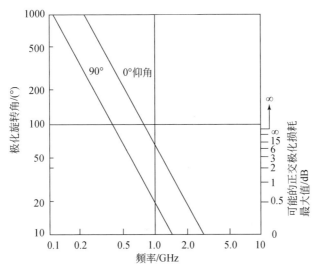

图 9.12　线极化波的法拉第旋转

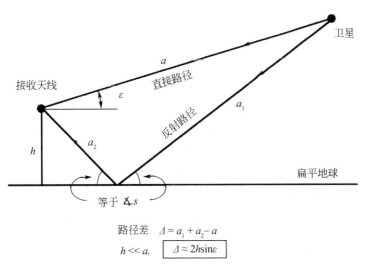

路径差　$\Delta = a_1 + a_2 - a$

$h \ll a,$　$\boxed{\Delta \approx 2h\sin\varepsilon}$

图 9.13　多径情况（地球近似平面）

至可能在运行中不断进行校准。

9.3　载波频率的调制

对于传播信息的无线电载波，载波的一些参数必须由信息进行调制（变化）。非调制载波信号可以表达为

$$S(t) = A\cos(2\pi ft + \theta) \tag{9.14}$$

可以对载波的幅度 A 进行调制或对余弦角度 $2\pi ft + \theta$ 进行调制。频率调制（FM）及相位调制（PM）是角度调制的两种类型。

模拟调制中，载波的一些参数根据测量的信号直接按比例变化。数字调制中，测量信号的周期性样本被量化为离散幅值阶跃并表示为一个整数（数字化），然后载波在离散（通常两个）状态下进行调制。

9.3.1 模拟调制

幅度调制（AM，图 9.14）为过去使用的第一种模拟调制技术，至今也仍是最简单的检测方法。当由于成本（汽车雷达）或可靠性（早期航天器的遥控接收机）导致接收机必须简单时会使用这种方法。幅度调制保持带宽不变（射频带宽仅仅是承载信息带宽的 2 倍），并且信噪比为线性（输入信噪比 $(S/N)_{in}$ 很小的减少引起输出信噪比 $(S/N)_{out}$ 的降低很小，参见图 9.15）。因此，当宽带高分辨率数据（如视频数据）必须通过带宽受限的信道发送时，仍然会采用幅度调制。

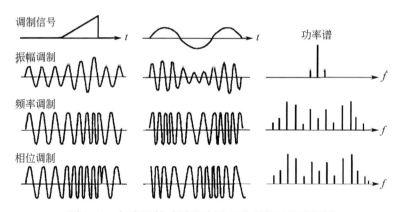

图 9.14　幅度调制、频率调制和相位调制的模拟调制

频率调制中，载波频率偏差相对于调制频率之比称为调制指数 β

$$\beta = \frac{\Delta f_c}{f_m} \tag{9.15}$$

高性能模拟频率调制中，通常需要较大的调制指数，这样可以将射频带宽扩展得比信息带宽范围更大。

$$BW_{RF} \approx 2(\Delta f_c + f_m) \tag{9.16}$$

假设输入信噪比超过某个门限，这会改进信噪比性能。对于 $\beta \gg 1$，频率调制性能与幅度调制性能相比可达

$$\frac{(S/N)_{FM}}{(S/N)_{AM}} \approx 3\beta^2 \tag{9.17}$$

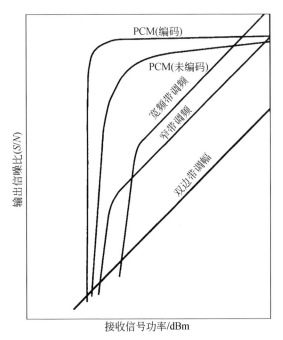

图 9.15 模拟及数字调制的信噪比

在门限以下,频率调制性能快速降低,并且会低于幅度调制。频率调制的门限值范围通常为 9~13dB。

高指数频率调制的性能改进使之成为处理模拟数据的好方法。当需要利用非相干检测器的简单性优点时,频率调频也用于数字数据处理。

因为相位调制的性能提升受限于最大相位偏差±180°,所以相位调制通常不用于模拟数据。相位调制要求接收器可以恢复相位(相干接收器)。数字通信同样存在这种复杂性,事实上,移相键控(PSK)是一种优化调制。

9.3.2 复用及数字调制

为典型航天器上几百个测量结果中的每一个都提供一种单独的射频载波或基带子载波(频率复用)是不现实的。这推动了时分复用(TDM,图 9.16)及各种脉冲及数字调制(图 9.17)技术的发展。在模拟时分复用中,多个数据源进行周期性采样,并且样本是交错的(转换)。如果每个数据源以至少 2 倍最高频率的速率进行采样(超过所谓的奈奎斯特速率),则可以对样本进行反变换,并且可以无误地重构出原始信号。

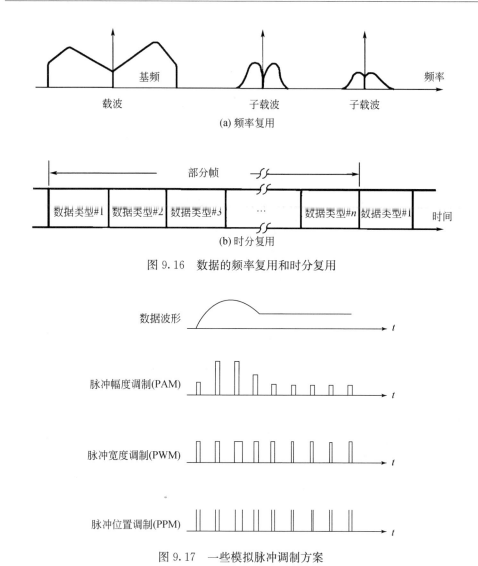

(a) 频率复用

(b) 时分复用

图 9.16　数据的频率复用和时分复用

图 9.17　一些模拟脉冲调制方案

当今,数字调制的最重要形式是脉冲编码调制(PCM,图 9.18～图 9.21)。在脉冲编码调制中,采样数据转换为数字字节("数字化"),组装成单个串行比特流(在第 10 章详细描述),再通过幅度调制、频率调制或相移键控(ASK、FSK 或 PSK)调制方式调制射频载波。射频带宽与比特率之比可以显著变化,这取决于选择的调制格式。在数字通信中,误比特率(BER),而非噪声或失真,成为衡量数据质量的标准。射频系统的任务就是利用最小等效全向辐射功率(EIRP)在可接受的错误率的条件下恢复组装好的比特流。

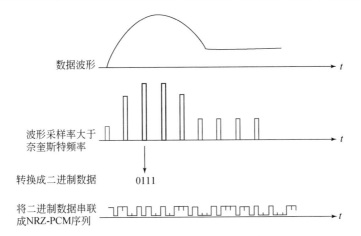

数据波形

波形采样率大于
奈奎斯特频率

转换成二进制数据   0111

将二进制数据串联
成NRZ-PCM序列

图 9.18 脉冲编码调制(PCM)

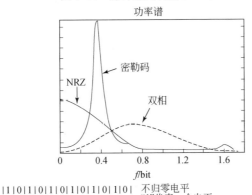

功率谱

密勒码

NRZ

双相

f/bit

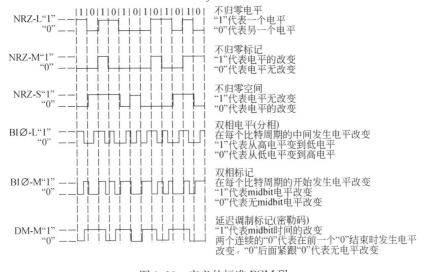

NRZ-L"1"
        "0"
不归零电平
"1"代表一个电平
"0"代表另一个电平

NRZ-M"1"
        "0"
不归零标记
"1"代表电平的改变
"0"代表电平无改变

NRZ-S"1"
        "0"
不归零空间
"1"代表电平无改变
"0"代表电平的改变

BIØ-L"1"
        "0"
双相电平(分相)
在每个比特周期的中间发生电平改变
"1"代表从高电平变到低电平
"0"代表从低电平变到高电平

BIØ-M"1"
        "0"
双相标记
在每个比特周期的开始发生电平改变
"1"代表midbit电平改变
"0"代表无midbit电平改变

DM-M"1"
        "0"
延迟调制标记(密勒码)
"1"代表midbit时间的改变
两个连续的"0"代表在前一个"0"结束时发生电平
改变。"0"后面紧跟"0"代表无电平改变

图 9.19 定义的标准 PCM 码

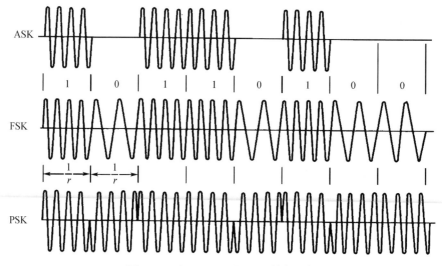

图 9.20 ASK、FSK 和 PSK 数字调制

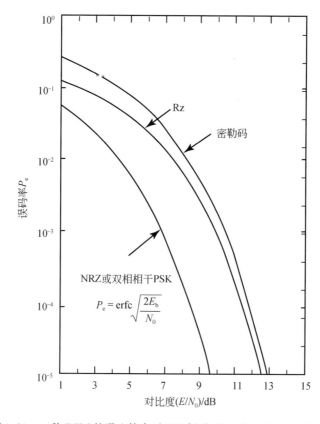

$$P_e = \text{erfc}\sqrt{\frac{2E_b}{N_0}}$$

图 9.21 三种 PCM 的误比特率对比比例(假设具有理想的比特同步)

大多数空间通信信道为非弥散信道(在感兴趣带宽内时间延迟随频率变化保持不变),并且受加性高斯白噪声(在 9.4 节描述)干扰。这种情况下的数字信号最优检测理论已经比较成熟,理论显示大多数功率高效的调制利用相移键控将二进制数"0"对应载波相位相移为 0°,将二进制数"1"对应载波相移为 180°。匹配最优接收机根据"0"和"1"信号的无噪声复本相关叠加噪声的接收信号,并且选择相关值最大的点输出。当前,相干检测的 PCM-PSK 得到了广泛使用。像其他高性能扩频调制一样,PSK 的比特错误率(BER)性能受阈值影响很剧烈。

在相位弥散信道中,相干接收的信号波形形状失真很大。对于这种类型的信道,经常使用频移键控(FSK)调制及非相干(简单的功率测量)接收。在 FSK 中,对"0"发送载波频率 f_0,对"1"发送相近的频率 f_1。信道中 FSK 更能容忍幅度及相位失真,如果使用非相干检测则硬件实现简单,但性能损失有 3~4dB。图 9.21 和图 9.22 显示了几种调制类型的误比特率性能。

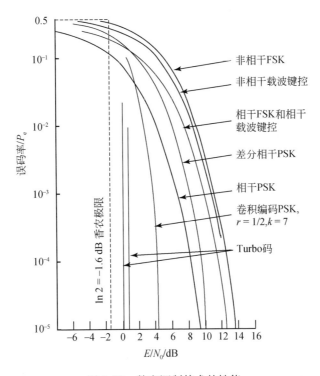

图 9.22　数字调制技术的性能

PSK("0"和"180")性能很好的一个原因在于可以将所有射频功率转换为有用的数据边带功率。但有时候残留功率可能有意留在载波中以使地面接收器可以锁定。数据边带功率与总发射功率的比例称为调制损耗,在链路设计中必须考虑。在载波、子载波及数据边带间分配总辐射功率是一项复杂的数学任务,特别是考虑调制指数公差时。通常这样选择调制指数,使得当信号电平降低时,链路的各个部分可以以预期的顺序到达门限。

复杂的脉冲调制方案需要复杂的接收机,复杂性主要在于解决同步问题。现代系统可能需要天线跟踪、载波锁定、子载波锁定、比特同步、纠错码码同步、解密设备同步、字同步及帧同步等,这些问题在信息开始传输之前就已存在。

9.4 噪声——通信的扰动

噪声指信号中任何不期望的干扰。一些噪声源为人为造成的并且可以预测,例如,PCM 量化噪声(在第 10 章中讨论)或来自邻近发射器的干扰。除非从均值的角度考虑,否则随机噪声是不可预测的。

随机噪声由各种自然因素造成,如电阻、放大设备、星系、太阳及大气。人们处理的许多自然噪声的幅度具有高斯概率密度分布特性。噪声信号的时间行为可以表示为信号如何快速与自身去相关,这通过噪声电压 $v(t)$ 的自相关函数 $R_v(\tau)$ 测量,即

$$R_v(\tau) - \int_{-\infty}^{\infty} v(t)v(t+\tau)\mathrm{d}t \tag{9.18}$$

此函数对 $v(t)$ 与其延迟了时间 τ 的乘积进行积分。通常使用自相关函数的傅里叶变换更方便,功率谱密度(PSD)$G_v(f)$ 为

$$G_v(f) = \int_{-\infty}^{\infty} R_v(\tau)e^{-\mathrm{j}2\pi f\tau}\mathrm{d}\tau \tag{9.19}$$

式(9.19)描述了噪声功率在频率域中的分布情况。人们碰到的许多自然噪声具有单位带宽功率 N_0,此功率随着频率基本保持不变(白噪声)(注意:此处 N_0 指单边噪声功率谱密度,即仅适用于正频率)。PSD 也用于显示信号(确定及随机信号)的功率在频率上或占用的带宽的分布。例如,图 9.19 中的分相 PCM 信号占用的带宽是 NRZ 信号的 2 倍。

噪声的功率密度可以通过噪声温度表达(单位为 K),即

$$T = \frac{N_0}{k}\frac{(\mathrm{W/Hz})}{(\mathrm{W/Hz\ K})} \tag{9.20}$$

式中,k 是玻尔兹曼常量,$k = 1.38 \times 10^{-23}\,\mathrm{W/(Hz \cdot K)}$。

所有电阻及任何类型的有损耗衰减器的热噪声与其电阻及物理温度成正比。噪声为白噪声,因此,其总功率与带宽成正比。通过大气和电缆、过滤器及连接器的衰减是此类噪声的常见来源。

图 9.23 显示了 PCM 信号上的加性高斯白噪声。其中带宽与比特率相等,信

噪比为 9dB。

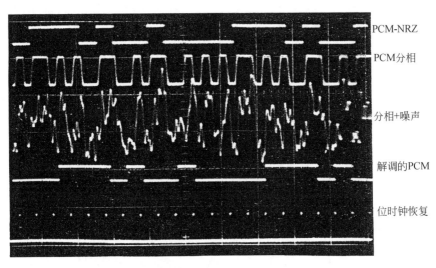

图 9.23 PCM 信号加噪声（$E/N_0 = 9\text{dB}, \text{BER} = 0.001$）

9.4.1 噪声来源

太阳是一个强大的辐射噪声源，其噪声温度可以达到几百万开。太阳耀斑及太阳黑子活动会造成射频噪声数量级增加(图 9.24)。任务设计通常应该避免在进行关键通信时地面天线主瓣(并且通常包括旁瓣)指向太阳。地球模型为 290K 黑体辐射体，因此对地天线存在 290K 的噪声输入。

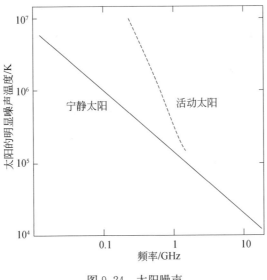

图 9.24 太阳噪声

银河系及宇宙噪声源包括星系内的射电星、离子星际气体及星系外的散射源。噪声功率随频率下降，大约为 f^{-2}，频率超过 2GHz 时噪声功率可以忽略(图 9.25)。来自银河系中心方向的噪声强度能够比来自极点方向的噪声大 10 倍。

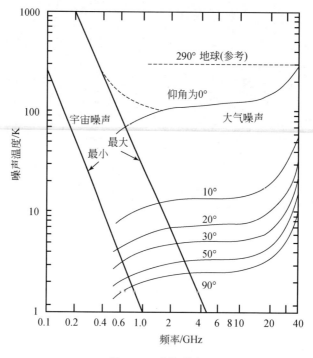

图 9.25 太阳噪声

大气层及对流层的衰减随着频率及路径长度(由天线仰角角度决定)而上升。这些损耗加剧了总的空间噪声，当氧气及水蒸气分子吸收造成衰减峰值时，噪声也达到峰值。氧气分子作用下的衰减(图 9.10)和引入的噪声会使大气层对 60GHz 的通信基本不透明，这就允许卫星间的通信可以不考虑来自地球的侦听或干扰。

接收机电子器件本身往往是主要的并且主导的噪声源。特别地，深空通信已经促进了利用低温冷却主前端来开发超低噪声接收机。要求不高时可使用冷却参数放大器、非冷却参数放大器、GaAs FET 放大器等(图 9.26)。接收机的噪声性能有时候通过噪声系数(NF)分贝或噪声因子(F)给出，它与噪声温度的关系为

$$T = 290(10^{\frac{NF(dB)}{10}} - 1) = 290(F - 1) \tag{9.21}$$

9.4.2 系统噪声温度

当接收机包含几个级联部件时，每个部件具有自己的增益 G_i 及噪声温度 T_i，在接收机级联部件输入处的合成噪声温度由 Friis 方程给出，即

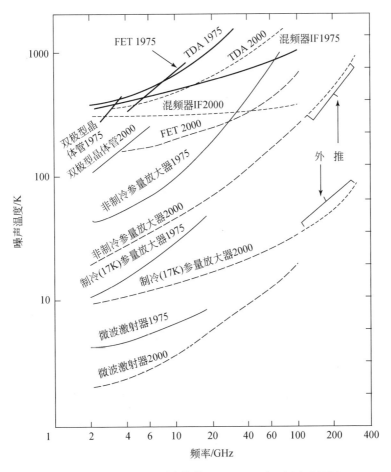

图 9.26 典型接收器噪声性能(Courtesy of NASA GSFC)

$$T_{\text{total}} = T_1 + \frac{T_2}{G_1} + \frac{T_3}{G_1 G_2} + \cdots \quad (9.22)$$

同时,合成噪声因子公式为

$$F_{\text{total}} = F_1 + \frac{F_2 - 1}{G_1} + \frac{F_3 - 1}{G_1 G_2} + \cdots \quad (9.23)$$

　　Friis 公式显示无源损耗($G < 1$)的噪声系数为损耗本身。根据公式(9.22),
人们知道为了实现接收器噪声最低,第一级应该具有低噪声和高增益,并且第一有
源级之前的任何损耗应该保持最小。因此,低噪声放大器经常安装在天线馈入点。
在接收站,所有这些噪声源应该组合在一起以达到总体的系统运行噪声温度 T_s。
　　天线本身具有很多增加天线噪声温度 T_a 的因素,例如,天线主波瓣可能看到
银河及大气层噪声,一些太阳噪声可能在进入旁波瓣,并且后波瓣也可能收到来自

290K 地球的噪声,通过对天线增益及噪声源温度乘积在环绕天线的球面上进行积分,可以得到 T_a 值,即

$$T_a = \frac{1}{4\pi} \int_{\varphi=0}^{2\pi} \int_{\theta=0}^{\pi} G(\theta,\varphi) T(\theta,\varphi) \sin\theta \, d\theta \, d\varphi \qquad (9.24)$$

实际上,在给定的球面各个部分,天线增益及噪声源温度通常保持不变,这样公式(9.24)可以近似为

$$T_a \approx a_1 G_1 T_1 + a_2 G_2 T_2 + a_3 G_3 T_3 + \cdots \qquad (9.25)$$

式中, a_i 是球面的一部分,在此部分上 G_i 和 T_i 保持不变,并且

$$a_1 + a_2 + a_3 + \cdots = 1 \qquad (9.26)$$

电缆、馈线及滤波器损耗会增加噪声,并且接收机本身也总会增加噪声。T_s 及接收信号计算应该参考相同点以保持一致性。通常选择天线馈源作为参考点。理想的接收站具有高天线增益及低噪声温度 T_s,有效衡量接收机性能的是品质因数 G/T,单位为 dB/K。

9.4.3 信噪比

通信中一个重要的设计参数为信噪比 S/N,也就是给定带宽中信号功率与噪声功率之比。数字通信中,经常使用与带宽无关的参数 E_b/N_0,即每比特能量除以噪声功率谱密度。E_b 就是信号功率除以比特率,在比特率与带宽相等条件下 E_b/N_0 等于 S/N。

噪声及带宽共同限制了信息传输速率及精度。1948 年,香农证明了信噪比为 S/N、带宽为 W(单位为 Hz)的信道可以无错误传输的最大信息速率为

$$C = W \log_2(1 + S/N) \qquad (9.27)$$

事实上,在实际系统中效果差很多。在过去半世纪里,主要是设计调制及编码方案以努力接近香农容量。假设 $N = N_0 W$,并且使 W 趋于无穷,可知在 E_b/N_0 小于 -1.6dB($= \ln2$)时在数字通信中不可能实现无错误传输。

练习:证明此论述。

图 9.22 显示了当前技术水平。作为一个规则,高性能的代价是带宽扩展、突变门限、复杂编解码设备及解码中的计算延迟(编码在 9.6.2 节中讨论)。

9.4.4 链路裕量

为了寻找特定链路所需的 E_b/N_0,首先得到对应于特定调制类型和期望误比特率下的理论 E_b/N_0。例如,PSK 调制的误比特率遵循图 9.21 中所示的函数,对于 10^{-5} 的比特错误率,所需的 E_b/N_0 值为 9.6dB。本节增加了一个实现损耗以量化实际检测硬件与理论性能之间的差异。根据链路复杂度,此值范围为 0.5～2.5dB。$(E_b/N_0)_{\text{reqd}}$ 和实际的 $(E_b/N_0)_{\text{rcvd}}$ 之间的差值称为链路裕量。裕量通常根

据链路复杂度及链路失效结果指定。航天器下行链路的典型最小裕量为 3dB,上行链路为 6dB,靶场安全(如遥控破坏)链路为 12dB。

9.5 航天通信链路设计示例

地球静止高度为 35800km 处的卫星与船载终端以 1000bit/s 的速率,误比特率小于 10^{-5} 进行通信。卫星必须覆盖地球上每个超过 10°仰角的点。航天器指向误差为±1°。因为船的滚转和俯仰,接收天线的瞄准精度不会超过±15°。假设可用来分配的频率为 UHF(400MHz)、L 波段(1500MHz)和 S 波段(2200MHz),那么哪个是最佳使用频率? 需要什么样的天线? 满足 3dB 链路裕量要求的发射机功率是多少?

解决方案如下。

首先,使用图 9.2 以建立基本几何图形如图 9.27 所示。

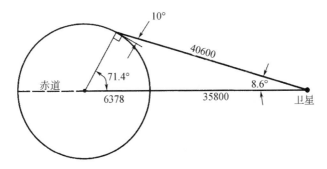

图 9.27 基本几何图形

全覆盖锥体为 $2 \times (8.6° + 1°) = 19.2°$。为了覆盖此锥体,采用统一馈入的单个航天器天线应具有波束宽度为

$$波束宽度_{opt} \approx 0.88 \times 19.2° = 16.9°$$

航天器天线最大增益取决于选择一个笔形波束还是环形波束

$$\overline{G} = \frac{27000}{(16.9)^2} = 94.5 = 19.8 \text{dBic}$$

$$G_{边缘} = 19.8 - 3.9 = 15.9 \text{dBic}$$ 笔形波束天线

$$\overline{G} = \frac{27000}{360° \times 16.9°} = 4.4 = 6.5 \text{dBic}$$

$$G_{边缘} = 6.5 - 3.9 = 2.6 \text{dBic}$$ 环形或饼形波束天线

两种天线间的差异超过 13dB。这意味着发射器功率差异为 20∶1,因此暂时假设系统需要具有较高增益的笔形波束天线。这就提出了航天器天线能够稳定的

系统需求。船载天线情况如图 9.28 所示。

图 9.28　船载天线

船的运动及视角需求要求船载天线至少覆盖至甲板平面下 5°。提供此覆盖的单天线具有如图 9.29 所示的模式。

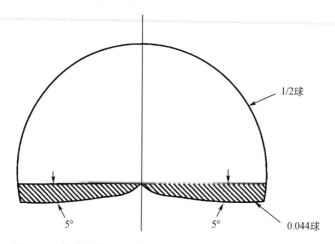

图 9.29　船载天线至少覆盖至甲板平面下 5°时,单天线的模式

如果效率为 50%,则天线的增益不可能超过

$$G_r < 0.5 \times \frac{1}{0.5 + 0.044} \approx -0.4 \text{dB}$$

表 9.2　宇宙、大气及后波瓣噪声参数

频率	宇宙噪声		大气噪声		后波瓣 0.05×290K		T_a
400MHz	200K	+	7K	+	15K	=	222K
1500MHz	12K	+	12K	+	15K	=	39K

下面将使用工作值 $G_r = -1$dBic。如果希望链路的两端为简单且不能转向的天线,可以看到每个天线受限于波束宽度,或受限于增益。因此,这是一个增益-增益型链路,选择最低频率(400MHz)将最小化发射器功率。这是以假设所需的航天器天线在此频率的尺寸可行为前提的。如果航天器天线太大而不能建造,这将成为一个增益-面积型链路,因此下一步是检验航天器天线的可行性。

要估计 400MHz($\lambda = 0.75$m)时抛物面天线的尺寸,利用公式(9.5)可知,天

线的最大增益为 19.8dB,效率为 55%($\eta = 0.55$)时,有

$$\overline{G} = \eta \left(\frac{\pi D}{\lambda}\right)^2 = 19.8\mathrm{dB}$$

所以 $D = 3.15\mathrm{m}$(10.3ft),这作为航天器上的抛物面天线有点大,因此,可能必须安装比最优尺寸小的航天器天线。但因为下一个最高频率的路径损耗高于 $(1500/400)^2 = 11.5\mathrm{dB}$,所以 400MHz 将仍是最佳选择直到航天器抛物面天线直径小至 2.75ft,即其孔径增益低于 $19.8 - 11.5 = 8.3\mathrm{dB}$ 。

可以根据公式(9.11)计算路径损耗如下:

路径损耗(400MHz)为 $32.5 + 20\log(40600) + 20\log(400) = 176.7\mathrm{dB}$ 。

接下来需要两个频率的船载天线噪声及整个系统噪声温度。根据图 9.25 来确定船载天线的上半球面接收宇宙及大气噪声,并且占球体 0.44 的后波瓣则接收地球的 290K 噪声。上半球占 $0.5/(0.5 + 0.044) = 92\%$ 。后波瓣占 8%,然后使用汇总近似公式(9.25),得到如表 9.3 所示结果。

表 9.3　船载天线接收宇宙、大气及后波瓣噪声参数

频率	宇宙噪声		大气噪声		后波瓣 290K		T_a
400MHz	0.92×209K	+	0.92×7K	+	0.08×290K	=	222K
1500MHz	0.92×7K	+	0.92×10K	+	0.08×290K	=	39K

两个频率的最大自然噪声差异必须考虑,但是做出任何结论之前,必须计算总系统噪声温度 T_s 。使用图 9.26 对典型接收设备增益、损耗及噪声系数进行假设,有如图 9.30 所示结果。

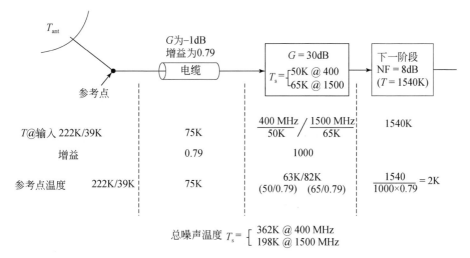

图 9.30　使用图 9.26 对典型接收设备增益、损耗及噪声系数进行假设所得结果

1500MHz 时总噪声温度比（T_s）为 2.6dB，因此如果航天器天线增益（孔径）至少为 $19.8-11.5+2.6=10.9$dB 时，才选择 400MHz 频率。在 400MHz 时，需要 3.7ft 的抛物面天线（或相当天线）。

现在可以计算 400MHz 时的总噪声密度 N_0，即

$$N_0 = kT_s = 1.38 \times 10^{-23} \times 362 = 5 \times 10^{-21} \text{J/(K·K)}$$
$$N_0 = 5 \times 10^{-21} - s$$
$$= 5 \times 10^{-21} \text{W/Hz}$$
$$= 5 \times 10^{-18} \text{mW/Hz}$$
$$= -173.0 \text{dBm/Hz}$$

现在准备计算所需的航天器发射器功率 P_t。不使用表格的简单计算方式是使用 1.0W 发射器功率进行链路试算，并且在与预期结果进行比较后调整，此处参数如表 9.4 所示。

表 9.4　计算发射器功率时的参数

射频链路（400MHz）	
发射器功率,1W	+30.0dBm
调制损耗	−1.0dB
航天器电缆及过滤器损耗	−0.5dB
航天器天线增益（最差角度）	+15.9dB
路径损耗,10°仰角	−176.7dB
极化损耗,圆极化/圆极化	−0.5dB
航载天线增益	−1.0dB
接收功率	−133.8dBm
比特率 1000bit/s	+30.0dB−Hz
能量/比特 E_b	−163.8dBmJ
噪声密度,$N_0(T_s=362\text{K})$	−173.0dB m/Hz
接收的 E_b/N_0	+9.2dB

设计人员已经选择在载波中保留一些未调制的功率以辅助信号捕获，降低数据边带功率达 1dB。由于天线不完善的轴向比，两个标称圆极化天线之间也有 0.5dB 极化损耗。

根据图 9.22，10^{-5} 比特错误率要求的理论 E_b/N_0 是 9.6dB。增加 1.4dB 的典型实现损耗，需要 $9.6+1.4=11.0$dB。因此，需要 $11.0-9.2=1.8$dB，并且增加 3dB 的裕量，因此需要比假设的 1.0W 高 4.8dB，即

$$P_t = 3.0\text{W}$$

9.6 特殊通信概念

9.6.1 光通信

当增大频率时,天线波束可以变得非常窄,从而截获变得更困难。这也是 Ka 波段(27～40GHz)被用于军事通信的原因。但是,终极高频率窄波束卫星通信使用的是激光传输。光束可以非常窄,截获已变得几乎不可能。光学链路使用的天线仅仅是射频天线尺寸及质量的百分之几,然而却可以提供高达 10～100 倍的数据传输,因为极窄的光束可以将大部分发射的功率集中在地面接收天线孔径上。

当然,用窄带光束工作需要超精确的指向。这可能需要万向支架连接航天器的光学天线部分,并且可能需要一个射频信标以辅助光学捕获。然而,如果卫星因为其他原因必须具有稳定性,健壮的卫星-卫星链路会使激光通信具有吸引力。大气中的衰减及扩散(并且通过云)也是重大的问题,并且地面站可能需要地理分集接收(对于深空光学通信)利用位于云上的地球轨道光学中继卫星将会更好。

深空光学通信正受到军方(宽带及安全通信目的)、NASA(用于星际高数据速率)及商业卫星提供商(特别是用于卫星-卫星链路)的关注。NASA 的伽利略光学实验(1992 年)发射光学数字数据到伽利略航天器上的实验接收器实现了地球到木星的中继。通信成功地在 6000000km 范围上进行了证明。目前工业已开始提供飞行级光学组件,光学通信在太空中的应用前景广阔。

9.6.2 纠错码

通过添加额外校验位到数据流,可以检测甚至校正比特错误。简单的编码可以像在每个字中追加一个单个奇偶校验位一样简单,也可以像连接两个功能强大的代码序列一样复杂,每种设计可以针对某种特定错误。现代编码可以检测并纠正多个错误,甚至那些发生在长突发误码中的错误。事实上,在消费产品——音频压缩磁盘中使用了非常复杂的编码方案。

添加校验位后总比特率必然增加以保持原有的数据速率。这会降低信道的 E_b/N_0,但是这种编码超过损失,产生净编码增益。编码增益可以很大,如表 9.5 及图 9.22 所示,这样允许 EIRP 相应地减少。大多数编码技术是非对称的,也就是说编码容易但解码很困难。这使得编码技术常常被限制于航天器下行链路,通常航天器下行链路比上行链路更消耗功率。例如,因为编码很容易,而复杂地解码则在地面上进行,卷积编码经常用于卫星下行链路。典型的应用采用和信息位一样多的校验位,使得符号速率是原数据速率的 2 倍,但会产生 5dB 净编码增益。

表 9.5　各种编码/解码方法性能

编码	解码方法	编码增益 $P_e = 10^{-5}$	复杂度
分块码	大部分,硬判决	1.5～3.5dB	简单
分块 BCH 码	代数	1.54dB	复杂
卷积码	门限-硬硬判决	1.5～3dB	相当简单
卷积码	Viterbi-软判决	4.5～5.5dB	相当复杂
卷积码	序贯-软判决	5～1dB	相当复杂
级联分块卷积码	Viterbi+代数	6.1～7.5dB	非常复杂
Turbo 码	最大后验概率	8.8～9.4dB	相当复杂

注:对于 $P_e = 10^{-5}$,理论 BPSK 要求 $E_b/N_0 = 9.6\text{dB}$

图 9.31 显示了三个简单的编码实例。在图 9.31(a)中,通过选择单奇偶校验位以保持奇数个 1,可以检查(但不纠正)任何奇数个错误。在 9.31(b)中,此方法扩展为使用行和列奇偶校验的块编码检测并纠正数据字模块中的单个错误。另外一种完全不同的编码概念——卷积编码如图 9.31(c)所示。其中,每个数据位对应为一对仔细计算的符号。由此编码衍生出的 Turbo 编码代表了目前的技术水平,比香农限值少 2dB。编码可以利用带宽扩展以实现高性能,正如香农公式(9.27)所预测的那样。

9.6.3　加密及认证

当通信必须保密时,就需要加密。通常通过添加(modulo-2)一个随机密钥流到"明文"比特流以生成一个"密文"流(模拟通信也可以加扰,但技术不安全)。接收机必须具有一样且同步的密钥复制。如果密钥真正是随机生成的(如通过掷硬币生成),并且一次一密,不能重复,那么加密不可破解。然而,此"一次一密密码本"对于大量数据是不现实的。

实际系统使用伪随机逻辑生成一个密钥流,此逻辑的准确原则进行了高度分类。密钥流设计为在很长时间内不会重复,这样看起来是真正随机的,并且没有可能泄露生成方法的结构性错误。一些加密形式表现出"错误扩展",密文输入中单个错误可能造成明文输出的大量突发错误。一些额外功率可能必须增加到链路中以进行补偿。

上行通信链路中,人们通常不关心秘密性,而是希望保证命令来自合法的源。通过使用伪随机"询问"及"应答"字对,或通过扩展的加密技术可以实现认证。现代认证系统甚至可以防止攻击者拦截的以前合法命令的回放("防假冒"特性)。

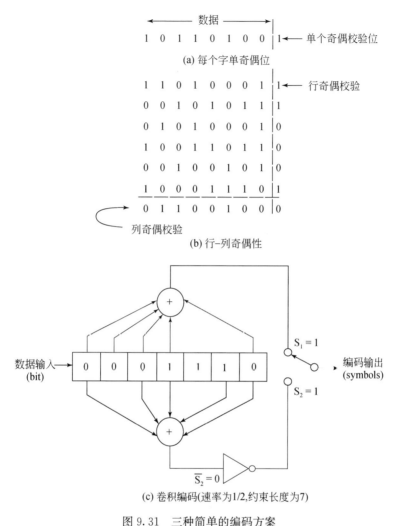

图 9.31　三种简单的编码方案

9.6.4　低概率截获(LPI)通信

目标有时候甚至是要隐藏通信正在发生的事实。超窄波束宽度及光频段可以实现,但是,另外一种扩频技术是将发射功率分散至一个宽频带中,这样信号可以完全湮没在噪声中(即峰值低于噪声限值 N_0)。

一种扩频技术是添加 modulo-2 操作到信息比特流中,这是一个码片速率远远大于比特速率的伪随机扩频序列(图 9.32)。这种技术导致带宽扩大的倍数为码片速率与数据速率之比(处理增益),其值可能为 40~50dB 或更高。好的接收机具有准确的同步扩频序列复本,允许将频谱解扩还原到原始数据速率。但是没有伪

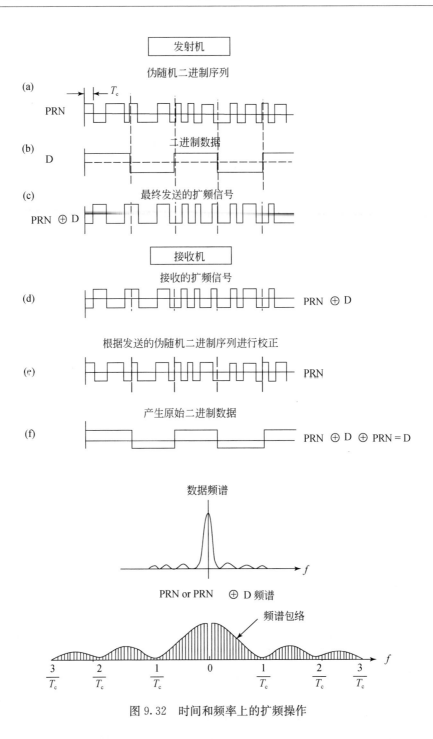

图 9.32　时间和频率上的扩频操作

随机序列副本或同步信息的监听者甚至可能从不怀疑噪声中湮没了信号。扩频通信的主要问题是通过及时的方式获取同步(并且一旦获得同步保持适当的时间)。卫星通信中的大多多普勒频移使扩频捕获更加困难,问题转换成一个时间及频率上的二维搜索问题。

另一种相关的扩频技术是仅根据发射机及接收机知道的伪随机模式在一个宽带范围内每几个比特实现 RF 载波的"频率跳变"。其性能与"直接序列"扩频类似,但对几种类型的衰减、散布及多径具有更快的同步获取及更小的容差。

对于卫星-卫星间的隐蔽通信,可以利用 60GHz 时大气中氧气的衰减峰值。"隐蔽在氧气线"可以提供额外的 100~200dB 以隔离地球上的侦察接收机。光学链路及 60GHz 链路是两个具有竞争力的卫星-卫星通信技术,已经得到军事及商业用户的研究。

9.6.5 抗阻塞技术

在军事通信中经常需要在敌方有意阻塞的条件下实现通信。干扰机可能比发射机距接收机更近,并且有更大的功率。扩频通信可以解决此问题。接收的信号包括宽带扩频信号及干扰载波(单谱线)信号。接收器通过将接收的信号乘以一个扩频信号同步复本的方式去解扩接收信号。这会从接收信号的频谱中恢复出预期的信息信号并同时扩展干扰信号(因为信号没有提前用密钥扩频序列进行预相乘)频谱。现在干扰功率散布在整个宽带宽上,幅值也变小了。随后的带通滤波器除了少量进入信息带宽的噪声滤除了大部分干扰噪声。窄带干扰机也因此受到量值相当于处理增益的抑制(对于全球定位系统信号值为 53dB)。

另外一种有效的抗阻塞技术是在保持接收机主波束对准发射机的同时,控制接收天线模式使得干扰机方向为零值。零值相控阵给设计带来了挑战,但可以提供额外的 15~30dB 干扰机抑制。

9.6.6 距离及距离-速率跟踪

系统设计的一个重要因素是要考虑航天器跟踪精度的级别需求以及实现方式。很多技术都可行。为了最小化对卫星本身的影响,可以采用地面雷达或光学跟踪(也是非合作卫星的明显选择)。卫星正截面可以用雷达角反射器、雷达应答器、激光立方体或闪烁光进行增强。最好的截面跟踪雷达(没有应答器)跟踪精度最好可以达到 1m 以下以及几十微弧度。

最常见的是基于多普勒频移的射频跟踪。卫星可以发射十分稳定的信标频率,其单向多普勒频移可以通过地面站网进行跟踪。可以通过特别小的多普勒频移样本计算精确的轨道。双频率跟踪经常用于计算电离层延迟。另外的方法是通过应答航天器返回地面时接收到的上行链路频率来测量双向多普勒频移。当然,上行频率不能与接收的频率一样,但可以保持相干(成为上行链路频率的合理部分)。这会避免航天器振荡器错误并且简化地面站硬件。航天应答机比单独的接收机及发射器更复杂,但可能不需要超稳定的振荡器。

对于缓慢移动或地球静止卫星,必须通过从地面站到卫星再到地面站的应答或数字伪噪声码来测量距离,而不是速率。伪噪声跟踪可以测量航天器距离变化达到1m精度或更高精度,并且可以应用在星际距离测量上。

对于低地球轨道卫星,多普勒及测距都提供良好的跟踪数据。对于地球静止卫星,多普勒信号实际上不存在,通常进行测距和角度跟踪。

现代卫星也可以不依赖于地面站,进行星载独立跟踪。例如,卫星可以测量来自全球定位系统中部分导航卫星的距离及多普勒信号。这在1982年Landsat-D使用GPSPAC(GPS PACkage)航天导航装置得到了证明。除了匿名,此方法无源并且不发射可能揭示卫星位置的信号。终极自主测量装置可能是星载六分仪,但此系统对于大多数航天器太过复杂。

9.7　习　　题

1. 完成9.1节的练习。

2. 完成9.2.4节的练习。

答案:37.85dB;196.0dB。

3. 1000km圆形极轨道内的卫星,无论卫星是否超过20°仰角,必须与地面站进行20000bit/s速率通信。卫星保持垂直稳定,具有可忽略的高度误差,并且发射频率为2200MHz。

(1)最大倾斜距离是多少?

(2)最长通过时间持续多少分钟?

(3)最短通过时间持续多少分钟?

(4)信号强度在最小及最大倾斜距离之间变化范围是多少分贝?

答案:(1)2121km;(2)9.15min;(3)0min;(4)6.5dB。

4. 假设地面站具有效率为55%、直径15ft的抛物面天线,系统噪声温度为400K,假设需要12dB的E_b/N_0,所有其他损耗允许为3dB,并且具有3dB链路裕量。请问:

(1)波长是多少?

(2)地面站抛物面天线的增益是多少?

(3)最大路径损耗是多少分贝?

(4)在最优航天器天线的最坏视角下增益是多少?

(5)确定链路预算。

(6)航天器需要的发射器输出功率是多少?

答案:(1)0.136m;(2)+37.9dBi;(3)-165.9dB;(4)+0.8dBi;(5)36mW。

第 10 章　航天器遥控与遥测

Robert C. Moore

　　航天器的遥控及遥测系统为航天器提供对外通信手段。遥控系统负责从地面到航天器的通信,遥测系统负责从航天器到地面的通信。发送给航天器的遥控指令指示其做人们期望的事,从航天器返回的遥测数据报告其测量结果和完成的工作,以及指示航天器健康及状态的工程状态数据。航天器遥控及遥测系统通常使用定制的船载嵌入式微处理器处理遥控及遥测数据。

10.1　遥　控　系　统

　　航天器遥控系统的目的是根据从地面发送到航天器的无线信号重新配置航天器或其子系统,遥控系统必须接收无线信号,确定其含义,然后进行响应,这样在适当的时间进行预期的重新配置或操作。很明显遥控系统在航天器总体任务中具有关键作用。

　　发送给航天器的遥控指令可能多种多样。一些遥控要求立即执行,其他一些遥控可能指定执行前必须等待的特定延迟时间、遥控必须执行的绝对时间,或遥控执行前必须发生的事件或事件组合。仍然可能有其他遥控没有严格的定时要求,这些遥控仅仅需要在合适时机尽快执行。所有这些遥控在执行优先级方面是不一样的。

　　遥控指令具有各种期望执行的功能。一些遥控指令给航天器子系统或实验系统供电或断电。一些遥控指令用来切换子系统的运行模式,一些用来控制航天器导航及姿态控制系统的各项功能,从而控制航天器轨道及指向。还有一些用于部署吊杆、天线、太阳能电池组及保护盖。甚至还有遥控指令可以将全部计算机程序上载到星载可编程微处理器子系统的随机访问内存中。

10.1.1　通用航天器遥控指令系统

　　通用航天器遥控系统的模块图如图 10.1 所示。从地面发射的射频信号由遥控接收器/解调器接收。通常遥控上行链路载波频率为 S 波段(1.6～2.2GHz)、C波段(5.9～6.5GHz)或 Ku 波段(14.0～14.5GHz),但是 VHF、UHF、L 及 X 波段也有使用(Pratt and Bostian,1985)。这些射频信号已经在地面上进行了调制,可以携带遥控编码给航天器。接收器/解调器的任务是捕获信号、放大信号、解调遥控信息,然后将信息传递给遥控解码器。此信息以编码子载波信号的形式传输,子载波频率通常在 14～16kHz 范围内。

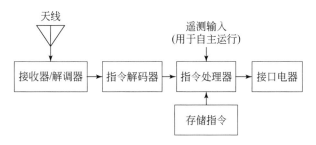

图 10.1　航天器遥控系统

遥控解码器查看接收器/解调器生成的子载波,并且"解开"遥控编码以重新生成原始的遥控信息。此信息为串行数字二进制位流,即解码器的输出遥控信息为二进制数字序列(逻辑 1 和 0)。大多数解码器也提供两种其他的输出,包括:

(1)锁闭或使能信号;

(2)同步到串行位流的时钟或定时信号(典型值为 100～2000bit/s)。

对于航天器遥控及遥测系统,强调数字通信理论概念非常重要:任何书写文字形式的信息都可以使用二进制码 1 和 0 进行通信(Shannon,1948)。

遥控指令逻辑检查遥控信息以确认是否为有效遥控指令。采用几种检查以验证每条遥控指令。遥控系统拒绝无效遥控指令比接收并执行有效遥控指令更重要,这是因为无效遥控指令,例如,已经被电子噪声污染的无效遥控指令可能造成航天器及子系统损坏。丢失的有效遥控指令通常会从地面重发。有时候地面站遥控运行协议会自动重发。因此,遥控指令验证在航天器遥控系统设计中非常关键,并且对设计过程中的选择有重大影响。

一旦检测到有效遥控,遥控指令逻辑会驱动适当的接口电路,完成遥控指令的执行。如果需要,指令执行将延迟指定时间长度或推后到指定的时间。有时候指令的执行需要前提,即指令在某些条件满足时才执行。例如,控制望远镜步进电机指令的执行可能需要收到航天器望远镜保护盖已经打开的通知信号。事件驱动遥控指令通过检测航天器上的事件或事件组合来启动。事件驱动遥控指令及遥控指令序列用于实现航天器自主运行(下面讨论)。

一些遥控的接口电路十分简单,另一些却很复杂。一些指令仅仅改变单线上的电压等级,另一些指令可能发出数千比特数据给子系统。电路及功能的多样性使遥控系统设计变得非常有趣且具有挑战性。

10.1.2　遥控系统组件

图 10.2 显示了另外一个完整的航天器遥控系统的模块图,此图包括生成并发送遥控指令给航天器系统所需的系统组件。额外的系统组件包括:

(1)地面支持设备(GSE)。

(2)调制组件。

(3)射频(RF)链路。

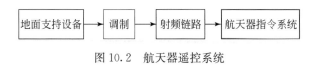

图 10.2　航天器遥控系统

地面支持设备具有许多任务,其中一个工作是为航天器生成指令。潜在的指令信息数据库存储在 GSE 内存中。对于给定的指令,数据库包括指令助记符(遥控操作码)及二进制指令信息格式。指令信息格式的特定实例可能在指令输入时由操作人员提供,或者可能从存储的标准指令模板字典或查寻表中自动选择。在任何一种情况下,产生的指令信息包括一串二进制数字(简称比特,每个比特表示逻辑 1 或 0),此二进制数字被赋予了特定的含义。遥控信息的含义由特定的比特串表示。

二进制 1 和 0 序列表示含义的方式各式各样,每种给比特模式指定含义的方法称为含义编码方案。此编码方案是一种事先达成的从含义到比特模式的先验映射。从期望的含义出发生成相应的比特模式的过程称为编码。从一个比特模式出发重构期望的含义称为解码。当两种数字电子系统通信时,总是要进行编码及解码。

1. 遥控指令发送

当一个遥控指令需要发送时,GSE 操作人员在 GSE 控制台输入指令助记符。GSE 计算机访问存储的字典文件以搜索指令助记符,然后查找信息格式或模板。如果需要,会提示操作人员在遥控指令信息内包括的特定数据。然后 GSE 发送整个信息给遥控指令调制器。设计助记符的目的只是便于操作员使用,它不需要发射给航天器。

一些指令助记符会激活预编程指令的整个序列。每个序列可能会作为一个批次或组发送。此指令序列的助记符称为宏,指令序列本身称为宏指令。

当遥控指令调制器收到信息时,信息为已经使用脉冲编码调制(PCM)方案编码的字符串。PCM 编码表示每个使用一个脉冲或脉冲模式的二进制数字。例如,逻辑 0 可能表示一个脉冲后面没有脉冲,并且逻辑 1 可能表示无脉冲后面有一个脉冲。设计人员在评估系统损失及信噪比之后,选择特定的 PCM 方案。更加缜密的编码方案可以增加航天器中指令信息被检测到并且成功解码的概率。

　　然后用指令信息调制一个射频载波,这样信息将传输或广播到航天器。在一个典型的遥控指令系统中,指令信息不能直接调制射频载波,而是要先编码到一个子载波,有几种方式可以进行编码。一种方法称为频移键控(FSK),在此方法中,根据信息比特是否为逻辑 1 或逻辑 0 选择两个单独的子载波频率之一。另外常见的子载波编码方案称为相移键控(PSK),此方法中单频率子载波的相位通过遥控信息中的比特进行调制。其他类型的调制见第 9 章中描述。

2. 载波调制

　　子载波用遥控信息进行编码后,就可以用子载波对主射频载波进行调制。常用的调制方案为调幅(AM)、调频(FM)及调相(PM)。调幅信号容易检测,但它们通常也容易被电气噪声所干扰。子载波控制主载波的振幅。在航天器中,利用调幅调制时,通过对射频幅值的简单测量就可以重建子载波。

　　调频及调相要求接收机测量射频载波的频率或相位以重建子载波。这较难实现,但调频及调相方案对电气噪声的抗十扰能力比调幅更强,因此,可以提供更可靠的通信。

3. 射频链路

　　射频链路包括从地面遥控指令发射机到航天器遥控指令接收机之间的一切。进行详细的链路计算或链路分析以决定地面及航天器上天线所需的特性。通常地面站天线的特性已知,并且它们的位置固定。也就是说涉及天线的设计,唯一存在的变化是航天器遥控接收机的天线设计(以及相关接收机敏感度,如噪声系数)。

　　即使期望的航天器姿态还没有建立时,航天器遥控系统就必须能够接收遥控,因此遥控接收天线通常是全向天线,也就是说,它可以等效地接收来自于所有方向的射频信号。

4. 遥控指令接收机

　　遥控指令接收机放大并解调地面发射的射频载波。因为射频信号通过上行链路后时强度变得非常小,因此需要放大。遥控接收机接收来自遥控天线的射频能量,并且生成原始子载波信号的复本。此时,遥控信息仍然包含于调制子载波中。

　　遥控指令接收机的最基本特性是其解调类型。地面上使用的调制(AM、FM 和 PM)决定了遥控接收机必须使用的解调类型。遥控指令接收机的系统需求通常决定了射频载波中使用的调制类型。

　　AM 接收机比 FM 或 PM 接收机简单,但 AM 接收机的性能没有 FM 或 PM 接收机好。目标是获取给定(通常小)接收信号功率的最大信噪比。对于大多数遥控的接收功率级别,FM 调制方案比 AM 方案性能好(详见第 9 章的调制方法)。

　　遥控指令接收机的分类。遥控指令接收机有两种主要的分类:调谐射频接收机及超外差接收机。在调谐射频(TRF)遥控接收机中,通过晶体滤波器进行调谐。晶体滤波器使用一个能够与特定频率实现谐振的晶体,从而只对载波频率的信号响应。调谐射频接收机直接对射频信号进行放大和检测(解调)。

　　在超外差接收机中,本地振荡器(LO)的信号与射频信号混合以得到和信号及差信号。两个频率经过滤波后较低的频率成为接收机的中频信号(IF),然后对中频信号而非射频信号进行放大和检测。这很容易实现,因为中频信号频率比射频信号低,而且放大器及检测器在低频率更容易进行构建(Malvino,1984)。

　　图 10.3 是超外差接收机的模块图。射频放大器进行调谐以放大射频载波频率 f_c 周围的信号。此射频放大器的带宽大于发射信号的带宽,但小于中频的 2 倍,即

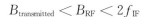

$$B_{\text{transmitted}} < B_{\text{RF}} < 2f_{\text{IF}}$$

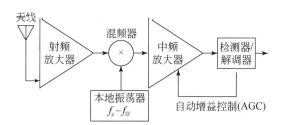

图 10.3　超外差接收机模块图(Carlson,1975)

　　混合器在中频输出 $f_{\text{LO}} - f_c$。中频放大器带宽大约与发射信号相等。IF 放大器的增益可以根据检测器/解调器的要求使用自动增益控制进行反馈调整。

　　设计考虑:遥控指令接收机设计中其他考虑因素是中心频率及带宽。接收机的中心频率必须与射频载波频率一样。此频率必须由相应的国际管理监管机构分配和批准。某些特定的频带分配给了航天器遥控系统[①]。

　　当射频载波被子载波调制时(子载波已经通过遥控信息调制),发射频谱就被

---

　　① 可参考资料(U. S. Department of Commerce,1989),以下频带的分配要特别注意,所有这些频带属于航天器及航天研究:1.62~1.66GHz、1.67~1.71GHz、2.29~2.30GHz、2.50~2.69GHz、3.40~4.20GHz、5.725~7.075GHz、7.25~7.75GHz、7.90~8.50GHz、10.6~13.2GHz、13.4~15.4GHz、17.3~21.4GHz、27.0~31.0GHz、36.0~37.0GHz、37.5~47.0GHz 和 47.2~76.0GHz。

"扩频"。遥控接收机的带宽必须足够大以允许调制遥控射频信号整个频谱的通过,从而保证调制信息没有丢失或损失。这个带宽就是遥控指令接收机可以无过度失真放大的射频频率范围。如果带宽太窄,部分发射信号将会丢失;如果太宽,则会收到过量的非预期噪声,接收机的信噪比将下降。当遥控信息的比特率(每秒比特数)增加时,遥控接收机对带宽的需求也必须增加。

　　功耗是航天器遥控指令接收机设计中主要考虑的另外一个因素。通常遥控接收机会一直打开,因此功耗设计的任何降低将体现在整个航天器寿命周期中。这会节省大量的功耗,从而影响电源系统的设计。

　　本地干扰:除了接收来自地面的遥控信号,航天器还有很多其他通信任务。大多数航天器也发射信号。这些发射信号包括航天器遥测及导航信标。航天器通常有几种不同的发射天线,每个天线发射不同的载波频率。这些信号的发射功率(能量发射率)大于遥控信号的接收功率。

　　遥控指令接收机及其天线的设计必须保证航天器发射机工作时遥控接收机的性能不会下降。即遥控指令接收机必须能够屏蔽航天器本身发射的信号。当设计人员为遥控链路选择载波频率时,发射信号频谱是要考虑的一个主要因素。

　　遥控解码器:遥控解码器检查子载波信号并且检测其携带的遥控信息,同时检测所有 PCM 编码,这样遥控解码器的输出是简单的二进制位流。正常的输出称为非归零或 NRZ 数据。二进制 0 由一个特殊的逻辑电平表示,并且二进制 1 由另外一种逻辑电平表示。各种二进制数字表示已在第 9 章中详细描述。

　　遥控解码器也提供遥控逻辑时钟,此时钟告诉遥控逻辑什么时候在串行数据线中的一个比特有效。时钟用于将遥控信息按比特(比特串行)或按字(并行比特,字串行)转换为遥控逻辑。因为遥控的比特率(大约 1kbit/s)通常较低,所以通常使用串行通信。

　　遥控解码器也提供一个锁定信号,当检测到任何遥控时,就激活锁定信号(即判断为真)。锁定信号指示遥控逻辑器将有遥控移出串行数据线上的解码器。

　　像遥控指令接收器一样,遥控解码器通常完全冗余。两个冗余遥控解码器的任何一个都可以解码遥控。两个接收机及两个解码器为交叉绑定,这样所有四个子系统可以同时工作。当一条遥控解码器发生故障时,另外一个解码器可以正常使用。在遥控信息中通常有一个唯一比特模式用于选择遥控解码器。有时候此遥控解码器地址是航天器地址域的一部分,航天器地址域是一组标识遥控所定向的特定航天器的比特数据。

　　遥控系统中处于遥控解码器下游的部分以及遥测系统会处于断电状态,直到收到有效同步字及航天器地址时才会被激活。紧随其后的通常就是航天器入轨点。为了节省存储的能量,当在一定时间内没有收到遥控时,一些航天器会关闭遥控系统的下游部分。当收到有效的同步字及航天器地址时,整条遥控系统会被重新激活。

一些遥控可能会被目标子系统进一步解码,这种非集中的解码可以显著降低线束的质量,否则每个切换遥控至少需要一根线。

同步字。像大多数数字通信系统一样,遥控系统通常使用伪随机同步字以标识遥控的开始(Gruenberg,1967)。这些帧同步字有时候称为 Barker 同步字(U. S. Naval Ordnance Laboratory,1961)。Barker 同步字是一个比特模式,出现在每条遥控信息的开头或附近,很少或从来不出现在遥控信息的其他部分。Barker 字用于获取并验证接收机及解码器已经正确锁定遥控信号。Barker 同步字可以降低错误遥控接收的可能性(Barker,1953)。

当使用一个 Barker 同步字同步固定长度的数据帧时,同步错误概率具有一个上限

$$P_{fs} < 1 - (1 - 2^{-n})^{m-1}$$

式中,P_{fs} 是同步错误概率,n 是 Barker 同步字的比特数,并且 m 是数据帧的比特数(Masching,1964)。为使同步概率小于 1.0×10^{-7},可以使用合理长度的同步字(如 32 位)。对于一个 32 位的 Barker 字,P_{fs} 的一些典型值如表 10.1 所示。

表 10.1　32 位同步字错误同步(P_{fs})的可能典型值

帧大小 m	P_{fs}
1024	3×10^{-7}
2048	5×10^{-7}
4096	9×10^{-7}
8192	2×10^{-6}
16384	3×10^{-6}
32768	5×10^{-6}
65536	1×10^{-5}

此表假设使用固定的 32 位同步字。根据此表可以清楚地知道,对于给定的同步字长度,数据越关键时要使用更小的帧。

典型的 32 位 Barker 字为

1111 1110 0110 1011 0010 1000 0100 0000

用十六进制(基数 16)表示,此同步字为

F E 6 B 2 8 4 0

选择 Barker 同步字是因为它是一个尖峰自相关函数,即如果同步字没有与复本准确同步,则同步字不会与复本具有好的相关性(Wu,1984)。这意味着自相关

旁瓣的绝对值(同步字与时移值相关值)较小(Sklar,1988)。此特性使同步字易于检测并且降低了错误同步的可能性。自相关函数计算可以通过将两个代码符号(通过 0 和 1)处理为＋1 和－1,然后累加同步字及移位字的按位积来进行计算。一致性函数通过移位自身 Barker 字并且计数(计算)移位与非移位一致的比特位置数量进行计算。例如,如果以下 32 位 Barker 字在逻辑区域流中收到,则两个值的相对移位(如下所示)协议值为 18,对于接收数据与 Barker 字的特定对齐,18 个Barker 位与接收的数据位匹配。

00111111110011010101100101000001000000

111111100110101011001010100001000000

很明显,当接收的 Barker 同步模式与 Barker 测试字符串完美对齐时,协议值将与 Barker 字长度相等(如＋32)。

比特检测器:遥控解码器的设计由地面上编码器使用的编码方案种类决定。通常解码器电路称为比特检测器。有两种基本类型的比特检测器,慢比特检测器(SBD)以低于每秒 1000 比特(bit/s)的速率工作,并且通常与 FSK 编码关联。快速比特检测器(FBD)以 1000bit/s 及更高速率工作,并且通常与 PSK 编码关联。比特检测器提供比特位同步(定时恢复)(Messerschmitt,1991)。

现成解码器:有时候使用标准遥控解码器。最通用的是 NASA 标准遥控检测器单元(CDU)。此单元是 NASA 标准转发器的一部分,用于与各种 NASA 地面站及其数据网络进行通信。CDU 可以通过配置工作在几种编码方案及几种数据速率下。遥控数据速率范围为 7.8125bit/s～2000bit/s。这些速率常用于航天器遥控接收机。

错误比特率:遥控接收机及其解码器的性能通过计算系统的误码率(BER)进行测量。误码率为给定比特的错误解码的统计概率,即发射的逻辑 1 错误地解码为逻辑 0 的概率,反之亦然。误码率总是信噪比的递减函数。射频链路(遥控或遥测)的位错误率的详细讲解见第 9 章描述,遥控系统 BER 通常小于 10^{-6}[①]。

5. 安全(加密)链路

对于某些任务,一个安全的遥控链路是必需的。此链路使非期望或非授权的接收者很难对发送给航天器的遥控信息进行解码。如果不进行加密,只要有接收机并稍微懂得载波频率及编码方法的人员就可以相当容易地对遥控信息进行解码,然后发送自己的遥控。如果在信息调制之前将其放入一个特殊的代码中,非期

---

① 对地面到地面通信链路,认为误码率(BER)10^{-9}(平均每 10^9 个比特出现一个错误)可接受,如可参考文献(Saleh and Teich,1991)。

望的接收者必须要艰难地破解代码才能知道原始遥控信息内容。

那些仔细构造且很难破解的代码称为加密代码。通过使用一个或多个这样的代码,窃听者可能非常难以破解(Wu,1984)。这可以为遥控链路提供额外的安全性。使用一些加密代码编码信息称为加密,解码此信息称为解密。航天器遥测系统也可以使用加密技术,为遥测数据提供更多的安全性。

为了防止非授权用户记录某个加密的遥控,观察结果,并重新发送该遥控(不必解密遥控信息),以期获得复现的观察结果,可以在遥控开始部分加入认证位。这些认证位仅仅被航天遥控系统及遥控认证源可知。例如,从航天器发射后执行的遥控数量可以作为遥控的一部分。这意味着每次特定遥控发送时,遥控的加密形式具有唯一性。如果遥控的非授权源试图记录一条遥控并重新发送时,非授权的遥控将被航天器遥控系统拒绝。

当然,如果遥控信息在地面加密,信息必须由航天器中的遥控系统进行解密。这是遥控系统的额外硬件功能。加密设备通常位于遥控解码器输出及遥控逻辑输入之间。解密器的典型输入为加密数据、数据时钟及锁定检测,输出为解密遥控信息及位时钟。

6. 遥控信息

遥控信息为数字比特流,图 10.1 的遥控逻辑必须响应此数字比特流。遥控逻辑需要理解每条遥控信息的含义并且进行相应的反应。典型遥控信息的一些组件包括:

(1)输入棋盘比特(0/1 交替比特)。

(2)同步(Barker 字)比特。

(3)遥控指令比特。

(4)错误检测比特。

输入棋盘比特是第一条遥控信息组件。不是所有遥控系统都使用输入棋盘比特,但如果一个系统要使用,则棋盘比特通常是每个信息的第一个组件。棋盘比特是交变逻辑 1 和 0 序列。其目的是在每条遥控头部为比特检测器及遥控解码器提供获取或锁定调制子载波的时间。如果在子载波获取期间,部分棋盘比特丢失或错误解码,遥控数据不会丢失。

输入棋盘比特域必须具有足够的比特以使其时间足够长,从而允许比特检测器获得锁定。通过判断检测器输出的锁定检测信号指示锁定成功,然后通知遥控逻辑新的遥控信息即将到来。

同步模式(Barker 字)是遥控信息的另外一部分。它可以预防错误遥控被遥控逻辑执行。同步模式长度变化很大,较长的模式通常可以更好地预防错误遥控(参见前面的同步字章节）。

当使用同步模式时,遥控逻辑将在接收遥控信息剩余部分时查看同步模式有效性。如果没有检测到同步字,则遥控信息的剩余部分将被忽略。通过仔细选择同步模式,可以实现错误避免,这是极其重要的。

遥控比特类型:一旦发现了正确的同步模式,则遥控逻辑将开始处理随后的比特。这些比特代表着要执行的实际操作。不同系统的遥控比特长度及格式变化很大,典型格式通常包括以下类型的比特:

(1)航天器地址比特。

(2)遥控类型比特。

(3)遥控选择比特。

在所有遥控信息中,航天器地址比特表示航天器特定的标识码。此标识码指定了遥控的目的航天器。这些航天器地址比特的存在可以防止一个航天器的遥控逻辑试图执行发往另外航天器的遥控。

航天器标识码是很有必要的,因为可能几个航天器使用相同的地球站网络,并且使用相同的载波频率及调制类型进行通信。同时,这些地址位必须与正确的模式相匹配,否则航天器遥控逻辑不会执行遥控信息的剩余部分。这会为航天器提供额外的错误保护。

遥控信息中下一个比特域——指令类型比特——包含了正在发送的遥控的类型信息。常用的遥控类型如下。

(1)继电器遥控指令,设置或复位遥控系统中电源切换单元的电磁继电器。

(2)脉冲遥控指令,提供短脉冲(通常时长为 50~100ms)给航天器上相应的子系统。

(3)电平遥控指令,每条遥控切换一个航天器子系统的专用离散线路的逻辑电平。

(4)数据遥控指令,传输二进制数据字节给指定的子系统或仪器(有时候称为有效遥控)(Chetty,1991)。

遥控类型域中的比特数是系统使用的唯一遥控类型数的对数函数,即

$$N_{command\text{-}type\text{-}bits} = \lceil \log_2(N_{command\text{-}types}) \rceil$$

遥控信息中下一个域指定要执行的给定遥控类型实例。作为操作码,这些指令选择比特从遥控指令集中选择给定类型对应的遥控指令。

错误检测:通常在遥控或数据信息中包含的其他域包括错误检测及纠正(EDAC)比特。这些比特用于检测并纠正信息中的比特错误,从而避免执行错误或损坏的遥控。使用复杂的算法,根据遥控信息中剩余比特计算 EDAC 比特。计算在地面进行,而且在遥控信息可能被噪声损坏或敌方阻塞之前。当遥控逻辑处

理航天器中的信息时,遥控逻辑使用地面上使用的算法重新计算 EDAC 比特。如果有差异,则遥控信息已经损坏,可以进行纠正或拒绝。

最常用的错误检测比特可能是奇偶校验位。奇偶校验位在地面进行选择,这样整条遥控——包括奇偶校验位——总是具有奇数个(偶数个)逻辑 1,称为奇数(偶数)校验。如果航天器遥控逻辑收到具有偶数(奇数)个逻辑 1 的遥控信息,则说明奇数个错误已经发生,因此遥控被拒绝。

注意此简单的奇偶校验方案不能检测偶数个比特错误。如果任何信息都极少可能出现一个以上的单比特错误,则单奇偶校验位就可以满足错误检测要求。如果期望在一个信息中检测一个以上的错误,或纠正错误,则需要更多的奇偶校验位。

大多数 EDAC 码十分复杂,但它们使用的基本原则与简单的奇偶校验位一样(Carlson,1975;Lin,1970)。在第 11 章将详细描述一个用于纠正微处理器内存单粒子事件错误的最常用的 EDAC 码。近地航天器所用的典型 EDAC 码可能在遥控信息中每 64 比特使用 7 个 EDAC 比特(57 个数据比特,7 个 EDAC 比特)。这可以实现两个错误检测及单个错误纠正。使用单错误纠正、双错误检测(SEC-DEDc)码十分常见。

在第 9 章中说明了随着航天器与地面遥控发射机之间距离的增加,遥控接收机对噪声的敏感度也增加。因此,对于远离地面站的航天器(高轨、椭圆轨道或星际任务),使用 EDAC 码的好处远远大于实施中硬件复杂度增加的成本。

多路遥控:有时候多路遥控可能共用一条遥控信息,也就是不止一条遥控遵循共用的输入棋盘比特及同步模式。在这种情况下,引导遥控指令具有一个比特域来指示随后信息包含多少条遥控。

如果一条遥控是数据遥控,它将指出随后有多少字节数据。这些数据字节将在下一条遥控执行前加载到航天器的目标系统或子系统。宏指令经常作为多路遥控到达航天器。

遥控指令逻辑:图 10.1 中的遥控逻辑功能是解码遥控(决定遥控类型及采取的特定动作),确认遥控有效,然后激活适当的接口电路,并执行遥控(接收-确认-执行序列,此序列不准尝试没有确认就执行)。延迟遥控不会立即执行,它被标注执行时间或延迟时间及优先级,并放入遥控等待队列中。

遥控有效性检查由遥控逻辑执行,包括以下部分或全部功能。

(1)检查航天器地址代码的正确性。

(2)对遥控信息执行错误检测及纠正。

(3)检查遥控操作代码(遥控类型及遥控选择)比特。这些比特的某些组合可能不代表有效的遥控。通常这些代码被设计为任何两个有效代码在一个以上的比特位置中彼此不同。即任何两个有效操作码之间的所谓汉明距离至少为 2。这意味着一个以上的比特错误才能将一个有效的遥控代码转换为另外一个代码。同时,此检查可以防止地面上遥控编码错误导致的遥控错误。

(4)确认遥控在有效时间周期内收到,并且不允许遥控的接收时间太短或太长。

(5)确认遥控由授权可以发送的人员发送,这称为"认证"遥控。通过加密链路接收的遥控通常可以自我认证,因为仅仅一个认证源知道如何正常加密遥控信息。

需要遥控验证流程以确保从来不会执行错误的遥控。接收错误遥控的概率需要十分低,通常为 $10^{-18} \sim 10^{-22}$ 。有时候关键遥控需要进行特殊处理。例如,较长或多个操作代码。一些关键遥控在验证后会被保存在一个寄存器中,同时操作码传回地面。在地面验证之后,发送"执行"遥控给航天器。

一旦遥控已经被解码并且检查,则必须驱动适当的接口回路以执行遥控。例如,如果遥控为一个继电器遥控,则必须用电流脉冲驱动适当的继电器线圈。在随后章节中,将更详细地讨论接口电路。

微处理器实现:因为有各种遥控类型及遥控信息,大多数遥控系统(遥控逻辑功能如图 10.1 所示)使用可编程的微处理器实现。微处理器接收来自遥控解码器的输入,根据存储在只读内存(ROM)或随机访问内存(RAM)中的程序处理这些输入,然后将结果输出到接口电路上。通常输入为已经过解码和部分检测遥控信息,微处理器执行剩余部分的检测。有时候微处理器也执行部分解码。

基于微处理器的遥控系统设计的关键是可靠性。遥控系统必须对错误免疫并且可以容忍错误。如果遥控系统不可靠或降级,整个航天器可能丢失。对系统可靠性的特殊关注必须从硬件设计扩展到软件设计。因为这常常对任务很关键,所以遥控系统软件必须完全无错误,这样异常行为才会从不发生。

延迟遥控:一些遥控系统能够延迟执行遥控。延迟的遥控被解码并检查,然后加载到内存中的遥控等待队列。在指定的时间(时间标签遥控),或在指定延迟之后(延迟遥控),或当特定事件发生时(事件驱动遥控),遥控从队列中提取出来并且执行。遥控等待队列可能为遥控系统内存的一部分,或者可能位于一个或多个航天器处理器上。例如,简单的仪器和子系统可能将延迟遥控存储在遥控系统处理器队列中,而自身具有微处理器控制器的复杂仪器可能会在本地自己维护延迟遥控队列。

当需要在非常精准的时间或每隔一个时间间隔需要执行遥控时,或者在超出地面站覆盖范围期间必须执行遥控时,就需要延迟遥控。延迟遥控也可能作为遥控序列的一部分使用,此时相对时间延迟很关键。遥控之间的时间延迟由遥控信息中的时间比特决定。延迟时间的分辨率通常为 $\pm 1s$。很少需要更高的时间分辨率。连续延迟遥控之间的最大时间延迟可达几十小时。

当特定延迟遥控序列被遥控逻辑解码时,此序列将自动通过遥测系统传回地面。延迟遥控内存读出使地面操作人员能够确认遥控延迟队列的内容。一旦遥控队列完成加载,一个称为新阶段开始遥控的单独遥控就用来启动遥控等待队列的定时。

在遥控执行时进行最终遥控解码及错误检查,这也是对遥控数据完整性的又一次检查。

延迟及事件驱动遥控是遥控系统设计中的一个非常重要的环节,因为延迟及事件驱动遥控功能显著增加了设计复杂性。对采用了延迟或事件驱动遥控的遥控系统进行功能测试所需的时间显著大于一个简单遥控系统。另外,确认遥控等待队列内容需要设计遥控系统与遥测系统之间的接口。当然,一旦设计中包括此接口,则许多新的功能可用。例如,基于关键机载数据的值,某些遥控可以有条件地执行。如果温度超出某些指定的限值,可能不建议打开某个子系统。

7. 接口电路

遥控逻辑驱动的接口电路类型随执行的遥控类型而变化。每个航天器遥控系统具有延迟遥控。其他遥控类型包括脉冲遥控、电平遥控及数据遥控。每种类型具有自己的接口电路类型,如下所述。

继电器遥控:继电器遥控激活中央电源切换单元中的电磁继电器线圈。通常,每种自锁继电器有两个线圈,一个线圈将继电器开关触点拉入到一个位置,另外一个线圈将触点拉入到另一个位置。遥控逻辑通过施加一个电流脉冲给线圈激活一个或其他线圈。这些电流脉冲的大小通常为 $50\sim300\text{mA}$。对于继电器遥控,遥控系统的最终输出是中继器触点。为了可靠性,这些触点通常是冗余的。

中继器遥控通常主要用于切换航天器总线电源,典型值为 $+28\text{V}$ 直流(DC),到航天器上各种子系统及仪器。这意味着几乎所有航天器子系统的配电线必须通过遥控系统中央配电设备进行路由。配电子系统设计人员甚至必须考虑线束的设计。

每个中继器上的一个特殊触控装置产生一个离散(或指示)信号给遥测系统。这些信号装置用于遥测每个继电器的状态。信号装置是验证中继器遥控正常执行的另外一种方式。

因为遥控逻辑中的集成电路(ICS)不能够直接驱动中继器线圈电路(典型的ICS最多只能够驱动几十微安),功率切换驱动器硬件必须包括在中继器遥控的接口电路中。这些驱动器为离散的拉电流和灌电流二极管或部署在二维阵列中的金属氧化物半导体(MOS)晶体管。拉电流驱动器驱动阵列中的列,而灌电流驱动器驱动行。在每个行与列的交叉处有中继器线圈。控制二级管用于保证线圈电流总是沿预期的方向流动。

许多保护构建到电源切换中继器驱动器电路中以避免中继器错误或异常激活。显然,一个拉电流驱动器或一个灌电流驱动器单独不能驱动任何中继器。一个拉电流及一个灌电流驱动器必须同步激活(同时),线圈才能收到脉冲电流。实际上,在任何中继器线圈可能激活之前,必须提供额外的使能信号。

脉冲遥控:脉冲遥控为遥控逻辑发送到适当子系统的电压或电流的短脉冲。低能脉冲对的典型时长为 1~100ms。这些脉冲用于驱动目标子系统内的小中继器或逻辑锁存器。如果脉冲遥控用于驱动子系统中的小中继器,遥控经常被称为一个远程中继器遥控。有时候,远程中继器线圈也连接到电源切换驱动器矩阵,如大电源中继器线圈一样。

逻辑脉冲遥控发送一个逻辑脉冲到目的子系统,通常为 5~10V 的电压,逻辑脉冲需要与子系统逻辑技术上兼容。这些脉冲用于设置或清除翻转或锁定,以控制遥控子系统的工作模式。例如,遥测系统的逻辑脉冲遥控可能用于控制遥测数据的类型及输出比特率。

电平遥控:电平遥控与逻辑脉冲遥控类似,只不过发出的是逻辑电平,而不是逻辑脉冲。每当遥控逻辑解码电平遥控时,就会切换电平(从逻辑 1 到逻辑 0,或反之亦然)。或者,逻辑电平遥控可以有两个相关的遥控,一条遥控设置电平为逻辑 1,另外一条遥控清除电平为逻辑 0。后一种产生电平遥控的方法通常更常用,因为设置/清除遥控总是使电平变为一个确定的状态(遥控执行结果不依赖于被控制电平以前的状态)。

数据遥控:数据遥控将数据字节传输到目标子系统。每个数据遥控可能传输 8 比特到 65536(64K)比特数据或更多数据。数据通常存入位于目标子系统的内存。

串行数据通常通过三线接口传输,此接口与比特检测器与遥控逻辑之间的关系类似。三线可以传输以下信号。

(1)使能,一个封装信号(在传输第一个数据比特之前生效,然后在传输最后数据比特之后失效,封装了整个数据)可以指示数据线中什么时候有有效数据。

(2)数据,要传输的数据(通常为 NRZ-L 格式)。

(3)时钟,周期脉冲流,指示什么时候每个数据比特有效。

三线接口可以提供一定程度的错误保护,因为所有三线必须激活并且进行正确同步才能进行传输。

有时候数据遥控的数据通过一个总线(比特并行、字串行)传输到目标子系统的一个总线接口单元或总线适配器。并行传输仅仅用于要求高数据传输速率的情况。

数据遥控可能用于重新配置子系统、下载程序或程序补丁到子系统内存,并且修改存储的查找表及参数模块。

10.1.3 系统需求

航天器任务针对各种科学、商业或军事目标进行规划。根据这些目标可以选择适当的航天器轨道或轨迹。轨道是地面站选择中的主要系统因素。其他因素包括:

(1)成本。

(2)地面站功能(例如,如果需要延迟遥控能力,地面站能含处理)。

(3)项目赞助方基于其他系统标准的偏好。

通常很少有机会选择一个地面站网络。设计人员常常必须在已有网络的功能及限制范围内设计。

地面站能力评估因素包括天线增益、可用调制类型、支持的载波频带及可以提供的覆盖数量。其他问题包括上行链路比特率及最大信息长度。如果可以选择地面站,这些参数对遥控及遥测系统的影响将决定地面站网络的选择。当然,如果没有可选的地面站网络,则遥控及遥测系统设计将必须适应可用地面站网络的规范要求。

一旦轨道及地面站网络已经选择,则对射频链路进行详细分析,这在第9章中已讨论,然后进行天线、接收机及解码器设计。轨道也将决定航天器的辐射环境,其可能需要遥控及遥测系统设计人员在设计中选择辐射强化的电子器件。辐射强化需求(总离子剂量辐射容忍度及单粒子翻转及闩锁免疫性)十分重要,在第2章(为什么辐射是一个问题)及第13章(辐射如何影响固态电子设备及如何处理问题)中讨论。

地面站覆盖面积也是遥控系统设计中的一个重要因素,因为会造成延迟遥控功能需求。如果仅仅对小部分轨道周期提供覆盖,则延迟遥控功能需要的可能性增加。低地面站覆盖可能也要求更大程度的航天器自治,航天器监测自身功能及无地面干预下采取正确行动的能力。

上行链路比特率及总信息长度在遥控逻辑设计中也很重要。辐射容忍度、单粒子翻转免疫性(SEUS)及通过冗余进行故障容忍(确保功能适当降级)也影响设计。

10.1.4 资源需求

小型、辐射容忍及低轨航天器的典型遥控系统所需的航天器资源(遥控接收机及遥控逻辑)大致如下。

(1)质量:1~10lb(0.45 0.4545kg)。

(2)大小:7in×7in×2in(98in³ 或 1600cm³)。

(3)功率:0.5~3W。

电源切换子系统,包括中继器及接口电子产品,需要消耗额外的资源。

(1)质量:10~12lb(4.5~5.4kg)。

(2)大小:6in×6in×10in(360in³ 或 5900cm³)。

(3)功率:如果中继器不频繁切换,则几乎为零(平均值)。

10.2　遥 测 系 统

遥测表示"从远程测量"(Gruenberg,1967),当不可能进行直接测量时,遥测用于远程指示期望的测量结果。对于航天器,如果需要详细了解航天器及环境详细信息,则准确且及时地遥测很关键。可能需要遥测的信息种类如下。

(1)关于航天器能源、健康、姿态及运行模式的状态数据。

(2)通过机载传感器采集的科学数据,包括望远镜、分光计、磁强计、加速度计、静电计、温度计。

(3)可能用于地面车辆、海上舰船或航天器的指导及导航的特定航天器轨道及定时数据。

(4)星载相机捕获的图像(可见或红外)。

(5)被跟踪其他对象的位置,在地球上或太空中。

(6)从地面或星座内其他航天器中继的遥测数据。

遥测系统必须获取、处理并传输各种数据。遥测系统的航天器部分简单模块如图 10.4 所示。数据采集使用传感器、信号调节器、数据选择器以及(通常)模数转换器完成。数据在遥测系统处理器、某些智能传感器及传感器驻留处理器中处理。遥测采集及处理在以下章节中描述。遥测传输(调制及射频链路)已在第 9 章中讨论。处理的数据从航天器传输到地面,其方式与遥控信息从地面传输到航天器一样,除了对于遥测传输,发射机功率及天线尺寸比遥控传输更受限制。当然,

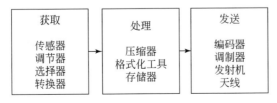

图 10.4　航天器遥测系统

对于大多数地面站,遥测接收天线可能十分大,旨在补偿航天器受限的传输功率。详细的射频链路分析如第 9 章所述,分析用于保护遥测系统具有足够高的信噪比(S/N)及足够低的误码率。通常,遥测下行链路载波频率为 S 波段(2.2～2.3GHz)、C 波段(3.7～4.2GHz)或 Ku 波段(11.7～12.2GHz)。

下行链路可能使用卷积编码或 Turbo 编码(参见第 9 章),以改善遥测通信的误码率。另外,通常使用 Reed-Solomon 外部码以提供功能纠正接收信息中的突发比特错误。NASA 标准(255,223)Reed-Solomon 码使用交织深度 5,可以添加 160 个代码字节到每 1115 字节数据中,并且能够纠正 80 字节的错误字节(Fortescue and Stark)。

在地面上,遥测数据被解调并且解码,然后存储或传输到最终用户(图 10.5)。整个遥测系统包括图 10.4 及图 10.5 所示的基本组件。以下章节描述每个主要遥测系统组件。

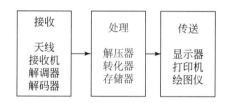

图 10.5　航天器遥测系统(地面部分)

10.2.1　传感器

任何改变状态以响应外部事件或激励的设备称为一个传感器(Pastor and Miller,1967)。例如,某些金属导体的电阻将随外部温度变化而变化。航天器温度传感器可能使用这样的金属导体。导体的电阻可以测量,然后可以遥测结果。电阻的测量值可以间接指示传感器的温度。变频器可以将一种能量转换为另外一种能量,例如,隔膜产生的压力可能转换为电气负载的电压。变频器可能用作航天器中的传感器。因为航天器遥测系统使用电子信号调制传输的射频能量,所有传感器的输出必须最终为电气信号。这些电气输出包括电阻、电容、电感、频率、电压及电流。

某些现象比其他现象更难测量,有时候这些现象的传感器很复杂,例如,磁力计、高度计及辐射计为复杂的传感器,经常作为整个航天器子系统设计。

航天器中最经常测量的参数为电压、电流以及温度。这些都相对易于测量。集成的硅传感器可以产生与绝对温度成正比的输出电压或电流。这些称为绝对值正比温度(PTAT)设备。运算放大器可能配置为电流到电压的转换器。结果是所有必须遥测的最常见信号可以作为模拟电压提供。

10.2.2 信号调节

提取原始传感器输出并且将结果转换为标准范围的电压的过程称为信号调节。当设计信号调节放大器时,必须考虑几个重要的设计因素。

(1)频率响应:调节电路接受期望的信号频率及拒绝非期望的频率。

(2)阻抗:输入阻抗与传感器的输出阻抗是否匹配。

(3)地面参考:传感器及调节放大器是否根据共用参考电势工作。

(4)共模范围:是否必须消除传感器输出的偏置电压或电流(有时候实际传感器输入信号超过较大的共用模式信号,哪个必须拒绝)。

10.2.3 信号选择

通常,遥测系统在时分多址方案中的某个时间段来遥测数据。复用器有某个时间选择已经被调节的信号,仅仅检查一组电压中的一个特定的电压。复用器通常通过调节的电压进入固定的旋转序列,这样的复用器称为换向器。一个交换周期形成一个遥测数据帧(Pratt and Bostian,1985)。每个数据至少每帧采样一次。如果一种数据类型通过换向器每帧采样不止一次,此数据类型称为超级交换。超级交换数据以超过帧率的速率采样。从换向器可能连接到主换向器的一个输入。此从换向器采样的数据称为次交换。次交换数据以低于帧率的速率进行采样。图 10.6 显示了交换、超级交换及次交换。

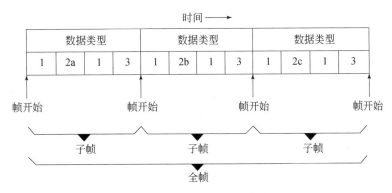

图 10.6 子交换及超级交换

遥测交换序列由滤波器表或序列表决定,此表驱动控制硬件复用器的软件。滤波器表决定下行链路中出现的遥测数据(或者固态数据记录器上记录的数据)以及每种数据类型采样的速率。交换系统设计必须使每个数据信号经常采样,这样不会丢失重要的信息。奈奎斯特采样定理(参见第 9 章)表明最小采样速率为感兴趣信号最高频率的 2 倍。在实践中,采样频率通常为感兴趣信号最高频率的 5～10 倍。

数字信号也可能交换。复用器设计用于选择模拟信号，通常也可用于选择数字信号，逆向很少为真。

10.2.4 到数字格式的转换

因为大多数遥测系统使用数字输入数据调制射频发射机，在调制之前，调节的交换模拟电压必须转换为编码的数字信号。转换一个模拟电压或电流至数字信号的设备称为模数转换器（ADC）。

作为输入，ADC 接收一个已经调节到指定范围内的电压。输入电压范围通常为 0～5.10V（单极）或 −2.56～+2.54V（双极）。作为输出，ADC 产生二进制字以编码数字值 N。如果字具有 n 比特，则对于单极转换器，输出整数 N 将在范围 0～$2^n - 1$ 内。当 N 等于 $2^n - 1$ 时，转换器输出称为满量程。

通常，ADC 的传输函数为线性函数，输入电压的每个增量变化造成输出数字值的相同增量。ADC 的转换敏感度通常按每毫伏数字测量。8 比特单极 ADC 的典型敏感度为每 20mV 一个计数，具有与 5.10V 对应的满量程输出（$N = 255$）。

图 10.7 显示了 3 比特 ADC 的传输函数。此设计为输入电压产生一个超过 3.5V 的满量程输出。注意传输函数像一个阶梯，阶梯数目是 2^n。其中，n 是 ADC 输出字中的比特数。

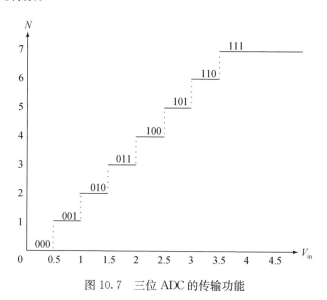

图 10.7 三位 ADC 的传输功能

阶梯传输函数将误差引入测量结果，因为输出量化为 2^n 个离散值之一。考虑图 10.7 中的 ADC 给定 1.25V 的输入电压时发生的行为，输出整数 N 为 2，其与

1V 对应(假设地面上的解码将使用公式 $V_{in} = N/2$ 计算 V_{in}),这样此特定测量结果的量化错误为 0.25V。最坏情况下的错误通常等于步长,或加减一半步长。

此量化误差可通过使用输出字中的更多比特来降低。图 10.8 显示了改进的 ADC 设计,其利用了输出字中的 4 比特。利用此设计,满量程输出($N = 1111$,二进制,或十六进制"F")将针对超过 3.75V 的输入产生,并且阶梯步长小于指数 2。现在地面计算为 $V_{in} = N/4$ 并且最坏情况下量化错误仅仅是 0.25V,这改进了指数为 2 的 3 比特设计。此转换器可以解析输入电压中的 0.25V 变化。

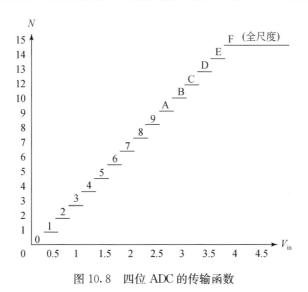

图 10.8 四位 ADC 的传输函数

传输函数中具有 $R = 2n$ 步长的 ADC 最大量化错误由以下表达式给出,即

$$(V_{max} - V_{min})/2R$$

式中,V_{max} 和 V_{min} 为最大及最小模拟值。如图 10.8 所示,最大量化错误为

$$(4V - 0V)/(2 \times 2^4) = 4V/32 = 125mV$$

ADC 设计的硬件主要随输出字中比特数、期望的功耗、转换速度等因素变化。一些典型的 ADC 转换规范如下。

高速 ADC:50000000 转换/秒,8 位输出字 2.5W 功耗。

高分辨率 ADC:100000 转换/秒,16 位输出字 1.5W 功耗。

低功率 ADC:25000 转换/秒,8 位输出字 0.005W 功耗。

10.2.5 处理

一旦所有遥测数据已经转换到数字格式,则在传输给地面之前数据可能进行处理。此处理可以降低必须传输的数据比特数量,这样可以降低平均遥测比特率。此处理可以降低遥测发射机要求的带宽。降低遥测系统中传输的比特数量所需处理称为数据压缩。此数据处理及其他形式的机载航天器数据处理在第11章中描述。

机载遥测数据处理也可以帮助提供航天器自治性。处理器可以分析遥测数据并且自动通知遥控系统,这样可能检测到异常并且根据遥控进行必要的纠正动作。

10.2.6 格式

在数据已经采集和处理之后,遥测系统必须添加以下信息。

(1)同步字可以指示哪个位是帧中第一个比特。

(2)帧计数指示当前传输的帧。

(3)航天器标识指示作为遥测数据源的航天器。

(4)错误检测/纠正位,这样每个传输数据块中的错误可能被检测和纠正。

(5)帧格式标识,其指示使用中的格式。

(6)当遥测帧或包被组装时的航天器时间。

添加这些数据域造成遥测数据以标准帧或包格式出现。添加这些数据的流程称为格化这些域的功能与遥控信息中的相同域类似。国际空间数据系统咨询委员会(CCSDSP)为包装或打包长度可变的遥控及遥测数据建立标准。大多数标准地面站使用这些标准,地面站的软件及硬件可能在随后的任务数据上重用。

10.2.7 数据存储

持续的地面站覆盖不是总是可能。例如,低轨道中的地球卫星可能在每100min轨道中仅仅通过给定地面站10min或20min。在这样的情况下,要求进行机载数据存储。当卫星通过地面站时,长期积累在大存储设备的数据(12h)可以在射频接触期间快速回传(10min或15min)。大数量存储的介质在第11章描述。

10.2.8 调制及传输

遥测数据通过与遥控系统使用链路类似的射频链路发送到地面站。调制最常用的类型为相移键控脉冲码调制(PSK-PCM)。使用PCM数据可以方便数据加密及错误检测及纠正(EDAC)码的实施。

遥测数据的传输可以要求大量的航天器能量。使用2GHz载波传输12W速率能量可能以60W的速率从电源系统吸收能量。每传输1W能量,4W能量被浪费。在地面强制使用高增益、低噪声天线。

10.2.9 自治

航天器中自治是航天器可以监测内部功能并且采取适当行动的能力,不需要地面的直接干预。给定航天器中的自治要求可能由于不充分的地面站覆盖、通信几何位置(例如,航天器太靠近地球-太阳线,这样太阳噪声禁止射频通信),或特殊安全需求。在没有地面覆盖期间,延迟的遥控序列可能用于响应或实施计划的事件,如果航天器将处理非计划事件(异常),则需要完全的自治。

非计划或非预期航天器事件称为航天器异常。自治航天器设计可以检测这些异常并且直接响应这些异常。自治通常使用遥控及遥测系统实施。遥测系统能够监测航天器功能,并且遥控系统能够通过执行遥控重新配置航天器。自治航天器运行需要三种额外的功能。

(1)检测异常:遥测系统必须知道监测的功能已经偏离正常范围。

(2)决定响应:遥控系统必须了解如何理解异常功能,这样系统可以生成正确的遥控响应。

(3)通信:遥控及遥测系统必须能够彼此通信。

航天器自治经常使用基于规则的方法实现。自治规则(经常给定的航天器具有几百条规则)针对可以检测到的每个潜在故障或异常行为。每条规则为一个条件语句,其包括一个前提(条件)、持续时间(通常实现为超出 n 个样本间隔时前提条件 m 次"真"评估)、如果规则"触发"(通常这是一个宏遥控序列)时采取的纠正动作,以及规则的最大"触发数量",其限制规则可能触发的次数。自治规则具有分配的优先级,这样当给定优先级的规则被触发时,其宏可以临时禁用所有较低优先级的规则以预防非预期规则交互。

每个自治规则的前提是将几个遥测值以逻辑或数学方式与某些指示任务阶段、航天器状态、子系统健康、数据有效性等状态变量组合在一起的表达式。自治规则示例如下。

> If mission-phase = orbit And
> (time-to-next-eclipse< 4 hours) And
> (battery-state-of-charge< 85%) For 58 Of 60 samples, Then
> execute low-state-of-charge macro

对于短暂效果引起的错误或故障,如微处理器中辐射引起的单粒子事件,自治纠正动作可以复位子系统的微处理器。对于"硬"故障,硬件以某种方式被永久损坏,自治纠正动作可能切换到一个备份(冗余)硬件设备。

一些异常,如自治发生故障切换到备份处理器,将导致航天器的异常模式降级。通常自治系统可以降级到两种或更多安全模式。这些模式通常将航天器切换到具有预定义姿态的已知状态。对于星际任务,经常有一种太阳安全模式,在此模式中,航天器太阳阵列面对太阳以恢复对电池的充电,并且在地球安全模式下,射频通信天线可以指向地球以恢复射频通信。如果任务涉及多个航天器星系,而非仅仅一个卫星,则自治变得更重要。星系中的每个航天器必须能够检测异常行为,不仅仅自身的异常行为,而且包括星系的其他成员。在任何给定的时间,星系的几个成员可能超出地面站的视野。如果一个航天器发生了一个问题,或者检测到某种外部问题或威胁,则其最近的邻居,或整个星系可能需要得到通知。如果适当的响应必须立即产生,则没有时间与地面站人员商议,星系必须以自治的方式响应。航天器自治星座设计是航天器设计人员所面临的一项挑战。

10.2.10 要求的资源

典型耐辐射遥测系统所要求的航天器资源大概如下。

(1)质量:1~5lb(0.45~2.3kg)。

(2)尺寸:7in×7in×1in(49in³ 或 800cm³)。

(3)功率:0.5~2W。

10.3 习 题

1. 每次通过莫斯科时,在近地球极轨道中的航天器必须重新配置。不幸的是,没有地面站可以在那时向航天器发出遥控。卫星可以通过一种方式被遥控通过莫斯科时自我重新配置吗?用自己的语言描述这项工作如何完成。

2. 航天器遥测系统使用模数转换器(ADC)以测量机载数据处理器的基板温度(习题图1)。处理器基板温度的预期范围为 $-30 \sim +77℃$。希望遥测的数字输

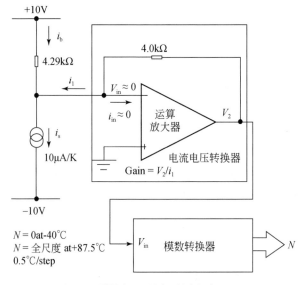

习题图1 温度遥测电路

出字 N 能够表示 $-40\sim+87.5℃$ 范围内的温度,"$N=0$"表示 $-40℃$,"$N=$ 最大值(满量程)"表示 $+87.5℃$。

温度传感器为通过 $10\mu A/K$ 电流的电流源,这样,在 $0℃$ 时,传感器电流为 $2.73mA$;在 $1℃$ 时,传感器电流为 $2.74mA$。电流到电压转换器(互阻抗放大器)用于为 ADC 产生一个电压输入,其具有每伏 50 个步长的转换灵敏度,即如果输入电压增加 $1V/50=20mV$,数字输出 N 增加 1。对于 $V_{in}=2.6V$,$N=130$,那么 $V_{in}=2.62V$,$N=131$。

期望的输出分辨率为每步长 $0.5℃$。如果 $N=130$ 对应于 $+25℃$,则 $N=131$ 应该对应于 $+25.5℃$。对于此特定的温度遥测设计,回答以下四个设计问题。

(1)输出整数 N 中必须包括多少二进制数字(比特)?

(2)什么是电流到电压转换器的互阻抗(增益),单位 V/mA? 提示:电流到电压转换器的输入电压总为零。

(3)如果处理器基板温度是 $+25.25℃$,则地面上记录的温度是多少?

(4)实际基板温度与地面上报告的温度间最坏情况下(最大值,绝对值)错误是什么?

(5)此 ADC 的最大量化错误是什么?

参 考 文 献

Barker R H. 1953. Group synchronizing of binary digital systems. In: Jackson, W. (ed.), Communication Theory. New York: Academic Press.

Carlson A B. 1975. Communication Systems: An Introduction to Signals and Noise in Electrical-Communication, 2nd ed. New York: McGraw-Hill.

Chetty P R K. 1991. Satellite Technology and its Applications. Blue Ridge Summit, PA: TabProfessional and Reference Books.

Fortescue P, Stark J. 1991. Spacecraft Systems Engineering, New York: John Wiley & sons.

Gruenberg E L. 1967. Space command/telemetry sychronizaion. In: Handbook of Telemery andRemote Control. New York: McGraw-Hill.

Lin S. 1970. An introduction Error-Correcting Codes. Englewood Cliffs, NJ: Prentice-Hall.

Malvino A P. 1984. Electronic Principles, 3rd ed. New York: McGraw-Hill.

Masching R G. 1964. A simplified approch to optimal PCM frame synchronization formats. Proceedings of the 1964 National Telemetering Conference, 2-4 June.

Messerschmitt D G. 1991. Isochronous interconnect. In: Meng, T. H (ed.), SynchronizationDesign for Digital Systems. Boston: Kluwer Academic Publishers.

Pastor G J, Miller V L. 1967. Sensing of information. In: Handbook of Telemetry andRemote Control. New York: McGraw-Hill, p. 3-3.

Pratt T, Bostian C W. 1985. Satellite Communications. New York: John Wiley & Sons.

Saleh B E A, Teich M C. 1991. Fundamentals ofPhotonics. New York John Wiley & Sons.

Shannon C E. 1948. A mathematic theory of communications. Bell System Tech. J. ,379-423,623-656.

Sklar B. 1988. Digital Communications: Fundamentals and Applications. Englewood Cliffs, NJ: Prentice-Hall.

U. S. Department of Commerce. 1989. Allocations, allotments and plans. In: Manual of Regulationsand Procedures for Federal Radio Frequency Management. Washington, DC: U. S. Department of Commerce National Telecommunications and Information Administration [NTIA], pp. 4-1-4-95.

U. S. Naval Ordinance Laboratory. 1961. Synchronization Methods for PCM Telemetry (Reportno. 542). Instrumentation Division, for Aeronautical Systems Division, Air Force SystemsCommand, Wright-Patterson Air Force Base, Report ASD-TR-61-9.

Wu W W. 1984. Elements ofDigital Satellite Communication, vol. I. Rockville, MD: Computer-Science Press.

第 11 章　星载计算机

Robert C. Moore

　　星载计算机要求适合航天的微机、存储器及接口设备。从功能上,这些设备与台式商务计算机及家用个人计算机并无两样。然而,航天应用的设计约束比商业市场的约束更严格。例如,航天器中必须实现低功耗、体积及质量,同时不能降低总体性能。另外,航天器数据处理系统中的故障及错误通常不可以修复。因此,航天飞行系统必须具有优异的可靠性并且应该能够容忍各种错误。

　　本章将从空间环境对设计的特殊要求的角度出发,对星载计算机架构设计进行细查。将关注嵌入式实时处理器、存储器、大容量存储、输入/输出、容错、定制(特殊用途)处理器及外围设备,以及将这些复杂功能设计打包以实现最大可靠性及最小质量、体积及功率的方法。

　　此处描述的处理器与航天器遥控及遥测系统中使用的处理器类似。然而,此处讨论的处理器通常要完成的指定任务比后者更通用。这些处理器有的可能成为航天器姿态控制系统或电源监测系统中的一个智能控制器,有的可能成为复杂科学实验的控制器及数据处理器。因此,这些处理器必须比遥控及遥测系统的处理器更通用。另外,这些处理器经常需要定制专用外围设备和接口,这样增加了计算机系统设计面临的挑战。

　　图 11.1 是典型星载计算机的简化模块图。一个或多个处理单元可以访问各种存储器、大容量存储及输入/输出设备。航天器遥控系统将遥控及存储器上传数据传输到处理器,处理器将遥测及存储器下载数据传送给航天器遥测系统。中央处理单元(CPU)通过存储器中的应用程序来解析和获取遥控指令。CPU 通过各种输入/输出通道或通过航天器数据总线与数据传感器及其他处理器通信。CPU 常常具有某种协同处理器以分担某些任务,如浮点计算、高速图像处理、快速傅里叶变换等。

　　航天器中每个处理器经过编程可以在最少地面监测及监督下执行一些特定任务。即航天器数据处理器必须相对自治。航天器处理器必须在不需要人员操作或修理的情况下正确运行数年,同时处理器不需要地面的经常关注。如果主要处理器"挂起"或"休眠",看门狗定时器(WDT)通常通过顶层飞行软件任务实现周期性复位,检测超时并且自主地重启整个处理器系统。

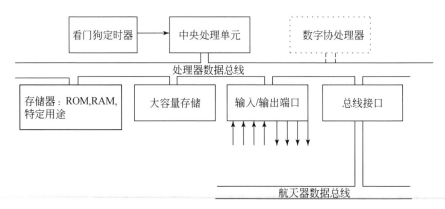

图 11.1　航天器数据处理系统

11.1　中央处理单元

航天器中使用的数据处理单元通常为微处理器。每个都具有高达 6400 万个晶体管的集成电路,是 20 世纪 70 年代、80 年代和 90 年代为航天及军事应用开发的处理器,并广泛应用于当今的个人计算机。

如果特定的数据处理系统仅有一个处理元件,或者一个处理器单元是与所有其他单元协同的主控单元,则此处理器称为中央处理单元(CPU)。具有多于一个处理单元的系统称为多处理器系统。

多处理器系统中任何处理器都可能承担主控角色,或者赋予主控角色的任务由系统中的所有处理器共同执行,称为分布式处理系统。分布式系统十分难以设计和测试。然而,对航天器上的设计特别有吸引力。一旦检测到故障,分布式系统可以通过启用指定的处理器接管任何故障处理器的工作,从而实现错误容忍。

处理器单元的工作是执行存储在存储器中的程序,译码并执行从航天器遥控系统中接收的遥控指令,维护系统状态及健康数据(通常称为总务及指示数据),并且对子系统遥测数据进行格式编排后传送给航天器遥测系统或固态数据记录器。处理器单元可以指定一些任务到特定的外围处理器,然后在执行主处理器任务的同时,实现并行执行指定的子任务(并行)。

11.2　存　　储　　器

星载计算机使用各种存储器设备及架构,包括只读存储器(ROM)、随机访问存储器(RAM)及特殊存储器,如多端口存储器(其中不止一个用户可以访问存储器)、先进先出(FIFO)存储器、缓存、内容可寻址存储器(CAM)、关联存储器以及高速查找表存储器。存储器类型及架构根据特定的处理器应用进行定制。

11.2.1 只读存储器

只读存储器(ROM)存储永久数据,系统工程师或应用软件设计人员在 ROM 中存储程序、常量、查找表等信息,并且在任务期间保留这些信息。存储的数据可以读出,但不能改变。ROM 为非易失的。当设备断电时,存储的数据不会丢失(数据不会"蒸发"或"飞走")。

通常 ROM 用于存储程序及子系统参数。程序从 ROM 读到(通常更快)随机访问存储器(RAM),指令从 RAM 逐条取出并执行。有时候指令数据从 ROM 取出并立即执行。在后面一种情况下,禁止程序进行自我修改,因为程序存储器物理上是不可修改的。将参数从 ROM 加载到 RAM 中,然后用于形成软件的不同功能。在任务期间,通过上载新的参数集到 ROM 中(如果使用可擦写 ROM),然后指示软件从 ROM 重新加载参数到 RAM 中,这样,软件的功能就可能被修改。

ROM 的其他形式包括电可改只读存储器(EAROM)及电可擦除存储器(EEROM)。这些存储属于通用类可改写的只读存储器。两种存储器均为非易失存储器。EAROM 的单独字可能发生改变。然而,利用 EEROM,整个集成电路或重要的模块必须在新数据存储之前立即擦除(所有字节清除为零)。即使在航天器已经发射之后,电气可擦除、可编程只读存储器(EEPROM 或 E^2PROM)也是可以由用户,而不仅仅是制造商进行编程的。EEPROM 存储器通常在飞行中进行重新编程,这期间需要特殊关注,因为在写入周期内容易出现辐射引起的单粒子翻转事件。典型的航天器计算机子系统具有 1~64M 字节 ROM(8 位字),通常以 EEP-ROM 格式。

11.2.2 随机访问存储器

当不使用磁内核或闪存时,随机访问存储器(RAM)易失。如果设备断电时,存储在存储器中的数据会丢失。RAM 通常是最快的存储器,并且是读/写存储器,存储器中任何字可以在任何时候进行寻址。存储在 RAM 中的数据字不必按顺序、按块或轨道访问。用户可以快速随机访问存储器信息。典型的航天器子系统具有 4~256M 字节的 RAM。一个经验法则是一个每 MIPS(每秒百万遥控)的单CPU 星载计算机大约需要本地 RAM 吞吐量为 512KB(524288B)。对于需要对辐射影响有高免疫性需求的任务,经常很难满足这种对 RAM 容量的需求。

11.2.3 特殊存储器

一些存储器设备用于非常用的或特殊的目的。多端口存储器用于处理器间通信。缓存用于高速查询表及数据访问,特别是 CPU 的数据访问。快速乘法累加存储器用于在数字信号处理操作中保存部分结果(如数字傅里叶变换)。内容寻址存储器用于缓存目录、转换缓存器、统计计算及数据类型或格式匹配。其他特殊存储器包括能量频谱累加器、自相关器、互相关器、先进先出缓存及图像处理的视频帧捕捉器。

因为存储器电路十分规则并且具有重复性,在航天器数据处理系统中,比其他任何单组件类型更常采用。航天系统设计人员通常会尽可能地使用存储器解决问题。

11.3　大容量存储

与个人台式计算机一样,航天器数据处理器经常需要存储大量数据。系统 RAM 容量不大(最多几百兆字节),因此必须提供一个大容量的数据存储器。用于航天器的大容量存储器主要为磁盘和集成电路(IC)。

11.3.1　磁盘

大多数个人计算机用户都很熟悉磁盘,因为它们被用作计算机的内部硬盘驱动器。数字数据存储为在可移动读/写磁头下旋转的磁盘形状介质上薄膜的磁通量变化。任何数据的随机访问可以在几毫秒内实现。$4in \times 6in \times 1.25in$($30cm^3$ 或 $490cm^3$)的磁盘存储单元可以存储 200Gbit(16000 亿 bit)数据。

磁盘存储的一个问题是需要驱动磁盘及读/写头的机械设备,所以不像数据处理系统内的其他组件部分一样可靠。特别是,读/写磁头十分脆弱,甚至当磁头正确停止时也不能承受发射时的振动。另外一个问题是磁盘介质的机械运动引入动量和振动,这可能会影响航天器姿态控制。当磁盘组件的旋转开始或停止时,也会给航天器带来非期望的力矩。正是以上原因,使磁盘在小航天器内很少使用。

在不久的将来,可能会在航天器上见到用于短时间任务中只写大容量存储的光学激光可写磁盘。

11.3.2　固态存储器

磁性表面存储器的替代物是固态大容量存储器。利用此方法,大容量随机访问集成电路(IC)被连接在一起以实现大容量存储。此方法要求更高能耗,但提供高速度及密度。为了实现合理的体积及功率,RAM 大容量存储器的存储容量可能为 4Gbit。与磁盘相比,RAM 存储器的成本相对较高。

用于固态数据记录器的存储器技术包括同步动态随机访问存储器(SDRAM)

及闪存(高密度、高速、低功率、非易失 RAM)。闪存辐射免疫的总剂量最大值约为
20krad(Si),但可以提供非易失性优势。

利用非结晶半导体材料中相位变化(表示存储的逻辑 1 和 0)可以迅速提供一
个高容量、非易失、高辐射免疫随机访问存储介质以实现航天飞行计算机大容量存
储(固态数据记录器)。

11.4　输入/输出

数据处理系统要变得有用,必须能够将数据进入和导出系统。多种方法可以
用于完成此输入/输出(I/O)活动。特定的 I/O 设备及技术可以根据处理器应用进
行定制。

11.4.1　端口

一个 I/O 端口是一个硬件设备,根据需要由软件驱动,可以传输数据到处理系
统数据总线,以及接收来自处理系统数据总线的数据。通常,数据并行传入及传出
总线,每次传输的比特数与总线宽度相等。I/O 端口充当了处理系统与某种外部
设备之间的接口。

通常,有两种数据传入/传出方式,即串行及并行。同时,主机处埋器的 I/O 端
口有两种基本方式,即 I/O 映射及存储器映射。

1. 串行 I/O 端口

串行端口可以同时传入及传出一个比特,当数据传输速率低时经常使用串口。
例如,传输遥控及(有时候)内部遥测。如第 10 章描述,串口接口可以包括时钟、数
据及包络线信号,或者可以在传输路径的每一端使用通用异步收发器(UART)。
后一种方法与许多个人计算机及工作站使用的 RS232-C 标准接口类似。在航天
器中,串行 I/O 端口的数据传输速率很少超过每秒 5000 万 bit。

某些串行数据端口受专用硬件控制,对某一标准总线应用及施加传输协议。
经常,这些协议控制器被指定为主控制器或从控制器,以指示它们对总线的掌控
程度。

2. 并行 I/O 端口

并行端口可以同时将一个字传入及传出系统。一个字总是 8 比特的倍数,并
且通常和处理器数据总线一样多。例如,一个 32 位处理器通常使用 32 位宽的并
行 I/O 端口。并行端口用于在两个面向总线的系统间传输数据。当数据传输速率

必须在每秒 2000 万～50000 万比特范围内时,它们特别具有吸引力。

3.I/O 映射端口

串行及并行数据端口由处理器通过不同方式访问。一种方式是在机器语言中有特殊的指令以输入和输出数据到端口及从端口输入和输出数据。每个输入或输出遥控携带一个标识标签,通过此标签可以对特定端口进行寻址。这种端口寻址可以独立于存储器寻址完成,并且称为 I/O 映射,因为端口位置地址对 I/O 功能是唯一的。

4. 存储器映射端口

I/O 端口也可能通过寻址进行访问,就好像端口位于存储器一样。不使用特殊的输入及输出指令发起数据传输,而是使用普通的加载及存储操作,结合有效的物理地址从而指定特定的访问端口。通常输入端口在存储器地址空间中作为只读地址出现,输出端口作为只写地址出现。

有时候存储器映射输出端口可以用作读/写存储器,即写入输出端口的数据可以被读回进行确认,或者可以从目标设备读取一个确认(握手)信号。

使用存储器映射 I/O 端口,I/O 端口通常占用存储器地址空间中一个或两个连续范围。当通过处理器硬件完成存储器地址解码时,这些存储器位置范围会得到特殊关注。

不管是否使用 I/O 映射或存储器映射,I/O 端口在由处理器初始化之后,自行完成 I/O 功能,而不需要处理器进行任何干预。例如,采用存储器映射的 UART 将在存储累加器指令执行期间接收一个输出数据字节。它将生成适当的开始位(同步模式)、数据位、奇偶校验位及停止位。与此同时,处理器继续执行程控指令。

晶体管的大规模及超大规模集成使系统设计人员可以具有十分复杂的智能外围设备。这允许处理器指定更多任务给外围设备,从而降低 CPU 的工作负载。I/O,存储器管理及浮点计算仅仅是许多智能外围功能的三种。有时候,这些智能外围设备称为协同处理器,因为它们的处理功能与 CPU 的功能相当。

11.4.2 直接存储器访问

当必须传输大块数据时,或当数据传输速率高时,数据可以直接移入或移出处理器存储器,这种输入及输出的方法称为直接存储器访问(DMA)。DMA 控制器可以使数据传输与执行中的微处理器活动同步。

在周期挪用 DMA 方法中,当处理器周期(如指令获取周期)中 CPU(假设指令已经从 ROM 或缓存中获取)不进行 RAM 访问时,DAM 控制器同时使用这些处理器周期以将数据字节移入或移出 RAM。通常在不进行存储器引用的指令执行期间(如寄存器操作、标记检查),周期 DMA 控制器都智能地进行周期挪用。

如果 DMA 数据传输很大,或具有十分高的优先级,则 DMA 控制器实际上可以给微处理器引入等待状态,这样 DMA 比所有其他 CPU 活动更优先。在典型星载计算机中,DMA 的数据传输速率为每秒 100 万~40000 万 bit。

11.4.3　多端口存储器

当需要高数据传输速率并且等待状态不能容忍时,可以使用多端口存储器。在多端口存储器中,两个或更多用户可能同时访问存储器。由存储集成电路本身(或十分智能、快速存储器控制器 IC)来仲裁,这样不会产生冲突。当 CPU 从 RAM 读出时,外部设备可以同时写数据进入 RAM 中,诸如此类。多端口存储器可以避免通常与 DMA 控制器设计关联的许多定时问题。

多端口存储器也可用于处理器间通信。系统存储器映射的某些区域可以在几个处理器间共用。从一个处理器传输到另外一个处理器的数据简单地存储在这些位置,就像电子邮箱一样。当另外的处理器需要引用这些数据时,处理器简单地读取预定义位置。数据不必从一个处理器的地址空间传输或复制到其他处理器的地址空间。为了容忍错误,对这些多端口邮箱的访问可能有意设限。例如,多处理器系统中仅仅某些处理器可能访问并写到某些位置,同时其他处埋器可能仅仅具有只读访问或可能根本不能访问。存储代码映像的执行权限特别受控,这样特定的处理器从来不会执行其他处理器的程序。这种方式可以显著降低非预期或意外的处理器间交互。

11.4.4　中断

一种 I/O 操作的形式是处理器中断。一个中断可能通过一个定时器或事件产生。当中断发生时,处理器停止所进行的工作(尽可能快)并且开始执行一个中断服务程序(ISR)。此例程定位中断源并且进行响应。例如,如果科学体验时一个传感器检测到一个事件(旋转航天器上的一个太阳传感器“看到”太阳相对于航天器处于不可接受的角度),传感器将通过中断向处理器发出信号。当外部事件实时发生时,这可以使处理器活动与外部事件同步。

当中断发生时,中断控制器产生向量地址。此向量地址将 CPU 定向到存储器中的适当 ISR。

当一个仪器收到来自指令处理器的指令时,可能生成一个“指令准备好”中断,这样仪器将知道一个指令已位于指令输入缓冲区,等待设备处理器的执行。同样,当处理器需要打包一个新的遥测数据帧或包时,遥测系统可以用中断向相应设备处理器发出请求信号。中断也是一种同步航天器中多个处理器的方便方式。周期实时中断(RTIS)定时发生,可以同步单 CPU 内的任务及功能。例如,一个 1s 长的 RTI 可能用于标记新遥测数据帧的开始。

特定的处理器可能具有许多中断,一些中断需要更快速的关注。为此,多个中断分别分配优先级,这样当多个中断同时发生时,最高优先级的中断先得到处理。一些航天器处理器甚至具有复杂的旋转优先级方案,此方案中优先级为时间的函数或最近处理器中断活动的函数。

管理中断是典型航天器处理器的主要任务。一个必须响应多个中断的处理器具有的架构可以针对软件程序进行快速上下文切换。当处理器停止一个任务时会发生上下文切换,处理器将存储任务的状态作为上下文,将状态推入堆栈,接着恢复另外任务的上下文,这样在新任务上可能继续工作,实时中断经常要求进行上下文切换。如果处理器不能快速执行上下文切换,则处理器将花费大量时间进行上下文推入或推出堆栈。这样会产生副作用。

11.4.5　定时器

定时器是一个硬件,它生成周期性中断,或向处理器提供实时时钟。定时器用于测量事件之间的时间,同步处理器及测量周期(以及速率)。特殊的定时器可能用于验证处理器是否运行正常以及无穷循环中的中断(有时候称为死循环)。循环可能由于硬件异常或软件缺陷造成。这些定时器称为看门狗定时器或错误的序列检测器,参见 11.5.9 小节和 11.5.10 小节。

11.4.6　总线接口

如果航天器具有一个许多处理器共用的数据总线,则需要某种总线接口。通常通过总线适配器完成。总线适配器检测并纠正总线错误,仲裁总线访问,并且作为处理器的智能 DMA 控制器。总线适配器是本地处理器总线及共用航天器总线之间的硬件"桥梁"。例如,本地处理器总线可能有 64 位带宽,并且航天器总线(通常为标准总线,如紧凑型外围计算机互连总线、CPCI 或 IEEE-1394 标准总线)可能有 32 位带宽。"桥梁"功能可以解析总线宽带、定时和协议中的差异,这样两个总线间可以实现无缝数据传输。

遥控、遥测、存储器负载及存储器转储可以在共用总线中进行。总线接口可以实现所有这些数据的可靠传输,不会对单独的处理器造成任何负担或负载。

因为总线适配器任务对航天器中的仪器及处理器如此重要,在设计总线接口硬件及软件时必须小心。经常使用完全冗余的总线及总线接口单元以保证可靠的航天器运行(Chetty,1991)。

11.5　故　障　容　错

航天器数据处理硬件和软件可能会发生多种形式的故障。一些故障为硬故障,这意味着一旦故障发生,则会对后续任务有影响。其他故障称为软故障,这意味着故障影响是一次性的,之后系统会恢复到正常运行状态。无论如何,航天器系统必须能够容忍硬故障及软故障。实现此功能所采取的设计技术被统一划归为故障容忍。

故障容忍系统的设计非常复杂,本章甚至不可能全面概述此主题。但是将讨论某些故障容忍方法以给出航天器系统如何设计以处理软硬故障的一般思路。

11.5.1　抗辐射性

太空中的辐射,特别是长期的深空任务,会对半导体设备造成累积破坏,这样它们的性能随时间降低。这些辐射影响是每个半导体芯片总辐射剂量的函数(电离总剂量,TID)。当累积离子化剂量增加时,晶体管的 beta 值将下降,阈值电压发生变化,金属氧化物半导体(MOS)通道移动性将降级,漏电流将增加等。这意味着数字逻辑下降,运算放人器偏置电压变化,电流驱动能力降低,并且功耗将上升。这些累积 TID 影响的细节参考第 13 章。

太空辐射包括几种类型,大多数辐射来自于太阳或太空本身("大爆炸"残留)并且称为宇宙辐射。其他类型辐射包括捕获辐射(被行星的磁场捕获)及人工辐射(如核爆炸或核反应堆辐射)。

γ 射线的超高能量光子可以以非常小的能量损耗通过集成电路。γ 射线的影响是在激发时留下电荷痕迹。大多数这些电荷与反电荷组合在一起而消失。然而一些电荷积聚在集成设备的表面及边界层上。过度暴露在 γ 辐射中,会导致捕获电荷的累积并且改变设备的运行特性。这种非期望的影响是 γ 辐射总累积剂量的函数,以拉德为单位。其他形式的辐射主要包括冲击轨道航天飞行硬件的显著带电或中性粒子,会造成类似的累积效应。

1rad 是指能够给 1 克物质施加 100 尔格能量的任何离子化辐射的剂量。对于集成电路,相关材料通常为硅。因此,辐射剂量的单位是拉德(硅),缩写为 rad(Si)以表示硅中沉淀的能量。对于石榴石基板上的磁泡存储器芯片,影响单位为 rad(garnet)。对于航天员,影响单位为 rad(tissue)。

γ 射线是原子中核能级重新配置的结果。在太空中,仅仅有少量的 γ 辐射,通常来自银河。当宇宙射线或高能量光子激活航天器的原子时,也会产生 γ 辐射。

X 射线也存在于太空中,它们来源于太阳活动及电子与航天器交互而产生的轫致辐射。

　　航天器中的电子组件接收的 TID 主要是由中子及带电颗粒在组件脆弱区域冲击而产生的。中子为行为与小型抛射体一样的非带电高能核粒子,会对集成电路组装的固态材料造成结构破坏。带电粒子包括高能电子、质子、α 粒子,或可以穿透电子设备(如集成电路)并且生成电荷云的离子。如果此电荷出现在金属氧化物半导体(MOS)晶体管栅极,它会产生单粒子翻转,可能对系统运行造成严重后果。

　　为了避免这些辐射影响,需要仔细遵循保守设计原则。集成电路技术得到发展,这样集成的电路能够承受更大的总辐射剂量。对每个可能的故障都应该进行预期,并且:①可能发生故障的组件设计在系统之外;②采用像钽或钨等高密度材料包裹"软"组件以防护辐射;③通过一些其他方法进行缓解故障的影响。例如,利用冗余的金属氧化物半导体(CMOS)设备技术,通过精心设计与处理可以实现TID 容忍(也称为防辐射增强)。可集成电路组装期间使用防护环、超薄氧化物、防辐射场介质层及精心控制的处理温度来实现此目标。

11.5.2　单粒子翻转

　　另外一种恼人的辐射引起的故障为单粒子翻转(SEU)。因为现代集成电路设计中使用十分微小的尺寸,一个高能粒子或离子可以穿透一个集成电路,并且沉淀足够的电荷从而改变存储的二进制数字状态。当此情况发生时,在包含 1073741824bit(约 1Gbit)的 RAM 中的一个比特可能改变。改变的比特可能会将一个存储的程序指令转换为某个其他的指令,这看起来十分危险。此"比特翻转"几乎将确定地造成数据处理系统中的瞬间混乱。

　　因为不可能预测单粒子翻转发生的位置或时间,系统设计人员必须假设 SEU将发生在任何地点,并且可能在最坏的时刻,因此系统设计必须能容忍单粒子翻转。单粒子翻转及它们的影响可以使用以下讨论的错误检测与纠正(EDAC)码、看门狗定时器、故障恢复、看门狗处理器及其他缓解方法进行检测或纠正。

11.5.3　CMOS 闩锁

　　闩锁效应起源于 CMOS 自身逻辑。如果在 CMOS 设备中出现足够大的噪声电流,则其将被锁定并放大至整个供电电源。这会使设备中的电流非常高,通常这会在几十毫秒内破坏设备。

　　图 11.2 显示了典型 CMOS 设备的一个截面。阴影区域表示附着在硅衬底表面的氧化物。图中,通过在栅极附近扩散形成一个 P$^+$ 源极及漏极,可以在 N$^-$ 基层上构成 P 沟道场效应晶体管(FET)(图中所示为金属栅极,目前自校准多晶硅栅极

更常用)。N$^+$ 扩散与基层接触。N 沟道 FET 组装在一个 P$^-$ 阱或漫射桶中(阱经常称为桶,因为在三维视图中,阱就像一个澡盆)。在栅极两侧上的 N$^+$ 扩散区是晶体管的漏极和源极,使用阱中的 P$^+$ 扩散区与 P 肼连接。N$^-$ 基层与其上的 P$^-$ 阱形成的二极管,通过连接基层到供电电路正极并将 P 阱连接到负极就会反向偏置。

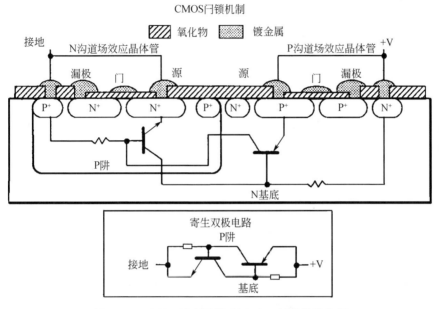

图 11.2　CMOS 锁定机制,以寄生双极晶体管为例

　　注意图 11.2 所示的两个双极晶体管符号,P 沟道 FET 的源极与 N$^-$ 基层材料形成了一个二极管。P 阱与基层形成了另一个二极管。这两个二极管构成了一个 PNP 双极晶体管。同样,N 沟道 FET 的源极与 P 阱形成一个二极管。与 P 阱和基层构成的二极管一起,构成了一个 NPN 双极晶体管。如果 P 沟道 FET 扩散至 N 扩散的一个阱,则发生类似的情况。

　　这两个双极晶体管是 CMOS 处理器的内部零件。它们互连(图 11.2)形成了双极四层二极管结构。通常这两个双极晶体管偏置截止。然而,如果有足够大的噪声电流流入 NPN 双极晶体管的基极或流出 PNP 双极晶体管基极,则相应的晶体管将开始运转。每个晶体管的集极电流添加到另外一个晶体管的基极电流。这种正向反馈现象称为正反馈。正反馈一旦发生,寄生双极电路将快速在电源通路间锁定。P 阱超过接地电势大约 0.76V,并且 P 沟道 FET 的源极被拉低到大约 1.0V。此闩锁的 CMOS 设备给逻辑供给电源提供了一个压降 1.0V 的短路,电源将短路电流输出到"闩锁"的 CMOS 设备。

　　锁定的 CMOS 设备看起来像一个打开的硅控制的整流器(SCR)。如果逻辑电源支持,CMOS 设备能够将几十安培的电流从＋V 电源供应线传导到地线。电源能提供的所有电流都将通过锁定芯片的电线接头。这些接头通常为直径为 0.001in(1mil 或 $25\mu m$)的冗余金线,不能长时间通过这样高的电流。几安培的电流会导致线发热并且在几十毫秒内损坏,这对 CMOS 组件显然是灾难性的。

如果流入锁定 CMOS 设备的电流中断,或者降低到某个衰减值以下,锁定条件将会消失。如果大锁定电流没有造成任何不可逆的损坏,零件将恢复正常工作。这暗示需要一种架构,在此架构中可以检测锁定条件,然后通过切断锁定设备电源而关闭锁定条件。

最常见的预防 CMOS 锁定造成损坏的方法是发生锁定时限制流入任何 CMOS 设备的电流。如果电流限值足够低,则闩锁效应不会破坏设备。来自地面的遥控可以通过关闭子系统电源,然后再打开的方式关闭锁定条件。

对于像航天遥控系统等许多子系统,切换子系统的电源是不可行的。这些系统需要自动闩锁保护电路。图 11.3 显示了典型的闩锁保护电路。此电路持续地监测流入要保护设备的电源线的电流。如果电流超过某个阈值,则保护电路"跳闸"并且断开设备电源线的固态开关。这些动作会在几毫秒内消除锁定条件。然后保护电路可以通过如图所示的周期性开机复位(POR)脉冲自动重启,或通过其他信号重启。

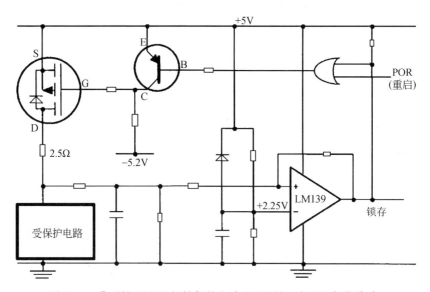

图 11.3　典型的 CMOS 闩锁保护电路(POR 是一个开机复位脉冲)

11.5.4　奇偶性

一种在存储器中查找单粒子翻转事件发生的方式是跟踪每个存储字中 0 或非 0 位的奇偶性,称为奇偶性检查。例如,当存储字时,额外的比特可以与数据比特一起存储。通过计算使得添加的额外比特值将字中的逻辑 1 总为偶数。然后,当字从存储器读出时,计算逻辑 1 的个数。如果数字为奇数,则处理器中出现了奇数次单粒子翻转事件。

多维奇偶检查的复杂系统可以定位错误位置,这样可以将其切换到最初状态。然而一般来说,这些奇偶检查方案要求大量硬件。如果必须检测并纠正多个错误,则简单的奇偶校验变得过于笨拙。

奇偶检查的另外一种形式可能对许多字进行检查,逻辑 1 与模数 2^n 进行累加以得到 n 位存储器校验和。此校验和在发送数据块(存储器加载)之前计算,然后由接收处理器进行重新计算。接收处理器将计算的校验和与发送的校验和进行比较以确认发送的数据没有错误。如果检测到错误,则接收处理器可以请求重发数据。

11.5.5　错误检测及纠正

还有其他的复杂技术可以检测并纠正数据中的多个错误。循环冗余检查可以检测并纠正几乎任何数量的并发错误。这些方法特别具有吸引力,因为错误检查电路本身引入的错误也可以被检测和纠正,这些称为自校验检查器。

1. Hamming 码

1950 年,贝尔实验室的 Richard Hamming 设计了一种检测和纠正错误的方法,此方法称为 Hamming 错误纠正码(Baker,1980)。在此方案中,通过在特殊位置添加 k 比特奇偶位,一个 n 位数据字可以编码成 $n+k$ 位合成字,如下所示。

1	2	3	4	5	6	7	8	9	10	11	12	13	⋯	$n+k$

比特位 $1,2,4,8,16,32,64,128,\cdots$ 为奇偶位。

如果比特从 1 开始编号,则编码字中的奇偶位是位于 2 的指数的比特位,开始比特位为 $2^0=1$。选择奇偶位以使对于编码字中特定的比特子集为偶或奇。此方案使合成字中每个比特位置成为检查那些位置数字达到比特位置的奇偶校验位奇偶检查的一部分。这会使每一位的位置通过唯一的奇偶校验位集合进行检查,因为它们的位置组成一个二进制编号系统。检查的模式与数据字的所有位正交。

下面显示了每一校验位都计算的位集合(来自合成字,非数据字)。

P_1 XORS 位 3,5,7,9,11,13,15,17,19,21,23,…

P_2 XORS 位 3,6,7,10,11,14,15,18,19,22,23,…

P_4 XORS 位 5,6,7,12,13,14,15,20,21,22,23,…

P_8 XORS 位 9,10,11,12,13,14,15,24,25,26,…

P_{16} XORS 位 17,18,19,20,21,…,30,31,48,49,…

注意合成位 5 通过校验位 1 和 4 进行检查,因为 1+4=5。合成位 11 与奇偶校验位 1、2 和 8 检查类似,注意对于此方案,必须满足

$$2^k - 1 = n + k$$

例如,如果使用类似简单 ASCII 字符的 7 位数据,即 $n=7$,则需要 k 等于 4。

算出需要纠正各种长度的数据字中单个错误的 k 值很容易。对于最多一位错误,错误可能有 $n+k$ 个位置。将"无错误"指示位添加进来后,可以发现所有的 k 位必然是 $n+k+1$ 个唯一组合之一,$n+k+1=2^k$。这意味着 $\log_2(n+k+1)=k$,并且可以得到 $\log_2(n+1) < k$。

表 11.1 显示了一些标准数据长度的 k 值。两个代码字之间的 Hamming 距离是一个有用的概念,是指为了将第一个字转换为第二个字,第一个字中必须切换的位数。如果任何代码字对之间的最小 Hamming 距离至少为 2,则没有单个位错误(如辐射引发的 SEU)能够将一个合法的代码字转换为另一个代码字。如果最小 Hamming 距离至少为 3,则可能检测到双位错误。

表 11.1 n 位数据字对应的 R 比特奇偶位值

n	k
8	4
16	5
32	6
64	7
128	8

2. Hamming 代码示例

作为 Hamming 方案的具体示例,在图 11.4 中给出了 7 位 ASCII 字符小写字母"c"的偶校验编码(Tanenbaum,1984)。

在接收的合成字中发现错误的位需要计算以上字的每个子集中的奇偶性。然后,这些新校验位与那些存储在合成字中的位进行比较。比较产生的位称为故障位,如果所有新计算的校验位与合成字的位匹配(也就是如果故障位为 0),则没有可检测的错误。通过累加错误奇偶检查位的位置数字,可以获取错误位在合成字

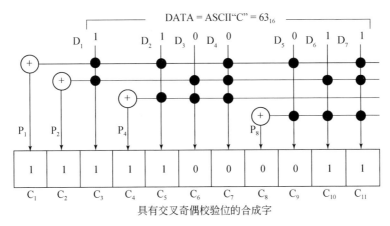

图 11.4　错误纠正编码示例

中位置(Sklar,1988；Odenwalder,1976)。此位翻转即可纠正错误。例如,如果奇偶校验确定 S_2 及 S_8 位错误,并且所有其他奇偶性正确,则故障位为 10(2＋8 ＝ 10)必须切换以纠正错误。这是对的,因为奇偶位及数据位在位编号空间内正交(Sklar,1988)。

3. 实现

计算机系统中,此 Hamming 码的一种可能实现方式如图 11.5 模块图所示(Hayes,1978)。n 个数据位(传输或存储的数据)到达图 11.5 的左侧,组合逻辑模块并行生成需要的奇偶位的所有 k 。

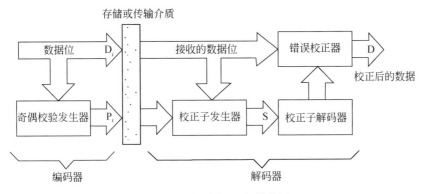

图 11.5　错误纠正逻辑模块图

在传输路径的接收端,或当数据读出存储器时,所有 $n＋k$ 位都接收到。然后称为故障位生成器的另外奇偶位生成器对接收的数据再次计算奇偶性,并且将结果与组合字中传输或存储的奇偶位进行比较。如果没有差异(如果新计算的故障位为0)则没有错误。如果有且只有一个故障位为逻辑1,则奇偶位错误(假设最多发生一个错误),并且不需要纠正。

如果不止一个故障位为非0,则新的校验位组装成一个二进制字,称为故障,其可以标识出必须翻转的数据位合成字中的位置。错误纠正器解码此故障位,并且将结果与坏位进行与或操作,纠正后的数据由接收子系统使用。

例如,当数据写入存储器时,假设使用图11.4的编码器。当数据读出存储器时,使用解码器硬件。任何驻留在存储器中给定数据字中的单位错误将在读出期间自动纠正。这些错误从来不会被系统其他部分发现。此自动纠正存储数据对存储器用户是透明的。存储器用户"穿过"错误纠正机制以查看非损坏的数据。

图11.6详细地显示了$n=7$、$k=4$时的硬件奇偶性编码器。编码器的输入是将要存储或传输的7位数据字。编码器的输出是传输或存储(合成)字,其包括数据位及奇偶位,并且在图11.6中标记为$C_1 \sim C_{11}$。

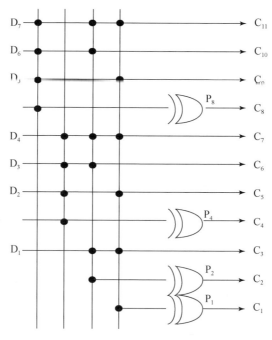

图11.6　七个数据位的奇偶编码器

图11.6使用了快捷说明以简化图形,并且使二进制模式变得清晰,通过这种模式编码器可能进行扩展以编码更多的数据位。图中的黑线指示异或门的多个输入,其功能可以以数学方式表示为

$$P_1 = D_1 \oplus D_2 \oplus D_4 \oplus D_5 \oplus D_7$$
$$P_2 = D_1 \oplus D_3 \oplus D_4 \oplus D_6 \oplus D_7$$
$$P_4 = D_2 \oplus D_3 \oplus D_4$$
$$P_8 = D_5 \oplus D_6 \oplus D_7$$

式中,$\oplus$表示逻辑异或功能。多个二进制数字的异或与求和然后取模2的结果一样。当(且仅当)输入的逻辑1数字为奇数,则多输入异或门可以使输出生效。

同样,图11.7显示了位于接收器的故障生成器(或在存储器读出期间激活)。注意图11.6及图11.7间的相似性。奇偶生成器仅仅检查数据位,故障位生成器也检查自身的奇偶校验位。

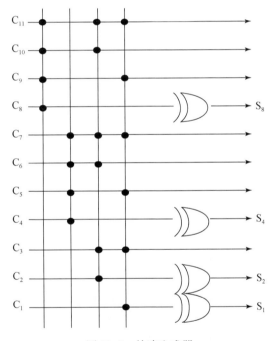

图 11.7　故障生成器

为了了解奇偶性生成器及故障位生成器如何可能扩展以处理大量数据位,仔细查看异或门左侧矩阵中连接点的模式。这些点形成二进制模式,此模式可以很容易地扩展到任何期望的数据位。关键是位编号,以及奇偶位与合成(传输、存储)字中数据位的交错出现。

图11.8显示错误检测及纠正如何实现。一旦故障已经生成,则可以使用简单的二进制解码器生成一个1-n码,此码中,仅仅对n行中的1行生效。生效行的数字对应于故障位值。这些行用于切换错误的位,并且纠正后的输出数据被传输到目的地。

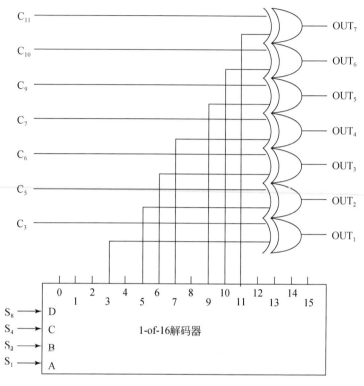

图 11.8　错误检测器/校正器

　　整个编码/解码操作仅仅需要组合逻辑:异或门用于生成字位,更多的异或门用于生成故障位,$1-n$ 解码器用于检测合成字中错误的位置,两个输入异或门的最后一级进行纠正。

　　高速的超大规模集成电路可以设计用于在飞行中执行错误检测及纠正,当数据存储到存储器并且从存储器读出时实时进行检测和纠正。因为自校验检查器可以在单个集成电路内实现,检查器对整个系统的电路、质量、体积及功耗影响很小。

　　未来的处理器及存储器芯片具有内置的错误检测及纠正功能。SEUS 及多位翻转的弱点将显著降低(只要每个错误位位于存储器中不同的字,多位错误将被纠正)。所有硬件及软件模块必须处理精心设计的数据传输需求,这样可以保证不会损失数据完整性。

　　当今,超高密度存储器芯片具有高度集成的数据存储晶体管,单粒子辐射事件可以翻转相邻存储位,而不仅仅是单个位。纠正这些多位错误需要比前面讨论的码更强大的错误纠正码。然而,系统架构仍然一样。

11.5.6　三重模件冗余

如果子系统有一个硬故障,并且故障不会消失怎么办? 如果故障是由于修改软件造成的,则可以通过从星上 ROM 重加载代码映像或从地面上传代码映像,但是如果硬件中出现故障怎么办? 在这种情况下,受影响的子系统是"死"系统或正在执行某种有缺陷的功能。这种情况下如何检测以使发生故障时备用子系统可以使用呢?

一种非常流行的方法称为三重模块冗余(TMR)。航天器包括三个同样的子系统,这样所有三个子系统同时执行相同的任务,然后简单的多数投票电路观察三个模块输出以决定正确的结果。如果三个模块之一发生故障,则多数投票规则否决错误。

注意 TMR 可以纠正多个软错误,假设这些错误仅仅影响三个子系统之一,这也可以纠正硬错误,同样假设它们仅仅影响三个子系统之一。TMR 的明显缺点是其要求单个非冗余系统中包括三倍的硬件,加上要求多数投票器硬件。其优点是错误可以立即并自动纠正,不需要地面机器或操作人员的干预。如果冗余组件嵌入 CPU 集成电路,则 CPU 可能在线自我修复。通过周期性运行自测诊断软件,可以识别有缺陷的硬件组件,然后切换到冗余组件以接管故障组件。在子系统级,当检测到主系统故障时,看门狗处理器可以执行此诊断功能并且自动切换冷备份子系统。此自动故障切换受冗余的看门狗处理器控制。

11.5.7　多执行

另外一种实现冗余的方法是使多个处理器执行每个关键任务,然后比较结果。存在任何差异表示至少一个处理器错误,并且可以进行错误纠正(Avizienis,1981),或者任务执行延迟直到问题已经在地面上诊断出结果。关键任务通常不能等待地面干预。

一种实施多任务执行的便捷方法是添加外围电路至 CPU 集成电路,从而使其成为主处理器或从处理器。通常主处理器执行任务,从处理器也执行并且观察主处理器输出。当主处理器的输出与从处理器输出不一样时,将检测到一个错误并且生成一个中断。因为此功能,从处理器称为看门狗处理器(Mahmood et al,1988)。

集成电路中仅仅需要一个引脚指定此电路为主处理器或从处理器。主处理器的输出引脚可以作为从处理器的输入。在从处理器中进行位与位比较以检测主处理器与从处理器输出之间的差异。因此,主处理器及从处理器集成电路可能并行连接、引脚对引脚,除了主/从处理器选择引脚,两个集成电路甚至可能在物理上通过物理方式安装在一起,这样,对包装体积的影响可以最小化。这种方式对实现多执行特别有效。

另外一个多执行的形式是为两个处理器分配相同的任务,但可以为每个处理器提供一个唯一的可以完成任务的程序或算法(Avizienis,1985)。最好的办法是两个飞行软件任务由两个不同的软件设计人员团队完成。对结果的重要差异进行标记,这样可以发现软件的缺陷。缺陷可以通过软件的增强版本打补丁,并且可以继续正常的系统运行。此消除软件缺陷后的发布方法假设两个独立的软件工程师团队开发并测试代码时不会犯同样的错误。

多执行的另外实现方式涉及主程序,它生成周密规定的认证日志,并且可能被从进程使用。认证日志包括主程序的历史信息以及关于主程序执行时使用的主要决策信息(如初始条件)。因为从进程可以访问主进程的认证日志数据,所以从进程比主进程执行得更快。当从进程完成时,对两个结果进行比较。如果它们相同,认为计算正确,否则,产生了一个错误。从进程可以采用多种算法,并与主进程并发运行(Blough et al,1990)。

11.5.8　故障回滚

如同地面上一样,航天器中最好的软件具有良好的结构及模块化特性,软件已经分区成清晰定义的各个段并且这些段相对独立。这些段具有不同的名字,如任务、程序和包。一种故障容忍的方法是无论什么时候控制从一个段传输到另一个段时对上下文进行保存。各个段之间的间隙称为回滚点,如果在一个段的执行期间或执行之后立即检测到一个错误(通过以上总结的方式之一),则发起回滚。在最新回滚点的上下文被恢复,并且从此点重启执行。如果错误是由于辐射导致的SEU造成的软错误,则错误在第二次通过代码段时不会发生。

错误回滚是一种优秀的故障容忍方法。假设回滚点可以频繁定义,这样回滚就不会明显降低任务的时序裕量。如果回滚需要过长的额外执行时间,则任务会错失一个关键的实时里程碑或截止时间,则故障回滚就不能真正地纠正错误。

错误回滚通常很容易在主要由中断所驱动的系统中实现,因为这样的系统设计可以高效地实现上下文切换。

11.5.9　看门狗定时器

看门狗寻找不同寻常的信息。看门狗定时器(WDT)是一个硬件定时器,可以寻找执行异常的程序。SEUS可以造成处理器退出正常的执行流程并且跳到异常模式。如果设计了正常模式,则WDT可以周期性复位,而一个异常的模式不能成功完成此功能。

如果 WDT 超时(因为没有足够频繁地复位),则发起硬件重启。这会自动复位处理器,重新加载软件(如果需要),并且重启正常的程序执行。

WDT 是一种防止 SEU 造成死循环的简单方法。但是,它不能检测可以持续复位 WDT 的故障。同时,WDT 本身故障也可能使整个处理器失效。

复位 WDT 的软件称为看门狗管理器。看门狗管理器是一个顶级执行任务,它周期性地从系统中所有其他任务中接收健康状态信息。只要所有激活的任务报告它们处于健康状态(如在 1s 时间隔期间),那么看门狗管理器复位 WDT。

11.5.10　错误序列检测

一种看门狗定时器的改进是错误序列检测器。此设备寻找程序以实现在正常的序列中执行各种不同的独立事情。如果任何事情都没有发生,或如果没有以正确的序列发生,则检测到了程序流中的一个错误,并且发起回滚、软件复位或硬件重启。

单粒子翻转很少能欺骗良好设计的错误序列检测器,然而,错误序列检测器比简单的看门狗定时器更复杂,并且不能进行自我检查。错误序列检测器中的硬故障可能使处理器无效。

为了避免硬件发生针对系统的单点故障,具有多个处理器的系统可以在软件中实现错误序列检测器,一个进行了错误序列检测编程的处理器,可以检测其他处理器流中错误的序列。这可能有效,但十分难以实现和测试。

11.6　定制的特殊用途外围设备

因为航天器要执行广泛类型的数据处理功能,经常使用定制设计的外围设备。这些是智能预处理器或后处理器,可以与主处理器并行执行重要的功能。这些功能包括传感器及遥控数据预处理、遥测数据压缩、信号处理及算术协同处理。有时候存储器管理、中断处理及其他类似功能被分配给定制外围设备。例如,DMA 管理功能可能集成到一个桥芯片,它可以为两种必须彼此通信的标准总线提供正确的协议。

11.6.1　数据获取

数据获取指从多个源采集数据并且将这些数据以标准格式提供给处理器。数据可能来自许多不同的源并且初始为多种不同格式。

数字及模拟源必须相互调和。原因如此,数据采集外围设备必须包括可变的增益模块,并且至少一个模数转换器(ADC)。模拟复用器用于选择数据源和增益。

ADC 的输出通过输入端口提供给处理器,此端口为 I/O 映射或存储器映射。模数转换已在第 10 章中详细描述过。

来自数字源的数据,在准备好被移植到处理器前,要求数字复用、可能的乘法增益及添加偏置。

11.6.2　对数及数据压缩

分布在大动态范围的数据,有时候需要对数据进行对数压缩。这样,用于表示每个数据的数不会太大。对数压缩与定点数字到浮点表示的转换十分类似。对数压缩不是将一个数字表示为一个整数,而是表示为一个尾数(有效的)和一个指数(首数)。

例如,如果值 1000000 已经测量为千位精度,则如果表示数字为 1.000E6,则不会损失精度。如果小数点及指数分隔符("E")被隐去,后者仅仅使用五位十进制数字表示,而不是前者要求的七位十进制数字。

在二进制中,定点数字 11110100001001000000 可以被压缩为 .1111010000E1010,从而节约了 5 个位。如果这些数据源需要每秒采样 1 万次,数据传输率将需要每秒 200000 位(没有数据压缩)以及每秒 150000 位(带数据压缩)。这可以显著节省传输带宽并且降低误码率。

数据压缩的其他形式可以用于降低带宽,例如,对于缓慢变化的函数,通过传递与样本幅值之间的差异而非实际幅值可以节省许多位,称为 delta 压缩。

11.6.3　频域转换

有时候如果从频域进行观察和分析数据,则数据更有意义。分析频谱可以快速判断数据类型或来源。例如,一个线性调频脉冲雷达在传输期间修改传输频率,在返回信号中,此线性调频脉冲可以在频域中很容易识别。

一种十分特殊目的的外围设备是数字快速傅里叶变换(DFT)。此设备获取采样数据,然后计算这些数据的离散傅里叶变换。然后航天器处理器分析频域数据,并且所有不感兴趣的数据被抛弃。仅仅感兴趣的频谱(或那些频谱的统计数据)需要通过遥测传回地面。

使用超大规模的集成技术,可以用 1~2 个集成电路完成离散傅里叶变换的乘法及加法运算。采用专门的硬件实现快速傅里叶变换算法,一个完整的 8192 点 DFT 计算仅需要 $5\mu s$。

11.6.4　频谱累积

频谱中感兴趣的不仅仅是这一种类型的谱,能量谱通常也很有用。使用能量谱可以决定行星的磁层内高能粒子环境。例如,特殊用途的外围设备可以设计用于自动累积能谱,然后向中央处理器提供这些数据。利用超大规模集成电路,在单个特殊用途的集成电路中可以执行大小为 1024 的 32 位二进制文件编制的能谱累加器。

11.6.5　图像处理

航天器可能必须处理图像数据,有时候必须识别移动目标,在其他时刻,必须识别对象的质心。可能必须检测图像中对象的边缘,或必须对超过某个尺寸的对象计数。所有这些功能可以通过特殊目的的图像处理外围设备执行。蜂窝逻辑转换集成电路就是这样的外围设备,可以在小于 1/30s 内对 256×256 像素图像进行任何这些转换之一。如果使用一个特殊目的的图像处理外设,则中央处理器不再负担图像处理任务,而仅仅需要译码结果。

11.7　超大规模集成

超大规模晶体管集成(ULSI)是一种革命性技术进展,实现了航天器上各种智能处理器及外围设备。如今,64000000 个晶体管或更多晶体管可能集成在 0.6in×0.6in 的单硅芯片上,此芯片可以提供每立方厘米前所未有的潜在处理能力,人们才刚刚开始挖掘此潜力。

此集成技术的典型应用包括带 CPU 的芯片、外围设备控制器、存储器管理设备等装置的冗余性(对于故障容忍)。另外的应用是实现复杂的并行处理架构,这种架构在任务期间发生故障时可以完美降级。晶体管集成的密度增加已经允许集成电路存储器取代磁带录音机实现飞行处理器大容量存储。

系统设计人员可以有几种方法使用 ULSI,一种方法是使用商业集成电路供应商制造的货架产品,这些商业现货(COTS)组件必须进行挑选以满足航天飞行应用要求。另外一种方法是使用门阵列或现场可编程门阵列(FPGA)设计指定应用的电路。第三种方法用于设计全定制 ULSI 集成电路,在此电路中,每个晶体管及内部连接进行了优化以便于应用。现代计算机辅助设计(CAD)工具加速了全定制设计过程,一个全定制设计可以在个人计算机上实现和模拟。

ULSI 设备技术的能力远远超过目前的应用能力,目前拥有的能力大于人们知道利用它做什么。新一代航天器设计工程正在传承此前所未有的潜在功能以实现创新。在将来 10 年,新一代航天器完成的功能将毫无疑问远远超过人们最乐观的预测。

11.8　习　　题

1. 航天器仪器具有一个飞行计算机,它每 8.192s 实时间隔需要 7.68s 以完成数据处理、内部管理及遥测任务。如果仪器的指令为 32 位,并且在指令接收之后仪器处理器需要 64ms 处理每个命令,指令最大可以以多大的平均速率发送给处理器,并同时不会影响其数据处理、内部处理及遥测任务? 可以假设 32 位命令数据以每秒 2000 位的速率从指令系统传输到设备。简单解释你的答案(提示:答案不需要此问题中给出的所有数据)。

2. 航天器数据处理系统的设计人员已经选择一种微型计算机架构以从主程序的任何部分调用软件子例程。子例程的返回地址存储在子例程的前两个字节,这样当子例程已经完成其任务时,子例程可以将程序控制返回到最近调用点。设计人员也已经选择将所有程序指令,包括子例程放在只读存储器(ROM)中。此设计为什么不能工作? 设计人员如何补救此问题?

3. 你被分配一个任务,为木星 Galileo 深远太空任务的高能粒子检测仪器设计一个数据处理系统。电源及质量对这样的任务特别关键,并且设备必须在整个旅途中存活下来,这样当航天器在木星轨道上运行时可以采集到有意义的数据。

当航天飞机将航天器发射到地球轨道时,此任务开始。在地球轨道运行 48 周后,巡航火箭将航天器从地球轨道送出,并且向木星进发。航天器将以每小时 14000mil 的平均速度运行 1200 天,经过 403200000mil 到达木星。一旦在木星确定了轨道,则科学家期望采集尽可能多的数据。

航天器中的集成电路将在每个地球轨道周期接收 50rad(Si)辐射。在到木星的长巡航过程中,集成电路将每天平均接收 50rad(Si)。一旦进入木星附近的轨道中,由于木星磁层中的高能辐射环境,电路将每轨道周期接收 150000rad(Si)。

以下哪一个微处理器集成电路最适合此任务?

(1)2901 位片微处理器,其可以承受 1×10^6 rad(Si),2901 系统功耗 2.9W。

(2)商业 80C86 微处理器,其可以承受 1×10^4 rad(Si),80C86 系统功耗 0.4W。

(3)定制蓝宝石硅(SOS)微处理器可以承受 1×10^5 rad(Si),SOS 系统功耗 0.8W。

(4)辐射加强的 80C86C MOS 微处理器,其可以承受 1×10^6 rad(Si),抗辐射加固 80C86 系统功耗 0.6W。

对于你选择的系统,在微处理器发生故障前,围绕木星多少个轨道周期内可以提供科学数据(可以假设微处理器是一个对辐射破坏最脆弱的集成电路)。

4. 系统正在使用一个偶数奇偶性 Hamming 码以传输 24 位数据字。5 个奇偶位用于错误检测及纠正。假设每个传输的字包括不超过 1 位错误。以下接收的合成字中包括至多一位错误。

C_1	C_2	C_3	C_4	C_5	C_6	C_7	C_8	C_9	C_{10}	C_{11}	C_{12}	C_{13}	C_{14}
1	1	1	1	0	1	1	1	0	1	1	0	1	1
P_1	P_2	D_1	P_4	D_2	D_3	D_4	P_8	D_5	D_6	D_7	D_8	D_9	D_{10}

C_{15}	C_{16}	C_{17}	C_{18}	C_{19}	C_{20}	C_{21}	C_{22}	C_{23}	C_{24}	C_{25}	C_{26}	C_{27}	C_{28}	C_{29}
1	0	1	1	0	1	0	1	1	1	1	0	0	0	0
D_{11}	P_{16}	D_{12}	D_{13}	D_{14}	D_{15}	D_{16}	D_{17}	D_{18}	D_{19}	D_{20}	D_{21}	D_{22}	D_{23}	D_{24}

C_i 是合成字的位, P_i 指接收的奇偶位, D_i 是接收的数据位,接收机产生的故障是什么? 原始(正确)数据是什么?

5. 对于以下三种情况,简短描述你采取什么步骤(硬件及/或软件)以保护你的航天器微处理器数据系统? 如果你添加硬件或软件资源到设计中,解释添加的内容及它们的功能。

(1)你的互补金属氧化物半导体(CMOS)静态随机访问存储器(SRAM)集成电路对闩锁很脆弱。对于整个本地 RAM,最坏情况下预测的闩锁速率是每个月两次,并且你的任务时长是 5 年。

(2)你的 CMOS SRAM 芯片发现对单粒子翻转(SEUS)很脆弱。整个 2^{24} 位 SRAM(16777216 位,524288 个 32 位字)期望的 SEU 率是每天每位 2×10^{-6} 错误。你的微处理器在每个 1.024s 实时间隔内具有至少 60ms 空闲时间,并且可以在 15ns 内执行一个 32 位加载或存储指令。

(3)你的微处理器中央处理单元(CPU)芯片发现对单粒子翻转很脆弱(SEUS)。SEUS 可以影响存储在任何 CPU 寄存器中的数据,包括程序计数器、存储器地址寄存器、指令寄存器(其为当前正在执行的遥控保存操作码),以及转换临时缓存(其将虚拟地址转换为物理存储器地址)。CPU 预测的 SEU 速率为每个月一次翻转。

参 考 文 献

Avizienis A. 1981. Fauit tolerance by means of external monitoring of computer systems. Proceedings of the National Computer Conference. pp. 27-40.

Avizienis A. 1985. The N-version approach to fault tolerant software. IEEE Transactions on software Engineering,SE-1 l(12):149-501.

Baker J L. 1980. Computer Systems Architecture. Rockville,MD:Computer Science Press.

Blough D M,Masson G M. 1990. Performance analysis of a generalized concurrent error detection procedure. IEEE Transactions on Computers,39(1):47-62.

Chetty P R K. 1991. Satellite Technology and its Applications. Blue Ridge Summit,PA:Tab Professional and Reference Books.

Hayes J P. 1978 Computer Architecture and Organization. New York: McGraw-Hill.

Mahmood A, McCluskey E J. 1988. Concurrent error detection using watchdog processors. IEEE Transactions on Computers, 37(2): 160-174.

Odenwalder J P. 1976. Error Control Coding Handbook. San Diego, CA: Linkabit.

Sklar B. 1988. Digital Communications: Fundamentals and Applications. Englewood Cliffs, NJ: Prentice-Hall.

Tanenbaum A S. 1984. Structured Computer Organization. Englewood Cliffs, NJ: Prentice-Hall.

第 12 章　嵌入式软件系统

Harry K. Utterback

12.1　简　介

在本章将探索嵌入式软件系统,包括以往、当前、未来期望系统的概述。讨论嵌入式系统对整个航天器设计的好处及伴随的缺点,从而利用软件工程解决嵌入式软件系统开发遇到的问题。本章讨论开发环境、硬件接口仿真及变化的需求。软件开发过程中涉及的问题将被讨论,包括语言选择及坏选择的后果、重用问题及反复测试。本章也讨论应用不同设计源实现代码自动生成。本章将重点关注嵌入系统的软件方面,关注开发可靠、可信航天器软件所需的计划及开发流程。

嵌入式软件系统,虽然简单原始,但从 20 世纪 60 年代就已经成为太空飞行系统的一部分。嵌入式软件系统用丁控制较大系统的一方面或多个方面。在本章的案例中,较大系统指航天器或航天器子系统,子系统包括遥测系统、遥控系统、姿态控制系统或星载仪器(Malcom et al,1999)。

Triad 是最早使用通用数字计算机的航天器之一,其由约翰霍普金斯大学应用物理实验室开发。此成果的主要意义在于从地面对计算机进行再次编程。航天器操作人员能够运行诊断程序,用程序及数据填充计算机的内存。如果需要,能够修改软件执行新的飞行任务(Whisnant et al,1981)。计算机使用双向通信与遥控系统及遥测系统连接。Triad 是第一个传输改进项目和海军导航卫星项目的一部分,具有一个带 32K 字节容量内存的定制 16 位处理器。在 Triad 之前,星务子系统由硬连接逻辑电路控制,响应来自地面的命令。Triad 之后的卫星变得依赖于嵌入式处理器控制卫星的子系统。

作为当前技术的测量手段,中段空间试验(MSX)航天器于 20 世纪 80 年代中期发射,其具有 54 个星载嵌入式处理器,为 19 个子系统服务,软件规模超过275000 行代码(Huebschman,1996)。当今,实际上航天器上每个仪器和传感器将具有一个嵌入式可编程计算机作为子系统的一部分。

12.1.1 优势

在使用可再编程软件系统之前,如果一个卫星子系统工作异常,地面操控者很少有机会重新获取控制权,更别说救援任务。可再编程系统提供了多种选择,使得卫星或仪器能够在轨修复和增加新功能(Whisnant et al,1981)。

12.1.2 缺点

软件需要时间,航天器设计需要时间,问题在于软件受硬件设计影响很大,并且直到硬件设计确定后才可以完成一个好的软件设计,软件需求才能被确定、归档和检查。软件开发小组面临的第二个重要问题是复杂性。管理遥控系统、遥测系统、电源系统、姿态控制系统及各种航天器上的科学仪器使得任务变得非常复杂。飞行软件必须实时响应异步发生的事件,因此软件可以控制过程的进度。实时响应通过使用硬件中断实现。中断信号标志包括新命令到达、计时器溢出、遥测数据过期、传感器数据产生、错误条件存在等(Malcom et al,1999)。另一个问题是,软件编写完成后,如何测试软件。

12.2 工程飞行软件

软件开发过程不仅仅是代码编写、编译和执行。软件开发总体需要 5 个阶段:需求收集、概要设计、详细设计、代码实现以及运行。每个阶段有多个事项,表12.1 展示了此流程。如果代码实现要求质量保证,还应包括独立的软件确认及软件验证。

表 12.1 软件开发流程

	需求确定	概要设计	详细设计	实现
管理	1. 成本估计 2. 软件开发计划 3. 协调软件需求审查(SSR)	1. 成本估计细化 2. 规模估计 3. 制定配置管理计划 4. 协调概要设计审查(PDR)	1. 细化成本及规模估计 2. 协调关键设计审查(CDR) 3. 实现配置管理计划	1. 细化成本及规模估计 2. 协调软件验收审查
开发	1. 软件需求 2. 制定软件需求规范(SRS) 3. 软件需求审查(SRR)	1. 制定功能设计文档(FDD) 2. 制定接口控制文档(ICD) 3. 概要设计审查(PDR)	1. 制定详细程序设计(DDD) 2. 关键设计审查(CDR) 3. 更新 FDD 及 ICD	1. 转换设计为代码 2. 更新 DDD 3. 执行检查 4. 软件验收审查

续表

	需求确定	概要设计	详细设计	实现
测试	1. 审查系统需求 2. 审查 SRS 3. 制定测试规范	1. 制订测试计划 2. 审查 FDD 3. 审查 ICD 4. 参加 PDR	1. 制定测试过程 2. 审查 DDD 3. 参加 CDR	1. 审查测试程序 2. 执行测试 3. 编写测试报告 4. 软件验收审查
质量保证	1. 开发质量保证计划 2. 审查 SRS 3. 参加 SRR	1. 审查 FDD 2. 审查 ICD 3. 审查测试计划 4. 参加 PDR	1. 审查 DDD 2. 审查测试程序 3. 参加 CDR	1. 审查测试报告 2. 软件验收审查

早期需要决定使用哪种编程语言开发软件。此选择可能涉及软件开发人员的培训,编译器的采购,在线仿真调试工具、总线活动记录器以及软件开发平台等工具的选用。

语言选择是一个有趣的问题。编程人员喜欢使用他们在学校使用的语言,包括 C 或 C++。老的程序员可能更喜欢 Fortran 或 Pascal 或一些其他很少使用的语言。因此,程序项目经理需要选择对长期有意义的语言。考虑到代码的可移植性、验证的编译器、国防部对语言的要求、验证及组件的可用性、强制的类型检查(和其他安全特性)、语言内置的多任务特性及语言的实时特性等因素,Ada 等现代语言更有优势。这听起来像一种商业化过程,在一些情况下确实是这样,但选择 Ada 的要点正是由于其具备项目主管完成成功的嵌入式软件项目所需的语言特性。软件重用问题也需要考虑。我们已经有写好的软件用于此任务吗? 有工具可以用于语言/开发平台测试吗? 当面对一个或者多个处理器的选择时,任务变得更加复杂。开发平台必须能够生成在选择的星载处理器上的可执行代码。处理器选择经常受限。仅仅只有几个处理器适合在太空辐射环境下使用并且提供的软件开发工具也受限。此外,适合太空环境的可用处理器通常不是"一流技术",它们经常落后最新及最好的处理器好几代。处理器内存材料选择也是开发者的困境之一。需要编写内存刷新例程以保持内存无单粒子翻转及双位错误。FLASH 闪存因为特殊的使用协议,在程序加载或者改变地址时可能产生错误。

在任何情况下,高度结构化的语言始终更好。用这种语言编写的程序易于读取、易于测试并且易于修改,不会引入新的错误。

对于某些应用,如姿态控制,代码生成工具不仅仅可以构建飞行代码,而且可以提供有用的测试代码及仿真。NEAR-Shumacher 团队使用此方法为任务的姿态控制系统及轨道转移系统开发代码。

12.3　软件配置管理

软件配置管理是一种方法,该方法可以使软件开发团队知道该产品的制造及测试是满足需求的(Humphery,1990)。软件配置管理用于控制软件开发项目中出现的平均信息量。软件开发的方方面面都应该受控。这包括需求规范、设计文档、测试数据、测试框架和软件代码。

决策何时对一个项目进行配置控制、建立不会过度扼杀早期开发并且使开发继续直到完成的基线(baseline)时,必须要认真考虑。如果这项工作开展得太早,开发人员会感觉他们受文档约束。如果开展得太迟,管理人员会感觉开发过程失去控制。通常争议项目被批准后才建立基线。例如,当需求规范经审查及批准后建立需求基线。此基线包括运行概念文件以及批准的需求文件。当新需求出现并获得批准,则建立新需求基线。同样需要为设计文档、代码单元(模块)、集成阶段及程序运行阶段建立基线。

能够识别执行的程序版本很重要。对于航天器,版本标识经常出现在遥测数据中,这样可以验证星上运行的是最终的完整版本,而不是缺少一个或多个仪器接口的测试版本。这样的事情曾经发生过,造成任务失败或者使航天器控制人员担心数小时直到桯序正确加载并执行。

配置管理工具(Whitegift,1991)可以帮助实现配置控制系统。一个配置管理计划应该由各个软件开发方制定并且达成一致(项目管理、软件设计、软件实施、测试团队及其他)。配置管理计划(ANSI/IEEE Std 828-1990;Buckley,1993)包括以下内容。

(1)简介:简介标识文档及其范围,即控制的项目。

(2)管理:管理部分遵循并确定 CM 活动的责任及权力的分配,管理包括项目组织、CM 责任及任何适用的政策及程序。

(3)活动:CM 将执行的任务或活动列出。此部分通常包括用于配置确认、变化控制、状态日志及审计的流程,甚至包括问题报告系统。如果一个组织已经为账目、问题报告建立了程序,则参考这些程序就足够了。

(4)调度:此节将 CM 任务与总体项目计划及里程碑关联在一起。

(5)资源:资源部分描述实施计划所需的工具及人员。

(6)维护:计划维护部分是配置管理计划的总结部分。

12.4　组　　织

理想情况下,软件组织将包括开发团队、测试团队、质量保证团队及运行团队。

这些团队都可以采取与父组织一样的方式进行组织。开发团队包括团队领导或经理,以及需求规范、软件设计及编程(理想情况下)方面的专家。

测试团队包括具有测试开发(程序开发经验是必需的)经验以及发现需求规范、设计文档及程序代码错误漏洞技巧的人员。

质量保证团队可能是最小的团队,如果开发没有根据书面批准过的质量保证计划完成,则此团队需要直接与产品经理联系并且有权力停止开发。

运行团队需要计划人员及运行人员理解产品及其期望用途。他们需要能够理解航天器使用团队的要求以及他们期望运行的软件功能。通常,这些人员将程序安装在两个地方:航天器上及地面控制软件中。

典型的组织如图 12.1 所示。指定在轨软件配置控制委员会(SCCB),成员来自开发团队、测试团队、质量保证团队及运营人员。SCCB 决定是否实施变动请求,包括对变动好处的判断、不变的后果以及对计划影响,即变动的成本。在变动得到批准(或没有批准)之后,SCCB 的责任继续存在。SCCB 通常不管变动如何实施,但其责任将继续存在直到更新的项目最终批准包括在项目中。当变动得到批准时,对所有层面发生的改动进行记录是十分重要的。如果新的需求得到请求,则变动反映在需求文件、设计文件、测试计划中,当然,还有代码。虽然这一过程很耗时并且看起来乏味,但是文档化所建立的产品以及修改记录是十分重要的。如果没有足够的最新文档,则查出错误的成本是很高的。

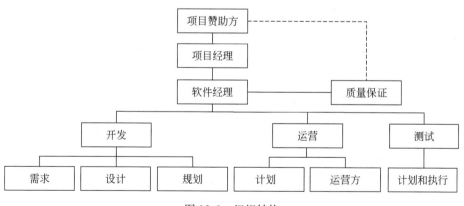

图 12.1　组织结构

配置管理也可以帮助排除以前修复的错误,换句话说,可以使测试人员及开发人员了解测试及修改的程序版本。

用户可以在文献(Humphery,1990)和(Babich,1986)中找到优秀的软件配置管理方法及指南。

12.5　规模及估计

子程序、模块包程序及系统等规模多大？产品开发需要多长时间？内存中需要多少指令或地址空间？为什么关心这些？

关心这些首先是因为硬件工程师必须构建一个有能力处理软件系统的计算机，其次需要估计在指定时间内构建软件所需的人员。

通常是估算代码行数 SLOC，使用 SLOC 的主要好处是编译器可以轻松并客观地对代码行进行计数。缺点也有很多：定义特定语言的代码行计数规则；定义计数哪些代码行，如声明、宏、系统服务功能等。当系统使用不同语言时，这些情况如何处理？

在规模确定及估计中最好的工具是经验，但经验也不总是有用，特别是如果正在处理全新的问题或者新型的机器或者新的人员或者新的管理。这些技巧的最好老师是你所花时间、规模估计及实际结果的个人记录。最后建议每个软件工程师阅读 Humphery 所著的 *Introduction to Personal Software Process*（Humphery，1997）。此书给出需要遵循的原则及规定，但经验也有很大作用。

另一个工具是使用历史数据库。当今，公司存档通常是短期的，因此建立数据库系统就显得十分重要，数据库内容包括程序规模、项目工作人员数量及他们的经验级别，开发及测试时间。如果新项目与已完成的程序类似，数据库可以为新项目规模、时间及工作量估计提供一个好的起点。

功能点分析（Symons，1991；Garmus et al，1996）是另外一种规模及估计的方法。IBM 的 Albrecht 需要一个方法用来估计并测量几种编程语言环境下的性能。他开发了一种统计输入、输出以及主文件等信息的方法，使用加权和相加后，能够给出系统规模的度量。Albrecht 的方法经历了三次修改，现在已经设计出新的变种，称为 MkII 功能点分析，目标是克服 Albrecht 方法的一些已有弱点。无论你选择使用哪种方法，清晰理解你所测量的对象十分重要。

即使规模及时间估计得很准确，软件开发人员主要的压力仍在于减少成本及缩短计划，通常由于没有咨询软件开发人员，导致软件太昂贵并且启动太晚！此错误很难克服。独立估计是一种解决方案，只要独立估计人员的软件知识渊博并且不涉及项目管理问题（Anderson et al，1991）。

了解规模之后，项目调度是另外一个需要考虑的变化因素。设计、详细设计、编码及单元测试、集成测试及最终合格测试将各分配多少时间？需要保存记录以构建规模与完成时间关系的数据库。Humphery（1990）的文献提供了两张经验表格，一个来自 TRW，一个来自 Martin Marietta。

计划始于估计规模,规模估计始于第 1 章描述的工作分解结构(WBS)。WBS
包括两个部分:产品结构及软件流程结构。产品结构反映了总体设计。产品结构
细化后,对产生每个元素的流程任务进行了定义。细节越详细,则估计越准确,计
划越好,并且跟踪越好。

12.6　重　　用

航天系统的软件开发成本高昂,并且经常受到严格的时间约束。为了缓解成
本及时间压力,软件开发团队需要能够重用以前项目的设计及代码。为每个项目
重新开发软件或坚持加载程序适合子系统 A 而不适合子系统 B(当两个子系统正
在使用完全一样的处理器)的开发方式已经过时。当开发团队进行一个特定项目
时,他们应该考虑将来的项目并且特定的模块如何构建以备将来使用。应该建立
并使用子程序库、程序包等。管理这些的例程库可以节省许多项目开发时间,更不
用说例程存储入库之前已经经过彻底的测试。航天系统的硬件经常为"非现货",
软件也是如此。

软件生产中使用的固定不变的库十分重要。团队的所有开发人员需要使用相
同的单元及常量以维护结果的一致性并且尽量做到改动最小。重复使用不仅包括
软件系统架构、设计,而且包括测试用例(特别是具有高错误率的测试例)及文档。
当基本硬件保持一样或使用相同的语言,重复使用对项目很有好处。

软件重复使用必须进行计划,在项目开始时就应该记住这一点。开发可重用
组件的成本通常更昂贵,但额外产生的成本可以通过组件将来的重用分摊。

一些可重用代码库由美国国防部(DOD)赞助。访问这些资源限于那些与
DOD 有业务关联及使用 Ada 编程语言的机构。其中一个库为 Eglin 空军基地的
通用艾达导弹软件包(CAMP)(Anderson et al,1991)。商业 Ada 组件作为"Booch
组件"提供,这些组件具有通用性并且处于底层。

软件工程机构及软件生产率联盟正在开展的活动有望为可重用组件提供更广
泛且更有用的库功能。

12.7　过　　程

一个良好定义并获得执行的软件开发过程对任何情况下成功完成软件工作非
常重要,甚至对航天器软件开发也是如此。应该制定一个开发计划,计划包括需求
收集及审查、概要设计及审查、详细设计及审查、软件检查、走查或相当的形式,以
及全面的测试计划。过程中每一步的审查用于查找软件开发人员持有的误解以及

硬件开发人员及子系统主管持有的误解。当进行集成测试时,尽早发现这些误解或错误会节省将来大量的重复工作。这意味着软件的设计必须仔细进行,并且不能在编码过程中完成。前面提及的审查应该视为软件测试的一部分,这样可以发现错误。设计审查流程的通常方法是使审查围绕硬件及软件。使用良好定义的硬件及任务需求集合可以实现此目标,但如果硬件或任务没有确定,则不可能实现良好的软件审查。为了完成有效的设计,在早期开发阶段必须定义接口并且达成一致。

设计质量将决定执行的成败。如果在项目设计阶段所犯的概念错误没有被发现,而在开发的后期发现,则纠正这些错误需要的成本将高很多倍(Boehm,1976)。软件开发人员收集软件需求的时间内,硬件需求及设计同时在收集并执行。这种同时开发的过程可能是嵌入式软件开发设计阶段最困难的部分。当硬件中出现新的思想时,如航天器上的新仪器、已有硬件的新接口和新管理器等,软件需求快速变化。理想情况下,开发人员直到所有需求都已知后才开始软件设计。现实情况是,为了满足计划需求,要求在所有需求已知之前开始设计过程。风险是必然存在的,通过使用结构化编程方法和尽可能延迟制定详细计划的方法缓解风险。

卡耐基梅隆大学建立了软件工程研究所(SEI)以帮助国防部定义并细化软件开发流程。当时出现了被称为"软件危机"的现象,很少有 DOD 软件项目能按时并且在预算内完成,并且经常发生错误(Paulk et al,1993)。

在研究、调查及讨论之后,SEI 提出了改进软件开发流程的框架,命名为能力成熟度模型(CMM)。此模型描述了 5 层成熟度级别,第 1 级为最小能力,5 级为最成熟。2~5 级描述了软件开发组织生产软件经历的活动或流程。1 级级别的组织具有很少的流程,且工作较为混乱。5 级级别的组织很少,但现在有几个。IBM 休斯敦的航天飞机项目处于 5 级。总体上,必须做的是发现你身边的 1 级级别的组织(Paulk et al,1993)。CMM 是最适合用于提高软件开发的指南。小组织很难为成熟实施配备人员,但应该接受适合你需求的要素,特别注意为每级定义的目标。

选择生命周期模型提供了软件流程的框架。几种方法可供选择,包括瀑布模型、螺旋模型、快速模型、抛弃式原型及演进式原型。每种方法都彼此不同,当你为项目选择时需要进行思考,考虑的因素包括:①需求稳定性;②系统寿命;③实施资源的可用性(Anderson et al,1991)。

瀑布模型由文献(Winston Royce,1970)给出,如图 12.2 所示,可能是最著名且最广泛使用的生命周期模型。如名字所示,开发中的步骤可以看成一个瀑布,每个产品部分下落并且被下一个周期使用。

螺旋模型由 Barry Boehm 开发,并且于 1988 年 5 月发表在 *IEEE Computer* 杂志上。此模型强调风险分析、原型及计划的连续性直到一个运行原型被构建。

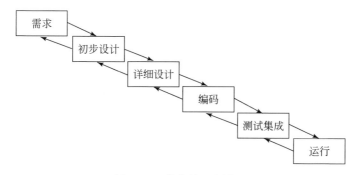

图 12.2　简化的瀑布模型

其来自于完成设计、编码及测试的最终软件原型。

　　快速的抛弃式原型是一种有用的模型,特别是针对需求快速变化并且不是很了解的情况。客户的需求被快速写入代码(需要尽可能多的加工)以检查程序是否适合需求。此方法快速将客户和开发人员绑定在一起,可以较好理解开发系统的用户需求。然而,最终产品的总体时间不比瀑布方法短(Anderson and Dorfman,1991)。如名字所示,一旦已经达到目的,原型将不用。

　　增量开发及进化原型在螺旋模型之后,换句话说,用逐步完成成品的思想完成原型。软件构建用于满足少量的需求,随着时间的发展,新的需求被添加,软件功能逐渐得到增强。这些方法可以更快地开发一个产品,但功能有限(功能减少)。这些产品具有潜在更长的寿命,因为它们在构建中不断修改。任何一种模型对嵌入软件的适应性完全由观察者决定。如果使用快速原型,系统用户可以看到决策的结果。一旦航天器系统被定义以及子系统和设备被修改或者添加删除,地面控制软件可能申请使用增量开发或者进化式原型作为模型。

12.8　软件检查

　　软件检查的目的是改进质量及生产力,而不是评估人事部门。软件检查是静态审查,用于发现问题并且改进质量。当错误处于易于纠正的阶段时,检查为流程早期阶段发现错误提供了方法。

　　软件检查是 20 世纪 70 年代 IBM 的 Fagan 提出的思想(Fagan,1976)。他正在寻找一种方法改进编程质量及生产力。一个检查团队被选择用来检查每个产品。检查团队包括仲裁者、作者、抄写员及两个或三个检查人员。这里,团队规模小是比较好的。抄写员从检查团队中选择出来作为一个整体。通常仲裁者及作者不需要参加这项任务,但作者可能被选择。此团队应该包括有博学的人员,即那些需求、设计、编码、测试等领域很有经验的人员。

Fagan 制定的方法包括 6 个步骤。

(1)计划：在计划步骤中实施检查。被检查的产品、作者收集需要检查的材料以及支持文档。仲裁者或检查负责人选择其他参与人员并且审查材料以确保产品可以进行检查。选择会议日期，并且通知其他人员计划并提供材料。

(2)概述：召开概述或启动会以使检查小组其他人员了解检查的产品。

(3)准备：检查小组研究材料。在准备阶段，检查人员使用检查列表的方式展开工作，记录此流程中发现的缺陷，以及准备所花费的时间。

(4)检查会议：此会议用于检测缺陷。检查工作涉及的人员应参加会议，包括仲裁者、作者及其他小组成员。

(5)返工：作者去修复会议上发现的缺陷。

(6)跟进措施：用于确认缺陷已以满意的方式修复，并完成检查报告。

检查报告文字需要按顺序组织。此报告包括准备工作量、检查率、产品规模及发现的缺陷类型（错误、丢失或额外）。这些缺陷也按严重度进行分类，分为主要或次要。这些信息用于改进开发流程，而不是用于处罚。

可以通过阅读 Fagan(1976)、Strauss 及 Ebenau(1994)、Gilb 等(1993)的文献，了解关于软件检查的详细指南。

12.9 软件测试

软件测试大约占用 50% 的软件开发时间，测试不是发射之前最后一分钟临时进行的活动(Myers,1979)。

软件测试用于检测软件中的错误。重新声明：软件测试的目标是发现错误（注意：这与判断软件是否运行正确不一样）。此流程不是始于运行代码，而是始于第一次文档记录。事实上，测试开始的第一次软件审查，通常是需求审查。每次审查都是一种测试形式，包括检查及/或走查。

理想情况下，非代码作者进行超越模块级的测试或第一次程序测试。在自己工作中寻找错误非常困难(Humphery,1990)。另外，测试是一项艰难的创造性工作，并且需要一个独立于开发团队的新团队有效完成。测试团队从程序规范开始，参加所有审查，并且构建测试用例以发现尽可能多的错误。记住，可以发现错误的用例才是一个好的测试用例。

当开发经过生成系统需求、收集及审查软件需求、概念设计、基本设计及详细设计等各个阶段时，测试团队必须为最终要编写的代码制定一个软件测试计划。测试计划可能是软件开发最容易忽视的阶段之一。通过设计及设计审查、实现设计、模块测试，然后使用卫星上的实际硬件来测试软件系统。如果各种仪器及子系统没有准备好集成或不能在非航天环境下开机,将会带来问题。在软件、硬件或组合条件下快速开发一个模拟器是不太现实的。当航天器系统投产后,数据处理复杂度成倍增加,测试变得很难完成。

解决办法是并行开发航天器模拟器。模拟航天器是软硬件的组合,用来模拟航天器总线活动,理想情况下将实际硬件接入模拟器系统。

系统测试是审查及测试程序目标的关键。终端用户验证程序正是其所期望的程序。测试例应该包括运行错误可能性及故意的误用。系统应该能够防止这些错误的出现。

测试计划与程序开发一样重要,并且应该在项目需求阶段制定。独立的测试工具非常重要。测试人员参与每一个审查工作,包括需求、概要及最终设计审查和检查。测试人员所获取的观察结果可以帮助系统测试计划,从而可以帮助生产更好的产品。测试计划在 Hetzel(1984)的文献中详细描述。

嵌入式系统给测试人员带来特殊的问题(Anderson et al,1991)。系统通常连接到计算机之外的特殊仪器或硬件。如姿态控制系统连接到陀螺仪、星敏感器、太阳敏感器及磁力矩器。计算机通常没有外围设备,这样很难评估测试中发生的事情。实际计算机可能不可用,因为其被集成到航天器中。由于这些系统必须实时运行,这些问题变得更加困难。这些系统的实时性使测试非常困难直到整个系统被实现。

实时系统的测试应该分两阶段完成,第一个阶段是测试功能正确性,第二个阶段是测试定时方面。当所有硬件及软件组合在航天器中时,运行一系列测试以确保系统整体完整性。航天器控制人员设计各种场景以执行航天器及其仪器在太空中的功能。同时,因为一些仪器不能在非太空环境下打开,因此使用仪器模拟器。如果没有仪器模拟器,飞行软件有些功能可能必须废除以防止产生其他问题。在太空环境下,数据何时到达是不可预测的,测试必须反映这些条件存在的各种可能性。定时冲突需要特别关注,系统必须进行严格测试,任何差错必须被完全追踪。许多航天器任务因为没有看到小错误对任务的威胁性而受到损害,后来证明这些小错误是系统操作人员特别难以忍受的,操作人员必须解决此问题,火星着陆器曾遭遇了这个问题。

测试文件应该进行维护并且保留为测试流程的一部分。测试文件包括测试用例,也就是包括驱动程序(如果有)、输入数据、输出数据、期望结果、实际结果以及发现的错误。程序的版本记录也需要保存。当选择回归测试用例时,此信息特别有用。当向已有程序添加新模块,或当已经修复发现的错误时,需要进行回归测试。这会经常造成新错误,因此回归测试非常重要。回归测试的测试用例的选择"更像艺术而非科学"(Humphery,1990),以前发现错误的测试用例是用例来源的首选。

12.10　软件独立验证及确认

　　错误的产生是由于软件系统的复杂性及软件开发人员理解规范的方式不同。大型开发人员团队不可能产生无错误的设计和代码,即使精心管理。考虑到大型航天系统中故障带来的高昂费用,软件开发团队有必要雇佣独立的确认及验证团队。此处指独立的第三方团队,其向那些为软件系统支付费用的人员或实体提供服务。

　　软件确认是一个迭代的过程,其目标是确定开发周期中的每一阶段产品是否:①满足前一阶段的所有需求;②内部完整、一致并且足够正确以支持下一个阶段。

　　软件验证是执行软件于应用硬件并将测试结果与要求的性能进行比较的过程(Lewis,1992)。

　　在计划中,验证及确认应该与常规软件开发一样早,即在需求收集阶段。这不仅仅是通常认为的察看执行代码的过程。验证及确认生命周期与软件生命周期十分类似,除了文字"确认"添加到周期名字中。计划制定应该包括软件开发计划中的大部分要素(ANSI/IEEE Std 1012—1986)。

　　验证是验证及确认的最后阶段,这与软件生命周期中的软件集成及测试阶段相当。

　　文献(Lewis,1992)描述了判断验证及确认工作真实性的 6 条原则,包括:

　　(1)工作必须独立;

　　(2)工作必须是附加工作,不是开发周期的必需部分;

　　(3)工作必须向客户报告;

　　(4)数据及工具可与开发人员共享,但验证及确认必须提供自己的方法及工具以作为开发组织方法及工具的补充。

　　(5)如定义所述,每个阶段必须根据自身、前面及随后阶段进行确认。

　　(6)验证及确认必须能够验证所有可测试的软件性能要求。

　　所有关键的软件应服从于验证及确认。所谓关键软件,是指那些故障会破坏任务的软件。所有有人控制的飞行软件很关键。实时程序和每次运行之后具有不可确认结果的程序,如控制姿态控制系统的软件,都很关键。如果故障带来的经济后果超过验证及确认成本时,则程序需要进行验证及确认检查。

　　当生产这种软件时,无自我程序设计是一种巨大的资产(Weinberg,1971)。编程的目标是发现错误,这样软件可以以期望的方式执行。高质量保证计划不能替代验证及确认。内部系统不代表客户,甚至不能够实现组织发布的标准。内部组织较少可能发现需求规范中的忽略错误及类似的错误。

12.11　软件质量保证

软件质量保证根据以下四个基本原则进行控制。

(1)除非你建立积极的质量目标,否则不发生任何变化。

(2)如果目标没有量化,质量项目只停留在口头上。

(3)没有质量计划,只有你承担质量责任。

(4)如果你没有跟踪和审查质量计划,则其仅仅是纸上谈兵。

这些原则所表达的意思是高级管理需要建立积极的、明确量化的质量目标。质量措施具有客观性,非主观性。换句话说,"软件应该好"具有主观性,但"每个模块错误数量"是可以测量的标准。测量标准需要进行精确定义并且记录。质量计划必须制定以承诺特定的量化目标并且遵循管理目标。质量性能必须进行跟踪并且公开发布。质量测量结果应作为总体性能的指标。

软件质量保证计划应该在项目初期制定。该计划应该进行记录、审查、跟踪并且与实际性能进行比较,像项目的其他计划一样。设立责任机构管理质量数据及跟踪和报告系统。软件开发及维护期间,对质量性能进行跟踪并且报告给此机构。建立验证报告数据的资源并将其保留在流程数据库中。实际产品及组织性能数据根据计划进行定期审查。对照相关管理基准及确定的差异性对结果进行审查。根据目标决定性能,如果性能差,制定并执行行动计划;如果性能高于目标,则建立更积极的目标。发布质量性能,重点报告发给高级管理层。

12.12　习　　题

1. 写一篇论文描述关于软件开发记录的故事,加入一些你自己经验的趣事。

2. 制定一份软件测试计划提纲。

3. 制定一份软件开发计划提纲。

4. 制定一份独立确认及验证计划的提纲。

5. 为项目设计阶段设计一个变动请求表格。

6. 列出并描述 SEI 定义的软件成熟度的 5 个级别。

7. 描述软件的任何两个生命周期模型。

8. 写关于以下主题之一的深度论文。

(1)配置管理:为什么需要?

(2)建立软件重用库过程中域分析的好处。

(3)生命周期模型的演变,重点是当前实践。

(4)估计:为什么需要? 行业在哪?

(5)流程:什么是当前最佳实践?

(6)航天应用中的嵌入式软件系统。

9. 描述你公司/部门/项目的软件流程,根据 SEI 软件成熟度模型评估此流程。

10. 为了改进公司/部门/项目的软件流程,在工作场所需要做些什么?

11. 概述软件质量保证计划。

参 考 文 献

Anderson C,Dorfman M. 1991. Aerospace Software Engineering. Washington,DC: American Institute of Aeronautics and Astrophysics.

ANSI/IEEE Std 1012-1986,reaff. 1993. Standardfor Software Verijication and Validation Plans. New York: IEEE.

ANSI/IEEE Std 828-1990. 1993. Standard for Conjiguration Management Plans. New York: IEEE.

Babich W A. 1986. SofiareConjiguration Management,Coordination for Team Productivity. Reading,MA: Addison-Wesley.

Boehm B W. 1976. Software Engineering. IEEE Transactions on Computers,C-25(12): 1228.

Buckley F J. 1993. Implementing Conjiguration Management. New York: IEEE Press.

Fagan M E. 1976. Design and code inspections to reduce errors in program development. IBM Systems Journal,15(3):24-28.

Garmus D, Herron D. 1996. Measuring the Software Process,A Practical Guide to Functional Measurements. Englewood Cliffs,NJ: Prentice-Hall.

Gilb T,Graham D. 1993. Software Inspection. Reading,MA: Addison-Wesley.

Hetzel W. 1984. The Complete Guide to Software Testing. Wellesley,MA: QED Information Sciences.

Huebschman R K. 1996. The MSX Spacecraft System Design. Johns Hopkins University APL Technical Digest,17(1).

Humphery W S. 1990. Managing the Sofiare Process. Reading,MA: Addison-Wesley.

Humphery W S. 1997. Introduction to the Personal Software Process. Reading, MA: Addison Wesley Longman.

Lewis R O. 1992. Independent VeriJication and Validation. New York: John Wiley & Sons.

Malcom H,Utterback H K. 1999. Flight software in the Space Department: a look at the past anda view toward the future. Johns Hopkins University APL Technical Digest,20(4).

Myers G J. 1979. The Art of Software Testing. New York: John Wiley & Sons.

Paulk M C, et al. 1993. The Capability Maturity Model. Guidelines for Improving the Software

Process. Reading, MA: Addison-Wesley.

Royce W W. 1970. Managing the development of large software systems. Proceedings of IEEE WESCON. New York: IEEE.

Strauss S H, Ebenau R G. 1994. Software Inspection Process. New York: McGraw-Hill.

Symons C R. 1991. Software Sizing and Estimating MkII FPA. Chichester, England: John Wiley & Sons.

Weinberg G M. 1971. The Psychology of Computer Programming. New York: Van Nostrand Reinhold.

Whisnant J M, Jenkins R E, Utterback H K. 1981. On-board processing for the NOVA spacecraft. Presented at theInternational Telemetering Conference, San Diego, CA.

Whitegift D. 1991. Methods and Tools for Software Conjiguration Management. Chichester, England: John Wiley & Sons.

第 13 章 航天器可靠性、质量保证和辐射效应

Richard H. Maurer

13.1 简 介

对于工程活动,可靠性及质量保证是必备的原则。对于硬件制造机构,内在可靠性通常与创造性设计存在冲突。

13.1.1 可靠性

系统的可靠性指运行在约定环境条件下的系统能够在指定时间内完全实现其预期功能的概率。此描述中隐含三个假设。

(1)存在故障的可能性。

(2)随时间缓慢恶化的系统参数。

(3)判断环境条件正确描述。

13.1.2 质量保证

质量控制确保最终产品被接受。此功能包括活动的记录及认证,如采购、检查、生产、测试及封装/运输。

质量或性能保证工程师会保留检查、测试及故障记录,并且记录图纸变化、问题解决及放弃请求。此工程师负责在产品验收或买回时提供要求的文档以支持提供给赞助商或客户的硬件系列。

很明显,航天硬件很独特,在付诸应用之后通常不能再修理。因此,任何重大在轨故障可能导致部分或完全损失航天器(几千万或几亿美元)和计划推迟(一些星际科学任务的发射窗口可能 10 年都不会重现)。因此,航天硬件的目标是一次成功。

为确保成功,需要经过广泛征集意见,专家投票,并且进行设计审查等过程。此方法背后的依据是过去累积的知识和经验将作为现在及未来航天系统开发的参考。

从组织管理的观点看,可靠性岗位人员可以直接向部门或公司主管汇报,这样可保证与可靠性及质量相关的决策及考虑因素不会受设计、制造活动或项目办公

室施压的影响。相应地,执行质量、可靠性、组件工程及性能保证功能的工程师应该具有独立的审查委员会及签批权力。

13.2　可　靠　性

13.2.1　系统可靠性

系统可以简单,如两部件的机械系统(罐或盖),也可以复杂,如航天器。系统由串行、并行或混合组织的子系统组成。一些并行子系统可能具有冗余设计。如果定义在时刻 t 的成功或生存概率为 $R(t)$,对于串行系统,子系统的单独可靠性必须相乘,即

$$R_{AB}(t) = R_A(t)R_B(t) \tag{13.1}$$

广义地

$$R_{AB\cdots N}(t) = R_A(t)R_B(t)\cdots R_N(t) \tag{13.2}$$

对于具有并行子系统的系统,任何一个分系统的故障概率独立于任何其他子系统。系统唯一发生故障的可能是所有子系统在时刻 t 同时发生故障。定义故障概率 $P(t)$,它与可靠性相联系的公式为

$$R(t) = 1 - P(t) \tag{13.3}$$

如果一个系统具有两个并行子系统,它们在时刻 t 同时发生故障,那么

$$P_{AB}(t) = P_A(t)P_B(t) \tag{13.4}$$

进而有

$$R_{AB}(t) = 1 - P_{AB}(t) = 1 - P_A(t)P_B(t) \tag{13.5}$$

或者,广义地有

$$R_{AB\cdots N}(t) = 1 - P_A(t)P_B(t)\cdots P_N(t) \tag{13.6}$$

当然,大多数复杂系统是串行及并行子系统设计的组合。

降低故障概率的最传统方法是增加冗余性。冗余性提供保持冗余(待机)状态的备件直到原始组件完全停止工作。这种情况的一个例子如图 13.1 所示,其可代表汽车的备用轮胎、液压系统内待机备用泵或航天系统中冗余微处理器。如果子系统 2 没有发生故障,运行路径为 1 到 2 到 3。然而,如果子系统 2 发生故障,则路径为 1 到 S 到 $2'$ 到 3,其中 S 表示一个开关或传感器。因为子系统 2 与 S、$2'$ 平行,结合上面结果得

$$\begin{aligned} R_{2,S,2'}(t) &= 1 - P_2(t)P_{S,2'}(t) \\ &= 1 - \{[1 - R_2(t)][1 - R_{S,2'}(t)]\} \\ &= 1 - \{[1 - R_2(t)][1 - R_S(t)R_2{}'(t)]\} \end{aligned} \tag{13.7}$$

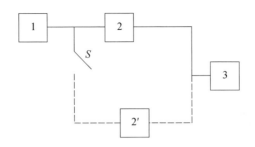

图 13.1   简单冗余系统(Kapur et al,1977)

对于图 13.1 中的整个系统,有

$$R_{\text{system}}(t) = R_1(t)R_3(t)(1 - \{[1 - R_2(t)][1 - R_S(t)R_2(t)]\}) \qquad (13.8)$$

注意,$R_{2'}(t)$ 和 $R_S(t)$ 必须在时刻 t 进行计算,因为它们在 $t_0 (0 < t_0 < t)$ 之前保持休眠而在时间 t_0 到 t 保持激活。这样,如果 S 及 $2'$ 已经从时间 0 运行到时间 t,则 $R_S(t)$ 和 $R_{2'}(t)$ 将具有较大的值。

另外一种冗余形式是具有 n 个并行组件的 r-n 系统,其中 r 个组件必须正常工作以保证系统的持续运行。例如,桥的绳索,需要特定数量的绳索以支撑负载;又如,需要几条并行的电路以承载一定的功率。

此系统的可靠性为

$$R_{\text{sys}} = \sum_{x=r}^{n} \binom{n}{x} R^x (1-R)^{n-x} \qquad (13.9)$$

式中,R 是子系统可靠性,假设所有系统的 R 值相等,并且

$$\binom{n}{x} = \frac{n'}{x!(n-x)!} \qquad (13.10)$$

利用上述简单的数学计算,展示一个具有重要实践意义的实例。

例 13.1(Kapur et al,1977)   假设有一个 n 组件系统,人们通常可以在冗余组件(图 13.2)或完全冗余的系统(图 13.3)之间选择。这两个冗余级别如何比较呢?假设每个组件具有一样的可靠性 R。

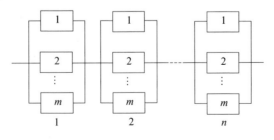

图 13.2   组件的底层冗余性(Kapur et al,1977)

对于图 13.2，m 个组件彼此并联构成一个子网络，n 个这样的子网络进行串联。

$$R_{S. low} = [1 - (1 - R^m)]^n \qquad (13.11)$$

对于图 13.3，有 n 个彼此串联的组件，且有 m 个这样的组件并联。

$$R_{S. high} = [1 - (1 - R^n)]^m \qquad (13.12)$$

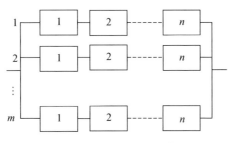

图 13.3　高级系统冗余

例如，如果 $R = 0.98$（军用标准组件的典型值）并且 $n = 6$，$m = 2$，我们发现

$$R_{S. low} = 0.998（冗余组件）$$
$$R_{S. high} = 0.987（冗余子系统）$$

1. 故障树及可靠性预测

过去，复杂航天系统的可靠性预测基于来自 *MIL Handbook 217* 等书的单个组件数据。然而，此手册中给出的值来源不清楚。一些值可能来自于现场数据，一些值来自于实验室可靠性测试，一些值来自于军用系统开发计划。另外一个重要因素如每百万工作小时的故障数量或置信度为 60% 时判定的一些其他类似参数。因此，如果再次采集数据，则有 40% 的可能性得到明显不同的结果。*MIL Handbook 217* 的主要作用是将在相同方法指导下的相似设计或不同版本的相同设计进行比较。用 *MIL Handbook 217* 进行有意义的绝对寿命或故障可能性预测具有争议性。自从 1994 年国防部决定使用由高水平企业生产的商业非现货（COTS）集成电路技术之后，可靠性预测及分析软件工具已经得到明显改进。国防部做出此决定的目的是利用商业 IC 技术速度及功能的快速提高，从而快速推进军事系统发展。被插入新军事设计中的商业产品包括塑料封装微电路（PEM）。在 20 世纪中期和 80 年代，IC 行业已经证明 PEM 与密封陶瓷封装零件一样可靠，即使没有密封，组件也具有长期的可靠性。

当前用于故障模式及影响分析（FMEA）、故障树构建及可能风险评估（PRA）的软件包括 SAPHIRE（集成可靠性评估的系统分析程序）、Relex 和 PRISM。SAPHIRE 用于构建事件及故障树，并且产生相应的图形。一旦故障树的基本事件集被定义,则 PRA 的初始化就很方便。故障树具有自己的值,因为导致子系统或系统故障的因果分支在结构上具有逻辑关联性。成功树是对故障树的补充,成功树可能具有插入分支以在树顶部产生系统成功可能性的概率,即 PRA。SAR-HIRE 的试验版本可以从网站 www. nec. gov 下载。SAPHIRE 最初由 Idaho 核工程实验室为原核能源委员会开发。SAPHIRE 也具有 FMEA 功能,但这种更简单的方法使用带 MIL-STD 1629A 和汽车工程师协会(SAE)51739 格式的微软 Excel表,经过证明更加高效。FMEA 观察关联组件及系统上组件或子系统故障的结果,并且对设计中集成冗余性或故障安全模式非常关键。

　　Relex 7 包括零件故障率库,并且可以进行可靠性模块图分析和故障/事件树生成(经常是复杂航天系统的开始点)。Relex 由位于 PA 格林斯堡的 Relex 软件公司提供,目前版本为 7。Relex 可以进行 FMEA、生命周期和可维护性分析。可维护性涉及复杂系统修理或刷新所需的平均时间间隔。必须为维护及运行估计系统生命期间可维护性成本,这称为生命周期成本。PRISM 由位于纽约和罗马可靠性分析中心提供,并且根据 *MIL Handbook 217* 进行改进。PRISM 使可靠性工程师可以根据自己的可靠性测试零件及筛选定制单独的电子零件故障率,由此可以给出更准确的特定故障率。PEM 可以成功进行评估。PRISM 中给出的其他故障率主要根据实际现场体验或制造商的测试数据。来自 PRISM 的电子零件数据可以与 SAPHIRE 的事件树及 Relex 的模块图组合在一起为整个航天器执行一个PRA。通常,在概念及概要设计阶段,在 PRISM 中使用零件计数方法。

2. 置信度或区间

　　对于任何事物群体,测试群体的每个成员通常是不实际或不可能的,因此必须根据整个群体的小样本决定群体的重要参数(如平均寿命或平均张力强度)。样本的平均值 x 通常与群体的平均值 μ 不一样,但应该与群体的实际平均值接近。因此,应选择包括 μ 在内的置信区间或置信度。如果指定区间为 $[(x-C_{\alpha/2}),(x+C_{\alpha/2})]$,那么此区间包括 μ 的置信度为 $1-\alpha$,其中 α 是人们愿意承担错误的风险。如果 $1-\alpha=95\%$,则 $\alpha=5\%$ 是我们承担错误的风险。置信度越大,那么更确定,置信区间就越大。图 13.4 显示了 x 将大于 X 的置信度为 α,或相反,小于或等于 X 的置信度为 $1-\alpha$。

　　因此,置信度定义为根据样本测试数据计算的给定区间将包含种群真实参数的概率。因此,使用具有 60% 置信度的较老 *MIL Handbook 217*,如果重复实验第二次,将具有 40% 的机会获得重要的不同结果。此处注意,大多数涉及统计数据的决策都使用 90% 和 95% 置信度,以尽可能地使规范或性能要求得到满足。

　　置信度与可靠性不一样。可靠性适用于硬件、组件、系统等。置信度适用于测

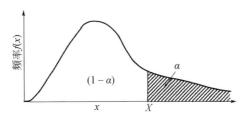

图 13.4 频率分布图显示可信级别概念定义

试或实验。

假设一个可靠性为 90％的硬件的置信度为 95％,这表示当测试 20 个零件组成的样本时,两个将发生故障(10％故障或 90％可靠性)。当对 20 个零件的每个零件进行 20 次这样的测试时,20 个实验中的 19 个实验将有 2 个实验失败或更少(95％置信度)。

很明显,人们希望用最大的置信度表达我们的可靠性预测。然而,在许多情况下,我们必须使用在有限时间或合理成本下提供的数据。通常被迫将有限的潜在航天硬件知识与以前飞行的系统得到的知识联系在一起。由于一些子系统在以前航天任务中成功运行,已有知识可以让人们很放心。然而,必须注意到由于新技术或制造流程,特别是商业化技术或制造流程带来的变化,不会明显改变以前子系统的性质。在任何情况下,第二个子系统应该像第一个子系统一样经过相同的验收及认证。

在任何系统的可能性评估中,一个重要考虑因素是可能发生的故障类型(如开关开路或闭路、二极管短路或开路)以及任何这样的单点故障是否可能造成整个航天器发生灾难性故障。如已经讨论的那样,最佳的方法为并行冗余性。然而,如果冗余性方法不可能,则关键零件可能需要大量的降低额定值(使用小于 100％最大额定参数值的组件并允许任务结束前降级)、测试及保护。我们可能甚至向销售商支付费用以进行特殊的最高可靠性设计,可能为过度设计,以确保任务成功。容错系统的设计已经成为最近几年的重要目标。

当讨论故障及故障分析时,必须考虑组件或子系统的故障物理特性。降低额定值的做法是为缩短半导体材料接头高温时或电容高压时的平均故障时间。关键零件或子系统故障机制的有关知识可以帮助人们降低硬件的适当运行参数或环境的额定值。

设计人员应该尝试通过在最坏情况下及故障模式/错误树分析预测设计中的薄弱环节运行。如何抵消或缓解设计中的弱点呢? 更可靠的组件,甚至具有更低性能的组件可以满足要求吗? 需要特殊的认证测试以获得设备置信度吗? 需要冗余吗? 需要使用容错措施吗? 组件达到性能极限吗(因此,设计不是保守性能)?

当讨论数学工具时,更多的是谈论系统的可靠性。

13.2.2　可靠性评估工具:环境

如何对可靠性进行定量评估呢? 首先,必须施加一些压力到系统或组件,直到发生重大变化或故障。这些变化可能为参数改变或灾难性的损毁。在后一种情况下,测试对象(循环接力直到运行故障)以得到该对象的寿命。在前一种情况下,定义了故障级别的先验值(如 DC 电阻中的变化等于电气触点的初始理论限制电阻的 10 倍,比现场效应晶体管的最初漏极源极饱和电流降低 20% (FET))。表 13.1 给出了常用的环境压力或原因以及调查的效应。

表 13.1　常用环境压力

压力设定	响应
张力	张力强度
电子/机械循环	适合、耐用性
匹配/不匹配	插入/抽出力
电介质分解	电介质强度
振动	机械耐用性、组合负载
热冲击/循环	温差热膨胀效应
评估温度	加速老化
防高湿度/湿气	绝缘阻力,腐蚀效应、密封性
热量真空	出气效应、密封完整性、传导热量下沉及辐射体的效应

因为不能为现场条件下的环境测试结果等待 $10\sim20$ 年,所以必须通过使环境更为苛刻的方法来加快设备的老化速度。

可以在老化测试中增加温度或为电介质分解增加施加的电压压力,这样加速因子及故障模式等会由此产生问题。

在任何加速环境网设计中的主要关注点是增加压力而不引入在现场或任务环境中不存在的潜在故障模式。这样,我们不希望将老化温度增加到超过 G10 环氧树脂的环境转变温度,或超过聚氯乙烯(PVC)绝缘线的排气温度(两个温度在 $80\sim90℃$ 范围)。对于 PVC,从电线绝缘排放的氯气可以在热量对流烤箱中与水分组合以形成盐酸,盐酸在 $120℃$-a 条件下会腐蚀镀金铜合金连接器终端,此温度条件在现场从来不会达到。

决定加速因子的最著名关系式是 Arrhenius 关系式,Arrhenius 是一个瑞典物理化学家,其给出的关系式为

$$\frac{t_2}{t_1} = \exp\left[\frac{E_a}{k}\left(\frac{1}{T_2} - \frac{1}{T_1}\right)\right] \tag{13.13a}$$

式中，T_2 是较低绝对温度，t_2 是现场时间，t_1 是较高绝对温度 T_1 时测试中的时间。k 是玻尔兹曼常量，E_a 是激活能量。后者是激活故障机制所需的阈值，不会造成相位转换。不同的机械及电气故障模式具有不同的激活能量。因为 Arrhenius 关系式中的加速因子的对数直接与 E_a 成正比，具有较大激活能量的流程为寿命测试产生较大的加速因子。比例 t_2/t_1 是环境测试产生的加速因子（大于 1）。

在实验中，此关系式通常用纵坐标上的对数时间及横坐标上的绝对温度倒数表示（图 13.5）。通过在不同的温度执行两个单独的寿命测试以决定故障时间，可以画出一条直径并延伸到感兴趣的现场温度。此线的斜率可以决定造成故障的流程激活能量。

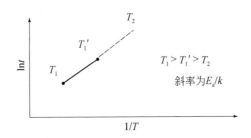

图 13.5　典型时间对数与绝对温度倒数之间关系的 Arrhenius 图

Arrhenius 关系式假设系统在时间 T_1 及 T_2 之间不会经历相位变化。公式（13.13a）显示 $\left[(E_a/k)(1/T_2-1/T_1)\right]$ 通常是一个加速因子，其数量级由所研究的流程激活能量及测试温度与现场温度之间的差异决定。因此，过高测试温度经常带来其他问题。

激活能量通常由电子电压（eV）为单位表示。激活能量越高，则被激活的给定流程阈值越高，但一旦被激活，就可以更快地激活测试环境。其中有许多不同的激活能量，例如，绝缘材料中缺少张力强度的能量与造成相同材料中缺少电介质强度故障的能量，二者是不一样的。

在半导体材料中，对于硅设备，造成重大性能降级的散射流程的激活能量在 0.6~1.0eV 范围内，对于砷化镓设备，激活能量的范围为 1.3~1.8eV。因此，砷化镓设备的加速因子更大。

公式（13.13a）可以进行通用化以包括温度循环及湿度环境压力作为因子。

$$AF = \left(\frac{\Delta T_1}{\Delta T_2}\right)^q \left(\frac{RH_1}{RH_2}\right)^n \exp\left[\frac{E_a}{k}\left(\frac{1}{T_2} - \frac{1}{T_1}\right)\right] \tag{13.13b}$$

式中，ΔT 为温度周期的范围（$T_{\max} - T_{\min}$）；RH 为相对湿度；T 为相对湿度 RH

时的开氏绝对温度；E_a 为常见故障模式的激活能量，根据经验决定，单位为 eV；q，n 是由于几个压力等级时累积故障时间的对数正态分布产生的指数；k 是玻尔兹曼常量，等于 8.62×10^{-5} eV/C 。

下标 1 和 2 分别指测试和应用条件。对于基于地面的应用，所有环境因素彼此相关。对于空间飞行，如果地面处理设施受环境控制，则湿度通常不确定。公式(13.13b)中 Arrhenius 提出的第三个因子或老化因子已经进行了描述。湿度暴露的第二个因子由 D. S. Peck of Bell 实验室提出，D. S. Peck of Bell 实验室调查了 20 世纪 80 年代铝金属化电解腐蚀故障的所有发现的中值寿命数据。Peck 的模型适合 61 个中值寿命数据点的情形。用 $E = 0.77 \sim 0.81$ eV 和 $n = 2.5 \sim 3.0$ 可以得到大于 0.98 的关联系数。第一个或温度循环因子已经由 Harris 半导体研究人员讨论。低周期(小于 10000 周期)疲劳故障由遵循 Coffin-Manson 律的热源重复机构压力产生，此定律将塑性压力范围与温度范围进行了关联。对于连接线疲劳故障，$q = 4$ 最适合。

例 13.2　考虑 $-55℃$ 和 $+125℃$ 温度之间的 1000 周期温度循环，测试范围为 $180℃$。设置最大温度为 $+55℃$ 且最小温度为 $-30℃$ 航天应用的老化及湿度因子为公式(13.13b)中的因子，现场温度范围为 $85℃$，可得

$$AF = (180/85)^4 = 20$$

因为在航天中 1000 周期测试已经模拟了 20000 周期。对于具有 $90 \sim 110$min 周期的低地球轨道任务，此测试显示寿命为 $3.4 \sim 4.2$ 年。

寿命测试的目的是确定发生故障的时间。环境压力网设计用于发现硬件中的脆弱点，包括组件或焊接头等工艺。此理念是在高压力下在较短时间内制造故障，这样潜在的缺陷不会在后来造成现场故障。温度循环主要用于塑料封装微电路(PEM)，因为由于塑料封装及具有金属线架的硅模之间温差膨胀产生压力。受压故障的主要模式是塑料包与集成电路的叠层。

寿命测试经常运行几百到几千小时，另外，电源老化测试(当使用直流或交流偏置电压时，在增高的温度下进行测试)通常仅仅运行一星期到十天($168 \sim 240$h)。在寿命测试期间，压力或偏置条件通常严格一样。然而，突发故障的短寿命对象仅仅为那些产品抽样样本，这些对象十分脆弱，从而在短期工作之后便会发生故障。制造商控制的成熟产品技术应该具有很少(如果有)由于老化引起的故障。

对于组件，去掉封盖并且利用光学方法或借助扫描电子显微镜(SEM)实际观察组件内部很重要。因此，少量的零件进行内部检查及分析。此评价关注零件物理结构的质量及工艺。图 13.6 列出集成电路的破坏性物理分析(DPA)期间遵循的程序。图 13.7 显示了对中继器进行 DPA 时应该检查的缺陷种类。

```
1. 外部可视
   a. 污染
   b. 机械损坏
   c. 热量或电气损坏
   d. 密封完整性
   e. 导线完整性及电镀
   f. 正确标记
   g. 正确引脚指定
   h. 尺寸
2. 武器或交叉截面
3. 内部可视检查
   a. 光学或电子显微镜查找半导体模的污染及机械或电气损坏
   b. 最坏情况下氧化阶段
   c. 最坏情况下金属化(空隙、裂缝、桥接等)
   d. 典型金属化预及后玻璃钝化移除
4. 键合牵引试验(通常在 SEM 之前)
5. 切片强度测试
```

图 13.6　DPA 程序流程,集成电路

如果一个组件在其他测试或检测(少数几个,或不是很多零件发生故障或临界)中具有某些临界性能,DPA 监视的结果对接受或拒绝的决策结果影响很人。检查人员的体验对特定批次质量及飞行通常可接受质量水平的判断很重要。

13.2.3　可靠性评估工具:数学

可靠性工程师必须了解并使用一些数学,特别是概率及统计知识。

概率密度函数可以定义为产生概率的函数,即一个随机变量呈现其所能接受值中任意一个的可能性,此函数通常表示为 $p(x)$,即随机变量得到值 x 的概率。

累积分布函数表示为 $F(x)$,并且定义为

$$F(x_i < a) = \sum_i^a p(x_i), \quad x_i \text{ 是离散的}, x_i \leqslant a \qquad (13.14)$$

或者,如果 $p(x)$ 连续

$$F(x < a) = F(a) = \int_{-\infty}^a p(x) \mathrm{d}x \qquad (13.15)$$

图 13.8 显示了总体密度函数,图 13.8 显示了连续随机变量的累积分布函数。在图 13.9 中,随机变量仅具有正有限值,这样积分的域从 0 到 a,不是从 $-\infty$ 到 a。

现在可以讨论项目的样本或群体测量值。一个样本定义为一组测试项目,测试项目从包括类似项目的无限尺寸群体中随机选择。一个群体或样本的最常见的集中程度度量是平均值为

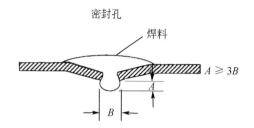

密封孔

焊料

$A \geqslant 3B$

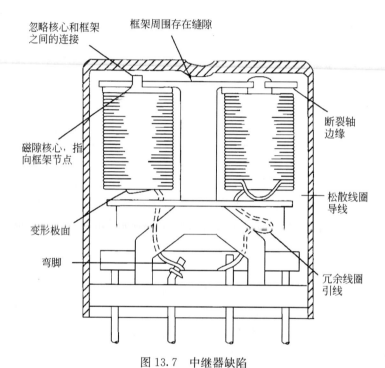

忽略核心和框架
之间的连接

框架周围存在缝隙

断裂轴
边缘

磁隙核心, 指
向框架节点

松散线圈
导线

变形极面

弯脚

冗余线圈
引线

图 13.7 中继器缺陷

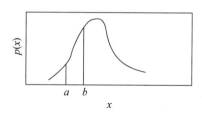

图 13.8 连续随机变量的密度函数

$$\mu = \int_{-\infty}^{\infty} x p(x) \mathrm{d}x, \quad x \text{是连续随机变量} \tag{13.16}$$

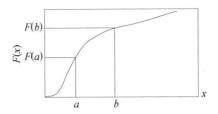

图 13.9　连续随机变量的累积分布函数

或

$$\overline{x} = \frac{\sum_{i=1}^{n} x_i}{n}, \quad x \text{ 是离散随机变量} \tag{13.17}$$

式中，n 是样本中的项目数。

群体或样本的可变性最常见测量值为方差或标准差。对于连续随机变量，方差为

$$\sigma^2 = \int_{-\infty}^{\infty} (x - \mu)^2 p(x) \mathrm{d}x \tag{13.18}$$

标准差为

$$\sigma = \sqrt{\sigma^2} \tag{13.19}$$

对于离散样本的标准差为

$$s = \sqrt{\sum_{i=1}^{n} \frac{x_i - \overline{x}}{n-1}} \tag{13.20}$$

公式(13.20)通常指标准差的非偏差形式。如果每个观察量增加一个常量或减去一个常量，则平均值将增加或减少相同的常量，但方差及标准差不受影响。如果每个观察量乘以一个常量 c，则新的平均值是旧平均值的 c 倍。新方差是旧方差的 c^2 倍，并且新标准差是老标准差的 c 倍。

1. 统计分布

表 13.2 来自 Lipson 等(1973)的文献，总结了最常用统计分布的应用。根据实验数据决定分布的最实用方法是对各种概率分布的数据画图(正态、对数正态或 Weibull)，并且决定最佳线性。更严格地说，可以使用最佳适配测试，如 chi-squared 方法。下面仅描述 6 个分布。

表 13.2 统计分布应用领域

统计分布	应用领域	示例
正态	各种物理、机械、电气、化学性质	电气冷凝器的容量变化、铝合金片的张力强度、月度温度变化、钢样本的穿透深度、铆钉头直径、给定区域的电气功耗、气体分子速度、磨损、风速、硬度、发射弹药的膛内压力
对数正态	寿命现象,发生集中在范围的末端的非对称情况,其中观察结果中的差异为大数量级	按不同客户的汽车里程累积,不同客户使用的电量;大量电气系统的停电时间;灯泡的光强度;化学流程残留的浓度
Weibull(两参数)	与对数正态分布一样,当发生百分比(故障率)可能减少,增加或随着测量的特性增加保持不变的情况;对于处于调试、破损及产品寿命中偶然故障阶段的零件	电子管、防摩擦轴承、传动齿轮及许多其他机械及电气组件的寿命;腐蚀寿命、磨损寿命
Weibull(三参数)	与两参数 Weibull、各种物理、机械、电气、化学性质一样,但在正态分布时较不常见	与两参数 Weibull 以及电气、电阻、电容、疲劳强度一样
指数	系统、组件的寿命,对于组件,故障偶然发生并且不取决于工作时间,经常当设计完全针对生产错误进行调试时适用	真空管疲劳寿命,在可靠性测试期间检测坏设备的预期成本,雷达装置中使用的指示管的预期寿命;灯泡、洗碗机、热水器、洗衣机、航天器泵、发电机、汽车传动的故障寿命
二项式	从具有 p 部分缺陷的大样本中抽取 n 个样本中缺陷数量;在一组 y 次发生次数中 x 次发生的概率,即涉及"通过-无-通过""OK 缺陷""好一坏"类型观察结果的情况,样本的比例不会随样本的结果发生重大变化	钢零件运输中缺陷检查;生产批次中缺陷检查;缺陷焊接接头的判断;从电源获取一定瓦数电能的概率;生产机器将正常工作的概率
超几何	检查来自具有已知比例缺陷的小样本中机械和电气零件,与二项式情况一样,不包括可能随样本结果发生变化的批次比例	从 100 个具有 2% 缺陷的电阻器批次中获取 10 个满意电阻器的概率;涉及灯泡、活塞环、晶体管的类似情况
泊松	事件发生的次数可以观察到,但事件不发生的次数不能观察到的情况,适用于随时间随机分布的事件	在一个工厂中机器停机的数量;同时到达一个十字路口的汽车;在一些点检查中大气中发现的灰尘颗粒的次数;工业工厂人员受伤事件;工程图纸中尺寸错误;每单位时间给定位置发生的汽车事件;汽车交通;医院紧急情况;电话;电路流量;沿长磁带的缺陷;电线;链条;棒等;轮胎爆胎;击中挡风玻璃的石头;飞行翼中有缺陷铆钉的数量;放射性腐蚀;引擎爆炸的数量;片金属中每码的缺陷数量

注:来自 Lipson 等(1973)

1）正态分布

概率密度函数为

$$p(x) = \left(\frac{1}{\sigma\sqrt{\pi}}\right)\exp\left[-\frac{(x-\mu)^2}{2\sigma^2}\right] \tag{13.21}$$

式中，μ 和 σ 是总平均值及标准差。x 大于值 b 的概率记为 $P(x>b)$，并且等于累积分布函数的纵坐标

$$F(b) = P(x>b) = \int_b^{\infty} p(x)\mathrm{d}x \tag{13.22}$$

此积分没有闭合解，因此，这需要在评估时借助表格。可以通过定义正态变量 z 完成

$$z = \frac{x-\mu}{\sigma} \tag{13.23}$$

使用公式（13.23）的变量替换，发现

$$P(z>z_a) = \int_{z_a}^{\infty} \left(\frac{1}{\sqrt{2\pi}}\right)\exp\left(-\frac{z^2}{2}\right)\mathrm{d}z = \alpha \tag{13.24}$$

式中，z_a 称为上 α 比例点，α 是 z_a 和无穷大之间概率曲线下的区域，公式（13.24）中的积分表在统计的每个文本中。

2）对数正态分布

如图 13.10 所示，对数正态分布不关于平均值对称，适用于寿命数据或仅仅产生正定义值的参数测量结果。对数正态分布的数学表达式与正态分布、公式（13.21）和公式（13.22）的表达式一样，其中 x 被 $\log x$ 替换，指定

$$x_1 = \log x \tag{13.25}$$

μ_1 指对数总平均值，σ_1^2 指总方差。x_1 的发生概率与正态分布中 x 发生概率方式一样。

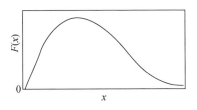

图 13.10　指数正态分布

3）Weibull 分布

通常，Weibull 分布描述零件或部件的寿命特性。指数分布更充分地描述了系统寿命，其替换了许多零件或组件的 Weibull 分布。然而，在一些情况下，系统将遵循 Weibull 分布。这通常指示不成熟设计及/或质量问题（如具有新制导装置的

导弹的第一生产版本)。

Weibull 分布密度函数为

$$p(x) = \left[\left(\frac{b}{\theta - x_0} \right) \left(\frac{x - x_0}{\theta - x_0} \right)^{b-1} \right] \left\{ \exp \left[-\frac{(x-\mu)^2}{2\sigma^2} \right] \right\} \tag{13.26}$$

式中，x_0 是 x 预期最小值(经常取 0)；b 是 Weibull 斜率或形状参数；θ 是特性寿命或比例参数。Weibull 斜率 b 是产品的一致性的测量结果。斜率越大，产品越一致。

当不能假设 $x_0 = 0$ 时，三参数 Weibull 函数 (θ, b, x_0) 发生。这样的情况由强度或磨损数据表示。现在累积故障分布函数为

$$F(x) = 1 - \exp \left[-\frac{(x - x_0)^b}{(\theta - x_0)^b} \right] \tag{13.27}$$

4)指数分布

指数分布实际上仅仅是 Weibull 分布的典型情况，其中 $b = 1$，$x_0 = 0$，并且 $x = t$，t 通常表示时间，这样概率密度函数为

$$p(t) = \left(\frac{1}{\theta} \right) \exp \left(-\frac{t}{\theta} \right) \tag{13.28}$$

累积分布函数为

$$F(t) = 1 - \exp \left(-\frac{t}{\theta} \right) \tag{13.29}$$

对于指数分布，称为冒险率的数字很重要，并且定义 $\lambda = 1/\theta$ 为常量。冒险率是当给定项目已经生存到时间 t 时在 t 及 dt 时间间隔内发生故障的概率。指数分布的简单性在于冒险率为常量。

因此，如果一个群体具有给定的特性寿命为 $\theta = 100h$，给定群体数量每小时发生故障的概率为 $\lambda = 1/100h$，不管其已经生存了多少小时，可以使用冒险率的一般定义

$$\lambda = \frac{p(x)}{1 - F(x)} \tag{13.30}$$

为了得到更具有包含性 Weibull 分布的冒险率，结果为

$$\lambda = \left(\frac{b}{\theta^b} \right) t^{b-1} \tag{13.31}$$

Weibull 分布的冒险率取决于 Weibull 斜率 b。注意：如果 $b = 1$，则 Weibull 冒险率成为指数冒险率。当 $b < 1$ 时，冒险率随时间 t 降低。因此，如果一个系统遵循 Weibull 分布，假设冒险率减少，系统预期持续十分长的时间。研究表明，自从 1977 年以后更加成熟、技术应用于航天器构造(Hecht et al,1985)。因此，基于指数分布的预测太乐观。

5)二项式分布

当随机变量为离散时并且对分析属性或通过/失败数据感兴趣时，使用二项式

分布。定义二项式分布的传统方式是考虑 n 次试验(独立),试验中成功概率为 p 并且故障率为 q , $p+q=1$ 。然后, n 次试验中有 r 次成功的概率为

$$p(r) = \mathrm{C}_n^r p^r q^{n-r}, \quad r = 1, 2, \cdots, n \tag{13.32}$$

式中

$$\mathrm{C}_n^r = \frac{n!}{r!(n-r)!} \tag{13.33}$$

二项式分布函数具有一个平均值

$$E(r) = np \tag{13.34}$$

标准差为

$$\sigma(r) = \sqrt{npq} \tag{13.35}$$

例 13.3　航天飞机可靠性:哥伦比亚灾难性事件激发了此可靠性计算。因为航天飞机的许多复杂电池测试、选择、检查及流程意味着许多参数需要测量,需要使用二项式分布。因此,在飞行之前,航天飞机被判断为通过/未通过,并且飞行任务被判断为成功/失败。在这种情况下,失败意味着航天器及人员的损失。二项式分布适用于这样的情况,并且随机变量 x_i 为离散。

定义 p 为故障的概率,并且 q 为成功概率,有

$$p+q=1$$

从样本 n 中获取 r_ℓ 个缺陷单元的概率为二项式

$$P(r = r_\ell) = \left[\frac{n!}{r_\ell!(n-r_\ell)!} \right] p^{r_\ell} q^{n-r_\ell}$$

对于航天飞机历史: $p = 2/113 = 0.018$,并且 $p = 111/113 = 0.982$ 成功概率显示具有上限及下限(Lipson et al,1973),令

$$g = n - r$$

式中, g 为成功数量(111); n 为试验数量(113); r 为故障数量(2),则

$$q_{\mathrm{L}}(\text{下限}) = \frac{1}{1 + [(n-g+1)/g]F_{\mathrm{L}}}$$

q_{L}(下限) 为 F 分布,其自由度为

$$v_1 = 2(n-g+1), \quad v_2 = 2g$$

类似地

$$q_{\mathrm{U}}(\text{上限}) = \frac{1}{1 + (n-g)/(g+1)(1/F_{\mathrm{U}})}$$

其 F 分布的自由度为

$$v_1 = 2(g+1), \quad v_2 = 2(n-g)$$

F 分布的表可以从相关统计书中查到。

成功的上限及下限可以针对几个置信度进行计算,通常为 90%、95%、99%

$(F_{0.10,v_1,v_2} , F_{0.05,v_1,v_2} , F_{0.01,v_1,v_2})$。使用 q_L 和 q_U 公式,可以获取

$$q_L < 真正的可靠性 < q_U$$

在 95% 置信度 $0.95 <$ 真正的可靠性 < 1.0

在 99% 置信度 $0.93 <$ 真正的可靠性 < 1.0

即对于 113 次飞行,有 111 次成功历史,其等于 0.982,同时可以对航天飞机的可靠性进行点估计。对未来的航天飞机,通过大数量样本统计可推断是此系统及其支持/维护的真正可靠性是最差为 0.95,最佳为 1.0,置信度为 95%。

应该注意诺贝尔奖获得者 Feynman 在其评论中对 1986 年的挑战者事故调查描述道:"…成熟的火箭系统具有故障率为 1/50(0.02)"。航天飞机已经实现了 0.018,其包括重返以及发射,真正令人印象深刻。

6)泊松分布

对于二项式分布,可以判断成功概率及故障概率,以及事件发生或不发生的概率。这些情况下事件发生的次数已知,但其不发生的次数不知道。如击中挡风玻璃的石头、穿透轮胎的钉子或飞机坠毁(如果包括私人航空)。可能知道给定时间内飞机坠毁的数量,但通常不知道多少飞机不坠毁。

泊松分布可以在这些情况下使用以描述连续单独事件的发生。

$$p(r = r_i) = \frac{e^{-y}y^{r_i}}{r_i!}, \quad r_i = 0,1,2,3,\cdots \tag{13.36}$$

式中,y 是发生的平均数,因此

$$E(r) = y \tag{13.37}$$

并且

$$\sigma(r) = vy \tag{13.38}$$

对于平均值及标准差,泊松分布是一个简单的分布,其仅仅要求给定周期内事件发生的平均数相关知识。

2. 统计、回归及推断

查找并将统计分布与数据匹配的目的是能够根据几个样本的行为预测或推断一个群体。很明显,如果不对总体中的所有样本进行测试,则无法确知总体的统计特性,但测试所有样本既不现实也不可取,因此,我们必须讨论置信度及风险。一种航天器通常由来自一个较大总体的组件组成,尽管大量的认证测试可以使用振动及热量真空环境完成,此方法仅确认航天器系统在期望的温度及加速度范围工作,而不是证明它们能够在成千上万次实际航天器任务热循环后成功存活。

回归分析用于决定变量间的功能关系,而关联性决定变量之间的关联度。回归方法通常假设相关变量内的误差为正态分布并且对独立变量误差没有进行假设。对于关联分析,两个变量的误差应该为正态分布。

需要说明的是,关联性不暗示原因或因果关系。一个典型示例是 19 世纪 60 年代期间,研究城市中空气污染的人员记录了一个事实,即高度空气污染与高度交通噪声之间有重要的关联关系。如果我们相信有因果关系,为使汽车更安静而不会减少空气污染的程度,可能会经历大量困难。

回归分析建立了两个变量间的关联关系。当此关系为直线关系时,则具有一个特殊的线性回归分析情况。试验数据的最佳匹配通常通过最小平方根方法决定。

可以为线性情况给出最小平方根方法示例。令

$$y = a_0 + a_1 x + \varepsilon \tag{13.39}$$

式中,y 是最匹配数据的直线,ε 是 y 方向数据点的偏差测量值。

偏差平方和 E 公式为

$$E = \sum e_i^2 = \sum_i^n (y_i - a_0 - a_1 x_i)^2 \tag{13.40}$$

式中,(x_i, y_i) 是数据点。目标是判断回归参数 a_0 及 a_1 可以使 E 最小化并且产生数据的最佳匹配。

给定回归线与数据的匹配程度由关联系数 r 决定,$r = 1.0$ 表示完美关联,$r = 0$ 表示没有关联。

$$r = \frac{x \text{ 和 } y \text{ 协方差}}{x \text{ 和 } y \text{ 方差乘积的平方根}} \tag{13.41}$$

得到 r 之后,r 的平方是相关变量中物理变化的测量值,用于解释独立变量的变化。例如,如果 $r = 0.95$,$r^2 = 0.90$,那么 y 轴变化的 90% 可以通过 x 的变化来解释,剩余 10% 是由随机变化引起的,不能由数据匹配来解释。

13.2.4　安全性

安全的主要考虑点是消除必要操作的负面影响,其经常涉及危险材料、武器及受压系统。另外一个安全问题是由接地技术不足产生的,如异常接地路径损坏了电路。后者是一个极端例子,即非预期的寄生电路。

通过限制航天系统中使用的危险材料数量并且确保药线和爆炸帽包括发射产生的残渣可以增强安全性。

受压系统通常必须进行分析以判断什么条件集合可能造成灾难性事件(通常为爆炸,但有时候仅仅是毒性材料的排放)。最强大及完整的分析可以通过构建一个安全故障树实现。

安全故障树具有一个顶部事件,其发生可能具有灾难性,导致寿命损失或任务失败,如爆炸或结构分裂。启动顶部事件或使顶部事件发生的基本事件位于故障树各个分支的根部。AND 门及 OR 门连接故障树的不同分支并且产生中间事件。

图 13.11 显示了单锂离子氯电池的爆炸(Uy et al,1987)。图 13.12 显示了 10

个基本事件集,其导致单个电池爆炸。这 10 个基本事件集根据文献搜索、商业及军事应用中制造锂电池制造,以及使用相关专家的讨论决定。

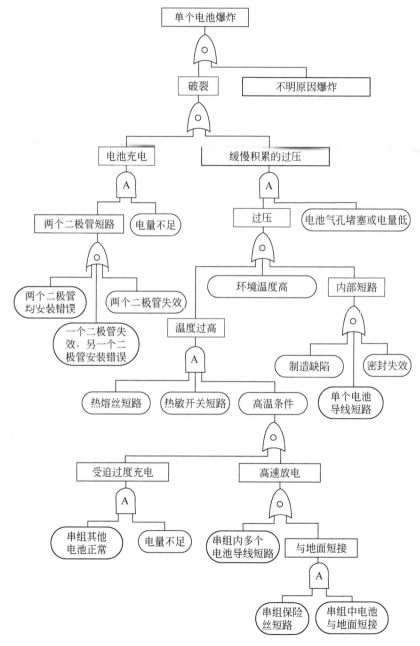

图 13.11　锂离子氯单电池安全故障树(Uy et al,1987)

A. 电池充电
　　1. 电池电量低及二极管安装在后侧;
　　2. 电池电量低及二极管故障短路;
　　3. 电池电量低及一个二极管故障,另外一个安装在后侧。
B. 温度过高
　　高环境温度及电池排气孔被堵或排气速度慢。
C. 内部短路(导致温度过高)
　　1. 密封故障导致短路并且电池排气孔堵住或排气速度变慢;
　　2. 单个电池由于外部接线或导电残渣短路并且电池排气孔堵住或排气速度变慢。
D. 高功率输出(导致温度过高)
　　由于外部接线或残渣引起的多电池短路及热熔断器短路并且:
　　1. 热控开关短路并且电池排气堵住或排气速度变慢;
　　2. 一个或多个电池与地面短路,保险丝短路,及热熔断器短路及热控开关短路并且电池排气堵住或排
气速度变慢。
E. 强制过放电(速率不会特别高)
　　具有低容量的电池串及其他具有正常容量的电池串,热熔断器短路并且热控开关短路,电池排气堵住
或变慢。

图 13.12　单电池爆炸事件的系统状态

　　为了判断故障树各个分支的相对重要性,估计必须包括所有基本事件的发生概率,然后这些概率性通过 OR 门相加及 AND 门相乘的方式在故障树进行传播。

　　故障树的主要用处是决定各种分支的相对重要性及任何基本事件概率中顶部事件发生频率对重要变化的敏感度。故障树将显示哪些因素最重要,需要进行改进或密切控制,目的是使顶部事件概率尽可能低。

　　通常,每个航天器要求在发射现场及/或测试范围有一个安全计划。这些计划包括处理爆炸物、武器、燃料等危险物质的程序。必须留意发射现场通常使用的信号或通信,避免其因疏忽而触发航天器上一些设备。针对测试范围安全需求的航天器硬件认证,通常要求测试压力容器并确认武器电气路径的真实性。

13.3　质量保证及零件选择

　　如前所述,质量保证环节确保最终产品通过验收并且提供必要的与飞行硬件匹配并满足合同要求的文档。在不同时刻组装的来自不同制造商的零件不必要完全相同。

13.3.1　系统性控制

1. 部件等级

　　元器件等级(电阻器、电容器及集成电路)是采购大多数飞行硬件的等级。如

果标准零件不能根据防护电子产品供应中心(DESC)规范进行购买,则必须编写来源控制图或采购说明,以确保这样接收的零件将满足飞行硬件的要求。这些文档由元器件及可靠性工程师编写,他们将在规范中明确必要的性能及环境要求,并且向购买商建议一个或多个零售商。来源控制图也应该明确是否航天器承包商希望在零售商的制造设施处进行检查。通常情况下,应对集成电路进行前盖外观检查。通常,有三种方式购买飞行组件。

(1)购买零件达到可接受的 DESC 或 NASA 认证水平。

(2)向制造商付款以在正常的零件处理流程中引入额外的步骤或选择标准,以确保为特定计划生产的零件可以接受为标准零件的相当物,而不需要额外的筛选。

(3)获取制造商可以购买的最佳零件并且进行适当的检查、测试及选择以使零件符合飞行标准。

图 13.13 及图 13.14 显示了一个典型工艺流程,在零售商高可靠生产线并且用 MIL-STD 883 中一个或多个测试方法测试的集成电路应该在接收时使用此流程进行选择。为了能够升级这样的集成电路,设备必须密封并且在 $-55\sim+125℃$ 的温度范围内运行。

步骤(883 方法)	拒绝	检查人员	日期	IIDMR#
外观(2009)				
尺寸(2016)				
初始选择[1]				
稳定性烘焙(1008/C)				
温度循环(1010/C)				
恒定加速度(2001/E)				
粒子碰撞噪声检测(PIND)(2020/A)				
粗检漏(1014/C)				
细检漏(1014/A/B)				
初始选择[1]				
老练(1015)				
电气[2]				
老练[2](1015)				
最终选择				
X 射线 TV(2012)				
最终可视化				
总拒绝量				
数据审查				
批次质量(附件)				
破坏性物理分析(DPA)				
批次接受				

图 13.13　"/883"集成电路的检查流程卡

```
1 级——首选
    如 MIL-STD-975D,GSFC PPL-18 及 MIL-STD 中所定义及指定 1547:
    MIL-M-38510S 级集成电路;
    MIL-S-19500JANS 半导体;
    S 级故障率(0.001%,每 1000h)无源及电子机械零件。
2 级——可接受
    如 MIL-STD-975D 和 GSFC PPL-18 中所定义:
    MIL-M-38510B 级集成电路;
    MIL-S-19500JANTXV 和 JANTX 半导体;
    P 级故障率(0.1%,每 1000h)无源及电子机械零件。
3 级——有条件
    MIL-STD-883B 级集成电路;
    MIL-S-19500JAN 半导体;
    M 级故障率(1%,每 1000h)无源及电子机械零件。
4 级——非标准
    商业零件
```

图 13.14　零件选择

图 13.13 中所示的进货检查流程步骤由 MIL-STD 883(微电子产品测试方法及程序)中的各种方法编号(如 1015、2012)所控制。CMOS 数字零件要求 24h 第二次静电预烧,NASA Goddard 航天飞行中心认可零件列表 21 中规定进行 168~240h 第一次动态预烧。批次认证意味着寿命测试或延长的预烧,对于一些程序这是一个特殊的要求。除了流程卡中所示的测试,经常需要辐射测试。此主题将在以后讨论。

Goddard 航天飞行中心(GSFC)认可零件列表(PPL)包括适合在航天应用中使用的高可靠电子零件,此列表组合并更新了来自 MIL-STD-975(NASA 标准电气、电子及电子机械(EEE)零件列表)的信息并且集成了 NASA GSFC 零件分支说明 311-INST-001 的选择要求(EEE 零件选择、过滤及认证说明),可以为所有零件分类提供详细的 1 级及 2 级过滤要求。

零件等级定义如下。标准程序用于在飞行仓库中存储 1 级及 2 级零件。3 级及 4 级零件要求大量的升级过滤,同时仅仅 2 级 JANTXV 及 JANTX 二极管和晶体管需要电源预烧。零件需要进行 100% 进厂检查,不包括辐射及破坏性物理分析(DPA)等测试,此测试针对从每个批次中采集的小样本。在一些情况下,电阻器及电容器等无源零件将只进行飞行批次采样。对于保守的设计,零件根据 GSFC PPL 21 进行额定值降低,另外进行流程选择。

因为许多高性能及大规模集成(LSI)或十分大规模集成(VLSI)电路不在合格零件列表中,经常需要确保这些一流系统性能所需的关键设备在任务期间工作可靠。这种类型的零件认证需要大量的挑战性工作。

飞行零件存储在担保仓库中,并且使用批次及零件序号进行标记以实现轻松跟踪。当接收的零件具有正确的零件号及数量时,审查采购订单。根据系统零件列表所指示,零件从库存中成套发放给组装车间。

当国防部强制使用商业非现货(COTS)设备时,1994 年经历了一次十分重大的发展,包括塑料封装微电路(PEM)。授权的目的是采购最新的 IC 设计和产品到军事设备中以实现美国武器系统最大优势。

PEM 的优势(其指挥全球 97% 的微电路市场)是:

(1)规模(小外形封装,薄小外形封装)。

(2)质量(通常为陶瓷产品的一半)。

(3)性能(较低介电常量的环氧树脂、较小铜引线框架电感)。

(4)可用性(较短的采购时间,提供 30% 备件类型)。

(5)成本。

PEM 的缺点是:

(1)快速老化。

(2)非密封性封装(无密封可靠性)。

(3)不能快速除盖进行检查、分析或测试。

在过去 20 年半生产制造商的技术改进已经使 PEMS 很可靠,其中主要改进包括:

(1)模塑化合物纯度。

(2)改进的填料、密封剂、硬模钝化、金属化技术。

(3)重大的流程参数改进(组装自动化)。

低成本 PEMS 现在具有高质量、高可靠性及高性能。主要问题是没有密封性的可靠性是否可以充分满足航天任务的要求,由此引起对微电路筛选的额外考虑。AT&T、Honeywell 和 General Dynamics 等系统制造商发现使用 PEMS 的系统性能、可靠性、平均故障率及故障模式高于或等于使用密封 IC 构建的系统。

在 1999 年,APL 为美国军队对 PEM 进行了独立的研究。研究包括军队导弹系统的 16 种零件类型及 6 个包类型。这些零件被 APL 航天零件及可靠性小组以航天计划零件通常的获取方式一样的方式进行购买,这样可以确保一般性产品。所有 PEM 遵循 HAST 的顺序(在 120～130℃,85% RH 进行高度加速的压力测试)及温度循环(在 10℃/min 条件下 −55～125℃)环境测试。先执行温度循环以试图分离或分解封装,然后执行 HAST 以驱动水分进入封装(如果可能)。观察到的唯一功能故障是对于 32 引脚 DIP 混合存储器堆叠封装,这样设备来自第三方封装车间,这些车间组合存储器以生产更高度集成的存储器模块。当进行外观检查时,单凭肉眼所见太薄。所有其他 PEM 零件及封装类型成功通过环境测试序列。

因为声学成像显示一些通过环境评估的 PEM 中有大量的孔隙和腔体。问题是这些 PEM 是如何仍然能在规范内电气正常工作。人们相信答案存在于这些塑料包内的优秀硬模钝化,即使包被水分所破坏,钝化可以作为最后一道防线。总之,通过商业及军事部门的实际经验发现,用最佳商业实践生产的 PEM 与相应的陶瓷密封性产品一样可靠。在军事应用中使用塑料零件的主要问题是非密封零件的长期休眠存储行为。与导弹、坦克等相比,航天系统休眠周期通常非常短,并且休眠期间的环境完全受控。

2. 板及箱级质量控制

硬件组装控制包括:

(1)按图纸编号及序列号维护组件的身份识别。

(2)监测组装流程。

(3)人员培训及认证(如要求 NASA 焊接标准)。

(4)检查人员时间戳或签收控制系统。

(5)工艺标准使用。

当硬件没有组装或测试时,组件保存在可控制的存储环境下。完成的组件保存在 100000 级干净室内条件或更好的条件下。

所有飞行硬件使用校准测试、测量设备及固件进行检查和测试,其中要求特殊的工具。为系统级测试编写特殊的程序,并且维护测试及检查记录。如果发生异常,则根据第 1 章描述记录差异性报告及解决方案系统。如果需要进行设计变动,则必须产生适当的工程变动通知。在某些情况下,可能需要材料审查委员会采取行动。材料审查委员会包括几个审查包含异常情况时的测试及筛选数据,并且对有问题的组件性质达成一致的几个同事。

此活动的目标是使飞行硬件组装、检查及测试由控制文档系统进行控制,这样可以接受赞助方代表的审计。质量保证人员可能进行自己的审计,特别是子承包商,并且进行零售商来源检查,以确保产品质量。

与质量保证联合在一起的活动有时称为性能保证,其涉及飞行硬件的以下进度并且检查是否所有重大的组装活动遵循预存在的计划或标准,并且产生了足够的文档并提交给赞助方以支持硬件系列。性能保证活动包括:

(1)审查设计规范。

(2)审查测试计划及程序。

(3)支持设计审查。

(4)收集验收数据包的信息。

(5)监测流向子承包的需求。

(6)参加审查委员会活动。

(7)监测采购控制。

(8)制定月度状态报告。

性能保证工程师也作为配置经理并参加配置审查委员会活动。表 13.3 和图 13.15 定义了不同的配置控制级别以及它们适用的硬件类型。大多数飞行硬件处理为 2 级文档以实现唯一开发,但确保能够复制设计(如果需要)。

表 13.3 配置需求总结

硬件单位	图纸级别	硬件类型
飞行型号	2	A
电路实验板	1	C
安全关键 GSE	2	A
密封 GSE	2a 或 2	B 或 A
其他 GSE	1	C

图纸级别

1 级:电路实验板/实验板开发

　　允许非正式图纸

　　配置控制不可能

2a 级:使用重新划线的控制打印图

　　受限的复制设计功能

　　不支持配置审计

2 级:确保复制设计的功能

　　可以提供备件以支持设计

　　可以通过文档确认硬件正确性

　　根据 DOD-STD-100 制定

　　在发布之后存储在图纸库中的图纸

3 级:用于批量生产

　　提供数据以允许项目的竞争性采购

　　允许硬件的外部制造

硬件类型(参见表 13.3)

　　A 型

　　B 型

　　C 型

注意:硬件类型之间主要的差异是文档制定及确认、检查及测试及其他质量保证活动

图 13.15 配置控制大

最终,质量/性能保证活动产生故障报告:

(1)故障分析报告。

(2)零件及材料列表。

(3)材料审查委员会行动。

(4)安全及污染计划。

(5)最终配置总结。

污染计划的一些总体指南如图 13.16 所示。与材料挥发性及质量损失的需求应该也适用于地面支持设备以及航天器。

航天飞机材料遵循关于排气数据的 NASA Publication 1124 标准。

总质量损失<1.0%;

采集的挥发性可凝结材料<0.1%;

镜面需要 100 级干净房间条件;

在航天器集成期间镜面及传感器所需的包及净化或密封;

尽可能清洁的启动并且在集成之前烘干子系统。

图 13.16　污染/清洁

总体上,100000 级清洁室用于航天器组装及集成。然而,在实践中,已经发现利用适当的天花板到地板空气流及高效率颗粒空气(HEPA)过滤器可以实现10000 级,不需要对设备进行大的改装。此改进的清洁度等级满足 ISO 14644-1、Class7 和 FED STD 209 要求。通常,科学有效载荷驱动污染需求,应该为每个任务在概念阶段定义需求。对于仪器,特别是成像器或相机及 UV 分光计,小尺寸100 级干净房间用于组装及校准。当集成到航天器中时,这些仪器类型打包并且使用干燥氮气进行清洁。

过滤器每季度更换一次,地板每周进行清扫,颗粒进行持续监测,并且对碳氢化合物进行周期性监测。环境监测、反馈及维护会创建一个半自动的清洁房间系统。清洁房间制服每周进行清洗和测试。对于"宽松"的 10000 级环境,包括研究人员、内部鞋套、帽子、套装、备用外部鞋套、手腕带(保护航天器电子产品以避免电子静电放电)、面罩(对于面部头发)及腈纶手套。

污染控制很重要的一个方面就是洁净间使用要求和相应的人员训练。正式演示包括视频磁带、给出原理及背景以用于人员认证。在项目开始时穿过干净房间的入口及出口是一种实际的开始。

一个新的重要问题是软件质量保证。基本上,人们试图实现已经存在的对飞行硬件的同样规定。具体问题包括软件工程飞行日志的维护、固件可跟踪性、测试结果审查、任务要求的检查列表使用以及跟踪变动的配置控制。

13.3.2　审查

评价航天系统设计的最重要途径是设计审查顺序。审查委员会包括了解许多飞行硬件设计陷阱方面有经验的航天系统专家。听众包括来自所有专业领域的专家,如热控和姿态控制。审查(在第 1 章中也进行了讨论)通常以下列顺序出现:

(1)概念设计审查。

(2)基本设计审查。

(3)子系统硬件设计审查。

(4)关键设计审查。

(5)运输前审查。

概念设计审查(CoDR)给出如何实现任务需求的粗略概念。从审查所获取的有用信息经常改变所使用的策略,并且通常导致参与方之间充分的互换,从而可以更好地定义需求。CoDR 的主要结果是较好理解完成任务所需的内容。

基本设计审核(PDR)显示结构及电路级设计细节,同时给出航天系统硬件详细的布局、方案及图纸,也会给出模块及方块图。然而,没有给出细化的单个零件。此时应该量化定义需求,需要估计每个子系统及整个系统的质量及功率。PDR 中某些关于可靠性的决策,如冗余性或容错性等,在审查及讨论之后做出。审查人员通常搜索没有考虑的设计细节。行动项目要求设计人员考虑这些情况的重要结果。

子系统硬件设计审查通常由任务设计小组的其他成员对详细硬件设计进行内部审查。此审查的目的是决定是否特定的设计可以进行关键设计审查(CDR)。希望设计可以细化到单独电气零件及人员。对手的批评可以促进计划级 CDR 的更好准备。关键设计审查决定是否需要设计团队准备构建硬件。设计展示应该非常详细,应该提供零件及材料列表。此审查是以最小成本进行重大变动的最后机会。在已有硬件必须改变之前,应该提供性能保证计划及工艺标准手册。

运输前审查通常关注环境认证测试期间硬件的性能。展示的测试计划及结果指示根据以前审查设计组装的硬件可以进行航天飞行,并且满足任务要求。在审查中显示性能及管理数据。

在最后审查之后,航天系统硬件运输到发射现场。

13.3.3 发射现场支持

在发射现场,性能/质量保证工程师十分关注安全、污染及是否遵循以前制定的总装程序。此处,总装意味着将航天系统有效载荷接口到运载火箭。任何差异或最后一分钟变化必须进行完全记录和批准。最后一分钟异常或故障分析必须快速解决。针对污染及安全的环境监测持续地进行。关于使用备件取代给定子系统的困难决策有时候必须给出。如果对任何子系统进行大量的维护,其必须在环境上合格。重点是此点的经验,因为没有时间采取大量的额外数据。额外评估时间仅仅延迟了发射,其经常具有关键时间窗口。

13.3.4　航天系统可靠性——NEAR 任务案例历史

近地球小行星会合(NEAR)航天器是 NASA 发现计划中的第一项任务,此项目历经了 27 个月的开发周期,4 年到小行星的巡航,并且绕小行星 EROS 轨道运行一年时间。在一年轨道运行之后,航天器于 2001 年 2 月在 EROS 上成功着陆。通过限制可移动及可部署机械及电子机械系统的数量可以使可靠性最大化。此决策意味着:

(1)没有可部署的仪器隆隆声。

(2)固定的射频通信天线。

(3)可部署,但固定的太阳阵列。

(4)带可移动过滤器轮的固定仪器及带查看端口的可部署封盖。

当需要执行任务时才使用新技术,四种新部署为:

(1)砷化镓太阳电池阵列。

(2)固态记录器。

(3)γ 射线分光计,内含碘化钠检测器晶体的 BGO 水晶盾。

(4)软件自治规则系统。

采购并接收功能针对零件采购进行了加速,并且专业采购遥控的数量进行了最小化。飞行零件的进厂检查及测试限于增值活动。来自组装部门项目领导的每周状态报告跟踪委员会设计、图纸签发、委员会组装及 118 个飞行板的组装。每周与项目办公室举行小车间关注点会议,每个子系统指定有封装工程师。在委员会设计阶段结束时举行一个组装可行性审查(FFR)。经验及解决的子承包商技术问题如下:

(1)DC/DC 转换器。用于避免超射(过冲电压)的钳位二极管;零售商的组装流程改变以避免电容器损坏。

(2)4 MEG X 4 DRAMS。寿命测试成功运行以解决高待机电流问题。

(3)振荡器。替换由于过量噪声及不稳定损坏的遥测控制单元(TCU)振荡器;纠正遥控及遥测处理器(CTP)振荡器中没有端接的 CMOS。

(4)磁力计电子。替换由于原始组装中流量污染的 20 多个 FET。

(5)红外分光计引脚拔销器。匹配表面的翻新。

(6)高增益天线。

剥除、清洁及重新喷漆。

(7)激光范围探测器。

使用环氧胶黏剂固定的光学机械底座。两个主要子系统的细节进行了描述,惯性管理单元(IMU)具有四个问题:

(1)四个陀螺仪同时使用不实际,NEAR 仅仅使用 3 个。

(2)高振动敏感度,在发射期间 IMU 保持关闭并且不被航天器上推进器所干扰。

(3)20 个性能参数中的 6 个,2 个完全由机载软件补偿,另外 4 个为临界并且可接受。

(4)陀螺仪对齐轴的振动后移动,IMU EEPROM 中最新值。

认证太阳能电池板有互连断裂问题。银网状硬金属格互连系统具有低电阻率,但具有受限的寿命项目,如测试样本及认证面板的温度循环(空气及真空)所示。因此,认证温度描述的范围降低 10℃,并且在整个任务期间快速超过 $\Delta T = 30$ ℃的热循环数量受到限制。

当开始航天器集成时,这些问题受到问题/故障报告(PFR)系统的控制。在发射之前,创建了 227 个这样的文档。来自 PFR 统计分析的结果指示主要的影响,95% 置信度下影响明显,影响描述如下:

(1)制导与控制(G&C)子系统(60)明显具有较多的异常,但推进子系统(5)具有较少的异常。

(2)软件异常(129)明显多于硬件异常(98),特别是对于在航天器开发后期设计的 G&C 软件。

(3)许多问题由于设计(128)造成,由工艺(37)及零件(9)造成的问题较少,这说明零件筛选理念。

(4)使用针对科学仪器的开放机制的不太成熟门设计产生几个 PFR。

NEAR 开发获取的教训如下:

(1)应该允许对计算的值使用自治规则;EEPROM 中的 CTP(遥控及遥测处理器)自治规则应该可编程。

(2)应该使用最大上行链路比特率及高增益天线加速大量软件加载。对于航天器地面集成及测试,所有具有大量可再编程软件的设备应该具有自己的测试端口。

(3)航天器应该已经打开冗余命令接收器电源,这样接收器不会同时关机。自治可以用于切换接收器(如果需要)。

(4)遥测传输帧的长度应该可变,这样只有必要信息的较短帧可以用于紧急模式。

(5)整个航天器模拟器用于测试和调试启动软件。需要进行测试以模拟真正的飞行中下行数据速率及往返飞行时间延迟。需要足够培训过的人员进行轮班。

下一次可以改进的主要事情是遵循更严格的软件开发方法,包括质量控制、资助并开发工具和平台以在实验室内提供集成飞行任务的准确模拟,并与硬件组装同时进行。

13.4　辐　　射

辐射是影响航天器的一个重要因素。针对此讨论,本节将主要限于自然太空辐射。人为影响的通常是太空中的短寿命环境,但是在电子产品辐射影响方面,一些因素和自然辐射类似。

自然环境包括行星磁场(地球及木星)捕获的电子及质子。质子及少量的较重原子核在高能太阳事件时产生,宇宙射线(特高能原子核)在银河系内及银河系外的超新星爆炸中产生。在较大的航天器结构中,如国际航天站(ISS),通过与几十克每平方厘米材料的碰撞,由大约 85% 质子及 15% 重原子核构成的宇宙光束部分转换为次级中子。这些次级中子可以通过电子产品中的单事件影响产生一个额外的威胁。人为环境可以添加中子、γ 射线及 X 射线到自然背景中。

一些带电粒子具有足够的能量以穿透航天器及其电子设备。从另一角度看,半导体也是半绝缘体。当带电粒子在绝缘材料中产生电子及空穴电离轨迹时,此沉淀的电离电荷造成运行中固态设备的电气条件下的变化。当有足够的电荷积累时,阈值电压位移或漏电可能造成设备在正常设计条件下停止工作。大多数带电粒子引起的损坏是由电离产生的。然而,当电子及质子击中太阳能电池时,位移损坏(使原子离开正常格子位置)是一种休眠机制。表 13.4 显示了对辐射暴露很重要的术语及单位。表 13.5 显示了在 1rad 电离辐射作用下常见半导体材料中产生的电子空穴对的数量。图 13.17 总结了太空环境下的特性。

表 13.4　辐射暴露的重要术语及单位(Mclean,1987)

辐射暴露类型	测量值单位
通量	粒子$/(cm^2 \cdot s)$
能量密度	粒子$/cm^2$
能谱	粒子$/(cm^2 \cdot MeV)$
中子	
能量密度	n/cm^2
1 MeV 等效能量密度	n/cm^2
电离辐射	
制动功率(线性能量传输函数$(1/p)(dE/dx)$)	$MeV/(g/cm^2)$
总辐射吸收剂量	rad[①]
电离剂量率	rad(Si)/s

注:①1rad(Si)＝100ergs/g(Si)＝0.01J/kg(Si);国际单位制 1gray(Gy) ＝ 100rad ＝ 1J/kg

表 13.5 1rad 产生的电子空穴对生成能量及密度(Mclean,1987)

材料	空穴对生成能量 E/eV	1rad 生成的空穴对密度/(对/cm^3)
硅	3.6	1.0×10^{13}
硅二极管	17	8.1×10^{12}
砷化镓	4.8	7×10^{13}
锗	2.8	1.2×10^{14}

```
环境
低电离剂量率(远小于 1rad/s)
总剂量(≥10⁵ rad)
地球磁层中捕获的高能量电子及质子
宇宙射线(电子、质子、α粒子、重离子)
太阳质子(在大型太阳能活动期间剂量率增加 10⁴)
主要故障机制
总剂量感应电荷积累
单粒子翻转
测试模拟器
低剂量率电离源:60Co,低能量 X 射线测试器
高能量粒子质子及重离子束
```

图 13.17 太空辐射环境的特性(McLean,1987)

辐射影响工程师使用太空辐射环境模型建立每个航天器或仪器任务的要求。对于低地球轨道(LEO)或地球同步(GEO)任务,在地球磁场中捕获的质子及电子分别使用 Goddard 模型 AP-8 和 AE-8 进行估计。太阳质子能量密度模型由 JPL 在 19 世纪 90 年代开发,其后继模型用于预测太阳周期最大年期间能量质子的水平。JPL 研究的一个重大结果是在 11 年太阳周期的 4 个最小年期间高能太阳质子没有明显的通量。C&ME 86 及其更新 CREME 96 用于评估太阳能最大及最小周期和干扰及非干扰周期的宇宙射线通量。太空辐射环境模型的一个十分有用的网站是 http://www.spenvis.oma.be/spenvis/,其由 ESA 进行维护和更新。

13.4.1 电离效应

对于带电粒子,进入电离状态的能量由制动功率或线性能量传输函数给出,单位为 $MeV/(g/cm^2)$。大量材料中,质子及电子的制动功率已经进行了表格化处理。图 13.18 给出了硅上电子及质子事件的制动功率。吸收的电离剂量为粒子能量谱及制动能量乘积的积分。吸收电离剂量的常用单位是 rad,其等于每克材料吸收 100ergs 能量。因为不同材料的单位质量能量损失不同,需要指明沉淀剂量的材料,单位为 rad(S)或 rad(GaAs)。剂量的标准国际(SI)单位是灰度,相当于 100rad。

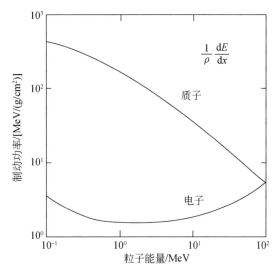

图 13.18　硅上电子及质子事件的制动功率与粒子能量的函数(McLean,1987)

　　当一个电子空穴对由于输入辐射产生,则价带中的电子跨越带隙激发到导带状态,使价带中的空穴在后面。如果存在一个电场,则电子快速扫过,因为它们在硅中的移动性大于空穴中的移动性。除了少量的快速重组的空穴对,创建的电子及空穴对可以在材料中自由移动和扩散直到它们重新组合或捕获。硅二极管(晶体管及集成电路中的栅极及场氧化层)等绝缘子包括高密度捕获中心密度,在此中心,辐射感应的电荷可以驻留很长时间。这些捕获的电荷产生内部空间电荷电场,其导致设备运行特性的电压偏差或移动。足够的空间电荷场可能造成设备故障。集成电路中捕获意外电荷的另外位置为不同材料之间的接口或不连续处,如硅及硅二极管之间。

　　图 13.19 显示了 MOSFET 的简单示意图。在这种情况下,N 通道设备使用一个 P 型 Si 基层。当向栅极触点施加一个偏差电位时,将有一个电场穿过栅极氧化层区域并且立即进入栅极区域下的硅表面区域。如果栅极偏差足够大并且为正(对于 N⁻ 通道运行),大多数载体(P 型 SiO_2 中的空穴)将从此表面区域驱除或删除。少量载体(电子)将被吸引到此区域,形成逆温层。如果在源及漏极触点间(图 13.19 中的 N⁺ 掺杂区域)施加电位差异,逆温层提供一个低电阻电流通道,这样电子可以从源极流动到漏极。然后此设备打开(图 13.19(a)),并且通道开始传导可察觉电流时的控制门偏差电位称为设备的开启电压或阈值电压。

　　构件发生总剂量电离问题,由薄栅氧化区辐射诱导充电(通常为正极)引起,硅表面可形成额外的空间电荷场。其他感生场使发生装置的开关电压抵消或偏移,从而导致电路降解和故障。例如,对于图 13.19 显示装置大量俘获正电荷,可以打

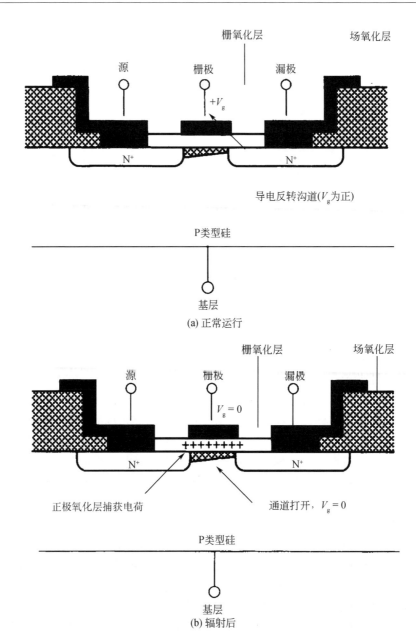

图 13.19　N 通道 MOSFET 示意图,其展示了总剂量离子化感应的栅
氧化层充电基本效应(McLean,1987)

开此装置,即使是零栅极偏压(图 13.19(b))。俘获空穴已经有效偏移了 MOSFET
应用的阈值电压,从 3.3V 偏移到零。就功能而言,如果此装置用作 0～＋10V 栅

极应用的方波脉冲开关,MOSFET 就不再是一个开关。尽管似乎很容易看出效果,引起这种结果的具体事件时间关系仍很复杂。

　　图 13.20 将代表实际增强型 N 沟道装置的复合响应。初步最大负极偏移(10^{-6}s)主要由 SiO_2 中电子空穴对形成及初始重组进程决定。短期退火作业(10^{-2}s)属于正常的空穴运输过程,此时 Si/SiO_2 界面附近俘获的深度空穴将出现多余负极偏移。俘获的空穴退火非常缓慢,超过 10^8s 。

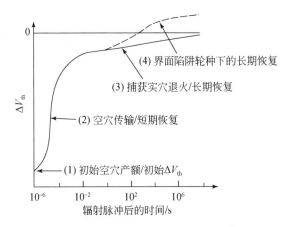

图 13.20　时间为变量的阈值电压恢复示意图(N 通道 MOSFET),以及脉冲
辐射、潜在物理过程响应的相关主要特性(McLean,1987)

　　图 13.20 实体曲线与空穴运动、俘获以及退火作业单独对应。但是,除俘获的空穴长期退火,将出现辐射诱导界面俘获累积情况,标准情况下为 $10^{-2} \sim 10^3$s ,如图 13.20 中虚线所示(对于 N 通道装置,产生 V_{th} 界面的是正极,与阈值电压的净负极界面俘获电荷相对应)。如果界面俘获值较大,实际上阈值电压就可以恢复预先辐射值(进入正极),形成所谓的超级恢复或回弹。如果电路足够大,这种效应也可能造成电路损毁。如果界面俘获出现较大部件,就一直简单出现其他向上变换的实线和/或虚线曲线。另外,由于出现俘获正电荷退火,将发生超级恢复或反弹。

　　对于敏感性测试流程、硬度保证考虑,以及航天器环境装置性能预测等,MOS 装置辐射总剂量响应的时间关系图对它们有重要的暗示作用。标准航天器环境剂量值对测试无实用价值,以及所有可能的测试中,装置退火对决定电气参数测量十分重要,所以,修正了总剂量测试新方法。

　　旧方法仅涉及每个步骤的辐射性测试样品或适当剂量等级大剂量的测试样品,以及 30～60min 移除辐射容器的电气响应。这些方法将强调氧化物俘获电荷的短期效应,而不会充分模拟可能长时间(数天)控制的界面状态效应。采用各种退火工艺,充分再生俘获的电荷退火以及界面状态生产情况。低地球轨道(LEO)、地球同步轨道(GEO)以及行星间太空飞行的太空剂量值为 $10^{-3} \sim 10^{-7}\,\text{rad/s}$,忽略太阳耀斑相关数值。

20 世纪 90 年代初期,已观测到超低剂量敏感度(ELDRS),新设计的双极集成电路中将增加总剂量降解。对于比高剂量同类剂量等级的较低剂量电力辐射,暴露在电力辐射时,某些双极接口晶体管降解更为明显。对于双极发射器/基本氧化物(插入双极装置,以降低耗电量以及改善性能)以及钝化和隔离或隔开 MOS 装置氧化物,空间电荷效应将产生 ELDRS。实际上,效应将表明:大剂量将形成明显的太空电荷(它能抑制有限周期内现场堆积的大量电荷的辐射敏感度)。后期有储备剂量,所以,初期俘获的太空电荷将抑制装置内载体和离子运输。钝化采用的氧化物或薄膜厚度标准 $1\mu\text{m}$,与栅介质要求的氧化物相比,俘获现场采用不洁物水平更高。为了观测 ELDRS 的峰值效应,应按 0.01rad/s 剂量值测试航天环境各种装置。但是,如果航天计划必须评估许多装置(总剂量超过 10000rad),就不实用。所以,最近调查测试方法推荐剂量为 10rad(Si/s),总剂量中设计裕量系数为 3,100℃ 时一周退火将评估恢复情况(Holmes-Siedle et al,2002)。

13.4.2　位移损坏

晶状网格中,如果高能质子或电子(大于 1MeV,电子;大于 10^2keV,质子)与目标原子相互作用,太空环境发生位移损坏。上述网格中出现损坏,是因为弹性碰撞、电子与原子电子相互作用(对于带电微粒),以及核相互作用。为了形成空穴对(参见图 13.21),硅和许多其他材料的阈值电压为 25eV,所以,原始微粒与目标原子将明显损坏。

能量 1MeV 或更低的偶然充电微粒(电子与质子)发生球形碰撞(实际为弹性核扩散)以及电子励磁作用。超过 8MeV(质量数超过 20(硅质量数 28)的每个核子平均结合能量),质子也可能引起非弹性核相互作用,其中明显超过 25eV 的能量将转移给网格。中子,不含电子电荷,仅当弹性或非弹性(超过 8MeV)核碰撞时会产生损害。电子作用下,带电微粒(如质子)容易失去能量。例如,与核作用相比,电子作用下 10MeV 质子将失去大约 1000 倍能量。

电子相互作用容易失去能量,质子与带电次级粒子将在局部网格造成更大损失。但是,材料中核中子范围更大(主要是没有带电荷)以及最终引起整个材料损失更严重。

半导体材料出现的各种缺陷以及缺陷集线器相关讨论已超出本章范围。本章将大致涉及上述缺陷是如何影响半导体电子属性。总体来说,各种缺陷将干扰晶状体网络周期性的,从而在半导体核带宽形成当地衰减状态。根据 McLean(1987)的文献,可以列出核带隙衰减的六种主要效应。

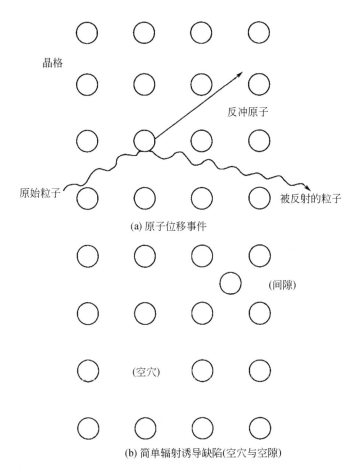

(a) 原子位移事件

(b) 简单辐射诱导缺陷(空穴与空隙)

图 13.21　晶体固体的原子位移损坏示意图原子位移产生网络缺陷(可能造成能带隙的现场俘获相态能量级)。损坏测量为相关电气参数效应(如少数载体寿命或晶体管增益)(McLean,1987)

(1)中心抽头附近等级作用为电子空穴对的热发电中心,引起暗电流增加(无刺激性噪声)。

(2)中心抽头附近的局部状态将服务于重新结合中心,它将缩短少数载体寿命,所以,将降低双极晶体管增益。

(3)带缘附近浅俘获将暂时俘获和重新发射电荷,降低 CCD 电荷传输效率。

(4)深度辐射-诱导陷阱将补偿大多数载体,引起载体移动。

(5)辅助穿隧将导致接口泄漏电流增加。

(6)自身缺陷将作为扩散中心,降低载体活动性。

基本符合永久性损坏效应的航天系统,包括通过光伏过程产生电能的太阳能电池、微粒监控器与电磁光谱传感器(如电荷耦合装置 CCD)。最后两种装置组成科研或军事任务以及星球跟踪器设计的测试仪前沿设施。

图 13.22 和图 13.23 分别显示了最大能量密度与 1MeV 电子能量密度或 10MeV 质子能量密度之间的降解情况。将准线性降解标准硅电池,尽管砷化镓电池能经受坡度变化,较高能量密度等级下降解更快。图 13.24 显示了接口深度与降解电池厚度对相关砷化镓太阳能电池最大功率的影响。接口深度影响将证实为决定性的(Herbert et al,1989)。

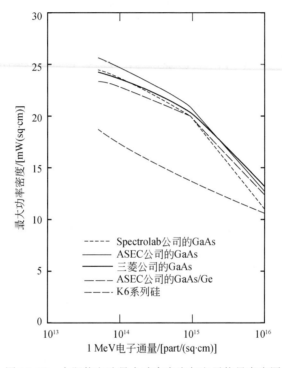

图 13.22 太阳能电池最大功率密度与电子能量密度图

随后,可以整体分析(Maurer et al,1989)电子与质子损坏的砷化镓太阳能电池。人们发现,尽管部分电气参数与光谱响应数据十分相似,但两种辐射引起的损坏类型各不相同。电流-电压特性分析模型已显示,电子损失了大量电池以及较多的电流,尽管质子损失了电池接口以及更多电压。

为了引用 Janesick 等(1989)的文献,现有科研 CCD 辐射危害造成大规模损坏,特别是低信号应用。电荷转移效率(CTE)开始降解是由于能量密度低至 1krad (Si)时产生高能电子。CCD 暴露于 65MeV 质子,产生暗电流火花。将使上述暗电流火花等级量子化,部分像素更容易损坏现场;最大火花振幅将大于 3×辐射前水平。

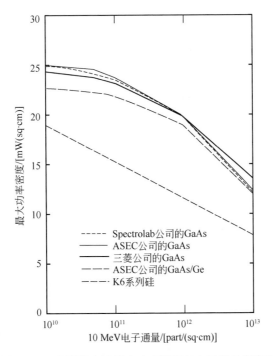

图 13.23　太阳能电池最大功率密度与电子能量密度图

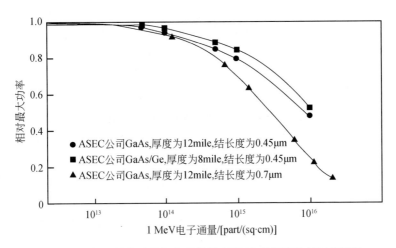

图 13.24　相对最大功率与电子能量密度(各种厚度和接口深度的
砷化镓太阳能电池)(Herbert et al,1989)

Srour 等(1986)的文献采用德克萨斯测试仪 TC104 3456 元素线性图像传感
器进行了大量实验。具体电池的平均照射前暗电流密度为 0.1 nA/cm² (202K)。

99MeV 和 147MeV 质子的最大能量密度分别为 3×10^9 p/cm^2，CCD 中分别出现 1432 或 884 损坏电池。暗电流密度变化明显的电池，假定经历过多次相互作用。增加的质子能量密度将增加损坏的像素数量，损坏相对严重的电池更为突出。对于最大能量密度（99MeV 和 147MeV 质子），裂变碎片引起多个电池明显受到损坏。对两种能量达到 3×10^9 p/cm^2 之后，将观测到暗电流变化（$24 \sim 28$ nA/cm^2）。利用泊松分配理论，算出每个硅质子相互作用的暗电流密度的平均增加值，结果为 0.26 nA/cm^2（99MeV）（1849 次相互作用）或 0.34 nA/cm^2（147MeV）（1021 次相互作用）。同一作者先前工作已发现暗电流平均增加值为 1.17 nA/cm^2（每次相互作用，对于 14MeV 中子）。

评估 CCD 飞行应用的实际方法是，在质子加速器中逐步损坏以及定期监控加速器外部暗电流与图像质量。一旦开发出测试硬件与流程，重复评估飞行次数就容易了。C 位移损坏效应的最佳航天系统削弱办法，就是在低温条件下使用 CCD。搭载热电冷却器，就能保持 CCD 持续低温。

13.4.3 单粒子效应

单粒子效应（SEU）为单一高能微粒通过集成电路电气节点时产生的临时或长期干扰，该粒子通常为重离子。瞬间干扰属于逻辑状态的变化，如 0 变为 1，反之亦然，通常称为快速翻转或软错误。这种误差为暂时的，再次使用该事件位置时将消失。

闩锁也是单粒子效应的长期和破坏性的后果。图 13.25 图解 CMOS 存储器设备的闩锁机制。单离子电离喷射形成的电荷或电流将在可控硅整流器上形成较低模拟导通电压，出现高电流闩锁结果。当电流路径与 CMOS 装置的 V_{DD} 接地，如果无电流极限控制，其将被烧坏。寄生的双极路径、PNPN 来源于 CMOS 制造（N 基将寄生 P 形结构，N 和 P 通道结构嵌入其内）。如果背对背 PNP 以及 NPN 晶体管的增益产品更大，闩锁状态是自立的，直至装置烧坏或电源停电。如果装置易于闩锁，就必须采取限流晶体管加以保护，从而避免烧坏，必须能关闭装置的电源，消除闩锁状态。明显地，后面的补救方法是不希望出现的，特别是卫星遥控系统。

第三个单粒子效应就是通过 FET 高电场泄漏耗尽区跨越重离子引起 MOS 晶体管烧坏。微粒离子路径收集的电荷通常形成大量电压，从而在电源 MOSFET 结构中向前偏移寄生双极晶体管基极-发射极接口。如果 MOSFET 采用的漏源电压超过寄生晶体管的收集器-发射器击穿电压，将出现电子击穿，导致大电流和局部功率耗散，最后烧坏装置（Waskiewicz et al, 1986；Hohl et al, 1987）。N 道功率 MOSFET 垂直构件将引进寄生双极晶体管，它通常关闭，但是，重离子冲击引进电

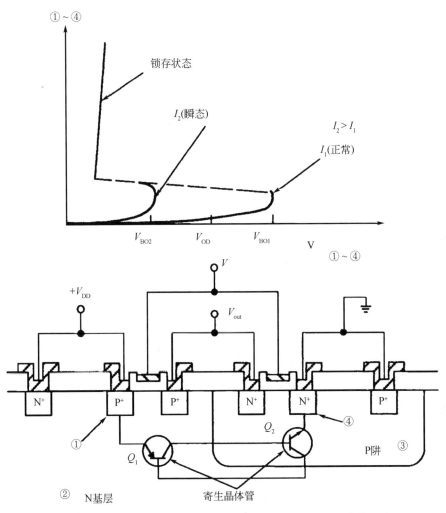

图 13.25 CMOS 闩锁机制以及 SCR 模拟图。寄生路径来自 CMOS 制作。当 $\alpha(Q_1)$ + $\alpha(Q_2) \geqslant 1$,将发生稳定的低阻抗相态。单一微粒离子喷射电流将增加 α 数量,获得较小的 V_{BO},将 V_{BO} 降到低于 V_{DD},就出现闩锁(Pickel,1983)

荷时就可以将其打开。批量 CMOS IC 发生模拟闩锁时,大电流传导将导致装置烧毁。相关现象表现为单粒子栅穿(SEGR),重离子将仅冲击门氧化物,流经门的电流电涌将使氧化物断裂。

单粒子事件效应的精确记录,从 Wallmark 等(1962)的文献中给出的第一次预言开始,超前性地认为随着数字装置变得更小,翻转会发生。Binder 等(1975)的文献确认了航天环境触发电路的翻转情况。1978 年,May 等(1979)的文献证实,新开发的 4KB 内存的翻转是由 α 粒子引起的，α 粒子从磁性封装元件（如金属钍）发射的。Pickel 等(1978)的文献引入了关键电荷概念，检查了动态存储器翻转分析中易于翻转的敏感性节点。采用高能离子加速器模拟余弦射线离子，Kolasinski 等(1979)的文献成功开创了单粒子事件效应、翻转以及闩锁。20 世纪 80 年代，利用大量设备技术，许多卫星进行了翻转实验：TIL、NMOS、CMOS 以及高级双极。除此之外，大型 CMOS 装置有一种结构，易于被单微粒诱导闩锁。

最近，集成电路小型化已跨越阈值电压，其中单粒子将积累足够的电荷而引起翻转(Peterson,1983)。减小电池尺寸与比特能量就可以达到集成电路高速、复杂的效果。随着每种装置的门数量增加，芯片总功率将最小。每个门的能量必须降低。1970 年，转换能量为 50pJ，对应于 300MeV。1975 年，下降到 5pJ 或 30MeV，即使相对较低的 LET 微粒也容易聚集到这个数量。

对于规范结构件，如存储器可以重复多次使用，可用以定义称为临界电荷的概念。该电荷(Q_c)取决于微粒能量损失（线性能源转移、LET 或线性电荷沉积速度）以及存储单元阵列敏感体积中的通路长度。减小现代集成电路尺寸，将造成临界电荷适当降低。但是，降低的尺寸与降低的临界电荷相互结合，将显示出高度集成电路单粒子事件错误率将保持相对稳定，因为新的较小的敏感性内存节点也难以击坏。图 13.26 将显示绘制的临界电荷图（不同半导体技术特性尺寸函数关系图）。临界电荷将显示简单的比例规则 $Q_c \approx l^2$，这里，l 为特性尺寸。与各点连接的纵轴粗略显示由于强化设备产生而出现临界电荷的范围。

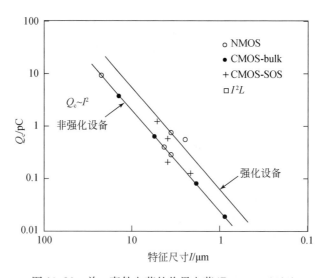

图 13.26　单一事件电荷的临界电荷(Peterson,1983)

给定航空环境的卷积积分-地球同步通常用为基准-采用翻转横截面，以及采用线性能源转移函数,给出特定环境集成电路的一些误差值(误差/比特天)或装置误差率(误差/芯片天)。采用积分评估方式得出计算结果为

$$N = \int_{L_{\min}}^{L_{\max}} \frac{\mathrm{d}F(L)}{\mathrm{d}L} S(L) \mathrm{d}L \tag{13.42}$$

式中,N 表示每天翻转的数量;$\mathrm{d}F(L)/\mathrm{d}L$ 表示单向微分 LET 通量;S 表示翻转横截面,也是 LET 的函数;L 是 LET 的简写;$L_{\min}$ 表示装置翻转的阈值;$L_{\max}$ 表示自然环境 $S(L)$ 和 $F(L)$ 的简单分析功能,难以定义 LET 的全部范围,所以仅用数字表示积分情况。

图 13.27 显示了 Intel 80186 16 比特微处理器的翻转横截面(作为 LET 功能)。图 13.28 显示了期望通过低地球轨道(LEO)飞行中微处理器实验的重离子通量,微处理器为 200mil 铝合金结构或大致在航天器中心附近位置(对于敏感性装置)(Maurer et al,1988)。

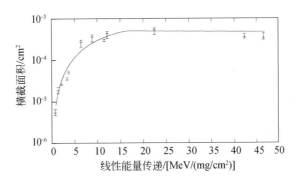

图 13.27　80816 单一事件颠倒横截面

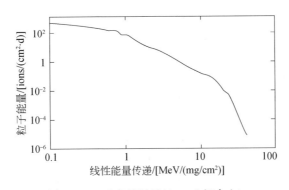

图 13.28　重离子通量(200mil 铝合金)

除了带电微粒直接电离,电子装置敏感区积聚电荷的另外方法就是质子诱导硅核反应,近地航空环境有大量质子,但是,没有足够高的 LET 数值能产生直接电

离,或厚层航天构件形成中子进而电离。图 13.29 显示,冲击硅核的质子形成普通核反应。反冲镁核心范围非常小,硅 LET 较高,积聚所有能量为电子空穴对,单位为 $3\mu m$ 或更小。中子将形成类似碰撞以及反冲,以及渗透进入整个半导体。

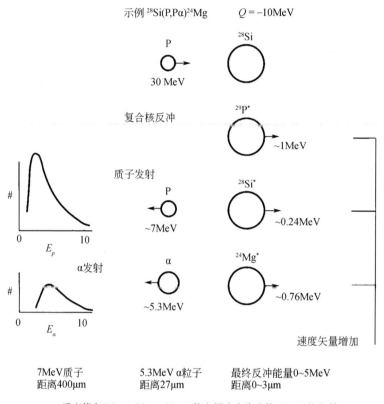

示例 $^{28}Si(P,P\alpha)^{24}Mg$　　　　$Q = -10MeV$

7MeV质子　　　　5.3MeV α粒子　　　最终反冲能量0~5MeV
距离400μm　　　距离27μm　　　　距离0~3μm

反应将在(10μm×20μm×20μm)的空间内产生大约10MeV的能量

图 13.29　硅的核反应(Peterson,1983)

　　一般来说,对于 $6MeV/(mg/cm^2)$ 或更小的重粒子翻转形成 LET 阈值的装置,也易于受到硅质子核反应诱导翻转。如果装置属于这种类型,必须结合两种基本机制翻转速度,算出总翻转速度预计值。

　　降低太空环境翻转速度的方法之一就是选择较少电荷收集区的集成电路。单粒子电离将形成单事件翻转,单粒子来自宇宙离子或辅助入射质子的反冲离子。当粒子通过半导体材料时,将损失电离产生的能量;能量损失单位为 $MeV/\mu m$ 或 $MeV/(mg/cm^2)$,损失率为 dE/dx。电离形成电子空穴对,含 3.6eV 形成单一硅电子对。例如,3.6MeV 能量损失将形成 10^6 电子或 0.16pC 电荷。现代半导体存储器将采用 $0.001\sim1.0$pC 存储相关信息,重离子很容易形成上述硅电荷。

带电粒子的制动功率或能量损失率(dE/dx)可以大致表达为

$$dE/dx = f(E)MZ^2/E \tag{13.43}$$

式中, x 表示单位面积、单位质量的行程, $f(E)$ 为能量慢速变化函数, M 表示电离子质量, Z 代表电离子电荷。

所以,对于给定的能量,质量与入射粒子电荷越大,聚集电荷数量或 IC 路径长度产能越多。重宇宙射线密度(为 Z 峰值函数, $Z = 26$)将快速下降。穿过硅 $1\mu m$,超能 1GeV 铁核将积聚大约 0.14pC (Peterson,1983)。

在高电场的耗散区和可能在临时耗散拓展区(称为"通道"),初级或次级离子积聚的电荷将被收集。敏感性节点收集电荷时,例如,在 CMOS 静态 RAM 中,N 通道晶体管处于"关闭"状态,电流脉冲传输到触发器另一半位置,实例中"关闭"表示 P 型晶体管,外观像正常脉冲,引起触发器改变状态,只要电荷超过上述变化的临界电荷。如果比特受影响,则由开始的"0"改变为现在的"1",信息内容发生改变。这种情况,表示 CMOS 静态电路的基本单事件装置物理特性。

图 13.30 显示了采用大型 CMOS 或 CMOS/SOS 方法的晶体管电荷收集区域的比较(Pickel,1983)。硅-蓝宝石(SOS)技术中 N 通道 FET 减少的电荷收集量很明显。CMOS/SOS 技术制作的各种内存将不影响闩锁,以及与可比性 CMOS 存储器相比,对一两个数量级的瞬态翻转不敏感。此概念在绝缘硅片技术中得到更多的利用。

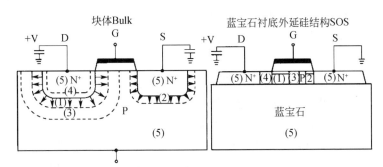

区域(1)* 电子进入漏极,空穴通过漏极进入本体-耗尽区
区域(2)* 电子进入源极,空穴通过源极进入本体-耗尽区
区域(3)* 电子可能向漏极扩散
区域(4)* 空穴可能向本体区扩散
区域(5)* 电子和空穴重组,不产生净电场
* 漏极电容受到电荷干扰情况下的结果

图 13.30　N 通道 PET 整批和 SOS 工艺的电荷收集区(Pickel,1983)

尽管砷化镓已证实能抑制总剂量效应(复合半导体技术无电荷俘获绝缘氧化物),其不是单粒子翻转效应解决方法。原因是高度集成砷化镓装置的小型节点电容和数字装置的低电压波动,允许砷化镓转换速度快,以及结合获得存储寄存器的

小型临界电荷（$Q = CV$）。所以，重离子可使无电荷的节点充电，引起比特翻转。

13.4.4 辐射效应问题解决方案

如上所述，应对自然环境辐射效应的最好解决方案就是设计制作具有辐射强化或辐射耐受性能的集成电路。某些技术本身具有防辐射性能，但对于其他设备，特别是 MOS 装置，必须通过更薄和更清洁的氧化物加以防护处理。

如果给定装置最低硬度或技术超过自然环境期望的总剂量的 2 倍，该装置就可视为硬度符合飞行要求。对于动态的行星际或近地球辐射环境，系数 2 将视为允许硬度变化的相关设计裕量。对于总剂量硬度不超过系数为 2 的飞行要求的各种设备，要求降低寿命结束性能或采用高密度材料加以屏蔽，或两者兼而有之。某些情况下，如果实验室测试装置参数逐渐降解，它显示该装置不需要屏蔽，例如，如果电路中可以忍受漏电流较高或输出电压较低。某些情况下，需要降低所有装置技术参数。

也可能出现其他情况，如装置降解很快，导致灾难性故障，就必须降低总剂量。重型屏蔽材料（如铅、钽或钨）用以尽量全部包围或覆盖该部件。必须考虑部件的整个立体角以及部件硬度，以决定屏蔽的形状与厚度。其他设计裕量有时将用以解释立体几何内容（不适合于屏蔽）。钽的实际优势在于可被加工成期望的形状，钨也是大型板块应用的最佳半导体热沉。

图 13.31 显示了 TOPEX 飞行的深度-剂量曲线。总剂量变为渐进线（$10^4 \text{rad}(\text{Si})$），逐渐从 $4 \sim 10 \text{ g/cm}^2$ 面密度变化。大多数轻型航天器，中心面密度通常表示为 $3.5 \sim 4 \text{g/cm}^2$，仅有一个屏蔽数量级将明显降低 $10^4 \text{rad}(\text{Si})$。大量的屏蔽是不实用的，所以，TOPEX 飞行最低可接受性装置强度为 $10^4 \text{rad}(\text{Si})$。装置至少必须达到这种强度，以便能顺利屏蔽。

相比之下，期望的最低面密度通常约为 $0.5 \sim 1.0 \text{ g/cm}^2$。图 13.31（$1.0 \text{ g/cm}^2$）获得总剂量为 36krad(Si)，乘以设计裕量 2 后，提供了无需屏蔽的较硬部件的飞行要求，即 77krad(Si)。对于 $10 \sim 72 \text{krad}(\text{Si})$ 部件，将需要屏蔽，按图 13.31 计算。通常情况下，可以忽略入射屏蔽，假设为 72krad(Si) 为部件封装表面入射线，以及采用 72krad(Si) 要求与部件硬度之间的屏蔽深度差异，从而决定封装表面降低到 72krad(Si) 需要的其他面密度，也就是说，该装置中 10krad(Si) 无活力。面密度可以转换成率合计的英寸单位，只需采用质量密度比，就可以转换为辐射屏蔽需要的钽或钨厚度英寸值。如果急需飞行物体，就需进行复杂的光线追踪分析，需要考虑到电子盒内偶然和内在的屏蔽情况。如此，就可预计具体位置的具体剂量。与简化的几何屏蔽路线相比，光线跟踪分析通常可得出较低剂量预计值。

处理单粒子翻转是另外一码事。高能宇宙射线容易穿透整个航天器，所以，屏

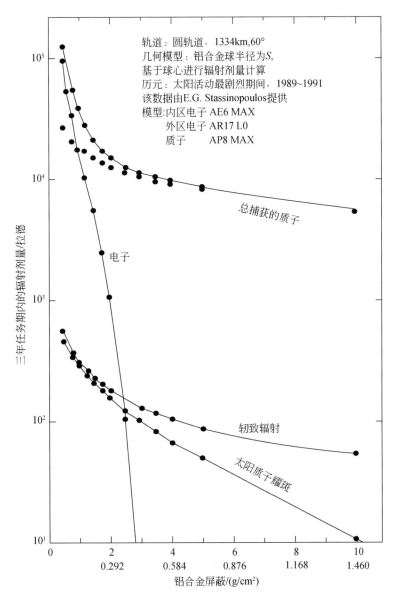

图 13.31　TOPEX 辐射研究

蔽并不起任何作用。所以,最好的办法(如前讨论)就是开发避免翻转的专项技术。但是,如果设备确实发生了翻转或闩锁,也可采取其他措施。限流电阻和切断电源也可以修正闩锁。对于瞬态位翻转,采用误差监控与修正计划以及监控定时器,以及进行周期性存储器清理。如果科学数据流未出现定期翻转,就不需关注位翻转。但是,遥控系统微处理器中不能抑制翻转。最后,如果预期的翻转速度为每年几次,就需再次决定是否可以忍受该翻转速度以及是否无需加以处理。

对于处理 SEU 诱导闩锁的实例,将讨论模拟装置 2100A 数字信号处理器。Brookhaven 国家实验室测试的样品将锁定重离子暴露情况,它的 LET 阈值为 13MeV/(mg/cm^2) 以及渐近线横截面为 10^{-4} cm^2。辐射前,ADSP2100A 电源电流大约 2mA。处理器闩锁时,电源电流增至 300mA 以上。观察可知保持电流(也就是,要求保持闩锁的最低电流)范围为 2~20mA,不同内部闩锁路径形成时发生变化。

消除 ADSP2100A 闩锁影响性方面,尽管有些进展,仍需设计闩锁监控与修正电路(图 13.32),允许按照正在开发的外延版本使用商用处理器,这可能难以通过其他太空资质相关测试。小型电阻将用以限制装置电流。闩锁时,电阻之间的电压降发生变化。产生闩锁监控信号的比较器将传感这种变化。该信号将用以消除 ADSP2100A 的功耗。每种电源管脚单独闩锁,所以,每个管脚将采用单独的电阻和晶体管。除此之外,闩锁监控信号难以驱动处理器信号线连接部件,所以难以预防 ADSP2100A 闩锁条件下出现相关损坏。规定延时之后,该装置将加电和复位。对商用 ADSP2100A 的 5 个样品进行多次测试。每种情况下,将监控闩锁与保护样品。

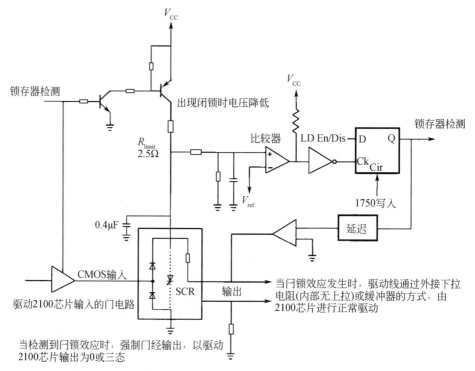

图 13.32　ADSP-2100 锁定保护电路

处理软错误问题的第一步,就是根据设备可见的宇宙线光谱估计给定飞行与试验翻转横截面的翻转速度(图 13.26 和图 13.27)。Adams(1986)和 Tylka 等(1997)研发了一套计算机软件(称为 CREME),将行星间能量光谱转化为入射LET 光谱(对于特殊航天器轨道与屏蔽厚度)。CREME 需考虑到地磁场屏蔽与地球阴影,以及计算装置翻转速度(如果给定装置翻转横截面数据)。Kinnison 等(1990)的文献中讨论了蒙特卡罗工艺使用的翻转速度计算方法。

估计翻转速度后,将决定是否飞行该装置,如果是,是否需要误差监控与修正或是否需监控看门狗定时器计划。

13.5　习　　题

1. 对于部件可靠性($R = 0.8$ 和 $R = 0.98$),比较 $n = 1 \sim 10$ 和 $m = 2,3$ 的系统可靠性。基于所得结果讨论部件冗余和系统冗余的优劣。将结果与低(商用)和高(军用)可靠性部件进行比较。

2. 当插入损失超过初始值 50% 以上,砷化镓 FET MMIC 开关被判定出现了故障。测试温度为 225℃时,平均故障时间为 3.4×10^4 h;测试温度为 250℃时,平均故障时间为 3.4×10^3 h。求进入故障模式的激发能量和最大航天器装置接口温度 100℃时故障平均时间是多长? Auger 电子光谱学已做出判断,主要故障机制为FET 频道内门技术与镓砷电池的相互扩散。表 13.1 列出的任意环境,均可能导致故障。环境应力网强度将随测试时间(老化小时数、热循环数目)增加而增加,或随环境密度(如温度或温度变化值或振动加速度)增加而增加。步进应力测试的优势就是能逐步或周期性进行测试,参数老化通常是渐变的,可以在完成环境测试后进行设备的故障分析。快速的灾难性破坏实验将产生灰烬、橡胶,极少有可用信息,所以应当加以避免。

3. 假设 x_0 等于零,对于 x 范围值为 $0 \sim T$,求累计分布函数 $F(x) = F(T)$。这是一个 2 参数 (θ, b) 的 Weibull 函数。将它与简单指数函数分布比较。

4. 一个标准二极管总体缺陷率低于 2%。航天器低压电源(LVPS)的某些电子电路板采用 50 个二极管。如果航天器系统生产人员不增加筛选作业,在 LVPS电路板找到 4、3、2、1 和 0 缺陷的概率分别是多少? 请提供结果评述。

5. 车流量的下列观测(习题表 13.1)将显示出两车同时到达路口的次数。量测总时间为 2h。

习题表 13.1

任何一分钟内事件数量	0	1	2	3	4	5
超过事件数量所发生的分钟数	23	26	20	27	15	7

确定任何 1min 内车辆 2、3、4 次同时驶入的概率,比较观测和预期频率。

6. 某些应用中,轴承过度磨损来自油槽控制的操作温度过高。磨损量不应超过 8mg/100h。

实验设计时,有 10 个轴承需进行磨损测试,每个将在油槽控制的不同操作温度下加以测试。习题表 13.2 为获得的测试数据。

习题表 13.2

温度 x/F	200	250	300	400	450	500	550	600	650	700
磨损情况 y/(mg/100h)	3	4	5	5.5	6	7.5	8.8	10	11.1	12

找出回归参数 α_0 和 α_1(最小二乘拟合 $y = \alpha_0 + \alpha_1$)。超过什么温度其磨损才超过 8mg/100h(年)?

7. 采用图 13.26 和图 13.27 列出的资料,比较 80186 微处理器的翻转速度(公式(13.42))。注意图 13.22 为积分光谱,可以采用 Simpson 或提醒规则以评估公式(13.42)。对于该问题,忽略由质子诱导核反应而发生的翻转,只考虑直接电离导致的翻转。

参 考 文 献

Adams J H Jr. 1986. Cosmic ray effects on microelectronics Part Ⅳ. NRL Memorandum Report 5901.

Binder D,Smith E C,Holman A B. 1975. Satellite anomalies from galactic cosmic rays. IEEE Trans. Nucl. Sci. NS-22:2675.

Hecht H,Hecht M. 1985. Reliability prediction for spacecraft. Rome Air Development Center Technical Report RADC-TR-85-229.

Herbert G A, Maurer R H,Kinnison J D. 1989. Radiation damage experiment on gallium arsenide solar cells. Proc. of the IECEC, Arlington.

Hohl J H, Galloway K F. 1987. Analytical model for the single event burnout of power MOSFETs. IEEE Trans. Nucl. Sci. NS-34: 1275.

Holmes-Siedle A,Adams L. 2002. Handbook of Radiation Effects, 2nd ed. New York: Oxford University Press.

Janesick J,Elliott T,Pool F. 1989. Radiation damage in scientific charge-coupled devices. IEEE Trans. Nucl. Sci. NS-36:572.

Kapur K C,Lamberson L R. 1977. Reliabilily in Engineering Design. New York:John Wiley & Sons.

Kinnison J D, Maurer R H, Jordan T M. 1990. Estimation of the charged particle environment for Earth orbits. Johns Hopkins APL Tech. Dig. 11:300.

Kolasinski W A,Blake J B,Anthony J K,et al. 1979. Simulation of cosmic ray induced soft errors and latchup in integrated circuit computer memories. IEEE Trans. Nucl. Sci. NS-26:5087.

Lipson C, Sheth N J. 1973. Statistical design and analysis of engineering experiments. New York: McGraw-Hill.

McLean F B. 1987. Interactions of hazardous environments with electronic devices. IEEE Tutorial Short Course on Nuclear and Space Radiation Effects, Snowmass.

Maurer R H,Kinnison J D,Romenesko B M,et al. 1988. Space-radiation qualification of a microprocessor implemented for the Intel 80186. Proceedings on 2nd Annual Conf. on Small Satellites, Saltlake City.

Maurer R H, Herbert G A, Kinnison J D. 1989. Gallium arsenide solar cell radiation damage study. IEEE Trans. Nucl, Sci. NS-36:2083.

May T C, Woods M H. 1979. Alpha-particle-induced soft errors in dynamic memories. IEEE Trans. Electron Devices ED-26:2.

Peterson E L. 1983. Single event upsets in space: basic concepts. IEEE Tutorial Short Course on Nuclear and Space Radiation Effects, Gatlinburg.

Pickel J C. 1983. Single event upset mechanisms and predictions. IEEE Tutorial Short Course on Nuclear and Sapce Radiation Effects, Gatlinburg.

Pickel J C,Blandford J T. 1978. Cosmic ray induced errors in MOS memory cells. IEEE Trans. Nucl. Sci. NS-25:1166.

Srour J R,Hartmann R A,Kitazaki K S. 1986. Permanent damage produced by single proton interactions in silicon. IEEE Trans. Nucl. Sci. NS-33:1597.

Tylka A J,Adams J H, Boberg P R. 1997. CREME 96: Arevision of the cosmic ray effects on microelectronics code. IEEE Trans. Nucl. Sci. NS-44: 2150.

Uy O M, Maurer R H. 1987. Fault tree safety analysis of a large Li/SO el_2 spacecraft battery. J. Power Sources 21:207-225.

Wallmark J T,Marcus S M. 1962. Minimum size and maximum packing density nonredundant semiconductor devices. Proc. IRE. p. 286.

Waskiewicz A E,Groninger J A,Strahan V H. 1986. Burnout of power MOS transistors with heavy ions of californium 252. IEEE Trans. Nucl. Sci. NS-33:1710.

第 14 章　航天器集成与测试

Max R. Peterson，Elliot H. Rodberg

14.1　简　　介

14.1.1　航天器设计

　　航天器设计分为几个阶段,如第1章所提到的,包括概念设计、初步设计、详细设计、制造与组装以及集成与测试。本章将重点介绍集成与测试阶段,包括将各种机械、电气以及热等子系统集成为航天器,并对航天器开展测试,以确保航天器在工作环境下能够正常运行。该流程还包括航天器与运载火箭相对接的发射现场进行的再次测试,从而确保所有航天器系统功能正常,并确保航天器与运载火箭相互结合,做好发射准备工作。尽管项目结束才进行特殊的集成与测试工作,但重要项目阶段的实际计划将从概念设计阶段就开始了。如果用一个术语去描述集成与测试阶段,那就是"后勤",它可以处理各项供给、设备、设施的采购、运转、维护以及配置,并提供人员以及相关服务等。为了详细了解航天器集成与测试阶段,某种程度上必须了解项目的其他阶段。所以应仔细复习第1章所介绍和讨论的设计理念,以及讨论各种术语,然后才开始讨论集成与测试阶段。

14.1.2　术语

　　讨论系统集成、测试以及合格验证时,需要详细了解用以描述所发生的过程的相关术语。为此,将定义几个重要事项,它们将在本章节更详细地加以讨论。

　　"部件"是指正常情况下,在确保其功能的条件下不能拆卸的元器件,如晶体管、集成电路、电路板、外壳、构件、恒温调节器等。

　　"组件"由实现高级功能的部件组装而成。组件包括如下单元:

　　(1)电源子系统的蓄电池,用于在发射和日蚀期间向航天器提供能源。

　　(2)热控制子系统中的多层包覆或散热孔,用于向航天器提供期望的热环境。

　　(3)姿态控制子系统中的反作用飞轮,用于将航天器指向期望位置。

　　(4)设备中的粒子计数器,用于测出空间环境通量。

　　子系统或设备集成了完成特定功能所需要的部件,例如,用于航天器发电、储能以及调节能源的电源子系统,或者用以测量粒子剂量和能量的仪器。子系统通常意味着完成确定功能的个体,设备通常用于描述完成特定科学测量或观测的个体。

　　系统由完成任务要求的各种子系统组成,主要用于描述用在空间的所有子系统和设备的组合体,包括航天器、观测器或有效载荷。

　　单元是部件、子系统、设备或系统的一般涵义。

　　封装设计将电气和机械部件组装为部件、子系统或设备的过程。

　　集成是将组件组装成为子系统(或子系统和设备一起成为系统),并确保相互作用时,每个单元均能正常运行的过程。

　　验证是确定部件、组件、子系统、设备或系统满足指定要求,并且在任务中将会遇到的环境条件下仍能够正常运行的检验过程。

　　(1)性能验证可能伴随分析、测试或两者兼而有之。一个性能验证的实例是测定模拟-数字转换器,该设备将某些测量参数电压模拟量转换为规定精度的数字量,并不受热(或热真空)变化以及电源变化影响。作为测试、分析的性能验证实例,应该考虑对压力性能进行大量分析,并开展压力验证测试。

　　(2)功能验证是性能验证的子集,主要用于验证测试单元(也就是部件、组件等)在技术规范内是否能满足某些选好的参数。功能验证能够缩短总测试时间。例如,一个单元需要在热环境下完成几个热循环,可以在第一个和最后一个热循环周期进行性能验证测试,而在其余循环周期进行功能验证测试,通过测试第一个和最后一个热循环周期之间是否发生故障,发生故障则停止测试。继续以模拟-数字转换器为例,功能验证测试应测试转换器根据标称电压值确定的 3 个点的转换功能,而且性能验证测试要求测试转换器在高压、标称电压以及低压情况下,转换器每个可能输出值下的转换功能。

14.1.3　设计过程概述

1. 项目阶段

　　航天器开发项目是分阶段组织实施的。每个阶段结束,通过项目总结来确保设计与项目目标和任务需求是一致的。图 14.1 给出了一个典型航天器的系统框图,而图 14.2 给出了项目阶段与相关总结。

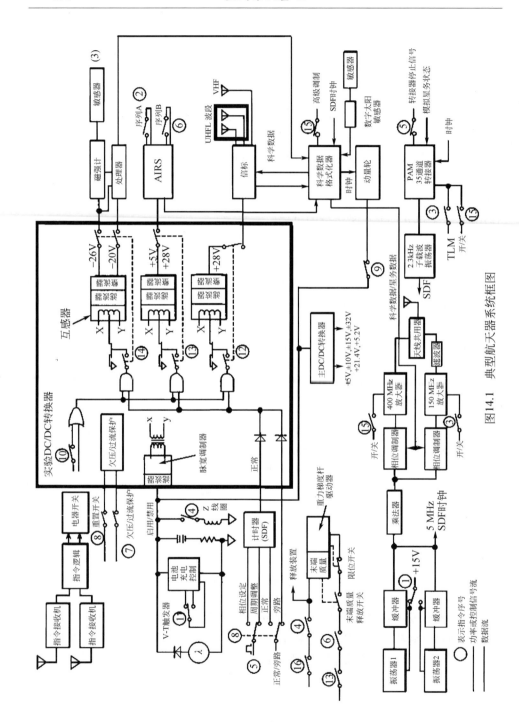

图14.1　典型航天器系统框图

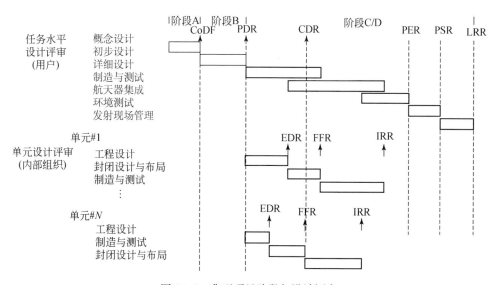

图 14.2 典型项目阶段与设计评审

CoDR——概念设计评审；PDR——初步设计评审；CDR——关键设计评审；

PER——环境评审前期阶段；PSR——前期组装阶段；LRR——发射成熟度评审

　　阶段 A 为概念设计阶段，从项目开始就进行。对于大多数科学任务，该阶段要求完成一个详细方案，该方案定义了任务目标、顶层任务需求以及航天器子系统和设备的功能描述。概念性设计阶段（或方案阶段），短则数月，多则一年。

　　在阶段 A 期间，需要完成任务需求，包括任务成功标准和设备性能要求。大多数系统与子系统的性能需求将根据初始系统接口定义来一起确定。系统和子系统设计已经初步完成。阶段 A 包括概念设计评审（CoDR），通常与系统需求评审 SRR）一起完成。

　　航天项目第二阶段是阶段 B，主要完成航天器子系统、设备与相关工程学（如应力分析、热分析、电磁兼容性、污染防护、地面系统以及任务操控等）的初步设计。并且，完成了飞行与地面软件结构的定义，以及应用软件的初步设计。典型条件下，阶段 B 将持续 8～12 个月。

　　在项目实施阶段，即阶段 C/D，包括子系统硬件与软件的详细设计。将组装测试已选子系统的电路实验板与工程模块，从而确认子系统设计是否符合子系统和系统要求。随后开展软件设计和评审。进入阶段 C/D 大约 12 个月，将举行任务关键设计评审（CDR）。根据资源裕量、接口定义、电路实验板测试结果，以及测试计划、合格鉴定与操作，将完成详细的系统和子系统设计。在完成任务关键设计评审和子系统详细设计后，将开始子系统投产。

　　集成与测试是阶段 C/D 的最后部分。它包括所有部件在飞行结构上的安装与检查,航天器作为一个系统开展环境实验,以及在发射场的测试。典型情况下,阶段C/D将持续24~36个月。

2. 系统与子系统设计

系统和子系统设计过程如图14.3所示。在项目系统设计阶段,应开发详细的电、机、热,以及软件接口定义。部件与材料必须仔细选择以满足空间环境的使用要求。在选择时,必须考虑几项注意事项,包括期望环境中的辐射容许量、低出气效应(如果仪器敏感器的敏感表面不可被污染)、轻质量、强度以及适当的热特性。子系统和设备组件将安装在航天器结构上,并使航天器体积和线束互连最小化,避免机械干扰,以尽量使研发的航天器质量特性最佳化。设备和无线视场,以及热设计约束,必须一起加以考虑。集成与测试团队是系统设计的重要力量,他们将负责保证所有的子系统和设备接口是正确的,以便航天器进入集成阶段时,以及开始机械、热和电气子系统集成测试时,几乎不出现任何问题。

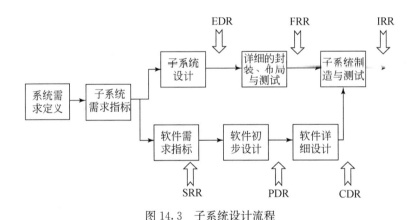

图 14.3　子系统设计流程

EDR——工程设计评审;FRR——制造可行性评审;IRR——集成度评审;
SRR——软件需求评审;PDR——初步设计评审;CDR——关键设计评审

子系统设计阶段采用初步设计阶段认同的系统要求与接口定义。首要工作包括不同子系统、设备和软件的详细设计、制造以及测试。子系统和设备的电气设计优化期间,航天器的机械、结构与热设计应同步实施,以便在结束电气设计时,能继续进行机械和热包覆设计。飞行软件设计必须与子系统设计同步实施,并在集成阶段将合格的飞行软件装载至航天器。子系统设计过程必须不断迭代,也就是说,必须经常同不同子系统设计师、部件与材料专家、包覆设计师以及集成测试小组加以讨论,进而开发、提炼项目初期需要达成的电气、机械和热接口协议。重要的是,在子系统设计过程中,还需包括任务操作团队。子系统的操作(也就是能发挥功能的不同模式或状态)必须由任务操作团队完成在轨航天器任务定义,以便任务操作团队能够确保航天器执行期望的任务。

每个子系统必须经受一系列的评审与测试,以检测设计或制造缺陷。这不是仅评审本身以修正设计缺陷,还涉及作用力接口和设计评审准备,以进行分析与存档,从而突出各种潜在问题。

本章用以描述设计评审过程的术语与第 1 章不同,本章准备重点介绍评审过程,特别是构成航天器系统组成部分的相关子系统或设备。对于一个典型项目,这种关系如图 14.3 所示。除此之外,术语也可以随不同组织而变化。但是,相比于术语,过程是更需要强调的。

对于子系统或设备关键评审应该是工程设计评审(EDR),该评审将主要讨论与子系统设计相关的工程细节。在设计完成或接近尾声时,电气和机械子系统应进行工程设计评审。虽然下列不是一个完整的清单表,但是评审至少应当包括:

(1)子系统需求描述。

(2)用于电气设计-电气电路设计讨论、电子部件应力分析,设计的辐射容许量、电路设计模拟、软件/加密需求、电压和温度变化条件下用于验证设计操作的电路实验板的测试结果、任何单一或特殊部件安装需求、定时分析、高散热部件鉴定、操作模式、接口,以及 EMC 设计约束。

(3)用于机械设计-装置功能讨论、初步应力分析、材料属性、布局需求、视场分析、其他子系统安全区、初步环境或结构测试、光学部件或材料的辐射容许量、密封件或轴承的特性以及热需求。

(4)初步区域或布局研究结果。

(5)安全问题。

(6)设计期间考虑的折中(如采购决议、可选设计等)。

(7)测试计划与流程。

子系统的第二项重要评审就是在发布图纸之前,设计的加工可行性审核(FFR)。考虑到机械设计属性,大多数情况下,须尽量保持 FFR 与 EDR 同步。在电气设计阶段,图纸还应该完成评审,并包括总装、布局、详细图纸以及部件清单表。在该评审中,设计师和制造设计的组织者,有机会去评审关于部件、材料、流程和加工工艺的制造可行性。除此之外,还需完成机械应力分析、热分析以及屏蔽分析的评审。

在制造完成后,每个子系统在进入航天器集成和测试阶段之前,都必须完成一系列的质量测试(对于进行的测试类型,本章随后将详细介绍)。子系统测试结束后,应进行集成度评审(IRR),以讨论航天器集成准备的相关子系统性能与状态。在这个评审中,当子系统在地面阶段时,集成与测试团队必须现场识别出子系统所有的特殊操作约束条件。

　　某种程度上,这里与第 1 章中涉及的部分材料有一些重复,但必须理解上面讨论过的概念,才能开展正确的集成与测试。需要强调的是,航天器集成前,必须发现设计中的误差与缺陷并进行修正,这将节省时间和项目费用。相对于定位于支持项目集成和测试阶段的"行军"成本,在项目初期适当完成一系列设计评审的项目费用,与集成前的综合性测试成本相比是很低的。由于修正子系统设计的错误导致的航天器的集成和测试延期,成本增加将远远超过设计评审和前期测试费用,这是因为延期不仅涉及航天器工作人员,而且涉及任务操作团队、运载火箭团队和科学分析团队(如果是一个 R&D 项目)。推迟发射进度也可能影响其他无关项目的发射工作,并导致它们增加费用。

14.2　集成和测试计划

14.2.1　电气设计交互

　　在子系统设计时,集成与测试团队必须完成大量的详细方框图(如电源流图、信号流图以及接地图),并开始对互连的各种子系统进行线束、接线端板的电气设计。完成遥控和工程遥测定义,用于航天器操作,并对航天器在地面测试和在轨运行的健康状态进行评估。完成详细的子系统与设备集成流程,并对航天器电缆与被集成单元的电气接口进行验证测试。

　　除此之外,必须开始地面支持设备的设计与制造。对于集成与环境实验期间用于航天器安全运行所需要的各种测试设备,也必须加以设计与制造。电源子系统测试设备应包括实验室电源、保险盒、非飞行工作蓄电池、蓄电池调节设备以及太阳阵模拟器。在航天器上使用的每个连接器型号都必须设计和制造飞行连接器断路盒。这些断路盒提供了任一连接器一个独立针脚的探测与模拟的方法。这些断路盒也用于验证接口信号的特定特性以及诊断系统的异常行为。设计与建造军械模拟器、设备负载模拟器以及各种安全和军用接插件也是非常有必要的。脐带地面支持设备也必须设计、制造和测试。该设备用于监测航天器的健康及其运行情况,并通过航天器发射运载工具的脐带连接器传送基带遥控与遥测数据。

14.2.2　热设计交互

热设计采用航天器假定的热分析模型加以设计,并与子系统设计并行进行。这个热分析的模型信息必须提供给各子系统封装设计师,以确保部件被正确设计,并保持在轨期间部件与航天器的运行温度正常。反之,为了进一步精确热分析模型,这些信息也必须反馈给热设计工程师。详细的热设计过程已在第 7 章进行了更加完整的讨论。

热分析模型是热设计工程师用于计划完成独立封装测试要求的热控地面支持设备设计的基础,也是建立每个封装的热实验需求的依据。由于地面比轨道更容易控制热环境,一般情况下,在集成阶段通常不需要提供加热地面支持设备。有时也可能需要便携式冷却部件,以便充分测试在轨期间具有低温周期循环的特殊子系统,但是,测试时必须在更高周期循环下进行测试。用于仿真子系统和系统热真空测试期间的轨道环境的特定设备,必须与航天器设计同步实施。这些测试将验证热分析模型是否能精确描述航天器的在轨热控性能。

14.2.3　机械设计交互

发射期间面临的各种环境是由采用的运载火箭所决定的。采用航天器初始结构分析模型,与运载火箭一起开始耦合分析,以确定航天器结构对发射期间所预期振动与声学力的动态响应。航天器结构的应力分析必须根据运载火箭耦合分析得到的信息作为基础,从而确保设计裕量足够。该信息与前期的测试数据一起用来确定机械封装设计需求,并确定航天器和子系统随机、正弦振动以及冲击实验中的实验量级。在设计阶段,待研制航天器的质量特性(质量、质心以及惯量矩)必须被密切关注,以确保不超过所采用运载火箭的运载能力。如果一开始就认为子系统与设备的封装设计有超重问题,就可以采用轻型材料来建立子系统(但是应该注意,就材料与加工成本,轻型材料一般更为昂贵)。关于航天器机械设计与分析的更详细内容,以及验证实验采用的量级已在第 8 章阐述过。

14.2.4　技术交流会

参考工作组会议,在发射场、运载火箭以及设备团队之间必须召开技术交流会。与发射场以及运载火箭之间的会议将协商与运载之间的机械和电气接口,并协调发射场测试与发射操作的协同计划。

与设备开发商的会议,主要讨论设备集成计划情况,并确保相关信息(如遥控与遥测定义以及设备操作和测试流程)能传送给集成团队。集成团队将按序集成每个设备。会议也将对任何特殊处理与测试需求进行讨论,并设想各种操作注意事项,如传输遥控与遥测数据的操作约束条件和电气接口定义。

14.2.5　地面支持系统

地面支持系统(GSS)包括在子系统集成、环境实验以及发射场操作等过程中用来实现对航天器进行操作的各种设备。GSS 将用以验证航天器运行是满足预期的,并符合性能规范。在对航天器集成与测试期间所使用的 GSS 开展设计之前,需先详细了解航天器任务以及子系统与设备的设计情况。这意味着,需要集成和测试团队(以及 GSS 系统设计师)特别的熟悉构成航天器的各个子系统,以及航天器嵌入式飞行软件的运行情况。

地面支持系统设计与建造经济有效的方法是采用与子系统测试(包括飞行软件开发)、航天器测试,以及发射后操作相同的装备与软件。通常,采用与系统设计相同的多个实例。软件维护系统也应该保持完好。当其他子系统测试设备不再需要使用时,就可以成为集成和测试或者任务操作地面系统的组成部分。部分对环境有特殊要求的设备进行子系统级测试,其他子系统集成后进行航天器级测试。通常情况下,采用模拟器与激励器去对航天器进行完整测试。

机械地面支持设备(MGSE)是航天器集成项目的重要组成部分。用以抬升或支撑飞行硬件的所有 MGSE,都必须进行检查、测试以及认证合格,才能投入使用。在集成、测试和发射期间,经常需要开发用于集成、处理以及运输的专用 MGSE。这包括独特的子系统与设备安装或处理的固定件、航天器支撑架、翻转夹具、升降索套、推进剂加注/加压单元、低温处理单元、气体净化单元以及运输包装箱等。

电气地面支持设备(EGSE)是用于测试航天器的机电和电气子系统。通常含有单独 EGSE 的子系统包括电源、姿态确定与控制、遥控与数据处理、射频通信、推进装置等,以及科学仪器(如果是科研型航天器)。对于集成与测试阶段用于重复测试的专用 EGSE,必须设计为可由 GSS 指控系统实现远程控制。常常采用基于以太网接口的 TCP/IP 通信协议来实现远程控制。

图 14.4 阐释了最基本的 GSS 功能。这里,可以看出四种主要功能:

(1)建立航天器子系统的操作条件。

(2)收集和处理航天器在不同激励下的性能数据。

(3)提供航天器必须被考核的相关模拟环境。

(4)提供航天器安全处理措施。

该图并未显示 GSS 是否必须采用手动或自动操作模式,但其暗示采用闭环形式进行测试,也就是采用一个激励信号,观察响应的方式。如果满意,则施加下一个激励,如此循环。但是,随着航天器复杂性增加,采用自动操作的 GSS 是非常有必要的,这将有效利用关键进度时间。

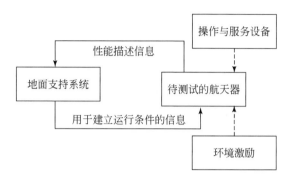

图 14.4　GSS 功能图

　　图 14.5 给出了典型的 GSS 框图。该系统以测试处理工作站作为中心,是整个系统的控制器。所有子系统和设备 GSS 均采用电动控制,以便于自动测试。中心工作站与所有其他系统通过以太网通信。航天器附近设备能够被遥控进入各种模式和配置。中心工作站将各种航天器遥测数据存档,并发送给各种地面支持设备计算机,并对数据进行实时或离线分析。

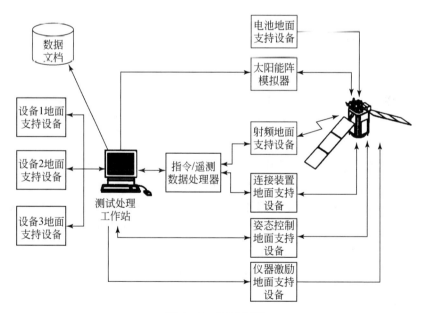

图 14.5　GGS 框图

　　典型系统中,操作人员将航天器或 GSE 指令输入计算机图形用户接口,并查看用户显示页面的航天器响应来完成快速分析。地面系统软件提供了将遥控的文字版本转换为等效二进制数字的功能,并按照协议格式将遥控数据发送给航天器。

除此之外,地面系统也将完成遥测数据的收集、显示、限制检查和归档。还需提供将原始遥测数据转换为工程单位和其他特殊处理的工具,如存储加载、释放和比较等。

操作人员可以通过编辑语言创建被指控计算机执行的指令序列来进行自动测试。对于测试期间获得的单元响应,计算机加以自动检查,显示在屏幕上并保存到文本文件中。对于成功的指令,测试序列能够连续不停,仅根据超出限制条件的误差或遥测而暂停。这种操作方法能够对复杂系统进行有效的测试。更重要的是,可对系统进行反复测试,并提供与环境测试项目相一致的结果。在测试项目中,趋势数据能够用于分析系统的故障或逐渐降级情况。

14.2.6 机械模型

设计和制造航天器各种构件的机械模型。设计过程中需要综合模型的保真度和相关数据。应制定目标,尽可能少用模型,尽量使模型能用于各种不同的用途,以完善航天器计划表。以下是几种模型及其期望用途。

(1)布线线束模型。用以决定布线线束制作期间电缆路线以及电缆长度,也可用以确保子系统或设备以及线束之间无任何干扰。

(2)无线电频率(RF)模型。用以验证航天器天线设计,通常可以采用金属板建立航天器缩比版本,而不是完全复制,但是,这取决于采用的无线电频率以及航天器的其他特性。

(3)热模型。热工程师采用其设计和制造热层,以评估和计划提供航天器合适热特性所需要的热涂层材料数量,以及设计和制造热真空测试采用的热模拟器。

(4)运载火箭接口模型。用以保证航天器正确适配运载火箭上面级。

(5)机械测试原型。用以验证应力分析以及决定机械设计中存在足够裕量。也需制作航天器、子系统或设备部件的高仿真原型,使单元达到或超过预期发射或轨道环境相关的振动或声学等级。这些模型与虚拟物体发射的飞行结构部件不同,飞行构件可能用于实际飞行子系统和设备。除此之外,还可以采用这些模型,通过模型技术获取不同振动水平下,某些难以预测的位置的振动值。

14.2.7 集成顺序

决定集成顺序需要考虑两种基本原则:功能与可达性。通常,机械飞行结构和相关固定构件需要最先集成。如果航天器包括在轨推进系统,那么推进剂储箱、流量阀、推力器以及推进剂管路等应该是安装的第一个子系统。飞行电子设备集成前,难以全面测试,但是仍需进行机械集成。然后,准备输送子系统和设备时,必须先安装布线线束与端子板。在功能上,通常首先需要集成电源子系统,然后是遥控和数据处理子系统。然后才能集成 RF 子系统和姿态确定与控制子系统。对于科学航天器,通常最后集成科学设备,留给科学家更多时间完成设备测试与校准工作。考虑到可达性,可以先检查航天器爆炸图(图 14.6),从而确定集成次序,从底部到顶部进行系统集成,或更标准地,先从系统内部,然后到系统外部。

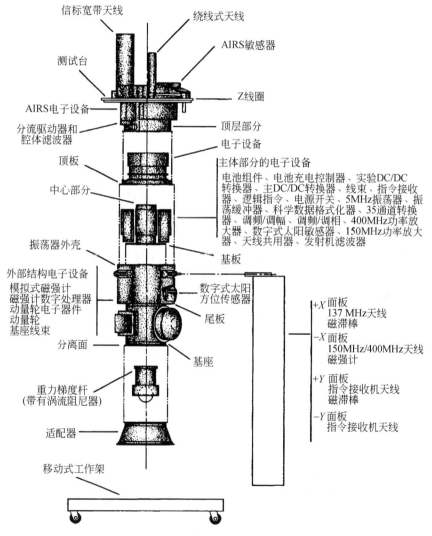

信标宽带天线
绕线式天线
AIRS敏感器
测试台
Z线圈
AIRS电子设备
分流驱动器和腔体滤波器
顶层部分
电子设备
顶板
主体部分的电子设备
电池组件、电池充电控制器、实验DC/DC转换器、主DC/DC转换器、线束、指令接收器、逻辑指令、电源开关、5MHz振荡器、振荡缓冲器、科学数据格式化器、35通道转换器、调频/调幅、调频/调相、400MHz功率放大器、数字式太阳敏感器、150MHz功率放大器、天线共用器、发射机滤波器
中心部分
振荡器外壳
基板
外部结构电子设备
模拟式磁强计
磁强计数字处理器
动量轮电子器件
动量轮
基座线束
数字式太阳方位传感器
尾板
分离面
基座
+X面板
137 MHz天线
磁滞棒
−X面板
150MHz/400MHz天线
磁强计
+Y面板
指令接收机天线
磁滞棒
−Y面板
指令接收机天线
重力梯度杆
(带有涡流阻尼器)
适配器
移动式工作架

图 14.6 典型航天器爆炸视图

一旦确定集成次序,需要将制定的日期安排反馈给主计划时间表。各种子系统与测试仪设计、制造与测试所需要的时间预计值,也需输入计划时间表。然后,

还需找出时间表冲突解决方案,以便分配人力和材料,从而消除冲突,以保证航天器集成、测试以及发射进度顺利开展。

根据进度信息反馈情况,通常可以决定是否制造单元非飞行原型,以便飞行子系统被制造和测试的同时可开展集成工作。

对于电气子系统和设备,非飞行原型需采用封装的电路实验板或工程模型。封装的电路实验板具备与实际飞行子系统相同的电气特性,但是,与实际物理形态不同,这个特殊选择应该仅在高风险低成本任务中被考虑。最佳解决方案就是建立工程模型。除了高可靠性和高成本,通常模型的形状、尺寸以及功能与飞行模型相似,一般不采用电子部件,也不经受飞行单元必须接受的各种严格环境测试和检查。

另外一种能够减少时间进度风险的方法,就是设备和子系统的接口兼容性测试(机械和电气)。接口兼容性测试的目的是设备或子系统制造和飞行资质测试前,找出不一致性和可能需要修正的错误。此方法对航天器级有效的前提是结构和/或电气子系统可进行测试。机械匹配检查将用以确认螺栓孔、连接器间隙以及线束走向能够被正确地设计并实现。对于机械接口验证,钻孔模板有时也被用于验证航天器与部件是否有相同的钻孔式样。

决定实施接口兼容性测试和/或建立封装的电路实验板,以及工程模型的相关重要注意事项,就是找出成本与时间的折中方案。上述方式一般可以降低整个计划的成本,因为发射日期受许多其他难以直接控制的相关因素影响。

尽早进行子系统接口测试,以发现与设计的不一致。即使完成了电路实验板或工程模型,仍须严格进行接口设计情况的仔细检查。这对于电源子系统或遥控与数据处理系统,以及其他子系统和设备之间尤其有用。

14.3　集成与测试设施

14.3.1　设施进度安排

除了上述活动,还必须做好所使用的集成与测试设施的相关计划。一般地,由于上述系统使用率低以及潜在维修成本高的特点,大型航天系统的集成与测试设施并不富裕。如果使用发射设施,还需经过政府部门认定。但是,上述设施的计划安排仅属集成与测试小组面临的后勤问题之一。详细进度表将显示集成所需的子系统与设备的交付顺序,该进度表中的测试顺序决定集成与测试设施的保障顺序。重要的是,集成与测试过程中所有参与人员需熟悉资料,以及清晰理解子系统或设备不可如期交付的相关影响。如果不能如期提供集成与测试设施,将与其他系统产生竞争使用的冲突招致更大延期,设施使用计划将有必要重新安排。

14.3.2　设施清洁作业

对于需要避免污染的敏感设备,必须在保持相对湿度、温度、颗粒物以及碳氢化合物成分保持在设备生产厂家规定范围内的相关环境下,才能开展航天器组装和测试工作。表 14.1(除了 FED-STD-209D)定义了洁净室设施的允许洁净度。

表 14.1　洁净室设施的等级限制

等级	测量的粒子尺寸/μm				
	0.10	0.2	0.3	0.5	5.0
1	35	7.5	3	1	不作要求
10	350	75	30	10	不作要求
100	不作要求	750	300	100	不作要求
1000	不作要求	不作要求	不作要求	1000	7
10000	不作要求	不作要求	不作要求	10000	70
100000	不作要求	不作要求	不作要求	100000	700

注:①每立方英尺房间允许的大于或等于微粒尺寸的粒子数
②该表格显示的粒子浓度等级限制,仅定义出等级,不代表任何特殊情况下的尺寸分布

某些条件下,必须始终遵守严格的洁净度要求,但是,有些情况下,可以根据成本与实际情况检查洁净度。换句话说,在仅适合独特设备的环境进行所有的子系统和设备的组装与测试是很昂贵的。便携式设施(下面将讨论)可作为切实可行的替代。前提是,在项目成本及进度约束条件下必须仔细检查和设计出满足航天器任务所需的清洁度要求。

14.3.3　便携式设备

如果设备难以满足集成与测试活动支持所需的各项特性,就必须提供便携设备,以便于操作上述设施时能提供便携式环境。通常采用的便携式环境实例如下。

(1)干燥氮气,用以防止湿度或出气产品对光学或其他敏感性表面的不利影响。

(2)便携式净化帐篷(和/或包袋),以封闭航天器传感器部分,从而将特定颗粒物污染等级保持在规定范围内。

(3)便携式空调设备,以提供设备或子系统的对流冷却场所,在轨时通过传导和辐射进行温度控制。

14.3.4　测试设备

综合性航天器测试项目要求同时使用几种不同类型的设施。这些是完成系统测试要求所需要的设施,可能包括以下部分或全部设备:

(1)洁净间。

(2)振动测试设备。

(3)声学测试设备。

(4)质量特性测试设备。

(5)热真空罐。

(6)EMC 测试设备。

(7)磁测试设备。

(8)RF 兼容性测试车或设备。

(9)发射场有效负载处理设备。

(10)发射场有害物处理(燃料)设备。

14.3.5　运输

取决于航天器尺寸和测试要求,常常需要在前面章节列出来的设施之间运输航天器。如果遇到这种情况,集成与测试组必须解决以下问题,如航天器尺寸是否满足运输途中通过的各种桥梁、载重是否在所有必须跨越的桥梁的负载限制范围内等问题。而且,完成测试项目后,航天器是否必须运送到发射场,进行最终准备并与运载火箭匹配。几乎所有情况下,都要求提供运输包装箱,并且作出运输安排,以便航天器在设施运输到发射场期间都能够存放在一个安全和洁净的环境中。

14.4　验 证 方 案

14.4.1　测试序列

部件、子系统以及系统级的验证和测试,是一项来源于部件级环境应力筛选试验(ESS)的延伸(参见第13章)。必须小心处理,以确保经受测试的单元不会过应力,与此同时,受到的环境应力必须能充分暴露设计缺陷以及生产中的不足。为了确保尽早识别出有缺陷的单元,以提供设计裕量,一般情况下 ESS 级别比早期验证级别更加严厉,也就是说,部件经受的 ESS 级别比组件和子系统经受的级别更加剧烈,组件和子系统经受的级别比系统级也要更加剧烈。

如果可靠性要求很高,或涉及载人航天器,应建造原型(prototype)和飞行航天器(flight spacecraft),按不同级别加以测试。原型将与飞行航天器进行相同的测试,在测试中的差异主要是严格度和暴露时间,在原型中将更大以确保在飞行航天器中存在设计裕量。大多数情况下,时间和成本上均不允许制造和测试原型与飞行航天器,合理的折中是选择子系统部件备件建造和测试原型航天器。按照飞行期望以及原型定义,完成原型航天器级别与暴露时间测试,从而验证设计裕量。

通常情况下,测试序列是按照下列原理实施的。测试期间因发生故障很可能损坏航天器的测试项目应首先被实施。最后需要进行振动、声学以及热真空测试,因为航天器在轨将运行在这样的环境中。这种次序的另一个好处是其可以协助监测振动和声学问题,这些问题很难显示出来,除非受热循环的应力诱导。表 14.2 显示了验证测试清单表,按学科加以概述。

表 14.2　验证测试概述

电气	构件与机械性能
安全匹配	模型测量
功能验证	静态负载
性能验证(包括电源电压变量)	加速度
时间保持	正弦振动
相位(极性)	随机振动
	声学性
	机械冲击
辐射	压力分布
总剂量	机械功能(部署)
单事件翻转	使用寿命测试
	质量属性
EMC 和磁性学	热学
传导发射	烘烤
辐射性发射	泄漏
传导敏感度	热力平衡
辐射敏感度	热力循环
磁力属性	热真空循环

14.4.2　测试计划与流程

测试计划与流程为重要的沟通方式,必须做好起草与审核工作,以便详细了解航天器经历的各种测试。

集成与测试的各项活动应包括危害作业(如低温处理作业、无线电频率辐射作业)以及相关通信(与此同时,子系统与测试仪工程师参与的上述活动对安全与进度表方面极其重要)。为了确保所有相关人员能详细了解集成与测试相关的时间次序,系统测试计划应包含各项活动流程图,如图14.7所示。

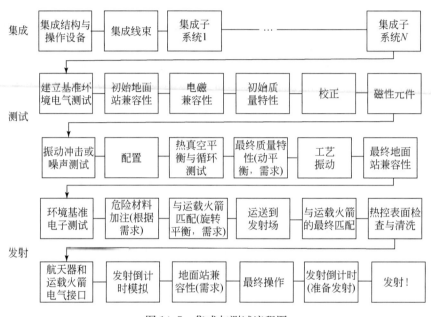

图 14.7　集成与测试流程图

14.4.3　子系统等级测试

子系统和/或其部件需测试以保证航天器集成前发现设计或生产缺陷并且加以纠正。系统集成与测试期间发现的故障通常将引起进度延期,从而造成成本的增加。下面将按推荐顺序详细列出讨论的各项测试,它可以用于显示或尽早发现问题,以免计划中后期高昂的返工成本和时间成本。任务定义阶段,发射和轨道特性确定下来,可决定实际的测试要求与测试约束。

1. 辐射

在轨期间受辐射剂量较大的航天器,必须采用特殊设计的部件,以经受住预期轨道寿命内的累计值辐射量。在采用某些部件(如数字集成电路)时,应进行单粒子反转(single event upset,SEU)测试,以保证部件不会失效,避免软件错误。参考第13章,里面有关于部件辐射效应更详细的讨论。此外,如果要求航天器必须能应对核爆炸效应,就需将子系统和其他部件暴露在辐射环境中,模拟预期的爆炸环境。

2. 磁场

对于携带高灵敏度磁场测量仪的航天器,要求测试部件和子系统,以确保杂散磁场不干扰磁场测量仪,从而准确测量在轨磁场(通常需先注明电子部件和材料为非磁性物体)。必要时,必须提前测试其他单元,确定对航天器磁场的影响。其他情况下,如果航天器磁场测量仪灵敏度不高,应进行适当分析,以确定其他单元是否影响测量仪运行效果。

3. 气密性

必须测试密封部件和子系统,确保其在振动、声学及热真空测试、运载火箭发射以及真空环境中能保持密封性。

4. 基本电气测试

根据硬件、软件调试及其测试流程完成初步电气测试后,必须根据大气压强、大气温度与相对湿度完成全部电气性能验证测试。按照航天器电源子系统供应的最高、最低和标称输入电源电压,进行单元测试。上述数据是热真空、振动以及声学环境测试前、期间以及之后将实施的其他各项测试的基础。

5. 电磁兼容性

子系统和部件的电磁兼容性(EMC)测试必须尽快完成,以发现与其他系统不兼容的问题所在,并在系统集成前修正各问题。MIL-STD-461 和 MIL-STD-462 通常作为指导 EMC 测试的技术文件。

6. 光学与机械对准

所有携带光学系统的子系统,必须遵循大气压、大气温度与相对湿度下的光学对准要求。作为姿态确定与控制参考的各种部件,必须建立参考面。

7. 质量特性

大多数情况下,只能权衡部件和子系统。但是,对于更复杂的机械子系统,需要测出转动惯量和质心位置。

8. 温度

部件和子系统必须经受热罐(非真空环境)内多个热-冷循环,从而诱发由不同材料间不同的热膨胀系数导致的电气连接热效应,并测量其在温度与输入电源电压等多个变量影响下的性能。对于热质量较高的部件,必须允许有充足的时间以保证极限温度下的稳定性,从而保证测试任务顺利进行。冷热温度平衡时可以进行基本电气性能验证流程,将各项结果与大气极限电气性能测试相比较。温度循环期间,功能验证流程较短。对于经历快速温度变化的部件和子系统,重要的就是需要遵循热冲击试验。

9. 振动

一般情况下,每个部件和子系统都应在上电状态下满足定义的不同等级的三轴正弦与随机振动要求。先前经验表明保持参与振动测试单元处于上电状态的要求是识别生产是否有缺陷的一种方法。各轴振动测试中间,应实施功能验证。为了显示潜在裕量情况,实际振动期间应监控单元功率。如果发射升空、供电器件、出现风险时发生单元断电,就必须重新谨慎评估适用电源的振动要求。请参考第8章构件测试验证的其他讨论。

10. 机械冲击与声学

根据部件和/或子系统以及该项目的各项要求逐一进行机械冲击与声学测试。对于含有轻型、薄膜窗以及薄膜的大型元件,主要应进行声学测试。如果部件出现自发形成的冲击或出现由其他事件引起的明显冲击以及判定为易受影响事件的位置,则特别需要进行冲击测试。

11. 部署

在经受上述机械压力测试前,需进行部署测试,以表明设计的充分性,证明无任何疏漏。必须经历部署测试的部件和子系统有仪器传感器吊架、天线、太阳电池阵、测试仪外盖以及运载火箭的分离机构。

12. 热真空

热真空测试将揭示部件和子系统在真空中的工作能力,以表明部件和子系统具有较高的功率耗散点,热设计合适。如果发射期间该单元需要高压供电,抽真空期间必须供电,并进行监控,以保证不出现电晕放电,即无电弧现象。如果该单元有高压电源,但发射期不会工作,就必须保持断电状态,直至充分抽真空。如果部件和子系统功率耗散低并且无热点,有时也可用更多次温度范围较大的热循环代替热真空循环。图14.8给出了标准部件或子系统热真空测试曲线,它显示了各循环周期末期电气功能和性能测试流程。

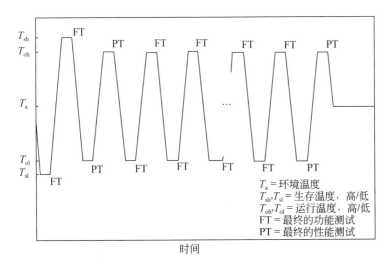

图 14.8　标准部件热力/热力真空轮廓

13. 热真空高温试验

对于清洁度要求超高的航天器,必须进行部件和子系统的热真空高温试验,试验应按最高允许温度(也就是断电时不损坏该单元)进行,从而排出研制与测试期间形成的出气污染物。子系统测试期间,应正常进行高温试验,因为任何航天器均有难以耐受高温环境的部件和/或子系统(如蓄电池),并且在较低温度下热真空高温试验需要大量时间才能排除出气污染物。正常情况下,采用热电石英晶体微平衡仪(TQCM)和残余气体分析仪(RGA),测试该试验罐,从而确定是否已经排除全部出气物。图 14.9 给出了温度和压力与时间的关系图。如果无法进行仪器测试,可参考该曲线图。

14.4.4　航天器子系统测试

对于与航天器集成的子系统和载荷仪器,必须首先进行集成就绪审核。集成小组应确认其已经实施并通过了所有要求的飞行资格测试。还需讨论各种未解决的问题,以及审核各种图纸,验证电气接口的各项定义。还必须测试航天器上所有电子仪器的安全配合、活性度、功能以及性能等。

1. 安全匹配

在连接需要供电的飞行部件前,应进行安全匹配测试,它包括断电测试与供电测试。断电测试将用以验证所有电源线是否与回路和地线隔离。供电测试用以验证电源接口提供了合适的电压,验证线束连接器及其他接口电压合适。还需检查

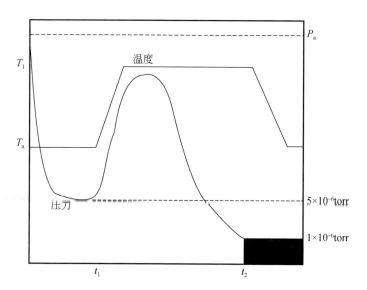

图 14.9　时间-温度-压力曲线

无测试仪表的热真空烘干。当在初始温度 T_a（通常为环境温度）下实现 $5×10^{-6}$torr(1torr$=133$Pa)的压力时，腔体内物质从时间 t_1 开始，逐渐被加热到烘干温度 T_1（由最大元件温度决定）。当温度逐渐升高时，由于腔体内物质的出气效应，腔体压力会逐渐增加。在腔体压力降低到 $1.0×10^{-6}$torr 之前即时间 t_2 之前，腔体温度将保持其增加后的数值不变

测试的单元，以确保无电路短路而损坏航天器。

2. 活力测试

活力测试为环境测试期间采用的快速健康状态验证。主要目的是验证部件能否上电、接受遥控、发送遥测信息。测试作业只需几个小时。

3. 功能测试

功能性测试用以验证所有来自和进入被测试部件的电源与数据。测试应实施子系统所能提供的各种遥控、遥测以及更多功能，而无需要求外部激励或 GSE。如果可能，该项测试应验证交叉条带以及其他冗余接口。$1\sim3$h 内将完成功能性测试。

4. 性能测试

性能测试将对子系统进行详细测试验证，并对尽可能多的性能参数进行核算。必要时，应采用 GSE 或外部激励，以对被测试该单元进行详细检测。测试冗余接

口与内部电路,进一步测试所有操作模式。应尽量多地进行测试,同时以环境测试计划采用的系统基线电气测试为基础。

14.4.5　航天器级系统测试

一旦航天器完成了集成阶段,就需进行多项测试,以决定发射的准备情况。航天器必须与所有集成的系统进行飞行装配。还必须逐步谨慎考虑到除此之外的特殊情况。例如,热真空测试期间需适时利用太阳能阵列模拟器,以模拟给电源子系统的太阳能阵列输入。对于子系统和/或部件测试,各项测试要求以及测试限制各不相同。

1. 电器环境测试

该项测试为其他各项航天器性能测试提供参考。该项测试在一定大气压、温度以及相对湿度条件下进行。如果航天器为太阳能供电,太阳能阵列模拟器将用以模拟向航天器蓄电池充电控制子系统的太阳能阵列输出。采用太阳能阵列模拟器,蓄电池充电控制子系统就可以产生轨道期望的最小、最大以及额定总线电压,以及模拟从 100％ 日照到 100％ 日食的范围值。根据蓄电池充电控制子系统各个条件实施每个子系统和测试仪的功能测试与性能测试。各项测试将特别包括飞行小组进行的模拟飞行作业。

2. 地面站兼容性

进行相关测试,以验证地面站能否与航天器、飞行操控地面系统建立通信。地面站与航天器之间还必须验证 RF 兼容情况。通常情况下,采用配置有与操作地面站相同的 RF 设备的测试专用车进行此项测试。应测量 RF 性能,还必须实施各种遥控和遥测模式的编码与解码工作。这是一个测试飞行操控地面系统与地面站系统之间的软件接口的好机会。通常情况下,这包括终端对终端的系统测试,涉及所有操作实体。

3. 飞行模拟

飞行作业小组有条件使航天器在其期望的在轨条件下运行。需多次进行发射日期模拟,从而确保能适当激活发射前后的配置,所有操作人员需熟悉期望(和可能不期望)的系统性能。也需运行特殊飞行模拟:通常将包括早期作业活动的演练、推进操控器演练,以及每天、每周及典型科学数据收集和下载活动。

4. 电磁兼容性

为了决定子系统与设计裕量之间的兼容性,航天器应进行电磁兼容性(EMC)

测试。某些情况下,航天器不需正式的 MIL、SPEC、EMC 测试,但需要自我兼容性测试,主要目的是验证航天器自身无电气干扰。需进行航天器发射与在轨条件下的自我兼容性测试。EMC 的最重要部分就是详细了解发射场环境,以及适当考虑到航天器的暴露等级,并对设施或发射台期望的 RF 频率进行评估。

5. 初始质量参数

测量航天器初始质量,以获得配平质量的数量与位置,该重量需确保能在航天器姿态控制子系统的控制要求下。还需要评估已经消耗的质量预计值。如果按发射顺序,运载火箭是稳定旋转,则决定平衡重量及其位置就成为运载火箭旋转平衡的先决条件。

6. 光学与机械对准

为了了解测试仪传感器、天线以及航天器姿态子系统部件之间的关系,必须进行对准测试。这些信息有助于决定在轨运行航天器的精确姿态,以及便于后期处理测试仪传感器的科学数据。环境测试前,应进行整个系统对准测试,然后验证振动、声学以及热真空测试。运输到发射场之后,还需再次验证。

7. 磁环境

对航天器残留磁性进行测试,并在一些情况下将剩磁修正为零,以免影响航天器中磁性传感器。对于含有磁性力矩子系统的航天器,必须测量力矩子系统的特性,从而在轨消除磁力计所受的影响。最后,必须校准磁力计子系统本身。

8. 振动、机械冲击与声学测试

为了模拟升空环境,航天器须在适当的应力等级与范围内进行测试,测试条件应与实际发射期间所有子系统运行所面对的等级与范围对应。航天器还需进行正弦曲线振动和随机振动测试。大型航天器还需进行声学测试。上述测试验证了航天器及其子系统以及测试仪能够在发射环境生存。进行冲击测试,以验证系统能在运载火箭点火爆炸、整流弹射以及航天器从运载火箭中分离的条件下仍能生存。各主要机械测试之间,应采用基准电气测试流程,验证航天器子系统与测试仪性能。一般情况下,将采用短期系统功能测试,验证各轴振动测试后的系统性能。其他相关资料请参考第 8 章部件验证测试。

9. 装配

全序列振动、机械冲击与声学测试之后,必须进行装配测试,以确保各种装置在模拟发射环境测试后的功能正常。某些情况下,还需要重力补偿,以验证装配情况。某些情况下,装配测试中还可以进行航天器及其部件的冲击测试。在1g 环境条件下,某些部署不实用或受测试仪限制或设施制约。这样,就必须对所有单个原型或其部分进行周密的分析与测试,从而确保航天器入轨时的部署可靠性。

10. 热真空测试

热真空测试包括两大部分,分别是热平衡和热循环。图 14.10 表明了测试应包含的一些因素,如周期性温度作用、通断电时刻、温度等级、变化频率、保持时间和循环次数。

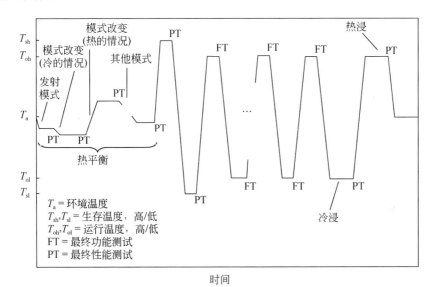

图 14.10　航天器热真空测试

热平衡测试的目的是,根据热力分析模型验证热结构设计能保证航天器在要求的温度极限范围内运行。温度传感器应放在测试点附近,这样就能通过热力分析模型确定热设计的问题,并加以修正。根据在轨预期姿态以及受晒比,需使航天器工作于在轨可能的各种工作模式,并在各种热输入条件下均能达到热平衡。

热真空循环测试的温度极限值,将超过在轨可能经历的温度极限值。发射期间常开的所有子系统,均需要在降压过程中保持常开并处于工作状态。航天器需进行长期低温和高温测试,以及高低温间的循环测试。先进行循环测试,以检测功能故障,然后进行长期测试,以发现长期真空环境下可能出现的功能故障。高低温度测试中,需运行基准电气流程。温度循环周期内,需定期进行短时间功能测试,以验证航天器子系统相关功能工作正常。

11. 最终质量属性和动平衡测试

对航天器质量、重心以及转动惯量进行测试。如果航天器含有液体推进系统,就需用水灌注燃料箱,以模拟质量属性测量前的油箱效果。依据最终测量得到的质量属性,计算并增添配平质量,直至运载器自旋稳定。动平衡测试的目的是确保航天器发射及在轨期间运动的平衡性。

12. 工艺振动测试

工艺振动测试是可选的,一般取决于航天器的尺寸以及特殊计划要求。该项测试用以识别各种集成与测试活动期间可能已经出现的各种缺陷。并验证在早期环境测试后,如振动或声音测试后,移动、维修以及重新安装一个单元对系统的影响。该测试的等级以及暴露时间将低于初期验证。工艺振动测试在出厂运至发射场前进行,测试完成后需进行完整电气测试。

14.4.6 发射场测试

到达发射场后,将航天器移出运输集装箱,根据基准电气流程进行整体测试。与运载火箭对接并进行需要的平衡操作(如正式动平衡)。需要检查运载火箭与航天器之间的所有电气接线(如母系连接与分离)。航天器与运载火箭之间必须进行无线电频率兼容性测试。加注危险材料(制冷剂、液体燃料等)。安装有效负载整流器(挡热板)。最后,模拟倒计时,采用发射当天的实际流程。尽管发射场测试操作相对简单,但实际情况却不这样,上述的每项处理都很费时,并且有潜在危险的操作,必须小心从事。

发射前,必须移开非发射防护盖、军械安全装置。应进行最终电气验证,确保航天器准备就绪可成功进入太空飞行。

14.5 习 题

1. 根据图 14.6,开发 CPM(泡泡图)进度表,说明子系统集成到航天器集成的顺序。假设子系统合格并等待集成。进度表不需包含日期或期限。

2. 可以看出,飞行科研数据格式化程序比问题 1 中的进度表要求递送的稍微晚些,讨论使进度表延期最小化的相关作业或可能行为。

3. 找出工程期刊中航天器或测试仪集成方面的文章。上交文章复印件,并单页、单行总结各个要点。

4. 找出工程期刊中航天器或测试仪测试方面的文章。上交文章复印件,并单页、单行总结各个要点。

5. 找出工程期刊中航天器或测试仪自动测试方面的文章。上交文章复印件,并单页、单行总结各个要点。

第 15 章　空间任务操作

Mark E. Holdridge

15.1　引　　言

开发工作完成以后,太空计划将进入飞行器硬件及软件运行阶段。任务操作的阶段是从运载火箭发射开始直至航天器和有效载荷停止工作。在这个阶段,太空计划实现既定任务目标,同时带来投入回报。

在太空中运行的空间机器人会面临空间环境带来的众多风险。如果不能识别并事先进行恰当的处理,那么风险可能就会影响局部任务目标的实现,甚至,在某些不幸的情况下,导致这个任务目标的失败。因此,执行任务前的准备工作是至关重要的。提前准备阶段,对地面系统的体系结构会有要求,并且任务操作团队在项目启动时应开始着手准备。早期参与到任务操作阶段的人员,成为开展准备工作的额外力量。利用操作理念对任务风险和可操作性结果进行评估,从而实现对任务不断地进行反馈开发和设计。

尽管随着技术的发展和任务目标的变化,太空任务在不断变化,仍然是通过众多基础和成熟的技术成功实现相关任务。目标任务是由有效载荷来完成实现的,有效载荷可以将在轨卫星的图像等信息发送到接收器。由于执行任务载荷具有多样性,所以,任务执行的初级阶段的理念可以变化万千。但是航天器的日常维护或者星务管理操作,必须通过最为严格的方式来执行,有效载荷也是如此。

在本章中,首先描述太空任务和任务执行的范围。然后,描述了太空任务实施团队在任务过程中执行的各项活动,在可接受的风险条件下,从实现构想、准备到最终任务得到执行。最后,根据任务执行情况,总结和概括了能够重复应用的太空操作技术。

15.2　地面辅助系统结构和团队接口

太空操作的形式具有多样化特性,需要对其进行统一描述。大部分太空操作包括以下关键要素。

(1)飞行系统,包括航天器及其有效载荷。

(2)跟踪系统,包括同飞行系统进行双向通信的天线和网络。

(3)地面系统,包括任务操作中心(MOC)、有效载荷操作中心(POC)、相关数据档案文件和配电系统。

(4)操作人员,包括任务操作中心的核心操作团队、有效载荷操作中心的操作人员、航天器工程中的支持和管理团队。

图15.1描述了太空操作的一般构成。但也会出现差异,可能包括确保任务操作中心系统的鲁棒性而需要的相关支撑技术,利用太空中继卫星来延伸通信覆盖范围,包括表面着陆器或机动操作的飞行系统结构,操作时部件和人员之间进行协同定位。

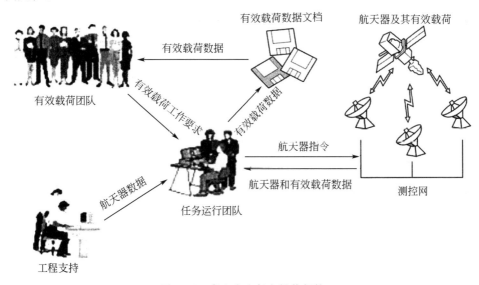

图 15.1 高空太空任务操作架构

15.2.1 任务操作中心

任务操作中心的职责是制订计划,评估航天器及其有效载荷的实施控制过程。通过信息传递网络,任务操作中心实现对飞行系统下达遥控。任务操作中心作为操作中枢,通常包含系统及其需要的工具,以提供给任务操作团队。任务操作中心的工具包括:

(1)实时航天器遥控和监控系统。

(2)飞行系统性能和状态评估系统。

(3)任务计划和遥控安排工具。

(4)工程数据档案。

(5)飞行模拟器。

根据与航天器通信的频率和持续时间,任务操作中心的工作可能是全天候的。任务操作中心通常是航天器遥测数据的第一接收者,并在很多情况下为最终用户充当有效载荷数据的中转站,因此需要利用数据跟踪网络来协调数据的传输问题。

考虑到任务操作中心在太空操作中承担至关重要的角色,其架构通常会包括大量的数据或相关支持系统,以确保任务操作中心包括主要系统,从而实现设备的主要和辅助性链条来支持平行数据的流通。在主要遥控失败时,一个辅助性链条可能作为一个热备份接管遥控来实施,而且要能立即发挥控制作用。为了防止严重性的设备损坏(火灾、洪水、地震等),备用系统或软件都要进行互相备份。当条件具备时,需要建立带有全面冗余能力的辅助性任务操作中心。

15.2.2　跟踪网络

跟踪网络包括天线系统、用来与航天器进行通信的相关接收端以及信号传送器,并能对航天器上的测量范围及其变化率进行计算。天线孔径的尺寸和发射功率要满足上下行线路信号范围,覆盖航天器射频系统及其预期任务的传输距离。20 世纪 80 年代,典型的通信频率在 S 波段。因为数据传输率的增加和对射频技术进行改进的要求,X 波段系统和 Ka 波段在当前更加常见。跟踪网络也包括那些要求与任务操作中心进行的双向数据通信,要有处理预期数据量的能力。因为需要更大的投资来开发并操作一个跟踪网络,这些系统要能够被用在多重任务和需要提前跟踪测量的计划中。

15.2.3　有效载荷操作中心和有效载荷数据档案

有效载荷操作中心(POC)的任务包括执行有效载荷设备计划和进行载荷性能评估。对于给定的任务,可能包括一个或更多的有效载荷中心(一套设备一个),或者这项功能是所有的或者是部分的被包含在任务操作中心的操作当中,取决于在航天器和有效载荷操作之间的耦合度。有效载荷数据档案担当一个储藏室和数据配置系统,用于管理有效载荷数据。作为备份的任务操作中心,可能具备这些数据的复制版本,但是不能作为分配器来转移给许多的专家和科学家,只能是有效载荷中心担当这个角色。

15.2.4　航天器和有效载荷

航天器包括所有轨道运行的飞行系统。典型的航天器包括以下的子系统:
(1)功率产生及其管理子系统。
(2)星载通信和数据处理子系统。

(3)射频通信和跟踪子系统。

(4)导航和控制子系统(被动或主动)。

(5)推进子系统(可选)。

(6)机械结构子系统。

为了完成科学任务,有效载荷可以作为科学仪器的一个补充。对于地球勘测或气象探测等任务,航天器的载荷是可见光或是红外成像探测设备。有效载荷是完成任务的载体,它不可能总是被操作,通常不需要一直处于工作状态。在停止工作期间,仪器设备通常关机,但在特殊任务阶段(启动、军事演习、休眠等)需要处于待机状态。

15.2.5　支持的任务操作

太空操作支持工程包括航天器、仪器开发和测试团队。附加的工程支持包括对发射和检测活动,以及为特殊操作或偶然情况任务担当随叫随到角色,也包括飞行的三维动态分析和军事演习中的制导、控制和导航。这包括航天器的真实轨道获取和轨道预报,以及其他的一些相关轨道操作。

15.2.6　核心任务操作团队

根据任务和有效载荷类型,可以通过很多种方式对任务操作团队进行组织,但是,必须有一个核心团队负责全局航天器的操作和计划指定。这个团队是整个任务操作的核心,有权使用航天器工程数据和具备遥控权利。这个团队是由全局任务指挥者和工程分析师构成的,接受过航空航天工程、计算机科学和物理方面教育。该团队执行的任务包括:

(1)飞行和着陆问题的报告和分析。

(2)实时遥控和监控。

(3)任务计划。

(4)航天器操作计划。

(5)有效载荷操作计划(根据要求)。

(6)遥控计划和加载准备。

(7)航天器性能评估。

在任务的开发阶段,任务操作团队概念就被提上来了,这在整个任务的操作时期是非常需要的。这些概念在不同阶段的时间分配将在以后进行讨论。

15.3　任务阶段和核心操作团队的责任

图 15.2 描述了发射操作前和阶段性任务的通用时间轴。在时间轴下面给出

了任务操作团队成员执行的典型操作任务,同行及行外人员针对航天器开发和试验期情况进行了许多评论。让任务操作团队人员积极参与到开发及评论中来是至关重要的,这样就可以将操作的理念暴露在外部评论和报告中。确保任务执行各个层次的所需资源可用是很重要的。此处讨论了一个低成本任务的可接受的最小准备量,不受限于在给出足够时间和资金可以做到的事情。

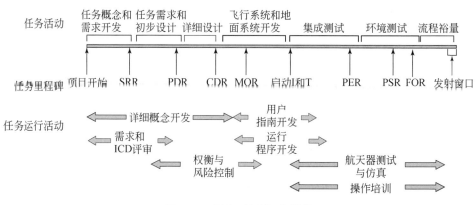

图 15.2 任务时间轴:发射前

15.3.1 任务概念开发阶段

在目标非常多样化的情况下,太空任务有一个需要经历的共同阶段,即从构思到完成。具备自己动手任务经验的每个员工,将协作开发一个使总体系统成本最小化的操作概念,并对操作进行风险评估和提出全面可操作性的建议途径。但是,对于低成本任务的操作人员编制在任务的早期阶段是最低的级别。因此在制定重要决策的初期,仔细筛选最有经验任务的操作人员是很重要的,能够确保计划最终完成。

任务操作人员与任务设计师共同工作,根据飞行系统开发和地面系统开发团队成员的设计要求,改进整体任务的可操作性并减少风险。估计不同任务场景的人员编制,以及执行任务所需的地面系统消耗的通信或跟踪资源。对任务设计进行评估分析其实施的可行性,如对轨道和人员编制进行配置和频率设置。除了业务概念,其他的任务概念需要详细论述,任务流程制定如下:

(1)任务操作计划、控制和评估策略。

(2)航天器跟踪资源评估。

(3)相关地面系统、网络及其维护计划。

(4)所有任务要素之间的数据流和接口。

(5)全程人员编制分配。

(6)针对关键任务制定预期操作方案,包括任务的日常操作。

任务规划包括对所有任务操作的计划和与航天器维护有关的任务,以及由有效载荷需求驱动的任务,通常包含与所有任务要素的协调,即有效载荷运作、航天器工程分析和与飞行动态有关的产品生产及使用。

控制操作包括通过地面系统对飞行系统进行遥控和监督,还包括通过遥控发送指令给航天器执行控制任务,并实现与航天器(通过跟踪网络)的实时通信,还可以将上行指令存储到飞行器上,根据需要进行后期精确操作。典型的实时操作要求通过核实步骤来完成交互控制,包括系统检验及其非常规操作。储存的典型遥控操作包括能够安全执行的或者在不具备实时通信情况下使用的指令。

评估就是在操作期间或操作完成后利用记录的遥测数据对飞行系统性能进行分析的过程。对飞行系统进行评估,可以确保实际操作是否按照飞行系统的全程计划来执行。对于那些在地面系统看不见的操作,可将航天器上面的工程数据记录并传送到地面系统,可用于事后处理和分析。可用于事后评估的数据量波动较大,主要取决于飞行通信系统(天线设计、频率、数据值)的设计、所使用的跟踪网络类型(天线孔径尺寸、接收器设计等)、有效跟踪时间以及与有效载荷操作有关的下行链路带宽。在概念阶段将完成所有这些操作方法的开发。

15.3.2 任务要求和设计阶段

在这个阶段,理念被转化成对飞行和地面系统的具体要求和设计。任务操作团队的成员根据要求对飞行和地面系统进行开发,并检查确保系统功能完整可操作。这需要关注飞行(航天器)地面系统的要求,需要检查设计的具体细节是否符合常用可操作性的要求。任务操作需要考虑可供选择资源的经济性来进行设计。对于每一个外部接口的接口控制文件(ICD)都要经过检查后才能最终确定。

在任务操作开始阶段,操作领导阶层准备具体的操作和人员配置计划;在开发阶段,根据要求设计 CONOPS 和预期飞行计划,以及地面系统架构;在设计成熟时,操作人员协助做一些用于飞行和地面系统部件制造-购买-重复利用方面的设计。重复利用是降低开发成本的关键,同时任务人员能够利用他们的经验来对操作系统进行更加高效的操作也是降低开发成本非常重要的手段。

15.3.3 飞行系统和地面系统开发阶段

在这个阶段,任务操作人员继续精简任务操作具体计划。另外,任务操作团队成员在整合和测试阶段以及最终飞行操作过程中,关注开发以下项目为后续准备:

(1)操作流程和开发备忘录。

(2)用户操作指南限制。

(3)遥测和遥控数据库开发。

(4)航天器和遥控仪器的开发顺序。

15.3.4　整合及环境测试

在整合和测试阶段,当飞行部件交付给团队并且有效载荷开始形成的时候,任务和有效载荷操作团队成员继续进行相关程序和遥控指令开发,任务操作团队将开始协调进行航天器硬件平台测试(越快越好)。测试的重点是开发出来的遥控程序的操作流程和操作环境中的合理性。

在任务操作中心和航天器之间进行的双向数据流通测试是为了进一步验证地面系统的部件。真实操作和模拟测试采用这些相同的接口。特别重要的是,这些任务模拟是通过使用控制飞行程序和脚本来执行的,并且在以后的飞行操作中还能够被重复使用。这些测试需要模拟航天器环境,因此需要在热真空室下进行试验操作。这些测试是在发射前团队最好的"自己动手"训练方式。作为一个有价值的例行训练,操作员能够观察和感受真正的飞行操作,能够排除掉终端到终端系统存在的遗留问题。航天器射频通信将由卫星跟踪服务提供商来测试空间到地面接口,核实测试遥测、遥控、跟踪数据和天线系统来监控在各个环节上飞行控制器的监控数据流。

当操作要素(遥测技术和遥控数据库、飞行程序、遥控存储等)被成功测试后,它们将被进行质量跟踪控制。一旦完全确认并且在质量控制范围内时,它们将会用于上天飞行。

15.3.5　发射和转运

运载工具进入发射阶段标志着任务操作的正式开始。第一个操作发生在(图15.3)航天器及其发射工具之间的衔接区。这些相关的隔离操作通常发生在发射前装载到航天器上的组装之间,如果在早期操作很重要的话,将由航天器开始自动化操作。典型隔离操作包括将航天器设置处于安全功率配置状态,并且确保与地面的通信畅通。

在任务操作中心和航天器之间的双向通信建立后,对航天器的全面评估开始提上日程,即对任何时间段内的主要操作进行评估。之后就是航天器和有效载荷的检查操作,该阶段将持续 30~60 天。航天器和有效载荷的工作频繁,要求在这个阶段对该子系统的性能进行全面评估。所有操作团队成员如图 15.1 所示,在发射和转运中都被用上了。在飞行系统的转运结束后,主要任务操作就开始了。

15.3.6　主要任务阶段

在主要任务阶段,操作团队成员执行主要任务目标。有效载荷操作在任务操

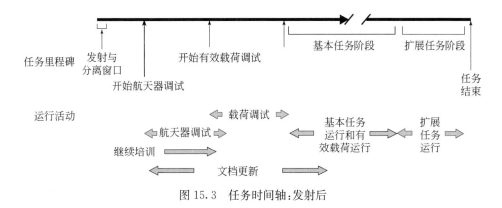

图 15.3　任务时间轴：发射后

作中心和相关的有效载荷操作中心执行，两者进入关键阶段。对于行星科学任务，在有效载荷开始操作之前可能需要一年或更多年的巡航时期。在这段时期，未来科学操作测试将被执行，为将来的操作做好准备。对于近地轨道航天器，主要有效载荷可能在转运后就立即开始传输结果。在任务的执行阶段，操作团队按照测试流程进行全天候的任务操作。所有操作团队成员和设备都包含在如图 15.1 所示的主要任务里面。

　　航天器的通信频率具有特殊性，它是许多任务（主要地球同步的航天器）维持连续通信的保障，如深空航入器操作，通信可能需要经历数天甚至更多时间。任务操作可分为两类，即实时操作和离线操作。航天器通信过程中执行的实时飞行操作包括以下几种：

　　（1）实时遥控和存储下载。

　　（2）航天器星历表（轨道预测）更新。

　　（3）载荷数据和飞行记录器数据回放。

　　（4）对飞行系统的实时状态评估。

　　（5）主要操作的监控。

　　（6）用于轨道确认的航天器跟踪。

　　（7）故障处理。

离线操作包括任务计划和航天器性能的长时间评估。这些非实时操作包括：

　　（1）对航天器系统的具体评估。

　　（2）航天器和有效载荷的工作计划。

　　（3）存储加载的遥控计划。

　　（4）更新遥控脚本的遥控加载测试。

　　（5）有效载荷数据的获取和分配。

　　（6）对有效载荷结果进行评估以及按照要求对任务计划进行调整。

（7）为了满足任务目标而做的轨道机动。

　　任务操作持续时间范围很宽,有的甚至达到五年之久。许多任务通过设计后或者通过一个延伸的任务期限会超过五年时间。在任务强度减少阶段或任务延伸阶段,操作团队通常裁减人员并寻找额外的成本节省措施。

15.4　任务多样性

　　在太空任务类型和目标中存在着极大的多样性。可以通过多种方式对任务的特征进行定义。但是,从任务操作的角度考虑下面的要素是非常有用的:

（1）航天器的轨道或轨迹。

（2）任务赞助商和有效载荷种类。

（3）航天器的位置控制方法。

　　这些特征的每一部分都会很大程度上影响任务操作特征和执行方式。表15.1总结了这些关系。任务操作特征包括预期实时通信的持续时间、航天器通信数据速率、双程光程(通信延时)、有效载荷运作的强度和复杂度、遥控实践、自动控制运用、人员编制、任务目标的风险水平和冗余度以及安全措施。更高的安全措施导致复杂度增加,连同其他方面的成本也增加。需要通过例子来简短的讨论一下任务特征是如何根据任务轨道特征来发生变化的。

表 15.1　操作特征与任务特征的对比总结

航天器轨道	LEO	短期通信、高数据速率、通信延时,重复性操作,地面和飞行系统自动化
	MEO/GEO	更长的通信覆盖范围、合适的数据速率、最小通信延时、地面自动控制、低风险、稳定状态操作
	Deep-space（深度空间）	周期性通信、低数据速率、长通信延时、特殊的任务驱动措施、自动控制、大孔径天线、高风险水平、科学研究的有效载荷
航天器类型	三轴稳定	灵活但操作复杂、风险高、能够高度自动控制
	自旋	操作简单和低风险、更低灵活性、人工敏感
	对地定向	人造卫星的简单控制方式、灵活性小、操作简单
任务赞助商（均来自美国）	NASA	科学研究性任务、安全性适中、风险和成本适中
	DOD	国防安全任务、最高安全性、风险和成本适中
	商业	通信或远程图像应用、更低安全性、低风险和低成本

　　根据航天器轨道的不同可分为三种,它们分别是:

（1）较低和中等高度的近地轨道(LEO)。

（2）中轨道或地球同步轨道(MEO 或 GEO)。

(3)深空探测轨道(以太阳为中心)。

对于不直接属于以上述范畴的航天器轨道,仍可以通过综合上述轨道类型来描述。例如,一类特殊设计的航天器轨道,同时具有高度达到 GEO 远地点和高度低至 LEO 的近地点,因此轨道具有双重特征。

LEO 轨道适合多种有效载荷,包括通信、科学、气象,以及与地球资源探测有关的相关载荷。因此,LEO 任务赞助商的差异仅体现在任务类型上。如果利用地面跟踪网络对 LEO 航天器操作,那么航天器通信的连续时间为 10~15min,单个地面跟踪点每天可看见 4~6 次。通信的准确数量取决于 LEO 轨道倾角、高度以及跟踪天线的数量。这些通信设备具有相对较高的通信数据速率,通信中断后能够快速再次建立通信。

空间通信中继卫星,如 NASA 的跟踪与通信中继卫星,也可以应用在 LEO 任务中。但对中继航天器进行开发和操作需要综合考虑成本因素。LEO 任务在本质上倾向于重复性,类似于从一个轨道到另一个轨道的操作,尤其是对地观测卫星。因此,自动操作程序广泛应用在 LEO 任务中,也可以用于很少操作经验的人员(降低了任务操作成本)。考虑到 LEO 航天器具备较短通信延误特点,自主监控功能(减少操作成本或降低反应时间)可以在轨卫星上应用,甚至也可应用在地面任务操作中心(更低成本)。

地球同步的 GEO 航天器的观测范围更大,可以应用于通信或气象监控,或具备复杂天线设备的实时通信。不间断操作要求设备稳定且具有较低的故障风险。GEO 任务的工作数据速率倾向于与数据传输率一样,具备连续性,数据率低。相对短通信期间必须有成组数据作为支撑,GEO 任务数据接收后被编排到更长的时间周期,该周期远远高于 LEO 任务。GEO 任务操作在本质上是持续稳定的(意外事件例外),对地面自动化和操作成本的降低更具吸引力。

脱离日心轨道后,是科学探测仪器很好的应用轨道。这些任务是由政府本着探索和发现的精神来赞助的。往返于航天器和地球之间通信数据被转换成更低的数据速率,在信号传输过程中的延误,称为双工通信延时。例如,光的速度是 $-8.338min/AU$,那么对于一个在木星距离的航天器($-5AU$)的双工通信延时,在发送遥控并看到反应之间的最小延误大约是 84min。在通信方面的延时能转换为对偶然事件反应的延时,这导致对响应自主纠正措施的更大依赖。对于深空任务,长巡航周期以及深空跟踪资源的高成本经常导致有限的通信和跟踪周期(典型的 1~3/周)。因此在没有地面协助的情况下航天器必须能够在数天、数周或者数月来进行自主控制。这加强了对自主决策的需要,对航天器及其仪器进行加固,所有的这些必须在发射前进行彻底的测试。

许多行星任务从日心轨道上开始,然后被固定到另一个星体的围绕轨道。

这些任务然后表现得更像是一个 LEO 任务(重复性),但是具备长距离通信特征。其他日心任务能被表征为飞行或遭遇特别目标的任务,并且在通常的年份在只有短时间内才能看见。这些任务对可靠性要求很高,因为通常仅有一次成功的机会。行星任务的操作成本是很难降低的,因为结果常常出现在任务末段,有经验的操作员可能要经历数年的巡航工作才能得到。在巡航期间,只能通过必要的签到方式,在休眠或警示灯操作模式下来降低成本。但是,一个缓解操作团队知识损失的计划必须被开发出来用于弥补长时间的休止状态或可能出现人员颠覆的情况。

15.5 操作实践标准

随着飞行操作的不断成熟,无人操作的航天探测器经过 40 多年的实践已经取得了很多经验教训。那些曾经铺平道路的人现在已经调离了这个工作岗位,所以很有必要遵循那些文档中记录的之前的成功方法。正如之前讨论的那样,尽管很多种任务被分解,但不管轨道或有效载荷的种类如何,标准操作规程能被开发出来并应用到这些任务的操作方面。就像是用于操作中的标准规程以及航天器的维护一样,在太空操作中也遵循标准操作规程。如果能够正确使用,这些执行的标准能够巨大地改善任务结果的可预测性以及对于既定任务的总体效率。如果使用错误,标准将流程和官僚化的任务操作更加复杂化,并成为任务的障碍。并不是所有的实践对于所有的任务都是有用处的。目标就是在改善操作和阻碍操作之间获得一个平衡。一个富有经验的操作指挥者或者任务操作管理员在设计那些关键判断情景中,发挥关键角色。

15.5.1 任务操作的概念

有经验的任务操作代表与设计团队的配合,在任务的每一个阶段规划操作脚本是非常重要的。早期阶段,操作脚本能转换到一个操作理念,以实现向改善操作性和更低风险方面发展。当真实设计细节在设计工作中浮现出来时,理念将可能被调整来解释竣工。当脚本过渡到详细细节时,具体的任务操作计划将被开发出来,使得这些理念被操作团队的所有成员都知道,并用于持续重复和改善。具体任务特征(如前讨论)决定了任务操作概念和导致操作特征变化的任务计划的必要内容。例如,没有推进装置的航天器不需要执行轨道变化的脚本。但是,尽管在任务中存在差异性,对所有太空任务具有共性,通常都包括下一步要讨论的标准操作规程。

15.5.2　配置管理

任务操作的成功主要取决于对操作主要因素的合理控制,这些因素包括:

(1)脚本和程序。

(2)操作数据库(遥测和遥控技术)。

(3)飞行和地面软件。

(4)航天器遥控负载。

(5)地面硬件和网络系统。

(6)航天器模拟工具。

(7)文档编制。

(8)航天器自动控制原则和参数。

(9)飞行约束。

在利用上述因素进行真实飞行之前,必须对每一个因素进行检查,并使用飞行测试的方式来检验。在核实后,必须利用已授权的版本来执行控制。加强这些量身定做的控制方式,在不增加工作量和延误的情况下,对任务资源和风险水平进行管理。

15.5.3　飞行约束的应用

根据航天器的设计和仪器的成熟度,需要在一开始对其操作进行限制或约束。某些限制无论在何种操作情形下都不能被违背,其余则容易被忽略,取决于特定的操作任务。因此飞行限制或飞行原则,需要在文件中进行记录,作为整个团队的操作条件。开发任务操作计划和程序,需要符合这些已知的操作限制。操作限制包括:

(1)航天器对日指向(对于能量或热控制)。

(2)传感器指向限制。

(3)遥控顺序限制(如遥控 y 必须总是跟随遥控 x)。

(4)遥控时序限制(如遥控 y 总是在遥控 x 间隔 2s 后开始)。

(5)能量和热控管理。

(6)配置参考(如发射器 1 将总是被连接到天线 A 或 B)。

(7)绝对不行(如永远不要关掉通信和数据处理器)。

(8)如果(如万一电压不足,开关稳压器)。

(9)工作时间限制(如离开校准灯的时间不能超出 1min)。

这些只不过是任务操作人员采用的不同规则的例子。由于航天器和仪器设计的复杂性的增加,操作准则也增加。每一个准则都需要一种操作实施或加强方式。

根据飞行系统的自主水平,许多原则或限制可以通过自主原则进行连续的随机检查。其他原则可以通过地面程序或在遥控计划系统中的软件进行检查;其他的情况在标准和偶然流程中执行。

　　无论一个原则或限制如何被加强,总会需要一种方式来对每个原则进行设计,以确保没有故意违背的情况。而且,原则可以被分为两大类:那些永远不能被违背的,以及那些在特殊情况下可以违背的。

15.5.4　培训和检验

　　考虑到太空操作不容出错的特性,团队的所有成员清楚如何正确执行他们的任务,并在需要的时候支持团队其他的成员,是至关重要的。这对于长期任务(超过一年)很可能出现团队人员的调动尤其重要。培训的标准大部分能应用到实时操作中,因为那些操作最接近于航天器,并且最有可能以一种积极或消极的方式影响航天器。因此,需要严格的培训指导,利用被认可的操作流程来对每一个实时操作员在执行日常和应急行动中核实。这个培训被作为在职培训进行执行,并且一个新的团队成员与经验丰富的人员配合,在演示了对处理日常和应急行动事件能力之后,通过具有相同经验的操作员进行验证。其他培训方式,包括观看视频培训练习、阅读操作使用手册以及参与到模拟器操作和排练。

15.5.5　实时操作

　　通过一种程序驱动和高度严格的方式来执行实时操作是非常重要的,能够确保结果的正确性。航天器遥控操作位于这些操作中心,需要控制程序来确保仅有认可的那些计划和遥控才能被发送到飞行系统。确保执行时的可靠性的一种方式就是通过使用上行审批流程。通常利用一个标准格式对使用的遥控进行描述,并发送给任务窗口,批准签字。通常情况下任务操作经理或指定人员充当把关人,赞同所有非例行性遥控。这个保证了一个人对整个操作负责并且知道一个操作如何能够影响到另一个操作,并且在所有实时操作中都能被通知到。另一个通常被采用的技术来保护实时遥控的是双人原则。这个原则要求在任何遥控练习中至少有两个人单独参加并通过在操作前相互检查来彼此监督。当然,这个相同的技术包括幕后计划能被应用到操作的所有方面。

15.5.6　文件编制

　　操作文件编制用于永久保存操作计划,描述操作系统(飞行和地面)如何操作,定义控制程序和方法。它对于那些利用文件编制进行开发的人员是最有用的。支持太空任务开发的文件通常包括:

（1）操作理念。

（2）航天器和地面系统用户指南。

（3）标准和应急行动的文本程序。

（4）培训和配置管理计划。

（5）工作计划时间表。

（6）操作标准(飞行原则)。

（7）运行记录。

15.5.7　应急计划

对于可能出现的潜在问题,充足的准备将减少响应时间并且能够挽救任务。许多意外事件能被预测并被包含在随机自主状态检查中,可通过固定响应来使得反应时间最小化。有许多意外事件必须在现场处理,包括从安全模式转换到复位和其他由板上自主系统发起的配置变化。其他意外事故都与地面系统有关系,例如,跟踪系统和相关网络问题导致信号干扰,或导致意料之外的通信失败。典型地面系统包括支持系统以及备份系统携带的容错程序。不可能有足够的时间来对所有可能的意外事件开发意外程序,所以关注点通常放在那些被认为最有可能或会造成立刻威胁的情况。

15.5.8　航天器性能评估

航天器性能和状态评估通常在两个阶段内执行。第一个阶段是在实时飞行操作中,在工程遥测通信传递到地面过程中实现。通常情况下由实时系统控制航天器,执行限制和状态的检查。在状态页面上利用屏幕显示警报。这需要回顾上千项遥测技术数据允许实时自动和彻底对所有主要遥测技术点进行检查并使实时操作人员的工作量最小化,是一项不可能的任务。需要为意外事件流程设计合理响应,即使是联系专家这样简单的事情。在这些实时联系中所有的工程数据记录都被回放用于离线评估。除了限制查看,将真实的航天器状态与预期状态进行对比,以核实航天器是在期望的状态内。需要把精力放在那些被认为最有可能出现问题的重要操作参数上,如移动机械部件、高电压项目、耗材、随机自主状态和关键运行参数(温度、电压、电流等)。

实时通信结束后,可以执行更深层的评估。这种评估通常利用数据绘图对超过数小时、数天或者数周的关键遥测行为进行定义,并将真实行为与目前情形的期望值进行对比。对数据进行长时间描点绘图,或通过长达数年的行为分析提取每一个重要遥测技术点的性能变化动态,这通常被称为趋势。无论通过趋势预测或实时监控,性能评估的核心目标是在任务威胁出现前,主动地检查出问题。

15.6 习　　题

1. 假设预期的航天器信号强度如习题图 15.1 所示(注:图中是对数纵坐标)。

(1)在 0.6AU 时可能的最大下行位速率是多少,应该使用哪种天线(高增益抛物线天线或低增益全方位天线)?

答案:5.5kbit/s,高增益天线。

(2)按照该数据速率,需要多长时间能下传到 1Mbit 的图像?

答案:181.8s 或 3min。

(3)上行位速率的最大值是多少? 在相同距离时选择怎样的天线?

答案:500kbit/s,通过高增益天线。

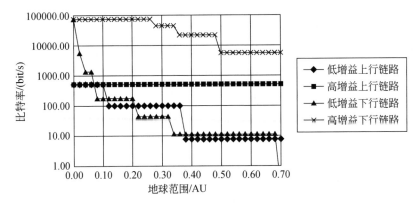

习题图 15.1　位速率能力与地球范围关系

(4)一个 500kbit 的遥控负载,需要多长时间向上传输完毕? 使用低增益天线需要多长时间?

答案:通过高增益天线需要 1000s,通过低增益天线需要 13.8h。

(5)在什么情况下更适合低增益天线?

答案:低增益天线具备全方位能力,所以它能够在抛物线天线不能通信的时候提供通信服务。低增益天线的数据速率较低,因此适用于高增益天线通信无法提供服务、不具备操作性、不需要高数据速率要求的场合。

2. 假设航天器及其仪器在特定配置下需要的功率为 346W。当太阳相对于太阳能帆板的入射角是零时,太阳能帆板产生 500W 的能量,如习题图 15.2 所示。

(1)按照余弦定理假设,产生的功率减少时,α 值比 α_{max} 大多少时才能维持功率平衡?

答案:$\alpha_{max} = 46.21°$。

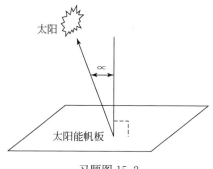

习题图 15.2

(2)如果功率限度为 10%,那么 $\alpha_{\max}$ 的角度如何改变?

答案:根据 10%的功率限度, $\alpha_{\max} = 40.43°$。

(3)如果从太阳能电池板产生的功率被减少 10%(经过长时间的降解),仍然保持 10%的限度,那么任务中的 α 应该是多少?

答案:在 10%功率限度以及太阳能板功率减少 10%条件下, $\alpha_{\max} = 32.24°$。

3. 航天器的通信和数据处理器能够储存 1Mbit 的遥控。

(1)假设地球遥控数据包是 1280bit 长度,那么能随机存储多少遥控?

答案:781 条遥控。

(2)当上行速率是 7.8bit/s 时,那么传输 781 条上行遥控需要多长时间?

答案:35.6h。

4. 寻找一篇关于太空任务操作、自动化方面的相关文章,对里面利用自动化操作的方法写一个总结。利用美国宇航学会、国际宇航机构的年会或者 AIAA 的会议的材料。

5. 寻找一篇关于低成本太空任务操作的相关文章,对里面减少任务操作费用的方法写一个总结,考虑使用问题 4 中描述的相同的资源。

6. 寻找一篇关于太空任务地面系统开发有关的文章,描述一下使用到的技术以及备份策略,考虑到使用问题 4 中相同的资源。

7. 寻找一篇具有特别挑战性或独特太空任务操作的相关文章,描述一下挑战以及它们是如何被克服的,考虑利用问题 4 中相同的资源。

第16章 纳星概念设计

Vincent L. Pisacane

16.1 引　言

本章综合了前面关于简单航天器概念设计的内容。概念设计是空间系统描述的第一步,它将明确总体任务要求、对任务进行描述、定义运行管理理念、确定子系统指标以及评估所有子系统的初始性能。此外,它还会确定任务进度、成本和风险等。这里所讲的简单航天器任务是指在航天工业部门专业人士或具有丰富知识的教员指导下,高级设计班的工科学生可以在大约两年的时间内完成任务设计与研制工作。需要注意的是,不应当认为这里的工作会超越或替代任务概念设计,因为概念设计需要经历严格的初始阶段和关键设计阶段。下面将重点讲述航天器设计。

16.2 任务描述

将一个纳星部署在太空中,使其成为一个业余的无线电通信中继节点。该卫星采用美国联邦通信委员会(Federal Communications Commission)批准的业余分组无线电协议 AX.25,其工作频率为 145.825MHz。该任务的另一个目标是携带一个辐射剂量计,用于支持与业余无线电通信相关的技术研究。辐射剂量计能够记录和存储辐射频谱,并将其传输给控制站。这一仪器能够收集、存储与时间相关的频谱特征,因而可以用于确定辐射环境随时间的变化。这个纳星将作为次要载荷,利用可能的搭载机会进入太空,使用寿命至少为一年。Delta-IV 火箭将作为这项任务的典型发射工具,同时存在用于监测、控制纳星的地面站。

16.3 任务背景

分组无线电通信类似于计算机通信,是业余无线电通信的一种数字模式。计算机数据由终端节点控制器利用无线电进行发送,然后被具有类似设备的节点接收。

在典型的地面传输过程中,终端节点控制器将信息以数据包的形式输入发射器。终端节点控制器利用接收器获取数据包后,对数据包进行解码,进行错误检测和校正,最后将信息发送到计算机终端。在航天应用中,航天器通信系统和终端节点控制器将发挥中继功能,进行信息传输。这将允许业余无线电在更宽的范围内运行,这是因为甚高频(VHF)通信是在视线范围内进行的,地理覆盖范围不足 30km。

掌握辐射强度及其分布,对地面和空间无线电通信非常重要。辐射水平的增加尤其是太阳活动带来的辐射环境,可以影响地面通信,对宇航员产生不利影响(Dicello et al,1994),甚至影响地面电网的正常运行。这些信息对太空天气模型的发展具有重要意义。在任务中将会使用一个数字辐射剂量计,它与罗森菲尔及其同事提出的测量装置相似(Rosenfeld,1999;Rosenfeld,2000;Rosenfeld,2001)。

16.4　系　统　需　求

系统级的需求可以总结如下:

(1)利用 AX.25 分组无线电协议,在 145.825MHz 频率上建立一个空间通信中继器,在更宽的地理范围内扩展业余无线电通信,使其比甚高频直接视线通信的范围更广。

(2)在八个频段内对空间辐射环境进行观测,其中每个频段内的能级数目达到 1024 个,最大记数为 10^9。

(3)为减少数据量,确定后验星历的精度达到 10km。

(4)利用已经存在的地面站对航天器进行测控。

(5)设计至少为 1 年的任务运行时间。

(6)满足纳星的质量和尺寸要求。

(7)将成本降低到最小值。

(8)具备作为次要载荷进行发射的能力,从而可以广泛地利用各种发射机会。

因此,确定任务参数如下。

(1)系统。

任务寿命:≥1 年。

时钟精度:1s。

(2)航天器。

质量:≤20kg。

体积:≤45cm×45cm×45cm。

(3)轨道。

高度:约为 500km(标称)。

倾角:约为 51°(标称)。

偏心率:接近 0(标称)。

轨道确定如下。

来源:USSTRATCOM 两行轨道根数。

精度:后验精度为 10km,实时精度为 50km。

(4)运载火箭。

德尔塔-4,改进型一次性运载火箭,具有辅助有效载荷适配器和分离系统。

(5)航天器遥测。

频率:145.825MHz。

(6)地面站。

频率:145.825MHz。

G/T:0.00125/K。

每周运行一次。

(7)业余无线电通信。

频率:145.825MHz。

AX.25 链路层协议规范。

误码率:10^{-7}。

覆盖范围:1950km(对于最小仰角 5°)。

航天器的设计寿命是一年,但是在运行过程中由于没有任何消耗,所以航天器应当可以在更长的时间内运行。设计轨道对倾角和偏心率要求不是很严格,甚至在一定程度上对轨道高度的要求也不是很严格。因此,这就允许航天器运行在更低的轨道上,从而更广泛地利用各种发射机会。任务期望采用非赤道倾角的轨道,可以在接近全球的范围内对辐射环境进行采样测量,尤其是南大西洋的异常区域,同时为中轨道提供业余无线电的通信节点。运载火箭尚未指定,但是基于德尔塔-4 火箭建立典型的发射环境。利用已经存在的、具备上述能力的地面站,从而最大限度地降低成本。图 16.1 给出了航天器系统的框图,图 16.2 说明了航天器的构型。

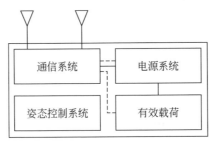

图 16.1　航天器系统框图

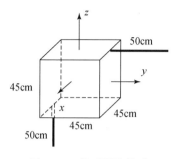

图 16.2　航天器的构型

16.5　运行管理概念

基于改进型一次性运载火箭(EELV)的辅助有效载荷适配器(ESPA),航天器将作为次要载荷,搭载德尔塔-4 火箭进入轨道。该运载火箭系统可以提供 6 个次要载荷的搭载能力,总质量为 180kg,每个载荷的包络为 $61cm \times 61cm \times 96cm$,如图 16.3所示。任务选择的轨道高度为 500km,倾角为 51°,从而可以在更广的地理范围内进行业余无线电通信。利用纬度为 39°的一个地面站,对航天器进行运行管理。业余无线电通信节点和仪器设备将会连续工作。利用航天器上足够大的存储设备来存储仪器测量数据,从而可以在任意的时间段内传输数据,将地面站运行管理工作降到最低程度。利用美国战略司令部(原北美防空司令部)提供的两行轨道根数,可以得到航天器轨道和地面站信息。

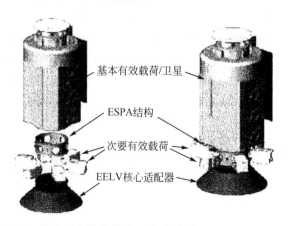

图 16.3　EELV 的次要有效载荷适配器(来自美国空军太空试验计划项目)

16.6　风险评估

这项任务中不存在重大的技术风险。除仪器,所有航天器子系统和部件都经历过空间任务飞行。已经建立了仪器设备模型,并进行了测试,最大限度地降低了风险。所使用的材料均无危险。

16.7　航天动力学

航天器轨道需求如下:

(1)提供至少 1 年的任务寿命。

(2)提供一个业余无线电通信管理节点,可以利用基于视线方向的甚高频通信手段,在更广的地理范围内进行数据通信。

(3)在更广的空间范围内测量辐射环境,尤其是南大西洋异常区域。

(4)确定航天器星历,实时精度为 50km,用于预报目的;后验精度为 10km,用于确定辐射环境测量的位置。

所设计的轨道如下:

(1)轨道高度 500km。

(2)轨道倾角 51°。

(3)偏心率接近 0。

(4)轨道确定。数据来自 USSTRATCOM 两行轨道根数。

航天器轨道周期是 94.62min,每天运行 15.2 圈。轨道面进动即升交点赤经的变化率为 $-8.1°/d$。最大的日食时间为 35.8min,最小的日食时间与太阳赤纬有关。如果从航天器轨道面起算的太阳经度为 90°或 270°,太阳赤纬大于北纬 17°或南纬 17°,那么航天器将始终受到太阳照射。地面站的最大过顶时间(从地平线到地平线)是 11.6min。

航天器轨道位置精度要求为 10km,这样由美国战略司令部(USSTRATCOM)提供的两行轨道根数的精度是满足要求的。USSTRATCOM 提供的软件可用于航天器位置预报,最大误差为 50km,同时提供用于数据压缩的星历数据,误差小于 10km。

16.8　航天器结构

航天器结构需求如下:

（1）航天器尺寸和质量必须满足纳星测量要求，尺寸为 45cm×45cm×45cm，质量不超过 20kg。

（2）在利用 EELV 次要有效载荷适配器，通过德尔塔-4 火箭进行航天器发射和展开的过程中，保持航天器结构完整性。

（3）部署两对 1/4 波长单极天线，每个长度为 50cm。

（4）屈服设计的安全系数选为 2.00，从而降低静态测试要求、降低成本和流程。

（5）使设计的结构质量最小。

根据德尔塔-4 火箭有效载荷手册，可知发射负载参数（Boeing Company，2000）如下。

最小轴向频率：27Hz。

最小横向频率：10Hz。

轴向加速度：6.5g。

横向加速度：2.0g。

正弦曲线加速度如下。

轴向：5.0～6.2Hz，1.27cm，双振幅；

　　　6.2～100Hz，1g，从 0 到峰值。

横向：5～100Hz，0.7g，从 0 到峰值。

航天器在 ESPA 上悬挂安装，所以采用简单有效的、具有对角线支撑的框结构，这与纳星的质量和尺寸约束相一致。该结构由 16 个框单元组成，其中 12 个用于形成立方体，4 个用于支撑电子设备。这 16 个框单元具有直角横截面，宽度和厚度相同。此外，还有两个对角线支撑是扁钢条，不包括太阳能电池板的外结构尺寸为 44cm×44cm×44cm。两个天线由柔性铜条构成，在火箭发射过程中，它们按照规定的包络进行折叠。当航天器进入轨道后，在定时器装置作用下，两个天线进行展开，分别指向＋y 和－z 轴，如图 16.2 所示。在航天器六个面上均安装太阳能电池片，其中包括与 ESPA 连接的一面。

图 16.4 给出了框架结构，图 16.5 给出了基本负载路径。基本负载路径是负载从结构向有效载荷传递的最直接的路径。结构框架和边的材料分别为 7075 铝板和铝片。负载将从 ESPA 组件的连接处向两个垂直的侧面支撑板传递，同时通过对角支撑和水平支撑也向连接电子设备的支架传递。材料性能指标见表 16.1。

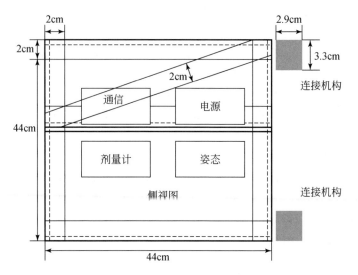

图 16.4　结构框架侧视图

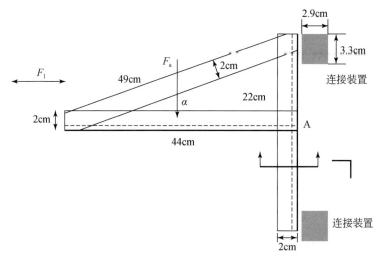

图 16.5　主要负载路径

表 16.1　材料属性和加速度载荷

	符号	7075 T6 杆单元	7075 T73 板单元	单位
屈服安全系数	F_{sy}	2.00	2.00	—
极限安全系数	F_{su}	2.00	2.00	—
极限应力	σ_u	5.70×10^8	4.60×10^8	N/m²

续表

	符号	7075 T6 杆单元	7075 T73 板单元	单位
屈服应力	σ_y	5.00×10^8	3.80×10^8	N/m²
剪切强度	τ_y	3.30×10^8	3.30×10^8	N/m²
弹性模量	E	7.00×10^{10}	7.10×10^{10}	N/m²
泊松比	e	0.33	0.33	—
密度	ρ	2.71×10^3	2.80×10^3	kg/m³
比热	c	960	960	J/(kg・K)

通过将稳态和正弦加速度相加,得到轴向最大加速度 $\mathrm{acc_a}$ 和侧向最大加速度 $\mathrm{acc_l}$

$$\begin{cases} \mathrm{acc_a} = 6.5 + 1.0 = 7.5 \\ \mathrm{acc}^\ell = 2.0 + 0.7 = 2.7 \approx 3.0 \end{cases} \tag{16.1}$$

估计有效载荷的质量是非常重要的。结构质量的经验估计是它占航天器总质量的 $15\%\sim20\%$。分布在六个面上的太阳能电池板,约占总质量的 5%。因此,除去结构和太阳能电池板后,有效载荷的质量估计为总质量的 75%,也就是 15kg,它均匀地分布在水平板上。水平板由两侧的水平支撑和对角支撑所支持,因此每个支撑力为 $M=7.5$kg。设屈服安全系数 $F_{sy}=2$,由动力学负载因子得到轴向设计负载 F_a 为

$$F_a = F_{sy} \times \mathrm{acc_a} \times M = 2.0 \times 7.5g \times 7.5 = 1103\mathrm{N} \tag{16.2}$$

得到侧面设计负载 F_l 为

$$F_l = F_{sy} \times \mathrm{acc_l} \times M = 2.0 \times 3.0g \times 7.5 = 441\mathrm{N} \tag{16.3}$$

由图 16.5 可知,将对 A 点的所有力矩相加,可以得到沿对角支撑的力 F_d,其中水平单元与支撑壁相连。由此得

$$\begin{cases} F_d l \sin\alpha = F_a \dfrac{l}{2} \\ F_d = \dfrac{F_a}{2\sin\alpha} = \dfrac{\sqrt{5}F_a}{2} = 1233\mathrm{N} \end{cases} \tag{16.4}$$

式中,边长 $L=0.44$m,对角支撑和水平支撑之间的夹角 α 为

$$\alpha = \arctan\frac{l/2}{l} = 26.56° \tag{16.5}$$

利用角单元和对角支撑的宽度来描述结构,因此主要任务变为确定合适的厚度。水平支撑和对角支撑构成基本负载路径,下面将对其分别讨论。

16.8.1　水平支撑

水平支撑结构是一个角单元,所有边具有相同的宽度 $w = 0.02$m,长度为

$l_h = 0.44\text{m}$，厚度 t 是需要确定的。由于轴向力而使水平支撑结构受到的最大垂直剪切力 τ 如图 16.6 所示，计算公式如式（16.6）所示。

图 16.6　τ 的示意图

$$\tau = \frac{F_a}{A} = \frac{F_a}{2wt} \tag{16.6}$$

式中，A 是横截面积，根据剪切屈服强度 τ_y 可以得到厚度 t 为

$$t = \frac{F_a}{2w\tau_y} = 8.36 \times 10^{-5}\text{m} \tag{16.7}$$

根据公式（16.4）和公式（16.5），可以得到图 16.6 中对于名义拉力或压力而所需要的厚度为

$$\sigma = \frac{F}{A} = \frac{F_d \cos\alpha + F^l}{2wt} = \frac{F_a + F_l}{2wt} \tag{16.8}$$

因此

$$t = \frac{F_a + F_l}{2w\sigma_y} = 7.72 \times 10^{-5}\text{m} \tag{16.9}$$

第 8 章中公式（8.24）给出了水平角单元的失效应力 σ_{cr} 为

$$\sigma_{cr} = 0.316 \frac{(E\sigma_y)^{1/2}}{(2w/t)^{3/4}} \tag{16.10}$$

式中，E 是弹性模量，根据边界约束条件，可以将边界看成固支边界。根据式（16.8）可知失效的压应力为

$$\sigma_{cr} = \frac{F_a + F_l}{2w\sigma_y} \tag{16.11}$$

由于对角线支撑以及侧向大小为 7.5kg 的分布质量，式（16.11）中引入了边界位置的侧向负载。将公式（16.11）代入公式（16.10），得到厚度 t 为

$$t = \left[\frac{F_a + F_l}{0.316\,(2w)^{1/4}\,(E\sigma_y)^{1/2}}\right]^{4/7} = 5.29 \times 10^{-4}\text{m} \tag{16.12}$$

假设水平角单元的质量为 m，长度为 l_h，质量沿长度均匀分布，那么根据表 8.21 得到其基频 f_i 为

$$f_i = \frac{\lambda_i^2}{2\pi l_h^2}\sqrt{\frac{EI}{M/l_h}} \tag{16.13}$$

式中，I 是相对于弯曲轴的惯性矩，对于固支梁有常数 $\lambda_i = 3.927$，负载支撑为

$M = 7.5 \mathrm{kg}$。忽略连接装置上面的部分,得到惯性矩的保守值为

$$I = \frac{tw^3}{12} \tag{16.14}$$

将 $l_\mathrm{h} = 0.44 \mathrm{m}$ 和 $E = 7 \times 10^{10} \mathrm{N/m^2}$ 代入公式(16.13),得到厚度为

$$t = \frac{48\pi^2 f_\mathrm{i}^2 M l_\mathrm{h}^3}{E \lambda_\mathrm{i}^4 w^3} = 0.0017 \mathrm{m} \tag{16.15}$$

式中,轴向频率的设计值为 $f_\mathrm{i} = 27 \mathrm{Hz}$。为了增大安全裕量,也为了充分利用其他的发射机会,选择角单元的厚度为 $0.002 \mathrm{m}$。

16.8.2　对角支撑

对角单元具有矩形横截面,长度 $l_\mathrm{d} = 0.492 \mathrm{m}$,宽度 $w = 0.02 \mathrm{m}$,厚度 t 是不确定的。根据沿对角单元的力 F_d 和横截面积 A,可以确定与压力或压力相对应的厚度 t 为

$$\sigma = \frac{F_\mathrm{d}}{A} = \frac{F_\mathrm{d}}{wt} \tag{16.16}$$

因此

$$t = \frac{F_\mathrm{d}}{w\sigma_\mathrm{y}} = 1.23 \times 10^{-4} \mathrm{m} \tag{16.17}$$

将结构边界看成固支边界,第 8 章中表 8.12 给出的近似屈曲方程为

$$P_\mathrm{cr} = \frac{4\pi^2 EI}{l_\mathrm{d}^2} \tag{16.18}$$

式中,P_cr 是屈曲负载,E 是弹性模量,I 是横截面的惯性矩。

$$I = \frac{wt^3}{12}, \quad \sigma_\mathrm{cr} = \frac{P_\mathrm{cr}}{wt}, \quad P_\mathrm{cr} = F_\mathrm{d} \tag{16.19}$$

由此得到要求的厚度为

$$t = \left(\frac{3F_\mathrm{d} l_\mathrm{d}^2}{\pi^2 Ew} \right) = 0.0040 \mathrm{m} \tag{16.20}$$

对于侧向基频 $f_\mathrm{i} = 10 \mathrm{Hz}$,根据公式(16.13)得到所需的厚度为

$$t = \left(\frac{48\pi^2 f_\mathrm{i} \rho l_\mathrm{d}^4}{E \lambda_\mathrm{i}^4} \right)^{1/2} = 6.72 \times 10^{-4} \mathrm{m} \tag{16.21}$$

式中,$\rho = 2.71 \times 10^3 \mathrm{kg/m^3}$ 是密度,$\lambda_\mathrm{i} = 4.730$ 是针对固支梁的。根据上述估计,可以选择对角支撑单元的厚度为 $0.004 \mathrm{m}$。

16.8.3　小结

综上所述,结构特征如下:角单元宽度为 $0.020 \mathrm{m}$,厚度为 $0.002 \mathrm{m}$;对角支撑单元宽度为 $0.020 \mathrm{m}$,厚度为 $0.004 \mathrm{m}$。表 16.2 对此估计得到结构质量为 $6.2 \mathrm{kg}$。考

虑裕量的总质量分配,见表 16.3。根据表 16.2 可知,分布在水平板上的质量最初估计为 15kg,但是目前估计值为 13.8kg,小于太阳能电池片的质量。因此,结构设计偏保守。

表 16.2 结构质量估计

数量		尺寸	质量/kg
2	对角线支撑	0.500×0.020×0.004	0.217
16	框架	0.440×0.020+0.020×0.002	1.526
6	面板	0.440×0.440×0.001	3.253
1	支架	0.440×0.440×0.002	1.084
	配件		0.120
合计			6.200

表 16.3 航天器子系统质量

航天器子系统		质量/kg
结构子系统		6.200
框架	1.526	
对角	0.217	
侧边	3.253	
支架	1.084	
固定装置	0.120	
电源子系统		3.150
太阳电池板	1.200	
电池	1.450	
电子部件	0.500	
热控子系统		0.500
聚酯薄膜绝缘材料	0.500	
通信子系统		1.000
发射器(2)	0.070	
接收器(2)	0.070	
TNC(1)	0.500	
T/R 开关(2)	0.050	
电子部件	0.300	
天线(2)	0.100	

续表

航天器子系统		质量/kg
姿态控制子系统		0.200
永磁体	0.085	
磁滞棒	0.065	
固定件	0.050	
仪器设备		5.950
敏感器和电子部件	0.350	
多通道分析仪	0.300	
电子部件	0.300	
辐射吸收器	5.000	
其他部件		1.000
紧固件、线束等	1.000	
设计裕量		2.000
合计		20.000

16.9　姿态确定和控制子系统

姿态确定和控制的需求如下。

(1)确保航天器在空间不会始终保持相同的指向,因为这样会使热控子系统条件恶化。

(2)利用最小的质量进行姿态控制。

(3)对于姿态确定没有要求。

姿态稳定的目的是保证航天器一面不会长时间面对太阳,否则会使热控子系统环境恶化。利用磁力矩杆可以使姿态被动稳定,实现姿态控制。利用有能量损耗的磁滞棒实现相对磁力线的振动阻尼,从而通过热的形式使能量耗散。任务中不要求进行姿态确定。然而,根据已知质量和几何属性,希望能够利用 6 个面的差分功率测量和卡尔曼滤波算法,得到航天器的姿态信息。

利用图 16.7 所示的简化中心偶极子磁场模型,可以估计姿态控制系统性能、永磁体质量和磁滞棒质量。

地磁场的磁感应强度径向和切向分量分别为

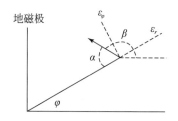

图 16.7　偶极子磁场

$$\begin{cases} B_r = -\dfrac{2B_0\sin\varphi}{r^3} \\[2mm] B_\varphi = +\dfrac{B_0\cos\varphi}{r^3} \end{cases} \tag{16.22}$$

式中，r 是轨道半径和地球半径的比值，φ 是地磁纬度，B_0 的值为 $3.01153\times10^{-5}\mathrm{T}$。对于 $500\mathrm{km}$ 轨道高度，有 $r=6878137/6378137=1.078394$。在地磁赤道位置，磁感应强度最小值为 $2.401\times10^{-5}\mathrm{T}$；在地磁两极，存在磁感应强度最大值 $4.803\times10^{-5}\mathrm{T}$。在地面站附近，即地理纬度 $39°$ 和地磁纬度 $49.6°$ 根据公式 (16.22) 得到磁场线指向与当地垂线的夹角为

$$\alpha = \arctan(0.5\cot\varphi) - 23.0° \tag{16.23}$$

　　航天器磁偶极矩的大小根据如下方法确定。航天器相对于磁场线的振动可近似为

$$I\ddot{\theta} + MB\sin\theta = 0 \tag{16.24}$$

式中，I 是惯性矩，M 是磁矩，B 是磁感应强度，θ 是磁场线的偏转角。为使航天器相对于磁场线产生频率为 ω 的振动，所需要的磁矩为

$$M = \frac{\omega^2 I}{B} = \frac{4k^2\pi^2 I}{B\tau^2} \tag{16.25}$$

式中，为便于表示定义 $\omega \equiv 2\pi k/\tau$，$k$ 是一个任意常数，τ 是轨道周期。对于给定的磁感应强度 B，常数 k 代表了每个轨道周期内航天器相对于磁场线的振荡次数。为确保多余的振动能量被阻尼吸收，选择 $k=20$。对于最小磁感应强度 $B_{\min}=2.401\times10^{-5}\mathrm{T}$、轨道周期 $94.61\mathrm{min}$ 和均匀质量分布的惯性矩

$$I = \frac{ml^2}{6} = \frac{20\times0.45^2}{6} = 0.675(\mathrm{kg}\cdot\mathrm{m}^2) \tag{16.26}$$

由此得到所需要的磁偶极矩为 $M = 13.8\mathrm{A}\cdot\mathrm{m}^2$。利用式 (16.27) 可以确定磁铁体积

$$M = \frac{B_i V}{\mu_0} \tag{16.27}$$

式中，B_i 是内禀磁感应强度，单位是特斯拉，它可以利用剩余磁通密度 B_r 来近似；V 是体积，单位是 m^3；μ_0 是真空磁导率，$\mu_0 = 4\pi \times 10^{-7}\,H/m$。为了得到上述磁偶极矩，磁感应强度 $B_r = 1.5T$ 的铝镍钴磁铁的体积是 $1.16 \times 10^{-5}\,m^3\,(11.6cm^3)$。铝镍钴磁铁的密度是 $7.3 \times 10^3\,kg/m^3\,(7.3g/cm^3)$，因此磁铁质量为 $0.085kg$。

地磁场磁力线与地磁子午线在赤道上的夹角为 β，如图 16.7 所示。

$$\beta = \varphi + \pi - \alpha \tag{16.28}$$

式中，α 是地磁场磁力线与当地垂线之间的夹角，φ 是地磁纬度，$\tan\alpha = (\cot\varphi)/2$。地磁场磁力线的角加速度为

$$\ddot{\beta} = -\ddot{\alpha} = 12n^2 \sin\varphi\cos\varphi\,(1 + 3\sin^2\varphi)^{-2} \tag{16.29}$$

式中，假设航天器沿近圆轨道运行，$\dot{\varphi} = n$ 是其平均运动角速度。根据式（16.29）可知，$\ddot{\beta}$ 的最大值出现在距离地磁赤道 $\varphi = 18°$ 的位置。磁矩方向与磁力线之间的夹角为

$$\theta = \arcsin(I\ddot{\beta}/BM) \tag{16.30}$$

式中，B 是磁感应强度，I 是转动惯量，M 是磁偶极矩。如果 $I = 0.675kg \cdot m^2$、$M = 13.8A \cdot m^2$、$r = 1.078394$、$\varphi = 18°$，则有

$$\begin{aligned} B &= (B_0/r^3)\,(1 + 3\sin^2\varphi)^{1/2} \\ &= (3.01153 \times 10^{-5}/1.0784^3)\,(1 + 3\sin^2 18°)^{1/2} \\ &= 2.724 \times 10^{-5}\,T \end{aligned} \tag{16.31}$$

$$\begin{aligned} \ddot{\beta} &= -\ddot{\alpha} = 12n^2 \sin\varphi\cos\varphi\,(1 + 3\sin^2\varphi)^{-2} \\ &= 12\left(\frac{2\pi}{94.61 \times 60}\right)^2 \sin 18°\cos 18°\,(1 + 3\sin^2 18°)^{-2} \\ &= 2.638 \times 10^{-6}\,rad/s^2 \end{aligned} \tag{16.32}$$

$$\begin{aligned} \theta &= \arcsin(I\ddot{\beta}/BM) \\ &= \arcsin(0.675 \times 2.638 \times 10^{-6}/2.724 \times 10^{-5} \times 13.8) \\ &= 0.27\,度 \end{aligned} \tag{16.33}$$

因此，航天器稳定指向方向与地磁场磁力线之间的最大偏差为 0.27 度。

利用高磁导率的合金棒可以实现相对地磁场磁力线的运动阻尼，该合金是极易被磁化的镍铁合金，它通过磁滞中产生的热量来消耗能量。根据 Transit-3B 卫星进行了质量估算，该航天器轨道高度约为 1000km，转动惯量为 $11kg \cdot m^2$，采用了四个磁滞棒，每个体积为 $6.2 \times 10^{-6}\,m^3$。根据转动惯量和地磁场所占的比例，可以估计磁滞棒的体积。对于纳星任务，需要两组正交布置的磁滞棒，总体积为 $2.00 \times 10^{-6}\,m^3\,(2cm^3)$，两个磁滞棒所在平面与磁偶极子方向垂直。镍铁合金的密度 $8180kg/m^3\,(8.18g/cm^3)$，每对磁滞棒的质量估计为 $0.016kg$，总质量为

0.032kg。为确保能够产生足够的阻尼,在所估计质量基础上乘以因子 2,得到总质量为 0.065kg。此外,铝结构在地磁场中的运动将会产生涡流,可以耗散多余的能量。

　　总之,航天器将会在磁场作用下被动稳定,这样如果航天器处于大倾角轨道,那么在一个轨道周期内它将旋转两次,从而使其受到的热环境均匀化。为实现这一目的,需要一个永磁体,磁偶极矩为 13.8A·m²,质量为 0.085kg,还需要两对磁滞棒,其总质量为 0.065kg。图 16.8 给出了航天器位于地磁子午线时的预期指向,而实际指向则严重依赖于轨道倾角。

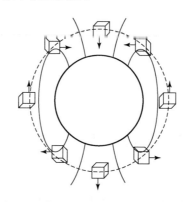

图 16.8　航天器在地磁子午线上的指向

16.10　电源子系统

　　电源子系统需求如下。

　　(1)提供充足的电源,确保在轨道上的任意位置可以进行无线电通信。其中,在至多 25% 的轨道范围内可以为每个天线发射机提供 2W 的功率,单轨的平均功率为 1W。

　　(2)为仪器设备运行提供充足的电源,单轨的平均功率为 6W。

　　(3)提供热控制功率,单轨的平均功率为 2W。

　　仪器设备所需要的功率为 6W,其中通信、遥控和数据系统在待机状态下消耗的功率不足 1W。在最大日食期间电源功率受到限制,如果有必要,在不影响整体任务目标的前提下,可以在选择的时间段内切断设备的电源供给。在数据传输过程中,每个天线的发射机需要 2W 的功率。假设发射机在一个轨道周期内仅工作 25% 的时间,那么它的单轨平均功率为 1W。表 16.4 给出了单轨平均功率需求。考虑到裕量要求,总功率取为 13W。

表 16.4　功率预算

子系统	单轨平均功率/W
通信子系统	1.0
发射机(2)	
接收机(2)	
TNC(2)	
T/R 开关	
电子设备	
仪器设备	6.0
敏感器和电子设备	
多通道分析仪	
电子设备	
电源子系统	1.0
电池	
电子设备	
热控子系统	2.0
加热器	
电子设备	
裕量	3.0
合计	13.0

　　设计中采用适用于空间应用的太阳能电池板,其效率为 15.2%,尺寸为 2cm×
6cm,在太阳光照充足条件下可产生 0.5A 的电流,对应的电压为 0.5V,输出功率
为 0.25W。假设表明利用率最低为 75%,航天器每个面可以安装 108 个太阳能电
池片,那么在太阳光照充足时可以产生的总功率输出为 27W。在最大日食期间,航
天器所需的能量为 7.8W·h,而太阳能电池板产生的多余的能量为 13.7W·h,因
此能量存储和转换效率达到 50%即可满足要求。将使用镍镉电池存储能量,其标
称电压为 1.2V,容量为 5.2W·h,质量为 0.145kg,允许的放电深度为 30%。对于
电压为 12V 的 10 个太阳能电池片,其质量为 1.45kg,总容量为 52W·h,这等效于
放电深度为 15%。

　　传输到总线的能量是通过直接传递的形式完成的,其中太阳能电池板直接与
电池和负载相连,如图 16.9 所示。利用阻塞二极管阻止通过太阳能电池片的反向
电流,从而避免可能产生的破坏。总线电压为 12V,包含稳压二极管的分流电路用
于防止电池过充。剂量计仪器通过低压敏感开关与总线相连,当遇到低功率条件
时将关闭该开关。当具有充足的能量供给时,开关将自动重启。接收机将连续得
到能量供给。当使用稳压二极管时,在初步设计中需要认真考虑电池充电的电压-
温度控制。

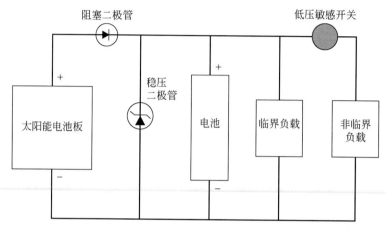

图 16.9　电源子系统

16.11　热控子系统

热控子系统的要求如下。

(1)保持电子设备的温度位于 0～35℃范围内。

(2)使所需要的质量和功率最小化。

通过控制航天器表面材料属性和绝缘特征,实现航天器温度控制;同时,可以利用恒温电加热器来提高航天器温度。通过选择太阳能电池片的红外发射率和太阳能吸收率,使电子设备温度保持在要求的范围内,通常为 0～35℃。将开发一个集总参数的热模型或有限元模型,用于分析确定航天器部件的合理安装,确定它们具有均匀的功率消耗。利用热平衡试验来验证所建立的模型。

通过估算全部太阳照射和全部处于日食时的稳态温度,可以确定温度波动的上下限。使热量输出和输入相等,可以得到平衡温度。其中

$$
\begin{cases}
\dot{Q}_{albedo} = a\alpha f_e A_s S, & \text{地球反照产生的传热速率} \\
\dot{Q}_{dissipation}, & \text{内部设备产生的传热速率} \\
\dot{Q}_{EarthIR} = \varepsilon f_e q_e A_s, & \text{地球红外辐射引起的传热速率} \\
\dot{Q}_{heater}, & \text{电热器引起的传热速率} \\
\dot{Q}_{loss} = -\sigma\varepsilon A_s T^4_{spacecraft}, & \text{航天器对外辐射产生的传热速率} \\
\dot{Q}_{space} = \sigma\varepsilon f_s A_s T^4_{space}, & \text{外部空间引起的传热速率} \\
\dot{Q}_{Sun} = \alpha A_c S, & \text{由太阳直接引起的传热速率}
\end{cases}
\tag{16.34}
$$

式中

$$
\begin{cases}
a, & \text{地球反照率} \\
\alpha, & \text{航天器表面的太阳吸收率} \\
\varepsilon, & \text{航天器发射率} \\
\sigma, & \text{斯蒂芬-波尔兹曼常量,} 5.669 \times 10^{-8}\,\text{W/(m}^2 \cdot \text{K}^4) \\
\eta, & \text{太阳能电池片的效率} \\
A_c, & \text{横截面积} \\
A_s, & \text{表面积} \\
f_e, & \text{地球视角系数,} f_e = \dfrac{1}{2}[1-\cos\rho], \text{其中} \rho = \arcsin\left(\dfrac{R}{R+h}\right) \\
q_e, & \text{地球红外辐射,W/m}^2 \\
R, & \text{地球平均半径} \\
h, & \text{航天器轨道高度} \\
f_s, & \text{太空视角系数,等于} 1-f_e \\
Q_{\text{dissipation}}, & \text{内部消耗产生的传热速率,W} \\
Q_{\text{heater}}, & \text{加热器产生的传热速率,W} \\
S, & \text{太阳常数,W}
\end{cases}
$$

(16.35)

最高温度和最低温度可以分别利用式(16.36)和式(16.37)得到,即

$$T_{\text{spacecraft upper bound}} = \left[(\dot{Q}_{\text{Sun}} + \dot{Q}_{\text{space}} + \dot{Q}_{\text{Earth IR}} + \dot{Q}_{\text{adedo}} + \dot{Q}_{\text{dissipation}})/\sigma\varepsilon A_s\right]^{1/4}$$

(16.36)

$$T_{\text{spacecraft lower bound}} = \left[(\dot{Q}_{\text{space}} + \dot{Q}_{\text{Earth IR}} + \dot{Q}_{\text{dissipation}} + \dot{Q}_{\text{heater}})/\sigma\varepsilon A_s\right]^{1/4} \quad (16.37)$$

对于如下条件

$$
\begin{cases}
a = 0.3, & \text{地球反照率} \\
\alpha - \eta = 0.75, & \text{太阳电池片的吸收率} \\
\varepsilon = 0.82, & \text{太阳电池片的发射率} \\
A_c = 0.3038\text{m}^2, & \text{球体的横截面积} \\
A_s = 1.215\text{m}^2, & \text{立方体的表面积} \\
s = 1368\text{W/m}^2, & \text{太阳常数} \\
f_e = 0.3128, & \text{500km 高度的地球视角系数} \\
f_s = 0.6872, & \text{太空视角系数} \\
T_{\text{Earth}} = 290\text{K} \\
q_e = 227 \pm 21\text{W}
\end{cases}
$$

(16.38)

输入的传热速率为

$$\begin{cases} \dot{Q}_{albedo} = a\alpha f_e A_s S = 117.0\text{W} \\ \dot{Q}_{dissipation} = 13.0\text{W} \\ \dot{Q}_{EarthIR} = \varepsilon f_e q_e A_s = 70.7\text{W} \\ \dot{Q}_{heater} = 5.3\text{W}(\text{平均轨道功率为 2W}) \\ \dot{Q}_{space} = \sigma\varepsilon f_s A_s T_{space}^4 = 9.8770 \times 10^{-6}\text{W} \\ \dot{Q}_{Sun} = \alpha A_c S = 311.7\text{W} \end{cases} \qquad (16.39)$$

由此得到最高温度和最低温度分别为 $T_{spacecraft\ upper\ bound} = 36.3\ ℃$ 和 $T_{spacecraft\ lower\ bound}$ $= -53.7\ ℃$。由于航天器表面大部分覆盖着太阳能电池片,所以表面发射率和吸收率的调整是很困难的。在日食期间,由于航天器的主要热源是地球红外辐射和内部设备散热,所以这时的航天器温度与吸收率无关,与发射率的关系很小。因此,改变吸收率和发射率的意义不大。当航天器处于太阳照射时,降低发射率可以提高航天器下限温度,但这同时会直接增加上限温度。因此,需要详细分析航天器内部温度分布以及内部热源。

一般而言,航天器具有足够的热容量和绝缘性能来存储热量,从而减少极端温度的出现。通过考虑航天器的热容量,可以得到瞬态特征的一阶近似评估,其中

$$\Delta Q = cm\Delta T \qquad (16.40)$$

式中,ΔQ 是热量的变化,c 是航天器比热,m 是航天器质量,ΔT 是温度变化量。由于假设在径向不存在绝热,所以该分析是一种保守的估计,认为整个航天器具有相同的温度。在这一假设下,以时间为自变量的航天器温度可以近似为

$$T_{spacecraft} = T_{initial} + \Delta T_{spacecraft}(t) = T_{initial} + \frac{\dot{Q}(T_{initial})}{cm}\Delta t \qquad (16.41)$$

$$\begin{cases} \dot{Q}\big|_{in\ eclipae} = \dot{Q}_{space} + \dot{Q}_{EarthIR} + \dot{Q}_{dissipation} + \dot{Q}_{heater} + \dot{Q}_{loss} \\ \dot{Q}\big|_{in\ Sun} = \dot{Q}_{Sun} + \dot{Q}_{Space} + \dot{Q}_{EarthIR} + \frac{2}{\pi}\dot{Q}_{albedo} + \dot{Q}_{dissipation} + \dot{Q}_{EarthIR} + \dot{Q}_{loss} \end{cases}$$

$$(16.42)$$

$$\dot{Q}_{loss} = -\sigma\varepsilon A s T^4 \qquad (16.43)$$

式中,$T_{initial}$ 是初始温度,引入因子 $2/\pi$ 是为了在计算地球反照率时考虑朝向太阳的一面,得到反照率的平均值。由于温度分布曲线最终将会收敛,所以初始温度 $T_{initial}$ 的设定是任意的。航天器大部分是铝合金材料,为 $30\%\sim40\%$。考虑到铝合金 7075 的比热为 960 J/(kg·K),因此可以假设航天器比热为 600J/(kg·K)。图 16.10 是在假设初始温度为 0℃时得到的温度曲线,其中图 16.10(a)中的吸收率为 0.750,发射率为 0.820,与太阳能电池片的材料属性相同;图 16.10(b)假设 20% 的表面覆盖吸收率为 0.9,发射率为 0.5 的材料,这样表面的平均吸收率为 0.756,平均发射率为 0.780。经过 1~2 个轨道周期后,温度分布的区间趋于稳定。这两种

情况下,温度变化范围接近预期的 0～35℃,满足大部分电子设备的要求。内部仪器设备和外部环境之间的绝热将会提供一个更加舒适的温度环境。

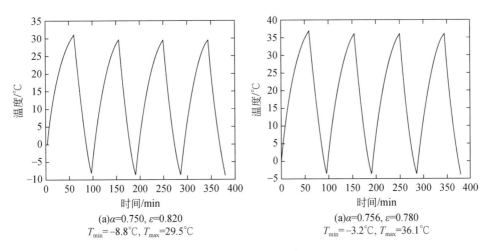

(a)α=0.750, ε=0.820
$T_{min}=-8.8℃$, $T_{max}=29.5℃$

(a)α=0.756, ε=0.780
$T_{min}=-3.2℃$, $T_{max}=36.1℃$

图 16.10　航天器温度

16.12　通信子系统

通信子系统的要求如下。

(1)提供一个用于业余无线电数字通信的空间转发器,通信频率为 145.825MHz,采用 AX.25 业余无线电协议。

(2)将从地面站向航天器发射控制指令。

(3)当接受到地面站的操作遥控后,使航天器传输实时管理的数据以及被设备存储的数据。

(4)为两个单极子天线提供时间基准。

(5)以千万分之一的误码率进行数据上传和下传。

(6)不需要延迟遥控。

地面站设备中包括一个数字计算机,它利用电缆与终端节点控制器(TNC)的 RS-232C 串行调制解调器端口相连,这与航天器中的情况类似,航天器利用圆极化天线与地面站无线电系统相连,如图 16.11 所示。航天器通信系统原理图如图 16.12 所示,它包括终端节点控制器(TNC)、发射机、接收机、发射/接收开关、模拟多路复用器等。两个接收机始终处于开启状态,确保航天器在处于任意指向时通信链路均是连通的。当接收到地面站的遥控后,数据下传过程启动,使设备向终端节点控制器发送存储的信息,并使通信系统向下传输数据。传输的数据包括科学测量数据、仪器设备状态数据以及航天器实时管理数据,如温度、电池电压、太阳能电池板电压等。航天器实时管理数据在终端节点控制器中被分为 5 个模拟信道。终端节点控制器将使模拟数据数字化,对数据进行格式化操作和打包处理,并将数据传送到发射机。终端节点控制器尺寸为 2cm×17cm×17.5cm,质量为 500kg,直流工作电压为 5.5~25.0V,最大电流为 45mA。发射机、接收机和终端节点控制器都是现有成熟的技术。天线系统是一对单极子天线,分别安装在航天器相对的两面上。AX·25 业余无线电通信协议(水平 2,版本 2)格式化和发送数据的速率为 1200bit/s。

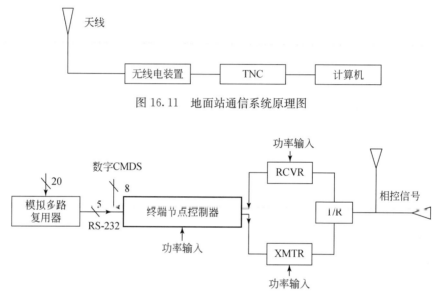

图 16.11 地面站通信系统原理图

图 16.12 航天器通信系统原理图

终端节点控制器是由微处理器控制的多端口分组通信装置,通常用于连接两个数字信号源,如计算机或微处理器、RS-232 数据通信设备连接器等,如图 16.12 所示。这使得终端节点控制器与传统的电话调制解调器工作模式类似。在航天器中,RS-232 连接器用于将模拟数据发送给终端节点控制器,该控制器将数字化模拟数据,并中继遥控到航天器子系统。AX·25 业余无线电协议是一个标准的链路层协议,在业余无线电通信中受到广泛应用,用于实现点对点数据通信。每个业余无线电通信使用者需要连接到终端节点控制器,后者包括一个调制解调器和 AX·25 协议。在 AX·25 协议中,每个信息包括数据源、目标地址、控制位和信息位等。协议可以检测到传输错误,并在必要的情况下重新发送数据。信息以数据块的形式进行发送,又称数据帧,每帧包括多个具有整数字节的数据位,如表 16.5 所示。

表 16.5　典型的 AX · 25 帧格式

标示	地址	控制	协议标示符	信息	帧检验位	标识
01111110	112/256bit	8bit	8bit	$N(0\sim256)\times8$bit	16bit	01111110

注:(1)标示位定义了帧的起始;

(2)地址位定义了数据包的源和目标地址;

(3)控制位用于确定该帧数据是用于管理连接的监控帧,还是包含数据的信息帧。如果该帧是信息帧,控制位将提供一个序列号;

(4)协议标识符仅出现在信息帧中,用于标示数据协议;

(5)信息位包含了最多为 256 字节的数据。为防止标识符进入该区域,在每 5 个序列之后填充一个 0;

(6)帧检验位对错误进行检测;

(7)最后的标示位定义帧的结束

这里所使用的频率和信号等级与典型的单边带无线电收发机类似,其中后者被业余无线电通信和商业通信所使用。假设接收机和发射机中的载波抑制、反边带抑制是足够的,那么选择较低或较高的音频频率等效于对频移键控发射机的载波进行频率调制。这种二进制频移键控技术通常又称为音频频移键控(AFSK),如终端节点控制器使用 1300/2100Hz 的音频频率。

根据多通道分析仪的性能,可以估计出数据率,能够在 8 个频谱范围内存储 1024 个能级的信息,每个能级的数据量为 32bit,每次传输的数据为 262144bit,航天器实时管理数据传输具有 20 个通道,每个通道的数据量为 32bit,共有 640bit,也就是说每次可传输的数据为 263000bit。由于 AX · 25 具有 30%额外的数据传输能力,所以总的传输速率为每次可传输 342000bit 数据。对于 1200bit/s 的数据率,按照规定的格式下载数据所需要的时间不超过 5min。当接收到地面控制遥控后,航天器内部的计时器将会终止数据传输。

按照下述方法可以确定发射机功率。对于二进制频移键控信号,误码率为

$$\text{BER} = \frac{1}{2}\exp\left(-\frac{E_b}{2N_0}\right) \tag{16.44}$$

那么所需要的 E_b/N_0 为

$$E_b/N_0 = -2\log_e(2\text{BER}) \tag{16.45}$$

若 BER 为 1.0×10^{-7},那么 $E_b/N_0 = 30.85$。所接收的信号功率 C 和噪声谱密度 N_0 的比值为

$$\frac{C}{N_0} = \frac{E_b R_b}{N_0} = \frac{P_{tr}L_tL_mG_tL_sL_pG_r}{kT_s} \tag{16.46}$$

式中,满足误码率要求的发射机功率为

$$P_{tr} = \left(\frac{E_b}{N_0}\right)\frac{R_b kT_s}{L_mL_tG_tL_sL_pL_aG_r} \tag{16.47}$$

式中,符号定义见表 16.6,该表给出了有关链路预算。航天器和地面站使用的天

线是单极子 1/4 波长(1/2m)杆状天线,其衰减率保守估计为 3dB,相位差为 180 度。在航天器发射入轨后,这些天线在航天器内部计时器的控制下展开部署。为实现 1×10^{-7} 的误码率,要求发射机功率为 0.535W,考虑 3.465 的设计裕量,得到发射机功率的设计值为 2W,见表 16.6。

发送给航天器的控制遥控包括如下八种:两个发射机遥控(开、关)和六个仪器设备遥控(如开、关等),这些遥控不存在延迟。除了仪器设备数据,遥测数据还包括电池温度、电池电压、六个太阳能电池板电压等管理数据。

表 16.6　链路预算

类别	符号	单位	数值	dB
常数				
光速	c	m/s	3.000×10^8	—
玻尔兹曼常量	k	J/K	1.381×10^{-23}	−228.6
频率	f	Hz	1.45825×10^8	—
比特率	R_b	bit/s	1.200×10^3	+30.8
最大范围	r	m	—	—
误码率	BER	—	1.000×10^{-7}	−70
设计比特能量/噪声能量密度	E_b/N_0	—	3.085×10^1	+14.9
发射机				
调制衰减	L_m	—	0.794×10^0	−1.0
线路衰减	L_t	—	0.794×10^0	−1.0
天线增益	G_t	—	0.501×10^0	−3.0
传播路径				
空间衰减	L_s	—	3.820×10^{-15}	−144.2
极化衰减	L_p	—	0.794×10^0	−1.0
大气衰减	L_a	—	0.794×10^0	−1.0
接收机				
天线增益	G_r	—	0.501×10^0	−3.0
系统噪声温度	T_s	K	4.000×10^2	+26.0
需要的发射机功率	P_{tr}	W	0.535×10^0	−3.4
发射机功率裕量因子	—		3.465×10^0	+5.7
每个天线的发射机功率	P_t	W	2.000×10^0	+4.8
发射机总功率	—	W	4.000×10^0	—

16.13　项目流程

对于本章提出的这一简单项目,假设是在经验丰富的老师指导下,由航天工程设计班的学生完成的。

第一年研究的重点是飞行验证系统的开发和航天器设计。第二年的重点将包括航天器子系统的制造、集成与测试;仪器设备的集成;系统层面的测试。仪器设备和航天器系统开发将遵循空间系统开发的标准流程,包括阶段 A(概念设计)、阶段 B(概念定义)、阶段 C(设计与开发)、阶段 D(制造、集成、测试与评估)。每个阶段都需要经过适当的评审,详见第 1 章。

将开展程序化的会议,用于协调项目进展;同时,将建立由空间系统开发专家组成的评审委员会,用于在两年的项目周期内监督研究进展。在关键设计阶段结束时,通过仿真、试验或分析等手段,应当可以确定航天器及所有子系统满足预期性能要求。初级阶段和设计阶段的两个主要成果是建立详细的项目流程和预算。项目的顶层流程如表 16.7 所示。

表 16.7　项目开发流程

里程碑	从项目开始起算的月数
仪器设备	
初步设计评审	3
完成工程模型开发	6
关键设计评审	6
完成仪器开发	11
完成仪器测试	12
交付和测试仪器备用件	14
航天器	
概念设计评审	3
初步设计评审	6
长周期部件订购	9
关键设计评审	11
完成子系统研制	20
完成系统层面测试	23
进度裕量(一个月)	24

这里不涉及成本,因为对于不同的评估组织,成本体系是不同的。

参 考 文 献

Boeing Company. 2000. DELTA IV Payload Planners Guide. Huntington Beach,CA.

Dicello J F M, Varma M N. 1994. An inductive assessment of radiation risks in space. Adv. Space Res. ,14(10): 899-910.

Rosenfeld A,Bradley P I. Cornelius and J. Flanz, 2000. New silicon detector for microdosimetry applications in proton therapy. IEEE Trans. Nucl. Sci. ,47(4): 1386-1394.

Rosenfeld A B. 1999. Semiconductormicrodosimetry in mixed radiation field: present and future. Rad. Prot. Dosim. ,84(14): 385-388.

Rosenfeld A B, Bradley P D, Zaider M. 2001. Solid state microdosimetry. Nucl. Instr Meth. Phys. Res. B,184: 135-157.

附录 A　单位、换算因子和常数

国际单位制基本单位

物理量	单位名称	单位符号
长度	米	m
质量	千克	kg
时间	秒	s
电流	安培	A
热力学温度	开尔文	K
物质的量	摩尔	mol
发光强度	坎德拉	cd

国际单位制导出单位

物理量	单位	单位符号	常用单位	国际单位制单位
吸收剂量	戈瑞	G	$J \cdot kg^{-1}$	m^2/s^{-2}
电容量	法拉第	F	$C \cdot V^{-1}$	$kg^{-1} \cdot m^{-2} \cdot s^4 \cdot A^2$
剂量当量	西弗特	Sv	$J \cdot kg^{-1}$	m^2/s^{-2}
电荷	库伦	C		As
电势,电势差	伏特	V	$W \cdot A^{-1}$	$kg \cdot m^2/(s^3 \cdot A^1)$
电导率	西门子	S	$A \cdot V^{-1}$	$kg \cdot m^2 \cdot s^3 \cdot A^2$
电阻	欧姆	Ω	$V \cdot A^{-1}$	$kg \cdot m^2 \cdot s^{-3} \cdot A^2$
能量,功,热量	焦耳	J	$N \cdot m$	$kg \cdot m^2 \cdot s^{-2}$
力	牛顿	N		$kg \cdot m \cdot s^{-2}$
频率	赫兹	Hz		s^{-1}
电感	亨利	H	$Wb \cdot A^{-1}$	$kg \cdot m^2 \cdot s^{-2} \cdot A^{-2}$
磁感应强度	特斯拉	T	$Wb \cdot m^{-2}$	$kg \cdot s^{-2} \cdot A^{-1}$
磁通量	韦伯	Wb	$V \cdot s$	$kg \cdot m^2 \cdot s^{-2} \cdot A^{-1}$
平面角	弧度	rad		$m \cdot m^{-1}$,即单位 1
压力,应力	帕斯卡	Pa	$N \cdot m^{-2}$	$kg \cdot m^{-1} \cdot s^{-2}$
立体角	球面度	sr		$m^2 \cdot m^{-2}$,即单位 1

由国际单位制导出单位得到的单位

物理量	名称	国际单位制基本单位
吸收剂量率	$Gy \cdot s^{-1}$	$m^2 \cdot s^{-3}$
角加速度	$rad \cdot s^{-2}$	s^{-2}
角速度	$rad \cdot s^{-1}$	s^{-1}
电场强度	$V \cdot m^{-1}$	$kg \cdot m \cdot s^{-3} \cdot A^{-1}$
热容,熵	$J \cdot K^{-1}$	$kg \cdot m^2 \cdot s^{-2} \cdot K^{-1}$
热流密度	$W \cdot m^{-2}$	$kg \cdot s^{-3}$
力矩	$N \cdot m$	$kg \cdot m^2 \cdot s^{-2}$
磁导率	$H \cdot m^{-1}$	$kg \cdot m \cdot s^{-2} \cdot A^{-2}$
电容率	$F \cdot m^{-1}$	$kg^{-1} \cdot m^{-3} \cdot s^4 \cdot A^2$
比能	$J \cdot kg^{-1}$	$m^2 \cdot s^{-2}$
比热容	$J \cdot kg^{-1} \cdot K^{-1}$	$m^2 \cdot s^{-2} \cdot K^{-1}$
导热系数	$W \cdot m^{-1} \cdot K^{-1}$	$kg \cdot m \cdot s^{-3} \cdot K^{-1}$

换算因子

从	转换为	乘以	
埃(Å)	米(m)	1.0	10^{-10}
标准大气压(atm)	帕斯卡(Pa)	1.01325	10^5
巴(bar)	帕斯卡(Pa)	1.0	10^5
毫米汞柱(mmHg,0℃)	帕斯卡(Pa)	1.33322	10^2
摄氏度(℃)	开尔文(K)	$t+273.15$	
开尔文(K)	摄氏度(℃)	$t-273.15$	
达因(dyn)	牛顿(N)	1.0	10^{-5}
克(g)	千克(kg)	1.0	10^{-3}
国际海里	米(m)	1.852	10^3
节(kt)	米/秒(m/s)	5.144444	10^{-1}
光年(ly)	米(m)	9.46073	10^{15}
升(L)	立方米(m³)	1.0	10^{-3}
毫巴(mbar)	帕斯卡(Pa)	1.0	10^2
秒差距(pc)	米(m)	3.085678	10^{16}
磅每平方英寸(psi)	帕斯卡(Pa)	6.894757	10^3
吨(t)	千克(kg)	1.0	10^3
托(Torr)	帕斯卡(Pa)	1.333224	10^2
瓦特-小时(W-h)	焦耳(J)	3.6	10^3

常数

原子质量常数(m_u),kg	1.66053873	10^{-27}
阿伏伽德罗常数(N_A),mol^{-1}	6.02214199	10^{23}
kmol^{-1}	6.02214199	10^{26}
玻尔兹曼常量(k),J·K^{-1}	1.3806503	10^{-23}
电子质量(m_e),kg	9.10938188	10^{-31}
电子伏(eV),J	1.602176462	10^{-19}
元电荷(e),C	1.602176462	10^{-19}
法拉第常数(F),C·gmol^{-1}	9.64853415	10^4
万有引力常数(G),kg^{-1}·m^3·s^{-2}	6.67259	10^{-11}
真空磁导率(μ_0),N·A^{-2}	4π	10^{-7}
碳-12分子质量,kg·kmol^{-1}	1.2	10^1
中子质量(m_n),kg	1.67492716	10^{-27}
普朗克常数(h),J·s	6.62606876	10^{-34}
质子质量(m_p),kg	1.67262158	10^{-27}
里德伯常量(R_∞),m^{-1}	1.0973731568549	10^7
恒星秒,s(国际单位制秒)	9.972696	10^{-1}
真空中光速(c),m·s^{-1}	2.99792458	10^8
标准大气压,Pa	1.01325	10^5
斯特藩-玻尔兹曼常量(σ),W·m^{-2}·K^{-4}	5.670400	10^{-8}
气体普适常数(R)		
J·gmol^{-1}·K^{-1}	8.314472	10^0
J·gmol^{-1}·K^{-1}	8.314472	10^3
维恩位移定律常数(b),m·K	2.8977686	10^{-3}

附录 B　天体物理常数

一般常数

天文单位(AU),m	1.49597870691	10^{11}
万有引力单位,$kg^{-1} \cdot m^3 \cdot s^{-2}$	6.673	10^{-11}
哈勃常数(H_0),$km \cdot s^{-1}$-Mpc	1.00	10^2
儒略日,s	8.6400	10^4
儒略年,d	3.6525	10^2
儒略世纪,d	3.6525	10^4
平恒星日,s	8.616409054	10^4
黄赤交角(J2000),arcsec	8.4381412	10^4
恒星年,d	3.6525636	10^2

太阳

黑体温度,K	5.778	10^3
赤道半径,m	6.960	10^8
赤道表面重力加速度,$m \cdot s^{-2}$	2.75	10^2
逃逸速度,$m \cdot s^{-1}$	6.177	10^5
扁率	5	10^{-5}
GM,$m^3 \cdot s^{-2}$	1.32712440018	10^{20}
质量,kg	1.9889	10^{30}
平均密度,$kg \cdot m^{-3}$	1.416	10^3
轨道倾角,(°)	7.25	10^0
自转周期,h	6.0912	10^2
太阳活动周期,yr	1.14	10^1
太阳常数,$W \cdot m^{-2}$	1.368	10^3

水星

黑体温度,K	4.425	10^2
赤道半径,m	2.4397	10^{13}
赤道表面重力加速度,$m \cdot s^{-2}$	3.7	10^0

续表

逃逸速度,m·s⁻¹	4.4	10^3
扁率	0	10^0
GM,m³·s⁻²	2.204	10^{13}
J2	6.0	10^{-5}
昼长,h	4.2226	10^3
质量,kg	3.303	10^{23}
平均密度,kg·m⁻³	5.427	10^3
轨道偏心率	0.205 6	10^0
轨道倾角,(°)	7.005	10^0
自转轴倾斜度,(°)	1.0	10^{-2}
极半径,m	2.4397	10^6
轨道长半轴,m	5.79092	10^{10}
公转的恒星周期,d	8.7969	10^1
自转周期,h	1.4076	10^3
公转的回归周期,d	8.7968	10^1

金星

黑体温度,K	2.317	10^2
赤道半径,m	6.0518	10^6
赤道表面重力加速度,m·s⁻²	8.87	10^0
逃逸速度,m·s⁻¹	1.036	10^4
扁率	0	10^0
GM,m³·s⁻²	3.247695	10^{14}
J2	4.458	10^{-6}
昼长,h	2.802	10^3
质量,kg	4.8685	10^{24}
平均密度,kg·m⁻³	5.25	10^3
轨道偏心率	6.77	10^{-3}
轨道倾角,(°)	3.395	10^0
自转轴倾斜度,(°)	1.774	10^2
极半径,m	6.0518	10^6
轨道长半轴,m	1.0821	10^{11}
公转的恒星周期,d	2.24701	10^2
自转周期,h	−5.8325	10^3
公转的回归周期,d	2.24695	10^2

地球

黑体温度,K	2.543	10^2
赤道半径,m(WGS84)	6.378137	10^6
赤道表面重力加速度,m·s^{-2}	9.78	10^0
逃逸速度,m·s^{-1}	1.1186	10^4
扁率(WGS84)	1/298.257223563	
GM,m³·s^{-2}(包括大气)	3.986004418	10^{14}
J2(WGS84)	−1.082626683	10^{-3}
昼长,h	2.4	10^1
质量,kg	5.9736	10^{24}
平均密度,kg·m^{-3}	5.515	10^3
轨道偏心率	1.671	10^{-2}
轨道倾角,(°)	0	10^0
自转轴倾斜度,(°)	2.345	10^1
极半径,m	6.3567523	10^6
轨道长半轴,m	1.49597890	10^{11}
公转的恒星周期,d	3.652564	10^2
自转周期,h	2.3934472	10^1
标准重力加速度,m·s^{-2}	9.806 65	10^0
标准大气压(atm),Pa,N/m²	1.01325	10^5
公转的回归周期,d	3.652422	10^2
公转的春分点周期,d	3.652424	10^2

月球

黑体温度,K	2.745	10^2
赤道半径,m	1.7381	10^6
赤道表面重力加速度,m·s^{-2}	1.62	10^0
逃逸速度,m·s^{-1}	2.38	10^3
扁率	1.2	10^{-3}
GM,m³·s^{-2}	4.9	10^{12}
J2	2.027	10^{-4}
质量,kg	7.349	10^{22}
平均密度,kg·m^{-3}	3.340	10^3
轨道偏心率	5.49	10^{-2}

轨道倾角,(°)	5.145	10^0
自转轴倾斜度,(°)	6.68	10^0
极半径,m	1.7350	10^6
轨道长半轴,m	3.844	10^8
轨道的恒星周期,d	2.7322	10^1
自转周期,h	6.55728	10^2

火星

黑体温度,K	2.166	10^2
赤道半径,m	3.397	10^6
赤道表面重力加速度,m·s^{-2}	3.63	10^0
逃逸速度,m·s^{-1}	5.03	10^0
扁率	6.48	10^{-3}
GM,m^3·s^{-2}	4.283	10^{13}
J2	1.96045	10^{-3}
昼长,h	2.46597	10^1
质量,kg	6.4185	10^{23}
平均密度,kg·m^{-3}	3.933	10^3
轨道偏心率	9.35	10^{-2}
轨道倾角,(°)	1.850	10^0
自转轴倾斜度,(°)	2.519	10^1
极半径,m	3.375	10^6
轨道长半轴,m	2.2794	10^{11}
公转的恒星周期,d	6.86980	10^2
自转周期,h	2.46229	10^1
公转的回归周期,d	6.86930	10^2

木星

黑体温度,K	9.06	10^1
赤道半径,m	7.1492	10^7
赤道表面重力加速度,m·s^{-2}	2.312	10^1
逃逸速度,m·s^{-1}	5.954	10^4
扁率	6.487	10^{-2}

GM,m³·s⁻²	1.26686	10^{17}
J2	1.4736	10^{-2}
昼长,h	9.9259	10^{0}
质量,kg	1.8986	10^{27}
平均密度,kg·m⁻³	1.326	10^{3}
轨道偏心率	4.89	10^{-2}
轨道倾角,(°)	1.304	10^{0}
自转轴倾斜度,(°)	3.13	10^{0}
极半径,m	6.6851	10^{7}
轨道长半轴,m	7.783	10^{8}
公转的恒星周期,d	4.332589	10^{3}
自转周期,h	9.925	10^{0}
公转的回归周期,d	4.330595	10^{3}

土星

黑体温度,K	9.5	10^{1}
赤道半径,m	6.0330	10^{7}
赤道表面重力加速度,m·s⁻²	8.96	10^{0}
逃逸速度,m·s⁻¹	3.55	10^{4}
扁率	9.796	10^{-2}
GM,m³·s⁻²	3.7931	10^{16}
J2	1.63	10^{-2}
昼长,h	1.066	10^{1}
质量,kg	5.685	10^{26}
平均密度,kg·m⁻³	6.88	10^{2}
自转轴倾斜度,(°)	2.67	10^{1}
极半径,(°)	5.436	10^{7}
轨道长半轴,m	1.4335	10^{12}
轨道偏心率	5.65	10^{-2}
轨道倾角,(°)	2.48553	10^{0}
公转的恒星周期,d	1.075922	10^{4}
自转周期,h	1.0656	10^{1}
公转的回归周期,d	1.074694	10^{4}

天王星

黑体温度,K	5.82	10^1
赤道半径,m	2.556	10^7
赤道表面重力加速度,m·s^{-2}	8.69	10^0
逃逸速度,m·s^{-1}	2.13	10^4
扁率	2.293	10^{-2}
GM,m^3·s^{-2}	5.794	10^{15}
J2	3.34343	10^{-3}
昼长,h	1.724	10^1
质量,kg	8.6832	10^{25}
平均密度,kg·m^{-3}	1.30	10^3
轨道偏心率	4.57	10^{-2}
轨道倾角,(°)	7.72	10^{-1}
自转轴倾斜度,(°)	9.777	10^1
极半径,m	2.4973	10^7
轨道长半轴,m	2.87246	10^{12}
公转的恒星周期,d	3.06854	10^4
自转周期,h	-1.724	10^1
公转的回归周期,d	3.058874	10^4

海王星

黑体温度,K	3.52	10^1
赤道半径,m	2.4766	10^7
赤道表面重力加速度,m·s^{-2}	1.1	10^1
逃逸速度,m·s^{-1}	2.35	10^4
扁率	1.710	10^{-2}
GM,m^3·s^{-2}	6.8351	10^{15}
J2	3.411	10^{-3}
昼长,h	1.611	10^1
质量,kg	1.024	10^{26}
平均密度,kg·m^{-3}	1.64	10^3
轨道偏心率	1.12	10^{-2}
轨道倾角,(°)	1.77	10^0
自转轴倾斜度,(°)	2.832	10^1

空间系统基础

极半径,m	2.4341	10^7
轨道长半轴,m	4.4983	10^{12}
公转的恒星周期,d	6.0189	10^4
自转周期,h	1.611	10^1
公转的回归周期,d	5.98	10^4

冥王星

黑体温度,K	4.27	10^1
赤道半径,m	1.195	10^6
赤道表面重力加速度,m·s^{-2}	6.6	10^{-1}
逃逸速度,m·s^{-1}	1.1	10^3
扁率	0	10^0
GM,m^3·s^{-2}	8.3	10^{11}
J2	—	
昼长,h	1.53282	10^2
质量,kg	1.25	10^{22}
平均密度,kg·m^{-3}	2.050	10^3
轨道偏心率	2.444	10^{-1}
轨道倾角,(°)	1.714	10^1
自转轴倾斜度,(°)	1.2253	10^2
极半径,m	1.195	10^6
轨道长半轴,m	5.9064	10^{12}
公转的恒星周期,d	9.0465	10^4
自转周期,h	−1.532928	10^2
公转的回归周期,d	9.0588	10^4

中英文对照表

英 文	中 文
A	
"A" basis allowables	A 类基本允许值
acceptance tests	验收测试
activity-on-arrow method（AOA）	矢线图法
activity-on-node method（AON）	前趋图法
actuators	执行器
ADM，arrow-diagramming method	箭线图法
AEA Technology	AEA 技术
Aerospace Corporation	宇航公司
allowable load（stress）	允许负载（应力）
American National Standards Institute（ANSI）	美国国家标准协会
Analog Devices signal processor（ADSP）	ADI 公司信号处理器
applied load（stress）	施加负载（应力）
Aristotle	亚里士多德
assembly	部件
astrodynamics	航天动力学
fundamentals of dynamics	动力学基础
definitions	定义
geoid height	大地水准面高
gravitational potential	引力位
spherical harmonics	球谐函数
interplanetary trajectories	星际轨道
aerobraking	大气制动
gravitational assists	引力辅助
heliocentric velocity	日心速度
Lagrange libration points	拉格朗日点
Mars Global Surveyor	火星全球探勘者号

续表

英　　文	中　文
patched conics	圆锥曲线拼接
sphere of influence	影响球
orbit determination	轨道确定
ephemeris	星历
Global Positioning System（GPS）	全球定位系统
two-line elements	两行轨道根数
reference systems	参考系
Earth-centered Inertial Reference System（ECI）	地心惯性参考系
Earth Orientation Parameters（EOP）	地球定向参数
celestial pole offsets	天极偏移
length of day	日长
parameters defined	已定义参数
polar motion	极移
fundamental definitions	基本定义
celestial equatorial pole（CEP）	天球赤道极
International Earth Rotation Service	国际地球自转服务
reference pole	参考极
orbital motion of the Earth	地球的轨道运动
International Celestial Reference System（ICRS）	国际天球参考系统
International Terrestrial Reference System（ITRS）	国际地球参考系统
orbital elements	轨道根数
classical orbital elements（COE）	经典轨道要素
spacecraft coverage	航天器覆盖
Doppler shift	多普勒频移
elevation and azimuth	仰角和方位角
formulae	公式
geometry	几何
orbit configurations	轨道类型
geosynchronous equatorial orbit（GEO）	地球同步赤道轨道
Molniya orbit	闪电轨道
repeating ground track orbit	回归轨道

英　文	中　文
Sun-synchronous orbit	太阳同步轨道
Walker constellation	沃克星座
time systems	时间系统
coordinate time	时间坐标
barycentric coordinate time（TCB）	质心坐标时
geocentric coordinate time（TCG）	地心坐标时
dynamical time	动力学时
barycentric dynamical time（TDB）	质心动力学时
terrestrial time（TT）	地球时
Global Positioning System（GPS）	全球定位系统
Gregorian calendar	格里高利历
international atomic time（TAI）	国际原子时
Julian calendar	儒略历
Julian day numbers	儒略日数
Modified Julian date（MJD）	修正的儒略日
sidereal time	恒星时
difference with solar time	与太阳时的差
Greenwich mean and apparant time difference	格林尼治平恒星时和真恒星时之差
local mean sidereal time（LMST）	当地平恒星时
summary of time relationships	时间关系汇总
universal time	世界时
coordinated universal time（UTC）	协调世界时
Greenwich mean sidereal time（GMST）	格林尼治平恒星时
Greenwich Mean Time（GMT）	格林尼治标准时
trajectory perturbations	轨道摄动
atmospheric forces	大气阻力
disturbance compensation system（DISCOS）	阻力补偿系统
drag coefficient	阻力系数
drag force	大气阻力
Gaussian-Lagrange equations	高斯-拉格朗日方程

续表

英　　文	中　　文
inhomogenous distribution of mass	质量非均匀分布
precession rates	进动率
Sun-synchronous orbit	太阳同步轨道
radiation pressure	辐射压力
solid Earth body tides	地球固体潮
Sun and Moon	太阳和月球
theory	理论
Euler Hill equations	欧拉-希尔方程
Lagrange planetary equations	拉格朗日行星运动方程
two-body central force motion	二体中心引力下的运动
areal velocity	面速度
circular orbit	圆轨道
conic sections	圆锥曲线
eccentric anomaly	偏心
elliptical orbit	椭圆轨道
equation of motion	运动方程
equivalent mass	等效质量
geometry of a simplified	简化的几何
solar system	太阳系统
hyperbolic orbit	双曲线轨道
Kepler's equation	开普勒方程
Kepler's laws	开普勒定律
parabolic orbit	抛物线轨道
Schuler period	舒勒周期
specific energy	比能量
true anomaly	真近点角
ATK-Elkton Star solid rocket motor	ATK-Elkton 固体火箭发动机
Atlas rocket	阿特拉斯火箭
atmosphere	大气
attitude control of spacecraft	航天器姿态控制
attitude actuators	姿态执行器

英 文	中 文
control moment gyro (CMG)	控制力矩陀螺
magnetic coils	磁线圈
momentum/reaction wheels	动量轮/反作用力飞轮
nutation dampers	章动阻尼器
thrusters	推力器
Pulsed-Plasma Thruster (PPT)	脉冲等离子体推力器
Xenon Ion Propulsion System (XIPS)	氙离子推进系统
torque bars	扭矩杆
torque rods	扭矩杆
yo-yo despin	溜溜球消旋
attitude dynamics	姿态动力学
angular momentum	角动量
coning	圆锥
Euler's equation	欧拉方程
moments of inertia	转动惯量
motion of a symmetric spacecraft	对称航天器运动
nutation	章动
parallel-axis theorem	平行轴定理
principal axes	主轴
products of inertia	惯性积
spacecraft torques	航天器力矩
aerodynamic torques	气动力矩
attitude simulation	姿态仿真
control torques	控制力矩
environmental torques	环境力矩
gravity-gradient torques	重力梯度力矩
magnetic torques	磁力矩
solar radiation torques	太阳辐射力矩
torque-free motion	无力矩作用的运动
attitude kinematics	姿态运动学
direction-cosine matrix	方向余弦阵

英　　文	中　　文
deterministic three-axis attitude determination	确定性三轴姿态确定
Kalman filtering	卡尔曼滤波
propagation	传播
Newton-Raphson method	牛顿-拉夫逊法
optimal three-axis attitude determination	最优三轴姿态确定
QUEST method	四元数估计方法
spin-axis attitude determination	自转轴姿态确定
triad algorithm	三轴姿态测定算法
measurement of attitude	姿态测量
Earth horizon sensor	地球敏感器
accuracy	精度
bolometer	热辐射计
scan cone geometry	扫描锥
scanning Earth horizon sensor	扫描式地球敏感器
static Earth horizon sensor	静态地球敏感器
gyroscopes	陀螺仪
fiber optic gyro (FOG)	光纤陀螺
gimbal lock	万向节锁定
gimbaled platform	万向平台
gyroscopic drift	陀螺漂移
hemispherically resonating gyro (HRG)	半球谐振陀螺
ring laser gyro (RLG)	环形激光陀螺
strap-down systems	捷联系统
types of construction	结构类型
magnetometer	磁强计
spacecraft sensor configuration	航天器敏感器类型
sensor accuracy	敏感精度
sensors for spinning spacecraft	自旋航天器的敏感器
star sensor	星敏感器
star camera	恒星照相机
star tracker	恒星跟踪仪

英　文	中　文
comparison of lithium discharge with other chemistries	锂电池与其他化学成分电池的放电情况对比
delay at power-on	通电延迟
requirements	需求
silver-zinc cells	银锌电池
advantages	优势
charging and discharging	充电和放电
discharge rates	放电速率
secondary batteries	二次电源
basic characteristics	基本特征
conventional nickel-cadmium cells	传统镍镉电池
charge and discharge rates	充电和放电速率
orbital cycling	轨道循环
voltage-temperature limits	电压温度极限
lithium ion secondary cells	锂离子二次电池
advantages	优势
charge voltage at different temperatures	不同温度下的充电电压
disadvantages	劣势
discharge voltage at different rates	不同速率下的放电电压
use of polymer electrolyte	高分子电解质使用
voltage versus capacity	电压与容量
nickel-hydrogen cells	镍氢电池
capacity versus temperature	容量与温度
charge-discharge rates	充电-放电速率
charge efficiency versus temperature	充电效率与温度的关系
common pressure vessel (CPV)	普通压力容器
individual pressure vessel (IPV)	个别压力容器
single pressure vessel (SPV)	单个压力容器
"B" basis allowables	B 类基本允许值
Bell Laboratories	贝尔实验室
bielliptic transfer orbit	双椭圆转移轨道

续表

英　　文	中　　文
synchronization words	同步字
components	组成
interface circuitry	接口电路
data transfer	数据传输
level commands	级别指令
pulse commands	脉冲指令
relay commands	延迟指令
modulation of the carrier	载波调制
radio frquency (RF) link	射频链路
security	安全
sending a command	发送指令
system block diagram	系统框图
system requirements	系统需求
resources	资源
types of command	指令类型
validation of commands	指令验证
Committee on Extension to the Standard Atmosphere (COESA)	美国标准大气推广委员会
Committee on Space Research (COSPAR) International Reference Atmosphere	空间研究委员会国际参考大气
Common Ada Missile Packages (CAMP)	通用艾达导弹软件包
communications in space	空间通信
design example	设计案例
basic geometry	基本几何
shipboard antenna noise	舰载天线噪声
spacecraft antenna options	航天器天线选择
transmitter power needed	需要的传输功率
encryption	加密
error-correcting codes	纠错码
Shannon equation	香农公式
modulation of radio-frequency carriers	射频载波调制
analog modulation	模拟调制

续表

英　　文	中　　文
amplitude modulation（AM）	调幅
frequency modulation（FM）	调频
phase modulation（PM）	调相
pulse modulation	脉冲调制
signal-to-noise ratio	信噪比
phase shift keying（PSK）	相移键控
pulse code modulation（PCM）	脉码调制
time division multiplexing（TDM）	时分复用
Nyquist rate	尼奎斯特速率
types of modulation	调制类型
noise	噪声
intensity of a source	源强度
link margin	链路裕量
noise temperature	噪声温度
Friis equation	弗里斯方程
pulse code modulation signal	脉冲编码调制信号
plus noise	脉冲噪声
signal-to-noise ratio	信噪比
sources of noise	噪声来源
receiver noise	接收机噪声
Sun noise	太阳噪声
optical communications	光通信
propagation of radio waves	无线电波传播
alternative antenna designs	可选的天线设计
antennas	天线
attenuation in the atmosphere	在大气中的衰减
decibels defined	分贝定义
Faraday rotation	法拉第旋转
ionospheric effects	电离层效应
multipath effect	多径效应
polarization of antennas	天线极化

续表

英 文	中 文
power requirement	功率需求
satellite communications block diagram	航天器通信框图
security	安全
antijam techniques	抗干扰技术
spread spectrum	扩频
spacecraft tracking	航天器跟踪
Doppler shift measurement	多普勒频移测量
use of radar	雷达使用
special factors in space communications	空间通信中的特殊要素
coverage by ground stations	地面站覆盖
data relay satellites	数据中继卫星
Doppler shift	多普勒频移
geostationary and Molniya orbits	地球静止轨道和闪电轨道
satellite communications geometry	卫星通信几何
complementary metal-oxide semiconductor (CMOS)	互补金属氧化物半导体
computer systems in spacecraft	星载计算机系统
block diagram of data processing system	数据处理系统框图
central processing unit (CPU)	中央处理单元
fault tolerance	容错
fault rollback	故障恢复
Hamming error correcting code	汉明纠错码
error-correcting logic	纠错逻辑
error detector/corrector	错误检测/校正
example	例子
Hammimg distance	汉明距离
hardware parity encoder	奇偶校验编码器
implementation	实现
syndrome generator	校正子发生器
improper sequence detection	不正确的序列检测
latch-up of complementary metal-oxide semiconductor (CMOS)	互补金属氧化物半导体闩锁
latch-up protection circuit	闩锁保护电路

续表

英　文	中　文
role of bi-polar transistors	双极型晶体管作用
multiple execution	多执行
parity and error detection	奇偶校验和误差检测
radiation hardness	抗辐射
complementary metal-oxide	互补型金属氧化物
semiconductor (CMOS) and radiation	半导体和辐射
defence against radiation effects	抗辐射效应
total ionizing dose (TID)	总剂量
types of radiation in space	空间辐射类型
single-event upset (SEU)	单事件翻转
triple modular redundancy (TMR)	三重模件冗余
types of failure in spacecraft systems	航天器系统失效模式
watchdog timers	看门狗定时器
input and output	输入和输出
direct memory access (DMA)	直接存储器存取
interrupts	中断
bus interface	总线接口
context switching	切换开关
timers	定时器
multiport memory	多端口存储器
ports	端口
mapping	映射
parallel	并行
serial	串行
mass storage	大容量存储
disk	磁盘
synchronous dynamic random-access memory (SDRAM)	同步动态随机存取存储器 (SDRAM)
memory	存储器
random-access memory (RAM)	随机存取存储器
read-only memory (ROM)	只读存储器

英 文	中 文
read mostly memory	主读存储器
special-purpose memory	专用存储器
peripherals，custom and special purpose	外设、定制和特殊用途
data acquisition and compression	数据采集和压缩
digital fast Fourier transformer (DFT)	数字快速傅里叶变换
computer systems in spacecraft image processing	用于航天器图像处理的计算机系统
spectrum accumulation	频谱累积
ultra large-scale integration of transistors (ULSI)	晶体管超大规模集成
Comsat Corporation	美国通信卫星公司
concept of operations for spacecraft missions(CONOPS)	航天器任务运行概念
concepts in system engineering	系统工程中的概念
conceptual design review (CoDR)	概念设计评审
configuration management	配置管理
Consultative Committee for Space Data Systems	空间数据系统咨询委员会
CONTOUR spacecraft mission	CONTOUR 航天器任务
Control moment gyros (CMG)	控制力矩陀螺
Copernicus，Nicolaus	尼古拉·哥白尼
cosmic ray effects on microelectronics (CREME)	宇宙射线对微电子器件的影响
COSPAR，Committee on Space Research	空间研究委员会
cost estimating and tracking	成本估算和跟踪
CPM，critical path method	关键路径法
C&R Technologies	C&R 技术
critical condition	临界条件
critical design review (CDR)	关键设计评审
D	
Debye length	德拜长度
Deep Space 1 interplanetary probe	深空 1 号行星际探测器
Defence Electronics Supply Center (DESC)	美国国防电子供应中心
Defence Mapping Agency	美国国防测绘局
Defence Satellite Communication System	美国国防卫星通信系统
Defense Systems Management College (1990)	美国防务系统管理学院(1990 年)

续表

英　　文	中　　文
Delta launch vehicles	德尔塔运载火箭
Department of Defense	美国国防部
design safety factor	设计安全系数
detrimental deformation	有害形变
development test	开发测试
direction-cosine matrix（DCM）	方向余弦阵
Doppler shift	多普勒频移
drag	大气阻力
dynamic envelope	动力学包络
E	
Eagle Picher Technologies（EPT）	美国 EaglePicher 技术公司
Earned value accounting	挣值核算
Earned value management（EVM）	挣值管理
Earth	地球
environment	环境
heating of spacecraft	航天器受热
horizon sensor	地平仪
magnetic field	磁场
radiation environment	辐射环境
Earth-centered Inertial Reference System（ECI）	地心惯性参考系
Earth horizon sensor	地平仪
Earth Orientation Center（EOC）	地球定向中心
Earth Orientation Parameters（EOP）	地球定向参数
ECI, Earth-centered Inertial Reference System	地心惯性参考系
ECR, engineering change request	工程变更请求
ECSS, European Cooperation for Space Standardization	欧洲空间标准化合作组织
EELV, Evolved Expendable Launch Vehicle	改进的一次性运载火箭
EIA, Electronic Industries Alliance	电子工业联盟
electrical propulsion	电推进
Emcore	Emcore 公司
environment of space	空间环境

续表

英　　　文	中　　　文
atmosphere	大气
altitude structure	高度
concentration of constituents	成分浓度
definition of layers	层的定义
density	密度
temperature	温度
variability of density	密度变化
model for exospheric density and temperature	外层温度和密度模型
thermospheric dynamics	热层动力学
Earth's environment	地球环境
hazards for spacecraft	航天器受到的危害
solar activity	太阳活动
Van Allen radiation belt	范艾伦辐射带
gravity	引力
atmospheric drag	大气阻力
Newton's law of gravity	牛顿万有引力定律
ionosphere	电离层
Debye length	德拜长度
effect of electric fields	电场效应
shielding	屏蔽
ionization	电离
density profile	密度分布
ionosphere layers	电离层的各层
solar spectrum	太阳光谱
structure of the ionosphere	电离层结构
UV radiation	紫外线辐射
plasma frequency	等离子体频率
ionosphere effect on radio waves	无线电波的电离层效应
ram-wake effects	尾流效应
spacecraft charging	航天器充电
effect of sunlight	太阳光效应

英　文	中　文
satellite to study spacecraft charging at high altitudes (SCATHA)	高层航天器充电效应研究卫星
magnetosphere	磁层
Earth's magnetic field	地磁场
eccentric pole model	偏心磁极子模型
International Geophysical Reference Field	国际地球物理参考场
magnetotail	磁尾
motion of charged particles	带电粒子的运动
azimuthal drift	方位漂移
in magnetic and electric fields	磁场和电场
mirroring in a dipole field	偶极场中的镜像
particles trapped in the Earth's field	地磁场捕获的粒子
rapid gyration	快速回旋
summary	总结
radiation	辐射
environment models	环境模型
regions	区域
configuration	结构
coronal mass ejections (CME)	日冕物质抛射
distribution of very energetic ions and electrons	高能离子和电子分布
plasma sheet	等离子体片
plasmapause	等离子体层顶
plasma sphere	等离子体球
polar cap	极冠
precipitation pattern of electrons	电子析出模式
trapped radiation	辐射捕获
solar wind	太阳风
storms and substorms	磁暴和亚暴
interplanetary magnetic field (IMF)	星际磁场
magnetohydrodynamic waves (MHD)	磁流体动力学波
EOP, Earth Orientation Parameters	地球指向参数

英　文	中　文
EPT，Eagle Picher Technologies	美国 EaglePicher 技术公司
Equinox	春分点
Euler angles	欧拉角
Euler equation	欧拉方程
for angular momentum	用于角动量
in stress analysis	用于应力分析
Euler-Hill equations	欧拉-希尔方程
Euler's formula	欧拉公式
Euler's theorem	欧拉定理
European Cooperation for Space Standardization（ECSS）	欧洲空间标准化合作组织
European Space Agency	欧洲航天局
EVM，earned value management	挣值管理
Evolved Expendable Launch Vehicle（EELV）	改进的一次性运载火箭
exhaust velocity	排气速度
expansion ratio	膨胀比
F	
failure modes and effects analysis（FMEA）	失效模式与效应分析
FEA，finite element analysis	有限元分析
Federal Communications Commission	美国联邦通信委员会
functional analysis	功能分析
G	
Galileo Optical Experiment（NASA）	伽利略光学实验
General Dynamics	通用动力公司
General Electric Company（GE）	通用电气公司
geoid height	大地水准面高
Geostationary Operational Environment Satellite（GOES）	地球静止轨道环境业务卫星
geosynchronous Earth orbit（GEO）	地球同步轨道
Global Positioning System（GPS）	全球定位系统
Goddard Space Flight Center（NASA）	戈达德太空飞行中心
gravitational potential	引力位
gravity-gradient	重力梯度

续表

英　　文	中　　文
gravity-turn trajectory	引力偏转轨道
Gregorian calendar	格里高利历
Gregory XIII, Pope	格雷戈里十三,教皇
gyroscopes	陀螺仪
H	
Hamming error correcting code for computer systems	计算机系统汉明纠错码
The Handbook of Geophysics and the Space Environment	《地球物理和空间环境手册》
Harvard Thermal Inc	哈佛热学公司
heliocentric orbit (deep space)	日心轨道(深空)
Hohmann transfer orbit	霍曼转移轨道
Hooke's Law in stress analysis	应力分析中的胡克定律
Hubble Space Telescope	哈勃太空望远镜
Hughes Aerospace Co.	休斯航空航天公司
hybrid rockets	混合动力火箭
I	
IAGA, International Association of Geophysics and Aeronomy	国际地球物理与高空大气物理学协会
ICD, interface control document	接口控制文件
ICRS, International Celestial Reference System	国际天球参考系
Idaho Nuclear Engineering Laboratory	爱达荷核工程实验室
IDEAS TMG (computer code)	IDEAS TMG(计算机程序)
IEEE Transactions on Engineering Management	*IEEE Transactions on Engineering Management* 期刊
IERS, International Earth Rotation Service	国际地球自转服务
IGRF, International Geophysical Reference Field	国际地球物理参考场
IMF, interplanetary magnetic field	星际磁场
INCOSE, International Council of System Engineering	系统工程国际委员会
Institute of Electrical and Electronic Engineers (IEEE)	美国电气和电子工程师协会
Institute of Electrical and Electronic Engineers (IEEE) Computer	美国电气和电子工程师协会计算机学会
integration and testing of spacecraft	航天器集成与测试
facilities for integration and testing	集成和测试设施

英　文	中　文
cleanliness	清洁度
portable environments	便携式环境
scheduling	调度
test facilities	测试设施
transportation	传输
importance of logistics	组织工作重要性
planning for integration and test	集成与测试计划
electrical design	电子设计
ground support system (GSS)	地面支持系统
automated testing	自动化测试
primary functions	主要功能
typical block diagram	典型框图
mechanical design	机械设计
mechanical mock-ups	机械实物模型
order of integration	集成顺序
exploded view of spacecraft	航天器爆炸图
interface compatibility testing	接口兼容性测试
technical interchange	技术交流
thermal design	热设计
program phases	项目阶段
duration of phases	项目持续时间
phasing design reviews	阶段设计评审
typical system block diagram	典型系统框图
system and subsystem design	系统和子系统设计
engineering design review (EDR)	工程设计评审
fabrication feasibility review (FFR)	制造可行性评审
integration readiness review (IRR)	集成成熟度评审
sub-system design flow	子系统设计流程
terminology	术语
verification program	验证项目
launch site tests	发射场测试

英 文	中 文
plans and procedures	计划和程序
activity flow diagram	活动流程图
sequence of testing	测试顺序
summary of tests	测试总结
sub-system level tests	子系统级测试
radiation and electrical effects	辐射和电效应
temperature and vibration	温度和振动
thermal vacuum and bakeout	热真空和烘烤
sub-system tests at the spacecraft level	航天器级子系统测试
system tests at the spacecraft level	航天器级系统测试
deployments	部署
ground station compatibility	地面站兼容性
mass, vibration, shock and acoustics	质量、振动、冲击和噪声
mission simulations	任务仿真
thermal vacuum	热真空
interface control document (ICD)	接口控制文件
International Association of Geophysics and Aeronomy (IAGA)	国际地球物理与高空大气物理学协会
international atomic time (TAI)	国际原子时
International Business Machines (IBM) Houston	国际商业机器公司,休斯敦
International Celestial Reference System (ICRS)	国际天球参考系
International Council of System Engineering (INCOSE)	系统工程国际委员会
International Earth Rotation Service (IERS)	国际地球自转服务
International Geophysical Reference Field (IGRF)	国际地球物理参考场
International Launch Services	国际发射服务公司
International Space Station	国际空间站
International Standards Organization (ISO)	国际标准组织
International System of Units (SI)	国际单位制
International Terrestrial Reference System (ITRS)	国际地球参考系统
interplanetary magnetic field (IMF)	星际磁场
interplanetary medium	行星际物质
interplanetary probe Deep Space 1	深空 1 号行星际探测器

续表

英　文	中　文
interplanetary trajectories	星际轨道
Introduction to Personal Software Process（Humphery）	*Introduction to Personal Software Process*
Ionosphere	电离层
Italian Aerospace Research Centre（CIRA）	意大利宇航研究中心
J	
Japan Storage Batteries	日本蓄电池公司
Jet Propulsion Laboratory	喷气推进实验室
Johns Hopkins APL Technical Digest	《约翰斯·霍普金斯大学应用物理实验室技术文摘》
Johns Hopkins University Applied Physics Laboratory（JHU/APL）	约翰斯·霍普金斯大学应用物理实验室(JHU/APL)
Johns Hopkins University School of Engineering	约翰斯·霍普金斯大学工程学院
Johnson Controls Incorporated（JO）	美国江森自控有限公司
Journal of Management in Engineering	《工程管理》
JPL Radiation Handbook	《JPL 辐射手册》
Julian calendar	儒略历
K	
Kalman filtering in attitude estimation	姿态估计中的卡尔曼滤波
Kepler elements	开普勒要素
Kepler's equation	开普勒方程
Kepler's laws	开普勒定律
Key，Francis Scott	弗朗西斯·斯科特·基
K&K Associates	K&K 公司
L	
Lagrange libration points	拉格朗日点
Lagrange planetary equations	拉格朗日行星运动方程
launch vehicles	运载火箭
Atlas	阿特拉斯运载火箭
Delta	德尔塔运载火箭
Evolved Expendable Launch Vehicle（EELV）	改进的一次性运载火箭
Scout	侦察兵运载火箭

续表

英　文	中　文
launch window	发射窗口
LEO，low earth orbit	低地球轨道
limit load stress	极限载荷压力
liquid rocket engines	液体火箭发动机
Lithion，Inc	Lithion 公司
Lockheed Martin Corporation	洛克希德·马丁公司
low earth orbit （LEO）	低地球轨道
M	
Mach number	马赫数
magnetohydrodynamic waves （MHD）	磁流体动力学波
magnetometer	磁强计
magnetosphere	磁层
Magsat spacecraft	Magsat 航天器
ManTech design for nickel-hydrogen individual pressure vessel （IPV）	ManTech 设计的特殊镍氢压力容器
margin of safety	安全裕量
Mars Global Surveyor spacecraft	火星全球探勘者号航天器
Mars Odyssey spacecraft	火星奥德赛号航天器
mass fraction	质量分数
mass margin	质量裕量
Midcourse Space Experiment （MSX） buckling of structures	中途空间试验航天器结构屈曲
Safety Appliances	安全设备
missions for spacecraft	航天器任务
CONTOUR （comet nucleus tour）	彗核之旅
layout of spacecraft	航天器布局
maneuver control	机动控制
objectives	目标
thruster layout	推力器布局
Magsat	Magsat 航天器
attitude control	姿态控制
attitude determination and control system （ADCS）	姿态确定与控制系统

续表

英　文	中　文
configuration	结构
objectives	目标
operation	运行
NEAR (Near Earth Asteroid Rendezvous)	近地小行星会合航天器
component problems	部件问题
lessons learned for future missions	对未来任务的经验
objectives	目标
STEREO	STEREO 航天器
TIMED (thermosphere ionosphere mesosphere energetics and dynamics)	TIMED 航天器(电离层热层中间层能量和动力学)
attitude determination and control	姿态确定与控制
finite element model	有限元方法
objectives	目标
power system	电源系统
view of spacecraft	航天器视图
TOPEX	TOPEX 航天器
Mitsubishi Electric Corporation	三菱电机株式会社
Molniya orbit for spacecraft	航天器闪电轨道
momentum control	动量控制
momentum wheel	动量轮
N	
nanosatellite design	纳卫星设计
astrodynamics	航天动力学
attitude determination and control	姿态确定与控制
damping using Alloy49	基于铝合金 49 的阻尼
requirements	需求
spacecraft orientation	航天器指向
use of dipole magnetic field	偶极子磁场的利用
concept of operations	运行概念
Evolved Expendable Launch Vehicle (EELV)	改进的一次性运载火箭
Secondary Payload Adapter (ESPA)	辅助有效载荷适配器

续表

英　文	中　文
configuration and structure	构造和结构
Delta IV launch and Secondary Payload Adapter	德尔塔Ⅳ火箭和辅助有效载荷适配器
diagonal support calculations	角支撑计算
horizontal support calculations	水平支撑计算
mass estimate	质量估计
material properties	材料属性
primary load path	主负载路径
structural frame side view	结构框架侧视图
development schedule	开发进度
mission statement	任务书
packet radio communication	分组无线通信
power subsystem	电源子系统
power budget	功率预算
requirements	需求
system schematic	系统原理图
satellite system requirements	卫星系统需求
deployed configuration	部署配置
spacecraft block diagram	航天器框图
telecommunication subsystem	通信子系统
ground equipment	地面设备
link budget	链路预算
requirements	需求
system schematic	系统原理图
terminal node controller (TNC)	终端节点控制器
transmitter power	发射功率
thermal subsystem	热控子系统
heat balance calculations	热平衡计算
requirements	需求
transient spacecraft temperature	航天器瞬态温度
National Aeronautics and Space Administration (NASA)	美国国家航空航天局

续表

英　文	中　文
factors of safety in design	设计中的安全系数
Galileo Optical Experiment	伽利略光学实验
Goddard Space Flight Center	戈达德太空飞行中心
ground station，White Sands New Mexico	地面站,白沙,新墨西哥州
Handbook for Nickel Hydrogen Batteries	《镍氢电池手册》
Solar Connections Program	太阳能连接计划
Solar electric propulsion Technology Application Readiness (NSTAR)	太阳能电推进技术的应用成熟度 (NSTAR)
Standard Command Detector Unit (CDU)	标准命令探测器单元
Standard Electrical Electronic and Electromechanical Parts List	《标准电气电子和机电配件》
Standard Transponder	标准转发器
Systems Engineering Handbook SP-610S 1995	系统工程手册 SP-610S 1995
TIMED spacecraft	TIMED 航天器
Tracking and Data Relay Satellites (TDRS)	跟踪和数据中继卫星
National Imagery and Mapping Service，U. S. Government	美国国家影像与制图局
National Oceanic and Atmospheric Administration (NOAA) weather monitoring satellites	美国国家海洋和大气管理局气象监测卫星
National Oceanic and Atmospheric Administration Space Environment Center (SEC)	美国国家海洋和大气管理局空间环境中心
National Space Science Data Center (NSSDC)	美国国家空间科学数据中心
Naval Research Laboratory (NRL)	美国海军研究实验室
Naval Surface Weapons Center (NSWC)	美国海军水面武器中心
Navy Navigation Satellite System	美国海军导航卫星系统
NEAR spacecraft	NEAR 航天器
Newton-Raphson method	牛顿-拉夫逊法
Newton's Laws and gravitational constant	牛顿定律和万有引力常数
Next Generation Space Telescope (NGST)	下一代空间望远镜
NOAA，National Oceanic and Atmospheric Administration	美国国家海洋和大气管理局
North American Air Defence Command(NORAD)	北美防空司令部
nozzles	喷管
Nyquist sampling theorem	奈奎斯特采样定理

续表

英　　文	中　　文
O	
operation of spacecraft	航天器运行
diversity of missions	任务多样性
communication delays	通信延迟
geosynchronous orbit（GEO）	地球同步轨道
heliocentric orbit（deep space）	日心轨道（深空）
low Earth orbit（LEO）	低地球轨道
ground support	地面支持
core mission operations team	核心任务运行团队
mission operations center（MOC）	任务运行中心
operational engineering support	运行工程支持
payload operations center（POC）	有效载荷管理中心
spacecraft and payload	航天器和有效载荷
tracking network	跟踪网
mission phases	任务阶段
concepts development	概念开发
concept of operations（CONOPS）	运行概念
control activities	控制活动
planning activities	计划活动
duration of mission	任务持续时间
integration and environment testing	集成与环境测试
launch and commissioning	发射和调试
mission requirements	任务需求
prime mission	主要任务
system development	系统开发
timeline	时间表
post-launch	发射后
pre-launch	发射前
standard practices	标准做法
application of flight constraints	飞行条件申请
concept of mission operations（CONOPS）	任务运行概念

续表

英　文	中　文
configuration management	配置管理
contingency planning	应急计划
documentation	文档
performance assessment	性能评估
real-time operations	实时操作
training and certification	培训和认证
orbit determination	轨道确定
Oxford University	牛津大学
P	
PDM，precedence-diagramming method	前导图法
PDR，preliminary design review	初步设计评审
PERT，program evaluation and review technique	项目评审技术
Planck's Law of heat transfer by radiation	辐射传热中的普朗克定律
planets	行星
Mars	火星
Saturn	土星
power systems in spacecraft	航天器电源系统
conclusion	结论
glossary of terms	专业术语
design example	设计案例
mission requirements	任务需求
orbit parameters	轨道参数
power system	电源系统
radiation effects	辐射效应
solar array design	太阳电池阵设计
peak power tracking	峰值功率跟踪
power calculations	功率计算
spacecraft requirements	航天器需求
voltage and battery type and capacity	电压，电池类型、容量
direct energy transfer systems（DET）	直接能量传输系统
partially regulated system，block diagram	局部调节系统，框图

续表

英　　文	中　　文
energy balance	能量平衡
regulated system	调节系统
block diagram	框图
energy balance	能量平衡
unregulated system	无调节系统
block diagram	框图
discharge-recharge cycle	充放电循环
energy discharged during eclipse	日食期间的能量释放
energy sources	能量源
radioisotope thermoelectric generators (RTG)	放射性同位素热电发生器
configuration	构造
radioisotope selection	放射性同位素的选择
reliability	可靠性
sizing	尺寸
view of general purpose heat source (GPHS-RTG)	通用热源
solar cells	太阳能电池
energy storage	能量存储
batteries	电池
electrochemical cell	电化学电池
definition	定义
lifetime	寿命
primary and secondary cells	一次和二次电池
self-discharge	自放电
super nickel-cadmium cell	超级镍镉电池
fuel cells	燃料电池
ion exchange membrane	离子交换膜
simplified circuit	简化电路
non-direct energy transfer system	非直接能量传输系统
applications	应用
peak power tracking (PPT)	峰值功率跟踪
orbital considerations	轨道要素

续表

英　文	中　文
geocentric equatorial coodinate system	地心赤道坐标系
orbital and sunlight positions	轨道和太阳光照位置
geometry for circular orbits	圆轨道几何
orbital eclipse times	轨道日食时间
periodic orbital variations	周期性轨道变化
angle between the orbit and the Earth-Sun line	日地连线与轨道面夹角
percent Sun versus mission day	光照时间占任务时间的百分比
solar array analysis	太阳电池阵设计
spacecraft position	航天器位置
Kepler elements	开普勒要素
Sun position	太阳位置
space environment	空间环境
radiation environment of the Earth	地球辐射环境
Solar Flarc Estimator (SFE)	太阳耀斑估计
South Atlantic Anomaly	南大西洋异常区
solar energy	太阳能
precedence-diagramming method (PDM)	前导图法
precession rates	进动率
preliminary design review (PDR)	初步设计评审
probabilistic risk assessment (PRISM)	概率风险评估
program evaluation and review technique (PERT)	项目评审技术
project development process	项目开发过程
project organization	项目组织
propulsion of spacecraft	航天器推进
cold gas system	冷气推进系统
electrical propulsion systems	电推进系统
electromagnetic thrusters	电磁推力器
electrostatic propulsion	静电推进
electron-cyclotron resonance (ECR)	电子回旋共振
schematic of ion thruster	离子推力器原理
electrothermal propulsion	电热推进

英　文	中　文
engine schematics	发动机原理
hydrazine	肼
igniters	点火器
injectors	喷注器
mono-propellant	单组元推进剂
propellant flow controls	推进剂流量控制
thrust chambers	推力室
thrust control	推力控制
nozzles	喷管
design types	设计类型
nuclear propulsion systems	核推进系统
energy conversion	能量转换
nuclear dynamic systems	核动力系统
nuclear thermal rockets with solid, liquid or gaseous core	核动力火箭，核心区域为固体、液体或气体
propellant system sizing	推进系统规模
use of Lagrange or Euler-Hill equations	拉格朗日方程或欧拉-希尔方程的使用
rocket motion with gravity	重力作用下的火箭运动
multiple-stage rocket equation	多级火箭方程
single stage rocket equation	单级火箭方程
solar sailing	太阳帆
solid propulsion systems	固体推进系统
advantages and disadvantages	优势和不足
igniter	点火器
insulator liner	绝缘垫
motor case	发动机壳体
nozzle	喷管
propellants	推进剂
classification and examples	类别和实例
grain configurations	颗粒配置

续表

英　文	中　文
thrust vector control	矢量推力控制
typical rocket motor systems	典型火箭发动机系统
thermodynamic relations	热力学关系
assumptions involved	涉及的假设
equations	方程
expansion ratio	膨胀比
Mach number	马赫数
nozzle design	喷管设计
Saint Venant's equation	圣维南方程
thrust coefficient	推力系数
transfer trajectories	转移轨道
bielliptic transfer	双椭圆转移
change to inclinination	变为有倾角的轨道
Hohmann transfer orbit	霍曼转移轨道
Lagrange planetary equations	拉格朗日行星运动方程
specific energy equation	比能量方程
Ptolemy，Claudius	克劳迪斯·托勒密
Pulsed-Plasma Thruster（PPT）	脉冲等离子体推力器
Q	
qualification tests	鉴定测试
quality assurance for spacecraft	航天器质量保证
launch site support	发射场支持
sequence of design reviews	设计审查顺序
systematic controls	系统控制
hardware fabrication controls	硬件制造控制
cleanliness control	清洁度控制
configuration control	配置控制
performance assurance	性能保证
inspection flow card	检查流程卡
standards for selection of components	部件选择标准
use of plastic-encapsulated microcircuits	塑料封装微电路的使用

英 文	中 文
advantages and disadvantages	优势和不足
testing and field experience	测试和现场经验
quasi-static acceleration	准静态加速度
quaternion	四元数
QUEST method for attitude determination	姿态确定的四元数方法
R	
radiation effects on spacecraft	航天器辐射效应
characteristics of space radiation	空间辐射特性
environment	环境
displacement damage	位移损伤
in charge-coupled devices (CCD)	在电荷耦合器件中
in crystalline solid	在晶状体中
in solar cells	在太阳能电池中
ionization	电离
effect on transistors	对晶体管的影响
enhanced low dose rate sensitivity (ELDRS)	低剂量率敏感度提高
stopping power	停止供电
single-event effects	单粒子效应
charge collection regions	充电区域
on complementary metal oxide semiconductor (CMOS)	互补金属氧化物半导体
critical charge and feature size	主要充电和特征尺寸
latch-up mechanism	闩锁机制
linear energy transfer (LET)	线性能量传输
nuclear reactions in silicon	硅原子核作用
stopping power	停止供电
upset cross-section	翻转截面
solutions to problems	问题解决方案
Analog Devices signal processor (ADSL2100A)	Analog Devices 公司信号处理器 (ADSL2100A)
latch-up protection circuitry	闩锁保护电路
radiation hardening of integrated circuits	集成电路辐射硬化

英　文	中　文
Weibull	威布尔分布
predictions of reliability	可靠性预测
failure modes and effects analysis (FMEA)	失效模式与影响分析
probabilistic risk assessment (PRISM)	概率风险评估
Systems Analysis Programs for Hands-on Integrated Reliability Evaluation (SAPHIRE)	集成可靠性评估的系统分析程序
safety	安全
fault tree for lithium thionyl chloride	锂亚硫酰氯故障树
single cell explosion	单电池爆炸
residual strength	剩余强度
residual stress	残余应力
risk management	风险管理
rocket equation	火箭方程
rocket motor systems	火箭发动机系统
rockets	火箭
Atlas	阿特拉斯火箭
Scout	侦察兵火箭
V-2	V-2 火箭
ROM，read-only memory	只读存储器
RTG，radioisotope thermoelectric generators	放射性同位素热电发生器
S	
SAFT Division of Alcatel	
SAPHIRE，Systems Analysis Programs for Hands-on Integrated Reliability Evaluation	集成可靠性评估的系统分析程序
satellites	卫星
Geostationary Operational Environment Satellite (GOES)	地球静止轨道环境业务卫星
INTELSAT series	INTELSAT 系列卫星
Landsat-D	陆地卫星 D
Lockheed Martin 7000 series	洛克希德·马丁公司 7000 系列
Navy Navigation Satellite System	海军导航卫星系统
Telstar	Telstar 卫星

　　　　　　　　　　　　　　　　　　　　　　　　　　　　　　　续表

英　　文	中　　文
Triad	Triad 卫星
Vela-Ⅲ	维拉 3 号卫星
's' basis for allowable mechanical properties	机械性能的 S 类基本允许值
scheduling	调度
Schuler period	舒勒周期
Scout rocket	侦察兵火箭
SDRAM，synchronous dynamic random-access memory	同步动态随机存取存储器
SEC，Space Environment Center	空间环境中心
SEMP，systems engineering management plan	系统工程管理计划
SI，International System of Units	国际单位制
Software Engineering Institute (SEI)	软件工程研究所
Software Productivity Consortium	软件生产率集团
software systems in spacecraft	航天器软件系统
advantages and disadvantages	优势和不足
engineering flight software	工程飞行软件
computer languages	计算机语言
development process	开发流程
independent validation and verification	独立审定与核查
rules for judging authenticity	真伪判断规则
organization	组织
chart	图表
software configuration control board (SCCB)	软件配置控制委员会
process	进程
Capability Maturity Model (CMM)	性能成熟度模型
types of life-cycle model	生命周期模型的类型
spiral model	螺旋模型
waterfall model	瀑布模型
quality assurance	质量保证
re-use	再利用
software libraries and repositories	软件库和信息库
sizing and estimation	规模和估计

续表

英　文	中　文
Function Point Analysis	功能点分析
source lines of code（SLOC）	代码行数
work breakdown structure	工作分解结构
software configuration management	软件配置管理
management plan responsibilities	管理计划责任
software inspections	软件检查
method developed by Fagan	Fagan 方法
testing	测试
embedded systems	嵌入式系统
objective	目标
use of simulator	使用模拟器
SOHO spacecraft	SOHO 航天器
solar	太阳
activity	太阳活动
array analysis	太阳电池阵分析
cells	太阳能电池
energy	太阳能
flares	太阳耀斑
radiation torques	太阳辐射力矩
sailing	太阳帆
spectrum	太阳光谱
time	太阳时
wind	太阳风
X-ray imager	太阳 X 射线成像仪
solar cells in space	空间太阳能电池
arrays	太阳能电池阵
cross-section	横截面
magnetic considerations	磁场考虑
power control techniques	电源控制技术
classification	类型
digital shunt	数字分流

续表

英　文	中　文
South Atlantic Anomaly in radiation environment	辐射环境中的南大西洋异常区
Space Environment Center（SEC）	空间环境中心
Space Environment Information System（SPENVIS）	空间环境信息系统
Space Shuttle	航天飞机
spacecraft	航天器
attitude control	姿态控制
command systems	遥控系统
computer systems	计算机系统
coverage	覆盖
dynamics	动力学
effect of radiation	辐射效应
integration and testing	集成与测试
kinematics	运动学
missions	任务
operation	运行
power systems	电源系统
propulsion	推进
quality assurance	质量保证
reliability	可靠性
software systems	软件系统
structural design	结构设计
telemetry systems	遥测系统
thermal control	热控
torques	力矩
vehicles	飞行器
Spacedesign Corporation	Spacedesign 公司
specific impulse	比冲
Spectrolab Inc	Spectrolab 公司
SPENVIS，Space Environment Information System	空间环境信息系统
staff of the Space Department，John Hopkins University	约翰·霍普金斯大学航天部门工作人员

续表

英　文	中　文
staging	分期
standards	标准
American National Standards Institute/Institute of Electrical and Electronic Engineers	美国国家标准学会/美国电气和电子工程师协会
Std 828（management）	标准 828（管理）
Std 1012（software development）	标准 1012（软件开发）
Department of Defense	美国国防部
DOD5000. 2-R（procurement）	DOD5000. 2-R（采购）
MIL-STD461（electromagnetism）	MIL-STD461（电磁）
MIL-STD462（EMC）	MIL-STD462（EMC）
MIL-STD499B（systems engineering）	MIL-STD499B（系统工程）
MIL-STD883（test methods）	MIL-STD883（测试方法）
MIL-STD1629A（failure analysis）	MIL-STD1629A（故障分析）
MIL-HDBK-5（strength of materials）	MIL-HDBK-5（材料强度）
MIL-HDBK-5H（metals）	MIL-HDBK-5H（金属）
MIL-HDBK-23（structures）	MIL-HDBK-23（结构）
MIL-HDBK-217（reliability）	MIL-HDBK-217（可靠性）
MIL-HDBK-881（work breakdown structure）	MIL-HDBK-881（工作分解结构）
Electronic Industries Alliance，EIA/IS-731（systems engineering）	电子工业联盟，EIA/IS-731（系统工程）
Federal Standards，FED-STD-209D（cleanliness）	联邦标准，FED-STD-209D（清洁度）
Society of Automotive Engineers，J1739（failure rates）	汽车工程学会，J1739（故障率）
star sensors	星敏感器
static envelope	静态包络
STEREO spacecraft	STEREO 航天器
stress corrosion cracking	应力腐蚀裂纹
definitions of terms used	所用术语的定义
combined stresses and stress ratios	组合应力和应力比
example of telescope support struts	望远镜支撑柱例子
interaction formulae for columns and plates	柱和板的相互作用公式

英　文	中　文
configuration development	配置开发
field of view requirements	视场需求
launch vehicle envelopes	运载火箭包络
spacecraft/launch vehicle configuration	航天器/运载火箭结构
design criteria	设计准则
component limit loads	组件极限载荷
example of Atlas launch vehicle	阿特拉斯运载火箭例子
factors of safety	安全系数
definition	定义
guidance values for NASA and USAF	NASA 和 USAF 的参考值
margins of safety	安全裕量
for materials and propulsion systems	材料和推进系统
launch loads for spacecraft	航天器发射负载
spacecraft system requirements	航天器系统需求
types of development hardware	开发硬件的类型
development phases	开发阶段
launch environment criteria	发射环境标准
liftoff	起飞
acoustic vibration	声振动
multistage acceleration	多级加速
quasi-static acceleration	准静态加速度
three-stage vehicle acceleration	三级运载火箭加速
separation and stabilization	分离和稳定
typical events	典型事件
wind and transonic buffeting	风和跨音速抖振
mass properties constraints	质量特性约束
estimation of mass	质量估计
growth of mass during program	项目过程中的质量增长
payload attach fittings (PAF)	有效载荷适配器
primary and secondary structure defined	定义的主要和辅助结构
STEREO spacecraft primary structure	STEREO 航天器基本结构

续表

英　文	中　文
shear stress conditions	剪应力条件
distribution of shear stress	剪应力分布
maximum stress	最大应力
stress in different cross-sections	不同横截面上的应力
torsional moments	扭矩
standard for aerospace materials	航天材料标准
stress-strain relationship	应力应变关系
structural load path	结构负载路径
example of loaded beam	加载梁例子
test verification	测试验证
acoustic testing	噪声测试
modal survey	模态测试
shock testing	冲击测试
simulation of the operating environment	运行环境仿真
spin balance	自旋平衡
strength testing	强度测试
vibration testing	振动测试
burst and dwell testing	正弦脉冲和正弦驻波
random vibration	随机振动
sinusoidal vibration survey	正弦振动测试
workmanship test	工艺测试
thermal stress	热应力
calculation of strain	应变计算
effects of temperature on structural members	结构单元的温度效应
variation of coefficient of thermal expansion with temperature	热膨胀系数随温度的变化
types of structure	结构类型
comparison between sandwich and flat plate	夹板和平板的对比
composite/sandwich	复合材料/夹板
equations for sandwich beams	夹板梁方程
standards for plate/sandwich structures	平板/夹板结构标准
structural dynamics in spacecraft design	航天器设计中的结构动力学

英　文	中　文
continuous system	连续系统
beam deformation equation	梁的变形公式
element boundary conditions	单元边界条件
example of estimating vibration during	振动估计例子
launch	发射
frequency determination	频率确定
frequency response	频率响应
stress calculations	应力计算
fundamental frequencies	基频
for beam	梁
for cylinder	圆筒
equations	公式
for plate	平板
types of isolator	隔振器类型
dynamic coupling analysis	动力学耦合分析
finite-element analysis (FEA)	有限元分析
dynamic analysis	动力学分析
model for TIMED spacecraft	TIMED 航天器模型
static analysis	静态分析
internal and external virtual work	内虚功和外虚功
scalar equations	标量方程
summary of procedure	流程总结
single-degree-of-freedom system	单自由度系统
critical damping	临界阻尼
transmissibility equation	传递方程
Structural Dynamics Research Corporation	美国结构动力学研究公司
structural environments	结构环境
subassembly	组件
subsystem	子系统
Sun	太阳
noise	噪声

续表

英 文	中 文
particle radiation	粒子辐射
position in orbit	在轨道上的位置
Sun sensor	太阳敏感器
synchronous dynamic random-access memory for computers (SDRAM)	用于计算机的同步动态随机存取存储器
Systems Analysis Programs for Hands-on Integrated Reliability Evaluation (SAPHIRE)	集成可靠性评估的系统分析程序
systems engineering	系统工程
concepts in system engineering	系统工程中的概念
functional analysis	功能分析
mass margin	质量裕量
technology readiness levels (TRL)	技术成熟度
trade analysis procedure	权衡分析过程
verification and validation	验证和确认
fundamentals of system engineering	系统工程基础
benefits	收益
capabilities model	性能模型
components of a system	一个系统的组件
definition	定义
inherent qualities	固有特性
objectives	目标
project development process，system life-cycle model	项目开发过程，系统生命周期模型
approach	方法
pre-phase A	阶段 A 前期
phase A (conceptual design)	阶段 A(概念设计)
phase B (definition)	阶段 B(定义)
phase C (design)	阶段 C(设计)
phase D (development)	阶段 D(开发)
phase E (operations)	阶段 E(运行)
systems engineering management	系统工程管理
configuration management	配置管理

续表

英　文	中　文
configuration control board（CCB）	配置控制委员会
control process	控制过程
engineering change request（ECR）	工程变更请求
cost estimating	成本估算
analagous	类比估计
cost estimating relationships（CER）	成本估算关系
engineering build-up	工程积累
parametric	参数
earned value management（EVM）	挣值管理
cost variance（CV）	成本偏差
schedule variance（SV）	进度偏差
status parameters	状态参数
interface control document（ICD）	接口控制文件
management plan（SEMP）	管理计划
program reviews	项目评审
conceptual design review（CoDR）	概念设计评审
critical design review（CDR）	关键设计评审
design review agenda	设计评审议程
other reviews	其他评审
preliminary design review（PDR）	初步设计评审
risk management	风险管理
failure modes effects analysis（FMEA）	失效模式效应分析
process	进程
scheduling	调度
benefits	收益
Gantt/bar charts	甘特/条形图
milestone charts	里程碑图
network/work flow diagrams	网络/工作流程图
activity-on-arrow method（AOA）	矢线图法
activity-on-node method（AON）	前趋图法
arrow-diagramming method（ADM）	箭线图法

续表

英　文	中　文
critical path method (CPM)	关键路径法
format	格式
precedence-diagramming method (PDM)	前导图法
program evaluation and review technique (PERT)	项目评审技术
systems engineering management plan	系统工程管理计划
work breakdown structure (WBS)	工作分解结构
dependencies and precedents	依赖关系和先例
manageable activity	管理活动
typical structures	典型结构
T	
TAI, international atomic time	国际原子时
technical management plan	技术管理计划
technology readiness levels (TRL)	技术成熟度
telemetry systems in spacecraft	航天器遥测系统
analog-to-digital converter (ADC)	模数转换器
quantization error	量化误差
transfer functions	传递函数
autonomy	自治
rule-based approach	基于规则的方法
spacecraft anomaly	航天器异常
block diagram of system	系统框图
data transmission	数据传输
Reed-Soloman code	里德-所罗门码
Turbocode	Turbo 码
types of information telemetered	遥测信息类型
ground equipment	地面设备
modulation and transmission	调制和传输
processing and formatting data	处理和格式化数据
resources required	所需资源
selection of signals	信号选择
commutation	转换

英　文	中　文
Nyquist sampling theorem	奈奎斯特采样定理
Sensors	敏感器
signal conditioning	信号调节
Test Methods and Procedures for Microelectronics，MIL-STD 883	微电子测试方法和流程，MIL-STD 883
testing of spacecraft	航天器测试
Thermal Analysis System（computer code）	热分析系统（计算机代码）
thermal control of spacecraft	航天器热控
basic design approach	基本设计方法
control hardware	控制硬件
doublers	倍增
heat pipes	热管
operation	运行
vapor curves	蒸汽曲线
heaters	加热器
Kapton foil heater	卡普顿铝箔加热器
louvers	百叶窗
construction	结构
performance	性能
multilayer insulation（MLI）	多层隔热材料
comparing real and analytical insulation performance	比较实际和分析绝缘性能
design and construction	设计与制造
passive or active hardware	被动或主动硬件
radiators	散热器
radiation emissivity of different surfaces	不同表面的辐射发射率
second surface reflectors	第二层表面反射
design example	设计案例
problem definition	问题定义
absorbed energy calculation	吸收能量计算
albedo heating	反照加热
direct solar heating	直接太阳加热
Earth heating	地球加热

续表

英　　文	中　　文
orbital design case	轨道设计案例
conclusion	结论
environmental heat inputs	环境热输入
albedo (reflected solar)	反照(反射太阳光)
direct solar	直接太阳辐射
equations to predict thermal effects	热效应预测方程
planet shine	行星闪耀
view factor	角系数
equipment temperature limits	设备温度极限
nodal approximation	节点逼近
one-dimensional heat flow	一维热流
prediction of thermal response of a system	系统热响应预测
two-dimensional heat balance	二维热平衡
orbit definition	轨道定义
steady state and transient solutions	稳态解和瞬态解
testing	测试
components	组成
engineering	工程
standards	标准
systems	系统
thermal analysis	热分析
analytical codes	分析代码
conduction	传导
convection	对流
heat balance	热平衡
objective	目标
radiation	辐射
effect of wavelength	波长的影响
Planck's Law	普朗克定律
properties of radiant heat transfer	辐射传热性能
radiation exchange between real surfaces	实际表面辐射换热

续表

英　文	中　文
reflectance	反射
thermal conductivity	导热系数
Thermal Desktop (computer code)	传热桌面(计算机代码)
Thermal Synthesizer System (computer code)	热合成系统(计算机代码)
Thermosphere-Ionosphere General Circulation Model (TIGCM)	热层电离层环流模型
thrust coefficient, C_F	推力系数, C_F
thrusters	推力器
time systems	时间系统
TIMED spacecraft	TIMED 航天器
Titan Ⅲ Solid Rocket Motor (SRM)	大力神Ⅲ固体火箭发动机
trade analysis procedure in system engineering	系统工程综合权衡分析程序
transfer trajectories	转移轨道
Triad spacecraft	Triad 航天器
TRL, technology readiness levels	技术成熟度
U	
ultimate load	极限负载
ultra large-scale integration of transistors (ULSI)	晶体管超大规模集成
United States Air Force (USAF)	美国空军
45 SW/Safety office	45 SW/安全办公室
Eglin Air Force Base	埃格林空军基地
factors of safety in design	设计中的安全系数
Space Test Program	太空试验计划
United States Department of Commerce	美国商务部
United States Naval Academy	美国海军学院
United States Naval Observatory	美国海军天文台
United States Naval Ordnance Laboratory	美国海军军械实验室
United States Navy Navigation Satellite Program	美国海军导航卫星计划
United States Navy Polaris Missile	美国海军北极星导弹
United States Strategic Command (USSTRATCOM)	美国战略司令部
universal time (UT)	世界时
U. S. Standard Atmosphere	美国标准大气

续表

英　文	中　文
V	
V-2 rocket	V-2 火箭
validation	验证
Van Allen radiation belt	范艾伦辐射带
Vandenberg Air Force Base，California	范登堡空军基地，加利福尼亚州
vehicles for space exploration	空间探索飞行器
Advanced Explorer Composition（ACE）	要素/同位素成分高级探测器
Cassini-Huygens	卡西尼-惠更斯号
Clementine	"克莱芒蒂娜"月球探测器
CONTOUR	"彗核之旅"航天器
Galileo	伽利略
Magsat	Magsat 航天器
Mars Global Surveyor	火星全球探勘者号
Mars Odyssey	火星奥德赛号
Messenger	信使号航天器
Midcourse Space Experiment（MSX）	中途空间试验卫星
NEAR	NEAR 航天器
New Horizons	"新地平线"航天器
Small Astronomy Spacecraft（SAS）	小型天文卫星
SOHO	太阳与日光层观测卫星
Solar Maximum Mission spacecraft	太阳峰年观测卫星
STEREO	日地关系观测卫星
TIMED	大气观测卫星（热层、电离层、中间层能量学与动力学）
Ulysses	尤利西斯号探测器
Voyager	旅行者探测器
Yohkoh	阳光卫星
verification	验证
W	
Walker constellation	沃克星座
Western Space and Missile Center（WSMC）	西方空间和导弹中心

续表

英　文	中　文
work breakdown structure（WBS）	工作分解结构
World Geodetic System 1984（Defence Mapping Agency 1991）	世界大地坐标系 1984（国防测绘局 1991）
X	
Xenon Ion Propulsion System（XIPS）	氙离子推进系统
Y	
yield load	屈曲负载
Yohkoh spacecraft	Yohkoh 号航天器